我国近海海洋综合调查与评价专项成果
"十二五"国家重点图书出版规划项目

山东省近海海洋环境资源基本现状

马德毅　侯英民　主编

海洋出版社
2013·北京

图书在版编目（CIP）数据

山东省近海海洋环境资源基本现状/马德毅，侯英民主编．
—北京：海洋出版社，2012.12
ISBN 978－7－5027－8279－5

Ⅰ.①山… Ⅱ.①马… ②侯… Ⅲ.①近海－海洋环境－
山东省 Ⅳ.①X145

中国版本图书馆CIP数据核字（2012）第106173号

责任编辑：白 燕 朱 瑾
责任印制：赵麟苏
海洋出版社 出版发行

http://www.oceanpress.com.cn
北京市海淀区大慧寺路8号 邮编：100081
北京旺都印务有限公司印刷 新华书店北京发行所经销
2013年4月第1版 2013年4月第1次印刷
开本：889 mm×1194 mm 1/16 印张：36.00
字数：921千字 定价：260.00元
发行部：62132549 邮购部：68038093 总编室：62114335

《山东省近海海洋环境资源基本现状》

编委会名单

前言

改革开放以来，我国经济社会迅猛发展。特别是近10年来，近海与海岸带开发日趋增强，围海养殖、填海造地、大型海洋与海岸带工程规模型建设，沿海省、自治区、直辖市都在制定和大力推进近海与海岸带开发规划，并逐步上升为国家经济社会发展战略，海洋经济已经成为国民经济的重要增长点。但是，随着沿海经济社会的快速发展，内地人口向沿海大规模迁移，大量工矿企业向沿海集聚，对近海与海岸带资源环境形成了巨大压力。近海与海岸带作为岩石圈、水圈、大气圈、生物圈四大层圈相互作用、相互渗透、相互影响的关键地带，陆海相互作用过程复杂，具有对环境变化反应敏感的特点。海洋资源开发利用强度的不断增强，需要我们加强海洋开发与保护的综合协调与控制能力，而摸清我国近海与海岸带资源环境"家底"及其与全球变化和人类活动之间的关系是提高这种综合协调与控制能力极为重要的基础性工作之一。

山东省濒临渤海和黄海，海岸及近海空间资源丰富；大陆海岸线长达3 345 km，其潮间带面积约为4 394.5 km^2；500 m^2 以上海岛有320个，其潮间带面积约为219.951 km^2；近岸海域面积为 3.55×10^4 km^2。山东半岛地理位置优越，居于亚太经济圈西环带的重要部位，与辽东半岛、朝鲜半岛隔海相望，具有欧亚大陆桥头堡的重要功能，也是拉动全省及相邻地区经济发展的龙头。自20世纪90年代"海上山东"重大战略决策提出至今，山东省海洋经济迅猛发展，2010年，全省海洋经济总产值超过7 000亿元，居全国第二位。海洋产业门类齐全，主要海洋产业有海洋渔业、海上交通运输业、滨海旅游业、海洋石油、盐业及海洋化工等。

山东也是我国海洋开发利用最早的沿海省份之一，考古发现沿海地区新石器时代与远古人生活有关的贝丘和潍坊境内的东周盐业遗址群，开始了对海洋的初步认知（萌发期）。自隋唐至清朝末期，处于对海洋知识的积累期，同期的登州港（山东蓬莱）就是山东海洋交通史上的一个里程碑。鸦片战争以后，山东海洋调查正式起步，陈葆刚等（1917年）在烟台创立了山东省水产试验场，这是山东也是中国最早建立的涉海科研机构，自此开始了在胶州及其近海的海流观测、海水分析、海产调查等。新中国成立以后，山东开始了大规模、系统的海洋综合调查：

①1953 年，开展了“烟台、威海渔场及其附近海域的鲐鱼资源调查”；②1957—1958 年，在渤海、渤海海峡和北黄海西部进行了以物理海洋学为主的多学科、多船同步观测调查；③1958 年起，山东省在局部沿海地区开展了第一次海岸带调查；④1980 年，山东省开始海岸带和海涂资源综合调查工作，当时提出“耕海牧渔”的发展方针；⑤1988—1995 年，山东开展了海岛资源综合调查工作；⑥1986—1999 年，完成了《中国海湾志》14 个分册的撰写，其中第三、四册为山东海湾册。积累了大量多学科、多海域的一手海洋资料。

近年来，随着海洋发展的加快，山东境内两大涉海国家战略“黄河三角洲高效生态建设区”和“山东半岛蓝色经济区建设”的相继获批与实施，一些制约因素逐步显现，主要表现在：海洋资源开发利用方式相对粗放，海洋环境保护和生态建设亟待加强；海洋产业结构和布局不够合理，海洋经济综合效益亟待提高；海洋科技研发及成果转化能力不足，海洋经济核心竞争力亟待增强等。如何处理海洋可持续发展与上述制约因素间的矛盾已成为山东省发展海洋经济亟待解决的问题。而 20 世纪 80—90 年代的海洋综合调查数据和资料已不能真实反映当下日新月异的近海海洋资源和环境现状。

本书以山东省近海海洋开发与保护的迫切需求为契机，系统整理了山东省各学科海洋资料、资源属性和生态环境现状，实现了山东省海洋资料和数据的全面更新，基本摸清了山东省海岸带、海岛、海域、海洋生物生态等资源环境家底，为山东省海洋经济可持续发展、海域使用管理、海洋生态环境保护管理、海洋减灾防灾以及海洋开发战略的设计与执行提供数据和技术支撑。《山东省近海海洋环境资源基本现状》一书包括区域概况（区域概述，区域地质与水文特征概述，区域气候），海洋环境（地形与地貌，海洋水文，海洋化学，近海洋生物，海洋沉积物），海洋资源（海岸及近海空间资源，海洋生物资源，矿产资源，滨海旅游资源，滨海湿地资源），海洋灾害（环境灾害，地质灾害，生态灾害），海洋可持续发展（自然环境和资源综合评价，新型潜在开发区的选划，海洋保护区现状，选划与建设，海洋开发利用方向与生态环境保护对策、海洋持续发展若干重点措施与建议），五大篇共计 21 章。

《山东省近海海洋环境资源基本现状》一书的编写任务非常繁重而复杂，涉及学科多、区域广，参与单位多，调查站位覆盖全省大陆海岸带、海岛和管辖海域。经过 2 年多的艰辛劳作，在综合收集和分析相关历史资料、现状调查资料的基础上，各参与单位按学科和区域明确分工，因此，本书是多家单位、多位海洋科技工作者精诚合作的集体智慧的结晶。

本书由国家海洋局第一海洋研究所——海岛海岸带研究中心的丰爱平、陈勇、夏鹏等统稿，夏东兴、王文海等专家审稿与改稿，吴桑云定稿。在统稿、审稿、定稿时，秉承尊重科学、尊重原意、尊重事实、注重实用等原则，对各家提交的初稿进行了适当修改。囿于统稿人和定稿人专业所限，撰写和审稿过程中难免有疏漏之处，敬请读者和专家批评指正。

最后，藉此专著完成之机，向本书的参与单位国家海洋局第一海洋研究所、国家海洋局北海分局、中国海洋大学、中国科学院海洋研究所、山东省社会科学院、山东省海洋水产研究所、山东省海水养殖研究所、山东省水产设计院、山东省旅游规划设计研究院等单位的有关领导、专家和同事们，表示诚挚谢意。特别感谢山东908专项办和技术专家组、国家海洋局908专项办等有关领导和同志的鼎力支持。本书的顺利完成也离不开省直属有关部门和沿海各市、县（市、区）海洋行政主管部门的全力配合，在这里难以一一列举，谨此一并致谢。

编　者

2011年11月于青岛

目 次

山东省近海海洋环境资源基本现状

第1篇 区域概况

第2篇　海洋环境

第3篇 海洋资源

第4篇 海洋灾害

第5篇　海洋可持续发展

第 1 篇　区域概况

1 区域概况

1.1 地理位置与行政区划

山东省位于我国东部沿海、黄河下游，地理坐标位于 34°22.9′～38°24.01′N、114°47.5′～122°42.3′E。山东省全境南北最长约 420 km，东西最宽约 700 km，总面积为 15.71×10^4 km^2，约占全国总面积的 1.64%。境域主要包括半岛和内陆两部分。

山东省近海区域主要位于渤海、黄海之滨，西起大口河河口与河北省接壤，北同辽东半岛遥相对峙，南至绣针河河口与江苏省相接，地理坐标位于 35°6.2′～38°24.01′N、117°46.1′～122°42.3′E，如图 1.1 所示。

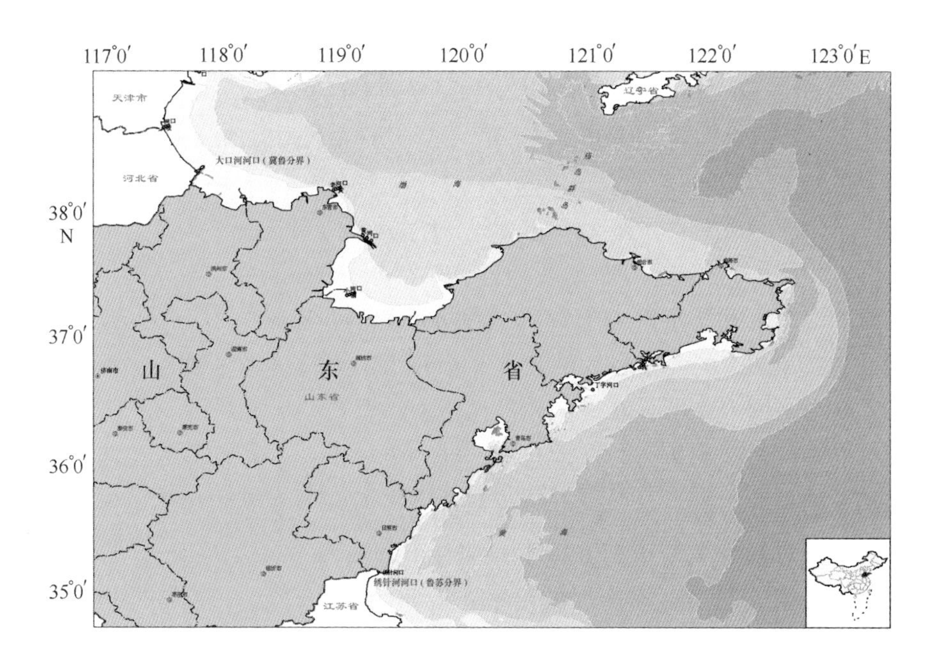

图 1.1 山东省沿海地理位置图

通常将北起胶莱河口，南至大沽河口（胶莱河及胶州湾）以东的地区，称为胶东半岛（又称山东半岛）。由蓬莱角经庙岛群岛至辽宁省的老铁山角的连线为黄海、渤海分界线，海岸以蓬莱角为界，以西为渤海沿岸，以东为黄海沿岸；黄海以成山角（与朝鲜半岛的长山串的连线）为界，分为北黄海和南黄海两大部分。因此，大口河口至蓬莱角属渤海南岸，蓬莱角至成山角为北黄海南岸，成山角至绣针河口为南黄海西岸；蓬莱市沿岸跨渤海和黄海，荣成市北部沿岸属北黄海，东部和南部沿岸属南黄海。

截至2010年底，山东省沿海自北而南有滨州、东营、潍坊、烟台、威海、青岛和日照7个地级市，沿海共计有37个县（市、区）。其中，滨州市沿海有2个县；东营市沿海有2个区和3个县；潍坊市沿海有1个区和2个市；烟台市沿海有4个区、6个市和1个县；威海市沿海有1个区和3个市；青岛市沿海有7个区和3个市；日照市沿海有2个区，如图1.2所示。

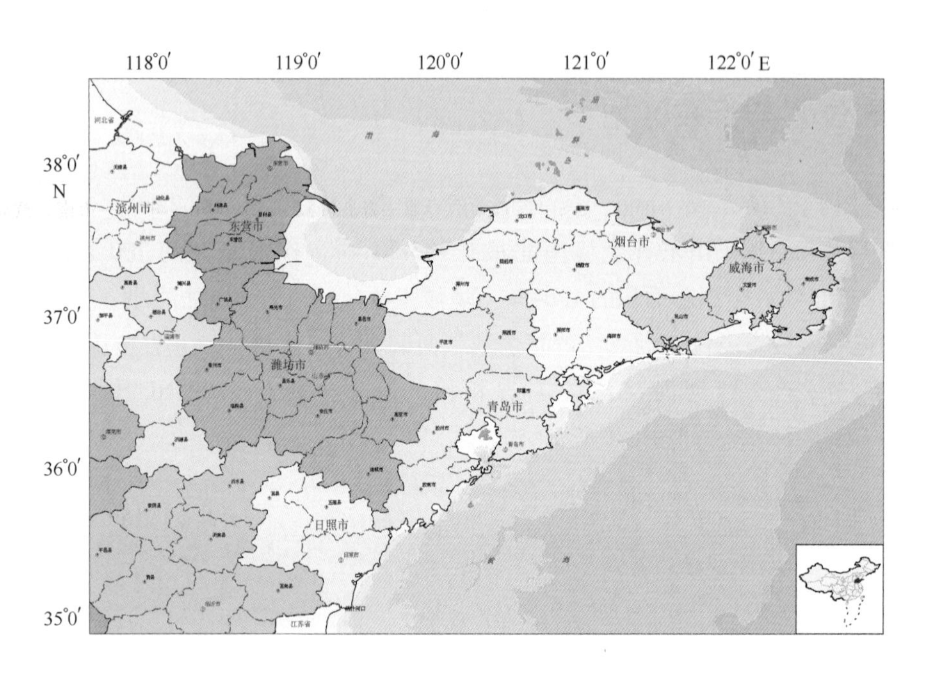

图1.2　山东省沿海行政区划图

濒临渤海的地级市有滨州市、东营市、潍坊市和烟台市，共有3个区、6个市、6个县，自西向东为：滨州市的无棣县和沾化县；东营市的河口区、垦利县、利津县、东营市区和广饶县；潍坊市的寿光市、寒亭区和昌邑市；烟台市的莱州市、招远市、龙口市、蓬莱市和长岛县。濒临黄海的地级市有烟台市、威海市、青岛市和日照市，共有14个区、8个市，自西向东、自北向南为：烟台市的蓬莱市、福山区、芝罘区、莱山区、牟平区；威海市的环翠区、荣成市、文登市、乳山市；烟台市的海阳市；青岛市的即墨市、崂山区、市南区、市北区、四方区、李沧区、城阳区、胶州市、黄岛区、胶南市；日照市的东港区、岚山区。

截至2009年底，山东省已划定县级海域行政区域界线27条。其中，地级市间海域行政区域界线8条：滨州市和东营市间1条、东营市和潍坊市间1条、潍坊市和烟台市间1条、烟台市和威海市间2条、烟台市和青岛市间2条、青岛市和日照市间1条。各地级市的县级海域界线情况见表1.1。

表1.1　山东省已划定海域行政区域界线一览表

地市名称	县、市、区
滨州市	2条县级海域界线：无棣—沾化、沾化—河口（滨州市—东营市）
东营市	5条县级海域界线：沾化—河口（滨州市—东营市）、河口—垦利、垦利—东营、东营—广饶、广饶—寿光（东营市—潍坊市）
潍坊市	4条县级海域界线：广饶—寿光（东营市—潍坊市）、寿光—寒亭、寒亭—昌邑、昌邑—莱州（潍坊市—烟台市）
烟台市	12条县级海域界线：昌邑—莱州（潍坊市—烟台市）、莱州—招远、招远—龙口、龙口—蓬莱、龙口—长岛、蓬莱—长岛、蓬莱—福山、牟平—环翠（烟台市—威海市北线）、乳山—海阳（烟台市—威海市南线）、海阳—莱阳、莱阳—即墨、海阳—即墨（烟台市—青岛市）
威海市	5条县级海域界线：牟平—环翠（烟台市—威海市北线）、环翠—荣成、荣成—文登、文登—乳山、乳山—海阳（烟台市—威海市南线）
青岛市	6条县级海域界线：莱阳—即墨、海阳—即墨（烟台市—青岛市）、即墨—崂山、崂山—市南、黄岛—胶南、胶南—东港（青岛市—日照市）
日照市	1条县级海域界线：胶南—东港（青岛市—日照市）

资料来源：山东省海域勘界办公室。

1.2　区域概况

1.2.1　海岸概况

1.2.1.1　大陆海岸线

山东省大陆海岸线西起与河北省接壤的大口河河口，沿黄河三角洲、莱州湾向东，环山东半岛向南至与江苏省接壤的绣针河河口。大陆海岸线全长3 345 km，行政隶属于滨州、东营、潍坊、烟台、威海、青岛、日照7市。其中以威海市的海岸线长度最长，为978 km，约占总长度的1/3。

根据“908专项”山东省海岸线修测调查成果，山东省大陆海岸线人工岸线长度约占全省海岸线总长度的38%；自然岸线长度约占全省海岸线总长度的62%（图1.3）。其中，全省海岸线总长度约27%为基岩岸线；约23%为砂质岸线；粉砂淤泥质岸线仅占全省岸线总长度的12%，主要是因为莱州虎头崖以西的粉砂淤泥质海岸，普遍修筑了防潮堤坝而成为人工岸线。另外，有部分河口岸线，由于长度较短未进行统计。

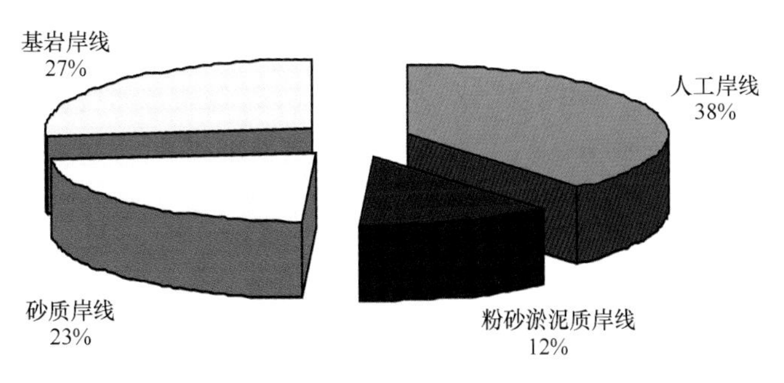

图1.3　山东省各类型海岸线长度比例饼图

1.2.1.2　海岸分区

根据海岸带各自然地理要素整体特征的相似性和差异性以及地域完整性原则，现将山东海岸划分为两个自然区，共5个自然岸段（图1.4）。

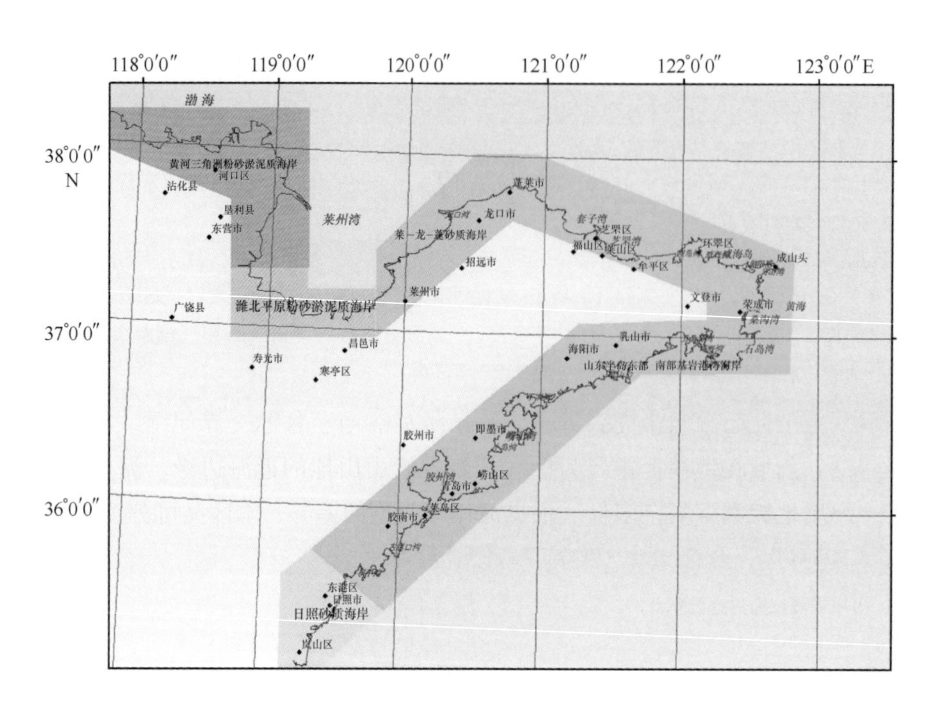

图 1.4　山东省海岸自然分区图

鲁北平原海岸区黄河三角洲粉砂淤泥质海岸段，西起大口河河口，东至小清河北岸；潍北平原粉砂淤泥质海岸段，西起小清河北岸，东至莱州湾虎头崖。

鲁东丘陵海岸区：莱—龙—蓬砂质海岸段，西起莱州湾虎头崖，东至蓬莱角；山东半岛东部、南部基岩港湾海岸段，西起蓬莱角，南至白马吉利河河口；日照砂质海岸段，北起吉利—白马河口，南至绣针河河口。

1）鲁北平原海岸区

本区段海岸西起鲁冀交界的大口河河口，东至莱州市虎头崖，主要属滨州市、东营市与潍坊市管辖的鲁北滨海平原的范围。其总的自然特点是：沿海地带地势平坦，粉砂淤泥质潮滩宽阔，海底浅平，黄河以及其他小型入海河流是本区海岸的主要建造者和泥沙供应者；气候上光热条件较好，风力充足，旱、涝、碱及风暴潮灾害严重，土壤类型属滨海盐土，待改良利用的土地资源丰富；植被以盐生植被及盐生草甸植被为主，林地稀少，草场资源丰富；地下水以咸水为主，淡水缺乏；地表径流除黄河外，普遍偏小；矿产资源以石油、天然气和地下卤水最为丰富；海洋生物资源方面，滩涂以贝类资源为主，浅海以经济虾、蟹为主。此外，沿海缺少建设深水良港的自然条件。本区尚可再划分为2个自然岸段：

（1）黄河三角洲粉砂淤泥质海岸段　西起大口河河口，东至小清河河口。其中，套尔河口以西，则分布着本区最宽（达10 km以上）的潮滩，其贝壳堤岛与湿地系统是世界上贝壳堤保存最完整、唯一的新老并存贝壳堤岛，是研究黄河变迁、海岸线变化、贝壳堤岛的形成等环境变迁及湿地类型的重要基地，已被列入国家级和省级自然保护区。沿岸滩涂多辟为盐场、池塘养殖区等。

套尔河河口湾以东为1855年以来形成的近代黄河三角洲海岸，是世界上最大和最新形成的三角洲之一，蕴藏着极其丰富的油气资源、土地资源、水利资源、地热资源、盐卤资源、生物资源及滩涂海洋渔业资源，目前黄河三角洲高效生态经济区建设正在此处进行。

（2）潍北平原海岸段　西起小清河河口，东至虎头崖，地处莱州湾南部的湾顶岸段。沿岸地势平坦，海岸线平直，潮滩广布，平均宽为7 km，组成物质较黄河三角洲物质粗，以粗粉砂及粉砂质细砂为主，为黄河入海泥沙影响较微弱的岸段。百余年来海岸基本稳定，呈弱增长趋势，与黄河三角洲岸段有明显差异。潮滩贝类资源丰富。本岸段是我国沿海地下卤水资源最丰富的地区，沿岸有众多盐场、盐化工及池塘养殖池。

2）鲁东丘陵海岸区

本区段岸线范围北起莱州市虎头崖，绕胶东半岛后南至鲁苏交界的绣针河河口，属鲁东丘陵自然区范围，陆域在地貌上主要为鲁东丘陵及崂山山地的近海边缘，海岸带以基岩港湾海岸为主体、海岸地貌类型复杂多样。根据海岸带类型的差异，本区又可分为3个自然岸段：

（1）莱—龙—蓬砂质海岸段　西起莱州市的虎头崖，东至蓬莱城，主要为莱州、龙口、蓬莱山前冲积—洪积平原的海岸带，海岸总体以基本平直的砂质海岸为特色，沿岸海滩发育，海湾宽浅。入海河流皆为山溪性小河，地表径流有限，原地下水资源较丰富，为本地区主要水资源，但早已出现开发过度、海水入侵现象。土壤为棕壤，沿岸原有以赤松、黑松为主的大面积人工防风固沙林带分布，近期遭受较严重的破坏。本岸段原生金矿及沙金资源丰富，我国唯一的滨海煤田就在此岸段。沿海建材砂及玻璃砂资源丰富。沿岸建有海庙港、三山岛港、龙口港、栾家口港、蓬莱老港等。

（2）山东半岛东部、南部基岩港湾海岸段，西北起蓬莱城，绕过半岛南至胶南市与日照市交界处的吉利—白马河口附近；沿海大部为低缓的波状起伏的低丘陵及剥蚀平原，青岛沿海为崂山山地；海岸带以基岩港湾海岸为基本特色，岸线曲折、港湾众多，其间有较多的侵蚀海岸；海上岛屿棋布，海蚀、海积地貌均极发育。海底地形较复杂，近岸海底浅滩及冲刷沟槽错综分布。

沿岸入海河流皆属山溪性河流，地表水资源相对略多，地下水资源较缺。沿海矿产资源除福山大型钼矿外，非金属矿及海滨锆石砂矿丰富，花岗岩等建筑材料十分著名。本岸段山水秀丽，气候宜人，是我国著名的海岸风景区和旅游、疗养胜地。海洋生物资源种类繁多，除产海参、盘鲍、扇贝等珍贵海产品外，藻类及贝类资源也很丰富。胶州湾等较大海湾又是发展海洋农牧业的良好场所。

（3）日照砂质海岸段　北起吉利—白马河口（胶南、日照交界处），南至鲁苏交界的绣针河河口，属日照市管辖范围。沿海以平缓的剥蚀平原及小型河口冲积平原为主体，岸线基本平直，以沿岸沙坝—潟湖体系发育良好为特色。近岸水下砂质浅滩较窄，浅海海底为水下冲蚀平原。本岸段降水丰富、气温较高，水热条件是全省最好的地区，旱涝灾害较轻，沿岸受台风影响较小。沿海河流为山溪性河流，地表及地下水资源相对较多，基本可满足当地供水需求。土壤以棕壤及粗骨棕壤为主。沿海以黑松、赤松为主的人工防风固沙林大面积分布，森林覆盖率为全省相对较高的地区之一，植物资源较丰富，其中北部滨海防护林已建设成为国家级森林公园（鲁南海滨国家森林公园，郁葱万亩）。

1.2.2 海湾概况

1.2.2.1 海湾数量与分布

根据20世纪80年代山东省海岸带和海涂资源综合调查成果，山东省面积为1 km^2 以上的海湾有51个；在“908专项”海岸带调查中，发现埕口潟湖水域已经完全被盐田、养殖池所围填而消失，绣针河河口潟湖面积已经不足1 km^2。目前，山东省面积为1 km^2 以上的海湾为49个。

山东省面积最大的海湾为莱州湾，面积为6 215.40 km^2，最小的海湾为龙眼湾，面积为1 km^2；海湾密度为1.46个/（100 km），是我国海湾密度最大的省份之一。山东省面积大于1 km^2的海湾岸线总长度为1 999.6 km，占整个山东省岸线总长度的59.8%。

从地域分布看，属山东省境内渤海的海湾仅有4个，包括了山东省第一大海湾莱州湾，属山东省境内的北黄海的海湾有8个，属山东省境内的南黄海的海湾有37个。从行政区划分布看（表1.2），威海市海湾最多，有22个，但面积多数较小，最大海湾为靖海湾，面积为155.8 km^2，最小海湾为龙眼湾，面积为1 km^2；威海市海湾总面积为645.87 km^2；其次是青岛市，有16个（包括丁字湾），最大的海湾为胶州湾，面积为509.1 km^2，最小的海湾为大港口潟湖，面积为1 km^2，青岛市海湾总面积为922.4 km^2（丁字湾面积按照青岛和烟台各一半进行处理）；再次是烟台市，有8个（包括刁龙嘴潟湖、龙口湾和丁字湾），最大的海湾为套子湾，面积为182.9 km^2，最小的海湾为刁龙嘴潟湖，面积为6.10 km^2，烟台市海湾总面积为425.5 km^2（不包括莱州湾）；最后是日照市，有3个，最大的海湾为涛雒潟湖，面积为5.70 km^2，最小的海湾为万平口潟湖，面积为2.2 km^2，日照市海湾总面积为14.9 km^2。另外，东营、潍坊和烟台共同拥有莱州湾。

表1.2 山东海湾统计表

县市	海湾个数/个	最大海湾及其面积/ km^2	最小海湾及其面积/ km^2	海湾总面积/ km^2
东营市	1	莱州湾		6 215.4
潍坊市	1			（包括烟台市部分）
烟台市	8	套子湾，182.9	刁龙嘴潟湖，6.1	425.5
威海市	22	靖海湾，155.8	龙眼湾，1.0	645.87
青岛市	16	胶州湾，509.1	大港口潟湖，1.0	922.4
日照市	3	涛雒潟湖，5.70	万平口潟湖，2.2	14.9

1.2.2.2 开发利用概况

海湾是山东港口的发源、兴旺所依。由于海湾都具有不同程度的掩护条件，适合船舶的驻泊。目前，山东海湾中建有港口的海湾超过20个，依港而建的海湾城市逐渐形成了区域性的政治、经济和文化中心，如烟台市（芝罘湾）、威海市（威海湾）、青岛市（胶州湾）等。2005—2008年，每年山东沿海港口吞吐量分别完成了3.84 $\times 10^9$ t、4.7 $\times 10^9$ t、5.75 $\times 10^9$ t、6.58 $\times 10^9$ t。

海湾是山东省水产养殖业的物质和空间基础。由于海湾与陆地关系非常密切，入湾河流不仅带来了淡水，而且带来许多陆地营养成分，因此，海湾中鱼、虾、贝、藻等水产资源就特别丰富。莱州湾、桑沟湾、胶州湾是我国养殖规模较大的海湾，并形成了一些特色的养殖品种。

海湾盐化资源丰富，海湾周边逐渐形成盐化中心。莱州湾的大家洼盐场是我国最大的盐场之一。

众多的自然景观和人文景观资源，使海湾逐渐成为滨海旅游中心。山东海湾风景优美，一些地区海滩宽阔，历史人文资源众多，海湾及其滨海旅游是山东沿海发展最为强劲的产业之一。

另外，海湾的其他资源如海水资源、矿产资源、海洋药物资源、海洋能源等在山东海湾地区亦有一定程度的利用。

1.2.3　岛屿概况

山东省沿海岛屿众多，星罗棋布于近海海域，现有海岛456个，其中面积在500 m^2 及以上的海岛有320个，分布在渤海和黄海两个海区，如图1.5所示。山东省海岛总面积在111 km^2 以上，海岛岸线长约563 km。

山东省海岛分布范围大，分布于34°59′05″～38°23′24″N，117°51′40″～122°42′18″E，南北纵跨360 km，东西横跨420 km。具有明显的“团组”和岛链状分布特点。例如长岛海域海岛总体上呈NNE—SSW向链状展布于渤海海峡，岛链内又可分为隍城－钦岛“团组”、砣矶－高山“团组”、长山－黑山“团组”和竹山－车由“团组”。

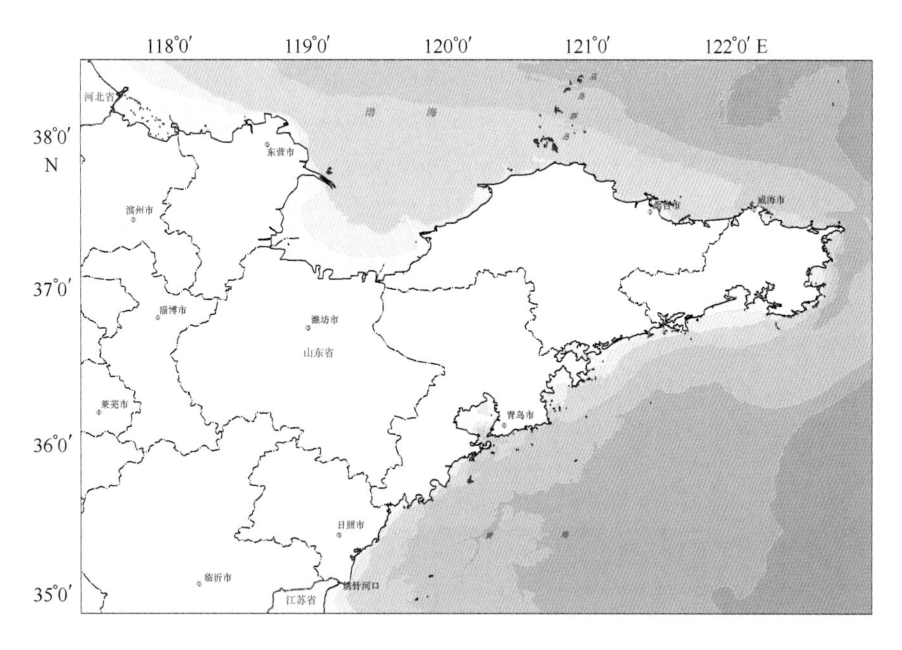

图1.5　山东省海岛分布图

按海岛成因及物质组成，山东省海岛主要分为堆积沙岛和基岩岛两类。其中堆积沙岛有66个，主要分布于黄河三角洲沿岸和莱州湾南岸的潮滩区域。海岛形态变化较大，大部分由贝壳堤、贝壳沙堤经侵蚀改造形成贝壳堤岛；其次为古代黄河三角洲被海蚀破坏后形成残留冲积岛。海岛物质组成以贝壳砂、黏土质粉砂和粉砂质黏土为主。基岩岛主要分布在莱州湾以东海域，岛上基岩裸露，四周崖壁陡峭，海蚀地貌发育。山东省多数基岩岛为构造岛，由构造运动形成，少数为陆缘残留的侵蚀—剥蚀岛丘。海岛组成主要以花岗岩、安山岩、玄武岩、粗安岩、流纹岩以及火山碎屑岩为主。

山东省共有居民海岛 34 个，以渤海海峡的庙岛群岛分布最为集中，构成我国为数不多的海岛县，隶属于烟台市长岛县，该群岛具有重要的战略地位，也是优良的海水养殖基地。另外，还有桑岛、崆峒岛、养马岛、刘公岛、田横岛、灵山岛等有居民海岛，这些海岛都是所在海域的中心海岛，在交通建设、资源开发等方面都起着必不可少的作用。

1.2.4 海域概况

1.2.4.1 海域面积

依据《联合国海洋法公约》和我国的海洋法律制度，确定山东省毗邻海域的范围和面积。

中华人民共和国政府《关于中华人民共和国领海基线的声明》（1996 年 5 月 15 日）中规定：山东省共有山东高角（1）（37°24.0′N，122°42.3′E）、山东高角（2）（37°23.7′N，122°42.3′E）、镆铘岛(1)(36°57.8′N，122°34.2′E)、镆铘岛(2)（36°55.1′N，122°32.7′E）、镆铘岛（3）（36°53.7′N，122°31.1′E）、苏山岛（36°44.8′N，122°15.8′E）、朝连岛(35°53.6′N,120°53.1′E)、达山岛（35°00.2′N，119°54.2′E）8 个领海基点。其连线为山东境内的领海基线。山东省内海位于渤海南部 12 海里以内海域和黄海领海基线向陆一侧海域，总面积约为 3.55×10^4 km²。山东领海为领海基线向外 12 海里，总面积约为 1.42×10^4 km²。毗邻区外部界线为一条由与领海基线最近点距离等于 24 海里的点构成的线，总面积约为 1.43×10^4 km²。中朝、中韩国际间专属经济区尚未划定，其范围为领海基线外延 200 海里，总面积约为 6.72×10^4 km²。以渤海山东海域外边界线为内边界线，以冀鲁海域界线终点至渤海、黄海分界线与辽鲁线交界点的连线为外边界线，确定山东内水外侧海域为 1.21×10^4 km²。另外，根据历史主张及相关数据资料，确定北黄海毗邻面积为 1.63×10^4 km²。综合上述各项，山东省毗邻海域总面积约为 15.96×10^4 km²。

为了更加科学合理地开发利用海洋资源，充分利用海洋垂直深度上的空间，对山东省不同深度的海域进行了统计，见表 1.3。

表 1.3 不同深度海域面积统计表

范　围	面积
海岸线至 0 m 等深线	4 395
0～5 m 等深线	3 565
5～10 m 等深线	4 553
10～20 m 等深线	19 660
20～30 m 等深线	28 967

续表 1.3

范 围	面积
海岸线至 0 m 等深线	4 395
30～40 m 等深线	19 634
40～50 m 等深线	16 725
50 m 等深线以深	62 058
总 计	159 557

1.2.4.2 海域基本特征

山东省海域根据海区可划分为渤海山东海域、黄海山东海域两个部分。其中黄海山东海域以成山头为界，可进一步划分为北黄海山东海域和南黄海山东海域。

渤海山东海域位于渤海南部海域，介于37°03′～38°34′N，117°45′～121°04′E（图1.6），西起冀鲁交界的大口河河口，东至山东半岛蓬莱角与辽东半岛老铁山的连线。渤海山东海域主要包括渤海湾南侧海域、莱州湾海域以及渤海海峡等，水深主要分布在10～15 m；10 m以浅的海域主要分布在渤海湾南侧、莱州湾等近岸海域；20 m以深海域主要分布在距离岸线20 km以外的海域。

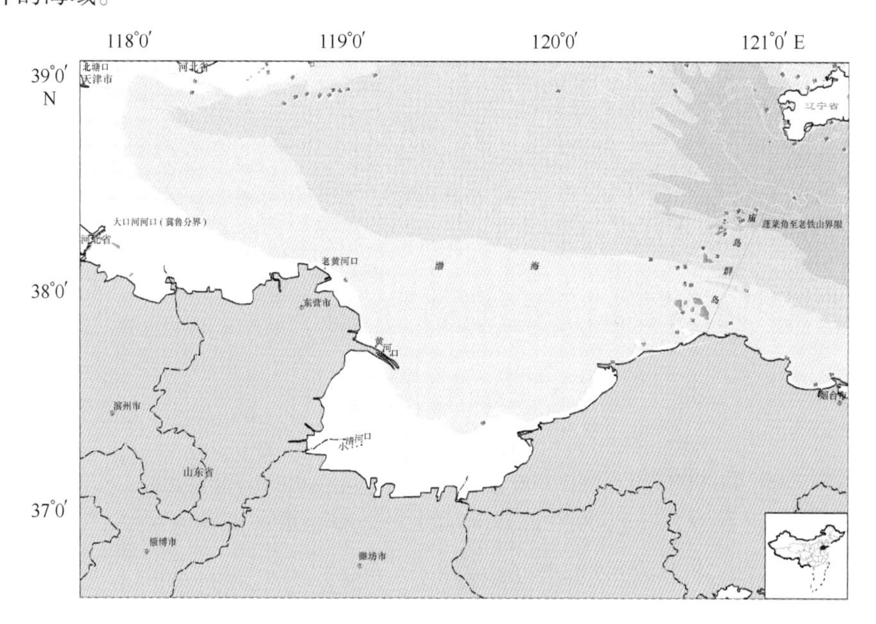

图1.6 渤海山东海域地理位置图

渤海山东海域气候同内陆有一定差异。年平均气温在11.1～14.5℃，按气温划分，季节比内陆晚30 d左右，年平均风速为3.5～4.0 m/s，较内陆平均风速大0.5～1.0 m/s；另外，本海域的日照时间、日辐射量也都明显低于内陆。

渤海山东海域全年以风浪为主，主浪方向偏北，平均波高在0.5～1.0 m，冬季平均波高相对较大。沿岸潮差以黄河口为界，分别向渤海湾和莱州湾方向依次递增。全年平均水温呈自北向南略增的趋势，沿岸水温垂直分布比较均匀。海水盐度在30～31，仅在黄河口区域有小片低盐区。海域以正规半日潮为主，仅在老黄河口—岔河口、神仙沟—甜水沟间以及其间的黄河海港区域为不正规或正规全日潮区。

海底地形平坦，地势由渤海湾、莱州湾向渤海海峡倾斜。海底物质组成以粉砂、粉砂质黏土、黏土质粉砂为主。地貌类型以海底堆积平原、水下浅滩、水下三角洲为主。海底堆积平原主要分布在 10 m 等深线以外的海域，地形平缓，坡度在万分之二左右。其向陆方向通常分布有水下浅滩，坡度在千分之五以上，受海流和波浪的影响较大。水下三角洲多分布在重要入海河口区域，以黄河水下三角洲最为典型，具有河流和海洋共同作用的特点。

黄海山东海域位于黄海西北至西南部海域，介于 34°45′～38°35′N，119°17′～122°43′E（图 1.7），北起山东半岛蓬莱角与辽东半岛老铁山的连线，南至鲁苏交界的绣针河河口。黄海山东海域主要为山东半岛南北两侧海域，水深主要分布在 10～30 m；10 m 以浅的海域主要分布在半岛南部近岸海域；30 m 以深海域主要分布在距离岸线 20 km 以外的海域。

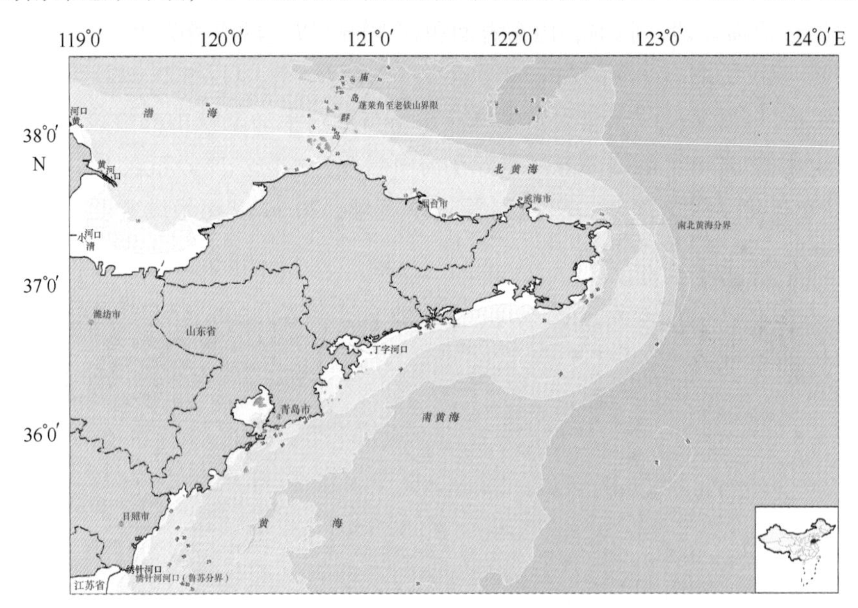

图 1.7　黄海山东海域地理位置图

黄海山东海域气候同内陆有一定差异。年平均气温在 11.1～14.5℃，按气温划分，季节比内陆晚 30 d 左右，年平均风速为 7.1～7.5 m/s，较内陆平均风速大 1.7～2.1 m/s；另外本海域的日照时间、日辐射量也都明显低于内陆。

黄海山东海域全年以风浪为主，涌浪次之，主浪方向具有明显的季节性。年平均波高以石岛湾、成山角最小，约为 0.4 m；往南逐渐增大，千里岩最大，为 0.9 m；随后又有所减小，石臼所为 0.6 m。平均潮差呈下列规律：黄海较渤海大，南黄海较北黄海大，近岸较外海大。青岛以南沿岸的平均潮差为山东省最大。全年平均水温呈自南向北略减的趋势，沿岸水温垂直分布比较均匀。海水盐度在 31～32，仅在岚山头外海有小片低盐区。海域以半日潮为主，全日潮区主要分布在威海沿海。

海底地形平坦，较渤海平均坡度稍陡，海底地势从西、北、东三个方向向中央倾斜。地貌类型以海底冲蚀平原、海底堆积平原、水下浅滩、水下三角洲为主。海底冲蚀平原主要分布于崂山至日照近海，多以平行岸线的凹槽为特征；海底堆积平原主要分布在 10～40 m 水深的海域，地形平缓，坡度在万分之二左右；水下浅滩是本区重要的地貌类型，由于动力条件差异，地形复杂，以莱州浅滩、登州浅滩规模较大；受入海河流限制，河口三角洲规模较小，在湾口处受径流和潮流作用常形成潮流性质的水下三角洲。

1.3 小结

山东省海岸带位于渤海、黄海之滨，西起大口河河口与河北省接壤，北同辽东半岛遥相对峙，南至绣针河河口与江苏省相接，地理坐标位于35°6.2′~38°24.01′N、117°46.1′~122°42.3′E。

大陆海岸线全长3 345 km，人工海岸线和自然海岸线分别占总海岸线长度的38%、62%。山东海岸划分为两个自然区即鲁北平原海岸区、鲁东丘陵海岸区，共5个自然岸段即黄河三角洲海岸段、潍北平原海岸段、莱—龙—蓬砂质海岸段、山东半岛东部、南部基岩港湾海岸段、日照砂质海岸段。目前，山东省面积在1 km^2以上的海湾为49个。

山东沿海岛屿众多，星罗棋布于近海海域，现有海岛456个，其中面积在500 m^2及以上的海岛为320个，分布在渤海和黄海两个海区。山东省海岛总面积在111 km^2以上，海岛岸线长约563 km。

山东省海域根据海区可划分为渤海山东海域、黄海山东海域两个部分。其中渤海山东海域位于渤海南部海域，西起冀鲁交界的大口河河口，东至山东半岛蓬莱角与辽东半岛老铁山的连线。海底地形平坦，地势由渤海湾、莱州湾向渤海海峡倾斜。黄海山东海域位于黄海西北至西南部海域，北起山东半岛蓬莱角与辽东半岛老铁山的连线，南至鲁苏交界的绣针河河口。海底地形平坦，较渤海平均坡度稍陡，海底地势从西、北、东3个方向向中央倾斜。

2　区域地质与水文特征概述

2.1　区域地质特征概述[①]

2.1.1　地层

根据地层总体发育情况，山东省属华北地层大区（V）、晋冀鲁豫地层区（V_4），据三级区划原则分为华北平原（V_4^8）、鲁西（V_4^{10}）、鲁东（V_4^{11}）3 个地层分区，如图 2.1 所示。

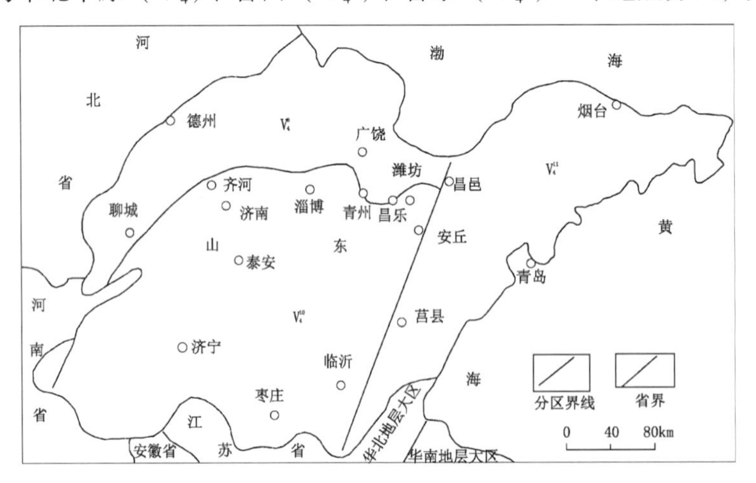

图 2.1　山东省地层综合区划图（山东省区域地质，2003）

华北平原地层分区（V_4^8）以发育巨厚的新生代地层，并以含油、气等矿产为特征，南以聊城—兰考断裂和齐河—广饶断裂为界，自西南向东明、聊城经齐河转向东，至广饶向南经青州至潍坊、昌邑，与鲁西地层分区相邻。

鲁西地层分区（V_4^{10}）以古生代地层发育为特征，寒武纪地层经国内外学者多年研究，已公认为华北大区的年代地层和岩石地层层型。中、新生代地层只发育在小型断陷盆地中，含石膏、煤等沉积矿产。该地层分区东以安丘—莒县断裂与鲁东地层分区为界。

鲁东地层分区（V_4^{11}）以前寒武纪地层和中生代白垩纪地层发育为特征。胶莱盆地内白垩纪地层层序清楚，露头良好，为中国东部陆相地层划分的标准之一，以产鸭嘴龙动物群而闻名。

山东省沿海地区主要以鲁东地层分区和华北平原地层分区组成。各断代地层发育相对较全，自中太古代至第四纪地层的大部分地层都可见及，地表出露以中、新生代地层为主。

中太古代地层出露于鲁东地层分区的唐家庄岩群，为中基性—中酸性火山岩夹硅铁岩建

① 本节内容主要引自《山东省区域地质》。

造，变质程度亦达麻粒岩相，呈零星包裹体状，产于中、新太古代侵入岩中。

新太古代地层，出露于鲁东地层分区的胶东岩群，原岩为基性火山岩—碎屑岩，变质程度角闪岩相。

古元古代地层主要分布于鲁东地层分区，为荆山群、粉子山群、芝罘群。荆山群为遭受角闪岩相—麻粒岩相变质的正常浅海泥岩—碎屑岩—碳酸盐岩建造；粉子山群为受绿片岩相—低角闪岩相变质的碎屑岩—泥岩—碳酸盐岩建造；芝罘群为受低角闪岩相变质的滨海碎屑岩建造，形成时代为古元古代晚期。

中元古代地层山东省陆地不见出露，仅在东南沿海的几个小岛屿上分布，属云台岩群。

新元古代地层包括蓬莱群和朋河石岩组。蓬莱群分布于鲁东地层分区蓬莱一带，中下部遭受浅变质，为碎屑岩—泥岩—碳酸盐岩建造，产微古植物化石，顶部灰岩产叠层石，时代属震旦纪；朋河石岩组零星分布于胶南断隆之上，为经历了低绿片岩相变质的碎屑岩—泥岩，时代属震旦纪。

石炭纪—三叠纪地层，分布于华北平原地层分区，为稳定型海陆交互相—陆相沉积，含煤碎屑建造及碎屑建造。

侏罗纪—白垩纪地层，山东省各个地层分区发育广泛，为含煤碎屑岩建造、陆源碎屑建造及基性—酸性火山岩建造。分为侏罗纪淄博群、白垩纪莱阳群、青山群、大盛群及王氏群。

新生代地层遍布全省，除华北平原地层分区呈大面积出露外，其他地层分区地层出露多较零星。古近纪地层分为五图群及济阳群。五图群发育于鲁东地层分区西北缘的临朐、昌乐、龙口等小型盆地中，为含煤、油页岩的河湖相沉积，自下而上分为朱壁店组、李家崖组、小楼组。济阳群只发育在华北平原地层分区，分布广泛，地层厚度大，为一套色调、成分复杂的河湖相碎屑岩系，含丰富石油、天然气，有时夹石膏、薄层煤及基性火山岩，自下而上分为孔店组、沙河街组、东营组。新近纪地层为黄骅群。黄骅群分布于华北平原地层分区，为一套杂色调河湖相碎屑岩系，分为馆陶组、明化镇组。

2.1.2 岩浆岩

山东的岩浆活动十分频繁，从太古宙至新生代都有发现，可划分为迁西、阜平—五台、吕梁、四堡、晋宁、震旦、加里东、印支、燕山及喜马拉雅等各岩浆活动期。

按照山东省岩浆岩的时空分布特点，结合构造特点，将其分为鲁西构造岩浆区及鲁东构造岩浆区，二者以沂沭断裂为界。

山东近海的岩浆岩主要分布在鲁东地区。鲁东地区岩浆岩主要有太古宙、新元古代及中生代3个形成期，太古宙以来的岩浆活动比鲁西地区强烈得多。鲁东地区大致可分为6条岩浆岩带：

2.1.2.1 栖霞岩浆岩带

分布范围为东自桃村断裂，西至招远—平度麻兰一线，其南为胶莱盆地，北为黄海，属胶北隆起的核部。主要由栖霞超单元TTG岩系组成，有少量官地洼超单元、马连庄超单元、莱州超单元超基性—基性侵入岩及胶东群中基性火山岩。构造线走向近东西。

2.1.2.2 玲珑—平度及鹊山—昆嵛山侵入岩带

出露于栖霞岩浆岩带的东西两侧，主要由玲珑超单元组成，岩带走向近南北。

2.1.2.3 临沭—胶南及海阳所—威海侵入岩带

出露于鲁东南及胶东半岛东端之胶南造山带范畴内，主要由荣成超单元、月季山超单元、铁山超单元等新元古代花岗岩类组成，部分海阳所超单元超基性—基性—中性侵入岩，岩带总体走向近北东，其内构造线走向较复杂。

2.1.2.4 东部沿海侵入岩带

主要出露于威海—青岛—日照一带的沿海地区。由柳林庄超单元、郭家岭超单元、宁津所超单元、伟德山超单元、雨山超单元、大店超单元及崂山超单元侵入岩组成，岩带整体走向近北东。主要包括8个复式杂岩体，分别是艾山杂岩体、伟德山杂岩体、石岛杂岩体、海阳杂岩体、崂山—大珠山杂岩体、大场杂岩体、河山杂岩体及大山—大店杂岩体。

2.1.2.5 鲁东中生代火山岩带

主要出露于胶莱盆地周缘。大部分由青山群火山岩组成，少量莱阳群火山岩及王氏群火山岩，总体呈东西向带状展布。

2.1.2.6 临朐—蓬莱新生代火山岩带

新生代有两次喷溢活动。早期在晚第三纪末，晚期在早期更新世末。由橄榄玄武岩组成，总体呈北东向带状展布，分布于黄县盆地、蓬莱附近及桑岛、黑山岛等地。

2.1.3 构造

山东省沿海区域断裂构造较为发育，主要包括沂沭断裂带、五莲—青岛断裂带、即墨—牟平断裂带和蓬莱断裂带等。其中沂沭断裂带为郯庐断裂的山东部分，即墨—牟平断裂带是胶南—威海造山带与胶北地块的分划性构造带，二者地表露头较好；其余皆为隐伏断裂构造。

2.1.3.1 构造分布及其特征

1）沂沭断裂带

该断裂带作为郯庐断裂的山东区段，备受国内外地质学者瞩目。沂沭断裂带在山东南起郯城以南，北入渤海，大致沿沂河、沭河及潍河的水系方向展布，在山东境内长达330 km，宽20～60 km，北宽南窄。断裂总体走向10°～25°，平均17°左右，带内地质构造复杂，每条主干断裂都由一组平行断面组成。在其发展演化过程中，不同性质、不同级别的构造及地质断块共同组成了这一复杂的构造带。

沂沭断裂带也是一条重要的中新生代岩浆活动带、成矿带和地震带，带内基岩露头好，大部分构造形迹可直接观察，因此，沂沭断裂带是揭示郯庐断裂带特征的黄金地段。

沂沭断裂带由4条主干断裂带及其所夹持的“二堑夹一垒”所组成，自东向西依次为昌邑—大店断裂、安丘—莒县断裂、沂水—汤头断裂、鄌郚—葛沟断裂。其中昌邑—大店断裂和安丘—莒县断裂之间为安丘—莒县地堑；安丘—莒县断裂和沂水—汤头断裂之间为汞丹山地垒；沂水—汤头断裂和鄌郚—葛沟断裂之间为马站—苏村地堑。

2）五莲—青岛断裂及即墨—牟平断裂带

五莲—青岛断裂带及即墨—牟平断裂带是胶北地块与胶南—威海造山带的分划性断裂构造，为一条具有重要地质意义的大断裂。地表由NNE向五莲—青岛断裂和NE向即墨—牟平断裂联合构成。

五莲—青岛断裂带与沂沭断裂带相交，五莲以东走向65°左右，五莲城以西由于受沂沭断裂带左行平移的影响，线形构造不明显，加之岩浆侵位和火山机构发育，有人认为形成向NW突出的岩浆弧，根据断裂规模和伴生韧性变形带的组合特征，与区域上的船坊断裂似为同一断裂带，在莒南盆地南界与沂沭断裂带相交。

即墨—牟平断裂带北起牟平，经栖霞市桃村、海阳市郭城、朱吴，向南延至即墨市、青岛市。航卫片上影像清晰，有同方向的水系展布，断裂带全长100 km以上，宽达40～50 km，主要由桃村断裂、郭城断裂、朱吴断裂、海阳断裂4条主干断裂构成，断裂间距10 km左右，单个断裂宽几十米至数百米，并有同方向的闪长玢岩脉、煌斑岩脉、正长斑岩脉、石英脉等岩脉或岩脉群发育。断面以SE倾为主，亦有直立或NW倾者，倾角一般为60°～80°，整个断裂带向南西方向收敛，几条主要平行断裂趋于交汇。

3）蓬莱断裂带

蓬莱断裂带为蓬莱—莱西断裂带的北段。自西向东重要的断裂依次有北沟镇—玲珑断裂、凤仪店断裂、三包家—巨山沟断裂、林家庄—上庄断裂、五十里堡—紫观头断裂、八角断裂等。诸断裂大致平行，走向小于20°，一般每隔10～15 km出现一条。断裂连续性较好，压扭性质明显，均属左行扭动。应力场集中区常赋存铜、铅、锌、萤石等矿产。断裂具多次活动，常控制青山组火山岩。北沟镇—玲珑断裂近期活动强烈，切割第四纪地层，蓬莱附近地震与其有关。

2.1.3.2　新构造运动

山东省沿海的新构造运动有如下表现：

1）断裂继承性活动

晚第三纪以来不同构造体系的某些成分继续活动。如北沟镇—玲珑断裂西侧为黄县新生代断裂陷盆地，东侧为抬升区。下朱潘至北林院段，切割玄武岩和更新统。招远—莱州弧形断裂南、北两段分别为招远盆地和大原盆地南界。安东卫断裂以北为侵蚀剥蚀地形，以南为剥蚀堆积地形，第四系厚度突然增大。

2）晚第三纪以来沉积厚度变化

安东卫断裂以南，北沟镇—玲珑断裂以西第四系厚度突然剧增，上第三系的分布和厚度也有差异，表明安东卫断裂以南和北沟镇—玲珑断裂以西，第四纪以来是沉降区，中间为不均衡抬升区。

3）岩浆活动及地震

晚第三纪末和早更新世末，分别有两次玄武岩喷溢。这些玄武岩分布在蓬莱，无棣大山及渤海一带，总的分布形态呈向北开口的喇叭状。就蓬莱附近玄武岩的产出状况而言，是沿北北东向和东西向断裂分布，表明，沂沭断裂北段和东西向构造交界处，在新构造时期有强烈的活动，并控制了基性岩浆的喷发。

地震是新构造运动的一种表现形式。所以，地震频率、震中分布及震级大小，实质上反映了近代构造活动的位置和强度。震中几乎集中在半岛北部及附近海域，尤其是渤海南部和莱州湾。

2.2 主要入海河流及其特征

2.2.1 入海河流概况

如图 2.2 所示，在山东沿岸入海的河流有 100 多条，长度大于 30 km 的河流共计 40 条，除我国第二大河黄河外，多数为小型河流，河长在 30 ~ 100 km 之间的河流有 28 条，占总数的 70%；河长在 100 km 以上的河流有 12 条，占总数的 30%。其中，河长在 100 ~ 200 km 的河流有 5 条：大沽夹河、淄脉河、五龙河、胶莱河和白浪河，占总数的 12.5%；河长在 200 ~ 400 km之间的河流有 4 条：小清河、弥河、潍河、漳卫新河，占总数的 10%；河长大于 400 km 的河流有 3 条：黄河、马颊河和徒骇河，占总数的 7.5%。

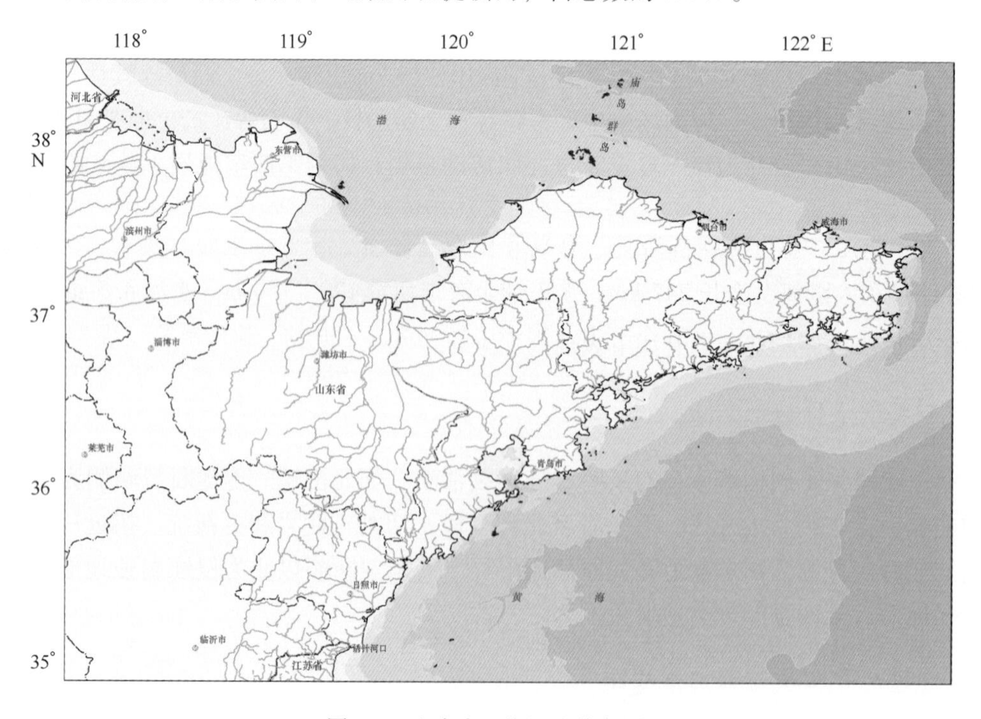

图 2.2 山东省入海河流分布图

山东沿岸入海主要河流的流域面积合计为109 291 km²（不包括黄河751 869 km²和广利河、淄脉河、虞河的流域面积，含冀鲁交界的漳卫新河和苏鲁交界的绣针河，下同）。入渤海的主要河流有17条（表2.1），占总数的42.5%，流域面积合计为91 737 km²（不包括黄河751 869 km²和广利河、淄脉河、虞河的流域面积），占流域总面积的83.9%；入黄海的主要河流有23条，占总数的57.5%，流域面积合计为17 554 km²，占流域总面积的16.1%。其中，北黄海沿岸入海2条，仅占总数的0.5%，流域面积合计约为2 611 km²；南黄海沿岸入海21条，占总数的52.5%，流域面积合计为14 943 km²。

表2.1　山东沿岸各海区主要入海河流一览表

入海海区	河　流　名　称	流域总面积/km²
入渤海	17条河流：漳卫新河、马颊河、徒骇河、黄河、广利河、淄脉河、小清河、弥河、白浪河、虞河、潍河、胶莱河、沙河、王河、界河、中村河、黄水河	843 606
入北黄海	2条河流：大沽夹河、辛安河	2 611
入南黄海	21条：沽河、青龙河、老母猪河、黄垒河、乳山河、留格庄河、东村河、纪疃河、白沙河、五龙河、莲荫河、白沙河、墨水河、大沽河、洋河、王戈庄河、吉利白马河、两城河、傅疃河、巨峰河、绣针河	14 943

注：入渤海区流域面积，不包括广利河、淄脉河、虞河的流域面积，含黄河751 869 km²。

流经鲁北平原区河流主要为胶莱河及其以西入渤海的河流，共计12条，占总数的30%，流域面积合计89 418 km²（不包括黄河、广利河、淄脉河、虞河的流域面积），占总流域面积的81.8%；分布在鲁东丘陵区沿海的山溪性河流主要有28条，占总数的70%，流域面积合计14 943 km²，仅占总流域面积的18.2%。

2.2.2　主要入海河流及其特征[①]

2.2.2.1　漳卫新河

漳卫新河位于冀、鲁两省分界。西起山东省武城县四女寺，东流经德州市，又沿河北省吴桥、东光、南皮、孟村回族自治县、海兴和山东省陵县、宁津、乐陵、庆云、无棣等县，在无棣县埕口东入渤海。全长247 km，大王铺至海丰河宽120～130 m，水深4.3 m，总泄洪量为3 500 m³/s，灌溉农田达20余万亩。因漳卫新河为人工开挖，比较顺直，大部分河岸土质较好，且河型也比较适应洪水特性，洪水峰小、量大、峰型平缓，起涨较为迅速。由于灌溉需要，在河段上修建了6座节制闸等水利配套工程。冬春结冰期为3～4个月。它的支流主要有宣惠河、跃马河、宁津河、跃丰河、四女寺减河、岔河、六五河。

2.2.2.2　徒骇河

徒骇河为禹疏九河之一。源出自河南省清丰县南部边界，东流经山东省范县、莘县、阳谷、聊城、禹城、惠民、滨州等15个县、市，于沾化县与无棣县界，注入渤海湾。全长436 km，流

① 本节内容引自《中国水系辞典》。

域面积为 19 100 km^2，流域地势西南部高，东北部低。河道两岸为广阔平原，水流缓慢，淤积较严重。近 30 年，多有修浚。徒骇河扩大治理工程自 1965 年冬开始，至 1969 年土方施工任务全部完成。疏浚河道 393 km，两岸筑堤 747 km，最大排涝流量达 1 150 m^3/s，最大防洪流量达 1 746 m^3/s。配套工程到 1971 年基本建成，扩建和新建拦河节制闸 12 座，桥梁 111 座，涵洞（管）237 处。主河道流向较顺直，水系不发育。主要支流有鸿雁渠、沙河、潘庄总干渠、倪伦河、老赵牛河、西新河、上四新河、七里河、苇河、赵牛河、温聪河、管氏河、位山引黄灌溉渠、老金线河、新金线河、范莘河、大沙河、土马河。

2.2.2.3　黄河

黄河为中国第二长河流。古称河、河水，又名黄水、禹河、浊河、中国河，秦更名为德水。黄河之名，西汉时见有使用。源自青海省巴颜喀拉山脉，海拔 5 242 m 雅拉达泽山东北麓，在山东省垦利县入海。全长 5 464 km，流域面积为 752 443 km^2。多年平均流量为 1 774.5 m^3/s。平均年径流量为 626×10^8 m^3，径流总量为 574.5×10^8 m^3，年径流量在我国各大河流中居第8 位。

在黄河入海区域的主要支流包括臭水河、黄河故道、新挑河、草桥沟、潮河等。其中黄河故道西起利津县和垦利县间黄河北岸，东流经利津县东南入渤海，长约 54 km。故道两岸为粉砂淤泥质潮滩，水域宽广，河槽摆动性大。为 1976 年改道前的黄河入海河道。

2.2.2.4　小清河

小清河为入海河流。上游古名獭水。在山东省东部。源自济南市，由黑虎、趵突、孝感诸泉汇流而成。主河道东南流，经历城、章丘、邹平、高青、桓台、博兴、广饶等 9 个县、市，于寿光与广饶县界入渤海莱州湾。全长 237 km（旧志作 215 km）。流域面积为 12 263 km^2。多年平均流量为 256 m^3/s。最大排洪量为 500 m^3/s。中、下游流域地势平坦，西北部高，东南部低，海拔高程 1 ~ 975 m。上游流经低山、丘陵。河源黑虎泉下侧，“民国”十八年建有山东省第一座水利发电站，发电量为 14 kW。河道曲折，水系发育，主要支流有范阳河、新塘河、淄河、孝妇河、杏花沟、绣江等。下游河段可通航，为一人工疏浚河道。始浚于金太宗天会八年至十五年（1130—1137 年）。后河道虽有变迁，但流向未变。历来是山东唯一的一条排洪、排涝、灌溉、航运等多用途的河道。

2.2.2.5　白浪河

白浪河为入海河流。在山东省东部。源出自临朐县南部山丘。东南流折东流，经临朐县南部、潍坊市城区、昌乐县中部，至弥河口同入渤海莱州湾。全长 120 km，流域面积为 1 237 km^2。上游流经低山、丘陵，下游地势平坦，西部高，东部低，海拔高程 1 ~ 34.7 m，水系发育，支流较多。流域已建白浪河、马宋、符山等大、中型水库。其中白浪河水库最大坝高为 23 m，控制流域面积为 353 km^2，最大库容量为 1.22×10^8 m^3。兼有发电、养殖等综合效益。

2.2.2.6　胶莱河

入海河流。亦名北胶河、胶莱运河。在山东省山东半岛西北部。源出自胶南市西北部，海拔 595 m 铁镢山北麓。北流折向东北流称胶河。经胶南市西北部、高密市南部、胶州市东部，沿平度市与高密市之间、平度市与昌邑县之间（界河）东流，至莱州市与昌邑县界，注入渤海莱州湾。全长173 km，流域面积为3 712 km^2。流域纵贯山东半岛西北部。多低山、丘陵，河道弯曲。上游河段称胶河，又名南胶莱河。干流河道上，1958年7月建成褚家王吴水库，控制流域面积为344 km^2，总库容量为4 703 × 10^4 m^3。下游河段称北胶莱河，西有运河经大沽河通往黄海胶州湾。水系发育，主要支流有龙王河、泽河、旋河、墨水河等。

2.2.2.7　界河

界河为入海河流。亦名东良河。在山东省东部，源出自招远市西部丘陵。东流折向东北流，经招远市城郊，东沿龙口市边界，北入渤海莱州湾。全长60 km，流域地势西南部高，东北部低。上游流经平缓丘陵，下游两岸为海滩冲积平原。支流发育。河口处为龙口市界河。主要支流有中离河、埠家河等。

2.2.2.8　大沽夹河

大沽夹河为入海河流。在山东省山东半岛东部。源出自海阳市东部、昆嵛山脉东北麓。沿栖霞市与牟平区之间（界河）南流折向东流，经烟台市回里、牟平区莱山等地，于烟台市幸福附近入黄海套子湾。全长约80 km，流域地势西北部高，东南部低，海拔高程60 ~ 380 m，河道两岸多低山、丘陵，左侧有内夹河，右侧有辛安河，河道弯曲，集水面积狭窄，汇水量小，水资源贫乏，主要支流有内夹河等。下游河口处水面宽阔，呈喇叭状，航运船只可上溯至福山镇。

2.2.2.9　乳山河

乳山河为入海河流。上游称玉林河。在山东省东部。源出自牟平区南部。西南流经牟平区西部，至乳山市乳山口镇入黄海。全长54 km。流域地势东北部高，西南部低。上游流经平缓丘陵，支流短促，水资源不丰；育黎以下，为海滩冲积平原，河道宽阔，河口海湾富水产。干流河道上，1960年建成龙角山水库，坝高23 m，总库容量为10 517 × 10^8 m^3，控制流域面积为277 km^2。兼有防洪、养殖、发电等综合效益。

2.2.2.10　五龙河

五龙河为入海河流。在山东省山东半岛西南部。二源，由东源清水河、南源富水河流至莱阳市照旺庄附近汇合而成。南源为其干流。主河道西南流，于莱阳、即墨、海阳间入黄海丁字港。全长90 km，流域面积为1 368 km^2。流域地势东北部高，西南部低。上游流经平缓丘陵，河道比降小，支流不发育。流域已建沐浴、建新两座大型水库等水利工程。上游有清水河、白龙河、富水河、砚河、墨河5条支流，故名五龙河。莱阳八景有“五龙汇涨”之胜。流域以产“莱阳梨”著称。

2.2.2.11　大沽河

大沽河为入海河流。亦名南胶河。在山东省山东半岛西北部。上游河段称沽河。源出自招远市东南、艾山西北麓。曲折西流。经招远市南部、莱西市中部，平度与即墨两市之间，至胶州市与城阳区之间，注入黄海胶州湾。全长173 km，流域面积为4 460 km^2。流域地势东南部高，西北部低。河源处海拔 265 m。上游流经低山、丘陵，河道曲折；下游两岸为海滩冲积平原。河口处水面宽阔，潮汐随胶州湾为规则半日潮，水系发育，呈树枝状河型，水资源丰富，流域已建产芝、勾山、城子、堤湾、尹府等多座水库及水电站等水利工程。其中干流河道上，1959 年 9 月建成的产芝水库，控制流域面积为 879 km^2，总库容量为 $4.02\times10^8\ m^3$；百年一遇洪水能削减洪峰 68%，保护胶济铁路，具有灌溉、发电等综合效益。主要支流有小沽河、五沽河、胶莱河等。

2.2.2.12　绣针河

绣针河为入海河流。在鲁、苏两省边界。源出自山东省莒南县南部山丘。西流折向西南流，经莒南县朱芦等地，过日照市汾水镇，至江苏省赣榆县界入黄海。全长 48 km。流域面积为 370 km^2。流域地势北部高，南部低。全程流经低山、平缓丘陵，支流稀少，水资源贫乏，上游河源处建有大山水库。下游河口段为苏、鲁两省边界河流。

2.3　小结

山东省沿海地区主要由鲁东地层分区和华北平原地层分区组成。各断代地层发育相对较全，自中太古代至第四纪地层的大部分地层都可见及，地表出露以中、新生代地层为主。

在山东沿岸入海的河流有 100 多条，多数为小型河流，入海主要河流的流域面积合计为 109 291 km^2，入渤海的主要河流有 17 条，入黄海的主要河流有 23 条，北黄海沿岸入海河流有 2 条，南黄海沿岸入海河流有 21 条。

3 区域气候[①]

3.1 区域气候一般特征

山东近海和沿海为季风型大陆性气候和海洋性气候的共存区，季节变化和季风进退都比较明显。山东省濒邻海洋，由于受大陆的影响，近岸及渤海的大部分海区均属季风型大陆气候，而属海洋性气候的区域，一般距岸较远。

山东省海岸带年平均气温基本遵循由西南向东北递减的分布规律，多数都在13℃左右。半岛的丘陵地区年平均气温都比较低，一般为11.4～11.9℃；鲁北和半岛丘陵地区以外的地区基本为12.0～12.9℃；其他地区一般为13.0～13.9℃。年平均降水量为600～750 mm，其分布特点是南多北少，半岛的东南部为700～800 mm；半岛的大部分地区降水量一般为600～700 mm；鲁西北和半岛北部降水较少，一般都在600 mm以下。全省年平均日照时数的分布从南往北增多，大致呈西南—东北走向，全省变化范围为2 200 ～2 800 h。半岛的中东部和鲁北的大部分地区为2 600～2 800 h，其他地区多为2 400～2 600 h。

山东省地处中纬度，经常受冷暖气团交绥或交替影响，天气复杂多变。冬季影响山东的天气系统主要是冷锋，它是极地大陆性气团和变性极地大陆性气团之间的界面。较强冷锋过境后，常出现偏北大风并引起强烈降温，当南方暖湿空气较强时也会造成雨雪天气，有时还出现雨凇。当青藏高原上有较深的低槽移出，西南气流较强时，南方气旋也会北上影响山东，造成大风和雨雪天气。入春以后，随着太阳辐射日益增强，地面和空气温度不断增高，蒙古高压强度减弱，并向西收缩，蒙古气旋频繁出现，发展强烈，形成南高北低的气压场，所以春季是山东偏南大风出现最多的季节。同时，南方气旋活跃，活动路径比冬季偏北，气旋出海后常常发展，造成山东大风天气。夏季主要受西太平洋副高和大陆热低压控制，经常受热带海洋气团影响。在单一热带海洋气团控制之下，常是天气晴朗、高温而潮湿。此时来自高纬度的冷空气经常南下，在变性极地气团与热带海洋气团之间形成冷锋。虽然影响山东的冷锋次数及强度远不如春季，但由于南方暖湿气流强盛，经冷空气抬升常造成大量降水，有时达到暴雨强度，甚至出现冰雹等强对流天气。秋季，随着蒙古高压的建立和加强，山东又转受极地大陆性气团的控制，气温明显下降，降水骤减，多秋高气爽天气。

山东省沿海区域具有季风气候“夏热多雨，冬冷干燥”的特点，还具有中纬度天气系统活动频繁、各类灾害较多的特点，更具有海陆两种不同物理性质的边界内所特有的小气候特点。归纳起来，其显著特点是：气候资源丰富；季节变化明显；灾害性天气活动频繁；东南部与西北部气候差异明显；气候具有过渡性特征；风向有日变化现象，即海陆风现象，风速有突变；东南部沿岸多海雾。下文将详细讨论这些特征。

---

① 本节内容主要引自《山东省海岸带和海涂资源综合调查报告集》和《山东省海上千万千瓦级风电基地规划报告》。

3.1.1 气候资源丰富

3.1.1.1 丰富的太阳能

全省海岸带的年太阳总辐射量为494 042 ~544 284 J/cm^2，年日照时数为2 438 ~2 827 h，在全国沿海10省、市中仅次于河北、天津，具备开展太阳能利用的良好条件，也是发展盐业生产的理想地区。

3.1.1.2 丰富的风能

山东省沿海是全国风能资源最丰富的地区之一，年平均风能密度为66 ~328 W/m^2。渤海区年平均风能密度为102 ~175 W/m^2，其中埕口最大，为175 W/m^2；羊角沟最小，为102 W/m^2；黄河三角洲内陆为72 ~96 W/m^2，石臼所最小，仅为66 W/m^2。千里岩的年平均风能密度为460 W/m^2，比青岛大246 W/m^2；长岛为270 W/m^2，比蓬莱大121 W/m^2。

3.1.1.3 积温满足两年三熟的需要

全省沿海气温年变化因受海洋调节，故比内陆缓和，冬暖夏凉，无霜期较长，但因夏季温低，故积温不如内陆多。0℃以上的积温为4 100℃（半岛东端）至4 800℃（西北部），半岛东部一般能满足两年三熟的需要；半岛西部及鲁北、鲁东南沿海能满足一年两熟（或套作）的需要。

3.1.1.4 得天独厚的避暑气候条件

东部沿海夏季高温日数少。目前除青岛、烟台、威海等海滨城市已成为避暑胜地外，其他还有不少地方，同样具有夏季高温日较少的特征，气候凉爽宜人，加上依山傍海的优美环境，众多的古迹遗址，富饶的海洋生物，方便的交通，这些优越条件是发展旅游业的良好基础。

3.1.1.5 降水量基本能满足生产、生活需要

全省沿海降水量从东南部的800 mm向西北递减为600 mm。正常年份能够满足生产和生活的需要。

3.1.2 季节变化明显

受季风影响，沿海气候有明显的季节变化。因有海洋的调节，季节交替比同纬度内陆滞后一些。在冬季，由于山东省位于内蒙古高压东南部，盛行偏北风，气候寒冷、干燥。春季是冬季风过渡到夏季风的时期，气候多变，是一年中大风最多的季节。随着太阳直射点位置北移，4月以后日射总量迅速增加，温度升高很快，但降水仍然不多，易发生春旱。夏季，大部分地区盛行东南风，因受大陆热低压控制，温度高、湿度大，常出现强对流天气，多暴雨、冰雹。由于北部近海面低层气温低于南部，因此多平流雾。夏季也是台风活动最频繁的季节，受台风影响常出现大风及暴雨。秋季是夏季风减弱、冬季风增强的过渡季节。此时，

高空副热带高压南退比地面迟缓，当地面受大陆高压控制时，高空仍受副热带高压影响，垂直结构特别稳定，故秋高气爽。沿海气温受海洋调节而降温慢，秋温高于春温，这是山东省沿海的气候特征之一。

全省沿海的气候四季开始日期和持续天数，自西向东依次为：春季4月9日—5月1日，渤海区持续47～60 d，黄海区持续61～81 d；夏季，5月26日—7月1日，渤海区持续81～113 d，黄海区持续52～87 d；秋季，9月6—11日，渤海区持续44～62 d；冬季，10月28日～11月11日，黄海区持续157～169 d，与本省同纬度内陆地区相比，四季开始日期，西部沿海稍滞后几天，而东部及东南部沿海则滞后明显。春季滞后10～15 d，持续时间增长15～20 d；夏季滞后30 d，持续时间缩短25 d左右；秋季滞后5 d并增长5 d；冬季滞后10 d并增长4～10 d。概括地说，全省沿海四季分明。冬季时间长，气温低，雨雪少；春季时间短，降水少，大风多；夏季西长东短，西热东凉，雨水多；秋季较短。

3.1.3　灾害性天气活动频繁

影响山东省工农业生产的灾害性天气四季都有。冷空气南下造成急剧降温，寒风凛冽。寒潮过程中，最低气温可降至－13～－14℃，风力达6级以上，有时还伴有回流型大雪。

热带气旋和台风对山东沿海的影响总体来讲要相对我国其他沿海区域较小，其影响特征主要为以下两点：①以威海的成山角为界，山东沿海南部海域比北部海域更易受热带气旋的影响。其中热带气旋直接登陆或影响较大的区域主要出现在黄海南部沿海，即主要受影响的沿海区域为威海市的乳山市和荣成市、烟台市的海阳市以及青岛东部、日照市沿海等。而北部海域，即成山角至滨州沿海区域，受热带气旋影响较小。②根据1949—2008年对山东省影响较大的41个热带气旋进入统计，途经山东但无灾情记录的有9个。登陆点热带气旋中心风速在35 m/s以上的共有9个，但其中直接登陆山东沿海的仅1个；风速在25～35 m/s之间的有16个，其中直接登陆山东沿海的有8个。从各热带气旋的登陆地点和强度来看，山东沿海受热带气旋、台风等极端破坏性风速的几率相对较小。

各类气旋是产生暴雨的主要天气系统，气旋暴雨次数多（占暴雨总日数的39%）、强度大、范围广、历时长，是产生夏涝的主要原因。鲁东南沿海，每年平均出现两次气旋暴雨，胶东半岛沿海1.5次，鲁西北沿海1.3次。另外，还有东风波、切变线、冷锋等天气系统，也在夏季影响沿海地区，带来暴雨。4—10月，在一些中、小尺度的强对流天气系统，会产生冰雹、龙卷风等天气，冰雹一般是一年或两年一遇。

3.1.4　东南部与西北部气候差异明显

从各种气候要素及灾害性天气的频率、强度等分析，可以将山东沿海大致划分为特点不同的两个气候带：一个是，烟台以西的北部岸段，另一个是，烟台以东的胶东半岛东部及鲁东南沿海岸段（以下简称为沿海的西北部与东南部）。

东南部比西北部降水多、湿度大、蒸发少，气温年较差小，日照少；东南部比西北部受台风影响大，西北部比东南部受寒潮影响大；东南部海雾多，西北部冰雹多。造成这些差异的原因是：①山东半岛自西向东突入海中，鲁中南、胶东半岛分布着山地和丘陵，山脉的走向多为东北—西南走向，大致与东南沿海的海岸线相平行，对夏季东南季风的水汽输送以及冬季偏北季风均有一定的阻挡作用。气流交换通道除胶东丘陵及鲁中山地之间的胶莱河平原较为宽阔外，山东沿海南部和北部气候差异相当明显。②西北部沿海背靠华北平原，面向渤海，夏季盛行偏南风时，这里是离岸风；冬季偏北风来自海上，但气流经过渤海海面时变性不大，故西北部沿海受海洋影响较少。反之，东南部沿海面向浩瀚的黄海，深受其惠。

3.1.5 气候具有过渡型特征

由于山东沿海受海洋影响的程度不同，又位于典型的东亚季风气候区，这就使其具有海洋性和大陆性之间过渡型的气候。通常以某地气温年、日较差小，最热月出现于8月，最冷月出现于2月，春温低于秋温，气候大陆度指数小于50等作为海洋性气候特征，否则为大陆性气候，全省沿海气温有以下特征：

3.1.5.1 日较差小

山东省沿海地区气温日变化特点是：与内陆相比，白天的最高温度低，夜间的最低温度高，即日较差小，这是海洋性气候的特点之一。

将黄海岸段与同纬度内陆地区的气温年平均日较差相比，前者小5~6℃；渤海岸段平均日较差虽大于黄海岸段2~3℃，但亦小于同纬度的内陆地区。如威海（黄海岸段）为7.1℃，龙口（渤海岸段）为9.5℃，孤岛（渤海西岸）为10.4℃，而同纬度内陆的德州则为11.1℃。威海气温日较差全年都小于10℃。龙口除春季各月外，日较差也在都10℃以下，而德州则全年各月均接近或大于10℃。由此可见，海洋对气温的影响在全省自东向西减小。从日较差看，黄海岸段具有海洋性气候特征，而渤海岸段只有夏季才具有海洋性气候特征。

3.1.5.2 年较差大

山东省沿海处于季风气候区域，夏季高温，冬季寒冷，气温年较差大，大陆度除成山角外都在50℃以上，最冷月份都出现于1月。这是大陆性气候的特征之一。

3.1.5.3 最热月份不一

山东省沿海最热月份黄海区出现在8月，为海洋性气候特征；渤海区出现在7月，为大陆性气候特征。

3.1.5.4 秋温普遍高于春温

以4月、10月分别代表春、秋两季。春温，黄海区多为10~11℃，渤海区多为11~13℃。秋温，一般较春温高1~5℃，半岛东端及海岛则高6~8℃，这又是海洋性气候特征之一。

综合上述4个方面的分析，可以认为山东省沿海气候是海洋性气候和大陆性气候之间的过渡型气候。黄海区海洋性气候特征明显一些，可称作海洋性过渡气候；渤海区大陆性气候特征明显一些，可称为大陆性过渡气候。

3.1.6 风向日变化和风速的突变

3.1.6.1 风向的日变化——海陆风

在海岸附近，最有特征的风是海陆风，其成因为海陆热力特性的差异。海水的热容量比土壤大，所以白昼海面的温度低于路面温度，海洋上空大气低层的厚度比陆上薄；夜间相反，海面温度高于地面，其大气低层的厚度比陆上厚，因此等高压面高度陆地上是白昼高，夜间低，这就产生了海陆风——白昼从海洋吹向陆地，夜间从陆地吹向海洋的风。全省沿海各月出现海陆风的平均日数3—11月为3~6 d，12月至翌年2月为1~2 d，8月最多接近7 d。夏、秋季节海陆风出现较多的原因，主要是在这段时间平均气压梯度较小，梯度风较弱，使海陆风得以显现。在冬季由于平均气压梯度较大，梯度风较强，致使海陆风暂被掩盖，因此较少出现海陆风。各地由于地理位置和受天气系统影响的不同，所以海陆风日数各异。龙口、烟台、石岛、石臼所等地海陆风出现较多，全年约在50 d以上，而成山角、青岛出现较少，尚不及上述地区的一半。海风风速多为3~4 m/s，陆风风速比海风小，一般为2~3 m/s。

海风开始于日出后3~4 h。即多出现于10：00—11：00前后。夏季一般出现于8：00—09：00，冬季多为11：00—12：00，春、秋则为9：00—10：00。孤岛站距海20 km，海风到达时已为14：00—15：00，海风结束时间多为日落前1 h或日落后2~3 h。一般在19：00—20：00前后海风转为陆风，在此期间出现短暂的静风，海陆风高度可达几十米至1 000 m。一般多为300~500 m。

海陆风对气温起着较大的调节作用，这在夏季特别明显。当日出后太阳辐射增强，气温逐渐升高，至8：00—9：00时一旦海风建立，气温上升速度骤然减慢（或下降），使人立即特别清醒并有清凉之感。气候凉爽正是沿海地区成为良好的避暑胜地的重要条件之一。

海陆风对沿海地带大气中污染物质的扩散和稀释作用也有影响。海风侵入陆地时，海洋冷空气位于陆地暖空气之下，形成海风锋面，其上的弱逆温层结对于下面排放的污染物扩散构成了一个倾斜的“顶盖”，阻碍了向上扩散。因此，在海风锋面途经大的排放源地时，近地面层的浓度骤然增大，一般可持续几十分钟至1 h左右。锋面过后，由于海风风速较大也较清洁，又可起到净化大气的作用。海陆风对大气污染的另一个作用是循环污染。这表现在两个方面：一是日间地面附近吹海风而上层吹陆风会形成污染物质的倒流，特别是对于抬升显著的污染源容易返回陆地；二是海陆风的风向日变化也有可能形成重复污染，因为夜间被陆风带到海洋的污染物，日间仍有可能部分地被带回陆地。这种污染情况对沿海大城市有着不可忽视的影响。

3.1.6.2 风速的突变

沿海风速分布的特征：等风速线与海岸线近于平行，且在海岸线附近最密集，其升度方向指向海洋，密集带两侧的等风速线很稀疏。换句话说，沿海即是风速的突变带。

3.1.7 东南部沿岸多海雾

从春季到夏季，水温比气温低时，近海面空气中的水汽易冷却凝结成雾，如有适宜的

3～4级向岸风吹送，则海雾就在沿海登陆。海雾只能在海岸带维持，深入内陆时因地面温度高而迅速消失。因此，海雾多也是沿海气候的特征之一。山东沿海多雾的中心在青岛（53 d/年）和半岛东端（成山角，78 d/a；石岛 53 d/a），4—8 月雾日很少。海雾的持续时间一般在 12 h 以内，从夜间形成到中午前消失。海雾因湿度过大，能见度太低，不仅对人的身体健康和人民生活造成很多困难，而且严重影响工农业生产，危及交通运输的安全。

3.2 气象要素基本特征及其变化

3.2.1 日照

3.2.1.1 太阳辐射量

山东省沿海太阳年总辐射量为 494 042～544 284 J/cm^2，其中烟台以西的山东半岛北部沿海较为丰富，为 523 350～544 284 J/cm^2。全省沿海太阳年辐射总量以胶南为最小，仅为 494 042 J/cm^2，埕口最大，为 544 284 J/cm^2。全年以 5 月最大，本月的辐射总量为 58 615～66 989 J/cm^2；12 月最小，为 20 934～25 121 J/cm^2。

3.2.1.2 日照时数与日照百分率

山东省沿海年日照时数为 2 438～2 827 h。历史上最多的年日照时数为 2 709～3 091 h，最少的年日照时数为 2 045～2 574 h，最大年际变差为 366～812 h。烟台以西的山东半岛北部沿海由于云、雨和雾较少，年日照时数为 2 673～2 827 h，是全省日照时数最多的地区之一，因而光能利用的条件较好。

日照百分率，是日照时数占可能日照时数的百分比，它反映了天气现象（云、雾等）和地势对当地可能日照时数的影响。烟台以西的山东半岛北部沿海日照百分率较大，为 60%～64%；山东半岛的其余沿海地区较小，为 55%～60%。全省沿海日照百分率以埕口最大，为 64%；胶南最小，为 55%。

全年日照时数最长月份为 5 月（多为 243～300 h），最短月份为 12 月（为 142～193 h）。日照百分率以 10 月最大，平均为 65%；其次是 3、5、9 三个月份，均为 63%；7 月最小，平均为 47%，其他各月都在 55%～62%之间。

3.2.2 气温

3.2.2.1 平均气温

山东省的年平均气温自内陆向沿海递减。沿海年平均气温为 11.1～12.6℃，比内陆低 1～3℃。由于黄河三角洲及半岛东端突入海中，这两段的气温受海洋的影响而更为明显偏低。全省沿海以黄河口以西、山东南部沿海及烟台—威海岸段，为 3 个高值区（均高于 12.0℃）；黄河口和半岛东端沿海为两个低值区（均低于 12.0℃）。掖县、羊角沟、东营最高，均为 12.6℃，成山角最低，为 11.1℃。

3.2.2.2　月平均气温

本省沿海最冷月份均出现在1月，1月平均气温渤海区为－2.8～－4.3℃；黄海区为－1.0～－3.2℃。其中以石臼所最高（－1.0℃），弯弯沟最低（－4.3℃）。

最热月份渤海区出现在7月，黄海区多在8月，其月平均温度分别为25.4～26.8℃和23.5～25.8℃，其中最高（26.8℃）出现在埕口，最低（23.5℃）见于成山角。

若以4月、10月两月分别代表春、秋两季，则全省沿海春季气温在黄海区多为10～11℃，渤海区多为11～13℃；全省沿海的秋温普遍高于春温，黄海区多偏高3～5℃，其中石岛和成山角则高出6～8℃，渤海区高出1～3℃。

3.2.2.3　气候四季分配

四季分配是反映一个地区气候特征的重要标志。我国在气候上划分四季，通常都以气候平均气温小于10℃划分为冬季，大于22℃为夏季，介于两者之间为春、秋季。本省沿海气候的四季开始时间，都是西部早东部迟。自西向东依次为：春季为4月9日—5月1日，夏季为5月26日—7月1日，秋季为9月6—11日，冬季为10月28—11月11日。

四季的持续时间，春季为47～81 d（埕口最短仅为47 d，成山角最长为81 d）；夏季为52～113 d（成山角最短为52 d，埕口最长为113 d）；秋季除埕口最短为44 d外，其他区域为52～62 d；冬季最长，大都为157～169 d。四季开始日期的差异较明显，这是由海上气温变化缓慢与黄海和渤海对温度调节作用的大小不同所致。海岸带和岛屿的四季开始日期，均落后于内陆。尤其是夏季的开始日期，全省沿海的黄海区比渤海区平均约晚25 d。渤海区在全省沿海中，春季日数最短，夏季日数最长。

3.2.2.4　最高气温与最低气温

年平均最高气温，渤海区为16.5～18.1℃，黄海区为13.9～17.9℃，其中羊角沟最高为18.1℃，成山角最低为13.9℃，千里岩低于青岛1.1℃，长岛低于蓬莱1.3℃。7月全省沿海最高气温，渤海区为29.6～31.4℃（为全年最大值），黄海区为26～29℃。渤海区8月比7月约降1.0℃，黄海区约升1.0℃，两者温差都很小，其中渤海区稍大些。

年平均最低气温多为7.0～9.0℃。1月最低气温为－3.4～－8.7℃（为全年最低值），其高值（－3.4℃）出现在成山角，低值（－8.7℃）出现在孤岛。千里岩比青岛高1.9℃，长岛比蓬莱高2.6℃。

极端最高气温，渤海区与黄海区相差较显著，渤海区为38.3～43.7℃，黄海区为33.5～39.7℃；其中埕口最高为43.7℃，成山角最低为33.5℃。极端最低气温，渤海区为－17.0～－25.3℃，黄海区为－13.0～－21.0℃。

3.2.2.5　气温的年、日较差

气温年较差是最热月与最冷月的平均气温之差，年较差愈大，该地气候的大陆性愈强。全省沿海的气温年较差，渤海区为28.5～30.9℃，黄海区为24.6～28.6℃；其中以埕口最大为30.9℃，成山角最小为24.6℃。

气温日较差是指一日中最高和最低气温之差，它反映气温日变化程度。全省沿海气温的

年平均日较差多为5.0～11.0℃。其中，渤海区和黄海区的胶南、胶县、海阳、乳山、文登慈家、即墨大桥等地为9.0～11.0℃，其余的黄海岸段为5.0～8.0℃。日较差最大月，山东半岛南部沿海在10月为6.5～11.9℃，山东半岛北部沿海多在5月为6.4～12.7℃。日较差最小月，黄海区在7月为4.6～7.9℃，渤海区在8月为7.2～8.1℃。

3.2.2.6 界限温度、积温和无霜期

全省沿海日平均气温稳定通过0℃的平均初日，除山东东南部沿海为2月20—28日外，其余多为3月1—6日。平均终日，渤海区在12月2—13日，黄海区都在12月6—20日。沿海日平均气温稳定通过0℃初日的早晚，与内陆相差不大，但终日约晚半个月。初、终日数多为280～290 d；黄河口地区最少为273 d，石臼所和千里岩最长为300 d。沿海区大于0℃的积温，渤海区为4 445～4 827℃，其中黄河口地区积温比附近的埕口和羊角沟均少，为4 562℃；黄海区为4 137～4 667℃，半岛东端岸段较少，为4 137～4 397℃，石臼所最多为4 667℃。

沿海日平均气温稳定通过10℃的平均初日，渤海区为4月8—17日，黄海区多为4月13—22日，其中成山角最晚，为5月1日。平均终日，黄海区与渤海区相差不大，为10月27日—11月14日，其中渤海区较早，为10月27日—11月2日；黄海区特别是其南段较晚，为10月30日—11月14日；平均初、终日间的日数为194～208 d。全省沿海大于10℃的积温为3 759～4 385℃，其中渤海区为3 951～4 385℃，黄海区多为3 759～4 140℃。

沿海日平均气温稳定通过20℃的平均初日为5月26日～6月23日，渤海区多在5月下旬末和6月上旬，黄海区多在6月中旬，渤海区比黄海区早15～20 d。平均终日为9月11—24日。初、终间日数为78～116 d；其中成山角最短，为78 d，埕口最长，为116 d，其间的积温多为2 117～2 826℃，埕口最多为2 932℃，成山角最少为1 764℃，渤海区比黄海区多300～400℃。

无霜期（指白霜期）的长短，不同地点和不同月份差异很大，各地大多为190～250 d，沿海比内陆多10～20 d。成山角无霜期最长为275 d，孤岛次之，为254 d。初霜日多为10月下旬或11月上旬。胶东半岛岸段为11月中、下旬，平均终霜日为3月下旬或4月上旬。

3.2.3 降水

3.2.3.1 降水量及降水日数

全省年降水量的分布自东南沿海向西北递减，全省沿海年平均降水量为580～916 mm。渤海区的降水量为600 mm左右；黄海区为650～916 mm。其中威海至蓬莱岸段较少，为650～800 mm；石臼所最多为916 mm；千里岩比青岛少137 mm；长岛比蓬莱少77 mm。

全省沿海的年平均降水大于等于0.1 mm日数，渤海区为65～80 d，黄海区为80～90 d；大于等于10 mm的年平均降水日数，渤海区为15～18 d，黄海区为18～25 d；大于等于25 mm的年平均降水日数，渤海区为6～7 d，黄海区为8～11 d，石臼所最多为11 d。

全省沿海年降水量的平均相对变率为16%～27%，除胶东半岛东端较小，只有16%～17%外，其余沿海地区多为20%～27%。从极值看，降水量最多年份多为最小年份的3倍多，如埕口年降水量最多（1 077.3 mm）的1964年为1968年（最少，316.5 mm）的3.4

倍，为其多年平均降水量584 mm的1.8倍多。胶县年降水量以1964年最多（1 518.6 mm），为1968年（最少，354.1 mm）的4.3倍，为其多年平均降水量（724.8 mm）的1.5倍。从多年平均降水量来看，全省沿海的降水量能适应生产和生活的需要，但实际变化很大，因此，常常出现旱涝灾害，往往旱多于涝。

降水量的季节分配，年降雨量多集中于夏季，夏季渤海区的降雨量占全年的60% ~72%，黄海区夏季占57% ~60%；全省沿海地区平均而言，秋季约占20%；春季约占15%；冬季最少，仅占3% ~5%。

雨季开始日期平均多为6月底—7月初，结束日期多为8月底—9月上旬。雨季的持续时间，由东南向西北递减，黄海区为70多天，渤海区为60 d左右。雨季的降水量，黄海区约为550 mm，渤海区为400 mm。

最长连续降水日数为9 ~15 d，多出现在7月，少数出现在8月或9月，大桥连续降水日数最长为15 d（1970年7月16—30日），最长连续无降水日，多出现在冬、春季：青岛以南的山东南部沿海为70 d（多出现在11月至翌年1月），胶南最长为78 d（1976年12月25日—1977年3月12日）；其余的山东沿海地区多为35 ~65 d，其中黄河三角洲地区为65 ~70 d，多出现在11月至次年3月；埕口为71 d，出现在1973年11月10日—1974年1月19日。

降雪日数，从招远向东至石岛的渤海至黄海区为11 ~21 d，特别是烟台—成山角岸段较多，为18 ~21 d，烟台最多，为21 d。其余的黄海和渤海岸段为6 ~10 d，石臼所最少仅6 d。

平均降雪初日，各地早晚相差1个月左右。胶东半岛的沿海地区多在11月中旬，其余的黄海区和渤海区多在11月底和12月初。最早的威海、龙口为11月6日，最晚的小场为12月11日。

平均降雪终日，多在3月中旬末和下旬初。较早的小场为3月9日，较晚的威海为3月26日，最晚出现在石臼所，为5月8日。

平均积雪日数，各段相差很大，乳山—石臼所和弯弯沟—埕口岸段，多为7 ~12 d；掖县—蓬莱和成山角—石岛岸段，多在20 d左右；烟台—威海岸段为30 d左右，其中以烟台为最长，达35 d，小场最短，为5 d。

平均积雪初日，以掖县至石岛一带的较早，都在11月底；莱州湾和渤海湾多在12月中、下旬；乳山—石臼所较晚，多在12月下旬和1月初。最早的积雪初日出现在大桥，为10月23日。

平均积雪终日，各地早晚可相差20多天。埕口—弯弯沟和乳山—石臼所岸段多为2月下旬，其余岸段多为3月上旬。积雪的最早终日出现在小场，为2月6日；最晚终日出现在大桥，为4月13日。

最大积雪深度，渤海区多在20 cm左右，掖县土山最大为27 cm。蓬莱—成山角一带多在30 cm上下，成山角、牟平最深为34 cm，其余黄海岸段多在20 cm以下，唯青岛为27 cm。

3.2.3.2　湿度

相对湿度指空气中实际水汽压与当时气温下的饱和水汽压之比（以百分数表示）。全省沿海的相对湿度以成山角以西的山东半岛北岸较小，为64% ~71%；半岛南岸成山角—石臼所一带较大，为71% ~77%。

3.2.3.3 蒸发量

蒸发量是指以20 cm口径的小型蒸发器测量的值。威海以西的山东半岛北岸蒸发量较大，为1 750～2 430 mm。其中，埕口最大，为2 430 mm；黄河口地区较小，为1 750～1 900 mm。其余黄海岸段为1 434～1 600 mm，最小值为1 434 mm，出现在青岛。全年各月的蒸发量以5月为最大，威海以西的山东半岛北岸多为250～400 mm，最大值为408 mm，出现在埕口；其余的沿海地区多为170～240 mm，最小为167 mm，出现在石臼所。全年各月的蒸发量以1月最小，为45～69 mm，其中最小值为45 mm，出现在孤岛。

3.2.4 风

3.2.4.1 风况

根据沿海各气象站1971—2009年逐年平均风速的观测资料统计分析，气象站多年平均风速变化曲线见图3.1。

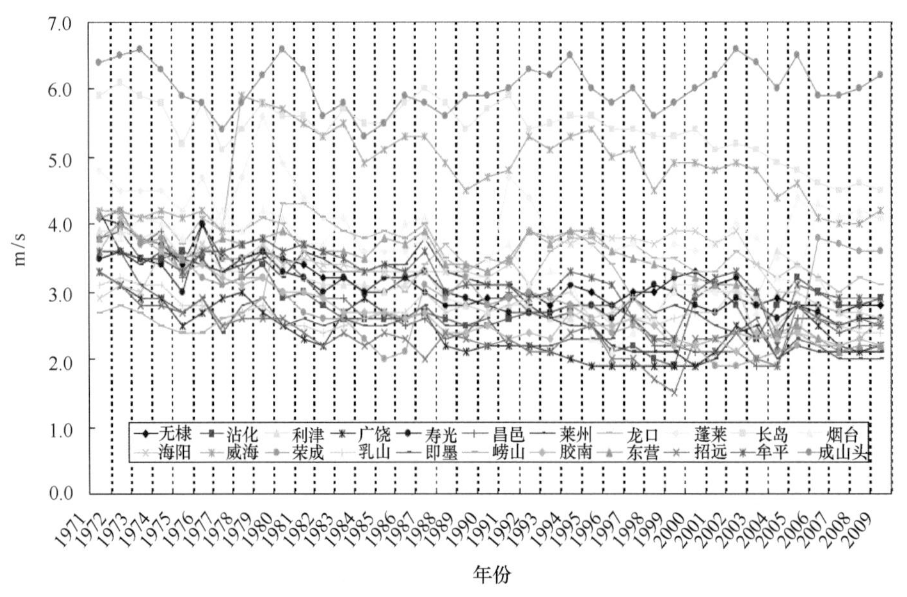

图3.1 山东省沿海各气象站1971—2009年平均风速变化曲线

1）年际风况特征

从图3.1可以看出，山东省沿海各气象站多年平均风速与山东省沿海风能资源分布特点基本一致，以成山头、长岛、龙口、蓬莱、烟台和威海气象站年平均风速相对较高。从长系列年平均风速统计成果来看，山东省沿海各气象站年平均风速随着气象站周围环境变化均有下降趋势，但下降趋势不明显，总体来说风速年际变化较为平稳，下降幅度较小。

2）年内风况特征

经统计分析，山东沿海各气象站月平均风速变化见图3.2。从图可以看出，山东省沿海各气象站月平均风速年内变化规律基本一致，基本上均以冬、春季风速相对较大，夏、秋季风速相对较小。

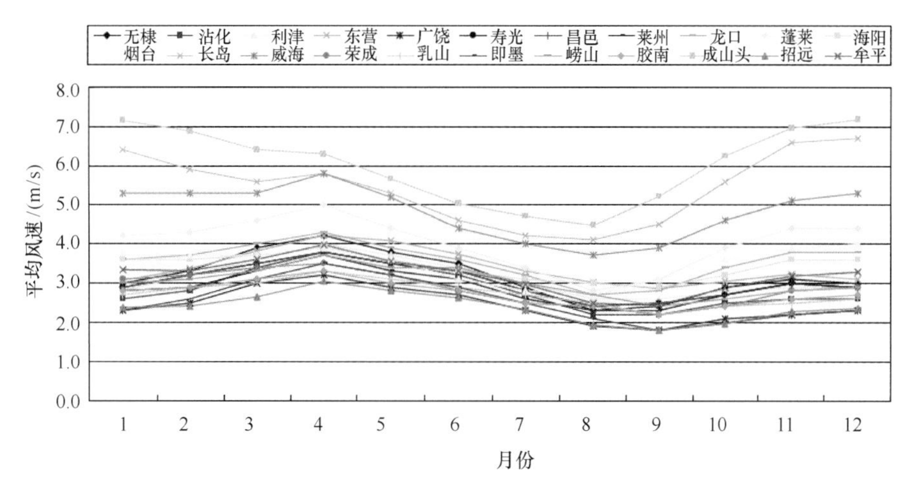

图3.2 山东省沿海各气象站多年平均风速年内变化曲线

3.2.4.2 风速

1）年平均风速

山东省沿海的平均风速在3.1～6.7 m/s之间。其中，石臼所、胶南、海阳和黄河三角洲地区平均风速较小，为3.1～3.8 m/s；半岛东端较大，多为5.8～6.7 m/s，成山角最大为6.7 m/s。海岛上的平均风速比临近的海岸大，如长岛比蓬莱大1.2 m/s，千里岩比青岛大2.0 m/s。千里岩的平均风速达7.4 m/s，为全省之冠。沿海地带的风速比内陆大，如成山角的风速比荣成大2～3 m/s。冬季的风速较夏、秋季为大，从11月至翌年5月的月平均风速多大于年平均值，6—10月多小于年平均值。月平均风速最大月份，除烟台、成山角、长岛、千里岩在1月或12月外，其他大多在4月，个别在3月。8月、9月份多为月平均风速的最小月。

春季（3—5月）为月平均风速最大的季节，平均风速为3.4～6.9 m/s，成山角最大为6.9 m/s，海阳最小为3.4 m/s。

夏季（6—8月）为月平均风速最小的季节，平均风速为2.7～5.2 m/s，其中最大值为5.2 m/s，出现在成山角，最小值为2.7 m/s，出现在海阳。

秋季（9—11月）为月平均风速逐渐增大的过渡季节，平均风速9月为3.5 m/s，10月增至4.0 m/s，11月更大，为4.6 m/s。

冬季（12月至翌年2月）月平均风速大都为3.4～7.9 m/s，与夏季相似，以成山角为最大（7.9 m/s），海阳为最小（3.4 m/s）。

2）年最多风向及其频率

各地最多风向因受季风和地理环境的影响而异，山东半岛东部和胶南—石臼所一带最多风向为N—NW，其频率为10%～15%；乳山为NNW北北西风，频率为48%；牟平—蓬莱和龙口—掖县岸段最多风向为S—SSW风，频率为10%～19%；山东东南部的即墨、青岛、胶县及沿胶莱平原，掖县土山—羊角沟的黄河三角洲内陆，弯弯沟岸段等处最多风向为SSE，频率为9%。冬季多以N和NW风主导风向，春、夏多以S和SE风为主导风向。

3）50 年一遇最大风速

根据气象站近 30 年的年最大风速统计值和极值 I 型概率分布函数，计算各规划区域附近长期观测站点 50 年一遇最大风速，得到各区域 50 年一遇最大风速，见表 3.1。

表 3.1　山东海上规划海域 90 m 高度 50 年一遇最大风速计算成果　　单位：m/s

区　域	鲁北海域			莱州湾海域	
代表塔	BZ01	DY01	DY10	YT02	YT04
50 年一遇最大风速	36.0	35.3	34.0	36.7	33.8
区　域	长岛海域	半岛北海域	半岛东部	半岛南海域	
代表塔	YT08	WH02	WH09	WH11	QD02
50 年一遇最大风速	37.1	36.3	40.7	41.9	39.8

3.2.4.3　风压

风压系指与风向垂直的结构物平面上所受到的最大风速的压强（单位：kg/m^2），是按离地 10 m 高、30 年一遇的 10 分钟平均最大风速计算的。全省沿海风压的分布特点，总的来说是，沿海大内陆小，平原大山区小。黄海区较大，为 35～75 kg/m^2（其中成山角最大为 75 kg/m^2，牟平最小为 35 kg/m^2）；渤海区较小，为 35～55 kg/m^2（其中弯弯沟最大为 55 kg/m^2，昌邑和掖县较小为 35 kg/m^2）。

3.2.4.4　风能

山东省沿海是全国风能最丰富的地区之一，根据沿海布设的测风塔测风资料，得到山东近海海域 70 m 高度上年平均风速和风功率密度分布情况，山东省近海海域年平均风速和风功率密度分别见图 3.3 和图 3.4。

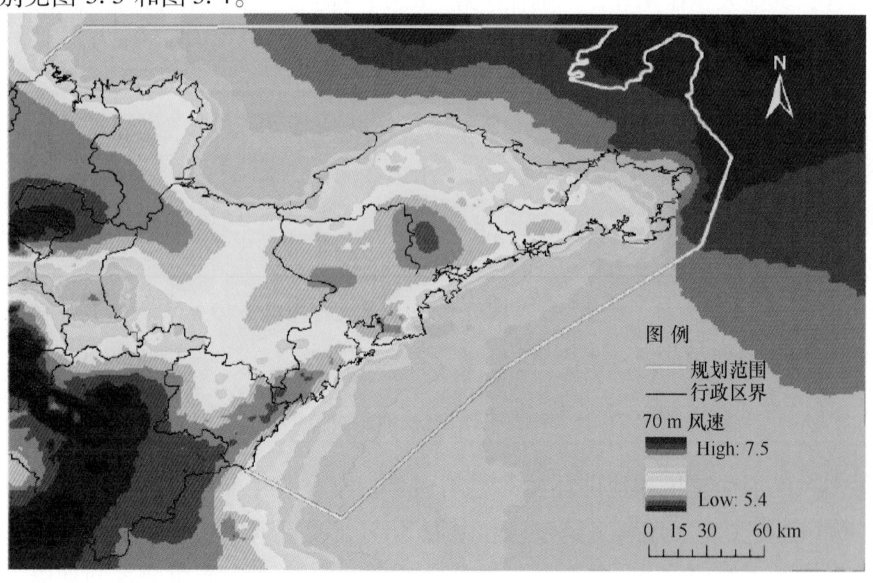

图 3.3　山东省规划海域 70 m 高度年平均风速（m/s）分布

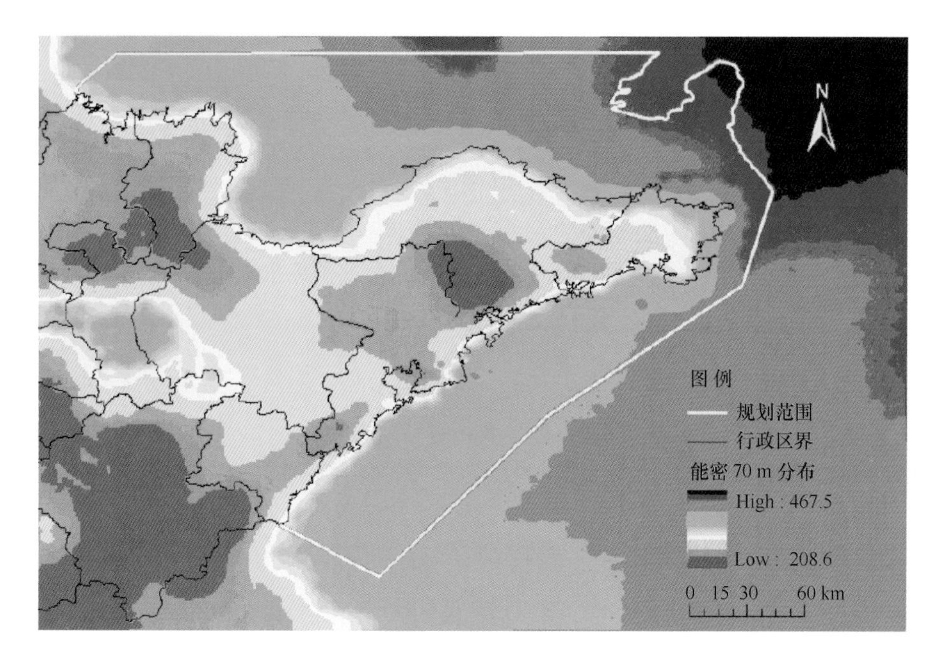

图 3.4 山东省规划海域 70 m 高度风功率密度图

从图 3.3 和图 3.4 可以看出，山东省海上以威海成山头东北部海域风能资源最为丰富，其次是长岛附近海域和黄海南部东面区域。

3.3 小结

山东省沿海区域具有季风气候“夏热多雨，冬冷干燥”的特点，还具有中纬度天气系统活动频繁、各类灾害较多的特点，更具有海陆两种不同物理性质的边界内所特有的小气候特点。归纳起来，其显著特点是：气候资源丰富；季节变化明显；灾害性天气活动频繁；东南部与西北部气候差异明显；气候具有过渡性特征；风向有日变化现象，即海陆风现象，风速有突变；东南部沿岸多海雾。

山东省沿海太阳年总辐射量为 494 042 ~ 544 284 J/cm^2，其中烟台以西的山东半岛北部沿海较为丰富，沿海年日照时数为 2 438 ~ 2 827 h。

山东省的年平均气温自内陆向沿海递减。沿海年平均气温为 11.1 ~ 12.6℃，比内陆低 1 ~ 3℃。沿海最冷月份均出现在 1 月，其平均气温渤海区为 -2.8 ~ -4.3℃，黄海区为 -1.0 ~ -3.2℃。

山东省年降水量的分布自东南沿海向西北递减，全省沿海年平均降水量为 580 ~ 916 mm。年平均降水大于等于 0.1 mm 日数，渤海区为 65 ~ 80 d，黄海区为 80 ~ 90 d；大于等于 10 mm 的年平均降水日数，渤海区为 15 ~ 18 d，黄海区为 18 ~ 25 d；大于等于 25 mm 的年平均降水日数，渤海区为 6 ~ 7 d，黄海区为 8 ~ 11 d，石臼所最多，为 11 d。

山东省沿海是全国风能最丰富的地区之一，以威海成山头东北部海域风能资源最为丰富，其次是长岛附近海域和黄海南部东面区域。

第 2 篇　海洋环境

4　地形与地貌

4.1　近岸海域地貌

4.1.1　近岸海域地貌特征

根据“形态与成因相结合，内营力与外营力相结合，分类与分级相结合”的原则，结合区域水深和地形地貌特征，山东近岸地貌可分为陆地地貌、海岸地貌和陆架地貌3种类型，其中陆地地貌可分为山地地貌、丘陵地貌、平原地貌和台地地貌；海岸地貌又可分为潮间带地貌（潮滩、海滩、岩滩）和水下岸坡地貌；陆架地貌可分为海湾平原、现行河口水下三角洲、废弃河口水下三角洲、陆架堆积台地、侵蚀堆积陆架平原等不同级别的地貌类型，其具体地貌类型划分见图4.1。

山东省近岸地貌总体来说，具有类型丰富多样和区域分布集中的特征。丰富的地貌类型在山东省沿海区域并不是杂乱无章分布，相反，由于受区域大地构造、海岸类型等因素的影响，其类型的分布具有明显的分区性。下文将分两个区域分别介绍其特征：

1）胶莱河以西区域为平坦、广阔的鲁北平原区，其海岸类型以粉砂淤泥质海岸为主，主要分布在渤海海域。

本区域的陆地地貌主要以平原地貌为主。黄河三角洲区域的地貌受黄河影响显著，陆地地貌以三角洲平原为主，由黄河尾闾历次改道的河成高地、河间洼地等地貌形态相间构成，在改道时间较短的区域这种相间的形态明显，在改道时间较长的区域由于受人类活动的影响，其相间的特征逐渐消失，在改道区域还存有决口扇等地貌体。在黄河的入海处发育有河口沙嘴，由河口沙嘴的发育、成长和消亡显示了黄河尾闾的变化。另外，由于套尔河河口以西的区域上千年没有受到黄河的直接影响，其陆地地貌主要以冲积平原为主。潍北平原区域主要受小清河、弥河、白浪河、潍河及胶莱河等河流冲积影响，由各河流两侧的冲积平原构成该区域陆地地貌的骨架，在冲积平原间分布有冲积—海积平原，在其向海侧为海积平原，两者都呈条带状平行岸线分布。

本区域潮间带地貌多为粉砂淤泥质潮滩。由于不同岸段所处动力环境的差异，导致其潮滩的形态差别较大。在黄河现行河口区域，外营力以堆积作用为主，高、中潮滩泥泞下陷，滩面多有芦苇、碱蓬等植被覆盖，潮水沟发达；低潮滩多为粗化的沙波地，沙纹发育。在强侵蚀区域，外营力以侵蚀作用为主，高潮滩宽度较窄且陡，没有密集的潮水沟，中潮滩以侵蚀劣地和蝶形洼地为主，低潮滩出现沙波地，滩面较中潮滩窄。在平衡和弱侵蚀区域，外营力相对平衡，形成滩面往往宽度较大，可达十几千米，滩面平坦。本区域有丰富的航道型潮汐通道，如套尔河、小清河、弥河、白浪河等，潮汐通道将原本平行海岸线的地貌分割成块状。另外，本区域滨海堤坝规模庞大，导致目前滩面的中、上部处于弱

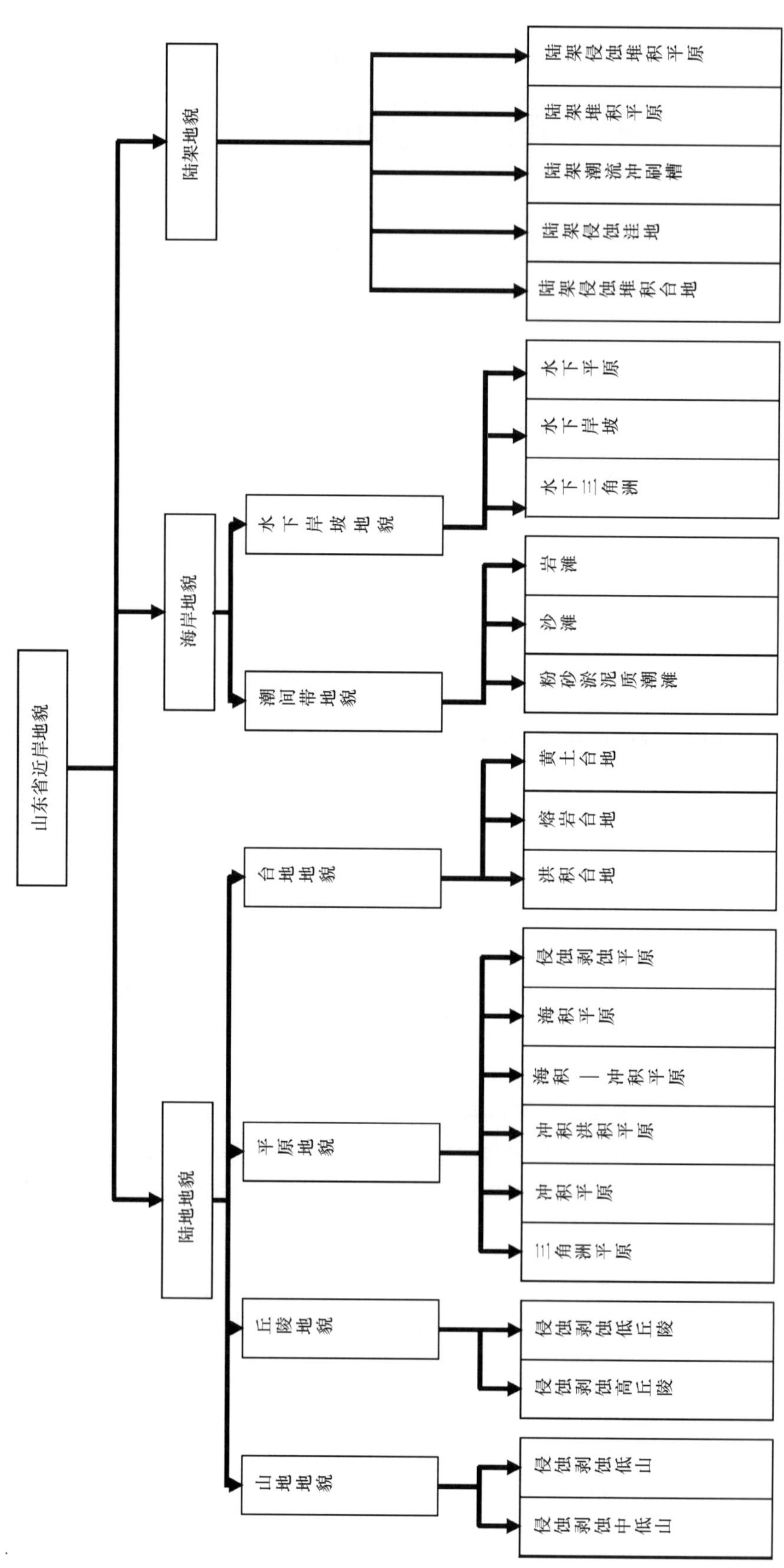

图 4.1 山东省近岸地貌类型划分图

侵蚀状态。区域水下岸坡地貌以水下三角洲、水下堆积岸坡、海湾平原为主。其中黄河水下三角洲是山东省发育规模最大的水下三角洲，水下堆积岸坡主要分布在莱州湾沿岸，向海逐渐过渡为海湾平原。

2）胶莱河以东沿海区域为较起伏的鲁东丘陵区，海岸类型以砂质海岸为主，同时伴生有基岩海岸和粉砂淤泥质海岸，跨渤海、黄海两个海域。

本区域的陆地地貌类型丰富，山地地貌、丘陵地貌、平原地貌和台地地貌都有分布。在蓬莱以西的陆地地貌以平原和台地地貌为主，台地地貌主要集中分布在蓬莱、长岛区域，以黄土台地和熔岩台地为主；平原地貌分布较广泛，多呈平行海岸线方向分布，由海积平原向冲积洪积平原过渡，其后为低丘陵。蓬莱以东的陆地地貌类型更加丰富，由陆向海由低山、丘陵过渡为低缓波起伏的剥蚀平原，一些小型河流冲积平原错综点缀其间。另外，兀立在半岛东南部海拔1 133 m的崂山山地是山东沿海唯一的中低山地貌，构成了我国北方少有的山地海岸地貌景观。

潮间带地貌类型以海滩和岩滩为主。其中海滩主要分为开敞海湾顶部的平直海滩和半岛东部的沙坝-潟湖体系海滩两种类型。半岛东部的沙坝-潟湖体系在北方海岸少有，常发育有宽阔的沿岸沙坝，口门处有沙嘴发育，潟湖内多以潮滩为主，目前多开发为养殖池塘。岩滩则集中分布在半岛北部和东部，滩面相对较窄，海蚀地貌发育，景色秀丽。由于存在大量基岩港湾，本区域多分布大型优良港口，如青岛港、烟台港、威海港等。水下岸坡地貌类型以水下堆积岸坡、水下堆积侵蚀岸坡、水下侵蚀岸坡为主，其中以水下侵蚀岸坡分布最为广阔。另外，在老母猪河、五龙河等河口处发育有水下三角洲。

本区域具有陆架堆积台地、侵蚀堆积陆架平原、陆架古湖沼洼地、古河谷洼地、潮流冲刷槽等地貌形态。侵蚀堆积陆架平原分布最为广泛，陆架堆积平原主要分布在北黄海的中部，陆架侵蚀洼地和潮流冲刷槽主要分布在庙岛海峡、荣成山头等地形多变的区域。

4.1.2　陆地地貌①

山东省沿岸陆地地貌的基本类型分为山地、丘陵、平原、台地4类。

4.1.2.1　山地地貌

本岸段的山地地貌主要由侵蚀剥蚀中低山和侵蚀剥蚀低山两类组成。

侵蚀剥蚀低山一般海拔在500～600 m之间，分布零散。半岛北岸以荣成的伟德山为主。伟德山主峰老阎坟海拔为553 m，大部分山海拔在400 m以上，山体完整，走向为NW60°，受俚岛—海西头断裂控制，由燕山期花岗岩组成。

胶东半岛南岸的低山以海阳招虎山与玉皇山为代表，海拔分别为549 m和589 m，皆由燕山期花岗岩组成。山体走向为直北东，受华夏式断裂控制，基本与岸线平行。石岛港以西的槎山，海拔为538 m，直逼海岸呈东西向分布，山势陡险，沿岸有球状风化的巨砾倒石堆分布。

胶州湾以南沿海的低山以胶州湾西南侧的小珠山为代表，是崂山花岗岩体向西南方的自然延伸部分。主峰海拔为725 m，山体受后期河流侵蚀切割，山脊线大致是西北走向，与岩

① 本节内容部分引自《山东省海岸带和海涂资源综合调查报告集》。

体分布方向不尽一致。其他如铁橛山及河山紧邻调查区外缘，走向与海岸平行。

侵蚀剥蚀中低山仅在青岛崂山山地分布，位于胶州湾东侧。主峰崂顶海拔为1 133 m，海拔大于1 000 m的峰顶面积很小，山的大部分在海拔500～1 000 m之间，故划为中低山。

崂山山地由燕山晚期花岗岩侵入体组成，中生代以来经长期侵蚀、剥蚀，岩体出露地表，形成巉峻山地，平面轮廓呈直角三角形。整个岩体被后期北东向断裂分割成三大条块，北部条块西北侧以海阳—青岛断裂为界，与胶莱平原相接，自东北向西南，为三标山（683 m）和老虎山（429 m）；中部条块的东北为锥子崮（758 m），西南为浮山（368 m）；南部条块是以崂山山顶为中心的山地主体。物理风化与流水侵蚀强烈，形成危岩与深涧共生，奇峰与幽谷交织的险峻景色，为我国北方沿海著名风景地。山地的东、南两侧直逼黄海，构成典型的山地海岸。

4.1.2.2 丘陵地貌

按高度划分，本区域丘陵地貌可分为侵蚀剥蚀高丘陵（海拔为200～500 m）和侵蚀剥蚀低丘陵（海拔为50～200 m）。

侵蚀剥蚀高丘陵是低山外围的自然延续部分，总的分布脉络不太明显，山势比较和缓。如胶东半岛西北岸的灵山（332 m）、南围山（453 m）及双目顶（426 m），为罗山—莱山山地的西侧外延部分，分别由玲珑花岗岩及石英二长岩构成。烟台市区的塔山（397 m）及岱王石（401 m），由粉子山群变质岩组成。芝罘岛老爷山（294 m）由石英岩及石英片岩组成。山体走向为北西西，受北西西断裂控制，横亘于烟台港外。牟平至威海之间以芦山（420 m）、天齐夼（419 m）为代表，由元古代交代花岗岩组成，是昆嵛山北麓的自然延伸部分。半岛南岸荣成至胶州湾间，高丘陵的分布大致与燕山期花岗岩的分布一致，海拔多在300～400 m之间。胶州湾以南沿海的高丘陵以大珠山及岚山头的老爷顶为代表，海拔均在400 m左右。大珠山海拔为486 m，由燕山晚期花岗岩组成，山体拔地而起，山顶面平齐，以北西向直达海岸分布，十分峻伟。

侵蚀剥蚀低丘陵是本区域沿海广泛分布的地貌类型之一，由变质岩、花岗岩及火山岩等多种岩类组成。蓬莱以西的低丘陵主要分布在龙口断裂南侧和蓬莱市的东部，海拔在200 m以下。龙口南侧丘陵基岩多为玲珑花岗岩，由于该岩石受轻度变质，易风化，经过侵蚀和剥蚀，形成了部分地势和缓、山丘浑圆、具有较明显台面的低丘陵。以东区域主要以海拔为100～200 m的丘陵分布最普遍，表现为起伏和缓的宽谷缓丘地形，是山东地貌的一个重要特色。个别低丘虽相对高度不大，但却挺拔孤峻。如荣成的崂山及日照的大奎山等，均以孤山兀立在沿海剥蚀平原上，为典型的剥蚀残山和准平原化过程的残迹。

4.1.2.3 平原地貌

山东沿海平原分布广，类型多样。按成因类型主要划分为下列几个：

1）三角洲平原

三角洲平原主要分布在黄河三角洲区域。其主要以河成高地为脉络，在大高潮期间海水可淹浸的地方形成滨海湿洼地，它包括一部分近海河间与近河口段洼地，河成高地和河间洼地呈放射状相间分布，构成了三角洲平原的主体地貌形态。另外在老黄河三角洲区域分布的大量三角洲残留体以及河口处发育的形态各异的河口沙嘴也是三角洲平原的重要组成部分。

2）海积平原及海积-冲积平原

海积平原及海积－冲积平原在山东沿海分布广泛，西起莱州湾南岸，南至日照都有分布，其中以莱州湾区域的平原宽度最大，在胶莱河以西平原多呈平行岸线分布，但被入海河流割裂为块状。胶莱河以东，主要分布在海湾周边，平行海湾分布。海积平原的海拔通常在10 m以下，地形平坦，沉积物以海相沉积为主。海积－冲积平原多分布在海积平原的向陆侧，海拔在20 m以下，地形平坦，沉积物以海相和河流相交互为主。

3）冲积平原

冲积平原多分布在沙河、王河、界河、黄水河、黄垒河、五龙河、大沽河等入海河流两侧，规模与河流流量相关。地形整体呈向河、向海倾斜的趋势，海拔由高向低，沉积物以河流相为主。

4）侵蚀剥蚀平原

剥蚀准平原，一般海拔在50 m以下，以各类岩石构成的风化壳广为发育为特征，在龙口、烟台、胶东半岛及胶州湾北部及其以南沿岸广泛分布，具缓波状起伏的地形，有时可见兀立的孤山，在直逼海滨的剥蚀平原边缘，常有高达10～20 m的海蚀崖，使剥蚀平原成为剥蚀台地。

5）山前冲洪积平原

山前洪积台地以胶东半岛北岸蓬莱一带为典型，由中、晚更新世及全新世次生黄土夹砂砾层组成，为丘陵坡麓洪积扇，后经海蚀，形成以土质海蚀崖为界的海拔20～40 m的洪积台地。另外，在胶南的大珠山等区域有零星分布。

4.1.2.4 台地地貌

火山及熔岩台地是山东沿海陆地地貌中的一种特殊类型，也是我国北方沿海少有的地貌类型。

1）火山集中分布于蓬莱，分裂隙式喷发及中心式喷发两类。前者，如蓬莱的红石山、赤山及西山等；后者以蓬莱的迎口山为代表，海拔为248 m，平面呈不规则马蹄形，火山口近东西向长椭圆状。由近100 m厚的砖红、紫红色渣状玄武岩、火山砾及黑色火山碎屑物组成，底部有0.5～1 m厚的黄土，故迎口山可能形成于中—晚更新世。

2）熔岩台地集中分布于蓬莱及龙口北部。由多层玄武岩组成，海拔在50～150 m，后经侵蚀，台面呈波状缓起伏。栾家口附近，台地直迫海滨，形成玄武岩海蚀崖。蓬莱城西的黑峰台，海拔为115 m，近水平的玄武岩层覆于变质岩基底上，构成本区沿海的玄武岩方山砘形。

4.1.3 海岸地貌

4.1.3.1 潮间带地貌

1）粉砂淤泥质潮滩

山东粉砂淤泥质海岸形成了广阔的潮滩。它西起与河北交界的大口河河口，向东终止于虎头崖。潮滩形成的水动力，主要是潮流。潮滩地形平坦。平均坡降为0.08%。

黄河三角洲海岸可分为大口河至顺江沟的废弃古黄河三角洲海岸和顺江沟至淄脉沟的1855年以后形成的近代黄河三角洲海岸。它们形成平坦而又广阔的潮滩。潮间带的宽度平均为3~6 km，最宽处可达10 km以上。该潮滩根据其分布位置及所受潮汐作用的强弱不同，可分为位于大潮平均高潮位至平均小潮高潮位之间的高潮滩、位于平均小潮高潮位至平均小潮低潮位之间的中潮滩和处在平均小潮位至最低低潮位之间的低潮滩之间的低潮滩。

莱州湾海岸西起小清河口，东至虎头崖。莱州湾主要有小清河、弥河、白浪河、虞河、堤河、潍河和胶莱河注入，并对其发育产生重要影响。黄河输沙对其也有一定的影响。因此，莱州湾海岸潮间带与黄河三角洲海岸潮间带的特征有明显不同。它的潮滩平均宽度较窄，为4~6 km。也有高潮滩、中潮滩、低潮滩之分。组成物质为较粗的粉砂，由于沉积物较为松散，且周期性地受到海水的淹没和出露，侵蚀、淤积变化复杂，滩面上常有水流冲刷成的潮沟和波浪侵蚀的洼坑分布。

2）沙砾质海滩

从虎头崖向东围绕山东半岛，直至与江苏交界的绣针河口沙砾质海岸广泛分布。该海岸形成以沙为主，并含砾石及贝壳碎片的沙砾滩。海滩滩面较窄且坡度较陡。滩面宽度多为数十米，超过200 m者甚少，坡度多在1°~3°之间。波浪是其形成海滩的主要水动力。

半岛北部莱州刁龙嘴—烟台养马岛一带发育沙砾滩。海滩多发育于连岛坝、沿岸沙堤的外侧。沙滩多由砂组成，含砾石。

刁龙嘴是复式羽状沙嘴，其发育过程几乎代表了刁龙嘴—龙口岸段的全部变化过程。目前，沙嘴经常被风所改造，并掩埋了附近的潟湖及冲积—海积平原。沙嘴末端冲淤变化显著，并逐渐向西延伸。另外在三山岛至龙口区间古海湾、古潟湖发育，一般在沙坝的内侧多有潟湖存在。由于陆源物质较丰富，局部地区的河口岸线在逐渐向海推进。三山岛一带海滩宽度100米至200多米不等。

屺岛连岛坝、芝罘岛连岛坝都是本区域规模较大的沙坝，其存在说明沿岸泥沙以纵向运动为主，其中屺岛连岛坝是本段现存完好的连岛沙坝，其北岸海滩较窄，约为100 m，南部较宽，大于150 m，芝罘岛连岛坝已经被人类活动所掩盖了。

半岛东部和南部港湾众多，其海滩主要以潟湖-沙坝体系的形式分布。威海市皂埠至马兰湾段在柳疥以西有大面积的沙坝与潟湖发育，该岸段海滩受到明显侵蚀，在沙坝处发育有1 m以上的侵蚀陡坎。荣成桑沟湾岸段内多海湾，湾内沙嘴、沙坝和围栏潟湖发育，有斜口流潟湖、龙门港潟湖、林家流潟湖等。桑沟湾西侧海滩较宽，在200 m以上，上部较下部陡；南侧海滩相对较窄。乳山市南寨至白沙口段为一开阔型的砂质海湾，湾内自常家庄有一条长约

6 km 的大沙嘴由北东向西南延伸，与西面的角滩隔一潮汐通道，沙嘴北是潟湖。由于白沙滩河泥沙的累年输入发育了潟湖口潮汐三角洲。三角洲附近因受波能、潮流、径流的相互作用，泥沙活跃，形成许多沙洲、沙岗等堆积体。沙嘴在泥沙横向运动的影响下，具有沿岸沙坝的特征，并且发育了复式沙坝。海阳市凤城至马河港段岸线较平直，有海阳万米海滩分布，滩面宽，滩形呈上缓中陡下缓状，沉积物多以细沙、中细沙为主，为优良的旅游沙滩。另外，在本段纪疃河和东村河之间分布砂砾堤，呈帚状向北东方向散开，总宽度随之增大。崔家潞湾至棋子湾段，从王家台后村起向北 2 km，为典型的沙坝-潟湖岸。相互平行的两列沙坝与潟湖相间排列。内侧的老沙坝由北向南延伸，外侧的新沙坝由南向北延伸，几乎与岸相连。老沙坝形成后阻断了北侧的泥沙供应，继而发育了由南向北的新沙坝。

另外，在龙口和日照南部沿岸还有部分平直的砂质海滩分布，滩面多呈上陡下缓的形态，受侵蚀现象较强，宽度通常在 150 m 左右。

3）岩滩

山东基岩海岸，西北起虎头崖，绕过山东半岛，南至日照岚山头，与沙质海岸相间分布，岸线曲折，港湾众多。在基岩海岸上形成的岩滩多由各类基岩和滩面散落的粗砂、砾石构成。岩滩滩面狭窄，坡降大，波浪对其侵蚀作用明显。

岩滩的形态受其组成岩性的影响较大，下面将分别叙述。

（1）由花岗岩等较硬岩石构成的岩滩

该类岩滩在山东沿岸广泛分布，大部分海岛上也多为该类岩滩。岩滩上海蚀地貌发育。有海蚀柱、海蚀沟槽等奇特地貌景观。宽度仅几十米或一百多米。两处岩滩岬角间发育有小型海滩，海滩一般宽 50～100 m，以细沙为主，在无灾害性天气情况下，岸滩较为稳定（图 4.2）。

（2）玄武岩台地

玄武岩台地海岸主要分布在龙口、蓬莱沿岸。新生代玄武岩组成的海蚀崖直立海滨，其下发育有宽数十米的海蚀平台，各种海蚀地貌发育。玄武岩海蚀崖的高度各地有所不同，有的崖高可达数十米。陡崖之下有磨圆较好的砾石滩（图 4.3）。

（3）黄土台地

黄土台地海岸主要分布在蓬莱城西—栾家口—泊子一带。此外，莱州海新庄—海庙口也有零星分布。其特点是黄土堆积台地直插岸边并延伸到水下，从而构成独特的几近直立的黄土海蚀崖。黄土台地由更新世中期以后的黄土状堆积物所组成，海水直捣黄土崖下。海蚀崖陡直雄伟，陡崖之下为浪蚀台地（由黄土状堆积物组成），台地上发育有薄层粉砂或细砂沉积，黄土台地海岸类型在整个山东沿海虽分布不广，但其独特的海岸地貌景观在全国都是罕见的（图 4.4）。

另外，位于渤海海峡庙岛列岛的高山岛和北长山岛间的海域内也存在海蚀平台。声呐图谱反映出表面平滑，似自然地层表面。平台表面没有明显的定向冲蚀痕迹。如图 4.5 所示平台表面平坦，生长着大量的附着生物。结合区域地质情况可知该区为古老的变质岩。有形似坑状起伏，形状呈不规则状，坑底深度浅，深约 10 cm，最深处超过 0.5 m。

图 4.2　基岩岬角海岸

图 4.3　铜井玄武岩海岸

4.1.3.2　水下岸坡地貌

山东半岛海域水下岸坡分布非常广泛，种类也很丰富，可分为河口水下三角洲、水下侵蚀岸坡、水下侵蚀—堆积岸坡、水下堆积岸坡、海湾堆积平原等几种类型，其上发育次一级的地貌类型，有水下浅滩、侵蚀洼地和潮流冲刷深槽（海釜）等地貌形态。

1）现行河口水下三角洲

渤海和黄海沿岸河流众多，在山东省境内的河流比较大的有莱州湾的黄河、山东半岛南部的老母猪河、五龙河等，还有一些规模较小的河流如龙口湾的界河、胶州湾的大沽河等，随着河流入海水、沙的不同和河口海洋动力强度的相对变化，河口常形成不同沉积模式的三

图4.4 黄土台地海岸

图4.5 海蚀平台声呐图

角洲及其河、海共同作用的沉积体系和三角洲发育与废弃的演变。三角洲体系因河流、潮汐及波浪作用相对强度的不同，形成不同特征的河控、潮控、波控及其过渡类型的三角洲和相应地貌组合。渤海海域的水下三角洲基本上都属于河控型水下三角洲，黄河海域的水下三角洲基本属于潮控型。现将几个规模较大的水下三角洲分述如下：

（1）黄河现行水下三角洲

现代河口水下三角洲位于莱州湾西部、现行黄河入海口附近海域。该三角洲指的是1976年6月黄河人工改道自清水沟入海以来形成的水下三角洲。是三角洲平原水下延续部分，其范围为北起五号桩南的黄河北大堤头岸外，南至小岛河口岸外，向外延伸至水深13 m处。该水下三角洲似扇形，坡降为0.04%。

从地形图上看，水下三角洲前缘具有明显的平台区和斜坡区，从低潮线至2 m等深线内地势都较为平坦，宽度大约为4 km，陆上的黄河分流河流可直接延伸到这里；2 m水深以深出现明显的陡坡，宽2.9～5.3 km，坡度为0.2～0.3，是水下三角洲坡度最大的部分，上部较陡，下部较缓，斜坡的破折出现在11～12 m等深线附近，之后进入地势平坦的前三角洲。前三角洲位于水深12～13 m至17～18 m。海底地形平坦，坡度为0.1～0.2，宽度可达13 km。前三角洲之外是海湾平原，其坡度更加平缓。三角洲前缘平台沉积物粒度常略粗些，但相差不大，在沉积环境上，三角洲前缘上部称作河口沙坝，三角洲前缘的下部称作远端沙坝，两者的界线在7 m水深或更深一些。三角洲侧缘位于河口外侧部，低潮线至12～13 m水深内的黄河口外侧泥质沉积区，又称烂泥湾。在地貌和沉积物特点上与河口中外部的三角洲前缘有很大不同。这里既没有平坦的三角洲前缘平台，也没有坡度较大的三角洲前缘斜坡。从低潮线至12～13 m水深处，坡度是0.6～1左右，坡度变化小。沉积物为黏土质粉砂，比河口外中部明显变细。

黄河携带的细粒级粉砂淤泥、细沙、粉砂、黏土和有机质等沉积物在口门附近迅速堆积，由于泥沙的快速搬运，快速堆积，沉积时间短，欠固结、含水量高，在波浪、潮流等水动力作用下容易被扰动悬浮，非常不稳定，形成滑塌洼地、滑塌陡坎、冲蚀沟等微地貌单元。

①滑塌洼地

滑塌洼地主要分布在黄河水下三角洲前缘斜坡，由于该区块水动力比较强，侵蚀作用强烈，以负地形出现的塌陷洼地密密麻麻，分布广泛，规模较大，其形状不规则，多呈近似圆形或椭圆形，大小不等，长度一般在10～100 m之间，相邻洼地扰动下切深度不超过1 m，洼地内部海底形态与周围海底有显著的不同，一般情况下洼地四周边缘界线清楚，内部海底平坦，在侧扫声呐图像上反射较弱。同时，众多的小型塌陷洼地可相互结合在一起，形成一定规模的滑塌洼地群（图4.6）。

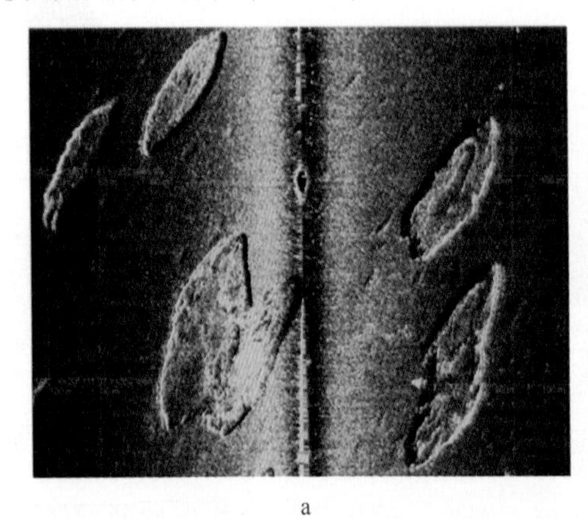
a

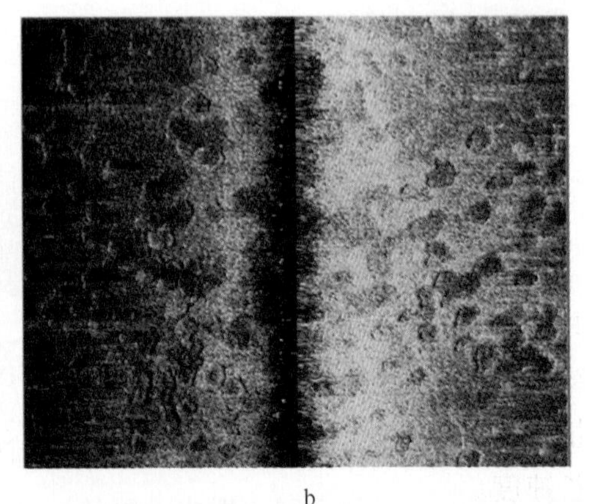
b

图4.6　滑塌洼地和滑塌洼地群

a：滑塌洼地；b：滑塌洼地群

②冲蚀沟

1996年人工改道后，之前的河口受强水动力作用出现侵蚀，水下三角洲前缘斜坡上地势凹凸不平，在老河口南部形成三四条大规模的冲蚀沟，近于NWW弧形分布，长度达七八千米，相邻高差深达两三米之多，下伏浅层沉积物受到严重切割破坏。冲蚀沟内常由松散沉积物充填。在外力作用下两侧沟壁易受到破坏而坍塌，使冲蚀沟不断加宽。蚀余地貌与冲蚀沟伴生出现（图4.7）。

③滑塌陡坎

图4.7 蚀余地貌声呐和浅地层图

在现行河口水下三角洲前缘斜坡底部发育滑塌陡坎，陡坎落差为1.4 m左右，延伸长度为1.5 km左右。

现代黄河水下三角洲主要受入海径流及携沙沉积和海洋动力的共同作用，还受现代人类活动的影响，自1976年以来，海底地形地貌一直处于动态变化中，河口水下三角洲的演化经历了初期迅速增长、中期较快增长、后期缓慢增长和废弃后萎缩的过程。

1976年黄河改道初期，入海水流散漫，入海口摆动频繁，三角洲面在较大范围内展开，大量泥沙在河口呈冲积扇沉积，三角洲迅速增长。1980年汛后，入海河流归股，呈单一顺直河道，摆动范围缩小，河道受大堤和地形约束，泥沙在河口地区淤积，河口沙嘴迅速外凸，河口尾闾末端形成拦门沙，随着河口的进一步延伸，受NE方向浪和科氏力影响，沙嘴逐渐向南偏转，水下三角洲增长速度依然较快。1990—1996年，河口突出一定程度后前缘水深增大，受海洋动力作用明显增强，河口沙嘴变得狭长弯曲，河口泥沙也有沙嘴向两侧扩散，加之该段时间水沙偏少，三角洲发育速度明显变缓（黄海波，2005）。

1996年经人工改道，黄河在清8断面以上950 m处重新入海，改道后流场分布和入海泥沙的沉积动力环境都发生了改变，导致水下三角洲泥沙冲淤形势发生变化，据2009年测深数据，老河口南部受到严重侵蚀，沙嘴尖部已不像以往那样明显向黄海延伸，三角洲前缘斜坡上尤其是南侧斜坡上出现多处明显的侵蚀挖坑等负地形，而新河口外形成新的水下三角洲，其前缘斜坡最远向海推进2.4 km，并略向东南方向偏转（密蓓蓓，2008）。但是受黄河近年来水量锐减的影响，新形成的水下三角洲增长速度远低于1976年清水沟流路水下三角洲初期的增长速度。

（2）文登老母猪河水下三角洲

老母猪河三角洲分布在五垒岛海湾中，由河口向南呈辐射的扇形。三角洲规模不大，宽约24 km，长约12 km，底质较粗以细砂为主。该处潮流作用明显，有潮流沙脊分布。目前因河流输沙量减小，三角洲发育缓慢。

（3）即墨五龙河水下三角洲

该三角洲分布在丁字湾口。水下三角洲呈扇形。外缘水深约10 m。它最宽约18 km，长9 km。底质多为较细的泥沙组成。坡降为0.15%。

除以上较大的河流三角洲以外，在一些较小河流也有小型的水下三角洲存在。

2）废弃河口水下三角洲（$CL9_5$）

形成于1953—1976年的废弃黄河水下三角洲神仙沟—刁口流路水下三角洲叶瓣位于现代黄河三角洲的北部，自1976年黄河改道清水沟流路以来，水流中断，入海泥沙量锐减，沉积作用减弱，而水下三角洲前缘处在突出渤海的位置上，毫无屏蔽地受到渤海NE向的强浪直接冲击，潮流强大，潮汐复杂，致使水下三角洲遭到侵蚀后退，三角洲斜坡带位于10 m等深线内，平均坡度为1.5‰，前三角洲位于10～20 m等深线之间，坡度稍缓，为1‰，以外是平坦的陆架侵蚀堆积平原。

水下三角洲在河口行水期间，泥沙快速堆积，岸线向海推移，在岸外形成明显的淤积中心，1976年5月黄河改道清水沟流路初期，本海区岸线呈向NWW方向略微突出的格局，岸线分别在主行水河口附近的桩古20井和后期河流流出汊入海口的飞燕滩向海突出，经过改道初期的快速冲刷阶段（1976—1980年）、中期缓慢冲刷阶段（1982—1992年）、后期以冲刷为主的冲淤调整阶段（1992年至今），目前已达到以冲刷为主的冲淤调整阶段。以15 m等深线为界，浅水区冲刷、深水区淤积（鹿洪友，2003）。且1976年最大的堆积中心与1999年最大冲刷中心是相吻合的，最大冲蚀厚度为8 m（刘勇，李广雪，2002）。废弃水下三角洲的冲淤与向东北方向凸出的三角洲叶瓣导致的NE方向强浪在此区域产生副局而使近底泥沙再悬浮有关（王厚杰，2010），泥沙运动在废弃三角洲的演变和重塑中起了重要作用。

快速沉积的河口水下三角洲海底地层松散，含水量高，又经受波浪和潮流作用强烈侵蚀改造，海底粗糙，发育侵蚀残留岗丘、塌陷凹坑、斑状海底等微地貌形态（冯秀丽，2004）和不同规模的海底滑坡（杨作升，1994）、海底底辟（李广雪，1999）等地质灾害。

①侵蚀残留岗丘和冲刷坑

废弃的黄河水下三角洲海底粗糙，起伏不平，冲刷沟槽、侵蚀残余岗丘等微地貌（图4.8）分布十分广泛。尤其是在废弃时间较长的孤东海堤附近海域的水下三角洲，5 m等深线以内冲蚀、塌陷洼地非常普遍，局部地区塌陷洼坑互相连接。在老九井海堤北侧也存在一个微地貌充分发育的复杂地形区，由沟脊组成，沟脊高差可达4～5 m，系水下三角洲上的河口沙坝在潮流的侵蚀和冲刷下较松软的沉积物被冲走，而较硬的物质残留下来形成的残留沉积体。

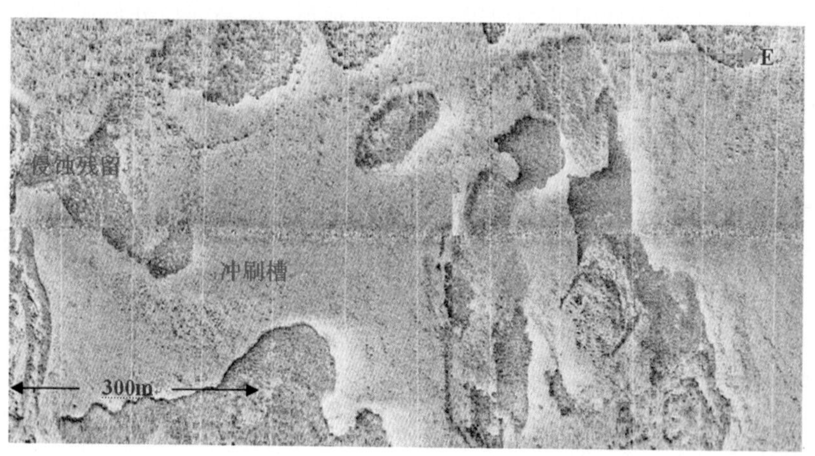

图4.8　冲刷槽和侵蚀残留体侧扫声呐影像

②侵蚀残留浅滩

在废弃河口水下三角洲斜坡上发育一块面积约22 km^2 的水下侵蚀浅滩，呈舌状向海凸出，滩面上密布侵蚀凹坑，深度在0.5～1 m之间。组成物质为砂质粉砂、粉砂及黏土质粉砂。

③采油平台和海底管线等人工地貌

由于该区块蕴含丰富的油气资源，我国自主开发的最大滩海油田埕岛油田就位于此，废弃水下三角洲主体上人类活动痕迹显著，16 m等深线内采油平台林立海底，还铺设各种油气管线。

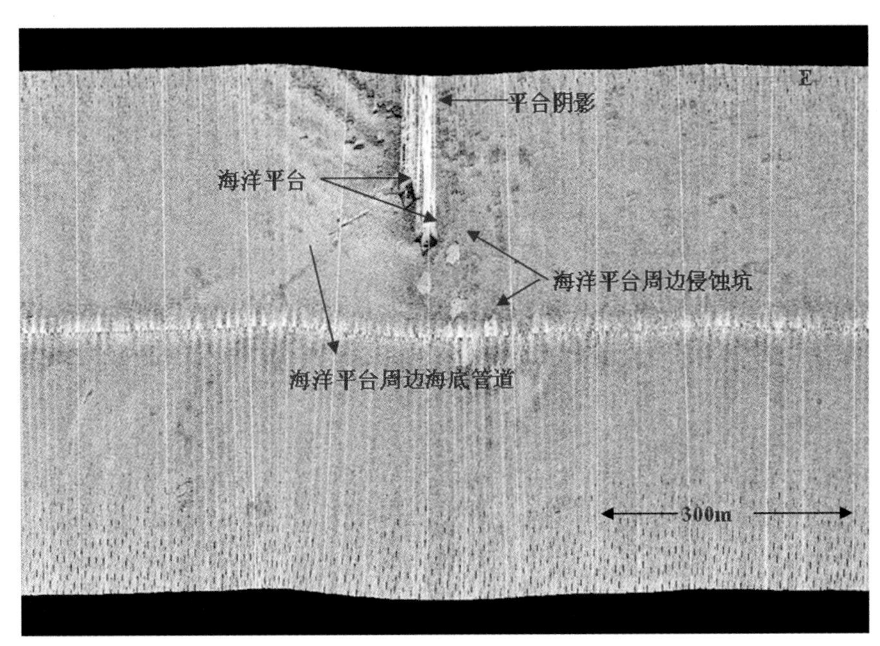

图4.9 海洋平台及其周边管线侧扫声呐影像

3）水下堆积岸坡（CL11）

水下堆积岸坡为主要受堆积作用形成的岸坡，一般分布在河口附近和水动力作用较弱的海湾内，在山东半岛沿岸，水下堆积岸坡主要分布于莱州湾沿岸，该岸坡长约18 km，较陡，坡脚终止于10 m等深线附近，平均坡降为0.11%，连接海岸和莱州湾海湾堆积平原的过渡地带。

4）水下侵蚀堆积岸坡（CL12）

水下侵蚀堆积岸坡为地貌过程介于侵蚀、堆积作用之间的过渡岸坡。山东半岛海域水下侵蚀堆积岸坡少有分布，龙口湾水下岸坡属于该类型。龙口湾内波浪作用不强，潮流很小，加之没有大河入海，近岸一带已达到冲淤平衡，为侵蚀堆积型水下岸坡；龙口湾水下岸坡宽5 km左右，比降为1/800，沉积物主要是粉质，岸坡上发育数条沙嘴，与水下浅滩无明显波折。5 m等深线距海4 000～4 400 m，海底比降1/1 000～13/1 000，湾内有官道沙嘴和鸭滩两个对生水下沙嘴围封的半封闭内湾，水深在3 m左右。

5）水下侵蚀岸坡（CL13）

水下岸坡是山东半岛海域发育非常广泛的地貌类型，半岛北部从屺角—成山角、从成山角—石岛东部以及半岛南部水下岸坡基本都属于此类型。由断崖或构造面经波浪、潮流侵蚀而成，属海洋动力辐聚的高能侵蚀岸坡。

（1）半岛北部岸坡

从屺角—成山角的半岛北部都有长短不一、坡度不同的岸坡分布。其中蓬莱角至成山头具有典型的岸坡。岸坡长 3 ~ 10 km，坡脚水深为 10 ~ 15 m，其坡降平均为 0.25%。该岸坡陡而窄。

（2）从成山角—石岛东部岸坡较陡，岸坡平均长约 18 km，坡脚水深约为 20 m，岸坡平均坡降为 0.11%。该区北部岸坡坡降明显大于南部，这是北部岸陡，波浪作用强烈所致。

（3）半岛南部岸坡坡降变化较大。在麦岛附近从 0 ~ 25 m 等深线宽度约为 21 km，坡降为 0.12%，在日照沿海岸坡坡脚水深变小，约为 20 m，岸坡坡降稍变小。

5）海湾平原（CL16）

山东省海域海湾平原地貌主要有莱州湾和胶州湾平原，其次，渤海湾的南部也有一部分在山东省界内。渤海湾和莱州湾是面积较大的海湾堆积平原，胶州湾面积相对较小，且波浪潮流等水动力对其的侵蚀作用较强，形成别具特色的海湾潮流动力地貌。

（1）渤海湾海湾平原

该平原位于渤海湾南部的冀鲁交界的漳卫新河河口，向南至套尔河口附近的东部海域。它主要是由古黄河在此入海时，携带大量泥质粉沙在渤海湾形成的海底平原。该平原范围广阔，地形平坦，坡降约为 0.06%。底质以泥质粉砂及粉砂为主。后因黄河改道，入海泥沙量骤减，该段海岸现遭受侵蚀而后退，海湾平原堆积速度明显减缓。

（2）莱州湾海湾平原

在西起小清河口，东至龙口屺角的莱州湾入海的淄河、潍河、白浪河、胶莱河及相邻的黄河等河流在海底形成的广阔的冲积平原。该类型是莱州湾海域分布范围最大的地貌类型。从 10 ~ 20 m 等深线的外海都是它的分布区。海底地形十分平坦，坡降为 0.008%。海湾内由于受潮流的作用，湾内平原区内基本上不受黄河入海泥沙的影响，淤积的泥沙主要来自鲁北平原入湾的河流，后者来沙量少，组成粗，海底底质以粉砂为主。由于近年泥沙入海量的减少，该平原堆积速度变缓。

位于莱州湾东部刁龙嘴岸外海域的莱州浅滩是山东半岛北岸规模最大的近岸水下堆积地貌体，是在具有丰富的物质来源和两个不同方向的波浪作用下形成的水下地貌类型，长达 25 km，呈 NW—SE 走向，浅滩根部宽约 5.5 km，向 NE 方向逐渐变窄，最窄处位于距其根部约 10 km 处，宽约 1.5 km。随后沿 NE 方向再次变宽至 6.5 km 左右。浅滩头部折向 SSW，与浅滩主体成 -15°左右的夹角。整体形态呈向西倾斜的“7”字折头的形状。浅滩与周边海底相对高差达 8 ~ 10 m，水深沿 SE—NW 向逐渐从 6 m 增大至 16 m 左右。由于海砂的盗挖，刁龙嘴近岸浅滩根部滩面上可见一处明显的盗挖痕迹，凹坑近椭圆形，南北宽约 0.5 km，东西长约 0.7 km，其附近滩面水深仅 0 ~ 3 m，而凹坑处滩面可达 4 ~ 5 m 水深，可能是采沙船吸挖所致。浅滩滩面上坑洼不平。浅滩中部宽度变窄，浅滩西部边坡较东侧边坡略陡，滩面上沙波和沙纹发育。

在三山岛码头附近由于航道疏浚，形成NE—SW走向的深槽，与周边海域水深有1～3 m左右的高差。此外，在海湾平原近岸还发育有数处水下沙波、沙纹微地貌类型，近岸一侧还分布有大范围渔业养殖区域，留下了诸多人工微地貌类型。

（3）胶州湾海湾平原

胶州湾为湾口狭窄的袋装半封闭型海湾，全新世冲—洪积、海积层最大厚度10 m，向外逐渐变薄，湾口发育有大的冲刷槽，湾内发育近SN向大型潮流沙脊（许东禹，1997），其中北部大面积典型的直脊形和新月形沙波可在潮流作用下摆动或迁移，移动速度可达50 m/a（赵月霞，2006），湾内还分布有马蹄礁、中沙礁、前礁等礁石。胶州湾内的沧口水道、中央水道、大沽河水道和岛耳河水道是明显的潮流冲刷槽。中央水道长约7 km，北段直至5 m等深线处，宽约3 km，东、西两侧分别以中央沙脊和大沽河沙脊与沧口水道和大沽河水道分开。这些潮流冲刷槽和水下沙脊一起，构成了胶州湾“手掌形”地形的骨架。

胶州湾的主潮流通道起于胶州湾口，经胶州湾内口，至于中沙礁北部，是胶州湾与外海进行水交换的通道。该潮流冲刷槽在外湾口水深约40 m，至内湾口水深增大，最深处达67.1 m，向北逐渐变浅，至于中沙礁附近水深30 m左右，形成明显的向海斜坡，坡度达到4‰。海底除有部分基岩裸露外，主要是砾砂和粗砂。从水动力条件分析，难以想象现代潮流能在七八千年内将海底冲蚀深达20 m以上，故此潮流冲刷槽应为构造谷或者地质历史时期胶州湾内河流通向古黄海的河道，末次海进以后受潮流冲刷成为潮汐进出胶州湾的通道。

胶州湾湾口中央水道北侧发育直脊型水下沙脊（图4.10），形状上尖下宽，像锋利的竹签紧密排列坡上，走向垂直等值线，移动方向平行涨落潮流方向近EW，主要沉积物为砂砾。

图4.10　直脊形水下沙脊声呐图谱

胶州湾湾口中央水道南侧的复合形沙脊（图4.11），其位于象嘴正北约2 km。统计结果表明，移动方向平行于涨落潮，平均波长达40 m，形态为直脊形沙脊。其上有小的沙波发育，波长3～5 m，波高0.3 m左右，与直脊形沙脊形成复合型沙脊。从图谱反射灰度分析，成分主要为粗砂。在胶州湾湾口外东北侧边缘水道，团岛外海蚀平台上的新月形沙丘（图4.12），形态上孤立略有叠置，个体最大的宽约50 m，长约150 m。

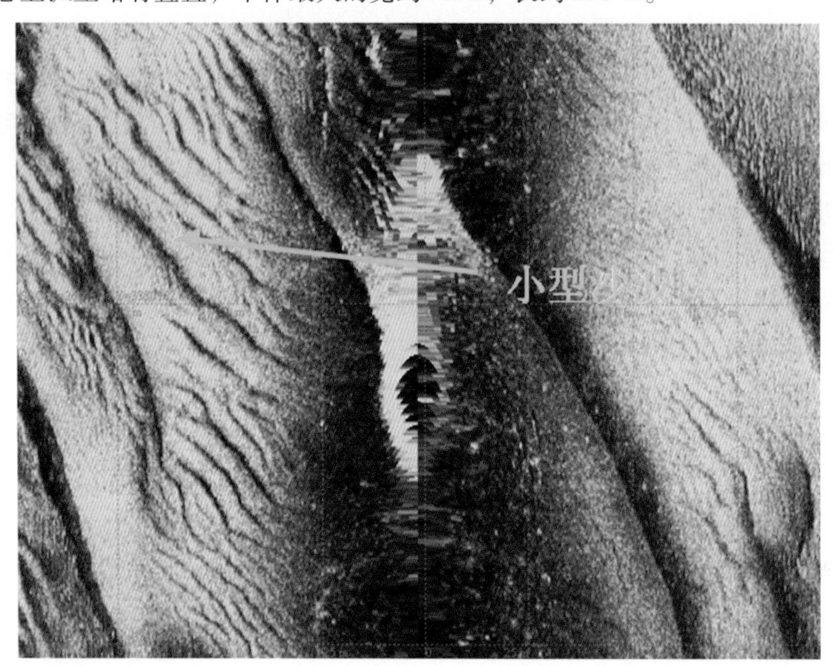

图4.11 复合形沙脊声呐图谱

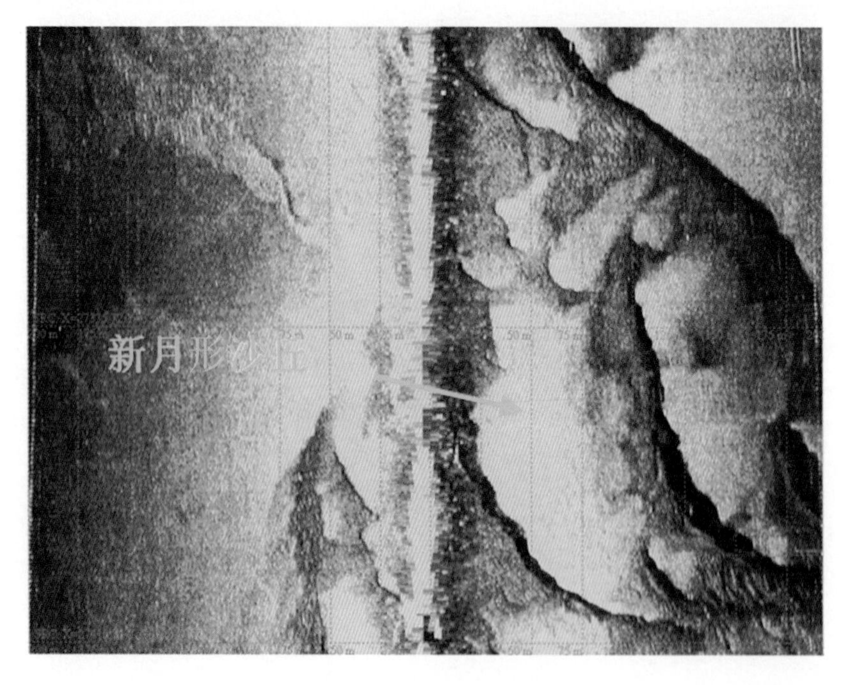

图4.12 新月形沙丘声呐图谱

4.1.4 陆架地貌

山东所在渤海和黄海海域均为陆架浅海区。大陆架以平原地貌为主，在平坦的大陆架上分布有陆架堆积台地、侵蚀堆积陆架平原、陆架古湖沼洼地、古河谷洼地、潮流冲刷槽等地貌形态。

4.1.4.1 陆架侵蚀堆积台地（SH1）

在山东半岛东部和南部都有水下台地发育。它是沿海沉积物在构造运动及波浪作用下的产物。一处分布在山东半岛东部海域，自成山头北面岸外一直延伸到36°06′N附近，宽达60 km，长超过200 km，但高度不大，最高为5 m。以前地貌图上都标为潮流沙脊（耿秀山，1990），也有人称之为沙岗（傅命佐，2001），还有人称之为泥丘（李凡，1998）。实际上，它是山东半岛东南近岸流形成的泥质堆积。在浅地层剖面探测记录显示，东西向上泥岗的沉积构造为向东倾斜的高角度斜层理，南北向上为向南倾斜的斜层理，可认为是陆架侵蚀堆积台地。另一处侵蚀堆积台地分布在上一处堆积台地的西南侧，呈长条状，走向NW—ES，长度可达168 km，宽度达23 km。本地貌单元基本不在调查区范围内。

4.1.4.2 深掘的陆架侵蚀洼地（SH2 b）

在山东半岛成山脚处发育有大型的冲刷槽，位于成山角至荣成的东侧，沿海岸伸展，北面呈南北向，南面转向西南。该槽北部水深达60 m以上，最大水深可达80 m以上，南部水深为30～40 m，宽约15 km，长约120 km，是沿岸流和潮流长期冲刷的结果。槽内物质自北向南逐渐变细，依次为砂砾、粗砾、中砂、粉砂质砂，反映了水动力条件自北向南减弱（最大流速为1.4 m/s），并逐渐分选堆积，形成了粗物质堆积带。

4.1.4.3 陆架潮流冲刷槽（SH4）

1）山东半岛东部冲刷槽

该槽分布于山东半岛东部，从成山角北侧向西南至苏山岛。槽宽约13 km，长约120 km，水深变化在30～70 m之间，它是在潮流和波浪作用下形成的。该区为往复流和沿岸流长期作用的结果，流速可达3节。

2）老铁山水道南部冲刷槽

该水道呈NW—SE向，横跨黄、渤海，平均宽9 km，最大水深为86 m。最大流速可达3节，海底沉积晚更新世至全新世初期的硬黏土、砾石、碎石、贝壳，并有基岩出露。该水道北部属辽宁省海域。

3）渤海海峡岛屿间冲刷槽

在渤海海峡的岛陆及岛屿之间，因水流束狭，流速加大，形成一系列冲刷槽。蓬莱与南长山岛之间的登州水道，最大水深达超过30 m。海底有砂砾、碎石及黏土混杂沉积，并有基岩出露。南北长山岛与砣矶岛，砣矶岛与大钦岛及大钦岛与小钦岛，南北海域岛之间均有深浅不一的冲刷槽出现，其中最大的冲刷槽当数砣矶岛及大钦岛之间的北砣矶深槽，水深可达60 m，底质较粗，有砂砾石沉积，基岩裸露。另有数条潮流冲刷槽零星发育于其他地貌单元地形起伏较大的地段，但规模较小。

4.1.4.4 陆架堆积平原（SH9）

该地貌类型分布于北黄海的中部，山东半岛的东北方向，水深大于50 m，地势平坦，是辽东半岛和山东半岛水下岸坡的向海延伸，其分布大致与构造上的断坳盆地相吻合，处于现代黑超分支——黄海暖流余脉和沿岸流一起构成的逆时针环流中，形成以堆积作用为主的平坦的陆架堆积平原。沉积物主要由悬浮质组成，以粉砂质黏土和黏土质粉砂为主，沉积物主要来自于渤海、黄海沿岸流携带的黄河物质，也有部分来自于老黄河三角洲的再悬浮物质和黑潮输送的外海物质（许东禹，1997）。

4.1.4.5 陆架侵蚀堆积平原（SH10）

该地貌类型分布广泛，在山东北部、东部和南部大陆架海域都有分布，是山东海域规模最大的地貌类型。它所在海域水深范围为20～70 m，跨度达50 m以上。位于水下岸坡之外的广阔海域。上与山东近岸水下岸坡连接，南至旧黄河三角洲前缘坡地之北缘30 m等深线。地势由西向东缓斜，坡度为0.3‰，海底凹凸不平，发育海底冲刷槽、沙坡、垄岗、浅滩等微地貌形态（林美华，1989）。

山东陆架侵蚀堆积平原是黄海陆架侵蚀堆积平原的一部分。它在全球气候冷暖波动引起的海平面升降过程中，经历了数次海底裸露成陆的变化。在成陆时期，河流对其的侵蚀切割作用加强，同时也在平原上留下了河道和三角洲及湖沼洼地等地貌类型及相应的陆相沉积物。

在东部的成山头及西南部海州湾附近海域都发现海陆交互相的有孔虫及河口相的贝类化石。在海洋时期，它经受海洋环境的洗礼，遭遇波浪及海流的侵蚀，接受来自河流的沉积物，使平原沉积物变厚。地势变得更为平坦，坡降多为0.011%～0.022%。该平原底质较细，多为泥质粉砂，其主要由黄河等河流输沙供给。

因受冰后期侵蚀和现代海流、波浪作用改造，平原上发育有晚更新世末期到全新世早期的残留沉积和残留地貌，其上除广泛发育便于沉积外，现代沉积作用较弱，平原上覆盖着一层很薄的全新世早期海侵形成的滨岸相残留沙沉积，其厚度仅为数十厘米，甚至缺失，其下的所谓“硬泥”沉积，以晚更新世的三角洲沉积为主，具有明显的向东倾斜的低角度斜层理，古土壤发育。平原上保留有晚更新世残留地貌，如古河道、残丘等。

特别需要指出的是，在山东半岛西南部海域，发育一系列总体上呈近东西向延伸深谷，深谷整体走向NE—SW，形态蜿蜒曲折，向北延伸至青岛北部岸外，向南延伸至海州湾外，深谷的北段形态较为简单，胶州湾外围的走向基本与岸线平行，宽度也较大的，南段深谷主体发育许多分支，宽度都较窄，且弯弯曲曲，看起来像个鹰爪。深谷宽为1～2 km，深度为10～20 m，谷底也是崎岖不平，发育许多圆形或椭圆形的凹坑。

过去这个深谷曾被认为是淹没于海底的古河道，但是根据调查发现，该谷深度比其附近海底低20 m以上，最宽可达5 km，就目前古地理研究，没有发现附近陆地现在和历史上大河在此入海，因此是否古河道的可能性还有待进一步考证。鉴于该深谷位于南黄海北部盆地的北部边缘，该处发育一系列NEE—SWW走向的深大断裂，并为一系列北西—南东向断层错断，因此该谷成因也可能与深部断裂有关，但该结论也需要进一步的构造方面资料的证实。

4.1.4.6 陆架古湖沼洼地（SH17）

该洼地呈碟状，分布在青岛及日照近海，距陆地最近点约50 km，其面积约在10 000 km^2 以上。为碟状深水洼地，其水深比周围海域深3～5 m，地形平坦，其南部已进入江苏海域。现代海底仍保留着较为明显的低洼轮廓。这里的沉积物混杂有黏土、砂砾及贝壳等。在全新世海相沉积层之下，为晚更新世末期或全新世早期的埋藏湖沼沉积，沉积物为具有水平层理的黑色黏土、粉质黏土或细粉砂，在海州湾古湖沼洼地沉积层之下为河流相砂、砂砾层，并发现有浅层气。

4.2 近岸海域地形

4.2.1 海岸地形

山东省海岸类型多样，其组成物质各有不同，动力特性也有差异，故而海岸地形也有较大区别。

4.2.1.1 潮滩地形

潮滩地形为粉砂淤泥质潮滩的主要海岸地形类别。滩面通常较宽，滩形平坦，坡降大都在千分之一以内，组成物质以粉砂质黏土、黏土质粉砂等细颗粒物质为主。

本文以飞雁滩为例，介绍其滩形特征。上部侵蚀滩位于高潮线以下，地形平缓，坡度在万分之一左右。潮沟密集，多规模较大。滩面多近椭圆状侵蚀坑，长轴方向与区域强浪方向一致，侵蚀深度为20～30 cm，坑底有波纹发育，侵蚀坑间的滩面坚实平整，有侵蚀残留，生长柽柳如图4.13所示。

图4.13 飞雁滩侵蚀滩的柽柳

弱侵蚀滩位于上部侵蚀滩之下，经过较长时间的侵蚀以后，侵蚀强度减弱，地形较上部平缓，其坡度小于万分之一。无明显侵蚀坑发育。表层无松软沉积物。

在弱侵蚀滩下部为侵蚀堆积滩。地形整体平缓，但滩面侵蚀作用强烈，侵蚀凹坑密布，但凹坑中存在新的沉积物，证明该处岸滩伴随侵蚀强度的减弱正在向堆积过程转化。

堆积滩在侵蚀堆积滩下部，滩面基本被侵蚀夷平，地形平整，有少量潮沟，表层有 20 ~ 30 cm 的松软沉积物。

下部侵蚀滩位于堆积滩向海一侧，上部地形平坦，下部与侵蚀夷平滩交界处发育有陡坎，地形陡降，侵蚀作用产生的沟壑密布，凹坑覆盖率在 70% 以上，如图 4. 14 所示。

图 4. 14　飞雁滩下部侵蚀滩

图 4. 15 为飞雁滩海岸地形测量剖面图。由图 4. 15 可以看出，岸滩上部地形相对平缓，岸线处高程为 0. 4 m，向海缓慢降低，在距岸线 2 000 m 处，高程降为 0. 18 m，而后高程降低的趋势变大，在距岸线 3 238. 5 m 处，高程为 -0. 84 m。滩面有大量侵蚀坑分布。

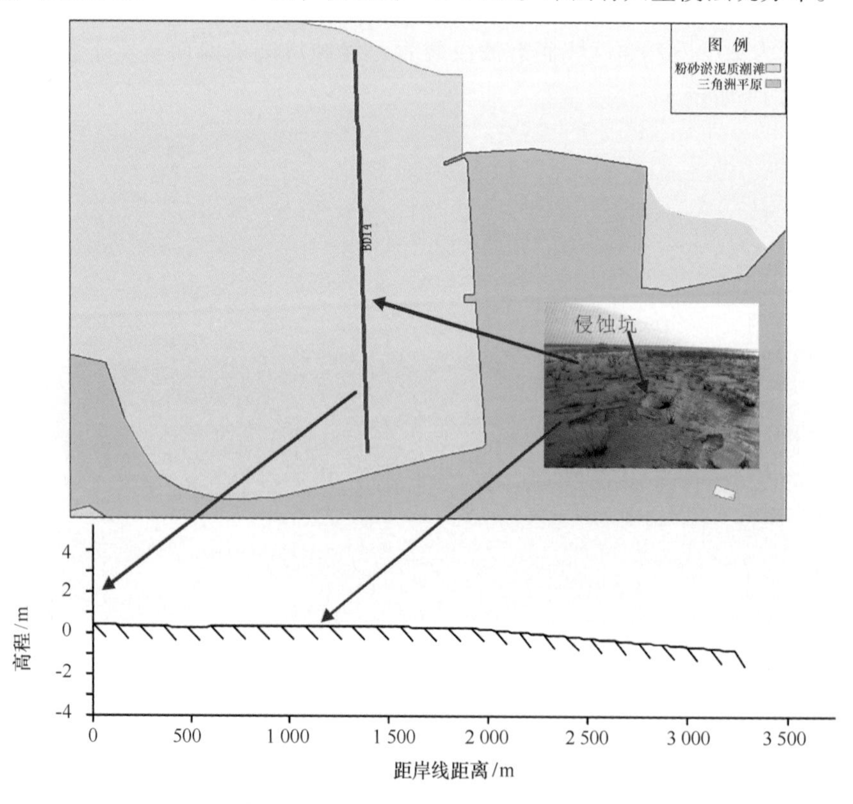

图 4. 15　飞雁滩海岸地形测量剖面图

4.2.1.2 海滩地形

海滩主要分布在平直岸线处和开敞性和半开敞性海湾湾内。由于各剖面所处位置的不同，其形态主要表现为“先缓后陡”状、“先陡后缓”状、“平直”状、“先缓后陡再缓”状和“先陡后缓再陡”状等类型。位置不同，岸滩宽度也有较大变化，总体来讲，蓬莱—成山角岸段的滩宽较成山角以南的滩宽略窄，相同岸段，海湾处的滩宽较平直岸线处略宽。由于岸滩处于侵蚀状态，岸线处多发育侵蚀坎，特别是岸线上侧为沙坝的区域，都有较大规模的侵蚀陡坎发育。海滩地形形态较多，本文将分别举例介绍。

1）“先缓后陡”状剖面

剖面位于荣成槎山林场南侧，由图4.16可以看出，海滩高潮滩较宽，地形先增高后降低，沉积物松散，以粗砂为主，滩面有少量砾石；中潮滩较高潮滩陡，坡降约2/10，滩面沉积物以粗砂为主，下部有大量砾石分布；低潮滩与中潮滩交界处有一砾石条带分布，条带下为低潮滩，滩面发育有较大型沙纹。

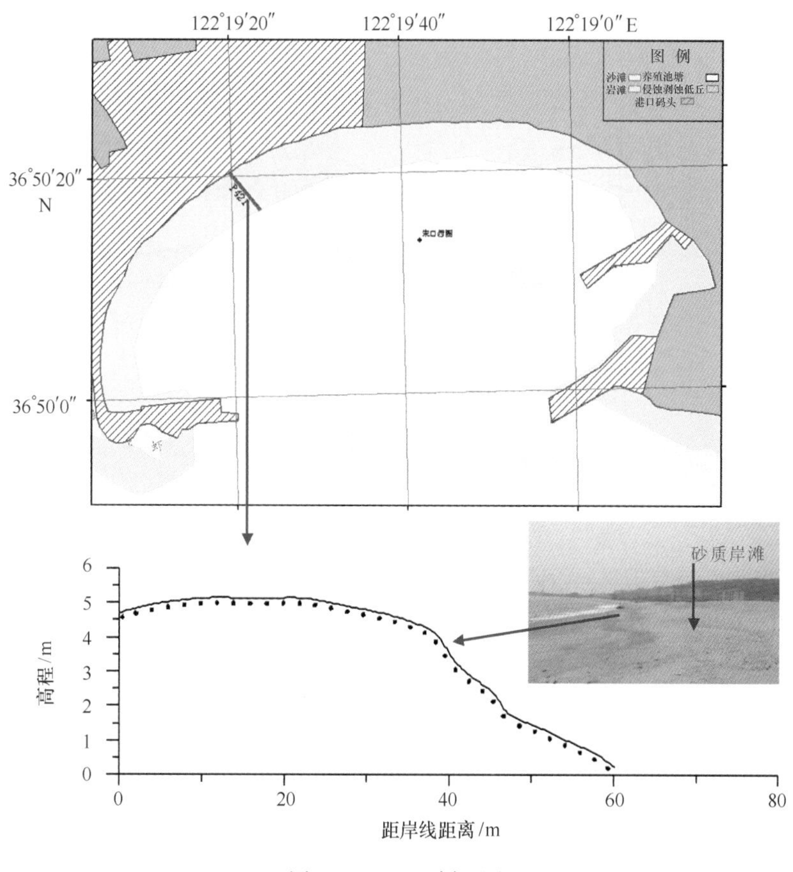

图4.16 P421剖面图

2）“先陡后缓”状剖面

剖面位于牟平港南侧，由图4.17可以看出，岸线上侧为人工堆积的堤坝，堤坝下有人工抛石，散落在高潮滩上，在距岸线23 m范围内，滩面坡降较大，约为1/10，滩面分布大量贝壳碎屑及砾石；在23 m以外范围，滩面坡降减小，滩面分布大量砾石，形成宽约2 m的砾石条带，其下滩面有沙纹发育，向海砾石逐渐减少。

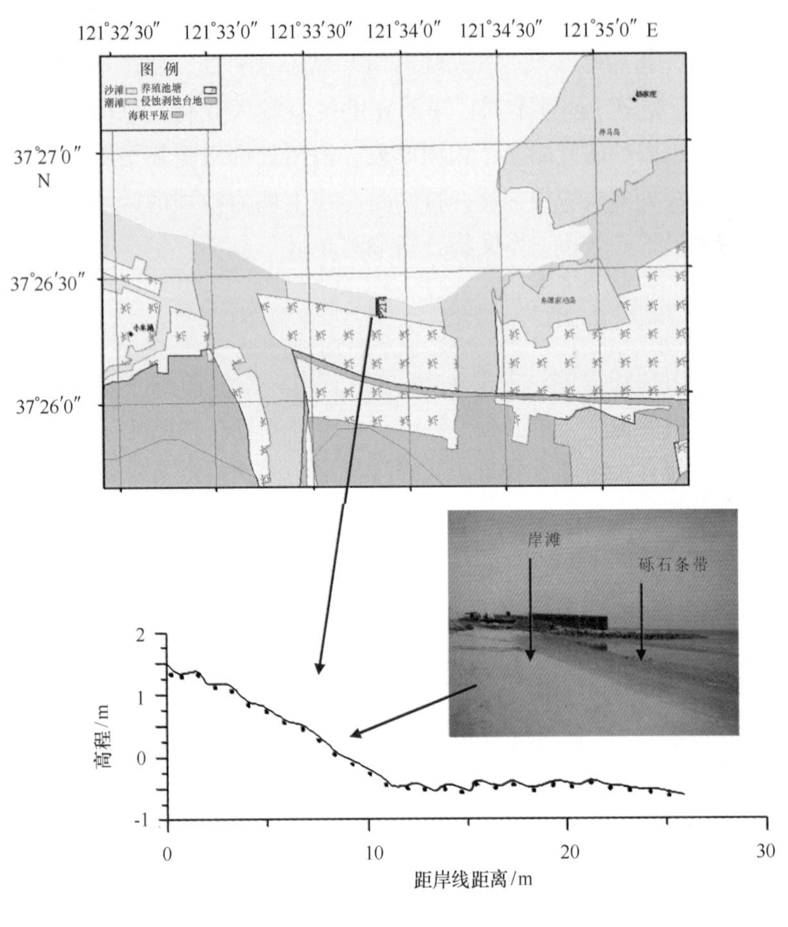

图4.17　P214剖面图

3）“平直”状剖面

剖面位于威海北山嘴北侧，由图4.18可以看出，岸滩平直，距岸线8 m范围内滩面上有贝壳及碎屑分布，沉积物以粗中砂为主，有一平行岸线方向的垃圾条带分布；8～15 m范围内，滩面贝壳碎屑减少，沉积物以中细砂为主；15 m以外范围主要分布砾石，在下侧有沙纹发育。

4）“先缓后陡再缓”状剖面

剖面位于威海逍遥港附近，由图4.19可以看出，在距岸线20 m范围内，地形起伏较大，但是总体坡降较小，滩面沉积物以细中砂为主，在20～40 m范围内，滩面坡降陡增，约1/10，沉积物变粗；40～70 m范围内，滩面坡降减小，生物洞穴比较发育，可以挖出蛤蜊等生物；在70 m以外范围，滩面坡降略增，有沙纹发育，沉积物以中砂为主。

5）“先陡后缓再陡”状剖面

剖面位于海阳烟台顶东侧，由图4.20可以看出，在距岸线40 m范围内，滩面坡降较大，

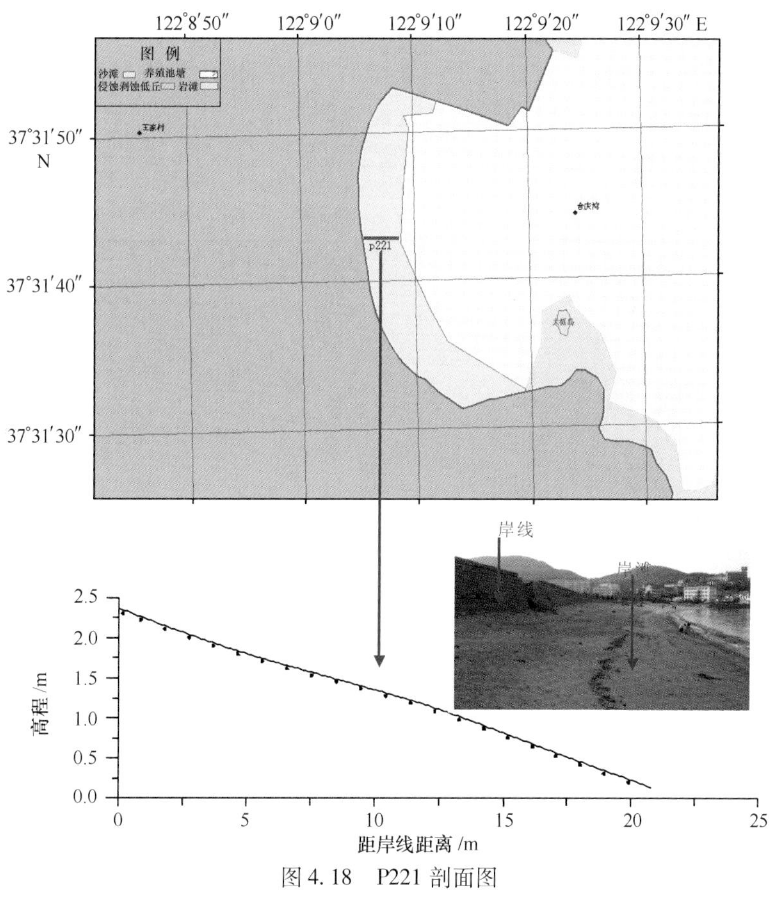

图 4.18 P221 剖面图

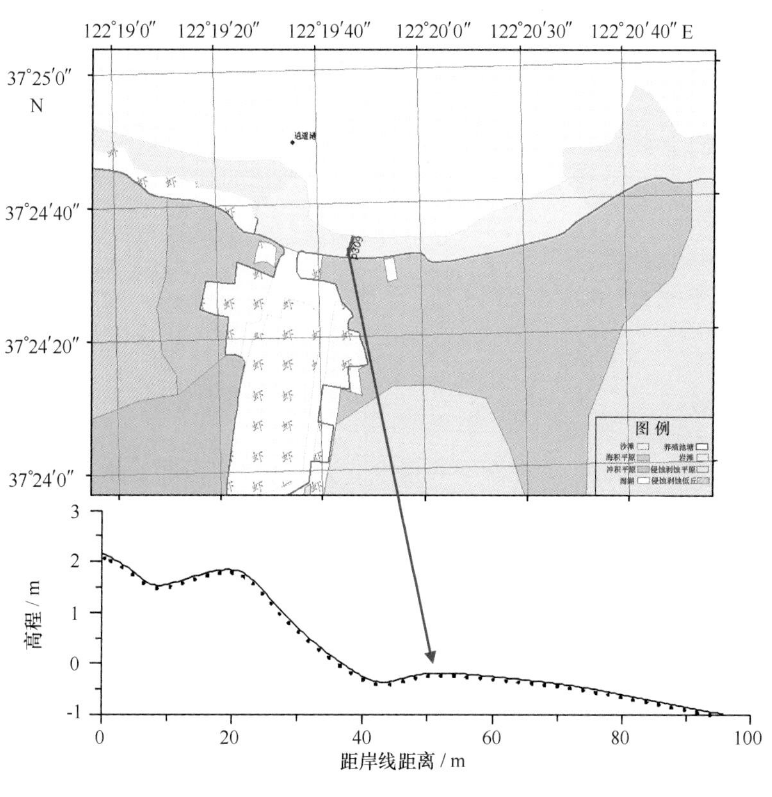

图 4.19 P309 剖面图

约 1/10，沉积物以细中砂为主，滩面有风积植物根系；在 40 ~ 110 m 范围内，地形平坦，坡降减小到千分之四左右，滩面上有一条平行岸线方向的滩槽，宽约 2 m，底部有沙纹发育，外侧有一平缓的滩脊；在 110 m 以外范围，滩面坡降再度增大，约 1/12，滩面有沙纹发育，沉积物以细砂为主，沙纹底部聚积大量黑色碎屑。

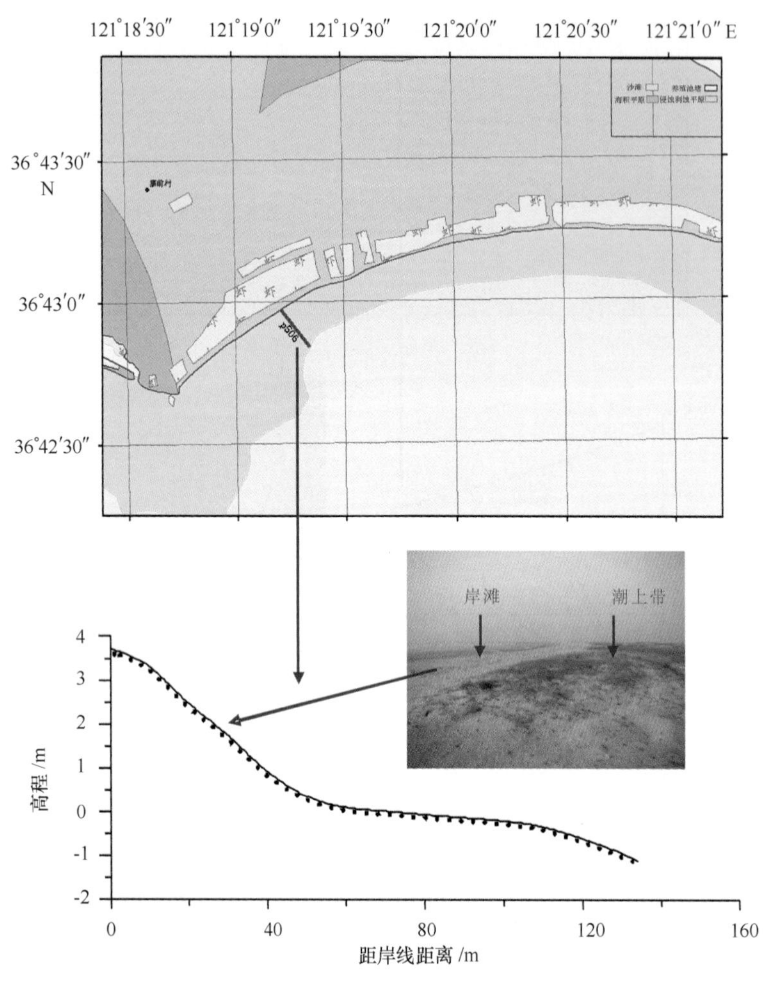

图 4. 20　P506 剖面图

4. 2. 1. 3　岩滩地形

岩滩在山东省岩岸分布较广，在海岸岬角、港湾外侧都有分布，由于构成岩滩的基岩性质不同，其基岩岸滩地貌呈现一定不同，但是其滩型呈两种形态：一种是“L”形，多为花岗岩、火山岩岸滩；另一种是“╲＿＿”形，多见于大理岩岸滩和风化程度较强的其他岩性岸滩。

在烟台市北部沿海分布有大量基岩岸滩，其中蓬莱初家附近分布有一些大理岩岸滩，岸滩上部有海蚀崖发育，崖高在 20 m 以上，坡度相对较缓，人在其上较易攀爬，有低矮岩隙植被生长，岩石呈乳白色。岸滩处岩石受海水作用，呈暗灰色，宽度较窄，上部崎岖，岩石多呈块状，在激浪作用带有少量蜂窝状侵蚀，下部岸滩起伏较小，海蚀柱很少且不发育。见图 4. 21。

图4.21 初家大理岩海蚀平台

芝罘岛北岸、芦洋、烟台山、东炮台、玉岱山等地都发育有活海蚀崖，通常崖高5~30 m，在芝罘岛北岸局部区域高70 m左右，形势极为险峻，崖壁陡峭，呈“L”形，如图4.22所示。海蚀崖下发育有海蚀平台，宽度在50 m左右，主要表现为向海倾斜的岩滩，在岸线凹入段的高潮线附近伴有砾石堤、滩。芦洋以北岸段，基岩多为厚层夹薄层的大理岩，其海蚀平坦崎岖，常呈槽脊形态出现。在海蚀崖的中、下部海蚀洞、穴普遍发育，较大规模的海蚀洞多发育在岩石节理、断层等岩石薄弱位置。如东口村北侧海岸的有一沿NE向断层破碎带发育的海蚀洞，深3 m左右，高约2 m，呈口大里小，下宽上窄的三角体。

图4.22 芝罘岛北岸海蚀崖及海蚀穴

4.2.2 海底地形

山东近海海域地形复杂多变，主要随着海岸地形的变化而不同，在平原海岸的海域，坡度平缓，地形简单，山地丘陵海岸的海域地形陡峻而多变。总体上看，水深在30 m以浅，个别地方水深超过70 m，位于成山角。根据山东省海域位置，海岸及海底地形变化特征，将海域地形划分为山东半岛西北部海域地形、山东半岛北部海域地形、山东半岛南部海域地形来描述（图4.23）。

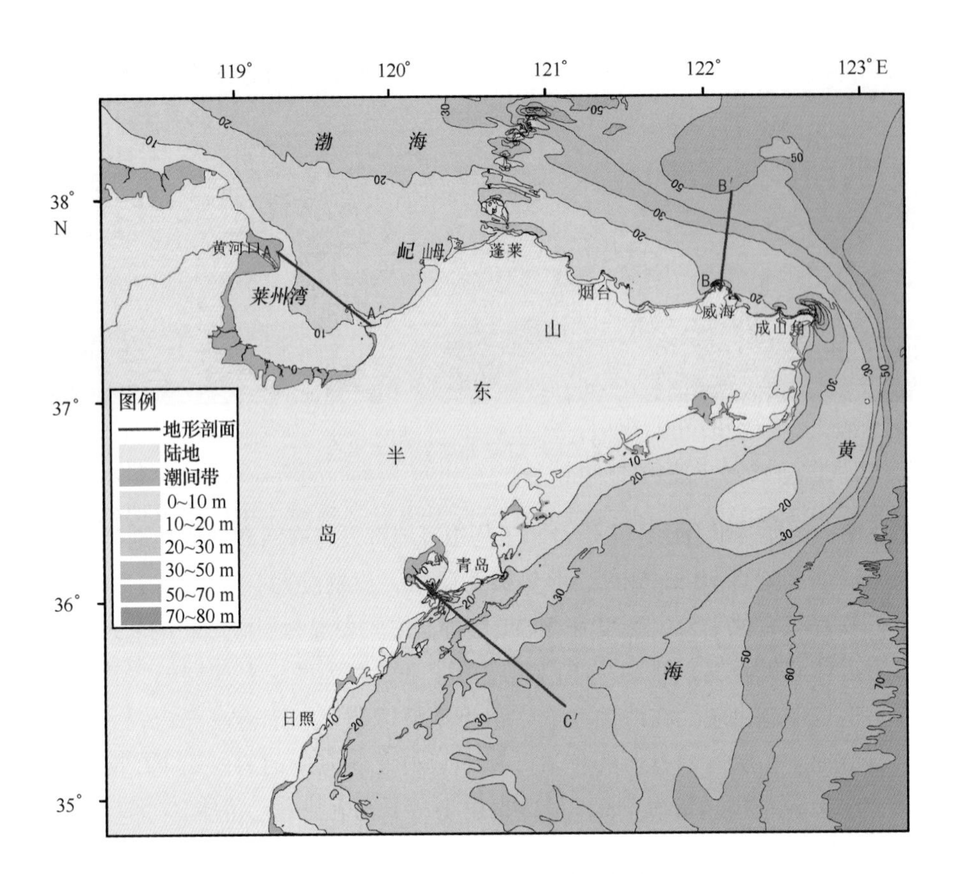

图 4.23　山东省海底地形

4.2.2.1　山东半岛西北部海域地形

山东半岛西北部海域指从漳卫新河至蓬莱角以西海域，跨越渤海湾南部及莱州湾，该海域海底地形简单，坡度平缓，地势由岸向渤海中央盆地倾斜，平均坡度约为 0.19‰。水深大都在 15 m 以内，最深为 23.5 m，位于屺角附近。

该区的西岸和南岸地形简单，浅水区坡度在 0.6‰ ~ 0.8‰，等深线总体上与岸线平行。近岸有大小十几条河流入海，近岸浅水区地形受这些河流影响，在河口处等深线较曲折。小清河是该区沿岸入海河流中较大的一条，在近岸浅水区形成明显的河口地形，两侧沙嘴与水下汊道脊槽相间，1 m 等深线呈“M”形。在莱州湾东岸地形复杂，分布着许多礁石，还有大量的人工地形。尤其三山岛到石虎嘴附近近岸处地形较陡，地形平均坡度约为 3.1‰，等深线蜿蜒曲折，大致平行于海岸线分布。龙口湾内发育有尖子头、官道及鸭滩等水下沙嘴。龙口港航道分为 3 部分，进港主航道东西向，水深在 15.8 m 左右，航道深达 10 m，在 120°14′39″E 附近航道分为两段，一段转向西北，水深最深为 16.4 m，一段继续向西，但是水深变浅，水深为 11.6 m，航道深为 1.5 m。在屺角附近，分布着许多礁石和一个水下侵蚀深槽，深槽内水深达 23.5 m。

黄河水下三角洲是山东省海域典型的海底地形，现代黄河口附近，孤东海堤和黄河农场防波堤的修建、黄河口人工改道、疏浚等人类活动是影响黄河三角洲和海底地形变化的重要因素。黄河三角洲等深线整体趋势向海凸出，三角洲的前缘线接近 12 m 等深线，平均坡度为

0.9‰，6 m以浅，地形较陡，平均坡度为3.4‰，尤其在河口附近，地形更陡。由于1996年以后人工重新开挖汊道，目前黄河向NE方向入海，在河流、海洋综合水动力作用下，黄河入海泥沙大部分堆积在现行水河口口门附近，近岸地形等深线曲折，在河口口门右侧（东北方向）、左侧（西北方向），6 m以内等深线分别呈舌状向海推进。三角洲北部等深线北西－南东向，地形较陡，6 m以浅坡度约为3.4‰；三角洲中部，在现行河口处等深线转为近南北向，6 m以浅等深线略向岸凸出，地形相对平缓，坡度约为1.0‰；而在三角洲南部，清水沟老河口处，等深线转为近东西向，且地形平缓，坡度约为0.4‰。在1996年以前黄河清水沟流路的废弃河口附近，等深线呈不规则分布，地形起伏明显。这是由于沉积物供应突然断绝，这个区域受到潮流、波浪的外力作用，处于冲刷侵蚀状态，沙嘴根部南侧出现多处明显的冲蚀洼坑。孤东附近海域属于废弃时间较长的水下三角洲，近年来黄河入海水沙量较少，受NW—SE向潮流、波浪等作用，孤东海堤附近近岸地形区侵蚀作用较强，侵蚀程度有逐渐增强的趋势，海堤基部海底地形不稳定。5 m等深线以内冲蚀、塌陷洼地比较普遍，局部地区塌陷洼坑互相连接。

莱州浅滩是山东半岛北岸规模最大的近岸水下堆积地貌体，浅滩为沙嘴式水下浅滩，呈狭长箭状（图4.24）。浅滩水深在1～10 m之间变化，等深线变化比较复杂，水深大于3 m的等深线大致沿着浅滩轮廓连续展布；浅滩顶部3 m、2 m等深线不再连续展布，在浅滩中部出现了NE—SW向延伸的3 m等深线闭合区。西北部倒钩状沙嘴附近的海底平原上发育有两片大面积海底沙波，沙波尺寸大小不一。海底沙波所在海域水深为13～15 m，沙波的波峰尖窄，波谷宽缓，沙波波峰波谷相间排列，波峰、波谷走向并不完全一致，沙波延伸方向垂直于岸线方向，沙波脊线走向从NW—SE向北逐渐扭转成NNW—SSE、S—N。沙波的波峰尖

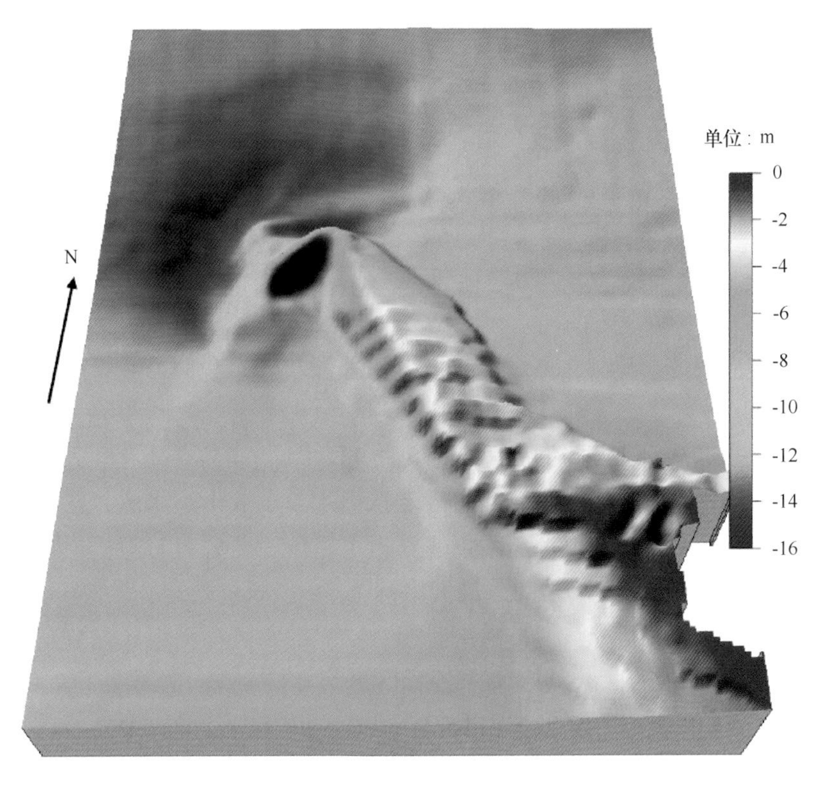

图4.24 莱州浅滩

窄，波谷宽缓，沙波波长在40～240 m之间变化，波高在0.2～5.1 m之间变化。中部形成贯通的北东向潮流槽，相对深度约为1 m。浅滩顶部轴线大致呈NNW—SSE向展布，在西北端发生转折，变为NNE—SSW向。浅滩西南侧等深线密集，地形明显变陡，地形坡度最高达12.7；浅滩东北侧坡度缓，等深线略为稀疏，地形坡度约为4；浅滩顶部地形比较平缓，地形平均坡度约为0.45。1959年以来，莱州浅滩西部的10 m等深线向东移动3～7 km，而东部的10 m等深线向东移动0.5～1.5 km，由此可见，浅滩整体萎缩，处于侵蚀状态，主要是由于修建水库、码头和海底采沙等人类活动导致泥沙亏损。

4.2.2.2　山东半岛北部海域地形

山东半岛北部海域指从蓬莱角至成山头外的海域，该海域位于北黄海的南部。从蓬莱角至成山头岸外地形为“一坡一台”地形（图4.25）。近岸为一陡而窄的岸坡，坡脚水深10～15 m，等深线与岸线基本平行。在威海北部近岸，有一冲刷深槽，冲刷槽轴线平行海岸，向外海突出，沟槽深15～30 m，最大水深达65 m。岸坡向外是一个明显的台地地形。台面水深15～25 m，宽30～40 km，台面平整，地势平缓向外海倾斜，平均坡度约为0.25。台坎水深25～50 m，宽25～40 km，地势稍陡，以约1.0的坡度向中部平原区倾斜。这个台地从西向东愈见明显，在成山头外最为典型，并绕过成山头伸入南黄海。在成山头外的台面上，发育一深槽，最大水深近80 m，70 m深槽等深线长度近10 km。

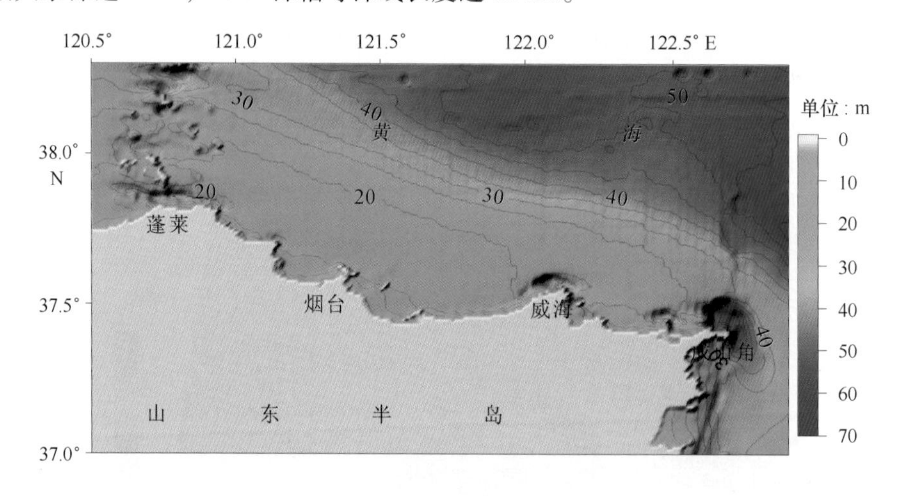

图4.25　山东半岛北部海底地形

山东蓬莱与辽东老铁山之间为渤海海峡，长约115 km，庙岛群岛布列其中，将海峡分割为若干水道。较大的水道有6条，由北向南为老铁山水道、大小钦水道、北砣矶水道、南砣矶水道、长山水道和登州水道。靠近蓬莱角的登州水道位于蓬莱角与南长山岛之间，海底冲刷槽水深较浅，水深在20～30 m之间，最大水深为38.6 m，宽度为5～7 km，沟底起伏较大。在登州水道的西南侧为登州浅滩，由4个相对独立的水下沙洲组成，自东向西依次为四人洲、二日洲、潮待洲和新井洲，平面展布呈向北开口、EW走向的W形。2008年实测浅滩最浅水深1.2 m，位于二日洲顶部。浅滩南部9 m以浅坡度较陡，若以9 m水深以浅的区域为浅滩的主体，浅滩长轴约为12 km，短轴最长为3 km，面积约为23 km^2。

4.2.2.3 山东半岛东部海域地形

山东半岛东部海域主要指靖海角以东海域，该区海岸地形曲折陡峻，沿岸地区为典型的基岩港湾海岸，岸线曲折，海岬与海湾相间分布。自北向南，涵盖的海湾包括荣成湾、养鱼池湾、俚岛湾、爱连湾、桑沟湾、黑泥湾、石岛湾、王家湾等。其中以桑沟湾和石岛湾为大。在山东半岛东北角，受强潮流的影响，形成本区水深最大的潮流冲刷槽，为著名的成山头海槽的一部分。冲刷槽环绕着岸线展布，水深最大达33 m。沿岸众多的海湾内海底平缓，向海底倾斜。桑沟湾位于荣城东部沿海，呈“耳”形开口向东，与黄海相连，宽为11.5 km。水深基本在10 m以内，最大为15 m，该湾水域广阔，为山东东部重要海湾。石岛湾位于荣城东南沿海，湾口向南，宽约5.1 km。湾内水深小于10 m，属于半封闭海湾。除石岛湾、黑泥湾、桑沟湾等湾内海底坡度较小外，其他海区表现为海底自岸线向外海急剧倾斜，坡度达12以上。从成山头至石岛岸外，为从北黄海延伸而来的台地，台坎坡度增大，可达2.6。在镆铘岛外也出现一个小的冲刷槽。在石岛以南台面上，发育一个浅滩，20 m等深线呈圈闭的正地形。

4.2.2.4 山东半岛南部海域地形

靖海角与女岛（崂山湾东端）之间的海岸主要为基岩港湾式海岸类型，总的岸线轮廓较为平直，但主要海湾却具有溺谷湾特点。地形自岸线向外海倾斜，坡度相对较小，5 m以深地形变化均匀，坡度约为0.6。自东往西有靖海湾、乳山口和丁字湾。靖海湾，湾内水深多在5 m以内。乳山口位于山东半岛南岸乳山河入海处，海湾狭窄，南通黄海。海湾受断裂构造控制，深入陆地达10 km以上，属溺谷式河口湾，湾内水深一般小于5 m，湾口及汊港中为深水槽，入口处水深达17 m，为天然良港；丁字湾湾口东南通黄海，受北东及北西向断裂控制，亦为溺谷式河口湾。

女岛以西沿海的海岸有两种基本类型：董家口以北为基岩港湾式海岸，沿岸岬湾相间；董家口以南为沙质海岸。在开阔的河口湾区海岸较为平直。自北向南主要海湾有崂山湾、胶州湾、古口镇湾、琅琊台湾、灵山湾、棋子湾等。从女岛至岚山头一段，岸坡地形发育，坡度大而宽度窄，坡度为1~2。胶州湾是该区典型的海湾，总体看低潮线以下海底地势自湾顶向湾口倾斜，水深西北浅、东南深。湾的顶部不但有7~8 km的潮间浅滩而且有宽阔的浅水区。大沽河、岛耳河等河流在胶州湾顶部入海，在潮滩上形成明显的河流入海潮沟，如大沽河入海潮沟，深约2 m，宽为150~300 m，自入海口一直延伸到0 m等深线之下。海湾的最深部位在湾口地区，在湾口出现一深度达40 m以上的深槽，等深线出现封闭，其最深处水深为67.1 m，该冲刷深潭东侧十分陡峭，深度落差达32 m。湾内5 m以浅海底地形单一，坡度小，平均坡降为0.9；湾内5 m以深海域海底地形坡度较陡，水深急剧变化，10 m等深线以深海域尤为明显。5~10 m等深线之间海底地形平均坡降约为2，10 m等深线以深海底地形坡降高达8。5 m以深海底沟脊交替分布，可简单概括为“四槽三脊两浅滩”（图4.26），其形态宛如一只张开的手。在湾内则分为4条水道（四槽）和湾口相通，从东向西分别为沧口水道、中央水道、大沽河水道和岛耳河水道，延伸方向为北北东、北和北西方向；在4条水道之间形成了3道呈长条状隆起的较大潮流沙脊（三脊）：冒岛沙脊、中央沙脊、岛耳河沙脊。两浅滩指胶州湾内分布两处典型的水下浅滩：湔礁浅滩和中沙礁。湾口外附近海域有一

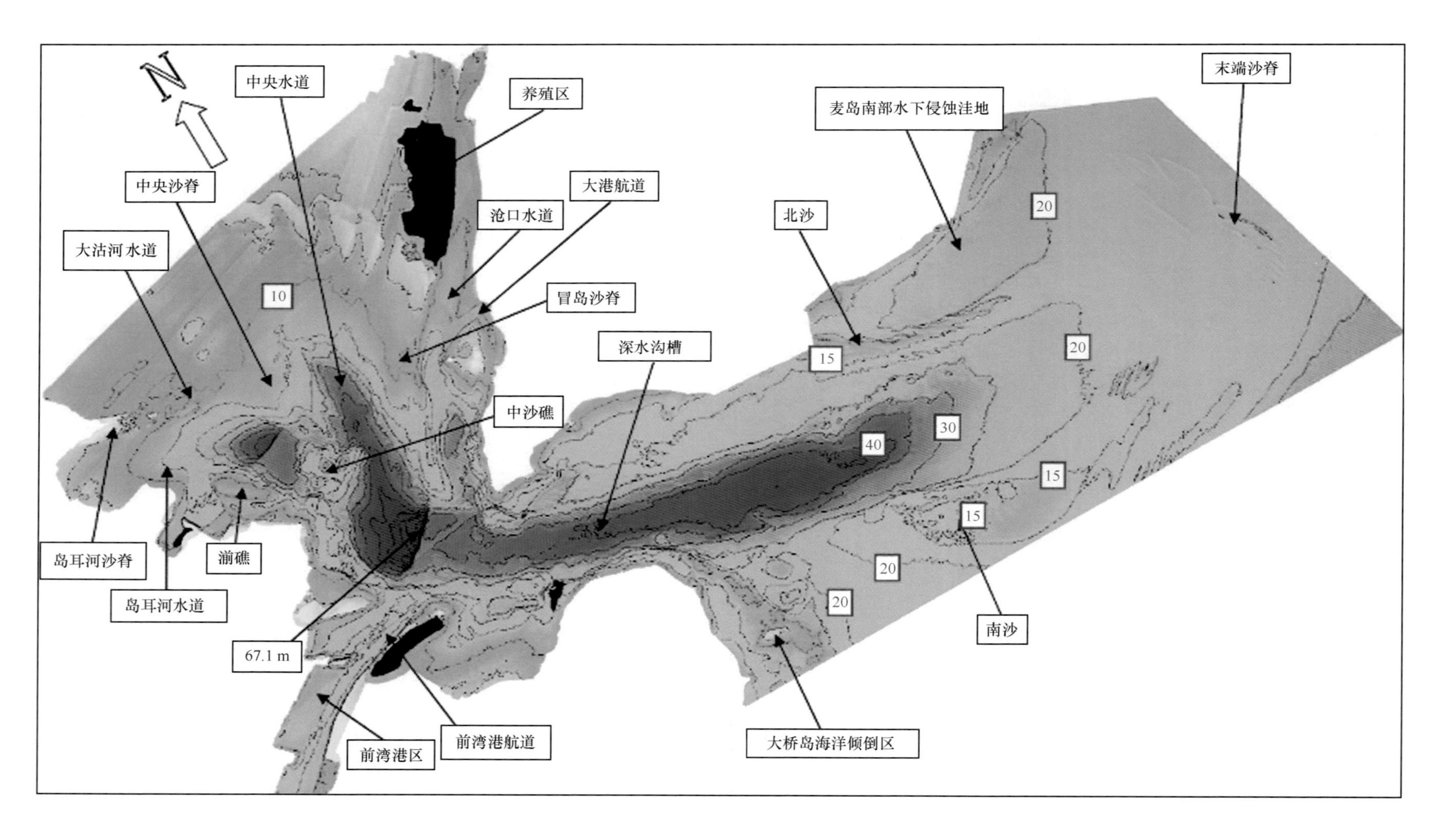

图 4.26 胶州湾及其湾口海底地形

条冲刷形成的较大型深水沟槽，沟槽底部水深为30~44 m，是胶州湾潮流主通道。从胶州湾外开始至岚山头，还明显呈现出一系列与岸线几乎平行展布的沟槽分布，沟槽大致呈东北—西南向。该沟槽从胶州湾外开始绵延至日照岚山海域，约170 km。沟槽水深为20~38 m，宽为2~6 km，沟槽深为2~8 m，有的地方最大高差达11 m，沟槽还存在一些小的分支。

4.2.2.5 典型地形剖面

地形剖面直观地反映海底的主要地形单元及其形态特征，依据黄海的海底地形分布特点，选取3条剖面以反映渤海典型的海底地形特征。剖面位置见图4.27，各剖面起止点坐标见表4.1。

表4.1 典型地形剖面位置

剖面	起点		终点	
	北纬（N）	东经（E）	北纬（N）	东经（E）
A-A′	37°44′35″	119°16′25″	37°22′45″	119°52′27″
B-B′	37°32′33″	122°06′07″	38°01′38″	122°10′49″
C-C′	36°07′45″	120°08′20″	35°28′00″	121°05′58″

1）典型地形剖面A-A′

剖面A-A′位于莱州湾，NW—SE向，从黄河口向东南延伸至莱州浅滩近岸，全长约73 km，如图4.27所示。剖面展现了黄河水下三角洲、莱州湾远岸水下浅海平原、莱州浅滩等地形特征。剖面西北起始段为黄河三角洲，呈现了典型的三角洲地形特征，剖面显示的三角洲的坡度为0.6，三角洲前缘线水深为12 m。穿越三角洲，进入平缓的莱州湾水下浅海平原。剖面的东南端穿越莱州浅滩，浅滩叼龙嘴北部的冲刷槽深度达15.5 m，剖面显示的浅滩西面坡度陡，为8，而东面坡度相对较缓，为3.4。

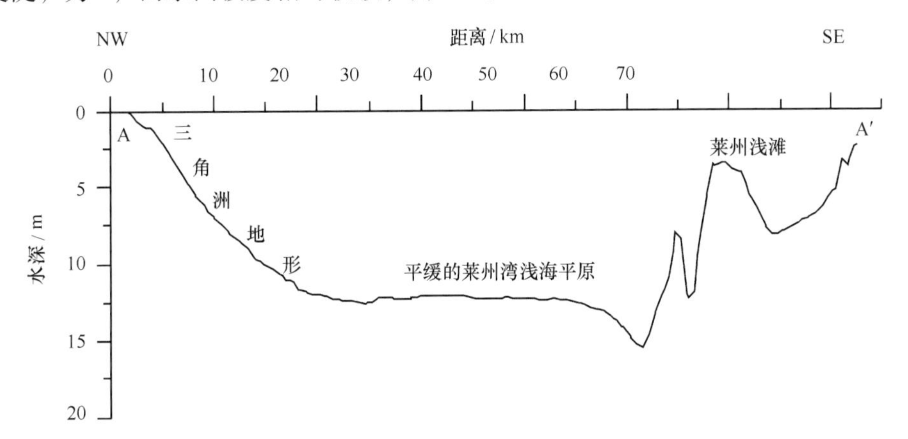

图4.27 典型地形剖面A-A′

2）典型地形剖面B-B′

剖面B-B′位于北黄海，剖面起始端位于威海近岸，沿北偏东方向延伸至50 m等深线，全长 59 km，地形剖面图见图 4.28。剖面在威海近岸处水深急速加深，形成一深达 45 m 的深槽，槽呈“V”字形，随后变浅，形成 20 km 的台地，台地水深 23 m 左右。台地外的台坎水深 25 ~ 50 m，宽度约为 30 km，坡度为 0.8。

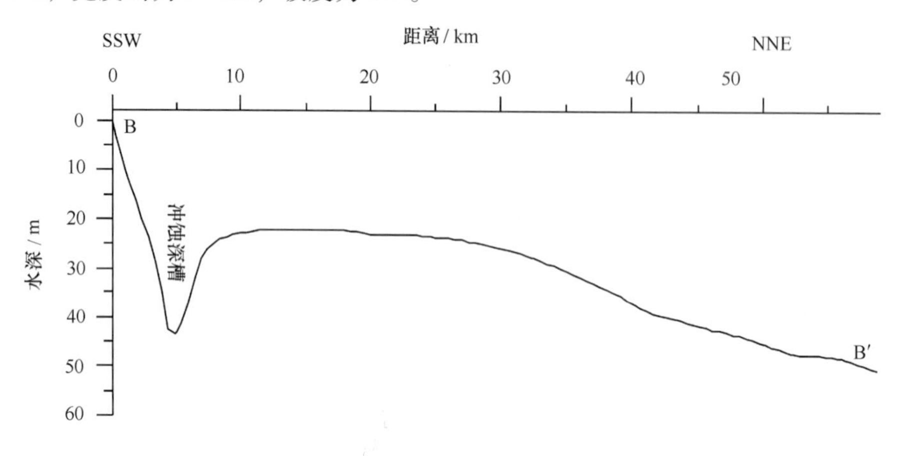

图 4.28　典型地形剖面 B – B′

3）典型地形剖面 C – C′

剖面 C – C′位于南黄海的胶州湾海域，从胶州湾顶穿越胶州湾向东南向延伸至外海 36 m 水深处，全长 121 km，剖面地形见图 4.29。该剖面主要展现了胶州湾的地形特征。从湾顶开始，5 m 以浅水深地形相对简单，坡度为 0.7，从 5 m 等深线开始坡度逐渐加大，5 ~ 15 m 水深平均坡度为 1.7，在距剖面起始端 10 km 处，有一礁石区，为湔礁，最浅水深约 8 m。15 m 以上水深急剧下降直达胶州湾深槽最深为处，坡度达 22，深槽最深 64 m。穿越深槽后，地形迅速变浅，沿胶州湾西南岸向海延伸，在 40 km 处，有一沟槽，沟槽水深为 30 ~ 32 m，宽度为 2.5 km，穿越沟槽，剖面缓慢向外海倾斜。

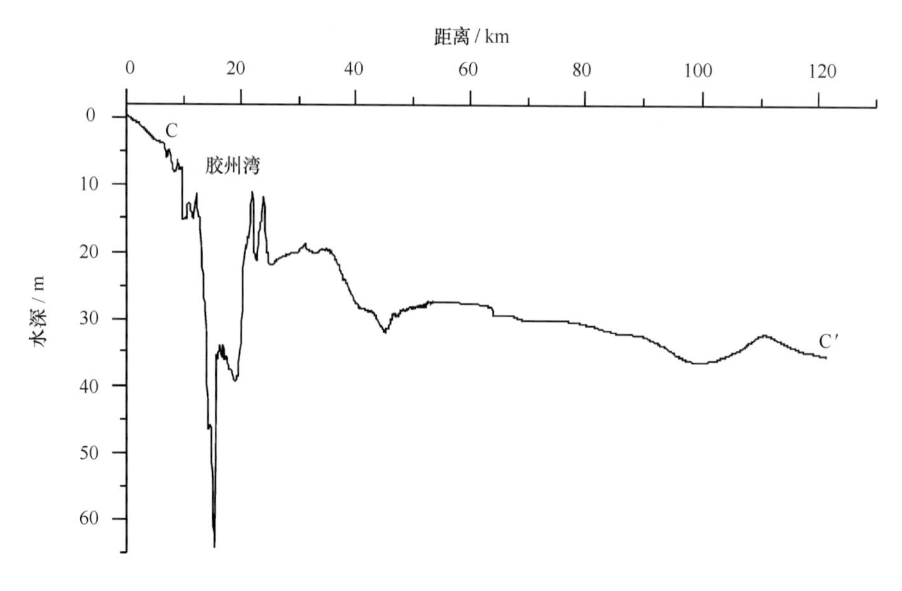

图 4.29　典型地形剖面 B – B′

4.3 小结

4.3.1 近岸海域地貌

山东近岸地貌可分为陆地地貌、海岸地貌和陆架地貌3种类型，其中陆地地貌可分为山地地貌、丘陵地貌、平原地貌和台地地貌；海岸地貌又可分为潮间带地貌（潮滩、海滩、岩滩）和水下岸坡地貌；陆架地貌可分为海湾平原、现行河口水下三角洲、废弃河口水下三角洲、陆架堆积台地、侵蚀堆积陆架平原等不同级别的地貌类型。山东省近岸地貌总体来说，具有类型丰富多样和区域分布集中的特征。

4.3.2 近岸海域地形

山东近海海域地形复杂多变，主要随着海岸地形的变化而不同，在平原海岸的海域，坡度平缓，地形简单，山地丘陵海岸的海域地形陡峻而多变。总体上看，水深在30 m以浅，个别地方水深超过70 m，位于成山角。山东省海岸类型多样，其组成物质各有不同，动力特性也有差异，故而海岸地形也有较大区别，可分为潮滩地形、海滩地形、岩滩地形3类。根据山东省海域位置、海岸及海底地形变化特征，将海域地形划分为山东半岛西北部海域地形、山东半岛北部海域地形、山东半岛南部海域地形。

5　海洋水文[①]

5.1　温度

山东近海水温分布大致可以划分为3种类型，即冬季型、夏季型和春、秋过渡型。冬季型出现在12月至翌年3月，此时太阳辐射最弱，为全年温度最低，特点是：表层水温高于气温，沿岸陆地气温低于海上气温，沿岸水温低，外海水温高，等温线密集，水平梯度大，等温线分布大体与岸线平行，暖水舌与海流路径一致。冬季正值干冷强劲的偏北季风盛行，对流、涡动混合最强，使陆架浅水区温度垂直分布呈上下均一状态。夏季型于6—8月出现，此时太阳辐射最强，使山东近海表层水温普遍升高，成为全年水温最高的季节。因气温高于水温，沿岸水温高于外海水温，使表层水温的地理分布较均匀，水平梯度小，等温线分布规律不明显，水温南北地区差异小。过渡型发生在4—5月和9—10月的季节交替时期，其中：春季为增温期，秋季为降温期。过渡型的主要特点是：温度状况复杂多变、且不稳定，规律性差，在水温垂直分布方面，增温期间出现微弱的垂直梯度，有弱的分层现象；降温期间，温度垂直梯度减弱，上均匀层厚度增大，温跃层厚度下沉，温跃层遭到破坏。下文将详细阐述山东近海水温的四季分布。

5.1.1　水温的平面分布与季节变化

5.1.1.1　冬季

图5.1是渤海、黄海、东海冬季表、底层的温度分布图。冬季气温寒冷，海水垂直对流混合很强，加上盛行寒冷的偏北风，在水深较浅的海区，混合深度几乎可达海底，从而导致水温垂向分布比较均匀，表、底层水温的平面分布形态基本相似。

渤海冬季水温分布的主要形式：在黄海暖流余脉的作用下，一条暖水舌从北黄海通过渤海海峡口伸向渤海内部，水舌前锋达渤海中部，使渤海的温度自中央向四周递减。渤海中央水温为4～5℃，较高的水温出现在渤海海峡北侧老铁山水道，其水温达7℃，为渤海的最暖水区。由于近岸浅水区在强北风的作用下迅速冷却降温，导致整个山东近岸水温均在1℃以下，尤其在渤海湾和莱州湾的内侧，水温皆出现负值，渤海湾和莱州湾顶的最低温度分别为－1.2℃和－0.8℃，冬季一般均有海冰出现。

黄海冬季水温分布最突出的特点是，在黄海暖流带来的高温水作用下，海域中部出现明显的暖舌结构，使黄海的水温从中部向岸边递减。图5.1清晰地显示出，在南黄海，高温水舌从调查区的东南方向西北指向青岛、连云港间；另外，一暖舌经过北黄海由渤海海峡中部

① 本节部分内容引自《山东近海水文状况》和《山东省海上千万千瓦级风电基地规划报告》。

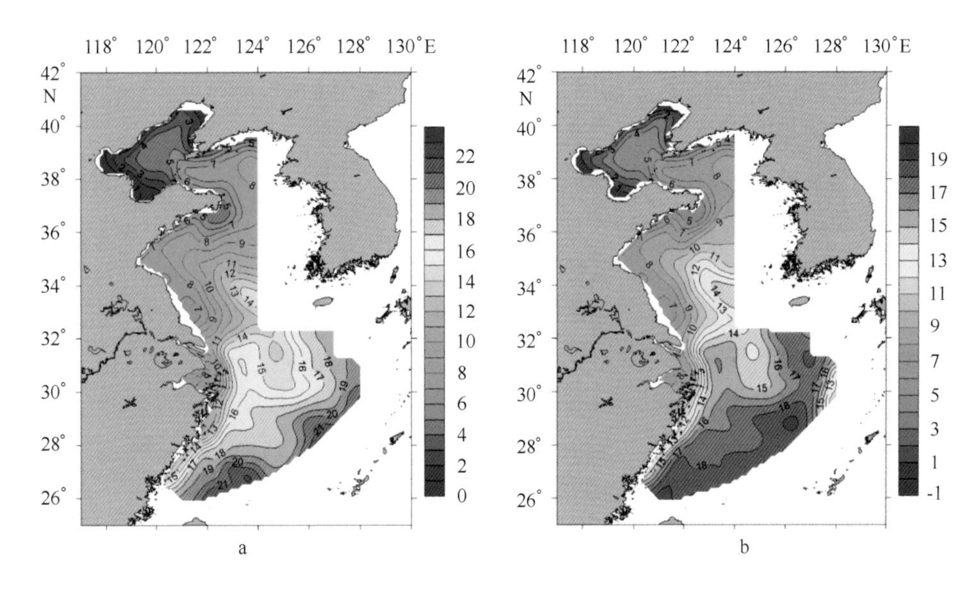

图5.1 冬季渤海、黄海、东海温度分布（表层、底层）（单位：℃）

a：表层；b：底层

进入渤海，使之出现一片水温大于7℃的暖水区，其最高温度达9.1℃。而在水深较浅的沿岸区，在强北风的作用下冷却降温比外海剧烈，导致沿岸的等温线几乎平行于岸线分布。在成山头外，受沿岸低温水的影响，形成一块明显的低温区，低温极值小于4℃。该冷水域还几乎呈舌状向南伸展。在江苏沿岸亦形成一个小于7℃的低温带。水温由近岸约7℃向外海递增至13℃。在低温的沿岸水和中部暖水之间，等温线较密集，形成强度不等的温度锋。

5.1.1.2 春季

春季，随着太阳辐射的增强，以及干冷北风的减弱，山东近海的水温逐渐升高，水温分布亦逐渐向夏季型演变。从图5.2可看到春季山东近海各层次水温分布特征：

渤海由于沿岸水浅，热容量小，受热后升温比中央的快，加之，冬季随黄海暖流余脉进入渤海的暖水舌已基本消失，因此，渤海春季开始出现沿岸水温高于中央区的格局。此时，渤海湾和莱州湾顶的水温分别达到11℃和13℃。而渤海中央区水温却小于7℃，渤海海峡水温仅为7～8℃，明显低于三大海湾内侧的水温。在10 m层，渤海湾口附近，出现了几个低于6℃的冷水块。至底层，渤海湾口附近海域的几个小块冷水已连成了一片，成为一个以6℃等温线包围的狭长、弯曲的冷水带。春季出现在渤海湾与莱州湾外侧的这两大块孤立的冷水，就是早期多次调查已发现的“渤中冷水”。对照渤海地形图可知，这块孤立的冷水存在于地形较深的洼地区，很有可能是冬季残留下来的冷水，甚至还含有融冰所形成的冷水。该季节温度垂直分布开始出现层化现象，特别是在水深较大的渤海海峡附近海域，其底层的水温分布与表层的有较大的差别。在底层，从渤海海峡至渤海中部，逐渐被范围较大的冷水所控制，在冷水域的外围等温线大致呈闭合状，与北黄海的大片冷水已连成一片。

在北黄海，原冬季沿海域中央由南向北伸展的暖水舌，此时仅在成山头外海可见其小块舌状形态，舌前端温度为9℃，从而打破了冬季北黄海水温分布的面貌。加之，沿岸水升温快，在鲁北沿岸，等温线皆平行于海岸，升温明显，其值达16℃以上。从等温线的延伸看，鲁北沿岸的高温水应来自渤海。但到30 m以深水层，水温分布虽然仍然是沿岸高，中央低的格局，但格局与上层明显不同，中央被等温线呈封闭状的范围较大的冷水块所控制，冷中心低于6℃，并与沿岸水之间形成一定强度的锋带。显示出，该季节黄海冷水团首先在北黄海形成。

在南黄海，在海域中央由南向北伸展的暖水舌仍清晰可见，但暖水舌舌轴已明显向东偏移，基本上呈南北向；而冬季西向进入青岛海域的暖水舌基本消失。来自山东半岛沿岸的低温冷水呈舌状向南伸展，比冬季更为强势。邹娥梅等（2000）认为山东半岛的这个冷水中心水温低于周围的海水，且等温线基本呈封闭状，表明青岛冷水团已初步形成。山东近岸等温线大体呈纬向分布，不再像冬季那样平行于岸线。南黄海底层水温分布与表层大体相似，但等温线的分布更清晰显示出，底层暖水舌比表层更为强势。

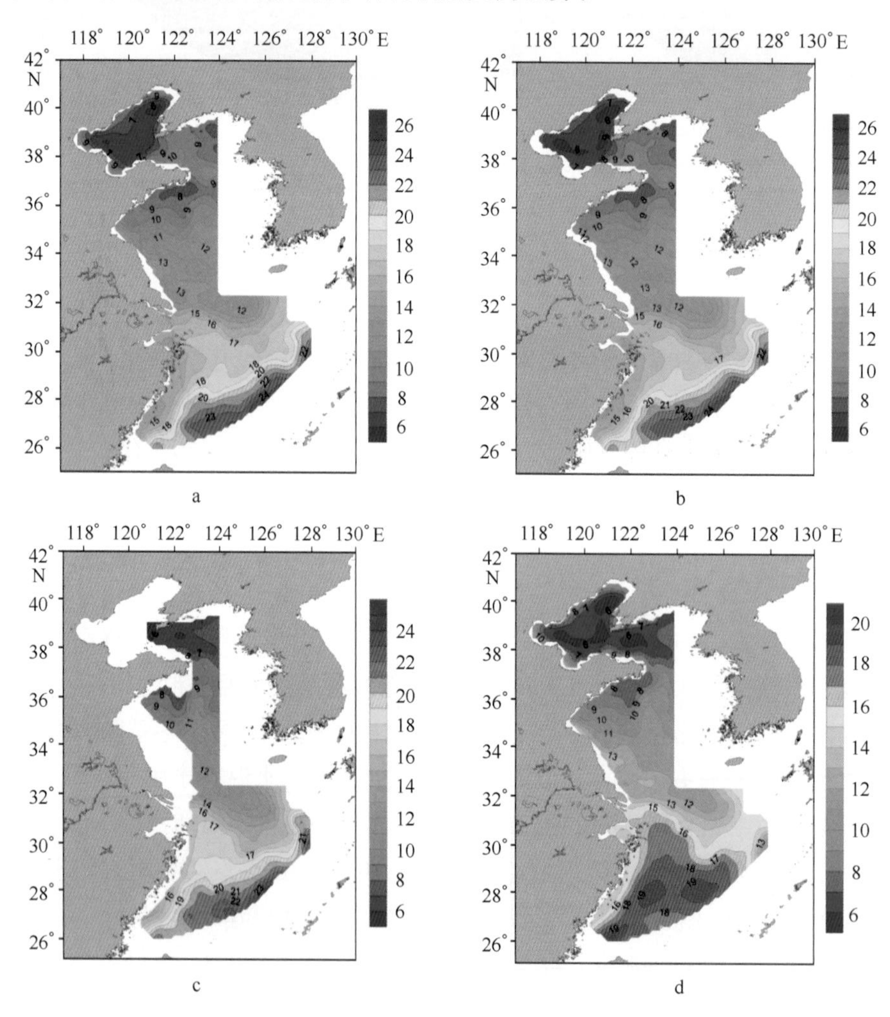

图5.2　春季渤海、黄海、东海温度分布（表层、10 m、30 m和底层）（单位：℃）

a：表层；b：10m；c：30m；d：底面

5.1.1.3　夏季

夏季，太阳辐射最强，且海面上刮的主要是暖湿的南向风，山东近海表层水温普遍升高，为全年水温最高的季节。此时，水温分布呈现典型的夏季形态，水温分布最突出的特点是，绝大部分海域，垂向出现温度跃层，表、底层水温分布格局差异甚大（图5.3）。

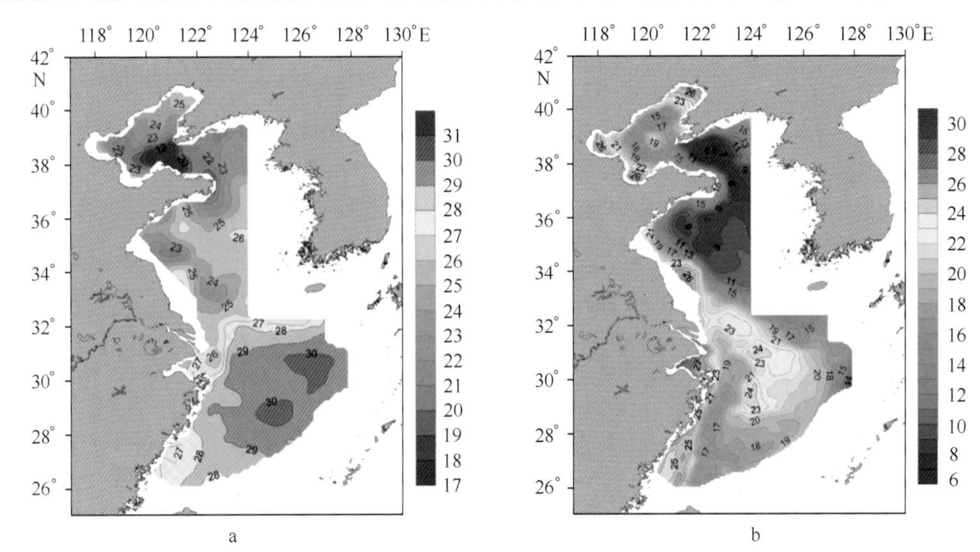

图5.3 夏季渤海、黄海、东海表、底层温度分布（单位:℃）

a：表层；b：底层

夏季渤海湾、莱州湾的最高温度分别达到26℃和25℃，均比春季升高12℃以上。在渤海海峡存在一个很大的冷水区，核心温度低于18℃。该冷水区从渤海海峡向西伸向渤海湾口，形成狭长的冷水带。冷水带外围等温线密集，形成很强的温度锋。这一冷水带的出现是渤海夏季表层水温分布的重要特征。在多年平均水温分布（陈达熙，1992）（图5.4左）中，这一冷水带并不存在，而在2000年的调查中也发现了类似的现象（图5.4右）。从2000年夏季渤海表层水温平面分布可以看到，在莱州湾的外海，也有一冷水带从渤海海峡沿西北伸入渤海湾。

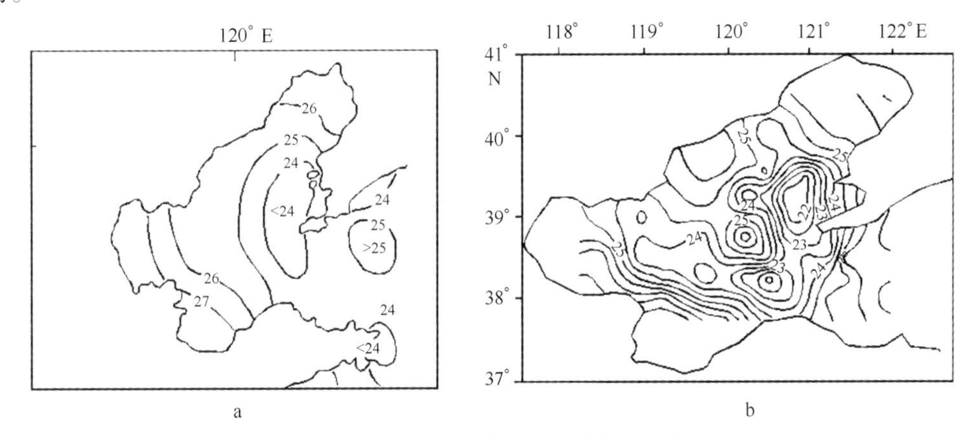

图5.4 历史观测夏季表层水温分布（单位:℃）

a：多年平均；b：2000年夏季渤海（鲍献文等，2004）

夏季黄海表层水温分布最显著的特点是，在黄海西侧近岸区，存在多个孤立的低温中心，它们分别位于环成山角近海、青岛近海和海州湾外侧，其中心水温分别小于21℃、23℃和22℃。3个低温冷水块中，以成山角近海和海州湾外侧冷水块强度较大，其中心水温均比外围海水低3~4℃。除了冷水块之外，在山东半岛南侧和南黄海中央有两个明显的暖中心，中心温度高于 26℃。

黄海底层水温分布最明显的特点是，10℃等温线已包括了 33°N 以北的大部分黄海海域，各个冷水团都已达到最强盛的状态。黄海冷水团有 3 个冷中心，一个较大的在威海以北的北黄海中部，低温中心的位置在 38°15′N、122°25′E 附近，最低温度小于 6.5℃；另两个较小的分别位于成山头以东和荣成以南的黄海中部，中心温度分别在 7℃和 8℃以下。此外，在青岛外海海域，还存在一个较大的低温中心，这是青岛冷水团所在，中心位置约在 35°50′N、122°20′E，中心温度低于 9℃。此时，黄海底层沿岸的温度为 17～27℃，冷水团中心的温度与之相差 10～18℃；冷水团之上的表层温度为 22～26℃，冷中心与之相差 16～18℃。如此，冷水团所在海域周边的温度水平梯度和垂直梯度都非常大，前者导致在冷水团的周边，冷暖水交汇形成了很强的温度锋，后者导致了夏季黄海的温跃层特别强。

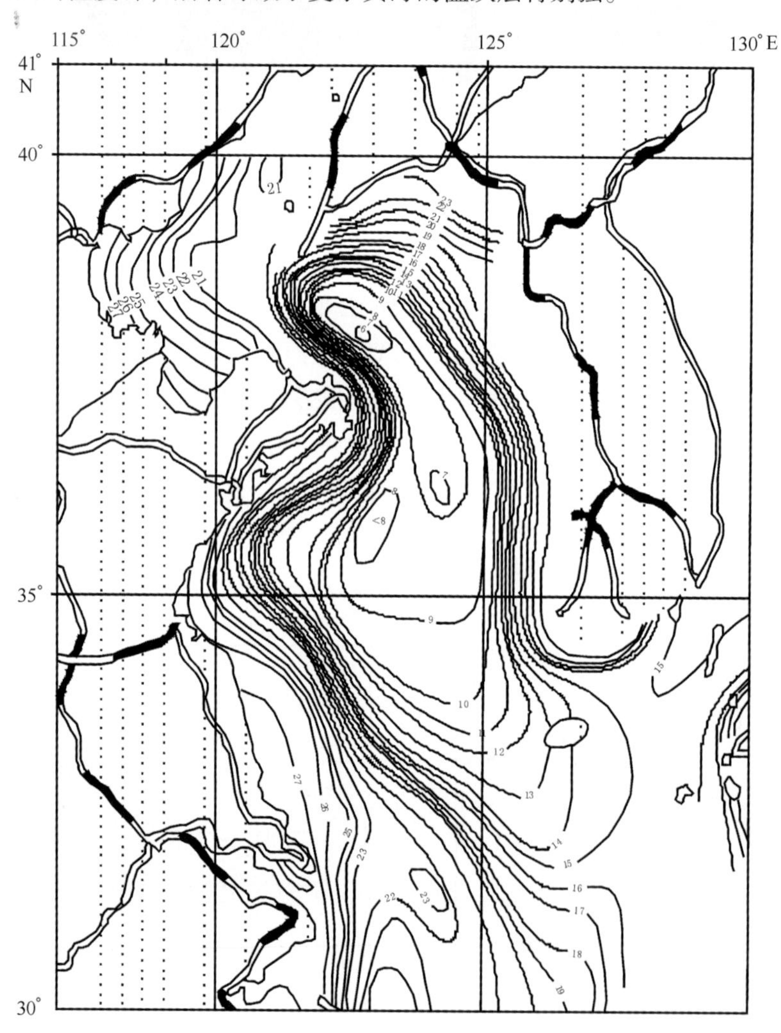

图 5.5　夏季（8 月）渤海、黄海底层温度（℃）分布（多年平均）

图 5.5 是夏季（8 月）渤海、黄海底层多年平均的温度分布图（郭炳火等，2004）。从中可看到，黄海底层的绝大部分海域皆被冷水团覆盖。若以 10℃等温线作为冷水团盘踞的范围，此时约占黄海面积的 1/3。冷水团有 3 个冷中心：一个位于威海北侧 38°15′N、122°30′E 附近，冷中心温度低于 6℃；另两个分别位于南黄海北部的东、西两侧，冷中心温度分别低

于7℃和8℃。对比本次专项观测结果，两者均体现了黄海冷水团有3个冷中心，只是各个冷中心的位置稍有差异。但是，最大的不同点在于，多年平均的结果并没有体现出青岛冷水团。

5.1.1.4 秋季

秋季作为过渡季节，与春季的情况相似。在此时期，随着太阳辐射逐渐减弱，以及北方冷空气开始南下并逐渐加强，山东近海的水温分布开始从夏季型向冬季型转化（图5.6）。

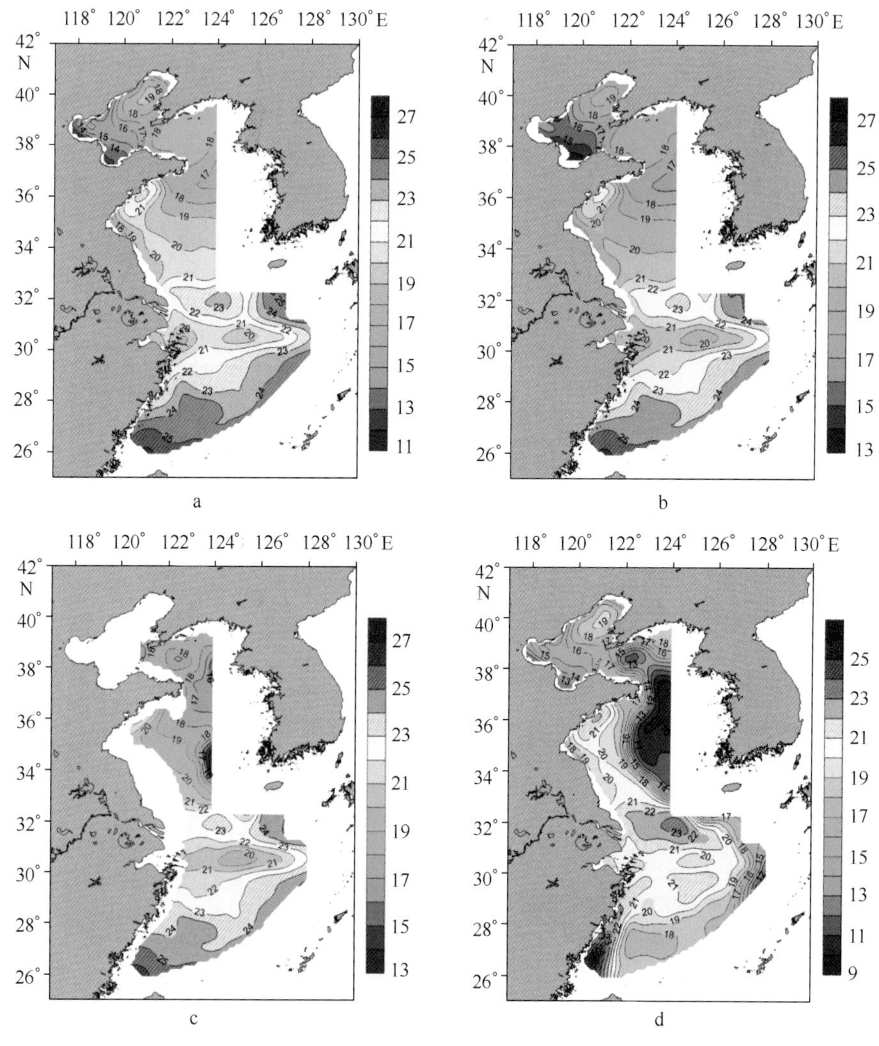

图5.6 秋季渤海、黄海、东海温度分布（单位:℃）

a：表层；b：10m；c：30m；d：底层

渤海秋季温度表现形式正好与从冬季向夏季型转化相反。一是，由于沿岸降温比海区中央的要快，使得山东近岸的表层水温低于渤海中央。渤海中央水温为15～19℃；而渤海湾和莱州湾的水温皆小于13℃。此时，夏季由海峡口伸向渤海湾的冷水带已经消失了。二是，随着北风的逐渐增强，除海峡附近水深较大的海域外，对流混合已可达海底，山东近海的绝大部分海域，表层、10 m和底层水温分布又趋于一致。而且，底层水温值亦与表层的基本相同。但在海峡附近，还可见黄海冷水团的面貌，其外围17℃等温线伸入海峡内，显现出海峡底层水温略低于表层的水温。

黄海表层温度分布比较均匀，尤其是北黄海，全海域温度约为18℃。这是其他季节都没有的现象。南黄海中央大部分海域，等温线几乎平行于纬线分布，温度从南向北递减，全域表层温度在17～21℃之间。但在山东半岛南侧青岛近海出现了一片水温较高的区域，核心温度高于22℃。这可能是由于观测时间不同所造成的。

秋季，黄海冷水团仍清晰地存在于南、北黄海。北黄海中央出现了一个闭合的低温水块，中心温度低于17℃。而从北黄海东部至南黄海东侧是一片低温水心，低温中心温度分别小于15℃和13℃，显示出黄海冷水团的存在。至底层，黄海冷水团的形态十分清晰，但10℃等温线所包括的范围已大大缩小，显示出黄海冷水团处于消退期。图5.7更为清晰地显示了北黄海底层水温分布。从中可以看到，此时北黄海仅有两个孤立的、范围很小的9℃低温区，外面被11℃等温线包围。而南黄海中部10℃等温线包括了从成山角东侧（37.5°N附近）至35°N的南北向海域，冷水团已退缩至黄海槽附近，水温最低值小于9℃。而且，整个冷水团被分离成南、北两部分。表明黄海冷水团已处于衰减期。在冷水团外围，等温线仍很密集，维持着强的温度锋。

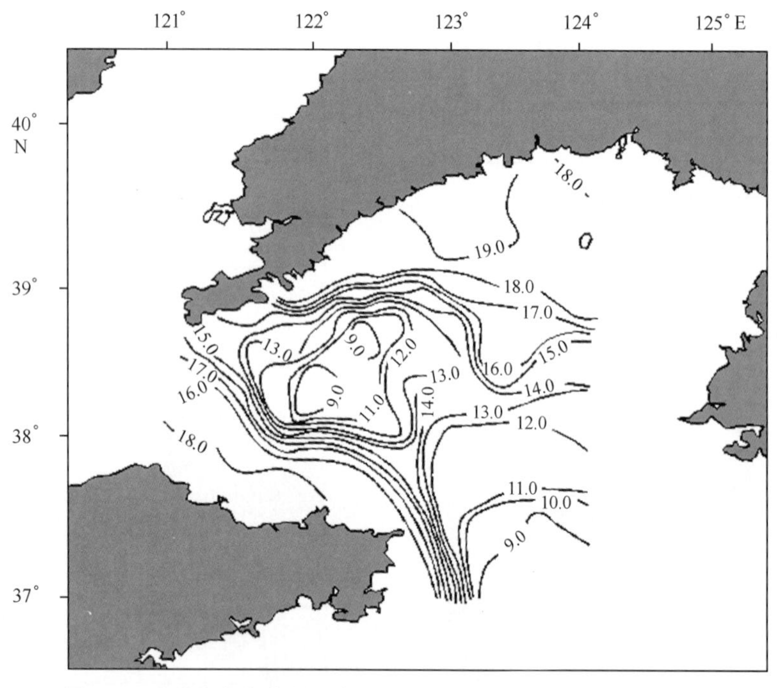

图5.7　秋季北黄海底层温度（℃）平面分布（鲍献文等，2009）

5.1.2　温跃层分布特征及季节变化

温跃层的出现完全取决于水温垂向分布状况。因此，它也有一个从成长到强盛、直至衰消的过程。

5.1.2.1　春季

春季，天气回暖，海水表层升温明显，加之此时季风变换，风力逐渐减小，对流混合随之减弱，海水开始出现层化。

图5.8a为春季温跃层强度分布图。从中可以看到：在渤海，温跃层主要分布在渤海湾外

侧至莱州湾西侧海域。其中，渤海湾口跃层强度高达 0.5℃/m 以上。在黄海沿岸水域，温跃层已普遍形成，但强度较弱。在青岛外海水域出现了一片强度较大的跃层区，曾观测到其最大强度大于 1.0℃/m。

图 5.8b 为春季温跃层深度分布图。从中可以看到：各海区温跃层深度差异很大。渤海跃层深度多在 2 m 左右。黄海跃层深度在 5 ~ 20 m，中央海区在 15 ~ 20 m 之间。

图 5.8c 为春季温跃层厚度。从中可以看到：各海区都比较薄，为 2 ~ 5 m。但是，在北黄海和南黄海中部的局部海域，温跃层厚度大于 5 m。

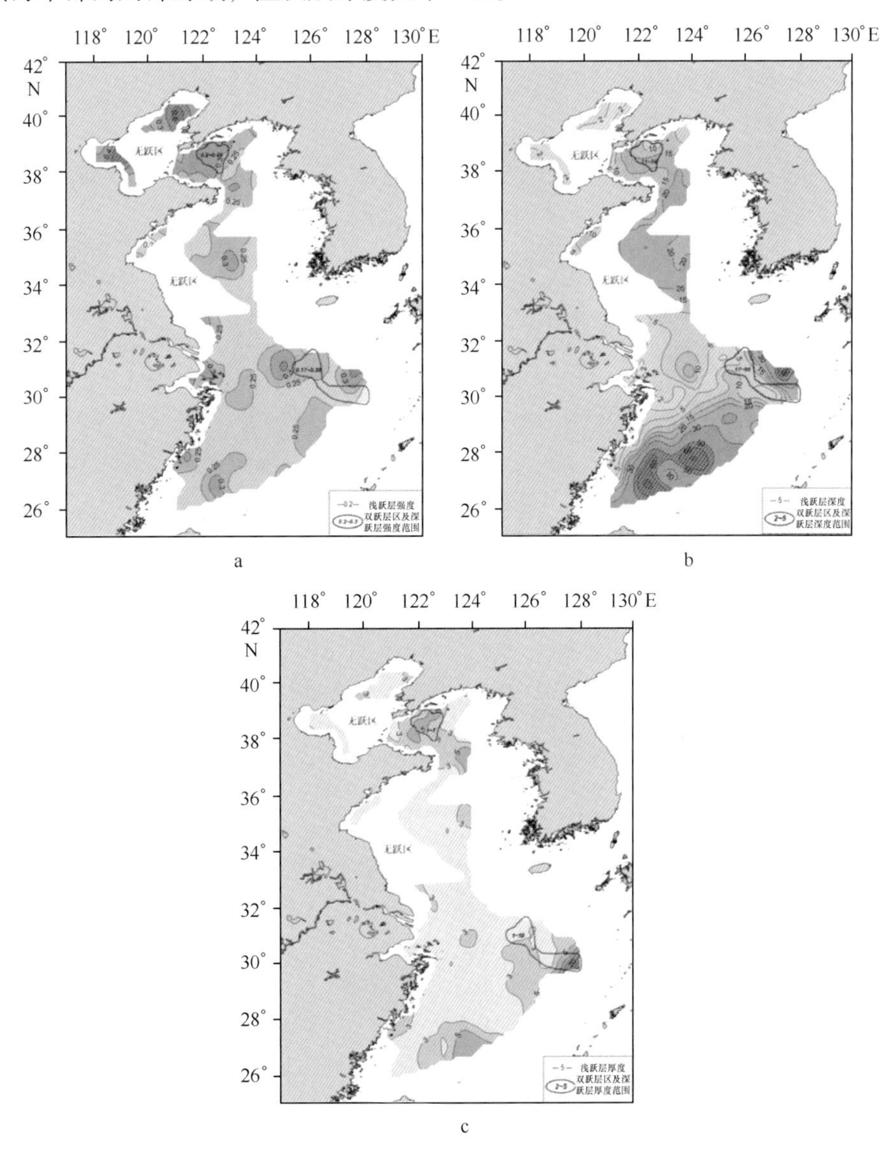

图 5.8　春季温跃层强度、深度和厚度分布

a：强度；b：深度；c：厚度

5.1.2.2　夏季

入夏以后，水温急剧升高，使温跃层强化，温跃层强度十分大，是温跃层最强盛的时期。从图 5.9a 可以看出，山东近海的渤海湾和莱州湾均无跃层出现。该季节是黄海区温跃层得以

充分发展的阶段，成为中国海温跃层强度最大的海区。其中中央海区和青岛外海为两个强温跃层区，温跃层强度最大值分别在 1.5℃/m 和 2.0℃/m 以上。特别是青岛外海的跃层强度，历史上曾观测到其最大值可达 5.3℃/m 以上。黄海之所以成为最强温跃层区，主要是因为夏季为黄海冷水团的鼎盛期。黄海冷水团影响海域垂向为 3 层结构的水体，上均匀层水温高达 25℃以上，而下均匀层水温仅 6～8℃。在上层暖水与下层冷水的交界面附近，往往产生强烈的温跃层。

夏季温跃层深度大致由东南外海向西北近岸递减（图 5.9b）。渤海几乎都小于 5 m。在黄海从西部近岸区的 5 m 左右向中央区增加到约 10 m。

夏季温跃层厚度（图 5.9c），在黄海由近岸区约 3 m 厚，向东递增到 10～15 m。

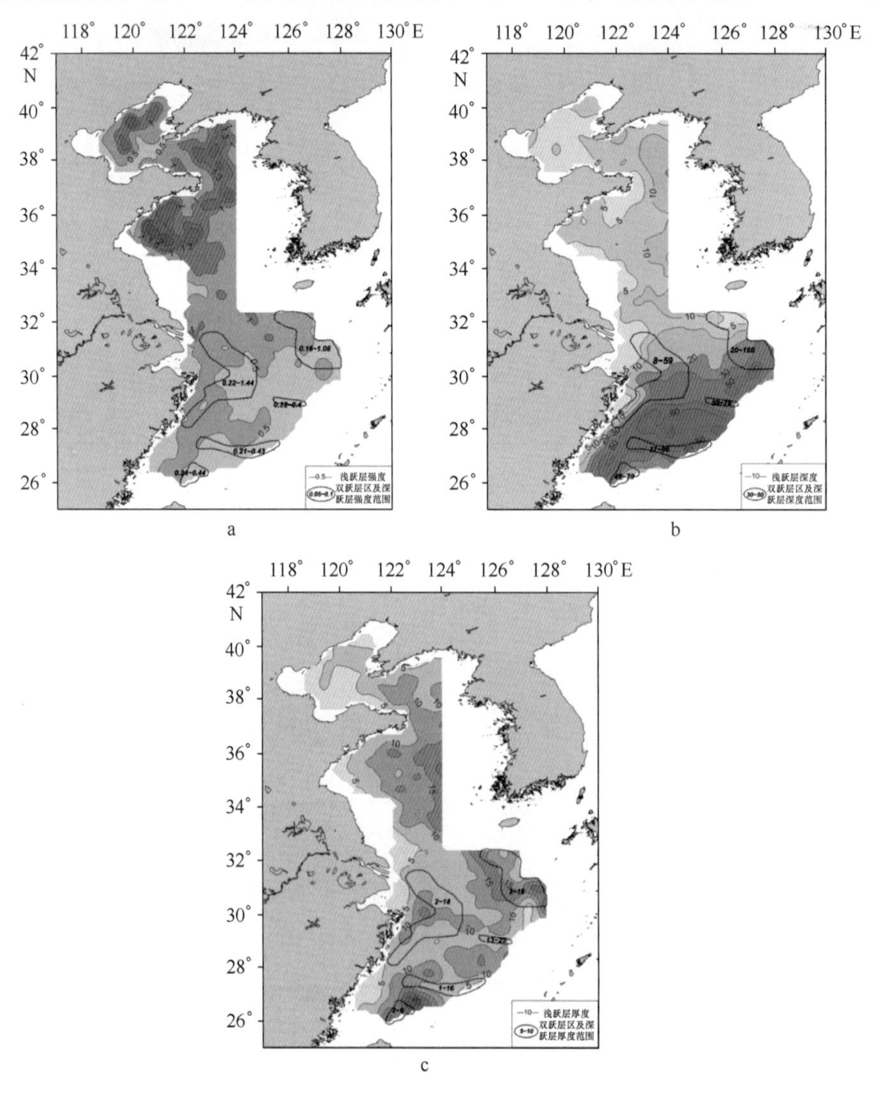

图 5.9　夏季温跃层强度、深度和厚度分布

a：强度；b：深度；c：厚度

5.1.2.3　秋季

秋季，表层开始降温，北向风逐渐增大，温跃层进入衰退期。温跃层的衰消首先是从深度较浅的水域开始，然后再向深水区延伸，导致跃层范围明显减小（图 5.10）。图 5.10 a 显

示：山东近海已经无跃层出现。

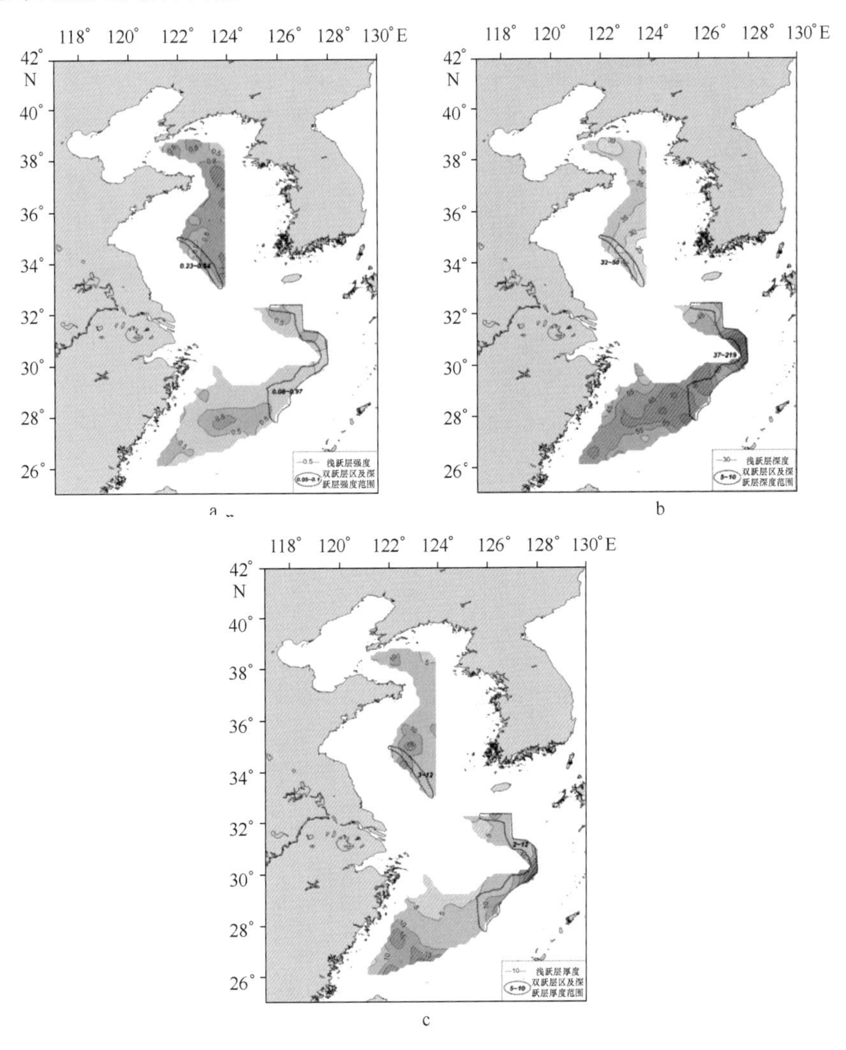

图 5.10　秋季温跃层强度、深度和厚度分布

a：强度；b：深度；c：厚度

5.1.2.4　冬季

冬季，对流混合最强，整个山东近海陆架区温度垂直结构基本处于垂直均匀状态（图 5.11）。

5.1.2.5　逆温跃层

逆温跃层是指强度为负梯度（用负值表示）的温跃层，即温度随深度增加而升高。在山东近海，除夏季以外，冬、春、秋三季都可能出现逆跃层，但以冬季和春季最为典型，因此，这里我们重点讨论冬季和春季的逆温跃层。

冬季，从图 5.11 可以看到，逆温跃层存在的范围明显大于正温跃层，主要出现在黄海贯穿南、北黄海的中部海域，其强度为 −0.05 ~ −0.5℃/m，上界深度为 2 ~ 73 m，厚度为 1 ~ 8 m，渤海莱州湾也有小部分。与水温的水平分布相比较可知，黄海的逆跃层区主要位于黄海暖流流经的海域。

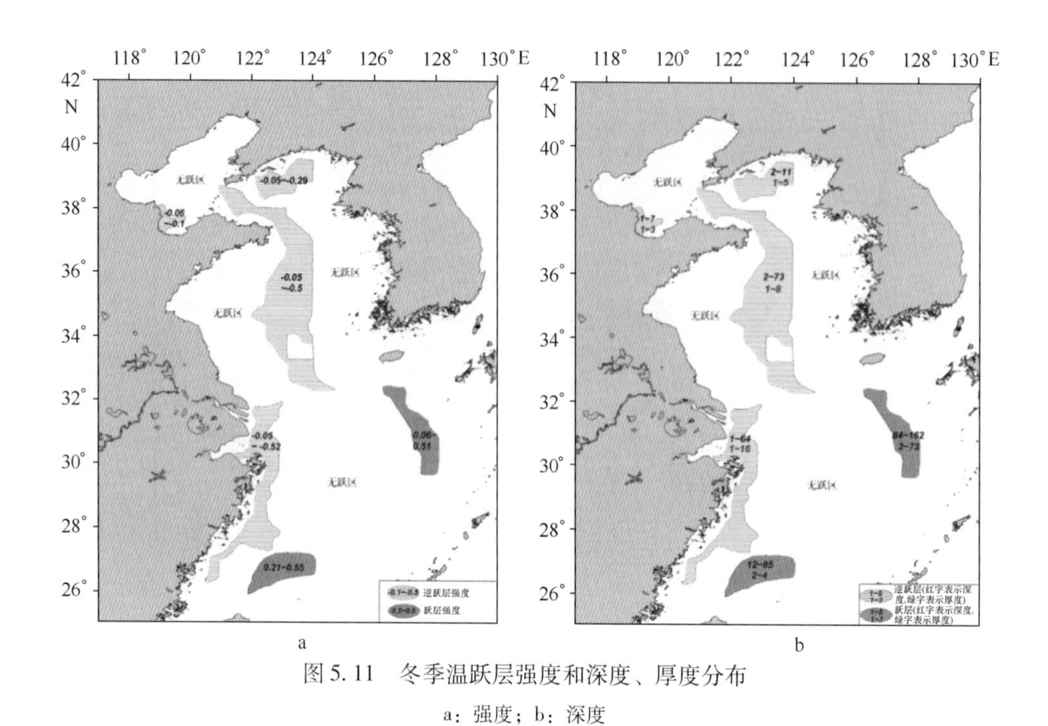

图 5.11　冬季温跃层强度和深度、厚度分布

a：强度；b：深度

春季，山东近海出现逆温跃层的区域极少，只在烟台外海有所体现（图 5.12）。

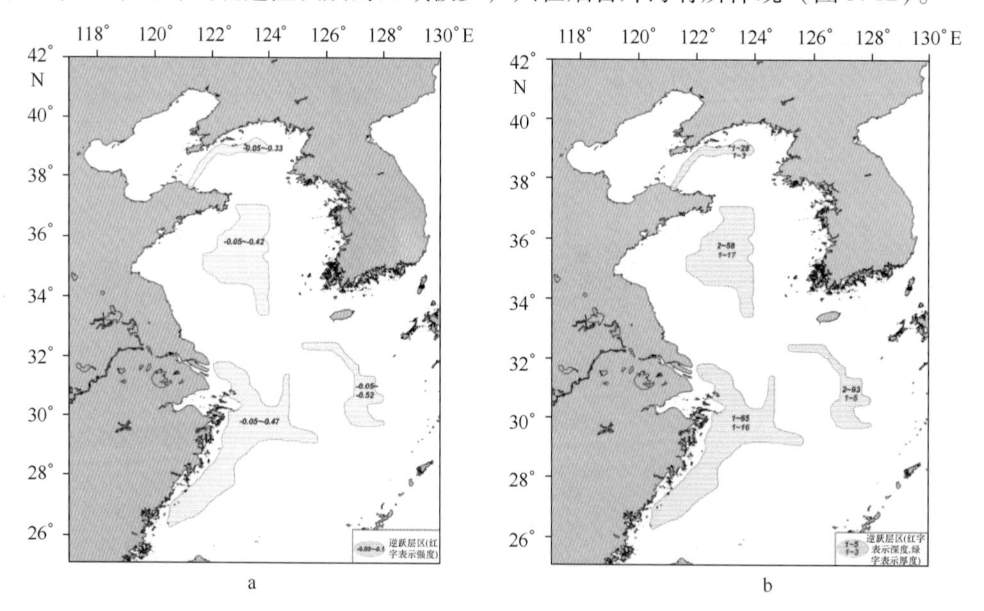

图 5.12　春季逆温跃层强度和深度、厚度分布

a：强度；b：厚度

5.2　盐度

海水盐度是海水中含盐量的一个标度。海水含盐量是海水的重要特性，它与温度和压力三者，都是研究海水物理过程和化学过程的基本参数。海水盐度因海域所处位置不同而有所差异。海水盐度的分布与变化，主要取决于海区的盐量平衡状况。影响盐度的主要因子有蒸

发与降水之差值、环流的性质和强弱以及水团的消长等。对于近岸海域，除上述因子外，江河入海径流量的多少起着至关重要的作用。由于径流、降水、蒸发、结冰、融冰及环流等因素都具有年变化的周期性，故盐度也相应地出现年周期变化。然而，由于上述各因子在不同海域所起的作用和相对重要性不同，致使各海区盐度变化的特征也不完全相同。

渤海为中国近海盐度最低的海区，年平均值为30.0左右，渤海沿岸盐度受沿岸淡水控制，中部及东部受黄海暖流余脉高盐水支配，其盐度分布为：中央、东部高，向北、西、南三面递减的形势。

黄海因入海的大河少，盐度状况主要取决于黄海暖流高盐水的消长。除鸭绿江口附近盐度较低外，黄海盐度比渤海的要高，年平均值为30.0～32.0。黄海暖流带来的高盐水，由南黄海沿黄海中央北上延伸，并向西侵入渤海，高盐水是由南向北凸出而西伸的，这是黄海盐度分布的主要特点。

5.2.1 盐度的平面分布与季节变化

5.2.1.1 冬季

冬季，在盛行强劲的偏北季风和海面冷却的共同作用下，海水垂直对流、涡动混合很强，在水深约小于100 m的陆架浅海区，混合深度几乎可达海底（图5.13）。所以，以下仅介绍冬季表层盐度的分布。

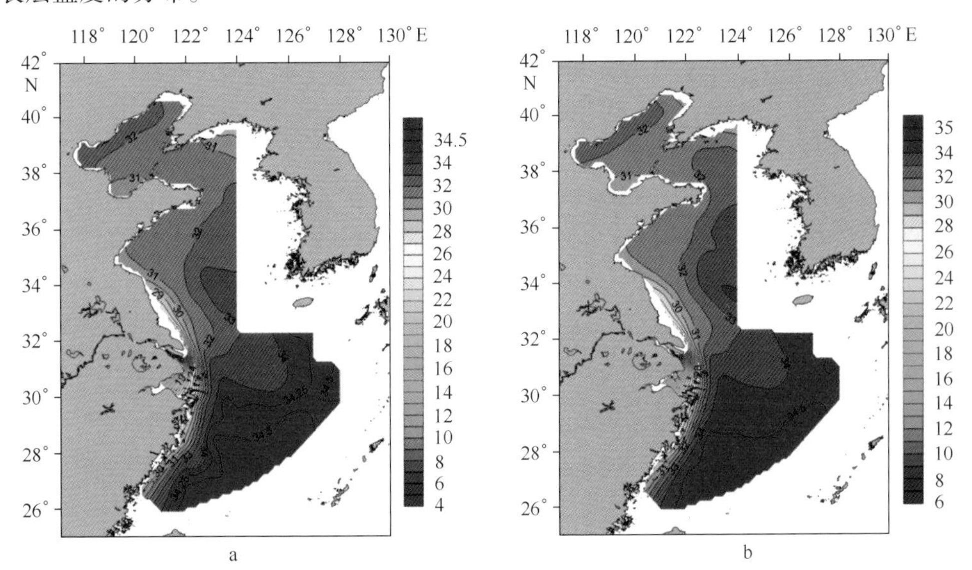

图5.13 冬季渤海、黄海、东海盐度平面分布

a：表层；b：底层

渤海湾盐度值大于32.0。莱州湾由于受到黄河等径流的影响，盐度最低，湾口至湾顶盐度值由31.5递减为30.0。盐度分布的这种态势，与该海域盐度多年平均状况有较大的差别。图5.14为渤海冬季盐度多年平均分布（1992年，海洋图集）、2000年调查结果和“908专项”调查观测分布。由图看出，与2007年冬季的盐度分布（本次观测）相比，最主要的相似之处在于：2000年冬季，最高盐度也是出现在渤海湾北部至秦皇岛近海的沿岸区域，盐度

值均大于32.8。也就是说，此次“908专项”的调查结果所显示的渤海西北侧沿岸高盐带，实际上在2000年冬季就已出现了。

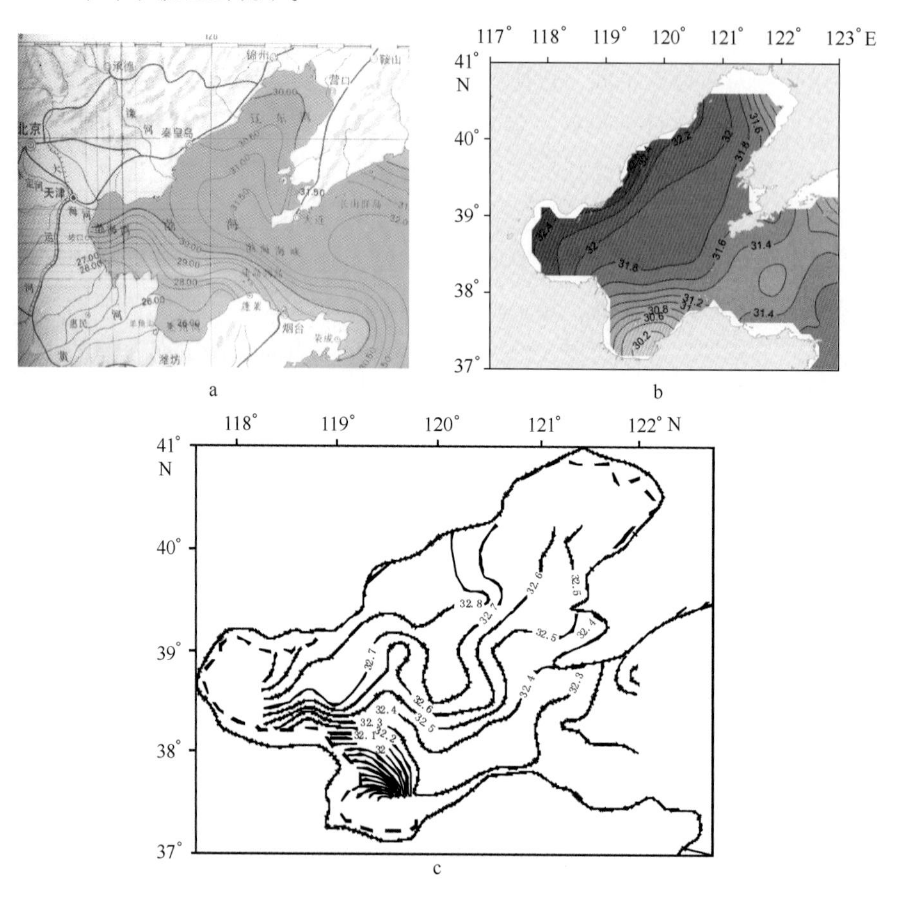

图5.14 渤海冬季盐度分布

a：多年表层平均（陈达熙，1992）；b：“908专项”（表层）；c：2000年5 m层盐度（鲍献文等，2004）

上述结果还显示，1992年图集所展示的渤海盐度量值，比2000年及最近的观测明显偏小，这与近年来关于渤海盐度持续升高的观点相吻合。方国洪等（2002）、吴德星等（2004）、马超等（2010）、Lin等（2001）分别利用2000年之前21～37 a不等时间尺度的渤海盐度观测资料，均证明渤海盐度的升高趋势。造成渤海盐度升高的因素有很多，包括入海河流径流量减少、气温升高、蒸发增强、降水量减小等，但是最主要的原因还是黄河径流量的持续减少（吴德星等，2004；马超等，2010；Lin et al.，2001）。近期的海流观测还表明，在黄河口附近，存在一支从该河口指向东北直至辽东湾的流动。这将有利于高盐水向北侧近岸海域扩展。

黄海盐度分布与水温分布相似，一支高盐水舌贯穿黄海中央，从表到底，自济州岛西南向西北偏北方向伸展，32.0等盐线可到达成山头以北的中部海区，舌根部盐度值大于33.5。显然，这是由黄海暖流带来的高盐水，也反映了黄海暖流具有高温、高盐的特性。表层盐度分布清晰地显示出，在北黄海西北侧有个低盐中心，盐度小于30.0。

仔细比较黄海表、底层盐度分布可发现，两者略有些差别。主要表现在底层高盐水舌几乎是直指北黄海，而且，33.0等盐线的前锋越过36°N，比表层向北推进了近2个纬度。显示出，黄海暖流对底层海水盐度的分布影响更大，或者说，黄海暖流主要体现在底层。

5.2.1.2 春季

春季偏北风减弱，偏南风兴起，此时蒸发量减少，降水和河川入海淡水量逐渐增加，海面亦开始降盐。特别是在河口区，不仅降盐更加明显，而且开始呈舌状向外扩展。图5.15显示了春季渤海、黄海、东海不同水层盐度平面分布状况。

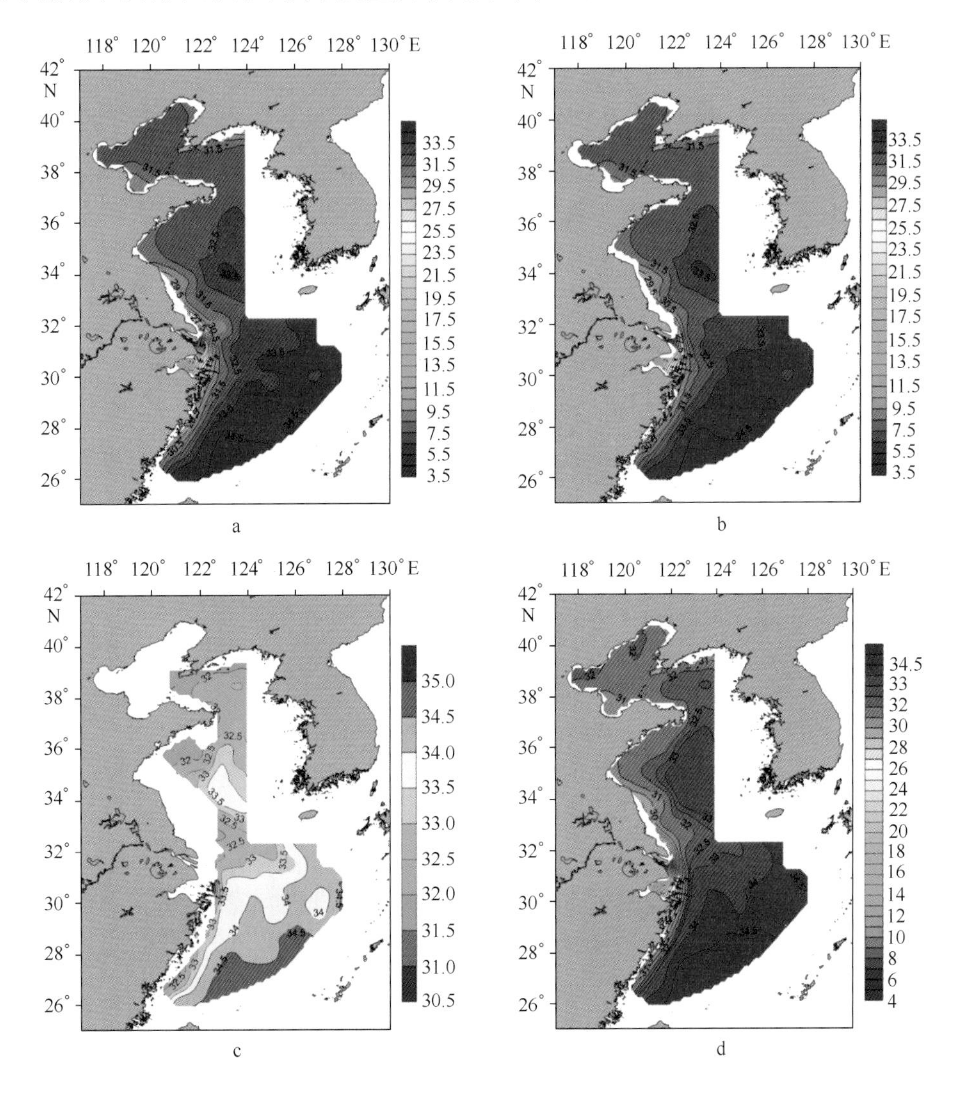

图5.15 春季渤海、黄海、东海盐度平面分布

a：表层；b：10m；c：30m；d：底层

渤海各个层次盐度分布的总体趋势与冬季大致相似。渤海湾北侧海域仍为盐度高值区，盐度值在32.0以上；但从渤海湾西侧至秦皇岛近岸海域，32.0等盐线所包络的海域不像冬季那样连成一片，面积有所缩小，且多呈孤立状。该季节，随着河川入海淡水量逐渐增加，莱州湾盐度下降，盐度值在28.0～31.0之间，比冬季大约减小1.5。值得注意的是，此时，黄河口附近的低盐区开始向外呈舌状扩展，并在莱州湾西北部、黄河口附近有一封闭的低盐中心，中心盐度低于29.0。

黄海春季的盐度分布相比冬季，发生了一些变化。在南黄海，高盐舌存在一指向青岛近海的分支。但是，与冬季的相比，整个黄海高盐舌舌轴已明显向东偏移。10 m 以下，大于32.0 的等盐线开始向北黄海扩展。30 m 层，32.0 的等盐线包络了北黄海一半以上的海域。南黄海，32.5 的等盐线延伸至成山头外海，且高盐水舌的舌轴比上层向东稍有偏移。至底层，32.0 的等盐线推进至渤海海峡附近，包络了北黄海的大部分海域。在南黄海，大于 33.0 的高盐水所覆盖的范围明显变大，几乎控制了整个中部海域。

5.2.1.3 夏季

夏季盛行偏南风，降水集中、雨量最多、江河入海径流量最大，沿岸水的影响范围扩大，夏季的表层盐度降为全年最低。加之，盛行偏南风，风速较小，太阳辐射又最强，表层迅速增温，而海水稳定度大，涡动混合较难进行，盐度分层明显。该季节不同水层水温分布状况见图 5.16。

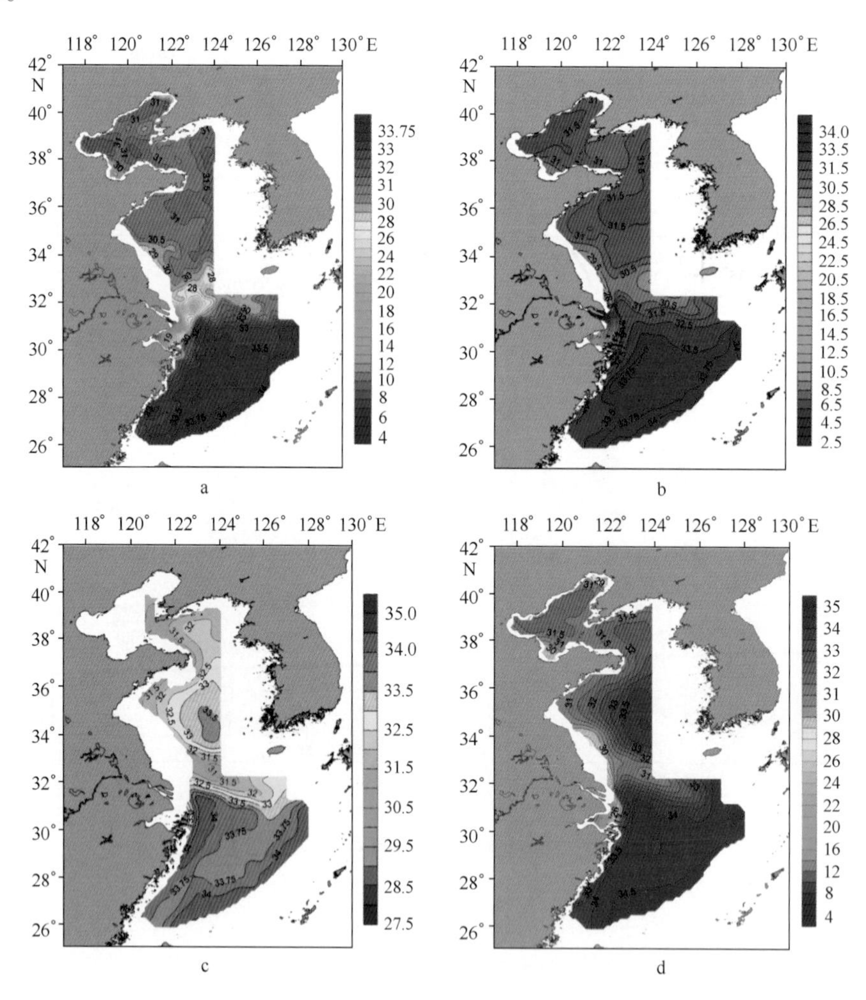

图 5.16 夏季渤海、黄海、东海盐度平面分布

a：表层；b：10m；c：30m；d：底层

莱州湾内的低盐区极值小于 29.0，渤海湾顶西南部海域盐度最低，小于 30.5，渤海海峡西侧的高盐中心，其值高于 31.5。如图 5.17 所示的多年平均结果显示，渤海夏季表层盐度在

30.5以下。除此之外，吴德星等（2004）还将渤海2000年与1958年夏季的盐度场分布作了比较，认为，渤海夏季盐度场结构发生了根本性变异。

表层以下，盐度整体呈升高趋势。10 m层，莱州湾依然是盐度的低值区，盐度最低值小于30.0。渤海北部大部分海域盐度均在31.5以上。渤海海峡及其临近的渤海南部区域，盐度相对低些，为31.0左右。莱州湾和渤海湾顶最低盐度值分别为30.0和30.5。

黄海北部海区表层的盐度分布相对比较均匀，盐度值多在30.0～31.5之间。在海区的东部，依然有一块高盐水，盐度值在31.0～31.5之间，比冬、春季同海域的盐度均低。南黄海表层盐度分布的主要特点是，盐度由西部近岸向黄海中部递增。广阔的黄海中部海域，盐度变化缓慢，盐度值为30.5～31.5，10 m层盐度比表层的有所增加。31.0的等盐线几乎包络了整个山东半岛南部沿岸。

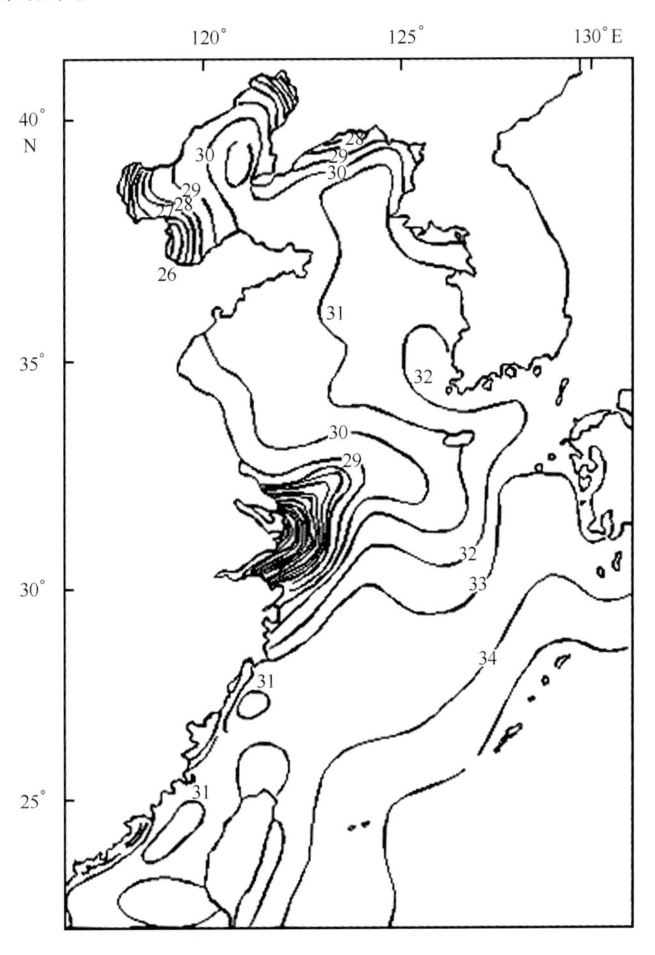

图5.17　夏季8月渤海、黄海、东海表层盐度分布（多年平均）（陈达熙，1992）

5.2.1.4　秋季

入秋以后，偏北风逐渐增强，海面蒸发增大，太阳辐射减弱，冷却加快，天气晴朗，降水减少，河川入海淡水量减少，各种因素综合作用，导致对流混合逐渐增强，海水层化减弱。同时，海水处于增盐时期，盐度分布逐渐向冬季型过渡（图5.18）。

渤海：表层盐度分布较均匀，大部分海域盐度约为31.0。莱州湾盐度较低，等盐线分布也较密集，莱州湾盐度最低，为26.0～30.0。渤海湾盐度较高，为30.0～32.0。渤海海峡附近盐度为31～31.5。10 m层和底层盐度分布与表层的几乎一致，仅莱州湾内盐度值稍有增加，最低盐度值在29.0左右。

黄海：表层至10 m层盐度分布均较均匀，大部分海域盐度值在31.0～32.0之间。北黄海鸭绿江沿岸受淡水注入的影响，盐度值最低，最低值小于28.5。南黄海秋季表层盐度分布趋势是：外海的盐度普遍高于近岸，在中部海区，盐度值大于31.5，而近岸区，盐度值一般小于30.0。由于黄海冷水团还存在，黄海底层等盐线分布趋势与夏季相似。等盐线走向与岸线大体一致，中部盐度高，近岸盐度低。

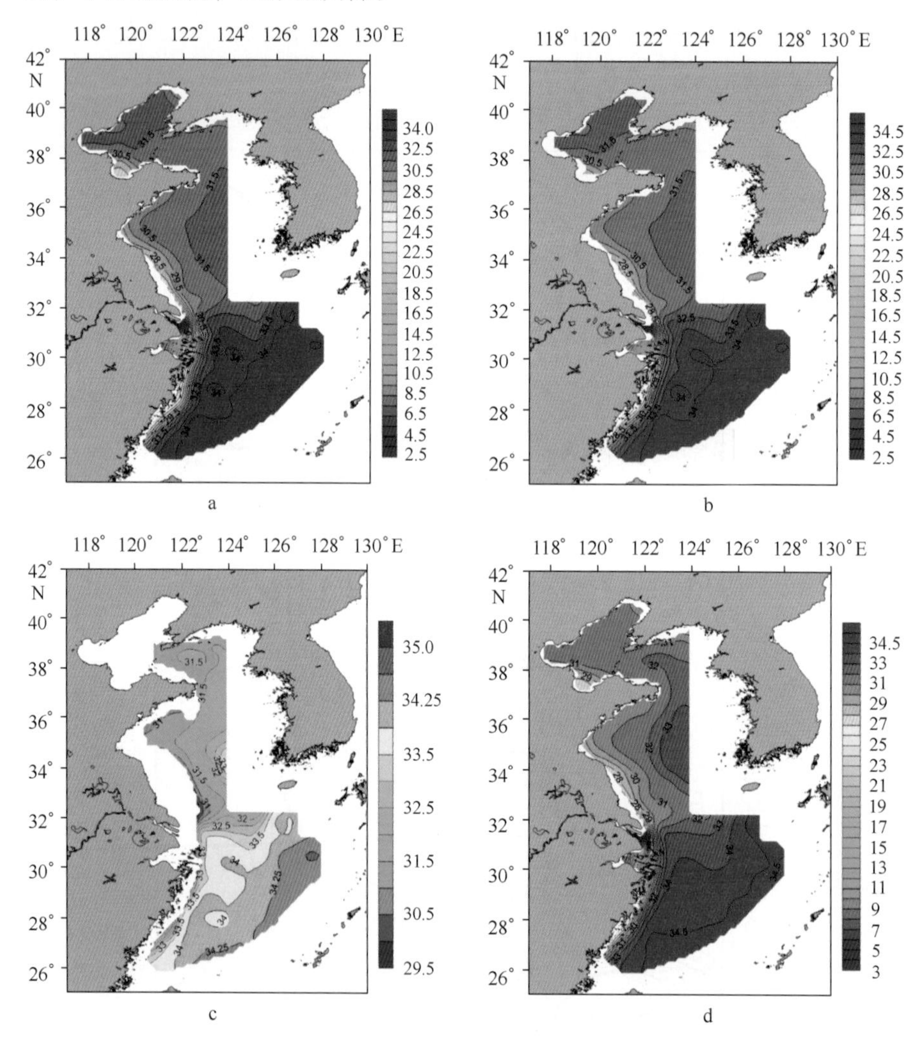

图5.18　秋季渤海、黄海、东海盐度平面分布

a：表层；b：10m；c：30m；b：底层

5.2.2　盐跃层分布特征及季节变化

与温跃层的演变相似，盐跃层也存在一个从成长到强盛、直至衰消的过程。

5.2.2.1　春季

图5.19显示，山东近海并无较强的层化现象出现。

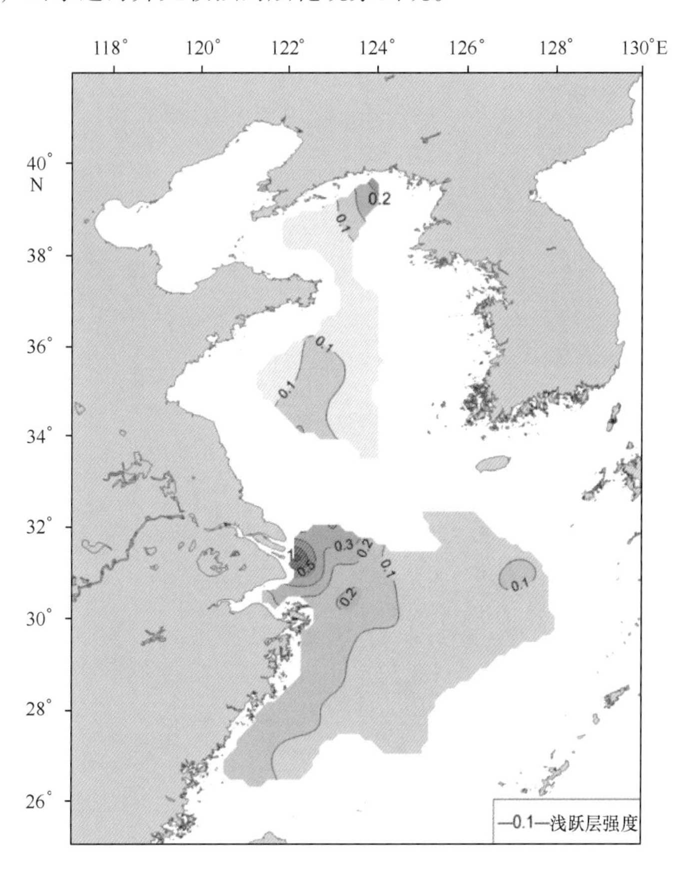

图5.19　春季盐跃层强度分布

a：强度；b：深度；c：厚度

5.2.2.2　夏季

入海径流量大增，在河口区常常形成强的盐跃层。图5.20a显示，夏季，尽管山东近海出现了大范围的盐跃层，但强度都很弱，大多在0.1～0.2之间。盐跃层上界深度的分布体现出近岸浅、外海深的特点（图5.20b）。渤海大部、黄海西部沿岸盐跃层深度均在5 m以浅。盐跃层厚度的分布（图5.20 c）与深度相似，山东沿岸的跃层厚度都很薄，一般在5 m以内。

5.2.2.3　秋季

秋季是跃层的衰减期。与夏季相比，盐跃层范围缩小，强度减弱，深度下沉。从图5.21a可看到，在渤海，盐跃层仅存在于莱州湾口东北部小范围区域，其强度值为0.3～0.5。在黄海，随着黄海冷水团向中央收缩，盐跃层主要出现在中央海域。同时，青岛外海还有小片海域存在盐跃层。黄海中央海域盐跃层强度大多为0.1～0.2，东南角强度最大，略大于0.3。随着跃层的下沉，盐跃层深度（图5.21b）也比夏季的明显增大。除了莱州湾仍然在5 m以浅之外，其余海域都较深。黄海中央深度范围在25～45 m。

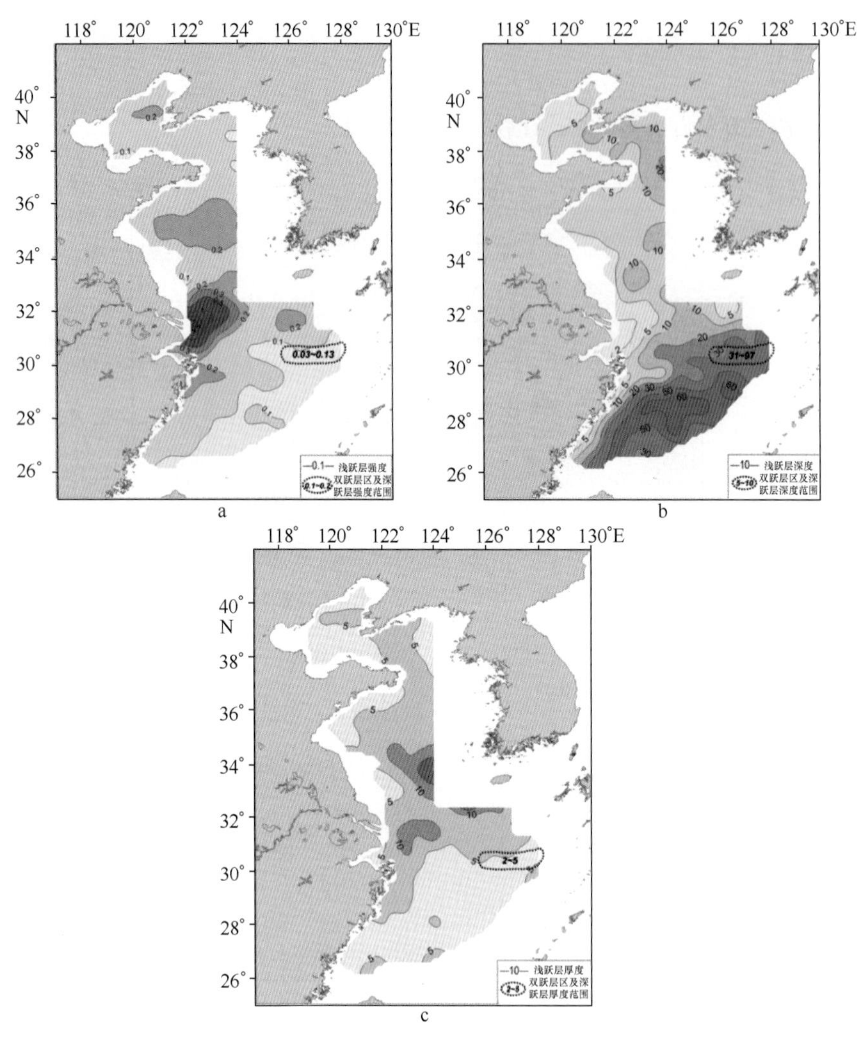

图 5.20 夏季盐跃层强度、深度和厚度分布

a：强度；b：深度；c：厚度

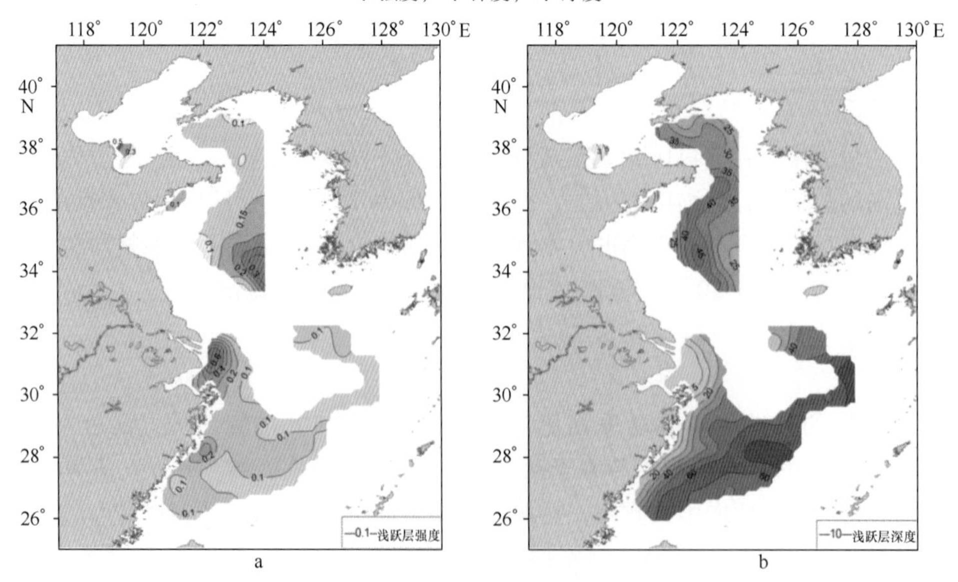

图 5.21 秋季盐跃层强度、深度分布

a：强度；b：深度

5.2.2.4 冬季

冬季是跃层最弱的季节。由图5.22 a可以看出，山东近海只有在黄河口和海阳外海有跃层出现。与温跃层一样，该季节盐跃层深度明显下沉（图5.22 b）。黄海中部盐跃层深度在25～60 m之间。

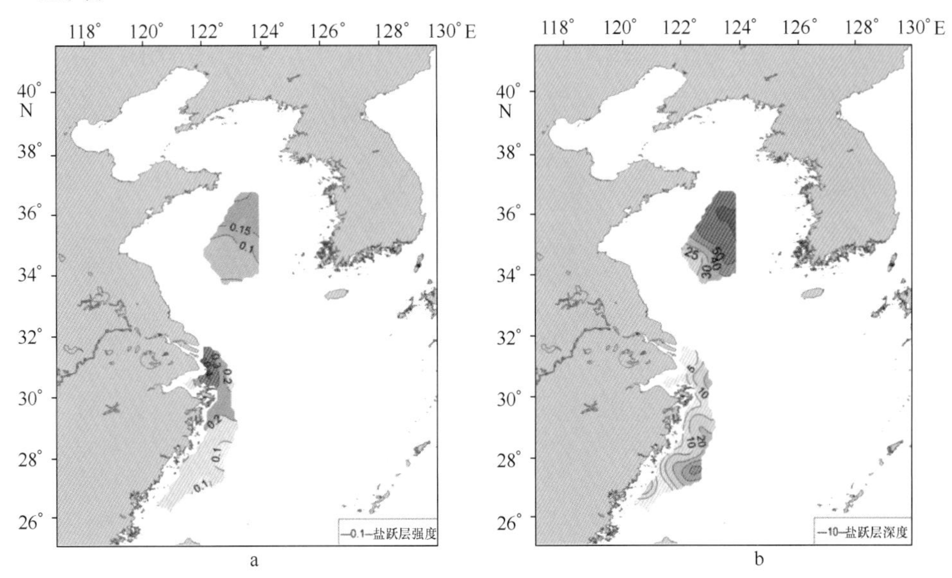

图5.22 冬季盐跃层强度、深度分布

a：强度；b：深度

5.2.2.5 逆盐跃层

冬季（图5.23），逆盐跃层主要出现在烟台外海，逆跃层强度最大可达-0.09，逆盐跃层厚度较薄，大多在2～3 m。春季（图5.24），逆盐跃层覆盖的范围比冬季的明显扩大。

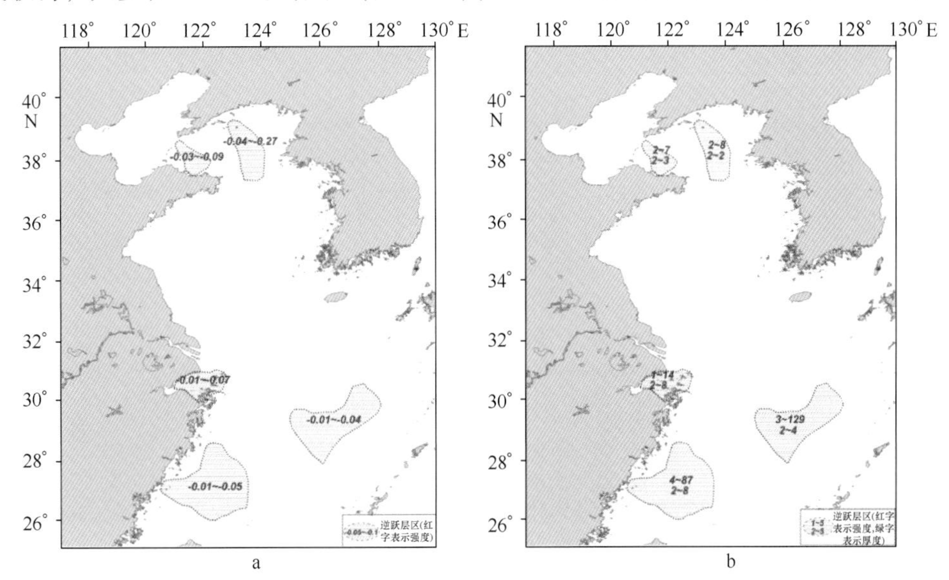

图5.23 冬季逆盐跃层强度和深度、厚度分布

a：强度；b：厚度

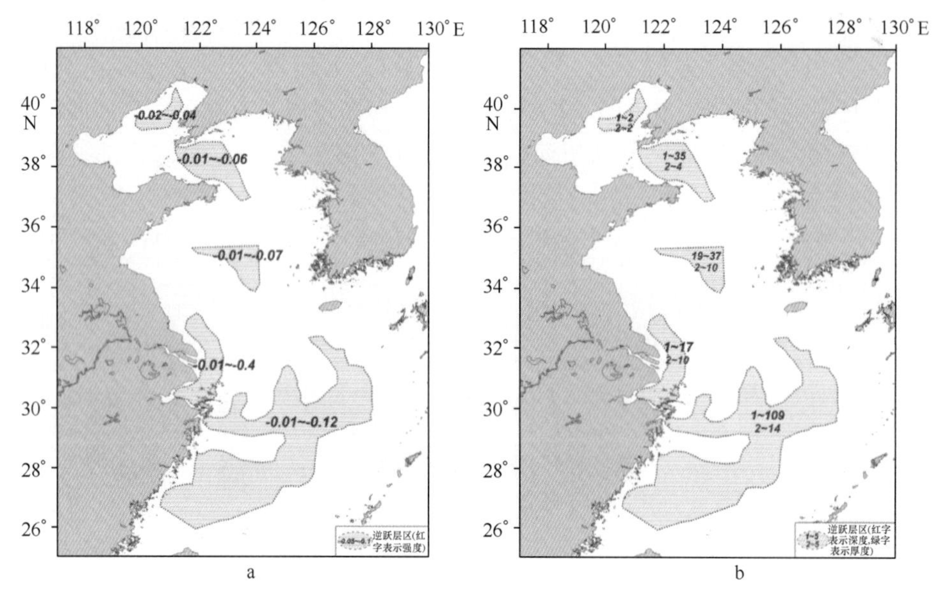

图 5.24　春季逆盐跃层强度和深度、厚度分布

a：强度；b：厚度

5.3　密度

5.3.1　密度的平面分布与季节变化

海水的密度是水温、盐度、压力（深度）的函数，是属于第二性的、派生的要素。海水的密度是指单位体积中海水的质量，单位为 g/cm^3 或 kg/m^3。海水密度一般用$\rho_{s,t,p}$表示，例如，在大气压力下，水温为0℃，盐度为35.0时，则$\rho_{35.00}=1.02768$。因为在正常的盐度范围内，海水密度的前两位数字是不变的，为书写方便，将密度书写成$\gamma=\rho-1\ 000$ kg/m^3。如此推算出来的密度在海洋学中称为密度超量。下文将要讨论的密度就是指密度超量。通常，海水密度在10.0~30.0 kg/m^3 之间。在以下的分析中，为简略起见，将密度单位 kg/m^3 省略。

影响山东近海密度状况的因子比较复杂，并随海区和季节的不同而异。在沿岸及江河冲淡水影响的海域和水层，密度的分布主要取决于盐度的状况；在外海，盐度变化较小，密度状态主要取决于温度。

5.2.3.1　冬季

冬季是全年中海水密度最高的季节，因为冬季水温最低、盐度最高，二者均能让密度增大，两者同时作用的结果是使密度达到全年最大。图5.25 显示了冬季渤海、黄海、东海密度表层和底层分布状况。

渤海冬季表层的密度在23.5~26.5之间。渤海湾密度最大，为25.5~26.5；莱州湾最低，为23.5~25.0。

北黄海大部分海域的密度均小于25.0。南黄海密度的分布是从东向西递减。绕成山头低温冷水扩展的区域，是一片密度大于25.2 的较高密度区。底层，25.0 以上的高密水范围比表层明显增大，几乎覆盖了黄海中部及成山头附近海域。

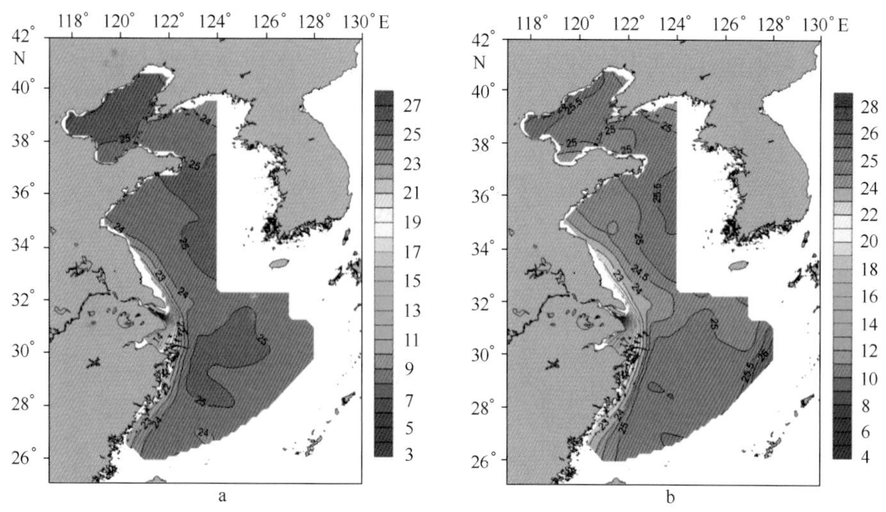

图5.25　冬季渤海、黄海、东海密度平面分布

a：表层；b：底层

5.3.1.2　春季

由于春季水温升高，盐度降低，密度也随之减小。表层密度下降较明显，尤其是河口附近海域（图5.26）。

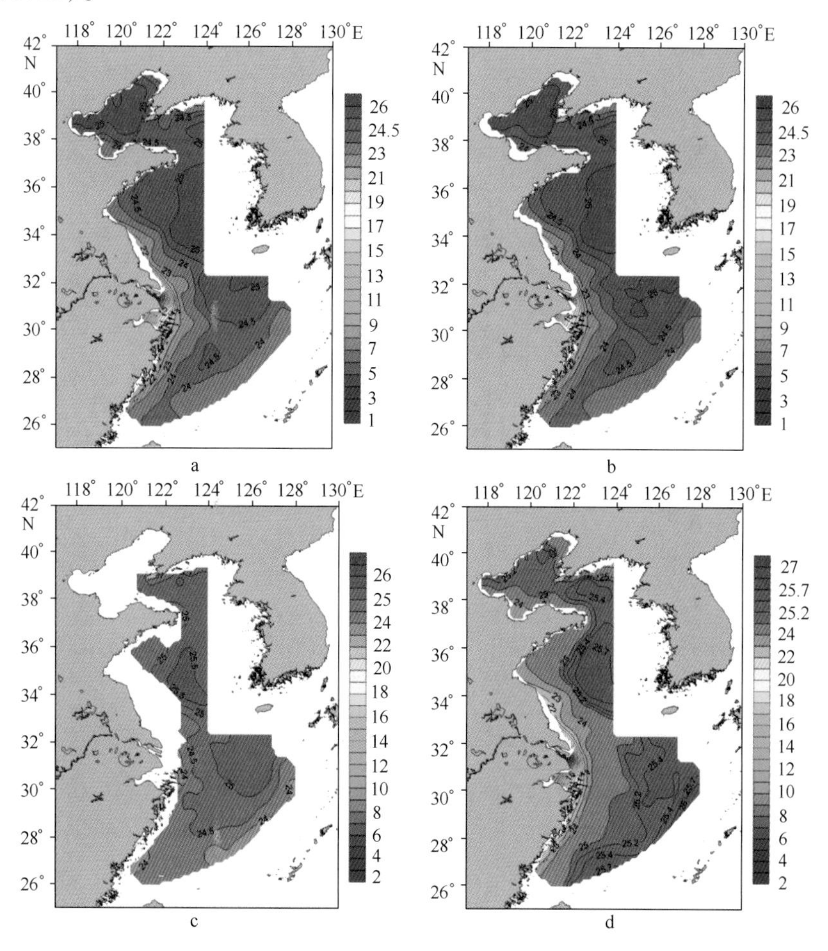

图5.26　春季渤海、黄海、东海密度平面分布

a：表层；b：10m；c：30m；d：底层

莱州湾最小密度低于23.0；而渤海湾北部与渤海中央大部分海区，密度值都在25.0以上。10 m以下水层密度分布与表层的基本一致。

冬季环山东半岛的黄海海域大于25.0的小块高密水带消失，大部分海区密度值均在24.0～25.0之间。

5.3.1.3 夏季

夏季表层水温最高，盐度最低，因此，此时表层密度达全年最低。图5.27为渤海、黄海、东海夏季各水层密度平面分布。

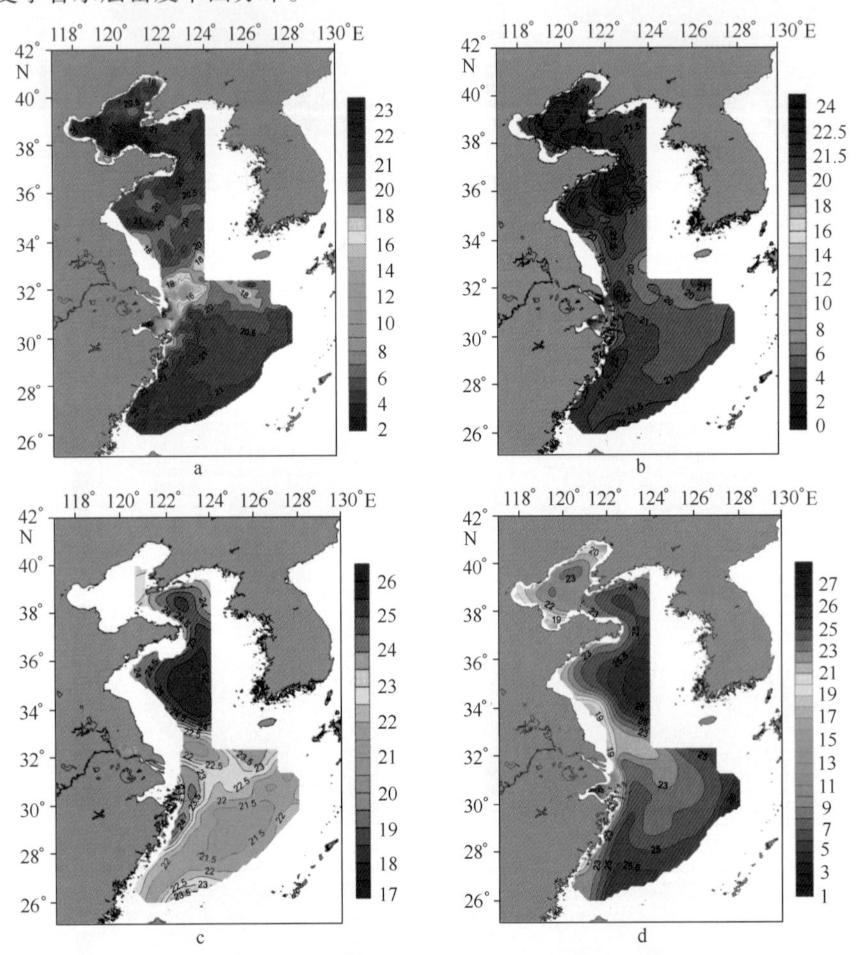

图5.27　夏季渤海、黄海、东海密度平面分布

a：表层；b：10m；c：30m；d：底层

莱州湾密度最小值大约为17.5，是渤海的次低密区；渤海湾西南侧海域密度最小值低于19.0。渤海湾口至渤海海峡之间的广大海域密度较高，其值均大于21.0，形成一个东西向的高密带。高密带内，在渤海湾口和海峡西侧分别有一个大于22.0和23.0的较高密度中心。

黄海夏季表层密度分布与温度、盐度相对应。在南北黄海中部海域，密度分布较均匀，其值皆为20.0～21.0。环成山角至渤海海峡一带密度稍高，为21.0～22.0。

10 m层，在山东半岛以南海域出现了多个高密水块，与夏季出现在相应区域的多个低温水块相对应。30 m层，黄海中央出现了24.0等密线包络的高密水，在北黄海中部有一个高

密中心，密度值大于25.0，在南黄海也有一个高密中心，密度值大于25.5。经过对比发现，此时密度分布与盐度分布的趋势更为接近。夏季是黄海冷水团的鼎盛期，与此相对应，在黄海底层中央是一大片密度为24.0～26.0的高密水。

5.3.1.4　秋季

秋季开始降温、增盐、增密。图5.28展示了秋季渤海、黄海、东海不同水层密度的分布。

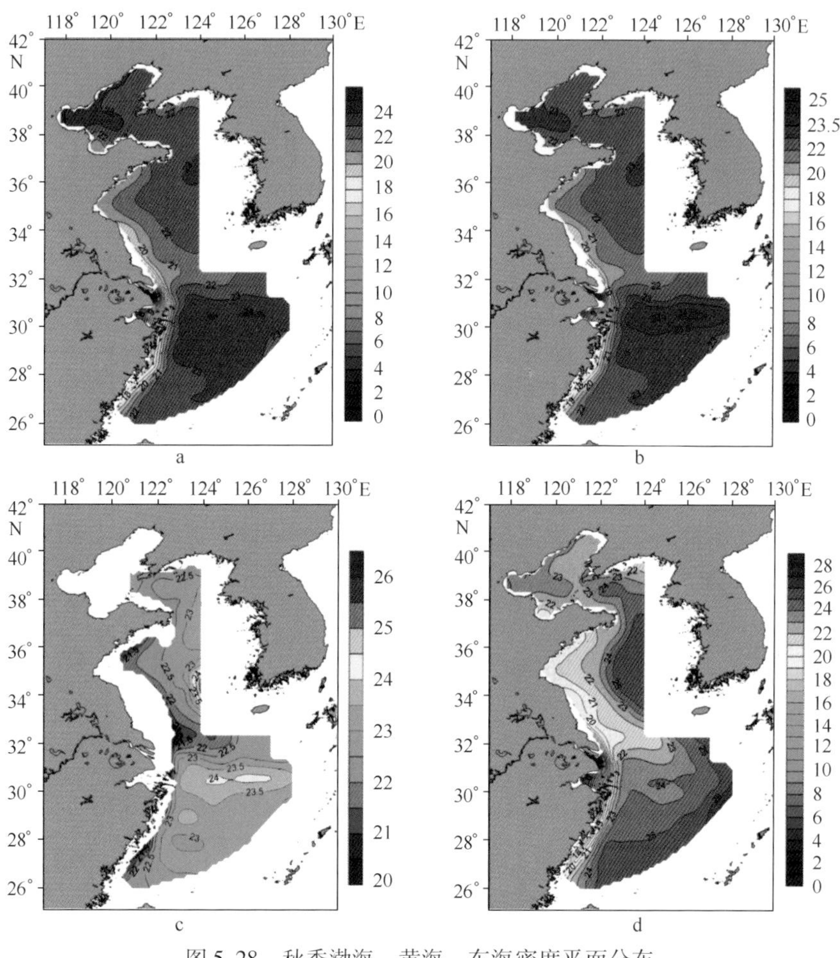

图5.28　秋季渤海、黄海、东海密度平面分布

a：表层；b：10m；c：30m；d：底层

表层渤海湾密度最高，为23.0～25.0；莱州湾最低，为19.5～22.5，并在黄河口外形成低密中心。

成山头以北的岬角上有个低于22.0的小低密水块。北黄海其余海区密度均匀，在22.0～22.5之间。南黄海表层密度是近岸低、海区中央高。

5.3.2　密跃层分布特征及季节变化

5.3.2.1　春季

春季是温跃层和盐跃层的发展期，密跃层也开始相应成长。图5.29 a显示：

渤海密跃层首先出现在辽东湾内，强度值为0.1～0.16。黄海密跃层出现的范围较广，

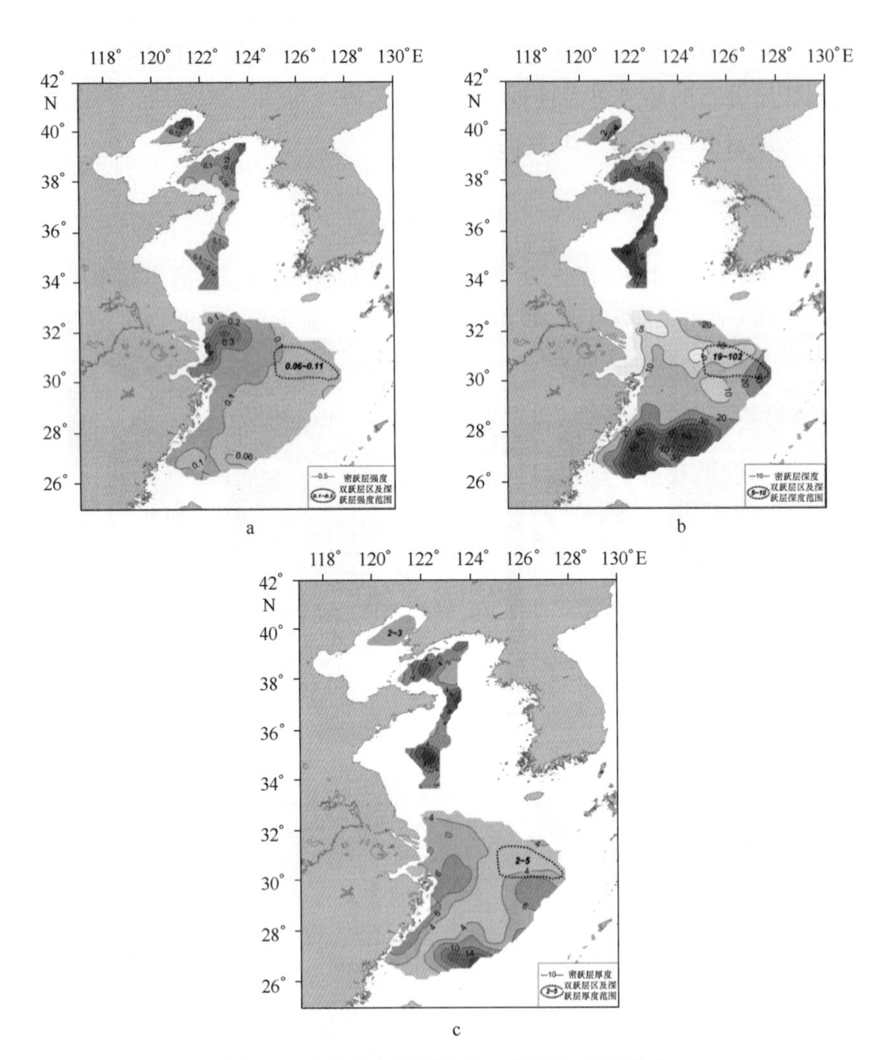

图 5.29　春季密跃层强度、深度和厚度分布
a：强度；b：深度；c：厚度

从北黄海至南黄海的中央海区密跃层连成一片。密跃层的深度（图 5.29 b）：渤海最小，为 2～4 m；黄海大致在 2～24 m。渤海和黄海密跃层厚度均较小（图 5.29 c），渤海为 2～4 m；黄海中央最大厚度为 7 m，其他区域一般小于 4 m。

5.3.2.2　夏季

夏季，既是温跃层和盐跃层的强盛期，也应是密跃层的强盛期。从图 5.30 a 可以看出，山东近海的密跃层出现在青岛外海，最大值在 0.6 以上，其他区域强度大多在 0.3～0.5。密跃层深度（图 5.30 b）：近岸海区密跃层深度多小于 5 m，黄海中央大于 10 m。密跃层厚度（图 5.30 c）：渤海大多小于 5 m。黄海密跃层厚度由近岸区约 5 m 向中央递增至 10 m 以上，厚度最大值出现在东南区，大于 15 m。

5.3.2.3　秋季

秋季跃层进入衰减期。从图 5.31a 可知，渤海，仅在莱州湾存在密跃层，强度为 0.3～0.7。黄海跃层主要存在于中央海槽附近，大部分海域密跃层强度在 0.3～0.4 之间；东南部

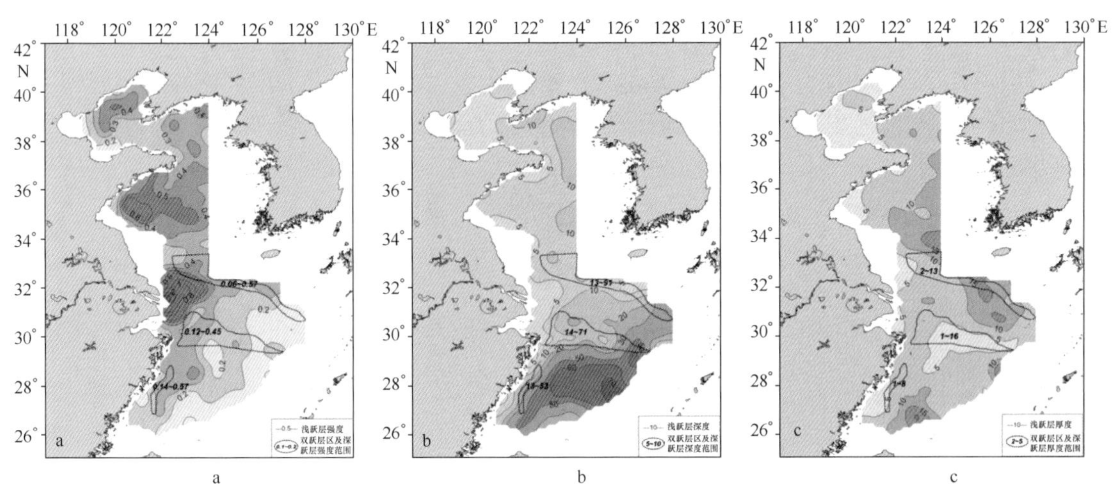

图5.30 夏季密跃层强度、深度和厚度分布

a：强度；b：深度；c：厚度

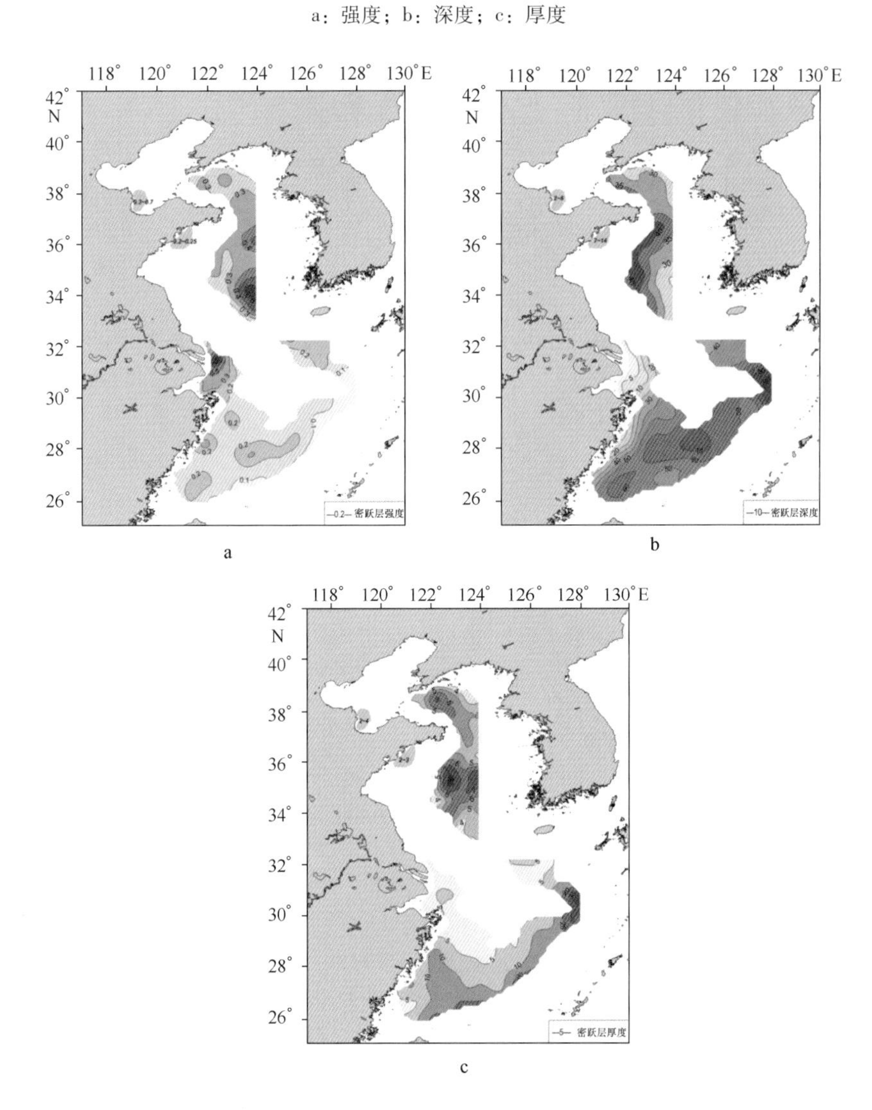

图5.31 秋季密跃层强度、深度和厚度分布

a：强度；b：深度；c：厚度

强度最大，在0.6以上。在青岛外海也存在小范围密跃层，强度为0.2~0.25。

与温、盐度跃层相似，秋季密跃层深度亦明显下沉（图5.31b）。其中，莱州湾内为2~6 m。在黄海中部海槽附近，跃层深度比夏季的明显增大，范围在25~40 m；青岛外海的深度值为7~14 m。

密跃层厚度分布特征如下（图5.31c）：莱州湾与青岛近海的跃层厚度值均较小，为2~4 m。黄海中央区，存在多块厚度大于6 m的封闭等值线区；除此之外，其他海域跃层厚度在4~6 m之间。

5.3.2.4 冬季

冬季，强的对流混合导致陆架浅水区海水温、盐度垂向分布基本均匀。因此，该季节密跃层也是最弱的。从图5.32可以看到，山东近海无密跃层出现。

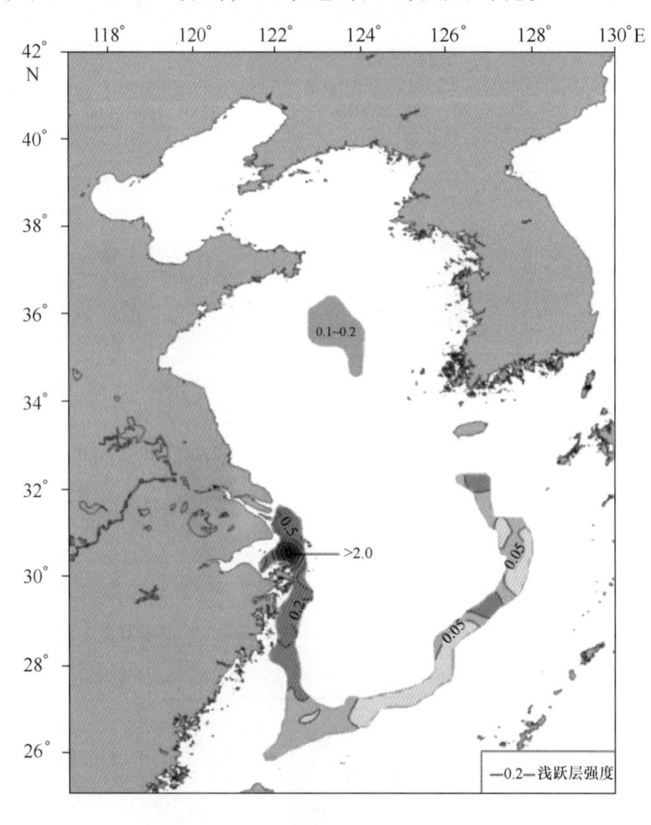

图5.32 冬季密跃层强度分布

5.4 海流

海洋环流是海洋中物质循环和再分布的主要实施者，不仅控制着水体和物质的输运与扩散，形成海水温度与盐度的时空分布，而且影响、调节着海洋中诸多的物理、化学和沉积过程，是海洋中最基本、最重要的运动形态，一直都是物理海洋学研究的核心和关键。

我国渤海、黄海、东海的海流，总体上看，是由北上的暖流流系和南下的沿岸流系所组成，在态势上形成气旋式结构的环流系统。暖流流系分布在东侧，包括黑潮、台湾暖流、对马暖流、黄海暖流及其延伸部分；沿岸流系分布在西侧，包括渤海沿岸流、黄海西岸沿岸流和东海沿岸流。

山东近海的海流受外海的黄海暖流以及当地的渤海环流和西黄海沿岸流影响较大。

5.4.1　黄海暖流

传统观点认为黄海暖流是对马暖流在济州岛东南海域分出的一个分支，与周围海水相比具有高温、高盐特性。黄海暖流的余脉经北黄海抵达渤海。近期的调查和研究表明：黄海暖流仅出现于冬季，是一支补偿性的海流。黄海暖流的主体并非沿黄海槽北上，而是沿黄海槽西侧地形较陡处，大约60 m等深线附近北上。“908专项”调查表明，冬季黄海暖流水存在抵进青岛近海的暖水输送。

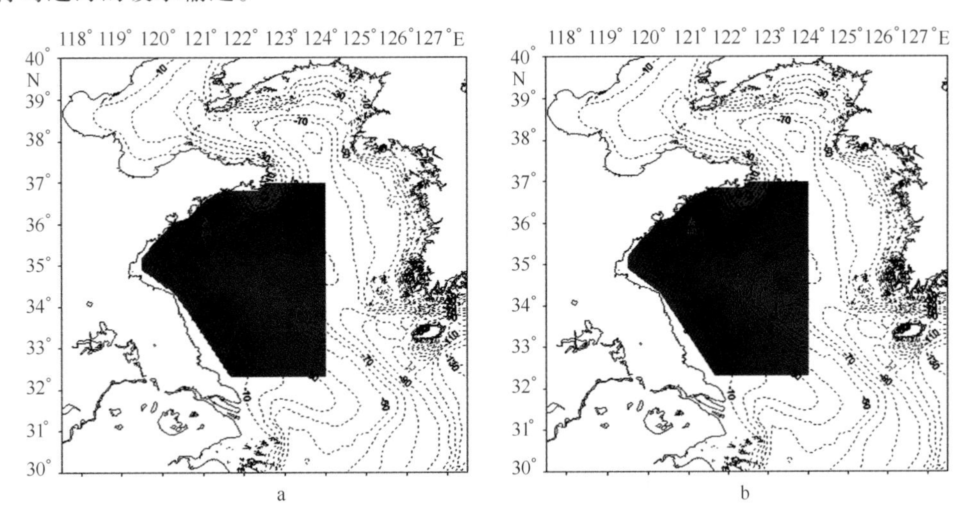

图5.33　冬季温度（℃）平面分布

a：表层；b：底层

在图5.33所示的表、底层温度平面分布图上，最明显的特征是一从东南向西北方向伸展的较高温暖水舌，这段以12.0℃等温线所包围呈舌状伸展的较高温水区，与周围水体分界明显、输运趋势显著，无论从来源、位置、性状或其他方面判定，都可以肯定它就是黄海暖流伸入南海西侧的部分，或者说，它是黄海暖流主体伸入南黄海西侧的部分。从图上看，暖水舌主体结构是明显的，但暖水输运并没有至暖水主体舌端而停止，而是表现出向西和向北两个分支。西向分支趋势明显、范围宽广，方向直指青岛近海附近；北向分支有向北进的趋势，但势头并不显著，等温线虽有舌状凸起，但凸起范围有限，等温线总体上较为平直。此时，表、底层温度分布趋势几乎一致，只是底层北向分支的趋向比表层更为明显，暖水主体在底层向北的突进也更明显，显示向青岛近海的输运只是黄海暖流的一个分支。

以上黄海暖流的主体部分、向青岛近海的西向分支部分、北向趋势分支部分，构成南黄海西部暖水延伸的主体，该暖水区可以以8.0℃为界，从总体上看，该暖水的输送方向基本上指向西北，其前锋直抵青岛近海。

图5.34展示了黄海34°N、35°N和36°N断面冬季的水温分布情况，由此可以更清晰地看到黄海暖流的内部结构。3条断面水温分布呈垂直均匀状态的最大水深并不一致，由南向北呈递增趋势；3条断面暖水中心的温度由南向北逐渐变小；34°N断面侧切了黄海暖流的主体，暖水范围下层较大而上层较小，暖水中心水温基本呈垂直均匀状态，在其两侧的中下部

水层出现逆温跃层，使得等温线呈台阶状分布；35°N 断面位于黄海暖流主体的近末端位置，暖水中心呈“核状”处于近底层附近，向上水温逐渐降低，11℃等温线包绕的范围下部较宽，向上逐渐变小，显示有较强的垂直对流混合过程；36°N 断面的冷暖水呈交替状态，122.25°E 以东的暖水是黄海暖流的北向分支部分，较高温的暖水处于 60 m 以下的水层，其上则基本呈垂直均匀状态；121.3°E 附近的暖水为黄海暖流的西、北向分支的主体部分，水温上、下垂直均匀；120.7°E 附近的暖水为黄海暖流西、北向分支向青岛近海延伸的部分，水温上、下垂直均匀。

根据断面图的直观分析表明，黄海暖流主体暖水中心和浅水区暖水分支的水温都是垂直均匀的，而黄海暖流北向分支的暖水中心却位于近底层，且越往北暖水中心的位置越低，这说明该时段黄海暖流北向分支的暖水输运强度并不够大，且越往北，冷却垂直对流混合的强度就越大。

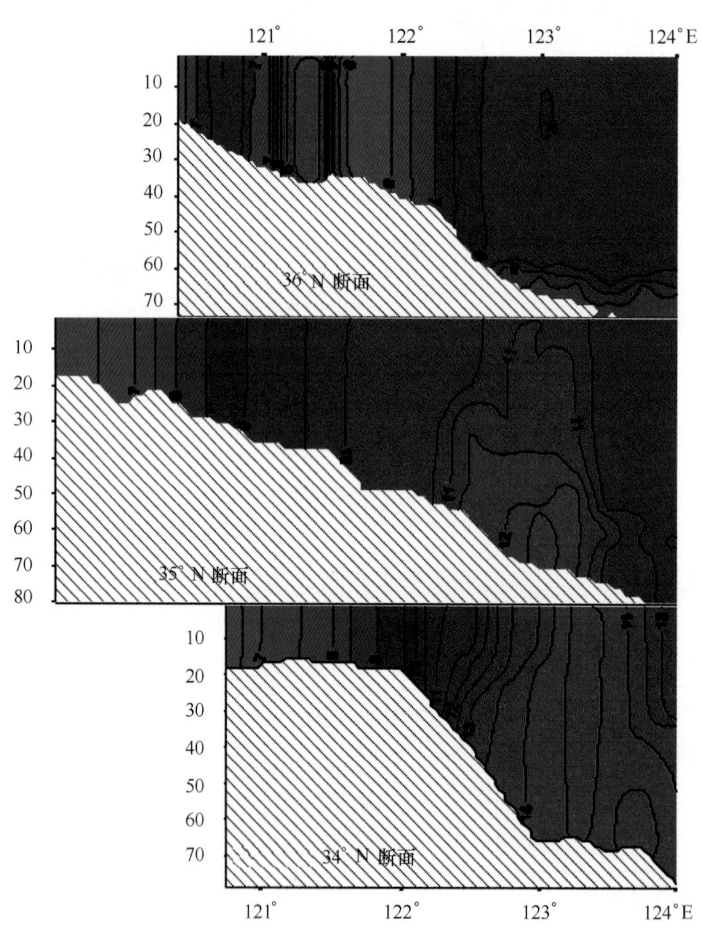

图 5.34　黄海 34°N、35°N 和 36°N 断面冬季温度分布（单位：℃）

5.4.2　沿岸流系

影响山东近海的沿岸流系主要是渤海湾沿岸流、莱州湾沿岸流和西黄海沿岸流。

5.4.2.1 *渤海湾沿岸流和莱州湾沿岸流*

关于渤海的环流结构，管秉贤等（1962）根据温度、盐度和海流观测结果指出：冬季，渤海海峡的流动为北进南出型，具有高温、高盐的外海水，主要通过渤海海峡北部的老铁山水道进入渤海，在到达渤海西岸时会分成南、北两支：北支沿渤海西岸北上，进入辽东湾，而辽东湾内低盐水沿渤海东岸南下，从而在辽东湾内形成一个大的顺时针环流；另外一支高盐水进入渤海湾，做逆时针方向运动，到达1977年之前的老黄河口附近，汇集黄河冲淡水，经莱州湾，从渤海海峡南部流出渤海。这就是通常所说的“北进南出”的渤海环流。

根据“908专项”调查结果，对渤海湾和莱州湾的环流结构进行如下判断：

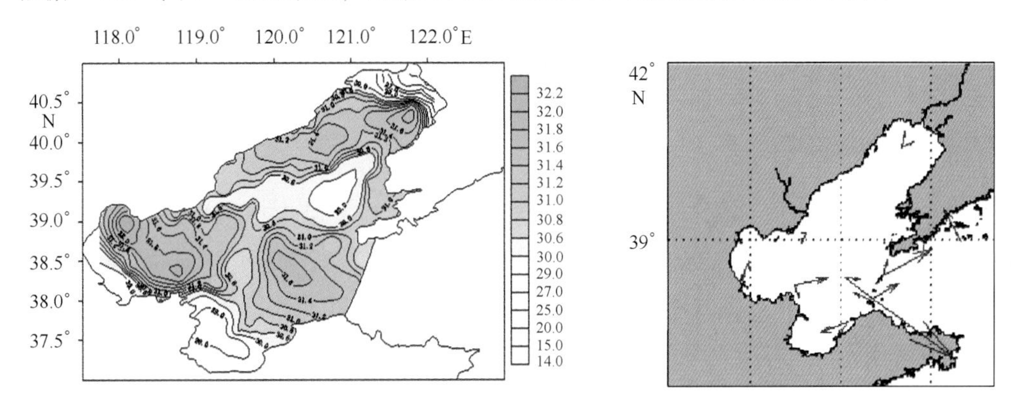

图5.35 2006年夏季表层盐度、剖面平均余流矢量平面分布图

1）渤海的夏季风以S—SE向风为主，但风速比冬季小很多，海况较为稳定。由图5.35知：夏季，在渤海南部的莱州湾，黄河冲淡水是重要的外来水的来源，由于处在渤海的南端，至少是表层的冲淡水会向北、向东扩展，由于莱州湾底端封闭，口门向东北开敞，易形成顺时针的环流特征。在渤海湾，受偏南风的驱动和黄河冲淡水扩展的诱导，其东南的环流特征应该是逆时针方向的，在其北部沿岸，近岸水位高，易产生SW向的流动，所以，在渤海湾，夏季，总体上存在逆时针方向的流动是可能的。

渤海海峡以西海区，盐度中间高四周低，易形成逆时针方向的环流特征，特别在渤海海峡口门处，两个点的月平均剖面余流矢量表层指向东北、底层则指向西北，说明表层为出流，底层为入流。所以，夏季渤海湾沿岸流为逆时针方向，莱州湾沿岸流为顺时针方向。

2）冬季，强劲的偏北风使得整个渤海整体性水位下降，且北部水位较南部水位低，特别在莱州湾，增水现象明显，在这种伴随天气过程发生的间歇性水体南输和补偿性水体回流等现象相对比较显著的季节，利用盐度、水温分布场来判断渤海的环流特征是比较困难的，但盐度、水温的分布状况却能够给我们提供环流特征判断方面的启示和引导。

冬季，海面冷却效应强烈，渤海水温基本垂直均匀，水温的平面分布状况与水深有直接关系。水深较浅的地方，热容量小，水温较低；水深较深的地方，热容量较大，水温较高。所以，冬季渤海的水温分布对环流特征的反映度较小。

参考渤海 M_2 潮汐余流分布，对冬季渤海环流特征的判断为：渤海海峡的入流主要发生在38.5°N附近，入流不是持续稳定的，而是间歇性的。

来自渤海海峡的入流进入渤海后，呈发散状向北、向西北、向西、向西南扩展。最主要的是向北、向西北的部分，其在老铁山水道的西北形成了一个半径达 70 km 的顺时针弱环流体系，该体系的西北部分在（39°50′N，120°20′E），附近海区发生分流，右侧部分向右偏转成为偏南向流，左侧部分继续流向西北，在辽东湾顶附近，有顺时针偏转的可能，而右侧部分的回流在老铁山水道附近甚至可以再次进入渤海，所以，向北、向西北的部分形成了老铁山水道西北乃至整个辽东湾区的顺时针方向的环流体系；向西的部分能够直抵渤海湾，而渤海湾的海流在总体上呈逆时针趋势；向西南的部分流向莱州湾，并发生逆时针偏转，由于莱州湾东北有较稳定的海流流出，所以，冬季莱州湾的环流态势应该是逆时针方向的。

3）春季是冬季到夏季的过渡季节，其整体环流结构偏夏季型，突出特点是渤海海峡的入流显著，入流区甚至可以扩展到海峡南部，而且是表、底层皆为入流占优势。

4）秋季是夏季到冬季的过渡季节，其整体环流结构偏冬季型，突出特点是渤海海峡的出流显著，入流区可以扩展到海峡中部，而且是表、底层皆为出流占优势。

5.4.2.2 西黄海沿岸流

西黄海沿岸流（过去称黄海沿岸流），上接渤海沿岸流，沿山东半岛北岸东流，在成山头附近转向南或西南流动；绕过成山角后，大致沿海州湾外 40 ~ 50 m 等深线南下，在 33° ~ 32°N 之间流向东南，前锋可达 30°N 附近。这一途径，根据现有资料来看，是终年不变的。东、南海沿岸流的流向，随季风变换。这是黄海沿岸流不同于东海、南海沿岸流的一个特点。1975—1980 年，中国科学院海洋研究所投放的漂流瓶和漂流卡资料，较清晰地展示了黄海西侧沿岸流的这一流径。同时，漂移物的运移路径图还显示出，在青岛以东近海，春、夏季皆存在一个反气旋的海水运动（图 5. 36）。

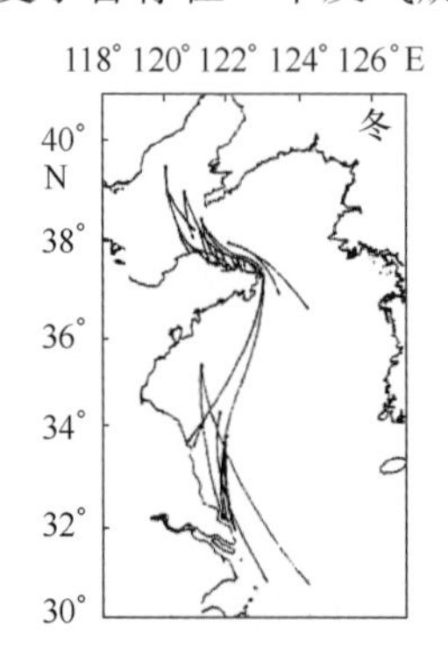

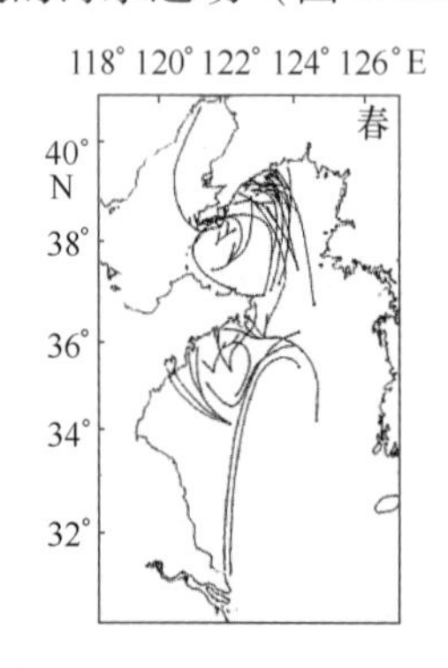

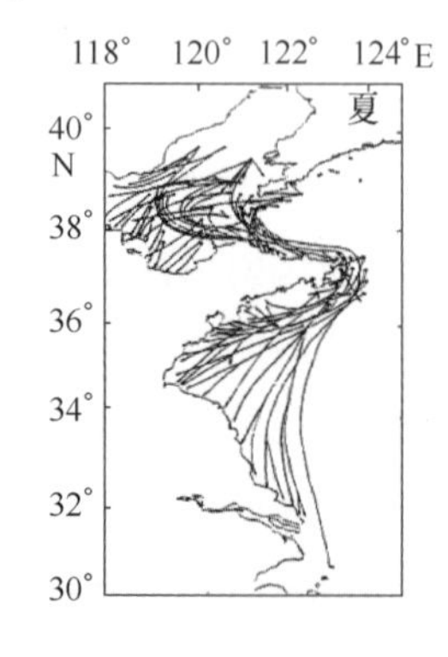

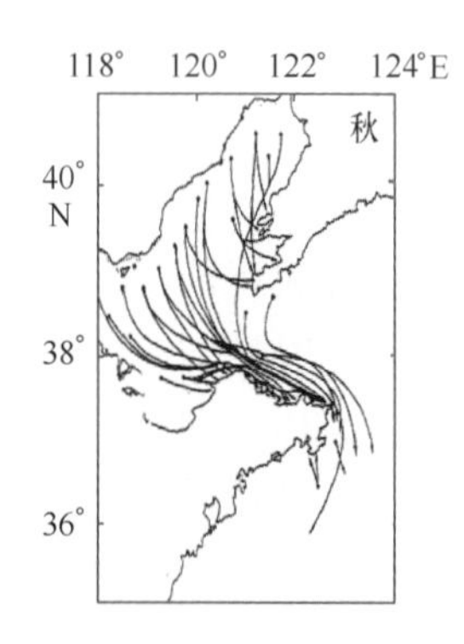

图 5. 36 渤海、黄海西侧四季漂移物的运移路径图（Zhang et al.，1987）

西黄海沿岸流不同于东海、南海沿岸流的另一重要特征是：它的形成机理有着明显的季节差异。冬季，西黄海沿岸流主要是由盐差产生的，而夏季，该沿岸流主要是作为黄海冷水团密度环流的一个组成部分而出现的。显然，温差在夏季西黄海沿岸流的形成中起了决定性作用。

尽管西黄海沿岸流的路径基本上保持终年不变，但其流幅和流速有着较明显的地区差异。观测表明，在渤海海峡南部、成山头附近和大沙渔场，沿岸流流幅较窄，流速较大，最大流速可达 30 ~ 40 cm/s；而在山东半岛北岸和成山头以南，流幅较宽，流速较小，最大流速不超过 20 cm/s。

此外，西黄海沿岸流在成山头附近海域，流速较强且多变。冬季，成山头附近耳状区域的底部，有时会出现逆风流。在成山头以北，沿山东半岛北岸，冬季有时还会出现一个与东向沿岸流相反的从表至底的西向流。上述冬季特有的现象，与偏北风密切相关：偏北风迫使西黄海沿岸流贴近海岸运行，从而加强了沿岸流和海岸间侧向摩擦，结果形成一种小的反气旋型涡旋，导致沿岸出现西向流（孙湘平，2006）。

5.5　潮汐潮流

5.5.1　潮汐

5.5.1.1　潮汐类型

通常以潮汐类型系数 $A=(H_{K_1}+H_{O_1})/H_{M_2}$ 的量值确定潮汐类型。当 $A\leqslant 0.5$、$0.5<A\leqslant 2.0$、$2.0<A\leqslant 4.0$、$A>4.0$ 时，分别确定为规则半日潮、不规则半日潮、不规则全日潮和规则全日潮。图5.37绘制了渤海、黄海、东海潮汐类型分布。由此可以看出，山东近海潮汐类型分布：渤海海峡为规则半日潮，老黄河口海域为规则全日潮和不规则全日潮，渤海湾、莱州湾为不规则半日潮。成山角外 M_2 分潮无潮点附近为不规则全日潮和不规则半日潮，山东半岛南岸基本为规则半日潮区。

山东近海各海域调和常数和潮汐类型见表5.1，由表知渤海湾的BHQ02和莱州湾东岸的BHQ05为不规则半日潮，M04属于规则半日潮。BHQ04位于半日潮无潮点附近，其潮汐形态数为4.09，正好处于不规则全日潮与规则全日潮的分界处。南黄海的M1站为不规则半日潮，Z1、Z2站夏季潮汐形态数为0.59和0.57，是不规则半日潮。

表5.1　山东近海各站调和常数和潮汐类型

站位		M_2	S_2	K_1	O_1	潮汐类型	潮型数
BHQ02（渤海湾）	振幅/m	0.955	0.309	0.426	0.346	不规则半日潮	0.81
	位相/（°）	84.08	177.3	161.3	101.1		
BHQ04（黄河三角洲北）	振幅/m	0.144	0.023	0.323	0.267	规则全日潮	4.09
	位相/（°）	87.08	180.5	171.4	104.2		
BHQ05（莱州湾东岸）	振幅/m	0.299	0.100	0.242	0.211	不规则半日潮	1.51
	位相/（°）	317.7	55.18	204.2	133.3		
M04（渤海海峡）	振幅/m	0.455	0.192	0.099	0.093	规则半日潮	0.42
	位相/（°）	290.4	356.3	235.3	153.5		
M1（日照海域）	振幅/m	1.019	0.302	0.326	0.270	不规则半日潮	0.58
	位相/（°）	172.3	232.9	25.51	317.7		
	位相/（°）	72.33	118.0	15.77	307.1		
Z1（青岛海域）	振幅/m	0.958	0.300	0.316	0.250	不规则半日潮	0.59
	位相/（°）	101.8	162.5	352.9	284.4		
Z2（青岛海域）	振幅/m	1.025	0.291	0.332	0.261	不规则半日潮	0.57
	位相/（°）	131.6	190.8	5.293	294.5		
	位相/（°）	242.0	296.2	228.5	178.5		

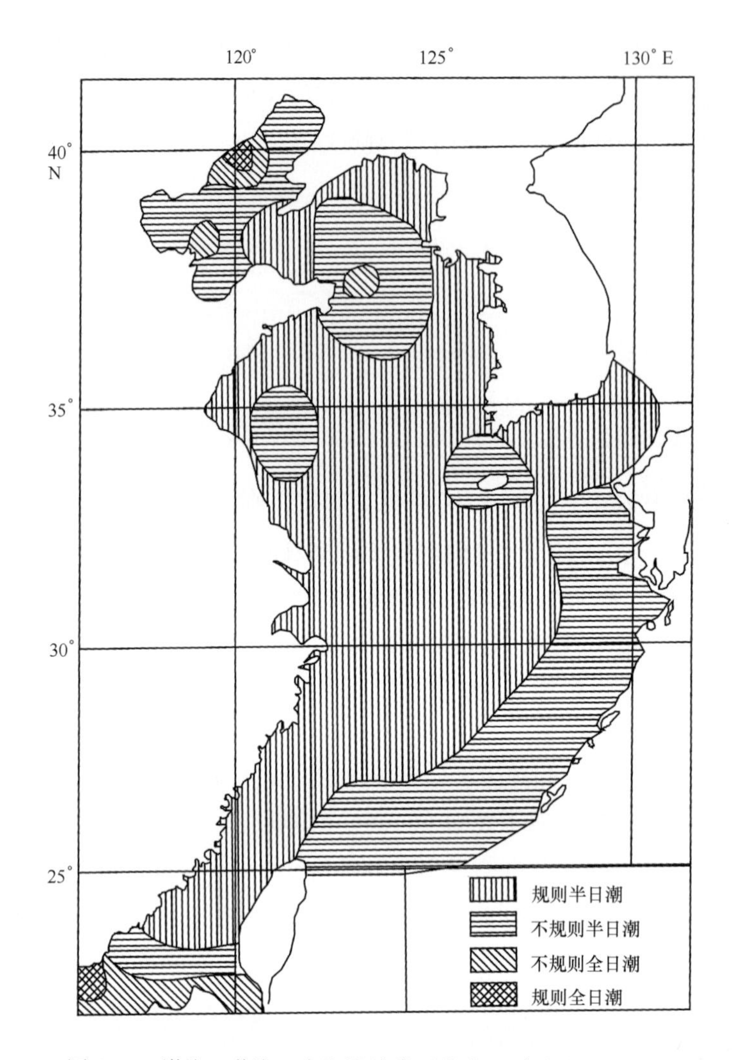

图 5.37　渤海、黄海、东海潮汐类型分布（陈达熙，1992）

5.5.1.2　潮差

山东近海高、低潮位的分布有着明显的地域特征。半岛北侧和半岛东部（龙口—桑沟湾）的最大潮差和平均潮差都比较小，最大潮差不超过 3.0 m，平均潮差不超过 1.7 m，其潮差的变化特点基本上是自西向东呈递减趋势，至成山头达最小值，最大潮差为 1.81 m，平均潮差为 0.75 m。半岛南侧的最大潮差和平均潮差明显增大，桑沟湾—唐岛湾海域，最大潮差均在 4.2 m 以上，最大值可达 4.75 m，青岛最大达 6 m 左右，平均潮差在 2.4 m 以上，最大可达 2.8 m。自桑沟湾—丁字湾，最高潮位逐渐增加，而后呈减小趋势。自沙子口又上升，青岛以南又呈耐趋势：最低潮位与最高潮位呈相反变化趋势。山东南部海域，发生高潮的时间从东往西推延，潮差从东往西逐渐增大。图 5.38 给出山东省最大可能潮差分布。

产生潮差地域差异的因素有很多，除地理位置、海湾形态、湾的开口方向及海区深度等环境条件影响外，还有大气扰动、太阳辐射、降雨、径流等因素的影响。例如，无潮点附近海区潮差小（成山头，桑沟湾），潮差随水深增大有变小的趋势（成山头），口大湾小减小（威海）等。

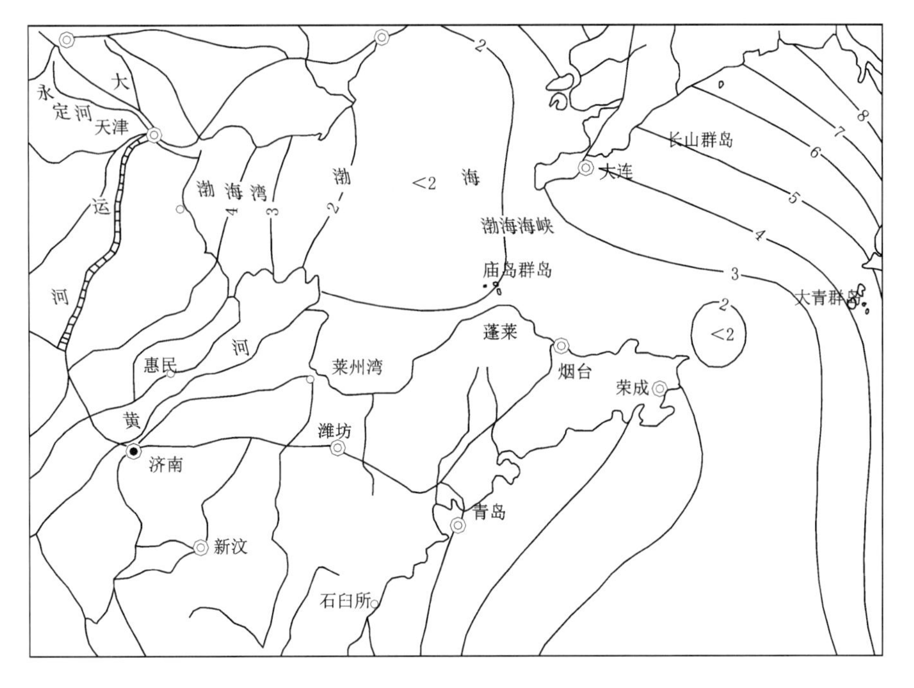

图5.38 山东海域最大可能潮差分布（单位：m）

5.5.1.3 潮流

1）潮流类型

渤海、黄海、东海的潮流类型分布如图5.39所示。由图可以看出山东近海的潮流特征：渤海湾属规则半日潮流，渤海中央海域属不规则半日潮流。莱州湾的情况有些特殊，该湾西半部属规则半日潮流类型。东半部属不规则半日潮流类型，而在龙口附近海域，出现不规则全日流类型。在渤海海峡的南半部，从蓬莱以东至威海附近，出现一小块海域属规则全日潮流类型，在此小块海域的外围，又出现不规则全日潮潮流类型。山东半岛南部沿海属于规则半日潮流。

2）最大可能潮流流速分布

最大可能潮流流速按下式计算：对于规则半日潮流海区，用计算式 $1.29W_{M_2}+1.23W_{S_2}+W_{K_1}+W_{O_1}$；对于规则全日潮流海区，用计算 $W_{M_2}+W_{S_2}+1.68W_{K_1}+1.46W_{O_1}$；对于不规则半日潮流和不规则全日潮流海区，则取上述两式计算结果中的最大值。表、中、底以及垂向平均的最大可能潮流列于表5.2。

表5.2 位于山东近海的各个测站最大可能潮流 单位：cm/s

站 号	表层	底层	中层	垂向平均
BHQ02（渤海湾）	94	83	69	84
BHQ04（黄河口附近）	101	87	76	88
BHQ05（莱州湾东岸）	77	69	57	68
M04（渤海海峡）	153	142	102	136
M1（日照海域）	88	94	62	85
Z1（青岛海域）	81	79	61	76
Z2（青岛海域）	74	80	57	75

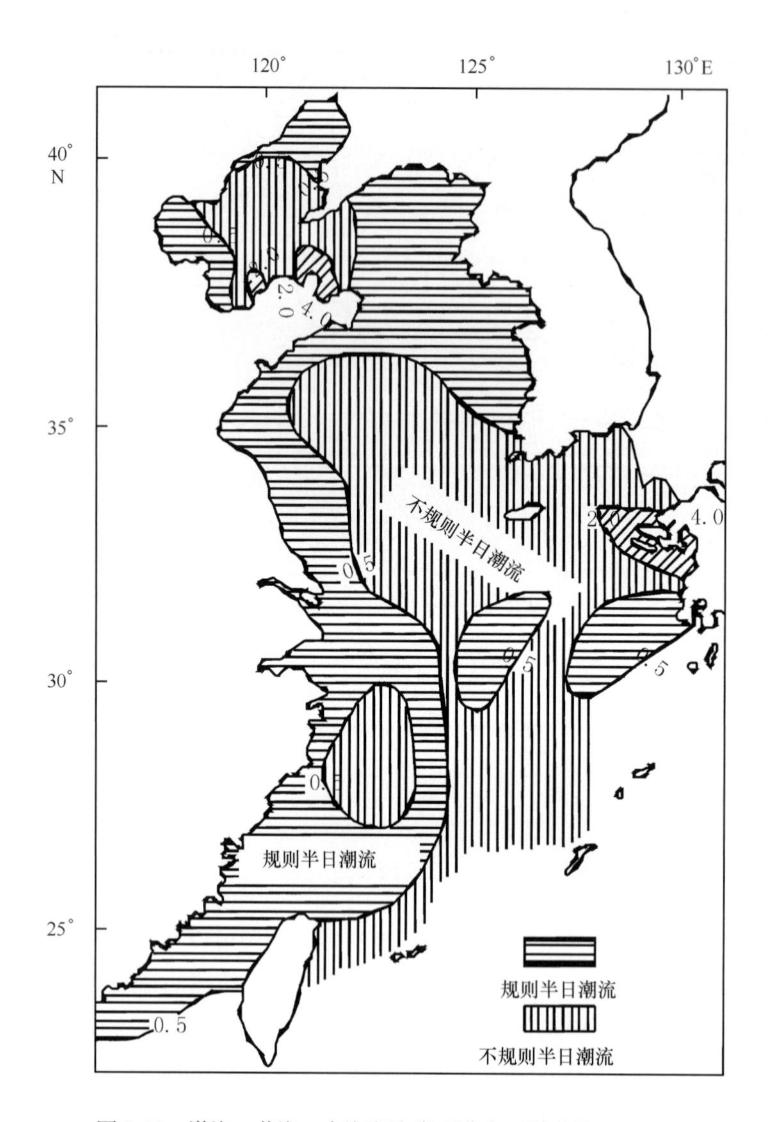

图5.39 渤海、黄海、东海潮流类型分布（陈达熙，1992）

由表5.2知：渤海的渤海湾、黄河口附近海域、莱州湾东岸以及中部海区其最大可能潮流流速均在60～90 cm/s之间。最大值出现在渤海海峡的登州水道，最大可能潮流流速均超过了120 cm/s。山东半岛南部沿海最大可能潮流流速均在60～90 cm/s之间。

5.6 波浪

山东北部海区一般以风浪为主，南部则多见涌浪。从9月至翌年4月，北部多西北向浪或北向浪，南部以北向浪为主。6—8月北部多东南向浪或南向浪，南部以南向浪为主。

山东北部海域的波浪，秋、冬两季最大，浪高常有2.0～6.0 m，当强大寒潮过境时，浪高有时达3.5～8.5 m。春、夏季风浪稍小，一般为0.4～1.2 m，如有台风过境，浪高可达6.1～8.5 m。山东东南沿海的波浪，夏、秋季大于冬季，浪高一般为0.5～1.2 m，大浪区出现在成山角附近海区。受台风侵袭时，可出现4.0～6.0 m的涌浪，在南黄海西部沿岸曾观测到8.5 m的波高。

5.6.1 盛行风浪向的季节分布

冬季（2月），山东北部海区盛行北向浪和西北向浪。主浪向为北向，频率为15%；次主浪向为西南。山东东南沿海主浪向仍为北向，频率为28%～37%；次主浪向为西北向，频率为20%～24%。

春季（5月），温带气旋活动比较频繁，风向不稳定，因此，浪向分布比较零乱。山东北部主浪向为南向，频率为20%；次主浪向为西向，频率为14%。东南沿海为东南向和南向，频率分别为18%和23%。

夏季（8月），山东北部海域由于地形影响，东南季风不太明显，主浪向为东南向，频率为18%；次主浪向为东北向，频率为17%。东南沿海以南向和东南向浪为主，频率在20%～30%之间，偏南向浪的总频率在50%左右。

秋季（11月），山东北部主浪向为西向，频率为21%；次主浪向为西南，频率为17%。东南沿海主浪向为北向，频率在23%～46%之间；次主浪向为西北向、西向和东北向，频率分别为16%～18%、11%和15%。

风浪波高和周期的季节分布：

冬季（2月），如图5.40所示：北部海域风浪波高为1.0 m（指月平均值，下同），最大波高为6.0～7.0 m，风浪周期在2.6～3.5 s之间，最大值为9.0～11.0 s。东南沿海波高为0.9～1.2 m，最大值为5.0～7.0 m，周期为3.8～7.0 s，最大值为11.0 s。

春季（5月），如图5.41所示：北部海域风浪波高为1.0 m，最大值为7.3 m（渤海海峡），周期在2.7～3.0 s之间，最大值8.0～11.0 s。东南沿海波高为0.5～1 m，最大值7.3 m，周期为2.7～3.3 s，最大为10.0～11.0 s。

夏季（8月），如图5.42所示：北部风浪波高为1.0 m，最大值为5.0 m，风浪周期为2.5～2.7 s。东南沿海风浪波高为0.5～1.0 m，最大值为5.0，周期为2.5～3.5 s。

秋季（11月），如图5.43所示：为全年风浪最大的季节，北部风浪波高在1.0～1.5 m之间，最大值为5.0～7.5 m，周期为2.5～3.1 s。东南沿海风浪波高为0.7～1.3 m，最大值为7.5 m，风浪周期为2.7～4.1 s，最大值为8.0～9.0 s。

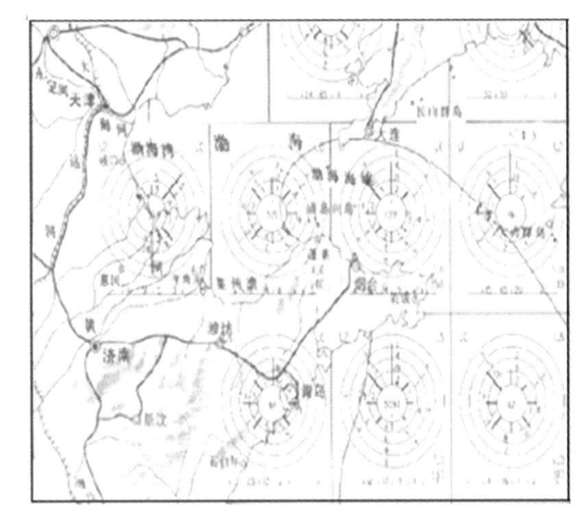

图5.40 2月风浪波高

图5.41 5月风浪波高

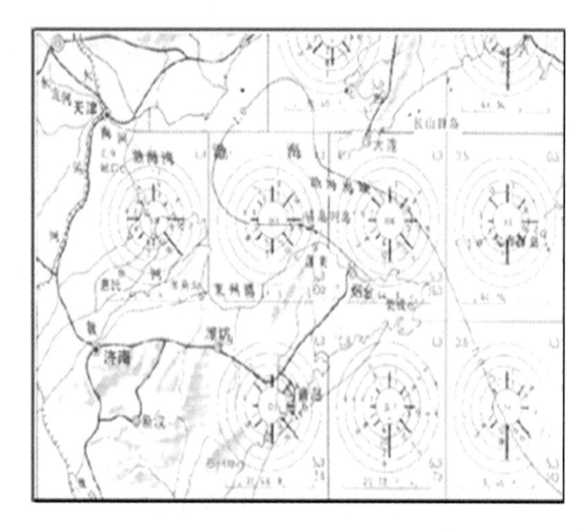

图5.42　8月风浪波高

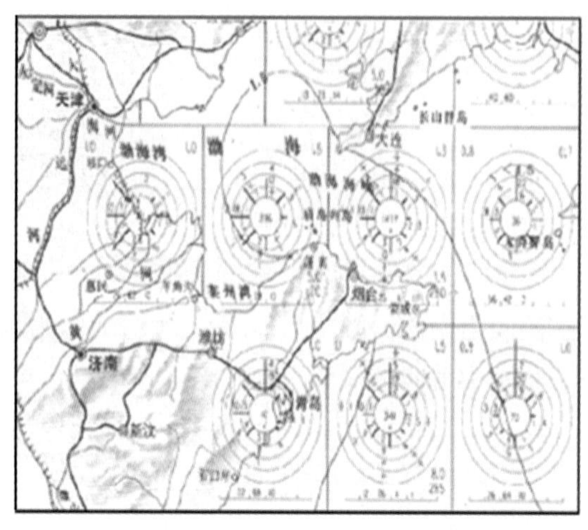

图5.43　11月风浪波高

5.6.2　平均波高和最大波高的季节变化

北部海域多年统计的月平均波高在1.0～1.5 m之间，季节变化不大。总的趋势是：11月至翌年1月，波高较大，为1.5 m；其他各月波高较小，为1.0 m。（历年）最大波高在5.0～7.5 m之间。东南沿海月平均波高在0.5～1.5 m之间，12月至翌年2月，波高较大，其值为1.1～1.5 m；5—8月波高较小，其值为0.5～0.6 m。年变幅在0.6～0.9 m之间。（历年）最大波高在5.0～8.0 m之间。

5.6.3　平均周期和最大周期的季节变化

山东北部海域平均周期在2.7～3.5 s之间，（历年）最大周期在8.0～13.0 s之间。东南沿海平均周期在2.3～5.4 s之间，（历年）最大周期在8.0～14.0 s之间。

5.7　黄河冲淡水

黄河是山东半岛最大的入海河流，它对渤海环流和水文分布甚至地貌特征都有着重要影响。因此黄河冲淡水是山东近海物理海洋的一个不可忽视的研究对象。

5.7.1　扩散特征

黄河冲淡水主要向东运移，然后在山东半岛东侧向西南方向扩散。黄河冲淡水分布在山东半岛北侧，主要集中在莱州湾，少量进入南黄海，四季差异不明显。近岸河口区水体盐度相对较低，一般小于29，而从河口外离岸30多千米处开始，水体盐度基本大于30。冬季莱州湾盐度在四季中最小，低于26；其次是秋季，莱州湾西部盐度低于26。夏季和秋季黄河口附近盐度最小，最小值为14，但夏季莱州湾盐度在四季中最大。夏季和秋季辽东湾北部盐度较小，小于29。夏季在渤海海峡附近有一小支盐度为32左右的黄河冲淡水沿辽东半岛西岸流向东北。秋季成山头东南部盐度较小，约为31。

5.7.2 季节分布特征

5.7.2.1 夏季（2006年）

夏季，黄河口所在海区盛行东南风，对于半封闭性的莱州湾而言，外海高盐水不易进入，夏季黄河径流也相对很大，如图5.44所示，黄河口附近有一盐度低于29.0的低盐区，以此为主导，整个莱州湾都是低盐区，并且，以黄河口为核心的低盐水有向北偏东方向扩展的趋势，与渤海中部的低盐水遥相呼应，将渤海湾内的高盐水和渤海海峡口附近的高盐水分隔开。

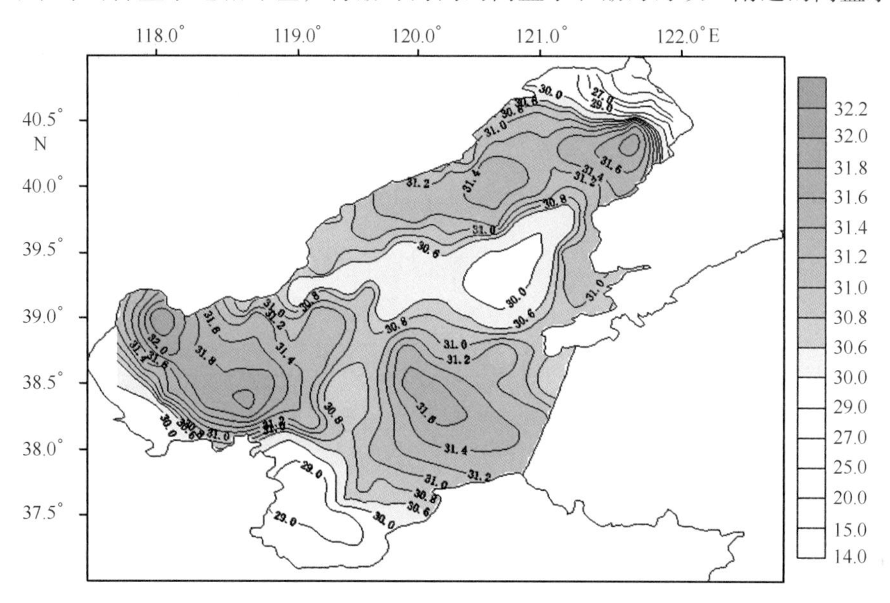

图5.44 夏季表层盐度平面分布图

5.7.2.2 冬季（2006年）

冬季，NW风是渤海的盛行风向，除辽河和黄河外，其他河流的径流量都相当小，与此相对应，渤海西北岸近区是高盐水，辽东湾和莱州湾是低盐水，且辽东湾低盐水南压，莱州湾低盐水被南压。

冬季黄河径流量也相对较小，如图5.45所示，黄河口附近的低盐特征并不明显，而是受到海峡口以西高盐水南压的影响，低盐水区则移向东南，并出现最低盐度达29.4的封闭低盐水中心。可以从黄河口附近该季节温跃层强度的分布得到佐证，如图5.11 a所示，黄河口附近是逆温跃层区，说明较冷的黄河径流水被南压的海峡口以西水所覆盖。

5.7.2.3 春季（2007年）

春季，渤海海区气旋活动频繁，风向不稳定。所以，在春季季节统计形态上，黄河冲淡水的原态特征比较明显，在黄河口附近有一封闭的低盐中心，中心盐度低于29.0，其扩展趋势主要指向东南，直达对岸，同时，也有向北偏东扩展的趋势（图5.46）。

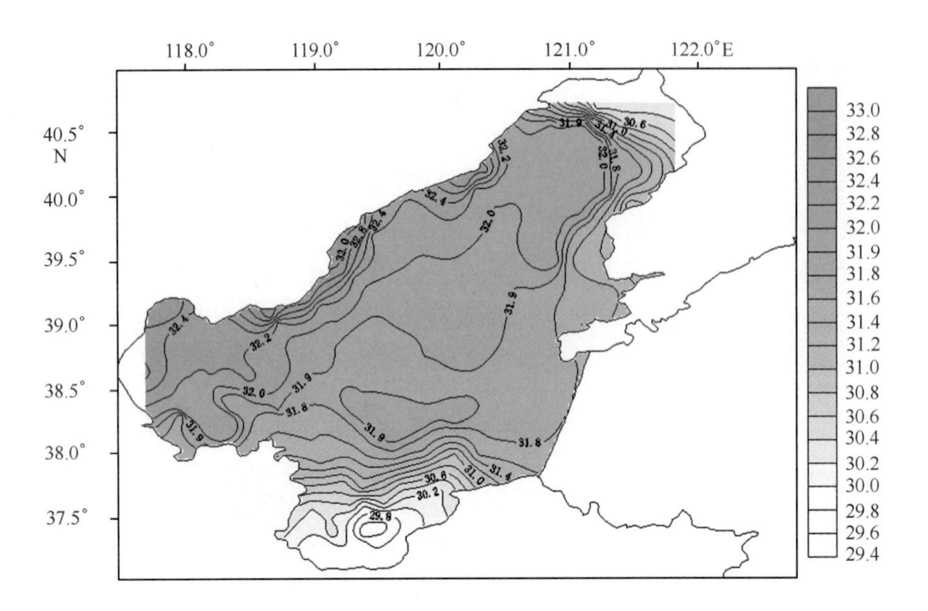

图 5.45　冬季表层盐度平面分布图

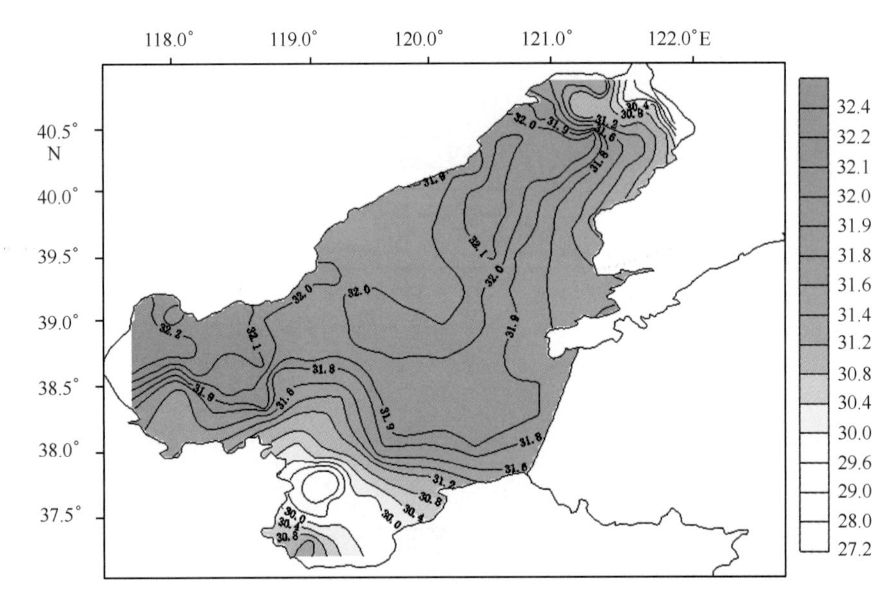

图 5.46　春季表层盐度的平面分布图

5.7.2.4　秋季（2007 年）

秋季，偏北风出现，黄河冲淡水的径流量也较夏季减少，其虽有向北扩展的可能，但势力并不强，以黄河冲淡水为主导的低盐水体，统治了整个莱州湾海区（图 5.47）。

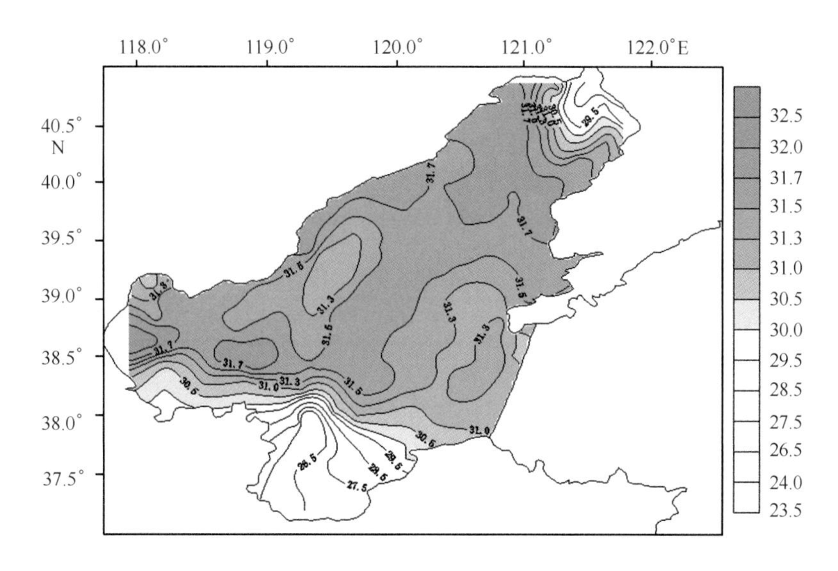

图5.47 秋季表层盐度的平面分布图

5.8 海冰

山东省沿海冬季海冰主要分布在莱州湾、龙口、蓬莱、芝罘湾以及石岛湾和乳山口海域。

5.8.1 莱州湾

莱州湾沿岸每年冬季都有冰冻出现。这是因其地理环境和受冬季气候条件的影响所致。

冬季，在欧亚大陆寒冷气团的侵袭影响下，莱州湾及其沿岸最低气温可达零下15℃以下，1月平均气温在-2~4℃之间。气温低，是海水结冰的决定因素。同时，莱州湾是半封闭的内陆浅海，深度小、盐度低，与外海水的交换受到一定限制，沿岸附近海底平坦，滩涂广阔，在寒冷空气的影响下，海水容易大量失热而结冰。

莱州湾的海冰，除由海水冻结而成的海冰外，还有来源于黄河的河冰，但因后者的数量较海冰少，所以，通常将所有出现在海上的冰统称为海冰。每年初冬黄河封冻之前和冬末春初，黄河解冻之后，均有少量河冰流入莱州湾。

莱州湾海区的冰期一般为70~90 d，东部海区大于西部海区，最长的冰期为109 d，最短冰期仅有67 d。初冰期一般为3~5 d，盛冰期一般为20~30 d，出现于1月下旬至2月中旬。固定冰厚度一般为5~45 cm，最大厚约为30 cm。固定冰堆积高度最大为5 cm。冰的冰厚为5~15 cm，最大为30 cm。冰型主要是莲叶冰与灰冰，间有少量的灰白冰和冰皮。

5.8.2 龙口

龙口海域平均初冰日为12月4日，平均终冰日为3月8日，冰期为85 d。1963年度冰期最长达7 d，年度冰期最短为67 d；后11年度的平均初冰日为1月1日，平均终冰日为2月20日，冰期为51 d，1967年冰期最长，达70 d，1971年最短，为13 d。

龙口海域固定冰较少，17年来只出现过两年。1964年度的固定冰只出现在1月，厚度10 cm以下，宽度只有几十米，无堆积现象；而1967年度的固定冰平均厚度达38.3 cm，最大厚度达 70 cm，最大宽度大于 10 km，最大堆积高度为 26 m。

5.8.3 蓬莱

蓬莱海区一般自 12 月上旬至翌年 3 月中旬为冰期，1 月下旬至 2 月为盛冰期。一般年份海面为薄冰，浮冰密集度及浮冰量不大，对船舶航行基本没有影响。参阅有关资料，近百年来，1895 年、1936 年、1969 年出现过大的冰冻，海面被冰覆盖，通航中断。

5.8.4 芝罘湾

海冰出现时间为 1 月下旬至 2 月下旬，严重期为 2 月上旬，冰厚度，在 5 ~ 15 cm，最厚为 30 cm。据历史资料记载，1935 年 1 月末至 2 月初出现最大冰冻，最厚达 61 cm。近 40 年来未发生过冰冻，1960—1979 年的 20 年间，只有 3 年海冰较重，港内出现了流冰和固定冰，港内和芝罘湾全被冰层覆盖。

5.8.5 石岛湾

石岛湾通常不结冰。个别异常寒冷的冬季，湾内和港池可出现少量薄冰甚至短时间封冻现象。如 1977 年 1 月 27 日—2 月 7 日，整个港湾封冻，其面积达 42×10^4 m^2。港池内封冻 1 000余米，人可来往于冰上。数十条渔轮和货船封在港内。

5.8.6 乳山口

乳山湾内，常年一般在 12 月中、下旬岸边可见冰，翌年 2 月下旬海冰消失。个别年度初冰日可提前到 12 月上旬或延迟至 1 月上旬。终冰日早的年度可在 2 月上旬，晚的可至 3 月中旬。累年度平均初冰日为 12 月 23 日，终冰日为 2 月 25 日，冰期为 65 d。

就本海区而言，1964 年、1972 年和 1974 年为轻冰年，1967 年、1969 年和 1976 年为重冰年。轻冰年与重冰年海冰特征量相差很大，以 1972 年为例：冰期较常年短 13 d，实际有冰日数少 24 d，总冰日仅为常年的 20%，不存在严重冰期；而冰情较重的 1967 年，严重冰期可达 39 d，有冰日数和冰量均为常年的 2 倍以上。1969 年 1 月为乳山港冰情最重的一个月，该月有冰日数为 30 d，冰厚大于 5 cm 的天数占 2/3，影响船只进出港近 20 d，停航 6 d（16—21 日）。

5.9 风暴潮

风暴潮是由台风、温带气旋、冷锋的强风作用和气压骤变等强烈的天气系统引起的海面异常升降现象。风暴潮是一种重力长波，周期从数小时至数天不等，介于地震海啸和低频的海洋潮汐之间，振幅一般数米。它与相伴的狂风巨浪可酿成更大灾害。影响山东的风暴潮通常有温带气旋和寒潮引起的温带风暴潮和热带气旋（台风、强热带风暴、热带风暴、热带低压）引起的风暴潮两类。

50 年来（1950—2000 年）黄海、渤海沿岸共发生最大增水超过 1 m 的风暴 617 次，超过 2 m 的 63 次，温带风暴潮虽然次数高于台风风暴潮，但引起的灾害却小得多，山东沿海每年 7—9 月为天文大潮期，由于台风影响几率低，故台风风暴潮发生也较少，而温带风活跃期主要集中在10月到翌年4月，与天文大潮遭遇的几率更大，所以山东风暴潮的危害以温带风暴潮为主，尤以渤海湾、莱州湾沿海受温带风暴潮影响最为严重。

山东各地由于地理位置、沿岸地形、海湾形状、风区长度、相对系统的位置等不同，引起沿岸增水的大小不同，产生的灾害也不同，图5.48给出近年10次对山东沿海影响较大的气旋路径。

风暴潮由热带气旋、温带气旋、强冷空气和气压骤变引起的海面异常变化现象，其往往伴随着狂风巨浪，导致水位暴涨，堤岸决口，吞噬码头、工厂，从而酿成巨大灾难，山东半岛濒临黄海、渤海，三面环海，海岸线漫长、曲折、类型多样。总长3 345 km，近海岛屿、港口众多，浅海滩涂宽广。由地理位置所定，山东半岛易受热带气旋、温带气旋、冷空气的影响，是风暴灾害频发地区之一。特别是近年来，随着沿海经济的发展，风暴潮灾害所造成的损失呈急剧增长的趋势。如受9216和9711号强热带风暴潮影响，仅山东省的经济损失就达200多亿元，造成300多人死亡。

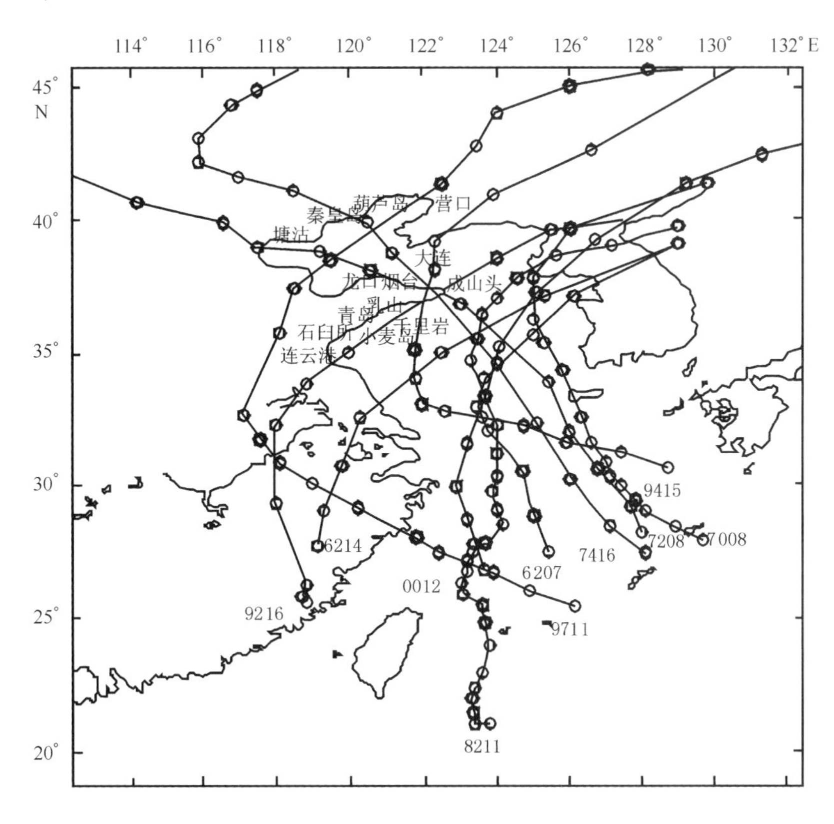

图5.48　1960—2006年影响山东海域的10次较大风暴潮热带气旋路径

5.10　重要海岛周边海域水文要素特征概述

5.10.1　岔尖堡岛

岔尖堡岛周边海域潮汐性质属不规则半日潮，潮波由西向东逆时针方向传播，区内沿岸潮时变化为：高低潮潮时漳卫新河河口在前，而湾湾沟口在后，潮时相差约50分钟。潮差以漳卫新河河口最大，向两端减小，平均潮差漳卫新河河口为2.24 m，湾湾沟为1.40 m。

海岛周边海域潮流性质属规则半日潮流，其值均小于0.5，海区潮流较强，其半日潮最大流速在0.57~0.98 m/s之间；在套尔河口和黄河故道外，主流方向为西（南）偏南—东北（南）偏东向，涨潮流为西北（南）向，落潮流为东北（南）向。本海区因水深较浅，潮波受海底摩擦影响显著，潮流随深度的变化比较明显。最大流速一般发生在表层，底层流速较表层有明显的减弱。这种变化还表现在转流时间上，通常是底层出现最早，表层出现最迟，表、底层时间差可达半小时左右。

5.10.2 庙岛群岛

庙岛群岛海域的潮汐性质属规则半日潮，其规律是一昼夜两涨两退，俗称“四架潮”，潮高地理分布为北部高，南部低。8月平均高潮高：砣矶岛为212 cm，南长山岛为143 cm。

本海域主要水道多为东西流，港湾多为回湾流，北部水道为西流，南部水道为东流。夏季海流，南部海区流速一般在0.6~1.03 m/s之间，大黑山岛海区流速最小，为0.6 m/s；北部海区流速一般在1.2 m/s左右，港湾回湾流的流速更小。

本海域的浪形，主要为“风浪”。秋季和冬季为偏北风浪，夏季为偏南风浪，浪高的四季变化是：冬季月均浪高为1.1 m，冬季月均浪高为0.47 m，夏季月均浪高为0.5 m，秋季月均浪高为0.8 m。历年大浪高平均为8.6 m，极端最大浪高为10 m。

5.10.3 养马岛

就潮位而言，养马岛周边海域为规则半日潮（A1 <0.5），平均潮差较小。

就潮流性质而言，养马岛附近海域则同时存在不规则半日潮流、不规则日潮流和规则日潮流3种类型。东南部海域以规则半日潮流占绝对主导地位。北部、东南部以往复流为主。

月平均波高在0.1~0.8 m之间，最大值出现在12月，最小值出现在7月。

5.10.4 刘公岛

刘公岛所在海区主要波向为东北，频率为25.86%，西北为13.28%，西南偏西向为11.30%。潮汐属于不规则半日潮，最高潮位为2.90 m，最低潮位为-0.76 m，平均高潮位为1.80 m，平均低潮位为0.50 m。涨潮流为北偏西，流速约在高潮前4 h最强，平均流速为0.39~0.64 m/s，落潮流为南偏东，流速在高潮后2 h最强，平均流速约0.51 m/s，最大流速可大于0.87 m/s。

5.10.5 灵山岛

灵山岛所在青岛海域的潮汐属规则半日潮，即每天有两次高潮、两次低潮。平均海面在理论最低潮面上2.42 m，平均潮位为3.80 m，平均低潮位为1.02 m，历年来最高潮位出现于1997年8月19日11号台风期间，潮高为5.51 m，最低水位为-0.70 m，出现于1980年10月26日。平均潮差为2.80 m，最大潮差为4.75 m，涨潮历时5小时34分钟，落潮历时6小时46分钟。全海海域，最大涨潮流速表层在20~81 cm/s，最大落潮流速（表层）在20~120 cm/s。大部分海域涨潮流速大于落潮流速。

灵山岛周边海域波浪以风浪为主，较常见风浪和涌浪混合浪，一年之中以东南波浪出现率为最高，多年平均达26%以上，东南偏东向浪也较多，平均在18%左右。海区平均波高为0.7 m，最大波高在6.0 m以上，多出现在东北偏东至东南向上，多数是由台风过程引起的。一年四季中以夏季波浪为最大。波浪周期在3.4～5.2 s之间，以7、8月周期为最大，平均为5.2 s；6月次之，为4.8 s；12月和1月最小，为3.6 s。

5.11 小结

山东近海水温分布大致可以划分为3种类型，即冬季型、夏季型和春、秋过渡型。冬季型特点是：表层水温高于气温，沿岸陆地气温低于海上气温，沿岸水温低，外海水温高，等温线密集，水平梯度大，等温线分布大体与岸线平行，暖水舌与海流路径一致。夏季型因气温高于水温，沿岸水温高于外海水温，使表层水温的地理分布较均匀，水平梯度小，等温线分布规律不明显，水温南北地区差异小。过渡型中，春季为增温期，秋季为降温期。其特点是温度状况复杂多变，而且不稳定，规律性差，在水温垂直分布方面，增温期间出现微弱的垂直梯度，有弱的分层现象；降温期间，温度垂直梯度减弱，上均匀层厚度增大，温跃层厚度下沉，温跃层遭到破坏。

渤海为中国近海盐度最低的海区，其盐度分布为中央、东部高，向北、西、南三面递减的形势。黄海因入海的大河少，盐度状况主要取决于黄海暖流高盐水的消长。

山东近海密度状况比较复杂，并随海区和季节的不同而异。在沿岸及江河冲淡水影响的海域和水层，密度的分布主要取决于盐度的状况；在外海，盐度变化较小，密度状态主要取决于温度。

山东近海的海流受外海的黄海暖流以及当地的渤海环流和西黄海沿岸流影响较大。

山东近海潮汐类型分布：渤海海峡为规则半日潮，老黄河口海域为规则全日潮和不规则全日潮，渤海湾、莱州湾为不规则半日潮。成山角外 M_2 分潮无潮点附近为不规则全日潮和不规则半日潮，山东半岛南岸基本为规则半日潮。

山东北部海区一般以风浪为主，南部则多见涌浪。从9月至翌年4月，北部多西北浪或北浪，南部以北浪为主。6—8月北部多东南浪或南浪，南部以南浪为主。

黄河冲淡水主要向东运移，然后在山东半岛东侧向西南方向扩散。黄河冲淡水分布在山东半岛北侧，主要集中在莱州湾，少量进入南黄海，四季差异不明显。

山东省沿海冬季海冰分布较广，在莱州湾、龙口、蓬莱、芝罘湾以及石岛清和乳山口等海域都有分布。

山东风暴潮的危害以温带风暴潮为主，尤以渤海湾、莱州湾沿海受温带风暴潮影响最为严重。

6　海洋化学

6.1　海水化学

6.1.1　基本化学要素

根据调查结果，山东近海海区溶解氧含量变化范围为5.18～9.48 mg/L，溶解氧含量符合海水一类水质标准的站位占全部调查站位的82.5%（含量大于6 mg/L），超标站位全部为秋季底层站位，但均符合二类水质标准。

pH值变化范围为8.0～8.32，全部符合海水一类水质标准。

6.1.2　磷酸盐

磷酸盐含量变化范围为0.09～2.8 μmol/L，活性磷酸盐（以磷计）含量符合海水一类水质标准的站位占全部调查站位的65%（含量小于等于0.015 mg/L），符合二、三类水质标准的占90.83%（含量小于等于0.030 mg/L），在三、四类水质标准之间的占5%（含量小于等于0.045 mg/L）。山东近海2个航次调查显示，春季调查海区海水中磷酸盐的平均含量（0.48 μmol/L）略低于秋季海水中磷酸盐的平均浓度（0.50 μmol/L），其主要原因可能是由于春季陆源性补充较秋季少。

6.1.3　无机氮

无机氮含量变化范围为0.77～54.53 μmol/L，无机氮含量符合海水一类水质标准的站位占全部调查站位的62.2%（含量小于等于0.2 mg/L），符合二类水质标准的占86.67%（含量小于等于0.3 mg/L），符合三类水质标准的占95%（含量小于等于0.4 mg/L），莱州湾及渤海湾南部海域和海州湾海域各有1个近岸站位超过四类水质标准，超标率为1.67%。

6.1.4　COD

COD含量变化范围为0.34～2.06 mg/L，COD含量符合海水一类水质标准的站位占全部调查站位的99.17%（含量小于等于2 mg/L），仅春季莱州湾及渤海湾南部海域的5 172站表层海水超过二类水质标准，超标率为0.83%。

6.1.5　重金属离子

铜（Cu）春季山东近海水域表层变化范围为2.86～9.82 μg/L。与一类海水水质标准（5 μg/L）相比，超标站位占调查总站位的16.7%，均符合二类海水水质标准。秋季山东近海水域表层铜变化范围为0～13.3 μg/L，平均为5.63 μg/L。与一类海水水质标准（5 μg/L）

相比，超标站位占调查总站位的50%，与二类海水水质标准（10 μg/L）相比，超标站位占调查总站位的13.3%。

锌（Zn）春季山东近海水域表层变化范围为25~174 μg/L。全部超过一类海水水质标准（20 μg/L），与二类海水水质标准（50 μg/L）相比，超标站位占调查总站位的54.17%，山东半岛北部海域的7 594站和海州湾海域的11 294站超过三类海水水质标准（100 μg/L），超标站位占调查总站位的8.33%，均符合四类海水水质标准（500 μg/L）。秋季山东近海水域表层锌变化范围为0~84 μg/L，平均为25 μg/L。与一类海水水质标准（20 μg/L）相比，超标站位占调查总站位的46.7%，与二类海水水质标准（50 μg/L）相比，超标站位占调查总站位的10%。从区域来看，莱州湾及渤海湾南部海域66.7%的站位超过一类海水水质标准，33.3%的站位超二类“海水水质标准”。

铅（Pb）春季山东近海水域表层变化范围为0.49~10.30 μg/L，平均为2.91 μg/L。与一类海水水质标准（1 μg/L）相比，超标站位占调查总站位的66.7%，与二类海水水质标准（5 μg/L）相比，超标站位占调查总站位的20.83%。与三类海水水质标准（10 μg/L）相比，超标站位占调查总站位的8.33%。秋季山东近海水域表层铅变化范围为0~9.18 μg/L，平均为3.39 μg/L。与一类海水水质标准（1 μg/L），超标站位占调查总站位的76.7%，与二类海水水质标准（5 μg/L）相比，超标站位占调查总站位的20%。

镉（Cd）春季山东近海水域表层变化范围为0.48~1.50 μg/L，平均为0.94 μg/L。与一类海水水质标准（1 μg/L）相比，超标站位占调查总站位的45.83%，但均符合二类海水水质标准（5 μg/L）。秋季山东近海水域表层镉变化范围为0~3.82 μg/L，平均为0.76 μg/L。与一类海水水质标准（1 μg/L）相比，超标站位占调查总站位的26.7%，但均符合二类海水水质标准（5 μg/L）。

铬（Cr）春季山东近海水域表层铬变化范围为0.78~16.80 μg/L，平均为4.57 μg/L。与一类海水水质标准（50 μg/L）相比，调查站位全部符合一类海水水质标准。秋季山东近海水域表层铬变化范围为0.22~23.46 μg/L，平均为3.75 μg/L。同样全部符合一类海水水质标准。

汞（Hg）春季山东近海水域表层变化范围为0~0.16 μg/L，平均为0.08 μg/L。与一类海水水质标准（0.05 μg/L）相比，超标站位占调查总站位的76.7%，但全部符合二类海水水质标准（0.2 μg/L）。秋季山东近海水域表层汞变化范围为0.008~0.143 μg/L，平均为0.082 μg/L。与一类海水水质标准（0.05 μg/L）相比，超标站位占调查总站位的76.7%，同样全部符合二类海水水质标准（0.2 μg/L）。

砷（As）春季山东近海水域表层变化范围为0.21~4.82 μg/L，平均为2.95 μg/L。与一类海水水质标准（20 μg/L）相比，调查站位全部符合一类海水水质标准。秋季山东近海水域表层砷变化范围为0.29~4.83 μg/L，平均为2.47 μg/L。同样全部符合一类海水水质标准。

6.1.6 N/P（原子比）

N/P（原子比）是衡量氮和磷两种元素对水体富营养化的重要性的指标，一般海水中正常N/P为16:1，近岸为（5~8）:1。浮游植物从海水中摄取的N/P也约为16:1，偏离过高或过低都可能引起浮游植物受到某一相对低含量元素的限制。

表 6.1 2006 年山东近海 N:P（原子比）平均值

海域	春季		秋季	
	表层	底层	表层	底层
莱州湾及渤海湾南部海域	29.89	29.90	23.68	22.86
山东半岛北部海域	39.97	37.97	21.80	47.68
山东半岛南部海域	41.44	44.49	42.48	36.85
海州湾海域	19.21	19.21	32.23	29.60
山东近海	31.66	31.66	30.82	34.41

2006 年山东近海全海域各海域氮磷原子比都大于 16，整个海区均为磷限制。

6.1.7 营养状况分析

营养状况分析结果表明，山东近海调查海区春季表层营养水平 *E* 值变化范围为 0.012 ~ 8.815，平均值为 0.668。综合质量指数 NQI 值变化范围为 0.893 ~ 7.024，平均值为 2.036。表明整个山东近海春季表层为中营养水平。调查海区各调查站位差异也较大，莱州湾及渤海湾南部海域的 6124、6192、6282、7234 站和海州湾海域的 12054 站为富营养化，山东半岛南部海域的 8094、8383、11294 站为中营养水平，其他站位贫营养化。

春季底层海水营养水平 *E* 值变化范围为 0.024 ~ 14.212，平均值为 1.06。综合质量指数 NQI 值变化范围为 0.954 ~ 9.765，平均值为 2.588。整个山东近海春季底层非常接近富营养化或轻度富营养化。莱州湾及渤海湾南部海域的 5172、6124、6192、7234 站，山东半岛南部海域的 9194、9594 站和海州湾海域的 11294、12054 站为富营养化，莱州湾及渤海湾南部海域的 6282 站，山东半岛北部海域的 7594 站，山东半岛南部海域的 8094 和 8394 站，海州湾海域的 10594 站为中营养水平，其他站位贫营养化。

2006 年秋季表层海水营养水平 *E* 值变化范围为 0.046 ~ 9.658，平均值为 0.805。综合质量指数 NQI 值变化范围为 1.144 ~ 6.974，平均值为 2.274。表明整个山东近海秋季表层为中营养水平。莱州湾及渤海湾南部海域的 6124、6192、6282、7234 站，山东半岛南部海域的 8383 站和海州湾海域的 12054 站为富营养化，山东半岛北部海域的 7594 站，山东半岛南部海域的 8094 站和海州湾海域的 11294 站为中营养水平，其他站位贫营养化。

秋季底层海水营养水平 *E* 值变化范围为 0.055 ~ 13.235，平均值为 1.059。综合质量指数 NQI 值变化范围为 1.119 ~ 9.237，平均值为 2.629。整个山东近海秋季底层非常接近富营养化或轻度富营养化。莱州湾及渤海湾南部海域的 5172、6192、7234 站和海州湾海域的 11294、12054 站为富营养化，莱州湾及渤海湾南部海域的 6124 和 6282 站，山东半岛北部海域的 7594、8383、9252、9594 站，海州湾海域的 10594 和 11494 站为中营养水平，其他站位贫营养化。

整个调查结果表明：底层海水富营养化比表层严重，富营养化的站位多为近岸站位，值得注意的是，莱州湾及渤海湾南部海域的 6192、7234 站和海州湾海域的 12054 站两个航次调查中，表底层海水均为富营养化，这说明这 3 个近岸站位受陆地污染相当严重。

6.1.8　有机污染评价

春季表层有机污染指数 A 值变化范围为 -0.843 ~ 5.4，平均值为 0.357。水质质量整体水平较好。站位间的差异还是很大的，莱州湾及渤海湾南部海域的 7234 站严重污染，6124 站中度污染，6192 和 6282 站开始受到污染，其他站位水质良好或较好。

春季底层有机污染指数 A 值变化范围为 -0.308 ~ 8.549，平均值为 1.183。水质质量整体评价为开始受到污染。站位间的差异较大，与表层一样，莱州湾及渤海湾南部海域的 7234 站为严重污染，严重污染的还有海州湾海域的 12054 站，莱州湾及渤海湾南部海域的 6124 站、6192 站和山东半岛南部海域的 9194 站中度污染，其他站位水质良好、相对较好或开始受到污染。

秋季表层有机污染指数 A 值变化范围为 -0.332 ~ 5.429，平均值为 0.788。水质质量整体水平较好。站位间的差异还是很大的，莱州湾及渤海湾南部海域的 7234 站严重污染，6124 站轻度污染，其他站位水质良好、较好或开始受到污染。

秋季底层有机污染指数 A 值变化范围为 0.037 ~ 8.201，平均值为 1.514。水质质量整体评价为开始受到污染。站位间的差异较大，所有站位均没有严重污染，但中度污染和水质较好的站位较多，水质良好的站位也很少。

6.2　沉积物化学

6.2.1　大陆潮间带沉积物化学状况

大陆潮间带沉积物化学特征与海岸动力环境、人类开发活动类型、强度等因素关系密切，故根据潮间带沉积物所处环境的差异，分为黄河三角洲、莱州湾南岸、月湖、丁字湾、胶州湾 5 个区域分别进行阐述。

6.2.1.1　大陆潮间带沉积物化学分析结果

1）黄河三角洲潮间带

本海域沉积物中的有机质、重金属及其他评价结果见表 6.2。

表 6.2　黄河三角洲潮间带沉积物污染物含量范围与平均值

项　目	含量范围	平均值	变异系数
石油类/(mg/kg)	1.41 ~ 108.06	9.04	1.93
总氮/（%）	0.001 ~ 0.063	0.022	0.59
总碳/（%）	0.90 ~ 3.88	1.34	0.32
有机质/（%）	0.45 ~ 0.74	0.62	0.11
总磷/（%）	0.06 ~ 0.19	0.12	0.28
硫化物/(mg/kg)	10.59 ~ 27.7	19.61	0.21
铬/(mg/kg)	25.03 ~ 93.93	63.31	0.26

续表 6.2

项 目	含量范围	平均值	变异系数
铜/（mg/kg）	4.45～40.26	17.51	0.39
铅/（mg/kg）	6.95～34.22	18.98	0.36
锌/（mg/kg）	14～205.23	60.50	0.50
镉/（mg/kg）	0.07～0.49	0.28	0.34
汞/（mg/kg）	0.018～0.25	0.031	0.91

2）莱州湾南岸潮间带

莱州湾潮间带表层沉积物的基本情况见表6.3。

表6.3 莱州湾潮间带表层沉积物中各物质含量

名 称	含量范围	平均值	变异系数
有机质/（%）	0.45～1.19	0.81	0.24
总碳/（%）	0.36～1.23	0.84	0.27
总氮/（%）	0.01～0.03	0.02	0.33
总磷/（%）	0.08～0.19	0.14	0.15
硫化物/（mg/kg）	14.15～136.5	45.54	0.65
石油类/（mg/kg）	1.48～13.6	3.97	0.7
铬/（mg/kg）	30.53～100.78	62.08	0.22
铜/（mg/kg）	6.04～41.64	13.35	0.48
锌/（mg/kg）	22.74～83.24	49.13	0.32
砷/（mg/kg）	6.08～9.00	7.74	0.09
镉/（mg/kg）	0.07～0.36	0.21	0.3
汞/（mg/kg）	0.01～0.04	0.02	0.34
铅/（mg/kg）	6.98～30.57	16.7	0.28

在莱州湾潮间带中，铜、锌、镉、汞、石油类的分布，总体上沿着海岸线自西向东含量逐渐变低。但铜、锌、镉、汞在黄河口区的含量较低，而石油类在黄河口区站位含量很高，可能是调查前溢油事件污染所致。铜、锌、镉在白浪河口西侧有一明显的高值区，站位LP06－1的铜含量超过海洋沉积物质量一类标准。

在莱州湾潮间带内，砷、总磷、有机质、铬、铅的变异系数小，整体分布较为均匀；但在黄河口南部有一铅含量高值区；铬在白浪河以东的地方大体呈自西向东含量略有降低的趋势。

3）月湖潮间带

实验测定的结果见表6.4。

表6.4 月湖潮间带沉积物中各物质含量

名 称	含量范围	平均值	变异系数
有机质/（%）	0.41～0.67	0.55	0.17
总碳/（%）	0.22～0.49	0.35	0.24
总氮/（%）	0.04～0.07	0.05	0.19

续表 6.4

名　称	含量范围	平均值	变异系数
总磷/（%）	0.10～0.11	0.10	0.05
硫化物/（mg/kg）	12.79～20.16	16.24	0.14
石油类/（mg/kg）	0.13～8.08	3.44	0.971
铬/（mg/kg）	41.84～70.17	54.91	0.17
铜/（mg/kg）	7.83～18.43	11.60	0.32
锌/（mg/kg）	28.07～56.96	38.96	0.25
砷/（mg/kg）	5.60～8.00	6.59	0.13
镉/（mg/kg）	0.13～0.26	0.19	0.23
汞/（mg/kg）	0.01～0.03	0.02	0.30
铅/（mg/kg）	14.35～203.84	37.87	1.65

石油类、铅在月湖内的变异系数较大，而且石油类在月湖内的含量高于月湖外部的取样站位，可能与月湖水动力弱，不易扩散有关。总体上看，各要素在剖面 P402 的含量要略低于其他两个剖面的含量，但是各物质含量在月湖相差很小。

4）丁字湾潮间带

实验测定结果见表 6.5。

表 6.5　丁字湾潮间带沉积物中各物质含量

名　称	含量范围	平均值	变异系数
有机质/（%）	0.79～0.88	0.85	0.03
总碳/（%）	0.06～0.45	0.29	0.52
总氮/（%）	0.00～0.06	0.04	0.59
总磷/（%）	0.07～0.1	0.09	0.12
硫化物/（mg/kg）	13.1～135	29.23	1.46
石油类/（mg/kg）	0.23～3.86	2.52	0.41
铬/（mg/kg）	60.24～77.2	70.29	0.07
铜/（mg/kg）	9.01～20.59	15.93	0.24
锌/（mg/kg）	47.6～94.2	60.14	0.23
砷/（mg/kg）	6.98～12.82	9.06	0.19
镉/（mg/kg）	0.06～0.09	0.08	0.16
汞/（mg/kg）	0.02～0.05	0.03	0.35
铅/（mg/kg）	17.99～24.47	21.99	0.11

有机质、总磷、铬、铅、砷、锌、铜的变异系数小，含量变化不大；总碳、总氮、汞、硫化物、石油类等的含量在丁字湾内变化较大，而硫化物在 D3－1 站位中，含量高达 135 mg/kg，远远高于丁字湾其他站位中硫化物的含量，是其他站位中硫化物含量的近 10 倍。

5）胶州湾潮间带

实验测定结果见表 6.6。

表 6.6 胶州湾潮间带沉积物中各物质含量

名 称	含量范围	平均值	变异系数
有机质/（%）	0.78～1.85	0.94	0.24
总碳/（%）	0.06～2.89	0.89	0.87
总氮/（%）	0.003～0.11	0.06	0.49
总磷/（%）	0.08～0.16	0.11	0.24
硫化物/（mg/kg）	15.9～101.0	37.13	0.9
石油类/（mg/kg）	0.063～47.829	13.18	0.94
铬/（mg/kg）	10.05～172.49	79.05	0.49
铜/（mg/kg）	7.41～145.92	37.74	0.88
锌/（mg/kg）	29.52～169.25	82.94	0.43
砷/（mg/kg）	6.74～26.02	10.4	0.41
镉/（mg/kg）	0.05～0.30	0.11	0.49
汞/（mg/kg）	0.02～0.17	0.06	0.63
铅/（mg/kg）	18.24～38.85	28.52	0.2

对胶州湾潮间带沉积物中重金属的分布，沧口水道起关键的控制作用，因此，将胶州湾潮间带分为3个区域：以沧口水道以东为一个区域，暂称其为沧口水道东岸；以沧口水道至红岛东西垂直平分线为一个区域，称其为沧口水道西岸；红岛平分线以西为一个区域，称其为胶州湾西区。

有机质、硫化物、总磷、总碳、石油类、铜、镉、汞、铬、铅具有相似的分布特征，它们的含量在胶州湾潮间带的顺序大致为沧口水道东岸＞沧口水道西岸＞胶州湾西区。沧口水道对其分布起到明显的控制作用。具体表现为沧口水道东岸沉积物中铜、镉、汞、铬、铅、石油类、硫化物、总碳的含量明显高于沧口水道西岸，是它的两倍多；胶州湾西区铜、镉、汞、铅的含量要比胶州湾内低，铜、镉的含量甚至比胶州湾外也要低，表明沧口水道东岸的工业排污由于沧口水道的阻挡作用，并没有污染到胶州湾西岸潮间带。在同一个取样剖面上，铜、镉、汞、铬、铅的含量呈高潮滩—中潮滩—低潮滩逐渐降低。但有机质、总磷、总氮在三个区域的分布特征并不明显，可能是由其物源众多所致。

砷、锌在P9和P17剖面高潮滩站位砷、锌的含量异常高，除此之外，整个胶州湾潮间带砷、锌的分布都较均匀。砷、锌的变异系数分别为0.41、0.45，而且砷、锌含量高的P9、P17剖面的高潮滩站位都距离交通地区很近，可能与砷、锌主要来源于交通污染以及降水和降尘有关。

6.2.1.2 潮间带沉积物化学比较分析

将各区域沿着山东省海岸线顺时针排列，将要素含量依次展布，从而可以较为清晰地显示其空间分布特征。

从图6.1中可知，各区域中以胶州湾东部汞的含量较高，而且在胶州湾内，呈现自东向西逐渐降低的趋势。除胶州湾外，在其他地区站位中Hg的含量相差不大。在垂岸方向上，沉积物中汞的平均含量，基本呈高潮滩（0.316 mg/kg）大于中潮滩（0.314 mg/kg）大于低潮滩（0.03 mg/kg）的趋势。这种趋势也正好与细粒沉积物分布趋势相同。潮滩所受的动力主要是潮汐涨落影响，细颗粒悬浮向岸滩上部富集并堆积下来，使滩面沉积物粒径由海向岸逐渐变细。高潮滩与中、低潮滩相比，重金属的含量呈显著富集。

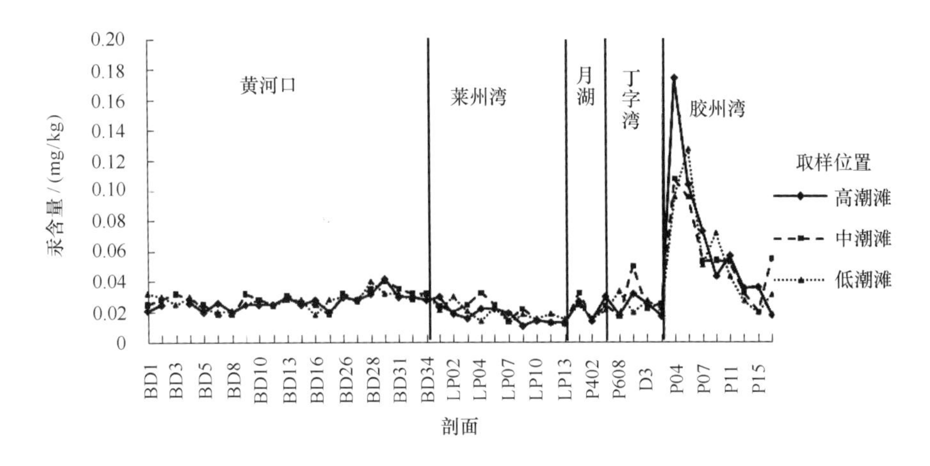

图 6.1　潮滩沉积物中汞含量空间分布

从图 6.2 中可以看出，铜与汞的分布趋势基本相同，表明两种元素赋存形式相似。在胶州湾内，铜含量变化较大，沉积物中铜的含量由东向西逐渐降低。除胶州湾外，铜含量在其他站位波动变化较小，而且在其他站位的这种波动变化与沉积物的粒径变化趋势比较吻合。在垂岸方向上，沉积物中铜的平均值基本为高潮滩（20.04 mg/kg）大于中潮滩（18.43 mg/kg）和低潮滩（18.58 mg/kg），中潮滩与低潮滩沉积物中铜含量相近。

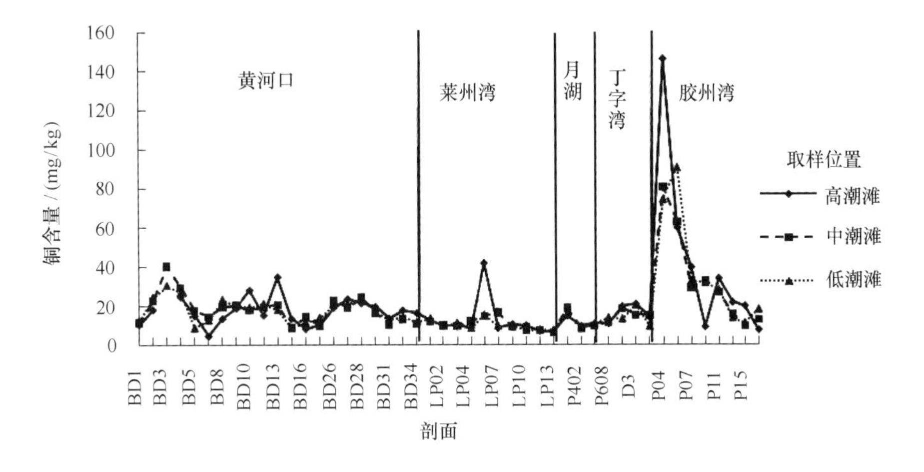

图 6.2　潮滩沉积物中铜含量空间分布

在图 6.3 中，铅含量有一个极高值，在月湖剖面 P401 的低潮滩站位，其含量高达 203.8 mg/kg。在莱州湾中，铅含量基本一致，而在黄河三角洲，铅含量的波动变化较大，基本与沉积物的粒径变化趋势相吻合。而且胶州湾内沿含量东部高于西部，可能是由于交通污染中的降水、降尘，还可能由于陆源排污等。在垂岸方向上，剔除 P401 低潮滩站位的异常值外，铅含量呈高潮滩(20.83 mg/kg)大于中潮滩(19.99 mg/kg)大于低潮滩(19.69 mg/kg) 的变化趋势。

从图 6.4 中可以看出，锌含量出现的异常高值都是在高潮滩站位出现的。而在同一剖面中潮滩、低潮滩沉积物中锌含量与周围海域沉积物中锌含量接近。原因可能是锌比较容易溶

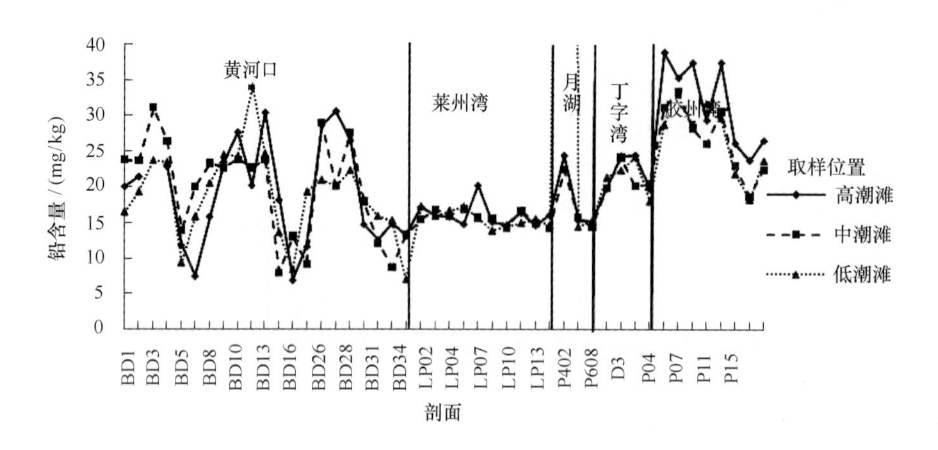

图 6.3 潮滩沉积物中铅含量空间分布

于海水当中，但是在高潮滩，沉积物浸泡在海水中的时间较短，还未充分融入到海水中，另外还与高潮滩沉积物粒径较细有关。在垂岸方向上，锌含量呈高潮滩（62.57 mg/kg）大于中潮滩（56.68 mg/kg）大于低潮滩（54.17 mg/kg）的变化趋势。

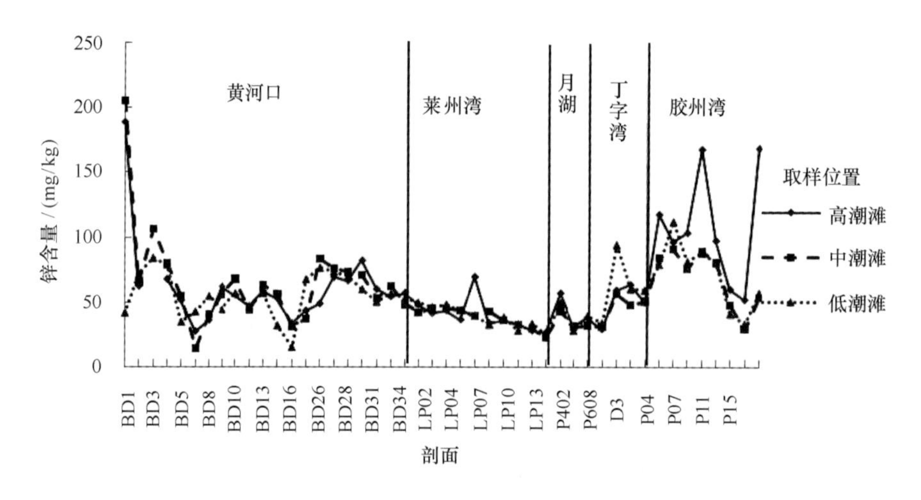

图 6.4 潮滩沉积物中锌含量空间分布

从图 6.5 中可以看出，渤海岸段沉积物中镉含量要高于黄海岸段沉积物中镉的含量，而且与沉积物粒径变化趋势也相关。镉的含量因地区的不同而差异较大。但是在同一个剖面中，3 个取样站位中的沉积物样品中镉含量都很接近。垂岸方向上，镉含量由高到低排序为：高潮滩（0.219 mg/kg）、中潮滩（0.207 mg/kg）、低潮滩（0.206 mg/kg）的变化趋势。

如图 6.6 所示，胶州湾内沉积物中铬含量呈自东而西逐渐降低的趋势，东部含量要高于西部，而胶州湾东部铬含量在整个区域内是异常高，在 P09－1 站位中铬含量较低，沉积物样品 P09－1 由 63% 的砾石与 37% 的砂，而没有细粒沉积物，因此造成此沉积物样品中铬含量较低。其余站位 Cr 含量都较均匀，而且波动变化也都与沉积物的粒径变化趋势相关。在垂岸方向上，铬含量由高到低排序为：高潮滩（67.14 mg/kg）、低潮滩（65.42 mg/kg）、中潮滩（64.85 mg/kg）的变化趋势。

如图 6.7 所示，砷含量在莱州湾、月湖、丁字湾中分布较一致。而在胶州湾中，高潮滩站

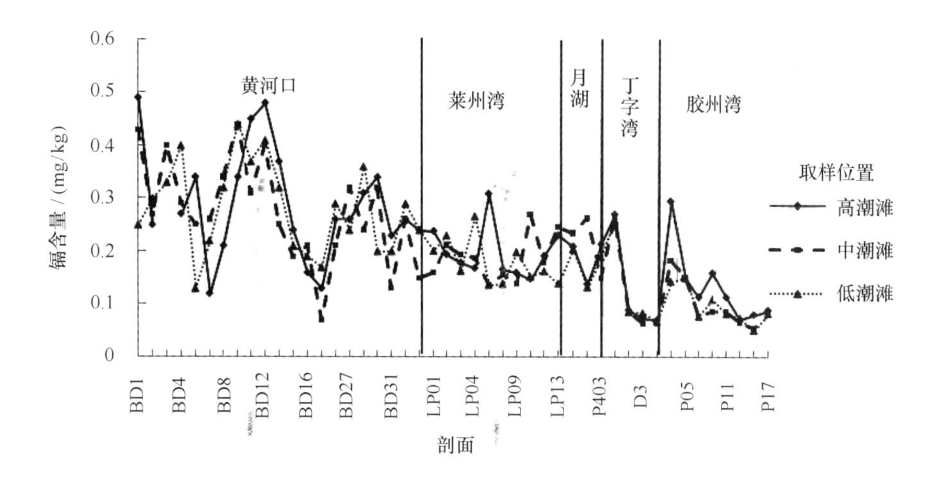

图6.5　潮滩沉积物中镉含量空间分布

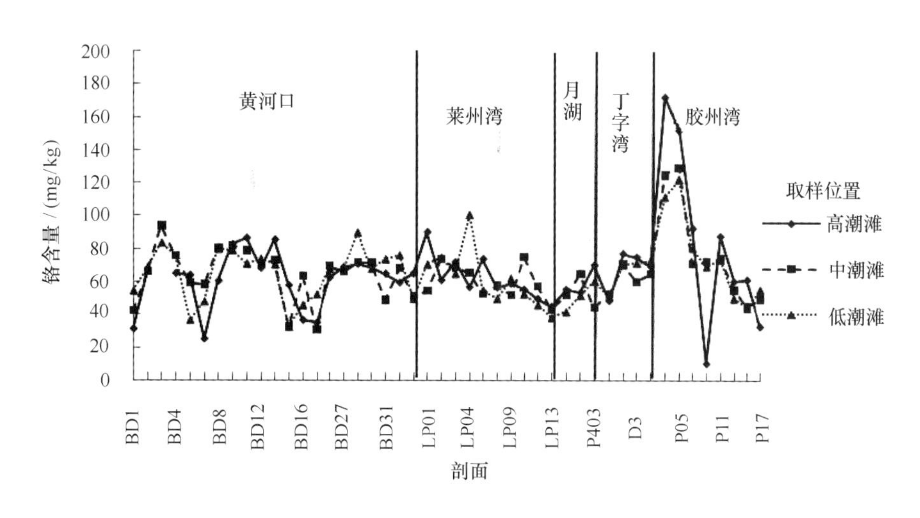

图6.6　潮滩沉积物中铬含量空间分布

位中砷含量有异常高值，中西部地区潮间带沉积物中，砷含量较高。而在P09、P17剖面高潮滩沉积物中，砷的含量是远高于其他地区的，而本结果与陈正新等（2003）的调查结果相似。在垂岸方向上，砷含量由高到低排序为：高潮滩（9.53 mg/kg）、低潮滩（8.29 mg/kg）、中潮滩（7.70 mg/kg）的变化趋势。

如图6.8所示，石油类含量变化相差很大，个别站位中石油类含量特别高。其中在剖面BD2、剖面BD14、胶州湾东部等区域中含量明显高于周围其他地方。而其他站位，石油类含量都是较低的。在胶州湾内，沉积物中石油类含量的分布趋势也是从东向西逐渐降低。

如图6.9所示，有机质在莱州湾、丁字湾、胶州湾中含量较高。在黄河三角洲中，有机质含量是普遍较低的，而且各站位沉积物中相差很小。在莱州湾、丁字湾中，各沉积物样品中有机质含量相差也较小。但在月湖、胶州湾中，各站位有机质含量分布变化较大。有机质的分布区域受环境影响较强，而且也受河流输入、粒度等的综合影响。

如图6.10所示，多数站位沉积物中硫化物含量相差较小，但是在莱州湾中，硫化物含量普遍较高，在丁字湾、胶州湾内的P608、D4、P07剖面沉积物中，硫化物含量是异常高于其

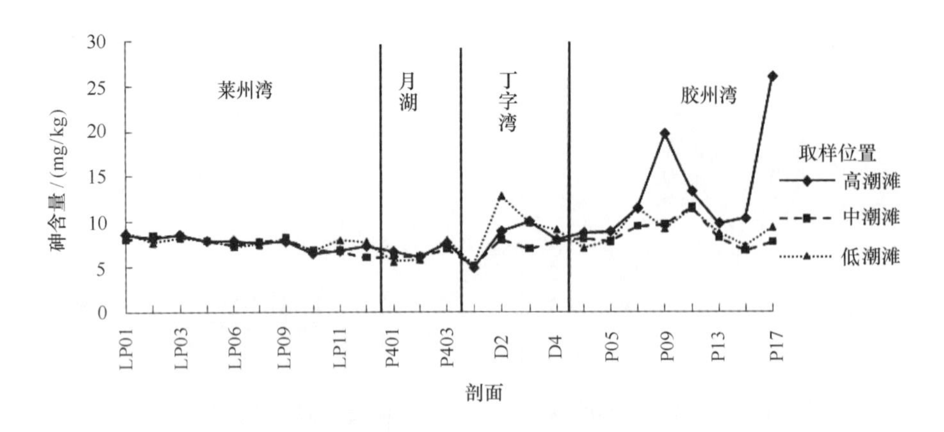

图 6.7　潮滩沉积物中砷含量空间分布

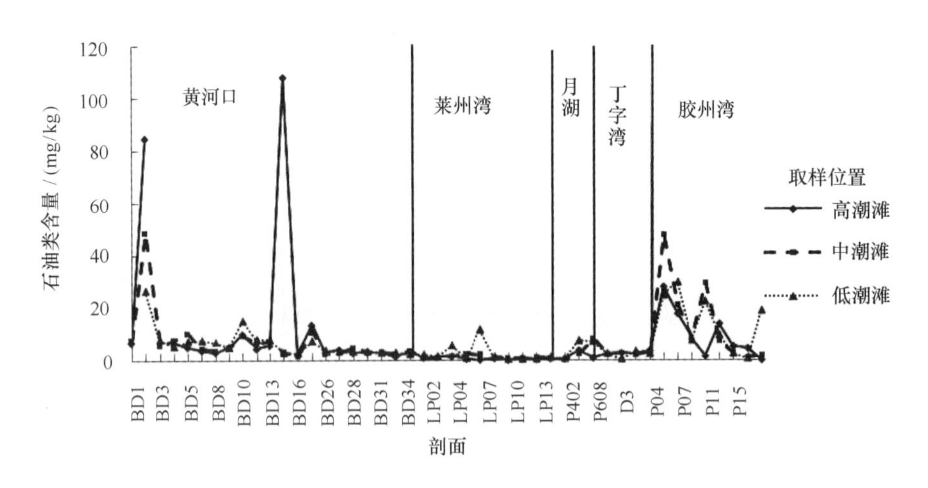

图 6.8　潮滩沉积物中石油类含量空间分布

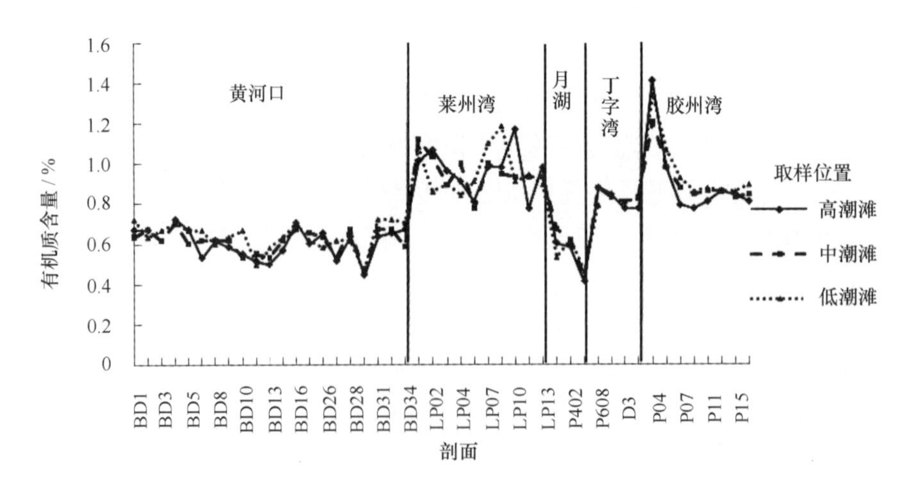

图 6.9　潮滩沉积物中有机质含量空间分布

他站位的。在黄河三角洲、月湖沉积物中硫化物含量基本一致。在整个区域内，硫化物的含量因地区差异而变化较大，可能是由于各区域氧化还原环境不一致造成的。硫化物是控制海洋体系氧化还原过程的主要因素之一，由于莱州湾水动力环境较弱，属于弱缺氧还原环境，因此硫化物含量较高。

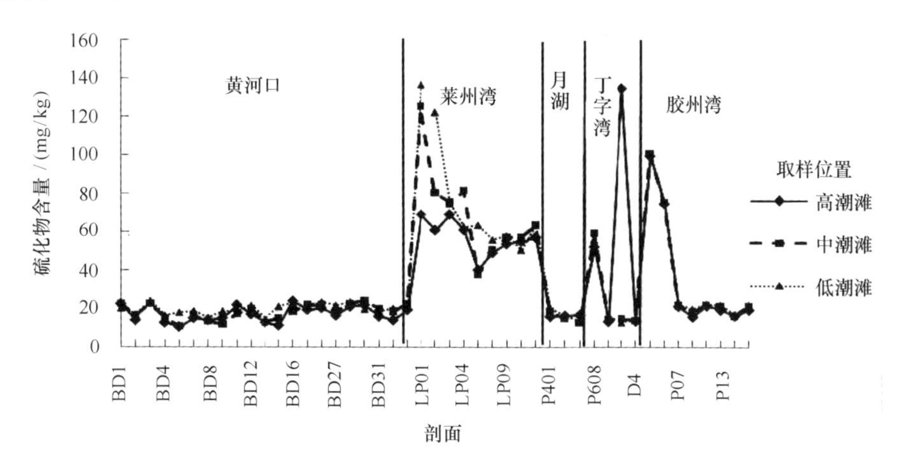

图6.10　潮滩沉积物中硫化物含量空间分布

如图6.11所示，总氮含量变化较大，而在渤海中的区域，总氮含量较低。而且其变化趋势与沉积物粒径变化趋势相类似。但是在月湖、丁字湾、胶州湾内，沉积物中总氮含量普遍较高，也与沉积物粒径变化趋势较吻合。表明总氮含量受区域环境的影响很大。在垂岸方向上，高潮滩总氮含量由高到低排序为：（0.031%）、低潮滩（0.030%）、中潮滩（0.294%）的变化趋势。

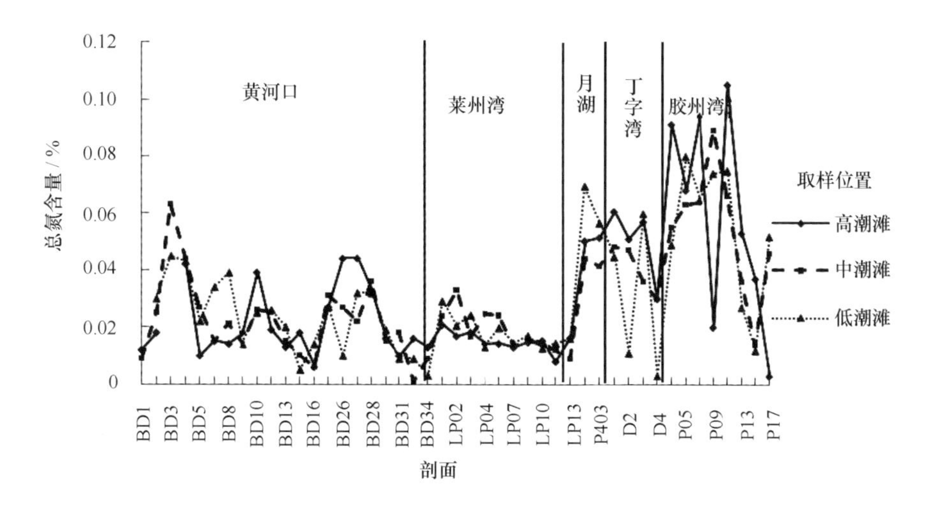

图6.11　潮滩沉积物中总氮含量空间分布

如图6.12所示，总碳含量在莱州湾、月湖、丁字湾中逐渐降低。在每一个剖面站位的沉积物中，总碳的含量变化不大。总碳含量因地区而差异较大，而且在同一个区域内，总碳含量与沉积物粒径变化趋势较吻合。在胶州湾内，东部地区总碳含量要远高于西部地区，而且呈逐渐降低的趋势。

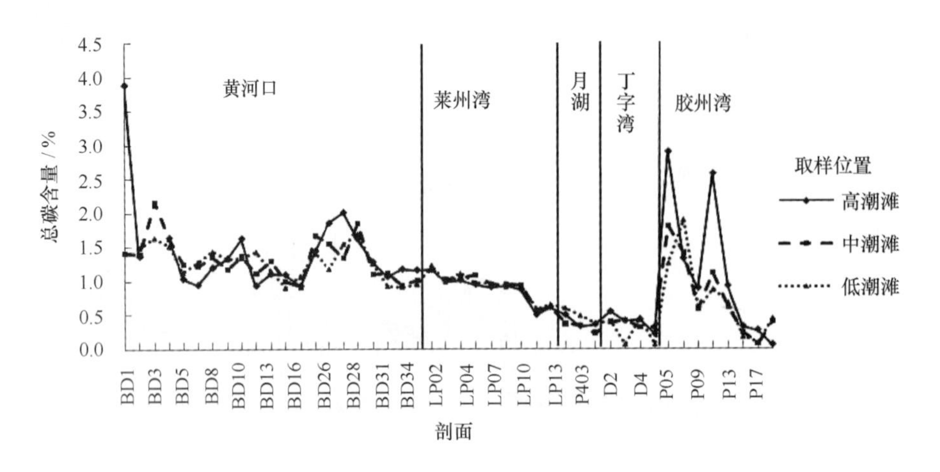

图 6.12 潮滩沉积物中总碳含量空间分布

6.2.2 海岛潮间带主要沉积物化学特征

6.2.2.1 黄河三角洲海域海岛

本岛群区石油类全部检出，其含量范围为 3.40 ~ 27.2 mg/kg，平均含量为 9.59 mg/kg。均符合海洋沉积物质量评价标准一类标准（500 mg/kg）。在 20 世纪 90 年代出版的《山东海岛研究》中滨州近岸群岛石油含量范围为 5.58 ~ 1 384 mg/kg，平均值为 694.7 mg/kg。结果表明：采样地点石油类含量较 20 世纪 90 年代大幅度降低。

有机质含量范围为 0.143% ~ 1.11%，平均值为 0.41%，均符合海洋沉积物质量评价标准一类标准（2.0%），无超标站位。与《山东海岛研究》中该区有机质含量为 1.11% ~ 1.98% 相比，略有降低。

对总氮、总磷进行了分析，总氮均未检出，总磷的含量范围为 0.13% ~ 0.202%，平均值为 0.166%。

氧化还原电位变化范围较大，为 -157 ~ 130 mV。

硫化物全部检出，但是含量较小，含量范围为 0.157 4 ~ 1.405 mg/kg，平均值为 0.81 mg/kg，符合海洋沉积物质量评价标准一类标准（300 mg/kg），《山东海岛研究》该区沉积物中硫化物最大值为 14.12 mg/kg，平均值为 7.7 mg/kg，最小值未检出。本次测试结果远远小于上次。

铜全部检出，含量范围为 1.4 ~ 18.8 mg/kg，平均值为 12.34 mg/kg。与《山东海岛研究》中该区铜含量评价标准 23.3 ~ 27.6 mg/kg 相比，含量降低。结果表明，各检测站中沉积物铜含量均符合海洋沉积物质量评价标准一类标准（35 mg/kg）。

铅的检出率为 100%，含量范围为 8.29 ~ 29.59 mg/kg，平均值为 16.92 mg/kg，超过《山东海岛研究》中该区铅含量为 4.6 ~ 12.9 mg/kg，铅污染加重。但所有数据均符合海洋沉积物质量评价标准一类标准（60 mg/kg）。

镉检出率为 100%，含量范围为 0.076 ~ 0.483 mg/kg，平均值为 0.14 mg/kg，与《山东海岛研究》中该区镉含量为 0.17 mg/kg 基本一致。测试结果表明，所有检测站位中镉的含量均符合海洋沉积物质量评价标准一类标准（0.5 mg/kg）。

锌的检出率为100%，含量范围为46.9~155.4 mg/kg，平均值为82.13 mg/kg。与《山东海岛研究》中该区锌含量为2.8~47.9 mg/kg相比，有增加趋势，但所有站位锌的含量均符合海洋沉积物质量评价标准一类标准（150 mg/kg）。

铬的检出率为100%，含量范围为34.8~168.5 mg/kg，平均值为67.23 mg/kg。大部分检测站位中铬的含量均符合海洋沉积物质量评价标准一类标准（80 mg/kg）。

汞在全部站位中均未检出。

砷的检出率为100%，含量范围为0.33~7.49 mg/kg，平均值为2.1 mg/kg，均符合海洋沉积物质量评价标准一类标准（20 mg/kg）。

6.2.2.2 烟台海域海岛（长岛海域海岛除外）

本岛群区石油类全部检出，其含量范围为3.28~518 mg/kg，平均值为141.1 mg/kg。除麻姑岛的低潮滩沉积物样品石油类含量超过海洋沉积物质量评价标准中一类标准（500 mg/kg）外，其他站位均未超过海洋沉积物质量评价标准一类标准。

有机质含量范围为0.111%~0.219%，平均值为0.079%，均符合海洋沉积物质量评价标准一类标准（2.0%）。

对总氮、总磷进行了分析，总氮含量范围为0.85%~0.1367%，平均值为0.058%。总磷的含量范围为0.153%~0.932%，平均值为0.439%。

氧化还原电位范围为-266~155 mV，平均值为-46.93 mV。

海洋沉积物质量硫化物全部检出，含量范围为28.29~67.26 mg/kg，平均值为41.82 mg/kg，优于海洋沉积物质量评价标准一类标准。

铜全部检出，含量范围为1.34~19.4 mg/kg，平均值为8.22 mg/kg。分析结果表明，各检测站中沉积物铜含量均符合海洋沉积物质量评价标准一类标准（35 mg/kg）。

铅的检出率为100%，含量范围为0.51~13.72 mg/kg，平均值为5.24 mg/kg，所有数据均符合海洋沉积物质量评价标准一类标准（60 mg/kg）。

镉检出率为100%，含量范围为0.005~0.089 mg/kg，平均值为0.02 mg/kg，分析结果表明，所有检测站位中镉的含量符合海洋沉积物质量评价标准一类标准（0.5 mg/kg）。

锌的检出率为100%，含量范围为4.91~60.48 mg/kg，平均值为24.15 mg/kg。分析结果表明，所有站位锌的含量均符合海洋沉积物质量评价标准一类标准（150 mg/kg）。

铬的检出率为100%，含量范围为0.095~21.98 mg/kg，平均值为6.18 mg/kg。分析结果表明，该岛各站位铬含量均未超过海洋沉积物质量评价标准一类标准（80 mg/kg）。

汞的检出率为33%，最大值为0.018 mg/kg，最小值未检出。

砷的检出率为100%，含量范围为0.92~5.93 mg/kg，平均值为3.2 mg/kg。所有站位砷含量均符合海洋沉积物质量评价标准一类标准（20 mg/kg）。

6.2.2.3 长岛海域海岛

本岛群区石油类全部检出，其含量范围为1.76~6.27 mg/kg，平均值为2.21 mg/kg。均符合海洋沉积物质量评价标准一类标准（500 mg/kg）。《山东海岛研究》中长岛海域海岛石油含量范围为9.0~1 240 mg/kg，平均值为214.5 mg/kg，比20世纪90年代的含量低。

有机质含量范围为0.04%～0.28%，平均值为0.15%，均符合海洋沉积物质量评价标准一类标准（2.0%）。相比较《山东海岛研究》中长岛海域海岛有机质含量为0.31%～1.75%，目前有机质含量略有降低，平均值为0.76%。

对总氮、总磷含量进行分析，总氮含量范围为0.01%～0.029%，平均值为0.016%。总磷的含量范围为0.006%～0.051%，平均值为0.022%。

氧化还原电位变化范围较大，为－315～256 mV，其中南长山岛未检出。

硫化物全部检出，含量范围为5.06～23.99 mg/kg，平均值为15.74 mg/kg，优于海洋沉积物质量评价标准一类标准，《山东海岛研究》长岛海域海岛沉积物中硫化物含量范围为0.07～368 mg/kg，平均值为133.8 mg/kg。与上次海岛调查结果相比，硫化物污染未加重。

铜全部检出，含量范围为0.147～12.75 mg/kg，平均值为2.73 mg/kg。结果表明各检测站中沉积物铜含量均符合海洋沉积物质量评价标准一类标准（35 mg/kg）。

铅的检出率为100%，含量范围为0.008～16.92 mg/kg，平均值为3.27 mg/kg，所有数据均符合海洋沉积物质量评价标准一类标准（60 mg/kg）。

镉检出率为100%，含量范围为0.009～0.062 mg/kg，平均值为0.023 mg/kg，结果表明，所有检测站位中镉的含量符合海洋沉积物质量评价标准一类标准（0.5 mg/kg）。

锌的检出率为100%，含量范围为0.639～21.44 mg/kg，平均值为4.58 mg/kg。结果表明，所有站位锌的含量均符合海洋沉积物质量评价标准一类标准（150 mg/kg）。

铬的检出率为100%，含量范围为0.046～0.741 mg/kg之间，平均值为0.225 mg/kg。结果表明，该岛各站位铬含量均符合海洋沉积物质量评价标准一类标准（80 mg/kg）。

汞全部检出，含量范围为0.18～0.83 mg/kg，平均值为0.323 mg/kg，所有站位汞含量均符合海洋沉积物质量评价标准一类标准（0.2 mg/kg）。

砷的检出率为100%，含量范围为0.093～1.43 mg/kg，平均值为0.32 mg/kg，所有站位砷含量均符合海洋沉积物质量评价标准一类标准（20 mg/kg）。

6.2.2.4 威海海域海岛

该岛群区除了镆铘岛中潮滩沉积物中石油类未检出外，其他站位石油类全部检出，最大值为368 mg/kg，平均值为113.54 mg/kg，所有站位沉积物样品石油类含量均符合海洋沉积物质量评价标准一类标准（500 mg/kg）。

有机质含量范围为0.237%～0.185%，平均值为0.087%，均符合海洋沉积物质量评价标准一类标准（2.0%）。

对总氮、总磷进行了分析，总氮含量范围为0.128%～0.855%，平均值为0.034%。总磷的含量范围为0.128%～0.744%，平均值为0.047%。

镆铘岛高、中潮滩氧化还原电位未检出，最大值为43 mV，平均值为－78.6 mV。

沉积样品中硫化物全部检出，含量范围为19.81～46.18 mg/kg，平均值为31.41 mg/kg，均符合海洋沉积物质量评价标准一类标准。

铜全部检出，含量范围为1.17～19.88 mg/kg，平均值为6.23 mg/kg。结果表明，各检测站中沉积物铜含量均符合海洋沉积物质量评价标准一类标准（35 mg/kg）。

铅的检出率为100%，含量范围为1.41～11.35 mg/kg，平均值为4.48 mg/kg，所有数据均符合海洋沉积物质量评价标准一类标准（60 mg/kg）。

镉检出率为100%，含量范围为0.004～0.078 mg/kg，平均值为0.019 mg/kg，结果表明所有检测站位中镉的含量均符合海洋沉积物质量评价标准一类标准（0.5 mg/kg）。

锌的检出率为100%，含量范围为5.09～58.29 mg/kg，平均值为23.41 mg/kg。结果表明，所有站位锌的含量均符合海洋沉积物质量评价标准一类标准（150 mg/kg）。

铬的检出率为100%，含量范围为2.85～127.9 mg/kg，平均值为17.72 mg/kg。结果表明，该岛高潮滩沉积物铬含量超过海洋沉积物质量评价标准一类标准（80 mg/kg），中潮滩和低潮滩沉积物铬含量符合海洋沉积物质量评价标准一类标准。

汞的检出率为50%，最大值为0.014 mg/kg。

砷的检出率为100%，含量范围为1.03～5.03 mg/kg，平均值为2.99 mg/kg。所有站位砷含量均符合海洋沉积物质量评价标准一类标准（20 mg/kg）。

6.2.2.5 青岛海域海岛

该区海岛潮间带沉积物中有机质含量范围为0.02%～0.24%，平均值为0.09%，最高值出现在竹岔岛003站位，最小值出现在沐官岛002站位。青岛海域海岛潮间带有机质含量均符合海洋沉积物质量评价标准一类标准（2.0%）。

对总氮、总磷进行了分析，总氮含量范围为0.007%～0.052%，平均值为0.02%。总磷的含量范围为0.013%～0.12%，平均值为0.047%。

铜的含量范围为0～20 mg/kg，平均值为8.33 mg/kg，其中最大值出现在竹岔岛003、灵山岛002和灵山岛003站位，斋堂岛和沐官岛的铜含量极低，大部分站位未检出。结果表明，各检测站中沉积物铜含量均符合海洋沉积物质量评价标准一类标准（35 mg/kg）。

铅在各个岛间的分布很不均衡，含量范围为0～100 mg/kg，平均值为43.889 mg/kg，最大值出现在田横岛003站位和女岛003站位，而田横岛、大管岛、竹岔岛、斋堂岛等部分站位均未检出。另外，灵山岛002、斋堂岛001、沐官岛001以及田横岛、女岛的部分站位的铅含量不符合海洋沉积物质量评价标准一类标准（60 mg/kg），存在轻微污染。

镉的检出率为100%，含量范围为0.04～0.6 mg/kg，平均值为0.42 mg/kg，有7个站位的镉含量不符合海洋沉积物质量评价标准一类标准（0.5 mg/kg），超标率为38.9%。

锌的检出率为100%，含量范围为20～70 mg/kg，平均值为40 mg/kg，其中斋堂岛和灵山岛潮间带表层沉积物的锌含量较高。所有站位锌的含量均符合海洋沉积物质量评价标准一类标准（150 mg/kg）。

铬的检出率为100%，含量范围为4.98～67.7 mg/kg，平均值为28.04 mg/kg。所有站位镉的含量均符合海洋沉积物质量评价标准一类标准（80 mg/kg）。

汞的检出率为100%，含量范围为0.016～0.046 mg/kg，平均值为0.024 mg/kg，符合海洋沉积物质量评价标准一类标准（0.2 mg/kg）。

砷的检出率为100%，含量范围为1.56～9.44 mg/kg，平均值为4.19 mg/kg。所有站位砷含量均符合海洋沉积物质量评价标准一类标准（20 mg/kg）。

6.2.3 近海沉积物化学

6.2.3.1 总氮、总磷及总有机碳

1）山东半岛南部海域

总氮的浓度范围为3.1% ~7.5%，平均值为5.2%；总磷的浓度范围为1.8% ~3.2%，平均值为2.4%；总有机碳的浓度范围为0.17% ~0.49%，平均值为0.33%。

青岛近岸海域总氮、总磷及总有机碳具有相似的分布特征，高值区都分布在胶州湾口和海域的北部，由于陆源较大的影响，胶州湾内的总氮和总有机碳的平均值都高于总的平均值。

2）渤海海域山东段（黄河口和莱州湾）

沉积物中总氮、总磷含量各海区相差不大，总氮含量略高于总磷含量，二者均没有突出的高值和低值。总氮含量基本介于2.00% ~3.50%之间，最大值为3.43%，最小值为1.99%；总磷含量基本介于1.00% ~2.50%之间，最大值和最小值分别为2.46%和0.93%。

3）北黄海海域山东段

表层沉积物中总氮的含量范围为0.2% ~0.204 7%，平均含量为0.559 1% ±0.423 4%。表层沉积物中总磷的含量范围为0.372% ~0.188 1%，平均含量为0.706% ±0.218 5%。总磷在山东半岛东北侧存在一个高值区。

由于该海域高含量的有机碳分布主要集中在北黄海西部地区，海水透明度好，生物活动强烈，生物活动的代谢产物是含量偏高的一个主要原因。鲁北沿岸海域沉积物中有机碳的含量一般都小于0.5%，而且分布相对均匀。

6.2.3.2 硫化物和氧化还原电位

1）山东半岛南部海域

青岛近岸海域表层沉积物样品的硫化物含量范围为0.89 ~146.52 mg/kg（干重），平均值22.08 mg/kg。所采表层沉积物样品的氧化还原电位为53.0 ~211.5 mV，平均值为127.4 mV，基本属于弱还原环境。

2）渤海海域山东段（黄河口和莱州湾）

硫化物含量均低于60.0×10^{-6}。总体上看，黄河口海区和莱州湾海区沉积物中硫化物含量低于渤海其余海区。

3）北黄海海域山东段

硫化物含量比较高，此海域沉积物中氧化还原电位较高。海水透明度好，生物活动强烈，生物活动的代谢产物应该是含量偏高的一个主要原因。

6.2.3.3 放射性物质

1）山东半岛南部海域

（1）总铀

沉积物总铀的浓度范围为1.46～2.24 μg/g（干重），平均浓度为2.01 μg/g，相对于水体的富集系数范围在451～734之间，平均达到612，与文献值相比较可见，青岛近海沉积物中总铀浓度处于正常水平。铀的平面分布呈现近岸海域大于远岸海域，南部海域低于北部的分布特征（图6.13）。

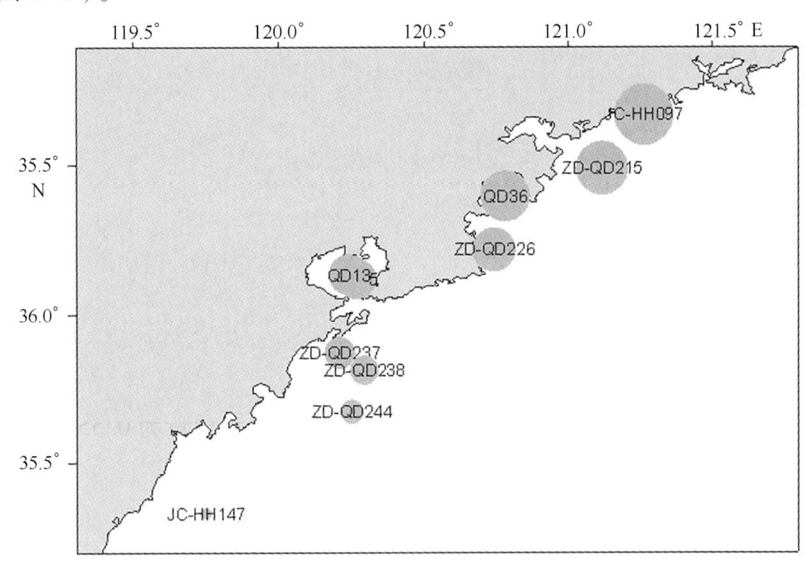

图6.13 青岛近海沉积物中总铀测定结果

（2）总β

2007年秋季青岛近海沉积物总β的波动范围为0.82～1.08 Bq/g（干重），平均含量为0.93 Bq/g，处于正常水平。沉积物中总β的水平分布如图6.14所示。从图中可以看出，胶

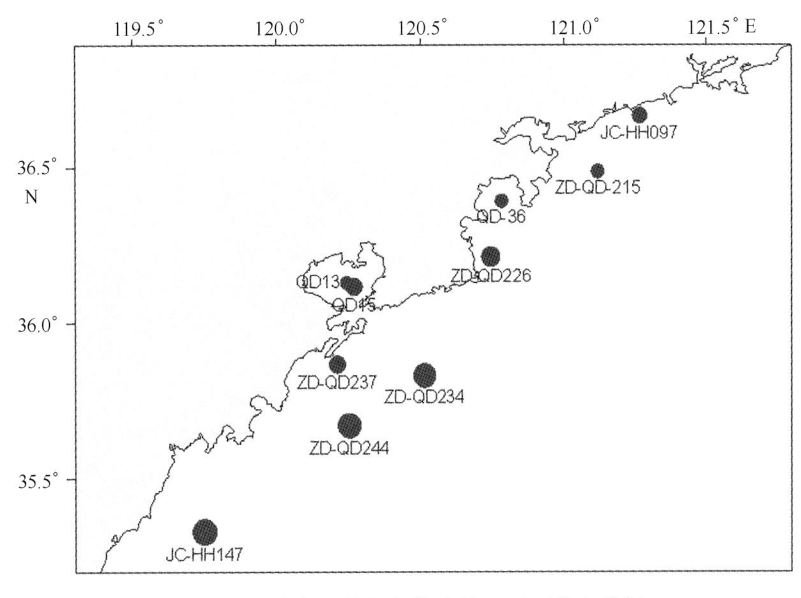

图6.14 青岛近海沉积物中总β平面分布特征

州湾内的放射性含量较湾外低，主要是由于底质类型不同引起的。

(3) ^{90}Sr

沉积物中^{90}Sr的波动范围为1.70～5.38 Bq/kg，平均含量为2.98 Bq/kg。含量由近岸向远岸逐渐降低（图6.15）。

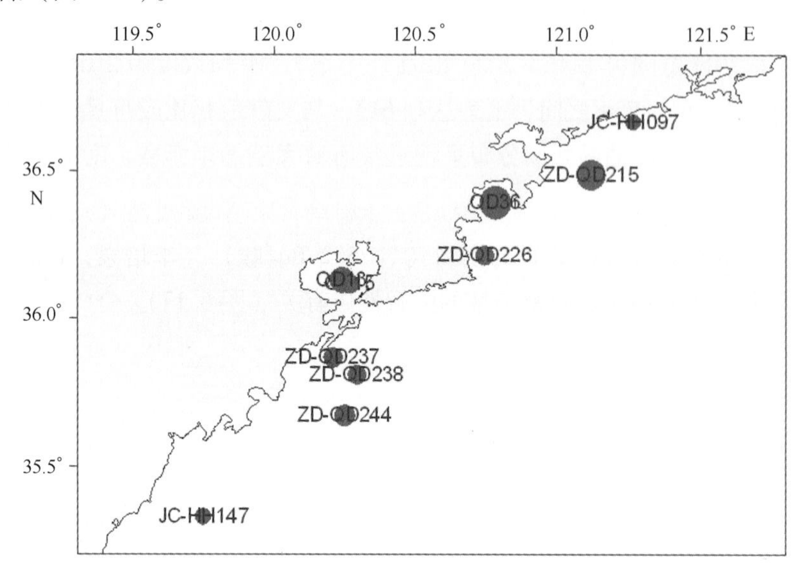

图6.15　青岛近海沉积物中^{90}Sr测定结果

(4) ^{58,60}Co, ^{137}Cs, ^{232}Th, ^{226}Ra, ^{40}K

5种核素的浓度范围如表6.7所示。

沉积物中^{137}Cs平均含量为2.45 Bq/kg（干重），低于20世纪80年代初渤海（5.49 Bq/kg）（赵德兴，1985）与青岛近海（7.54 Bq/kg）（柳宪民，1988）的调查值。除了个别站位外，其他站点含量相差不大（图6.16）。

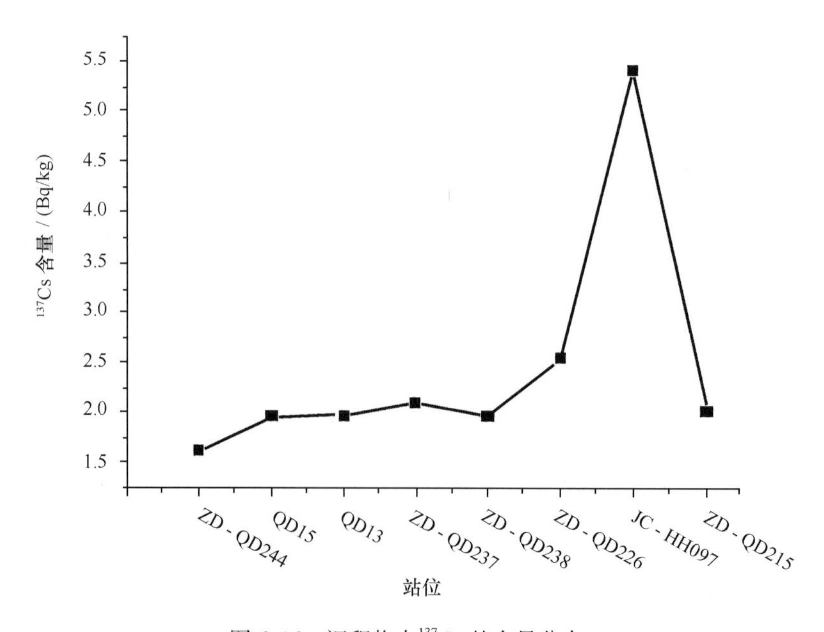

图6.16　沉积物中^{137}Cs的含量分布

表6.7　沉积物中部分核素的浓度范围

项　目	浓度范围/（Bq/kg）	平均值/（Bq/kg）
$^{58,60}Co$	未检出	未检出
^{137}Cs	1.62～5.41	2.45
^{232}Th	未检出	未检出
^{226}Ra	25.6～60.0	33.0
^{40}K	708～940	781.4

沉积物中^{226}Ra的平均含量略高于贾成霞（2003年）对胶州湾（波动范围为20.6～44.1 Bq/kg，平均值为26.5 Bq/kg）与渤海湾（25.2 Bq/kg）（李培泉，1983）的调查值。平面分布上存在几个异常站位，可能与镭的溶解性质有关（图6.17）。

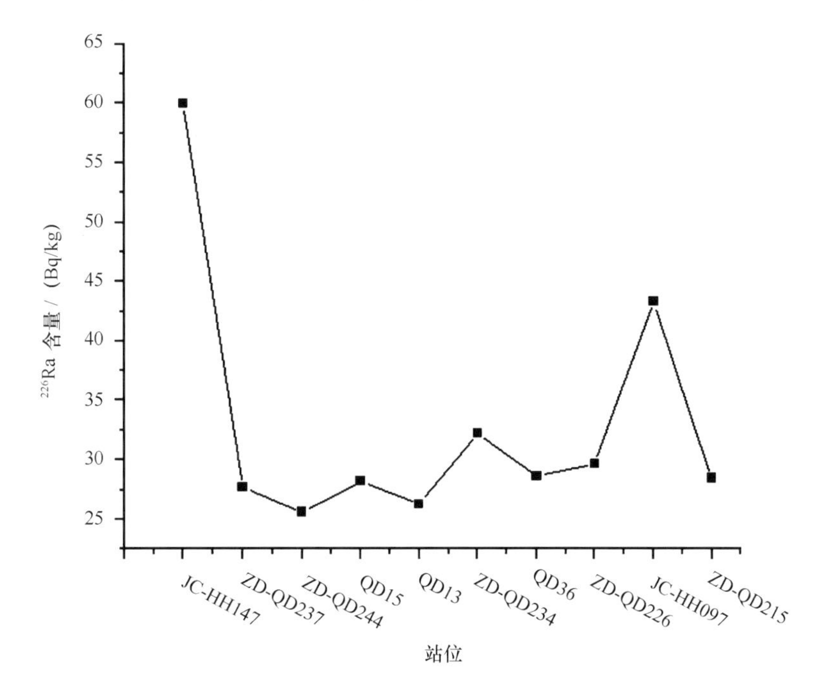

图6.17　沉积物中^{226}Ra的含量分布

沉积物中^{40}K平均含量为781.4 Bq/kg（干重），波动范围为708～940 Bq/kg（干重），略高于贾成霞（2003年）对胶州湾内沉积物的调查值（607～732 Bq/kg，平均值688 Bq/kg），平面分布存在着个别差异，可能与其沉积物类型有关（图6.18）。

2）渤海海域山东段（黄河口和莱州湾）

沉积物中总铀浓度范围为8.41×10^2～90.00×10^2 μg/kg，平均值为20.30×10^2 μg/kg；呈现由黄河口向周围海域逐渐降低的变化特征（图6.19）。

沉积物中^{226}Ra浓度范围为29.8～41.2 Bq/kg，平均值为37.4 Bq/kg。呈现在孤岛镇东北侧海域出现高值，向周围递减的变化特征（图6.20）。

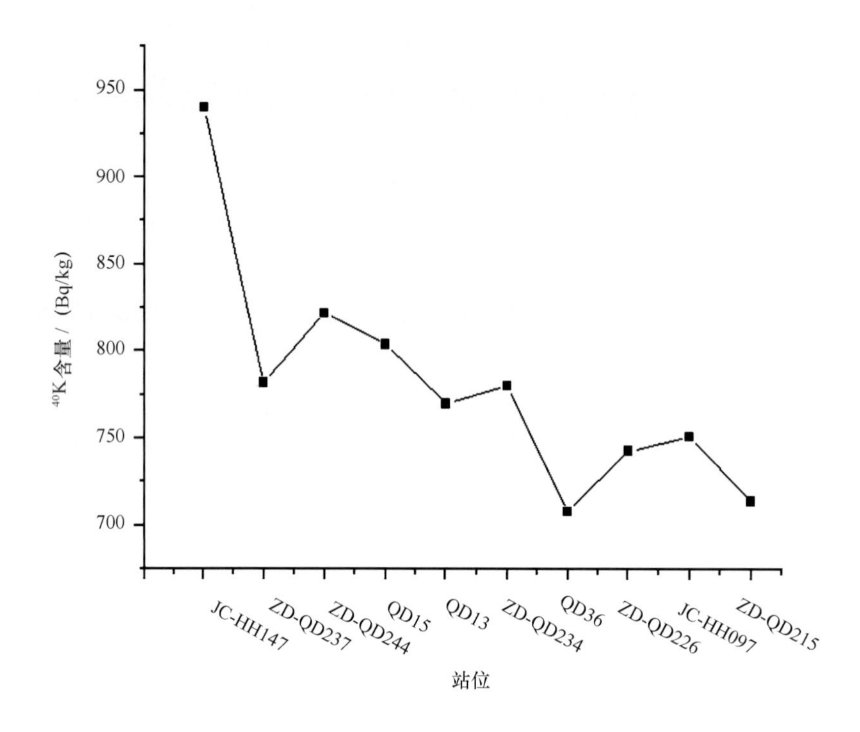

图 6.18　沉积物中^{40}K 的含量分布

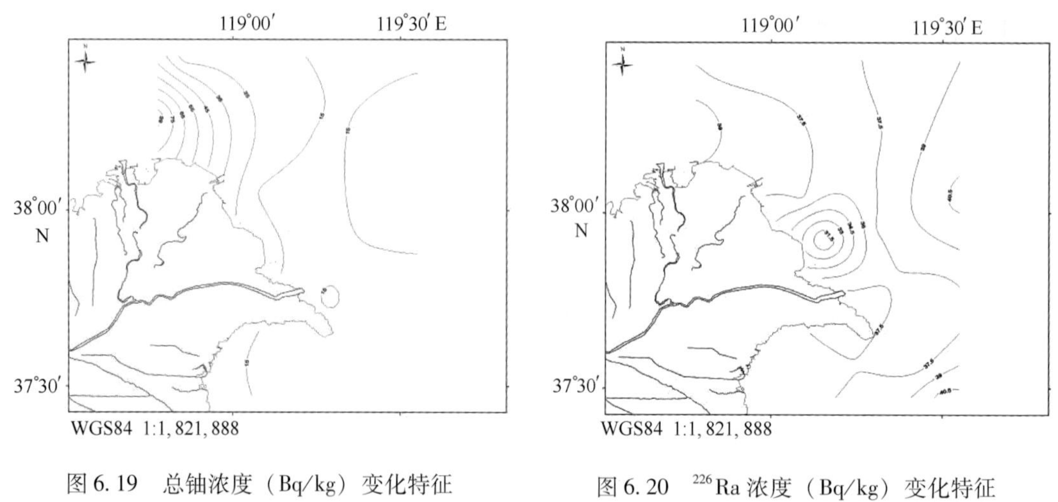

图 6.19　总铀浓度（Bq/kg）变化特征

图 6.20　^{226}Ra 浓度（Bq/kg）变化特征

沉积物中总 β 浓度范围为 805. 2 ~ 1 008. 1 Bq/kg，平均值为 880. 4 Bq/kg，呈现由近岸海域向远岸逐渐增高的变化特征（图 6. 21）。

沉积物中^{137}Cs 浓度范围为 1. 2 ~ 4. 2 Bq/kg，平均值为 2. 2 Bq/kg，呈现在孤岛镇东北侧海域出现高值，向周围递减的变化特征（图 6. 22）。

沉积物中^{90}Sr 浓度范围为 134. 8 ~ 530. 7 Bq/kg，平均值为 278. 4 Bq/kg。呈现出由莱州湾海域向西北方向递减的变化特征（图 6. 23）。

沉积物中^{40}K 浓度范围为 569. 2 ~ 758. 5 Bq/kg，平均值为 657. 1 Bq/kg。呈现出由近岸向外海逐渐增高的变化特征（图 6. 24）。

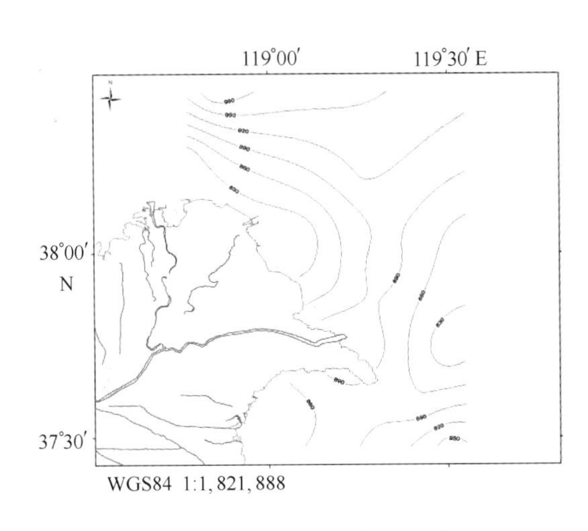

图 6.21　总 β 浓度（Bq/kg）变化特征

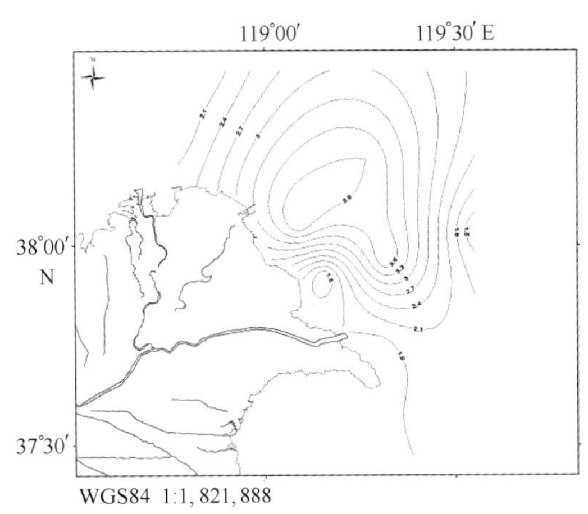

图 6.22　^{137}Cs 浓度（Bq/kg）变化特征

沉积物中^{232}Th 浓度范围为 32.7～51.2 Bq/kg，平均值为 42.5 Bq/kg，呈现出在新老黄河口处出现高值，向周围海域逐渐降低的变化特征（图 6.25）。

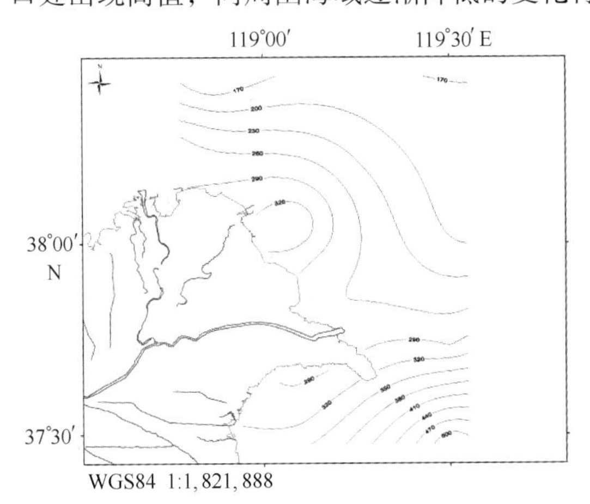

图 6.23　^{90}Sr 浓度变化特征

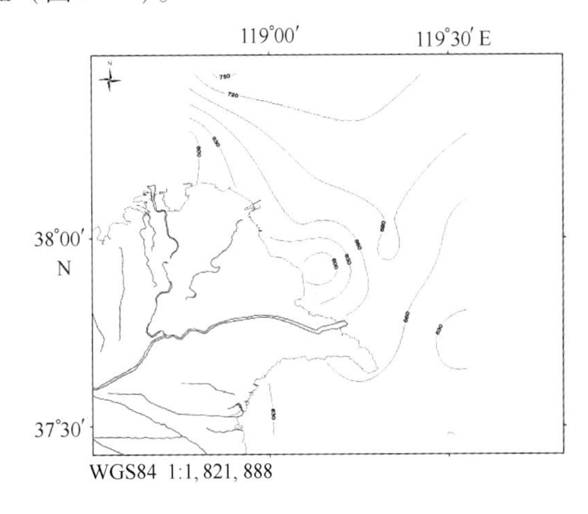

图 6.24　^{40}K 浓度变化特征

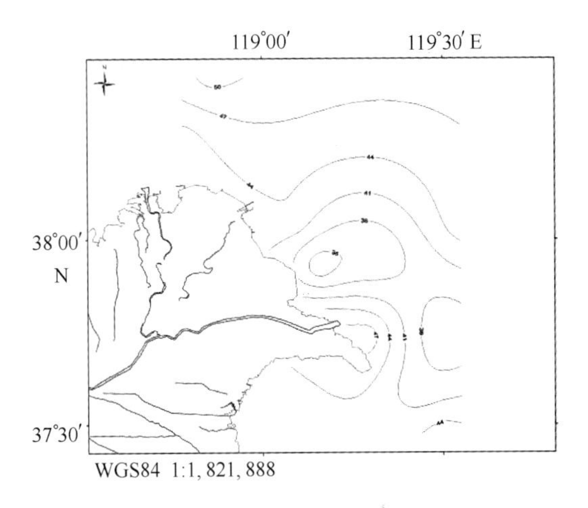

图 6.25　^{232}Th 浓度变化特征

黄河口及莱州湾近岸海域沉积物中^{110m}Ag、^{58}Co、^{60}Co本航次均未检出。

6.2.3.4 石油烃

1）山东半岛南部海域—青岛近海海域

秋季沉积物中石油烃浓度范围为1.77～223.1 mg/kg，高值区主要位于青岛近海胶州湾附近和北部海域，这些海区各站位沉积物主要是泥质，加之沿岸污染物的排放使沉积物中石油烃浓度较高。

2）渤海海域山东段（黄河口和莱州湾）

秋季沉积物石油烃含量低于500 mg/kg，最低值为3.13 mg/kg，出现在黄河口附近。

3）北黄海海域山东段

沉积物中石油烃的含量范围为1.22～1 088.8mg/kg，平均含量为（99.69±209.8）mg/kg。个别站位含量较高，超过海洋沉积物质量评价标准统一标准。

采用单因子污染指数法对其进行污染评价。发现：海域沉积物石油烃的污染指数在0.00～2.18之间，平均值为0.20±0.42，表明大部分海域表层沉积物中没有石油烃的污染，但个别区域污染比较严重。

6.2.3.5 重金属

1）山东半岛南部海域—青岛近海海域

沉积物中的重金属含量如表6.8所示。各元素的平面变化特征如下，铜：区域南部日照近岸海域含量较低，其余站位含量差异不大；铅、锌、镉、铬：各站位含量均较为接近，分布比较平均；砷：青岛近海的站位含量偏高，其余站位较为接近；汞：乳山、青岛近海的站位含量较高。

表6.8 沉积物中重金属的含量 单位：mg/kg

指标	Cu	Pb	Zn	Cd	Cr	As	Hg
最小值	3.7	23.1	37.7	0.158	33.7	5.6	0.044
最大值	21.5	48.0	77.9	0.261	52.3	15.4	0.094
平均值	12.5	31.7	56.0	0.200	42.2	9.6	0.065

2）渤海海域山东段（黄河口和莱州湾）

沉积物中铜、铅、锌、铬含量相当，镉含量相对较低。重金属含量在各海区变化不大。

表6.9 沉积物中重金属的含量 单位：mg/kg

指标	Cu	Pb	Zn	Cd	As	Hg
最小值	9.18	8.69	13.9	11.9	5.00	0.149
最大值	38.8	39.5	55.6	59.7	15.0	0.993

3）北黄海海域山东段

表层沉积物中重金属含量由多到少为：锌、铬、铅、砷、铜、镉、汞。表层沉积物中几种分布趋势总体比较相似，表现为在北黄海西部海区浓度较高，相比较而言，烟台沿岸浓度较高。

6.3 海洋环境质量综合评价及其变化

6.3.1 海洋环境质量综合评价

6.3.1.1 海水化学质量评价

采用单因子污染指数与多参数质量综合指数结合的方法对各区域的海水水质进行评价，评价标准为《海水水质标准》中的一类标准（GB3 097-1997）。

1）山东半岛南部海域

（1）基本化学要素

山东半岛近岸不同海域的基本化学参数如表6.10所示。

pH值，春季青岛近海略高，威海较低，夏季威海近海最高，秋季和冬季日照近海最高。溶解氧（DO）各海区差别略大，总体趋势为威海近海浓度较高，日照近海浓度较低。

从评价结果来看，本区域的pH值均符合海水水质一类标准，其pH值大都在7.9～8.3之间；溶解氧（DO）符合海水水质质量一类标准（溶解氧一类标准是大于等于6 mg/L），浓度均超过6 mg/L。

表6.10 不同季节不同海区海水的基本参数对比

季节	化学参数	青岛近海	日照近海	威海近海
春季	pH值	8.13	8.08	8.06
	DO/（mg/L）	9.89	6.47	10.89
夏季	pH值	8.05	8.11	8.31
	DO/（mg/L）	6.79	6.39	9.59
秋季	pH值	8.19	8.24	8.05
	DO/（mg/L）	7.98	7.59	6.66
冬季	pH值	8.1	8.29	7.92
	DO/（mg/L）	9.19	6.83	10.19

（2）活性磷酸盐

活性磷酸盐的一类标准为小于等于0.015 mg/L，从各海域不同季节的活性磷酸盐浓度来看，青岛近海海域均达到一类标准，日照近海海域仅在春季未达到一类标准，而威海近海在春季和冬季未达到一类标准，水质标准基本符合一类标准的要求。

表 6.11　不同季节不同海区活性磷酸盐浓度对比

单位：mg/L

季节	青岛近海	日照近海	威海近海
春季	0.002	0.016	0.031
夏季	0.39	0.85	0.006
秋季	0.014	0.010	0.013
冬季	0.012	0.29	0.032

（3）环境化学要素——污染因子

根据单因子污染指数法的结果，本区域石油烃的标准指数仅在秋季为 0.89，其余季节标准指数大于 1.00，均未达到一类标准。本区除铬的环境质量标准指数大于 1.00 之外，其他均符合海水水质质量一类标准，环境质量较好。按平均指数由大到小排列的顺序为：铬、铅、锌、汞、铜、砷、镉，可以看出本地区铬污染尤为严重，成为本地区污染物的主要污染因子。

2）渤海海域山东段（黄河口和莱州湾）

（1）基本化学要素

①pH 值

春季黄河口和莱州湾表层海水中 pH 值的标准指数范围为 0.00 ~ 0.91，所有测站的表层海水 pH 值均符合《海水水质标准》中的一类海水质量标准；底层海水中 pH 值的标准指数范围在 0.01 ~ 1.2 之间，除黄河口临近海域的极个别测站（ZD – HHK122）外，其他测站的底层海水 pH 值均符合《海水水质标准》中的一类海水质量标准。

秋季表层海水中 pH 值的标准指数范围在 0.00 ~ 1.03 之间，除黄河口临近海域的 ZD – HHK117 测站外，其他所有测站的表层海水 pH 值均符合《海水水质标准》中的一类海水质量标准；底层海水中 pH 值的标准指数范围在 0.01 ~ 1.14 之间，除黄河口临近海域的 ZD – HHK103 外，其他测站的底层海水 pH 值均符合《海水水质标准》中的一类海水质量标准。

夏季表层海水中 pH 值的标准指数范围在 0.001 ~ 0.91 之间，所有测站的表层海水 pH 值均符合《海水水质标准》中的一类海水质量标准。

冬季表层海水中 pH 值的标准指数范围在 0.001 ~ 0.60 之间，底层海水中 pH 值的标准指数范围在 0.01 ~ 0.77 之间，所有测站的表层海水 pH 值均符合《海水水质标准》中的一类海水质量标准。

②溶解氧（DO）

春季海域表层海水中溶解氧的标准指数范围在 0.01 ~ 0.46 之间，底层海水中溶解氧的标准指数范围在 0.03 ~ 0.46 之间，所有测站的底层海水溶解氧均符合《海水水质标准》中的一类海水质量标准。

秋季海域溶解氧的标准指数范围在 0.004 ~ 0.56 之间，底层海水中溶解氧的标准指数范围在 0.01 ~ 0.52 之间，所有测站的底层海水溶解氧均符合《海水水质标准》中的一类海水质量标准。

夏季表层海水中溶解氧的标准指数范围在 0.001 ~ 1.11 之间，除了 ZD – HHK123 站表层海水溶解氧超过了《海水水质标准》中的一类海水质量标准外，所有测站的表层海水溶解氧均符合一类海水质量标准。底层海水中溶解氧的标准指数范围在0.23~1.60之间，有18.5%的测站海水溶解氧超过了《海水水质标准》中的一类海水质量标准，其他所有测站的底层海水溶解氧均符合一类海水质量标准。

冬季表层海水中溶解氧的标准指数范围为0.002~0.53，底层海水中溶解氧的标准指数范围为0.01~0.44，所有测站的底层海水溶解氧均符合《海水水质标准》中的一类海水质量标准。

（2）活性磷酸盐

春季表层海水中活性磷酸盐的标准指数范围为0.06~0.97，底层海水中活性磷酸盐的标准指数范围为0.06~1.00，均符合《海水水质标准》中的二类海水质量标准。

秋季表层海水中活性磷酸盐的标准指数范围为0.06~1.24，底层海水中活性磷酸盐的标准指数范围为0.09~1.93，97.52%的测站表、底层海水活性磷酸盐浓度符合《海水水质标准》中的二类海水质量标准，仅2.48%的测站表、底层海水活性磷酸盐浓度超过了二类海水质量标准。

夏季活性磷酸盐的标准指数范围为0.06~0.96，所有测站表层海水活性磷酸盐均符合《海水水质标准》中的二类海水质量标准。底层海水中活性磷酸盐的标准指数范围为0.05~1.37，绝大部分测站底层海水活性磷酸盐均符合二类海水质量标准。

冬季表层海水中活性磷酸盐的标准指数范围为0.44~1.09，96.7%的测站表层海水活性磷酸盐均符合《海水水质标准》中的二类海水质量标准；只有3.3%的测站表层海水活性磷酸盐浓度超过了《海水水质标准》中的三类海水质量标准。底层海水中活性磷酸盐的标准指数范围为0.45~1.77，绝大部分测站底层海水活性磷酸盐均符合《海水水质标准》中的二类海水质量标准；只有极个别测站底层海水活性磷酸盐超过了《海水水质标准》中的三类海水质量标准。

（3）环境化学要素——污染因子

铜：春季，表层海水中重金属铜的标准指数范围为0.13~0.69，夏季该标准指数范围为0.13~0.82，秋季该标准指数范围为0.07~0.74，春、夏、秋三季所有测站表层海水重金属铜均符合《海水水质标准》中的二类海水质量标准。冬季铜的标准指数范围为0.12~1.13，90%的测站表层海水重金属铜均符合《海水水质标准》中的二类海水质量标准。

铅：春季，表层海水中重金属铅的标准指数范围为0.08~1.13，秋季，该标准指数范围为0.18~0.68，均符合《海水水质标准》中的二类海水质量标准。夏季，表层海水中重金属铅的标准指数范围为0.21~1.22，冬季，该标准指数范围为0.22~1.26，分别有88.5%、95.1%的测站表层海水重金属铅符合《海水水质标准》中的二类海水质量标准，只有少数站位重金属铅浓度超过了二类海水质量标准。

锌：春季重金属锌的标准指数范围为0.30~0.71，夏季的标准指数范围为0.22~0.70，秋季的标准指数范围为0.24~0.68，冬季的标准指数范围为0.23~0.62，所有测站的表层海水重金属锌均符合《海水水质标准》中的二类海水质量标准。

镉：春季，重金属镉的标准指数范围为0.02~0.08，夏季的标准指数范围为0.05~0.47，秋季的标准指数范围为0.02~0.04，冬季的标准指数范围为0.06~0.23，所有测站的表层海水重金属镉均符合《海水水质标准》中的一类海水质量标准。

铬：春季，总铬的标准指数范围为0.02～0.05，夏季的标准指数范围为0.04～0.11，秋季的标准指数范围为0.02～0.04，冬季的标准指数范围为0.02～0.09，所有测站表层海水总铬均符合《海水水质标准》中的一类海水质量标准。

汞：春季，总汞的标准指数范围为0.08～0.44，夏季的标准指数范围为0.15～0.70，秋季的标准指数范围为0.15～0.46，春、夏、秋三季所有测站的海水总汞均符合《海水水质标准》中的一类海水质量标准。冬季，海水中总汞的标准指数范围为0.33～1.13，绝大部分测站的海水总汞均符合一类海水质量标准，只有13.1%的测站总汞超过了一类海水质量标准，但均符合二类海水质量标准。

砷：春季，表层海水中砷的标准指数范围为0.04～0.05，夏季的标准指数范围为0.05～0.17，秋季的标准指数范围为0.02～0.09，冬季的标准指数范围为0.04～0.12，所有测站的表层海水砷均符合《海水水质标准》中的一类海水质量标准。

石油烃：春季，表层海水中石油烃的标准指数范围为0.08～1.21。除莱州湾海域的几个测站外，其余测站的表层海水石油类均符合《海水水质标准》中的一类海水质量标准。秋季表层海水中石油类的标准指数范围为0.07～0.74。所有测站的表层海水石油类均符合《海水水质标准》中的二类海水质量标准。夏季表层海水中石油类的标准指数范围为0.40～1.47，绝大部分测站的表层海水石油类均符合《海水水质标准》中的一类海水质量标准。冬季表层海水中石油类的标准指数范围为0.11～1.17，绝大部分测站的表层海水石油类均符合《海水水质标准》中的一类海水质量标准，只有黄河口1个测站的石油类超过了《海水水质标准》中的二类海水质量标准。

3）北黄海海域山东段

（1）基本化学要素

从评价结果来看，春、夏、秋三季北黄海海域山东段表、底层海水中pH值的标准指数范围为0.94～0.96，表层海水pH值均符合《海水水质标准》中的一类海水质量标准；4个季节的溶解氧（DO）符合海水水质一类标准，浓度均超过6 mg/L。

（2）活性磷酸盐

评价结果表明，春、夏、秋三季本区域活性磷酸盐浓度的标准指数范围为0.37～0.83，符合《海水水质标准》中的一类海水质量标准，仅冬季活性磷酸盐浓度的标准指数为1.15，未达到一类海水质量标准。

（3）环境化学要素——污染因子

各季节油的平均污染指数在0.44～1.98之间，在春、秋季石油烃含量均满足国家一类海水质量标准，而夏、冬季有部分站位未达到国家一类海水质量标准。

本区的重金属除汞在夏、冬两季的环境质量标准指数大于1.00之外，其他均符合海水质量质量一类标准，环境质量较好。按平均指数由大到小排列的顺序为：汞、锌、铅、铅、镉、砷、铬，可以看出本地区汞污染在夏、冬两季比较严重，成为本地区污染物的主要污染因子。

4）南黄海海域山东段

（1）基本化学要素

从评价结果来看，春、夏、秋三季本区域的溶解氧（DO）符合海水质量一类标准，浓度均超过6 mg/L，仅冬季在南黄海的山东近海海域存在一大范围的溶解氧低值区（小于6 mg/L）。

（2）环境化学要素——污染因子

各季节油的平均污染指数在0.16～0.48之间，4个季节的石油烃含量均满足国家一类海水质量标准。

本区重金属的环境质量标准指数均小于1.00，符合海水质量一类标准，环境质量较好。按平均指数由大到小排列的顺序为：汞、铜、铅、锌、镉、砷。

6.3.1.2 大陆潮间带沉积物质量评价

采用单因子污染指数与多参数沉积物质量综合指数结合的方法对各区域的潮间带沉积物质量进行评价。

1）黄河三角洲潮间带

评价结果表明，本区除BD3－2站的铜和铬BD28－3、BD10－1 BD13－1、BD3－3、BD9－1、BD9－2、BD8－2、BD8－3站的铬，BD5－2站的汞的环境质量标准指数大于1.00之外，其他均符合海水沉积物质量评价标准一类标准。其中，铬的超标率为14.06%。在测定的9个项目中，铜平均值为0.500 3、镉平均值为0.56、铬平均值为0.790 6，其他的均小于0.41，这说明各测定项目在潮间带沉积物中含量基本上未超过标准。按平均指数由大到小排列的顺序为铬、镉、铜、锌、铅、有机碳、汞、硫化物、石油类，可以看出本地区铬污染尤为严重，成为本地区污染物的主要污染因子。

根据各站位沉积物质量综合指数和《沉积物质量等级表》得到：黄河三角洲潮间带中，漳卫新河口、潮河口、黄河故道、永丰河口地区为沉积物质量尚清洁区，其余地区均为清洁区。

结合多年该区域的沉积物化学资料的对比分析，黄河三角洲潮间带沉积物质量现状具有下列特征：① 由于各污染物的来源不同，本区各种污染物的分布受主要的污染源的影响显著，向四周呈减少趋势。污染源主要分布在套儿河河口、黄河故道附近、黄河口镇的小岛河口附近。② 本区所有的站位，除个别站位某单项污染物的测定值未达到海洋沉积物质量评价标准一类标准外，其余均符合海洋沉积物质量评价标准一类标准。③ 本区沉积物化学中的铬污染最为严重，为主要污染因子；而在潮间带底栖生物化学调查中，汞污染最为严重。④ 本地区污染有所加重，整个潮间带除了现在的黄河口北部的部分地区依然为清洁区外，其余全部为尚清洁区。

2）莱州湾潮间带

根据单因子污染指数法的结果，莱州湾潮间带沉积物中各要素的平均指数由大到小顺序为：铬、镉、砷、铜、锌、铅、有机质、硫化物、汞、石油类。莱州湾潮间带沉积物中铜、铬的含量超过海洋沉积物质量评价标准一类标准的超标率为1.9%、5.6%。目前，沉积物中有机质、硫化物、石油类、汞、铅均符合海洋沉积物质量评价标准一类标准。

根据各站位沉积物质量综合指数和沉积物质量等级表得到：黄河入海口属于沉积物质量清洁区。自黄河口以东至白浪河地区的潮间带基本都已为沉积物质量尚清洁区；白浪河以东的地区则仍然为沉积物质量的清洁区。

结合多年该区域的相关资料，莱州湾潮间带沉积物质量现状具有下列特征：① 可依据沉积物分析结果，将莱州湾依据受人为影响的程度大小划分为东西两个部分，西部的污染较东部重，与西部水动力较弱有关。莱州湾西部沉积物粒径约为5.1Φ，而在莱州湾东部沉积物粒度不到4Φ，细粒沉积物的吸附作用较强，重金属、有机质等物质的含量高，造成莱州湾西部较东部含量高。② 在莱州湾柱状样中，各深度层中汞、铜、锌、石油类、总磷的含量自西而东逐渐降低，而且愈接近地面，其深度层中的含量也是越高。在所有区域，同一柱状样中，不同深度层中的含量相差很小。这也表明近期内，区域沉积物物质的含量的差异，主要由于当地的环境引起，而受到季节等因素的影响很小。

3）月湖潮间带

根据单因子污染指数法的结果，在月湖潮间带内，表层沉积物中各物质的平均指数由大到小顺序为：铬、铅、镉、铜、砷、有机质、锌、汞、硫化物、石油类。

P401－3站位中铅超过海洋沉积物质量评价标准一类标准，铅的超标率为11.1%。其余各物质在月湖潮间带沉积物内都符合海洋沉积物质量评价标准一类标准。

根据各站位沉积物质量综合指数和沉积物质量等级表得到：在月湖区，湾外P401剖面附近区域属于沉积物质量尚清洁区，而在湾内均属于尚清洁区。

结合多年该区域的相关资料，月湖潮间带沉积物质量现状具有下列特征：① 月湖潮间带沉积物中，石油类、铅含量分布较异常，P401－3站中铅的含量几乎是其他站位铅含量的10倍。而石油类则在月湖内的含量要远远高于在月湖外直接与黄海相邻的站位中石油类的含量。② 月湖区环境良好，为沉积物质量清洁区，与其为国家级保护区地位相称。

4）丁字湾潮间带

根据单因子污染指数法的结果，丁字湾潮间带沉积物中各物质的平均指数由大到小顺序为：铬、铜、砷、锌、铅、有机质、镉、汞、硫化物、石油类；各物质都符合海洋沉积物质量评价标准一类标准。

在丁字湾内，沉积物质量综合指数基本呈湾内向海方向逐渐减小的趋势。而整个丁字湾为沉积物质量的尚清洁区，仅在湾口处为清洁区。

5）胶州湾潮间带

根据单因子污染指数法的结果，胶州湾潮间带沉积物中各物质的平均指数由大到小顺序为：铜、铬、锌、砷、铅、汞、有机质、镉、硫化物、石油类。

铜、铬在沧口水道东岸P4、P5剖面的沉积物样中含量都高于海洋沉积物质量评价标准一类标准，而且铬在这两个剖面的高潮滩站位所取得的样品中含量甚至高于海洋沉积物质量评价标准二类标准，铜在P4剖面的高潮滩站位所取得的样品中含量超过海洋沉积物质量评价标准二类标准。铬、铜对于海洋沉积物质量评价标准一类标准的超标率分别为38%、21.2%。砷、锌在P9和P17剖面高潮滩的站位含量异常高，砷在P17剖面高潮滩站位含量超过海洋沉积物质量评价标准一类标准，超标率为4.17%；而锌则在P9、P17剖面高潮滩站位含量超过海洋沉积物质量要评价标准一类标准，超标率为8.33%。所有沉积物样中有机质、硫化物、石油类、汞、铅都符合海洋沉积物质量评价标准一类标准。

根据各站位沉积物质量综合指数和沉积物质量等级可得到：胶州湾潮间带沉积物质量综合指数大体沿胶州湾海岸线呈自东向西逐渐变小的趋势。P04－1位为沉积物轻污染区；而在沧口水道东侧是沉积物质量允许浓度区；沧口水道至大沽河之间的潮间带属于沉积物质量的尚清洁区；大沽河西侧沉积物为清洁区。

结合多年该区域的相关资料，胶州湾潮间带沉积物质量现状具有下列特征：① 根据胶州湾沉积物质量等级状况可以划分为3个部分：沧口水道东岸、沧口水道西岸、胶州湾西区。这3个区域分别为允许浓度区、尚清洁区、清洁区。

② 由于沧口水道的影响，胶州湾东部的陆源排污尚未影响到沧口水道西岸，沧口水道东、西岸沉积物质量等级差异明显。胶州湾西南部地区受到人为因素影响较小，为尚清洁区。

6.3.1.3 海岛潮间带沉积化学环境质量评价

本次评价采用地质累积指数法，对铜、铅、锌、镍、镉、铬、汞、砷8种元素进行污染评价。

地质累积指数法（Geoaccumulation Index）由德国海德堡大学沉积物研究所学者Muller于1979年提出，是一种研究水系沉积物中重金属污染的定量指标，被广泛用于研究现代沉积物中重金属污染的评价，计算公式为：

$$I_{geo}=\log_2\frac{C_n}{kB_n}$$

式中：I_{geo}——地质累积指数；C_n——重金属n在沉积物中的实测含量；

k——考虑到成岩作用可能会引起的背景值的变动而设定的常数，一般$k=1.5$。

B_n——沉积岩（即普通页岩）中所测元素的地球化学背景值，有时也可用当地沉积物中的背景含量值。

根据I_{geo}数值的大小，可将沉积物中重金属的污染程度分为7个等级：$I_{geo}\leqslant 0$，无污染；I_{geo}介于0~1，轻度污染；I_{geo}介于1~2，偏中度污染；I_{geo}介于2~3，中度污染；I_{geo}介于3~4，偏重度污染；I_{geo}介于4~5，重度污染；$I_{geo}>5$，严重污染。

1）黄河三角洲海域海岛

评价结果显示，大口河岛重金属中锌和铬存在污染，其中，锌在低潮滩地质累积指数介于0~1，为轻度污染，在高潮滩和中潮滩无污染；铬在高潮滩地质累积指数介于0~1，为轻度污染，在中潮滩和低潮滩无污染；其他重金属元素无污染。表明大口河岛重金属元素污染以地质累积指数为分界，无重金属元素超标，环境质量等级为Ⅰ。棘家堡子岛（6）重金属中镉和铬存在污染，其中镉在中潮滩地质累积指数介于0~1，为轻度污染，在高潮滩和低潮滩无污染；铬在高潮滩地质累积指数介于0~1，为轻度污染，在中潮滩和低潮滩无污染；其他重金属元素无污染。表明棘家堡子岛（6）重金属元素污染以1为分界，无重金属元素超标，环境质量等级为Ⅰ。岔尖堡岛所有重金属地质累积指数均小于0，无重金属污染。

2）烟台海域海岛（长岛海域海岛除外）

评价结果显示，桑岛、崆峒岛、养马岛和麻姑岛重金属地质累积指数均小于0，无污染。

3）长岛海域海岛

评价结果显示，南隍城岛、大钦岛、驼矶岛、庙岛和南长山岛重金属地质累积指数均小于0，无污染。

4）威海海域海岛

评价结果显示，刘公岛、镆铘岛、宫家岛和杜家岛重金属地质累积指数均小于0，无污染。

5）青岛海域海岛

田横岛潮间带重金属基本不存在污染，以1为分界线，田横岛重金属铅超标，环境质量等级为Ⅱ；女岛重金属中铅的地质累积指数处于1~2之间，为偏中度污染，其他元素均小于0，即无污染，以1为分界则铅超标，环境质量等级为Ⅱ；大管岛重金属中镉的I_{geo}在高潮滩和低潮滩中介于0~1，属于轻度污染，其他元素均小于0，无污染，大管岛重金属污染程度较低，以1为分界无超标，环境质量等级为Ⅰ；竹岔岛重金属中铅和镉存在污染，其中铅为1，镉介于0~1，均属于轻度污染，其他元素均小于0，无污染；灵山岛重金属中铅和镉存在污染，其中铅介于1~2，为偏中度污染，镉介于0~1为轻度污染，其他元素均小于0，无污染，灵山岛重矿物污染程度较低，以1为分界则铅超标，环境质量等级为Ⅱ；斋堂岛重金属中铅和镉存在污染，其中铅在低潮滩中为轻度污染，在高潮滩地质累积指数介于1~2，为偏中度污染，铅在高潮滩、中潮滩无污染，低潮滩地质累积指数介于0~1，为轻度污染，其他元素无污染，斋堂岛重金属元素污染以地质累积指数1为分界，则铅超标，环境质量等级为Ⅱ；沐官岛重金属元素中铅和镉存在污染，其中铅在高潮滩地质累积指数介于1~2，为偏中度污染，中、低潮滩地质累积指数介于0~1，为轻度污染，镉在低潮滩地质累积指数介于0~1，为轻度污染，其他元素地质累积指数小于0，无污染，以1为分界，则沐官岛的铅超标，环境质量等级为Ⅱ。总体而言，青岛海域海岛污染程度较低，环境质量较好。

6.3.2 近50年来海洋环境变化趋势分析

1959年以来，对山东近海环境进行过一系列调查。但这些调查在海域范围、调查季节、观测水层和观测因子等方面都不尽相同。而1997—2001年完成的“126专项——山东半岛近岸生物资源及栖息环境调查与研究”（海上调查于1998年完成）是近年来完成的山东近海大规模的生物资源及栖息环境调查，因此，主要对照该项目调查结果与本次“908专项”调查成果进行历史比较与分析。

从表6.12中可以看出，山东半岛北部海域“908专项”调查结果春季表层水温、溶解氧、硅酸盐、亚硝酸盐均高于“126专项”调查结果，而秋季又均低于“126专项”调查，变化明显，其中亚硝酸变化最明显，春季高出0.13 μmol/L，秋季低了1.02 μmol/L；盐度“908专项”与“126专项”调查结果春季基本相同，秋季“908专项”却比“126专项”低出接近2；春秋磷酸盐和氨氮“126专项”均明显高，其中磷酸盐平均为“908专项”1.26倍，氨氮为0.65倍。酸碱度、硝酸盐和化学耗氧量春季“908专项”比“126专项”低，秋季反而高，其中硝酸盐最明显。山东半岛北部海域底层与“126专项”相比较，“908专项”调查的水温、盐度、溶解氧、氨氮、亚硝酸盐春季比其高，秋季低，其中亚硝酸盐和水温最明显；而化学耗氧量、酸碱度秋季比其高，夏季低。硝酸盐和硅酸盐“908专项”明显高于“126专项”，而磷酸盐又明显低于“126专项”。

山东半岛南部海域表层“908专项”水温、溶解氧、氨氮春季比“126专项”高，秋季却比其低；“908专项”调查的盐度、pH值、化学耗氧量春季、秋季与“126专项”结果相似；磷酸盐与“908专项”比较，春季“126专项”高出接近1倍，而秋季几乎无变化；硅酸盐、硝酸盐“908专项”明显高于“126专项”，春季硅酸盐高达5倍，秋季硝酸盐高达3倍；“908专项”平均比“126专项”低了47.73%。山东半岛南部海域底层的水温、溶解氧、盐度、pH值、磷酸盐、化学耗氧量与表层“908专项”与“126专项”比较结果相似；而硅酸盐、硝酸盐、氨氮“908专项”却比“126专项”高，其中硅酸盐春季高出5.71 μmol/L，秋季高出1.54 μmol/L，硝酸盐、氨氮春季、秋季都相当明显，相差2倍左右；而亚硝酸盐“908专项”与“126专项”春季几乎相同，秋季接近却是“126专项”的1/3。

海州湾的水温、盐度、溶解氧、酸碱度与山东半岛南部海域“908专项”与“126专项”比较结果相类似，其他要素却不同。从表层来看，春、秋磷酸盐、亚硝酸盐、氨氮“908专项”皆低于“126专项”，亚硝酸盐最明显，春秋季平均低了69.66%；硝酸盐和化学耗氧量春、秋皆高与“126专项”，硝酸盐平均高出2.29 μmol/L，化学耗氧量高出0.29 mg/L；硅酸盐波动较大，春季“908专项”明显高，秋季“126专项”比较高。从底层来看，春季“908专项”明显高的有磷酸盐、硅酸盐、硝酸盐、亚硝酸盐、氨氮，只有化学耗氧量“126专项”较高，高出0.23 mg/L；秋季“908专项”明显高的有磷酸盐、硅酸盐、硝酸盐、氨氮，化学耗氧量不明显，相差0.12 mg/L，亚硝酸盐却明显低，还不到“126专项”的1/3。

从1998—2006年，8年来山东近海的水文与化学环境发生了不同的变化。温度春季表层升高了2.2℃，底层升高了3.6℃，秋季表层降低了0.8℃，底层降低了2.3℃；盐度不论春季、秋季表层、底层都在降低，8年间平均降了1左右；溶解氧春季表层、底层都在升高，秋季表层略高底层下降；目前，整个海区溶解氧符合海水一类水质标准的站位次占全部调查站位次（120站位次，以下同）的82.5%，而1998年溶解氧调查符合海水一类水质标准的站位次占全部调查站位次（148站位次，以下同）的100%；酸碱度总体变化不大，春、秋调查全部调查站位次均全部符合海水一、二类水质标准；磷酸盐含量在减少，尤其在春季；本次其含量符合海水一类水质标准的站位占全部调查站位的65%，符合二、三类水质标准的占90.83%，而1998年这两个比例分别为48.7%和41.2%；硅酸盐春季表层、底层升高了2倍以上，而秋季表层变化小，底层略高；硝酸盐底层明显升高达2倍，春季表层不明显，秋季是原来的1.8倍；亚硝酸盐春季表层不明显，底层明显高出2倍，秋季表层仅为8年前的1/3，底层为1/2；氨氮春季表层由1.64 μmol/L降为1.48 μmol/L，底层由0.97 μmol/L增为2.06 μmol/L，秋季表层（底层）也相应地降低（升高）0.62 μmol/L（1.06 μmol/L）；本次总无机氮符合海水一类水质标准的站位次的比例为62.2%，而1998年这一比例为98.6%，无机氮含量明显升高；化学耗氧量却波动较小，2006年和1998年符合海水一类水质标准的比例分别99.17%和98.6%；1998年调查重金属离子样品数太少，偶然因素影响较大，很难作出比较评价；2006年和1998年的有机污染指数评价A分别为0.87和0.48，水质总体均较好（在0~1之间），而春、秋调查的营养状况指数分别为2.38和2.29，均为中等营养水平（在2~3之间）。

表6.12　山东近海海水化学要素监测结果年间变化

监测项目			山东半岛北部海域		山东半岛南部海域		海州湾	
			春	秋	春	秋	春	秋
水温/℃	表	126专项	10.70	17.00	13.35	17.80	12.60	18.00
		908专项	13.76	16.79	13.90	17.05	15.69	16.75
	底	126专项	6.40	17.10	9.45	18.15	10.90	18.30
		908专项	14.56	12.77	10.14	17.21	12.89	16.62
盐度	表	126专项	31.57	32.20	31.34	31.75	30.84	31.10
		908专项	31.46	30.23	30.64	31.46	29.83	29.53
	底	126专项	31.33	32.42	31.33	31.84	30.92	31.27
		908专项	31.69	30.15	30.41	31.74	29.69	29.72
溶解氧/(mg/L)	表	126专项	6.90	7.60	6.55	7.55	6.50	7.70
		908专项	8.29	7.29	8.40	7.46	8.38	7.44
	底	126专项	5.60	7.40	5.30	7.25	4.90	7.40
		908专项	6.56	5.60	6.74	5.53	6.64	5.61
酸碱度	表	126专项	8.25	7.85	8.20	8.34	8.28	8.36
		908专项	8.16	8.20	8.15	8.18	8.15	8.18
	底	126专项	8.16	7.97	8.12	8.38	8.04	8.33
		908专项	8.11	8.13	8.09	8.11	8.09	8.10
磷酸盐/(μmol/L)	表	126专项	0.57	0.47	0.66	0.41	0.83	0.37
		908专项	0.20	0.26	0.36	0.41	0.26	0.29
	底	126专项	0.64	0.53	0.77	0.40	0.58	0.55
		908专项	0.26	0.27	0.42	0.44	0.69	0.71
硅酸盐/(μmol/L)	表	126专项	1.22	4.62	1.89	5.04	1.91	5.32
		908专项	1.63	3.04	10.47	6.16	6.56	4.85
	底	126专项	2.07	4.82	2.99	5.13	2.62	5.01
		908专项	4.91	5.02	8.70	6.67	9.20	7.67
硝酸盐/(μmol/L)	表	126专项	4.29	4.26	4.43	3.39	3.94	4.91
		908专项	3.13	4.78	4.87	10.49	5.68	7.74
	底	126专项	2.37	3.45	2.67	4.21	4.40	5.14
		908专项	5.29	8.48	11.38	10.93	9.43	12.18
亚硝酸盐/(μmol/L)	表	126专项	0.32	1.31	0.24	0.64	0.16	0.73
		908专项	0.45	0.29	0.05	0.41	0.10	0.17
	底	126专项	0.06	0.68	0.11	0.34	0.07	0.91
		908专项	0.56	0.57	0.12	0.12	0.23	0.23
氨氮/(μmol/L)	表	126专项	1.18	1.99	1.41	2.17	2.33	2.27
		908专项	0.91	1.01	1.72	1.78	1.82	1.78
	底	126专项	0.77	1.10	0.78	0.74	1.37	1.23
		908专项	0.88	0.99	2.23	2.31	3.08	2.93
化学耗氧量/(mg/L)	表	126专项	1.12	1.10	1.04	1.18	1.02	1.00
		908专项	1.11	1.14	1.09	1.16	1.15	1.26
	底	126专项	1.37	1.01	1.18	1.28	1.26	0.95
		908专项	1.13	1.04	0.99	1.05	1.03	1.07

6.4 小结

通过对山东省海水化学、沉积物化学的调查，获取了大量可靠的调查数据。其中海水化学部分收集了包括溶解氧、pH、酸碱度、表层沉积物、营养盐（TN、DN、DIN、TP、DP等）、有机碳、石油烃、放射性核素、重金属等各个季节的数据，沉积物化学部分包括位于大陆潮间带、海岛潮间带和近海的石油类、有机质、总氮、总磷、总碳、硫化物、重金属等数据。

采用单因子污染指数与多参数质量综合指数结合的方法对各调查区域的海水水质、潮间带沉积物质量进行评价，评价结果总体较好，近海海域环境较为清洁，但仍有部分海域存在污染现象。

在海水水质方面：山东半岛南部海域水质中的石油烃、铬含量不符合一类水质标准，其他测量要素都达到一类水质标准，本区域水质中各金属元素的污染指数排序为铬 > 铅 > 锌 > 汞 > 铜 > 砷 > 镉。

渤海海域山东段水质中的活性磷酸盐含量符合二类水质标准，个别区域其含量仅符合三类水质标准，铬、镉、砷含量符合一类水质标准，大部分海域的汞、铜、锌、铅、石油烃的含量符合一类水质标准，部分海域符合二类水质标准。

北黄海海域山东段水质中的pH、溶解氧、春、夏、秋季活性磷酸盐、重金属以及春、秋季的汞、石油烃含量均符合一类水质标准，仅有冬季的活性磷酸盐和夏、冬季汞、石油烃含量符合二类水质标准。

南黄海海域山东段水质中溶解氧基本符合一类水质标准，仅在冬季存在一溶解氧低值区。四个季节的重金属、石油烃都符合一类水质标准。

在大陆潮间带沉积物方面：黄河三角洲区域大部分重金属、石油烃有机质含量符合海洋沉积物质量评价标准一类标准，仅个别区域的铜、铬、汞含量超过一类标准。本区域主要污染因子为铬。

莱州湾区域大部分重金属、石油烃、有机质、硫化物含量符合海洋沉积物质量评价标准一类标准，仅个别区域的铜、铬含量超过一类标准。

月湖区域大部分重金属、石油烃、有机质、硫化物含量符合海洋沉积物质量评价标准一类标准，仅个别区域的铅含量超过一类标准。

丁字湾区域重金属、石油烃、有机质、硫化物含量都符合海洋沉积物质量评价标准一类标准。

胶州湾区域部分重金属、石油烃、有机质、硫化物含量符合沉积海洋物质量评价标准一类标准，湾内的铜、铬、锌、砷含量超过一类标准，部分区域的铜、铬含量超过二类标准。

在海岛潮间带沉积物方面：黄海三角洲区域的海岛中，大口河岛重金属中锌和铬存在轻度污染；棘家堡子岛（6）重金属中镉和铬存在轻度污染；其他调查海岛未见污染。

烟台海域海岛中桑岛、崆峒岛、养马岛和麻姑岛重金属地质累积指数均小于0，无污染。长岛海域海岛中南隍城岛、大钦岛、驼矶岛、庙岛和南长山岛重金属地质累积指数均小于0，无污染。威海海域海岛中刘公岛、镆铘岛、宫家岛和杜家岛重金属地质累积指数均小于0，无污染。

青岛海域海岛中，女岛重金属中铅为偏中度污染；大管岛重金属中镉属于轻度污染；竹岔岛重金属中铅和镉属于轻度污染；灵山岛重金属中铅和镉为偏中度污染；斋堂岛重金属中铅和镉存在污染；沐官岛重金属元素中铅和镉存在污染。

将“908 专项”和“126 专项”的数据进行比较可以发现，从 1998—2006 年，8 年来山东近海的海水化学环境发生的变化：温度在春季表层和底层都有所升高，秋季表层和底层则小幅降低；盐度在春、秋两季的表层和底层都降低；溶解氧在春季表层和底层都升高，秋季表层略高而底层下降；酸碱度总体变化不大；磷酸盐含量呈现减少的趋势，尤其在春季较为明显；硅酸盐在春季表层和底层浓度升高达 2 倍以上，而秋季表层变化小，底层略有升高；硝酸盐底层明显升高达 2 倍，春季表层变化不明显，秋季表层升高；亚硝酸盐浓度春季在表层变化不明显，底层明显高出 2 倍，秋季表层为 8 年前的 1/3，底层为 1/2；氨氮含量春、秋季表层下降，底层升高；化学耗氧量总体波动较小。

7　近海海洋生物

7.1　叶绿素和初级生产力

山东省近海海域水柱叶绿素 a 平均值介于 0.540 ~ 61.030 mg/m^3 之间。最高值为 168.8 mg/m^2，出现在秋季北黄海东部及山东半岛北部海域，最低值为 0.08 mg/m^3，出现在冬季渤海海域山东段 ZD－LZW124 站。

不同水层的叶绿素 a 的水平分布有明显的地域性和季节性。同季节山东半岛南部近海海域各水层的最高值和最低值出现在相同海域，不同季节有所不同。

初级生产力水平分布在不同海域有明显的季节性。春季，最高值主要出现在胶州湾内（QD09）、大连附近海域和南黄海中央海域北部；夏季，最高值主要出现在青岛的胶南市和黄岛区近岸海域、ZD－HHK109 站和 A302 站位；秋季，最高值主要出现在日照近海（ZD－QD256）、胶州湾（QD15）内、青岛远海（ZD－QD239）、烟台近海（JC－HH148）、莱州湾重点调查区中部和东部海域以及青岛重点区；冬季，最高值主要出现在日照远海的 ZD－QD252、莱州湾重点调查、C104 站位和海州湾外的 HH156 和 HH157 测站。

山东近海海域（除渤海海域山东段和北黄海海域山东段）不同站位的叶绿素 a 含量垂直分布有明显的季节性，主要呈现出由次表层（5 m 层）向底层逐渐递减的趋势，叶绿素 a 介于 0.042 ~ 13.312 mg/m^3，最值分别出现在春季海域表层的低值区和春、夏季海域表层的高值区。

山东半岛南部近海海域不同水层叶绿素 a 平均含量变化有明显的季节性。叶绿素 a 平均含量介于 0.973 ~ 8.374 mg/m^3 之间，最值分别出现在夏季的 5 m 层和冬季的 10 m 层。

山东半岛南部近海海域初级生产力的垂直分布有明显的层次性，四季初级生产力在垂直方向上的总体分布，均以 C 层最高。初级生产力（以碳计）介于 1.104 ~ 10.356 mg/(m^2·h) 之间，最值分别出现在春季 C 层海域和冬季 A 层海域。

山东省近海海域（除南北黄海海域山东段）叶绿素 a 含量的平均值从高到低为：夏季（5.776 mg/m^3）、秋季（2.764 mg/m^3）、春季（1.090 mg/m^3）、冬季（1.080 mg/m^3），叶绿素 a 含量的最值分别出现在夏季和冬季山东半岛南部近海海域。

山东省近海海域（除南黄海海域山东段）初级生产力（以碳计）平均值从高到低依次为：夏季 [14.87 mg/（m^2·h)]、春季为 13.011 [mg/（m^2·h)]、秋季 [6.77 mg/（m^2·h)]、冬季为 [4.08 mg/（m^2·h)]。初级生产力介于 0.46 ~ 165.235 [mg/（m^2·h)]，最值分别出现在夏季山东半岛南部近海海域胶州湾内 QD15 站位和冬季渤海海域山东段黄河口调查区。

7.1.1 叶绿素 a 含量分布

7.1.1.1 山东半岛南部近海海域

海域叶绿素 a 浓度的分布总体呈现出近岸到远海逐渐降低的变化趋势。但在不同季节高、低值区的分布有所差异。

总体而言，山东半岛南部近海海域水柱叶绿素 a 含量从高到低呈现为：夏季（平均 10.189 mg/m^3）、春季(平均3.433 mg/m^3)、秋季(平均2.385 mg/m^3)、冬季(平均1.032 mg/m^3)的趋势。各水层叶绿素 a 含量随季节而变化（图 7.1）。

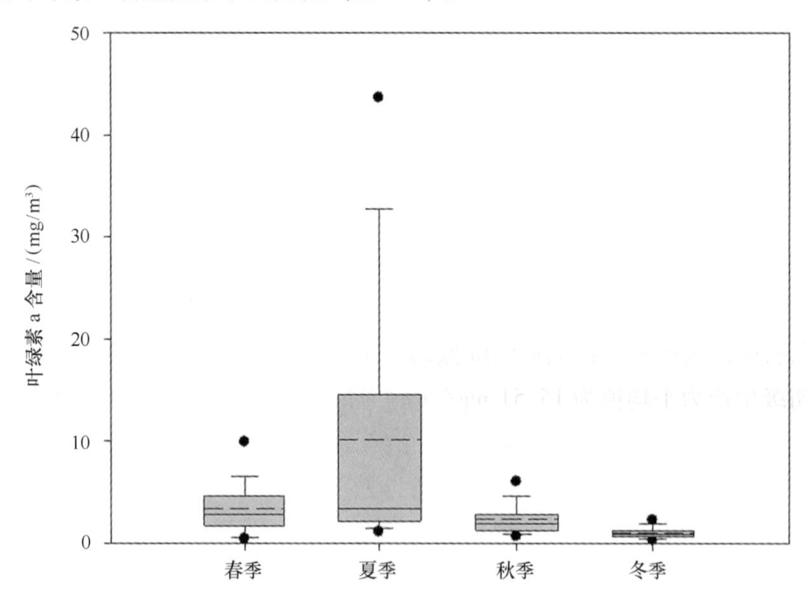

图 7.1 山东半岛南部近海海域水柱叶绿素 a 含量季节变化

7.1.1.2 渤海海域山东段（黄河口和莱州湾）

春季，海域海水叶绿素 a 含量的变化范围在 0.22 ~ 8.30 mg/m^3 之间，最高值是最低值的 37.73 倍，最高值出现在黄河口。夏季，海域海水叶绿素 a 的含量变化范围在 0.81 ~ 9.72 mg/m^{3}之间，最高值是最低值的 12 倍，平面分布高值区大于 5 mg/m^3 主要分布在黄河口附近海域和莱州湾中部。秋季，海域表层海水叶绿素 a 含量的变化范围在 0.14 ~ 24.05 mg/m^3 之间，最高值是最低值的 171.79 倍。冬季，海域海水叶绿素 a 含量的变化范围在 0.08 ~ 4.33 mg/m^{3}之间，最高值是最低值的 54.06 倍，最高值、最低值均出现在莱州湾。

7.1.1.3 北黄海海域山东段

春季，海域水柱叶绿素 a 的含量介于 1.648 ~ 193.2 mg/m^3 之间，平均含量为 51.27 mg/m^3。夏季，海域水柱叶绿素 a 的含量介于 7.640 ~ 95.57 mg/m^3 之间，平均含量为 30.75 mg/m^3。高值区出现在海域西部的深水区。秋季，海域水柱叶绿素 a 含量范围为 7.520 ~ 168.8 mg/m^3，平均含量为 54.40 mg/m^3，高值区位于北黄海东部及山东半岛北部海域。冬季，叶绿素 a 含量范围为 3.04 ~50.55 mg/m^3，变化幅度小于其他季节，平均含量为 18.72 mg/m^3。

7.1.1.4 黄海海域山东段

春季，山东段春季水柱叶绿素 a 含量低于夏季平均含量，122.5°E 以西海域水柱叶绿素 a 含量较低（<30 mg/m^3）；夏季，叶绿素 a 的含量高值区主要分布在长江口北部水域，其次是中部海域和部分山东沿岸水域所示；秋季，水柱叶绿素 a 含量高值区位于山东半岛南岸乳山湾至海州湾一带，含量高于 75 mg/m^3；冬季，叶绿素 a 的含量分布很不均匀，山东半岛近岸区域是冬季叶绿素 a 的高值区。

7.1.2 初级生产力的时空分布

7.1.2.1 山东半岛南部近海海域

山东半岛南部近海海域初级生产力平均值由高到低表现出春季、夏季、秋季、冬季的变化趋势。在春、夏、秋 3 个季节海域的初级生产力总体呈现出近岸高于远岸的分布特征，而冬季的变化趋势正好相反。

春季，初级生产力（以碳计）平均值为 33.704 mg/（m^2·h），最高值出现在胶州湾，总体呈现出以胶州湾为中心向四周逐渐降低的分布趋势。

夏季，初级生产力平均值为 15.51 mg/（m^2·h），最高值出现在胶州湾内，最低值出现在青岛近岸。

秋季，初级生产力平均值为 13.531 mg/（m^2·h），最高值出现在日照近海，最低值出现在日照远海。

冬季，初级生产力平均值为 10.231 mg/（m^2·h），冬季初级生产力的分布较为均匀，未出现明显的极值区，最高值出现在日照远海，最低值出现在青岛崂山湾外（图 7.2）。

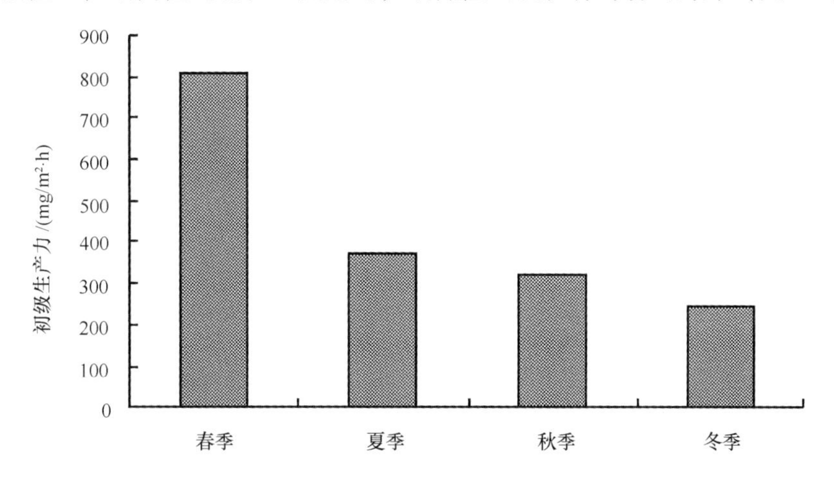

图 7.2 山东半岛南部近海海域初级生产力季节变化

7.1.2.2 渤海海域山东段（黄河口和莱州湾）

春季，莱州湾和黄河口初级生产力值较低；夏季，渤海海域初级生产力最高值出现在黄河口；秋季，黄河口重点区海域是初级生产力低值区。冬季，莱州湾重点区初级生产力值较高。

7.1.2.3 北黄海海域山东段

山东半岛沿岸4个季节初级生产力水平分布为：春季，山东半岛沿岸初级生产力水平较低。夏季，山东半岛北部近岸海域是整个北黄海海域初级生产力极高值点。秋季，初级生产力较夏季明显升高。冬季，北黄海海域初级生产力极高值出现在山东半岛与辽东半岛之间。

7.1.2.4 南黄海海域山东段

南黄海海域4个季节初级生产力水平分布以及所包含的山东段海域的初级生产力水平分布如图7.3所示：春季，初级生产力高值区位于南黄海中央海域北部，量值高于100 mg/(m^2·h)。夏季，山东沿岸海域初级生产力水平较低。秋季，初级生产力高于100 mg/(m^2·h)。冬季，初级生产力大于100 mg/（m^2·h）的高值出现在海州湾外，从而形成了冬季的高值区。此外，海州湾内冬季初级生产力的水平也相对较高，一般在50 mg/（m^2·h）以上。

在季节分布上：春季青岛重点区初级生产力平均值与夏季差异不大，明显高于冬季水平；秋季，青岛重点区是南黄海初级生产力最高的区域，而且具有较大的季节波动；冬季初级生产力水平较低（图7.3）。

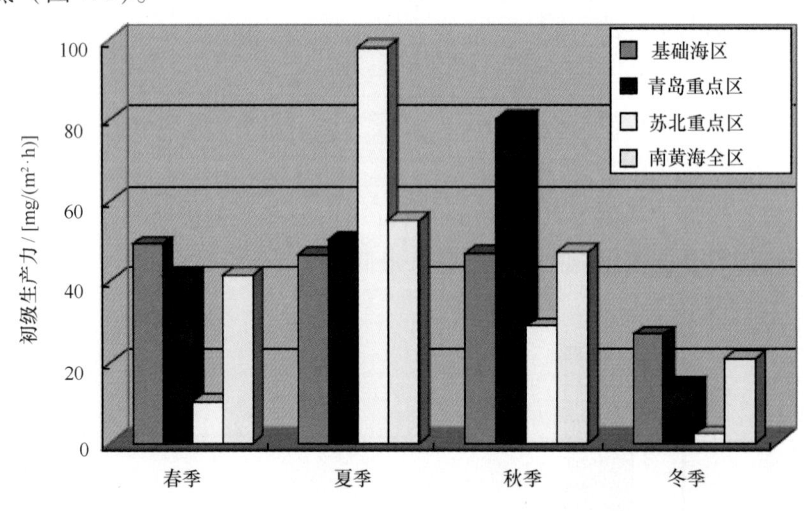

图7.3 南黄海四季初级生产力的季节变化

7.2 微微型浮游生物

针对山东半岛近海海域调查，共获得2种微微型浮游生物。聚球藻（Syn）的丰度在近岸水域低于远岸，夏季达到最高；真核藻类（Euk）的丰度在春天达到最高。山东半岛南部近海海域Syn和Euk的垂直分布在四季中没有明显差异，但各水层会在某一时刻出现峰值和谷值。

7.2.1　微微型浮游生物类群组成及季节变化

微微型浮游生物（Picollankton）是指个体小于 2 μm 的浮游生物，几乎全部是细菌浮游生物。在海洋生态系统中微微型浮游生物分为聚球藻、微微型真核藻类和原绿球藻三大类。

山东半岛南部近海海域检测到聚球藻（*Synechococcus*，Syn）和真核球藻（*Picoeukaryotes*，Euk）两类微微型浮游生物（图 7.4），但未检测到原绿球藻（*Prochlorococcus*，Pro）。

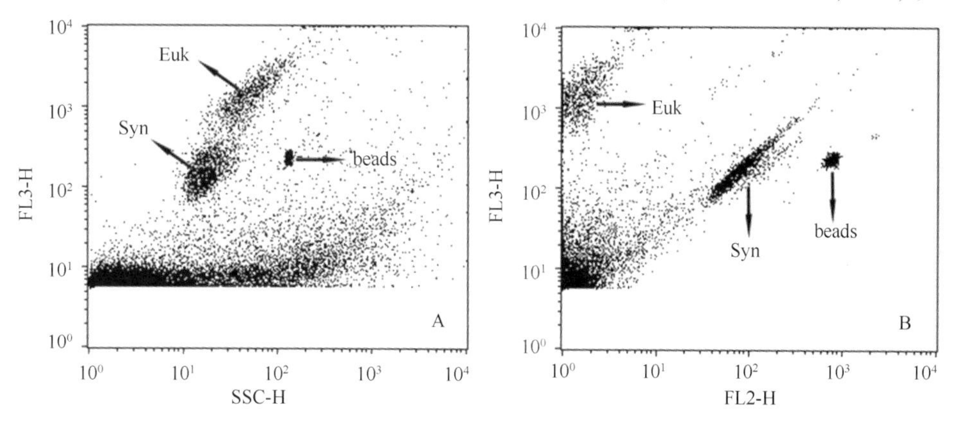

图 7.4　山东半岛南部近海海域微微型浮游生物双参数组合图像实例

7.2.2　微微型浮游生物的丰度及季节变化

7.2.2.1　山东半岛南部近海海域

山东省近岸海域夏、冬、春和秋 4 个季节中，Syn 的丰度分别为 2.24×10^4 cells/mL、5.43×10^3 cells/mL、1.96×10^4 cells/mL；其丰度的季节变化规律从高到底依次为：夏季、秋季、冬季、春季，夏季的丰度相对较高，春季的丰度相对较低。

夏、冬、春和秋 4 个季节中，Euk 的丰度分别为 1.86×10^3 cells/mL、4.20×10^3 cells/mL，2.93×10^4 cells/mL，8.34×10^3 cells/mL；其丰度的季节变化规律从高到底依次为：春季、秋季、冬季、夏季。春季的丰度相对较高，夏季的丰度相对较低，与 Syn 丰度的季节性变化规律相反。

7.2.2.2　渤海海域山东段（黄河口和莱州湾）

春季，Syn 细胞数量的高值区（大于 2.0×10^3 cells/mL）广泛分布于莱州湾、黄河口海域。中层 Syn 细胞密度低于表层，大部分测站密度低于 1.5×10^3 cells/mL，低值区位于莱州湾大部分区域、黄河口西北部海域。夏季，渤海海域海水中 Syn 细胞数量的高值区（大于 1.0×10^4 cells/mL）主要分布在莱州湾中部及北部海域、黄河口部分海域；低值区主要分布在莱州湾东南部海域。秋季，渤海海域海水中 Syn 细胞数量的高值区（大于 2.5×10^3 cells/mL）主要分布在渤海东部。Syn 在此表层的高值区（大于 2.5×10^3 cells/mL）主要分布在黄河口重点区中部海域。中层各站的 Syn 含量趋势与表层大致相当，高值区（大于 2.5×10^3 cells/mL）主要分布在莱州湾北部海域。底层各站的 Syn 含量均匀，没有明显的变化趋势。冬季海水中Syn细胞数量的变化范围在（$1.08\times10^3\sim5.79\times10^3$）cells/mL之间，最高值是最低值的5.36倍。高值区（大于3.0×10^3 cells/mL）主要分布在莱州湾东部及西部海域；低值区主要分布在黄河口和莱州湾北部。

春季，表层海水中Euk细胞数量的相对高值区主要出现在莱州湾南部和北部；低值区出现在莱州湾东部海域。夏季，表层海水中Euk细胞数量的高值区（大于500 cells/mL）主要出现在莱州湾东北部海域；低值区主要分布在莱州湾西北部。秋季，表层海水中Euk细胞数量的变化范围在$0.48\times10^2\sim3.85\times10^2$cells/mL之间，平均值为131.94 cells/mL，最高值是最低值的8.02倍。平面分布比较均匀，相对高值区（大于250 cells/mL）主要出现在黄河口重点区中部偏北部分站点；低值区分布大体在莱州湾的中部海域。冬季表层海水中Euk细胞数量的相对高值区（大于200 cells/mL）主要出现在莱州湾西部和东部；低值区在渤海基础调查区东部与南部。

7.2.2.3 北黄海海域山东段

春季，北黄海海域Syn丰度明显低于夏季的丰度。在春季，Syn丰度的高值区主要分布于表层；低值区主要分布于10 m层。表层、10 m层及30 m层的近岸水域丰度低于远岸。夏季，北黄海Syn丰度最大值主要分布于水体表层和10 m层；最低值主要集中在水体的30 m水层。从Syn丰度平面分布图中可以看出该海域表层和10 m层，Syn丰度在远岸水域和开阔水域丰度高，近岸水域丰度低。秋季，北黄海Syn丰度明显低于夏季丰度。在秋季，Syn丰度高值区主要分布于底层近岸水域；低值区分布于30 m层。冬季，北黄海Syn丰度显著低于夏季。冬季，各水层Syn丰度偏低。绝大部分水域Syn丰度在$1\times10^3\sim5\times10^3$ cells/mL之间，仅在烟台附近小范围水域Syn丰度高于5×10^3 cells/mL（该水域水深小于30 m，故没有30 m水层）。

春季Euk丰度较高。Euk丰度的最低值主要分布在30 m层，最大值则主要分布于10 m水层。夏季Euk丰度较高。有近岸丰度高于远岸丰度的趋势，这是由于Euk细胞主要是由悬浮颗粒携带而来，与悬浮颗粒成正相关性，因此Euk主要分布于近海水域、河口以及海水交汇处。此外，Euk丰度在30 m和底层水体受到冷水团的影响，在冷水团范围出现了明显的低值区，这与夏季北黄海Syn丰度的分布趋势是一致的。秋季Euk丰度的最低值主要分布于30 m层水体，最大值则主要分布于表层和10 m水层。表层和10 m水层Euk丰度的分布趋势类似。冬季Euk丰度在$8.9\times10^1\sim7.64\times10^3$ cells/mL之间，平均值为2.19×10^3 cells/mL。冬季各水层Euk丰度的水平分布趋势相似：各水层在烟台水域和荣城附近水域都出现了Euk丰度低值区（小于1×10^3 cells/mL）。由于近海水域采集水样的站位水深小于30 m，所以30 m层Euk丰度水平分布与其他各层略有不同。

7.2.3 微微型浮游生物的分布特征

在夏季和冬季，聚球藻丰度高值区主要分布在远岸水体，低值区出现在近岸水体。春季，聚球藻丰度高值分布于青岛海区的远岸水体。秋季，聚球藻在水平分布上无明显差异。

在夏季和春季，微微型真核藻类丰度高值区多出现在近岸水体。冬季，微微型真核藻类丰度高值区多出现在青岛和日照的近岸水体。秋季，微微型真核藻类丰度高值区出现在乳山和青岛海区的近岸水体。

7.3 微型浮游生物

微型浮游生物是指个体大小在 2～20 μm 之间的浮游生物，几乎全部是微型的浮游生物和原生动物。目前，山东省近岸海域检测到 103 种微型浮游生物，分别隶属于甲藻门 31 种、金藻硅藻门 50 种、金藻门 5 种、绿藻门 5 种、着色鞭毛藻门 5 种、原生动物门 2 种，还包括未定种的 5 种。其中甲藻门和硅藻门占优势，甲藻门占 30%，硅藻门占 48%。

7.3.1 微型浮游生物的种类组成及季节变化

山东半岛近海海域检测到甲藻、硅藻、金藻、鞭毛藻、绿藻及原生动物等微型浮游生物，共获微型浮游植物 67 种，其中硅藻 56 种，占微型浮游植物种类组成的 83.6%；甲藻 5 种，占微型浮游植物种类组成的 7.4%；绿藻 4 种，占微型浮游植物种类组成的 6.0%；金藻 1 种，均占微型浮游植物种类组成的 1.5%。

山东半岛近海海域各季节种类组成差别不大，生物量的主要贡献者是甲藻和硅藻，两者约占到总种数的 80%，其他微型藻类种类较少（图 7.5）。

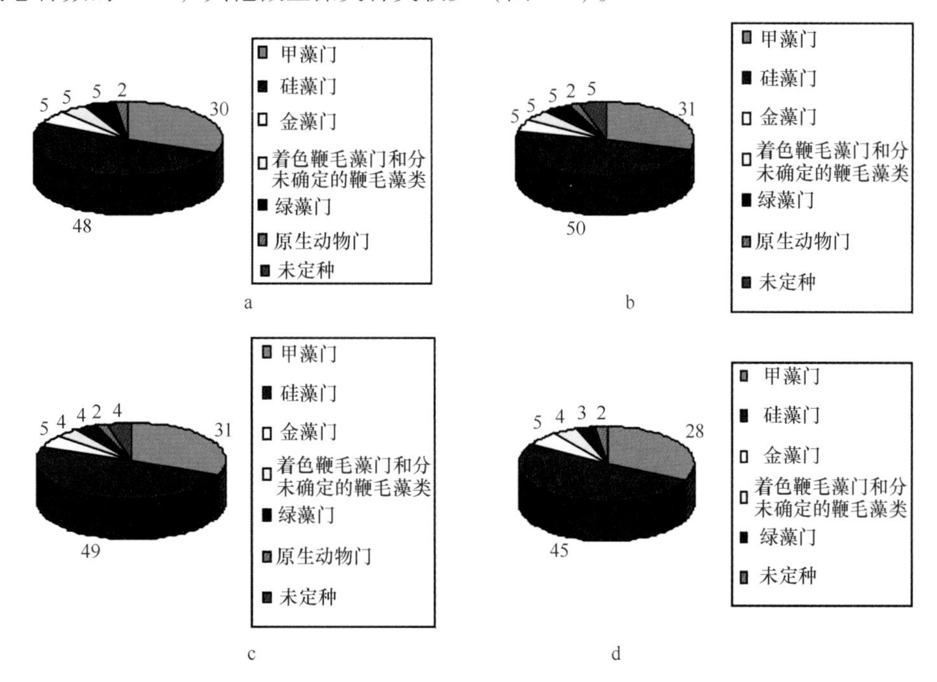

图 7.5　山东半岛南部近海海域四季微型浮游生物种类组成情况

a：春季；b：夏季；c：秋季；d：冬季

微型浮游生物种类组成呈现出季节变化，其变化特征为，夏季种类最多，秋季次之，春季和冬季较少。

7.3.2 微型浮游生物优势种类及季节变化

山东半岛南部近海海域微型浮游生物优势种分布因受到多种影响而呈现显著差异（表 7.1）。

地域差异：微型浮游生物优势种随地理位置的变化差异显著。青岛近岸海域微型浮游生物优势种主要为蜂腰双壁藻与双菱藻，烟台近岸海域微型浮游生物优势种转变为圆筛藻与菱形藻，而威海近岸海域优势种为中肋骨条藻与蓝隐藻。垂直分布差异，青岛近岸海域春季表层优势种为裸甲藻与针杆藻，而底层为井字藻与三角藻；夏季水体上层双菱藻为优势种，底层优势种为亚历山大藻与楔形藻；秋季水体表层中星脐藻与辐环藻为优势种，而下层水体中蜂腰双壁藻成为优势种；冬季蜂腰双壁藻在各水层均为优势种。烟台近海海域春、秋两季各水层中圆筛藻均为优势种；夏季菱形藻在隔水层均占据优势；冬季水体上层优势种为具槽直链藻与羽纹藻，而角毛藻与四角网硅鞭藻是水体底层优势种。

季节差异：山东半岛南部近海海域微型浮游生物优势种的季节演替十分明显。青岛近岸海域春季优势种种类较多，夏季双菱藻在水层上部占据优势，而秋、冬季蜂腰双壁藻成为优势种；烟台近岸海域圆筛藻在春、秋两季为优势种，而菱形藻在春、夏两季为优势种，而冬季优势种为具槽直链藻；威海近岸海域中肋骨条藻在春、夏、秋 3 季均为优势种，普氏棕囊藻在冬季占据优势，威海近岸海域春、夏、秋、冬四季优势种分别小形色球藻、角毛藻、卡盾藻和 *Hillea fusiformis*。

表 7.1　山东南部近海海域四季微型浮游生物优势种垂直分布

季节	水层	青岛近岸海域	烟台近岸海域	威海近岸海域
春季	表层	裸甲藻 针杆藻	圆筛藻 线形圆筛藻	中肋骨条藻 小形色球藻
	10 m 层	卡盾藻 星脐藻	圆筛藻 菱形藻	中肋骨条藻 蓝隐藻
	底层	井字藻 三角藻	圆筛藻 菱形藻	中肋骨条藻 小形色球藻
夏季	表层	双菱藻 微小原甲藻	菱形藻 短孢角毛藻	旋链角毛藻 柔弱角毛藻
	10 m 层	锥状斯氏藻 双菱藻	长菱形藻 舟形藻	普氏棕囊藻 卡盾藻
	底层	亚历山大藻 楔形藻	长菱形藻 菱形藻	海链藻 中肋骨条藻
秋季	表层	星脐藻 辐环藻	角毛藻 圆筛藻	卡盾藻 蓝隐藻
	10 m 层	弯角藻 蜂腰双壁藻	舟形藻 线形圆筛藻	中肋骨条藻 蓝隐藻
	底层	蜂腰双壁藻 心孔藻	线形圆筛藻 圆筛藻	蓝隐藻 卡盾藻
冬季	表层	双菱藻 蜂腰双壁藻	具槽直链藻 羽纹藻	色球藻 普氏棕囊藻
	10 m 层	裸甲藻 蜂腰双壁藻	具槽直链藻 羽纹藻	*Hillea fusiformis* 卡盾藻
	底层	蜂腰双壁藻 *Lobocharacium* sp.	角毛藻 四角网硅鞭藻	普氏棕囊藻 卡盾藻

以青岛近岸海域为例，微型浮游生物优势种呈明显的季节变化。

春季，海域有 5 个优势种，其中甲藻 2 种，硅藻 3 种。优势种多分布在胶州湾及青岛到日照沿海，硅藻 *Synedra* sp 2 对该水层生物量的贡献较大；夏季，海域有 6 个优势种，其中甲藻和硅藻各 3 种。优势种多分布在胶州湾及青岛到日照沿海。硅藻 *Surirella* sp 2 对该水层生物量的贡献较大；秋季，海域中微型浮游生物共有 5 个优势种，其中甲藻 3 种和硅藻 2 种，优势种多分布在胶州湾及青岛到日照沿海；冬季，海域表层有3个优势种为3种硅藻，*Thalassiosira sp*1，*Diploneis bombus*，*Surirella* sp2，主要分布在沿岸水域。

7.3.3　微型浮游生物总数量及其季节变化

7.3.3.1　山东半岛南部近海海域

青岛近岸，微型浮游生物总数量的水平及垂直变化呈现如下的季节变化趋势：春季，海域主要有两个区域表层浮游生物密度较大，密度在46 cells/mL以上，分布在灵山湾及马儿岛海域；底层浮游生物密度较高的区域分布在灵山岛海域及远海地区，细胞密度在59 cells/mL以上，而大部分海域的细胞密度在14～29 cells/mL。夏季，海域主要有4个区域表层微型浮游生物密度较大，密度在75 cells/mL以上，分布在胶州湾、灵山湾及潮连岛和灵山岛到大公岛海域；底层中微型浮游生物密度较大区域街灵山湾以外延伸海域、胶州湾口及烟台以南的广阔海域。秋季，海域密度最高的区域位于灵山岛的远海海域，密度达到60 cells/mL以上；底层水层微型浮游生物密度较高的区域分布在胶州湾内部，细胞密度67 cells/mL以上，而大部分海域的细胞密度为22～37 cells/mL。冬季，海域中两个区域表层微型浮游生物密度较大，密度在40 cells/mL以上，主要分布在大公岛、小公岛和潮连岛附近海域及黄家塘湾海域以南，但总体来说表层总体细胞密度较低；可看到底层的浮游生物密度呈现由近岸到远海递增的趋势，细胞密度较大的区域在南黄海南部的大片海域，达到了30 cells/mL以上。

在威海海域，位于威海北岸的威海湾生物量最低，东部海湾次之，南部海湾生物量最高，平均生物量是北部海湾的3倍多，平均密度达15.45 cells/mL。从季节中看，由于冬季、春季、秋季的生物量都不高，因此，夏季生物量的变化是引起南北海湾生物量如此大差异的主要原因。

烟台海域，春季表层生物量变化在42.58～18.59 cells/mL之间，平均为81.00 cells/mL；夏季表层生物量在14.56～76.44 cells/mL之间，平均为129.07 cells/mL。秋季表层生物量在135.57～243.10 cells/mL之间，平均为189.164 cells/mL；冬季表层生物量在3.58～22.08 cells/mL之间，平均为13.48 cells/mL。

春季微型浮游生物平均丰度呈现由表层到底层逐渐升高的趋势，但差别不大。丰度分布范围最大的水层是底层，为15～65 cells/mL；夏季微型浮游生物丰度变化较明显，上层水中微型浮游生物丰度明显高于下层水，在丰度变化范围上，0 m水层和20 m水层最大；秋季各水层微型浮游生物平均丰度基本相同，表层丰度略高于其他3个水层，丰度的变化范围在20 m水层最大；冬季丰度变化范围表层最大，从10～70 cells/mL，各层平均丰度底层最高，约为23 cells/mL。表层、10 m水层和20 m水层差别不大，其中10 m水层略高于表层和20 m水层的丰度。

7.3.3.2　渤海海域山东段（黄河口和莱州湾）

春季，表层微型浮游生物的密度最高值位于黄河口。次表层微型浮游生物的密度在莱州湾重点区最低。中层莱州湾重点区和黄河口重点区的密度相对较低。底层微型浮游植物密度在黄河口和莱州湾都相对较低。夏季，黄河口重点区以及莱州湾重点区微型浮游植物的密度相对较高。表层微型浮游植物密度最高的区域主要位于黄河口重点区，而渤海基础区微型浮游植物的密度最低。次表层微型浮游植物密度最高的区域与表层相同，也为黄河口重点区；莱州湾重点区以北的密度较低。中层微型浮游植物的密度最高的区域是黄河口重点区，其次，莱州湾重点区和渤海基础调查区也有较高的密度，莱州湾与渤海基础调查区交界处的密度最低。底层微型浮游植物的密度最高的区域依然是黄河口重点区，其次，莱州湾重点区也有较高的密度，渤海基础区及黄河入海口部分海域密度较低。秋季，海域的密度相差不大。次表层微型浮游植物密度较高的区域分布在黄河入海口部分海域，渤海基础区东南部及莱州湾重点区北部的密度较低。中层微型浮游植物的密度均较低。密度最低的区域是莱州湾重点区。底层微型浮游植物的密度与中层相近，莱州湾重点区的密度最低。冬季，表层微型浮游植物的密度最高的区域是莱州湾重点区，密度低区主要分布在黄河口重点区近岸。次表层微型浮游植物的密度最高的区域与表层相同，均为莱州湾重点区，并且远远大于其他区的密度。中层微型浮游植物密度最高的区域与表层、次表层相同，也是莱州湾重点区，渤海基础调查区密度较低。底层微型浮游植物的密度最高的区域依然是莱州湾重点区，其他区域密度均较低。

7.3.4 微型浮游生物的分布特征

春季微型浮游生物在日照海区密度在 16 ~ 36 cells/mL 之间，青岛海区在黄岛的东南海域有一密度较高的区域，达 46 cells/mL 以上，胶州湾海区密度与日照海区相似。春季密度最高的海区位于烟台海区，大部分海区密度都在 36 cells/mL 以上，46 cells/mL 以上的区域范围也较大。

夏季微型浮游生物的密度明显高于春季，最高可达 105 cells/mL。密度最高区域位于胶州湾和青岛南部海域，而日照大部分海域密度在 45 ~ 75 cells/mL 之间，烟台海域比较低，大部分海域在 15 ~ 45 cells/mL 之间。

秋季微型浮游生物在日照海域有一密度较高的区域，达 61 cells/mL。胶州湾密度大部分在 35 ~ 48 cells/mL 之间。青岛海区密度高的区域也位于远岸水体，烟台海域大部分密度在 22 ~ 28 cells/mL之间。

冬季微型浮游生物密度在青岛海区和胶州湾在 8 ~ 38 cells/mL 之间，日照海区分布有密度在 38 cells/mL 以上的区域。微型浮游生物密度最高的区域在烟台海域，约有 1/3 的海域密度在 38 ~ 68 mL 之间。

7.3.5 微型浮游生物的多样性

4 个季节中，春季的微型浮游生物种类多样性水平最高，多样性指数为 2. 03，冬季多样性水平最低，多样性指数为 1. 77。

7.4 小型浮游植物

7.4.1 小型浮游植物的种类组成及季节变化

7.4.1.1 山东半岛南部近海海域

山东省近岸海域共检测出小型浮游植物 161 种，其中硅藻 124 种，占总数 77. 0%，甲藻 33 种，占总数的 20. 5%，金藻 3 种，占总数的 1. 9%，蓝藻 1 种，占总数的 0. 6%。夏季共检出浮游植物103种，其中硅藻79种，甲藻21种，金藻2种，蓝藻1种。冬季共检出浮游植物84种。其中硅藻68种，甲藻14种，金藻2种。春季共检出浮游植物99种，其中硅藻73种，甲藻25种，金藻1种。秋季共检出各种浮植植物124种，其中硅藻101种，甲藻20种，金藻2种，蓝藻1种。在各个季节硅藻在物种数和细胞丰度上占绝对优势。浮游植物的种类呈现出的季节性变化特征从多到少为：秋季、夏季、春季、冬季。

值得注意的是，原来存在于日本海岸的某些浮游植物种类，最近在山东省近岸海域检出，如在2007年春季出现的双刺原多甲藻，这可能与外来物种的入侵有关。

在山东半岛南部近海海域共检出小型浮游植物161种，其中硅藻124种，占总数的77.0%，甲藻33种，占总数的20.5%，金藻3种，占总数的1.9%，蓝藻1种占总数的0.6%（图7.6）。

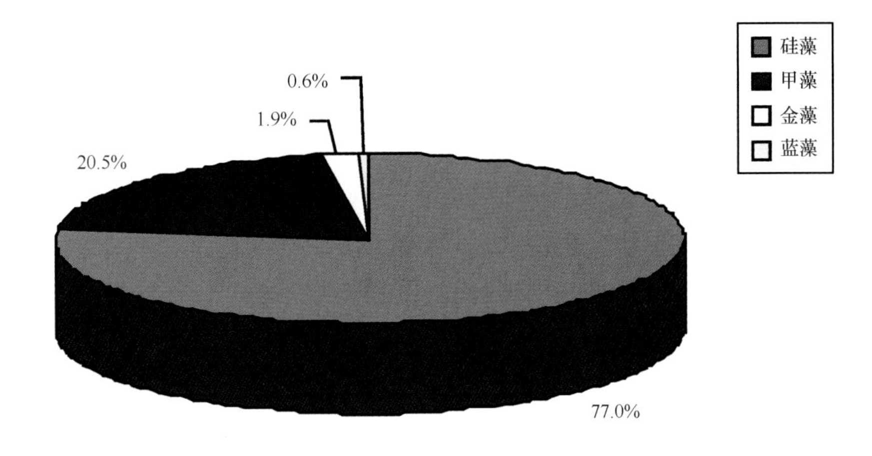

图7.6 山东半岛南部近海海域小型浮游植物种类组成

山东半岛南部近海海域中小型浮游植物的种类数季节变化特点从多到少为：秋季、夏季、春季、冬季。具体的种类数目如表7.2所示。在各个季节，硅藻在物种数与细胞丰度上均占绝对优势。

表7.2 山东半岛南部近海海域小型浮游植物种类数目与季节变化

	夏	冬	春	秋
总种数	103	84	99	124
硅藻	79	68	73	101
甲藻	21	14	25	20
金藻	2	2	1	2
蓝藻	1	0	0	1

7.4.1.2 南黄海海域山东段

春季，不同水层的生物量的分布具有类似的分布特征，平均细胞丰度差异不显著，表层的细胞丰度较高。夏季，表层浮游植物细胞丰度明显高于其他水层；10 m、底层浮游植物细胞丰度的平面分布与表层相似，但细胞丰度值远低于表层。秋季，表层水体中，山东半岛南岸乳山湾至海州湾为水采浮游植物细胞丰度的密集区；10 m 层水采浮游植物细胞丰度的分布与表层类似，但细胞丰度值远低于表层；30 m 层细胞丰度值最低；底层浮游植物细胞丰度分布相对较为均匀、水平差异较小，细胞丰度值较低。由于冬季水体垂直混合剧烈，冬季各水层水采浮游植物细胞丰度的平面分布都较为均匀。

7.4.2 小型浮游植物优势种类及季节变化

浮游植物的优势种在不同季节有较大的差异。夏季浮游植物主要优势种有虹彩圆筛藻、热带骨条藻、拟旋链角毛藻、中华盒形藻、泰晤士扭鞘藻、梭角藻、三角角藻等。冬季主要优势种有派格棍形藻，虹彩圆筛藻、卡氏角毛藻等。春季主要优势种有派格棍形藻、细弱圆筛藻、尖刺伪菱形藻、梭状角藻、粗刺角藻和夜光藻等。秋季主要优势种有密连角毛藻、派格棍形藻、蜂腰双壁藻、中肋骨条藻、尖刺伪菱形藻、笔尖根管藻等硅藻门的一些种类和甲藻角属的梭状角藻一级金藻门的小等次硅鞭藻、六异次硅鞭等。

7.4.2.1 山东半岛南部近海海域

四季小型浮游植物丰度变化如表 7.3 所示。从表中可以看出，夏季海域小型浮游植物丰度的水平分布以胶州湾最高，乳山海域最低，平均为 6.35×10^{6} cells/m^{3}；冬季海域小型浮游植物丰度的水平分布以青岛海区最高，平均为 2.71×10^{6} cells/m^{3}，胶州湾最低，平均为 0.66×10^{6} cells/m^{3}；春季丰度的水平分布以胶州湾最高，平均为 8.11×10^{6} cells/m^{3}，乳山海域最低平均为 1.38×10^{6} cells/m^{3}；秋季以乳山海域最高，平均为 18.62×10^{6} cells/m^{3}，胶州湾海域最低，平均为 2.39×10^{6} cells/m^{3}。

表 7.3 海域小型浮游植物丰度的分布特征 单位：$\times10^{6}$ cells/m^{3}

季节	最 高	最 低	采水样品平均丰度	网采样品平均丰度
春季	8.11（胶州湾）	1.38（乳山湾）	2.32	0.158
夏季	24.24（胶州湾）	6.35（乳山海域）	9.61	0.721
秋季	18.62（乳山海域）	2.39（胶州湾）	7.79	1.557
冬季	2.71（青岛近岸）	0.66（胶州湾）	1.95	0.190

浮游植物细胞丰度的季节变化总体呈现出的变化趋势从高到底为：夏季、秋季、春季、冬季（图 7.7）。

7.4.2.2 南黄海海域山东段

春季，不同水层的生物量的分布具有类似的分布特征，平均细胞丰度差异不显著，表层的细胞丰度较高。夏季，表层浮游植物细胞丰度明显高于其他水层；10 m、底层浮游植物细胞丰度的平面分布与表层相似，但细胞丰度值远低于表层。秋季，表层水体中，山东半岛南岸乳山湾至海州湾为水采浮游植物细胞丰度的密集区；10 m 层水采浮游植物细胞丰度的分布与表层类似，但细胞丰度值远低于表层；30 m 层细胞丰度值最低；底层浮游植物细胞丰度分

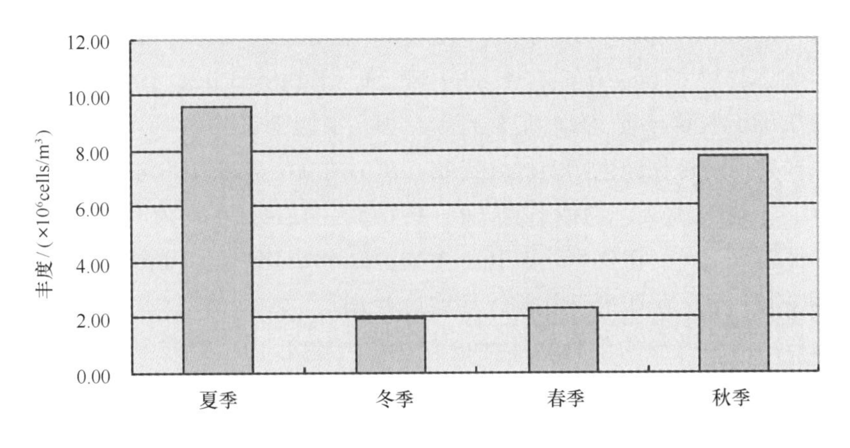

图7.7　海域小型浮游植物丰度季节变化

布相对较为均匀、水平差异较小，细胞丰度值较低。由于冬季水体垂直混合剧烈，冬季各水层水采浮游植物细胞丰度的平面分布都较为均匀。

7.4.3　浮游植物丰度及季节变化

夏季采水样品的细胞丰度为0.20~152 cells/mL，平均为9.61 cells/mL，网采样品的细胞丰度为0.079~1.683 cells/mL，平均为0.721 cells/mL。采水样品浮游植物的种类数量在4~55种，平均为19种，网采样品浮游植物的种类数量为12~43种，平均为25种。

冬季采水样品的细胞丰度为0.20~9.66 cells/mL，平均为1.95 cells/mL，网采样品的细胞丰度为0.009~1.334 cells/mL，平均为0.190 cells/mL。采水样品浮游植物的种类数量在2~28种，平均为12种，网采样品浮游植物的种类数量在11~31种，平均为19种。

春季采水样品的细胞丰度为0.21~30.70 cells/mL，平均为2.32 cells/mL，网采样品的细胞丰度为0.005~2.184 cells/mL，平均为0.158 cells/mL。采水样品浮游植物的种类数量为4~23种，平均为12种，网采样品浮游植物的种类数量为6~30种，平均为16种。

秋季采水样品的细胞丰度为0.20~220.5 cells/mL，平均为7.79 cells/mL，网采样品的细胞丰度为0.003~83.425 cells/mL，平均为1.557 cells/mL。采水样品浮游植物的种类数量在3~33种，平均为17种，网采样品浮游植物的种类数量为7~38种，平均为22种。

浮游植物细胞丰度的季节性变化特征从高到低依次为：夏季、秋季、春季、冬季。

7.4.4　浮游植物总量的分布特征

夏季浮游植物丰度的水平分布以胶州湾最高，细胞量平均为24.24 cells/mL，乳山海域最低，平均为6.35 cells/mL。冬季浮游植物丰度的水平分布以青岛海区最高，平均为2.71 cells/mL，胶州湾最低平均为0.66 cells/mL。春季浮游植物丰度的水平分布以胶州湾最高，平均为8.11 cells/mL，乳山海域最低平均为1.38 cells/mL。秋季浮游植物丰度的水平分布以乳山海域最高，平均为18.62 cells/mL，胶州湾域最低，平均为2.39 cells/mL。

7.4.5　浮游植物多样性

夏季采水样品浮游植物的生物多样性指数（H'）在0.37~4.68，平均为2.88，均匀度

(J') 在0.11～1.00，平均为0.69，物种丰度 (d) 在0.96～6.53，平均为2.37。网采样品浮游植物的生物多样性指数 (H') 在1.80～44.23，平均为3.12，均匀度 (J') 在0.41～0.90，平均为0.68，物种丰度 (d) 在1.17～4.79，平均为2.13。

冬季采水样品浮游植物的生物多样性指数 (H') 在1～4.28，平均为2.89，均匀度 (J') 在0.41～1.00，平均为0.85，物种丰度 (d) 在0.50～4.14，平均为1.87。网采样品浮游植物的生物多样性指数 (H') 在0.52～4.16，平均为2.48，均匀度 (J') 在0.13～0.90，平均为0.59，物种丰度 (d) 在0.56～2.32，平均为1.16。

春季采水样品浮游植物的生物多样性指数 (H') 在1.19～3.95，平均为2.79，均匀度 (J') 在0.42～0.98，平均为0.82，物种丰度 (d) 在0.72～3.70，平均为2.00。网采样品浮游植物的生物多样性指数 (H') 在1.13～3.75，平均为2.54，均匀度 (J') 在0.30～0.92，平均为0.64，物种丰度 (d) 在1.42～2.53，平均为1.26。

秋季采水样品浮游植物的生物多样性指数 (H') 在1.24～4.54，平均为3.14，均匀度 (J') 在0.32～0.98，平均0.80，物种丰度 (d) 在0.67～4.47，平均为2.38。网采样品浮游植物的生物多样性指数 (H') 在1.37～3.18，平均为2.54，均匀度 (J') 在0.31～0.94，平均为0.74，物种丰度 (d) 在0.92～5.88，平均为2.51。

浮游植物生物多样性指数、均匀度和物种丰度的季节差异不大。

7.5 浮游动物

山东省近海海域调查的大、中型浮游动物中，水母、桡足类和浮游幼虫三者种类数所占比例很高；夏、秋季节中浮游动物的种类要多于春、冬季节。其垂直分布具有季节性，各水层中的浮游动物种类会随着季节的不同而发生相应的变化。

山东省近海海域中大、中型浮游动物优势种的水平分布具有季节性和区域性，个体密度在春、夏季较高，秋、冬季较低，一般呈现近岸多、远岸少的分布特点，不同的海域中会出现特定的优势种；垂直分布具有区域性和季节性。各水层中优势种类的分布和垂直移动会随季节的不同发生一定的变化，大都呈现表层高于底层。调查海域的优势种也会随季节变化发生改变，优势种类均存在昼夜垂直移动的现象。

山东省近海海域中大、中型浮游动物的丰度和生物量具有季节性，春季最高，冬季最低。水平分布具有区域性，一般呈现近岸多、远岸少的分布规律（冬季除外，呈现近岸少、远岸多的分布规律）。平均生物量，表层要高于底层（冬季除外，表层与底层几乎接近），其垂直移动规律大多呈现白天上升，夜晚下沉。

7.5.1 浮游动物种类组成及季节变化

7.5.1.1 山东半岛南部近海海域

山东近海海域共检出浮游动物126种。

春季共检出浮游动物59种，其中，水母19种，占种类组成的32%；桡足类13种，占种类组成的22%；原生动物、毛腭动物和浮游被囊动物各占1种，各占种类组成的2%；浮游动物幼虫或幼体18种，占种类组成的31%。其中，水母、桡足类、浮游动物幼虫所占比例明显较高，占到总数的84%。夏季共检出浮游动物59种，其中，水母12种，占种类组成的20%；桡足类18种，占种类组成的31%，其他甲壳动物5类，各占种类组成的8%；原生动物、毛腭动物和被囊动物各占1种，各占种类组成的2%；幼虫或幼体21种，占种类组成的35%，其中，水母、桡足类、浮游动物幼虫占较大比重，占种类组成的86%。秋季共检出浮游动物101种，其中，水母38种，占种类组成的37%；桡足类29种，占种类组成的29%；原生动物2种，占种类组成的2%；浮游动物幼虫或幼体22种，占种类组成的22%。其中，水母、桡足类、浮游幼虫占比例明显较高，占到总数的88%。冬季共检出浮游46种，其中，水母9种，占种类组成的20%；桡足类11种，占种类组成的24%。其他甲壳动物2类，占种类组成的4%；原生动物和毛腭动物各1种，各占种类组成的2%；被囊动物1种，占2%，幼虫或幼体21种，占种类组成的46%。其中，水母、桡足类、浮游动物幼虫所占比例约为90%。

7.5.1.2　渤海海域（黄河口和莱州湾）

春季海域浮游动物平均生物量最高，为399.8 mg/m^3，变化范围在11.5～9 500.0 mg/m^{3}之间。莱州湾重点区生物量最高，黄河口重点区最低（图7.8a）。

夏季海域浮游动物生物量比春季略有降低，平均值为351.4 mg/m^3，变化范围在11.7～2 542.8 mg/m^{3}之间。黄河口重点区生物量最低（图7.8b）。

秋季海域浮游动物生物量继续降低，平均值为127.3 mg/m^3，变化范围在11.2～1900.0 mg/m^{3}之间。莱州湾重点区生物量最高（图7.8c）。

冬季海域浮游动物生物量降至最低，平均值仅为96.7 mg/m^3，变化范围在1.1～925.1 mg/m^{3}之间。莱州湾区的生物量最高，黄河口重点区的生物量稍低（图7.8d）。

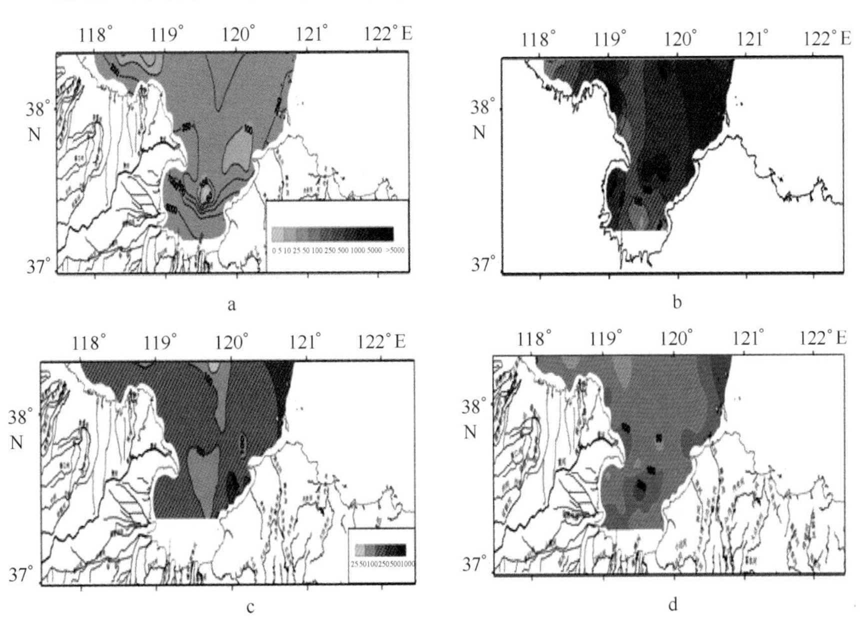

图7.8　渤海海域浮游动物生物量平面分布（单位：mg/m^3）

a：春季；b：夏季；c：秋季；d：冬季

7.5.1.3 北黄海海域山东段

春季航次各站位大、中型浮游动物的平均生物量为700.69 mg/m^3，山东半岛近岸海域生物量较高（图7.9a）。

夏季航次浮游动物的生物量分布不均匀，其平均值为570.1 mg/m^3，山东半岛近岸海域生物量高（图7.9b）。

秋季航次各站位大、中型浮游动物的平均生物量为171.8 mg/m^3，浮游动物生物量的高值区位于山东半岛东部水域（图7.9c）。

冬季航次浮游动物的生物量分布趋势和夏季明显不同，山东半岛近岸海域生物量值低（图7.9d）。

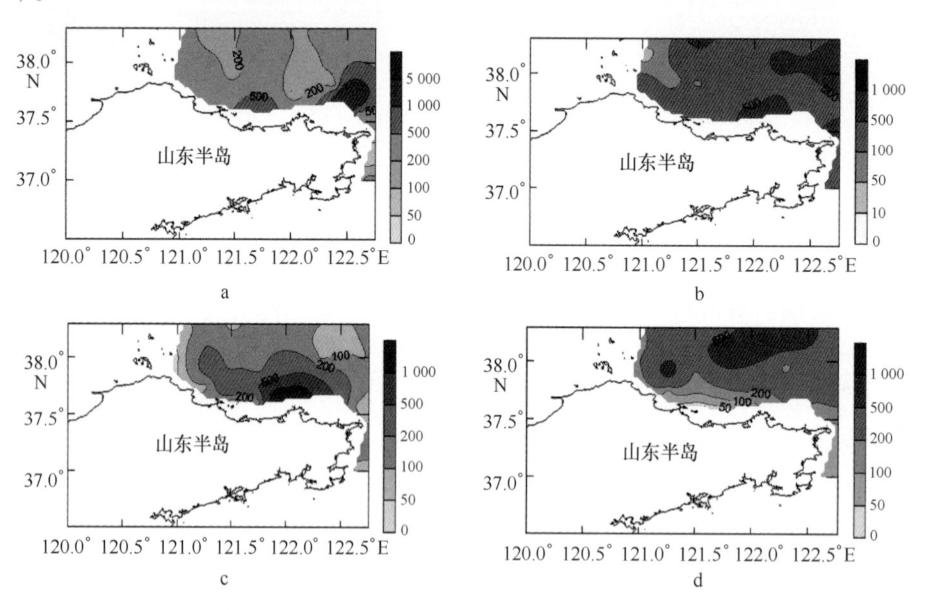

图7.9 北黄海海域浮游动物生物量平面分布（单位：mg/m^3）

a：春季；b：夏季；c：秋季；d：冬季

7.5.1.4 南黄海海域山东段

春季，浮游动物总生物量变化范围为4.89～17 554 mg/m^3，青岛重点区北部为高值区（图7.10a）。

夏季浮游动物总生物量变化范围为7.50～2 280.98 mg/m^3（图7.10b）。

秋季浮游动物总生物量变化范围为21.5～736.7 mg/m^3（图7.10c）。

冬季浮游动物总生物量变化范围为5.20～2 439.95 mg/m^3（图7.10d）。

7.5.2 浮游动物优势种类及季节变化

夜光虫、强壮箭虫一年四季均为优势种，其中夜光虫平均丰度的季节变化从高到低依次为：春季、秋季、冬季、夏季；强壮箭虫平均丰度的季节变化从高到低依次为：秋季、冬季、夏季、春季。中华哲水蚤在春、冬季成为桡足类的优势种；双刺唇角水蚤成为夏季桡足类的

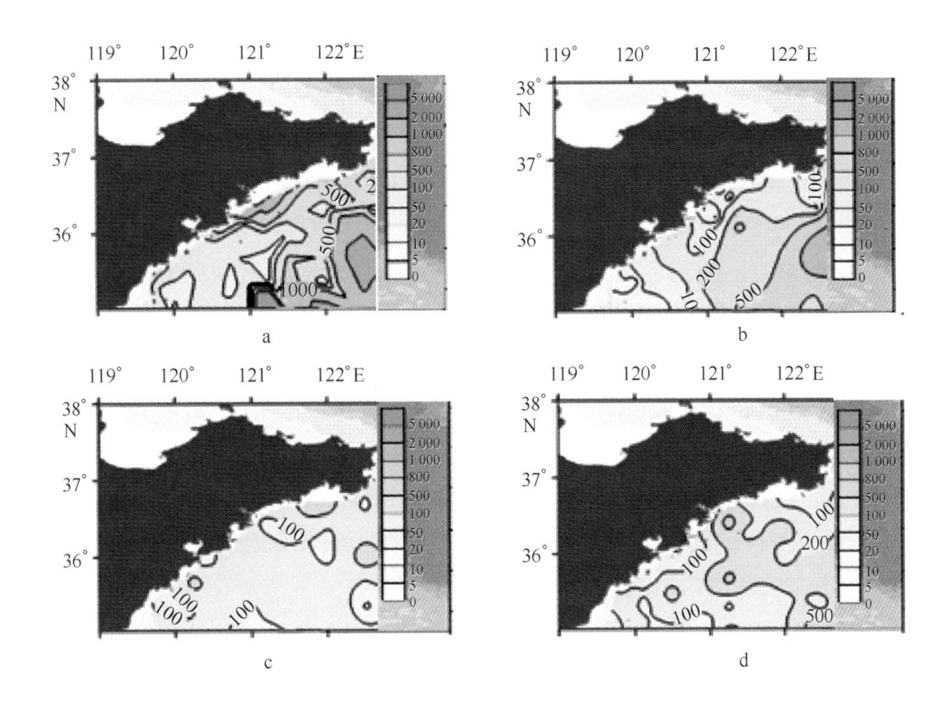

图7.10　南黄海浮游动物总生物量水平分布季节变化（单位：mg/m³）

a：春季；b：夏季；c：秋季；d：冬季

优势种；小拟哲水蚤是秋季桡足类的优势种。

7.5.3　浮游动物平均丰度及季节变化

浮游动物平均丰度的季节变化从高到低依次为：春季、秋季、冬季、夏季。

春季浮游动物平均丰度为3 515 cells/mL。胶州湾和乳山湾附近海域浮游动物平均丰度较大，青岛附近海域次之，日照附近海域相对较小。夏季浮游动物平均丰度为159 cells/mL。胶州湾和乳山湾附近海域浮游动物平均丰度较大，日照附近海域次之，青岛附近海域相对较小。秋季浮游动物平均丰度为3 380 cells/mL，浮游动物平均丰度较大，且分布较均匀，该季节浮游动物较丰富。冬季浮游动物平均丰度为902 cells/mL。乳山湾附近海域浮游动物平均丰度较大，青岛附近海域和胶州湾次之，日照附近海域较小。

7.5.4　浮游动物生物量及季节变化

浮游动物平均生物量的季节变化从多到少依次为：春季、秋季、冬季、夏季。春季浮游动物的平均生物量为1 415.11 mg/m³。乳山附近海域、胶州湾及青岛附近海域浮游动物生物量较大，且分布均匀，日照附近海域域相对较小，且分布不均匀。夏季浮游动物的平均生物量为87.89 mg/m³。胶州湾和乳山附近海域生物量较大，日照附近海域次之，青岛海域最小。秋季浮游动物的平均生物量为706.00 mg/m³。乳山附近海域和日照附近海域生物量明显较大，且分布相对均匀，青岛附近海域次之，而胶州湾相对最小。冬季浮游动物的平均生物量为211.10 mg/m³。乳山附近海域和日照附近海域生物量相对较大，青岛附近海域次之，而胶州湾最小。

7.5.5 浮游动物多样性

运用 PRIMER5.0 软件分析得到春、夏、秋、冬 4 个季节的物种多样性指数，其中春季物种多样性指数的变化范围为 0.10～1.23；夏季物种多样性指数的变化范围为 0.14～2.73；秋季物种多样性指数的变化范围为 0.42～2.82；冬季物种多样性指数的变化范围为 0.62～1.74。秋季物种多样性指数最高，故群落复杂和稳定程度较高；其次是夏季、春季、冬季物种多样性指数偏低，故群落复杂和稳定程度较低。

从分布来看，春季胶州湾内生物多样性指数较高，日照附近海域次之，青岛附近海域及乳山附近海域相对较小。夏季青岛附近海域和胶州湾内生物多样性指数较高，且分布相对均匀，乳山附近海域和日照附近海域均有高值，但分布很不均匀。秋季，青岛附近海域和胶州湾内生物多样性指数较高且分布均匀，乳山附近海域和日照附近海域均有高值，但分布很不均匀。冬季乳山附近海域以及日照附近海域生物多样性指数相对较大，且分布相对均匀，而青岛附近海域较小，胶州湾内出现高值，但分布很不均匀。

7.6 鱼卵、仔稚鱼、幼鱼

山东半岛南部近海海域大面积调查共获鱼卵 9 种，219 粒，鉴定到种的为 8 种；渤海海域山东段共鉴定鱼卵 4 目 9 科 13 种（包括 1 种未知卵）。北黄海海域大面调查共获鱼卵 7 种，158 粒，鉴定到种的为 7 种；南黄海山东近海海域调查共鉴定鱼卵和仔稚鱼 58 种。

山东半岛南部近海海域、渤海海域山东段和北黄海海域山东段的鱼卵种类的季节变化一致，都在夏季最多并且丰富度接近，且北黄海海域山东段 > 山东半岛南部近海海域 > 渤海海域山东段，其他 3 个季节种类都较少。

山东近海的仔稚幼鱼的出现率和平均密度的最高值均出现在夏季（渤海黄河口和莱州湾海域除外，最高值出现在春季），最小值均出现在秋季。夏、冬季北黄海海域山东段的仔稚幼鱼的平均密度在这些海域中最大，春季最高值出现在渤海海域山东段，秋季则出现在南黄海海域山东段。南黄海海域山东段的仔稚幼鱼种类季节差异不明显，但仔稚幼鱼种类是最丰富的，其次是渤海海域山东段，山东半岛南部近海海域和北黄海海域山东段仔稚幼鱼种类则较少（夏季除外）。

7.6.1 鱼卵的种类组成及季节变化

7.6.1.1 山东半岛南部近海海域

夏季鱼卵的分布范围最大，检测到鱼卵的可能性最高，鉴定的鱼卵种类最多。共采集到鱼卵 5 种，19 粒。鱼卵数量较多的种类有 3 科，舌鳎科所占的比例最大，达到 42.11%，带鱼科次之占 31.58%，鳀科占 15.79%。鱚科、鲬科各占 5.26%。其中鳎科以短吻红舌鳎为主，共取得 8 粒卵，占垂直拖网取得鱼卵总量的 42.11%；带鱼科出现 1 种，为带鱼卵子，共取得鱼卵 6 粒，占鱼卵总量的 31.58%；鳀科出现 1 种为中颌棱鳀，共取得 3 粒鱼卵，占鱼卵总量的 15.79%；鲬科与鱚科各出现一种为绯鲬、多鳞鱚，各取得鱼卵 1 粒，分别占 5.26%。

冬季不是山东近海海域鱼类的主要产卵季节，且在该时间段内，该海区大多数产卵的鱼类如大头鳕、细纹狮子鱼、绒杜父鱼、玉筋鱼、大泷六线鱼等均产黏着性卵或沉性卵，绵鳚为卵胎生，仅有极少数产浮性鱼卵的鱼类如木叶鲽、石鲽等，故用浮游动物拖网在该时间段内不易采到他们的鱼卵。因此，冬季在半岛海区未发现鱼卵。

春季山东近海调查时间为4月中旬、5月上旬，水表层水温在8.45~11.96℃之间，不能满足大多数在该期能产卵如斑鰶、鳀、高眼鲽等鱼类的产卵水温要求。且在该时间段内，该海区产卵的鱼类如太平洋鲱、鰕虎鱼类均产黏着性卵或沉性卵；因此，春季期间，山东近岸和北黄海山东近海海域均未采到鱼卵。

秋季共采集到鱼卵1种，8粒。鱼卵为鲽形目（Pleuronectiformes）鲽科（Pleuronectidae）的木叶鲽。水平拖网8个站位仅取得一种鱼卵也为木叶鲽鱼卵。

7.6.1.2 渤海海域山东段

夏季，渤海黄河口和莱州湾航次共鉴定鱼卵6科8种，分别为青鳞鱼、鳀（*Engraulis japonicus*）、带鱼（*Trichiurs haumela*）、钟馗鰕虎鱼（*Triaenopogon barbatus*）、鲽（*Pleuronectidae* sp.）、宽体舌鳎（*Cynoglossus robustus*）、半滑舌鳎（*Cynoglossus semilaevis*）和一种未知卵。

春季，有5个站位出现鱼卵，绝大部分位于莱州湾内，共鉴定鱼卵3科4种，分别为鲱（死卵）（*Clupeidae*）、青鳞鱼（*Harengula zunasi*）、斑鰶（*Clupanodon punctatus*）和鲻鱼（*Mugil soiuy*）。

秋、冬季期间均未采到鱼卵。

7.6.1.3 北黄海海域山东段

夏季航次共采集到鱼卵7种，158粒。鱼卵数量较多的种类有3科，鲱形目鳀科（Engraulidae）所占的比例最大，占51.9%，鰤科（Callionymidae）占44.9%，鱚科（Sillaginidae）占1.3%。鲱科（Clupeidae）、鲬科（Platycephalidae）、鲽科（Pleuronectiade）、舌鳎科（Beloniformes）的数量较少，所占比例各为0.6%。其中鳀科仅出现鳀鱼1种，其数量最大，共取得81粒，占该航次鱼卵总量的51.3%；鰤科出现1种绯鰤，数量次之，共取得71粒，占该航次鱼卵总量的44.9%，它们共同组成夏季航次鱼卵种类的优势种。鱚科仅出现1种为多鳞鱚（*Sillago sihama*）共2粒，占1.3%；鲱科、鲬科、鲽科、舌鳎科各出现1种，分别为斑鰶、鲬（*Platycephalus indicus*）、圆斑星鲽（*Verasper variegates*）、短吻红舌鳎（*Cynoglossus joyneri*）各取得1粒，分别占该航次鱼卵总量的0.69%（图7.11）。

秋季，黄海海域水温开始逐渐下降，沿岸降温较外海快，北部较南部快，冷水团不仅向深层龟缩而且势力也逐渐减弱。海域出现鱼类如绯鰤、鲬、绿鳍鱼（*Chelidonichthys kumu*）、叫姑鱼（*Johnius grypotus*）等鱼类均已过产卵季节，其性腺成熟度均在1~2期；同期在该海区产卵的角木叶鲽（*Pleuronichthys sornutus*）、高眼鲽（*Cleisthenes herzensteini*）等产卵群体在当前高强度捕捞压力下资源量遭到严重破坏，斑头鱼（*Agrammus agrammus*）等鱼类则产沉性卵子；海鳗（*Muraenesox cinereus*）、花斑蛇鲻（*Saurida undosquamis*）、花鲈（*Lateolabrax japonicus*）等资源则近乎绝迹；其他在该海域出现的鱼类如大头鳕、大泷六线鱼、长绵鳚、细纹狮子鱼等鱼类性腺指数在3~4期。

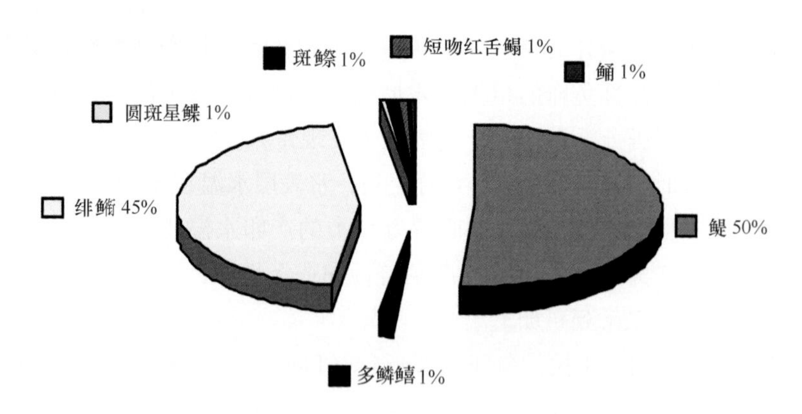

图 7.11　夏季北黄海山东近海航次鱼卵种类组成

7.6.1.4　南黄海山东近海海域

夏季共鉴定鱼卵和仔稚鱼 27 种；春季鉴定鱼卵和仔稚鱼 20 种；秋季共鉴定鱼卵 29 种；冬季未检测到鱼卵和仔稚鱼。

7.6.2　鱼卵数量的垂直、水平分布及其季节变化

7.6.2.1　山东半岛南部近海海域

夏季，共采集到鱼卵的平均密度为 0.206 ind./m^3。鱼卵在海州湾渔场日照近岸海域（35°19′N,119°33′E）、青岛胶南近岸沿海处（35°19′~35°28′N，119°56′~120°7′E）以及胶州湾海域与青岛近岸的青海渔场西南部海域（36°5′N，120°55′E）附近分别形成小范围的密集分布中心。其中在海州湾渔场日照近岸海域（35°19′N，119°33′E）处为密度最大的分布中心，最大密度为 JC－HH148 站处（35°19′N，119°33′E），鱼卵密度最大为 2.334 ind./m^3。鱼卵的出现频率以短吻红舌鳎最高，达 16.67%，鱼卵数量占该航次鱼卵数量的 42.11%；带鱼与中颌棱鳀的出现频率次之，为 12.5%，鱼卵数量分别占该航次水平拖网鱼卵数量的 31.58% 和 15.79%；其次为多鳞鱚、绯䲗，它们的出现频率均为 4.17%，鱼卵数量各占该航次水平拖网鱼卵总数的 5.26%。

7.6.2.2　渤海海域山东段

夏季，渤海黄河口和莱州湾海域鱼卵的平均密度为 0.217 ind./m^3。莱州湾海域鱼卵密度为 0.640 ind./m^3，黄河口重点区为 0.157 ind./m^3。莱州湾海域鱼卵密度为 0.670 4 ind./m^3，黄河口重点区 0.608 5 ind./m^3。

春季，鱼卵在渤海海域的数量很低，平均密度只有 0.41 ind./m^3。春季鱼卵在海域只有零星分布，出现率只有 6.6%。莱州湾海域鱼卵的密度(0.109 ind./m^3)高于黄河口海域(0.75 ind./m^3)。

秋季，共采集到鱼卵 1 种，8 粒，鱼卵的出现频率为 26.923%，平均密度为 0.074 ind./1 m^3。鱼卵在青海渔场乳山口海域附近的 JC－HH099（36°40′N，121°30′E），海州湾渔场青岛胶南近岸沿海处（35°19′~35°28′N，119°56′~120°7′E）以及胶州湾海域（36°6′N,120°10′E）附近分别形成小范围的密集分布中心。

冬季，不是该海区鱼类的主要产卵季节。该海区大多数产卵的鱼类如大头鳕、细纹狮子鱼、绒杜父鱼、玉筋鱼、大泷六线鱼等均产黏着性卵或沉性卵；绵鳚为卵胎生；仅有极少数产浮性鱼卵的鱼类如木叶鲽、石鲽等，故冬季在本海域采集的冬季样品中未发现鱼卵。

渤海黄海口和莱州湾海域以及北黄海山东近海海域均未采得鱼卵。

7.6.2.3　北黄海海域山东段

夏季，北黄海山东近海海域在夏季航次中采集到鱼卵平均密度为0.509 ind./m^3。夏季航次鱼卵物种多样性指数较低，分布较不均匀，优势种突出。鱼卵在烟威渔场与威东渔场的交界处（37°50′N，122°50′E）分别形成了小范围的密集分布区。

冬季，不是该海区鱼类的主要产卵季节，故冬季在本海域采集的样品中未发现鱼卵。

春季，海水表层水温在8.45～11.96℃之间，不能满足大多数在该期能产卵鱼类的产卵水温要求。该海区产卵的鱼类如太平洋鲱、鰕虎鱼类均产黏着性卵，或沉性卵；因此春季在该海域未采得鱼卵。

7.6.2.4　南黄海海域山东段

夏季，鱼卵个体密度值分布范围为0.02～8.33 ind./m^3，共有61个站位发现鱼卵。由夏季鱼卵的个体密度可以看出，最高值出现在HH099号站，最小值出现在HH106号站，且本季节的鱼卵高值区分布在浅水近岸区。

春季，鱼卵个体密度值分布范围为0.06～3.14 ind./m^3，共有21个站位发现鱼卵。本季节的鱼卵普遍分布在浅水近岸区。

秋季，鱼卵个体密度值分布范围为0.06～3.14 ind./m^3，共有12个站位发现鱼卵。

冬季，未发现鱼卵。

7.6.3　仔稚鱼种类、数量的水平分布、垂直分布及其季节变化

山东半岛南部近岸海域，共获鱼卵9种，219粒，鉴定到种的为8种，隶属于4目8科8属，另有1种鳎科鱼卵仅能鉴定到科的水平。其中，鲈形目、鲽形目种数最多各3种，分别占37.5%，其次为鲱形目鱼类2种，占25%，灯笼鱼目鱼类1种，占5.56%。优势种分别为短吻红舌鳎、带鱼、角目叶鲽，其数量分别占卵子总数的78.539%、10.046%、3.196%。

鱼卵种类组成和数量，四季差异较大。其中夏季为鱼类的产卵盛期，鱼卵出现种类最多，数量最大；秋季次之，而在春季和冬季没有浮性卵子出现。鱼卵种类明显分为夏季和秋季两种生态型。其中夏季到秋季的种类更替率为100%。

渤海黄河口和莱州湾海域4个季节共鉴定仔稚鱼41种，隶属于7目21科。

北黄海山东近海海域四航次163站次的大面调查共获仔稚鱼、幼鱼14种1 787尾。鉴定到种的有12种，隶属于5目12科12属。此外2种鰕虎鱼科的仔稚鱼：鰕虎鱼 *gen.* sp.1，鰕虎鱼 *gen.* sp.2仅能鉴别到科的水平。其中仔稚鱼13种1 782尾；幼鱼2种5尾。鲈形目种数最多共出现6种，占42.9%，其次为鲽形目3种，占21.4%，鲉形目和鲱形目鱼类各出现2种，各占14.3%。此外，鳕形目（Gadiformes）出现1种，占7.1%。仔稚鱼幼鱼出现站位为51站，出现频率为31.3%，平均密度为98.0 ind./m^3。优势种为鳀鱼（*Engraulis japonicus*）

（1 628 尾）、长绵鳚（*Zoarces viviparous*）（75 尾）、石鲽（*Zoarces viviparous*）（50 尾），其数量分别占仔稚鱼总数的 91.1%、4.2%、2.9%。

南黄海山东近海海域 4 个季节共鉴定鱼卵和仔稚鱼 58 种。

7.6.4 仔稚幼鱼种类组成

7.6.4.1 山东半岛南部近海海域

夏季，共采集到仔稚鱼、幼鱼 8 种，35 尾。其中仔稚鱼 6 种，33 尾；幼鱼 2 种，2 尾，分别为尖海龙与冠海马。仔稚幼鱼数量较多的有 3 科，出现频率仍以鲔科为首位（占 54.29%），共采得仔稚鱼 19 尾，只有绯鲔 1 种；石首鱼科 9 尾，占 25.71%（黄姑鱼 6 尾，占 17.14%；棘头梅童鱼 2 尾，占 5.71%；小黄鱼 1 尾，占 2.86%）；鳀科（仅鳀鱼 1 种）5 尾，占 14.29%；海龙科幼鱼 2 尾，占 5.71%（尖海龙与冠海马各 1 尾，分别占 2.86%）。

冬季，共采集到仔稚鱼、幼鱼 3 种、13 尾。其中仔稚鱼 2 种 12 尾；幼鱼 1 种，1 尾，为细纹狮子鱼幼鱼。仔稚鱼、幼鱼隶属于 3 目 3 科 3 属，出现频率以鲈形目绵鳚科为首，共采得 9 尾（占该航次垂直拖网仔稚鱼总数的 69.23%），仅出现一种为绵鳚；鲉形目的圆鳍鱼科次之（占 15.38%），共采得仔稚鱼 1 尾，幼鱼 1 尾，只有细纹狮子鱼 1 种；鳕形目鳕科（占 15.38%），取到 1 种为大头鳕仔稚鱼，共 2 尾。

春季，采集时间为 4 月中、上旬，海水表面水温，在 8.45 ~ 11.96℃之间，不能满足大多数产卵鱼类的产卵水温要求。该海区产黏着性卵的鱼类如太平洋鲱等资源遭到严重的破坏，群体产卵数量稀少，故未取得仔稚鱼。

秋季，共采集到仔稚鱼 1 种，1 尾。为六线鱼科（Hexagrammidae）的大泷六线鱼。水平拖网 8 个站位共采集到幼鱼 1 种，1 尾。为鳀科（Engraulidae）的鳀鱼。

7.6.4.2 渤海海域山东段

夏季，仔稚鱼分布比较广泛，渤海海域均有分布，共鉴定仔鱼 21 种，隶属于 5 目 11 科；

冬季，共鉴定 8 种，隶属于 3 目 7 科。

春季，采集到仔鱼 11 种，隶属于 4 目 8 科。

秋季，采集到仔鱼 11 种，隶属于 4 目 5 科。

7.6.4.3 北黄海海域山东段

北黄海山东近海海域夏季共采集到仔稚幼鱼 6 种，1 643 尾。仔稚幼鱼仍以鲱形目鳀科占首位（占 99.1%），只有鳀鱼 1 种，其构成唯一的优势种；鲈形目**鰕**虎鱼科（Gobiidae）占 0.4%（其中**鰕**虎鱼 *gen.* sp. 1 占 0.2%，**鰕**虎鱼 *gen.* sp. 2 占 0.1%）。

冬季，共采集到仔稚幼鱼 4 种，128 尾。其中仔稚鱼 4 种，128 尾。仔稚鱼的出现频率以鲈形目绵鳚科（Zoarcidae）为首位，共采得 75 尾（占该航次垂直拖网仔稚鱼总数的 58.6%），只有长绵鳚（*Zoarces viviparous*）1 种。

春季，共采集到仔稚幼鱼 4 种，11 尾。其中仔稚鱼 2 种 6 尾；幼鱼 4 种，5 尾。仔稚幼鱼的出现频率以鲉形目圆鳍鱼科为首位，共采得 5 尾（占该航次垂直拖网仔稚鱼总数的 45.5%），只有细纹狮子鱼 1 种，其中仔稚鱼 4 尾、幼鱼 1 尾。

秋季，共采集到仔稚幼鱼3种，5尾。其中仔稚鱼3种，5尾。出现频率以鲱形目鳀科主要为鳀鱼、鲽形目鲽科的高眼鲽（*Cleisthenes herzensteini*）。

7.6.4.4 南黄海海域山东段

夏季，共鉴定鱼卵和仔稚鱼27种。

冬季，共鉴定鱼卵和仔稚鱼20种。

春季，共鉴定鱼卵和仔稚鱼20种。

秋季，共鉴定鱼卵29种。

7.6.5 仔稚鱼数量及其季节变化

7.6.5.1 山东半岛南部近海海域

夏季，共采集到仔稚幼鱼8种，35尾，仔稚鱼的出现频率为66.67%，平均密度为37.67尾/(100 m^3)。最大密度在胶州湾海域，达到202.7尾/(100 m^3)。此外，在海州湾渔场日照近岸海域（35°19′，119°33′E）、青岛胶南近岸沿海处（35°19′～35°28′N，119°56′～120°7′E）以及青岛近岸的青海渔场西南部海域（36°5′N，120°55′E）附近分别形成了小范围的密集分布中心。

冬季，共采集到3种、13尾，仔稚鱼的出现频率为20.83%，平均密度为20.6尾/(100 m^3)。仔稚鱼在青海渔场与石岛渔场交界处（36°40′N，121°16′E）处密度最大，达到196.1尾/(100 m^3)。

春季，海水表层水温在8.45～11.96℃之间，不能满足大多数在该期产卵鱼类如斑鲦、鳀、高眼鲽等的产卵水温要求，且在该时间段内，该海区产黏着性卵的鱼类如太平洋鲱等鱼类资源破坏严重，群体产卵数量稀少，故未取得仔稚幼鱼。

秋季，共采集到仔稚幼鱼1种，1尾，仔稚鱼的出现频率为3.846%，平均密度为0.925尾/(100 m^3)。仔稚鱼的分布与鱼卵的分布不尽相同，仔稚鱼仅出现在海州湾渔场青岛胶南近岸沿海处，密度为12.53尾/(100 m^3)。

7.6.5.2 渤海海域（黄河口和莱州湾）

夏季，渤海黄河口和莱州湾海域夏季仔稚鱼的出现率及密度如表7.4所示。莱州湾重点区的高生物量主要是由钟馗鰕虎鱼形成。夏季在密度和生物量上都占优势的种类包括钟馗鰕虎鱼、狼鰕虎鱼和鳀，它们的密度占总密度的71.5%。各区块检出仔稚鱼的站位数及仔稚鱼平均密度见表7.4。

表7.4 夏季海域各区块仔稚鱼的出现率及其平均密度

类 别	黄河口重点区	莱州湾重点区
出现仔稚鱼站位数	11	12
总站位数	21	21
站位出现率/（%）	52.38	57.14
平均密度/（尾/m^3）	2.0	5.3

冬季，仔稚鱼在海域内分布较为广泛，出现率为35.5%。全海域仔稚鱼的平均密度为0.53尾/m^3。

春季，仔稚鱼在所有的海域都出现，出现率为47.5%。海域仔稚鱼的平均密度为0.734尾/m^3。

秋季，仔稚鱼的密度分别为：黄河口0.26尾/m^3、莱州湾海域0.8尾/m^3。

7.6.5.3 北黄海海域山东段

夏季，共采集到仔稚鱼6种，1 643尾，仔稚鱼的出现频率为74.29%，平均密度为529.4尾/100 m^3。

冬季，共采集到仔稚鱼4种，128尾，仔稚鱼出现频率为35.5%，平均密度为23.0尾/(100 m^3)，物种多样性水平较低，分布不均匀。

春季，共采集到仔稚鱼3种，9尾，仔稚鱼的出现频率为20.5%，仔稚鱼在山东半岛近岸烟威渔场烟台海域处密度最大，达到83.9尾/(100 m^3)。

秋季，共采集到仔稚鱼3种，5尾，仔稚鱼的出现频率为7.5%，平均密度为0.9尾/(100 m^3)。仔稚鱼在山东半岛近岸烟威渔场西南蓬莱近岸密度最大，达到27.5尾/(100 m^3)。

7.6.5.4 南黄海海域山东段

夏季，仔稚鱼个体密度值分布范围为0.02~17.37尾/m^3，平均值为0.54尾/m^3。

冬季，仔稚鱼个体密度值分布范围为0.06~2.25尾/m^3，平均值为0.08尾/m^3。

春季，仔稚鱼个体密度值分布范围为0.04~1.74尾/m^3，平均值为0.09尾/m^3，共有26个站位发现仔稚鱼。

秋季，仔稚鱼个体密度值分布范围为0.02~0.5尾/m^3，平均值为0.05尾/m^3。

7.7 大型底栖生物

大型底栖生物种类从多到少依次为：南黄海海域山东段、北黄海海域山东段、渤海海域山东段、山东半岛南部近海海域。山东半岛南部近海海域大型底栖生物种类从多到少依次为：冬季、春、夏季、秋季。渤海海域山东段大型底栖生物种类：夏季、冬季、春、秋季。北黄海海域山东段生物种类从多到少依次为：春季、秋季、夏季、冬季。南黄海海域山东段大型底栖生物种类从多到少依次为：秋季、春、冬季、夏季。这些海域的4个主要门类的种数从多到少依次均为环节动物、节肢动物、软体动物、棘皮动物。

山东近海海域大型底栖生物优势种在各海区差异明显，同一海区不同季节出现的优势种也不尽相同。

北黄海海域山东段和山东半岛南部近海海域的大型底栖生物密度最高。渤海莱州湾的底栖生物密度处于较高水平，黄河口则处于较低水平。南黄海海域山东段的大型底栖生物密度明显低于其他地区。4个海域中，大型底栖生物密度都具有明显的季节性，冬、夏季较高（南黄海在秋季最高），春、秋季较低。

北黄海海域山东段的大型底栖生物量最高，春、夏、秋季明显高于其他3个海域。莱州湾区域的大型底栖生物量最低，最高值出现在夏季，仅为 17.79 g/m²。除山东半岛南部近海海域外，其他 3 个海域的大型底栖生物量呈现明显的季节变化。

7.7.1 大型底栖动物种类组成及季节变化

7.7.1.1 山东半岛南部近海海域

在山东半岛南部近海海域共采集到大型底栖动物 380 种，其中多毛类 176 种，占总数的 47%；软体动物 85 种，占总数的 22%；甲壳动物 88 种，占总数的 23%；棘皮动物 19 种，占总数的 5%；其他动物（包括腔肠动物、纽形动物、扁形动物、脊索动物）共 12 种，占总数的 3%。如图 7.12 所示。

大型底栖动物的种类数量和组成呈现出明显的季节性变化。具体表现为：

春季共采集到大型底栖动物 181 种，其中多毛类 82 种，占总种数的 45%；软体动物 21 种，占总种数的 15%；甲壳动物 43 种，占总种数的 24%；棘皮动物 8 种，占总种数的 4%；其他门类的动物 27 种，占总种数的 12%。

夏季共采集到大型底栖动物 204 种，其中多毛类 90 种，占总种数的 44%；软体动物 35 种，占总数的 17%；甲壳动物 47 种，占总种数的 23%；棘皮动物 10 种，占总种数的 5%；其他门类的动物 22 种，占总种数的 11%。

秋季共采集到大型底栖动物 139 种，其中多毛类 67 种，占总种数的 48%；软体动物 16 种，占总种数的 12%；甲壳动物 34 种，占总种数的 24%；棘皮动物 5 种，占总种数的 4%；其他门类的动物 17 种，占总种数的 12%。

冬季共采集到大型底栖动物 304 种，其中多毛类 136 种，占总种数的 45%；软体动物 63 种，占总种数的 21%；甲壳动物 55 种，占总种数的 18%；棘皮动物 6 种，占总种数的 2%；其他门类的动物 44 种，占总种数的 14%。

总体上看，冬季生物种类数较多，秋季较少。其中，冬、夏两季沿岸海域生物种数居多，尤其是冬季的青岛沿岸生物种数最多，远离岸边的海域生物种数较少；春、秋两季，青岛沿海生物种数居多，日照和乳山沿岸海域生物种数较少。

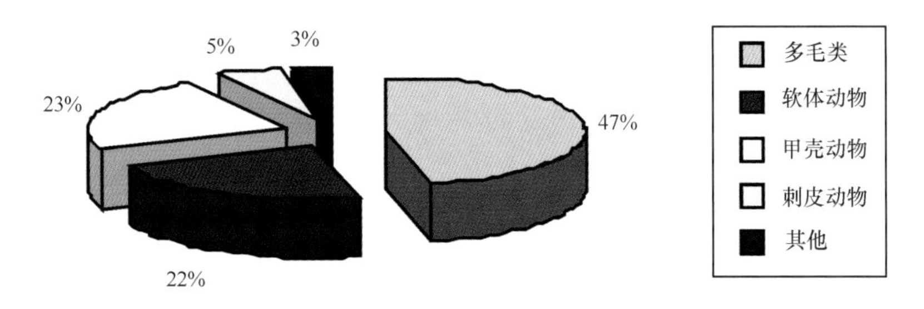

图 7.12 大型底栖动物种类组成

7.7.1.2 渤海海域（黄河口和莱州湾）

渤海黄河口和莱州湾海域共获大型底栖动物 400 种（未计苔藓类动物和沉积的海藻），隶属于 13 个动物门，177 科，311 属。

春季共获大型底栖动物233种，其中，环节动物77种，占总种数的33.05%；节肢动物63种，占总种数的27.04%；软体动物54种，占总种数的23.18%；鱼类13种，占总种数的5.58%；棘皮动物11种，占总种数的4.72%；其他门类的动物15种，占总种数的6.44%。

夏季共获大型底栖动物288种，其中，环节动物共89种，占总种数的30.90%；节肢动物86种，占总种数的29.66%；软体动物69种，占总种数的23.96%；棘皮动物10种，占总种数的3.47%；鱼类出现22种，占总种数的7.64%；其他门类的动物12种，占总种数的4.17%。

秋季共获底栖动物226种，其中环节动物72种，占总种数的31.86%；节肢动物66种，占总种数的29.20%；软体动物48种，占总种数的21.24%；棘皮动物16种，占总种数的7.08%；鱼类16种，占总种数的7.08%；其他门类的动物8种，占总种数的3.54%。

冬季共获底栖生物257种，其中环节动物出现82种，占总种数的31.91%；节肢动物68种，占总种数的26.46%；软体动物61种，占总种数的23.74%；棘皮动物出现18种，占总种数的7.00%；鱼类15种，占总种数的5.84%；其他门类的动物13种，占总种数的5.06%。

7.7.1.3 北黄海海域山东段

北黄海海域山东段共采集大型底栖动物454种（未定种145种），以春季最高，为332种，其次依次为：秋季、夏季、冬季。4个主要门类的种数在4个航次中的顺序从高到低均为环节动物、节肢动物、软体动物、棘皮动物。

春季共采到大型底栖动物332种（未定种95种），环节动物种类最多，达147种（未定种38种），占总种数的44.28%；其次为节肢动物109种（未定种38种），占总种数的32.83%；软体动物54种（未定种10种），占总种数的16.27%；棘皮动物11种（未定种3种），占总种数的3.31%；其他门类的动物11种（未定种6种），占总种数的3.31%。

夏季航次共采得大型底栖动物313种（未定种87种），其中环节动物门125种（未定种28种），占总种数的40%；软体动物54种（未定种11种），占总种数的17%；节肢动物84种（未定种32种），占总种数的27%；棘皮动物23种（未定种3种），占总种数的7%；其他门类的动物27种（未定种13种），占总种数的9%。

秋季共采得大型底栖动物315种（未定种86种），环节动物种数最多，达130种（未定种32种），占总种数的41.14%；节肢动物99种（未定种35种），占总种数的31.33%；软体动物55种（未定种9种），占总种数的17.41%；棘皮动物15种（未定种5种），占总种数的4.75%；其他门类的动物17种（未定种5种），占总种数的5.38%。

冬季共采得大型底栖动物289种，其中环节动物127种（未定种26种），占总种数的45%；软体动物49种（未定种8种），占总种数的17%；节肢动物82种，占总种数的28%；棘皮动物13种（未定种2种），占总种数的4%；其他门类的动物18种（未定种14种），占6%。

7.7.1.4 南黄海海域山东段

南黄海4个航次共获得大型底栖动物628种，隶属于14个门类，其中环节动物种类最多，达258种，占总种数的41%；软体动物141种，占总种数的22%；节肢动物144种，占总种数的23%；棘皮动物32种，占总种数的5%；其他门类的动物55种，占总种数的9%。

春季共获得大型底栖动物291种（包括未定种），隶属于14个门类，其中环节动物种类最多，达123种，占总种数的42%；软体动物62种，占总种数的21%；甲壳动物64种，占总种数的22%；棘皮动物19种，占总种数的7%；其他门类的动物（包括腔肠动物、纽形动物、曳鳃动物、星虫动物、缢虫动物、苔藓动物、腕足动物、尾索动物、头索动物、鱼类等）23种，占总数的8%。

夏季共获得大型底栖动物192种。在种类组成中，环节动物种类最多，达122种，占总种数的64%；软体动物33种，占总种数的17%；甲壳动物22种，占总种数的11%，棘皮动物8种，其他门类的动物共7种。

秋季共获得大型底栖动物419种（包括未定种）。种类组成以环节动物的种类数最多，达175种，占总种数的41%；甲壳动物101种，占总种数的24%；软体动物99种，占总种数的22%；其他门类的动物共32种，分属腔肠动物9种，腕足动物2种，星虫动物2种，螠虫动物3种，纽形动物3种，头索动物1种，半索动物2种，尾索动物4种，鱼类6种。

冬季共获得大型底栖动物304种（包括未定种），隶属于14个门类，其中环节动物种类最多，达148种，占总种数的48.7%；甲壳动物56种，占总种数的18%；软体动物47种（15%），棘皮动物23种（7.6%）；其他门类的动物31种。

7.7.2 大型底栖动物优势种类及季节变化

7.7.2.1 山东半岛南部近海海域

大型底栖动物的密度优势种为寡鳃齿吻沙蚕（*Nephthys oligobranchia*）、独指虫（*Aricidea fragilis*）和拟特须虫（*Paralacydonia paradoxa*）。寡鳃齿吻沙蚕在海域中广泛分布，尤其是近岸海域，最高密度可达550 ind./m^2。远离沿岸的海域密度相对较低，为80~200 ind./m^2。独指虫在海域分布相对较均匀，青岛沿岸密度较大，最高可达800 ind./m^2，其他海域密度较小。拟特须虫主要分布在青岛以南至日照沿岸，密度最高的海域可达900 ind./m^2，最低在青岛以北海域，为20~40 ind./m^2。总体来看，沿岸海域其密度相对较大，越向外海密度越低。

3种优势种密度变化趋势是一致的，冬季都达到高值，春季都最低。

7.7.2.2 北黄海海域山东段

北黄海山东近岸海域，春季优势种为薄索足蛤、太平洋方甲涟虫和不倒翁虫；夏季为薄索足蛤、太平洋方甲涟虫和微型小海螂；秋季为薄索足蛤、短角双眼钩虾和不倒翁虫；冬季为薄索足蛤、太平洋方甲涟虫和中蚓虫。

7.7.2.3 南黄海海域山东段

春季南黄海底栖生物优势种主要有：环节动物的梳鳃虫（*Terebellides stroemii*）、掌鳃索沙蚕（*Ninoe palmata*）、不倒翁虫（*Sternaspis scutata*）、黄埃刺梳鳞虫（*Ehlersileanira izuensis*）、蜈蚣欧努菲虫（*Onuphis geophiliformis*）、软体动物的橄榄胡桃蛤（*Nucula tenuis*）、薄索足蛤（*Thyasira tokunagai*）、甲壳动物的日本美人虾（*Callianassa japonica*）、豆形短眼蟹（*Xenophthalmus pinnotheroides*）、棘皮动物的日本倍棘蛇尾（*Amphioplus japonicus*）、浅水萨氏真蛇尾（*Ophiura sarsii*）等。

夏季优势种主要有：环节动物的背蚓虫（*Notomastus latericeus*）、短叶索沙蚕（*Lumbrineris latreilli*）、角海蛹（*Ophelina acuminata*）、曲强真节虫（*Euclymene lombricoides*）、太平洋拟节虫（*Praxillella pacifica*）、小头虫（*Capitella capitata*）、掌鳃索沙蚕（*Ninoe palmate*）、锥唇吻沙蚕（*Glycera onomichiensis*）；软体动物的圆楔樱蛤（*Cadella narutoensis*）、脆壳理蛤（*Theora fragilis*）；甲壳动物的日本鼓虾（*Alpheus japonicus*）；棘皮动物的紫蛇尾（*Ophiophplis mirabilis*）和其他类的革囊虫（*Phascolosoma onomichianum*）等。

秋季优势种主要有：环节动物的梳鳃虫（*Terebellides stroemii*）、掌鳃索沙蚕（*Ninoe palmata*）、角海蛹（*Ophelia acuminata*）、短叶索沙蚕（*Lumbrineris latreilli*）等18种，甲壳动物的日本美人虾（*Callianassa japonica*）、博氏双眼钩虾（*Ampelisca bocki*）、细螯虾（*Leptochela gracilis*）；软体动物的薄索足蛤（*Thyasira tokunagai*）、圆盘短吻蛤（*Periploma otohimeae*）等4种棘皮动物的日本倍棘蛇尾（*Amphioplus japonicus*）。

冬季优势种主要有：环节动物的梳鳃虫（*Terebellides stroemii*）、掌鳃索沙蚕（*Ninoe palmata*）等16种；甲壳动物的哈氏美人虾（*Callianassa harmandi*）、博氏双眼钩虾（*Ampelisca bocki*）；软体动物的日本胡桃蛤（*Nucula nipponica*）；棘皮动物的日本倍棘蛇尾（*Stegophiura sladeni*）和萨氏真蛇尾（*Ophiura sarsii*）。

7.7.3 大型底栖动物栖息密度及季节变化

7.7.3.1 山东半岛南部近海海域

大型底栖动物夏、冬、春、秋的平均密度分别为1 917 ind./m^2、2 431 ind./m^2、1 333 ind./m^2、938 ind./m^2，冬季最高，夏季次之，秋季最低。

7.7.3.2 渤海海域（黄河口和莱州湾）

渤海海域底栖生物栖息密度处于较低水平，4个季度中以夏季最高，冬季次之，春季最少。春季平均栖息密度为100 ind./m^2，密度组成以多毛类最高，软体动物次之，甲壳类居第三位。夏季平均栖息密度为442 ind./m^2，密度组成以软体动物最高，甲壳类次之，多毛类居第三位。秋季平均栖息密度为195 ind./m^2，密度组成以甲壳类最高，软体动物次之，多毛类居第三位。冬季平均栖息密度为270 ind./m^2，密度组成以多毛类最高，甲壳类次之，软体动物居第三位。

7.7.3.3 北黄海海域山东段

北黄海海域底栖生物平均栖息密度以冬季（1 959 ind./m^2）最高，其次为夏季(1 704 ind./m^2)、春季(1 129.82 ind./m^2)、秋季（830.21 ind./m^2）。夏、冬两季丰度值高于春、秋两季。

7.7.3.4 南黄海海域山东段

南黄海大型底栖生物栖息密度不同季节变化较显著，秋季远高于其他3个季节，平均栖息密度高达261 ind./m^2，春季和冬季密度较低，分别为79.52 ind./m^{2}和76.06 ind./m^2，夏季栖息密度居中，为100.07 ind./m^2。

7.7.4 大型底栖动物生物量及季节变化

7.7.4.1 山东半岛南部近海海域

大型底栖动物的年总平均生物量为16.98 g/m^2，春季生物量最高为20.75 g/m^2，夏季生物量次之为17.20 g/m^2，秋季生物量比夏季略低为16.58 g/m^2，冬季最低为13.4 g/m^2。

总体来看，近岸海域大型底栖动物平均生物量较高，这在秋、冬季节表现得较为明显；春季青岛以南至日照沿海平均生物量相比青岛以北海域明显要高，夏季水平分布特点不显著。

7.7.4.2 渤海海域（黄河口和莱州湾）

春季大型底栖动物平均生物量为10.31 g/m^2，生物量组成以棘皮动物最高。夏季为27.94 g/m^2，生物量组成以软体动物最高。秋季为15.89 g/m^2，生物量组成以棘皮动物最高。冬季为21.20 g/m^2，生物量组成以软体动物最高。

7.7.4.3 北黄海海域山东段

北黄海海域春季生物量变化范围为0.329～1 117.946 g/m^2，平均为65.04 g/m^2。夏季平均生物量为50.63 g/m^2。秋季生物量变化范围为0.399～394.27 g/m^2，平均为50.6 g/m^2。冬季平均生物量为37.77 g/m^2。平均生物量值以春季最高，夏、秋两季相近而冬季最低。

7.7.4.4 南黄海海域山东段

南黄海大型底栖动物生物量的季节变化趋势与栖息密度变化趋势基本一致，密度最高的秋季生物量也最高（33.71 g/m^2），密度最低的春季生物量也最低（15.1 g/m^2），但是季节差异较栖息密度差异小。夏季大型底栖动物的平均生物量为28.30 g/m^2，冬季大型底栖动物平均生物量为27.08 g/m^2。

7.7.5 大型底栖动物分布特征和生物多样性

大型底栖动物3个优势种：寡鳃齿吻沙蚕（*Nephthys oligobranchia*）、独指虫（*Aricidea fragilis*）和拟特须虫（*Paralacydonia paradoxa*）的分布，表现为近岸的密度高于远岸，青岛及南部海域的密度高于北部海域。

大型底栖动物的密度大致表现为近岸海域要高于远岸海域，青岛及南部海域高于北部海域。

大型底栖动物生物量的分布规律不甚明显，大致也是近岸高于远岸，青岛以南海域略高于以北海域。

7.8 小型底栖生物

山东半岛南部近海海域的小型底栖生物的优势种群是线虫、桡足类和多毛类。4个季节的线虫密度平均值从高低依次为：冬季、夏季、春季、秋季。桡足类密度平均值在春季达到

108 988 ind. / m^2，比其他季节高了一个数量级，其次是冬季，夏季和秋季的密度最小。多毛类密度季节变化从高到低依次为：春季、夏季、冬季、秋季。南黄海海域山东段小型底栖生物的优势种类为线虫及桡足类。线虫的栖息密度和生物量水平分布和季节变化是一致的。从高到低顺序依次为：春季、冬季、夏季、秋季。桡足类的栖息密度和生物量季节变化从高到低依次为冬季、春季、夏季、秋季。

山东半岛南部近海海域小型底栖生物栖息密度的年平均值冬季最高，秋季最低。渤海海域山东段小型底栖生物栖息密度偏低，具有明显的季节变化，冬季最高，春季最低。其中黄河口区域底栖生物栖息密度从高到低依次为：冬季、秋季、春季、夏季，莱州湾区域从高到低依次为：秋季、冬季、夏季、春季。

山东近海小型底栖生物的生物量具有明显的区域差异和季节性。

7.8.1 小型底栖动物优势种群及其季节变化

7.8.1.1 山东半岛南部近海海域

线虫和多毛类是山东沿岸水域小型底栖生物的优势类群，其中线虫是最为优势的类群。线虫4个季节的密度平均值分别为821 151 ind. /m^2、712 086 ind. /m^2、571 789 ind. /m^2、227 176 ind. /m^2，表现出冬季、夏季、春季、冬季从高到低的季节性变化规律。多毛类4个季节的密度平均值分别为49 894 ind. /m^2、27 702 ind. /m^2、22 804 ind. /m^2 和15 165 ind. / m^2，表现出从高到低春季、冬季、夏季、秋季的季节性变化规律。

7.8.1.2 南黄海海域山东段

在南黄海4个航次中，小型底栖生物的优势种类均为线虫。

7.8.2 小型底栖动物栖息密度和生物量及季节变化

7.8.2.1 山东半岛南部近海海域

该海域小型底栖生物栖息密度的年平均值是678 933 ind. /m^2。4个季节的栖息密度平均值分别为915 428 ind. /m^2、783 361 ind. /m^2、758 625 ind. /m^2、258 316 ind. /m^2，表现出冬季、夏季、春季、秋季从高到低的季节性变化规律。

小型底栖生物生物量的年平均值是908 627 g/m^2。4个季节生物量的平均值分别为1 311 197 g/m^2、96 469 g/m^2、35 106 g/m^2 和1 007 558 g/m^2，表现出春季、冬季、夏季、秋季从高到低的季节性变化规律。

7.8.2.2 渤海海域—黄河口和莱州湾

黄河口重点区小型底栖生物栖息密度处于较低水平，平均值为617 500 ind. /m^2。4个季节中冬季的栖息密度最大，为720 100 ind. /m^2，其次为秋季683 300 ind. /m^2，再次为春季576 100 ind. /m^2，最低的为夏季490 400 ind. /m^2。4个季节栖息密度组成均以线虫为主。

莱州湾重点区小型底栖生物栖息密度处于低水平，平均值为468 300 ind. /m^2。4个季节中秋季的栖息密度最大，为 752 300 ind./m^2，其次为冬季 463 800 ind./m^2，再次为夏季 379 100 ind./m^2，最低的为春季 277 900 ind./m^2。4 个季节栖息密度组成均以线虫为主。

7.8.2.3 南黄海海域山东段

南黄海小型底栖生物栖息密度及其水平分布和季节变化：春季在山东半岛沿岸存在 1 个高值区，最高值出现在山东半岛沿岸的 HH119 站，栖息密度达 17 153 000 ind./m^2；夏季靠近青岛重点区的 HH119 站小型底栖生物栖息密度较高，达 2 961 000 ind./m^2；秋季南黄海海域小型底栖生物高值区分布在山东青岛外海，最高栖息密度为 5 481 000 ind./m^2。

生物量分布：春季山东近岸小型底栖生物的生物量较高，山东近海青岛重点区存在小型底栖生物的生物量高值中心，生物量（干重）为 881.5 μg/(10 cm^2)；夏季在位于 50 m 等深线附近的站位也存在较高的生物量；秋季在山东青岛外海存在一个最明显的高值区，最高生物量（干重）达 1 410.5 μg/（10 cm^2）；冬季小型底栖生物生物量高值区位于青岛外海。

7.9 游泳生物

山东近海海域（除北、南黄海山东段）游泳动物以甲壳类、鱼类为主。山东半岛南部近海海域游泳动物水平分布具有明显的区域性，以青岛近岸区域最多，种类数没有季节性变化；渤海海域季节演替明显。

山东近海海域（仅山东半岛南部近海海域），夏、冬、春、秋季游泳动物优势种分别为鹰爪虾和口虾蛄、尖海龙和赤鼻棱鳀、口虾蛄和方氏云鳚、剑尖枪乌贼和口虾蛄。

鱼类、甲壳类以及头足类等游泳动物的平均密度季节变化是夏季（17.1 kg/h，1 683 ind./h）、秋季（10.615 kg/h，3 310.067 ind./h）较高，冬季（3.9 kg/h、583 ind./h）、春季（1.084 kg/h、180 ind./h）较低。

山东近海海域（除南黄海海域山东段）游泳动物的生物量具有区域性和季节性，小型鱼类、甲壳类、头足类代替大型优质经济种类成为资源结构主要部分。

7.9.1 游泳生物种类组成及季节变化

7.9.1.1 山东半岛南部近海海域

山东半岛南部近海 4 个季度共捕获游泳动物 72 种，其中头足类 6 种，甲壳类 17 种，鱼类 49 种，种类组成见图 7.15。

7.9.1.2 渤海海域（黄河口和莱州湾）

渤海海域捕获各类游泳动物季节的演替变化非常明显，春季和冬季甲壳类占绝对优势，其次为鱼类和头足类。夏季和秋季类似，鱼类占绝对优势，其次为甲壳类、头足类。头足类所占比例很小，各季节均不及 2%。

7.9.2 游泳生物优势种类的季节变化

4 个季节之间出现的优势种类差异较大：春季以方氏云鳚和双喙耳乌贼为主要优势种；

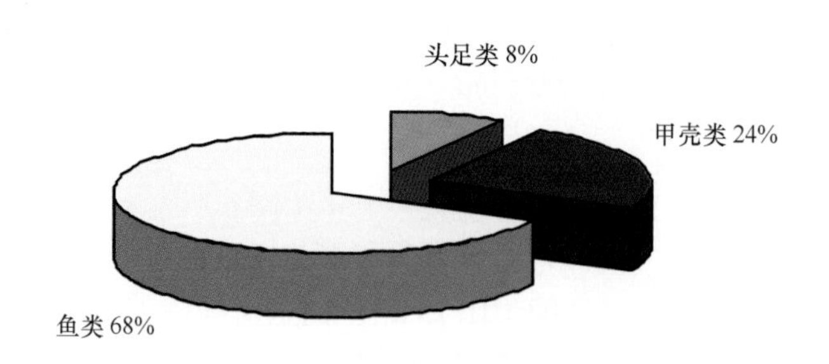

图 7.15　游泳动物的种类组成

夏季以甲壳类的鹰爪虾和口虾蛄为主要优势种；秋季以头足类的剑尖枪乌贼和甲壳类的细巧仿对虾为主要优势种；冬季以尖海龙和赤鼻棱鳀为主要优势种。

7.9.3　游泳生物密度及季节变化

从资源捕获密度来看，夏季最高，为 18.134 kg/h，分别是春、秋、冬季的 14.0 倍、1.8 倍、2.7 倍。此外，鱼类、甲壳类和头足类的资源捕获密度在 4 个季节之间均存在明显差异。夏季鱼类的平均资源密度最高，为 12.254 kg/h，分别是春、秋、冬季的 18.3 倍、2.9 倍、6.6 倍；夏、秋季甲壳类的平均资源密度较高，分别为 4.54 kg/h 和 3.590 kg/h，而春、冬季均低于1 kg/h；头足类则表现不同的变化，秋、冬季的平均资源密度较高，分别为 2.425 kg/h 和 4.62 kg/h，而春、夏季相对较低。

7.9.4　游泳生物资源量及季节变化

7.9.4.1　山东半岛南部近海海域

4 个季节间资源量变化较大：夏季底层鱼类和甲壳类的资源量较高，分别占总渔获量的 46.1% 和 25.0%；冬季底层鱼类和头足类的资源量较高，分别占总渔获量的 20.1% 和 69.1%；春、秋季各组成种类的资源量相对平均，春季底层鱼类的资源量较高，占总渔获量的 37.4%，秋季则是甲壳类的资源量较高，占总渔获量的 34.9%。

7.9.4.2　渤海海域（黄河口和莱州湾）

渤海渔业生物的资源结构以鱼类和甲壳类为主，头足类所占比例较小。春季，渤海渔业生物的资源量组成以甲壳类为主，占总渔获量的 72.75%，鱼类的资源量所占比例为全年最低，仅 23.17%；夏季和秋季，渔业生物的资源量以鱼类为主，所占比例超过 80%，甲壳类的比例则降低到 20% 以下；冬季，鱼类的资源量所占比例下降，甲壳类的比例上升，头足类的比例则为全年的最高值，为 6.39%。

7.9.5　游泳生物分布特征

从资源量的分布来看，4 个季节都是青岛近海海域渔业资源的资源量最高，而日照近海海域和乳山近海海域渔业资源的资源量季节变化明显。春季日照近海海域渔业资源的资源量较高、夏季最低；乳山近海海域则是春季最低、夏季较高。

7.10 小结

叶绿素a浓度在水平方向上的分布总体呈现出近岸到远海逐渐降低的变化趋势。但在不同季节出现高、低值区的分布有所差异。

初级生产力平均值表现出春季、夏季、秋季、冬季从高到低的变化趋势。在春、夏、秋3个季节调查海域的初级生产力，总体呈现出近岸高于远岸的分布特征，而冬季的变化趋势正好相反。

山东近海海洋检测到甲藻、硅藻、金藻、鞭毛藻、绿藻及原生动物等微型浮游生物，共获微型浮游植物67种，其中硅藻56种，占微型浮游植物种类组成的83.6%；甲藻5种，占微型浮游植物种类组成的7.4%；绿藻4种，占微型浮游植物种类组成的6.0%；金藻1种，均占微型浮游植物种类组成的1.5%。

渤海海域春季调查海域浮游动物平均生物量最高，为399.8 mg/m^3，变化范围在11.5～9 500.0 g/m^3之间。莱州湾重点调查区生物量最高，黄河口重点调查区最低。

烟台海域，大、中型浮游生物总生物量的变化呈明显的季节变化趋势：春季平均为964.93 mg/m^3，远高于其他季节。夏季平均为265.93 mg/m^3，低于其他季节。秋季平均为489.68 mg/m^3，生物量的分布较均匀，由北向南呈波浪式上升。冬季平均为277.59 mg/m^3。青岛海域，春季航次中，各站位大、中型浮游生物的平均生物量为1 415.11 mg/m^3，大体呈现近岸大远岸小的水平分布规律。夏季航次中，各站位大、中型浮游生物平均生物量为87.89 mg/m^3，呈现近岸大远岸小的水平分布规律。秋季航次中，各站位大、中型浮游生物平均生物量为706.00 mg/m^3，呈现近岸大远岸小的水平分布规律。冬季航次中，各站位大、中型浮游生物的平均生物量为211.10 mg/m^3，水平分布呈现远岸大近岸小的分布规律。威海海域，大、中型浮游生物生物量范围为13.5～3 851.9 mg/m^3，平均为312.88 mg/m^3。4个季节调查中，以春季大、中型浮游生物生物量最高，平均每站生物量为533.12 mg/m^3，其次为秋季，平均每站生物量为377.76 mg/m^3，再次为冬季，平均每站生物量为222.96 mg/m^3，夏季生物量最小，为116.67 mg/m^3。

山东半岛南部近岸共获鱼卵9种，219粒，鉴定到种的为8种，隶属于4目8科8属。渤海海域，鉴定鱼卵6科8种；春季鉴定鱼卵3科4种。秋、冬季期间均未采得鱼卵。北黄海海域山东段，夏季鉴定鱼卵7种，158粒。秋季，出现鱼类如鲬、绿鳍鱼、叫姑鱼等鱼类均已过产卵季节，其性腺成熟度均在1～2期；其他在该海域出现的鱼类如大头鳕、大泷六线鱼、长绵鳚、细纹狮子鱼等鱼类性腺指数在3～4期。南黄海山东近海海域，夏季共鉴定鱼卵和仔稚鱼27种；春季鱼卵和仔稚鱼20种；秋季共鉴定鱼卵29种，冬季未检测到鱼卵和仔稚鱼。

渤海海域本次调查共获底栖生物400种（未计苔藓类动物和沉积的海藻），隶属于13个动物门，177科311属。山东半岛南部近海海域共采集到大型底栖动物380种，其中多毛类176种，占总种数的47%；软体动物85种，占总种数的22%；甲壳动物88种，占总种数的23%；棘皮动物19种，占总种数的5%；其他门类的动物（包括腔肠动物、纽形动物、扁形动物、脊索动物）共12种，占总种数的3%。

黄河口重点调查区小型底栖生物栖息密度处于较低水平，平均为61.75个/cm^2。4个季节中冬季的栖息密度最大，为 72.01 个/cm^2，其次为秋季 68.33 个/cm^2，再次为春季 57.61 个/cm^2，最低的为夏季 49.04 个/cm^2。4 个季节栖息密度组成均以线虫为主。莱州湾重点调查区小型底栖生物栖息密度处于低水平，平均为 46.83 个/cm^2。4 个季节中秋季的栖息密度最大，为 75.23 个/cm^2，其次为冬季 46.38 个/cm^2，再次为夏季 37.91 个/cm^2，最低的为春季 27.79 个/cm^2。4 个季节栖息密度组成均以线虫为主。山东半岛南部近海海域共采得小型底栖生物类群 19 个，包括自由生活海洋线虫、底栖桡足类、介形类、动吻类、端足类、涟虫、异足类、涡虫、多毛类、双壳类、腹足类、棘皮幼体、螨类、星虫、寡毛类、腹毛类、腔肠动物等足类和其他未鉴定类群。

从游泳生物的资源量分布来看，4 个季节都是青岛近海海域渔业资源的资源量最高，而日照近海海域和乳山近海海域渔业资源的资源量季节变化明显。春季日照近海海域渔业资源的资源量较高、夏季最低；乳山近海海域则是春季最低、夏季较高。

8　海洋沉积物

8.1　潮间带沉积物类型及其分布

8.1.1　沉积物类型分布

由于海岸类型的差异，以及岸段内入海河流、动力条件的不同，其沉积物类型及分布也各具特征，本文将根据海岸差异将全省划分为黄河三角洲、潍北平原、莱—龙—蓬沙质岸段、东部南部港湾岸段、日照沙质岸段5块区域分别进行底质类型分布及特征分析。

8.1.1.1　黄河三角洲岸段沉积物类型分布

1）底质类型分布

如图8.1所示，黄河三角洲区域的潮间带沉积物类型主要有砂、粉砂质砂、砂质粉砂、粉砂、黏土质粉砂、粉砂质黏土、砂-粉砂-黏土7种类型，其分布规律分述如下：

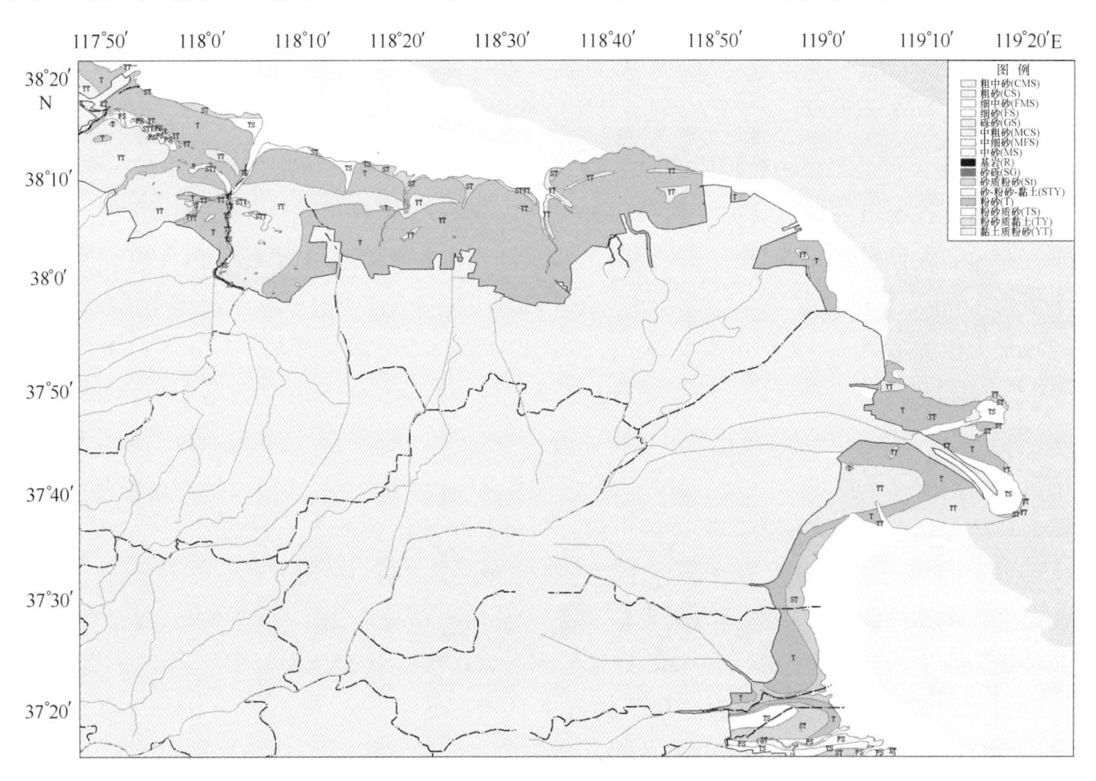

图8.1　黄河三角洲潮间带沉积物类型分布

砂仅在大口河河口至套尔河口之间分布，个体呈孤岛状，总体呈平行海岸带的串珠状分布。

粉砂质砂主要分布在套尔河口附近，在河道呈条带状由岸向海延伸，在0 m等深线附近呈带状平行岸线分布；现行河口附近也有较大范围分布；另外，在东风港、5号桩等附近也有零星分布，但是分布面积较小。

砂质粉砂在整个潮间带区域内分布较少，主要分布在黄河口以南的高潮滩和水下岸坡处。另外，就整个黄河三角洲地区来说，砂质粉砂主要分布在大口河河口以东0~2 m等深线之间的海域和小岛河口以南浅滩和水下岸坡上部，黄河故道和神仙沟口外水下岸坡上也有断续分布。

粉砂为整个区域内分布最为广泛的底质类型，在整个潮间带上分布十分广泛。大口河河口到套尔河口的潮间带均有粉砂分布；从湾湾沟到现行河口区域，潮间带主要底质类型为粉砂；现行河口以南，淄脉沟口、小清河口两侧也有较大面积的粉砂分布。

黏土质粉砂主要分布在大口河河口至套尔河口的潮间带上，呈孤岛状，沿与海岸线平行的方向断续分布，其中套尔河口至湾湾沟口潮间带上，黏土质粉砂主要是沿与岸线平行的方向连续分布，在刁口和三角洲北端潮间带上有零星分布，另外在现行河口两侧有许多孤岛状黏土质粉砂带零星分布，在现行河口的南部有较大面积的分布。

粉砂质黏土主要在现行河口的南北两侧各有一个面积较大的粉砂质黏土区域，且由于潮流的作用南侧的面积大于北侧的面积，另外在水深10~15 m的海域内有较大面积的分布。

砂-粉砂-黏土主要分布在大口河河口至套尔河口的潮间带上，沿着岸线方向呈平行的断续分布，且其通常与砂质的沉积物伴生，另外在5号桩和小清河口附近的潮间带上有零星分布。

2）粒度参数特征

（1）中值粒径是沉积物最重要的粒度参数之一，它是度量沉积物颗粒大小的一种指标。大口河河口至挑河口的沉积物的中值粒径最大值为8.8ϕ，最小值为2.7ϕ，平均值为5.2ϕ，其中在5~6ϕ之间分布最为广泛；挑河口至孤东油田的沉积物的中值粒径最大值为6.98ϕ，最小值为4.6ϕ，平均值为5.2ϕ，粒径主要集中在4.5ϕ~6ϕ之间；孤东油田至小清河口的中值粒径最大值为7.40ϕ，最小值为4.28ϕ，平均值为5.4ϕ，粒径主要集中在4.5~6ϕ之间。

（2）大口河河口至挑河口的沉积物的分选系数最小值为0.44，最大值为2.71，平均值为1.9，除了大口河附近的砂质沉积物分选中等，其余地区的沉积物分选较差；挑河口至孤东油田的沉积物的分选系数最大值为2.41，最小值为0.97，平均值为1.6，分选差；孤东油田至小清河口的分选系数最大值为2.40，最小值为0.99，平均值为1.7，分选差。

（3）大口河河口至挑河口的沉积物的偏态最大值为5.14，最小值为0.3，平均值为1.9；挑河口至孤东油田的沉积物的偏态最大值为2.17，最小值为1.25，平均值为1.8，分选差；孤东油田至小清河口的偏态最大值为2.28，最小值为0.93，平均值为1.8。

（4）大口河河口至挑河口的沉积物的峰态最大值为3.58，最小值为0.66，平均值为2.6；挑河口至孤东油田的沉积物的峰态最大值为3.17，最小值为2.19，平均值为2.5，分选差；孤东油田至小清河口的峰态最大值为2.95，最小值为2.14，平均值为2.5。

8.1.1.2 潍北平原岸段沉积物类型分布

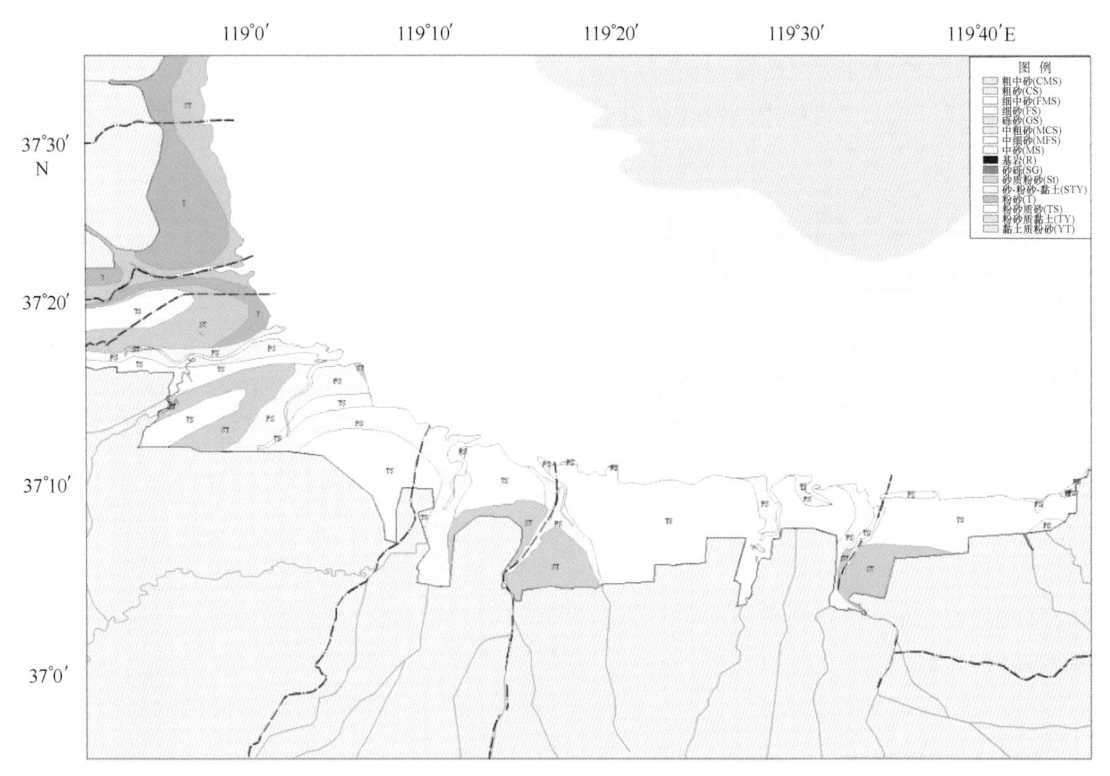

图 8.2 潍北平原潮间带沉积物类型分布

1）底质类型

如图8.2所示，潍北平原潮间带沉积物类型主要有砂、粉砂质砂、砂质粉砂3种，其分布规律分述如下：

砂主要分布在0 m等深线附近，另外在小清河、弥河、虞河、潍河、胶莱河河口及入海河道附近也有分布。

粉砂质砂为该区域主要底质类型。从海岸线一直到0 m等深线附近都有分布，其中在高潮滩和中潮滩分布广泛。

砂质粉砂在上次海岸带调查时在高、中潮滩都有广泛分布，但是由于潍坊防潮堤的修筑，导致滩面侵蚀，大面积的砂质粉砂现在已经演变为粉砂质砂。目前仅在虞河入海支叉处受侵蚀作用较小，有小面积的分布。

2）粒度参数特征

（1）莱州湾沉积物的中值粒径分布较均匀，最大值为3.4ϕ，最小值为4.0ϕ，平均值为3.7ϕ。其中砂的中值粒径多集中在3.5～3.6ϕ，粉砂质砂的中值粒径多集中在3.8～3.9ϕ。

（2）莱州湾沉积物的分选系数较大，最大值为1.45，最小值为0.31，平均值为0.84，分选中等。从海岸线至0 m等深线，粉砂质砂的分选系数总体呈逐渐减小的趋势，分选性逐渐变好，表明所处的水动力环境逐渐增强。砂的分选系数在垂直岸线方向上变化不大，但是不同河口区域有较大区别，弥河河道附近的分选系数较白浪河河道附近的分选系数大，表明两处的动力环境存在一定的差异。

（3）莱州湾沉积物偏态的最大值为2.16，最小值为0.21，平均值为1.54，呈正偏态分布。

（4）莱州湾沉积物峰态的最大值为2.81，最小值为0.56，平均值为2.04，沉积物峰态总体呈尖窄状。整个区域峰态值都在2以上，仅在弥河和白浪河之间的LP05剖面处峰态值在0.5左右。

8.1.1.3 莱—龙—蓬沙质岸段沉积物类型分布

1）底质类型

如图8.3所示，本区域砂质海岸潮间带的底质沉积物都为砂，利用1979年海洋调查规范对砂进一步命名，得到该区域的主要底质类型包括砂砾、砾砂、粗砂、中粗砂、粗中砂、中砂、细中砂、中细砂、细砂9类，其分布规律分述如下：

砂砾主要分布于中潮滩与低潮滩的交界的滩面骤然变陡处，在三山岛东侧、石虎嘴以及屺岛南北两侧的海岸都有分布。

砾砂主要分布在高潮滩和中潮滩下部。在海庙港、海北嘴、龙口港南侧、蓬莱西苑等区域都有分布。

粗砂主要分布在中潮滩下部，在仓北附近、栾港码头东侧、大洋河西侧等区域都有分布。

中粗砂集中分布在中潮滩和高潮滩，主要在刁龙嘴、石虎嘴至界河、大洋河西侧等区域都有分布。

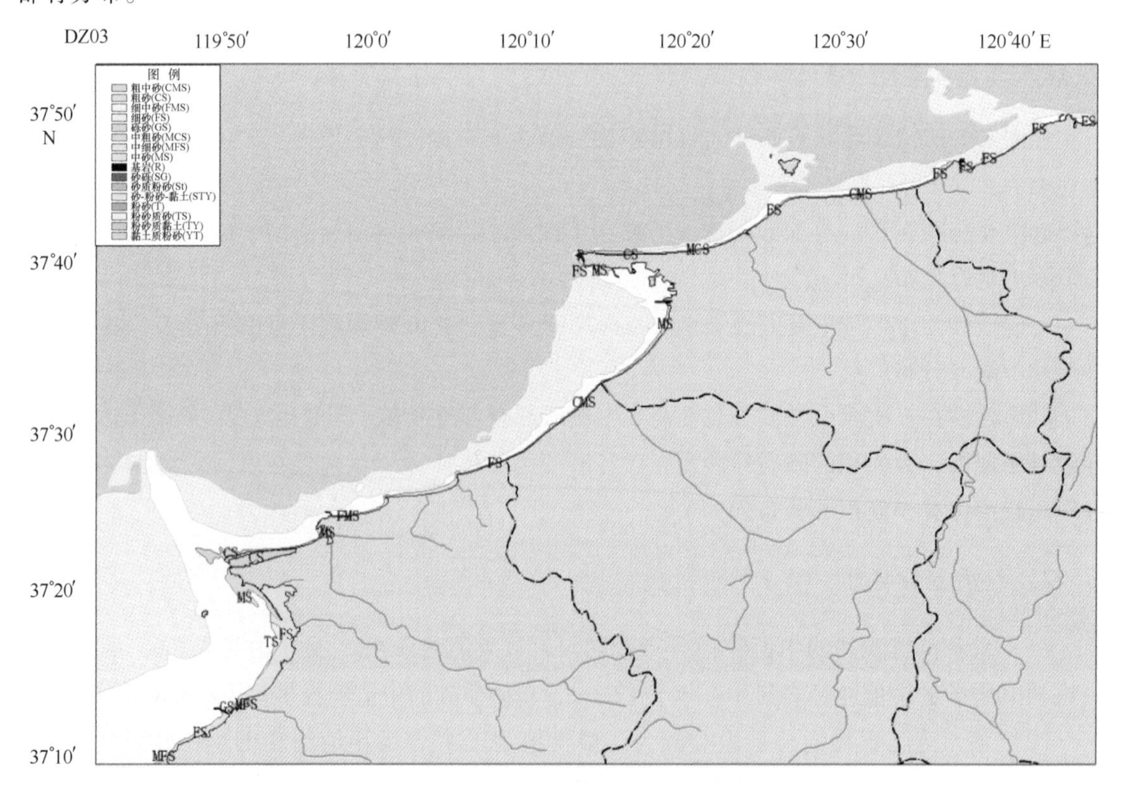

图8.3　莱—龙—蓬区域潮间带沉积物类型分布

粗中砂主要分布高潮滩和中潮滩，在朱流、仓北、黄河营等区域都有分布，另外在栾港码头的低潮滩也有分布。

中砂主要分布在东良西北海岸的高潮滩和西苑海岸的低潮滩。

细中砂主要分布在三山岛东侧、石虎嘴西侧以及宅上西北的高潮滩，另外在朱流海岸的低潮滩。

中细砂主要分布在仓北海岸的中潮滩，三山岛东侧低潮滩和南山集团西侧的高潮。

细砂在本区域分布最为广泛，主要分布在大部分海岸的低潮滩，另外在海北嘴、宅上西北海岸的中潮滩也有分布。

2）粒度参数特征

（1）莱—龙—蓬沙质海岸潮间带沉积物的中值粒径普遍较大，不同位置处的差异也较大，最大值为 -2.2ϕ，最小值为 3.8ϕ，平均值为 0.9ϕ。其中小于 0ϕ 分布区主要集中在中潮滩与低潮滩的交界的滩面骤然变陡处和距离基岩海岸较近滩面处；$0\sim2\phi$ 分布区为该区域的主要中值粒径分布区，大部分海滩的高、中潮滩以及部分低潮滩在该分布区；$2\sim4\phi$ 分布区主要集中在部分海岸的低潮滩。

（2）莱—龙—蓬沙质海岸潮间带沉积物的分选系数较小，最大值为2.24，最小值为0.06，平均值为0.69，分选较好，表明该区域潮间带整体水动力环境较强。

（3）莱—龙—蓬沙质海岸潮间带沉积物偏态的最大值为1.46，最小值为0.12，平均值为0.58，呈正偏态分布。

（4）莱—龙—蓬沙质海岸潮间带沉积物峰态的最大值为1.81，最小值为0.17，平均值为0.90，沉积物峰态中等。

8.1.1.4　东南部港湾岸段沉积物类型分布

1）底质类型

如图8.4所示，本区域砂质海岸潮间带的底质沉积物都为砂，利用1979年海洋调查规范对砂进一步命名，得到该区域的主要底质类型包括砂砾、砾砂、粗砂、中粗砂、粗中砂、中砂、细中砂、中细砂、细砂、粉砂质砂、砂质粉砂、粉砂、黏土质粉砂、粉砂质黏土14类，其分布规律分述如下：

砂砾主要分布在烟台第一海水浴场海岸、烟台玉岱山西侧海湾、荣成初家沟东侧海岸、王家湾蚧口南侧海岸和杜家岛海岸，在滩面上集中在中潮滩与低潮滩的交界的滩面骤然变陡处，通常分布宽度在1～3 m。

砾砂主要分布在蓬莱沙河口海岸、福山区黄金河西侧海岸、烟台第一海水浴场高潮滩，乳山杜家岛海岸、海阳大辛家东和斜角洼海岸中潮滩下部。

粗砂主要分布在中、潮滩的交界处和部分海岸的高潮滩。在蓬莱八仙渡西侧、平畅河口、蓬莱八角北侧、牟平侯至山北侧、环翠区逍遥港、荣成小海口门东侧、荣成柳夼、月湖口门沙坝处、龙眼湾、即墨王村、东里村东、青岛崂山仰口湾、胶南崔家潞子、古镇口湾都有分布。另外在荣成槎山林场南侧海岸和窑沟南滩海岸的整个海滩也有分布。

中粗砂主要分布在高潮滩和中潮滩。在福山区黄金河、靖海湾周家、文登万家寨南侧、乳山洋口村、龙口石、银滩西端、海阳斜角洼、万米海滩、羊角畔南侧、环翠区温港、荣成

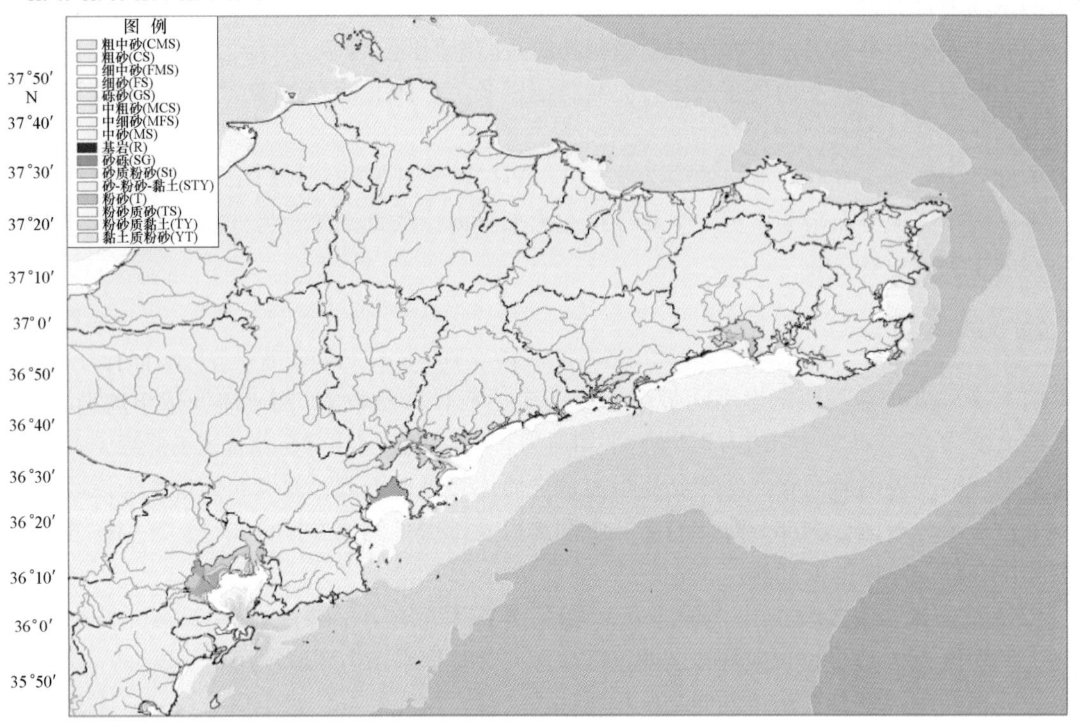

图 8.4　东南部港湾区域潮间带沉积物类型分布

纹石宝滩、朝阳港口门西侧、荣成湾龙王庙、月湖口门沙坝处、临洛湾、石岛湾北侧、胶南龙湾西侧、灵山湾北侧、蓬莱八仙渡西侧、环翠区海上公园、荣成柳夼等区域分布。另外在牟平区东泊子、荣成湾龙王庙、月湖口门沙坝处、斜口流口门沙嘴处的低潮滩也有分布。

粗中砂主要分布在高潮滩、中潮滩以及低潮滩的上部。在蓬莱八角北侧海湾、福山区大沽夹河西侧、芝罘区玉岱山西侧海湾、牟平区侯至山北侧、环翠区影视基地海湾、北山嘴北侧、荣成小海口门东侧、荣成虎头崖、柳夼西侧、马兰湾、南山东侧海湾、乳山杜家岛、海阳大辛家东侧、万米海滩、蓬莱解宋营西北、平畅河口、牟平北头村北侧、环翠区国际海水浴场、葡萄滩、北山嘴北侧、荣成纹石宝滩、虎头崖、朝阳港口门西侧、荣成湾龙王庙、月湖沙坝中部、荣成政府广场前沙滩、胶南龙湾西侧等区域都有分布。

中砂在高、中、低潮滩都有分布。在芝罘岛西侧海湾、环翠区葡萄滩、石家河、桑岛湾八亩地东侧、靖海角东侧、文登万家寨南侧、海阳烟台顶东侧、庄上、蓬莱八角北侧海湾西岸、环翠区石家河等区域都有分布。

细中砂在高、中、低潮滩都有分布。在蓬莱沙河口、解宋营西北、平畅河口、大沽夹河西侧、牟平东泊子沙滩、牟平港西侧、北头村北、环翠区国际海水浴场、海上公园、海水公园南侧、城子村南侧、逍遥港、荣成朝阳港东侧、黄石岩西侧、柳夼、斜口流口门沙嘴等区域都有分布。

中细砂在高、中、低潮滩都有分布。在福山区套子湾、芝罘区大沽夹河东侧、玉岱山西侧、烟台大学西侧、荣成马他角西侧、楮岛沙坝、黑泥湾沙坝、镆铘岛南端、文登南海金滩、乳山管委会广场、海阳万米海滩东侧、即墨栲栳头东侧、栲栳湾、崂山小岛湾、石老人海水浴场中部、薛家岛石岭子村、金沙滩中部、胶南王家滩湾北侧、崔家潞子、灵山湾国家森林公园、蓬莱八仙渡西侧海湾、福山区套子湾、环翠区影视基地海湾、温港、荣成月湖西岸、临洛湾、马他角西侧、爱连湾北侧、荣成政府广场前沙滩南侧、斜口流口门沙嘴、楮岛沙坝南部、港南头村东侧、镆铘岛南端、石岛湾北侧、乳山万家寨南侧、银滩西端、海阳大辛家东侧、崂山仰口湾、石老人海水浴场西部、薛家岛金沙滩东侧等区域都有分布。

细砂在本区域分布广泛，在高、中、低潮滩都有分布。在蓬莱八仙渡西侧、福山区套子湾福来山北侧、荣成初家沟东侧、爱连湾北侧、港南村东侧、崂山石老人浴场、薛家岛金沙滩、芝罘岛西侧海湾、莱山区烟台大学西侧、荣成楮岛沙坝、黑泥湾沙坝、石岛湾西北侧、乳山洋口村、乳山管委会广场、乳山银滩、海阳万米海滩、即墨栲栳湾、天泰浴场、东里村东侧、崂山小岛湾、王格庄湾、薛家岛石岭子村、胶南冯家港北侧、薛家岛刘家岛村等区域都有分布。

粉砂质砂主要分布在海阳麻姑岛、丁字湾西顶子、王格庄湾的高潮滩，丁字湾七口村、西顶子、栲栳头东侧的中潮滩，丁字湾七口村的低潮滩，以及整个海阳大山的潮滩。

砂质粉砂主要分布在丁字湾小白岛的中潮滩，丁字湾海头、即墨王村、胶南崔家潞的低潮滩。

粉砂主要分布在靖海湾西北侧中潮滩，古镇口湾西侧的低潮滩，即墨唐家庄南侧的整个海滩，大沽河河口的中潮滩。

黏土质粉砂主要分布在靖海湾西北侧、海阳丁字湾海头、即墨丁字湾小白岛的高潮滩，海阳丁字湾海头、麻姑岛、胶南崔家潞子、古镇口湾西侧的中潮滩，靖海湾西北侧、海阳麻姑岛、即墨丁字湾小白岛的低潮滩。另外在胶州湾红岛低潮滩附近有大面积分布，在红岛西侧至大沽河河口东侧的中、高潮滩也有分布。

粉砂质黏土分布最为广泛，在胶州湾从女姑口至东风盐场段的高潮滩都有粉砂质黏土分布，由于沉积环境的差异，其在滩面的分布面积不同。其中在东大洋、红岛西侧海湾和大沽河口处粉砂质黏土分布最广，宽度在2 km以上，在其他岸段分布较窄，宽度在500～600 m。

2）粒度参数特征

（1）东南部港湾区域潮间带沉积物类型以砂质为主，因此中值粒径普遍较大，但是在该区域某些海湾湾顶处也分布有一定数量的粉砂质沉积物，其中值粒径较小。本区域中值粒径最大值为-2.7ϕ，最小值为7.2ϕ，平均值为2.0ϕ。其中小于0ϕ分布区主要集中在部分水动力较强海岸的中潮滩下部与低潮滩的交界的滩面骤然变陡处，底质类型主要为砂砾和砾砂；$0\sim2\phi$分布区主要集中在区域北部和东部港湾以及即墨和胶南部分岸段，底质类型以粗砂、中粗砂、粗中砂为主；$2\sim4\phi$分布区主要集中在区域北部东部港湾的低潮滩，靖海湾以南大部分港湾，底质类型以细砂、中细砂、细中砂为主；大于4ϕ分布区主要集中在靖海湾、丁字湾、古镇口湾等海湾的湾顶区域，底质类型以粉砂、砂质粉砂、黏土质粉砂为主。

（2）东南部港湾区域潮间带沉积物的分选系数的最大值为3.34，最小值为0.0，平均值为0.8，分选中等。其中砂质沉积物的分选系数较小，在0.8以内，分选较好，而在靖海湾、丁字湾、古镇口湾等以粉砂质沉积物为主的区域，分选系数往往大于1.5，水动力较弱，分选较差。

（3）东南部港湾区域潮间带沉积物偏态的最大值为2.90，最小值为0.0，平均值为0.60，呈正态至正偏态分布。

（4）东南部港湾区域潮间带沉积物峰态的最大值为4.40，最小值为0.0，平均值为1.0，沉积物峰态中等。

8.1.1.5 日照沙质岸段沉积物类型分布

1）底质类型

如图 8.5 所示，本区域砂质海岸潮间带的底质沉积物都为砂，利用 79 规范对砂进一步命名，得到该区域的主要底质类型包括粗砂、中粗砂、粗中砂、中砂、细中砂、中细砂、细砂、粉砂质砂 8 类，其分布规律分述如下：

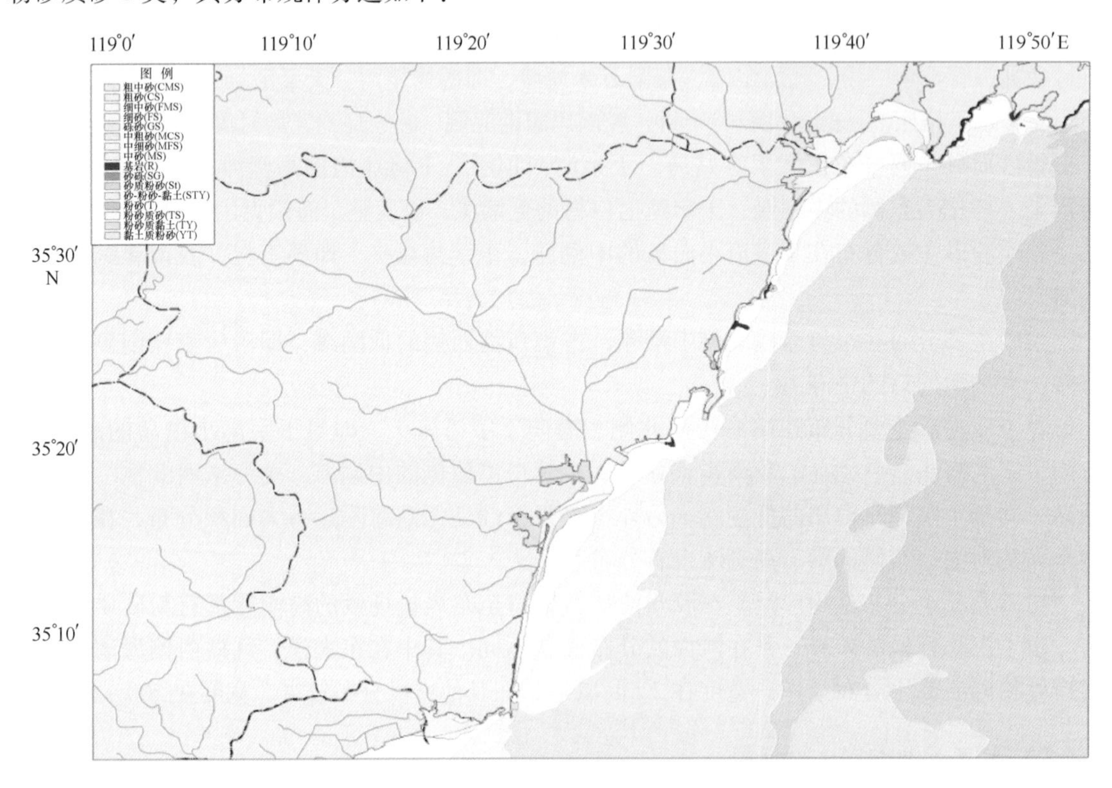

图 8.5　日照砂质海岸潮间带沉积物类型分布

粗砂主要分布在万平口口门北侧海岸高潮滩。

中粗砂主要分布在万平口海岸中部高潮滩和山海天旅游区海岸的中潮滩。

粗中砂主要分布在东林子头村海岸、岚山海水浴场海岸的高潮滩，东北嘴北侧海岸、岚山海水浴场海岸、万平口口门北侧海岸的中潮滩。

中砂主要分布在万平口口门北侧海岸低潮滩和岚山海水浴场的中潮滩。

细中砂主要分布在东北嘴北侧海岸、万平口海滩北部海岸、龙山嘴北侧海岸的高潮滩，东林子头村海岸、万平口海滩中部海岸的中潮滩，东北嘴北侧海岸、岚山海水浴场海岸万平口中部海岸的低潮滩，任家台村西南海岸的高、中、低潮滩。

中细砂主要分布在小朝阳东侧海岸高潮滩，东湖三村海岸、万平口海滩北侧海岸、吴家台村海岸、日照海滨森林公园海岸的中潮滩，东林子头村海岸、万平口海滩北侧海岸、日照海滨森林公园海岸的低潮滩。

细砂主要分布在涛雒东南海岸、东湖三村海岸、山海天旅游区海岸、吴家台村海岸、日照海滨森林公园海岸的高潮滩，小朝阳东海岸、龙山嘴北侧海岸的中潮滩，山海天旅游区海岸、小朝阳东海岸、东湖三村海岸、龙山嘴北侧海岸、吴家台村海岸的低潮滩。

粉砂质砂主要分布在涛雒东南海岸的中、低潮滩。

2）粒度参数特征

（1）日照沙质海岸区域潮间带沉积物的中值粒径主要集中在1.8～2.2ϕ。最大值为-0.05ϕ，最小值为3.6ϕ，平均值为2.06ϕ。其中0～2ϕ分布区主要集中在任家台村西南海岸、万平口海滩南部海岸、东北嘴北侧海岸和岚山海水浴场海岸，2～3ϕ分布区主要集中在日照海滨森林公园海岸、吴家台村海岸、小朝阳东海岸、东湖三村海岸。大于3ϕ分布区仅在涛雒海岸的低潮滩出现。

（2）日照沙质海岸区域潮间带沉积物的分选系数较小，最大值为1.49，最小值为0.47，平均值为0.73，分选较好。

（3）日照沙质海岸区域潮间带沉积物偏态的最大值为1.18，最小值为0.2，平均值为0.51，呈正偏态分布。

（4）日照沙质海岸区域潮间带沉积物峰态的最大值为1.95，最小值为0.61，平均值为1.08，沉积物峰态中等。

8.1.2　潮滩沉积物粒度特征的空间对比

根据山东省海岸带潮滩分布情况，本文选取黄河三角洲、莱州湾、胶州湾3个区域的潮滩沉积物样品进行对比研究。

通过对“908专项”沉积物粒度结果的统计分析，获得了各区域潮滩沉积物粒度特征参数的统计结果。由表8.1可以看出，同样为潮滩沉积物，其粒度特征存在一定的差异。

表8.1　典型区域潮滩沉积物粒度特征统计

项目		黄河三角洲				莱州湾				胶州湾
		高潮滩	中潮滩	低潮滩	高潮滩	中潮滩	低潮滩	高潮滩	中潮滩	低潮滩
砂组分含量/%	最大	86.9	98.4	23.1	90.3	90.1	91.6	89.4	69.4	87.5
	最小	0.3	0.4	0.3	54.1	53.5	53.3	0.8	0.6	0.3
	平均	11.3	12.3	4.4	72.2	72.4	76.3	27.5	33.2	23.3
粉砂组分含量/%	最大	97.0	96.6	94.9	43.2	44.8	40.7	54.4	70.8	77.9
	最小	13.1	1.6	57.7	9.7	9.9	8.4	0.5	7.1	10.0
	平均	73.1	72.2	78.8	25.1	25.4	21.8	48.9	32.4	50.1
黏土组分含量/%	最大	44.5	42.4	40.8	6.5	5.8	6.0	55.2	44.5	44.4
	最小	0.0	0.0	2.6	0.0	0.0	0.0	0.0	0.0	0.0
	平均	15.6	15.5	16.8	2.6	2.2	1.9	19.0	27.4	21.5
中值粒径/Φ	最大	7.7	7.4	7.2	4.0	4.0	4.0	8.8	7.2	7.3
	最小	2.7	1.7	0.3	3.6	3.4	3.5	0.3	0.9	2.6
	平均	5.1	5.0	5.1	3.8	3.8	3.7	4.4	4.9	4.7
平均粒径/Φ	最大	7.6	7.5	7.4	4.3	4.3	4.4	8.2	7.9	7.9
	最小	3.6	1.8	4.5	3.6	3.6	3.5	0.2	0.6	2.5
	平均	5.7	5.6	5.9	3.9	3.9	3.8	5.1	4.9	5.3

续表 8. 1

项目		黄河三角洲				莱州湾				胶州湾
		高潮滩	中潮滩	低潮滩	高潮滩	中潮滩	低潮滩	高潮滩	中潮滩	低潮滩
分选系数	最大	2.4	2.4	2.3	1.7	1.6	1.6	2.8	3.6	2.8
	最小	0.4	0.5	1.0	0.3	0.3	0.3	1.4	1.7	0.8
	平均	1.7	1.7	1.8	1.1	1.0	0.9	2.2	2.2	2.5
偏态	最大	5.1	2.2	2.3	2.4	2.2	2.2	2.5	3.1	2.9
	最小	0.3	0.2	1.0	0.4	0.4	0.2	0.3	1.3	0.6
	平均	1.9	1.7	1.8	1.7	1.5	1.3	2.1	1.7	2.2
峰态	最大	3.3	3.1	2.8	3.0	2.8	2.8	3.7	4.5	4.0
	最小	0.7	0.8	2.2	0.6	0.6	0.6	1.9	2.6	1.0
	平均	2.5	2.4	2.6	2.3	2.2	1.9	2.8	2.7	3.2

8.1.2.1 潮滩沉积物粒度特征在垂直岸线方向变化

潮滩区域沉积物分布呈现较好的分带特性，在垂直海岸线的方向上潮间带可以分为高潮滩、中潮滩、低潮滩 3 个亚区域，各个亚区的沉积物粒度特征具有一定的差异。

1）黄河三角洲

根据区域内不同位置的潮滩沉积物粒度统计结果，得到图 8.6 和图 8.7。由图 8.6a 可以看出，该区域潮滩沉积物的砂组分含量总体较低，高潮滩、中潮滩、低潮滩中的含量分别为 11.3%、12.3%、4.4%，砂组分含量由高潮滩向低潮滩整体呈现先增大后减小的趋势。由图 8.6b 可以看出，粉砂组分含量很高，不同位置处的粉砂组分含量都大于 70%，高潮滩、中潮滩、低潮滩中的含量分别为 73.1%、72.2%、78.8%，粉砂组分含量由高潮滩向低潮滩整体呈现先减小后增大的趋势。由图 8.6c 可以看出，黏土组分含量较砂组分含量高，不同位置处的黏土组分含量都大于 15%，高潮滩、中潮滩、低潮滩中的含量分别为 15.6%、15.5%、16.8%，黏土组分含量由高潮滩向低潮滩整体呈现先减小后增大的趋势。

综合图 8.7a、b、c 三图，黄河三角洲不同潮滩位置的沉积物都是以粉砂粒为最主要组分，黏土粒和砂粒相对较少，特别是低潮滩的沉积物，砂组分含量在 5% 以内。

由图 8.7a、b 可以看出，黄河三角洲潮滩不同位置沉积物的中值粒径较细，高潮滩、中潮滩、低潮滩沉积物的中值粒径。分别为 5.1ϕ、5.0ϕ、5.1ϕ，中潮滩沉积物的中值粒径较高潮滩和低潮滩粗，高潮滩、中潮滩、低潮滩沉积物的平均粒径较中值粒径细，高潮滩、中潮滩、低潮滩沉积物的中值粒径分别为 5.7ϕ、5.6ϕ、5.9ϕ，由高潮滩向低潮滩沉积物的平均粒径呈现先增大后减小的趋势。由图 8.7c、d、e 可以看出，黄河三角洲不同位置的潮滩沉积物的分选系数、偏态、峰态比较接近，分选性都较差，沉积物为正偏态，峰态呈很尖窄状。

2）潍北平原

根据区域内不同位置的潮滩沉积物粒度统计结果，得到图 8.8 和图 8.9。由图 8.8a 可以看出，该区域潮滩沉积物的砂组分含量总体很高，不同位置处的砂组分含量都大于 70%，高

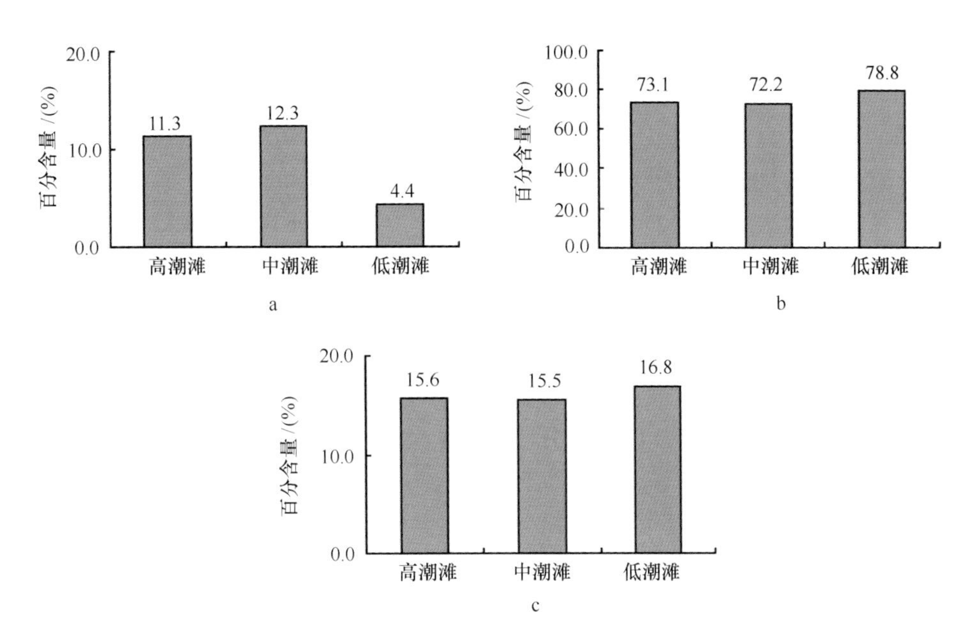

图8.6　黄河三角洲不同位置潮滩沉积物组分含量

a：砂组分含量；b：粉砂组分含量；c：黏土组分含量（黄河三角洲）

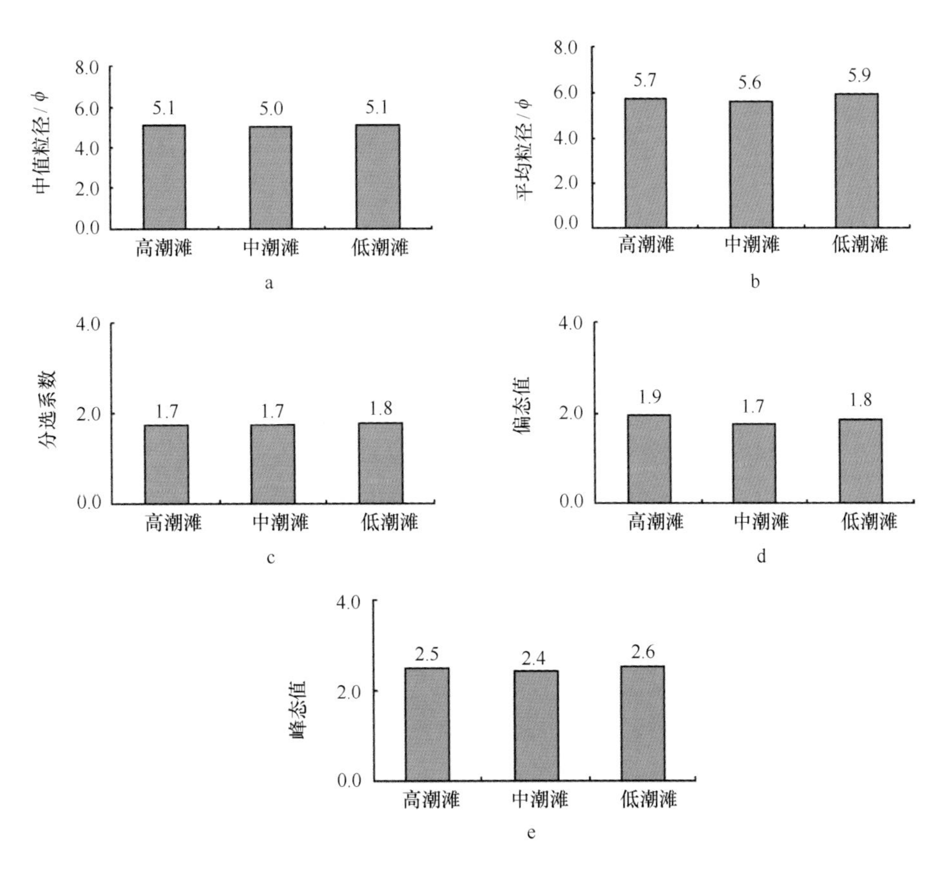

图8.7　黄河三角洲不同位置潮滩沉积物粒度特征统计（平均值）

a：中值粒径；b：平均粒径；c：分选系数；d. 偏态；e. 峰态（黄河三角洲）

潮滩、中潮滩、低潮滩分别为72.2%、72.4%、76.3%，砂组分含量由高潮滩向低潮滩整体呈现逐渐增大的趋势。由图8.8b可以看出，粉砂组分含量较砂组分含量少，高潮滩、中潮滩、低潮滩中的含量分别为25.1%、25.4%、21.8%，粉砂组分含量由高潮滩向低潮滩整体呈现先增大后减小的趋势。由图8.8c可以看出，本区域沉积物的黏土组分含量极低，不同位置处的黏土组分含量都小于5%，高潮滩、中潮滩、低潮滩中的含量分别为2.6%、2.2%、1.9%，黏土组分含量由高潮滩向低潮滩整体呈现逐渐减小的趋势。综合图8.8a、b、c三图，莱州湾不同潮滩位置的沉积物都是以砂粒和粉砂粒为主要组分，黏土粒极少。

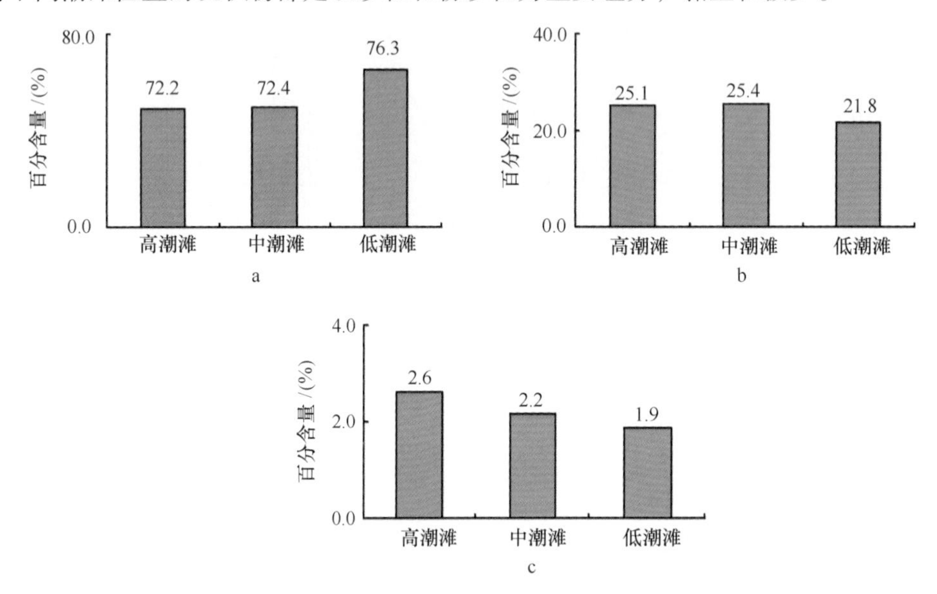

图8.8　莱州湾不同位置潮滩沉积物组分含量

a：砂组分含量；b：粉砂组分含量；c：黏土组分含量（莱州湾）

由图8.9a、b可以看出，莱州湾潮滩不同位置沉积物的中值粒径较细，高潮滩、中潮滩、低潮滩中分别为4.1ϕ、4.1ϕ、3.8ϕ，低潮滩沉积物的中值粒径较高潮滩和中潮滩粗，沉积物的平均粒径较中值粒径细，高潮滩、中潮滩、低潮滩中分别为4.3ϕ、4.3ϕ、4.0ϕ，呈高潮滩向低潮滩沉积物的平均粒径呈现逐渐减小的趋势。由图8.9c、d、e可以看出，莱州湾潮滩沉积物的分选系数、偏态、峰态由高潮滩向低潮滩呈现逐渐减小的趋势，但总体数值比较接近，分选性都较差，沉积物为正偏态，峰态呈尖窄状。

3）胶州湾

根据区域内不同位置的潮滩沉积物粒度统计结果，得到图8.10和图8.11。由图8.10a可以看出，该区域潮滩沉积物的砂组分含量高潮滩、中潮滩、低潮滩中分别为27.5%、33.2%、23.3%，砂组分含量由高潮滩向低潮滩整体呈现先增大后减小的趋势，低潮滩砂组分含量最低。由图8.10b可以看出，粉砂组分含量高潮滩、中潮滩、低潮滩中分别为48.9%、32.4%、50.1%，粉砂组分含量由高潮滩向低潮滩整体呈现先减小后增大的趋势，中潮滩粉砂组分含量最低。由图8.10c可以看出，黏土组分含量高潮滩、中潮滩、低潮滩中分别为19.0%、27.4%、21.5%，黏土组分含量由高潮滩向低潮滩整体呈现先增大后减小的趋势。综合图8.9a、b、c三图，胶州湾潮滩沉积物中砂组分、粉砂组分、黏土组分含量相

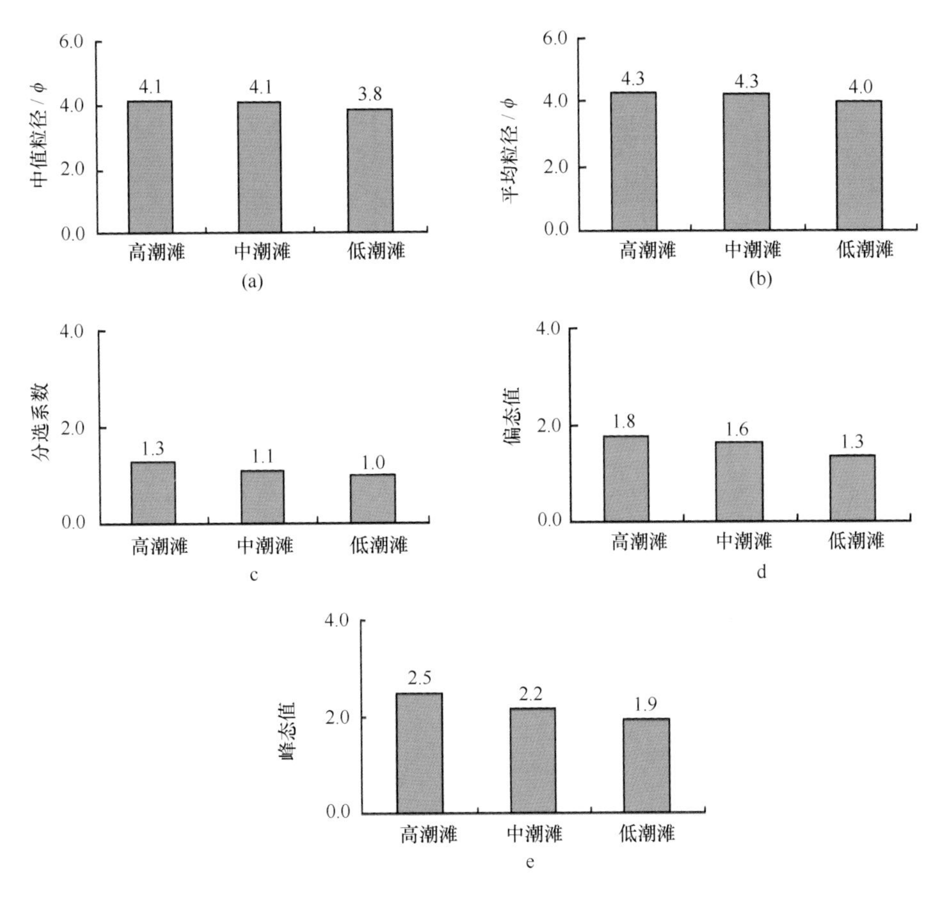

图 8.9　莱州湾不同位置潮滩沉积物粒度特征统计（平均值）

a：中值粒径；b：平均粒径；c：分选系数；d：偏态；e：峰态（莱州湾）

当，都在30%左右，高潮滩和低潮滩沉积物中粉砂组分含量较高，都在50%左右，砂组分含量较黏土组分含量高10%左右。

由图8.11a、b可以看出，胶州湾潮滩不同位置沉积物的中值粒径较细，分别为4.4ϕ、4.9ϕ、4.7ϕ，中潮滩沉积物的中值粒径较高潮滩和中潮滩细，高潮滩和低潮滩沉积物的平均粒径较中值粒径细，中潮滩沉积物的平均粒径和中值粒径相当，分别为5.1ϕ、4.9ϕ、5.3ϕ，由高潮滩向低潮滩沉积物的平均粒径呈现先变粗后变细的趋势。由图8.11c、d、e可以看出，胶州湾中潮滩沉积物的分选系数、偏态、峰态数值最小，低潮滩沉积物各参数数值最大，但总体数值比较接近，分选性都较差，沉积物为正偏态，峰态呈尖窄状。

8.1.2.2　不同区域的潮滩沉积物粒度特征对比

根据各区域潮滩沉积物粒度的统计结果，得到图8.12和图8.13。由图8.12a可以看出，潮滩总体的砂组分含量以莱州湾潮滩沉积物含量最大为73.7%，黄河三角洲潮滩沉积物含量最小为9.3%，胶州湾潮滩沉积物含量为28.5%。对比其他区域高、中、低潮滩沉积物的砂组分含量，在各潮滩位置都是莱州湾含量最大，胶州湾含量次之，黄河三角洲含量最小，其中在高潮滩和中潮滩莱州湾含量约为胶州湾含量和黄河三角洲含量的2.5倍和6倍，在低潮滩各区域砂组分含量相差最大，莱州湾含量约为胶州湾含量的3倍，为黄河三角洲含量的17

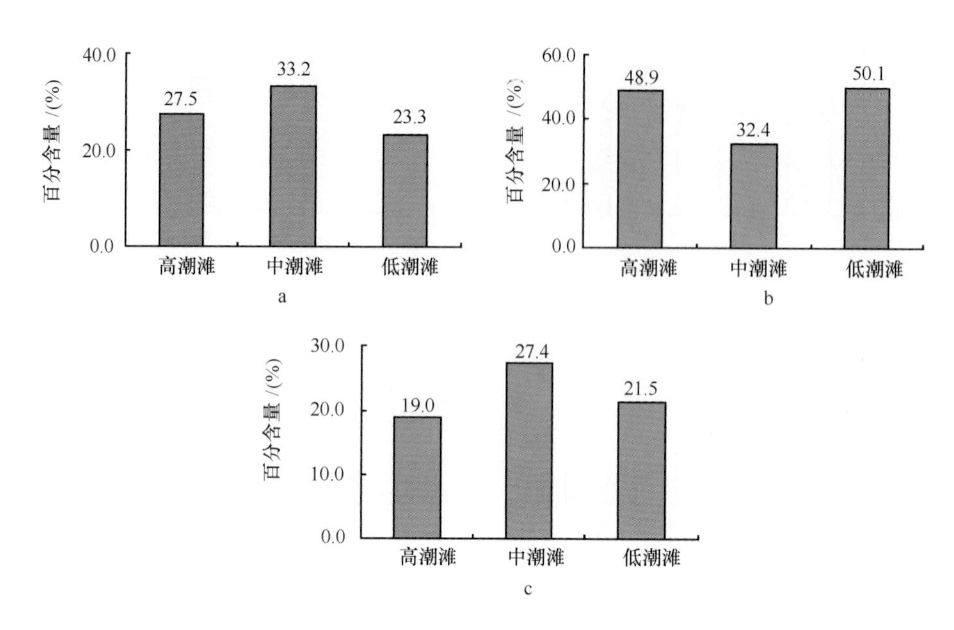

图 8.10　胶州湾不同位置潮滩沉积物组分含量

a：砂组分含量；b：粉砂组分含量；c：黏土组分含量（胶州湾）

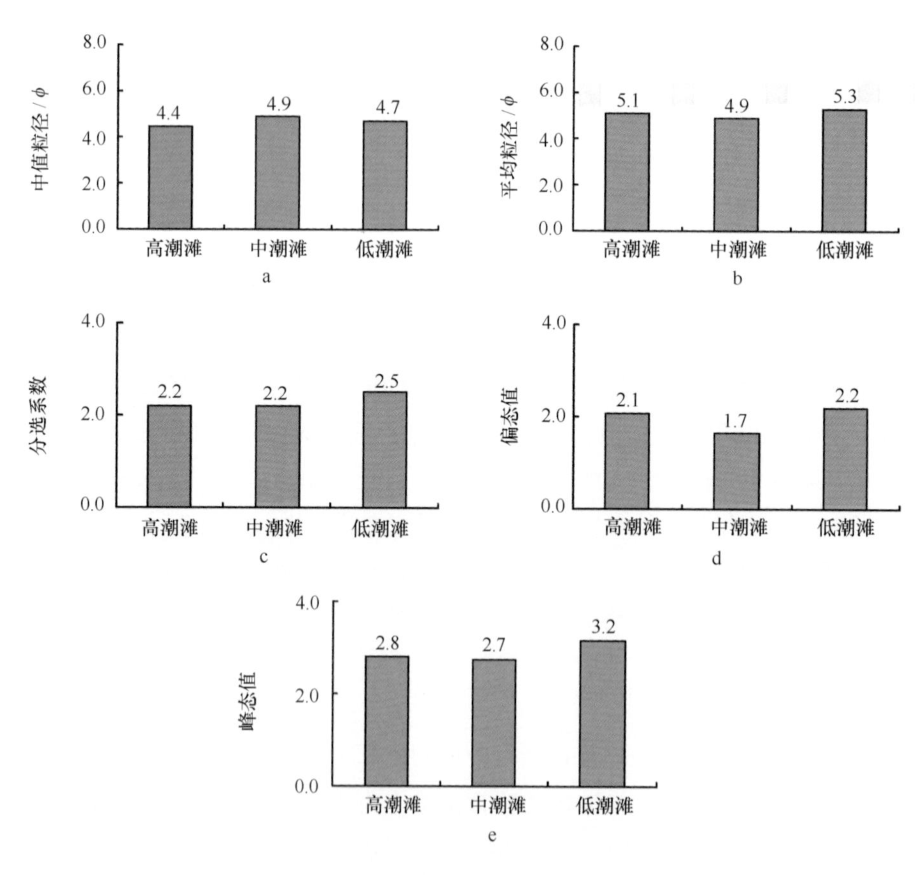

图 8.11　胶州湾不同位置潮滩沉积物粒度特征统计（平均值）

a：中值粒径；b：平均粒径；c：分选系数；d：偏态；e：峰态（胶州湾）

倍。由图8.12b可以看出，潮滩总体的粉砂组分含量以黄河三角洲潮滩沉积物含量最大，为74.7%，莱州湾潮滩沉积物含量最小为24.1%，胶州湾潮滩沉积物含量为48.8%。对比各区域高、中、低潮滩沉积物的粉砂组分含量，在各潮滩位置都是黄河三角洲含量>胶州湾含量>莱州湾含量，其中在高潮滩黄河三角洲含量约为莱州湾含量和胶州湾含量的3倍和1.5倍，在中潮滩黄河三角洲含量约为莱州湾含量和胶州湾含量的3倍和2倍，在低潮滩黄河三角洲含量约为莱州湾含量和胶州湾含量的3.5倍和1.5倍。由图8.12c可以看出，潮滩总体的黏土组分含量以胶州湾潮滩沉积物含量最大为22.6%，黄河三角洲潮滩沉积物含量最小为2.2%，莱州湾潮滩沉积物含量为16.0%。对比各区域高、中、低潮滩沉积物的黏土组分含量，在各潮滩位置都是胶州湾含量最大，黄河三角洲含量次之，莱州湾含量最小，在高潮滩，胶州湾与黄河三角洲的黏土含量相近，在高、中、低潮滩胶州湾含量约为黄河三角洲含量的1.2倍、1.8倍和1.3倍，莱州湾黏土含量较其他两个区域低很多，在高、中、低潮滩胶州湾含量约为莱州湾含量的7.3倍、12.5倍和11.3倍。综合图8.12a、b、c三图，3个区域潮滩沉积物在颗粒组分上存在一定的差异，黄河三角洲潮滩沉积物主要颗粒组分为粉砂组分和黏土组分总含量为90.7%，莱州湾潮滩沉积物主要颗粒组分为砂组分和粉砂组分总含量为97.8%，胶州湾潮滩沉积物主要颗粒组分包括砂组分、粉砂组分和黏土组分3种，其中粉砂组分含量约占50%，砂组分含量略多于黏土组分含量。

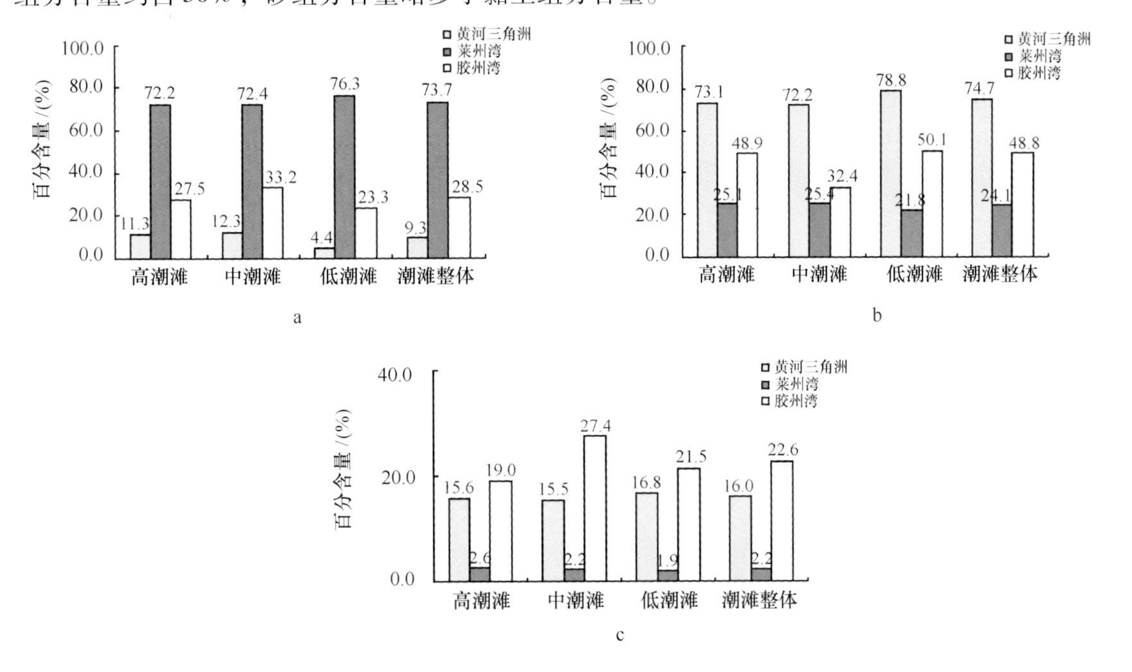

图8.12 不同区域潮滩沉积物粒度组分对比（平均值）

a：砂组分含量；b：粉砂组分含量；c：黏土组分含量（海区比较）

由图8.13a、b可以看出，3个区域潮滩整体的沉积物中值粒径较细，黄河三角洲潮滩沉积物的中值粒径最细为5.1ϕ，莱州湾潮滩沉积物的中值粒径最粗为4.0ϕ，胶州湾潮滩沉积物的中值粒径为4.7ϕ。在区域的高、中、低潮滩上都呈现黄河三角洲中值粒径最细，胶州湾中值粒径强之，小于莱州湾中值粒径最粗的规律。各区域的平均粒径都较中值粒径细，其潮滩整体沉积物的平均粒径分别为5.7ϕ、4.2ϕ、5.1ϕ，其在高、中、低潮滩的大小规律与中值粒径相同。由图8.13c、d、e可以看出，3个区域的分选系数分别为1.8、1.2、2.3，各区域潮滩沉积物的分选程度在分选差到分选很差之间。比较3个区域的分选系数，莱州湾潮滩整体沉积物的分选性最好，黄河三角洲潮滩整体沉积物的分选性次之，胶州湾潮滩整体沉积物的分选性最差。在高、中、低潮滩的沉积物的分选性同样以莱州湾最好，胶州湾最差。各区域潮滩整体沉积物的偏态值和峰态值分别为1.8、1.6、2.0和2.5、2.3、2.9，区域间偏态值和峰态值差别不大，都为极正偏态，峰态呈尖窄状。

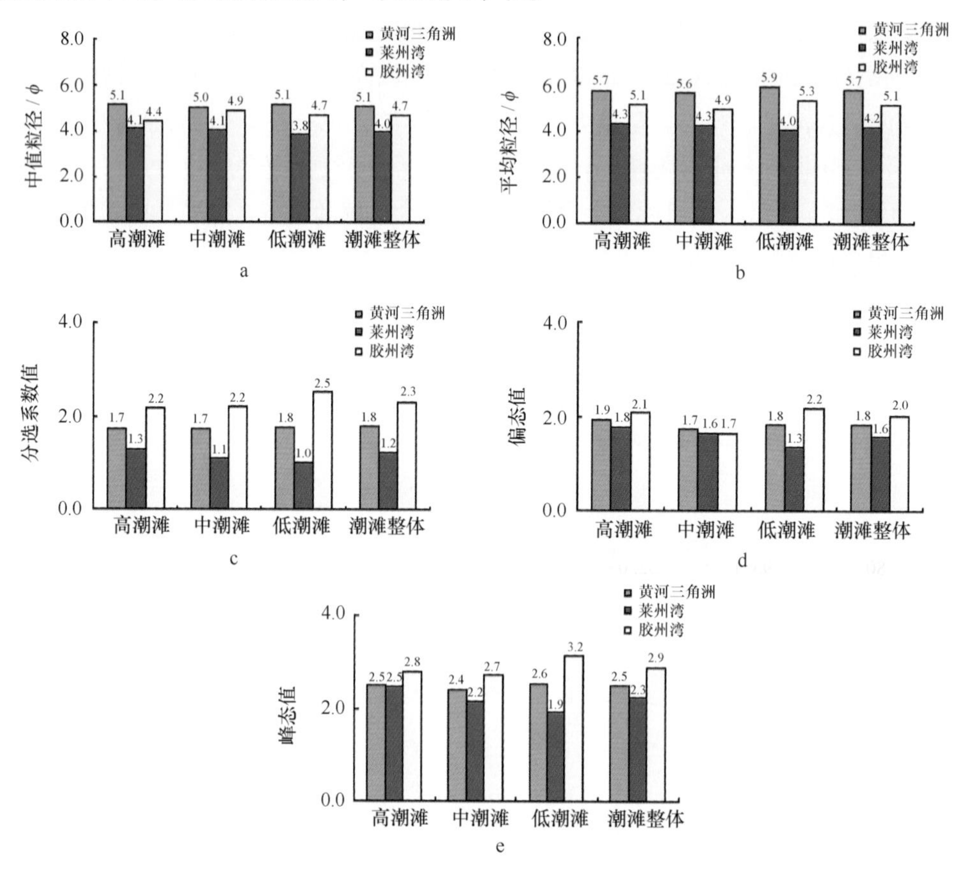

图8.13 不同区域潮滩沉积物粒度特征对比（平均值）

a：中值粒径；b：平均粒径；c：分选系数；d：偏态；e：峰态（海区对比）

8.1.2.3 潮滩沉积物粒度特征在垂直地面方向的对比

利用各区域潮滩柱状沉积物粒度的统计结果（表8.2），得到潮滩沉积物在地表下1 m范围内粒度特征的变化状况。

由图8.14a可以看出，黄河三角洲地表下1 m范围内沉积物的砂组分含量较低，在10%以内，在地表下0~40 cm范围内，砂组分含量呈反复增大减小的趋势，在40 cm以下的区域砂组分含量较上部显著减少，在1%左右，且含量随深度的增加基本保持稳定。莱州湾地表下1 m范围内沉积物的砂组分含量上、下差距较大，在地表下0~70 cm范围内，砂组分含量随深度呈逐渐增大的趋势，增加幅度较小，各深度含量都在70%以上，在70 cm处砂组分含量最高达77.9%，在地表下70~90 cm范围内，砂组分含量随深度迅速减小，在90 cm处，

表8.2 潮滩沉积物粒度特征统计

项目	深度/cm	黄河三角洲	莱州湾	胶州湾	项目	深度/cm	黄河三角洲	莱州湾	胶州湾
粉砂组分/(%)	0	9.3	73.7	28.5	平黏均粒径/φ	0	5.7	4.2	5.1
	10	6.9	74.7	31.9		10	6.0	3.9	5.6
	20	9.0	74.9	26.7		20	5.6	3.9	5.8
	30	3.8	75.3	3.6		30	6.5	4.0	6.9
	40	6.3	75.6	18.0		40	5.2	3.9	6.4
	50	1.0	76.0	12.5		50	6.9	4.0	6.8
	60	1.3	77.0	21.4		60	5.7	3.9	6.1
	70	0.6	77.9	10.6		70	6.1	3.9	7.0
	80	0.6	65.0	9.6		80	5.6	4.2	6.7
	90	1.2	49.5	17.8		90	5.4	4.8	6.3
	100			16.2		100			6.3
砂组分/(%)	0	74.7	24.1	48.8	分选系数	0	1.8	1.2	2.3
	10	76.8	23.8	47.2		10	2.0	1.0	2.5
	20	80.4	22.7	49.6		20	1.8	1.1	2.6
	30	71.6	22.2	64.8		30	2.0	1.1	2.3
	40	86.2	21.9	51.3		40	1.5	1.2	2.7
	50	68.8	20.0	52.7		50	2.2	1.3	2.7
	60	90.4	19.1	51.6		60	1.4	1.2	2.6
	70	86.0	18.8	52.1		70	1.6	1.2	2.6
	80	95.1	32.0	56.2		80	1.2	1.4	2.7
	90	94.9	41.6	52.8		90	1.2	1.9	2.7
	100			54.9		100			2.7
黏土组分/(%)	0	16	2.2	22.6	偏态	0	1.8	1.6	2.0
	10	16.3	1.5	20.9		10	2.0	1.6	2.5
	20	10.6	2.4	23.7		20	2.0	1.5	2.5
	30	24.6	2.5	31.6		30	1.7	1.7	2.6
	40	7.6	2.6	30.7		40	1.9	1.8	2.1
	50	30.2	4.0	34.8		50	1.7	1.7	1.8
	60	8.3	3.9	27.0		60	1.8	1.8	2.3
	70	13.3	3.3	37.3		70	1.7	1.9	1.4
	80	4.3	3.0	34.2		80	1.6	2.0	1.8
	90	3.9	8.9	29.4		90	1.6	2.4	2.1
	100			28.9		100			2.2
中值粒径/φ	0	5.1	4	4.7	峰态	0	2.5	2.3	2.9
	10	5.2	3.7	4.3		10	2.7	2.2	3.1
	20	5.2	3.7	4.3		20	2.6	2.3	3.2
	30	5.9	3.7	4.8		30	2.5	2.2	2.7
	40	4.8	3.7	4.9		40	2.5	2.5	3.0
	50	6.1	3.7	6.3		50	2.5	2.5	3.0
	60	5.3	3.8	4.8		60	2.3	2.6	3.1
	70	5.6	3.8	6.5		70	2.3	2.6	3.0
	80	5.4	3.9	5.3		80	2.2	2.8	3.0
	90	5.2	4.0	4.9		90	2.2	2.9	3.1
	100			4.9		100			3.1

砂组分含量仅在50%左右。胶州湾地表下1 m范围内沉积物的砂组分含量总体上在10%以上，仅在30 cm和80 cm处含量小于10%，分别为3.6%和9.6%，砂组分含量在10 cm处最高达31.9%。排除个别深度，砂组分含量总体上随深度呈减小的趋势。对比3个区域砂组分含量，在各深度处砂组分含量仍以莱州湾砂组分含量远大于其他两个区域含量，胶州湾含量较黄河三角洲含量大，但在30 cm处两个区域的砂组分含量相当。

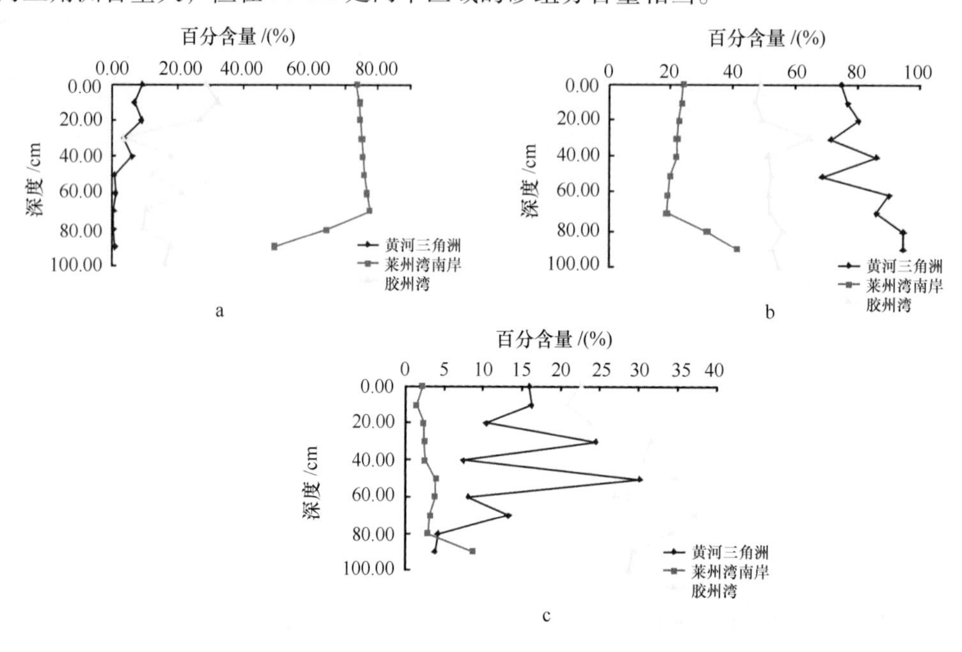

图8.14 潮滩沉积物粒度组分垂向变化

a：砂组分含量；b：粉砂组分含量；c：黏土组分含量

由图8.14b可以看出，黄河三角洲地表下1 m范围内沉积物的粉砂组分含量很高，除50 cm处其他深度的粉砂组分含量都在70%以上，在80 cm处含量高达95.1%。粉砂组分含量在20～70 cm范围内含量高低反复变化，但总体上含量随深度呈增加的趋势。莱州湾地表下1 m范围内沉积物的粉砂组分含量基本上都在40%以内，仅90 cm处的含量达到41.6%，在地表下0～70 cm范围内，粉砂组分含量随深度呈逐渐减小的趋势，在70 cm处砂组分含量最低为18.8%，在地表下70～90 cm范围内，粉砂组分含量随深度快速增大。胶州湾地表下1 m范围内沉积物的砂组分含量总体上在40%～60%，仅在30 cm处含量大于60%，为64.8%。除20～40 cm范围内粉砂组分含量出现较大变化外，其他深度的粉砂含量随深度基本保持稳定，增大和减小的幅度都很小。对比3个调查区域粉砂组分含量，在各深度处粉砂组分含量呈黄河三角洲含量最大，胶州湾含量次之，莱州湾含量最小的状态。

由图8.14c可以看出，黄河三角洲地表下1 m范围内沉积物的黏土组分含量变化幅度很大，50 cm处含量最大，达30.2%，90 cm处含量最小为3.9%，随深度总体呈现减小的趋势。莱州湾地表下0～80 cm范围内沉积物的黏土组分含量基本都在5%以内，随深度总体呈缓慢增大的趋势，80～90 cm范围内，含量较上部快速增加，在90 cm处含量最大达8.9%。胶州湾0～20 cm范围内沉积物的黏土组分含量在25%以内，含量最小为20.9%，在20～100 cm范围内沉积物的黏土组分含量在25%以上，含量最大达31.6%。对比3个调查区域黏土组分含量，在各深度处以胶州湾含量最大，在0～80 cm范围内黄河三角洲含量大于莱州湾含量，90 cm 处两含量大小相反。

综合图图 8.14a、b、c，黄河三角洲潮滩沉积物在 0～20 cm 范围内主要由粉砂粒组成，黏土组分与砂组分相当，在 20～70 cm 范围内，仍以粉砂粒为主，但是在部分深度黏土组分已经超过了 25%，砂组分含量则较上部进一步降低，在 70～90 cm 范围内沉积物基本由粉砂粒组成，黏土组分和砂组分含量总和不到 5%。莱州湾调查深度范围内的潮滩沉积物主要由砂粒组成，但其各粒组含量随深度变化的趋势确有显著的不同。在 0～70 cm 范围内，粉砂组分含量减少，砂组分含量增加，沉积物主要由砂粒组成；在 70～90 cm 范围内，伴随砂组分含量减少，粉砂组分和黏土组分含量增加，沉积物主要由粉砂粒和砂粒组成。胶州湾各深度处沉积物以粉砂组分含量最高，除部分深度处，黏土组分和砂组分含量之和达到 50% 左右，沉积物基本是由粉砂粒、砂粒、黏土粒 3 种颗粒组成，在 30 cm 处黏土粒含量极少，沉积物主要是由砂粒和粉砂粒组成。

由图 8.15a、b 可以看出，黄河三角洲地表下 1 m 范围内沉积物的中值粒径基本在 5～6ϕ，40 cm 处粒径最小为 4.8ϕ，50 cm 处粒径最大为 6.1ϕ，在 0～20 cm 范围内中值粒径随深度逐渐增大，70～90 cm 范围内中值粒径随深度逐渐减小，20～70 cm 范围内中值粒径随深度反复变化。沉积物的平均粒径在 5～7ϕ，40 cm 处粒径最小为 5.2ϕ，50 cm 处粒径最大为 6.9ϕ，相同深度处的平均粒径较中值粒径细。莱州湾地表下 1 m 范围内沉积物的中值粒径差异较小，在 3.7～4ϕ，地表和 90 cm 处中值粒径最小为 4ϕ，随深度呈先减小后增大的趋势。平均粒径较中值粒径细，在 3.9～5ϕ，90 cm 处平均粒径最小为 4.8ϕ，随深度变化的趋势和中值粒径趋势相似。胶州湾地表下 1 m 范围内沉积物的中值粒径随深度的不同差异较大，10 cm处中值粒径最大为 4.3ϕ，70 cm 处中值粒径最小为 6.5ϕ，中值粒径随深度的变化不规则。各深度处平均粒径较中值粒径细且上部较下部略粗，在 0～20 cm 范围内平均粒径大于 6ϕ，在 20～100 cm 范围内平均粒径在 6～7ϕ，0 cm 处平均粒径最大为 5.1ϕ，70 cm 处平均粒径最小为 7ϕ。比较 3 个调查区域，在地表下 1 m 范围内沉积物的中值粒径和平均粒径都以莱州湾沉积物最粗，不同深度处黄河三角洲沉积物和胶州湾沉积物粗细不一。在 0～30 cm和 80～90 cm 范围内，黄河三角洲沉积物的中值粒径较胶州湾细，在 40～50 cm 和70 cm处黄河三角洲沉积物的中值粒径较胶州湾粗。

由图 8.15c、d、e 可以看出，黄河三角洲地表下 1 m 范围内沉积物的分选系数基本在 1～2，50 cm 处分选系数最大为 2.2，80～90 cm 分选系数最小为 1.2，分选系数总体随深度呈减小的趋势，表明沉积物分选性随深度逐渐变好。莱州湾区域地表下 1 m 范围内沉积物的分选系数基本在 1～1.5，90 cm 处分选系数最大为 1.9，10 cm 处分选系数最小为 1.0，分选系数总体随深度呈增大的趋势，表明沉积物分选性随深度逐渐变差。胶州湾区域地表下 1 m 范围内沉积物的分选系数较大，基本在 2～3，100 cm 处分选系数最大为 2.7，0 cm 处分选系数最小为 2.3，除 30 cm 处分选系数较小外，总体随深度呈增大的趋势，表明沉积物分选性随深度逐渐变差。黄河三角洲区域地表下 1 m 范围内沉积物的偏态基本在 1.5～2.0，10 cm 处偏态最大为 2.0，80 cm 处偏态最小为 1.6。莱州湾区域地表下 1 m 范围内沉积物的偏态基本在 1.5～2.5，90 cm 处偏态最大为 2.4，20 cm 处偏态最小为 1.5。胶州湾区域地表下 1 m 范围内沉积物的偏态变化幅度较大，基本在 1.0～3.0，30 cm 处偏态最大为 2.6，70 cm 处偏态最小为 1.4。黄河三角洲区域地表下 1 m 范围内沉积物的峰态基本在 2.0～3.0，10 cm 处峰态最大为 2.7，90 cm 处峰态最小为 2.2。莱州湾区域地表下 1 m 范围内沉积物的峰态基本在 2.0～

3.0，90 cm 处峰态最大为 2.9，20 cm 处峰态最小为 2.2。胶州湾区域地表下 1 m 范围内沉积物的峰态基本在 2.5 ~ 3.5，20 cm 处峰态最大为 3.2，30 cm 处峰态最小为 2.7。比较三个调查区域，在不同深度处胶州湾区域沉积物的分选系数大于另外两个区域的分选系数，分选性较另两个区域差，在 0 ~ 70 cm 范围内黄河三角洲区域沉积物的分选性较莱州湾区域差，在 70 ~ 90 cm范围内相反。在 0 ~ 20 cm 范围内胶州湾区域偏态 > 黄河三角洲区域偏态 > 莱州湾区域偏态，在 20 ~ 60 cm 范围内仍以胶州湾区域偏态最大，另外两个区域偏态接近，在 70 ~ 90 cm范围内莱州湾区域偏态变为最大值。在不同深度处胶州湾区域沉积物的峰态值大于另外两个区域的峰态值。在 0 ~ 40 cm 范围内黄河三角洲区域沉积物的峰态值大于莱州湾区域峰态值，在 50 ~ 90 cm 范围内黄河三角洲区域沉积物的峰态值小于莱州湾区域峰态值，在 40 ~ 50 cm范围内两区域峰态值相当。

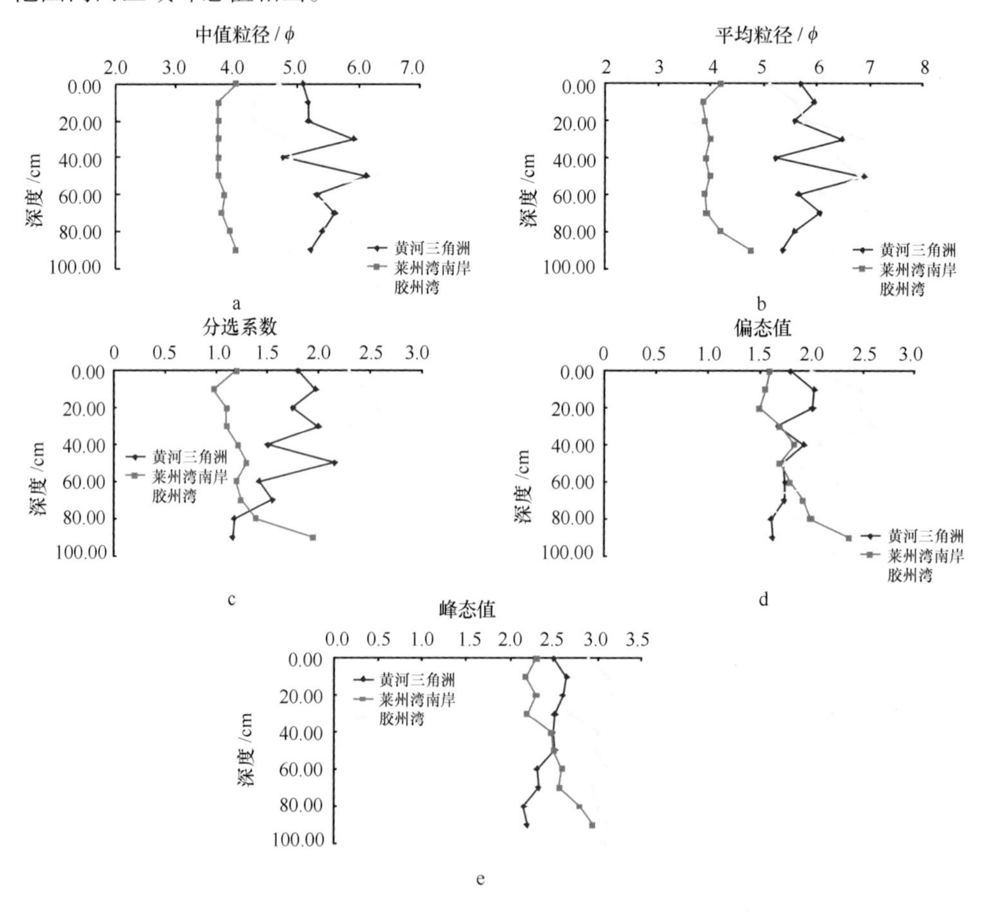

图 8.15　潮滩沉积物粒度特征垂向变化

a：中值粒径；b：平均粒径；c：分选系数；d：偏态；e：峰态

8.2　近海沉积物类型及其分布

8.2.1　表层沉积物类型及其分布规律

采用谢帕德三角图分类命名方法，山东半岛近海沉积物类型划分为：砾（G）、砂砾

(SG) 等砾级类型以及含砾的一些类型如含砾砂 [(G) S]、含砾粉砂质砂 [(G) TS]、含砾粉砂 [(G) T]、含砾粉砂质黏土 [(G) TY] 等以含砾和砾为主的沉积物类型，其他不含砾的砂 (S)、粉砂质砂 (TS)、砂质粉砂 (ST)、粉砂 (T)、黏土质粉砂 (YT)、粉砂质黏土 (TY)、砂质黏土 (S-Y) 和黏土 (Y) 等类型，以砂、粉砂质砂、粉砂、砂质粉砂和黏土质粉砂分布范围最广（图8.16)。

8.2.1.1 含砾和砾类

以砾石的含量不同，可以分为包括砾、砾砂、含砾砂、粉砂质砾石、含砾粉砂质砂、含砾砂质粉砂、含砾粉砂质黏土、含砾粉砂、含砾黏土质粉砂、砂砾等沉积物类型。

砾石呈滚圆或次滚圆状，其中砂砾一般呈黄褐色，颗粒松散，成分为石英砂岩、千枚岩，含少量贝壳碎片，砾砂中砾石多呈半磨圆状，含少量贝壳。含砾沉积物的分布范围有限，主要分布在莱州湾东南部和青岛—日照东部近海，庙岛群岛附近海区有零星出现。含砾沉积物中砂粒级组分占绝对优势，含量在55%以上。

8.2.1.2 砂 (S)

砂质沉积物呈黄褐—黄色，松散状，偶尔含贝壳及其碎片。主要分布在黄河三角洲北部和莱州湾东南部，青岛—日照东部海区分布有较大面积的砂。山东半岛近海出现131站砂沉积物站位，砂粒级组分占绝对优势（表8.3)，百分含量在78%以上（41%～100%)，粉砂粒级组分含量较低，平均值为18.8%；黏土粒级组分平均含量为3.2%。砂质沉积物平均粒径（Mz）为 -0.4～5.6ϕ，平均值为3.1ϕ，属细砂；分选系数（σ）为0.3～3.3，平均值为1.5，表明分选差；偏度（Sk）为-1.8～3.9，平均值为1.8，大致属于极正偏度，粒度仍多集中在粗端部分（即以砂粒级组分为主)；峰态（Kg）为0.7～26.5，平均值为5，属于非常尖锐的窄峰态。

8.2.1.3 粉砂质砂 (TS)

粉砂质砂为粗细沉积物间的一种过渡类型，以黄褐色—青灰色为主。与砂分布特征类似，只是分布范围广些，样品数为304站。粉砂质砂沉积物集中分布在庙岛群岛、青岛—日照东部海区特别是砂质沉积区周边。

粉砂质砂的粒度组分特征是：砂粒级组分含量介于42%～75%，平均值为58.4%；其次为粉砂粒级，一般为15.1%～49.9%，平均值为35.6%；黏土粒级组分含量低，低于17.9%，平均值为6.0%。粉砂质砂的平均粒径（Mz）为1.6～5.4ϕ，平均值为4ϕ，属极细砂-粗粉砂。

表8.3 表层沉积物粒度特征统计*

沉积物类型（样品数）		砂粒级	粉砂粒级	黏土粒级	Mz/ϕ	$\sigma i/\phi$	Sk	Kg
含砾、砾等（212）	平均值	41.7	32.5	12.6	3.3	2.7	0.5	3.5
	最小值	0.3	0.0	0.0	-1.2	1.0	-3.6	1.2
	最大值	99.6	76.1	42.5	7.3	4.3	4.1	4.9
砂质黏土（4）	平均值	21.2	56.6	22.2	6.0	2.2	1.4	2.6
	最小值	20.5	54.6	21.0	5.8	2.1	1.3	2.5
	最大值	22.5	58.4	23.1	6.2	2.2	1.4	2.6

续表 8.3

沉积物类型（样品数）		砂粒级	粉砂粒级	黏土粒级	Mz/ϕ	$\sigma i/\phi$	Sk	Kg
砂（131）	平均值	78.0	18.8	3.2	3.1	1.5	1.8	5.0
	最小值	41.0	0.0	0.0	-0.4	0.3	-1.8	0.7
	最大值	100	49.8	18.3	5.6	3.3	3.9	26.5
砂质粉砂（601）	平均值	30.0	57.4	12.6	5.2	1.9	1.3	3.5
	最小值	14.0	41.2	1.3	4.2	1.1	-0.4	1.6
	最大值	48.5	73.5	21.2	6.2	3.0	3.1	14.8
粉砂（707）	平均值	4.5	80.0	15.5	6.3	1.5	0.7	2.0
	最小值	0.0	61.5	0.0	4.6	0.2	-1.1	0.9
	最大值	24.4	100.0	24.9	7.7	2.1	1.9	6.0
粉砂质砂（304）	平均值	58.4	35.6	6.0	4.0	1.6	1.7	4.0
	最小值	42.0	15.1	0.0	1.6	0.5	-0.9	0.7
	最大值	75.0	49.9	17.9	5.4	3.2	3.4	18.2
粉砂质黏土（6）	平均值	1.0	44.7	54.3	7.9	1.1	0.0	3.2
	最小值	0.0	33.9	50.4	6.9	0.7	-0.4	1.3
	最大值	6.1	49.5	60.0	8.3	2.1	0.8	4.2
黏土质砂（8）	平均值	25.4	54.1	20.5	5.7	2.2	1.6	2.6
	最小值	20.2	40.6	20.1	5.2	2.1	1.4	2.5
	最大值	38.6	59.7	21.1	5.9	2.5	1.8	2.9
黏土（16）	平均值		0	100.0	10.4	0.3	-0.9	24.4
	最小值		0	100.0	10.0	0.1	-14.1	2.2
	最大值		0.1	100.0	10.9	0.3	0.6	351.1
黏土质粉砂（1481）	平均值	2.4	67.1	30.5	6.4	1.6	0.5	2.2
	最小值	0.0	50.1	25	3.8	0.5	-2.0	0.7
	最大值	24.9	79.2	49.9	8.1	2.7	2.0	4.1
砂-粉砂-黏土（15）	平均值	28.3	48.3	23.4	5.9	2.2	0.2	1.8
	最小值	20.6	31.5	21.5	5.2	2.0	-0.3	1.6
	最大值	46.6	56.7	26.4	6.3	3.1	1.0	2.5
黏土-砂-粉砂（3）	平均值	24.5	53.2	22.3	5.9	2.2	1.4	2.6
	最小值	22.2	48.6	21.7	5.8	2.1	1.3	2.5
	最大值	28.3	55.7	23.1	6.0	2.4	1.5	2.8

* 作图时将砂-粉砂-黏土归为粉砂质黏土，黏土-砂-粉砂归为黏土质粉砂。

8.2.1.4 *砂质粉砂(ST)*

砂质粉砂呈灰、青灰或褐灰色，分布范围广，仅次于黏土质粉砂和粉砂，样品数为601站，主要分布在莱州湾北部、渤海湾南部以及山东半岛沿岸海区，在乳山—青岛近海区大面积出现。

砂质粉砂的粒度组成以粉砂粒级组分为主，含量在41.2% ~73.5%之间，平均值为57.4%。砂粒级组分含量次之，变化范围为14.0% ~48.5%，平均值为30%；黏土粒级组分含量为1.3%～21.2%，平均值为12.6%。为颗粒相对较粗的沉积物类型。

8.2.1.5 粉砂(T)

粉砂主要为青灰、浅灰或灰黄色，分布范围较广，样品数为707站。主要在渤海海峡、荣成东部海区以及日照东部海区，距离大陆较远的海区分布面积较大。

粉砂的物质组成以粉砂粒级组分为主，含量为61.5%～100.0%，平均值高达90%。此外，黏土粒级组分含量也较高，变化范围为0%～24.9%，平均值为15.5%，而砂粒级组分含量则很低，大部分站位低于10%，平均值仅4.5%，变化幅度为0%～24.4%。粉砂的平均粒径（Mz）为4.6ϕ～7.7ϕ，平均值为6.3ϕ，属中—细粉砂。

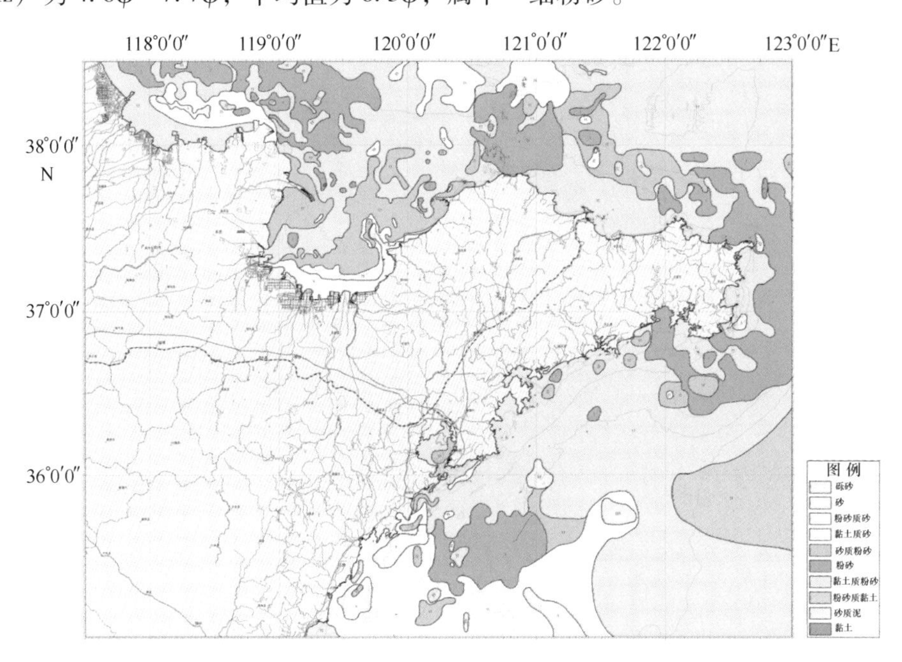

图8.16 山东省近海底质类型（谢帕德分类）

8.2.1.6 黏土质粉砂（YT）

黏土质粉砂和黏土是粒度较细的沉积物。颜色以灰、灰褐色为主，表层有时呈灰黄色，软塑至流塑状，主要集中分布在渤海湾、莱州湾靠近黄河三角洲海域、莱州湾北部和渤海海峡的北部也分布着该类沉积物，山东半岛东部分布有大面积的黏土制粉砂。其分布最广，样品数为1 481站。

黏土质粉砂以粉砂粒级组分为主，含量为50.1%～79.2%，平均值为67.1%。黏土粒级组分含量平均值达到30.5%，变化范围为25%～49.9%，而砂粒级组分含量则很低，最高含量为24.9%，平均值只有2.4%。

8.2.2 表层沉积物的粒度分布

沉积物颗粒按粒径大小可主要分为砾（－8 ～ －1 ϕ，256～2 mm）、砂（－1～4 ϕ，2～0.063 mm）、粉砂（4 ～8 ϕ，0.063～0.004 mm）和黏土（＞8 ϕ，≤0.004 mm）4个粒

级组分，以后3种为主。

8.2.2.1 砾粒级组分的分布特征

山东半岛近海沉积物中砾粒级组分含量变化较大，最大值为94%，绝大部分站位沉积物中不含有砾石，统计表明，在近海沉积区中出现砾石站位为212站，不到总分析站位的10%，含有砾石的站位中，砾粒级组分平均含量在8%左右，129站含量在5%以下，含量超过50%的站位仅为17站，含砾表层沉积物分布范围十分有限，主要分布在崂山湾、胶州湾以东海区以及日照近海平岛至达山岛周边海区，少量出现在山东半岛东部的成山角以东海区、庙岛周边海区（图8.17）。

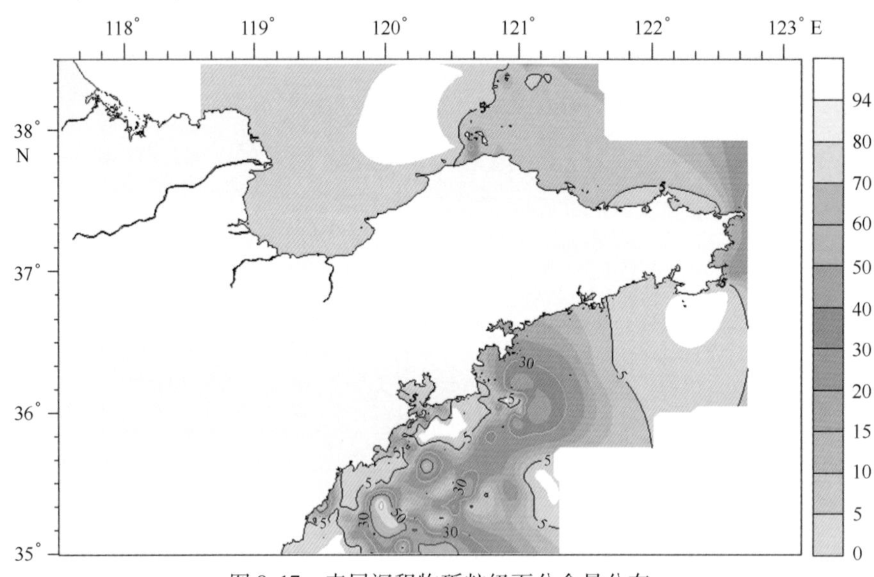

图8.17 表层沉积物砾粒级百分含量分布

8.2.2.2 砂粒级组分的分布特征

砂粒级主要由细砂和极细砂组成（图8.18），砂粒级含量变化较大：在莱州湾靠近山东半岛陆侧、庙岛群岛周边海区以及日照东部海区沉积物砂粒级含量多大于25%，为砂质沉积物，其中局部出现较大面积的砂含量大于75%的站位，近海大部分海区沉积物中砂含量小于25%，局部的泥质区如在靖海湾东部出现零值区。

砂粒级含量可以用来指示相应区域的沉积动力条件的强弱以及物质的供应量，在水动力条件较强的海区，砂粒级的含量较高；而在沉积动力条件较弱的海区，砂粒级的含量相应地较低。近源物质供应较为充足或从岛屿和陆地剥蚀产物出现则砂粒级的含量较高。在山东半岛南部由于现代黄河物质的影响逐渐减弱，出现大面积的近海砂粒级沉积物。

8.2.2.3 粉砂粒级组分的分布特征

粉砂粒级的百分含量变化较为规律（图8.19），其范围大多在50%～75%之间，平均含量为61%左右，反映了近岸沉积的细粒特点。高含量主要分布在山东半岛近岸，在莱州湾内以及青岛日照一线海区分布低含量，前者与黏土含量高相对应，后者与砂粒级含量高相对应。高含量分布反映了细粒物质随水动力运移的特点，主要与黄海沿岸流有关。

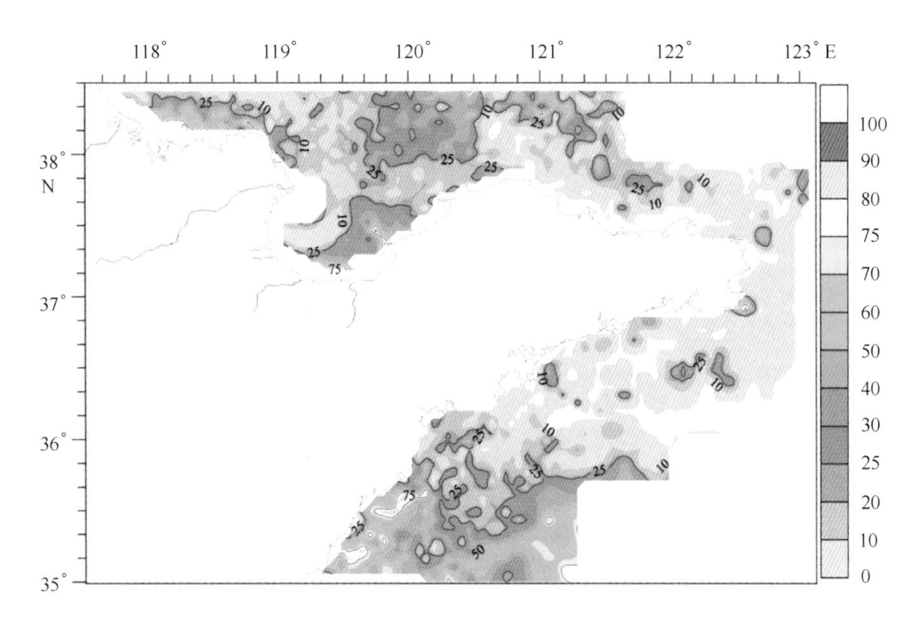

图8.18 表层沉积物砂粒级百分含量分布

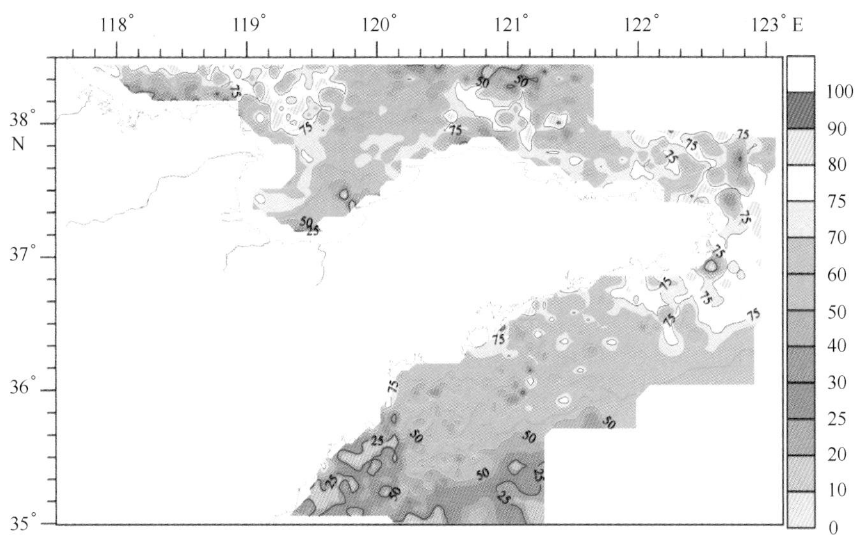

图8.19 表层沉积物粉砂粒级百分含量分布

8.2.2.4 黏土粒级组分的分布特征

山东半岛近海沉积物中黏土粒级平均含量为17.3%，最高值为100%，绝大多数表层站位中黏土的含量低于25%，多为含黏土类沉积物，高含量出现在近岸以及青岛东部大片海区沉积物中（图8.20）。

8.2.3 表层沉积物的粒度参数分布

粒度参数不仅可以对沉积物的成因作出解释，而且在区分沉积环境方面也具有重要的参考意义。目前计算粒度参数如平均粒径、分选系数、偏度和峰态，普遍应用的有两种方法：一是物理意义明确、精确度很高、广泛应用的福克－沃德图解法；二是应用方便、便于比较

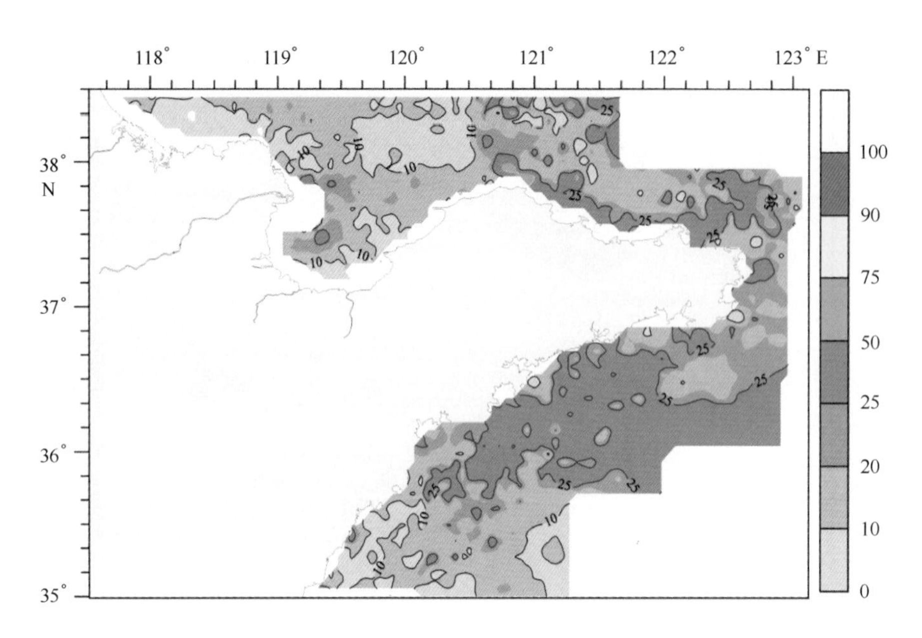

图 8.20 表层沉积物黏土粒级百分含量分布

的 McManus 矩法。两种方法所获取的平均粒径和分选系数基本相同，偏度值相差较大（但仍存在显著相关性），而峰态值不能相互转换。比较而言，矩法反映了样品的总体特征，计算方法比较精确。本节粒度参数计算采用矩法，分选系数、偏度和峰态的定性描述还是沿用矩法粒度参数（McManus，1988）中的术语。

8.2.3.1 表层沉积物平均粒径的分布特征

平均粒径代表粒度分布的集中趋势，可以用来反映沉积介质的平均动能，其高值区代表静水、低能的沉积环境，细粒的黏土粒级物质经过长距离的搬运、筛选和沉积，在这样的低能环境沉积下来，其中的粗粒物质在搬运过程中就早已沉积；平均粒径的低值区则代表高能的水动力环境，沉积物的粗颗粒和良好的分选性都反映了其形成时动荡的沉积环境；中值区则介于二者之间，代表过渡区域复杂的动力因素和物质来源。另外，平均粒径的等值线图与砂粒级含量分布图、黏土粒级含量分布图，还可以反映调查区的沉积物类型分区。

山东半岛近海表层沉积物平均粒径的平均值为 5.65ϕ，为中粉砂的粒径范围（6～5ϕ），最大值为 10.89ϕ，黏土粒级。其分布出现明显的规律性（图 8.21），表现了渤海物质扩散以及黄海沿岸流的控制作用，由此可以划分为 3 个区：

1）高值区（>6.2ϕ），主要分布在蓬莱—烟台—荣成—乳山一线的山东半岛近岸区，特别在青岛东部黏土粒级分布的高含量区，平均粒径含量很高。另一高值区出线在黄河口东部，表现了黄河物质的扩散趋势。高值区主要代表以细粒的黏土质沉积物为主和以分选性良好为特征的沉积类型。

2）中值区（6.2～3.9ϕ），中粉砂和极细砂之间，主要分布在莱州湾的中部和北部，以及庙岛群岛的东部海区，所处海区水动力较为复杂，且沉积物输入具有多种来源，不同沉积物类型相互影响，沉积物粒度特征较为复杂。

3）低值区（<3.9ϕ），砂粒级。主要分布在两个区域：其一在莱州湾东部靠近山东半岛

一侧，此区沉积物中绿帘石含量较高，且颗粒新鲜，沉积物中也含有一定量的普通辉石，其物质来源主要为近岸的岩石剥蚀和河流输入，颗粒较粗；其二出现在青岛—日照近海区域。低值区的样品以粗颗粒、分选好为特征，反映了其形成时水动力和物质来源的共同作用。

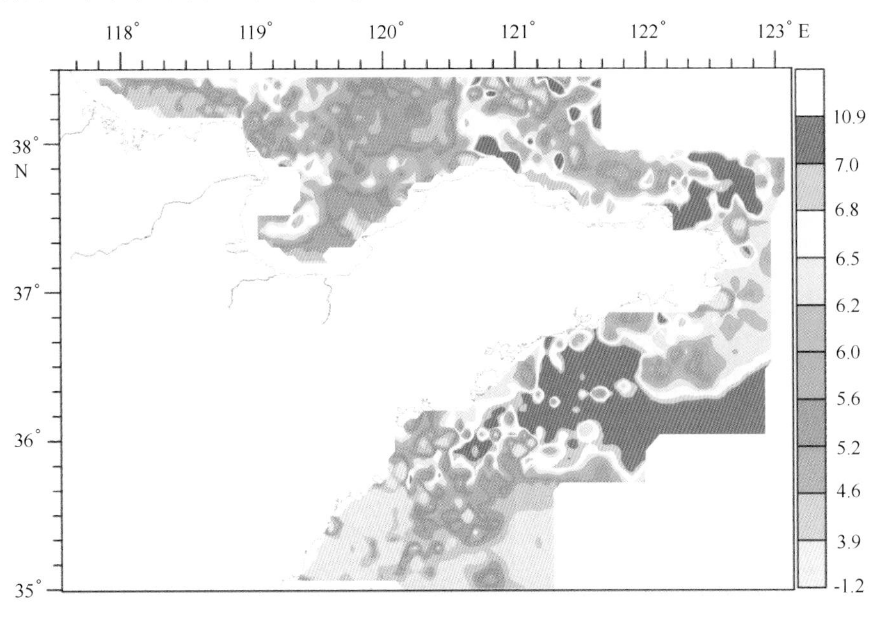

图8.21　表层沉积物平均粒径分布

8.2.3.2　分选系数（σ）的分布

分选系数是反映沉积物颗粒大小的均匀程度，表现围绕集中趋势的离差，颗粒分选很好时，分选系数较小，分选系数大则离散度大，分选性差。根据σ值分布采用弗里德曼（1962年）的分级标准，σ的区域分布图（图8.22）很好地反映沉积物分选的变化，从其分布上主要有两大分区：莱州湾区、蓬莱—青岛的山东半岛近海区以及青岛—日照近海区。

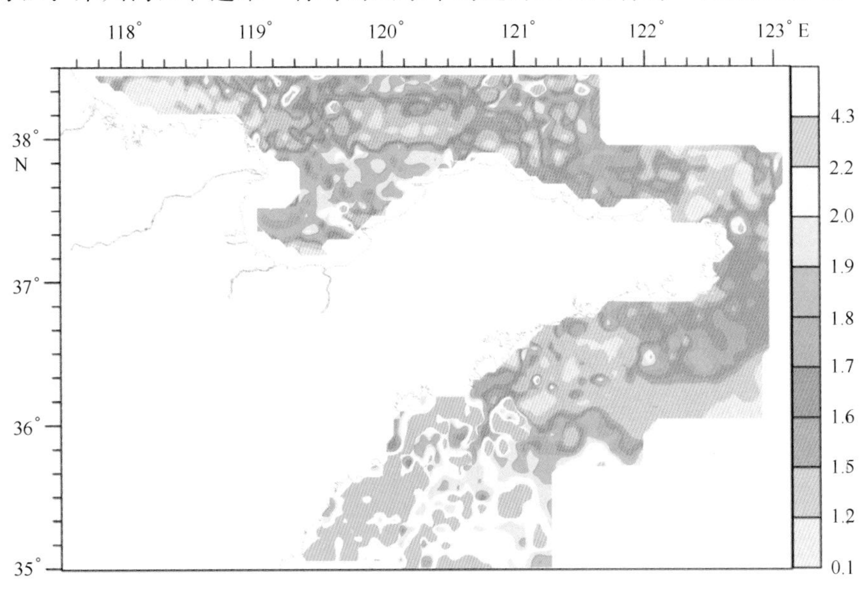

图8.22　表层沉积物分选系数分布

1）σ 值小于1.7的区域，蓬莱—青岛的山东半岛近海区，分选相对较好，这与渤海物质通过渤海海峡沿岸向南黄海输送密切相关，具有成因上的关联。

2）σ 值在1.7～1.9之间的区域，在细粒的黏土质沉积区和粗颗粒的砂质沉积区之间的 σ 值大都在1.0～2.0，属分选较差，主要分布在莱州湾内，分选系数 σ 值差的主要原因是水动力环境和物质来源，造成了本区沉积物类型混合，如黏土质细砂广泛分布。

3）σ 值大于1.9的区域，主要分布在青岛—日照近海区，分选差，与水动力变化有关。

8.2.3.3 偏度（*Sk*）的分布

偏度可以用来判别沉积物粒度分布的不对称程度，表明平均值与中位数的相对位置，研究偏度对于了解沉积物的成因有一定的作用。当偏度为零时，粒度曲线呈对称分布；若为负偏，则此沉积物是粗偏，平均值将向中位数的较粗方向移动，粒度集中在颗粒的细端部分；正偏则是细偏，平均值向中位数的较细方向移动，粒度集中在颗粒的粗端部分。在获得表层沉积物的偏度（*Sk*）数据的基础上，给出了表层沉积物偏度（*Sk*）的等值线图（图8.23）。根据福克-沃德的分级标准，本区的偏度（*Sk*）可以分为3个区：

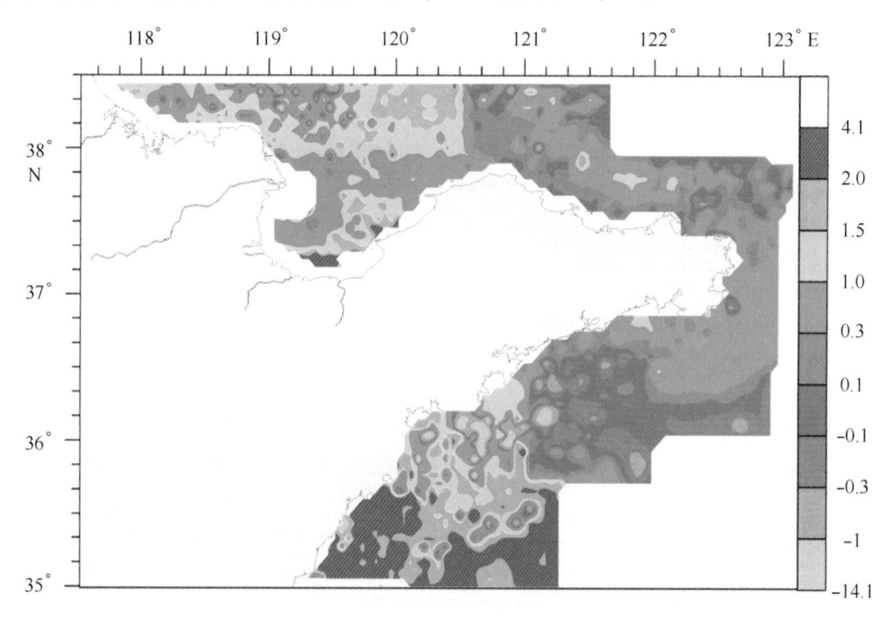

图8.23　表层沉积物偏度分布

1）偏度（*Sk*）值小于-0.1，指示沉积物为负偏类型，也出现了小于-1的极负偏态类型。该类沉积物的粒度集中在颗粒的细端部分，主要分布在乳山——即墨近海海区，大面积分布，这与黄海沿岸流之间有一定成因上的关系，黄河物质的输入到达此区为最强，向南减弱，从而造成此区沉积物的粒度集中在颗粒的细端部分这一现象。

2）偏度（*Sk*）值在-0.1～1之间，指示了沉积物的粒度曲线呈对称分布。在调查区内此类沉积物主要分布在山东半岛大部海域，其在空间上与沿岸流有着密切的关联，大致指示了其对现代黄河入海物质的输运路径。

3）偏度（*Sk*）值大于1，指示沉积物为正偏类型。这说明此类沉积物的粒度集中在粗粒部分，主要分布在莱州湾东南部以及渤海湾北部以及青岛—日照近海海区，表明物质来源这一因素在偏度中的决定作用：莱州湾南部具有近岸物质剥蚀以及河流输入，渤海湾北部为黄河物质和渤海北部物质相互作用区，以及青岛近海沉积物形成时的影响，造成了它们影响调查区内沉积物的粒度集中在粗粒端这一现象。

8.2.3.4 峰态（*Kg*）的分布

峰态（峰度或尖度）用来衡量粒度频率曲线尖锐程度的，度量粒度分布的中部和尾部的展形比。根据福克-沃德的分级标准，山东近海表层沉积物峰态（*Kg*）等值线图（图8.24）具有很明显的规律性，非常尖锐的窄峰态和较为平坦的中等-窄峰态二类型。

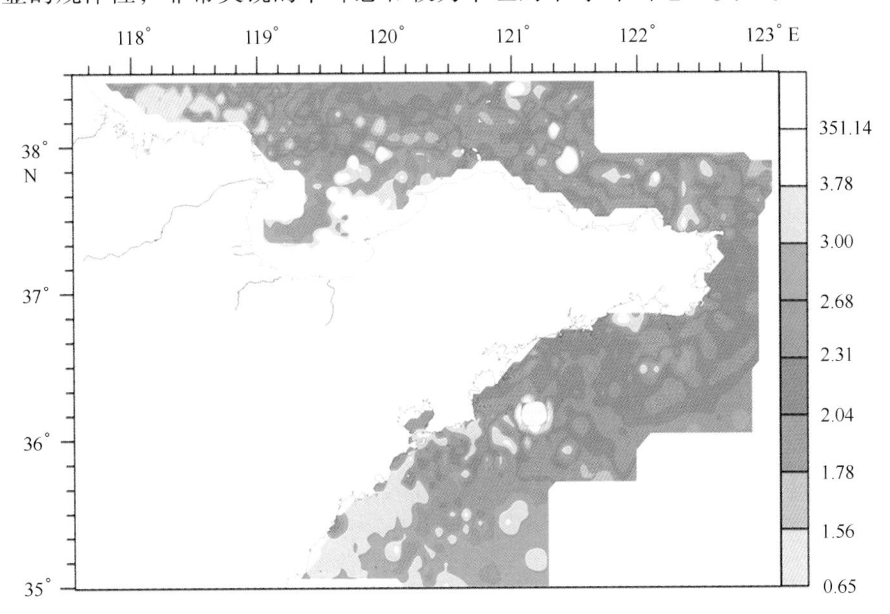

图8.24 表层沉积物峰态分布

窄峰态是指峰态（*Kg*）大于3，具有窄峰态的表层沉积物样品主要分布在莱州湾东南部以及青岛—日照的近海，值得注意的是：窄峰态样品多为砂质组分，即砂质组分在沉积物中占有绝对优势，此时样品的粒度曲线呈尖峰分布，这主要是由砂粒级组分沉积时本身的水动力特性所决定的。中等-窄峰态是指峰态（*Kg*）在0.65～3之间，其在本区内的样品数中占有绝大部分，主要为渤海湾北部和山东半岛近岸区，其间分布有窄峰态的珠状区。

尤尔斯特隆图解中，颗粒粒度与分选性具有一定的相关关系，细砂比粗砂、粉砂和黏土的分选要好。因为细砂活跃，当流水启动力能力减小时，粗颗粒最先沉积，当粉砂和黏土等悬浮载荷与细砂一起搬运时，随着流水的启动能力和迁移能力进一步降低，它们会同时沉积。而粉砂和黏土这样的细粒物质一旦沉积下来，便很难再呈悬浮状态搬运，但细砂颗粒较容易再次进行搬运，从而发生进一步的分选，因此砂质沉积物的分选和峰态都要较细颗粒的沉积物要好，表现为窄峰态、分选好的特征。而黏土质沉积物的分选性和峰态就相对较差，整体上以中等峰态、分选较差为特征。

8.3 小结

山东省潮间带沉积物类型多样，从砂砾至黏土各类型都有分布。其中在胶莱河以西的鲁北平原海岸，潮间带沉积物类型以粉砂、黏土质粉砂等较细的颗粒沉积物为主。胶莱河以东的丘陵海岸潮间带沉积物类型以砂类沉积物为主，其中低潮滩主要以细砂类沉积物为主，高潮滩、中潮滩由于各岸段动力环境和物质来源的差异，其底质类型多样，在半岛北岸中潮滩和低潮滩之间，多有砾石条带分布。另外，在本区域的半封闭、封闭海湾内有较大面积的黏土质粉砂、粉砂等较细的沉积物分布。

山东省近海含砾沉积物的分布范围有限，主要分布在莱州湾东南部和青岛—日照东部近海，庙岛群岛附近海区零星出现。砂粒级沉积物主要由细砂和极细砂组成，砂粒级含量变化较大：在莱州湾靠近山东半岛陆侧、庙岛群岛周边海区以及日照东部海区沉积物砂粒级含量多大于25%，为砂质沉积物，其中局部出现较大面积的砂含量大于75%的站位，近海大部分海区沉积物中砂含量小于25%，局部的泥质区如在靖海湾东部出现零值区。粉砂粒级的百分含量变化较为规律，其范围大多在50% ~75%之间，平均含量为61%左右，反映了近岸沉积的细粒特点。高含量主要分布在山东半岛近岸，在莱州湾内以及青岛—日照一线海区分布低含量，前者与黏土含量高相对应，后者与砂粒级含量高相对应。山东半岛近海沉积物中黏土粒级平均含量为17.3%，最高值为100%，绝大多数表层站位中黏土的含量低于25%，多为含黏土类沉积物，高含量出现在近岸以及青岛东部大片海区沉积物中。

第3篇　海洋资源

9　海岸及近海空间资源

9.1　海岸线资源

9.1.1　大陆海岸线资源

9.1.1.1　大陆海岸线长度

山东省大陆海岸线长度为3 345 km（表9.1）。其中，渤海段的大陆海岸线长约923 km，占全省大陆海岸线长度的27.6%；黄海段的大陆海岸线长约2 422 km，占全省大陆海岸线的72.4%，且主要分布于南黄海段（1 928 km）。

表9.1　山东省各海区的大陆海岸线长度统计类

类　型	渤海段	黄　海　段			共　计
		北黄海	南黄海	合计	
海岸线长度/km	923	494	1 928	2 422	3 345
占全省海岸线比例/（%）	27.6	14.8	57.6	72.4	100.0

海岸线长度在山东省7个沿海地市的分布极不均匀（表9.2）。其中，威海市的海岸线最长，为978 km，占山东大陆海岸线长度的29.24%；其余依次为青岛市（785 km，占23.47%）、烟台市（765 km，占22.87%）、东营市（413 km，占12.35%）、潍坊市（149 km，占4.45%）、日照市（167 km，占4.99%）和滨州市（88 km，占2.63%）。

表9.2　山东省沿海地市大陆海岸线长度统计类

类　型	滨州	东营	潍坊	烟台	威海	青岛	日照	共计
岸线长度/km	88	413	149	765	978	785	167	3 345
占全省海岸线比例/（%）	2.63	12.35	4.45	22.87	29.24	23.47	4.99	100.00

9.1.1.2　大陆海岸线类型与分布

按照海岸线的自然或人工属性将其进一步划分为自然岸线和人工岸线。自然岸线包括砂质岸线、粉砂淤泥质岸线、基岩岸线和生物岸线等；人工岸线包括防潮堤、防波堤、护坡、挡浪墙、码头、防潮闸以及道路等挡潮构筑物组成的岸线。

自然岸线长约2 074 km，占全省海岸线总长度的62%；人工岸线长约1 271 km，占全省海岸线总长度的38%（图9.1）。自然岸线中，基岩岸线长约903 km（占27%），砂质岸线长约769 km（占23%），粉砂淤泥质岸线长约401 km（占12%）。粉砂淤泥质岸线大幅度减少

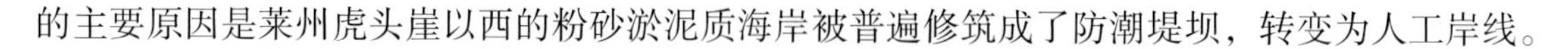

的主要原因是莱州虎头崖以西的粉砂淤泥质海岸被普遍修筑成了防潮堤坝，转变为人工岸线。

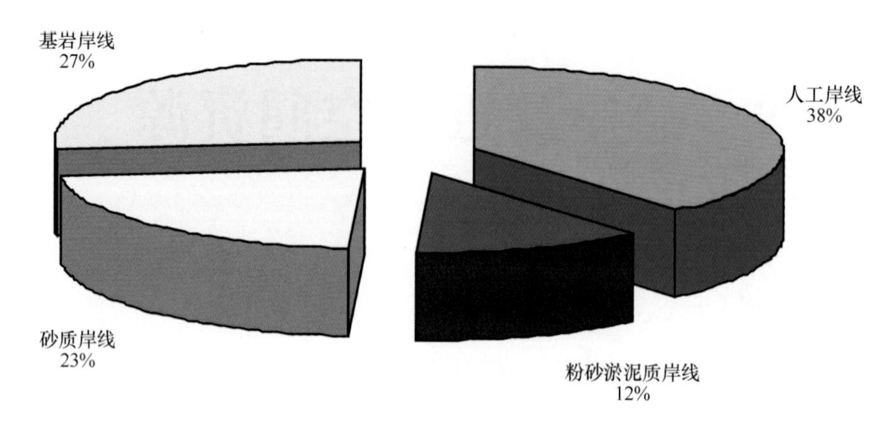

图 9.1　山东省各类型海岸线长度百分比

在沿海各地市海岸线中，滨州、东营、潍坊 3 市没有砂质岸线和基岩岸线，以人工岸线为主（图 9.2）；其中，滨州、东营和潍坊市的人工岸线长度分别约占各自岸线总长度的 81.8%、63.9% 和 96.0%。

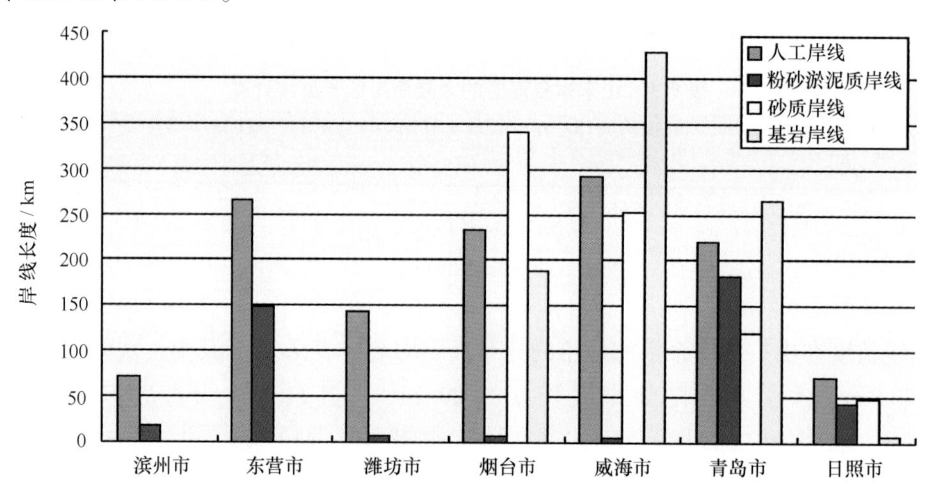

图 9.2　山东省沿海各地市各类型海岸线长度直方图

砂质岸线的长度以烟台市最长，威海市次之，日照市最短；而基岩岸线的长度则以威海市最长，青岛市次之，日照市最短。其中：烟台市砂质岸线占全市岸线总长度的 44.3%，基岩岸线约占 24.6%，人工岸线约占 30.3%；威海市砂质岸线占全市岸线总长度的 25.9%，基岩岸线约占 43.9%，人工岸线约占 29.8%；青岛市砂质岸线占全市岸线总长度的 23.2%，基岩岸线约占 33.6%，人工岸线约占 28%；日照市砂质岸线占全市岸线总长度的 28.7%，基岩岸线约占 4.2%，人工岸线约占 41.9%。

9.1.2　海岛海岸线资源

海岛是指四面环（海）水并在高潮时高于水面的自然形成的陆地区域。按照我国海岛管理的最新技术规程认定：目前山东省共有海岛 456 个，海岛总面积约为 111.22 km^2，海岛岸

线长约561.44 km。

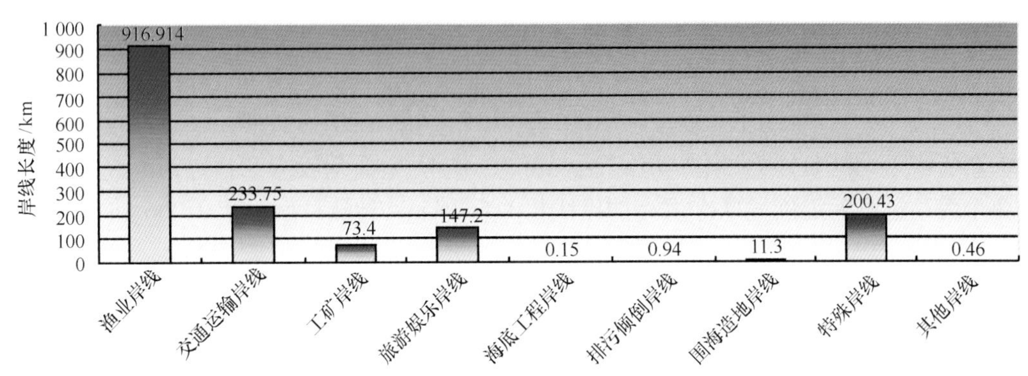

图9.3　山东省岸线利用分布示意图

9.1.2.1　500 m^2 以上海岛

1）海岛数量

山东省500 m^2 以上海岛有320个。其中，淤积型砂质岛66个，大部分隶属于滨州、东营和潍坊市；基岩岛254个，主要分布在烟台、威海、青岛和日照市。相比20世纪80年代末岛（礁）调查结果，新增面积在500 m^2 及以上的海岛51个，消失了57个，总海岛数减少了6个。其中，威海市海岛数量最多，为98个；其次为烟台（77个）和青岛（73个）；其余依次为滨州、日照、潍坊、东营（表9.3）。

表9.3　山东省沿海地市海岛数量、岛陆面积和岸线长度统计

类　型	滨州	东营	潍坊	烟台	威海	青岛	日照	共计
海岛数量/个	47	4	10	77	98	73	11	320
岛陆面积/km^2	5.802	9.072	0.495	67.924	13.205	14.311	0.403	111.212
岸线长度/km	72.889	24.355	6.587	245.847	103.299	97.964	8.838	559.779

2）海岛面积与分布

山东省海岛陆域总面积约为111.212 km^2。其中，烟台市海岛面积最大，为67.924 km^2，占山东总岛陆面积的61.1%（表9.3）；其次为青岛和威海市，岛陆面积分别为14.311 km^2 和13.205 km^2；其余依次为东营、滨州、潍坊和日照市。

3）海岛岸线类型与长度

山东省海岛岸线总长度约为559.779 km（表9.3）。各沿海地市所辖海岛岸线类型和长度详述如下：滨州地区海岛岸线总长72.889 km，岸线类型以砂质、淤泥质和人工海岸为主；东营地区海岛岸线总长24.355 km，岸线类型以淤泥质和人工岸线为主；潍坊地区海岛岸线总长6.587 km，岸线类型均为淤泥质海岸；烟台地区海岛岸线总长245.847 km，岸线类型以基岩、人工、砂质和砾石海岸为主；威海地区海岛岸线总长103.299 km，岸线类型以基岩、人工和砂质海岸为主；青岛地区海岛岸线总长 97.964 km，岸线类型以基岩、砂质及人工海岸为主；日照地区海岛岸线总长 8.838 km，岸线类型以基岩海岸为主。

9.1.2.2 500 m^2 以下海岛

山东省现有 500 m^2 以下海岛 136 个。其中，对 24 个面积较大的海岛进行了实地勘测，对 112 个海岛进行了定位。24 个海岛的岸线长 1.663 km，岛陆总面积为 0.006 km^2。

9.2 海域空间资源与分布

9.2.1 管辖海域面积

山东省管辖的海域为海岸线至领海外部界线的海域，即渤海南部 12 n mile 以内海域和黄海领海基线向陆一侧的海域（图 9.5）。山东省近岸海域的总面积为 3.55×10^4 km^2；其中，渤海山东近岸海域面积为 1.19×10^4 km^2，黄海山东海域面积约为 2.36×10^4 km^2。

山东省近岸海域面积最大的是烟台市，海域面积为 11 512.28 km^2，占全省海域总面积的 32.43%；海域面积最小的是滨州和潍坊市，海域面积分别为 1 134.63 km^2 和1 417.24 km^2，仅占全省海域总面积的 3.76% 和 3.99%（表 9.4，图 9.4）。

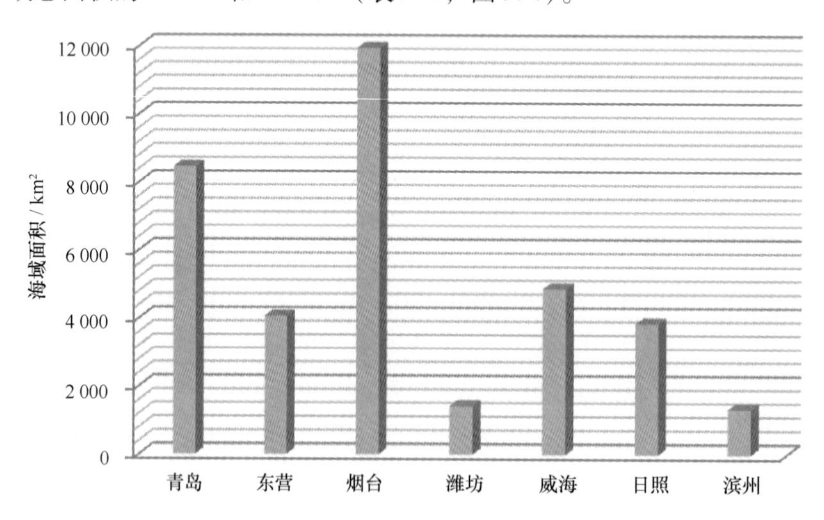

图 9.4 山东省沿海各地市管辖海域面积分布

表 9.4 山东省沿海各地市管辖海域面积统计

地 市	青岛	东营	烟台	潍坊	威海	日照	滨州	合计
面积/km^2	8 445.34	4 063.08	11 512.28	1 417.24	4 868.71	3 857.88	1 334.63	35 499.16
百分比/（%）	23.79	11.45	32.43	3.99	13.72	10.87	3.76	100.00

9.2.2 大陆海岸潮间带

山东省大陆海岸潮间带面积合计约 4 394.5 km^2，包括粉砂淤泥质潮滩、砂质海滩、基岩

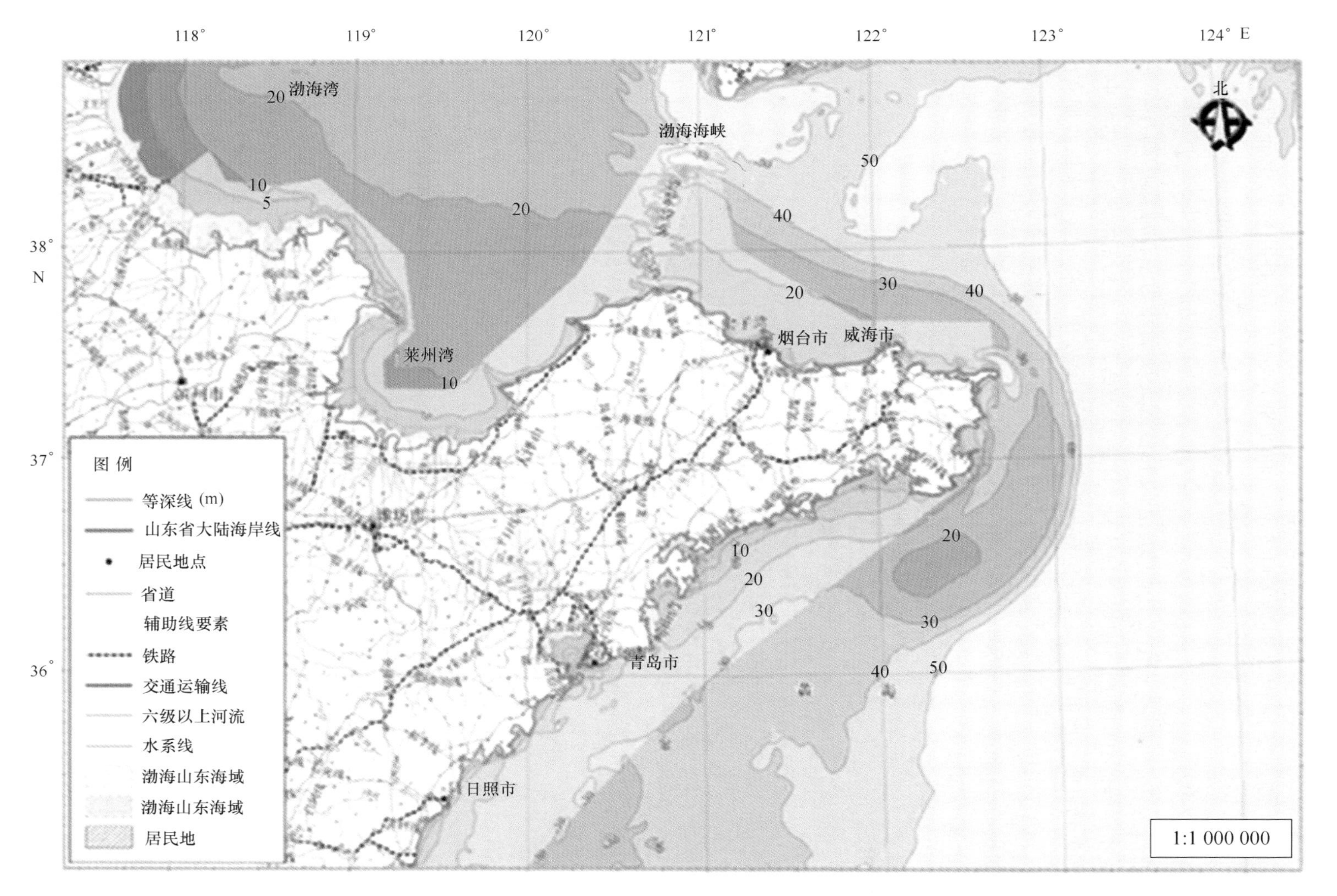

图 9.5　山东省近岸海域面积空间分布

岸滩等类型；其中，又以粉砂淤泥质潮滩所占面积最大，面积达 4 078.8 km^2，占总面积的 92.8%（表9.5）。

东营市的潮间带面积最大，为 1 563.9 km^2，占全省潮间带总面积的 35.59%；其次是滨州和青岛市，潮间带面积分别为 830.8 km^2 和 528.7 km^2，分别占全省潮间带总面积的 18.91% 和 12.03%；日照市的潮间带面积最小，仅 74.9 km^2，占全省潮间带总面积的 1.70%（表9.5，图9.6）。

潍坊、东营、滨州属于鲁北平原海岸，以粉砂淤泥质潮滩为主，滩涂广阔且资源丰富，平均每千米岸线拥有的潮间带面积都在 2 km^2 以上（表9.5），尤其是滨州市高达 9.441 km^2。烟台、青岛和日照三地市属于鲁东丘陵海岸，潮间带普遍较窄，平均每千米岸线拥有的潮间带面积仅介于 0.418 ~ 0.674 km^2 之间，但拥有众多优质旅游海滩（图9.7），分别占全市潮间带总面积的 25.86%、13.60% 和 46.60%，平均每千米岸线拥有沙滩面积为 0.131 km^2、0.092 km^2 和 0.20 km^2。

表9.5　山东省沿海各地市潮间带面积统计

地市	潮间带面积/km^2			合计/km^2	面积百分比/(%)	每千米岸线的潮间带面积/km^2
	粉砂淤泥质滩	砂质海滩	基岩岸滩			
滨州	830.8	0	0	830.8	18.91	9.441
东营	1 563.9	0	0	1 563.9	35.59	3.787
潍坊	600.0	0	0	600.0	13.65	4.027
烟台	269.1	100.3	18.4	387.8	8.83	0.507
威海	353.2	33.0	22.2	408.4	9.29	0.418
青岛	422.1	71.9	34.7	528.7	12.03	0.674
日照	39.7	34.9	0.3	74.9	1.70	0.449
合计	4 078.8	240.1	75.6	4 394.5	100	1.313

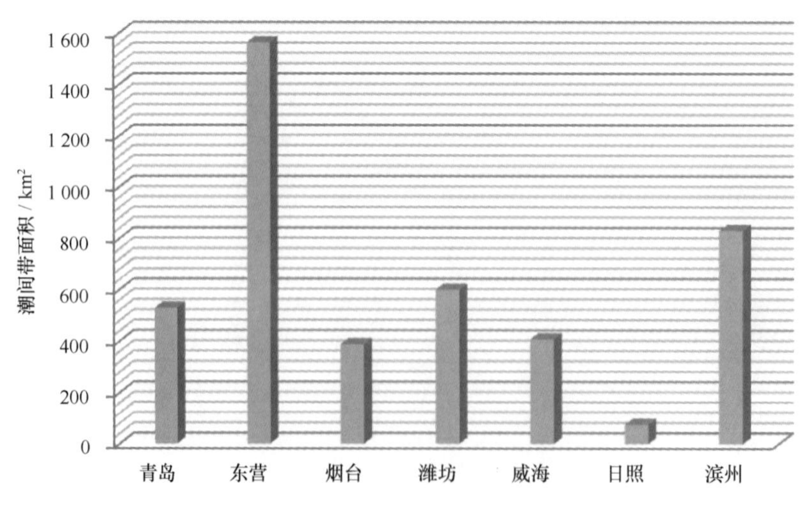

图9.6　山东省沿海各地市潮间带面积对比

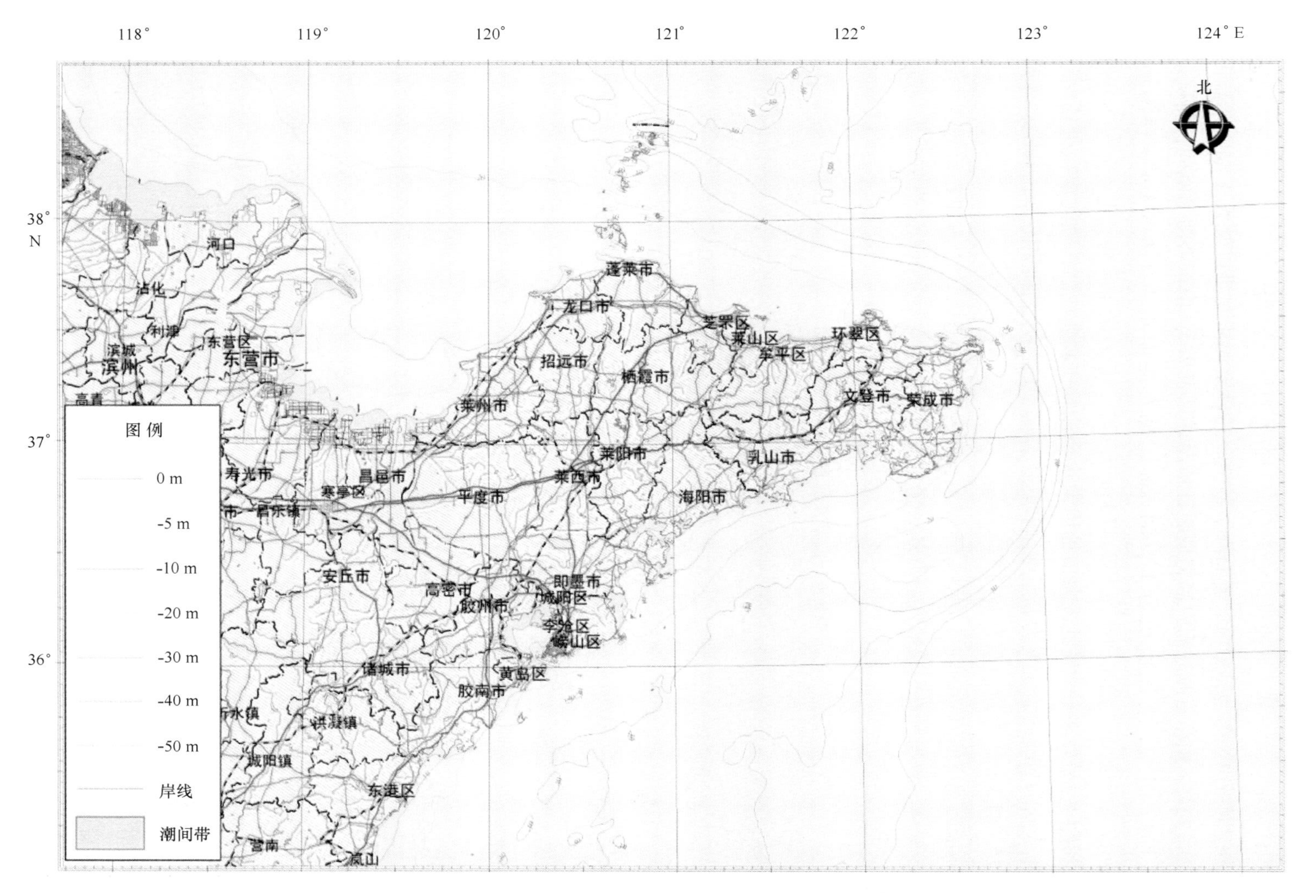

图 9.7 山东省大陆海岸潮间带资源空间分布

9.2.3 海岛潮间带资源

海岛空间资源包括：海岛海岸线、海岛面积以及海岛潮间带面积。其中，海岛海岸线和海岛面积详见本章第一节，下面仅讨论海岛潮间带类型与分布特征。

海岛潮间带类型共包括岩滩、砾石滩、沙滩、粉砂淤泥质潮滩以及人工湿地（盐田和养殖池塘）5大类。山东省海岛潮间带类型统计情况详见表9.6。山东省海岛潮间带面积总计为219.951 km^2；其中，岩滩面积为17.664 km^2，砾石滩面积为1.638 km^2，沙滩面积为5.981 km^2，粉砂淤泥质潮滩面积为132.47 km^2。其中，粉砂淤泥质潮滩主要分布在滨州市无棣和沾化境内，另外在东营黄河入海口处因调水调沙改道裁陆成岛，潮滩面积也较大。人工湿地面积为62.198 km^2，主要为养殖池塘和盐田，属于已经开发利用滩涂；其中，养殖池塘面积为14.041 km^2，盐田面积为48.157 km^2。

不同沿海地市的海岛潮间带类型差异较大，如岩滩、砾石滩、沙滩和养殖池塘主要分布于烟台、威海、青岛和日照市所辖的海岛，粉砂淤泥质潮滩主要分布于滨州和东营两市海岛，盐田均位于滨州市海岛。

表9.6 山东省海岛潮间带类型统计

岛 群	各类沿海滩涂面积/km^2						滩涂总面积/km^2
	未利用滩涂				已利用滩涂		
	岩滩	砾石滩	沙滩	粉砂淤泥质潮滩	养殖池塘	盐田	
滨州市海岛	0	0	2.392	99.587	0	48.157	150.136
东营市海岛	0	0	0	20.756	0	0	20.756
潍坊市海岛	0	0	0	1.279	0	0	1.279
烟台市海岛	6.065	1.051	2.357	7.314	7.169	0	23.956
威海市海岛	7.095	0.095	0.438	3.534	6.227	0	17.389
青岛市海岛	4.291	0.492	0.365	0	0.645	0	5.793
日照市海岛	0.213	0	0.429	0	0	0	0.642
合计	17.664	1.638	5.981	132.47	14.041	48.157	219.951

9.2.4 不同水深海域面积

山东省大陆海岸各水深海域总面积为31 105.16 km^2。其中，沿岸0～-5 m水深的海域面积为3 565.00 km^2，占总面积的11.46%；-5～-10 m水深的海域面积为4 142.01 km^2，占总面积的13.32%；-10～-20 m水深的海域面积为11 109.07 km^2，占总面积的35.71%；-20～-30 m水深的海域面积为10 824.82 km^2，占总面积的34.80%；-30～-40 m水深的海域面积为901.72 km^2，占总面积的2.90%；-40～-50 m水深的海域面积为310.67 km^2，占总面积的1.00%；小于-50 m水深的海域面积为251.87 km^2，占总面积的0.80%（表9.7，图9.8）。全省-10～-30 m海域分布最广，占总面积的70.51%，全省分布在水深-30 m以内的海域面积为29 640.91 km^2，占总面积的95.29%。

表 9.7 山东省不同水深海域面积统计

指 标	不同水深海域 /m							合 计
	0 ~ -5	-5 ~ -10	-10 ~ -20	-20 ~ -30	-30 ~ -40	-40 ~ -50	< -50	
面积 /km²	3 565.00	4 142.01	11 109.07	10 824.82	901.72	310.67	251.87	31 105.16
百分比/（%）	11.46	13.32	35.71	34.80	2.90	1.00	0.80	100.00

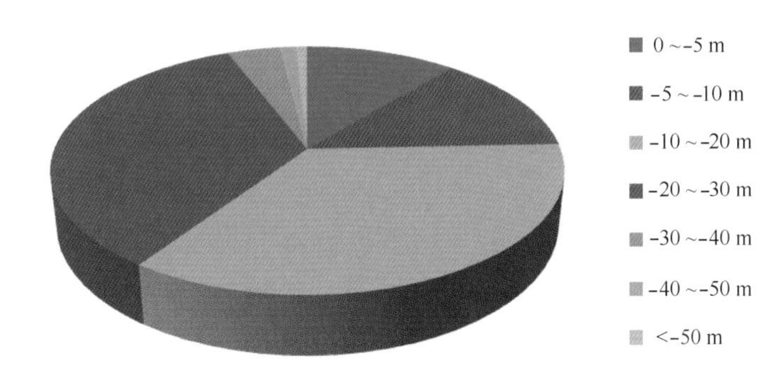

图 9.8 山东省海域各水深海域面积分布

其中，沿海各地市沿岸毗邻海区 0 ~ 15 m 等深线海域面积详见表 9.8，且不同水深海域的空间分布如图 9.9 所示。

表 9.8 山东省沿海各地市不同水深海域面积以及所占全省的比例

水 深		滨州	东营	潍坊	烟台	威海	青岛	日照	合计
0 ~ 2 m 等深线	面积/km²	161	692	187	176	126	158	15	1 515
	百分比/（%）	0.6	2.5	0.7	0.6	0.5	0.6	0.1	5.5
0 ~ 5 m 等深线	面积/km²	124	621	199	449	283	265	109	2 050
	百分比/（%）	0.4	2.2	0.7	1.6	1.0	1.0	0.4	7.4
5 ~ 10 m 等深线	面积/km²	168	1 121	583	1 134	782	472	293	4 553
	百分比/（%）	0.6	4.0	2.1	4.1	2.8	1.7	1.1	16.4
10 ~ 15 m 等深线	面积/km²	0	1 717	0	3 316	691	622	454	6 800
	百分比/（%）	0	6.2	0	11.9	2.5	2.2	1.6	24.5

备注：1. 表中滨州市和潍坊市 5 ~ 10 m 范围面积为 5 m 等深线至海域勘界界线最外缘线之间的面积；
2. 引用山东省海洋功能区划外缘边界作为江苏与山东海域边界。

9.2.5 港口资源

9.2.5.1 港口资源概况

山东港口发展优势得天独厚。山东北濒渤海，东临黄海，居东北亚海上交通之要冲；绵延 3 100 多 km 的大陆海岸线，占全国的 1/6；拥有丰富的港口资源和良好的建港条件，可建深水泊位的天然良港居全国第一。近年来，山东省迅速掀起新一轮港口发展的热潮，初步形成了以青岛港、日照港和烟台港为主枢纽港，龙口港、威海港为地区性重要港口，潍坊、蓬莱、莱州等中小港口为补充的现代化港口群（图 9.10）。

图 9.9 山东省海域空间资源不同水深海域分布

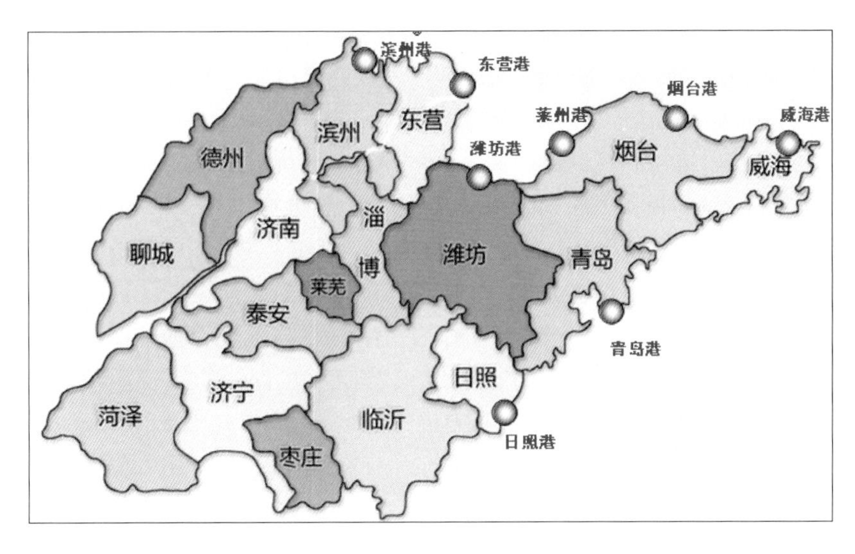

图 9.10 山东主要港口平面分布示意图

截至2007年底，山东省沿海港口达24处，其中二类以上开放港口17个；沿海港口吞吐量达到5.6×10^8 t，其中集装箱吞吐量达1 130×10^4 TEU。在中国10个亿吨级大港之中，山东就占3个。青岛港吞吐量完成2.6×10^8 t，日照港吞吐量完成1.3×10^8 t，烟台港吞吐量突破1×10^8 t。山东省成为全国唯一拥有3个亿吨大港的省份。到2010年，山东省计划投资530亿元，新增货物吞吐量能力4×10^8 t；“十一五”期间山东省主要港口投资、建设工程和设计通过能力如表9.9所示。

表 9.9 “十一五”期间山东主要港口建设规划

山东港口	主要工程	总通过能力/$\times10^8$ t	集装箱通过能力/（$\times10^4$ TEU）
青岛港	原油码头三期 30万吨级原油码头 青岛港液体化工码头续建二期 七号码头改造	2.6	1 100
日照港	矿石码头二期 30万吨级原油码头 集装箱码头 日照港西港一、二期工程	2	180
烟台港	深水、大型、专业化集装箱码头	2	232
合计		6.6	1 512

资料来源：青岛港、日照港、烟台港网站。

自改革开放以来山东省港口有了突飞猛进的发展，2000—2008年山东各主要港口吞吐量如表9.10所示。

表 9.10 山东沿海港口吞吐量

单位：$\times 10^3$ t

港口名称	2000 年	2001 年	2002 年	2003 年	2004 年	2005 年	2006 年	2007 年	2008 年
青岛港	86 607	103 981	122 130	140 900	162 650	186 785	224 150	265 022	300 295
烟台港	19 639	19 950	22 890	25 790	30 110	45 060	60 760	101 293	111 887
日照港	26 738	29 330	31 360	45 060	51 080	84 208	110 070	130 633	151 022
东风港	290	250	250	200					
海庙港		250	250	510	173				
龙口港	5 948	6 620	6 210	7 640	11 670	16 025	20 530	并入烟台港	
长岛港	1 433	1 530	860	1 740	2 128	1 944			
蓬莱港	5 252	5 290	5 960	6 150	7 084	6 951	4 000	并入烟台港	
威海港	6 583	7 270	6 710	8 400	11 472	15 317	18 030	20 949	
俚岛港	190	190	140	140	27				
石岛港	410	430	430	490	418	3 878	5 090	8 281	
张家埠港	100	90	100	160	57	94	70	21	
乳山港	30	30	80	90	121	216	180	230	
凤城港		30	100	80	107	133	180	233	
青岛小港		249	390	460	350				
岚山港	4 467	5 730	6 690	并入日照港					
烟台地方港		7 670	8 480	9 420	1 519				
羊口港	251	150	380	280	278	275	520	502	
下营港	40								
蛔江港	190	230	310	360	418	739	790	783	
潍北港	730	1 410	2 070	2 820	2 980	3 850	5 510	8 502	
牟平港	290	350	500	450	720	752	850	821	
总计	160 249	192 980	220 360	255 890	305 480	384 010	470 060	575 472	657 862

资料来源：山东统计信息网。

山东沿海以青岛、日照港为主布局专业化煤炭装船港，相应布局烟台港等港口；以青岛、日照、烟台港为主布局大型、专业化的石油（特别是原油及其储备）、天然气、铁矿石和粮食等大宗散货的中转储运设施，相应布局威海等港口；以青岛港为主布局集装箱干线港，相应布局烟台、日照、威海港等支线或喂给港口；以青岛、烟台、威海港为主布局陆岛滚装、旅客运输设施。

9.2.5.2 重要港口资源状况

1）青岛港

青岛港始建于1892年，是具有117年历史的国家特大型港口，青岛港位于山东半岛胶州湾畔，毗邻黄海，胶州湾水域面积为420 km^2，终年不冻不淤，浪小涌缓，拥有天然的深水航道，水深都在 -12 m 以上，最深航道水深达 -21 m，是中国少有的天然良港。青岛港由青岛老港区、黄岛油港区、前湾新港区和董家口港区 4 大港区组成。现有员工 16 000 多人。拥有可停靠

15 000 TEU船舶的集装箱码头，可停靠30万吨级大船的矿石码头、原油码头，可停靠10万吨级船舶的现代化煤炭码头。是一个集煤炭、原油、铁矿石、集装箱于一体的综合性大港，主要从事集装箱、原油、铁矿石、煤炭、粮食等各类进出口货物的装卸、储存、中转、分拨等物流服务和国际国内客运服务，与世界上130多个国家和地区的450多个港口有贸易往来。

2010年，实现吞吐量3.50×10^8 t，同比增长11%；集装箱完成$1\,201\times10^4$ TEU，同比增长17%，用全国沿海港口1.3%的码头岸线实现了6.9%的吞吐量。青岛港已成为世界第七大港，集装箱世界第八大港。进口铁矿石吞吐量居世界港口第一位，进口原油吞吐量居全国港口第一位，外贸吞吐量居全国港口第二位。集装箱装卸效率、铁矿石卸船效率世界第一。港口吞吐量、集装箱吞吐量和港口总资产均比“十五”翻了一番。“十一五”期间累计完成吞吐量14.5×10^8 t，完成集装箱$4\,945\times10^4$ TEU，上缴国家税费106亿元，为国家创造了131亿元优良资产和1 700多亿元的海关入库收入来源，连续7年保持上缴地税青岛市第一。

2）烟台港

烟台港位于山东半岛北侧（37°32′51.8″N，121°23′46.9″E），扼守渤海湾口，隔海与辽东半岛相望，与日本、韩国一衣带水，位于东北亚国际经济圈的核心地带，是中国沿海南北大通道（同江至三亚）的重要枢纽和贯通日韩至欧洲新欧亚大陆桥的重要节点。港北由芝罘岛与市区相连，形成天然屏障。港区水域面积为867.4 km^2，水深域阔，不冻不淤。

1861年开埠的烟台港，目前是中国环渤海港口群主枢纽港，是中国沿海25个重要港口之一。集团有限公司为综合性大型企业，现有职工10 000余人，下设20余个分公司、全资控股子公司，承担货物装卸运输、仓储配送、加工分拨、中转换装和船舶代理、外轮理货、港务工程、机械制修等港口业务。烟台港集团2010年完成吞吐量突破1.5×10^8 t，同比增长22.2%，增幅高于全国沿海港口平均增速约7个百分点。预计全年全港完成集装箱吞吐量154.1×10^4 TEU，创历史最高水平。烟台港资产总额近百亿元。

烟台港有芝罘湾港区、西港区、龙口港区、蓬莱港区四大港区，共有各类泊位76个，万吨级以上深水泊位37个，泊位最大水深20 m。码头岸线总长超过14 000 m，货场总面积为277×10^4 m^2，仓库总面积为14.6×10^4 m^2，铁路专用线26 km，船舶34艘，港口作业机械800余台。主航道水深17 m，底宽180 m，15×10^4 t级船舶乘潮可自由进出港口。

3）威海港

威海港位于山东半岛东北海滨，威海湾的西北岸，行政区属威海市环翠区。它是我国通往韩国、日本、朝鲜及东南亚国家便捷的出海口，也是与韩国西海岸距离最近的港口。港口分为两个区（老港区、新港区）。据1992年5月《威海港总体布局规划》，威海港的主要功能是供应威海市区和邻县的工业与生活用煤；为天津、上海提供建筑用砂；为大连、青岛提供玻璃用砂；水运中转工业用盐。件杂货和外贸比重很小，是以散货为主的综合性海港。

威海港将发展成为以能源（煤炭）、矿建材料、盐及非金属矿、粮油中转为主、兼有地区性件杂货、集装箱外贸和客货轮渡、内外贸相结合的综合性海港。威海港规划港区分为客货区、件杂货区、煤炭区、干散货区、液体散货区、港作船舶基地和远景发展区。客货区即威海港现港区，包括目前已有的6个泊位及于1994年建成的客运泊位和轮渡泊位。其余作业区的泊位均拟建于威海港新港区。

4）日照港

日照港区位优势明显，自然条件得天独厚。港口位于中国海岸线中部，东临黄海，北与青岛港、南与连云港毗邻，隔海与日本、韩国、朝鲜相望。港区湾阔水深，陆域宽广，气候温和，不冻不淤，适合建设包括20万～30万吨级大型深水码头在内的各类专业性深水泊位100余个，为中国名副其实的天然深水良港。

日照港现有日照东港区、日照中港区、日照西港区、岚山、岚山北港区五大港区，32个生产泊位，设计年通过能力超过1.5×10^8 t，员工8 500余人，总资产近320亿元。港口装卸以煤炭、铁矿石、集装箱、粮食、液体化工及油品等十大主导货种为主，并开通了至韩国平泽的客货班轮航线。港口生产2003年突破$4\ 000\times10^4$ t，2004年突破$5\ 000\times10^4$ t，2005年完成$8\ 421\times10^4$ t。增幅位居全国沿海港口之首，2006年进入亿吨级大港行列，2011年港口吞吐量将突破2.5×10^8 t。根据《日照港总体规划》，日照港总体规划岸线29.7 km、泊位280个、能力6×10^8 t，发展空间十分广阔。

5）潍坊港

潍坊港位于渤海莱州湾南岸，区位优越，交通便利。潍坊港现为国家一类开放口岸，港口总体布局为离岸式港岛码头，现有2个3 000吨级通用泊位、2个3 000吨级（5 000吨级结构）散杂泊位和3个3 000吨级杂货泊位，5 000吨级船舶可乘潮进出港口作业。码头岸线总长895 m，年设计吞吐能力290×10^4 t。目前正在建设3个2万吨级通用泊位，3个万吨级通用泊位，航道和防波挡沙堤工程。港口现有货场面积超过12×10^4 m^2，仓库储货能力5 000 t。

自通航运营以来，生产规模不断扩大，吞吐量逐年攀升；其中2003年完成货物吞吐量282.5×10^4 t，2004年完成298×10^4 t，2005年完成350×10^4 t，2006年完成562×10^4 t，2007年完成850.2×10^4 t，2008年完成$1\ 001.68\times10^4$ t，2009年完成$1\ 260\times10^4$ t，2010年完成$1\ 511\times10^4$ t，2011年潍坊货物吞吐量预计将突破$2\ 000\times10^4$ t。到“十二五”末，潍坊港码头岸线将达到15 000 m，通过能力达到$5\ 000\times10^4$ t。按照潍坊港发展规划，到2020年，潍坊港吞吐能力将过亿吨。

6）滨州港

滨州港位于渤海湾西南岸，是山东海上的北大门，处于京津冀和山东半岛两大经济发达地区的连接地带，同时还处于黄河三角洲的中心地区，是鲁西北地区唯一的货物进出口岸。

按照滨州港发展定位，滨州港建设计划将分三步走，至2012年，建成深万吨级码头。至2015年“十二五”期间，建成3个5万吨级液体化工码头。至2020年“十三五”期间，形成$6\ 000\times10^4$ t以上吞吐能力，基本实现区域性综合港口的建设目标。这个三步走计划，将把滨州港建成立足滨州市，服务济南都市圈，面向环渤海，对接京津冀，拉动黄河三角洲高效生态经济区开发建设的区域性综合港口。

7）东营港

东营港北邻京津塘经济区，南连胶东半岛，濒临渤海西南海岸，地处黄河经济带与环渤海经济圈的交汇点。东营港建成于1997年，现有泊位14个，是中国国务院批准的国家一类开放口岸。东营港平均潮差仅0.76 m，等深线密集，水深10 m处离岸6 km，水深20 m处离岸15 km，是渤海湾泥质海岸线距深海最近的位置，是建设万吨级深水大港的天然良址。

东营港立足黄河三角洲，依托山东半岛城市群，面向环渤海经济圈，服务鲁北及晋冀。规划到2010年，港口建成以原油进口、原煤出口、液体化工产品出口及大宗散杂货、集装箱为四大板块的泊位群，力争吞吐量达到$3\ 000\times10^4$ t，跻身中国区域性重要港口行列；到2010年，开发区建成区达到40～60 km^2，逐步建成集物流、仓储、化工、出口加工、生活、商贸、旅游观光、石油开发与运输于一体的经济新城区，成为渤海湾畔璀璨的明珠。

9.3　海域使用结构与布局

截至2007年底，全省已经审批确权用海项目8 007宗，总用海面积为272 834.2 hm^2。

按山东海洋资源丰度指数排序为：盐田、港址、旅游、滩涂、浅海、砂矿。其中，盐业资源、港口水运资源、滨海旅游资源、浅海滩涂水产资源在全国具有重要地位。山东沿海用海类型多样，海域使用结构层次分明。根据《海域使用现状调查技术规程》和《海域使用分类体系》（国家海洋局，2008年），海域使用分类体系共分为9个一级类、31个二级类。

9.3.1　山东省海域使用类型及面积

根据《海域使用分类体系》（国家海洋局，2008年）对山东省海域使用进行分类整理，截至2007年底，山东省渔业用海所占比重最大，占全部用海面积的94.10%，工矿用海占2.19%，造地工程用海占1.35%。其后依次为：交通运输用海占1.12%、特殊用海占0.59%、海底工程用海占0.37%、旅游娱乐用海占0.20%、排污倾倒用海占0.05%和其他用海占0.03%。

山东省沿海地市确权用海类型面积见表9.11，各类用海比重见图9.11。

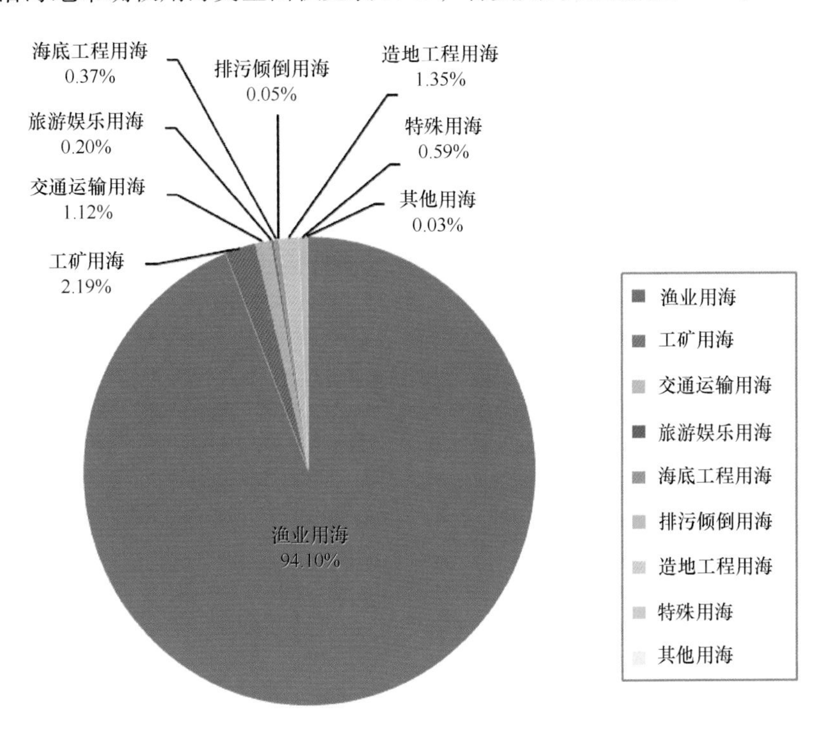

图9.11　山东省各类用海面积比重

表 9.11　山东省用海类型分类统计

单位：hm^2

地区	渔业用海		工矿用海		交通运输用海		旅游娱乐用海		海底工程用海		排污倾倒用海		造地工程用海		特殊用海		其他用海		合计	
	宗数	面积	宗数	面积	宗数	面积	宗数	面积	宗数	面积	宗数	面积	宗数	面积	宗数	面积	宗数	面积	宗数	面积
省直	4	284.16			2	36.48							165	3 075.79	1	596.65			172	3 993.08
青岛	773	18 600.31	14	581.54	41	1 391.44	9	194.09	3	246.9			15	314.52	4	10.33	4	37	863	21 376.13
东营	240	56 081.8	103	1 395.59	1	147.61			73	564.49			5	281.42	2	164.14			424	58 635.05
烟台	3 972	52 424.26	42	367.32	24	358.21	3	18.47			1	0.22			1	0.23	1	49.71	4 044	53 218.42
潍坊	277	25 810.2	18	3 165.4	5	27.9	1	6.5	1	197.8					2	771.4	1	5.6	305	29 984.8
威海	1 769	77 930.8	14	443.2	22	251.7	4	145.6	2	12.3	1	42.2			7	58.4			1 819	78 884.3
日照	250	7 754.81	2	18.2	5	843.6	12	168.1			1	107.5			2	11.3			272	8 903.51
滨州	108	17 838.8																	108	17 838.8
合计	7 393	256 725.1	193	5 971.25	100	3 056.94	29	532.86	79	1 021.49	3	149.92	185	3 671.73	19	1 612.55	6	92.31	8 007	272 834.2

9.3.2 不同用海类型结构与布局

9.3.2.1 渔业用海

渔业用海指为开发利用渔业资源、开展海洋渔业生产所使用的海域，包括渔业基础设施用海（渔港和渔船修造）、池塘养殖、设施养殖、底播养殖用海几种二级类海域使用类型。

山东省审批渔业用海项目7 393宗，确权总面积为256 725.16 hm²（表9.12）。其中，威海市确权面积最多，用海面积为77 930.9 hm²，占总用海面积的30.36%；其次为东营，用海面积为56 081.8 hm²，占总用海面积的21.85%；烟台居第三位，用海面积为52 424.26 hm²，占总用海面积的20.42%。上述三市占全省渔业用海确权总面积的72.62%。审批项目宗数烟台居首，占53.73%；其次为威海，占23.93%；青岛居第三位，占10.46%。

根据用海类型：确权渔港项目56宗，用海面积为206.7 hm²；渔船修造确权项目39宗，用海面积为19.5 hm²；池塘养殖确权项目1 851宗，用海面积为38 864.6 hm²；设施养殖确权项目4 575宗，用海面积为112 648.5 hm²；底播养殖确权项目871宗，用海面积为104 985.81 hm²（表9.12）。

从确权养殖面积和宗数可以看出，山东省渔业用海的设施养殖确权数和用海面积最大，其次为底播养殖，池塘养殖相对较小。从各地市的分布来看，池塘养殖确权数和面积最多的是威海，其后依次是烟台、青岛、潍坊、东营、滨州，日照的池塘养殖相对较少。

表9.12 山东省渔业用海类型分类统计

单位：hm²

地区	渔港		渔船修造		池塘养殖		设施养殖		底播养殖		合计	
	宗数	面积	宗数	面积	宗数	面积	宗数	面积	宗数	面积	宗数	面积
省直									4	284.16	4	284.16
青岛	6	79.5			401	4 388.3	115	4 377.7	251	9 754.7	773	18 600.3
东营					29	4 373.6			211	51 708.2	240	56 081.8
烟台	6	13.3			502	4 730.82	3 463	47 580.14	1	100	3 972	52 424.26
潍坊	13	35.5			212	12 927.9	30	5 997.7	22	6 849.1	277	25 810.2
威海	11	35.1	25	8.0	698	11 995.6	722	34 329.4	313	31 562.7	1 769	77 930.9
日照	20	43.28	15	11.52	2	63.71	144	2 909.37	69	4 726.94	250	7 754.82
滨州					7	384.5	101	17 454.3			108	17 838.8
合计	56	206.7	39	19.5	1 851	38 864.6	4 575	112 648.5	871	104 985.81	7 393	256 725.16

9.3.2.2 交通运输用海

交通运输用海指为满足港口、航运、路桥等交通需要所使用的海域。截至2007年底，山东省共审批交通运输用海项目100宗，确权总面积为3 056.94 hm²（表9.13）。其中，港口工程用海确权项目42宗，用海面积为1 606.57 hm²；港池用海确权项目22宗，用海面积为576.22 hm²；航道用海确权项目1宗，用海面积为487.9 hm²；锚地用海确权项目11宗，用海面积为28.04 hm²；山东省没有确权路桥用海项目。

表 9.13　山东省交通用海类型分类统计

单位：hm^2

地区	港口工程		港池		航道		锚地		路桥用海		合　计	
	宗数	面积	宗数	面积	宗数	面积	宗数	面积	宗数	面积	宗数	面积
省直	2	36.48									2	36.48
青岛	30	1 363.4					11	28.04			41	1 391.44
东营			1	147.61							1	147.61
烟台	24	358.21									24	358.21
潍坊	3	26.67	2	1.23							5	27.90
威海	7	180.02	15	71.68							22	251.70
日照			4	355.7	1	487.9					5	843.6
滨州												
合计	42	1 606.57	22	576.22	1	487.9	11	28.04			100	3 056.94

从各地市的交通运输用海分布来看，山东省的交通运输用海所占山东省总海域使用面积的比例为1.12%；从布局上看，山东省交通运输用海确权面积为3 056.94 hm^2。其中，青岛面积最大，用海面积为1 391.44 hm^2，占45.52%；其次为日照，用海面积为843.6 hm^2，占27.60%；再次为烟台，用海面积为358.21 hm^2，占11.72%；滨州市没有交通运输用海确权项目。

港口工程用海以及相配套的港池用海、航道用海和锚地用海在区位条件比较优越的青岛、日照、烟台和威海较多，其他地市较少，交通运输用海的产业布局跟各地市的区位优势和经济条件是分不开的。

9.3.2.3　工矿用海

工矿用海指开展工业生产及勘探开采矿产资源所使用的海域，包括盐业用海、临海工业用海、固体矿产开采用海和油气开采用海共4种海域使用类型。

截至2007年底，山东省共审批工矿用海项目193宗，确权总面积为5 971.25 hm^2（表9.14）。其中，盐业用海确权项目55宗，用海面积为4 148.34 hm^2；临海工业用海确权项目39宗，用海面积为810.71 hm^2；油气开采用海确权项目99宗，用海面积为430.65 hm^2；山东省没有固体矿产开采用海确权项目。从空间分布上看，东营的油气开采用海在全省占有绝对比重；潍坊的盐业用海面积很大，东营和威海次之。

山东省工矿用海占总用海面积的2.19%，面积为5 971.25 hm^2。其中，潍坊市工矿用海面积最大，为3 165.4 hm^2，占53.01%；其次为东营，面积为1 395.59 hm^2，占23.37%；再次为威海，面积为443.2 hm^2，占7.42%。滨州市到2007年底没有审批工矿用海项目。山东省工矿用海面积占全省总用海面积的比例较小。

表 9.14　山东省工矿用海类型分类统计

单位：hm^2

地区	盐业用海		临海工业用海		固体矿产开采用海		油气开采用海		合 计	
	宗数	面积	宗数	面积	宗数	面积	宗数	面积	宗数	面积
省直										
青岛			14	581.54					14	581.54
东营	4	964.94					99	430.65	103	1 395.59

续表 9.14

地区	盐业用海		临海工业用海		固体矿产开采用海		油气开采用海		合 计	
	宗数	面积	宗数	面积	宗数	面积	宗数	面积	宗数	面积
烟台	30	231.3	12	136.02					42	367.32
潍坊	16	2 602.87	2	562.55					18	3 165.4
威海	5	349.23	9	93.94					14	443.2
日照			2	18.2					2	18.2
滨州										
合计	55	4 148.34	39	810.71			99	430.65	193	5 971.25

9.3.2.4 旅游娱乐用海

旅游娱乐用海指开发利用滨海和海上旅游资源，开展海上娱乐活动所使用的海域，包括旅游基础设施用海、海水浴场用海和海上娱乐用海3种海域使用类型。

截至2007年底，山东省共审批旅游娱乐用海项目29宗，确权总面积为532.86 hm^2（表9.15）。其中，确权旅游基础设施用海确权项目12宗，用海面积为246.72 hm^2；海水浴场用海确权项目15宗，用海面积为167.6 hm^2；海上娱乐用海确权项目2宗，用海面积为118.42 hm^2。

表9.15 山东省旅游娱乐用海类型分类统计 单位：hm^2

地区	旅游基础设施用海		海水浴场用海		海上娱乐用海		合 计	
	宗数	面积	宗数	面积	宗数	面积	宗数	面积
省直								
青岛	4	97.29	5	96.8			9	194.09
东营								
烟台	1	10.6	2	7.97			3	18.47
潍坊			1	6.5			1	6.5
威海	2	49.43	1	19.33	1	76.82	4	145.6
日照	5	89.4	6	37	1	41.7	12	168.1
滨州								
合计	12	246.72	15	167.6	2	118.42	29	532.86

青岛市旅游娱乐用海确权面积最大，为194.09 hm^2，占36.42%；其次为日照市，确权面积为168.1 hm^2，占31.55%；再次为威海，确权面积为145.6 hm^2，占27.32%；东营市和滨州市没有审批旅游娱乐用海项目。山东省旅游娱乐用海面积仅占全省总用海面积的0.2%，并且青岛、日照和烟台3市的旅游娱乐用海面积占全省旅游娱乐用海的比例为95.3%。

9.3.2.5 海底工程用海

海底工程用海指建设海底工程设施所使用的海域，包括电缆管道用海、海底隧道用海和海底仓储用海共3种海域使用类型。

截至2007年底，山东省共审批海底工程用海确权项目79宗，确权总面积为1 021.49 hm^2（表9.16）。根据用海类型划分，确权项目全部为电缆管道用海。

表9.16　山东省海底工程用海类型分类统计

单位：hm^2

地区	电缆管道用海		海底隧道用海		海底仓储用海		合计	
	宗数	面积	宗数	面积	宗数	面积	宗数	面积
省直								
青岛	3	246.9					3	246.9
东营	73	564.49					73	564.49
烟台								
潍坊	1	197.8					1	197.8
威海	2	12.3					2	12.3
日照								
滨州								
合计	79	1 021.49					79	1 021.49

东营市海底工程用海项目确权面积最大，为564.49 hm^2，占55.26%；其次为青岛市，确权面积为246.9 hm^2，占24.17%；再次为潍坊，确权面积为197.8 hm^2，占19.36%；威海市审批海底工程用海2宗，确权面积为12.3 hm^2，占1.20%，均为电缆管道用海。烟台、日照、滨州市没有审批海底工程用海项目。

9.3.2.6　排污倾倒用海

排污倾倒用海指用来排放污水和倾废的海域，包括污水排放用海和废物倾倒用海共2种海域使用类型。

截至2007年底，山东省审批排污倾倒用海项目共3宗，确权面积为149.92 hm^2（表9.17）。其中，烟台市、威海市和日照市各审批1宗，确权面积分别为0.22 hm^2、42.2 hm^2和107.5 hm^2，分别占0.15%、28.15%和71.70%。青岛市、东营市、潍坊市和滨州市没有审批排污倾倒用海项目。

表9.17　山东省排污倾倒用海类型分类统计

单位：hm^2

地区	污水排放用海		废物倾倒用海		合计	
	宗数	面积	宗数	面积	宗数	面积
省直						
青岛						
东营						
烟台	1	0.22			1	0.22
潍坊						
威海	1	42.2			1	42.2
日照	1	107.5			1	107.5
滨州						
合计	3	149.92			3	149.92

9.3.2.7　围海造地用海

造地工程用海指在沿海筑堤围割滩涂和港湾并填成土地的工程用海，包括港口工程用海、城镇建设用海和围垦用海共3种海域使用类型。

截至2007年底，山东省直确权用海项目165宗，面积为3 075.79 hm^2，占83.77%（表9.18）。其中，青岛市审批造地工程共15宗，面积为314.52 hm^2，占8.47%；东营市造地工程共5宗，面积为281.42 hm^2，占7.66%。

2005年底，只有3宗围海用地确权项目，确权面积为18.54 hm^2。截至2007年底，山东省共审围海造地用海确权项目185宗，确权总面积为3 671.73 hm^2。其中，港口建设用海确权项目172宗，确权用海面积为3 386.13 hm^2；城镇建设用海确权项目13宗，确权用海面积为285.6 hm^2；山东省没有围垦用海确权项目。从山东省围海造地用海确权项目来看，港口建设用海占了绝大比重，占总围海造地面积的92%，城镇建设用海占8%。

表9.18　山东省围海造地用海类型分类统计　单位：hm^2

地区	港口建设用海		城镇建设用海		围垦用海		合　计	
	宗数	面积	宗数	面积	宗数	面积	宗数	面积
省直	165	3 075.79					165	3 075.79
青岛	2	28.92	13	285.6			15	314.52
东营	5	281.42					5	281.42
烟台								
潍坊								
威海								
日照								
滨州								
合计	172	3 386.13	13	285.6			185	3 671.73

山东省沿海具有不同类型的海岸，港口资源丰富，自然环境优良。全省海湾有200余处，港口资源条件优良，海岸2/3以上为基岩质港湾式海岸，是我国长江口以北具有深水大港预选港址最多的岸段，可建深水泊位的港址有51处，其中10万～20万吨级港址有23处，5万吨级港址14处，万吨级港址14处。其中面积大于1 km^2的海湾51处，水深大于5 m的海湾32处，大于10 m的海湾18处。胶州湾、龙口湾、芝罘湾、威海湾、莱州湾、石岛湾、古镇口湾等都具有建港的优良条件。屺岛、龙洞嘴、羊龙湾、鱼鸣嘴、朝阳嘴、石臼嘴、岚山头等，由于岬角伸入大海深水处，适合建造深水泊位码头。此外，在河口处可建中、小型港口，如套儿河口的滨州港、小清河口的羊口港、潍河口的下营港等。

目前，山东的港口主要集中在青岛、烟台、威海、日照4地。其中，青岛港为集装箱运输系统的干线港，烟台港、威海港和日照港为其支线港；青岛港和日照港为专业化煤炭装船港；原油、粮食等运输系统的主要港口为青岛港、烟台港和日照港；滚装、旅客运输的主要港口为青岛港、烟台港和威海港（表9.19）。

表 9.19 山东省主要港口统计

地区	集装箱运输系统		煤炭运输系统	原油、粮食运输系统	滚装、旅客运输
	干线港	支线港	专业化煤炭装船港	主要港口	主要港口
环渤海	青岛港	烟台港	青岛港	青岛港	青岛港
		威海港	日照港	烟台港	烟台港
		日照港		日照港	威海港

9.3.2.8 特殊用海

特殊用海指用于科研教学、国防、自然保护区、海岸防护工程等用途的海域，包括科研教学用海、军事用海、保护区用海和海岸防护用海共4种海域使用类型。

截至2007年底，山东省审批特殊用海确权项目共19宗，确权面积为1 612.56 hm^2（表9.20）。其中，潍坊用海面积最大，为771.44 hm^2，占47.84%；其次为省直，确权面积为596.65 hm^2，占37.00%；再次为东营，确权面积为164.14 hm^2，占10.18%；其后依次是威海（58.47 hm^2）、青岛（10.33 hm^2）、日照（11.30 hm^2）、烟台（0.23 hm^2）。滨州市没有审批特殊用海项目。

山东省特殊用海确权项目中保护区用海确权面积最大，为1 317.47 hm^2；海岸防护用海面积次之，为188.90 hm^2；再次为科研教学用海，面积为96.19 hm^2；军事设施用海确权项目2宗，威海1宗用海面积没有公开，另一宗用海面积为10 hm^2。

表 9.20 山东省特殊用海类型分类统计

单位：hm^2

地区	科研教学用海		军事设施用海		保护区用海		海岸防护用海		合 计	
	宗数	面积	宗数	面积	宗数	面积	宗数	面积	宗数	面积
省直					1	596.65			1	596.65
青岛			1	10			2	0.33	4	10.33
东营							2	164.14	2	164.14
烟台							1	0.23	1	0.23
潍坊	1	93.19			1	678.25			2	771.44
威海	1	3.00	1		2	42.57	3	12.90	7	58.47
日照							2	11.30	2	11.30
滨州										
合计	2	96.19	2	10	4	1 317.47	10	188.90	19	1 612.56

9.3.2.9 其他用海

其他用海是指除上述用海类型以外的用海。截至2007年底，山东省审批其他用海共计6宗，确权用海面积为92.31 hm^2。其中，烟台市审批1宗，确权面积为49.71 hm^2，占53.85%；青岛市审批4宗，确权面积为37 hm^2，占40.08%；潍坊市审批1宗，确权面积5.6 hm^2，占6.07%。东营市、威海市、日照市和滨州市没有其他用海。

9.3.3　海岸线综合利用现状

山东省海岸线利用状况主要包括：渔业岸线、交通运输岸线、工矿岸线、旅游娱乐岸线、海底工程岸线、排污倾倒岸线、围海造地岸线、特殊岸线及其他岸线利用，岸线利用长度分别为 916.914 km、223.75 km、73.4 km、147.2 km、0.15 km、0.94 km、11.3 km、200.43 km和 0.46 km；山东省岸线利用总长度为 1 584.544 km，占山东省岸线总长度(3 345 km)的 47.37%。其中渔业岸线最长，岸线占用率为 27.411%；交通运输岸线和特殊岸线分列第二、第三位，岸线占用率分别为 6.988%和 5.922%。通过海域使用情况调查和资料统计分析，山东省海岸线利用状况见表 9.21。

表 9.21　山东省沿海市海岸线利用状况

单位：km

岸线类型＼沿海市	青岛市	东营市	烟台市	潍坊市	威海市	日照市	滨州市	合计	岸线占用率/(%)
渔业岸线	212.57	30.43	300	87.494	251.1	29.58	5.74	916.914	27.411
交通运输岸线	19.88	14.71	100	0.531	86.6	12.03	0	233.75	6.988
工矿岸线	7.61	0.15	10	8.049	46.3	1.29	0	73.4	2.194
旅游娱乐岸线	4.52	0	100	0	39.5	3.18	0	147.2	4.401
海底工程岸线	0.15	0	0	0	0	0	0	0.15	0.004
排污倾倒岸线	0	0	0	0	0.5	0.44	0	0.94	0.028
围海造地岸线	6.85	0	0	0	2	2.45	0	11.3	0.338
特殊岸线	0.52	191.57	0	0	0	2.41	5.93	200.43	5.992
其他岸线	0.46	0	0	0	0	0	0	0.46	0.014
合 计	252.56	236.86	510	96.074	426	51.38	11.67	1 584.544	47.371
各地市岸线利用率/%	32.17	57.35	66.67	64.48	43.56	30.77	13.26		

9.3.3.1　渔业岸线

山东省渔业岸线共有 916.914 km，其中青岛市、东营市、烟台市、潍坊市、威海市、日照市、滨州市分别为 212.57 km、30.43 km、300 km、87.494 km、251.1 km、29.58 km、5.74 km。

9.3.3.2　交通运输岸线

山东省交通运输岸线共有 223.75 km，其中青岛市、东营市、烟台市、潍坊市、威海市、日照市、滨州市分别为 19.88 km、14.71 km、100 km、0.531 km、86.6 km、12.03 km、0 km。

9.3.3.3　工矿岸线

山东省工矿岸线共有 73.4 km，其中青岛市、东营市、烟台市、潍坊市、威海市、日照市、滨州市分别为 7.61 km、0.15 km、10 km、8.05 km、46.3 km、1.29 km、0 km。

9.3.3.4 旅游娱乐岸线

山东省旅游娱乐岸线共有147.2 km，其中青岛市、东营市、烟台市、潍坊市、威海市、日照市、滨州市分别为4.52 km、0 km、100 km、0 km、39.5 km、3.18 km、0 km。

9.3.3.5 海底工程岸线

山东省海底工程岸线共计0.15 km，主要是青岛市海底电缆管道用海占用。

9.3.3.6 排污倾倒岸线

山东省排污倾倒岸线共计0.94 km，主要是威海市第二污水处理厂、日照市森博浆纸有限责任公司排污管及排污区用海占用。

9.3.3.7 围海造地岸线

山东省围海造地岸线共计11.3 km，主要是青岛市、威海市和日照市港口用海进行围海造地形成的围海造地岸线。

9.3.3.8 特殊岸线

山东省特殊岸线共计200.43 km，主要是黄河三角洲自然保护区、无棣贝壳堤岛与湿地系统自然保护区以及一些防护工程用海占用的岸线。

9.4 海洋空间资源利用现状、问题及对策

9.4.1 海洋空间资源利用现状

9.4.1.1 不同用海类型空间资源

截至2007年底，山东省渔业用海所占比重最大，为全部用海的94.10%，工矿用海占2.19%，造地工程用海占1.35%。随后依次为：交通运输用海占1.12%、特殊用海占0.59%、海底工程用海占0.37%、旅游娱乐用海占0.20%、排污倾倒用海占0.05%和其他用海占0.03%。山东海域的总面积为35 925.86 km^2，截至2007年底，已确权使用的海域面积为2 728.24 km^2，可使用的海域面积为33 197.52 km^2。已确权使用的海域面积仅占全省海域总面积的7.6%，尚有92.4%的海域资源等待开发利用。

9.4.1.2 区域海域空间资源开发利用状况

山东省7个沿海地市中，开发利用率最高的是潍坊市，为21.2%，开发利用最低的是日照市和青岛市，分别仅为2.3%和2.5%。区域海域空间资源开发不均衡，沿海各地市海域资源开发利用详见图9.12。

潍坊、东营、滨州三市属于鲁北平原海岸，无砂质海滩和基岩岸滩，粉砂淤泥质潮滩广阔且水深较浅，适宜于大面积的底播养殖，因此开发利用率都很高，分别是21.2%、

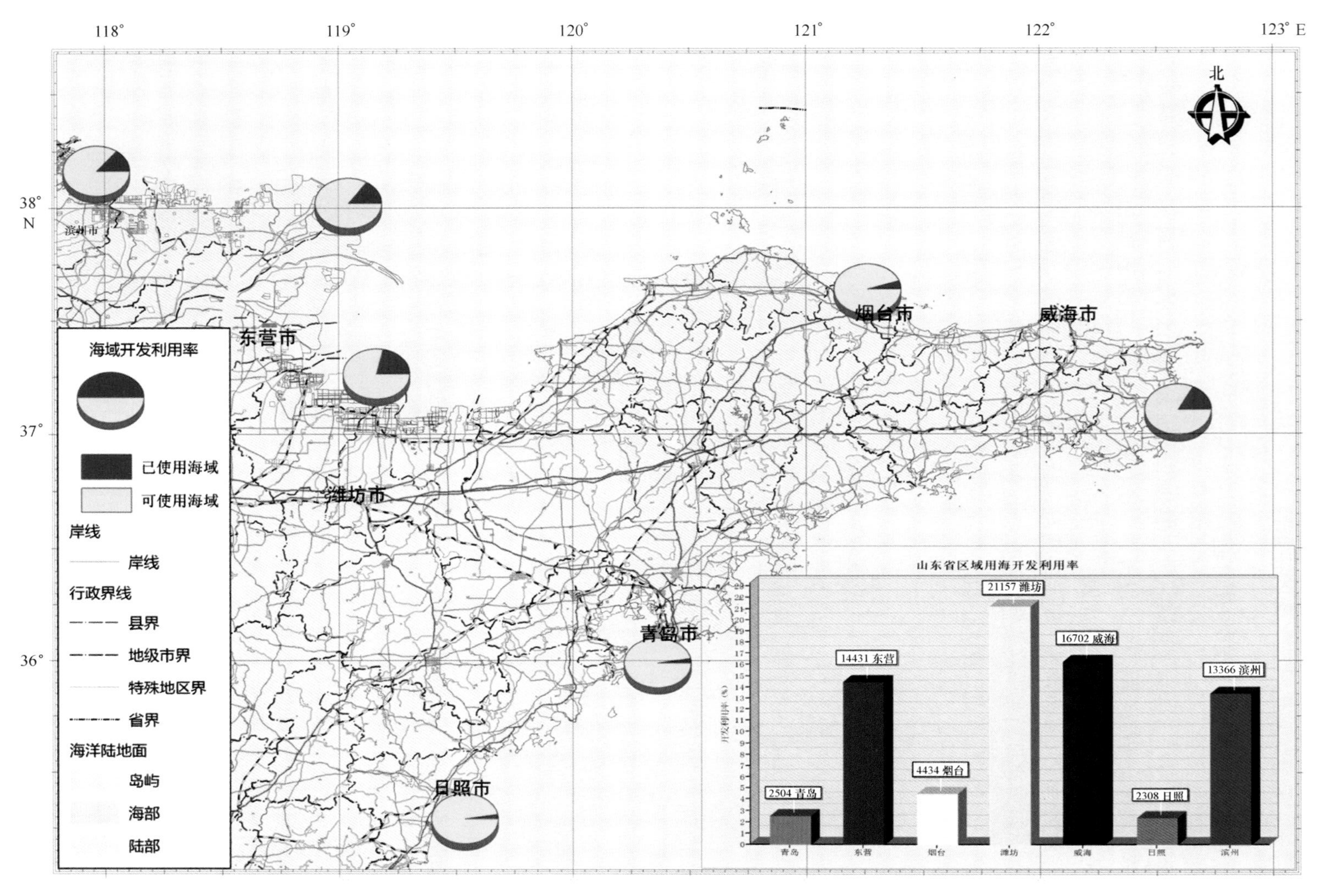

图 9.12　山东省海域资源开发利用分布

14.4%、13.4%。

烟台、青岛和日照三地市为鲁东丘陵海岸，开发利用率较低，分别仅为4.5%、2.5%、2.3%。

威海亦属于鲁东丘陵海岸，潮滩较窄，但该市渔业养殖发展迅速，该市的开发利用率达到了16.2%，充分体现出科技兴海的优越性。

9.4.2 海洋空间资源开发利用问题

虽然山东省海洋经济发展速度较快，但与发达国家和地区相比，海洋空间资源开发利用的深度和广度都有很大差距，在开发过程中还存在一些问题，主要表现在以下几个方面：

一是，开发无序，缺少统筹规划。由于各涉海管理部门各自为政，各取所需，缺少协作配合，导致海洋空间资源开发呈现无序状态。且至今尚无关于海洋空间资源合理开发利用的总体规划。距离建设山东半岛蓝色经济区提出的集约用海的要求，存在巨大差距。

二是，传统产业所占比重大，新兴产业发展滞后。传统海洋渔业、交通运输业在海洋空间资源开发中仍占主导，而新兴的滨海旅游业、海上城市、海上工厂、海洋工程等所占比重较小，甚至没有。

三是，科技含量不高，低水平重复建设情况时有发生。

四是，专业人才缺乏，特别是缺乏海洋空间工程技术人员。

五是，环境污染现象严重，存在着重开发、轻环境保护倾向，特别是渤海水域，海洋污染异常严重。

9.4.3 海洋空间资源开发利用对策

山东省是一个海洋渔业大省，海洋产业布局的优劣将直接影响山东海洋经济的发展。目前，山东省的海洋产业结构正处在由低级向中级和高级阶段的过渡阶段。海洋产业尚未摆脱资源消耗型的产业格局。海洋产业之间、地区之间发展不平衡。随着山东半岛蓝色经济区用海战略的制定，山东省集中集约用海规划的实施，海洋产业结构将直接促进海洋经济沿着协调、稳定和高效的道路发展。虽然海洋产业结构的未来变化可能多种多样，但是制定合理的海洋空间资源利用对策是指导山东海洋经济健康、可持续的有力保障。

9.4.3.1 空间资源重要性的认识

海洋空间资源开发意义重大，全社会都要提高认识，树立海洋空间资源意识，推动海洋空间资源合理开发和利用。进一步加强对海洋空间资源开发利用的领导。建议成立全省海洋空间资源开发利用领导小组，由分管省长牵头，各涉海单位参加，领导小组主要负责海洋空间资源开发政策、规划制定及重大事项协调等工作。领导小组下设办公室，负责具体日常事务。各涉海部门要在领导小组的统一指导下，通力合作，协调配合，促进海洋空间资源合理有序开发和利用。

9.4.3.2 海洋空间资源开发利用总体规划，加强统筹管理

要尽快制定出台山东省海洋空间资源开发利用总体规划，并本着集约用海的原则制定出台山东省集约用海总体规划，明确开发利用的目标、方向和重点，并使之与海洋经济发展规划、海洋渔业发展规划、海洋环境保护规划相衔接和协调。要加强海洋空间资源开发的统筹

管理，确保资源利用效率最大化、环境效益最大化。

9.4.3.3　加大投入力度，形成多元投融资开发格局

资源开发需要资金投入，特别是重大项目工程如新场、海底隧道、跨海通道等建设需要巨大的资金投入。为此，要加大投入力度，形成多元投融资格局。一是加大政府投入，二是吸引民间资本注入，三是银行贷款，四是吸引外资，五是通过 BOD、BOT 等方式融资。总之，通过多元投融资，推动海洋空间资源的开发和利用。

9.4.3.4　建立健全促进海洋空间资源开发利用的政策法规体系

通过人大立法形式，制定相关促进海洋空间资源开发利用的政策法规，形成相对完善的政策法规体系。制定优惠政策，在税收、人才、财政补贴、海域使用等方面给予优惠和便利，鼓励和扶持企业和个人合理开发和应用海洋空间资源。制定海洋空间资源开发利用条例，对海洋空间开发利用进行规范和管理。

9.4.3.5　实施环境保护战略，加大海洋环境保护力度

在海洋空间资源开发过程中，必须加强环境保护，使资源开发与环境保护相得益彰。所有海洋空间工程都要进行环境评估，不符合条件的项目坚决不能上马。对于已上马且对环境造成污染的，要坚决取缔或整改，使之达到环评标准。通过加大环境保护力度，使人与自然实现和谐共处。

9.4.3.6　实施人才战略，引进和培育一支业务精干的专业人才队伍

一方面，发挥高校及科研院所的资源优势，培育海洋科技人才。要充分利用山东省现有的科研院所资源，加大海洋空间资源开发及海洋工程技术人才的培育。通过引进和培育，在山东省造就一支素质过硬、业务精干的专业人才队伍。另一方面，要积极引进域外海洋科技人才。国内面向上海、广东等沿海发达地区，国外主要面向欧美、日本、韩国等发达国家引进山东省急需的海洋工程技术人才。通过各种方式，利用各种手段，积极吸引国内外知名的海洋空间开发方面的专家、学者、学术带头人等参与山东省海洋空间资源的利用相关工作。

9.4.3.7　加大宣传力度，合理开发海洋空间资源

创造良好的氛围，通过广播、电视、报刊、互联网等媒体，加大对海洋空间资源开发利用的宣传力度，在全社会形成良好的氛围。通过召开座谈会、聘请专家做报告、召开展览会等多种形式，宣传海洋空间资源开发的重要意义及国内外海洋空间资源开发案例，营造良好的舆论环境，让海洋空间资源开发深入人心，使人们自觉投身到海洋空间资源开发利用中来。

相信我省的海洋产业一定会由传统产业为主向传统产业与新兴产业相结合的方向发展。

9.5　小结

海岸线资源通常分为大陆海岸线资源和海岛海岸线资源。山东省大陆海岸线长度为 3 345 km，共有海岛 456 个，海岛总面积约为 111.22 km^2，海岛岸线长约 561.44 km。

山东省近岸海域的总面积为 3.55×10^4 km²，分为大陆海岸潮间带资源和海岛潮间带资源；大陆海岸潮间带面积合计约为 4 394.5 km²，海岛潮间带面积总计为 219.951 km²。

山东省已经审批确权用海项目 8 007 宗，总用海面积为 272 834.2 hm²；无权属用海项目共 914 宗，用海面积共计 110 684.97 hm²。

山东省海类型主要有：渔业用海、交通运输用海、工矿用海、旅游娱乐用海、海底工程用海、排污倾倒用海、围海造地用海、特殊用海及其他用海。山东省海域使用主要以渔业用海为主。

山东省渔业用海所占比重最大；随后依次为：交通运输用海、海底工程用海、旅游娱乐用海、排污倾倒用海和其他用海。区域海域空间资源不能得到合理的开发利用，仍存在一系列问题，这也是今后海洋研究的重点和难点。

10 海洋生物资源

山东近海渔业资源种类繁多，资源量丰富，主要由底层鱼类、中上层鱼类、虾蟹类、头足类、贝类及其他生物资源6大类组成，其中渔业生产中开发利用的游泳生物资源主要有鱼类、虾类、蟹类和头足类等，较重要的经济鱼类和无脊椎动物有近80种。

山东近海的渔业资源根据其分布区域和分布特点可划分为长距离洄游资源、短距离洄游资源和地方性资源3种类型。

一是长距离洄游资源。主要为黄海、渤海种类中的暖温性和暖水性鱼类。越冬场位于黄海中南部至东海北部一带海域，甚至东海中南部和南海北部。春、夏季鱼群主要分3路北上进行产卵、索饵洄游。一路向西偏北经长江口、吕四外海进入山东南部日照近海产卵场产卵，秋季在海州湾、连青石渔场索饵，入冬后返回越冬场越冬；另一路向西北到达山东半岛以南近海产卵场产卵，产卵后即分布在就近海域索饵育肥，直至进行越冬洄游；第三路鱼群的洄游路线较长，由越冬场直接北上到达成山头外海，然后分成2支，一支继续北上到达海洋岛渔场和鸭绿江口产卵，另一支则绕过成山头，向西经烟威外海进入渤海，分别游向莱州湾、渤海湾、滦河口及辽东湾等产卵场产卵，其中有些种类的部分鱼群停留在山东半岛北部海域产卵，入秋后又分别由各湾游出渤海，汇同各产卵场的群体，一同南下返回越冬场越冬。属于长距离洄游的鱼类主要有：鳓、鳀、海鳗、沟鲹、蓝圆鲹、卵形鲳鲹、竹筴鱼、鲯鳅、小黄鱼、大黄鱼、黄姑鱼、白姑鱼、鮸、真鲷、黑鲷、横带髭鲷、黑带胡椒鲷、带鱼、日本鲭、蓝点马鲛、扁舵鲣、银鲳、刺鲳、绿鳍马面鲀等大型或较大型经济鱼类，其中以中、上层鱼类所占比重较大，且在目前山东省海洋渔业生产中占有重要的地位。属于长距离洄游的种类还有头足类的太平洋褶柔鱼。

二是短距离洄游资源。主要为黄海、渤海地方性种群的冷温性、温水性或冷水性生物资源，黄海、渤海的大多数渔业生物资源属于这种类型。该类种群洄游距离短，随着季节变化进行深水—浅水—深水的越冬、生殖和索饵洄游。产卵期随种类不同有所差异，主要在冬末初春和春季。产卵结束后即分布在产卵场附近海域索饵，夏、秋季逐渐向深水索饵、越冬洄游。该资源种类，包括鱼类、虾类和头足类，主要有青鳞沙丁鱼、斑鰶、太平洋鲱、赤鼻棱鳀、中颌棱鳀、长颌棱鳀、黄鲫、凤鲚、长蛇鲻、星康吉鳗、小鳞鱵、大头鳕、尖海龙、油魣、细条天竺鲷、多鳞鱚、银汉鱼、棘头梅童鱼、叫姑鱼、小带鱼、方氏云鳚、长绵鳚、玉筋鱼、绯䲗、绿鳍鱼、短鳍红娘鱼、鲬、细纹狮子鱼、褐牙鲆、高眼鲽、木叶鲽、石鲽、黄盖鲽、短吻红舌鳎、星点东方鲀、黄鳍东方鲀、假睛东方鲀、墨绿东方鲀、中国对虾、鹰爪虾、周氏新对虾、脊腹褐虾、鲜明鼓虾、日本鼓虾、脊尾白虾、日本枪乌贼、长蛸、短蛸等。越冬场在黄海中南部至东海北部水深为40～100 m，底层水温为10～13℃，盐度为32.5～34.5的海区范围内，越冬期一般在12月至翌年3月。其中太平洋鲱、大头鳕、褐牙鲆等为冷温性种类，越冬场靠北，在黄海冷水团内。太平洋鲱、褐牙鲆、大头鳕等每年在冬末（2月）开始由越冬场向石岛、烟威沿岸进行生殖洄游。其他种类分别于3月中下旬由越冬场向北、西北靠岸进行生殖洄游。一路向山东南部近岸洄游，于4月上旬前后到达海州湾水深为5～20 m的产卵场，部分鱼群4月中旬前后又到达石岛至青岛近岸水深为10～20 m的产卵场。另一路直接北上，于4月下旬至5月上旬，绕过成山头，进入烟威产卵场（另一支北上到海洋岛）。除青鳞沙丁鱼、小鳞鱵等个别种类的部分个体在山东半岛北部海域产卵外，主要群体向西洄游，进入渤海各湾产卵。5—7月产卵后的亲体向较深水域索饵（中国对虾产卵后死亡），当年幼体则在5～10 m浅水区索饵。8—9月后，幼体主群开始逐渐向深水区移动，与成体混群栖息。10月中下旬，随着水温下降，鱼群陆续游出渤海，12月上旬前后绕过成山头，12月下旬至翌年1月上旬返回各自越冬场。

三是地方性资源地方性资源除贝类和刺参等为定居性种类外，还有部分不作洄游移动的鱼类、虾蟹类、头足类。这些种类多栖息在河口、岛礁和较浅水域。一般于春、夏季水温回升时游向岸边产卵，秋、冬季水温下降时游向较深水域越冬。由于移动范围不大，洄游路线一般不明显。属于这一类型的种类多为暖温性及冷温性地方种群。其中主要有康氏小公鱼、大银鱼、尖头银鱼、鲻、花鲈、矛尾鰕虎鱼、钟馗鰕虎鱼、长丝鰕虎鱼、矛尾复鰕虎鱼、红狼牙鰕虎鱼、中华栉孔鰕虎鱼、许氏平鲉、汤氏平鲉、大泷六线鱼、虫纹东方鲀、黄鮟鱇、海蜇、中国毛虾、日本毛虾、葛氏长臂虾、戴氏赤虾、三疣梭子蟹、口虾蛄、日本蟳等。

10.1 山东省渔业资源

10.1.1 鱼类及无脊椎动物资源

10.1.1.1 鱼类种类数及其组成变化

1982年、1992年调查网具为小目网，1998年、2006年调查网具为疏目网，2006年调查海域范围较前3次调查范围更大，调查网具及调查海域的不同，对结果产生一定的影响。1982—2006年间4次调查结果表明，山东近海鱼类种类数以2006年最高。鱼类种类数增加主要是中、上层鱼类种类数增加的结果，底层鱼类数呈下降趋势。鱼类种类组成的总体趋势是优质、大型底层鱼类逐渐被低质、小型的中上层鱼类所代替。1992年比1982年鱼类种类数减少10种，1998年比1992年鱼类种类数增加4种，2006年鱼类种类数比1998年增加10种。就底层鱼类种类数而言，1992年比1982年减少8种，1998年比1992年增加1种，2006年比1998年减少了4种，2006年年底层鱼类种类数仅为1982年的81.7%。中上层鱼类数，1992年比1982年减少2种，1998年比1992年增加5种，2006年比1998年增加了12种，2006年中上层鱼类种类数为1982年的2倍（表10.1）。

春季，1992年鱼类种类数比1982年减少12种，1998年比1992年鱼类种类数增加21种，2006年鱼类种类数比1998年减少1种。底层鱼类种类数，1992年比1982年减少13种，1998年比1992年增加20种，2006年比1998年减少了12种，2006年春季底层鱼类种类数与1982年基本持平。1982年、1992年和1998年中上层鱼类种类数变化较小，分别是10种、11种和12种，但2006年中上层鱼类种类数比1992年增加了9种，2006年中上层鱼类种类数为1982年的2.1倍（表10.1）。

秋季，鱼类种类数以2006年最高，1982年、1992年和1998年3次调查结果差别不大，

1992年比1982年鱼类种类数增加1种，1998年比1992年鱼类种类数减少1种，2006年鱼类种类数比1998年增加8种，种类数增加主要是由于中上层鱼类种类数增加引起的，1982年、1992年和1998年中上层鱼类种类数相差不大，分别是14种、14种和16种，但2006年秋季中上层鱼类种类数上升到27种，为1982年秋季中上层鱼类种类数的1.9倍。底层鱼类种类数仍呈下降趋势，1992年比1982年增加1种，1998年比1992年减少3种，2006年比1998年减少了3种，2006年秋季与1982年秋季相比，底层鱼类种类数减少了5种（表10.1）。

表10.1 山东近海渔业生物资源种类数及其组成的年间变化 单位：种

类别	春季				秋季				全年			
	1982	1992	1998	2006	1982	1992	1998	2006	1982	1992	1998	2006
中上层鱼类	10	11	12	21	14	14	16	27	15	13	18	30
底层鱼类	43	30	50	38	42	43	40	37	60	52	53	49
鱼类合计	53	41	62	61	56	57	56	64	75	65	69	79
虾蟹类	17	16	20	17	10	15	18	26	21	22	20	29
头足类	15	14	5	5	9	12	6	5	20	21	16	5
无脊椎动物	32	30	25	22	19	27	24	31	41	43	36	34

10.1.1.2 无脊椎动物种类数及其组成变化

无脊椎动物种类数以1992年最多，2006年较1982年、1992年、1998年3次调查无脊椎动物种类数都少。1992年无脊椎动物种类数比1982年增加2种，1998年比1992年减少7种，2006年比1998年减少2种。1982年、1992年和1998年3次调查虾蟹类种类数基本持平，2006年虾蟹类种类数较前3次都高，为1982年的1.38倍，而头足类种类数大大减少，仅为1982年的1/4（表10.1）。

春季，4次调查无脊椎动物种类数呈逐渐减少的态势，1992年比1982年减少2种，1998年比1992年减少5种，2006年比1998年减少3种。其中，虾蟹类种类数变化不大，分别为17种、16种、20种和17种；头足类种类数下降较快，1992年比1982年减少1种，1998年比1992年减少9种，2006年与1998年持平（表10.1）。

秋季，1992年无脊椎动物种类数比1982年增加8种，1998年比1992年减少3种，2006年比1998年增加7种。其中，虾蟹类种类数呈逐年增多的趋势，1992年比1982年增加5种，1998年比1992年增加3种，2006年比1998年增加8种；头足类种类数，1992年比1982年增加3种，1998年比1992年减少6种，2006年比1998年减少1种（表10.1）。

10.1.2 甲壳类及头足类资源

山东省沿岸海域不仅是各种经济鱼类的产卵场和育幼场，一些具有重要经济价值的无脊椎动物，特别是虾、蟹类和头足类，也在这一海域进行繁殖、索饵和成长。试捕拖网调查资源分析结果表明，经济甲壳类和头足类数量十分丰富，其突出特点是生长速度快，生命周期短（一年左右），不少种的当年生个体秋末即可长成，使资源得到迅速补充。由于种群补充较快，所以在强大的捕捞压力下，许多重要经济鱼类资源遭受严重破坏，甚至有的难以形成渔汛，但这些无脊椎动物资源却能维持相当大的数量。虽然有年际波动，但资源却未受破坏。

目前，渤海沿岸毛虾、对虾和三疣梭子蟹已上升成为主要渔业生产对象，虾、蟹类的捕捞产量已成为渤海总产量的主体。而黄海沿岸水域鹰爪虾的产量超过对虾和梭子蟹，达到万吨左右。此外，枪乌贼、口虾蛄在渤海和黄海的产量也相当大。

10.1.2.1 资源基本特点

1）组成和数量分布

调查中在山东沿岸海域试捕拖网所获经济甲壳类和头足类共计20种，在渤海渔业中占重要地位的中国毛虾因体型极小，系营浮游生活，主要分布于近岸浅海，且由定置渔具捕捞，试捕拖网中所获标本极少，无法据其估算生物量和资源量。

由于其中许多种的生命周期只有1年左右，近45 000 t甲壳类和头足类资源主要是1年时间内“生产”出来的，因而它们在渤海经济动物总生产力所占的比例，比其在总资源量中所占的比例显著较大，这即是黄海和渤海经济甲壳类和头足类的特点之一。

莱州湾西部和黄河口海域及山东半岛南岸各海湾，是黄海和渤海鱼、虾类的产卵场和育幼场。主要虾、蟹和头足类，多在这些海域产卵和育幼。因此，从产卵洄游到越冬洄游的5—10（11）月期间，资源较密集的海域即是它们产卵和育幼的海域。荣成—蓬莱间沿岸海域只是在洄游期间数量较为集中，而形成渔场。

在补充群体迅速生长，资源量较高的8—9月，莱州湾西部和黄河口海域，对虾密度分别为20 000尾/km^{2}和566尾/km^2，生物量为564 kg/km^{2}和13 kg/km^2（1984年）；莱州湾中部分别为136 000 kg/km^{2}和2 270尾/km^2，生物量为268 kg/km^{2}和99 kg/km^2（1982年）。同一时期，烟台—威海沿岸海域对虾密度为326 kg/km^{2}和439尾/km^2，生物量为13 kg/km^{2}和14 kg/km^2（1982年）。9月份莱州湾西部和黄河口附近，三疣梭子蟹密度为7 959尾/km^2，生物量为974 kg/km^2，莱州湾中部密度为245 469尾/km^{2}和1 204 kg/km^2（1982年）；而莱州湾东部和渤海东部及烟台、威海海域只有40尾/km^{2}和9 kg/km^2。鹰爪蟹、日本蟳、口虾蛄分布范围较广，但数量略少，而且各海区之间数量差别不大，因而不能影响产卵、育幼场资源量明显较高的趋势。

参照调查取样的时间和海区划分的习惯，把山东半岛沿岸海域分为11个小区，自北而南为：黄河口和莱州湾西部、莱州湾中部、莱州湾东部—渤海海峡、烟—威海域、荣成海域（桑沟湾）、乳山口外海域、丁字湾—崂山头、崂山头—胶州湾口、胶州湾、胶州湾口—灵山岛、灵山岛以南海域（海州湾）。5—9月期间，生物量较高的海域排列次序是5月和6月，乳山口外、海州湾、莱州湾、胶州湾和胶州湾外。7月，胶州湾生物量上升居首位，其次为乳山口外、桑沟湾、胶州湾外和莱州湾。8月，胶州湾生物量仍最高，其次为莱州湾中部、胶州湾外和黄河口区。9月，莱州湾、黄河口区生物量最高，其次是胶州湾外和海州湾。由于几种对虾类和头足类移至湾外索饵，胶州湾生物量明显下降，7月，桑沟湾生物量较高，主要是由于枪乌贼密度和生物量很高（分别为158 000尾/km^{2}和1 300 kg/km^2）。其他时间生物量均较低。荣成—蓬莱间海域生物量和密度都较低。

2）资源的补充

生活在沿岸海域的上述经济甲壳类和头足类，除了两种蟹和口虾蛄以外，其他几种经济虾和头足类的生命周期通常只有1年左右。亲体产卵结束之后就陆续死亡。新生个体当年可以长至成体，于秋末成为近岸海域捕捞对象，因而其种群基本上是由1龄或不足1龄的个体组成。资源的补充能力比较强。在强大的捕捞影响下，一些经济鱼类的资源明显衰退，而毛虾和对虾资源尚能维持相当的数量，并成为当前渤海渔业的主体，导致包括毛虾在内的虾、蟹产量达到与鱼类相近的水平，这也是目前渤海渔业资源结构的重要特点。

从资源补充的角度看，当前渔捞作业对资源补充的影响表现在两方面：一是，春捕产卵群体的活动，使种群中没有足够的亲体进行繁殖，影响到补充个体数量；二是，秋捕年幼个体，尤其是对头足类中两种乌贼影响很大。8—9月其新生个体只有20～30 g，是就大量遭捕虾作业所损害。直到捕虾作业结束，尽管其个体已接近长成，增重甚大，但由于密度很低，生物量明显下降。最近二三年来，由于大量捕捞产卵亲虾供养殖育苗，渤海秋汛对虾资源均不很景气。这应当引起水产界领导和生产部门的重视，采取有力措施，以保护亲虾资源。

10.1.2.2 经济种资源概述

1）对虾

对虾是黄海和渤海区的重要渔业资源，具洄游习性。春季进入渤海各海湾及山东半岛南部各海湾产卵繁殖。调查海域基本上属于产卵场和早期幼虾阶段的索饵场。虾群数量最大的是8月（5 045尾/km^2），这是调查范围内资源量较高的时期（但不是渤海区资源量较高的时期），总计2 760 t，这时期的幼虾处于迅速成长阶段，主要分布在莱州湾、黄河口附近海域和山东半岛南岸各海湾及附近水域。调查范围内9月对虾资源呈下降趋势，全区总计1 630 t。除捕捞以外，莱州湾、乳山近海和崂山湾虾群还离开海岸带向外侧海区转移。胶州湾的虾群移至湾外，湾内8月虾群密度为16 172尾/km^2，生物量为144 kg/km^2。9月急剧下降到393尾/km^2，20.64 kg/km^2。10月只残留个体，生物量为6.6 kg/km^2。相反地，青岛和日照附近海域，则由于不断地从浅海区获得补充，资源量呈上升趋势。该海域8月、9月和10月，对虾资源量分别为150 t、265 t和444 t，而生物量则由8月的91.53 kg/km^2，上升到10月的247.12 kg/km^2。虽然也有捕捞作业的影响，但资源量升高仍然显著，其原因在于幼虾的不断长大，即由8月的平均体重20 g左右，长到10月下旬的40 g左右或60 g以上。

由此可以判断：黄海渤海域的对虾资源，如果没有过早地捕捞，资源量最大的时期应当是10月和11月。这时虾群除胶州湾附近海域外，主要集结于调查范围的外缘。荣成—蓬莱之间的海域，是对虾洄游进出渤海的通道。

2）鹰爪虾

据调查结果，11月期间，本省沿岸海域几乎都有鹰爪虾分布，但虾群比较分散。威海—烟台近海之所以成为鹰爪虾的主要渔场，是产卵洄游的过路虾群和部分虾停留于这一海域产卵繁殖，山东半岛南岸水域也有部分虾群产卵繁殖。鹰爪虾洄游进入产卵场后，6—7月份连续产卵，此时沿岸海域鹰爪虾资源估计有1 540 t。产卵结束后亲虾陆续死亡。在亲虾处于死亡过程中的8月，调查区内鹰爪虾资源量已不足500 t。9月虾群获得部分补充，资源开始回升，密度升高尤为显著，8月为1 540尾/km^2，9月则升至6 856尾/km^2。10月虾群几乎全为新生个体组成。由于烟台地区的试捕拖网调查只做到9月，故无法估算10月及以后整个海域的资源量。根据青岛—日照近海海域资料，10 月鹰爪虾资源量达 100 t，11 月可达 200 t。9—11 月，由于个体逐渐成长，该海域鹰爪虾资源量显著升高。

3）三疣梭子蟹

目前，三疣梭子蟹在渤海的资源相当丰富，在黄海和东海也已成为重要渔业资源，捕捞量常达万吨以上。渤海梭子蟹渔场主要在 3 个海湾及其附近。山东半岛以南青岛—日照近海蟹群也有相当数量。荣成、蓬莱沿岸海域数量较少，依据此次调查资料估算，全省沿岸海域的梭子蟹资源量 9 月最高，超过 2×10^4 t；此时的莱州湾蟹群，主要由性腺已开始发育的幼蟹组成。8—9 月蟹群密度略有上升，但由于个体长大（由 8 月平均重 50 g 左右，长到 9 月接近 100 g）而生物量显著上升，例如，莱州湾东部海域，1982 年 8 月蟹群密度达 26 000 尾/km^2，生物量为 1 420 kg/km^2，到 9 月分别为 38 400 尾/km^2 和 4 700 kg/km^2。

山东半岛南部的青岛—日照近海，8—9 月间梭子蟹种群结构同莱州湾不同，主要由成蟹组成，8—10 月蟹群密度和生物量的变化不大。11 月起生物量和密度均剧减。

迄今为止，梭子蟹资源补充和生物学研究工作尚少，应当重视这一研究。

4）日本蟳和双斑蟳

日本蟳是个体较大、具有食用价值的蟹类，广泛分布在沿岸海域，甚至可以随潮水进入潮间带范围内。日本蟳常年栖息于沿岸海域，资源比较分散，且各月样品中栖息密度和生物量差别不甚悬殊。海岸带调查作了其分布区的一部分工作。8 月份数量略大，资源量为 1 120 t左右，这种繁殖能力较强，可连续抱卵，抱卵过程中生殖腺尚在发育，繁殖结束后亲蟹继续生活。繁殖期长，资源补充比较复杂。由于其生命周期较长，年龄鉴别也有困难，对其资源补充情况了解甚少。

蟳属的另一种——双斑蟳个体比较小，仅分布于山东半岛南岸近海海域，其中以乳山近海的资源量最大。数量高峰出现在 6 月，当月的栖息密度为 204 198 尾/km^2，生物量为 1 360 kg/km^2，全海区双斑蟳资源量约 3 600 t。双斑蟳生命周期短，繁殖过后亲蟹很快死亡，7 月栖息密度和生物量都明显下降（780 kg/km^2），8—9 月数量最少。

两种蟹均无专捕作业，双斑蟳常混在杂鱼中销售。

5）口虾蛄

广泛分布在黄海和东海近岸海域的经济种之一，活动能力较弱，常年栖息在沿岸海域，其中包括海岸带范围在内。据日本学者大森等研究，口虾蛄寿命为 3 ~5 年，但目前还没有方法鉴别其年龄，对资源的补充规律还缺乏了解。其游泳能力弱，无越冬洄游习性，冬季低温时全部或大部分个体潜底，夏季（5 月）抱卵个体也潜入洞内生活。在这段时间内调查，口虾蛄捕获量较少。4 月和 6—10 月拖网取样中都可捕到较多口虾蛄，样品代表性较好。据此估算，8 月资源量为 5 700 t，10 月后数量趋于下降。

目前，我国海域的口虾蛄资源尚利用不足，只是在繁殖以前（5 月）有少量捕捞，通常是兼捕作业。若解决了加工（冷藏技术）技术，口虾蛄即可成为出口换汇的商品。

6）枪乌贼

在黄海和渤海区栖息的枪乌贼，被专家们鉴定为有两个种：即日本枪乌贼和火枪乌贼。前者个体较大，并先到沿岸海域产卵场；后者个体显著较小，继其后进入沿岸海域产卵。本省沿岸海域均有两种枪乌贼产卵。成体枪乌贼的捕捞作业海域主要是黄海深水区，以冬季作业为主。

5—7月，两种枪乌贼均集结在沿岸海域进行繁殖。沿岸区枪乌贼资源呈上升趋势。7月达到最高峰，调查范围资源超过7 300 t。产卵过后，个体较大的日本枪乌贼先后死亡，小个体的火枪乌贼尚有部分个体存活。所以，此后资源呈急剧下降趋势。9月枪乌贼密度仅4 500，10月上升到9 000尾/km^2，11月可达到18 000尾/km^2以上。由于均为幼小个体，生物量增长幅度较小。在新生的幼小枪乌贼中，很难区别日本枪乌贼和火枪乌贼。所以也就难以研究其生长和生活习性，对其种的鉴别尚待进行研究。

目前，在黄海和渤海渔业资源中，枪乌贼尚有一定的开发潜力，应当了解其资源的补充规律。

7）几种头足类

在山东沿岸海域栖息的经济头足类中，除枪乌贼外还有4个种：金乌贼、曼氏无针乌贼、短蛸和长蛸（数量较少）。它们的生命周期都较短。从初春到初夏，相继抵达沿岸海域进行繁殖。产卵洄游较早的是短蛸，于早春后期（4月）到达产卵场。金乌贼和无针乌贼进入产卵期场时间稍迟，为5—6月。产卵之后亲体很快死亡。在抵达沿岸海域后到繁殖之前，是其资源量的高峰期。4月青岛、日照近海短蛸资源量为100 t（全海区约650 t）。其后，资源量急剧下降，到6月、7月其数量已甚微。9月起新生个体陆续出现。随着个体的长大，到10月资源恢复到100 t左右。

金乌贼最高资源量出现在亲体集结于沿岸海域、特别是港湾与河口区时，即5月，青岛—日照附近海域，金乌贼资源量可达1 000 t；繁殖结束后，由于亲体大量死亡，6月资源量明显降低；7月降至最低水平，此时沿岸海域中只能见到零星个体；8月开始，试捕拖网可以捕到其新生个体；此后，随着个体的快速生长，9月金乌贼栖息密度可达4 600尾/km^2，生物量为171 kg/km^2。10月以后，陆续离开沿岸海域进行越冬洄游，其后的生长即在外海完成。

曼氏无针乌贼也是5月、6月进抵沿岸海域产卵繁殖，时间上同金乌贼大体相似，6月的资源量最大，估算全海区超过1 000 t。无针乌贼数量变动特点也与金乌贼大体相似，不同的是其新生个体在越冬洄游前可以长成，9月其资源可以恢复到接近1 000 t。

沿岸海域中的头足类资源，特别是各种乌贼的开发潜力较大。关键问题是资源保护措施需得当。8—10月是其主要生长季节，新生个体到10月即可长成，为近岸海域捕捞作业对象。但由于其产卵范围有限（主要是大叶藻丛中），所以捕捞产卵群体的作业区比较集中，捕捞强度很大。这限制了其资源获得足够的补充群体。另外，秋汛捕对虾作业开始过早，大量年幼个体被捕捞虾作业损害。因此，只要控制春捕作业强度和推迟对虾开捕期，到9月以后，两种乌贼资源可望得到恢复。乌贼渔业可成为黄海和渤海区的重要渔业之一。

10.1.3 贝、藻资源

10.1.3.1 种类与分布

山东省沿海岸潮间带生物资源相当丰富，调查发现131种藻类和479种无脊椎动物，其中多数为多毛类、小形甲壳类、贝类、棘皮动物和藻类，它们是经济鱼虾类的天然饵料。此外，许多种是营养价值很高的水产品，有些种还可作医药或工业原料，有很大的经济价值，其中分布面积广、产量大的有海带、裙带菜、石花菜、贻贝、毛蚶、文蛤、栉孔扇贝、四角蛤蜊、菲律宾蛤仔、皱纹盘鲍、光滑河蓝蛤、凸壳肌蛤、托氏鲳螺、泥蚶、西施舌、缢蛏，青蛤、中国蛤蜊、褶牡蛎、近江牡蛎、刺参等20多种。目前，海带、裙带菜、贻贝、扇贝已成为主要的养殖对象。毛蚶、文蛤、四角蛤蜊、菲律宾蛤仔分布面积广，资源量大，总量约为25×10^4 t，分布面积共约3 000 km^2。刺参、皱纹盘鲍、栉孔扇贝虽然分布范围有限，资源量总计不到5 000 t，面积仅约110 km^2，但其经济价值远较毛蚶等高。光滑河蓝蛤、突壳肌蛤、托氏鲳螺，资源总量约10^4 t，分布总面积约700 km^2，这几种贝类是养殖对虾的优良饵料，随着对虾养殖业的发展，大大提高了其利用价值。泥蚶和西施舌的资源量不到2 000 t，分布面积约45 km^2；但这两种贝类是山东著名的水产品。其他如缢蛏、青蛤、中国蛤蜊和褶牡蛎、近江牡蛎等的分布面积共约400 km^2，这些贝类在养殖生产上有发展前途。石花菜是山东提取琼胶的主要原料，是黄海的主要经济种。

1）渤海黄河口莱州湾沿岸

海岸线长715 km，潮间带滩涂面积为2 307 km^2。四角蛤蜊、文蛤和毛蚶是主要经济贝类。四角蛤蜊广泛分布于中、低潮区，中潮区生物量和栖息密度都较高。文蛤虽在中潮区有分布，但大多数为幼贝，成贝则分布于低潮区及潮下带3～5 m的浅海。毛蚶是莱州湾主要贝类，渤海最大的毛蚶产区分布在潮下带3～15 m的浅滩，低潮区仅有零星分布。这3种贝类的分布是：中潮区为四角蛤蜊较集中的分布区，并有文蛤幼贝；低潮区为四角蛤蜊和文蛤的分布区；低潮区和潮下带3～5 m浅海是成体文蛤集中分布区，5～10 m浅海是毛蚶的主要分布区。

2）黄海山东半岛北岸

海岸线长458 km，潮间带有岩礁和泥沙滩涂，面积很小，仅80 km^2。泥沙滩涂主要贝类是中国蛤蜊和菲律宾蛤仔，资源总计约15 000 t，面积共约8万余亩。低潮区和潮下带浅海岩礁处石花菜资源较丰富，超过1 000 t，分布面积总计25 000余亩。主要经济种有刺参、栉孔扇贝和皱纹盘鲍，分布在潮下带浅海海藻或海草丛生处，为本省主要生产区。资源量分别估计约为3 000 t、300 t和30 t，总资源量不大。

3）山东半岛南岸

海岸线长1 948 km，潮间带底质多样，海岸曲折多港湾，湾底部有泥质滩涂，滩涂面积为834 km^2。主要经济贝类是菲律宾蛤仔，分布范围较广，面积大。海湾内平坦的泥沙滩涂数量较多，自高潮区至潮下带浅海都有分布。成贝主要分布在中潮区至潮下带浅海。胶州湾是菲律宾蛤仔的主要产区，湾内东岸潮间带滩涂菲律宾蛤仔资源占全湾潮间带资源的85%，生物量平均为263 g/m^2，栖息密度为248个/m^2（平均重1.06 g/个），最高生物量高达586 g/m^2，栖息密度为810个/m^2（平均重0.72 g）。潮下带至浅海区，最高生物量达1 178 g/m^2，平均生物量为506 g/m^2，栖息密度为85个/m^2（平均重9.95 g/个）。潮下带浅海区是菲律宾蛤仔的主要产区，胶州湾和荣成调查结果显示，平均栖息密度为100～200个/m^2，个体平均重2～3 g，最大个体为18.7 g。

半岛南岸还是泥蚶、西施舌的主要分布区。泥蚶栖息于港湾内的软泥质滩涂的中、低潮区，主要分布在靖海湾、五垒岛湾、埠口湾、乳山湾、丁字湾、唐岛湾、棋子湾等内湾，部分地区栖息密度较大，但生物量不高，资源量超过1 800 t；群体由1～4龄蚶组成，壳长15 mm左右的占半数以上，个体平均重1.5 g以下。西施舌栖息于西沙滩的低潮区，比较集中的分布在胶南大岚、日照涛雒、岚山等地，资源量很小，仅数千吨。

10.1.3.2 资源情况

按3个沿岸分区平均每亩生物量做比较，其资源量大小差别明显。如毛蚶在渤海、黄河口、莱州湾沿岸平均为106 kg/亩，而黄海、山东半岛北部沿岸仅为71 kg/亩；刺参、皱纹盘鲍、栉孔扇贝在半岛北部和南部沿岸都有分布，北部均大于南部；北部分别为55.3 kg/亩、18.4 kg/亩和18.6 kg/亩，南部分别为21.6 kg/亩、7.8 kg/亩和4.9 kg/亩。文蛤在渤海黄海口、莱州湾沿岸为14.9 kg/亩，山东半岛南部沿岸为9.1 kg/亩。石花菜分布在山东半岛北部和南部沿岸，北部为38.3 kg/亩，南部较高，为46.4 kg/亩。菲律宾蛤仔山东沿岸都有分布，但资源量相差较大，半岛南部沿岸为230 kg/亩，北部和黄河口、莱州湾沿岸分别为72.4 kg/亩和77.8 kg/亩。

开发利用情况：山东潮间带滩涂和潮下带浅海面积广阔，生物种类较多，其中不少种类具较高的经济价值，是宝贵的水产资源；但目前由于不注意保护，盲目采捕造成不少种类如刺参、盘鲍等在目前只剩下零星数量。

近年来，滩涂浅海的保护，以封滩护滩为主，收到一定成效。如对菲律宾蛤仔采取保护后，资源得到了保护和增加，如再采取播苗补充，则成效将更为显著。但采取保护、播苗措施的面积不广，成效尚未能充分显示。泥蚶当前尚未采取类似措施，泥蚶资源难望恢复。

在浅海养殖中，经济效益较高的是扇贝养殖，它的发展促进了采苗、育苗和养殖技术的革新。但由于缺乏全面安排，影响到产值较低的牡蛎养殖的发展。有些地区为发展扇贝养殖，占用了海带养殖的海区或器材。因此，海带养殖面积和产量已有所下降。

由于贻贝可供作对虾饵料，随着对虾养殖的发展，也带动了贻贝的养殖。在对虾发展的同时，需要大量贝类作饵料，使以往被认为无利用价值的蛸螺、蓝蛤亦被作为对虾的优质饵料，但其资源有限，如不注意繁殖保护，开源节流，不仅蛸螺、蓝蛤难保，还有其他大量经济贝类的幼贝（如菲律宾蛤仔）和成贝（如四角蛤蜊）也将被作为对虾饵料而遭到损害。

海带养殖虽在养殖面积和产量上仍占首位，但在短期内不可能有更大的发展。目前开展的藻藻间养，藻贝兼养、轮养，这对带动其他种类的养殖，并对保持海带养殖健康发展起到了有益的作用。

增殖放流是增加自然资源数量的一种有效方法，浅海礁石区可选作放流对象的有海参、盘鲍、扇贝等，目前试验效果显著。但要解决放与收的责、权、利统一问题，应进行较大规模的中间生产试验，取得经验推广。刺参和盘鲍的养殖试验已开始。

10.1.3.3 开发利用意见

目前的自然资源已逐渐下降，采捕在不断增加，使资源遭到不同程度的破坏，只有从繁殖保护着手，培养足够的成熟亲贝，才能得到大量幼贝来补充。制定采捕期、限制采捕规格和划区轮采、控制采捕量等规定，无论对养殖和增殖都非常必要。苗种的补充，除依靠天然苗外，还要依靠人工育苗，故尚须推广并提高人工育苗和半人工育苗的技术水平。

封滩护滩是一种保护方式，应在目前的封护基础上，采用改良滩涂、播放苗种等措施，达到扩大面积，提高产量。现在滩涂虽已划区确权，但未明确规定责任，以致在承包后只采收不增殖，资源得不到增加。

为了充分利用浅海养殖水域和器材，根据生物的习性，采用藻藻、藻贝的间养、轮养，是一种有发展前途的养殖方式，故海区的养殖有利于促进生物增长，如：海带长期养殖后，水底自然繁生的海带渐增；贻贝养殖，自然繁生也多，故经济藻、贝类养殖应加强。

目前浅海滩涂自然资源已衰竭，采取增、养殖和保护措施以增加资源已迫在眉睫。一些水产技术部门如潍坊市和寿光县对莱州湾的毛蚶资源作了较全面的调查，基本摸清了莱州湾毛蚶分布面积及资源的变化趋势，并根据资源的变动，规定每年的采捕区和可捕量。这些管理措施对保护毛蚶资源，使资源恢复是有益的。再如，烟台市水产部门对海参、扇贝、泥蚶、菲律宾蛤仔定期调查后，初步了解了它们的生长、繁殖规律，以及分布面积和资源量，为开展增养、殖积累了资料。

合理开发利用潮间带生物资源，除一般性调查研究外，还须将各个增、养殖对象的生态习性、生活规律摸清，如此才助于生产的发展。

10.2 产卵场和索饵场的分布及特征

10.2.1 产卵场范围

由于黄海海域地处温带，所处的纬度跨度较大，多种水系交汇，不同季节具有独特的水文和环境条件，因此，产卵场分布随着季节的变化也各有特点，不同季节产卵密集区的分布也不同。根据本次调查以及前期历史资料分析卵子和仔稚鱼的总量分布、种类组成及月变化状况，整个山东近海几乎周年均有不同种类产卵，可以认为整个山东近海是一个多种鱼类的大产卵场。山东近海多数渔业资源种类的产卵场位于近海浅水区，且产卵时间主要为春、夏季，纵观山东近海周年产卵区的分布，可将山东近海产卵场划分为4处：莱州湾及渤海湾南部产卵场、烟威近海产卵场、乳山近海产卵场和海州湾产卵场。根据产卵种类数量、产卵持续时间以及卵子密度可分为主要产卵场（图10.1）和重要产卵场（图10.2）。

主要产卵场总面积约为 $4.05\times10^4\ km^2$，其中莱州湾及渤海湾南部产卵场面积约为 $1.12\times10^4 km^2$，烟威近海产卵场面积约为 $1.02\times10^4\ km^2$，乳山近海产卵场面积约为 $1.02\times10^4\ km^2$，海州湾产卵场面积约为 $0.89\times10^4\ km^2$。

重要产卵场面积约为 $1.51\times10^4\ km^2$。其中，莱州湾及渤海湾南部产卵场由分离的3部分组成：渤海湾南部产卵场、莱州湾西南部产卵场和莱州湾东北部产卵场。各产卵场面积分别为：莱州湾及渤海湾南部重要产卵场面积为 $0.43\times10^4\ km^2$，烟威近海重要产卵场面积为 $0.18\times10^4\ km^2$，乳山近海重要产卵场面积为 $0.59\times10^4\ km^2$，海州重要湾产卵场面积为 $0.31\times10^4\ km^2$。

10.2.1.1 长距离洄游种类的产卵场

山东近海的长距离洄游种类主要有：头足类的太平洋褶柔鱼以及鳀、海鳗、沟鲹、蓝圆

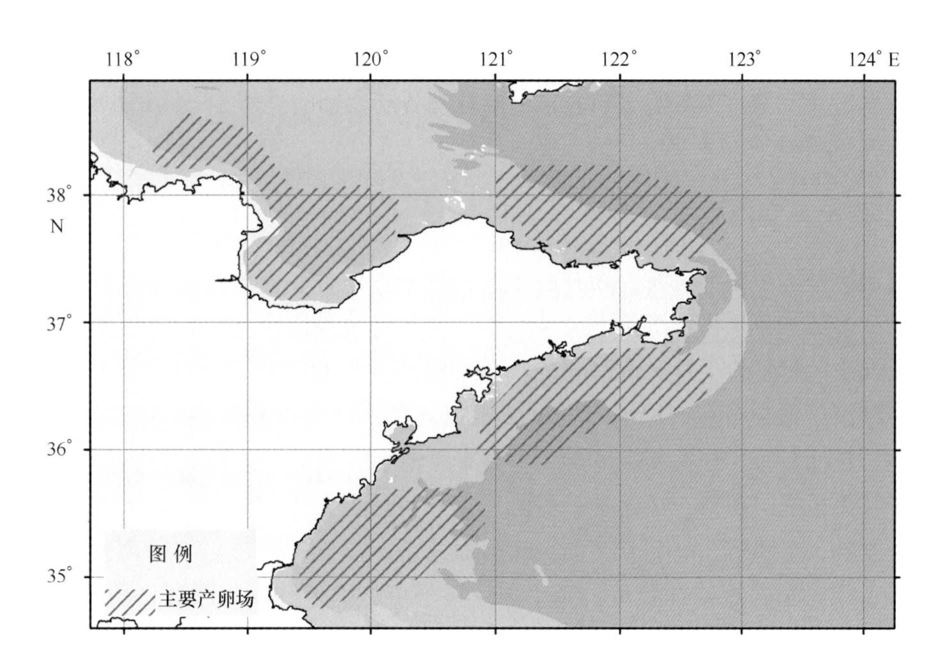

图 10.1　山东近海主要产卵场分布

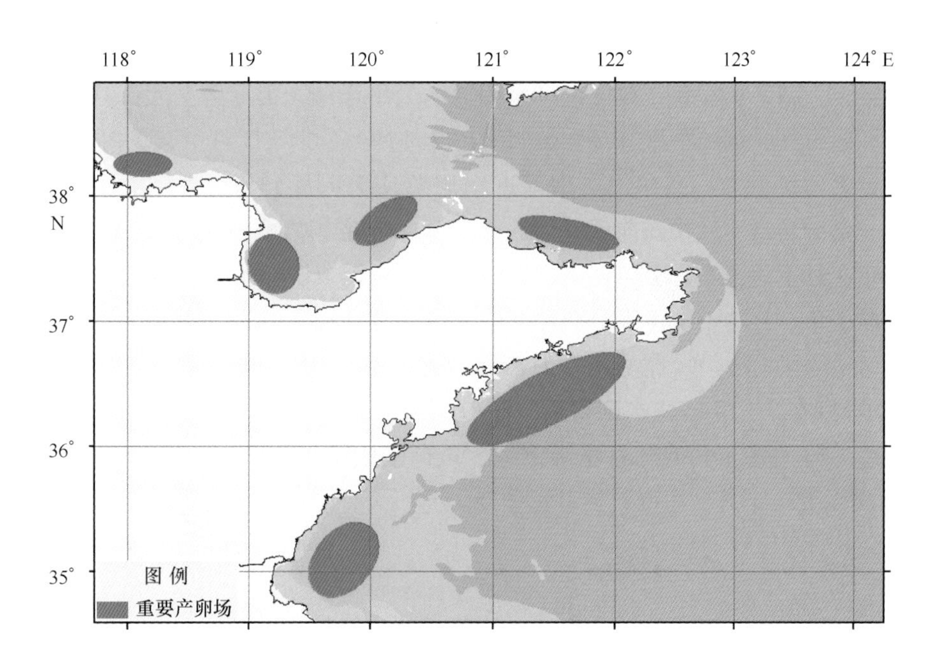

图 10.2　山东近海重要产卵场分布

鲹、竹筴鱼、鮨鳅、小黄鱼、黄姑鱼、白姑鱼、鮸、真鲷、切氏黑鲷、横带髭鲷、四带胡椒鲷、带鱼、鲐、蓝点马鲛、扁舵鲣、银鲳、刺鲳、绿鳍马面鲀等暖水性、暖温性鱼类。

长距离洄游种类的越冬场一般位于黄海中南部至东海北部一带海域，甚至在东海中南部和南海北部。春、夏季鱼群主要分3路北上进行产卵、索饵洄游：一路向西偏北经长江口、吕四外海进入海州湾产卵场产卵，秋季在海州湾、乳山渔场索饵，入冬后返回越冬场越冬；另一路向西北到达乳山近海产卵场产卵，产卵后在就近海域索饵育肥，直至进行越冬洄游；第三路鱼群的洄游路线较长，由越冬场直接北上到达成山头外海，绕过成山头，向西经烟威近海进入莱州湾及渤海湾南部产卵场产卵，其中有些种类的部分鱼群停留在烟威近海产卵场产卵，入秋后，又分别由各湾游出渤海，汇同黄海各产卵场的群体，一同南下进行越冬洄游，于冬季返回越冬场越冬。

10.2.1.2 短距离洄游种类的产卵场

短距离洄游种类主要为黄海、渤海地方性种群的冷温性、温水性或冷水性生物资源，黄海、渤海的大多数渔业生物资源属于这种类型。该类种群洄游距离短，随着季节变化进行深水—浅水—深水的越冬、生殖和索饵洄游。产卵期随种类不同有所差异，主要在冬末初春和春季。产卵结束后即分布在产卵场附近海域索饵，夏、秋季逐渐向深水作索饵、越冬洄游。该资源种类，包括鱼类、虾类和头足类，主要有青鳞小沙丁鱼、斑鰶、太平洋鲱、赤鼻棱鳀、中颌棱鳀、长颌棱鳀、黄鲫、凤鲚、长蛇鲻、星康吉鳗、日本下鱵鱼、大头鳕、尖海龙、油魣、细条天竺鲷、多鳞鱚、布氏银汉鱼、棘头梅童鱼、皮氏叫姑鱼、小带鱼、方氏云鳚、绵鳚、玉筋鱼、绿鳍鱼、短鳍红娘鱼、鲬、细纹狮子鱼、褐牙鲆、高眼鲽、角木叶鲽、石鲽、钝吻黄盖鲽、短吻红舌鳎、星点东方鲀、黄鳍东方鲀、假睛东方鲀、墨绿东方鲀、中国对虾、鹰爪虾、周氏新对虾、日本褐虾、鲜明鼓虾、日本鼓虾、脊尾白虾、日本枪乌贼、长蛸、短蛸等。越冬场在黄海中南部至东海北部水深为40～100 m，底层水温为10～13℃，盐度为32.5～34.5的海区范围内，越冬期一般在12月至翌年3月。其中太平洋鲱、大头鳕、褐牙鲆等为冷温性种类，越冬场靠北，在黄海冷水团内。太平洋鲱、褐牙鲆、大头鳕等每年在冬末开始由越冬场向石岛、烟威沿岸进行生殖洄游。其他种类分别于3月中、下旬由越冬场向北、西北靠岸进行生殖洄游。一路向山东南部近岸洄游，于4月上旬前后到达海州湾水深5～20 m产卵场，部分鱼群4月中旬前后又到达石岛至青岛近岸水深10～20 m的产卵场。另一路直接北上，于4月下旬至5月上旬，绕过成山头，进入烟威产卵场（另一支北上到海洋岛）。除青鳞、小沙丁鱼、日本下鱵鱼等个别种类的部分个体在山东半岛北部海域产卵外，主要群体向西洄游，进入渤海各湾产卵。5—7月产卵后的亲体向较深水域索饵（中国对虾产卵后死亡），当年幼体则在5—10 m浅水区索饵。8—9月后，幼体主群开始逐渐向深水区移动，与成体混群栖息。10月中下旬，随着水温下降，鱼群陆续游出渤海，12月上旬前后绕过成山头，12月下旬至翌年1月上旬返回各自越冬场。

10.2.1.3 地方性种类的产卵场

地方性资源除贝类和刺参等为定居性种类外，还有部分不作洄游移动的鱼类、虾蟹类、头足类。这些种类多栖息在河口、岛礁和较浅水域。一般于春、夏季水温回升时游向岸边产卵，秋、冬季水温下降时游向较深水域越冬。由于移动范围不大，洄游路线一般不明显。属于这一类型的种类多为暖温性及冷温性地方种群。其中主要有康氏小公鱼、中国大银鱼、鲻、花鲈、矛尾鰕虎鱼、髭缟鰕虎鱼、长丝鰕虎鱼、矛尾刺鰕虎鱼、拉氏狼牙鰕虎鱼、中华栉孔鰕虎鱼、许氏平鲉、汤氏平鲉、大泷六线鱼、虫纹东方鲀、黄鮟鱇、海蜇、中国毛虾、日本毛虾、葛氏长臂虾、戴氏赤虾、三疣梭子蟹、口虾蛄、日本蟳等。

10.2.2 产卵期

产卵时间和产卵期长短是种的重要属性，产卵时间和产卵场具有相对稳定性和规律性，但产卵早晚有较大的年间变化，与性腺发育的状况和产卵场的环境因素（特别是水温）密切相关。而产卵期的长短主要和种的繁殖特性、分批或不分批产卵、产卵群体的年龄组成以及产卵时期外界因子的变动相关。山东近海周年都有鱼类产卵，但不同种类产卵季节不同，同一种类即便是多个季节都能产卵，但其产卵盛期只集中在一个阶段。山东近海各月的卵子数量分布有明显的季节变化。11 月至翌年 2 月，由于洄游性鱼类游出近海，在此期间只有少数地方性、冬季产卵的种类产卵，并多为沉性或黏性卵，浮性卵极少，从 4 月开始，洄游鱼类逐渐进入山东近海产卵，从卵子数量来看，5—6 月为山东近海产卵盛期，此段时间无论鱼卵仔稚鱼种类还是数量都是全年最高的时段。

春季产卵的种类有太平洋鲱、中国大银鱼、日本下鱵鱼、鮻、鲻、大口鰕虎鱼、矛尾鰕虎鱼、六丝钝尾鰕虎鱼、拉氏狼牙鰕虎鱼、钝吻黄盖鲽、圆斑星鲽、虫纹东方鲀等。

春、夏季产卵的种类有脂眼鲱、青鳞小沙丁鱼、远东拟沙丁鱼、鳓、斑鰶、鳀、赤鼻棱鳀、中颌棱鳀、江口小公鱼、黄鲫、凤鲚、尖嘴柱颌针鱼、真燕鳐、冠海马、日本海马、尖海龙、油魣、黑鳃梅童鱼、棘头梅童鱼、小黄鱼、白姑鱼、黄姑鱼、皮氏叫姑鱼、真鲷、切氏黑鲷、小带鱼、带鱼、鲐、蓝点马鲛、圆舵鲣、银鲳、许氏平鲉、短鳍红娘鱼、绿鳍鱼、鲬、褐牙鲆、桂皮斑鲆、高眼鲽、虫鲽、长鲽、带纹条鳎、短吻红舌鳎、宽体舌鳎、短吻三线舌鳎、虫纹东方鲀、黄鮟鱇等。

夏季产卵的种类有风鲚、长蛇鲻、多鳞鱚、竹筴鱼、沟鲹、虾虎鱼、鰤、真燕鳐、油魣、日本鬼鲉、小杜父鱼、三刺鲀、绿鳍马面鲀等。

夏、秋季产卵的种类有花鲈、细条天竺鲷、美肩鳃鳚、云鳚、方氏云鳚、半滑舌鳎等。

秋季产卵的种类有大泷六线鱼、角木叶鲽等。

秋、冬季产卵的种类有玉筋鱼。

冬季产卵的种类有卵胎生的绵鳚、虻鲉、石鲽、大头鳕等。

冬、春季产卵的种类有褐菖鲉、网纹䲗子鱼、细纹䲗子鱼等。

春、夏、秋三季都产卵的种类有鳀和高眼鲽。

10. 2. 3 索饵场与索饵期

整个山东近海海域周年都有渔业资源索饵育肥，不同时期、不同区域索饵育肥的种类、密度存在着明显的时空分布上的差异。

远距离洄游种类在产卵后即在产卵场周边分散索饵，其产卵场也是该种类刚发生幼鱼的索饵场，索饵期直到越冬洄游（图 10. 3）。

短距离洄游种类的索饵场，春、夏季在近岸浅水区，秋、冬季在深水区。

山东近海洄游种类典型索饵洄游为：5—7 月，当年生的稚鱼和幼鱼近岸产卵场周边浅水区索饵育肥，8 月，陆续向产卵场周边深水区迁移索饵，10 月，渤海的幼鱼陆续离开渤海进入黄海北部，随着气温继续下降，会同在黄海北海索饵的幼鱼进入石岛、连青石渔场，至 12 至翌年 1 月，进入黄海深水区的越冬场。

短距离洄游种类仅仅作近岸—远岸—近岸的洄游。春季，近岸水温上升，游向近岸产卵、育肥；秋季，近岸水温下降，游向深水区越冬。

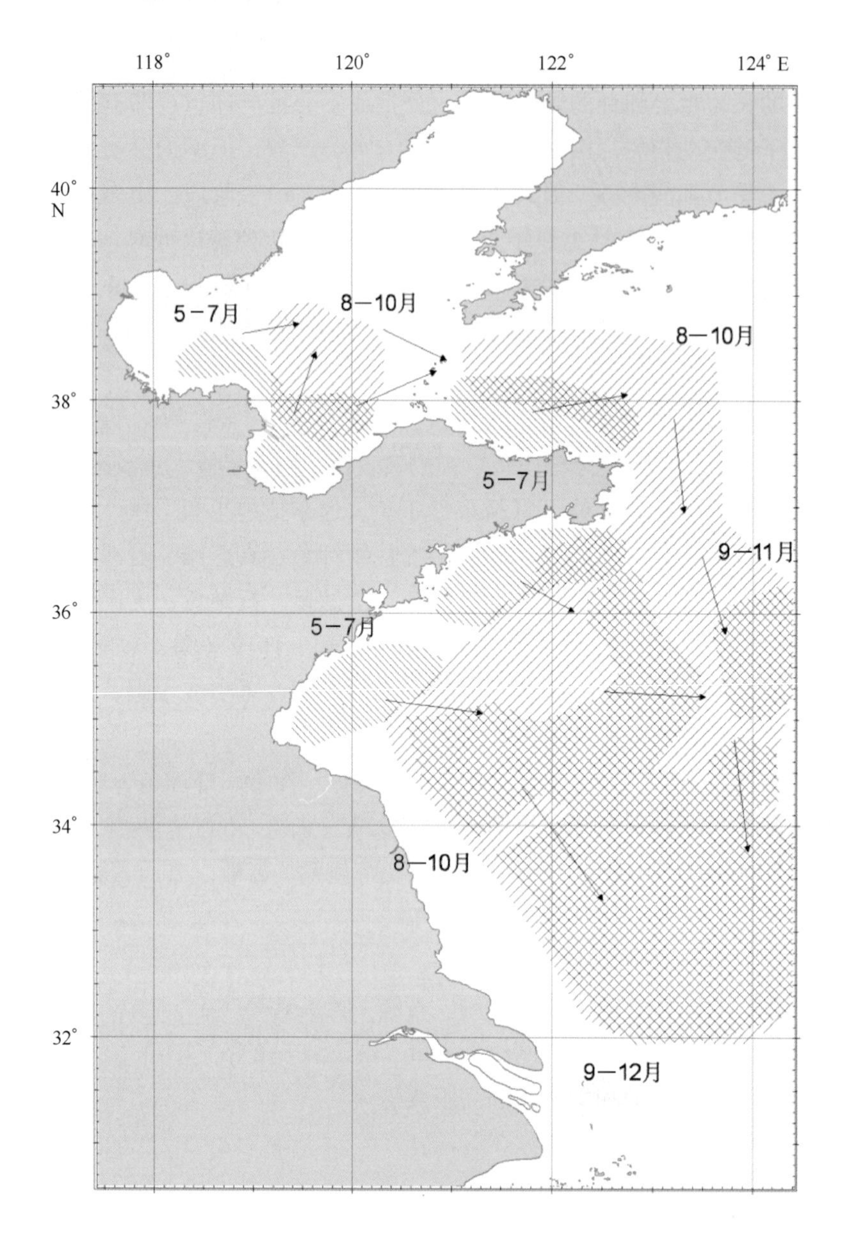

图 10.3　远距离洄游种类的索饵场

10.3　渔业生物资源的动态特征

10.3.1　渔业生物资源结构的变化

2006 年山东近海经济生物资源调查的渔获量中，经济价值较高的种类重量占总渔获量的 5.9%，与 1983 年调查相比，下降了 18.2 个百分点，与 1998 年调查相比，下降了 9.4 个百分点；一般经济种类重量占渔获量的 84.8%，与 1983 年调查相比，升高了 14.9 个百分点，与 1998 年调查相比，升高了 18.1 个百分点；经济价值较低的种类占总渔获量的 9.3%，与 1983 年调查相比，增加了 3.3 个百分点，与 1998 年调查相比，下降了 8.7 个百分点。

2006年春季调查渔获量以一般经济种类为主，占72.3%，经济价值较低的种类占17.3%，经济价值较高的种类仅占10.4%。2006年秋季调查渔获量以一般经济种类为主，占86.2%，经济价值较低的种类占9.2%，经济价值较高的种类仅占4.6%（表10.2）。

表10.2 山东近海生物资源结构的年间变化 %

经济品质	1983年	1998年			2006年		
		春季	秋季	全年	春季	秋季	全年
较高	24.1	12.6	18.4	15.3	10.4	4.6	5.9
一般	69.9	73.4	52.4	66.7	72.3	86.2	84.8
较低	6.0	14.0	29.2	18.0	17.3	9.2	9.3

10.3.2 渔业生物资源类别组成的变化

2006年山东近海经济生物资源调查中，渔获物（不计海蜇）以鱼类为主，占总渔获量的90.7%，虾蟹类占5.7%，头足类占3.6%，与1983年调查相比，鱼类所占比例升高了11.1个百分点，虾蟹类和头足类所占比例都大幅度下降；与1998年调查相比，鱼类所占比例下降了7.3个百分点，虾蟹类和头足类比例升高。

2006年春季调查，渔获物（不计海蜇）中鱼类占绝对优势，占渔获量的93.5%，虾蟹类占4.9%，头足类占1.6%，与1998年调查相比，鱼类比例下降，而虾蟹类和头足类的比例都大幅度上升；2006年秋季调查，渔获物（不计海蜇）中鱼类占91.7%，虾蟹类占3.8%，头足类占4.9%，与1998年相比，鱼类和虾蟹类的比例都降低，头足类的比例则升高（表10.3）。

表10.3 山东近海生物资源类别组成的年间变化 %

资源种类	1983年	1998年			2006年		
		春季	秋季	全年	春季	秋季	全年
鱼类	79.6	99.0	91.7	98.0	93.5	91.3	90.7
虾蟹类	11.7	0.6	5.4	1.3	4.9	3.8	5.7
头足类	8.7	0.4	2.9	0.7	1.6	4.9	3.6

10.3.3 渔业生物资源栖息水层比例的变化

2006年山东近海经济生物资源调查结果表明（表10.4），渔获物以中上层种类为主，占92.3%，与1983年调查相比，升高了33.9个百分点，与1998年调查相比，升高了0.7个百分点。底层种类仅占7.7%，与1983年调查相比，下降了33.9个百分点，与1998年调查相比，下降了0.7个百分点。

2006年春季调查，中上层种类占85.1%，底层种类占14.9%；2006年秋季调查，中、上层种类占93.6%，底层种类占6.4%（表10.4）。

表 10.4　山东近海生物资源分布水层的年间变化　%

分布水层	1983 年	1998 年			2006 年		
		春季	秋季	全年	春季	秋季	全年
中上层	58.4	93.1	81.2	91.6	85.1	93.6	92.3
底 层	41.6	6.9	18.8	8.4	14.9	6.4	7.7

10.3.4　渔业生物资源区系组成的变化

2006 年山东近海经济生物资源生态类型以暖温性种类为主，占总渔获量的 90.1%，较 1983 年调查结果升高了 28.4 个百分点，较 1998 年调查结果，升高了 1.1 个百分点。暖水性种类占 9.3%，较 1983 年调查结果下降了 13.7 个百分点，较 1998 年调查结果，升高了 2.5 个百分点。冷温性种类占 3.6%，较 1983 年调查结果下降了 11.7 个百分点，较 1998 年调查结果下降了 0.6 个百分点（表 10.5）。

2006 年春季调查，以冷温性种类最多，占 54.5%，主要是冷温性的玉筋鱼比例较高所致；暖温性种类占 41.9%，暖水性种类占 3.6%。

2006 年秋季调查，以暖温性种类为主，占 79.6%；暖水性种类和冷温性种类分别占 17.3% 和 3.1%。

表 10.5　山东近海生物资源生态类型的年间变化　%

生态类型	1983 年	1998 年			2006 年		
		春季	秋季	全年	春季	秋季	全年
暖水性	23.0	6.1	11.4	6.8	3.6	17.3	9.3
暖温性	61.7	90.0	82.4	89.0	41.9	79.6	90.1
冷温性	15.3	3.9	6.2	4.2	54.5	3.1	3.6

10.3.5　生物群落多样性的变化

2006 年山东近海鱼类群落各项多样性指数都低于 1998 年，较 1983 年大幅度下降。2006 年山东近海无脊椎群落各项多样性指数都低于 1998 年，较 1983 年大幅度下降（表 10.6）。

表 10.6　山东近海生物群落多样性的年间变化

种类	多样性指数	1983 年	1998 年			2006 年		
			春季	秋季	全年	春季	秋季	全年
鱼类	d	6.89	1.26	1.23	1.25	0.88	0.88	0.88
	H'	3.06	0.93	1.16	1.04	0.83	0.94	0.90
	J	0.67	0.44	0.60	0.52	0.42	0.45	0.43
无脊椎动物	d	2.58	0.33	0.50	0.41	0.20	0.30	0.24
	H'	1.83	0.42	0.60	0.51	0.34	0.50	0.42
	J	0.59	0.31	0.41	0.36	0.27	0.26	0.26

10.3.6 渔业生物资源密度的变化

2006年总资源量为0.65 g/m²，为1998年总资源量的62.5%，仅为1983年的22.8%。2006年鱼类资源量为0.55 g/m²，为1998年总资源量的54.5%，仅为1983年的25.6%。2006年虾蟹类和头足类的资源量较1998年高，但未达到1983年的水平（表10.7）。

表10.7 山东近海资源量的年间变化

单位：g/m²

种类	1983年			1998年			2006年		
	春季	秋季	全年	春季	秋季	全年	春季	秋季	全年
鱼类	2.67	1.87	2.15	1.76	0.25	1.01	0.46	0.73	0.55
虾蟹类	0.06	0.13	0.11	0.01	0.01	0.01	0.08	0.05	0.06
头足类	0.05	0.88	0.59	0.01	0.01	0.01	0.06	0.03	0.04
合计	2.78	2.88	2.85	1.78	0.27	1.04	0.60	0.81	0.65

10.3.7 渔业生物资源群体组成的变化

2006年山东近海渔业生物资源平均年龄为1.32龄，平均长度为85.5 mm，平均体重8.0 g，与1998年相比差别不大，但与1983年比较有大幅度下降（表10.8）。

受捕捞强度不断增加的影响，许多种类为了种群的延续性和稳定性，性成熟年龄趋于小型化和低龄化，如蓝点马鲛、小黄鱼、带鱼等多龄鱼，性成熟年龄由2~3龄提前到1龄，降低了种群质量。

表10.8 山东近海渔业生物资源生态类型的年间变化

%

群体组成	1983年	1998年			2006年		
		春季	秋季	全年	春季	秋季	全年
平均年龄/龄	2.36	1.43	0.71	1.35	1.42	0.75	1.32
平均长度/mm	115	95.4	84.4	94.1	86.0	72.0	85.5
平均体重/g	19.3	8.8	9.7	8.9	8.5	7.7	8.0

10.4 渔业资源动态变化原因分析

导致渔业资源现状的原因是多方面的，消极因素主要有过度的海洋捕捞、中外渔业协定、高密度的海水养殖、海洋产业对渔业水域的侵占、超负荷利用近海环境服务功能等；另外，人们环保意识和资源可持续利用的观念不断加强，也对山东近海渔业资源和海洋生态环境的保护起到积极的作用。

10.4.1 过度海洋捕捞

山东近海是黄渤海海洋渔业生产的主要渔场之一，作业方式多样、捕捞力量密集、生产时间长、捕捞强度大，海洋渔业捕捞生产活动是导致其资源动态变化的主要原因。

随着船网工具革新和捕捞技术提高，增加了海洋渔业经济的发展。同时，由于盲目地发展捕捞力量，过度开发渔业资源，导致了许多渔业资源过度捕捞，传统的经济鱼类如中国对虾、真鲷、带鱼、鳓等经济鱼类资源严重衰退，甚至枯竭。捕捞力量的过度发展，已经超过了海域内生物资源的再生能力，资源密度大幅度下降，无法形成渔汛。一些主要渔获对象的小型化、低龄化和性成熟期提早的现象也更加明显；幼鱼、小鱼大量捕捞，造成惊人的浪费。这种过度性和消耗性捕捞造成经济鱼类种群的锐减，并通过食物链，极大地影响到其相关物种种群。另外，不当的捕捞方式（如底层拖网、毒鱼和炸鱼）不仅给鱼类资源造成浩劫，也给整个生态系统造成极大的破坏，严重影响了海洋生态环境的稳定。

10.4.2 中外渔业协定

中韩渔业协定于2001年6月30日实施。中韩渔业协定是根据新的《国际海洋法公约》规定原则，我国与周边国家签署的十分重要的双边有关渔业的协定。中韩渔业协定实施以后，山东省海洋捕捞失去了威东、连东、沙外等传统作业渔场。《中韩渔业协定》确定的“中韩暂定措施水域”，中方渔船仅能发放少部分捕捞作业证投入生产，并且自协定生效之日起，发放捕捞许可证的船数逐年递减。

由于作业渔场的缩小，加之进入对方专属经济区水域入渔的条件限制，山东省在东、黄海的捕捞业渔获量大幅度下降，据渔获统计表明，界限以东的渔获量接近山东省总渔获量的1/4。划界后对各市、县带来不同程度的影响，对一些重点渔业县市影响更大，以荣成为例，中韩渔业协定的划界对荣成捕捞渔获量影响很大，实施协定后，全市年减少渔获统计量达 28×10^4 t。其中韩方一侧过渡水域以东的传统主要渔场的大马力拖网作业船全部撤出，按年投产800艘计算减产 18×10^4 t；同时在暂定措施水域和过渡水域内，因执行渔业协定，在作业时间、作业条件、渔船数及捕捞配额等方面都将受到影响，从而可使全市捕捞渔获量减少 10×10^4 t，仅中韩渔业协定的划界合计减产 28×10^4 t，减幅达30%，中日渔业协定由于作业条件、入渔船数等方面影响，将使大马力拖网渔获量减产 8×10^4 t，减幅为20%。

中韩、中日渔业协定实施以后，在威东、连东、沙外等传统作业渔场的渔船大量退出。这些退出的船只绝大部分都是大功率的机轮双拖，全都是山东省捕捞生产的主力渔船。这些撤回来的渔船，除少量渔船经申请继续在日、韩经济专属区渔场作业外，大部分渔船撤回近海，从而给沿海渔区带来意想不到的困难和难以解决的问题，更加剧了本来就已经严重衰退的近海渔业资源不足与捕捞力量过剩的矛盾。

10.4.3 高密度海水养殖

海水养殖业在一定程度上分担了野生物种遭捕捞和猎杀的压力，但过度的海水养殖也会对近海生境造成负面影响。山东近海是浅海养殖渔业密集区，由于浅海养殖业的超负荷发展，破坏了海域的生态平衡和渔业生态环境。

海水养殖需要利用近海空间资源，盲目扩大养殖规模，占据了海洋原有经济生物资源的栖息地，破坏生态环境，是海洋生态系统的可怕杀手。海水养殖还是重要的污染源，大量的残饵等污染物进入水体和底质环境后，促使病毒、病菌繁殖，氮、磷的输入也为赤潮的发生提供了条件。养殖过程中，鱼类的排泄物和新陈代谢所产生的分泌物，以及普遍使用的抗生素、石灰等药物和化学消毒剂都将通过潮汐的作用进入海域环境，由此可能引起近海水质和底质的恶化，破坏潮间带生物的生境，进而影响和改变原有的生态平衡。而养殖格局不合理、养殖开发不平衡也影响我省养殖业的良性发展。由于沿海各地社会、经济和技术发展水平不一，养殖规模和密度极不均匀，造成局部海域养殖密度过大，远远超过海洋生态环境的承受能力，导致养殖种类生长速度下降，死亡率明显上升，经济效益降低。而有的海域又开发利用不足，不能发挥其优势。

10.4.4 由海洋工程及其他海洋产业发展的填海造地对渔业水域的侵占

近年来，伴随着我国经济的迅速发展，尤其是海洋工程及其他海洋产业的发展，土地资源短缺的矛盾越来越突出，我国沿海许多地方都提出了填海造地计划。沿海地区填海造地成为一种“时髦”，沿海滩涂被大量挤占用来种地或搞房地产开发。填海造地是沿海地区用以解决土地不足，发展经济的有效手段。但大面积的填海造地却使近海资源环境严重受损。由于盲目围垦和过度利用，我国沿海湿地面积已经损失了50%。

填海造地最直接的影响是占据近海空间，并使得被填海域空间内的一些生物资源和环境服务功能永久性丧失或者产生一些连锁反应。如直接损耗滩涂生物、底栖生物等；减小海湾的纳潮面积和纳潮量，改变潮流动力，从而引起泥沙冲淤和污染物迁移规律的变化，降低污染物的扩散能力和海域环境容量，导致水质恶化，并加快污染物在海底聚积，影响防洪和航运，也给近岸海域生态系统带来了严重的影响。部分围填海工程改变了海域的自然属性。

山东近海是许多生物的栖息场所，大规模的填海造地使其栖息地、产卵场、繁殖场、索饵场遭到破坏，导致生物多样性受损。据《2007年山东省海域使用管理公报》资料显示，整个山东省的自然海岸线在逐年减少。多年来，填海项目、填海面积逐年递增，岸线资源利用比较粗放，填海方式以对海洋环境影响较大的顺岸式填海为主，全省商港、渔港、船厂数量多、规模小，造成自然岸线减少。据调查，目前全省自然岸线占全部岸线的62%，但相当部分不宜搞建设项目，真正可用的建设用海岸线已经很少。

山东最明显的例子为胶州湾。近几十年来胶州湾面积的缩小主要是潮滩的围垦所致。围垦使湾内外水体交换能力和水体自净能力减弱，破坏了鱼、虾、贝、蟹等栖息、产卵、繁殖场所，尤其是滩涂贝类的生长和繁殖空间大量丧失。根据有关资料统计，胶州湾海域面积已从1928年的560 km^2 下降到2003年的362 km^2，面积减小了1/3以上，纳潮量减少了1/4以上，有的地方已无自然岸线可用，优势海洋生物物种几乎消失。

10.4.5 超负荷利用近海环境服务功能

海洋可以消纳（同化、存储、转移）排入其中的污染物，在一定程度上满足了人们既发展经济又不造成污染的需要，这种纳污能力（即环境容量）是目前人类最直接利用的一类近海环境服务功能。

海洋具有的对污染物的自然缓冲和同化、净化能力决定了海域的环境容量是一种可更新的资源，同时由于自然条件的限制，它又是有限的资源。可以说，海域环境容量是一种有限的可更新的环境资源，这种可更新性只是相对的。随着社会经济的发展，人类排入海洋的污染物不断增加，当海域的纳污量超过了其纳污能力时，海域的环境容量将遭到破坏，最终导致环境污染，进而可能影响近海生物的栖息生存。

陆源污染中，主要为有机污染和重金属污染。受其影响的又以河口和海湾比较严重。而河口和海湾又是多种经济生物的产卵场和繁殖场。渔业环境遭受污染的结果，使生物资源死亡率上升，资源量下降。其中最为明显的例子有：①带鱼、小黄鱼等资源产卵场及索饵育肥场所的污染与破坏，使其资源长期得不到恢复；②产卵场内鱼卵死亡率明显上升，其中鳀死亡率高达80%，无形中减少了各种生物资源的世代发生量。

此外，突发性排污等意外事故也给海洋环境和生物资源带来严重危害。随着近海石油开发和频繁的海上运输，在给人类带来巨大经济利益的同时，也对海洋环境造成极大威胁。单从海洋溢油事故来说，1973—2003年的30年间，我国沿海共发生溢油事故2 000多起，平均每4天发生一起。最近几年，几乎每年都有重大溢油事故发生。因此有人预言："中国海域可能是未来船舶污染事故的多发区和重灾区！"这绝非危言耸听，应该引起我国政府及社会各界的高度重视。山东省海上运输居全国前列，海上溢油污染事件也颇多。据介绍，山东省海上重大溢油污染事件有加重的趋势，2006年全省共发生较大海洋渔业水域污染事故6起，造成直接经济损失达45亿元，对海洋生态环境也造成了严重的破坏。

溢油污染对海洋生态环境的危害主要表现在以下几个方面：油膜阻碍大气与海水之间的交换，减弱太阳光辐射透入海水的能力，影响海洋浮游植物的光合作用；溢油附在藻类、浮游植物上也会妨碍光合作用，造成藻类和浮游植物死亡，进而降低水体的饵料基础，对整个生态系统造成损害；溢油中的水溶性成分对鱼类有直接毒害作用，可使鱼类出现中毒甚至死亡；沉降性溢油会覆盖在底泥上，破坏底栖生态环境，妨碍底栖生物的正常生长和繁殖；油类可直接使鱼类发臭或随食物进入鱼、虾、贝、藻类体内，使之带上异臭味，影响其经济价值，危害人类健康。

10.4.6 渔业管理措施和山东省渔业资源修复行动实施的积极作用

为了缓解并最终遏制我省渔业资源持续衰退趋势，逐步改善渔业生态环境，养护和恢复生物多样性，实现渔业经济可持续发展，各级渔业主管部门制定了一系列资源管理措施。山东省又于2005年在全国率先实施"山东省渔业资源修复行动计划"，渔业资源增殖放流和海洋自然保护区建设是修复行动的重要内容。而其具体工作很早就已经开展，并有效地促进了渔业资源修复和渔业生态环境的保护。

10.4.7 渔业管理对渔业资源保护的贡献

通过渔业生产调整和实施幼鱼保护、渤海禁拖、伏季休渔等资源管理措施，在一定程度上保护了主要经济渔业资源。其中带鱼、银鲳、小黄鱼等已经衰退了的渔业资源，在波动中有所回升。

10.4.7.1 单种类渔业资源管理措施

渔业管理措施对保护渔业资源的积极作用在蓝点马鲛资源开发和利用上得到很好的体现。

蓝点马鲛属暖温性中上层鱼类，广泛分布于太平洋西北部的日本诸岛海域、朝鲜半岛南端群山至釜山外海和我国渤海、黄海、东海等海域，产卵和越冬时行长距离洄游。其资源为中国、日本、韩国、朝鲜等多个国家共同开发利用，年产量波动于10×10^4 ~ 50×10^4 t之间。多年来，蓝点马鲛渔业捕捞力量持续增加，其群体组成和生物学特性不断改变，明显表现为生长速度加快、性成熟年龄提前、死亡系数减小和群体组成的低龄化、小型化，但种群数量在波动中一直呈上升趋势。中国是蓝点马鲛渔业资源的主要开发国，为了保护渔业资源，相继出台了产卵亲体保护、伏季休渔、可捕期等多项蓝点马鲛资源管理法规，有效地保护了蓝点马鲛渔业资源。

1）有效地保护产卵群体资源是黄渤海蓝点马鲛资源持续利用的前提

1955年国务院颁布了《关于渤海、黄海及东海机轮拖网渔业禁渔区的命令》，1988年开始实施在渤海全面禁止拖网作业的决定，1996年“关于加强对黄渤海蓝点马鲛资源保护的通知”，1991年颁布实施了《渤海区渔业资源繁殖保护规定》，2003年6月颁布实施了《渤海生物资源养护规定》等渔业管理制度，都是为保护蓝点马鲛等渔业资源的产卵群体资源而实施的渔业管理制度。这些渔业管理制度的实施，使黄渤海蓝点马鲛产卵群体资源得到了有效的保护，春季产卵亲体数量一直保持在较高的水平上波动，黄渤海区渔业生产的渔获量变动在2×10^4 t左右。1996年以后，加强蓝点马鲛产卵亲体资源保护，春季渔获量下降到1.5×10^4 t左右。

2）有效地保护补充群体资源是提高黄渤海蓝点马鲛渔获量的保障

1986年黄渤海区渔政渔港监督管理局颁布“关于加强对蓝点马鲛资源幼鱼保护的通知”，对渤海和黄海中北部蓝点马鲛幼鱼资源进行保护，切实有效地保护了补充群体资源。黄渤海区三省一市渔获量达到5×10^4 t以上，至1995年实施伏季休渔以前，渔获量变动于5×10^4 ~ 13×10^4 t之间，较1985年之前增加近1倍。

1995年黄渤海开始实行伏季休渔制度，每年休渔2个半月，更为有效地保护了黄渤海蓝点马鲛当年幼鱼资源，不但给当年幼鱼增加了生存的机会，同时也延长了当年幼鱼的生长时间，使黄渤海蓝点马鲛资源补充量成倍增加，并长期维持在较高水平上波动。黄渤海区三省一市渔获量迅速增加到10×10^4 t以上，变动于14×10^4 ~ 27×10^4 t之间。

10.4.7.2　渔业资源增殖放流

山东省于1984年开始，在中国率先开展了以中国对虾为“龙头”的渔业资源生产增殖，并取得了较高的经济、社会和生态效益。进入20世纪90年代，又相继开展了乌贼、海蜇、日本对虾等优良品种的增殖放流。目前，山东省渔业资源增殖的品种数量、总体规模、技术开发、组织管理及增殖效益等，均列全国之首。

目前增殖的主要品种有鱼类、虾蟹类、贝类、头足类、棘皮动物类和水母类，其中鱼类包括牙鲆、梭鱼、真鲷、黑鲪等；虾蟹类主要包括中国对虾、日本对虾、三疣梭子蟹、南美白对虾等；贝类主要包括虾夷扇贝、文蛤、菲律宾蛤仔、蛤蛏、青蛤、毛蚶等；头足类主要有金乌贼等；棘皮动物类主要包括海参、海胆等；水母类有海蜇。

中国对虾是山东省受益面最大的一个放流品种。据调查，至“八五”期间，山东省南部海域秋汛中国对虾资源可捕量年均只有65 t。至2006年，全省共放流体长25 mm以上中国对虾苗种131.6亿尾，秋汛累计回捕增殖中国对虾2.75×10^4 t，实现产值17.545亿元，直接投入与产出比达1∶15.7；日本对虾人工放流，为山东省渔业引入了一个新的捕捞品种，未增殖前，黄海中部以北海域未有自然日本对虾分布的报道。放流体长8 mm以上日本对虾苗种1 010尾，秋汛回捕日本对虾1 500 t，实现产值10×10^8多元，直接投入与产出比达1∶11；放流伞径5 mm以上海蜇苗种90×10^8头，秋汛回捕鲜海蜇7×10^4 t，实现产值60×10^8元，直接投入与产出比达1∶33，据研究，近几年在莱州湾捕捞的海蜇，2/3以上为增殖海蜇资源；放流三疣梭子：蟹二期蟹苗18×10^8只，秋汛回捕增殖蟹9 000 t，实现产值41×10^8元，直接投入与产出比 1∶28；移植金乌贼卵 60×10^8 个，回捕金乌贼 4.5×10^4 t，产值 40×10^8 元，直接投入与产出比 1∶107。目前，全省文蛤、菲律宾蛤仔、青蛤、大竹蛏、虾夷扇贝、毛蚶等贝类底播增殖面积已达 119×10^4 亩，年产量 52×10^4 t，年产值 290×10^8 元；海参、鲍鱼等海珍品底播增殖面积达 17×10^4 亩，年产量 3.5×10^4 t，年产值 320×10^8 元。海洋渔业资源人工增殖在山东已成为一个大产业。仅 2006 年，山东增殖各种海水苗种 150×10^8 尾（粒），其中放流苗种 80×10^8 尾。

通过资源增殖，山东省近海正在衰退的部分渔业资源明显得到了补充，特别是海蜇的增殖放流，不但恢复了原有的地方种群，通过生物群落结构的替代抑制有害水母的泛滥，取得了较好的生态效益；增殖资源的回捕，在一定程度上也减轻了对其他现存资源的捕捞强度，使其他渔业资源得以恢复，对修复渔业生态系统具有特别重要的意义。

自开展渔业资源增殖以来，回捕增殖资源已成为山东省约 4×10^4 艘渔船、20×10^4 渔民的主要生产途径之一。同时，带动了水产种苗、产品加工和外贸等相关行业的发展，对渔民转产转业，减轻捕捞强度，创造新的就业机会，促进沿海经济繁荣，增加渔民收入发挥了重要作用，得到了广大渔民的普遍欢迎和大力支持。

10.4.7.3 建设海洋与渔业保护区

多年来，在省委、省政府的领导下，我省各级政府和海洋与渔业行政主管部门十分重视海洋与渔业保护区的建设和管理工作，并取得了一定成效。截至 2006 年，山东省共建立海洋类自然保护区 15 处，其中国家级 3 处，省级 7 处，市级 5 处，保护区总面积达到 662 306.2 hm^2。海洋特别保护区 2 处，面积为 42 552.28 hm^2。水产种质资源保护区 20 处，总面积为 123 951.9 hm^2。各类涉海的水生、野生动植物保护区 11 处，其中国家级 4 处，省级 4 处，县市级 3 处，总保护面积为 459 175 hm^2。这些保护区的建设，为山东省内具有特殊地理条件、生态系统、生物与非生物资源及海洋开发利用特殊需要的区域提供了有效的保护与修复措施，协调了海洋环境资源与社会经济发展之间的关系，从而有效地保护了海洋生态环境，为海洋资源的可持续利用创造了条件。

10.5 小结

山东近海渔业资源种类繁多，资源量丰富，山东近海的渔业资源根据其分布区域和分布特点可划分为长距离洄游资源、短距离洄游资源和地方性资源 3 种类型。山东省主要的渔业资源有鱼类及无脊椎动物资源，甲壳类及头足类资源，贝、藻类资源。

山东近海多数渔业资源种类的产卵场位于近海浅水区，产卵时间主要为春、夏季。山东近海周年都有鱼类产卵，但不同种类产卵季节不同，同一种类即便是多个季节都能产卵，但其产卵盛期只集中在一个阶段。整个山东近海海域每年都有渔业资源索饵育肥，不同时期、不同区域索饵育肥的种类、密度存在着明显的时空分布上的差异。

山东省渔业生物资源结构、类别组成、栖息水层比例、区系组成、生物群落多样性、密度、群体组成均呈现出动态变化特征，其主要原因为：过度的海洋捕捞、中外渔业的协定、高密度的海水养殖、海洋工程及其他海洋产业发展的填海造地对渔业水域的侵占、超负荷利用近海环境服务功能等。

11 矿产资源

山东省海洋资源种类多，储量大，根据国家海洋信息中心选择滩涂、浅海、港址、盐田、旅游和砂矿6种资源对全国沿海各省市进行丰度指数评价，山东省位居全国第一，具有显著的综合优势。山东沿岸矿产种类多，海洋矿产资源丰富，储量丰富。在101种矿产中已探明储量的有54种，居全国前三位的9种；稀有分散元素6种，放射性元素2种（铀、钍）；化工非金属矿产3种，建材和其他非金属矿产资源23种。已经探明储量的矿产40种，有能源矿产如石油、天然气、煤、油页岩、泥炭、地下热水；金属矿产如钼、铜、铅、锌、铁、镁；贵重金属矿产如金；滨海砂矿如玻璃石英砂、锆英石；磁铁矿砂、建筑砂、型砂；非金属矿产如滑石、石墨、石棉、工艺饰材、石材等。在海洋能源方面，石油、天然气储量丰富，胜利油田位于黄河三角洲和潍北地区。截至目前共发现油气田65个，探明储量238.3×10^8 t，年开采量267.6×10^4 t；龙口煤田是我国第一座滨海煤田，探明储量118×10^8 t，滨海煤矿4处，年产量322.9×10^4 t；适宜晒盐海域2 740 km^2，占全国的1/3；地下卤水分布于莱州湾和黄河三角洲沿岸，地下卤水资源丰富，总静储量约740×10^8 m^3，含盐量高达64.6×10^8 t，共有盐场13处，年均产盐265×10^4 t。地下热水分布于胶东半岛温泉出露区和黄泛平原，胶东半岛共有温泉14处，水温50~88℃。黄泛平原区广泛分布有第三系热水，现有地热井水温最高可达98℃，井流量48~2 722 m^3/d。丰富的海洋资源为海洋产业的发展奠定了雄厚的物质基础。其中优势矿产资源有：石油、天然气、黄金、滨海砂矿和煤，特别是石油、天然气、黄金，在全国也占有重要地位。

11.1 海砂资源

基于历史调查资料和国家“908专项”的近海砂矿调查成果，对山东省近海砂矿（包括滨海砂矿和浅海砂矿；谭启新等，1988；方长青等，2002）资源的类型、分布和质量等特征进行综合分析；进一步划分或圈定出滨海砂矿、浅海建筑砂砾、浅海有用重矿物的异常区或高值区，并对这些异常区或高值区的分布面积和资源量进行估算，结合控矿要素对成矿远景区进行预测。

山东省近海砂矿资源调查始于20世纪50年代中期至60年代的黄海滨海砂矿的普查勘探工作，由辽宁、山东、江苏等省的地质、冶金、建材部门完成。70年代，地矿部、海洋局对黄海进行了大规模底质、地形、矿产普查。1985年海洋地质研究所提交了“山东半岛滨海砂矿成矿条件和成矿远景研究报告及成矿条件图图集”。2000年山东地矿局提交了“山东半岛滨海砂矿普查报告”。2004年，山东省第一地质勘查院完成了“山东省浅海砂矿调查与采矿环境影响预评价中间报告”。2005—2010年，国家海洋局第一海洋研究所、国家海洋局北海分局以及中科院海洋研究所执行国家“908专项”，对山东省海岸带和浅海海域底质沉积物特征进行调查（包括粒度和碎屑矿物），这是山东省迄今为止最全面、最翔实的一次近海砂矿资源调查，也是本文开展近海砂矿资源分布特征研究的基础。

长期以来，在近海砂矿的勘察和研究中多采用以下分类原则：① 根据砂矿的工业类型—矿物类型分类，此原则较为通用，各家分类也大同小异，通常分为贱金属矿物、宝石和碾磨型矿物、稀有和贵金属矿物等（马婉仙，1990；韩昌甫等，2001；刘季花等，2001）；② 根据成因—地貌形态—工业矿种分类，按地质营力分为冲积、海积、风积、残积和混合积5大类（谭启新等，1988）；③ 根据时代—工业矿种分类，分为现代（晚全新世至今）和古代（晚全新世以前）近海砂矿（谭启新等，1988）；④ 根据成矿环境、矿种、时代、成矿作用、微地貌形态等综合因素分类（方长青等，2002；石玉臣等；2004）。通常，当近海砂矿调查与研究程度较低时采用第一种分类，当获得砂矿较详细资料后可采用第二、三、四种分类。为了便于对山东省近海砂矿进行描述，本文推荐采用如下分类（表11.1）：

表11.1　山东近海砂矿分类

%

大类	工业矿物亚类	矿　种
滨海砂矿	贱金属	磁铁矿、赤铁矿、褐铁矿、钛铁矿，金红石
	稀有和贵金属	磷钇矿、独居石，砂金、砂铂
	宝石和碾磨料	石榴石、锆石、电气石、十字石、榍石、蓝晶石
	石英砂	玻砂、型砂
	建筑砂砾	建筑用砂、长英质砂砾、贝壳砂砾、球石
浅海砂矿	贱金属	磁铁矿、赤铁矿、褐铁矿、钛铁矿、金红石+异常区
	稀有和贵金属	磷钇矿、独居石，金、铂金+异常区
	宝石	石榴石、锆石、电气石、十字石、榍石、蓝晶石+异常区
	石英砂	玻璃砂（玻砂）、型砂
	建筑砂砾	建筑用砂，长英质砂砾，贝壳砂砾

11.1.1　滨海砂矿分布特征

滨海砂矿：是指在海水的波浪和岸流作用下，堆积于海岸带的有工业价值的轻重矿物或岩石碎屑或生物碎屑的堆集体。海岸带包括古海岸带和现代海岸带。根据“海岸带综合地质勘查规范”，海岸带是指自高潮线向陆延伸不少于10 km，向海延伸至15 m水深的狭长地带（GB 10202288，海岸带综合地质勘查规范）。

山东省滨海砂矿的范围包括辖区内的滩涂和近岸海域，北起鲁冀交界的漳卫新河、南至鲁苏交界的绣针河口，地跨滨州市、东营市、潍坊市、烟台市、威海市、青岛市和日照市7个地级市。本文主要基于2004年山东省第一矿产勘查院完成的山东省滨海砂矿调查资料以及“山东908专项”对典型滨海砂矿补充调查资料编写而成。

11.1.1.1　*滨海砂矿类型*

截至目前，山东省滨海砂矿工业价值种类包括：贱金属、稀有和贵金属、宝石、石英砂、建筑砂砾工业矿物亚类。贱金属工业矿物亚类中主要发育的矿种是磁铁矿（如金家沟、山南头、钓鱼嘴、崔戈庄磁铁矿矿点或矿化点）。稀有和贵金属工业矿物亚类中主要发育的矿种是砂金（如三山岛、诸流河沙金矿），宝石工业矿物亚类中主要发育的矿种是锆石（桃园、褚岛、十里夏家、谭树林锆石矿）、锆石和磁铁矿复合矿种（山东头、鳌山卫、沙子口、烟台前锆石磁铁矿复合矿）。石英砂工业矿物亚类主要发育的矿种是玻砂（旭口、仙人桥、双岛、屺岛玻砂）和型砂（如金上寨、信阳、薛家岛型砂）。建筑砂砾工业矿物亚类主要发育的矿种是建筑用砂（石臼、岚山、裴家岛、爱莲湾、靖海建筑砂）、贝壳砂砾（东营贝壳堤）和球石（如长岛、月牙湾、砣矶岛和大黑山岛球石矿）。

11.1.1.2 滨海砂矿分布特征

本文根据已有资料共统计出107个滨海砂矿矿床、矿点、矿化点（表11.2）。其中：砂金矿分布点2个，磁铁矿分布点16个，锆石矿分布点48个，锆石和磁铁矿复合矿分布点8个，玻砂分布点5个，型砂分布点4个，建筑用砂分布点17个，贝壳矿分布点3个，球石矿分布点4个。可以看出，锆石、磁铁矿和建筑用砂形成的矿床或矿点最多，是山东省滨海砂矿主要类型。锆石、建筑用砂、贝壳矿、球石矿的规模较大，而砂金矿、磁铁矿规模较小。

表11.2 山东滨海砂矿统计

序号	矿产地	矿种	规模	序号	矿产地	矿种	规模
1	三山岛	砂金	小型	55	马山前	锆石	矿化点
2	诸流河	砂金	小型	56	仰口	锆石	矿化点
3	金家沟	磁铁矿	小型	57	崂山湾	锆石	矿化点
4	山南头	磁铁矿	矿化点	58	八水河	锆石	矿化点
5	钓鱼嘴	磁铁矿	矿点	59	麦窑	锆石	矿化点
6	崔戈庄	磁铁矿	矿点	60	红石崖	锆石	矿点
7	浦里东	磁铁矿	矿化点	61	大石头	锆石	矿化点
8	港东	磁铁矿	矿化点	62	东盐滩	锆石	矿点
9	泉岭	磁铁矿	矿化点	63	南营	锆石	矿化点
10	返岭前	磁铁矿	矿化点	64	刘家岛	锆石	矿化点
11	流清河	磁铁矿	矿化点	65	鱼鸣嘴	锆石	矿化点
12	姜戈庄	磁铁矿	矿化点	66	海村	锆石	矿点
13	大麦岛	磁铁矿	矿化点	67	山东头	锆石、磁铁矿	矿化点
14	燕儿岛	磁铁矿	矿化点	68	鳌山卫	锆石、磁铁矿	矿化点
15	南岭	磁铁矿	矿化点	69	王哥庄	锆石、磁铁矿	矿化点
16	于家河	磁铁矿	矿化点	70	沙子口	锆石、磁铁矿	矿化点
17	石板河	磁铁矿	矿化点	71	东山头	锆石、磁铁矿	矿化点
18	涛雒	磁铁矿	矿化点	72	烟台前	锆石、磁铁矿	矿化点
19	潮里—风城	锆石	小型	73	石岭	锆石、磁铁矿	矿化点
20	白沙滩	锆石	中型	74	薛家岛	锆石、磁铁矿	矿化点
21	王家湾	锆石	小型	75	屺岛	玻璃砂	中型
22	碌对岛	锆石	小型	76	云溪	玻璃砂	中型
23	沙子口	锆石	小型	77	双岛	玻璃砂	中型
24	桃园	锆石	大型	78	旭口	玻璃砂	大型
25	褚岛	锆石	大型	79	仙人桥	玻璃砂	中型

续表 11.2

序号	矿产地	矿种	规模	序号	矿产地	矿种	规模
26	小店	锆石	大型	80	金上寨	型砂	大型
27	港头	锆石	大型	81	信阳	型砂	小型
28	崮山	锆石	大型	82	薛家岛	型砂	小型
29	十里夏家	锆石	大型	83	大洼林场	型砂	小型
30	谭树林	锆石	大型	84	石臼	建筑用砂	大型
31	柏果树	锆石	小型	85	岚山	建筑用砂	大型
32	烟台前	锆石	小型	86	裴家岛	建筑用砂	大型
33	环海林场	锆石	小型	87	爱莲湾	建筑用砂	中型
34	王家	锆石	小型	88	远牛	建筑用砂	中型
35	女姑	锆石	小型	89	南窑	建筑用砂	小型
36	礼村	锆石	矿化点	90	东台	建筑用砂	小型
37	龙须岛	锆石	矿化点	91	靖海	建筑用砂	中型
38	大崮	锆石	矿化点	92	田横岛	建筑用砂	小型
39	旧荣成	锆石	矿化点	93	崔戈庄	建筑用砂	中型
40	马山寨	锆石	矿化点	94	庄家疃	建筑用砂	小型
41	倭岛	锆石	矿点	95	董家湾	建筑用砂	中型
42	石桥	锆石	矿点	96	潮里—凤城	建筑用砂	大型
43	斜口岛	锆石	矿点	97	白沙滩	建筑用砂	大型
44	镆铘岛	锆石	矿化点	98	王家湾	建筑用砂	大型
45	朱家圈	锆石	矿化点	99	碌对岛	建筑用砂	大型
46	东南沟	锆石	矿化点	100	沙子口	建筑用砂	中型
47	小滩	锆石	矿化点	101	白沙滩	贝壳	中型
48	大阎家	锆石	矿化点	102	东营	贝壳	大型
49	庄上	锆石	矿化点	103	文登南于家	贝壳	大型
50	邵家	锆石	矿化点	104	长岛	球石	大型
51	王山	锆石	矿化点	105	月牙湾海滩	球石	大型
52	新安	锆石	矿化点	106	砣矶岛海滩	球石	大型
53	钓鱼台	锆石	矿化点	107	大黑山岛	球石	大型
54	丁格庄	锆石	矿点				

各类矿产的空间分布表现出较强的区域控制特征（图 11.1 至图 11.8）。其中，砂金矿分布仅局限于莱州—招远；磁铁矿矿区、锆石和磁铁矿复合矿主要分布于青岛—胶南一带；锆石矿主要分布于威海—荣成—乳山—海阳—青岛—胶南一带；玻璃砂主要分布于龙口—牟平—威海—荣成一带，型砂主要出现于胶南—日照，贝壳矿主要产处于东营和荣成，球石矿见于长岛。

11.1.1.3 滨海砂矿成矿特征

本文将基于已有调查资料、发表文献对山东省滨海砂矿各种类型成矿特征进行描述，同时依据补充调查和分析资料对典型成矿区的现状进行阐述。

1）砂金矿

砂金矿分布于胶东地区招远—莱州、蓬莱—栖霞、牟平—乳山主要金矿富集区的北部，见图11.1。区内以胶北隆起为分水岭，水系一般小于40 km，为中短河流。它们切割含金地质体，为滨海砂金矿成矿提供了物源。在近岸地带已发现中小型滨海砂金矿床，在滨岸和浅水区发现砂金异常和高含量点多处。典型矿床为招远诸流河砂金矿、莱州三山岛砂金矿以及牟平辛安河下游砂金矿。

招远诸流河砂金矿见于诸流河下游，矿体呈透镜状，长1 600 m，宽9～30 m，平均厚度1.7～1.8 m，平均品位0.36～0.64 g/m^3，砂金颗粒一般为0.1～1 mm，金颗粒呈片状、粒状、板状和不规则状，近河口区金颗粒由粗变细，在垂向剖面上一般为上细下粗。该砂金矿成矿类型为冲积型（谭启新等，1988）。

莱州三山岛砂金矿矿体长20～80 m，呈透镜状不连续分布，无固定层位，品位0.27～5.592 g/m^3，主要含矿岩性为砂砾层、含砂砾质黏土合基岩风化壳，此砂金类型属于残坡积型成因（谭启新等，1988）。此外，在莱州三山岛滨岸沙堤和水下沙堤已发现的砂金矿点品位一般为0.029～1.71 g/m^3，海水深度为5～15 m，龙口界河水下三角洲也发现品位0.025 g/m^3的矿化点，为冲积型，已圈出3个矿体，主要矿体为Ⅰ号矿体，埋深2.5～11.5 m，长749 m，宽277 m，平均厚度11.59 m，品位为0.05～1 g/m^3，平均0.2 g/m^3，砂金粒度0.07～0.15 mm。矿体形态整体属不规则状，砂金多呈粒状、板状，其次为片状等（石玉臣等，2004）。

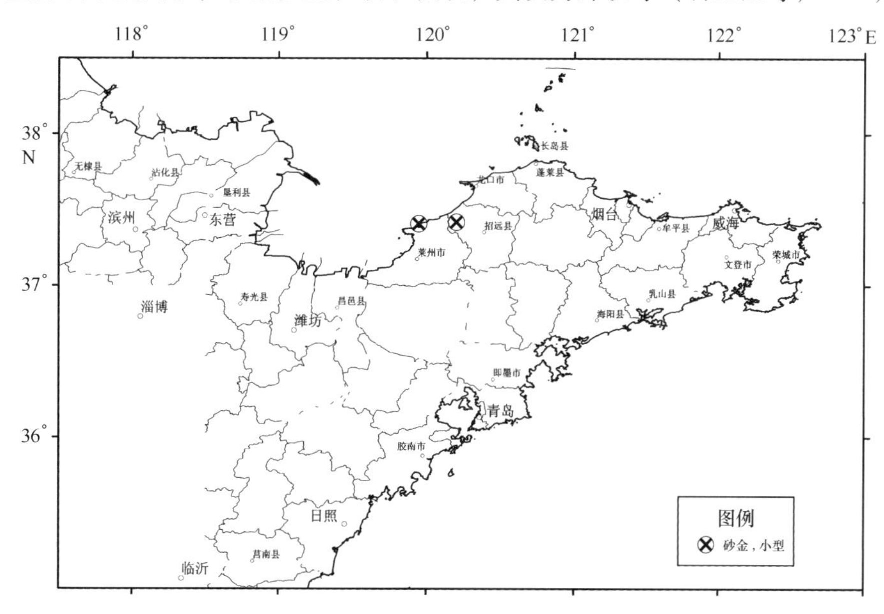

图11.1　山东省滨海砂金矿分布

2）磁铁矿、锆石和磁铁矿复合矿

磁铁矿、锆石和磁铁矿复合矿主要分布于荣成—青岛—胶南—日照一带的滨海，以矿点和矿化点为主，见图11.2。磁铁矿矿点主要分布于山东荣成石岛，乳山白沙滩，海阳凤城、黄家，即墨钓鱼嘴、崔格庄，青岛沙子口、山东头等。磁铁矿也常以伴生矿产出现，如在山东省滨海砂矿中主要作为锆石矿的伴生矿出现。这些矿种都属于海积型成因，矿体较小，品位较低。就日照金家沟小型磁铁矿而言，矿区位于石臼、灯塔、金家沟的滨海地带，共圈定出3个矿体。灯塔矿体长210 m，宽20 m，厚0.38 m，品位11.4%。山后矿体长2 000 m，宽50 m，厚0.97 m，品位5.09%。金家沟矿体长2 000 m，宽15 m，厚0.35 m，品位7.61%。铁矿层和石英砂层相间，单层厚1~5 mm，伴生锆石、钛铁矿和金红石。各个磁铁矿矿床、矿点和矿化点的成矿特征详见表11.3。

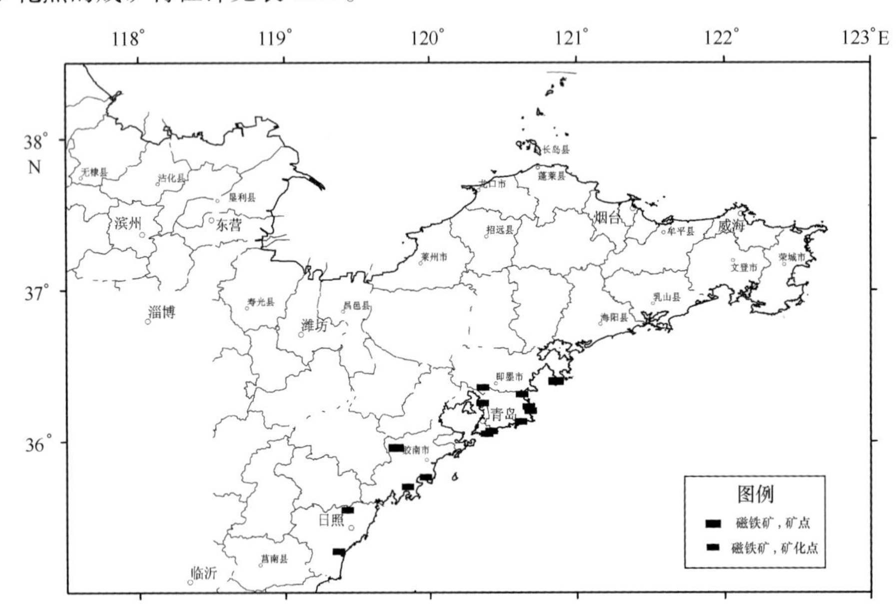

图11.2　山东省滨海磁铁矿分布

表11.3　山东省滨海磁铁矿成矿特征表

序号	位置	矿体长/m	矿体宽/m	矿体厚/m	品位/(%)	规模	成因
1	金家沟	210~2 000	15~50	0.35~0.95	5~11.4	小型	海积
2	山南头	250	30		5	矿化点	海积
3	钓鱼嘴	800	100		8.10	矿点	海积
4	崔戈庄	1 360	130		8.20	矿点	海积
5	浦里东	360	20	0.1	6	矿化点	海积
6	港东	130	20	0.3	8	矿化点	海积
7	泉岭	120	20	0.3	7	矿化点	冲、海积
8	返岭前	100	20	0.6	4	矿化点	冲、海积
9	流清河	2 000	20	0.2	6	矿化点	冲、海积
10	姜戈庄	500	50	0.05	3.70	矿化点	冲、海积
11	大麦岛	100	20	0.2	4	矿化点	冲、海积
12	燕儿岛	200	50	0.15~0.5	1~8	矿化点	冲积
13	南岭	200	70	0.3	2.50	矿化点	冲、海积
14	于家河	625	15	0.25	3.50	矿化点	冲、海积
15	石板河	300	18	0.5	7.50	矿化点	冲、海积

数据来源：山东省第一矿产勘查院，2004年。

本次“908专项”调查发现，日照金家沟磁铁矿矿床已经停止开采，在原有矿址上修建了海水养殖场、公路等。其他矿点或矿化点处于自然状态或旅游景点，没有受到严重破坏。此外，石老人浴场和黄岛金沙滩的磁铁矿颗粒百分含量分别达到了63.3%和44.7%。但是根据铁矿物品位值，青岛沿海没有显示出成矿的迹象。

3）锆石矿

锆石矿在山东省滨海各类矿种中成矿性最好（表11.4），主要分布于威海、荣成、乳山、海洋、即墨、青岛、胶南等滨海地带（图11.3）。锆石矿床、矿点和矿化点共有47个，其中大型矿床7个，中型矿床1个，小型矿床8个，矿点7个，矿化点24个。典型的大型锆石矿有桃园、楮岛、小店、港头、崮山、十里夏家等。此外，锆石矿还常与建筑砂共生成为锆石复合矿，如海阳潮里—凤城、荣成王家湾、荣成碌对岛、乳山白沙滩、青岛沙子口等处形成大中型建筑砂和中小型锆石矿复合矿。

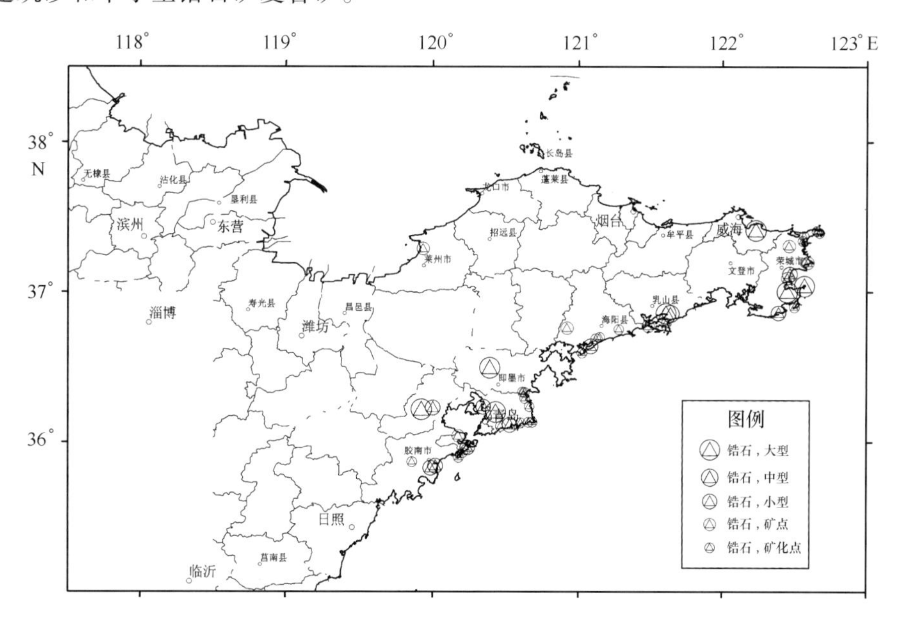

图11.3 山东省滨海锆石矿分布

山东省滨海锆石矿分布面积广，基本上沿滨岸分布。其中，分布面积大的位于潮里、白沙滩、碌对岛和白果树，面积都超过100×10^4 m^2；但是矿体厚度较小，以0.5~2.0 m为多；品位也属白沙滩和白果树最高，大于3 000 g/m^3；矿石储量以白沙滩、王家湾、白果树、潮里和碌对岛为多，多大于2 000 t。7个矿区矿石量接近40 000 t（表11.4）。

表11.4 山东省滨海锆石矿矿产质量统计

矿区	块段编号	块段面积/m^2	矿体平均厚度/m	块段体积/m^3	平均品位/(g/m^3)	矿物量/t
王家女姑	Ⅰ	588 550	0.5	294 275	1 031	303.4
	Ⅱ	112 574	0.5	56 287	1 263	71.1
沙子口	Ⅰ	189 094	0.5	94 547	1 926	182.1
	Ⅱ	223 294	0.5	111 647	1 791	200.0

续表 11.4

矿区	块段编号	块段面积/m^2	矿体平均厚度/m	块段体积/m^3	平均品位/(g/m^3)	矿物量/t
潮里	Ⅰ	1 197 463	1.00	1 197 463	1 726.5	2 067.5
白沙滩	Ⅰ	1 087 491	1.90	2 066 233	5 633.4	11 639.9
王家湾	Ⅰ	2 109 754	1.43	3 016 948	1 455.4	4 390.9
	Ⅱ	913 138	1.60	1 461 021	1 592.0	2 325.9
	Ⅲ	390 346	1.00	390 346	2 093.8	817.3
碌对岛	Ⅰ	1 825 178	1.23	2 244 969	1 185.2	2 660.7
白果树	Ⅰ	421 404	3.57	1 504 412	3 253.1	4 894.0
	Ⅱ	134 888	2.50	337 220	3 693	1 245.4
	Ⅱ	1 214 638	1.00	1 214 638	3 368	4 090.5
	Ⅲ	761 115	1.40	1 065 561	2 868	3 056
	Ⅲ	370 940	1.10	408 034	2 567	1 047.4
合计				15 674 303	2 363.1	39 677.1

4）玻砂

山东省滨海玻砂主要分布于山东半岛北部，共有5个矿床（图11.4），包括1个大型玻砂矿（荣成旭口玻砂）和4个中型玻砂矿（龙口屺岛、牟平云溪、威海双岛和荣成仙人桥），其矿产质量评估结果详见表11.5。可以看出，玻璃砂中 SiO_2 的百分含量最高，其次是 Al_2O_3 和 Fe_2O_3；其中，又以旭口玻砂矿石质量最好。

旭口玻砂矿区面积为10 km^2，区内大部分为第四系覆盖，仅南部丘陵地带和孤山青顶子出露青山群安山岩。矿层沿海岸呈东西向分布于旭口及周家一带，长10 000 m，宽1 000～3 000 m；其中，旭口村北长3 200 m，宽1 400～1 600 m范围内矿层质量较好。各矿层均以石英砂为主，含少量长石砂，二者总和大于90%，此外含少量角闪石、榍石。石英颗粒大部分呈浑圆或次圆状，大小比较均匀，粒径0.5～1 mm，占89%～91%；SiO_2 含量为92%～94%，Al_2O_3 为3%～5%，Fe_2O_3 为0.25%～1%。矿层稳定，成分简单，颗粒较均匀，储量大；可作为玻璃石英砂原料开采基地。

表11.5　山东省滨海玻璃砂矿产质量统计

序号	产地	长/m	宽/m	厚/m	SiO_2/(%)	Al_2O_3/(%)	Fe_2O_3/(%)	TiO_2/(%)
1	屺　岛	1 000	200	0.65～2.0	<88	>6	>0.4	>0.06
2	云　溪			10.0～17.0	<88	>6	>0.4	>0.06
3	双　岛			0.9～14.48	<88	>5.5	>0.4	>0.05
4	旭　口	3 200		3.5～5.0	92～94	3.0～5.0	0.1～0.25	
5	仙人桥	13～14	12	0.5～3.38	88～92	4.0～6.0	0.3～0.7	

5）型砂

山东省近海共有4个型砂产区——金上寨、薛家岛、大洼林场、信阳（图11.5），其矿产质量评估结果详见表11.6。可以看出，型砂中 SiO_2 的百分含量最高，其次是 Al_2O_3 和 Fe_2O_3；

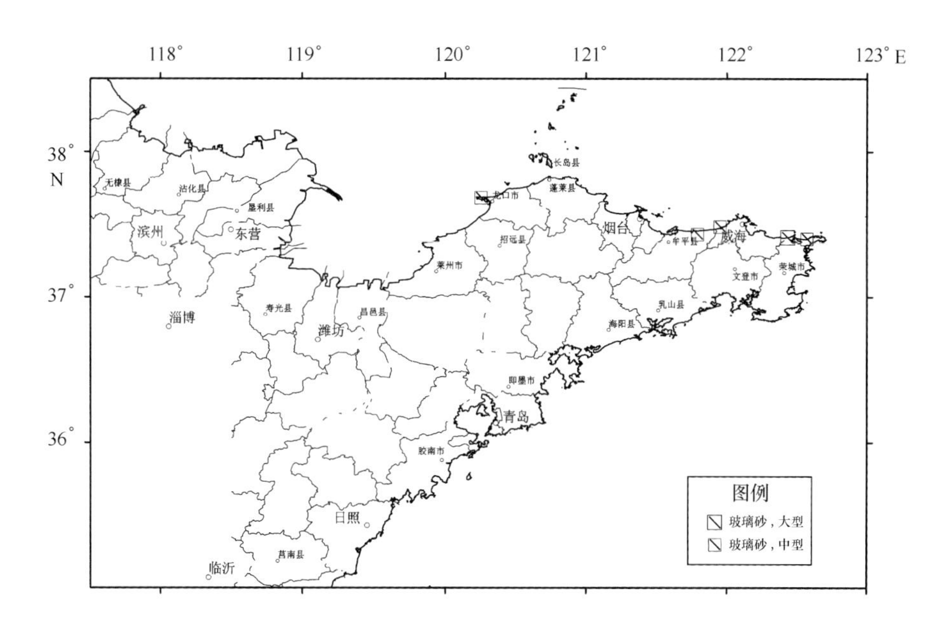

图 11.4 山东省滨海玻璃砂矿分布

其中，又以金上寨型砂矿石质量最好。

目前，烟台牟平金山港—双岛型砂是比较典型的型砂产区，位于威海市牟平区北部海岸带，面积108 km^2。矿区出露的基岩为荣城超单元和徐疃单元片麻状含斑中粒二长花岗岩，在矿区南部呈岩株状零星分布。该矿床由三层矿组成，上层为风成砂矿，以金山港东侧沙嘴周围分布面积最大，由3个呈北东和进西向风成沙丘组成。矿体底板波状起伏，或为基岩，或为山前组砂砾质黏土。各矿层石英砾径0.5 mm，占85%以上。矿石为黄色中细粒长石石英砂，主要矿物成分为石英（60% ~74%），长石（26% ~40%）；重矿物含量极少。

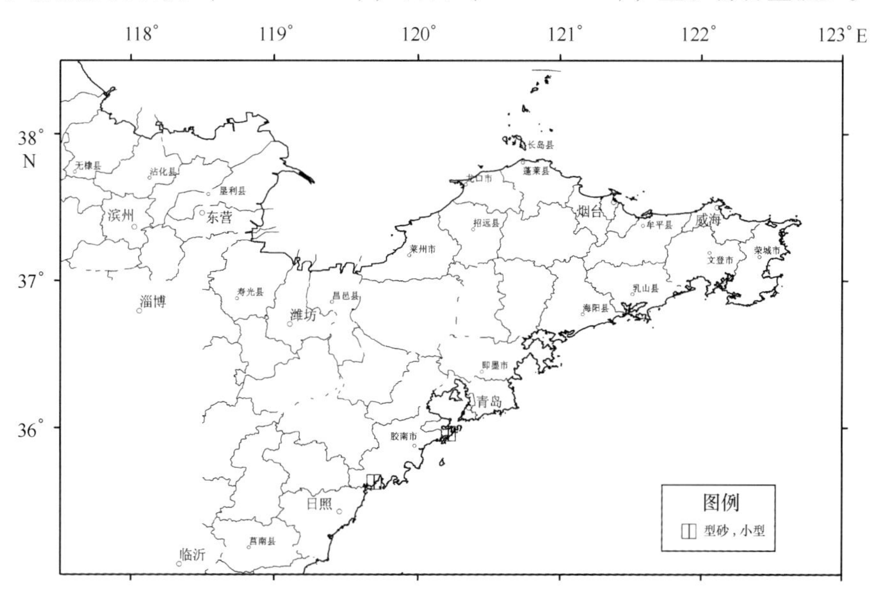

图 11.5 山东省滨海型砂矿分布

表 11.6　山东省滨海型砂矿产质量统计

序号	产地	长/m	宽/m	厚/m	SiO_2/（%）	Al_2O_3/（%）	Fe_2O_3/（%）
1	金上寨	18 000	1 000～300	5.0～10.0	88.38～86.06		
2	信　阳	4 000	300	0.5	77.72	12.3	1.3
3	薛家岛	1 800	120	0.40～1.00	75.98	11.8	1.75
4	大洼林场	7 000	120	0.3～1.0			

6）建筑砂

山东省滨海建筑砂基本上沿海岸广布，其粒度组成以中细砂为主，多为长石质石英砂或石英质长石砂。建筑砂体重为1.6～1.7 kg/m^3，松散系数为1.29～1.30。总体而言，山东省建筑砂质量较好，且资源极为丰富（表11.2），共有17个建筑砂矿床（图11.6）；其中，大型矿床7个，中型矿床6个，小型矿床4个。该类砂矿主要分布于荣成南部至日照的潮间带。其中，又以裴家岛、远牛、潮里—凤成、白沙滩、碌对岛和石臼—岚山矿区的储量最为丰富（表11.7）。

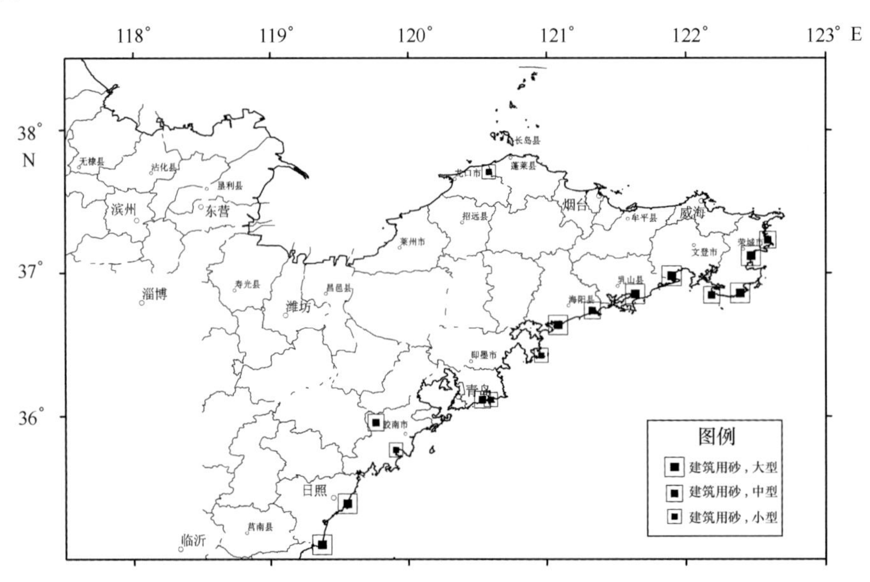

图 11.6　山东省滨海建筑用砂矿分布

表 11.7　山东省滨海建筑用砂矿产质量统计

序号	矿区	平均体重/（kg/m^3）	平均厚度/m	矿体体积/m^3	储量/（×10^6 t）
1	石臼—岚山	1 610	4.1	34 970 201	56.3
2	沙子口	1 693.7	8	6 807 232	11.55
3	南　窑	1 693.7	3.78	4 011 828	6.79
4	东　台	1 693.7	2.25	3 087 727	5.23
5	崔戈庄	1 744.7	4.4	6 369 831	11.11
6	田横岛	1 693.7	3.40	4 039 905	6.84

续表 11.7

序号	矿区	平均体重/（kg/m^3）	平均厚度/m	矿体体积/m^3	储量/$\times 10^6$ t
7	潮里—凤成	1 598.1	5.89	78 739 988	125.83
8	远　牛	1 608.8	5.3	27 886 613	344.86
9	白沙滩	1 774.7	6.9	52 045 154	92.36
10	裴家岛	16 243	9.08	1 073 744 378	174.41
11	靖　海	1 693.7	8.5	5 856 764	9.92
12	王家湾	1 693.7	5.2	14 087 112	23.86
13	碌对岛	16 142	8.01	31 206 824	50.37
14	爱莲湾	1 693.7	5.46	12 273 462	20.79
合计				1 355 127 019	940.22

下面就日照石臼—岚山、荣成爱莲湾和文登市裴家岛等大型建筑砂矿进行描述：

（1）日照石臼—岚山大型建筑砂矿

主要分布在石臼至岚山沿海及浅海一带，矿区面积约200 km^2。矿区基岩出露较少，仅在蔡家滩等地有少量花岗岩出露，其余均为第四系覆盖区。砂矿主要由石英、长石及少量岩屑、黏土、重矿物、云母、贝壳等组成，砂矿中石英含量占40%～49%，长石含量占50%～51%，黏土含量一般在0.6%～5%，角闪石含量占1%～3%。矿体含泥量占0.6%～5%，砂粒度在0.16～5 mm之间的占88%～98%，细度模数1.6～3.6，属含细粒中粒—粗粒级砂，符合建筑用砂质量标准，其标准偏差 $\sigma = 0.80 \sim 1.60$，说明砂矿分选性中等—差。

（2）荣成爱莲湾建筑砂矿

爱莲湾建筑砂矿区位于荣成市寻山镇至俚岛的海岸带，矿区面积约80 km^2。属侵蚀—堆积型基岩岸。矿区内第四系广泛分布，山前组分布在山间洼地、丘陵周围，以砂砾土混合堆积的残积物为特征。矿砂均为旭口组海积砂，以松散的中细粒长石石英砂和含细砾的中粗砂为主。主要矿物成分有长石、石英，含少量岩屑、黏土、云母、锆石、铁铝榴石、金红石、榍石等。砂碎屑多呈次圆状—次棱角状，分选中等或差。砂级矿物主要为晶屑，粒度范围0.15～4 mm，含泥量0.5%～1.53%，锆石品位高达955.71 g/m^3，且计算得该区建筑用砂储量约 2×10^7 t，为一小型砂矿床。

（3）文登市裴家岛建筑用砂矿

该矿区位于文登市裴家岛以南现代海滩上，矿区面积88 km^2。矿区大部分被第四系覆盖，地势平缓，属海岸堆积小平原地貌。矿床主要由旭口组海积砂组成，长19 000 m，宽300～1 500 m不等，砂层厚度10～17 m。矿砂主要由长石、石英组成，二者含量之和大于98%；其次为少量岩屑、黏土、重矿物、云母、贝壳等碎屑颗粒。矿砂重矿物主要有磁铁矿、赤铁矿、铁铝榴石、磷灰石、绿帘石、锐铁矿、黄铁矿、锆石、金红石、榍石等，但含量均较低。矿砂一般磨圆较好，分选中等或差。矿砂粒度在0.15～4 mm，平均细度模数2.29，属中细砂；含泥量均小于3.29%，平均含泥量2.06%；矿石体重为1 579 kg/m^3，SiO_2 含量20.59%～85.51%（均值为79.90%）。沉积韵律以上细下粗为特点，具明显层序层理，矿砂成因类型以海积为主，底部、边缘及河口处分布冲积及冲坡积。

7）贝壳矿

山东省滨海贝壳矿主要有5个：乳山白沙滩建筑砂、锆石和贝壳复合矿、文登南于家古贝壳堤、东营贝壳矿、滨州无棣和沾化等地贝壳堤。山东省贝壳矿主要分布于黄河三角洲地区，以东营和滨州两地分布最广、规模最大。目前，在滨州无棣、沾化两地已查明3条具有经济价值的贝壳堤。无棣县旺子、高挖子、姬家铺、大口河东沙嘴和西沙嘴5个贝壳富集区储量达2.0×10^7 t以上。近年在黄河口一带发现几条埋藏浅、富含淡水的古贝壳堤为成分较纯的碳酸钙，可作白水泥、贝壳瓷、饲料的原料。东营市城区、河口、垦利、广饶四区县贝壳矿层埋藏于第四纪全新世松散沉积物中，呈层状产出，平面形态为条带形、半月形、椭圆形。贝壳矿体沿古海岸线分布，形成两条贝壳堤。该区尚无大规模的贝壳开采活动。

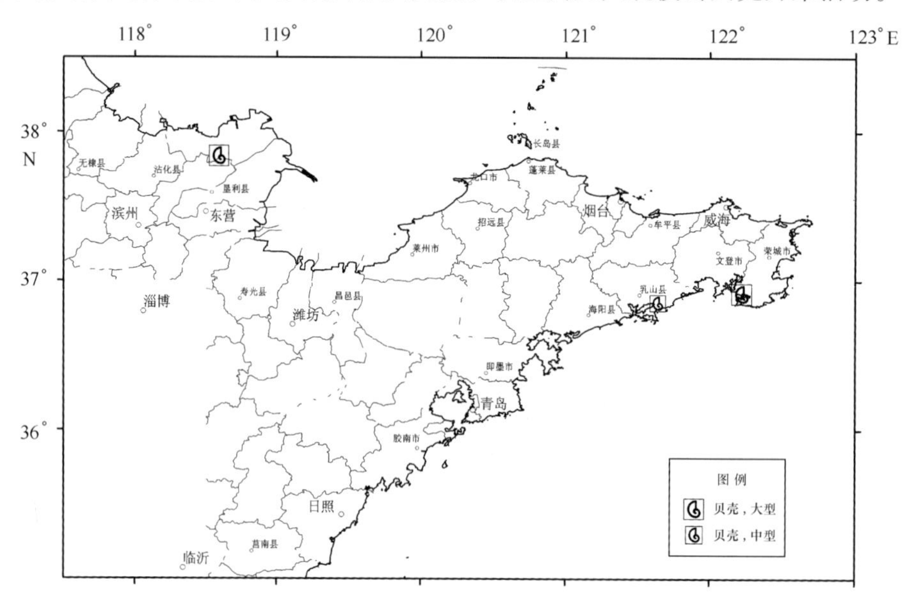

图11.7 山东省滨海贝壳矿分布

8）球石矿

山东省滨海球石矿主要分布于庙岛群岛，在砣矶岛，南、北长山岛、庙岛、大小黑山岛、大小钦岛和南北隍城岛等地都有分布（图11.8）。球石主要堆积在港湾处及缓海岸潮间带，矿体长350～1 000 m，宽一般为20～30 m，厚1～3 m，产状近水平（方长青等，2002）。长山岛海滩上布满了大大小小的砾石，磨圆度不一，有些磨圆好，有的棱角分明。在南北长山岛相连接的北城港海滩上分布大量球石，但海滩上磨圆度好的球石已被采取，海边的道路上堆积了大量已分选和等待分选的球石。此外，大钦岛、小钦岛、北隍城岛、南隍城岛等均有球石分布，且球石磨圆度好，色彩缤纷，局部分布有观赏石。

11.1.2 浅海砂矿成矿特征

浅海砂矿：也称陆架砂矿，为堆积于浅海海域或大陆架区域的有工业价值的轻重矿物或岩石碎屑或生物碎屑的堆集体（参考谭启新等，1988；方长青等，2002；石玉臣等，2004；莫杰，1990）。在海洋学中，浅海的定义为海岸线至200 m水深以内的浅海域（地球科学大词典，基础学科卷）。

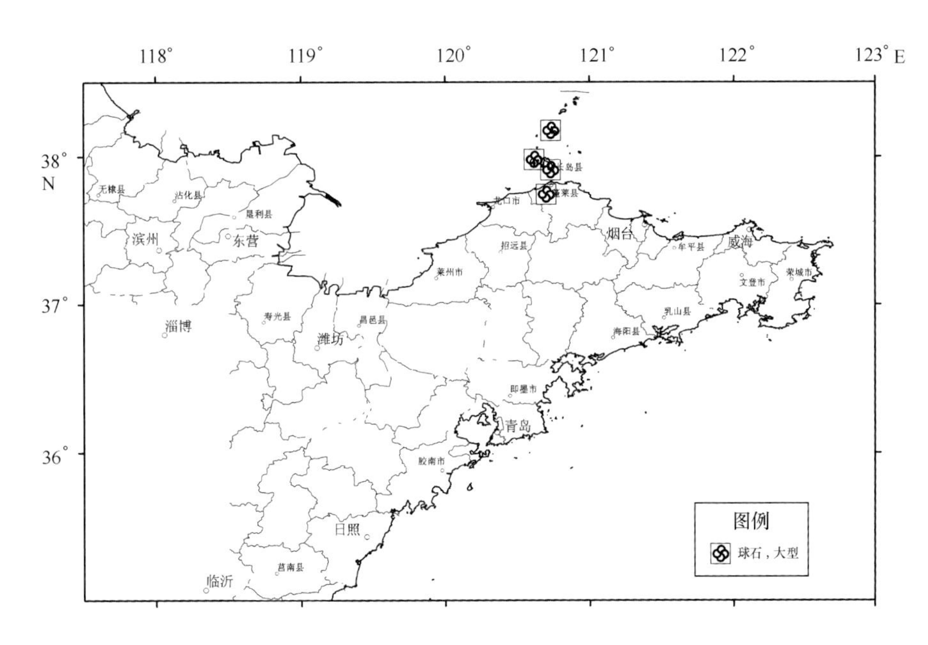

图 11.8 山东省滨海球石矿分布

相对山东省滨海砂矿成矿特征研究而言，山东省浅海砂矿的调查、勘探和研究程度都较低。本节将基于国家“908 专项”在山东近海开展的 4 个区块——CJ04、CJ05、CJ06 和 CJ07 调查所取得的底质沉积物粒度、碎屑矿物等数据为依据，对浅海建筑砂砾、有用轻重矿物颗粒百分含量和品位区域分布、异常类型、范围进行研究。

11.1.2.1 浅海建筑砂砾分布及成矿特征

根据近海砂矿分类原则（表 11.1），浅海建筑砂砾包括建筑用砂、长英质砂砾和贝壳砂砾。山东省建筑砂砾主要包括前两者。根据山东省浅海底质类型分布图（图 8.16）以及近海表层沉积物砂、砾含量分布图（图 8.17 和图 8.18）圈划出山东省浅海建筑砂砾的大致分布范围（图 11.9）。共圈出 25 个区域，包括砾、砂和粉砂质砂；并进一步估算出蕴藏的砂砾量（表 11.8）。可见，粉砂质砂的分布面积最广，其次是砂，砾石类最少；划分为 4 大产区：渤海湾南部、莱州湾东南部、庙岛群岛北部、日照浅海。建筑砂砾分布总面积 16 418 km^2，总砂量 65.67×10^8 t。

表 11.8 山东省浅海建筑砂砾成矿特征

编号	类型	北纬/(°)	东经/(°)	面积/km^2	深度/m	体积质量/(t/m^3)	储量/Mt
1	S	38.23	118.26	149.91	0.20	2.00	59.97
2	TS	38.20	118.49	1 371.89	0.20	2.00	548.75
3	S	37.10	119.39	1 047.84	0.20	2.00	419.14
4	TS	37.22	119.69	614.56	0.20	2.00	245.82
5	TS	37.97	119.74	61.25	0.20	2.00	24.50
6	TS	38.43	119.94	91.46	0.20	2.00	36.58
7	TS	38.27	120.34	1 044.85	0.20	2.00	417.94
8	TS	38.03	120.30	64.35	0.20	2.00	25.74

续表 11.8

编号	类型	北纬/（°）	东经/（°）	面积/km²	深度/m	体积质量/（t/m³）	储量/Mt
9	TS	38.40	120.97	1 075.87	0.20	2.00	430.35
10	GS	38.44	121.43	35.31	0.20	2.00	14.12
11	TS	38.15	121.37	37.45	0.20	2.00	14.98
12	TS	37.92	121.44	76.58	0.20	2.00	30.63
13	GS	37.41	122.74	54.49	0.20	2.00	21.79
14	S	36.93	122.59	74.77	0.20	2.00	29.91
15	TS	36.49	122.03	20.83	0.20	2.00	8.33
16	GS	36.00	121.02	239.21	0.20	2.00	95.68
17	S	35.98	120.44	85.77	0.20	2.00	34.31
18	TS	35.76	120.32	27.18	0.20	2.00	10.87
19	S	35.57	119.94	471.35	0.20	2.00	188.54
20	TS	35.56	120.34	20.02	0.20	2.00	8.01
21	GS	35.45	120.62	36.23	0.20	2.00	14.49
22	S	35.18	119.59	415.93	0.20	2.00	166.37
23	GS	35.09	120.46	40.78	0.20	2.00	16.31
24	TS	35.15	120.58	8 693.66	0.20	2.00	3 477.46
25	S	35.11	121.14	566.01	0.20	2.00	226.40

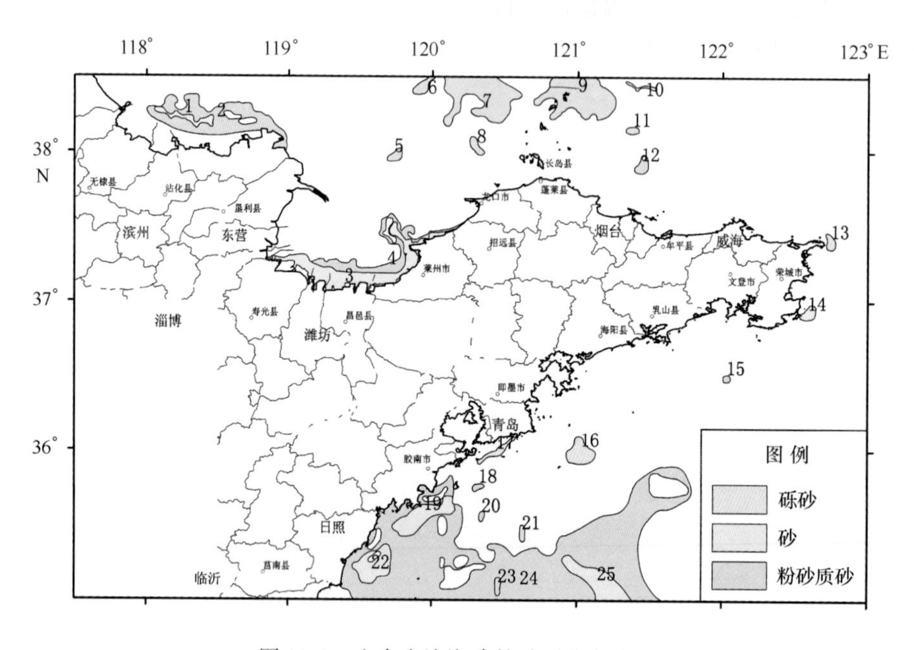

图 11.9　山东省浅海建筑砂砾分布范围

11.1.2.2　浅海重矿物分布特征

选取 4 个区块碎屑矿物粒级在 0.125 ~ 0.063 mm 间的样品，用于鉴定其重矿物类型；每个样品的鉴定颗粒数不低于 300 粒，有效站位为 815 站。山东浅海重矿物含量范围介于

0.01%～37.54%，平均含量1.90%。重矿物含量分布呈明显带状分布，高值区分布在庙岛群岛—威海靖海湾一带以及日照近海沿岸线分布，低含量区主要分布在渤海湾、潮连岛南部海域，中含量区多出现在莱州湾、青岛近海一带（图11.10）。

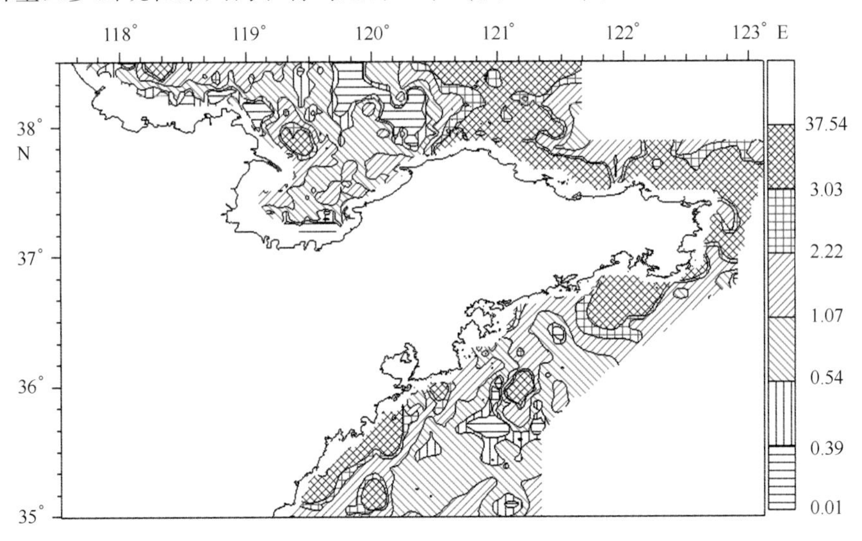

图11.10　山东浅海表层沉积物中重矿物百分含量

共鉴定出山东浅海沉积物中重矿物56种，包括：普通角闪石、绿帘石、普通辉石、赤铁矿、钛铁矿、白云母、阳起石、褐铁矿、石榴石、黑云母、自生黄铁矿、绢云母、榍石、透闪石、磁铁矿、紫苏辉石、磷灰石、水黑云母、黝帘石、绿泥石、电气石、透辉石、十字石、锆石、菱铁矿、蓝晶石、白钛石、海绿石、金红石、胶磷矿、萤石、棕闪石、白榴石、斜顽辉石、白云石、独居石、钛闪石、文石、玄武闪石、符山石、矽线石、硅灰石、锡石、锐钛矿、蔷薇辉石、磷钇矿、褐帘石、蓝线石、磁黄铁矿、霓辉石、古铜辉石、红柱石、原生黄铁矿、直闪石、重晶石、刚玉。此外还包括一定含量的风化碎屑和岩屑。

山东浅海重矿物组成的共同特征是：① 角闪石类、绿帘石类和片状矿物3类矿物含量较高，共占70%以上。有用矿物中，氧化铁矿物（赤铁矿、褐铁矿、磁铁矿）和石榴石的平均含量也较高；其次，普遍分布的矿物还有钛铁矿、辉石类矿物、榍石等。其他矿物只在局部海区零星出现。② 矿物特征（颗粒大小、形态、磨圆、颜色、光泽以及风化程度等）在不同区域也有显著差异。如：角闪石在局部海区为浅绿色、碎片多、表面模糊，有风化现象；而在多数海区表现为深绿色—绿色、也出现褐色，多为长柱、长板状，表面新鲜。绿帘石多为灰绿、浅绿、黄绿的小颗粒，透明到半透明，多为粒状，可以由辉石、角闪石、斜长石经过蚀变形成，在一些风化强烈的海区出现较多。

下面就山东浅海主要矿物的空间分布特征进行阐述：

1）角闪石类　主要为普通角闪石、透闪石、阳起石等，为该区的优势矿物，平均颗粒百分含量为31.2%，最高值（78.7%）出现在即墨近海千里岩岛附近。高值区主要出现在渤海湾中部、海阳市近海、日照市南部近海，含量范围为44.1%～78.7%。低值区主要出现在莱州湾中部、山东半岛北部近海（图11.11）。

2）绿帘石类　包括绿帘石、黝帘石和褐帘石，平均含量为18.5%，最高值为64.5%。高值区主要出现在36°N以南近海和莱州湾东部近岸，低值区主要出现在山东半岛北部近岸区以及烟台市东部海域（图 11.12）。

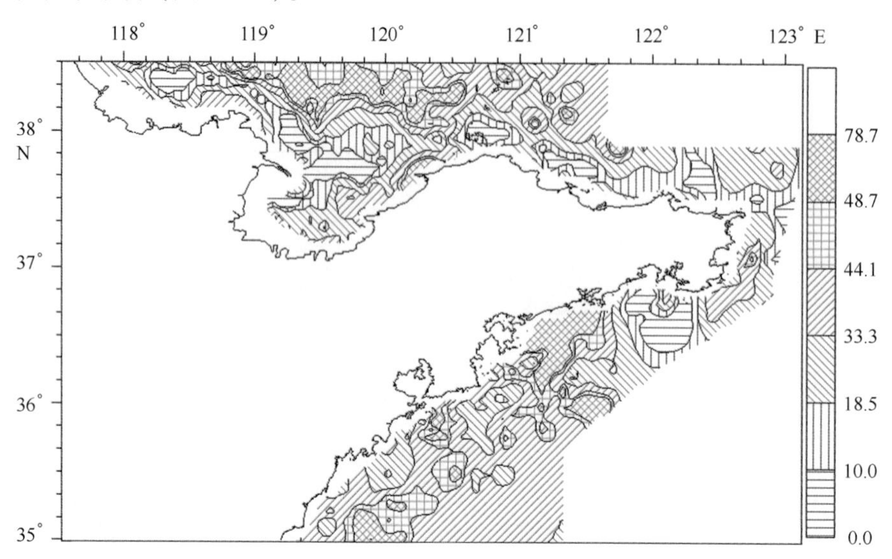

图 11.11　山东省浅海表层沉积物中角闪石类矿物颗粒百分含量

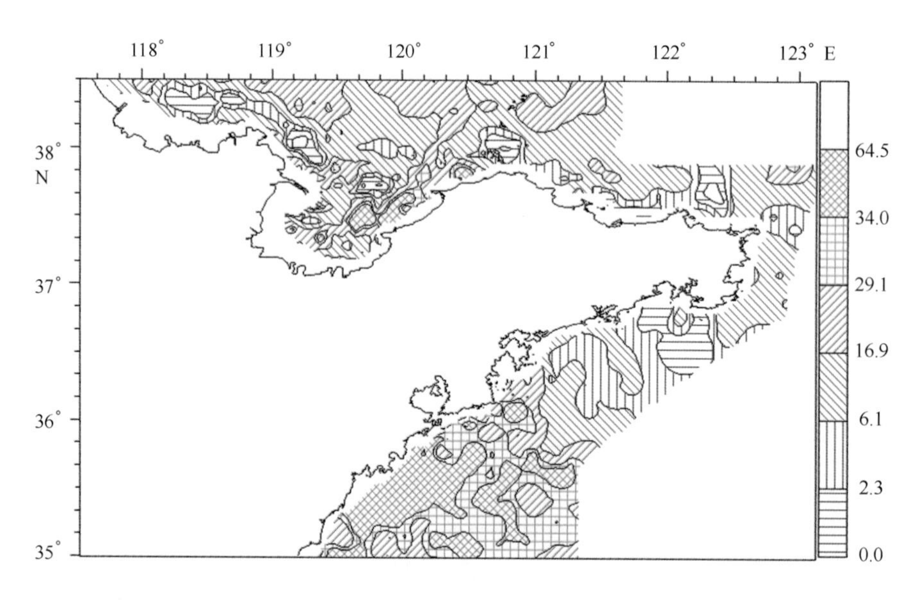

图 11.12　山东省浅海表层沉积物中绿帘石类颗粒百分含量

3）片状矿物　包括黑云母、白云母、绢云母、水黑云母和绿泥石，平均含量为 28.8%，最高值为 99.0%。高值区主要出现在莱州湾中部、山东半岛北部近岸、威海市靖海湾南部海区沉积物中，低值区主要出现在 36°N 以南近海沉积物中，与此区的绿帘石类分布恰好相反（图 11.13）。

4）辉石类矿物　包括普通辉石、透辉石、紫苏辉石等，平均含量为 1.7%，最高值为 22.1%。高值区分布不规则，主要分布在山东半岛的北部近岸区，以及庙岛群岛附近海区；低值区主要出现在 36°N 以南近海沉积物中（图 11.14）。

5）钛铁矿　平均含量为 1.9%，最高值为 32.3%，高值区（2.2% ~32.3%）主要出现在荣成市东部海区；由于该区岛屿较多，可能与岛屿冲刷产物有关。另一高值区出现在青岛

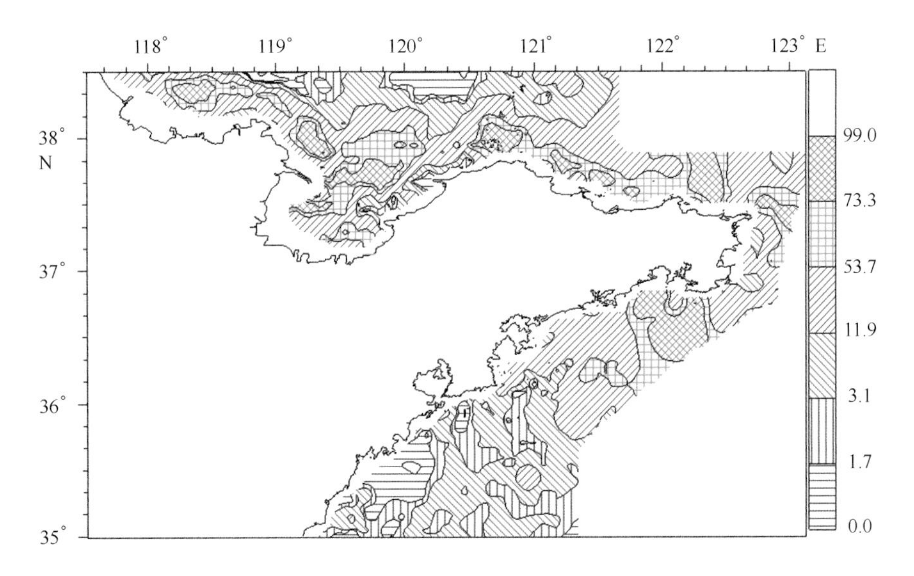

图 11.13　山东省浅海表层沉积物中片状矿物颗粒百分含量

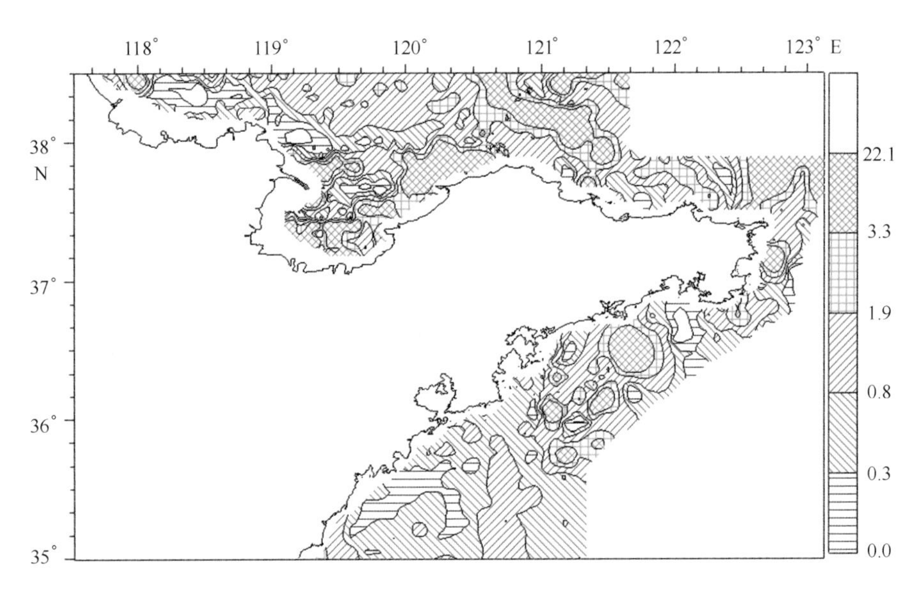

图 11.14　山东省浅海表层沉积物中辉石类颗粒百分含量

到日照的沿岸沉积物中，呈平行岸线分布（图 11.15）。

6）氧化铁矿物　包括褐铁矿和赤铁矿，平均含量为 5.7%，最高值为 47.8%。高值区主要出现在渤海湾南部、莱州湾西北部、青岛东部海区沉积物中；低值区出现在南黄海东部近岸沉积物中（图 11.16）。

7）金属矿物　包括氧化铁矿物、钛铁矿、磁铁矿，其平均含量为 8.4%，最高值为 48.7%。高值区（11.4% ~48.7%）多呈散珠状分布，黄河口北部、庙岛群岛附近、青岛北部近海等都是金属矿物的高含量分布区；低值区主要分布在青岛—荣成间的南黄海浅海区（图 11.17）。整体分布趋势与氧化铁矿物的分布相似。

8）自生黄铁矿　海区自生矿物的平均含量仅为 0.8%，最高值为 64.1%。高值区出现在渤海湾中（图 11.18）；自生黄铁矿的中值区主要分布在莱州湾中北部和渤海湾中南部的泥质

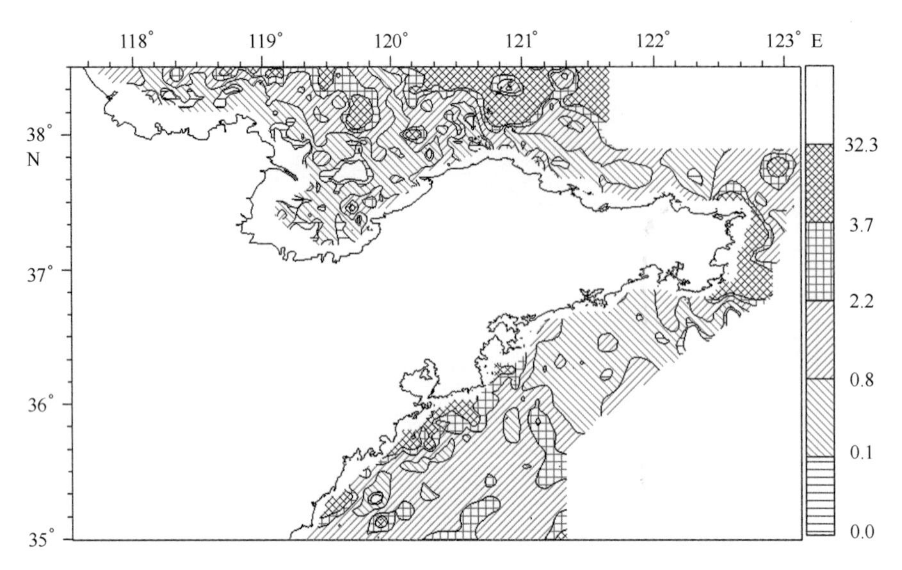

图 11.15　山东省浅海表层沉积物中铁钛矿物颗粒百分含量

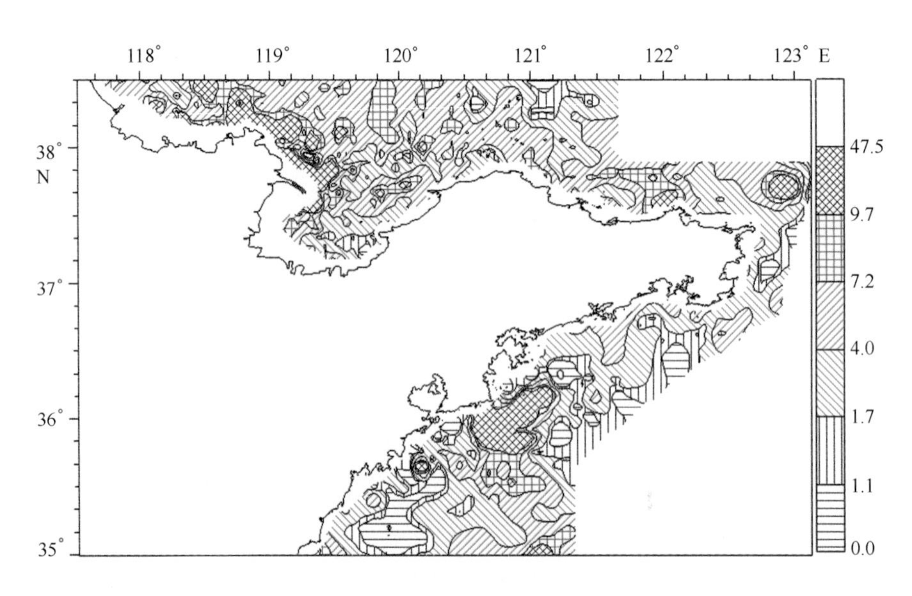

图 11.16　山东省浅海表层沉积物中赤铁矿和褐铁矿颗粒百分含量

区，其他海区偶见。

9）石榴石　属于透明矿物，平均含量为 4.1%，最高值 32.8%；在海区分布规律性明显，受陆源、岛屿和陆地冲刷产物影响较大。高值区主要出现在庙岛群岛附近海区、山东半岛东部海区、36°N 以南近海沉积物中（图 11.19）。低值区主要出现在渤海近岸、北黄海近岸沉积物中。

10）锆石　平均含量 0.6%，最高值 9.1%；其与石榴石的分布趋势相似（图 11.20），有着一致的物质来源。高值区主要出现在庙岛群岛附近海区、山东半岛东部海区以及日照近岸海区沉积物中。低值区在全区广布，莱州湾南部甚至出现锆石零值区。

11）电气石　平均含量为 0.3%，最高值 5.4%。其高值区主要分布在庙岛群岛附近海区、山东半岛东部海区、青岛近海沉积物中；其他海区电气石的含量较低，部分区域甚至出现零值区（图 11.21）。

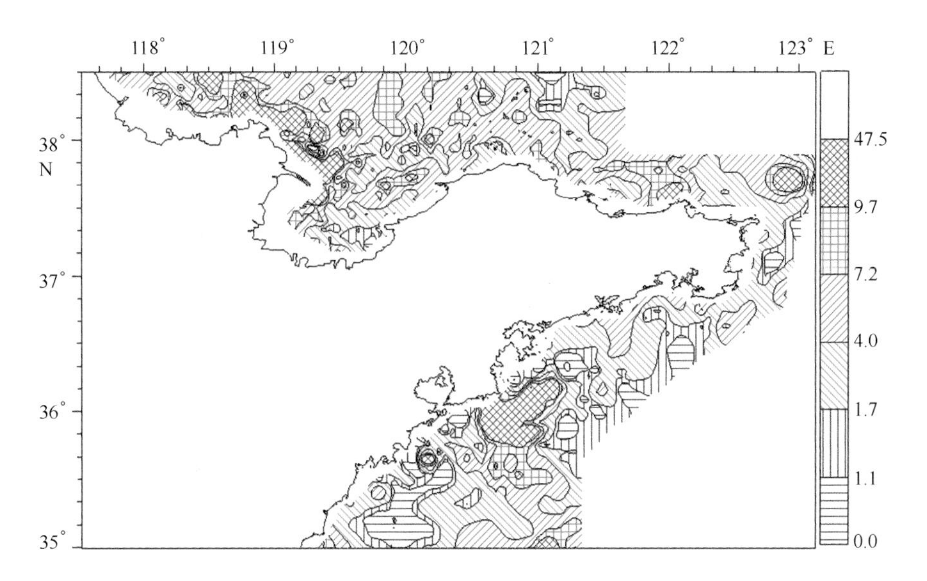

图 11.17　山东省浅海表层沉积物中金属矿物颗粒百分含量

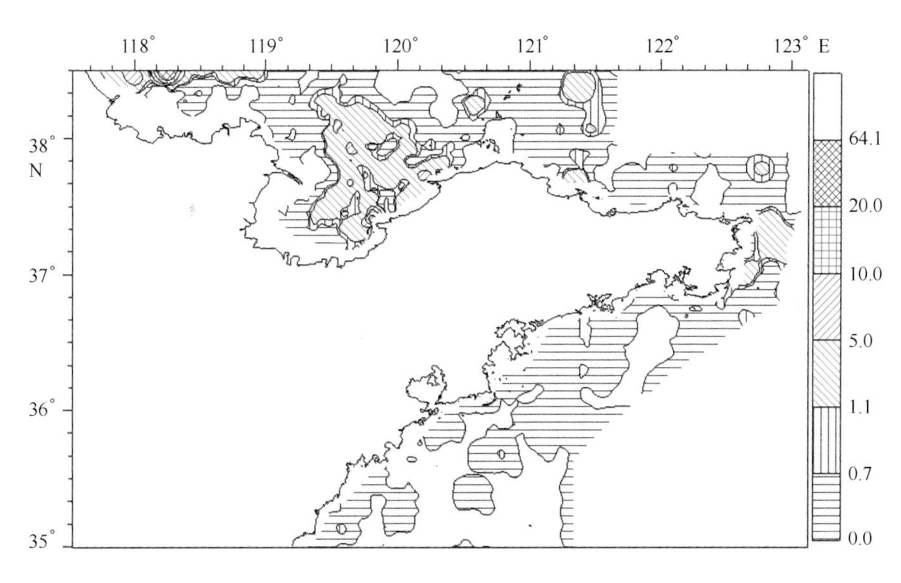

图 11.18　山东省浅海表层沉积物中自生黄铁矿颗粒百分含量

12）榍石　平均含量为 1.5%，最高值 13.5%。其空间分布特征与石榴石相似，具有共生关系（图 11.22）。

13）石英　属于轻矿物中的优势种类，平均含量为 35.1%，最高值 68.3%。其高值区出现在渤海湾东部海区，中值区（27.2% ~44.3%）主要分布在青岛近海，低值区多分布在黄海近岸（图 11.23）。石英多分布在细粒沉积物中，其主要原因可能是这些区域的物源多以细粒为主，不稳定矿物多有分化；而石英性质稳定，故含量偏高。

综上所述，各种矿物的区域分布差异很大。就工业矿物的分布而言，有如下规律：① 钛铁矿、石榴石具有相近的分布特征，主要分布于庙岛群岛、荣成、日照等海域；② 锆石、榍石、电气石具有相近的分布特征，主要分布于渤海北部、庙岛群岛、威海—荣成和文登—日照一带；③ 磁铁矿分布于日照海域；④ 褐铁矿、赤铁矿分布于渤海湾南部、莱州湾以及青岛海域。

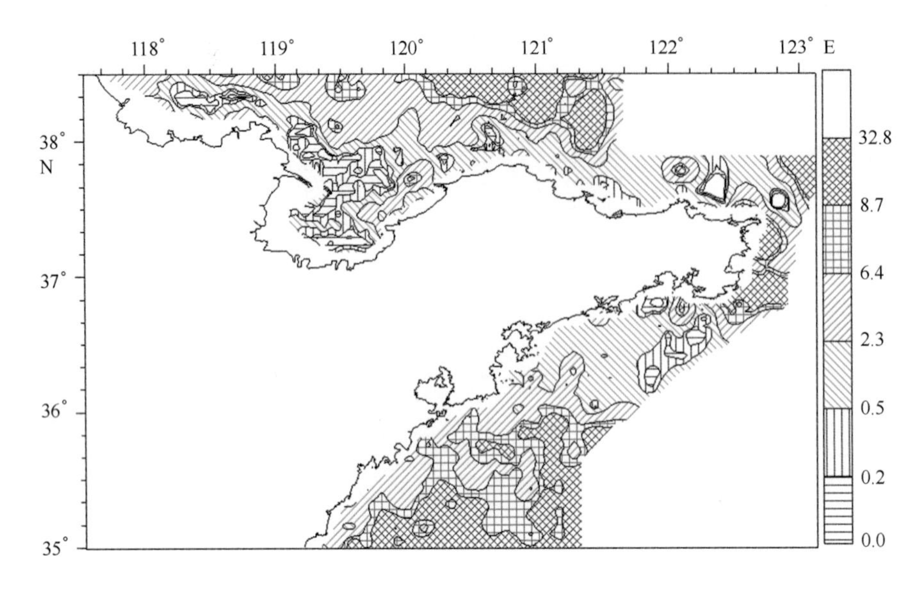

图 11.19　山东省浅海表层沉积物中石榴石颗粒百分含量

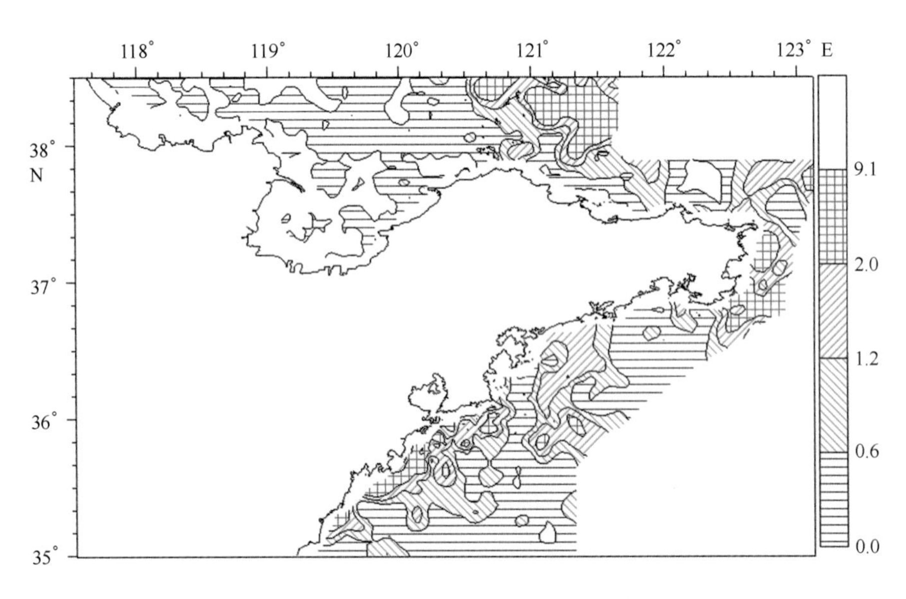

图 11.20　山东省浅海表层沉积物中锆石颗粒百分含量

11.1.2.3　浅海重矿物品位分布特征

在对各海区重矿物品位进行计算的基础上，参考滨海砂矿重矿物异常圈定原则（表 11.9），对样品中所含钛铁矿物、锆石、石榴石、榍石和电气石的成矿性进行评价，进而圈定出工业矿物异常区。高值区的划分主要是依据区域内该矿物品位的分布来确定。主要对铁钛矿物、锆石、石榴石、榍石、电气石等进行异常区和高值区圈定。

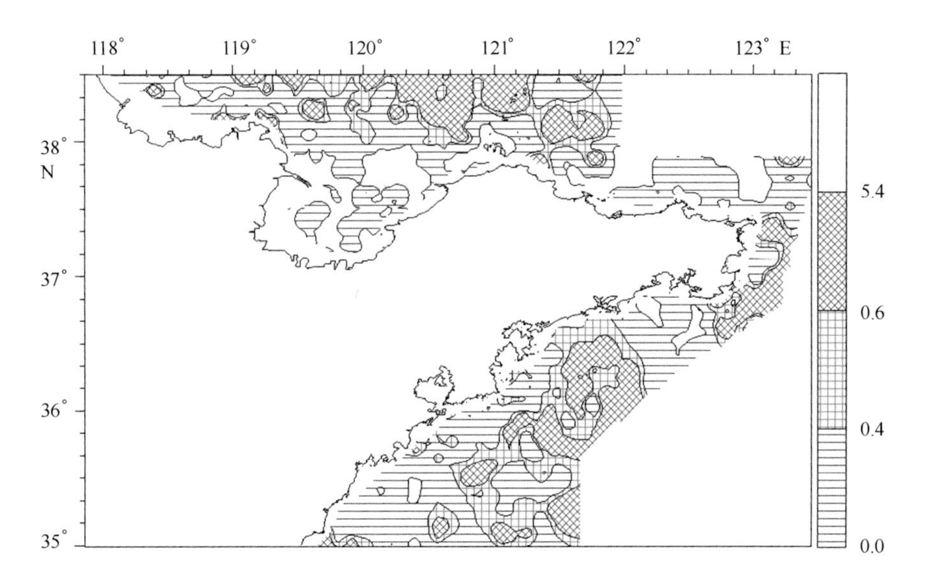

图 11.21 山东省浅海表层沉积物中电气石颗粒百分含量

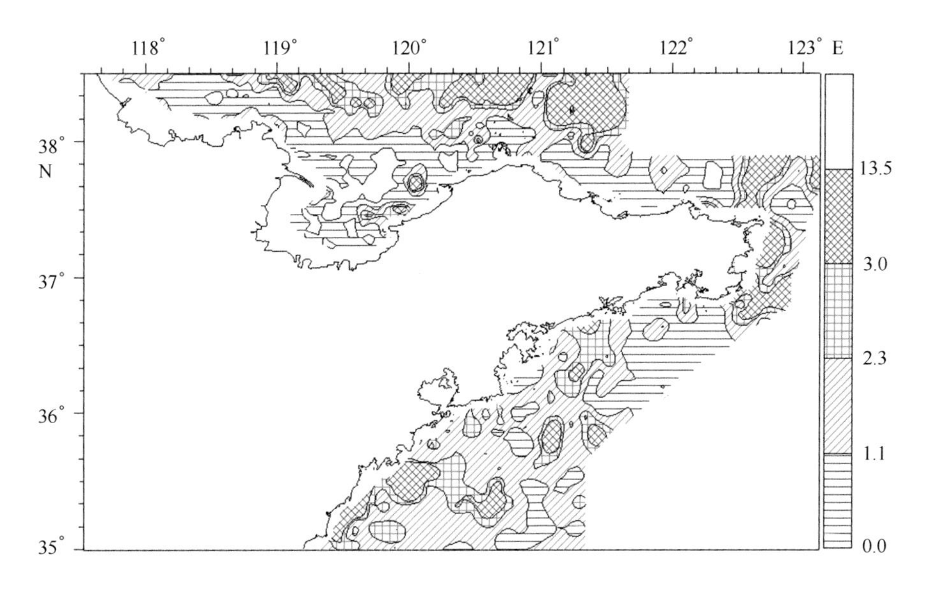

图 11.22 山东省浅海表层沉积物中榍石颗粒百分含量

表 11.9 工业矿物的边界品位

工业矿物	边界品位/（kg/m³）	异常边界/（kg/m³）	异常级别				
			1	2	3	4	5
铁矿物	300	75	>300	300 ~ 225	225 ~ 150	150 ~ 75	<75
钛铁矿	10	2.5	>10	10 ~ 7.5	7.5 ~ 5	5 ~ 2.5	<2.5
石榴石	4	1	>4	4.0 ~ 3.0	3.0 ~ 2.0	2.0 ~ 1.0	<1
锆石	1	0.25	>1	1 ~ 0.75	0.75 ~ 0.5	0.5 ~ 0.25	<0.25
金红石	1	0.25	>1	1 ~ 0.75	0.75 ~ 0.5	0.5 ~ 0.25	<0.25
电气石	1	0.25	>1	1 ~ 0.75	0.75 ~ 0.5	0.5 ~ 0.25	<0.25
榍石	1	0.25	>1	1 ~ 0.75	0.75 ~ 0.5	0.5 ~ 0.25	<0.25

数据来源：谭启新等，1988。

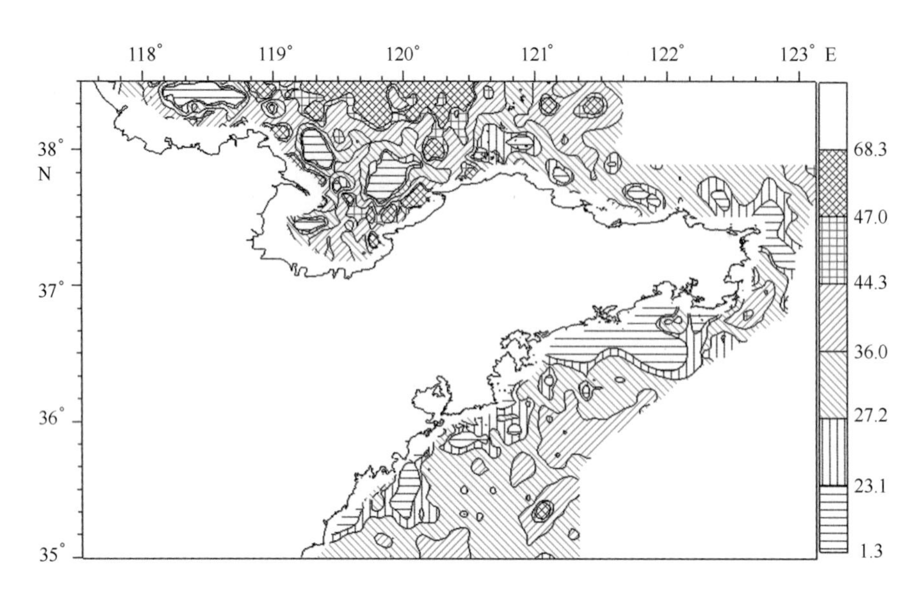

图 11.23　山东省浅海表层沉积物中石英颗粒百分含量

1）铁钛矿物

目前，我国还没有磁铁矿、赤铁矿、褐铁矿的浅海砂矿工业品位和边界品位标准，本次依然采用陆地磁铁矿工业品位值 300 kg/m³ 的 1/4（即 75 kg/m³）来进行铁钛矿物异常判断。由于山东省浅海铁钛类矿物的最高品位为 6.60 kg/m³，远低于该类矿物的 1/4 工业边界品位，故在山东省浅海只能圈定出高值区。根据铁钛矿物的空间分布特征，以品位为 0.75 kg/m³ 和 2.5 kg/m³ 为界，将铁钛矿物品位划分为 3 种类型：① 大于 2.5 kg/m³；② 0.75～2.5 kg/m³；③ 小于 0.75 kg/m³。其中，前两类的分布区域为品位高值区。

铁钛矿物在浅海共存有 8 个高值区，其中 Ⅰ 类高值区所占比例较小，大部分高值区域属于 Ⅱ 类高值区；Ⅰ 和 Ⅱ 类样品数占样品总数的 11.39%。最大高值区分布于庙岛群岛以北（1 号高值区）、胶南—日照海域（7、8 号高值区），其次在荣成以北海域和青岛—胶南海域也有小面积高值区分布（图 11.24）。各个高值区所形成的铁钛矿物金属量均大于 300 kt（表 11.10）；高值区总面积 13 381 km²，总铁钛金属矿物量 4 743 kt。

表 11.10　山东省浅海铁钛矿物高值区特征

序号	中心纬度	中心经度	类型	面积/m²	深度/m	平均品位/(kg/m³)	储量/kt
1	38.256 2°N	121.012°E	Ⅰ	509 015 008	0.2		
			Ⅱ	4 808 809 984	0.2		
			总	5 317 830 144	0.2	2.04	2 170
2	37.738 6°N	122.869°E	Ⅰ	58 900 500	0.2		
			Ⅱ	701 270 976	0.2		
			总	760 172 032	0.2	2.04	310
3	37.283 6°N	122.722°E	Ⅱ	40 666 200	0.2	1.01	8
4	36.768 9°N	122.092°E	Ⅱ	23 598 700	0.2	1.1	5

续表 11.10

序号	中心纬度	中心经度	类型	面积/m^2	深度/m	平均品位/(kg/m^3)	储量/kt
5	36.495 1°N	121.048°E	Ⅱ	36 557 600	0.2	1.24	9
6	35.841 5°N	120.217°E	Ⅰ	8 855 310	0.2		
			Ⅱ	955 982 016	0.2		
			总	963 073 024	0.2	1.54	297
7	35.276 8 °N	119.639°E	Ⅰ	71 203 904	0.2		
			Ⅱ	1 929 750 016	0.2		
			总	2 000 950 016	0.2	1.57	628
8	35.330 6 °N	120.93°E	Ⅰ	519 112 000	0.2		
			Ⅱ	3 717 159 936	0.2		
			总	4 238 030 080	0.2	1.55	1 313

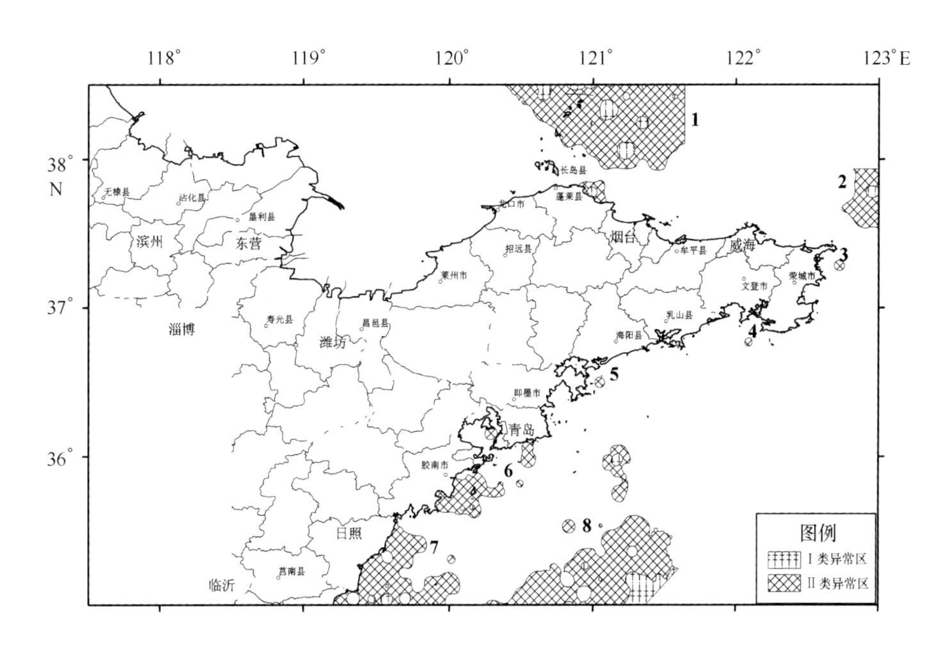

图 11.24　山东半岛近海铁钛金属矿物品位分布

2）锆石

以锆石品位大于0.25 kg/m^3 为界限划分锆石品位异常区，再以1、0.75、0.5、0.25 kg/m^3 为界限划分出5种品位类型（表11.9）。其中，Ⅰ、Ⅱ、Ⅲ和Ⅳ类属于锆石品位异常，而Ⅴ类属于品位非异常。山东省浅海锆石品位分布范围为0～1.96 kg/m^3；其中，品位异常站位数仅有46个（占5.58%），非异常品位站位数为779个（占94.42%），以Ⅰ和Ⅳ类型分布较多。

锆石在山东省浅海共有6个异常区，以Ⅲ和Ⅳ类异常区为主，主要分布于庙岛群岛以北海域（1号异常区），在荣成以北海域、青岛—日照海域有零星分布（图11.25）。相比而言，1号锆石异常区的储量最大，要远远高于其他异常区，储量接近500 kt；其次位4号、5号异常区，锆石储量仅为23 kt和33 kt（表11.11）。异常区总面积4 290 km^2，锆石矿物584 kt。

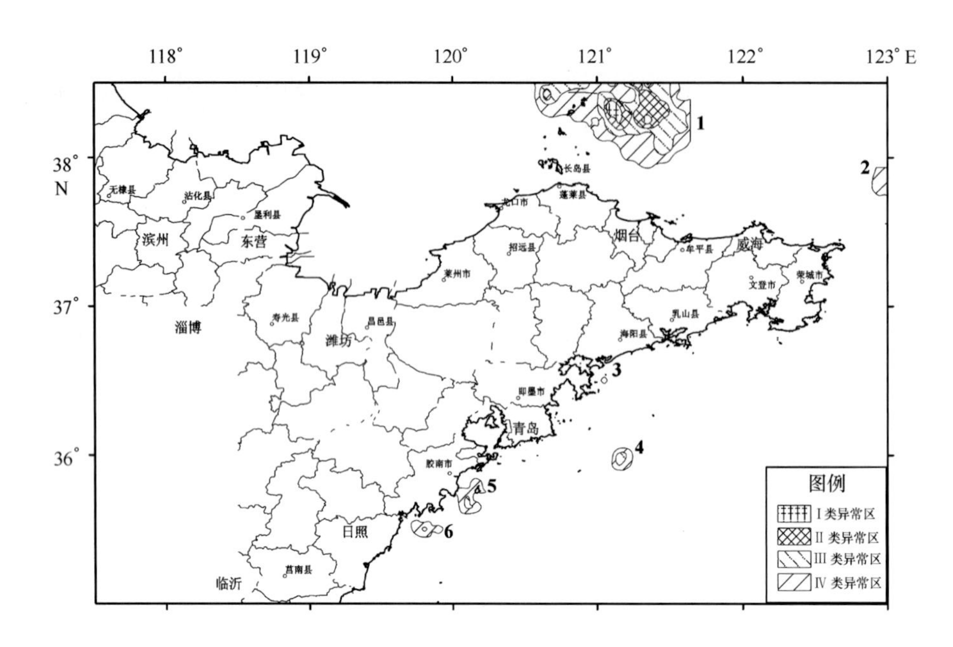

图 11.25　山东省浅海锆石品位分布

表 11.11　山东省浅海锆石异常区特征

序号	中心经度	中心纬度	类型	面积/m²	深度/m	平均品位/(kg/m³)	储量/(×10³ t)
1	38.280 6°N	121.192 0°E	Ⅰ	135 712 992	0.2		
			Ⅱ	648 241 984	0.2		
			Ⅲ	1 291 100 032	0.2		
			Ⅳ	2 038 530 048	0.2		
			总	4 113 585 056	0.2	0.61	497
2	37.839 2°N	122.952 0°E	Ⅳ	183 343 008	0.2	0.34	12
3	36.500 9°N	121.480°E	Ⅳ	12 062 700	0.2	0.34	0.81
4	35.973 2°N	121.172 0°E	Ⅲ	46 658 500	0.2		
			Ⅳ	128 482 000	0.2		
			总	175 140 500	0.2	0.68	23
5	35.712 3°N	120.116 0°E	Ⅲ	28 590 700	0.2		
			Ⅳ	243 018 000	0.2		
			总	271 608 700	0.2	0.61	33
6	35.501 2°N	119.801 0°E	Ⅲ	6 538 810	0.2		
			Ⅳ	157 322 000	0.2		
			总	163 860 810	0.2	0.48	15

3）*石榴石*

以石榴石品位大于 1 kg/m³ 为界限划分石榴石品位异常区，再以 4.0、3.0、2.0、1.0 kg/m³为界限将浅海石榴石品位分为 5 级，其中Ⅰ、Ⅱ、Ⅲ、Ⅳ级品位属于异常品位，Ⅴ级品位为非异常品位。山东省浅海石榴石异常品位站位仅占所有站位的 7.88%。

石榴石异常区共有 10 个，以Ⅳ异常类型为主，Ⅰ、Ⅱ、Ⅲ类型仅以斑块状分布。最大的异常区分布于庙岛群岛以东、以北区域，荣成以北海域有小块异常分布，此外，较大面积的异常区分布于青岛外和日照海域（图11.26）。庙岛群岛东侧海域1号异常区因其面积大、品位高而拥有较高的石榴石储量，其次是位于荣成海域的2号和位于青岛—日照海域的5号、8号和10号异常区（表11.12）。异常区总面积11 065 km^2、石榴石矿物2 786 kt。

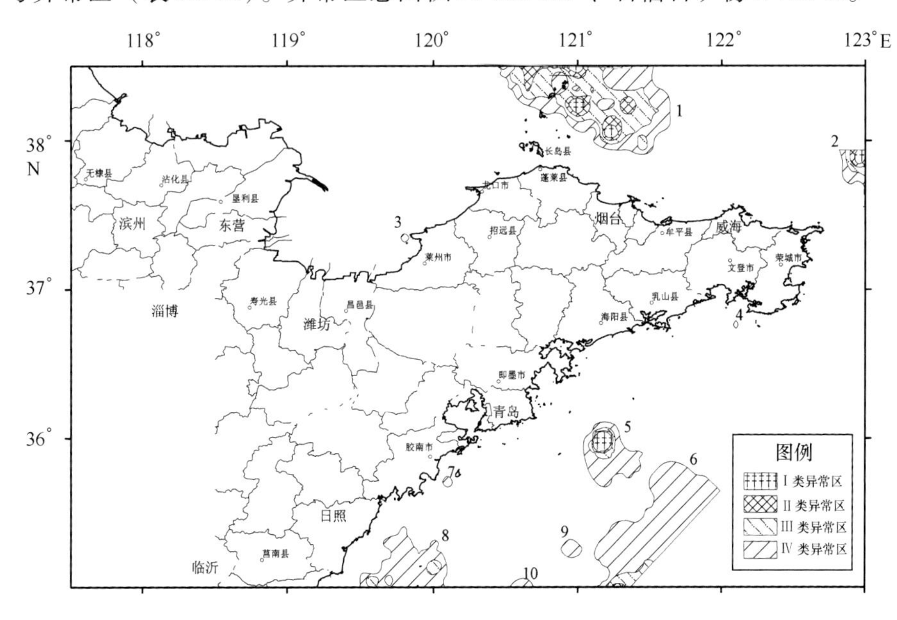

图11.26　山东省浅海石榴石品位分布

表11.12　山东省浅海石榴石异常区特征

序号	中心经度	中心纬度	类型	面积/m^2	深度/m	平均品位/（kg/m^3）	储量/（$\times10^3$）
1	38.263 0°N	121.141 0°E	Ⅰ	187 419 008	0.2		
			Ⅱ	541 923 140	0.2		
			Ⅲ	1 977 859 968	0.2		
			Ⅳ	2 038 690 048	0.2		
			总	4 745 892 164	0.2	2.66	2 523
2	37.824 5°N	122.919 0°E	Ⅰ	60 415 214	0.2		
			Ⅱ	56 726 400	0.2		
			Ⅲ	84 864 400	0.2		
			Ⅳ	173 256 992	0.2		
			总	375 263 006	0.2	3.55	43
3	37.348 1°N	119.802 0°E	Ⅳ	21 916 800	0.2	2.09	9.2
4	36.761 8°N	122.980°E	Ⅳ	10 582 200	0.2	1.52	3.2
5	35.886 7°N	121.215 0°E	Ⅰ	132 729 000	0.2		
			Ⅱ	44 801 800	0.2		
			Ⅲ	114 529 000	0.2		
			Ⅳ	816 320 000	0.2		
			总	1 108 379 800	0.2	3.20	85

续表 11.12

序号	中心经度	中心纬度	类型	面积/m²	深度/m	平均品位/(kg/m³)	储量/(×10³ t)
6	35.421 3°N	121.532 0°E	Ⅱ	14 611 000	0.2		
			Ⅲ	187 344 000	0.2		
			Ⅳ	3 003 249 920	0.2		
			总	3 205 204 920	0.2	1.47	4.2
7	35.708 3°N	120.980°E	Ⅳ	34 655 600	0.2	2.06	14
8	35.145 6°N	119.831 0°E	Ⅲ	124 501 000	0.2		
			Ⅳ	1 249 500 032	0.2		
			总	1 374 001 032	0.2	1.74	43
9	35.256 2°N	120.958 0°E	Ⅳ	123 972 000	0.2	1.72	4.3
10	35.241°N	120.617 0°E	Ⅳ	64 801 000	0.2	1.43	19

4）榍石

以榍石品位大于 0.25 kg/m³ 为界限划分榍石品位异常区，再以 1、0.75、0.5、0.25 kg/m³为界限划分出5种品位类型。其中，Ⅰ、Ⅱ、Ⅲ和Ⅳ类型属于榍石品位异常，而Ⅴ类型为品位无异常。山东省浅海榍石异常分布区小于锆石和石榴石，站位数仅占总站位的8%。

榍石异常区共有7个，以Ⅳ异常类型为主，仅在1个异常区中出现Ⅰ级异常（分布于庙道群岛以东海域）。最大的异常区分布于庙岛群岛以东海域、青岛海域和日照海域（图11.27）。庙岛群岛东侧海域的1号异常区因其面积大、品位高而拥有较高的榍石储量（702×10³ t），其次是位于日照海域的7号和青岛海域的5号异常区，其储量分别为188 kt和147 kt（表11.13）。异常区总面积8 397 km²、石榴石矿物1 080 kt。

表 11.13　山东省浅海榍石异常区特征

序号	中心经度	中心纬度	类型	面积/m²	深度/m	平均品位/(kg/m³)	储量/(×10³ t)
1	38.280 6 °N	121.610°E	Ⅰ	764 222 976	0.2		
			Ⅱ	1 019 110 016	0.2		
			Ⅲ	1 121 660 032	0.2		
			Ⅳ	1 728 760 064	0.2		
			总	4 633 753 088	0.2	0.76	702
2	37.807 8°N	120.988 0°E	Ⅲ	7 302 330	0.2		
			Ⅳ	157 183 008	0.2		
			总	164 485 338	0.2	0.61	20
3	37.892 0°N	122.900 0°E	Ⅳ	151 316 000	0.2	0.50	15
4	35.749 7°N	120.210 0°E	Ⅳ	48 227 400	0.2	0.37	3.6
5	35.916 3°N	121.208 0°E	Ⅲ	106 479 000	0.2		
			Ⅳ	708 705 024	0.2	0.91	
			总	815 184 024	0.2		147

续表 11.13

序号	中心经度	中心纬度	类型	面积/m²	深度/m	平均品位/(kg/m³)	储量/(×10³ t)
6	35.182°N	121.310 0°E	Ⅳ	29 678 200	0.2	0.32	2
7	35.334 5°N	119.732 0°E	Ⅲ	45 686 840	0.2	0.37	188
			Ⅳ	2 508 420 096	0.2		
			总	2 554 106 936	0.2		

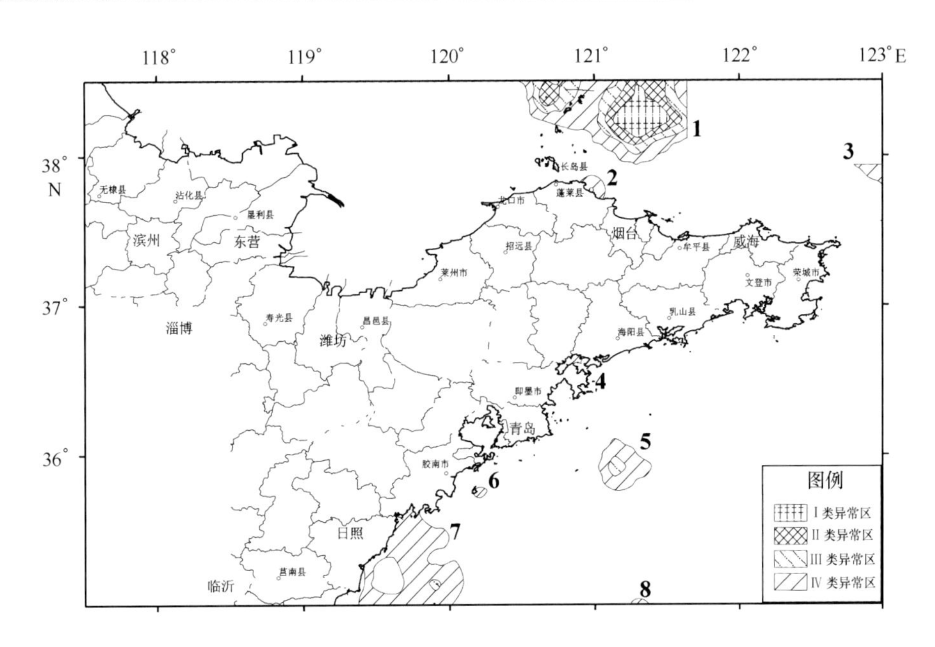

图 11.27　山东省浅海榍石品位分布

5）电气石

以电气石品位大于 0.25 kg/m³ 为界限划分电气石品位异常区，再以 1、0.75、0.5、0.25 kg/m³为界限划分出 5 种品位类型。其中，Ⅰ、Ⅱ、Ⅲ和Ⅳ类型属于电气石品位异常，而Ⅴ类型为品位无异常。山东省浅海电气石品位变化范围介于 0.26～0.99 kg/m³（均值 0.535 kg/m³），异常站位仅有 6 个，仅占所有站位数的 0.72%。

电气石异常区共有 3 个，异常区分布范围小，异常均为Ⅳ型，分布于蓬莱、庙岛群岛以东和青岛海域（图 11.28）。庙岛群岛东侧海域的 1 号异常区的电气石储量为 38 kt，略大于 2 号和 3 号异常区，其储量均为 12 kt（表 11.14）。异常区总面积 381 km²、石榴石矿物 64 kt。

表 11.14　山东省浅海电气石异常区特征

序号	中心经度	中心纬度	类型	面积/m²	深度/m	平均品位/（kg/m³）	储量/（kg/m³）
1	38.583°N	121.2270°E	Ⅳ	194 972 000	0.2	0.99	38
2	37.766 8°N	120.985 0°E	Ⅳ	112 803 000	0.2	0.55	12
3	35.976 3°N	121.168 0°E	Ⅳ	72 762 600	0.2	0.88	12

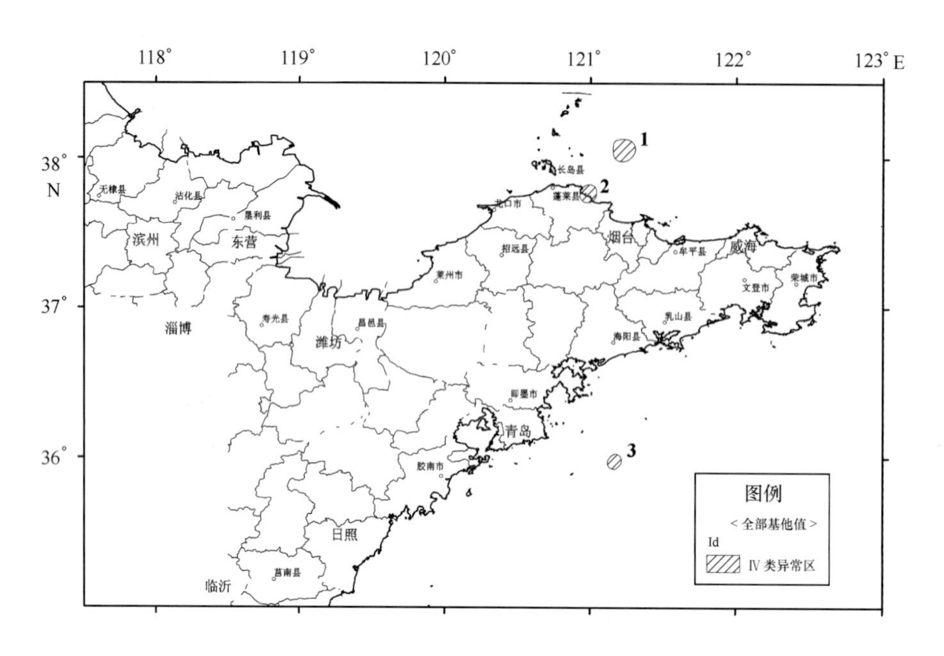

图 11.28　山东半岛近海电气石异常品位分布

11.1.3　近海砂矿资源控矿要素和成矿远景区

如前所述，前两节已对不同类型的滨海、浅海砂矿资源单体的空间分布、品位异常区、储量等特征进行了逐一研究和评估。由于山东省近海砂矿的形成均不同程度的受到矿质来源、运移机制、富集条件和后生改造等因素的影响和制约，因此在研究近海砂矿资源时应充分考虑上述各因素；对各类型矿产或潜在矿产资源的成矿环境进行阐述，进而圈定出异常区或成矿远景区。

11.1.3.1　*近海砂矿控矿要素*

山东省近海砂矿的控矿要素多种多样，其中最主要的有：物源、海岸类型、地形地貌、地层、底质沉积物粒度、海平面变化等。山东省滨海砂矿主要来源于原生源。原生源包括岩浆源和变质源，岩浆源提供锆石、钛铁矿物、金红石等，变质岩提供石榴石、榍石、锆石等。又可根据砂矿供给源的种类多少分为单元补给和多元补给。还可以根据砂矿物的变化过程分为直接补给和间接补给。山东省原生源主要有如下几个：东北部砂金、石英砂物源区：指莱州—牟平—荣成成山头一带，砂金主要来源于原生金矿床。石英砂主要来源于附近晚元古代变质花岗岩。东南沿海锆石、钛铁矿、磁铁矿物源区：这一带的花岗岩类岩石提供了这些矿物。

最有利的成矿海岸是港湾砂砾质海岸，其次为砂砾质平原海岸，可能成矿的海岸有港湾淤泥质海岸、小型三角洲海岸。成矿不利海岸是平原海岸、大河三角洲海岸、基岩海岸。滨海砂矿主要赋存的地貌单元有海滩、沙堤、沙嘴、拦湾沙堤、连岛沙堤和海积小平原；此外，在河口港湾堆积平原、海岸风成沙丘、河流冲积阶地、河床和残破积地貌等。滨海砂矿主要富集在海成沙堤的根部、顶部和翼部，海滩高潮线附近、冲－海积平原河口前缘，河道两侧，海积小平原中上部、中小型河流河道变宽、变缓处。

11.1.3.2　近海砂矿成矿远景区

根据山东省滨海、浅海砂矿和重矿物的分布特征，共划分出如下8个成矿远景区（图11.29）：

1）渤海湾南部浅海建筑砂砾成矿区；

2）招远滨海砂金—莱州湾浅海建筑砂砾成矿区；

3）庙岛群岛浅海铁钛矿物-锆石-石榴石-建筑砂砾复合成矿区；

4）烟台—威海—荣成滨海玻璃砂成矿区；

5）荣成滨海锆石成矿区；

6）文登—海阳滨海建筑砂成矿区；

7）青岛—胶南滨海磁铁矿—锆石成矿区；

8）胶南—日照浅海铁钛矿物—锆石—石榴石—建筑砂砾复合成矿区。

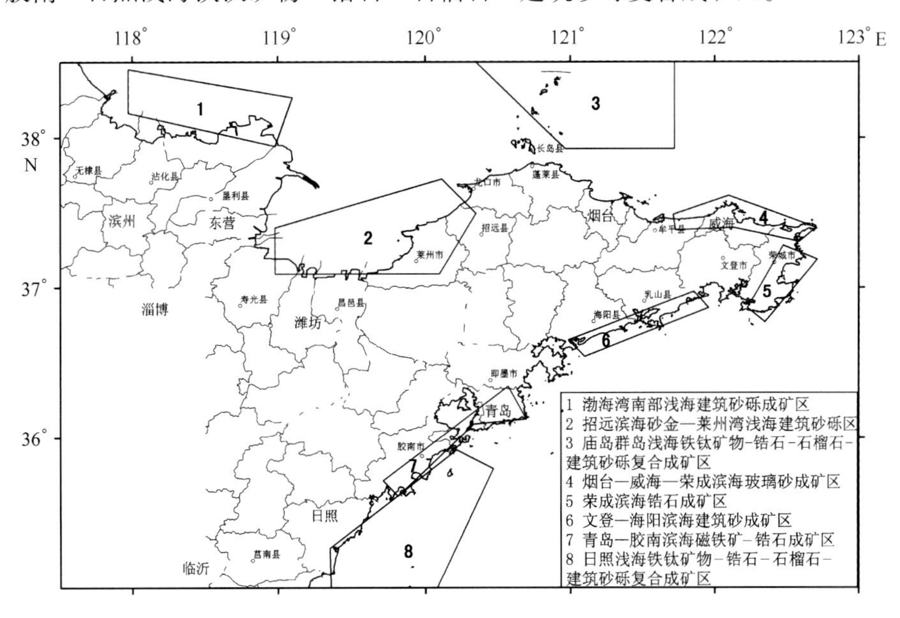

图11.29　山东省近海砂矿成矿远景预测

11.2　地下卤水资源

根据水质分类，水中矿化度高于50 g/L即为卤水。正常海水矿化度为35 g/L，本区卤水的矿化度为海水的2～6倍。山东省沿海岸带分布有丰富的地下卤水资源，直接用卤水生产氯碱、纯碱与盐化工产品既可减少工序又可节约设备投资。据鲁北地质工程勘察院的勘查，山东省地下卤水资源主要分布在鲁北平原、莱州湾沿岸及胶州湾地区，呈条带状沿海岸带分布，面积约3 003 km^2；地下卤水资源储量为$80.8\times10^8\ m^3$，可开采量为$2.87\times10^8\ m^3/a$。地下卤水年开采量约$3.2\times10^8\ m^3$，总体处于采补平衡状态。但分布不均匀，卤水开采主要集中在莱州湾南岸的寿光、寒亭、昌邑、莱州，黄河三角洲的沾化、东营区和广饶县。

地下卤水除含浓度较高的氯化钠外，还含有钾、溴、硼、镁、碘、锶、锂等元素。近年来，有关单位（韩有松，1982，1996；付美兰，1982；孟广兰，1999；邹祖光，2008）开展了对地下卤水的勘探和研究工作，积累了丰富的资料。本节在总结前人资料和经验的基础上，结合现场调查工作，从浅、中、深分述整个山东省地下卤水资源的分布特征、卤水含水层特征。

11.2.1 矿区地质

11.2.1.1 地层

山东省新生代地层非常发育，分布广泛，包括古近纪、新近纪和第四纪地层。深层地下卤水资源主要赋存在古近纪济阳群沉积岩地层中。

济阳群主要分布于华北平原区的潍北、东营、济阳、临清及德州、东明一带，自上而下划分为孔店组、沙河街组、东营组。岩性为一套色调、成分都很复杂的碎屑岩系，含有丰富的石油和天然气，有时夹石膏、石盐、薄层煤、地下卤水及中性火山岩，地表未见出露。该群总厚1 202 ~4 990 m。

11.2.1.2 构造

山东省深层地下卤水矿区在大地构造单元上属于华北板块（Ⅰ）的华北坳陷（Ⅱ）济阳坳陷区（Ⅲ）的沾化—车镇坳陷（潜）、东营坳陷（潜）、惠民坳陷（潜）和临清坳陷区（Ⅲ）的临清坳陷（潜）内，主要断裂有：齐河—广饶断裂和聊城—兰考断裂（图11.30）。

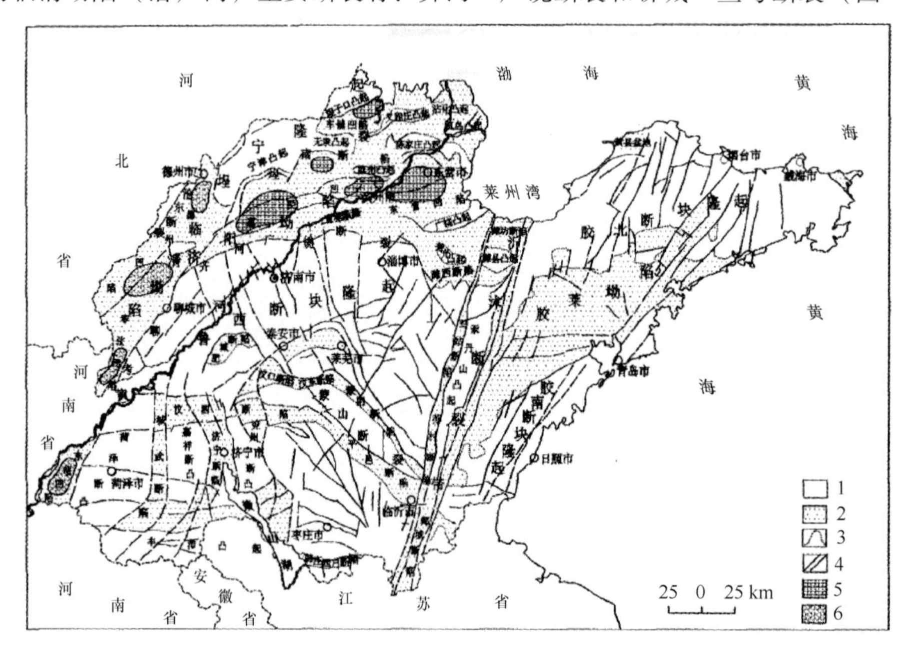

图11.30 山东区域地质构造

1. 隆起区；2. 坳陷区；3. 地层界线；4. 实、推测断层；5. 深层地下卤水分布区；6. 深层地下卤水预测分布区

11.2.2 地下卤水资源矿体特征

以往勘查资料表明，环渤海湾沿岸有一条巨大的地下卤水矿带，勘察表明山东省地下卤水资源主要分布在环渤海地区及胶州湾地区。根据其埋藏深度分为浅层卤水（埋深小于100 m）、中深层卤水（埋深100 ~400 m）和深层卤水（埋深大于400 m）。

11.2.2.1 浅层地下卤水矿体

1）浅层地下卤水矿体分布

山东省浅层地下卤水主要赋存于渤海湾南岸沿岸的第四纪海积冲积和海积层中。① 黄河三角洲北翼地区，浅层地下卤水矿体沿海岸呈条带状和块状分布，面积约 1 100 km^2；② 莱州湾沿岸地区，浅层地下卤水矿体沿海呈带状分布，面积约 2 100 km^2（图 11.31）；③ 胶州湾地区地下卤水矿体分布受海岸地貌与第四纪沉积环境控制，在海湾的西岸与西北岸因海岸低地连续分布，形成一条小型环形地下卤水矿带，矿区面积约 100 km^2。现胶州湾地区地下卤水盐区多被规划建设成为开发区，地下卤水资源未被开采。

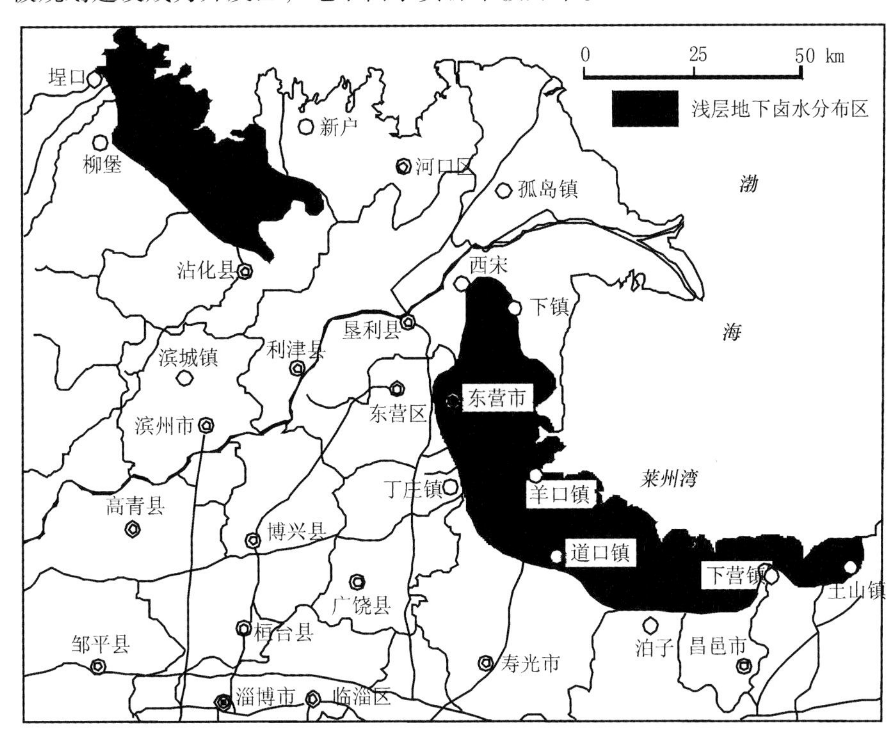

图 11.31　山东省环渤海浅层地下卤水分布

2）浅层地下卤水矿体层位

下部含卤水地层形成于 8 万～10 万年前，底板埋深 35～55 m，局部埋深达 100 m。主要岩性为浅灰色、灰黄色粉砂、黏砂，向东变相为中粗砂，底部含砾石，含有贝壳螺类海相生物碎片。属微承压—承压含水层，含卤水层厚度 6～12 m。

中部含卤水地层形成于 2 万～4 万年前，底板埋深 15～32 m。主要岩性为灰黑色、灰色粉砂、黏砂、泥质粉砂等，到莱州盐田相变为中粗含砂含贝壳螺类海相生物碎片。属微承压—承压含水层，含卤水层厚度 1～16 m。

上部含卤水地层形成于 0.8 万～1 万年前，底板埋深 0～22 m。主要岩性为灰黑色、灰褐色粉砂、黏砂，含有大量浅海滨海相贝壳生物碎片。属潜水含卤层，含卤水层厚度 0～18 m。

在3个含卤水层之间都有隔水层，岩性为黏土、粉质黏土等。上部隔水层一般厚度5~18 m，隔水性能较好，隔断上部潜水层卤水与中下层卤水的水力联系。

3）空间分布特征

在区域水平方向上：各区卤水矿体浓度呈现“中间高、四周低”的分布规律，同时从沿海向内陆有明显分带性，即“近岸低、中间高和远岸低”浓度带。

在区域垂直方向上：各区地下卤水浓度变化也有明显的分布特征。黄河三角洲两翼地区，浅层地下卤水垂向上矿体呈层状或透镜体状，浓度变化也具有明显的分带性。形成“咸水—卤水”双层结构或“咸水—卤水—咸水”3层结构。一般在高浓度区多双层结构，中等浓度和低浓度区一般多为3层结构。在20~40 m地下卤水浓度最高，向上向下均降低，并逐渐过渡为咸水；莱州湾南岸区，地下卤水带垂向上呈透镜体状，高浓度区一般埋深在28.0~55.0 m，浓度约10°~16.5° Be′，其往上、往下浓度均降低。在胶州湾地区由于埋深浅，含水层厚度薄，地下卤水浓度低，所以地下卤水矿体浓度变化垂向分布不明显。

4）水化学特征

浅层地下卤水水化学类型为Na－Cl型，化学元素组成与海水基本相同。阳离子主要有Na^+、K^+、Ca^{2+}、Mg^{2+}；微量元素有锶、锂、硼、锰等。阴离子主要有Cl^-、SO_4^{2-}、HCO_3^-等；微量元素有碘、锶、氟等。其中，Cl^-、Na^+分别在阴阳离子中占绝对优势，Cl^-占阴离子含量的90%左右，含量在70~120 g/L；Na^+占阳离子的83%左右，含量在35~65 g/L。地下卤水浓度一般为5°~20° Be′，矿化度50~217 g/L，总硬度1 215~1 766德国度（1德国度=0.178 mmol/L），pH值为6.5~7.6，为中偏弱酸性水（表11.15）。

浅层地下卤水中的主要微量元素平均含量为：溴为350 mg/L（达到单独开采工业品位要求），碘为0.42 mg/L，锂为0.20 mg/L，锶为11.77 mg/L，硼为5.34 mg/L。

表11.15　环渤海地区浅层地下卤水主要组分含量统计　　单位：g/L

井　号	Na^+	Ca^{2+}	Mg^{2+}	Cl^-	SO_4^{2-}	HCO_3^-	pH	矿化度
无棣马山子海洋化工	21.20	0.75	2.98	38.94	53.00	0.40	7.10	70.32
沾化滨海永太化工	24.50	0.74	3.56	45.76	5.58	0.63	7.00	81.25
东营王岗盐场	26.50	0.81	4.48	51.11	7.43	0.71	6.90	91.61
海化集团二分场	52.13	1.20	7.93	98.33	11.47	0.47	6.70	172.74
寒亭央子东盐场	49.50	1.12	6.99	88.59	10.98	0.41	6.90	158.77
昌邑蒲东盐场	53.00	1.02	6.63	94.43	10.64	0.45	6.80	167.77
莱州市土山诚源盐化	46.00	0.89	6.33	89.57	8.01	0.30	6.60	152.75

数据来源：邹祖光等，2008。

5）浅层地下卤水资源量

根据勘查成果，估算浅层地下卤水静储量可达约82×10^8 m^3，可见山东省地下卤水资源量是非常丰富的。另外，潮间带卤水补给资源量也不容忽视，以每年生成16×10^4 m^3/km^2的10°Be′卤水量计算，仅莱州湾南岸潮滩每年生成10°Be′地下卤水约0.80×10^8 m^3，说明潮滩地带浅层卤水补给来源是充分的。

11.2.2.2 中层地下卤水矿体

1）中层地下卤水矿体分布

根据已有资料，山东省中层地下卤水矿分布于东营城区和河口区五号桩一带，由于勘查程度较低，区内中层地下卤水资源分布面积大约为400 km^2。

2）中层地下卤水矿体层位

山东省中层地下卤水矿主要赋存于黄河三角洲东部地区，第四纪晚更新世以前海积冲积和海相层中，为承压卤水层。中层地下卤水含水层岩性主要为粉砂、粉细砂、细砂，及黏质砂土，由上到下分为3个卤水含水层组：

第一层组：埋深在102.0～301.8 m，厚度10～28 m，岩性为粉细砂、细砂、粉砂，含有海相贝壳碎片。

第二层组：埋深在154.0～332.1 m，厚度5～15 m，岩性为粉细砂、细砂及黏质砂土。

第三层组：埋深在170.0～365.6 m，厚度10～28 m，岩性为粉砂、粉细砂、细砂，含有贝壳碎片。在3个含卤水层之间都有隔水层，岩性为黏土、粉质黏土等。上部隔水层一般厚度5～18 m，隔水性能较好，隔断上部潜水层卤水与中下层卤水水力联系。

3）中层地下卤水矿体含水层特征

根据钻孔资料及抽水试验得知，中层地下卤水水位埋深1.0～37.0 m，当水位降至12 m左右时，单井涌水量为10.62～15.73 m^3/h，渗透系数一般在0.525～1.359 m/d之间。地下卤水温度约14.5～18℃。

4）中层地下卤水矿体水化学特征

中层地下卤水水化学类型为Cl·SO_4-Na·Mg和Cl-Na·Mg型水；卤水化学成分中Cl^-离子在阴离子成分中占绝对优势，含量为37 488.38～63 987.25 mg/L，卤水中还含有溴、锶等微量元素，在五号桩地区Br含量为167.24～219.4 mg/L。地下卤水矿化度50～110.15 g/L，总硬度1 296～23 174.78德国度，pH值为6.91～7.8，为中偏弱碱性水（表11.16）。

表11.16 黄河三角洲地区中层地下卤水主要组分含量统计表　　单位：g/L

井　号	Na^+	Ca^{2+}	Mg^{2+}	Cl^-	SO_4^{2-}	HCO_3^-	pH	矿化度
五号桩H2孔	24.50	1.25	4.55	50.12	7.21	0.36	6.91	88.54
五号桩H4孔	33.50	1.68	4.61	63.99	5.97	0.28	7.04	110.15
胜电1#	18.80	1.64	3.11	37.49	4.57	0.20	7.80	65.76

5）中层地下卤水矿资源量

根据勘查研究，估算中层地下卤水静储量可达15×10^8 m^3，可见山东省中层地下卤水资源具有一定的开采潜力。

11.2.2.3 深层地下卤水矿体

1）深层地下卤水资源分布

据目前资料显示，山东省深层地下卤水矿体主要赋存在东营凹陷、惠民凹陷、阳信凹陷及车镇凹陷内古近纪济阳群沙河街组四段中。东营凹陷深层地下卤水矿床位于东营市和垦利县境内，东起东营市广利镇，西到垦利县郝家镇，北起垦利县胜坨镇，南到东营区六户镇，区域上呈椭圆形分布，面积约1 200 km^2；惠民凹陷区内深层地下卤水矿床主要分布在临邑县西部—商河县东部地区，面积约600 km^2；阳信凹陷区内深层地下卤水矿床主要分布在阳信南部—惠民县北部之间，面积约120 km^2；车镇凹陷区内深层地下卤水矿床主要分布在东风港周围，面积约170 km^2。

2）东营凹陷区深层卤水岩组埋藏条件及特征

深层卤水资源与盐岩矿为同一矿床，发育在盐矿上部及四周。卤水层主要分布在新生界沙河街组的沙三、沙四段及沙二段，埋深2 400～3 000 m，矿化度最高达353 g/L。自上而下可分为3个含水岩组，即沙河街二段含水岩组、沙河街三段含水岩组、沙河街四段含水岩组。

（1）沙河街二段含水岩组，分布于西城一带，面积30.4 km^2。受构造控制，与沙河街三段含水岩组有水力联系。卤水层埋藏于沙河街一段碳酸盐岩之下，埋藏深度2 400～2 500 m，岩性主要为灰色沙岩、含砾砂岩，累计厚度20～40 m，为孔隙、裂隙型储集层，孔隙度24%。本组卤水层单井出水量50～70 m^3/d。卤水化学类型主要为Cl－Na型水，矿化度180 g/L左右。

（2）沙河街三段含水岩组，平面分布较广，面积369.6 km^2。卤水层埋藏深度2 600～2 900 m，岩性为砂岩、粉砂岩、含砾砂岩等，呈多层分布，单层厚度一般在8～20 m，最厚单层30 m以上，平均卤水层厚约40 m，为孔隙、裂隙型储集层，孔隙度一般在15%～25%之间。卤水层单井出水量100～110 m^3/d。矿化度一般在150～300 g/L。

（3）沙河街四段含水岩组，平面分布较广，面积464 km^2。卤水层埋藏深度2 700～3 000 m，位于沙四段中上部，岩性为砂岩、碳酸盐岩等，呈多层分布，单层厚度一般在2～20 m，总厚度20～40 m，为孔隙、裂隙型储集层，孔隙度一般在15%～25%之间。卤水层单井出水量70～240 m^3/d。矿化度一般在110～350 g/L。东营凹陷的现河、胜华一带盐层埋藏较浅，一般在2 990 m就发现盐岩层，这两地区的卤水矿化度高。沙三段的卤水矿化度大都在200 g/L以上，大部分是独立的卤水层，是将来开采的主要层位。沙四段卤水矿化度在300 g/L左右。

3）深层卤水物理化学特征

深层卤水为氯化物型原生卤水，无色透明、味极咸。矿化度150～250 g/L，井口水温42～70℃，密度1.1～1.2 g/cm^3，pH值5.5～6.5，呈弱酸性。

深层卤水的主要离子含量顺序依次为：Cl^-、Na^+、Ca^{2+}。大量元素属海性元素，卤水矿化度大于200 g/L。说明卤水和古海水有关，并经历过高度浓缩。

盐岩矿区卤水矿化度高。从凹陷边缘至中心，卤水矿化度逐渐增大。自沙二段开始卤水浓度随深度增加而增大，直至盐岩层饱和为止，出现明显矿化度垂直分带现象。

卤水主要离子为钠、氯含量最高，前者为45~70 g/L，后者为90~143 g/L，其次是钙的含量在8~20 g/L，锶的含量在1.5~3.5 g/L。主要化学成分有：钠、氯、钙、锶、镁、钾。微量元素成分有：碘、溴、锂、铁、钡、氟等。其中碘、溴、锂较丰富。

4）深层地下卤水资源量

利用油田报废井提卤试验勘查研究资料，仅东营凹陷深层地下卤水静储量可达约 50×10^8 m^3，预测山东省深层地下卤水资源量大于 200×10^8 m^3。

11.3 油气资源

近岸石油、天然气资源，经勘探，从潍坊至滨州沿海油气资源丰富。黄河三角洲地区是中国著名的大油田——胜利油田所在地。根据潍北至套尔河间的45个油田和14个油气田的统计资料，探明石油地质储量为 22.8×10^9 t，储油面积为1 200 km^2；天然气探明地质储量为 109.4×10^9 m^3，面积为79.6 km^2。

靠近山东省的渤海海域海上油田主要包括中国石油化工集团总公司胜利油田的海洋石油公司所属油田、中国海洋石油总公司天津分公司所属渤南作业区、康菲石油中国有限公司为作业者的蓬莱19-3等油田。

中国海洋石油总公司近几年在渤海的石油勘探取得快速发展。2004年渤海石油产量首次达到 $1\,000\times10^4$ t，2006年实现年产量 $1\,500\times10^4$ t，2009年渤海油田产量突破了 $2\,000\times10^4$ t，2010年渤海石油再上新台阶，实现了油气产量 $3\,000\times10^4$ t的历史性跨越，成为原油产量仅次于大庆油田的全国第二大油田。靠近山东近海的渤南作业区，是渤海盆地的四大产油区之一，于1999年渤海南部海域黄河口凹陷的凸起中，距龙口海岸以北70 km水深20 m处，2口探井相继在海底900 m和1 400 m处发现了厚度140 m的富集油层，日自喷原油110 m^3，天然气5 000 m^3，构造面积50 km^2。渤南作业区油田主要含油层系为新近系明化镇组下段，油藏埋深浅，一般为930~1 719 m，储集岩性为浅水三角洲沉积背景下的中-细粒砂岩，储层具有高孔高渗的储集物性特征。地面原油具有密度中等、黏度中等、凝固点高、含蜡量高、胶质沥青质中等、含硫量低的特点；地层原油属饱和油藏，溶解气油比中等、原油黏度中等，天然气具有 CH_4 含量高、CO_2 和 N_2 含量低等特点。

位于庙岛群岛西侧的蓬莱19-3油田，一期A平台2002年12月31日投产；二期包括B（含蓬莱19-9）、C、D、E、F（蓬莱25-6）平台，C平台2007年7月12日投产，B平台2008年8月6日投产，D平台2009年6月1日投产。主要生产层位为明化镇组下段和馆陶组。截止到2011年6月底，A平台累积生产原油 916.1×10^4 m^3，采出动用地质储量 $5\,494\times10^4$ m^3 的16.7%，采油速度1.0%；二期投产B、C、D、E、F平台累积产油 $1\,557.1\times10^4$ m^3，采出动用地质储量 $33\,385\times10^4$ m^3 的4.66%，采油速度2.12%。

山东半岛北部为北黄海，海域面积约 8×10^4 km^2。发育北黄海盆地，盆地组成为中、上侏罗统，下白垩统，古近系和新近系。主要烃源岩为侏罗系，次要烃源岩为白垩系，其中侏罗系地层具有厚度大、白垩系具有有机质类型好的特点。北黄海盆地储层物性差，具有低孔低渗—特低孔特低渗的特点，但裂隙发育区储层物性明显改善。盖层条件整体较好，背斜、断鼻、断块、岩性等圈闭类型发育。目前的石油勘探已发现原油。

山东东部为南黄海，海域面积约 30×10^4 km^2。近海为南黄海盆地，为两次发育的叠置盆地。古生代—中生代早期为海相地层为主的扬子地台沉积，多套地层具有生烃潜力，发育多套生—储—盖组合，在古生界和中生界中见到良好的油气显示。类比上扬子地区，南黄海可能存在类似普光大型气田的成藏条件，勘探前景广阔。在扬子地台沉积之上，叠加发育了中—新生代盆地，为两坳一隆的构造格局。主要发育陆相沉积地层，在泰州组和阜宁组中都见到过原油显示。已有成果显示了良好的油气前景，目前为我国海域找油攻关地区。

煤、油页岩、泥炭资源，龙口煤田为中国发现的第一座滨海煤田。已探明产煤矿区 12 处，主体在龙口市境内，一部分在蓬莱境内，东西 27 km，南北 14 km。探明含煤总面积391 km^2，探明储量 11.8×10^9 t，该区近岸海域尚有储量 11×10^9 t。煤层埋藏较浅，工程地质条件简单，易开采。煤的水分和挥发分较高，可燃基发热量一般在 30.15×10^3 ~ 31.4×10^3 J/g。

油页岩探明总储量 1.99×10^9 t。另外，在黄河口济阳坳陷东部也发现有煤和油页岩，远景储量为 84.99×10^9 t。

泥炭分布在莱州市—蓬莱岸段，多为海湾或潟湖堆积。蓬莱大杨家、莱州市小辛台、朱由 3 处，泥炭储量 7.8×10^4 t。除大杨家矿点已开采外，其余均未开采。

11.4 矿产资源开发利用现状与保护

山东省沿海地区是矿产开发程度很高的地区之一，已探明的矿产多数都进行了开发。已开发的矿产 65 种，包括能源矿产 4 种、金属矿产 4 种、非金属矿产 55 种、水气矿产 2 种；开采矿山总数 4 006 个，从业人员约 44×10^4 人，实现产值约 289 亿元，约占全省矿产业总产值的 63%。

11.4.1 近海砂矿的开发利用及其对策

山东省近海砂矿是仅次于油气的第二大近海矿产，具有很大的经济价值，该类砂矿开采方便，选矿技术简单，投资小，是开发最早的海底矿产资源之一。据专家分析，全国年建筑用砂需求量约为 250×10^8 t，若 30% 来自海洋，则年需海砂 80×10^8 t。山东省陆架砂体分布面积约为 2.2×10^4 km^2，海砂资源量可达 1.5×10^{12} t，为满足建筑用砂需求提供了资源条件。此外，山东省滨、浅海砂矿类型以海积砂矿为主，多数矿床以共生、伴生矿的形式存在；不少重砂矿产的含量达到或接近工业品位，适合开采。

随着陆地建筑资源的短缺以及对海砂中其他有益组分的需求，人类对海砂资源的依赖程度日益增强，海砂国际市场也不断增大。但近海是海洋工业、渔业、航运、采矿和军事利用最集中的地区，相互之间矛盾突出；如乱挖乱采不仅导致了资源的浪费，而且产生和即将产生一系列严重后果，造成海岸蚀退、岸堤垮塌，海洋污染和海域生态环境恶化。为此，国家海洋局于 1999 年 7 月印发了《海砂开采使用海域论证管理暂行办法》，2007 年国土资源部也下达了“关于加强海砂开采管理的通知”，以期规范海砂的开采与海域使用。

山东省近海砂矿生产能力低，选矿工艺较简单，生产成本高，在开发利用上远落后于浙江、福建、海南、广东诸省。而国外一些新建立选厂，多是自动化程度高，工艺流程先进，可直接在采矿船上进行选矿和分离。为此，山东作为一个海洋大省必须十分重视海洋砂矿采、选工艺的研究。开发海洋矿产之前一定要充分地考虑目前的采选技术设备条件，审慎地进行选区和可行性论证，避免盲目勘查、开发。如已勘查的千里岩海域埋藏古河道型建筑用砂矿，由于上覆较厚的粉砂质黏土层，剥采比大，按目前的技术经济条件很难产生经济效益。

山东是一个海域辽阔、岸线长且海底砂矿资源较丰富的省份。其潜在资源优势和经济价值在整个资源位置中占有一定比例。实施矿产资源从勘查、开发、加工、利用到环保的一体化，将大幅度地降低海洋环境污染，提高资源利用效率，优化资源配置。

11.4.2 地下卤水资源开发现状及问题

山东省开发利用地下卤水资源已有悠久的历史，但是由于技术条件和经济因素限制，地下卤水资源的开发还仅限于浅层地下卤水，中、深层地下卤水资源利用还处于研究阶段，所以本文地下卤水资源开发利用现状主要针对于浅层地下卤水资源而言。

11.4.2.1 浅层地下卤水资源开采、利用现状

莱州湾沿岸提取卤水晒盐最早，寿光岔河盐场已有300余年，莱州盐场建于200年前，其他盐场多兴建于1958年前后。目前，全省开采地下卤水资源晒盐的盐场有100多个，提取地下卤水资源晒盐的盐田面积约400 km^2，在用卤水井数约5 600眼。卤水井的深度随区域的变化也有明显的差异，在黄河三角洲北翼沾化地区井深约45 m，在东营地区约70 m，在莱州湾南岸地区75 ~85 m（最深达94 m）。单井出水量平均7 ~9 m^3/h，最大25 m^3/h。目前，全省年生产原盐约6.53×10^6 t，估计每年提取地下卤水2.87×10^9 m^3，平均每产1×10^4 t原盐需要开采地下卤水44×10^4 m^3。卤水开采总体处于采补平衡状态，但分布不均匀；主要集中在莱州湾南岸的寿光、寒亭、昌邑、莱州，黄河三角洲的沾化、东营区和广饶县。

地下卤水矿藏开发，不仅为盐业生产提取丰富的NaCl，而且卤水中还含有多种有益化学成分，如钾、镁盐及溴、碘、硼、锶、锂等稀散元素。研究表明，卤水中的这些有益组分虽然多数达不到工业品位，但在制盐过程中产生的苦卤使它们得到富集，成为盐化工工业综合利用的资源。区内地下卤水资源的综合利用，正在由简单流程向优化模式发展。目前区内地下卤水资源主要开发方式是：抽取卤水先提取溴素，再到盐场晒盐，最后进行精加工综合利用。

11.4.2.2 主要环境地质问题

1）由于长期不合理开采地下卤水而引起地下卤水降落漏斗、卤水浓度下降和地裂缝等问题

在长期不合理开采过程中，区内地下卤水水位不断下降，出现了大小不等的地下卤水降落漏斗，引起了卤水界面的变化和移动，造成地下卤水浓度多年来呈下降趋势。据调查，莱州湾南岸地区，静水位平均每年下降1 m，卤水浓度每年下降0.5 °Be′，单井出水量也逐年减少。个别地区由于溴素厂分布集中，用水量大，短时间采空区内地下卤水，造成小区域内地面出现裂缝，另外，由于拉沙造成井口坍塌，使得抽水井报废。

2）地下卤水开采引发的浪费和污染问题

近几年潍坊北部兴建多家溴素厂，由于溴素厂用水量较大且集中，促使其周围地下卤水

大量开采，致使大量卤水井由于浓度低或水量太小而报废，造成局部浅层地下卤水矿资源枯竭；原来设计的溴素厂尾水晒盐的综合利用方式，也因为盐场用水量小和冬季晒盐少等原因，使得大量尾水未利用就直接排放入海，造成资源浪费；另外个体小盐场过多，技术普遍落后，统一管理难，晒盐后的苦卤无法集中，厂区污水随意排放，严重污染了盐区地质环境。这应引起有关部门的高度重视。

11.4.3 油气资源开发利用及保护

1）油气资源开发利用现状

山东海洋油气业主要集中于胜利油田。胜利油田的海上油田位于渤海湾南部的极浅海海域、埕北低凸起的东南端，南界距海岸 3 km，与陆上桩西油田、五号桩油田相邻。海岸线全长 414 km，最大水深约 15 m，勘探面积 4 870 km^2。1978 年 11 月，胜利油田使用自行研制的中国第一艘座底式浅海钻井船——“胜利一号”在埕北海域钻成第一口探井——埕中一井，1988 年 5 月，钻探埕北 12 井时发现埕岛油田。

截至 2009 年底，胜利油田共发现油气田 77 个，其中天然气气田 2 个；累计探明含油面积 2 918.75 km^2，石油地质储量 49.5×10^9 t，探明石油可采储量 12.8×10^9 t；探明溶解气地质储量 1981.72×10^9 m^3，探明溶解气可采储量 555.25×10^9 m^3；控制含油面积 1 176.99 km^2，石油地质储量 7.2×10^9 t；预测含油面积 1 202 km^2，石油地质储量 $93\ 470.42\times10^4$ t。探明天然气含气面积 264.65 km^2，天然气地质储量 409.1×10^9 m^3，探明天然气可采储量 199.16×10^9 m^3；控制含气面积 8.4 km^2，天然气地质储量 68.00×10^9 m^3；预测含气面积 297 km^2，天然气地质储量 663.6×10^9 m^3。

2011 年 6 月 4 日以来，位于渤海中南部海域的蓬莱 19－3 油田连续发生溢油事故。截至 2011 年 9 月 6 日，溢油累计造成超过 5 500 km^2 海水污染，给渤海海洋生态和渔业生产造成严重影响。

2）油气开发利用保护与建议

要吸取蓬莱 19－3 油田溢油事故的惨痛教训，开展海洋石油勘探、开发安全生产检查，全面加强海洋环境监视、监测和监督管理，落实安全措施，及时消除各种隐患。由于渤海属于半封闭性内海，水体交换弱；加上周围重化工业高度集聚，生态环境一旦被破坏，难以恢复。近年来，国家专门制定并实施了《渤海环境保护总体规划》，务必确保渤海生态安全，减少入海污染物的排放总量。因此应严格控制新上石化项目数量。如何全面协调油气开发与可持续发展是当前面临的一个重大问题。

11.5 小结

山东省滨海砂矿的范围包括辖区内的滩涂和近岸海域，北起鲁冀交界的漳卫新河、南至鲁苏交界的绣针河口，地跨滨州市、东营市、潍坊市、烟台市、威海市、青岛市和日照市等 7 个地级市。山东省浅海砂矿有砾、砂质砾、砾质砂、砂、粉砂质砂、砂质粉砂、粉砂、黏土质粉砂、粉砂质黏土、黏土等类型。

山东省地下卤水资源主要分布在鲁北平原、莱州湾沿岸及胶州湾地区，总面积约5 800 km^2，总静储量约305×10^9 m^3。山东省卤水资源矿体可分为浅层地下卤水矿体、中层地下卤水矿体、深层地下卤水矿体。

山东省矿产资源除海砂资源和地下卤水资源外，还有油气资源。山东石油地质储量为22.8×10^9 t，储油面积为1 200 km^2；天然气探明地质储量为109.4×10^9 m^3，储油面积为79.6 km^2。

12 滨海旅游资源

山东半岛拥有海岸线3 345 km，岸线绵延曲折且地貌类型丰富；面积在500 m^2 以上的海岛有320个，岛屿众多且风光秀丽，滨海旅游资源十分丰富。作为齐鲁文化的发祥地，山东滨海名胜古迹众多、民俗风情浓郁，形成了非常独特的齐风鲁韵和秦皇汉武文化。受东亚暖温带季风和海水双重调节作用的影响，冬无严寒，夏无酷暑，具备发展夏季避暑度假旅游的优良条件。黄河三角洲湿地生态景观是国家级自然保护区，拥有大量的珍稀鸟类和植物群落，这些都成为滨海旅游开发的重要资源基础。山东滨海旅游资源的开发必须在可持续发展的原则下，遵循保护生态环境、优化产品结构、开发保护、利益共享的原则，在新的经济环境下，积极探索沿海旅游开发的新模式。

12.1 旅游资源类型与分布

12.1.1 旅游资源类型

中华人民共和国国家标准《旅游资源分类、调查与评价》（GB/T 18 972—2003）中对于“旅游资源”一词的定义：自然界和人类社会凡能对旅游者产生吸引力，可以为旅游业开发利用，并可产生经济、社会和环境效益的各种事物和因素。

按上述标准可将山东省滨海旅游资源类型划分为8个主类、30个亚类和109个基本类型，分别占国家旅游资源分类标准中的100%、96.77%和70.32%（表12.1）；表明山东省滨海地区单体旅游资源类型十分丰富，且旅游资源开发的基础较好。据查，山东省滨海地区单体旅游资源1 309个；其中，滨州市126个、东营市125个、潍坊市209个、烟台市212个、威海市153个、青岛市271个、日照市213个。从各市单体资源数量来看，以青岛市单体资源数量最多，其次是日照市、烟台市和潍坊市；总体分布特征呈现半岛地区多于鲁北地区的趋势。

山东省滨海地区8大主类旅游资源中：建筑与设施类资源单体数目最多（占36.70%），其次是地文景观类（占16.51%）和人文活动类（占10.09%），再次是水域风光类（占9.17%）和遗址遗迹类（占9.17%）资源；这正体现了山东省浓郁的历史人文气息（图12.1）。由于该区生物景观资源规模一般较庞大（如黄河三角洲自然保护区），无形之中减少了这类单体资源的数量，仅占单体资源总数的8.26%。另外，旅游商品类和气象气候景观类分别占该区单体资源总数的5.50%和4.59%。

此外，各类旅游资源还存在明显的地域分布差异：① 地文景观类旅游资源单体主要分布在以青岛、烟台和威海3市，共占全省滨海旅游单体的60%以上；② 水域风光类和生物景观类旅游资源单体主要分布在烟台和日照两市，共占全省滨海旅游单体的50%以上；③ 气象气候景观类旅游资源单体主要位于青岛市，占到全省滨海同类旅游单体的80%以上；④ 遗址遗迹类旅游资源主要分布在烟台、威海和日照3市，共占到全省的近八成；⑤ 建筑与设施类旅

表 12.1 山东滨海旅游资源类型统计

主类	亚类			基本类型		
	全国亚类	山东亚类	比例/（%）	全国类型	山东类型	比例/（%）
地文景观	5	5	100	37	18	48.65
水域风光	6	5	83.33	15	10	66.67
生物景观	4	4	100	11	9	81.82
气象气候景观	2	2	100	8	5	62.50
遗址遗迹	2	2	100	12	10	83.33
建筑与设施	7	7	100	50	40	80.00
旅游商品	1	1	100	7	6	85.71
人文活动	4	4	100	16	11	68.75
合计	31	30	96.77	155	109	70.32

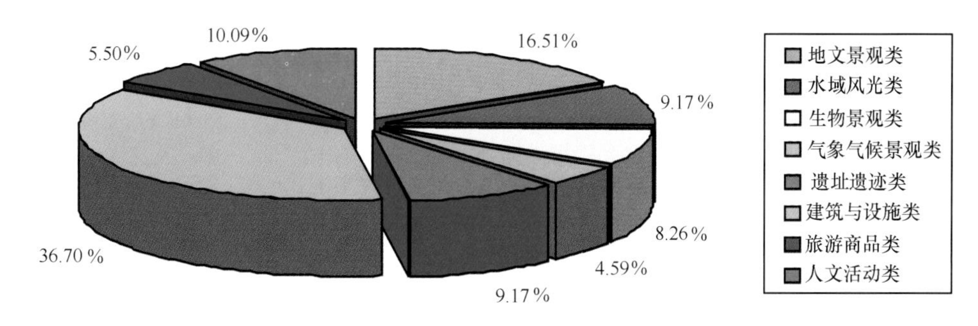

图 12.1 山东滨海地区旅游资源基本类型组合

游资源单体在7个滨海城市中分布较为均匀；⑥ 旅游商品类旅游资源单体多分布于滨州、日照、潍坊和青岛4市，共占到全省的90%以上；⑦ 人文活动类旅游资源单体则主要分布于潍坊、日照、青岛和烟台等市。山东各滨海城市旅游资源单体数量及所占全省的比例详见表12.2。

12.1.2 旅游资源的空间分布特征

12.1.2.1 滨海旅游的地理分区

根据全省海岸带自然地理综合特征的差异，将山东省滨海旅游地域按海岸地质、地貌类型划分为两个一级区，即鲁北平原滨海旅游区和山东半岛滨海旅游区。鲁北平原滨海旅游区主要是由黄河冲积平原形成的粉砂淤泥质海岸，而山东半岛滨海旅游区主要是由鲁东低山丘陵形成的基岩海岸。在一级区划分的基础上再进行二级分区，共将两个一级区划分为5个二级区，也称为旅游带。考虑到行政区的完整性与相对独立性；因此又在二级区划基础上，再依据不同岸段归属的行政地级市划分出9个三级区（表12.3和图12.2）。

1）鲁北平原滨海旅游区

鲁北平原滨海旅游区位于山东省北部的沿海地区，西起与河北省相邻的漳卫新河，东至胶莱河，主要包括滨州市、东营市和潍坊市的滨海地域。

表 12.3 山东省滨海旅游地理分区表

一级区	二级区	三级区
I 鲁北平原滨海旅游区	I_1黄河三角洲旅游带	I_{1-1}滨州岸段
		I_{1-2}东营岸段
	I_2莱州湾南岸旅游带	I_2 潍北岸段
Ⅱ 山东半岛滨海旅游区	$Ⅱ_1$胶莱河口—蓬莱角旅游带	$Ⅱ_1$ 蓬—龙—莱岸段
	$Ⅱ_2$蓬莱角—丁字河口旅游带	$Ⅱ_{2-1}$烟台岸段
		$Ⅱ_{2-2}$威海岸段
		$Ⅱ_{2-3}$海阳岸段
	$Ⅱ_3$丁字河口—绣针河口旅游带	$Ⅱ_{3-1}$青岛岸段
		$Ⅱ_{3-2}$日照岸段

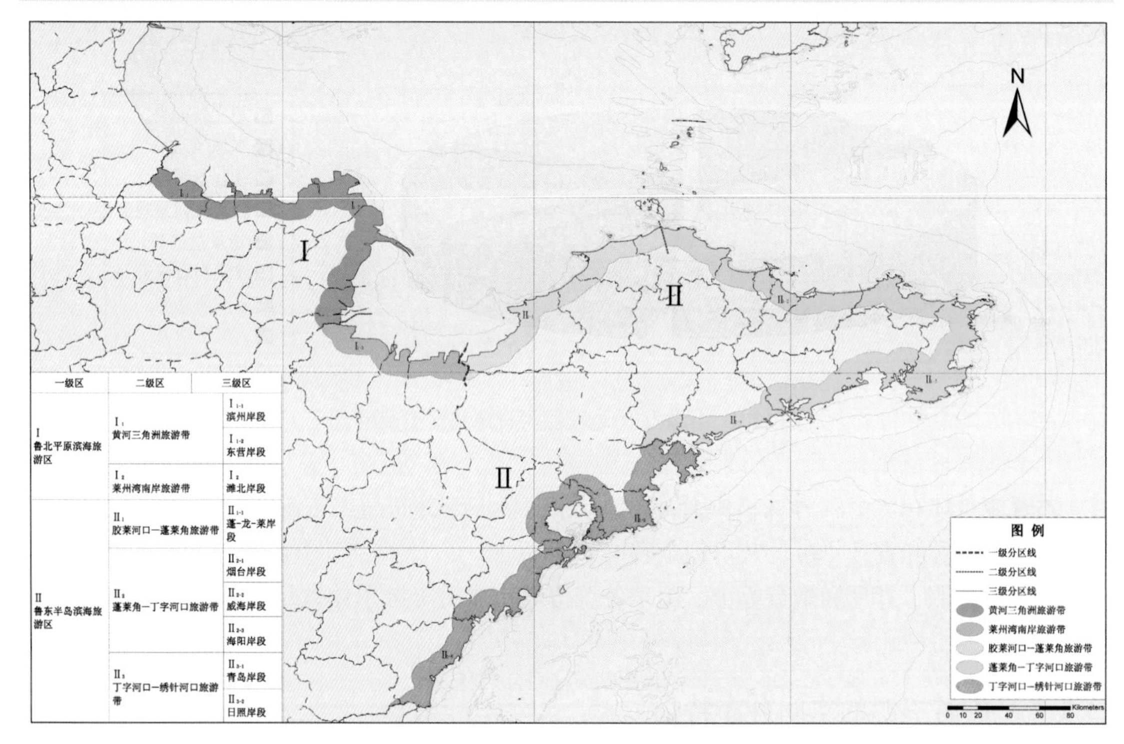

图 12.2 山东省滨海旅游的地理分区

以小清河河口为界，又将其进一步划分为黄河三角洲旅游带和莱州湾南岸旅游带两个二级区。其中，黄河三角洲主要为粉砂淤泥质海岸，包括滨州市和东营市岸段；这里有世界上保存最完整、唯一新老并存的贝壳堤岛，也是我国目前保存最好的大河三角洲湿地生态区。莱州湾南岸位于潍坊市的北部，属于粉砂淤泥质海岸，由潍河、白浪河、弥河等鲁中山地河流冲积、海积而成，也是我国沿海地下卤水资源最丰富的地区之一。

根据行政区的完整性原则又可将其分为 3 个三级区：① 滨州岸段，以黄河故道入海三角洲、贝壳堤与黄河故道文化等形成了黄河三角洲民俗与自然旅游景观；② 东营岸段，地处黄河入海口，有国家级自然保护区——黄河三角洲自然保护区，形成了良好的原始野生生态景观；③ 潍北岸段，有不同时期的文化群带，形成了以民俗旅游为主，集娱乐、观光、海上旅游为一体的协调发展格局。

表 12.2 山东滨海各市旅游资源单体数量统计

类型	地文景观		水域风光		生物景观		气象气候景观		遗址遗迹		建筑与设施		旅游商品		人文活动	
	数量/个	比重/%	数量/个	比重/%	数量/个	比重/%	数量/个	比重/%	数量/个	比重/%	数量/个	比重/%	数量/个	比重/%	数量/个	比重/%
滨州	12	5.0	7	5.0	5	7.8	0	0.0	9	9.6	64	11.4	19	30.6	11	9.2
东营	6	2.5	16	11.3	5	7.8	0	0.0	5	5.3	87	15.6	2	3.2	7	5.8
潍坊	35	14.6	15	10.6	5	7.8	0	0.0	7	7.4	105	18.8	14	22.6	28	23.3
烟台	52	21.7	38	27.0	18	28.1	1	3.1	33	35.1	49	8.8	1	1.6	20	16.7
威海	45	18.8	9	6.4	9	14.1	2	6.3	17	18.1	60	10.7	1	1.6	10	8.3
青岛	55	22.9	8	5.7	4	6.3	27	84.4	0	0.0	137	24.5	11	17.7	20	16.7
日照	35	14.6	38	27.0	18	28.1	2	6.3	23	24.5	57	10.2	14	22.6	24	20.0
全省	240	100.0	141	100.0	64	100.0	32	100.0	94	100.0	559	100.0	62	100.0	120	100.0

2）山东半岛滨海旅游区

本区岸段范围西起胶莱河，绕经胶东半岛，南至鲁苏交界的绣针河口；地属鲁东丘陵区，主要包括烟台市、威海市、青岛市和日照市的滨海地域。本区海岸带以基岩港湾式海岸为主，海岸地貌类型复杂多样；具备了得天独厚的海岸风光。根据海岸带类型和行政区的完整性，以蓬莱和丁字河口为界，可将本区进一步划分为3个二级区：胶莱河口—蓬莱角（莱—龙—蓬岸段）、蓬莱角—丁字河口（烟台—威海岸段）、丁字河口—绣针河口（青岛—日照岸段）旅游带。

（1）胶莱河口—蓬莱角岸段，以平直的砂质海岸为特色，沿岸砂质海滩发育，海湾宽浅。本岸段原生金矿和沙金资源丰富，且胶东半岛唯一的黄县煤田位于此段。主要包括烟台市的莱州市、蓬莱市、龙口市和长岛县。

（2）蓬莱角—丁字河口岸段，以基岩海岸与砂质海岸相间分布为主要特征，多数沿海地区为低缓的丘陵和剥蚀平原，包括烟台市和威海市。本岸段可进一步划分为3个三级区：烟台岸段、威海岸段和海阳岸段。

（3）丁字河口—绣针河口岸段，根据行政区界可分为青岛岸段和日照岸段。青岛沿海为崂山山地，海岸带以基岩港湾海岸为基本特色，岸线曲折、港湾众多。本岸段山水秀丽、气候宜人，是我国著名的海岸风景区和旅游、疗养胜地。日照岸段沿海以平缓的剥蚀平原和小型河口冲积平原为主体，岸线平直且沿岸沙堤发育。青岛、日照两市形成了山东省滨海旅游最具优势和吸引力的精品旅游线路。

12.1.2.2　滨海旅游资源分布特征

作为中国重要的沿海省份之一，山东省拥有得天独厚的自然地理优势，海岸线延绵曲折，海岸带上地质、地貌类型丰富，为多样式旅游资源开发提供了优越的禀赋条件，非常利于面向国内外市场的旅游开发。

从资源开发的角度来看，开发程度较好的滨海旅游资源主要集中在胶东半岛滨海旅游区的青岛—烟台—威海三市；而鲁北平原滨海旅游区由于受资源禀赋类型、地域区位条件和经济发展状况的影响，开发程度相对于胶东半岛滨海旅游区较低。青岛、烟台和威海，其旅游业发展可以追溯到20世纪早期，当时已成为内陆城市富裕阶层的海滨旅游目的地。在历经动荡和战争之后，20世纪大多数时间里旅游业在社会和国民经济中都处于边缘地位。到了20世纪80年代初期，随着改革开放的深入，以青岛、烟台、威海为代表的山东滨海旅游也随着整个旅游业的不断壮大而逐步成熟起来。

从资源类型的角度来看，可划分为生态滨海、度假滨海、观光滨海、海岛综合、休闲渔业、游艇旅游6大类滨海旅游资源。这6类滨海旅游资源在空间分布上各有侧重。例如，生态滨海旅游资源大多分布在鲁北平原滨海旅游区，此区域较远离经济中心，滨海滩涂湿地生态环境保存良好。该区的滨海旅游资源多为生态滨海和休闲观光类型。同时，在胶东半岛滨海旅游区多分布着度假滨海旅游区、海岛滨海旅游区和休闲渔业游艇滨海旅游区。

较为成熟的旅游资源主要分布在胶东半岛地区。从省内各沿海市的情况看，滨海旅游资源分布不平衡。青岛市、烟台市、威海市是自然旅游资源和人文旅游资源均较丰富的地区。在这里有起伏叠翠的山峦、千姿百态的悬崖奇峰、碧波荡漾的海湾和柔软似毯的黄金海滩，有如珠宝似的海岛和沿岸众多的名胜古迹，以及冬无严寒、夏无酷暑的滨海气候。山东沿岸众多优良海滩也分布于此，这些海滩多由柔软舒适的中细沙组成；湾内海水清澈，海底坡度小，流缓浪平；湾顶或是翠山环抱，或是低平开阔。潍坊市和日照市，分别在民俗旅游资源和自然旅游资源具有很大的优势和潜力；东营市和滨州市人文资源相对贫乏，但生态滨海旅游资源极其丰富，具有巨大的开发潜力。

12.1.3 滨海旅游资源质量

12.1.3.1 旅游资源的等级

按照国家旅游标准中旅游资源评价的赋分标准（表12.4），对资源要素价值、资源影响力和附加值三方面的要素，利用德尔菲法对单体旅游资源进行专家打分，再计算专家打分的加权平均值作为最终单体旅游资源的赋分。对照分值区间归类为某一类旅游资源，得到单体旅游资源等级（表12.5）。

表12.4 旅游资源评价赋分标准

评价项目	评价因子	评价依据	赋值/分
资源要素价值（85分）	观赏游憩使用价值（30分）	全部或其中一项具有极高的观赏价值、游憩价值、使用价值。	30~22
		全部或其中一项具有很高的观赏价值、游憩价值、使用价值。	21~13
		全部或其中一项具有较高的观赏价值、游憩价值、使用价值。	12~6
		全部或其中一项具有一般观赏价值、游憩价值、使用价值。	5~1
	历史文化科学艺术价值（25分）	同时或其中一项具有世界意义的历史、文化、科学、艺术价值。	25~20
		同时或其中一项具有全国意义的历史、文化、科学、艺术价值。	19~13
		同时或其中一项具有省级意义的历史、文化、科学、艺术价值。	12~6
		历史价值、文化价值、或科学价值，或艺术价值具有地区意义。	5~1
	珍稀奇特程度（15分）	有大量珍稀物种，或景观异常奇特，或此现象在其他地区罕见。	15~13
		有较多珍稀物种，或景观奇特，或此类现象在其他地区很少见。	12~9
		有少量珍稀物种，或景观突出，或此类现象在其他地区少见。	8~4
		有个别珍稀物种，或景观较突出，或此现象在其他地区较多见。	3~1
	规模、丰度与几率（10分）	独立型旅游单体规模、体量巨大；集合型旅游单体结构完美、疏密度优良级；自然景象和人文活动周期性发生或频率极高。	10~8
		独立型旅游单体规模、体量较大；集合型旅游单体结构很和谐、疏密度良好；自然景象和人文活动周期性发生或频率很高。	7~5
		独立型旅游单体规模、体量中等；集合型旅游单体结构和谐、疏密度较好；自然景象和人文活动周期性发生或频率较高。	4~3
		独立型旅游单体规模、体量较小；集合型旅游单体结构较和谐、疏密度一般；自然景象和人文活动周期性发生或频率较小。	2~1
	完整性（5分）	形态与结构保持完整。	5~4
		形态与结构有少量变化，但不明显。	3
		形态与结构有明显变化。	2
		形态与结构有重大变化。	1

续表 12.4

评价项目	评价因子	评价依据	赋值/分
资源影响力（15分）	知名度影响力（10分）	在世界范围内知名，或构成世界承认的名牌。	10～8
		在全国范围内知名，或构成全国性的名牌。	7～5
		在本省范围内知名，或构成省内的名牌。	4～3
		在本地区范围内知名，或构成本地区名牌。	2～1
	适游期或使用范围（5分）	适宜游览日期每年超过300天，或适宜所有游客使用和参与。	5～4
		适宜游览日期每年超过250天，或适宜约80%游客使用和参与。	3
		适宜游览日期每年超过150天，或适宜约60%游客使用和参与。	2
		适宜游览日期每年超过100天，或适宜约40%游客使用和参与。	1
附加值	环境保护环境安全	已受到严重污染，或存在严重安全隐患。	-5
		已受到中度污染，或存在明显安全隐患。	-4
		已受到轻度污染，或存在一定安全隐患。	-3
		已有工程保护措施，环境安全得到保证。	3

表 12.5　旅游资源单体等级划分标准

类　型	等级	得分值域/分
特品级	五级	≥90
优良级	四级	75～89
	三级	60～74
普通级	二级	45～59
	一级	30～44
未获等级		≤29

12.1.3.2　旅游资源分级

山东省滨海地区五级旅游资源数目为29个，四级211个，三级410个，二级413个，一级225个，未获等级的单体旅游资源为21个。其中：特品级和优良级单体旅游资源数量为650个，几乎占全省单体资源数量的一半。资源价值处于中等水平的三级和二级单体旅游资源最多，分别占总量的31.32%和31.55%（图12.3）。普通级旅游资源数量为638个，占总量的近50%。综上所述：山东省滨海地区单体旅游资源不仅总量丰富，而且品质很高。其中，青岛、威海、烟台和潍坊4市的优良级旅游资源数目最多，是已经开发旅游资源的主要分布地区。同时其他3

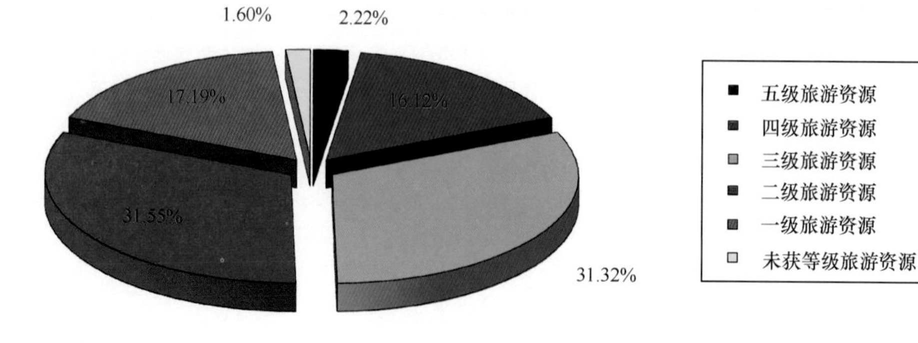

图12.3　山东沿海地区各级别旅游资源数量比例

市的优良级旅游资源数量相对较少，也说明其旅游资源的开发潜力巨大。

12.2 重要沿岸旅游资源和景点

山东滨海旅游资源类型丰富，且拥有不少较高等级的资源。像崂山、蓬莱阁、龙口南山、刘公岛、黄河三角洲湿地等都属高等级旅游资源，具有较高的品位和较强的独特性。沿海7市相比，青岛市资源丰度和等级最高，也是开发最早和发展最好的区域。山东滨海7市的A级景区详见表12.6。

12.2.1 AAAAA级景区概况

12.2.1.1 崂山风景名胜区

崂山风景名胜区（图12.4）是国务院首批审定公布的国家重点风景名胜区之一，是我国重要的海岸山岳风景胜地。崂山素以“海上名山第一”和道教名山而著称。最高峰崂顶海拔1 133 m；景区面积446 km^2，其中风景游览区面积161 km^2。绕山海岸线87.3 km，沿海大小岛屿18个，构成了崂山的海上奇观。如《齐记》所云：“泰山云虽高，不如东海崂。”山海相连，山光海色，正是崂山风景的特色。崂山是我国著名的道教名山，保存下来的以太清宫的规模为最大，历史也最悠久。崂山是世界三大优质矿泉水地下水系中心之一。

图12.4 崂山风景名胜区

崂山山脉连绵起伏，雄伟壮观。花岗岩地貌独具特色，象形石千姿百态，比比皆是，被人们誉为“天然雕塑公园”；山海结合处，岬角、岩礁、滩湾交错分布，形成瑰丽的山海奇观。崂山风景名胜资源十分丰富，现有景点221处，其中历史人文景点47处，自然景点174处。崂山最为著名的十二景是：巨峰旭照、龙潭喷雨、明霞散绮、太清水月、海峤仙墩、那罗延窟、云洞蟠松、狮岭横云、华楼叠石、九水明漪、岩瀑潮音、蔚竹鸣泉。

表 12.6 山东滨海各地市 A 级景区列表

地市	5 A 级	4 A 级	3 A 级	2 A 级	A 级
青岛	崂山风景名胜区	青岛海滨风景区、青岛海底世界、青岛啤酒博物馆、银海国际游艇俱乐部旅游区、青岛极地海洋世界、青岛天泰温泉景区、青岛金沙滩景区、青岛国际工艺品城、青岛市北天幕城、青岛大珠山风景名胜区	青岛迎宾馆、青岛海军博物馆、青岛电视观光塔、海尔科技馆、琅琊台风景区、田横岛旅游度假村、信号山公园、青岛山炮台教育基地、石老人观光园、青岛城阳世纪公园、蔬菜科技示范园有限公司、华山国际乡村俱乐部、三里河公园、青岛大珠山风景名胜区、市北特色商贸旅游区、颐中 VIP 会所、莱西月湖公园、莱西湖生态休闲区、德式监狱博物馆、开发区野生动物世界、雨林谷、百雀林生态观光园、青岛梅园、新天地、鹤山风景区	青岛植物园、青岛天后宫、莱西崔子范美术馆、胶州高凤翰纪念馆、东营胜利油田科技展览中心、康有为故居纪念馆、艾山风景区、青岛明真观、青岛百果山都市休闲风景区、即墨龙山风景区、青岛崂山二龙山生态旅游区	平度现河公园、青岛即墨灵山风景区
烟台	蓬莱阁旅游区、烟台龙口南山旅游区	烟台张裕酒文化博物馆、烟台金沙滩海滨公园、烟台山景区、烟台养马岛旅游度假区、牟氏庄园、烟台张裕国际葡萄酒城、烟台三仙山、八仙过海旅游景区、烟台蓬莱海洋极地世界	塔山风景区、长岛林海景区、烟台山景区、烟台农业科技博览园、体育公园、昆嵛山国家森林公园、蓬莱八仙过海旅游景区、长岛九丈崖旅游区、海阳旅游度假区、融基（烟台）艾山温泉度假村、莱州大基山森林公园、罗山国家森林公园、金都招远黄金珠宝首饰城	莱州云峰山风景区、长岛仙境源景区、长岛望夫礁公园、烟台崆峒岛风景区、毓璜顶公园、蓬莱兴瑞庄园、海阳地雷战纪念馆（海阳博物馆）、招虎山国家森林公园、海阳丛麻禅院、云顶自然旅游风景区、东炮台海滨风景区、栖霞太虚宫、栖霞国路夼生态旅游区、在水一方金都温泉国际度假中心、魁星公园	莱州千佛阁
威海	刘公岛风景名胜区	乳山银滩旅游度假区、荣成市成山头风景名胜区、荣成赤山风景名胜区、荣成圣水观风景区、威海天沐温泉旅游区	“定远”舰景区、大乳山休闲旅游度假区、槎山风景名胜区、青龙生态旅游度假村、乳山岠嵎山风景区、仙姑顶旅游区	荣成花斑彩石景区	
日照		五莲山旅游风景区、日照海滨国家森林公园、万平口海滨旅游区	竹洞天风景区、磴山寨景区	大青山风景区、奥林匹克水上公园	
潍坊		潍坊杨家埠民间艺术大观园、潍坊金宝乐园、青州市云门山风景区、青州仰天山森林旅游有限公司、潍坊寿光林海生态博览园、潍坊安丘青云山民俗游乐园、寿光蔬菜高科技展示园、潍坊诸城恐龙博物馆、临朐沂山风景区	潍坊风筝博物馆、安丘青云湖休闲度假乐园、潍河公园、老龙湾风景区、临朐石门坊风景区、昌邑绿博园、寿光生态农业观光园	青州范公亭公园、青州博物馆、偶园（青州人民公园）、诸城马耳山、诸城大舜文化苑	
东营		东营黄河口生态旅游区	东营天鹅湖景区、东营市历史博物馆、揽翠湖旅游度假区、民丰湖休闲娱乐区	东营黄河口农业观光园、东营胜利油田科技展览中心、垦利渤海垦区革命纪念馆、垦利天清湖休闲观光园	
滨州		惠民孙子兵法城、惠民魏氏庄园	沾化冬枣生态旅游区	惠民孙子故园	

崂山属暖温带落叶阔叶林区，现有木本植物400多种、草本植物1 000余种，在景观上比较突出的有黑松、赤松、落叶松、山杜鹃等。有古树名木225株，如汉柏、唐榆和银杏等。崂山风景区现有林地约35×10^4亩，1992年崂山被国家林业局批准为国家级森林公园。经近几年的封山育林，景区森林覆盖率已达68%。

早在五六千年前，崂山就产生了灿烂的龙山文化。这里还是道教传播要地，始于汉唐，宋、元两代发展到鼎盛时期，明清不衰，盛时有“九宫八观七十二庵”之说，崂山道教是北方全真派，被称为“道教全真天下第二丛林”。著名的道士邱处机、张三丰、徐复阳、刘志坚、刘若拙等都在崂山修过道；著名的佛寺古刹有海印寺、潮海院、华严寺等。文人李白、苏轼、蒲松龄等都曾来山中漫游，多有题刻吟咏，为奇丽的山水增添了几分文秀。

12.2.1.2 蓬莱阁旅游区

蓬莱地处山东半岛最北端，濒临渤海、黄海，北距辽东半岛66海里。蓬莱素有“人间仙境”之称，传说蓬莱、瀛洲、方丈是海中的三座神仙，为神仙居住的地方，相传吕洞宾、铁拐李、张果老、汉钟离、曹国舅、何仙姑、蓝采和、韩湘子八位神仙，在蓬莱阁醉酒后，凭借各自的宝器，凌波踏浪、漂洋渡海而去，留下“八仙过海、各显其能”的美丽传说。举世闻名的蓬莱阁（图12.5）坐落在蓬莱市北濒海的丹崖山上，相传是秦皇、汉武帝求仙访药之处。它始建于北宋嘉祐六年（公元1061年），与黄鹤楼、岳阳楼、滕王阁并称为“中国四大名楼”。

蓬莱阁虎踞丹崖山巅，云拥浪托，美不胜收。它由蓬莱阁、天后宫、龙五宫、吕祖殿、三清殿、弥陀寺及其附属建筑组成规模宏大的古建筑群，面积18 960 m^2。阁内文人墨宝、楹联石刻，琳琅满目。阁东蓬莱水城为我国最早的古代军港之一，负山控海，修有水门、码头、炮台等海港和军事建筑，与蓬莱阁一起列为国家重点文物保护单位。

阁西田横山又称登州岬，为秦末齐王田横屯兵处，因此得名；明清两代设有炮台，抗日战争时期八路军曾于此用土炮伤过日舰，皆存有遗址。也是黄海、渤海分界线的南端起点，北临大海，峭壁如切，新建有田横山文化公园、田横栈道、黄渤海分界坐标等景点，以海上公园闻名遐迩。戚继光纪念馆和水师府为二进式院落，东西两侧分别建有四柱斗拱飞檐碑亭，亭内分别立“忠”、“孝”字碑；纪念馆展厅主要展现民族英雄戚继光保国卫民、戎马一生的景象。

12.2.1.3 烟台龙口南山旅游区

烟台龙口南山旅游景区（图12.6），位于山东省烟台市龙口市境内景色秀丽的庐山之中，是一个融宗教、历史、旅游、饮食、商业于一体的大型旅游文化景观。它分为宗教历史文化园、主题公园——欢乐峡谷和东海旅游度假区三大部分；景区内的南山禅寺、香水庵、灵源观、文峰塔、南山古文化苑等景点均系晋、唐、宋、元、明、清代遗迹，千年古刹，可谓圣地重光，更添新颜。古建筑群中的亭榭廊塔，山林水系，依山构造，古朴典雅，迤逦壮观，气势宏伟。

世界最大的锡青铜坐佛（高38.66 m，重380 t）——南山大佛和国内最大的室内玉佛（高13.66 m，重660 t）——南山药师玉佛成为景区两大亮点。大佛的莲花宝座下还建有功德堂、万佛殿和佛教历史博物馆，在万佛殿中供奉着9 999尊铜制金身小佛像，取“万佛朝

图 12.5　蓬莱阁旅游区

宗”之意。园区内建有以历史文化为经、吉祥文化为纬，按朝代顺序建设的历史文化园，宛如一部鲜活的中国通史，全面展现了中华文明的博大精深和民族文化的多姿多彩。

旅游风景区内还建有景色宜人，与整个风景区配套建设的南山康乐宫、南山宾馆、南山文化会议中心、南山国际高尔夫俱乐部、南山庄园葡萄酒堡等，形成了功能齐全的度假休闲、旅游观光、餐馆娱乐、会议接待服务体系。“结庐在人境，而无车马喧，……采菊东篱下，悠然见南山”，南山旅游风景正以它优雅的自然景观和底蕴丰厚的人文景观，勾画出一幅“寿比南山”的人间美景，是理想的旅游、度假胜地。

12.2.1.4　刘公岛风景名胜区

刘公岛（图 12.7），位于威海湾口，距市区旅游码头 2.1 海里；素有“东隅屏藩”、“海上桃源”和“不沉的战舰”的美誉。“千里绝尘埃，此间即洞天”是刘公岛的真实写照。沿环山路绕岛而行，不仅可以参观各景点，还可饱览海天一色的美丽风光。刘公岛北陡南缓，东西长 4.08 km，南北最宽 1.5 km，最窄 0.06 km，海岸线长 14.95 km，面积 3.15 km^2，最高处海拔 153.5 m。岛上峰峦叠起，植物茂密，森林覆盖率达 87%；空气清新，冬暖夏凉，年均气温 12℃左右，是避暑、度假、疗养的理想圣地。1985 年被命名为“国家森林公园”，1992 年被国家林业局公布为“国家森林公园”，1999 年刘公岛被建设部命名为“国家文明风景区”，2001 年被国家旅游局公布为“4A 级旅游区”，2011 年晋升为国家“5A 级景区”。

刘公岛人文景观丰富独特，既有上溯千年的战国遗址，又有名扬海内外的清朝北洋水师提督署、水师学堂、古炮台、丁汝昌寓所、铁码头等大量文物古迹，还有英国殖民统治时期遗留下来的众多欧式建筑。近几年，又修复、兴建了刘公岛博览园、甲午海战馆等多处新景观。

刘公岛不仅是北洋水师的诞生地、甲午战争的古战场，还是著名的旅游观光地和爱国主义教育基地。岛上有江泽民总书记题写的“中国甲午战争博物馆”牌坊，有北洋水师提督署

图 12.6 烟台龙口南山旅游区

和丁汝昌寓所旧址，有甲午海战期间功不可没的北洋水师铁码头和古炮台，有纪念甲午英烈的北洋水师忠魂碑，有展示中国兵器发展史的中华兵器馆，有保持原始风貌的国家森林公园等。

图 12.7 刘公岛风景名胜区

12.2.2 其他重要景区

12.2.2.1 荣成铁槎山

荣成铁槎山是道教重地，山海之险不亚于崂山，有“清凉顶”、“千真洞”、“八宝云光洞”等别具一格的古迹，世大的有待进一步地开发和利用，发挥其丰富的旅游资源价值。

12.2.2.2 成山头

成山头是全省海岸线的最东端，古称“召石山”，并有“天尽头”之美誉。1986 年被国务院列为国家级风景名胜点。这里临海悬崖陡壁，崖下大海流湍浪啸，尤为壮观。据《史记》载秦始皇和李斯、汉武帝、唐太宗均曾至此巡游。其顶峰有碣石一块，据说是秦始皇第一次东巡时的遗物。东南峭壁下的急流中有 4 块巨石若隐若现，依次排向东南方向，那就是有名的“秦桥遗址”。

成山头被誉为“中国的好望角”，素有“南有天涯海角，北有极地尽头”之称，是著名的旅游胜地，秦始皇统一天下后，曾两度驾临成山头，公元前 94 年，汉武帝刘彻东巡海上，也来到成山头，留下了许多历史遗迹。新中国成立后，众多的党和国家领导人及海内外名人政要先后来成山头观光，胡耀邦同志还亲手题写了“天尽头”“心潮澎湃”7 个大字。

12.2.2.3 庙岛群岛

庙岛群岛位于山东省唯一的海岛县——长岛县，包括 32 个海岛，像一串珍珠镶嵌在胶辽半岛之间、黄海、渤海交汇处，素有“蓬莱仙岛”的美称。这里气候宜人，空气清新，群体优势突出，有天景天象诱人景观。景观以自然塑造的奇礁异洞为主，如峰山、水晶洞、北山、望夫礁、九丈崖、古烽火台、宝塔礁等；有文化层次研究价值较高的北庄古遗址、航海及历史博物馆及上万件古文物；其他如半月湾公园、鸟展馆、长岛烈士陵园等也都各具特色。长岛素有“候鸟旅站”之称，飞经这里的鸟类达 240 多种，是国家级鸟类自然保护区，孤峰插海的高山岛和车由山岛是海鸥的王国。现已建成为赏古观景的综合旅游区。自然景观和人文景观区点有 60 多个，集中在南五岛，其中已经开发和利用的有近 1/3。目前，长岛已经成为国家地质公园。

12.2.2.4 养马岛

养马岛位于牟平城北 9 km 处。养马岛天然山水，景观优美恬静，气候宜人；岛上丘陵起伏，山光海色，秀丽如画。相传秦始皇东巡时曾在此岛养马，故名养马岛。神话传说中的八仙过海时曾在此小憩，至今岛上留有“金龙入海”、“仙洞听涛”等传说。近年岛上已建有赛马场、摩托车比赛场及海水浴场等设施。该岛还盛产海参、鲍鱼、扇贝等海珍品。岛上已建多处宾馆，是一处颇具特色的旅游景点。

12.2.2.5 灵山岛

灵山岛位于胶南市灵山湾，古胶州八景之一，有“先云而雨，先日而曙”的美景。灵山海拔 513.6 m，岛上有地层不整合接触面和多处悬崖峭壁，有望海楼、老虎嘴、磨刀石、象鼻山等名胜。遇上大风天气，巨浪拍岸，惊险壮观。岛上还有很多岩洞，大者可容100余人，随潮汐涨落而出没。此岛登高可观日出，临海可垂钓。灵山岛周围的海水清澈，海岛风景秀丽，是一个不可多得的旅游去处。

12.2.2.6　海驴岛

海驴岛位于成山角北，周围岩壁海蚀洞等海蚀地貌发育。此岛也是海鸥的王国。可开发成以科普教学为内容的旅游景点。

12.2.2.7　温泉

山东沿岸分布许多温泉，集中分布在青岛、文登、威海等地。威海市温泉一条街，已开发有宝泉汤和温泉汤，水质优良，能治疗多种疾病。古人曾用这样的诗句赞美威海温泉："行人浴罢闲相语，可似华清第二池"。

文登的七里汤，为涌泉，水温70℃左右，富含硫黄，具有医疗作用。

即墨温泉设有相当规模的温泉疗养院及度假休闲地。

另外，招远汤为一沸泉，水温达96℃，有待进一步开发利用。

12.2.2.8　黄河口

闻名于世的黄河，是孕育中华民族的摇篮。黄河入海口对国内外的旅游者都有很大的吸引力。黄河三角洲已被列为国家级自然保护区，融自然生态、野生动物、科研教学为一体，具有独特的旅游价值。该区旅游资源的开发应在充分保持自然野趣的基础上，利用湿地丰富的草场资源和河口水域特色，开展黄河入海口观光漂流与牧场野营相结合的别具一格的旅游项目。

12.3　旅游资源开发利用现状与保护

12.3.1　山东滨海旅游业开发利用现状

山东作为中国重要的沿海省份之一，具有战略性区域优势，位于主要国内客源市场北京和上海两大都市圈之间，通往其主要国际客源地韩国、日本以及东南亚的交通设施也十分便利。山东省的滨海旅游资源分布范围广泛，种类丰富，非常利于面向国内外市场的旅游开发。青岛、烟台和威海等滨海城市，其旅游业发展可以追溯到20世纪早期，当时已成为内陆城市富裕阶层的海滨旅游目的地。在历经动荡和战争之后，20世纪旅游业多处在社会和国民经济的边缘地位。直至20世纪80年代初期，随着改革开放的深入，滨海旅游也不断壮大和成熟，滨海观光旅游是这一时期的主要产品。20世纪90年代中后期至今，随着度假和散客游为主的第二次旅游浪潮的到来，山东滨海旅游产品持续受到了国内外游客的欢迎，2005年滨海旅游总收入达到576×10^{9}元。

12.3.1.1 滨海旅游资源产品开发现状

1）观光旅游产品

滨海旅游区国内游客中观光游客比重占到41%，休闲度假游客比重占到18%，探亲访友客人占到25%。沿海主要城市接待的国内游客中，威海的观光游客比重为43%，烟台为41%，青岛为36%。入境旅游者中，商务活动和观光游览是来滨海旅游区的主要目的，入境观光客中，青岛的比例为23%，烟台为45%，威海为17%，绝大多数的观光游览活动主要集中于各个A级旅游景区中。在省内已经评定的111处A级旅游区中，滨海地区有61处（表12.6）。

2）度假旅游产品

度假旅游产品主要以区域内的国家和省级旅游度假区为主体。其中，国家级旅游度假区有青岛石老人国家级旅游度假区，省级度假区烟台4处、威海4处、青岛3处和日照1处。但滨海地区现有旅游度假区建设现状没有充分地体现地方特色和资源特点以及适应市场需求的产品类型。大多数度假旅游区制定的目标都是不切合实际的高端市场和国际市场，没有考虑细分市场、产品竞争力以及设施和服务质量等因素，产品供应与市场需求之间往往出现脱节现象。

3）城市旅游产品

城市旅游目的地主要为青岛、烟台、威海三大城市。

（1）青岛是发育最为成熟的城市旅游目的地，其主要产品有：一是城市观光，包括海滨风光、崂山风景区以及历史古迹等，如中山路具有古老欧式建筑风格的中央商务区；二是文化与城市景观；三是从事会展旅游的商业环境与设施；四是购物旅游以及滨海夜市等个性化产品；五是一定数量的休闲娱乐设施。

（2）烟台的特色与青岛有相似之处，但规模相对较小，城市旅游氛围营造还有待进一步提高。

（3）威海是一个很有吸引力的城市，其主要的旅游产品仍是观光产品，休闲度假产品的比重还不大。其主要的人文景观有寺庙佛塔、成山头国家风景名胜区、刘公岛及岛上的水师学堂、北洋水师提督署和部分文化娱乐设施。

（4）日照市也具有很好的潜力，但目前日照的滨海旅游产品仍然是以大众型的海滨观光与海水游乐产品为主，产品层次较低。海滨主题型度假和水上运动型度假产品严重滞后。

4）专项旅游产品

山东滨海体验旅游产品以高尔夫旅游为主。目前，山东滨海地区建成9处高尔夫俱乐部和球场；其中，青岛4处（青岛国际、青华山国际乡村、云山和天泰国际俱乐部）、威海1处（威海泛华高尔夫俱乐部）、烟台4处（烟台国际高尔夫俱乐部、烟台南山高尔夫俱乐部、东海高尔夫、海阳旭宝高尔夫俱乐部）。但由于开发和运营较为不力，设施与服务质量较差，目标市场不明确，导致经济效益不高。其他专项产品主要以运动型和地方风俗型的观光和休闲产品为主，包括：生态农业之旅、烹饪之旅、书法之旅、民俗之旅、博物馆之旅、温泉健身、消遣娱乐游、地质科普游、生态之旅、渔家乐民俗之旅、工业之旅、石油工业之旅、兵圣古代军事之旅等产品，应对个性化的市场需求。

5）节庆旅游产品

山东滨海地区的节庆旅游产品主要以地域民俗节庆和各种主题文化活动为载体发展起来的，日益成为山东滨海地区推进旅游发展、促进旅游消费、扩大地方知名度和吸引力的主要旅游产品。目前已经初具规模，多年连续定期举办的节庆活动主要有青岛啤酒节、烟台张裕葡萄酒文化节、长岛渔民节等，已经初步发展成为具有国际知名度和影响力的节庆活动。此外，还有众多地域性的小型节庆活动（表12.7），也成为当地积聚人气、吸引游客的重要旅游产品载体。

表12.7 山东滨海节庆旅游产品现状

城市	主题节庆	时间
青岛	市北购物节、元宵萝卜山会、新正民俗文化庙会	1月
	海云庵糖球会暨民俗文化节、美丽的胶州新春秧歌会	2月
	十梅庵梅花节、周戈庄上网节	3月
	青岛樱花会、国际风筝放飞活动、胶州艾山登山节、中国青岛赏花会	4月
	茶文化节、即墨旅游购物周、北宅樱桃会、夏庄樱桃节、大珠山山会	5月
	中国国际电子家电博览会、中国青岛（市南）国际商务周	6月
	中国青岛海洋节、中国国际航海博览会、青岛之夏艺术灯会	7月
	青岛国际啤酒节、国际帆船帆板比赛、金沙滩文化旅游节	8月
	青岛国标时装周、大泽山葡萄节	9月
	青岛金秋之旅系列活动、青岛国际沙滩节、青岛国际车辆模型公开赛、大泽山登山节	10月
	国际钓鱼比赛	11月
	青岛酒吧文化节	12月
烟台	毓璜顶庙会	1月
	三月三塔山会	4月
	莱阳梨花节	4月
	中国国际美食节	8月
	烟台书画艺术节	10月
	APEC盛会	不定期
威海	文登昆嵛山会	5月
	赤山法华院祈福法会	7月
	荣成国际渔民节	7月
日照	中国（莒县）浮来山福寿文化节	10月
东营	孙子国际文化节	9月
	东营购物节	12月
滨州	中国滨州博兴国际小戏节暨董永文化旅游节	4月

6）商务会展旅游产品

山东滨海地区的商务会展旅游发展已经起步，青岛、烟台都曾经举办过大型国际会展活动，奥帆赛、APEC国际贸易博览会等活动的成功举办，为山东滨海会展旅游产品发展提供了巨大机遇，会展功能已经逐步成为山东滨海城市的核心功能之一。但是目前山东滨海地区的商务会展旅游产品发展并不均衡，除青岛、烟台两地初具规模外，其他地市的会展旅游基本还处于起步甚至空白，东营、滨州以及潍坊受海岸类型和原有的旅游产品结构的制约，会展旅游发展的空间不大，所以也并未作为核心的旅游产品类型进行开发。威海市的商务会展旅游产品发展已经起步，国际性的会展和节庆活动已开始落户威海，由于专门针对商务会展产品的配套服务设施较为滞后，在一定程度上限制了其发展；但近年来随着相关配套设施的跟进，威海的商务会展旅游产品将会越来越成熟。

12.3.1.2　滨海旅游基础设施开发现状

1）旅游交通现状

（1）交通区位良好，区域交通系统发达。滨海旅游线上公路交通方面主要有荣乌高速、沈海高速、青兰高速、济青高速、长深高速、204国道、206国道、220国道、308国道、309国道等；铁路交通方面主要有胶济铁路、胶新铁路、德龙烟铁路；海运交通方面，拥有众多港口，开通多条水上航线；航空交通方面可以依托青岛机场、烟台机场、威海机场、潍坊机场。

（2）旅游专用线路不够通畅。区域内交通门户与各个地域和旅游景区的衔接不够通畅，区域内旅游无障碍交通仍然难以实现，旅游内部交通仍需要改善。

（3）旅游交通设施需要改善。旅游城市的交通设施还需要进一步完善，特别是交通指示系统亟待加强。

2）住宿设施

根据山东省旅游局的统计资料，截至2007年底，山东省共有各类星级饭店728家，其中五星级17家，四星级89家，三星级347家，二星级266家，一星级9家。

滨海地区7个城市共有各类星级饭店388家，其中，以三星和二星为主，分别占住宿设施总数量的49.2%和34%；适于商务旅游和高端市场的宾馆为五星级和四星级宾馆，分别占住宿设施总数量的3.1%和12.9%。综合来看，滨海地区旅游住宿设施数量较多，接待能力较强，基本满足旅游需要。存在的主要问题是：淡旺季过于明显，夏季住宿紧张，影响接待质量；而冬季平均出租率低；此外，旅游接待设施缺乏鲜明的地方特色，缺少创新和个性化服务。

3）旅行社

根据山东省旅游局的统计，2007年山东省旅行社的总数为1 808家，其中国际旅行社103家，国内旅行社1 705家。滨海地区7个城市共有国际旅行社58家，国内旅行社914家。总体来看，滨海地区近年来旅行社发展较快，但散、小、弱现象明显，而且相互之间的合作极少，不能实现无障碍旅游。

12.3.1.3 滨海旅游的旅游收入和接待量

2008年，山东沿海7个城市共实现旅游收入1 092 × 10^9 元，占山东省旅游总收入的54.5%；其中旅游外汇收入10.4 × 10^9 美元，占全省的74.77%。全年接待国际游客176 × 10^4 人次、国内游客11 489 × 10^4 人次，分别占全省的69.4%、47.9%。在蓝色经济区中，旅游业实际上已成为主导产业。

从地区分布来看，青岛的国际游客数量和外汇收入分别占蓝色经济区旅游总量的45.5%和48.1%（表12.8），构成蓝色经济区入境旅游的主体。烟台和威海紧随其后。

表12.8 2008年沿海7个城市接待入境游客及旅游创汇

地 区	入境游客人数			旅游（外汇）收入		
	接待量/×10^4 人次	占全省份额/（%）	增长/（%）	收入/×10^4 美元	占全省份额/（%）	增长/（%）
青 岛	80.13	31.58	-26	50 045.4	35.97	-25.9
烟 台	35.21	13.88	14.5	26 707.7	19.19	16.4
威 海	28.83	11.36	7.8	13 733.7	9.87	10.3
沿海地区	176.11	69.4	—	104 036.1	74.77	—
山 东	253.76	100	1.6	139 148	100	2.9

从国内旅游看，沿海地区同样占据了山东旅游的大半壁江山，特别是人均消费水平接近全国最发达的地区（表12.9）。

表12.9 2008年沿海地区7市国内旅游收入及接待量

地 区	入境游客人数			旅游（外汇）收入		
	接待量/×10^4 人次	占全省份额/（%）	增长/%	收入/×10^4 美元	占全省份额/（%）	增长/（%）
青 岛	385.5	20.20	10.1	3 389.5	14.10	4.0
烟 台	209.9	11.00	24.3	2 346.0	9.76	17.4
威 海	149.2	7.82	23.0	1 586.0	6.60	16.8
潍 坊	143.6	7.52	35.1	1 869.3	7.77	32.2
日 照	78.6	4.12	23.1	1 450.8	6.03	18.3
东 营	27.6	1.45	38.0	427.6	1.78	30.0
滨 州	26.2	1.37	30.0	420.7	1.75	23.1
沿海地区	1 020.6	53.48	—	11 489.9	47.78	—
山 东	1 908.5	100.00	23.1	24 046.6	100.00	18.2

沿海地区之所以成为山东入境和国内游客的主要目的地，是因为沿海地区已经拥有了高端度假、休闲产品集群，如大量星级酒店、旅游区、A级景区以及国家级和省级旅游度假区（表12.10）。目前已经开发形成具有高端特点的温泉度假地，高尔夫、温泉、葡萄酒、城市休闲、近海邮轮等产品组合已经形成中国沿海典型的高端产品集群。

表 12.10　沿海地区旅游产业要素情况

地 区	星级酒店		旅行社		景区		旅游度假区	
	总数	三星级以上	国际	国内	A 级景区	4A 级以上	国家级	省级
沿海地区	460	321	66	884	136	36	1	13
山 东	859	558	118	1 679	323	73	1	16
比重/（%）	54	58	56	53	42	49	100	81

12.3.1.4　山东滨海旅游产品竞争力评价

（1）滨海旅游的产品结构比较单一，资源优势远远没有形成产品优势，海洋旅游产业的发展基本上处于低级的阶段，造成海滨旅游资源的巨大浪费，影响了旅游产业的持续发展。

（2）旅游旺季太短，海滨旅游项目和活动主要局限于5—10月，淡旺季明显。旅游淡季缺乏替代产品，特别是高质量的娱乐、购物、体育以及休闲活动。

（3）滨海旅游的发展存在明显的区域差异性。一是地区差异，旅游产业主要集中于青岛、烟台、威海，而日照、潍坊等城市滨海旅游产业与之尚有较大差距；二是旅游空间过于集中于海滨滩涂，海上旅游、海岛旅游产品发展缓慢。

（4）低档次和过度开发以及不恰当的城镇规划对海滨沙滩带来负面影响，特别是度假区内的非旅游项目建设，一些高质量沙滩涌入大量的非度假客人，使得高峰游客量大大超过容客量。

（5）海滨旅游产品缺乏整体的品牌形象，阻碍了市场范围的扩大。滨海城市的旅游接待设施与服务水平尚未达到国际游客的标准。

（6）旅游产品的品质还较低，除青岛和部分城市建成区外，住宿设施和服务标准不高，难以吸引国际远程市场，在某种程度上甚至不足以吸引区域和国内高端市场。

（7）城市旅游存在的主要问题是季节性强，导致旅游旺季期间交通紧张、设施不足和接待服务质量降低。

（8）缺少适合区域性国际游客购买的物品。购物是滨海游客特别是度假游客在旅游期间很重要的一项活动，目前山东滨海地区的大部分城市均无法提供十分成熟的旅游购物产品，也直接影响了全省旅游经济收益。

（9）滨海旅游产品开发的趋同现象明显，各地开发均为“能拜托旧”的产品模式，缺乏大手笔、大策划，未能形成具有地域特色的旅游产品和精品，因而替代竞争较为激烈，导致客人分流过度，各地的旅游接待设施的闲置与浪费。

12.3.2　山东滨海旅游业发展前景

山东滨海旅游区将充分发挥3 000 km海岸线的资源优势，以打造“黄金海岸，度假天堂”品牌为奋斗目标，滨海旅游区将成为旅游环境优美、设施配套完善、产品特色凸显、市场多元化、管理科学高效、具有核心竞争力和市场吸引力的国际标准的海滨度假旅游目的地。

2010年，山东省年接待海外游客310×10^4人次，旅游外汇收入16.95×10^9美元；接待国内游客2.6×10^9人次，国内旅游收入$2\,473\times10^9$元；旅游业总收入达到$2\,614\times10^9$元，滨海旅游收入达到$1\,500\times10^9$元，旅游产业成为滨海旅游的支柱产业。

下面，结合山东滨海旅游区的特点、开发利用现状以及潜在滨海旅游区等级评定结果，对各滨海地市的旅游开发方向、市场和产品进行详细的科学定位（表12.11）。

表12.11 滨海旅游区各地市的开发方向、市场和产品定位

城市	品牌形象	开发方向	产品定位	市场定位	重点项目
青岛	奥运扬帆胜地、海滨度假天堂、帆船之都、多彩青岛	围绕建设富强、文明、和谐的现代化国际城市的要求，突出"山、海、城"特色，全面推进旅游产品由观光型为主向度假观光型转变、旅游增长方式由游客数量增长型为主向质量效益型增长转变、旅游环境和旅游质量达到国际一流水平，旅游业成为青岛市国民经济重要的支柱产业，青岛市成为旅游设施完善、产品丰富、环境优良、知名度高的中国最佳休闲度假旅游城市	度假旅游、观光旅游、海上旅游、文化旅游、商务节会旅游、体育健身旅游、国际邮轮旅游	国内市场以省内客源和京津冀地区、长三角地区、珠三角地区为重点；海外客源立足日、韩、港澳台和东南亚市场，积极开拓欧洲、美洲和俄罗斯客源市场	仰口、奥林匹克水上运动中心、崂山、石老人国家旅游度假区
烟台	山海仙境、葡萄酒城 黄金海岸人间仙境	初步建立起适应市场需求、文化与度假特色鲜明、空间格局清晰、管理服务到位、具有自我持续发展能力的旅游产品和旅游产业体系，把烟台建设成滨海优美生态环境为基础的度假、观光、商务功能并重的黄渤海旅游协作区中心城市和国际国内重要旅游目的地城市	围绕"山、海、城、岛、林"五大特色，重点培育和完善度假旅游、观光旅游、海上旅游、文化旅游、商务会展节庆旅游、体育健身旅游、自驾车旅游、山地休闲旅游八大系列旅游产品	巩固京津冀地区、长三角地区、东北三省传统市场，开拓扩大珠三角、西北地区、华中地区客源市场份额，重点扩大在经济发达地区的高端客源市场份额	三山岛、蓬莱、养马岛、长岛渔家乐、龙口南山、芝罘岛、国际葡萄酒城、丁字湾国际度假区
威海	幸福海岸，魅力威海	全面实施幸福海岸旅游专项规划，以千米海岸线为载体，以福文化为灵魂，以旅游目的地为目标，开发建设"一线七区二十个项目十项重点产品"，实现威海旅游经济增长方式的重大转变，实现旅游资源大市向旅游经济强市的跨越，旅游发展走在全国前列，威海成为中国北方具有较强竞争力和吸引力的旅游度假基地	海上旅游、温泉旅游、生态旅游、乡村旅游、文化旅游、体育旅游、会展旅游、节庆旅游、工业旅游、自助旅游	国内市场，继续主攻京津冀、沪宁杭及东北地区，积极拓展西北市场、珠三角地区，海外市场主要是韩、日、俄兼顾东南亚和欧美地区	刘公岛、海上游轮、成山头、赤山、福通天和乐园、大乳山福地养生园、黄金主题公园
潍坊	放飞梦想、逍遥潍坊	经济文化强市；中国最佳休闲度假（民俗风情）旅游城市；大鲁中旅游带的旅游中心城市和首选目的地；山东中部的旅游产业增长极；山东最具地域特色和民俗风情的休闲产品集群	度假休闲产品、观光产品、文化旅游、专项产品、逍遥游产品	以地域大众观光休闲为基础市场，以济南、青岛两大都市圈和省内周边、苏北、环渤海区域以及长三角地区为主体外部市场	九龙涧、坊子1904、杨家埠、渤海水城、寿光蔬菜博览园
日照	中国水上运动之都	在打造中国水上运动之都和国际水准的海滨度假城的目标引导下，坚持政府主导、社会参与、市场运作等原则，构建以海滨为中心，海山古林兼备，人文、自然景观和海滨民俗三位一体的旅游格局	水上运动、滨海度假、海滨民俗、节会赛事、生态旅游、文化旅游	抓好国内市场的三线开发：沿亚欧大陆桥线，日照至北京、哈尔滨线，京沪、京福线；国际市场主要以日照至平泽客箱班轮为依托，重点开发韩国市场，并开拓港、澳、台和俄罗斯、日本等市场	太阳城旅游度假区、奥林匹克水上公园、刘家湾赶海园、磴山、岚山旅游度假区
东营	黄河与大海相约的地方	塑造"黄河口旅游文化品牌"，构建"四大空间板块，两条生态轴带"的旅游空间结构，建设生态卓越的黄河水城	生态旅游、工业旅游、乡村旅游	省内客源为主，京津冀地区和长江三角洲地区	黄河三角洲、天鹅湖、胜利油田、黄河口生态旅游区
滨州	四环五海、生态滨州	以冬枣和文化为两大品牌，打造滨海生态旅游城市	生态旅游、文化旅游、乡村旅游	以滨州市本地市场和周边济南、淄博、东营市场为主，省内其他城市青岛、潍坊、烟台等为辅	冬枣生态园、魏氏庄园、孙子故里

12.3.3 山东滨海旅游资源保护

12.3.3.1 滨海旅游区环境保护对策

1）划定分级保护区，实施不同保护标准

借鉴黄河三角洲国家级自然保护区现行的分级保护措施，根据对生态的影响、生态保护和必要建设用地的不同区域功能，将鲁北地区各景区划分不同级别的保护区，实施区别保护，区别发展。核心保护区内禁止一切影响当地生态的活动和行为，严禁游客进入；一级保护区内可进行适当的湿地恢复和改造工程，一般不允许游客进入；缓冲区内，要尽量少建设大型永久性设施，以免破坏景观，允许游客进入但要尽可能减少游客对环境的影响；旅游设施区内的旅游接待设施要适度建设。景区建设应规划在先，进行科学合理论证。坚持小规模开发原则，尽量不破坏原生的生态环境。

2）科学控制各景区的旅游环境容量

景区的旅游环境容量是景区在不致破坏区内生态环境所能承载的游客人数，包括社会经济容量、景区空间环境容量和景区心理容量3部分。若是超出了环境容量，不仅景区的生态环境遭到破坏，而且影响到游客在景区内的旅游体验，达不到良好的旅游目的，也不能实现景区旅游业可持续发展的目的。因此，合理制定景区门票价格，加强科学管理主动调节游客量，将游客控制在环境容量之内，对于保护景区生态环境，促进景区旅游业可持续发展意义重大。

3）防止和控制各种污染

鲁北滨海地区的旅游景区大多是基于湿地的生态旅游区，生态环境敏感、脆弱，有些地方遭到污染破坏后，将发生不可逆转的破坏。所以在生态旅游开发的过程中，要大力治理景区周边的原有的污染，严格控制旅游带来的新污染，采取积极措施，提高景区处理旅游三废的能力，争取让游客不带来任何垃圾污染。

4）加强景区环境保护的宣传和教育

无论是政府还是个人，在进行鲁北地区开发的时候，都应当把保护鲁北地区特有的生态系统放在首位。这就需要加强对于保护滨海地区的宣传，使可持续发展的观念深入人心。可以通过导游解说、路标提示、宣传册等，教育旅游者在旅行途中不要随意破坏环境，做大自然的忠实保护者。鲁北滨海地区只有保护好当地旅游业赖以发展的良好生态环境，才能在未来生态旅游热潮中立于不败之地。

5）确保滨海旅游区与其他海洋功能区协调一致

要做好景区的湿地保护工作，单靠景区管理部门自身是不行的，必须依靠各个相关部门的协调、联动。在地理位置上，滨海旅游区是与其他海洋功能区邻近甚至相重叠的。有些景区既是旅游区，又是工业开发区，可能还是渔业养殖区。作为旅游区注重生态保护，但是作为工业区、养殖区，又难免带来环境污染，所以依靠政府统一规划、多部门协调，促进区域海洋功能区协调一致发展。

12.3.3.2 滨海旅游资源保护措施

1）严格遵守环境管理法规进行旅游资源的开发利用

执行环境法规虽然会对开发活动产生一定程度的限制作用，但恰恰就是这些环境方面的限制保护了景区环境，保证了旅游资源的质量，有利于景区的可持续发展。旅游部门应该自觉接受环保部门的监管，严格执行环境影响评价制度和“三同时”制度，使污染防治设施与建设项目同时设计、同时施工、同时投入使用。景区内的环境质量，包括水体、空气、噪声和固废控制都应该符合相应的环保法规。只有从源头上抓起，滨海旅游资源开发所带来的环境问题才能得到根本的解决。对正在建设的旅游景点要进行环境影响评价，对已经十分成熟的景区要进行污水处理、垃圾处理系统的再建设，确保景点对环境的影响降到最低。

2）控制陆源污染，严格达标排放

随着鲁东地区经济的腾飞，工业企业林立海边，而且烟台、威海、青岛、日照四市的中心城区都位于滨海，近海地带成了工业废水和生活污水唯一的污染物排放地。该区工业发达，经济繁荣，直排入海的污水量大，超标率较高，对近海海水水质影响大。莱州湾近岸海域石油烃污染物浓度高达50 mg/m^3 以上，超出国家一、二类海水水质标准；胶州湾的情况同样严重。并且在不同季节，铅、锌、汞等重金属元素在多个海域含量超标，近岸海水水质受到一定影响。据山东省环境检查站统计，2008年仍有相当数量的直排污染源没有达标排放。陆源工业污染已成为影响近岸海水水质的重要因素。所以，控制陆源污染，使其严格按照国家标准达标排放，是一项势在必行的保护滨海环境的有效措施。

3）加强对旅游资源管理者、导游环境意识与素质的培养

要加强对旅游资源管理者的环保教育，提高他们的环保素质，使他们重视环保。只有这样才能加大对环保设施的投入。对于破坏环境的游客行为，景区要采取措施予以限制，情节严重的给予适当的处罚。导游自身要具有良好的环境素质，通过自己的言行引导游客进行环境保护。

4）加强宣传，提高公众素质

利用宣传、教育手段，提高公众的环保意识，促进对沿海环境的关心，达到最终改善环境的目的。要注意宣传、教育的对象不仅仅是游客，还应包括以下目标人群组：旅游主管部门；政府部门；沿海开发部门；旅游经营者；导游；儿童、在校学生；城镇居民；渔民；人民大众。利用报刊、杂志、宣传画册、电视、广播、展览、录像等媒介，对广大游客和居民进行广泛的环保宣传；对旅游主管者和从业人员进行沿海环境保护、沿海生态系统等相关知识的培训；旅游局与环保局等部门密切合作，开展滨海生态旅游，提高旅游参与者的环保意识等。

5）实施“还原”和“养育”工程

“还原”工程，是指对影响和破坏滨海旅游生态环境的各种人工建筑进行拆除，以恢复被破坏了的自然地貌和生态环境的工程活动。如拆除游览索道、停车场、堤坝、楼房、商业网点等人工建筑物，恢复山川、海岸的自然面貌和旅游景区的整体和谐等。

“养育”工程，是指对滨海旅游区的生态环境，在保护的基础上，进行改善、提高生态环境质量的工程活动。如从改善大气环境的角度，为控制、化解污染，优化环境，而大量植树造林，保土、保水，营造森林生态环境；在沿岸海域控制污染源、净化海水；以及因地制宜，适度构造水下人工鱼礁群，甚至适量投放人工海洋生物苗种，营造生物多样化的海洋生态环境，以提高海域的生态质量。

6）加强海上旅游开发，减轻陆域环境压力

目前鲁东旅游区的滨海旅游活动主要集中在滨海陆域景区、景点内，海上旅游开发项目较少，滨海旅游资源没有得到很好的利用，海洋特色也未得到显著的体现，使得滨海旅游活动较为单调，陆域资源开发利用较集中或过度，景区生态环境承受沉重压力。大力开展海上旅游活动，如在海岛开发休闲度假区，让游人体验海岛风光、修养身心；在海面上开展各种水上运动、游览、娱乐项目；在水下开发人工海洋生态公园、沉船、迷宫等项目，开展潜水、水下观光、海底探险等活动。开展海上旅游活动，不仅可以丰富滨海旅游活动内容和范围，而且还能分流游人，减轻陆域的环境压力，起到对滨海旅游生态环境的保护作用。

12.4 小结

山东省沿海区域海域辽阔，水深 20 m 以内的浅海面积为 27 778 km^2；滩涂面积达 4 394.5 km^2；山东省滨海旅游资源十分丰富，且旅游资源开发的基础较好；山东省滨海旅游资源特点为：滨海自然资源得天独厚、人文旅游资源丰富。山东省滨海旅游资源类型划分为 8 个主类，30 个亚类和 109 个基本类型，各类旅游资源还存在明显的地域分布差异。

山东省 5 A 级景区主要有：崂山风景名胜区、蓬莱阁旅游区、烟台龙口南山旅游区、刘公岛风景名胜区。除上述 5 A 级景区外，山东省重要景区还有荣成铁槎山、成山头、庙岛群岛、养马岛、灵山岛、海驴岛、温泉、黄河口等。

山东省滨海旅游资源产品得到充分发挥，旅游基础设施齐全，旅游收入和接待量逐年增加；2010 年，山东省年接待海外游客 310×10^4 人次，旅游外汇收入 16.95×10^9 美元；接待国内游客 2.6×10^9 人次，国内旅游收入 $2\,473\times10^9$ 元；旅游业总收入达到 $2\,614\times10^9$ 元，滨海旅游收入达到 $1\,500\times10^9$ 元。

13 滨海湿地资源

滨海湿地（coastal wetlands），也有人将其翻译为海滨湿地、海岸带湿地或沿海湿地。滨海湿地是指发育在海岸带（和海岛）附近并且受海陆交互作用的湿地，广泛分布于沿海海陆交界、淡咸水交汇地带，是一个高度动态和复杂的生态系统；具体来讲，滨海湿地是指海陆交互作用下经常被静止或流动的水体所浸淹的沿海低地，潮间带滩地及低潮时水深不超过6 m的浅水水域。根据《海岸带调查技术规程》要求，本次滨海湿地调查范围主要为0 m 等深线至海岸线向陆5 km 的区域。山东滨海湿地资源包括海岸带滨海湿地资源和海岛滨海湿地资源。

滨海湿地既是特有的海洋国土资源，也是陆地-海洋-大气相互作用最活跃的地带。滨海湿地还是全球环境变化的缓冲区，被喻为“海洋之肾”，具有涵养水源、净化环境、调节气候、维持生物多样性、拦截陆源物质、护岸减灾、防风等生态功能，并且能够通过生物地球化学过程促进空气及碳、氢、硫等关键元素的循环提高环境质量。由于滨海湿地丰富的资源和优越的环境，人们对其进行了大规模的开发利用，导致了滨海湿地的丧失与生态退化。因此，加强滨海湿地基础调查研究、合理开发利用和保护具有重要现实意义。

13.1 主要湿地类型与分布

13.1.1 滨海湿地类型

根据《我国近海海洋综合调查要素分类代码和图式图例规程》的分类标准以及山东省滨海区域的实际湿地类型，可将全省主要滨海湿地类型划分为自然湿地和人工湿地两大类。其中，自然湿地包括岩石性海岸、砂质海岸、粉砂淤泥质海岸、海岸潟湖、河口水域、三角洲湿地、滨岸沼泽7种湿地类型；人工湿地包括养殖池塘、水库、盐田3种湿地类型。

山东省滨海湿地的具体分类体系详见表13.1。

表13.1 山东省滨海湿地类型体系

湿地类型		含义说明
自然湿地	1. 岩石性海岸	底部基质75%以上是岩石，盖度小于30%的植被覆盖的硬质海岸，包括岩石性沿海岛屿、海岩峭壁。
	2. 砂质海岸	潮间植被盖度小于30%，底质以砂、砾石为主。
	3. 粉砂淤泥质海岸	植被盖度小于30%，底质以淤泥为主。
	4. 海岸潟湖	海岸带范围内的咸、淡水潟湖。
	5. 河口水域	从近口段的潮区界（潮差为0）至口外海滨段的淡水舌锋缘之间的永久性水域。
	6. 三角洲湿地	河口区由沙岛、沙洲、沙嘴等发育而成的低冲积平原。
	7. 滨岸沼泽	植被盖度大于30%的盐沼。

续表 13.1

湿地类型		含 义 说 明
人工湿地	8. 养殖池塘	用于养殖鱼虾蟹等生物的人工水体，包括养殖池、进排水渠。
	9. 水库	为灌溉、水电、防洪等目的而建造的人工蓄水设施。
	10. 盐田	用于盐业生产的人工水体，包括沉淀池、蒸发池、结晶池、进排水渠等。

13.1.2 滨海湿地面积分布

山东省海岛、海岸带滨海湿地面积共计 682 200.2 hm^2。其中，海岸带滨海湿地面积 660 191.9 hm^2，占总湿地面积的 96.77%；海岛滨海湿地面积 22 008.3 hm^2，占总湿地面积的 3.23%，海岸带滨海湿地面积远大于海岛的滨海湿地面积。

13.1.2.1 海岸带滨海湿地面积分布

山东省海岸带滨海湿地资源丰富，其面积为 660 191.9 hm^2。其中，自然湿地面积约 362 915.4 hm^2，占海岸带滨海湿地总面积的 55.0%；人工湿地面积约 297 276.5 hm^2，占海岸带滨海湿地总面积的 45.0%。自然湿地面积略大于人工湿地面积，各类型滨海湿地面积见表 13.2 和图 13.1a。

由表 13.2 和图 13.1a 可知：粉砂淤泥质海岸为山东省海岸带面积最大的滨海湿地类型，有 213 292.7 hm^2（占 32.31%）；其次为盐田，有 160 648.9 hm^2（占 24.33%）；面积最小的为岩石性海岸，仅 6 026.8 hm^2（占 0.91%），这主要源自于其较短的岸滩宽度特性。

目前，海岸潟湖已被强烈开发，为了避免与盐田、养殖池塘、河口水域等类型滨海湿地的分布重叠，未统计海岸潟湖湿地类型的面积。

表 13.2 山东省海岸带滨海湿地面积统计

一级湿地类型	二级湿地类型	面积/hm^2	百分比/（%）
天然湿地	滨岸沼泽	20 224.2	3.06
	粉砂淤泥质海岸	213 292.7	32.31
	河口水域	33 413.0	5.06
	三角洲湿地	71 061.8	10.76
	砂质海岸	18 896.9	2.86
	岩石性海岸	6 026.8	0.91
	合计	362 915.4	54.97
人工湿地	盐田	160 648.9	24.33
	养殖池塘	128 619.3	19.48
	依比例尺水库	8 008.3	1.21
	合计	297 276.5	45.03
合 计		660 191.9	100.00

滨海湿地面积与分布在各沿海 7 市间存在一定的差异。由表 13.3 和图 13.1b 可知，滨州、潍坊、烟台、威海和青岛 5 市的人工湿地面积大于自然湿地面积；东营、日照 2 市则相反。东营市滨海湿地面积最大，为 271 093 hm^2（占 41.06%）；其中粉砂淤泥质海岸面积最

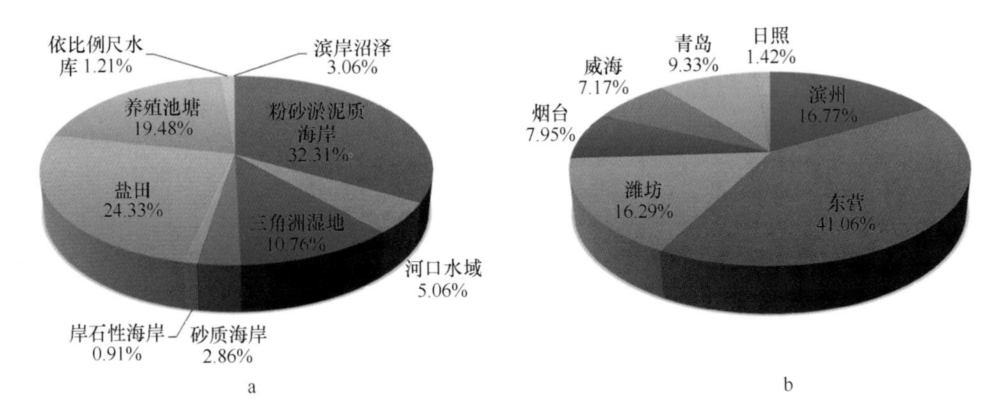

图 13.1 山东省海岸带各类型和沿海各市滨海湿地面积百分比

a：海岸带；b：沿海各市

大，约占东营市滨海湿地总面积的 42.1%。其次为滨州，滨海湿地面积为 110 742 hm^2（占 16.77%）；其主要滨海湿地类型为盐田和粉砂淤泥质海岸，分别占滨州市滨海湿地总面积的 62.93%和 24.70%。日照的滨海湿地面积最小，仅有 9 386 hm^2（占 1.42%）；其主要滨海湿地类型为养殖池塘和砂质海岸，分别占日照市滨海湿地总面积的 40.41%和 31.10%。

表 13.3 山东省沿海各市滨海湿地面积统计

单位：hm^2

湿地类型		滨州	东营	潍坊	烟台	威海	青岛	日照
自然湿地	滨岸沼泽	87	10 069	9 541	—	—	526	—
	粉砂淤泥海岸	27 357	114 199	32 754	11 579	8 065	18 113	1 226
	河口水域	5 505	7 466	5 567	5 711	4 488	3 917	758
	三角洲湿地	1 061	68 522	—	132	1 347	—	—
	砂质海岸	0	0	—	7 379	3 615	4 984	2 919
	岩石性海岸	0	0	—	1 266	2 355	2 377	28
	合计	34 011	200 257	47 862	26 067	19 870	29 917	4 932
人工湿地	盐田	69 686	29 935	42 692	8 159	3 166	6 373	638
	养殖池塘	7 045	35 832	17 018	17 962	22 317	24 653	3 793
	依比例尺水库	—	5 068	—	308	1 975	634	24
	合计	76 731	70 836	59 711	26 428	27 457	31 659	4 454
合 计		110 742	271 093	107 573	52 495	47 327	61 576	9 386

备注："—"面积太小未能纳入统计。

13.1.2.2 海岛滨海湿地面积分布

山东省海岛滨海湿地面积累计为 22 008.3 hm^2；其中自然湿地面积为 15 775.3 hm^2（占 71.68%），人工湿地面积为 6 233 hm^2（占 28.32%）。由表 13.4 和图 13.2a 可知：粉砂淤泥质海岸的面积最大，为 13 486.2 hm^2（占 61.28%）；其次为盐田，为 4 815.7 hm^2（占 21.88%）；再次为岩石性海岸、养殖池塘和砂质海岸，其面积分别为 1 766.4 hm^2（占 8.03%）、1 404.1 hm^2（占 6.38%）和 522.7 hm^2（占 2.38%）；不依比例尺水库面积的面积最小，为 13.2 hm^2（占 0.06%）。

表 13.4 各市岛群湿地类型分布统计

单位：hm^2

县市	各类湿地面积						湿地总面积
	岩石性海岸	砂质海岸	粉砂淤泥质海岸	养殖池塘	盐田	不依比例尺水库	
滨州市			10 197.9		4 815.7	11.8	15 025.4
东营市			2 075.6				2 075.6
潍坊市			127.9				127.9
长岛县	345.5	180.9		49.4		1.4	577.2
烟台市	261	159.9	731.4	667.5			1 819.8
威海市	709.5	53.3	353.4	622.7			1 738.9
青岛市	429.1	85.7		64.5			579.3
日照市	21.3	42.9					64.2
合　计	1 766.4	522.7	13 486.2	1 404.1	4 815.7	13.2	22 008.3

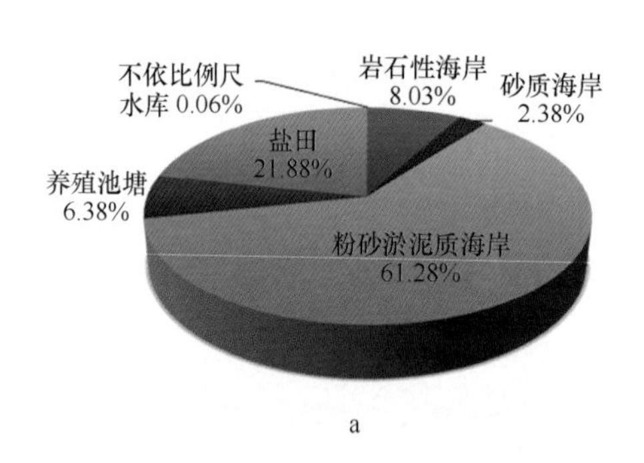

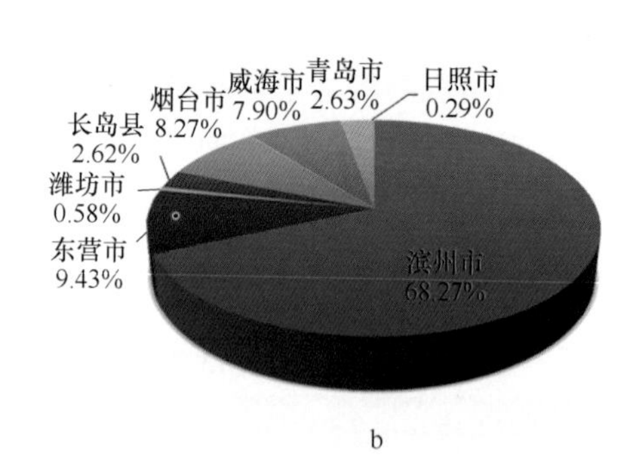

图 13.2 山东海岛各类型和沿海各市滨海湿地面积百分比

a：海岛；b：沿海各市

其中，滨州市海岛滨海湿地的面积最大，为 15 025.4 hm^2，占山东海岛滨海湿地总面积的 68.27%（图 13.2b）；其主要湿地类型为粉砂淤泥质海岸和盐田，湿地面积分别为 10 197.9 hm^2 和 4 815.7 hm^2。其次为东营市海岛湿地，其面积为 2 075.6 hm^2（占 9.43%），全为粉砂淤泥质海岸。再次为烟台市和威海市海岛湿地，其面积分别为 1 819.8 hm^2（占 8.27%）和 1 738.9 hm^2（占 7.90%）。青岛市、长岛县、潍坊市海岛的滨海湿地面积较小，分别为 579.3 hm^2（占 2.63%，以岩石性海岸为主）、577.2 hm^2（占 2.62%，以岩石性海岸和砂质海岸为主）和 127.9 hm^2（占 0.58%，均为粉砂淤泥质海岸）。面积最小的为日照海岛滨海湿地，其面积为 64.2 hm^2；其中，岩石性海岸 21.3 hm^2（占 33.18%），砂质海岸 42.9 hm^2（占 66.82%）。

13.1.3 滨海湿地空间分布

13.1.3.1 自然湿地

自然湿地是指在湿地环境形成过程中，自然因素起决定性作用的区域，主要包括岩石性海岸、砂质海岸、粉砂淤泥质海岸、海岸潟湖、河口水域、滨岸沼泽和三角洲湿地。

1）*岩石性海岸*

山东省岩石性海岸湿地面积为 7 793.2 hm^2，仅占山东省滨海湿地总面积的 1.14%；但其分布范围较为广泛。其中，海岸带和海岛岩石性海岸分别为6 026.8 hm^2 和1 766.4 hm^2，分别占山东省岩石性海岸77.33%和22.67%。海岸带岩石性海岸主要散布于蓬莱八角—胶南王家滩沿海岬角处，龙口屺岛、日照任家台零星散布（图13.3）；海岛岩石性海岸大致分布在潍坊—烟台界线以东、以南岛屿，以西鲜有分布。

山东省沿海岩石性海岸宽度较窄，通常在100 m左右；滩面起伏较大，海蚀穴、海蚀柱等地貌体发育。受海水侵蚀、冲击作用影响，其向海侧植被很难生长，主要以苔藓、地衣植被为主；向陆侧零星分布一些灌丛和防护林植被。其中，蓬莱阁、成山角已被开发为国家级风景旅游景点。

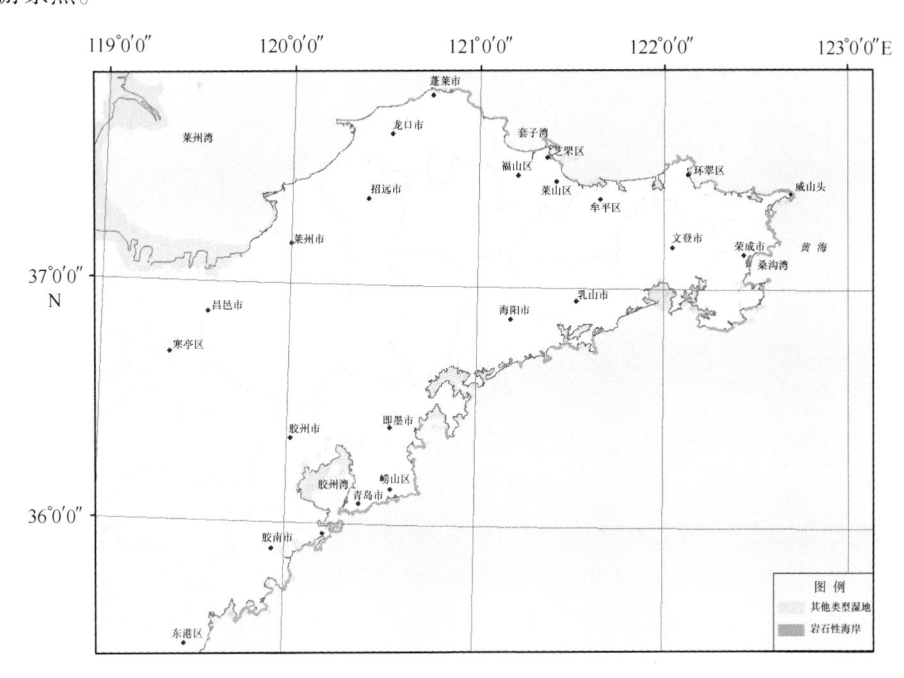

图13.3　山东省岩石性海岸空间分布

2）砂质海岸

山东省砂质海岸湿地面积为19 419 hm^2，仅占山东省滨海湿地总面积的2.85%；但其分布范围最广。其中，海岸带和海岛砂质海岸分别为18 896.9 hm^2 和522.7 hm^2，分别占山东省砂质海岸的97.31%和2.69%。山东省砂质海岸主要分布在莱州湾虎头崖—日照绣针河河口间的平直岸段、山东北部海湾湾顶、东部海湾两侧（图13.4）。

山东省砂质海岸的宽度由数十米至几百米，总体上半岛北部滩面宽度小于半岛东部。底质类型以细砂、中砂和中粗砂为主，局部分布砾石带。滩面没有植被生长，其向岸侧生长沙引草、沙钻苔草等沙生植被，其后方多为赤松、黑松防护林。其中，烟台第一海水浴场、威海国际海水浴场、乳山银滩、海阳万米海滩、青岛石老人浴场、金沙滩浴场等砂质海岸都为著名的旅游场所。

3）粉砂淤泥质海岸

山东省粉砂淤泥质海岸湿地面积为226 778.9 hm^2，占山东省滨海湿地总面积的33.24%。

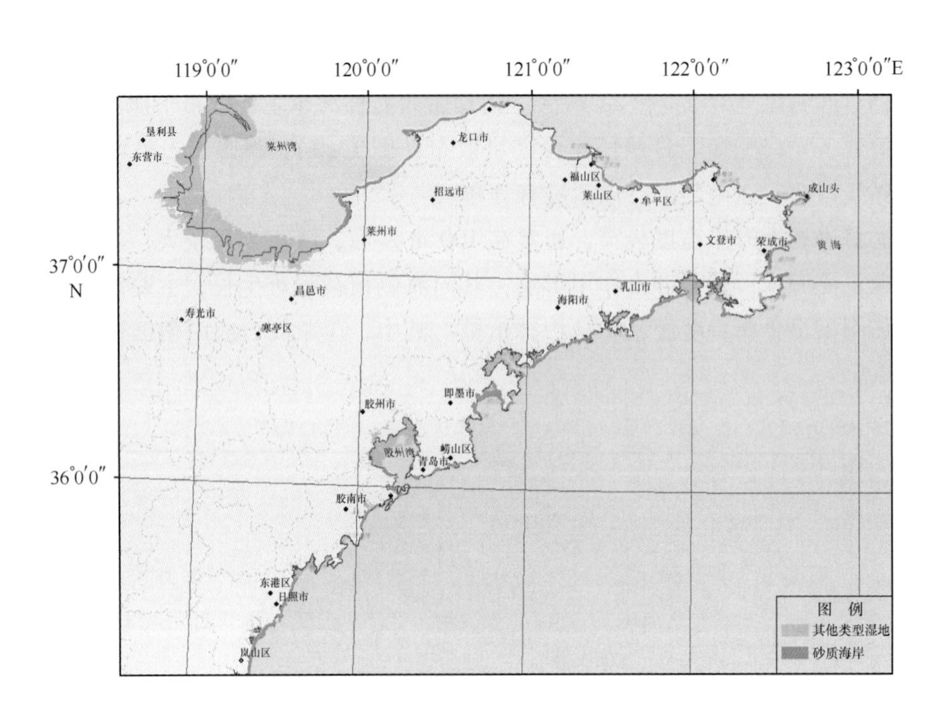

图 13.4　山东省砂质海岸空间分布

其中，海岸带和海岛粉砂淤泥质海岸分别为 213 292.7 hm^2 和 13 486.2 hm^2，分别占山东省粉砂淤泥质海岸的 94.05% 和 5.95%。粉砂淤泥质海岸主要分布在大口河河口至莱州湾虎头崖沿岸潮滩，此外在山东半岛东部的靖海湾、丁字湾和胶州湾等也有较大面积分布（图 13.5）。

山东省粉砂淤泥质海岸地势平坦，平均坡降在 1/10 000 左右。湿地宽度多在 1 km 以上，大口河河口至莱州湾虎头崖区域则长达几千米甚至十几千米。底质类型以粉砂、黏土质粉砂和粉砂质黏土为主。底栖生物资源丰富，主要栖息种为青蛤、四角蛤蜊、全刺沙蚕、光滑蓝蛤、泥螺等软体动物和甲壳动物；植被资源以碱蓬等耐盐植被为主。受人类对海岸带开发活动的影响，原有粉砂淤泥质海岸多被开挖为养殖池或盐田；目前，在养殖池和盐田的外缘正在形成新的粉砂淤泥质海岸。

4）*海岸潟湖*

根据海岸潟湖的水文特征、土壤、植被等特性划分，山东省海岸潟湖以咸水潟湖和半咸水潟湖为主。①咸水潟湖与外海海水间交换程度较高，潟湖年平均盐度多大于 28.0，如刁龙嘴潟湖、朝阳港潟湖、天鹅湖潟湖都为典型的咸水潟湖。②半咸水潟湖受海流和径流共同作用，潟湖水体年平均盐度在 28.0 以下，如界河口潟湖、斜口流潟湖、涛雒潟湖都为典型的半咸水潟湖。此外，受防潮闸的影响，还分布少量淡水潟湖，如龙门港潟湖、林家流潟湖等。

海岸潟湖主要分布在烟台东部和威海的港湾岬角型岸段，另外在日照的涛雒、万平口以及滨州的无棣也有分布（图 13.6）。目前，海岸潟湖大多被开发为养殖池和盐田，致使潟湖四周滩涂的环境和植被发生退化。但部分海岸潟湖保护良好，如天鹅湖、日照万平口潟湖、石岛湾凤凰港潟湖等。

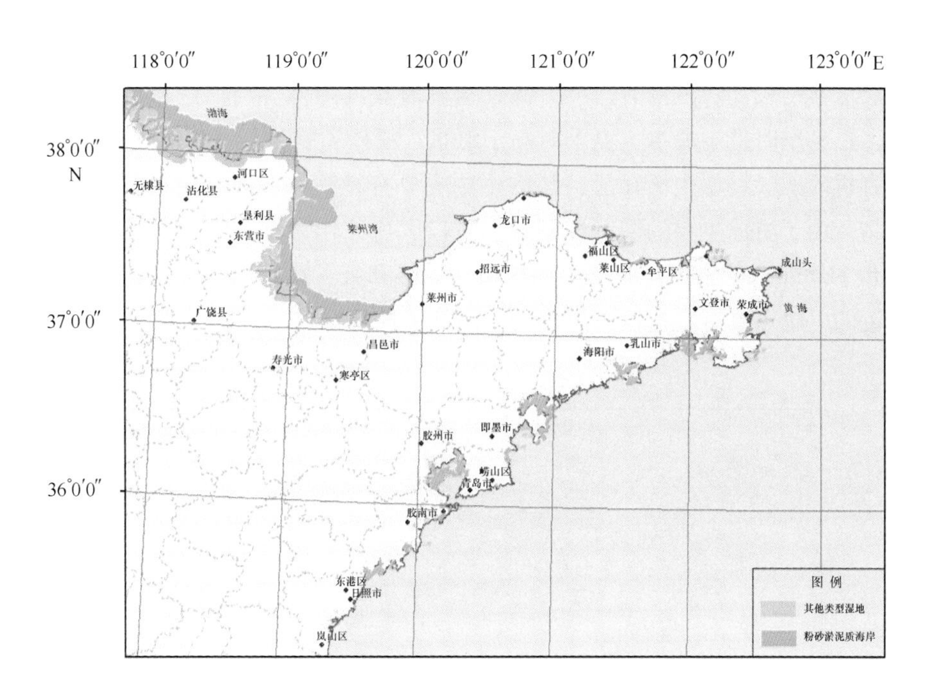

图 13.5 山东省粉砂淤泥质海岸空间分布

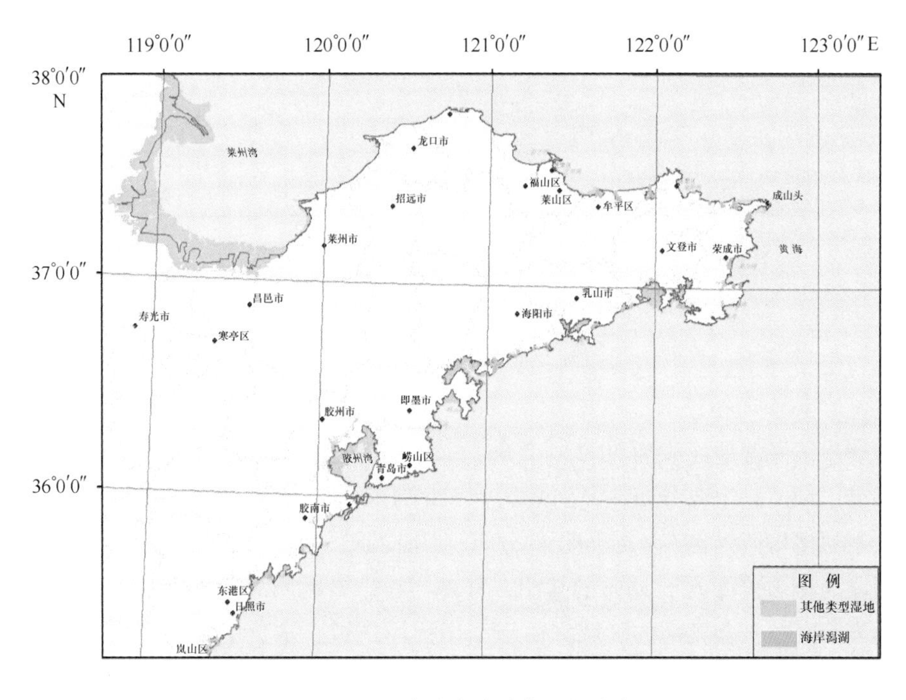

图 13.6 山东省海岸潟湖空间分布

5）河口水域

山东省河口水域湿地面积为 33 413.0 hm^2，仅占山东省滨海湿地总面积的 4.90%，全部分布在海岸带区域各入海河流近口段的潮界区至口外海滨段的淡水舌峰缘之间的水域。如：在黄河口、小清河口、胶莱河口等都有较大面积的河口水域分布（图 13.7）。

受淡水流入量的多少的影响，河口水域的盐度不断变化。一般情况下，河口区表层水盐度较低，底层水盐度较高；涨潮时盐度升高，退潮时盐度降低。河口区水温的变化要比近海和外洋大得多；冬季时低于海水，夏季时高于海水。粉砂和黏土是河口区最常见的底质类型，且底泥富含有机碎屑。终生生活在河口区的生物主要有牡蛎、泥蚶、扇贝和小型甲壳类、蠕虫等底栖生物。由于游泳生物的季节性洄游，河口区往往作为许多海洋经济动物的产卵场和幼年期（幼鱼、幼虾）的索饵育肥场，如梭鱼、对虾和大、小黄鱼等。由于河口水域多变的环境，其附近的生物多具有广盐性、广温性、耐低氧性的特点。

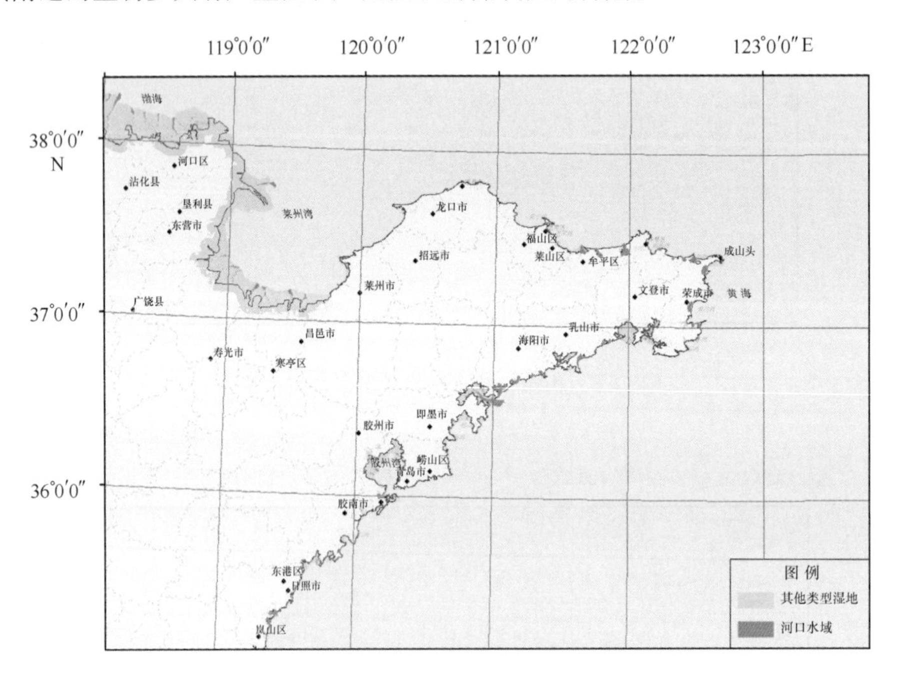

图 13.7　山东省河口水域湿地空间分布

6）滨岸沼泽

山东省滨岸沼泽湿地面积为 20 224.2 hm^2，仅占山东省滨海湿地总面积的 2.96%，全部分布在海岸带区域。且主要分布在黄河现行河口的北侧、小清河口北侧、莱州湾南岸，此外在胶州湾大沽河河口西侧也有一定面积的分布（图 13.8）。

滨岸沼泽为植被盖度大于 30% 的盐沼，其多与粉砂淤泥质海岸类滨海湿地伴生，主要分布在其水源充分、植被盖度高的区域。由于滨岸沼泽植被、水分的充足，为一些低等动、植物提供了良好的栖息环境，同时也为鸟类等提供了丰富的食物来源。因此，滨岸沼泽的生物资源较为丰富。

7）三角洲湿地

山东省三角洲湿地面积为 71 061.8 hm^2，占山东省滨海湿地总面积的 10.42%；全部分布在海岸带区域。且主要分布在滨州、东营两市的黄河三角洲上，另外在威海的靖海湾、青岛的胶州湾等区域也有小面积的分布，主要由沙岛、沙洲等堆积而成的冲积平原。其中，黄河三角洲湿地（图 13.9a）是山东省面积较大的三角洲湿地，植被类型有盐生碱蓬、芦苇、柽

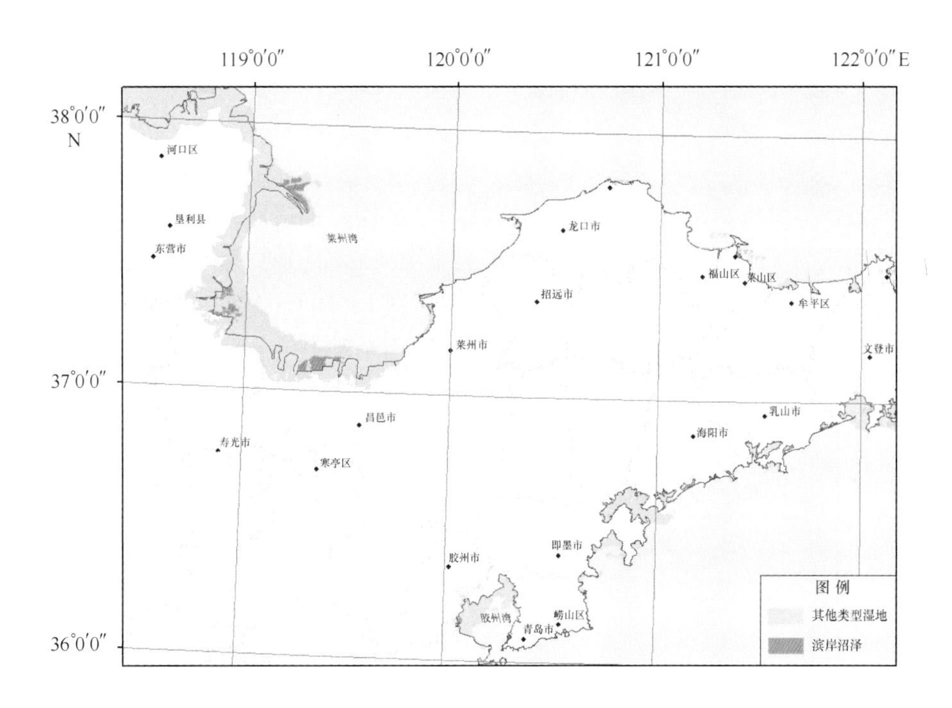

图 13.8 山东省滨岸沼泽湿地空间分布

柳、柳树等；面积较小的为大沽河三角洲湿地（图 13.9b），只有一些耐盐的草丛类植被形成的草甸。

三角洲湿地是在径流泥沙和海洋动力共同作用下，河口尾闾不断淤积延伸、摆动改道、循环演变，新生陆地不断出现。三角洲湿地生态系统具有鲜明的原生性：在初始发育阶段，其景观和生态系统在时间和空间上都是年轻化的。三角洲湿地的植被资源丰富，落叶阔叶林、灌丛、草丛、草甸等植被群落由陆向海依次分布；同时孕育了丰富的鱼类、甲壳类、软体动物资源。但三角洲湿地生态系统由于地理位置独特、成陆时间较短而具有明显的脆弱性，缺乏自我调节能力，抵抗外界干扰的能力差。因此，对于三角洲湿地资源的开发利用应本着保护为主，科学开发为辅的原则。

a

b

图 13.9 三角洲湿地植被

a：黄河三角洲湿地；b：大沽河三角洲湿地

13.1.3.2 人工湿地

1）养殖池塘

养殖池塘是指养殖鱼、虾、蟹等水生生物的人工水体，包括养殖池塘、进排水渠等。山东省养殖池塘面积为 130 023.4 hm^2，占山东省滨海湿地总面积的 19.06%；是山东境内分布最广泛的人工湿地类型，几乎在整个沿海都有分布（图 13.10）。其中，海岸带和海岛养殖池塘面积分别为 128 619.3 hm^2 和 1 404.1 hm^2，分别占山东省养殖池塘的 98.92% 和 1.08%。

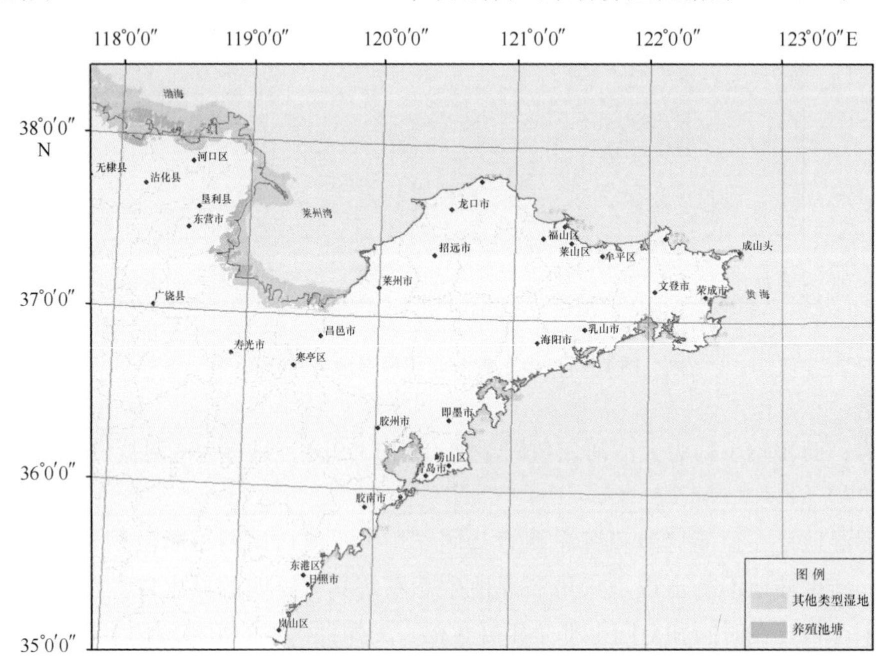

图 13.10 山东省养殖池塘湿地空间分布

养殖池塘在粉砂淤泥质岸段和砂质岸段分布规模较大，多为人工开挖而成；在基岩岸段规模相对较小，多由石块砌成。养殖池塘多通过水渠和闸门与海水进行交换，部分高位养殖池塘需要抽水机进行水体交换。周边土壤多以滨海潮土为主，植被类型多为盐生和沙生植被。养殖物种主要有中国对虾、日本对虾、脊尾对虾、三疣梭子蟹、梭鱼、鲈鱼、大菱鲆等。

2）水库

水库是指为灌溉、水电和防洪等目的而建造的人工蓄水设施。山东省水库湿地面积为 8 021.5 hm^2，仅占山东省滨海湿地总面积的 1.18%。其中，海岸带和海岛水库面积分别为 8 008.3 hm^2 和 13.2 hm^2，分别占山东省水库面积的 99.84% 和 0.16%。可见，水库主要分布海岸线的向陆侧；其中，广南水库、八河港水库规模较大，堤坝为混凝土砌块构成，宽度在 50 m 以上。

水库内多为淡水，其周边土壤多为棕壤。水库内主要生物有鲤鱼、鲫鱼、泥鳅、白鲢、白虾、青虾等，水生植物多为芦苇、香蒲等植物。部分水库鸟类资源丰富，以雁形目、鸭科为主；常见有赤麻鸭、绿头鸭、中华秋沙鸭、白鹳、黑鹳等。水库作为人工蓄水设施，主要用途在于农田灌溉、防洪蓄水、渔业养殖等方面，因此需要严格保护。

3）盐田

盐田湿地是指用于盐业生产的人工水体，包括沉淀池、蒸发池、结晶池和进排水渠等。山东省盐田湿地面积为165 464.6 hm^2，占山东省滨海湿地总面积的24.25%。其中，海岸带和海岛盐田面积分别为160 648.9 hm^2 和4 815.7 hm^2，分别占山东省盐田面积的97.09%和2.91%。盐田主要分布在黄河三角洲和莱州湾南岸，此外，在靖海湾、丁字湾、胶州湾、朝阳港等大型海湾处也有分布（图13.11）。

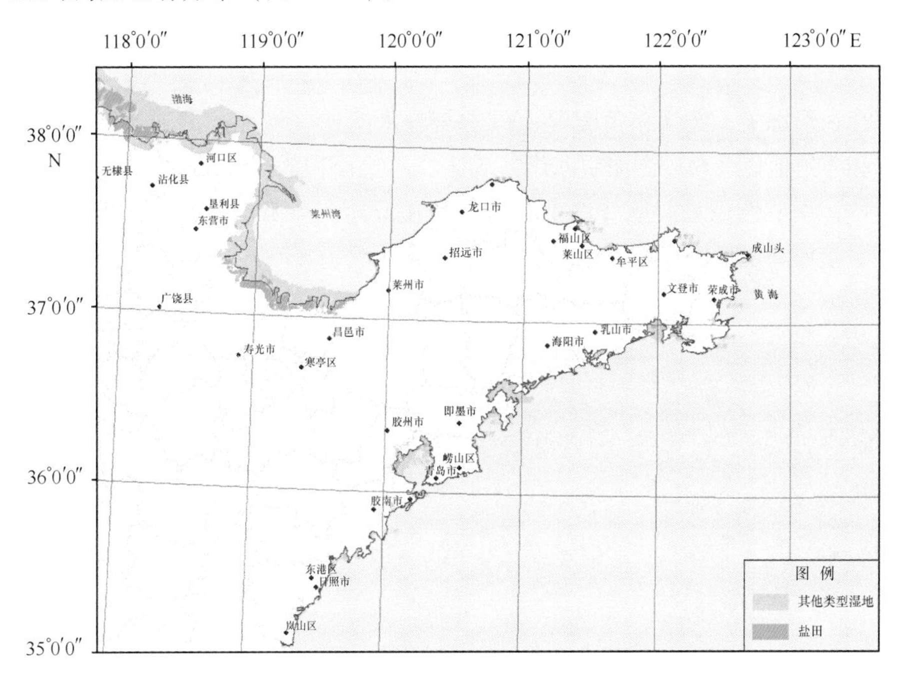

图13.11　山东省盐田湿地空间分布

盐田多由黏土砖修砌而成，周边土壤较少且盐度较高。在盐度较低的沉淀池和蒸发池中养殖虾等水生生物，在结晶池内无生物。盐田周边植被以碱蓬、盐蒿等盐生植被为主，且植被覆盖度较低。

13.2　典型滨海湿地资源评价

山东省滨海湿地类型中，分布着几处具有重要生态和科学价值的滨海湿地资源，如黄河三角洲湿地、莱州湾南岸湿地、荣成月湖湿地和胶州湾湿地等。这些区域的湿地研究对改善山东省海岸带生态环境、发展生态旅游和开展科学研究等具有重要意义。

13.2.1　黄河三角洲湿地

黄河三角洲湿地是世界少有的河口湿地生态系统，黄河流路的快速摆动，造就了一个我国暖温带最完整、最广阔、最年轻的湿地生态系统。黄河三角洲湿地生态系统具有鲜明的原生性：陆地生态系统从无到有，其结构和变化表现出明显的原始性；许多新生湿地尚未遭到干预和破坏，仍基本处于典型的自然演替中；湿地景观发育处在初始阶段，景观和生态系统在时间和空间上都是年轻化的。

13.2.1.1　滨海湿地类型及分布

黄河三角洲处于海陆交错地带，受河海淡咸水的双重影响，加之地貌、人为作用，发育了多种多样的湿地生态系统。总体上可将其划分为自然湿地和人工湿地两大类（表13.5）。其中，自然湿地面积比重较大，占湿地总面积的68.4%；人工湿地占总面积的31.6%。在自然湿地中，淡水生态系统（河流、湖泊）占6.51%，陆地生态系统（湿草甸、灌丛、疏林、芦苇、盐碱化湿地）占48.12%；在人工湿地构成上，以坑塘和水库为主，占该区人工湿地的57.69%。

在湿地存在形态上，黄河三角洲湿地以常年积水湿地（河流、湖泊、河口水域、坑塘、水库、盐池和养殖池以及粉砂淤泥质海岸）为主，占总面积的63%，且粉砂淤泥质海岸在其中占优势地位；季节性积水湿地（潮上带重盐碱化湿地、芦苇沼泽、其他沼泽、疏林沼泽、灌丛沼泽、湿草甸和水稻田）占湿地总面积的37%。

表13.5　调查区主要滨海湿地类型和分布

类型		主要分布	基本特征
自然湿地	粉砂淤泥质海岸	主要分布在沿海低潮位与高潮位之间的潮侵地带	由于受海水频繁侵淹，植被稀少，只在高潮位附近分布有翅碱蓬等耐盐植物，植被盖度大于30%
	滨岸沼泽	主要分布在滨海河口、潮上带滩涂、黄河泛滥平原的低洼地带	主要有草本沼泽（以芦苇沼泽为主）、灌丛沼泽（以柽柳灌丛、白刺灌丛为主）、乔木沼泽（以黄河入海口附近的柳林沼泽为主）
	河口水域	分布在流经黄河三角洲的各河道的近口段的潮区界（潮差为0）至口外海滨段的淡水舌锋缘之间的永久性水域，主要包括漳卫新河、马颊河、德惠新河、徒骇河、钩盘河——秦口河、潮河、马新河、沾利河、草桥沟、挑河、褚官河、太平河、小清河、淄脉河、广利河、永丰河、小岛河等河口水域	咸淡水交汇，在河漫滩处常生长有芦苇、香蒲等植物
	草甸湿地	分布在黄河故道、黄河入海口两侧以及近海中潮滩附近	主要有白茅草甸、茵陈蒿草甸、草甸、狗牙根草甸、翅碱蓬草甸、獐茅草甸、罗布麻草甸等
人工湿地	水库	主要包括孤北水库、广南水库、广北水库等，分布主要海岸线靠陆的河流附近	以淡水水生植物为主
	养殖池塘	主要分布在海岸线附近，一般分布在盐田的靠海侧	主要为鱼塘、虾池和蟹池
	盐田	主要分布在海岸线附近	盐场，土壤盐渍化严重，几乎没有植被生长

1）粉砂淤泥质海岸

粉砂淤泥质海岸主要分布在沿海低潮位与高潮位之间的潮侵地带，地势平坦，平均坡降1/10 000～2/10 000；基底物质主要为粉砂、黏土质粉砂和粉砂质黏土。低潮滩几乎无植被覆盖，滩面常发育潮沟和侵蚀洼坑。中潮滩开始生长稀疏的翅碱蓬等植物，偶见有生长较差的柽柳，植被盖度较低，一般在10%以下。高滩涂盐生植被明显增多，主要为翅碱蓬、柽柳和稀疏的芦苇，植被盖度多在30%以下（图13.12a）。在黄河故道飞雁滩附近，由于海岸侵蚀，滩面蚀低，高潮滩附近大面积柽柳林长期受海水影响而枯死（图13.12b）。

a

b

图13.12 高潮滩上的翅碱蓬和枯死的柽柳

a：臭水河附近；b：飞雁附近

2）滨岸沼泽

滨岸沼泽主要分布在滨海河口、潮上带滩涂、黄河泛滥平原的低洼地带，沼泽类型主要有草本沼泽、灌丛沼泽、乔木沼泽。

（1）草本沼泽

草本沼泽主要有芦苇沼泽、荻沼泽、香蒲沼泽和酸模叶蓼沼泽；其中芦苇沼泽是调查区主要草本沼泽。

芦苇沼泽主要分布在河口、池沼和潮上带低洼地附近，其典型生境是常年积水的河滩、低地和黄河入海口的泥质潮滩上。土壤多为腐殖质沼泽土和盐化沼泽土，分布在黄河河漫滩附近的芦苇沼泽（图13.13a）植株生长良好，可高达2 m以上，从而形成比较单一地优势群落，盖度达90%以上。生长在滩涂上的芦苇，土壤含盐度高达0.8%～2.0%；芦苇盖度较低，但仍在60%以上，伴生植物主要有柽柳、碱蓬、獐茅等植物。

荻沼泽（图13.13b）主要分布在黄河三角洲低洼地和河滩附近，常与芦苇沼泽混生，在黄河三角洲自然保护区有大面积分布。荻为多年生高大草本，有粗壮根状茎，秆高1.2～1.4 m，在适宜环境下茎秆可高达3 m，是固堤护坡的优良植物。

（2）灌丛沼泽

灌丛沼泽主要为柽柳灌丛沼泽和白刺灌丛沼泽，其中以柽柳灌丛沼泽为主（图13.14a）。柽柳沼泽主要分布在黄河三角洲保护区内，在黄河故道和现行河口附近均有大面积分布；柽柳多分布在翅碱蓬的靠岸侧，与芦苇、碱蓬相伴生。在滨海盐化潮土区，土壤盐度可达1.3%～2.8%，生境严峻，灌丛低矮、稀疏。在低洼盐碱地上生长的柽柳，盖度可达80%以上，株高2～2.5 m。20世纪50年代后柽柳资源破坏严重，黄河三角洲自然保护区成立后，对柽柳资源进行了封育保护，三成林灌丛资源逐步得以恢复。

（3）乔木沼泽

乔木沼泽主要分布在黄河三角洲自然保护区内，以杞柳为主（图13.14b）。柳林主要生长在秋季大水漫滩的河滩地上，推断可能是由黄河上游漂流至此形成的。20世纪50年代黄

a　　b

图 13.13　黄河三角洲自然保护区内的芦苇沼泽和荻沼泽

a：芦苇沼泽；b：荻沼泽

a　　b

图 13.14　黄河三角洲自然保护区内的柽柳灌丛沼泽和杞柳沼泽

a：柽柳灌丛沼泽；b：杞柳沼泽

河三角洲曾有大面积的天然柳林，面积约 53 000 hm^2。但 1959 年后进行大规模的毁林开荒，使这一自然资源遭到严重破坏。1990 年自然保护区建立后，进行封育逐渐得以恢复。

3）河口水域

河口水域主要分布在流经黄河三角洲的河流入海口段，主要有漳卫新河、马颊河、德惠新河、徒骇河、钩盘河、秦口河、潮河、马新河、沾利河、草桥沟、挑河、褚官河、太平河、小清河、淄脉河、广利河、永丰河、小岛河等河口水域。在河漫滩附近常生长有芦苇群落，水中主要生长一些、浮水和沉水植物。

4）草甸湿地

草甸湿地在调查区分布面积不大，主要分布在黄河故道、河口两侧以及沿岸潮上带附近的滩涂上。其中，白茅草甸、茵陈蒿草甸、拂子茅草甸、狗牙根草甸多生长海拔 4 m 左右，受海水影响较小的区域（图 13.15a）。土壤盐渍化程度较高的潮上带主要植被类型有翅碱蓬草甸、獐茅草甸和罗布麻草甸等（图 13.15b），伴生植物有芦苇、藜、茵陈蒿等。相对于其他草甸，盐生草甸生境条件严峻，植物较单一，但分布面积大。

a

b

图 13.15 黄河三角洲自然保护区内的白茅草甸和翅碱蓬草甸

a：白茅草甸；b：翅碱蓬草甸

5）人工湿地

人工湿地主要包括水库、盐田和养殖池塘，其中以盐田和养殖池塘为主。该区水库主要有广北水库、广南水库和孤北水库等，总面积约 101 509 hm^2。浮水植物主要有浮萍、品藻、紫萍等，沉水植物主要有金鱼藻、黑藻、竹叶眼子菜等。盐田主要分布于海岸线附近，蓄水池中一般兼用于养殖贝类和鱼类，池塘堤坝上几乎没有植被生长。养殖池塘面积约 35 328 hm^2，主要养殖种为鱼、虾、蟹等；周边堤坝上常有芦苇、碱蓬、蒿以及柽柳等生长。

13.2.1.2 黄河三角洲湿地资源状况

1）湿地植被资源

按照中国湿地植被分区，黄河三角洲湿地植被属于华北平原、长江中下游平原草丛沼泽和浅水植物湿地区中的华北平原芦苇湿地和滨海盐沼亚区。从植物区系的组成来看，北温带区系成分占绝对优势，如禾本科、菊科、豆科、毛茛科、莎草科、伞形科、十字花科、杨柳科等。草本植物为主要植被类型，木本植物较少，只有柽柳科的柽柳和杨柳科杨柳属的几种。区内各类植物 393 种：其中，浮游植物 116 种，蕨类植物 4 种，裸子植物 2 种，被子植物 271 种。自然生长的维管植物 193 种，占所有维管植物的 70%。植被覆盖率高达 53.7%，形成了中国沿海最大的海滩植被。其中，天然柳林 675 hm^2，天然苇荡 3.3 hm^2，天然柽柳林 8 126 hm^2，人工刺槐林 5 603 hm^2。

潮滩底质的含盐量高达 1% 以上，主要簇生着 1 年生海篷子、碱蓬和多年生柽柳。由海向陆，碱蓬逐渐增多，形成单优势的肉质盐生植物群落。随着地势升高，土壤含盐量减少，形成具有一定抗盐能力的草甸植被，以禾本科、菊科草本植物为主，主要有蒿类、獐茅、白茅、狗尾草、狗牙根、二色补血草等。经济价值较大的种类有：① 药用植物，主要有节节草、麻黄、篇蓄、藜、地肤、猪毛菜、甘草、刺果甘草、罗布麻、茵陈蒿、芦苇、马齿苋、二色补血草等；② 野菜食用植物，主要有蒲公英、小蓟、茵陈蒿、苣荬菜、蒙古雅葱、山苦荚、盐地碱蓬、猪毛菜、盐角草、灰绿藜、地肤、篇蓄、马齿苋、朝天委陵菜、荠菜、酸模等；③ 纤维植物，主要有草木樨、芦竹、白茅、芦苇等；④ 油脂植物，主要有碱蓬、盐地碱蓬、苍耳等；⑤ 饲用植物，资源种类多、分布广，以禾本科、豆科、菊科、藜科居多；⑥ 濒危植物，主要有野大豆、直立黄芪、甘草、草麻黄裸子等，均为国家二级保护植物。

2）湿地鸟类资源及类群特征

经科学考察，区内动物种类高达800余种，其中鸟类269种。属国家一级重点保护的有丹顶鹤、白头鹤、白鹳、大鸨、金雕、白尾海雕、中华秋沙鸭7种；属国家二级重点保护的有大天鹅、灰鹤等34种；有40种被列入濒危野生动植物种国际贸易公约。这里也是丹顶鹤在我国越冬的最北界和世界稀有鸟类黑嘴鸥的重要繁殖地。

根据湿地鸟类生活习性及栖息环境的不同，主要分为潮间带海滩鸟类群、芦苇碱蓬沼泽滩涂鸟类群、盐渍滩涂和碱蓬灌草丛鸟类群、盐场虾池鸟类群、苇塘草地鸟类群5个类群。① 潮间带海滩鸟类群，以环颈鸻、铁嘴沙鸻、灰斑鸻、黑腹滨鹬、黑尾塍鹬、青脚鹬、泽鹬、黑尾鸥、白额燕鸥等为主，该区是鸟类最集中的栖息繁殖区；② 芦苇碱蓬沼泽滩涂鸟类群，常见鸟类有小鷿鸟虒、黑水鸡、斑嘴鸭、白鹭、苍鹭、红嘴鸥、黑尾鸥、黑嘴鸥和各种鸻鹬类混群栖息，该区是单位面积鸟类种群数量最大的区域；③ 盐渍滩涂和碱蓬灌草丛鸟类群，以泽鹬、环颈鸻、灰斑鸻、鸥类为主；④ 盐场虾池鸟类群，常见鸟类有黑翅长脚鹬、红颈半蹼鹬、黑腹滨鹬、林鹬、泽鹬、环颈鹬、黑尾塍鹬、金眶鸻、黑尾鸥、白翅浮鸥、白额燕鸥等中小型水禽；⑤ 苇塘草地鸟类群，夏季形成以大苇莺、黄斑苇、黑水鸡、骨顶鸡、普通燕鸻、黑翅长脚鹬、泽鹬、白翅浮鸥、苍鹭等为优势的鸟类群，冬季经常可见鹤、大鸨和雁鸭类等在此觅食。

为比较各鸟类群落的差异性，在不同鸟类群栖息生境随机选择样地，利用香农—威纳指数进行鸟类群落的多样性分析；采用Srensen（1948）指数分析了群落相似性。

多样性指数：$$H = -\sum(P_i \times \log_2 P_i)$$

均匀性指数：$$E = H/H_{max}$$

$$H_{max} = -S(1/S \times \log_2 1/S) = \log_2 S$$

式中：H——群落的多样性指数；S——种数；P_i——第i种个体所占百分比；E——均匀性指数；H_{max}——最大均匀条件下的多样性值。

相似性指数：$IS = 2C/A + B$

式中：A、B——群落A、B各自的种数；C——群落A、B共有的种数。

鸟类群落多样性指数值和均匀性指数值分析结果（表13.6）表明，① 鸟类群落的多样性指数由高到低排序：芦苇碱蓬沼泽滩涂、盐场虾池、潮间带海滩、苇塘草地、盐渍滩涂和碱蓬灌草丛；② 鸟类群落的均匀性指数值由高到低排序：苇塘草地、盐渍滩涂、碱蓬灌草丛、盐场虾池、芦苇碱蓬沼泽滩涂、潮间带海滩。尽管潮间滩涂食物丰富度最高，但其多是光板泥滩，环境异质性最差，所以鸟类群落的多样性并不最高；芦苇碱蓬沼泽滩涂环境既有较高的异质性，食物丰富度又高，所以鸟类群落的多样性最高；盐渍滩涂和碱蓬灌草丛环境食物最贫乏，尽管环境异质性不是最差，但多样性仍最为贫乏。

表 13.6 黄河三角洲湿地鸟类群落种数、多样性指数值和均匀性指数值

群落	潮间带海滩	芦苇碱蓬沼泽滩涂	盐渍滩涂和场碱蓬灌草丛	盐场虾池	苇塘草地
种数	24	31	14	23	14
H	368.93	399.95	357.44	379.11	368.14
E	267.34	268.42	310.82	278.76	320.12

鸟类群落间相似性系数（表13.7）分析结果表明，潮间带海滩鸟类群落和芦苇碱蓬沼泽滩涂鸟类群落相似性系数最大，为0.80；盐渍滩涂和碱蓬灌草丛鸟类群与苇塘草地鸟类群相似性系数最小，为0.22。这主要是与不同栖息生境底质的盐渍度高、低有关。

表 13.7 黄河三角洲湿地鸟类群落间相似性系数

群落	潮间带海滩	芦苇碱蓬沼泽滩涂	盐渍滩涂和场柳碱蓬灌草丛	盐场虾池	苇塘草地
潮间沼泽海滩	1				
芦苇碱蓬沼泽滩涂	0.8	1			
盐渍滩涂和碱蓬灌草	0.68	0.58	1		
盐场虾池	0.56	0.62	0.44	1	
苇塘草地	0.26	0.4	0.22	0.54	1

3）湿地其他资源

黄河三角洲滨海湿地蕴藏着丰富的石油、天然气、卤水和地下热水资源，其中石油、天然气、卤水的探明储量居全国海岸带之首。

13.2.2 莱州湾南岸湿地

莱州湾南岸湿地地形自南向北由高到低，地势平坦广阔，地形坡度为1/3 000；陆地部分属滨海堆积平原地貌，海岸部分为典型的粉砂淤泥质潮滩。区域内水系发育，自西向东有小清河、弥河、丹河、白浪河、虞河、堤河、潍河及胶莱河等河流，自南向北注入渤海。调查表明该区域属暖温带大陆性季风气候区，具有大陆性半干旱气候特征。多年平均气温12.1℃左右，多年平均降水量为559.5 mm，多年平均蒸发量为1 802.6 mm。由于过量开采地下淡水，使海水南侵造成的咸水区面积不断扩大，至今潍坊市北部咸卤水区已达1 800 km^2。莱州湾南岸滨海湿地的土壤类型有潮土、湖积型湿潮土、脱潮土、盐化潮土和滨海盐土等土类；地下水埋深浅，矿化度高，多咸水、卤水。

13.2.2.1 滨海湿地类型及分布

莱州湾南岸滨海湿地主要包括自然湿地和人工湿地两大类。自然湿地主要包括粉砂淤泥质海岸和河口水域两种，人工湿地以养殖池塘和盐田为主；另外，在海岸线向陆侧存在少量水库。

1）粉砂淤泥质海岸

根据粉砂淤泥质海岸陆—海相互作用的相对强度、地貌部位、湿地植被、水文、底质状况和受人类活动影响强度的差异将莱州湾南岸该类湿地进一步划分为潮上带湿地和潮间带湿

地两部分。

潮上带湿地底质多为粉砂，主要为潮土、湖积型湿潮土、氯化物滨海潮盐土和滨海滩地盐土4个亚类；土壤表层盐度自陆向海增大，多在2~5之间，地下水矿化度高，埋深浅。根据湿地植被、水文、底质和受人类活动影响的程度，可将潮上带湿地划分为7个类型：河流及间断性溪流湿地、碱蓬—盐角草湿地（图13.16a）、光滩湿地、柽柳湿地、盐蒿湿地、马绊草海蔓群丛湿地、茅草湿地。潮上带湿地地域分异结构明显，自高潮线向上呈带状分布：最下部是光滩湿地、碱蓬—盐角草湿地；中部是虾池、盐田与周围的柽柳湿地、盐蒿湿地、马绊草海蔓群丛湿地、茅草湿地；最上部是芦苇湿地等。

a

b

图13.16　莱州湾南岸潮上带碱蓬湿地和潮间带光滩湿地

a：碱蓬湿地；b：光滩湿地

潮间带湿地的底质以淤泥、黏土质粉砂和粉砂为主，滩涂平均宽度为4~6 km。底质含盐量较潮上带湿地高，地貌类型为沿岸河流宽浅的尾闾河槽、羽状分布的潮水沟和河口砂坝。潮间带湿地由岸向海划分为3个带状分布类型：① 潮间上带湿地，平均宽度1~2 km，包括河流尾闾河槽、两侧的芦苇沼泽（分布于河流两岸和入海口，面积约2 000 hm^2）、淤泥质光滩等；② 潮间中带泥质粉砂光滩湿地，宽度1~2 km，发育10~20 cm的凹坑；③ 潮间下带粉砂质光滩湿地（图13.16b），平均宽度2~3 km，滩面冲蚀凹坑消失，底质明显变粗，地表沙波明显。

2）河口水域

河口水域主要分布在莱州湾南岸河流入海口段的潮区界（潮差为0）至口外淡水舌锋缘之间的永久性水域，主要包括小清河、堤河、弥河、白浪河、虞河、潍河、蒲河、胶莱河等河口水域。在河漫滩附近常生长有芦苇群落，水体中主要有浮水植物生长。

3）人工湿地

人工湿地主要为养殖池塘、盐田和水库。莱州湾南岸养殖池塘养殖种类主要为鱼、虾、蟹等，在其周围堤坝上常生长有芦苇、碱蓬等盐生植被。而盐田主要分布在养殖池的向陆侧，面积较养殖池略小，周边植被稀疏，有少量碱蓬生长。

13.2.2.2 莱州湾南岸湿地资源状况

1）湿地植被资源

根据对地表积水条件和土壤水分、含盐量等生态因子的适应特征，组成莱州湾南岸滨海湿地植物区系的维管束植物分盐生植物、水生植物、湿生植物、中生植物4大类。

（1）盐生植物：主要包括聚盐植物、泌盐植物和避盐植物，聚盐植物由于细胞液的渗透压高于盐土溶液的渗透压，所以植物能在盐土中生长并吸收高浓度土壤溶液中的水分，吸收大量土壤中可溶性盐类储存在体内而不受到伤害，如盐角草（图13.17a）、碱蓬等。泌盐植物能把吸收的过多盐分通过茎、叶表面密布的盐腺排出体外，也称耐盐植物，如柽柳、中华补血草等。避盐植物其根细胞对盐类的透过性非常小，所以它们虽然生长在土壤溶液浓度很高的盐土中，但几乎不吸收或很少吸收土壤中的盐类，也称抗盐植物，如蒿属、獐毛等。目前，莱州湾南岸受地下咸-卤水入侵的影响，潮上带自然湿地植被的建群种和优势种为适应高盐生态环境的盐生植物，如盐地碱蓬、碱蓬、中亚滨藜、扁秆草、獐毛、中华补血草、柽柳等。

（2）水生植物：是典型的湿地植物，主要分布在河流及河口湿地的水体中，包括沉水植物、浮叶植物、漂浮植物和挺水植物4类。沉水植物是整个植株都沉没在水下的典型水生植物，如狐尾藻、金鱼藻等。浮叶植物是一类叶片漂浮在水面，无性繁殖速度快，生产力高的水生植物，如睡莲、芡实等。漂浮植物是整个植物体漂浮在水面的植物，如凤眼莲、浮萍、满江红等。挺水植物是植株大部分挺出水面，但根部淹没在水中的植物，如芦苇、东方香蒲、菖蒲、莲、慈姑等。

（3）湿生植物：是能够在潮湿环境中正常生长和繁殖，但不能忍受较长时间的水分不足，即抗旱能力最弱的陆生植物。根据生长环境的特点可以分阴性湿生植物、阳性湿生植物2个亚类。湿生植物主要生长在距高潮线较远的潮上带自然湿地较高处、河流及河口湿地的河岸上，主要包括蓼属植物、荻、扁蓄、两栖蓼、车前、灯心草等；其中，禾本科、蓼科种类最多。

（4）中生植物：是能适应中度潮湿的生境，抗旱能力不如旱生植物，但在过湿环境中也不能正常生长的一类陆生植物。莱州湾南岸滨海湿地中生、旱生植物种类较多，分布也较广。常见的中生植物有杨柳科、豆科、菊科等，典型的旱生植物有短叶决明、蒺藜、酸枣、鬼针草属、黄花蒿、苍耳等。

2）动物资源

据统计，莱州湾南岸湿地共有雁鸭类等水禽25科97种，其中大天鹅（图13.17b）、黑嘴鸥、大鸨等25种为国际公约重点保护的濒危鸟类，据近年观察在莱州湾南岸滨海湿地栖息、越冬的大天鹅150～500只，大鸨15只左右。

养殖也是潮上带湿地资源的主要开发方式之一。目前引进的虾蟹类养殖品种有日本对虾、斑节对虾、南美白对虾、锯缘青蟹等，2001年养殖总产量约4 021 t。除传统的虾、蟹养殖外，近年来引进美国红鱼、大菱鲆、史氏鲟、星碟、石碟、牙鲆、大西洋牙鲆等，2002年已建成工厂化养殖车间3×10^4 m^2。

a

b

图 13.17 莱州湾南岸湿地盐角草和天鹅

a：盐角草；b：天鹅

潮间带和潮下带湿地以底栖动物为主，当地盛产蟹类、毛蚶、文蛤、四角蛤蜊、青蛤、长竹蛏等贝类。尤其是毛蚶分布面积约 9.87×10^4 hm^2，平均生物量 165.43 g/m^2，资源现存量 16×10^4 t；文蛤分布面积约 1.89×10^4 hm^2，平均生物量 44.78 g/m^2，资源现存量 16×10^4 t；泥螺作为该区近年主要养殖品种，其生物量和资源总量急剧增加。另外，共有鱼类 23 种，主要经济鱼类中的鲅鱼、黄姑鱼、鲈鱼、鲳鱼等已经严重衰退，带鱼、小黄鱼、真鲷等鱼类濒临绝迹。目前，该区主要捕捞种为梭鱼、鲈鱼、鲅鱼、青鳞鱼、鲆、鲽类鱼。

3）盐业及其他资源

莱州湾南岸地下卤水资源丰富，地下卤水分布总面积 1.16×10^6 hm^2，总储盐量 6.3×10^8 t。在地下卤水资源开发的同时，还应重视对伴生铀矿、卤虫资源的合理利用。莱州湾南岸地下卤水资源中铀含量很高（均值 50 μg/L），若按卤水储量 7.4×10^9 m^3 计算，约含 370 t 铀。莱州湾南岸盐场高盐度的地下卤水资源，可培养优质的卤虫及卤虫卵，现卤虫鲜卵年产量约 500 t，是优良的鱼虾蟹苗种饵料。

13.2.3 荣成月湖湿地

荣成月湖湿地位于半岛最东端的荣成市境内，属暖温带季风性湿润气候，四季分明，光照充足，雨热同期。年平均气温 11.1℃，是山东沿海年均气温最低的海湾之一。该湿地处于山东半岛丘陵海岸，潟湖为该区域典型的海岸地貌类型。四周广泛分布有第四纪沉积物，主要以残积、坡积为主。为了更好地保护湿地的生态系统，已经建立荣成大天鹅国家级自然保护区。目前，月湖湿地中潮位时的面积在 3.06 km^2。

13.2.3.1 滨海湿地类型及分布

荣成月湖滨海湿地类型以海岸潟湖湿地为主，另外分布有一定面积的养殖池和砂质海岸。

1）海岸潟湖湿地

海岸潟湖湿地是月湖湿地的主要湿地类型，占湿地总面积的 90% 以上。月湖湿地西、北、南侧均被陆地包围，东部由荣成湾沙坝与外海隔开，仅在东南向有一宽约80 m的潮汐汊道与外海相通，构成典型的海岸潟湖湿地。汇入月湖的最大河流为黄埠河，由西岸入湖，汇水面积仅为0.35 km^2，其他河流对月湖无明显影响，因此其水体交换主要通过潮汐汊道完成（图13.18a）。

2）砂质海岸

砂质海岸主要分布在月湖湿地东侧的沙坝上，滩面上缓下陡，总体宽约60 m左右，在靠近口门处，沙坝上仅有少量低矮、稀疏的沙生植被生长；在沙坝的北部生长有以黑松为主的防护林，其向海侧边缘有沙钻苔草等沙生植被生长（图13.18b）。依靠沙坝的发育，月湖砂质海岸的形态总体呈“北宽南窄”。

a

b

图13.18 荣成月湖海岸潟湖湿地和砂质海岸沙生植被

a：海岸潟湖湿地；b：沙生植被

3）养殖池

养殖池主要位于月湖的西北、西南角，呈小面积分布；主要养殖种为虾、蟹等，其周围堤坝上常生长有芦苇、獐茅等植被。

13.2.3.2 荣成月湖湿地资源状况

1）鸟类资源及其群落特征

月湖湿地鸟类资源丰富，共有鸟类38科157种：其中留鸟23种，夏候鸟35种，冬候鸟24种，旅鸟75种。大天鹅是月湖湿地最重要的保护鸟类，每年11月中旬至翌年3月中、下旬在湿地内居留越冬，平均居留期达116 d。早在20世纪60年代初期，冬季有上万只大天鹅来月湖湿地栖息，成为世界上最大的大天鹅越冬栖息地之一，因此月湖也被称为天鹅湖；20世纪70年代由于湿地环境遭到破坏，来越冬的大天鹅仅有几百只；20世纪80年代以来伴随自然保护区的建立，情况得到好转。另外，月湖湿地还栖息有东方白鹳、黑鹳、中华秋沙鸭、金雕、白头鹤、大鸨6种国家一级保护动物；黄嘴白鹭、灰背隼等16种国家二级保护动物。

月湖湿地鸟类群落主要包括：海湾河口鸟类群落、浅海滩涂鸟类群落和草本湿地鸟类群落3类。① 海湾河口鸟类群落，主要分布于沿海潟湖、港湾和河口湾湿地，适宜湿地鸟类栖息。该鸟类群落多为雁鸭类、鸥类和鸻鹬类组成的混集群，代表种为斑嘴鸭、大天鹅、细嘴滨鹬、黑尾鸥等。② 浅海滩涂鸟类群落，主要分布在滩涂和浅海水域，常见种有黑腹滨鹬、黑尾塍鹬、环颈鸻和红嘴鸥等，其他雁鸭和鸻鹬类偶有分布。③ 草本湿地鸟类群落，主要分布在洼湿地草本植物生长茂盛区，常见种类有黄斑苇鳽、环颈鸻、鹤鹬等中小型涉禽。

2）其他生物资源

荣成月湖湿地独特的生态环境，得天独厚的自然条件，极大地丰富了区域内的生物资源。在岸滩附近共有乔、灌木和草本植物46科167种，其中乔、灌木以黑松和刺槐为优势种；草本植物以滨麦、沙钻苔草和打碗花为优势种。水生植物主要有海苔草、点叶藻、囊藻、绳藻、海黍子、刺海橙、蜈蚣藻、江篱，大多为夏秋生长旺盛、冬季衰退。

除了丰富的鸟类资源，月湖湿地的水生动物资源也很丰富，主要经济种有刺参、菲律宾蛤仔、中国朽叶蛤、大连湾牡蛎、扁玉螺等。

13.2.4　胶州湾湿地

胶州湾湿地是青岛地区面积最大的河口海湾湿地，由于受潮汐水动力和大沽河径流携带泥沙淤积的影响，滩涂湿地处于动态变化中。随着湾内滩涂的淤涨和水质破坏，对湾内的植被、底栖动物及水鸟资源造成了破坏。滩涂湿地过度围垦、侵占和排污已造成自然生境的大面积破坏，甚至丧失和片断化，中断了河口海湾湿地生物的自然演替过程，致使许多鸟类失去了原本良好的栖息地和觅食地，对过路的鸟类种群结构、数量、驻留性质、驻留时间、活动范围等产生了严重影响。

13.2.4.1　滨海湿地类型及分布

胶州湾湿地类型主要包括：粉砂淤泥质海岸、砂质海岸、人工湿地三大类。

1）粉砂淤泥质海岸

粉砂淤泥质海岸主要分布在胶州湾北岸养殖池塘向海侧。地形平坦，平均坡降在1/10 000左右，大沽河口附近宽度可达数千米。底质以黏土质粉砂和粉砂质黏土为主（图13.19a）。在湿地上有零星的大米草草甸分布，滩面下陷，发育大量生物洞穴，底栖生物以蛤蜊、蟹类为主；中部分布有较浅的侵蚀坑，坑底有沙纹，滩面生物洞穴较上部少，底栖生物以蛤蜊为主；下部滩面没有生物洞穴，水动力较强。

2）砂质海岸

砂质海岸主要分布在胶州湾西岸南侧。滩面地形较平坦，宽度在1 km以上，底质主要为粉砂质砂（图13.19b）。海岸线向陆侧生长有少量沙生植被，海岸线向海侧仅有零星碱蓬生长。底栖生物以蛤蜊为主。

3）人工湿地

人工湿地主要包括养殖池塘、盐田和水库。胶州湾养殖池塘面积较大，主要分布在胶州

a

b

图 13.19 胶州湾粉砂淤泥质海岸湿地和砂质海岸湿地

a：粉砂淤泥质海岸湿地；b：砂质海岸湿地

湾北岸海岸线附近，主要养殖品种有鱼、虾、蟹等，周围常生长有芦苇等植被（图 13.20a）。盐田主要分布在大沽河河口东西两侧，现在部分盐田已经荒废。盐田周边植被稀疏，覆盖度低。

另外，在红岛南侧，有小面积的岩石性海岸湿地分布（图 13.20b）。

a

b

图 13.20 胶州湾养殖池塘湿地和岩石性海岸湿地

a：养殖池塘湿地；b：岩石性海岸湿地

13.2.4.2 胶州湾滨海湿地资源状况

1）植物资源

胶州湾滨海湿地的浮游植物种类繁多，共鉴定出浮游植物 163 种，包括硅藻 48 属 142 种，甲藻 8 属 20 种，金藻 1 属 1 种（李艳等，2005）；以硅藻和甲藻为主。从生态类型构成看，浮游植物中种类和细胞数量占优势的主要为广布种和暖温带种：如中肋骨条藻、扁面角毛藻、柔弱角毛藻、星脐圆筛藻、尖刺伪菱形藻、丹麦细柱藻等广布性种，冰河拟星杆藻、洛氏角毛藻、派格棍形藻等近岸广温性种，窄隙角毛藻、泰晤式旋鞘藻、中华半管藻等暖温带种，密连角毛藻、并基角毛藻等外洋广温性种。

胶州湾滨海湿地的维管束植被包括：盐生湿地植被、沙生湿地植被、湿生湿地植被和水生湿地植被4大类型，15个湿地植物群落。其中：①盐生湿地植被包括盐地碱蓬群落、盐角草群落、盐地碱蓬和芦苇群落、白茅群落、结缕草群落、罗布麻群落、獐毛群落等7种；②沙生湿地植被有砂钻苔草群落、砂引草和珊瑚菜群落、单叶蔓荆群落3种；③湿生湿地植被有芦苇群落、香蒲群落2种；④水生湿地植被有浮萍群落、金鱼藻和狐尾藻及菹草群落、慈姑群落3种。

胶州湾滨海湿地中的维管束植物以草本植物为主，共有35科61属75种。其中，包括蕨类植物3科3属3种，种子植物32科58属72种（其中，单子叶植物11科23属26种，双子叶植物2 1科35属46种）。建群种主要包括芦苇、香蒲、盐地碱蓬、碱蓬、盐角草、结缕草、白茅、獐毛、柽柳、大米草等（图13.21）。

a

b

图13.21　胶州湾滨海湿地碱蓬和芦苇

a：碱蓬；b：芦苇

2）鸟类资源

胶州湾滨海湿地位于国际三大候鸟迁徙线路之一——亚太地区候鸟南北迁徙路线上，是过境候鸟、旅鸟的迁徙停歇地、补充能量的重要“驿站”。世界自然基金会（WWF）公布的“生态区2000”计划已经将胶州湾湿地列为国际重要鸟区。根据调查，在胶州湾滨海湿地共观测鸟类9目20科140种。以科为单位统计，种数最多的鸭科、鹬科、鹭科、鸥科4科的种数达93种，占总种数的66.43%。其中，鸭科种类最多，达35种，占总种数的25%；其他科的排序为鹬科（29/20.71%；种数/比例，下同）、鹭科（15/10.71%）、鸥科（14/10%）、秧鸡科（10/7.14%）、鸻科（8/5.71%）、鹤科（5/3.57%）、鹡鸰科（4/2.86%）、鹃科（3/2.14%）、潜鸟科、鸬鹚科、鹳科、燕鸻科等科各2种（占1.43%），信天翁科、鹱科、海燕科、鹈鹕科、鲣鸟科、反嘴鹬科、海雀科等科各1种（占0.71%）。

胶州湾鸟类夏季以鹭类、鸥类为主，白额鹱、黑叉尾海燕为夏季优势种。春、秋季节以鹭类、鸻鹬类为优势种，每年春、秋季迁徙经过的鹭类、鸻鹬类水禽达数百万只。冬季以雁鸭类、鸥类为优势种，冬候鸟中豆雁、绿头鸭、斑嘴鸭、红嘴鸥为优势种。每年冬季在胶州湾湿地越冬的冬候鸟中雁鸭类数量可达2×10^4只，越冬鸥类约5×10^4只，红嘴鸥的数量最多；同时，每年冬季有灰鹤、丹顶鹤、蓑羽鹤等珍稀候鸟的小种群在此越冬。胶州湾滨海湿地的140种鸟类中，被列入《中国濒危动物红皮书》的国家Ⅰ、Ⅱ级重点保护水禽有丹顶鹤、白鹤、黑鹳、中华秋沙鸭、大天鹅、鸳鸯、灰鹤等21种。

3）其他资源

胶州湾湿地渔业资源久负盛名，渔业生产已经有几千年的历史，春、秋两季产卵索饵的鱼类有近百种。常见的经济鱼类有：真鲷、牙鲆、高眼鲽、舌鳎、鲅鱼、带鱼、小黄鱼、鳗鱼、鲳鱼、银鱼等。另外，胶州湾甲壳类有对虾、梭子蟹；软体动物有章鱼、贝类菲律宾蛤、泥蚶等。

胶州湾滨海湿地是我国重要的国家级珍稀底栖动物的原产地，黄岛长吻虫和多鳃孔舌形虫为本区湿地特有物种资源，也是国家一级保护底栖动物。

胶州湾滨海湿地的养殖资源丰富。自20世纪50年代初期试养海带成功后，该区域大力发展海带养殖业，历史最高产量曾达到23 550 t。20世纪70年代以后，开始大规模养殖对虾、扇贝，而海带、紫菜的养殖面积逐渐减小。

盐业及盐化工生产也是胶州湾重要的资源类型。胶州湾盐业生产历史悠久，近代开滩晒盐始于清光绪三十四年（公元1908年），目前是山东省原盐和盐化工生产的重要基地，也是我国比较闻名的海盐产区之一。另外，胶州湾沿岸的盐化工业比较发达，主要产品有氯化钾、溴素、氯化镁、元明粉、氧化镁以及镁系列阻燃剂。

13.3 湿地资源开发利用现状与保护

13.3.1 海岸带滨海湿地利用与保护

13.3.1.1 海岸带滨海湿地利用面临问题

滨海湿地的开发利用在给人们带来丰富物资的同时，也面临许多亟待解决的问题。

1）滨海湿地开发规模无限度扩大，天然湿地急剧减少

20世纪50年代中期以前，河流、沼泽与沼泽化草甸、盐沼等天然湿地在全省沿海地区广泛分布。近50年以来，随着人口的增长和经济的发展，人类对滨海湿地的开发利用强度不断扩大，大面积的天然湿地被稻田、盐田、养殖池塘和库塘等人工湿地取代。20世纪50年代前没有库塘湿地，其后修建水库形成的库塘湿地199个，合计湿地面积为1 187 km^2；稻田、鱼塘、虾池等人工湿地也大量增加。自然湿地的急剧减少威胁着滨海湿地资源的永续利用。

2）滨海湿地生态环境恶化，生物多样性受损

湿地作为许多动植物资源生长繁育场所，是极具价值的遗传基因库，对维持野生物种的存续具有重要意义。由于天然湿地的大量开发，导致湿地动植物生存环境的改变，使越来越多的生物物种，特别是珍稀生物失去生存空间而濒危甚至灭绝。物种多样性减少而使生态系

统趋向简化，削弱了生态影响，呈现出不同程度的生态环境恶化、生物多样性受损等状况。其中，莱州湾南岸滨海湿地受围垦、养殖池塘开发等人类活动的影响，造成珍稀水禽赖以生息的生境破碎化，栖息地面积不断减小，水生生物和鸟美数量明显减少。同时，受生境单一化的影响，区域鸟类组成和数量也发生了明显的改变。长岛湿地、胶州湾湿地等地同样受到稻田、盐田、河海水养殖池开发的影响，湿地生物分布区缩小，生物多样性降低。

3）滨海湿地污染严重，生态功能衰退

随着沿海工农业生产的发展和城市规模的扩大，大量的工业废水、废渣、生活污水、养殖废水以及化肥、农药等污染物质的排放，在对湿地生物多样性造成严重危害的同时，还致使湿地生态功能明显下降。在湿地周围地区、河口和流域内，各种工业废水、污水和有毒物质直接排入湿地水体，加之农业生产施用的化肥、农药用量逐年增加，致使湿地水体遭受不同程度的污染。在小清河入海口，大量污水排入滩涂，给湿地生态系统造成严重破坏。日渐严重的环境污染，使湿地本应具有的涵养水源、净化环境、维持生物多样性和生态平衡等生态功能难以正常发挥。

4）宣传力度不够，保护滨海湿地的全民意识有待加强

虽然湿地被人们称作是“地球之肾”、“生命的摇篮” 和 “鸟类的乐园”，但实际上，湿地保护的重要性和必要性没有真正地被各级政府和广大民众所认识，大规模湿地开发项目的盲目上马，未经审批的湿地围垦、偷猎、毒杀湿地鸟类事件屡屡发生。因此，如何加大湿地保护的宣传力度，提高爱护湿地、保护湿地的全民意识已成为亟待解决的问题。

13.3.1.2 海岸带滨海湿地保护措施

山东省海岸带湿地资源和水生生物资源极为丰富，为东北亚内陆和环西太平洋鸟类迁徙的重要越冬地和繁殖地。近年通过保护区建设的方式，较好地起到了对滨海湿地生态保护的作用。

但是，现在山东省滨海湿地保护的形势依然十分严峻。长期以来，为了更好地维护人类共同的资源，建议从以下几个方面保护湿地资源。

1）建立湿地保护法律政策体系

近年来，我国颁布了一系列有关环境保护的法律、法规，其中有许多涉及湿地保护的内容。我国于 1992 年加入了《湿地公约》，但迄今为止尚没有一部与湿地公约相接轨而又符合中国国情的湿地保护专门法律、法规。因此，对于湿地保护应采用行政法规先行的方式，加快我国湿地保护的立法工作进程。

2）加强与完善自然保护区对滨海湿地的保护与管理的权利和职责

滨海湿地的保护和管理是一项系统工程，它涉及自然、社会、经济的各个方面，在其实施过程中，也会出现各种矛盾。因此，滨海湿地的保护和管理，要有地方政府切实的支持，赋予保护区相应的权利，协调与滨海湿地保护管理有关的各种关系，建立协调有效的可操作的滨海湿地管理保护机制。

3）加强湿地保护宣传与教育

1992年我国正式成为国际湿地公约的缔约国，但由于我国湿地保护工作起步较晚，湿地的概念、功能和保护湿地的意义对广大民众来说还比较陌生，对其必要性和重要性还认识不足。这就需要经常地、持久地、广泛地开展湿地保护宣传，提高全社会的保护意识，增加广大民众对湿地保护的参与程度，发动广大民众参与湿地保护工作。

4）建立长期的常规的滨海湿地环境监测体系

滨海湿地本身是一个复杂庞大的系统，处于频繁而剧烈的变化之中，但长期以来缺乏有效的监测，因此针对滨海湿地的环境特征，应该建立长期的环境监测网络体系，对滨海湿地生态环境、生物动态变化进行长期的系统的科学地监测，将监测数据编入自然保护区信息库中，并将其作为一项常规工作纳入到滨海湿地的保护、管理和研究中。

5）加强水污染综合防治措施

保护湿地资源，首先必须保护湿地环境。一是加强对湿地环境的监测与监控，防止突发性污染事故对湿地生态系统的破坏；二是严格执行有关环境保护法律法规，依法保护环境；三是加快污染治理步伐，全面推进水污染防治工作；五是杜绝新的污染源的产生，逐步削减现有污染负荷，尽快达到目前规定的环境质量标准。

6）开展滨海湿地恢复重建工程

开展湿地生境补偿措施，对于湿地生境遭受严重破坏的区域或对湿地生境危害比较大的开发活动，应进行湿地生境补偿，以防止湿地进一步退化。

7）开展滨海湿地风险评价和生态预报研究工作

滨海湿地是典型的生态脆弱带，在人为和自然因素作用下，处于不断变化中，损失退化是不可避免的。这些变化可能对其自身生态系统和社会经济系统产生怎样不利的影响，如何评价其造成的后果及采取何种必要的措施减小各方面的损失，这是很必要的。滨海湿地退化研究中应该加强其风险评价研究，结合有效的监测和定期的调查，识别滨海湿地的风险源，认识其可能导致的不利影响，确定其与生态环境及社会经济的关系，对其作出风险评价。

8）积极开展国际合作

应加强与有关国家、国际组织的联系与合作，积极履行《湿地公约》等有关协定的国际义务，特别要与周边国家在跨国界的环境保护、迁徙物种保护等方面的合作，争取从国际上引进资金和技术，促进湿地和水禽保护工作的开展。

13.3.2　海岛湿地保护与利用政策

面对河流泥沙供给减少和海平面抬升引起的海岸侵蚀、湿地的人为占用及近岸水质污染的严峻压力，必须加快海岛湿地保护的行动，服务于山东半岛蓝色经济区发展战略。

利用遥感、地理信息系统和全球定位系统等技术手段，建立湿地数据库，并进行属性编码，在地理信息系统平台下通过集成，形成湿地信息系统和决策支持系统，以正确指导湿地资源的可持续开发利用，促进社会经济与环境的协调发展。

加强海岛湿地资源与环境的动态监测。利用“三多”、“三高”卫星遥感数据，动态监测海岛湿地资源存量与环境，及时更新海岛湿地资源数据库，更好地掌握湿地在自然和人为干扰条件下的动态变化规律，制定相适应的管理对策，为今后进行湿地保护与合理利用提供科学依据。

加强海岛海岸防护工程措施，控制围垦与海岛并陆，保持海岛滩涂增长的动态平衡。

滨州海域海岛、烟台海域海岛和威海海域海岛三岛群的人工湿地面积大，海涂开发利用程度高。因此，应加强海域使用管理，以滩涂资源资产评估和有偿使用为杠杆，控制海岛的滩涂围垦和禁止采砂等破坏性开发，鼓励海岛湿地的适度合理开发，实现滨海湿地资源的可持续利用。

控制和减少陆源污染物质排放，改善近岸海岛周围海域水质。

加强宣传教育，增强湿地保护意识，开展海岛湿地恢复重建示范研究，营造适合当地经济发展需求的海岛湿地教育基地和海岛生态旅游区；如位于大口河至棘家堡子岛之间的古贝壳堤岛与湿地是世界少有的海洋地质遗迹，是国家级海洋自然保护区。此区既有海岛风光，又有天然贝沙海岸等独特自然景观。目前有不少旅游观光者至此旅游度假。此处开发利用前途广阔，可建成大型沿海风景旅游区。

加强海岛湿地保护的法制建设，加大湿地保护执法力度，进一步强化对湿地的环境监督管理，凡以湿地为对象的各类开发活动和开发项目都必须进行环境影响评估。

13.4 小结

山东省海岸带滨海湿地资源丰富，其面积为 660 191.9 hm^2。其中，自然湿地面积约 362 915.4 hm^2，占海岸带滨海湿地总面积的 55.0%；人工湿地面积约 297 276.5 hm^2，占海岸带滨海湿地总面积的 45.0%。山东省海岛滨海湿地面积累计为 22 008.3 hm^2；其中天然湿地面积为 15 775.3 hm^2（占 71.68%），人工湿地面积为 6 233 hm^2（占 28.32%）。

滨海湿地资源主要分布在黄河三角洲、莱州湾南岸、荣成月湖、胶州湾等。山东省滨海湿地的开发利用在给人们带来丰富物资的同时，也面临许多亟待解决的问题。山东省已经制定了海岸带滨海湿地保护措施与政策。

第 4 篇　海洋灾害

14　环境灾害

14.1　风暴潮灾害

风暴潮是由于热带气旋、温带天气系统、海上风暴过境所伴随的强风和气压骤变而引起的局部海面振荡或非周期性异常升高或降低的现象。风暴潮叠加在天文潮和周期为数秒或十几秒的风浪、涌浪之上而引起的沿岸涨水能酿成巨大灾害，即为风暴潮灾害。

14.1.1　风暴潮灾情分级

风暴潮能否成灾，在很大程度上取决于其最大风暴增水是否与天文潮高潮相叠加，尤其是与天文大潮期的高潮相叠加，当然也决定于受灾地区的地理位置、海岸形状、岸上及海底地形，尤其是滨海地区的社会及经济发展（承灾体）情况。如果最大风暴增水恰与天文大潮的高潮相叠加，则会导致发生特大潮灾。当然如果风暴增水非常大，虽未遇天文大潮或高潮，也会酿成严重潮灾。依国内外风暴潮专家的意见，一般把风暴潮（含近岸浪）灾害划分为以下4个等级，即特重潮灾、严重潮灾、较大潮灾和轻度潮灾（表14.1）。

表14.1　风暴潮灾害等级

等级	特重潮灾	严重潮灾	较大潮灾	轻度潮灾
参考灾情	死亡千人以上或经济损失数亿元	死亡数百人或经济损失0.2亿~1.0亿元	死亡数十人或经济损失千万元左右	无死亡或死亡少量或经济损失数百万元以下
超警戒水位参考值	>2.0 m	>1.0 m	>0.5 m	超过或接近警戒水位

14.1.2　山东沿岸风暴潮的分布

按诱发因素风暴潮通常分为：①由西行和（或）北上的热带气旋引起的台风风暴潮；②由温带天气系统引起的温带风暴潮。山东省濒临黄海和渤海，不仅时常受夏季台风风暴潮的侵袭，而且频受主要发生在春、秋和冬季的温带风暴潮的侵害，使得该地区风暴潮灾害一年四季均可发生，是我国这两类风暴潮灾害都较严重的少数省份之一。

从历史上看，山东沿岸风暴潮灾害发生频繁。据统计，自公元前48年（汉代）至1949年近2000年里，山东沿岸有文字记载的风暴潮灾有96次，其中重灾33次。史书上有关灾害文字记载早期很不完整，但只就清代和民国期间的300年里，山东沿岸风暴潮灾害有64次，平均4~5年1次，重灾约10~20年1次。例如，1668年、1787年、1845年和1939年均为百年一遇特大潮灾年。由于没有气象和潮位观测仪器，风暴潮的记载只能是定性的描述，完整的定量的长序列风暴潮资料的获取是20世纪后半个多世纪以来的事。新中国成立至今的

60 多年里，山东沿岸发生严重及以上等级的风暴潮灾共有 12 次。

在台风风暴潮灾害方面，根据有关文献（杨华庭等，1994；李培顺，1998；张晓慧等，2006）发表数据显示，1949—2007 年间影响青岛和山东半岛南岸及至渤海沿岸的台风风暴潮灾害共计 13 次。其中，严重潮灾和特重潮灾共计 6 次。1956 年（5622 号台风）、1974 年（7413 号）和 1981 年（8114 号）的台风为严重潮灾；1985 年（8509 号）、1992 年（9216 号）和 1997 年（9711 号）的台风为特重潮灾。值得注意的是：在这 6 次严重及以上等级的台风暴潮灾害中，1980—2000 年间就占了 4 次，即平均 5 年左右出现 1 次严重等级以上的台风暴潮灾害；而轻度及以上等级的台风暴潮灾害 1980 年以后约有 10 次，即平均约 2 年出现 1 次。这表明 1980 年代至今，黄海、渤海沿岸地区台风暴潮的成灾频率和灾害程度均呈明显上升趋势，究其原因应与同时期沿海地区国民经济开发和建设速度逐年加快，昔日荒芜的海岸和近岸海域，不断被码头、工厂、水产养殖场、旅游娱乐场所替代，即承灾体与年俱增有关（李培顺，1998）。

在温带风暴潮灾害方面，渤海、黄海沿岸每年 10 月至翌年 5 月都有温带风暴潮发生。据杨华庭等（1994）发表数据显示：1951—1990 年间，莱州湾沿岸发生温带风暴潮共计 83 次。① 从各月分布情况看（表 14.2），羊角沟水文站记录风暴潮次数最多的月份是 11 月，40 年里该月份共发生温带风暴潮 20 次（平均 2 年 1 次），包括 3 次严重（等级）的风暴潮灾，发生时间分别为 1964 年 4 月 6 日、1969 年 4 月 23 日和 1980 年 4 月 5 日；风暴潮发生次数最少月份是 7 月，40 年里仅发生过 1 次。② 按各季度统计结果看（表 14.3），40 年里羊角沟站秋季风暴潮发生次数最多，为 33 次，约占总数的 40%；春季次之，约占总数的 33%；夏季最少，仅 7 次，占总数的 8%；而 40 年里秋、春、冬季风暴潮发生次数累计为 76 次，约占总数的 92%。综上分析，莱州湾温带风暴潮发生次数在季节上以秋季为最多，其次依次为春季和冬季。以塘沽站为代表的渤海湾地区也有类似的季节分布特征（表 14.3）。

表 14.2　1951—1990 年间羊角沟和塘沽温带风暴潮月份发生频次和极值增水

站名	指标	1 月	2 月	3 月	4 月	5 月	6 月	7 月	8 月	9 月	10 月	11 月	12 月	合计
羊角沟	频次	5	6	11	12	4	3	1	3	4	9	20	5	83
	极值/cm	258	285	276	355	253	299	299	204	224	269	292	231	355
塘沽	频次	4	6	4	8	2	1	0	0	4	10	17	5	61
	极值/cm	189	209	155	227	114	139			129	170	237	161	237

备注：表中仅统计最大增水≥100 cm 的温带风暴潮灾害。

表 14.3　1951—1990 年间羊角沟和塘沽温带风暴潮季度发生频次

站名	春季（3—5 月）		夏季（6—8 月）		秋季（9—11 月）		冬季（12—翌年 2 月）	
	频次	百分比	频次	百分比	频次	百分比	频次	百分比
羊角沟	27	33%	7	8%	33	40%	16	19%
塘沽	14	23%	1	2%	31	51%	15	25%

在春、秋和冬季，渤海、黄海上空冷暖空气交遇频繁，而渤海又属于半封闭性浅海（尤其莱州湾和渤海湾），极有利于风暴潮的发生。据杨华庭等（1994）发表数据显示：1951—1990 年间，渤海、黄海沿岸温带风暴潮的天气因素主要为南下强冷空气和温带气旋，并以南

下强冷空气与温带气旋或倒槽的配合型为主，占一半多（表14.4）。在这40年里，渤海、黄海沿岸发生严重及以上等级的温带风暴潮灾害共计6次，即除上面提到的1964年、1969年和1980年的严重温带风暴潮灾害外；21世纪还发生了3次严重及以上等级的温带风暴潮，发生时间分别为2003年10月11日、2007年3月4日和2009年4月15日，它们均属于南下强冷空气与气旋或倒槽的配合型。

表14.4 1951—1990年间渤海、黄海沿岸温带风暴潮天气成因分类统计

天气成因分类	导致风暴潮次数	占总数比例/（%）
南下强冷空气与温带气旋或倒槽配合型	44	52.4
寒潮冷空气活动型	27	32.1
温带气旋型	13	15.5

14.1.3 山东沿岸严重风暴潮灾害的危害

风暴潮的危害主要是淹没陆地，造成陆上工厂、房屋等财产损失，危害人身安全，以及农田盐碱化、农业损失等。

14.1.3.1 温带风暴潮

温带风暴潮主要影响山东半岛北部沿岸，以莱州湾沿岸受灾最为严重。

1）1969年

1969年4月23日，在西伯利亚强冷空气（冷高压）大举南下并有强江淮气旋配合下，渤海发生了1950年以来最强的温带风暴潮，23日16时位于莱州湾小清河河口的羊角沟水文站（图14.1）出现了该站有潮位记录以来历史第一高潮位674 cm，超过当地警戒水位174 cm，最大增水355 cm。据专家分析，该值居全球温带系统风暴潮增水第一位，300 cm以上增水持续了9 h（23日15—23时），100 cm以上增水持续时间长达38 h（23日12时至25日01时）；与此同时，渤海湾的塘沽验潮站最大增水也有227 cm，发生在23日16时。增水造成黄河三角洲70 km海堤在2～3 h内即被冲毁；从河北岐口到山东昌邑县被淹面积达数千平方千米，海水漫滩宽度达十几千米，最远侵陆29 km，造成寿光县总经济损失$2\ 390\times10^4$元（按当时价格计算），昌邑盐场损失16.8×10^4元。

2）2003年

2003年10月11日至12日，受强冷空气和低压倒槽的共同影响，渤海湾、莱州湾沿岸发生了近10年来最强的一次特大温带风暴潮，羊角沟水文站实测最高水位达624 cm，为该站历史第三高潮位，最大增水达300 cm（图14.2）。此次风暴潮来势猛、强度大、持续时间长，成灾严重，造成山东半岛北部沿岸直接经济损失高达6.13×10^9元。

3）2007年

2007年3月3日至5日，受强冷空气和黄海气旋的共同影响，渤海和黄海北部沿岸发生

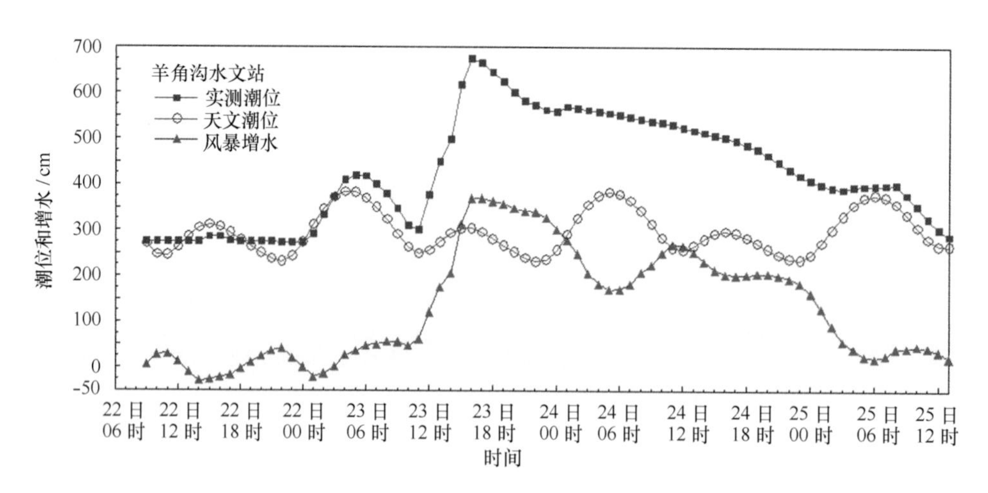

图 14.1 羊角沟水文站实测潮位、天文潮位与增水过程线

（1969.4.2209：00 至 1969.4.25 13：00）

了强温带风暴潮，造成山东省死亡 7 人，约 6 700 hm^2 筏式养殖受损，2 000 hm^2 虾池、鱼塘冲毁，10 km 防浪堤坍塌，损毁船只 1 900 艘（图 14.3），海洋灾害造成直接经济损失 21×10^9元；辽宁、河北、山东 3 省直接经济损失共计 40.65×10^9 元。

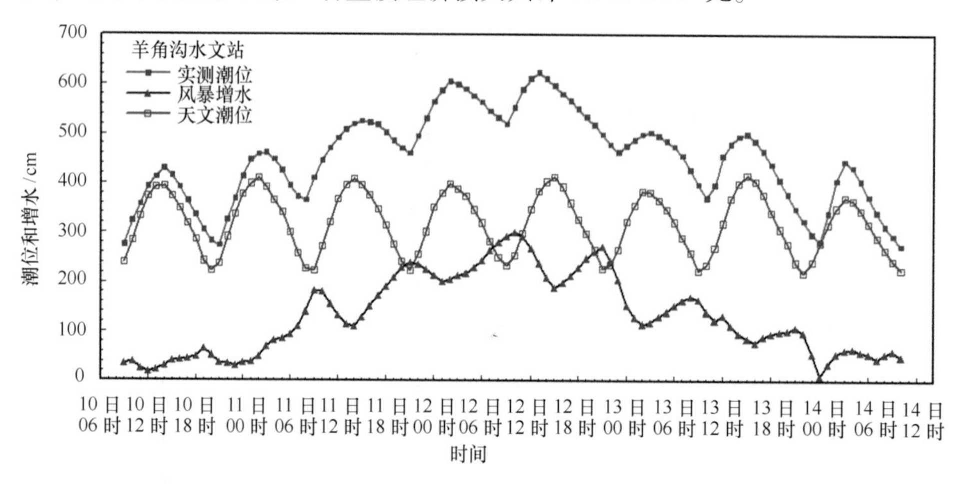

图 14.2 羊角沟站实测潮位、天文潮位、风暴增水过程线

（2003.10.10 09：00 至 2003.10.14 10：00）

4）2009 年

2009 年 4 月 15 日，受强冷空气和低压槽共同的影响，渤海、黄海北部形成了 4～5 m 的巨浪区，龙口外海的康菲海上石油平台（蓬莱 19－3）实测最大有效波高 4.80 m；渤海湾塘沽潮位站实测最大风暴增水 173 cm，黄骅潮位站实测最大风暴增水 176 cm。河北省、山东省、天津市沿海发生了严重的温带风暴潮和海浪灾害，遭受不同程度的经济损失和人员伤亡。此次灾害是自 2007 年 3 月 4 日发生的渤海、黄海特大温带风暴潮海浪灾害以来又一次严重的温带风暴潮灾害。河北、天津和山东两省一市因风暴潮灾造成直接经济损失共计 6.20×10^9 元。其中，山东省受灾人口 6.5×10^4 人，海水养殖受损 2 270 hm^2（7 000 t），海岸工程护岸损毁 2 处，防波堤损毁 5.4 km，沿岸房屋损毁 65 间，船只损毁 24 艘。全省直接经济损失

图 14.3 烟台、威海遭受2007年3月风暴潮袭击后岸边狼藉景象

3.01×10^9 元。

14.1.3.2 严重台风风暴潮（含近岸浪）灾害

风暴潮是由于强烈的大气扰动（强风和气压骤变）而引起的海面异常升高现象，而台风又具有中心气压特别低、中心附近风力特别强等特点，因此台风引起的风暴潮使海面的升降最为强烈。通常，台风越强、台风中心距青岛越近，则青岛沿岸的风暴潮越大。当台风风场由海上向陆地吹袭时，青岛沿岸海平面会异常升高，沿岸出现显著增水。当风暴潮增水与天文高潮同时发生时，沿岸水位往往会超过当地警戒水位而酿成较大潮灾。

青岛是山东半岛南部沿岸受台风影响较为明显的区域，影响青岛的台风平均每年1.43次，由此青岛沿岸平均每年将至少发生1.43次风暴潮。但是青岛沿岸大的风暴潮灾害却不是每年都有，这是因为较大风暴潮灾害的出现取决于台风过境时的强度、路径和时间（即风暴潮增水最大时刻是否与当地天文高潮出现的时刻相近）等多种因素。

1949—2003年间，青岛地区增水在100 cm以上的风暴潮过程共计9次。按增水由大至小顺序分别是：① 1965年12号台风增水143 cm；② 1949年7月的台风增水135 cm；③ 1951年8月的台风增水124 cm；④ 1992年第16号台风增水113 cm；⑤ 1960年第7号台风增水110 cm；⑥ 1952年9月的台风增水109 cm；⑦ 1956年22号台风增水108 cm；⑧ 1997年11号台风增水101 cm。如果风暴潮出现时恰遇天文大潮的高潮，则极易使水位超过当地临界值，从而造成风暴潮灾害。表14.5给出了自1949年以来青岛地区最大增水大于等于90 cm的风暴潮记录。

表 14.5 1949年以来青岛地区遭受较大（最大增水大于等于90 cm）台风风暴潮侵害列表

台风编号	最大增水/cm	最高潮位/cm	直接经济损失/亿元	发生时间
4906	135	525	0.17（较大潮灾）	1949.7.26—27
5116	124	499	（较大潮灾）	1951.8.20—21
5216	147	510	（较大潮灾）	1952.9.2—4
5622	108	536	0.2（严重潮灾）	1956.9.5—6
7416		509	0.6（严重潮灾）	1974.8.27—9.1
8114	98	529	1.0（严重潮灾）	1981.9.1—2
8509	91	531	5.2（特大潮灾）	1985.8.19—20

续表 14.5

台风编号	最大增水/cm	最高潮位/cm	直接经济损失/亿元	发生时间
8923		510		1989.9.15—17
9216	113	548	6.8（特大潮灾）	1992.8.31—9.1
9711	101	551	2.7（特大潮灾）	1997.8.19—20

每当沿岸海域出现较大风暴潮时，往往会伴随风暴潮灾害的发生。青岛沿岸由于风暴潮所引起的灾害事例也是令人非常触目惊心的。下面为民国时期和20世纪80年代以来青岛和山东沿岸发生的几次重大台风风暴潮灾害事件。

1）1939年台风风暴潮灾害

1939年8月30日至9月1日，台风在青岛直接登陆。据当时日本气象局调查报道："公私损失颇巨，灾情极为惨重"。计有：住宅进水3 833间，房屋倒塌1 092间，建筑物遭破坏336所，损失仓库52所，倒损电杆910根，断损电线336处，毁伤树木5 360株，毁坏桥梁26座及道路94处，沉没船只86艘，破坏船舶50艘，失踪船只7艘，堤岸崩塌42处，淹没农田3 119亩，毁坏果树17 235亩，煤炭流失26吨，死亡17人，共计价值79.596万日元。此项灾害数字，还仅限于市区小范围内，不包括青岛其他区县。台风登陆时，正值庄稼成熟即将收获时节，突遭台风袭击，灾情无法统计。这次台风登陆时的瞬时最大风速为40.3 m/s，风向为东北，如此猛烈的大风为青岛历史上所少见。降雨量在130 mm以上。

2）1981年8114号台风风暴潮灾害

1981年9月1日至2日的8114号台风给青岛地区带来的风暴潮灾害也十分巨大。尽管青岛距台风中心较远（最近距离480 km），但由于该台风中心强度大，又适逢天文大潮时期，二者的耦合造成青岛沿岸巨大的涌浪，从而造成严重灾害。崂山区6个乡镇的损失情况足以说明这次台风风暴潮灾害的严重性。

在8114台风影响下，崂山区6个自然村严重受损。据王戈庄、沙子口、仙家寨、红岛、河套、中韩6个乡镇统计：受台风风暴潮影响，冲垮堤坝10多处，总长约7 570 m；冲毁码头5个，撞碎渔船107只，冲走养殖用水漂2.5×10^4个；房屋倒塌15间；倒伏高压电线杆6根，电话线杆16根；海水冲灌良田4 450亩，其中地瓜田3 800亩，花生田650亩，损失达25×10^4元。海阳县、乳山县、即墨县停泊在王戈庄镇仰口码头的渔船有7艘被撞毁，一渔民失踪。

3）1985年8509号台风特大风暴潮灾害

1985年8月19日，8509号台风在青岛引起10级以上大风，阵风达12级，同时带来大暴雨，青岛地区降雨量达254.6 mm，这次台风给青岛城乡带来空前严重的损失。据不完全统计，这次台风给青岛市造成的直接经济损失达$50\ 811\times10^4$元，影响工业产值约超过$8\ 600\times10^4$元，利税近4×10^7元；全市有29人死于台风灾害，368人受伤。

4）1992年9216号台风特大风暴潮灾害

1992年8月28日至9月1日，受9216号强热带风暴和天文大潮的耦合作用，我国东部沿海发生了新中国成立以来影响范围最广、损失最严重的一次风暴潮灾害。这次大潮灾先后波及福建、浙江、上海、江苏、山东、天津、河北、辽宁等省市。尽管受灾区各级政府和防潮指挥部门有力的组织了防潮抢险救灾，大大减轻了经济损失和人员伤亡，但是由于风暴潮、巨浪、狂风、暴雨的综合袭击，仍使南自福建省的东山岛，北到辽宁省东布沿海的我国近万千米的沿岸地区受灾严重，受灾人口超过 $2\ 000 \times 10^4$ 人，死亡 193 人，毁坏海堤约 1 170 km，受灾农田 193.3 hm^2，成灾 $3.33 \times 10^5\ hm^2$，直接经济损失超过 90×10^8 元。

这次风暴潮灾害使我国东部沿海各省市均遭受严重的损失（表 14.6），尚未包括辽宁省大连市的直接经济损失 $18\ 400 \times 10^4$ 元，以及上海市需要用以修复被损坏的工程费用 300×10^4 元。因此，这次风暴潮灾害的直接经济损失已达 92.55×10^8 元。其中，损失最严重的是山东、浙江，两省的损失占总数的79%，其次是福建、天津。

山东省在这次特大风暴潮灾害中的损失最为严重。据统计，仅烟台、威海、青岛三市直接经济损失 26.5×10^8 元；其中，青岛经济损失竟达 6.8×10^8 元之巨。东营市遭受到 1938 年以来最大的风暴潮袭击，直接经济损失 3.59×10^8 元；其中，胜利油田共淹没油井 105 口，钻井、采油、供电、通讯、交通、生产点生活设施等损失严重，油田区有 21 人死于这次潮灾，直接经济损失 1.5×10^8 元。

表 14.6 9216 号台风所致风暴潮灾害损失统计表

省（市）	福建	浙江	江苏	山东	天津	河北	合计
毁坏海堤/处	8 940	1 789	1 112	386	29		12 256
毁坏海堤/km	203.3	546.3	77.7	299	44.4		1 170.7
冲毁路桥/处	143	480		763	426		1 508
冲毁路桥/km	334.9	763		540.7	40		1 678.6
淹没农田/（$\times 10^4\ hm^2$）	9.29	46.9	66.27	75.46	0.01	0.19	198.12
倒塌房屋/间	28 813	35 107	6 879	27 525	19	903	99 246
损坏房屋/万间	1 221	14.4	1.2	7.68	0.45	0.14	36.08
损毁船只/艘	480	186	152	4 406		34	5 258
毁鱼塘虾池/$\times 10^4\ hm^2$	0.67	0.58	0.07	3.27	0.12	0.36	5.08
淹没盐田/（$\times 10^4\ hm^2$）			0.87	12.52		1.80	15.19
损失原盐/（$\times 10^4$ t）	1.41			115.7	30.0	8.1	155.2
停产半停产企业/家	1 500	9 195			29		10 724
死亡人数/人	12	114	10	57	0	0	193
失踪人数/人	0	0	0	87	0	0	87
直接经济损失/（$\times 10^8$ 元）	9.15	31.5	3.2	41.51	3.99	3.2	92.55

5）1997 年 9711 号台风特大风暴潮灾害

1997 年 8 月 10 日 08 时，9711 号台风在关岛以东洋面上生成，尔后向西北偏西方向移动，登陆浙江省温岭石塘镇时，台风中心气压为 960 hPa，近中心最大风速达 40 m/s，风力超过 12 级。8 月 17 日，台风涌浪已传至山东南部沿海；随着涌浪、风浪的相互叠加，在山东半岛沿岸形成了 4～6 m 的巨浪。青岛近海最大波高达 6.0 m，为 8509 号台风以来的最大波高。巨浪造成了许多地区的堤坝、养殖区被冲毁，船舶倾覆和人员伤亡。

9711 号台风影响山东半岛时，正逢天文大潮期，沿岸地区的增水叠加在天文高潮上，造成了沿岸不少地区超过当地警戒水位，如青岛海洋站的实测最高潮位达551 cm，石臼所海洋站的最高潮位达574 cm，均为新中国成立以来各站观测到的最高潮位（表14.7）。

表14.7 受9711号台风影响黄海、渤海沿岸一些主要测站的最大风、浪和潮位情况

站名	最大风速/（m/s）		最大浪高/m		周期/s	最高潮高/cm
	风速	风向	$H_{\frac{1}{100}}$	浪向		
千里岩	28.0	S	7.0	S	10.4	490
小麦岛	29.7	SE	6.0	SE	11.1	498
石臼所	27.0	E	7.1	SE	8.0	574
大连	21.6	SSE	4.0	SE	7.4	460
成山头	19.0	ENE	4.6	—	11.0	259
龙口	25.3	ENE	2.8	NNW	6.2	220

据统计，山东沿海直接经济损失达35×10^8元。青岛近郊有4×10^4亩虾池被毁，3.3×10^4亩扇贝被冲走，毁坏渔船1 400多只；石臼所受损扇贝1.7×10^4亩，虾池3.5×10^4亩，鲍鱼2 000亩，淡水养殖4 000亩，损毁大小鱼船1 305条；文登市全市冲毁虾池5 305亩，淹没淡水鱼池2 860亩，浅海牡蛎养殖损失280亩，滩涂渔场养殖损失150亩。全省沿海防潮堤决口293处，长度共计68 km。

虽然影响山东半岛北部沿岸的温带系统风暴潮发生频次远多于北上台风引发的风暴潮次数，但从特大潮灾来看，台风风暴潮灾害的灾情级别应是危害山东地区经济发展的主要海洋动力灾害。但以造成特大潮灾的灾情来看，1950年以来渤海、黄海沿岸发生特大潮灾共计6次，包括3次特大温带风暴潮灾和3次特大台风风暴潮灾。3次温带风暴潮灾中灾情损失最大的为2003年10月11日的潮灾，造成山东全省直接经济损失达13.39×10^8元；而3次台风风暴潮灾中造成灾情损失最大的为9216号台风暴潮灾，造成山东全省直接经济损失达41.51×10^8元。

14.1.4 山东沿岸风暴潮灾害的防治对策与建议

在山东沿海经济开发中，重大项目尽量不要建在这些容易发生风暴潮的岸段，一般项目最好也避开风暴潮多发区，所有项目都应修筑有一定防潮能力的防潮堤和制订行之有效的防潮应急措施，以最大限度地减少风暴潮导致的灾害损失。并依据海浪风暴潮过程灾害发生特点，应提前做好我国沿海灾害性海浪预报与风暴潮预警报及海浪风暴潮灾害防御工作。

加强沿海海浪、风暴潮监测网的能力建设，做好海浪与风暴潮预报和警报。尤其是温带天气系统形成的海浪风暴潮过程具有形成快、变化快、影响时间短、影响范围小、强度大等特点，并且没有明显的规律性、可预测性差，准确的预测预报难度更大。

海洋预报部门必须重视技术进步和经验总结，不断提高预报准确度是一项长期的永无止境的光荣任务。例如，2009年4月15日的海浪风暴潮过程中，实测风比预报的风要大得多，多数预报单位预报渤海和黄海北部的风为7~8级，阵风9级；而实测的风力为9~10级，阵风11级，预报与实测的差距较大。

春秋季节，我国渤海和黄海北部是冷暖空气频繁交汇的海区，渤海湾、莱州湾是温带风暴潮海浪灾害频发区，基本上每两年发生一次严重以上的温带风暴潮海浪灾害。因此，要特别注意春秋季节每月上下半月2个天文高潮期发生的此类风暴潮与海浪过程。

从灾后调查资料分析发现，凡接到海浪风暴潮预报信息并及时采取有效防灾减灾措施的单位和公众，均没有出现大的损失。为此建议地方政府及海洋行政主管部门加强对沿海居民海洋防灾减灾知识的宣传和教育。

经济损失较严重情况都发生在防潮、防浪设施薄弱的地区。建议这些地区的政府采取有效措施，加强防潮防浪基础设施建设，提升防潮防浪设施防御海洋灾害的等级。

14.2 海浪灾害

海浪是海洋中由风产生的波浪，包括风浪及其演变而成的涌浪。灾害性海浪是指波高大于或等于4 m的海浪，其作用力可达30～40 t/m^2；按被引起的方式不同分为台风浪（热带气旋引起）、气旋浪（温带气旋引起）和冷空气浪（冷空气引起）。灾害性海浪对海上航行的船舶、海洋石油生产设施、海上渔业捕捞和沿岸及近海水产养殖业、港口码头、防波堤等海岸和海洋工程造成的人员伤亡和经济损失。

14.2.1 山东沿海大风、强风

山东沿海大风出现频次较高。其中，大风为6～7级，强风为风力7级以上。表14.8给出了烟台（代表半岛北部）和青岛（代表半岛南部）6级及以上大风出现天数占全年总天数百分比的统计结果。可以看出，6级及以上大风出现率在半岛北部为12.43%，即平均每年出现45.4 d；在半岛南部为22.43%，即平均每年出现81.9 d。而大于等于8级的强风出现率，半岛南部也明显地高于半岛北部。

表14.8 大风、强风出现天数占全年百分比

风级	6级	7级	≥8级	资料年限
烟台	8.53%	3.23%	0.67%	1981—1986
青岛	8.82%	8.71%	4.90%	1966—1980

山东沿海大风、强风日数的季节变化如图14.4所示：

1）烟台和莱州大风、强风日数以春季为最多，其中又以4月为最多，55年累计出现74 d；盛夏和初秋为最少，其中又以9月为最少，55年累计只出现18 d。

2）威海大风、强风日数以春季为最多，其中又以4月为最多，42年累计出现102 d；盛夏和初秋为最少，其中又以8月为最少，42年累计只出现20 d。

3）乳山和石岛大风、强风日数在整个夏季和初秋为最少。

4）成山头大风、强风日数以冬季为最多，其中又以1月为最多，54年累计出现151 d；整个夏季为最少，其中又以7月为最少，54年累计只出现25 d。

14.2.2 山东沿海海浪要素特征

山东沿岸各海洋站不同浪级统计情况及大浪出现情况见表14.9和表14.10。山东半岛南岸一般以夏季大浪出现频率最高、波高最大，且波向以SE向为主；但当台风过境时，大浪多为NE向。半岛北岸则以秋冬季节出现大浪频率最高，且以偏N向大浪为主。另外，从最大

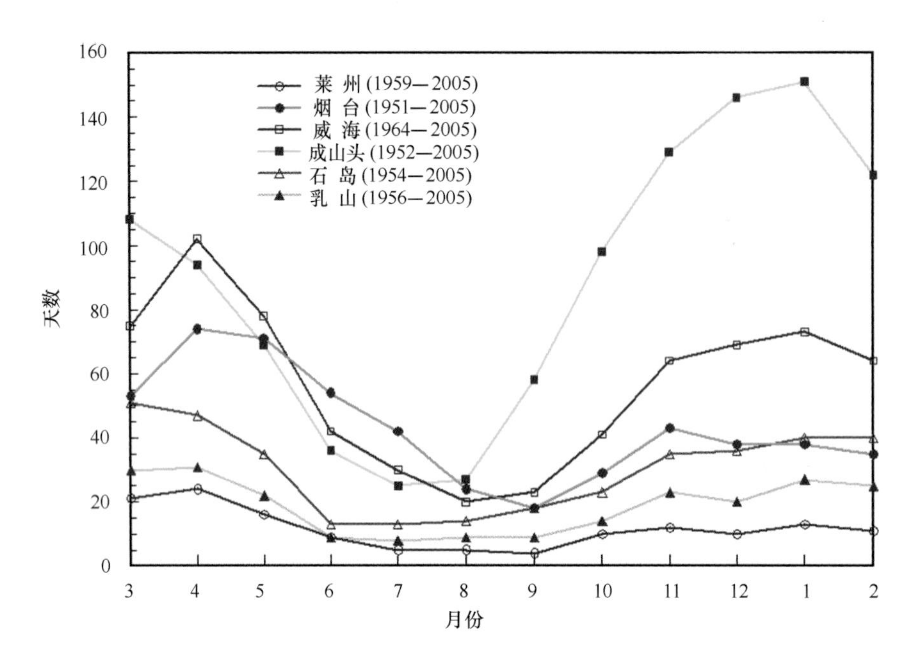

图 14.4 山东沿岸累年各月大风强风日数

平均波周期值来看，半岛南岸夏秋季节最大波周期在 14.4 ~ 15.8 s，远大于北岸的最大波周期值。半岛北岸是以风浪为主，而南岸则涌浪出现频率较高；据统计，小麦岛涌浪占 63%，石臼所涌浪占 52%。

破坏性海浪可引起海岸侵蚀等灾害，其出现的季节和浪级决定了海岸侵蚀发生时间和强度。从破坏性海浪对海岸侵蚀方面来看，半岛南岸以夏、秋季最为严重；半岛北岸则以秋、冬和春季为海岸侵蚀的主要季节。

表 14.9 山东沿岸各海洋站不同浪级波浪频率 %

站名	季节	浪级（$H_{1/10}$）					
		[0 ~ 0.50]	[0.5 ~ 1.5]	[1.5 ~ 3.0]	[3.0 ~ 5.0]	[5.0 ~ 6.0]	[6.0 ~]
小麦岛	春季	37.4	58.9	3.6	0.1		
	夏季	21.1	70.8	7.7	0.4		
	秋季	37.6	57.2	4.9	0.3		
	冬季	53.7	43.2	3.1	0.1		
石岛	春季	64.6	32.0	3.4			
	夏季	43.4	48.7	7.4	0.5		
	秋季	66.3	30.7	2.7	0.2		
	冬季						
成山头	春季	71.9	24.2	3.4	0.4	0.1	
	夏季	64.1	30.1	4.8	0.9	0.1	0.1
	秋季	74.0	20.5	4.7	0.7	0.1	
	冬季						

续表 14.9

站名	季节	浪级（$H_{1/10}$）					
		[0~0.50]	[0.5~1.5]	[1.5~3.0]	[3.0~5.0]	[5.0~6.0]	[6.0~]
烟台	春季	78.7	15.8	5.1	0.6		
	夏季	85.9	10.2	3.9	0.1		
	秋季	58.3	16.9	13.0	1.8		
	冬季	52.6	25.1	21.4	0.9		
龙口	春季	61.7	29.7	7.0	1.5		
	夏季	73.1	24.3	2.5	0.2		
	秋季	46.4	35.4	15.6	2.6		
	冬季	35.5	38.6	21.8	4.0	0.1	

表 14.10 山东沿岸各海洋站各季最大波高、方向、平均周期最大值统计

季节	波浪要素		小麦岛	石岛	成山头	烟台	龙口
春	T	最大值/s	9.4	12.1	9.6	8.2	13.1
		方向	ESE	SE	NE，SSE	NNE	NNE
	$H_{\frac{1}{10}}$	最大值/m	4.6	3.7	7.0		5.0
		方向	SSE	SE	NE		NNE，NE
	H_{max}	最大值/m	4.9	4.4	8.0	4.7	5.4
		方向	E	NNE	NE	N	NNE
夏	T	最大值/s	14.4	15.8	13.3	6.8	9.8
		方向	SE	SE	SSE	NE	N
	$H_{\frac{1}{10}}$	最大值/m	5.1	6.0	9.0		4.0
		方向	SE	SE	ENE		NE
	H_{max}	最大值/m	6.8	6.3	7.1	3.6	4.9
		方向	SE	ESE	ESE	NE	NE
秋	T	最大值/s	14.7	14.6	11.4	8.5	10.3
		方向	ESE	SE	SE	NNE	NW
	$H_{\frac{1}{10}}$	最大值/m	3.8	4.9	6.4		4.6
		方向	ESE，E	SSE	NE		NE
	H_{max}	最大值/m	5.2	6.8	7.0	4.7	6.0
		方向	ENE	SSE	NE	N	NE
冬	T	最大值/s	9.5			7.2	10.3
		方向	SSE			NE	N
	$H_{\frac{1}{10}}$	最大值/m	3.3				5.6
		方向	SSW				NE
	H_{max}	最大值/m	4.1			4.2	7.2
		方向	E			N，NNE	NE

14.2.3 山东沿海海浪灾害

14.2.3.1 中国沿海海浪灾害

据《中国海洋灾害公报》（2000—2010）公布数据：2000 年我国近海海域各海区 4 m 以上巨浪累计天数为 383 d，其中渤海 11 d，黄海 34 d，东海 113 d，台湾海峡 102 d，南海 123 d；共沉损大小船只 18 艘，死亡、失踪 63 人，直接经济损失约 1.7×10^9 元。2001 年，我国近海海域各海区 4 m 以上巨浪累计天数为 329 d，其中渤海 6 d，黄海 29 d，东海 103 d，

台湾海峡 79 d，南海 112 d；共沉没、损坏大小船只共 618 艘，死亡、失踪 265 人，直接经济损失约 3.1×10^9 元。2002—2010 年中国沿海灾害性海浪发生次数及损失详见表 14.11。

表 14.11　2002—2010 年中国沿海灾害性海浪发生次数及损失

年份	过程次数/次	冷空气、气旋浪过程/次	台风浪/次	失踪、死亡人数/人	直接经济损失/（$\times10^8$ 元）
2002	33			94	2.5
2003	38			103	1.15
2004	35			91	2.07
2005	36	22	14	234	1.91
2006	38	23	15	165	1.34
2007	35	23	12	143	1.16
2008	33	20	13	96	0.55
2009	32	20	12	38	8.03
2010	35	23	12	132	1.73

14.2.3.2　山东沿海海浪灾害

山东沿海的海浪灾害以温带气旋引起的气旋浪和冷空气引起大的冷空气浪为主，由热带气旋引起的台风浪较少。下面为 2001—2010 年间山东沿海海浪灾害引起的人员伤亡和财产损失情况：

2001 年：山东省沉没货轮 2 艘，翻沉、损坏渔船 250 艘，死亡、失踪 4 人，经济损失约 1.2×10^8 元。

2002 年：山东省死亡 22 人，经济损失 1.2×10^7 元。

2003 年：山东省死亡 4 人，直接经济损失 1.0×10^7 元。受黄海气旋和冷空气影响，2 月 22 日渤海、黄海出现 4 m 巨浪，大连渤海轮船公司所属的“辽旅渡 7”轮从山东龙口市开往辽宁旅顺途中，在渤海海峡北砣矶岛西北 8 海里处沉没。

2004 年：山东省共发生 3 次灾害性海浪，其中 2 次黄海气旋浪，1 次冷空气浪。造成 6 人死亡或失踪，直接经济损失 1.75×10^7 元（表 14.12）。

表 14.12　2004—2010 年冷空气与气旋浪引起的海浪灾害统计

年份	时间（月－日）	地点	致灾原因	灾 情	死亡失踪人数/个	直接经济损失/（$\times10^4$ 元）
2004	06—16	日照沿海	黄海气旋浪	沉没 57 艘渔船，冲毁 100 m 海堤	4	220
	09—14	日照岚山附近海域	黄海气旋浪	沉没 1 艘渔船	1	30
	11—26	龙口港附近海域	冷空气浪	福建“海鹭 15”轮沉没	1	1 500
2005	12—21	龙口港锚地	冷空气浪	浙江省温岭市“铭扬少洲 178”轮沉没	13	1000
2007	03—04	招远海域	冷空气浪	损毁船只 3 艘	0	200
	07—19	莱州海域	气旋浪	损毁船只 1 艘	0	150
2010	02—20	全省海域	冷空气浪	海水养殖受损 0.008 千公顷，海岸工程受损 0.04 千米	0	200

14.3 海雾灾害

海雾是一种危险的天气现象，一年四季均能发生。它就像一层灰色的面纱笼罩在海面或沿岸低空，主要影响海上航行，甚至造成航船触礁、碰撞等海难，可谓“无声的杀手”。海上船舶碰撞事件有60%～70%是由海雾引起的。根据海雾形成特征及所在海洋环境特点，可将海雾分为平流雾、混合雾、辐射雾和地形雾等4种类型。黄海山东沿海的雾主要是平流雾（或称平流冷却雾），亦称“海雾”。平流冷却雾是由于长时间持续有暖湿空气流经冷海面而在海上形成的，在海面和低空大气中大量小水滴积聚成的悬浮体，使能见度小于1 km的天气现象。

海雾雾滴的积聚影响海面能见度，按雾中能见距离可将雾粗略地划分为轻雾(1～10 km)和浓雾（小于1 km）。

14.3.1 海雾的分布特征

山东沿海及其所属的黄海海区是我国近海海雾发生最为频繁的海区，此处海雾具有季节性强、范围广、浓度大和持续时间长等特点。

根据山东沿海1964—2000年各月多年平均雾日数（表14.13）统计结果：①山东南部沿海及龙口以东北部沿海，全年以3—7月为最多，但成山头海域要延续到8月；即春季和初夏最多，而秋季最少。②龙口以西沿海海雾的季节特征与其他沿海不同，全年多雾期出现在秋末至冬季，春、夏则为少雾季节。③成山头附近海域7月份的多年平均雾日数达23.2 d，为黄海海雾日数最多的海区，并有“雾窟”之称。图14.5以等值线图的形式较好地表现了海雾这一随季节显著变化的特征。

表14.13 山东沿海1964—2000年各月多年平均雾日数 单位：d

月份	12月	1月	2月	3月	4月	5月	6月	7月	8月	9月	10月	11月
羊角沟	2.1	2.3	1.6	0.9	0.7	0.4	0.2	0.5	0.4	0.5	0.9	1.8
龙口	1.3	1.1	1.2	1.0	1.1	1.0	0.9	0.8	1.0	0.3	0.4	0.7
长岛	0.6	0.6	1.2	1.7	2.8	3.1	3.5	4.4	1.5	0.1	0.1	0.2
威海	0.4	0.2	0.9	1.7	2.6	3.1	3.6	4.3	1.5	0.1	0.1	0.2
成山头	0.9	0.8	2.4	5.3	8.8	12.1	16.7	23.2	11.5	0.9	0.3	0.3
石岛	0.7	1.5	2.9	6.4	8.7	12.1	16.6	6.5	0.6	0.2	0.4	0.5
青岛	2.5	2.4	2.6	3.6	6.2	8.0	9.5	10.4	1.9	0.4	0.6	1.8
日照	1.2	0.9	1.2	2.5	4.2	5.6	5.1	3.8	0.5	0.2	0.3	1.1

张红岩等（2005）以朝连岛为黄海代表站，将朝连岛1954—2001年各年5月份海雾日数作标准化（距平/标准差）处理，整理出春季黄海海雾的年际变化情况（图14.6）。取标准化值大于等于1.2为偏多年（包括1954年、1963年、1968年、1977年、1982年和1983年，共计6年），小于等于-1.2为偏少年（包括1958年、1960年、1962年、1979年、1996年、1999年和2001年，共计7年）。

14.3.2 海雾的危害

海雾是一种重要的灾害性天气。当浓雾强盛时能见度低，对海上航行危害极大。近年来，

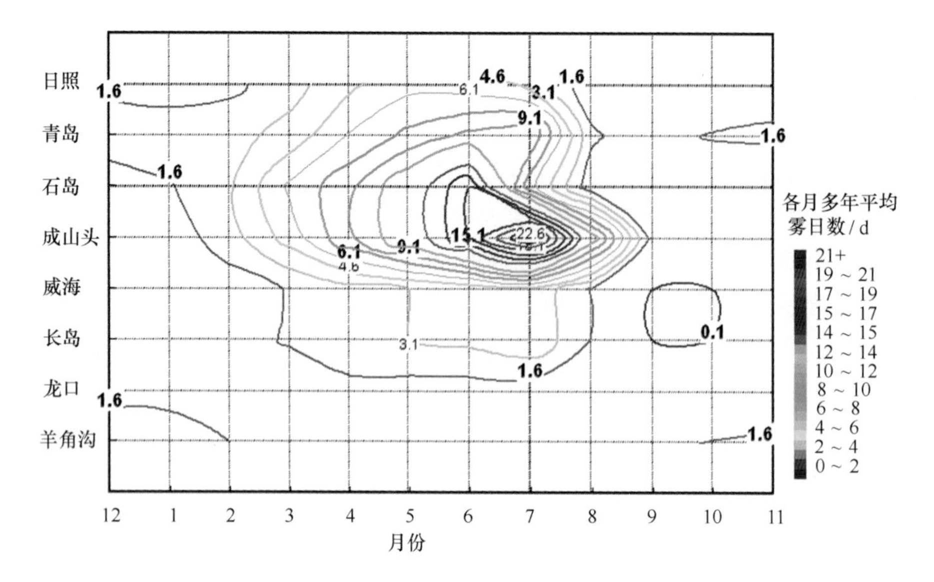

图 14.5　山东沿海 1964—2000 年各月多年平均雾日数（d）分布

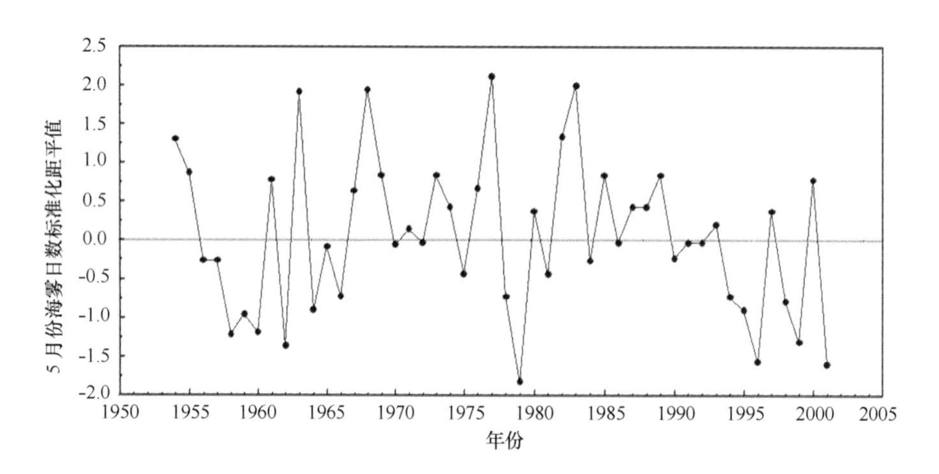

图 14.6　春季黄海海雾的年际变化情况（1954—2001 年）

虽已应用雷达和卫星等手段，但由海雾引起的海难事故仍不断发生。海雾对沿海经济建设、军事活动、环境保护和人体健康等都能造成相当大的危害。

近 50 年来，山东海区因大雾而引发的海事和海难近百起，造成人员死亡，各类船只搁浅、触礁、沉没事件。各类船只常因大雾的影响误入海带、紫菜养殖区，不仅使养殖区受到不同程度的破坏，而且经常发生船只被“缠摆”和“打摆”等事故，对船只的正常航行威胁很大。至于因大雾使船只不得不在海上抛锚或减速，由此而造成的人力、物力和时间上的浪费，更是无法估量。

因海上能见度原因造成的船舶海难事故，在全部因海洋和气象原因造成海难事故中，占有相当的比例。国内一项 1950—1987 年的船舶海上航行事故统计显示，因恶劣能见度而造成的海难事故，占事故总数的 33%，超过因季风型大风大浪造成事故的 25%。例如：1993 年 5 月，国家海洋局所属 4 000 t 级远洋科学考察船“向阳红 16”号，就是因为雾区航行等原因，在 29°N，134°E 海区与一外籍货轮相撞而沉没。该事故中死亡 3 人，经济总损失近亿元。

14.3.3 海雾的成因

海雾是在一定的环境背景条件下产生的，包括大气环流条件、水汽条件、下垫面条件等，只有在环境条件配置适当时，在边界层才有可能成雾。据统计，青岛及其附近的乳山口和石臼港，雾季里海雾的发生与风向的关系为：青岛77%的海雾发生在SE—S风向，乳山口73%的海雾发生在SSE—SW风向，石臼港72%的海雾发生在NE-SE风向。虽然以上3测站因地理位置不同多雾风向有一定的差异，但它们有一个共同特点，即其多雾风向均来自黄海冷水区（刁学贤，1995）。

14.4 海冰灾害

海冰是所有在海上出现的冰的统称，除由海水直接冻结而成的冰外，它还包括来源于陆地的河冰、湖冰和冰川冰。因海冰引起的航道阻塞、船只损坏及海上设施和海岸工程损坏等灾害，统称为海冰灾害。

14.4.1 海冰的分布

14.4.1.1 渤海冰情概况

据1989—2008年《中国海洋灾害公报》中公布的渤海冰情资料显示：2009—2010年冬季渤海遭遇了近30年来最严重的冰情；这是自20世纪70年代末连续出现暖冬以来，渤海海域（主要是指渤海湾、莱州湾和辽东湾）已有30年没有出现过如此严重的海冰现象。

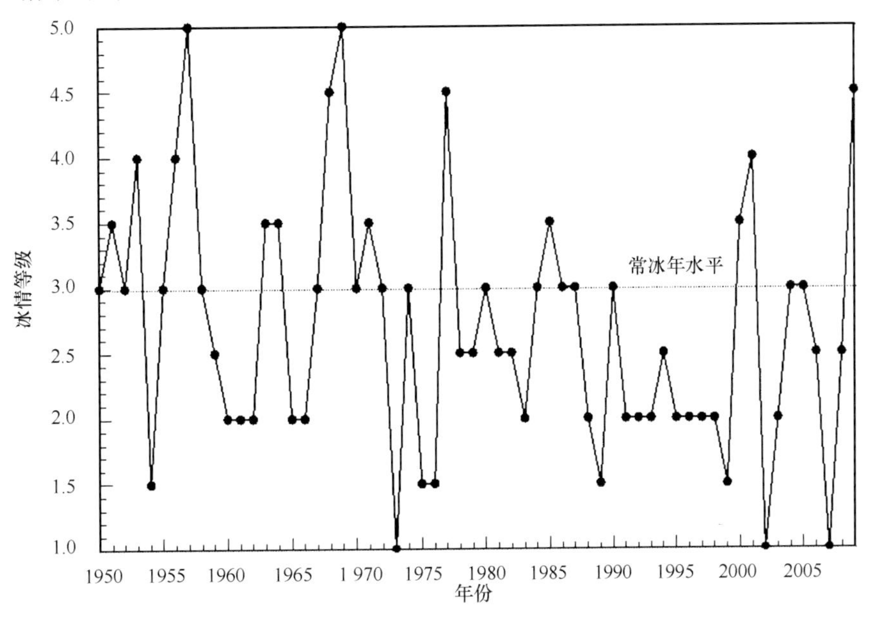

图14.7 渤海冰情等级逐年变化

1950—2009年间，渤海平均冰级为2.69级；最大冰级可达5.0级，分别出现在1957—1958年冬季和1968—1969年冬季；最小冰级出现在1972/1973年冬季、2001/2002年冬季和

2006/2007 年冬季，为 1.0 级。图 14.7 为 1950—2005 年间渤海冰情逐年变化。以十年周期变化来看，20 世纪 50 年代冰情等级十年平均为 3.25 级，20 世纪 60 年代十年平均为 2.95 级，20 世纪 70 年代十年平均为 2.6 级，20 世纪 80 年代十年平均为 2.6 级，20 世纪 90 年代十年平均为 2.2 级，21 世纪第一个十年平均为 2.7 级。20 世纪 90 年代为 60 年里冰情等级最小的十年。

14.4.1.2 山东渤海海区冰情

山东渤海沿岸每年都有不同程度的结冰现象，一般从 12 月份初开始结冰，至翌年 3 月初海冰消失，冰期约 1~3 个月。山东渤海沿岸海区冰情分常年冰情和异常年冰情两种情况。以常年冰情来看，山东渤海沿岸从大口河河口开始，沿海湾南岸经莱州湾西岸，南岸至莱州湾东岸，冰情逐渐减轻，可划分为以下 3 段：

1）渤海湾和莱州湾西部沿岸

从每年 12 月初结冰至翌年 3 月初海冰消失，大口河河口至小清河一带冰期约为 3 个月。其中，1 月下旬至 2 月下旬为盛冰期。在盛冰期，沿岸出现固定冰，海上流冰较多，固定冰的宽度一般为 1~3 km。在平坦广阔的河口浅滩地带，沿岸固定冰的宽度可达 10 km，固定冰的厚度一般为 15~25 cm，最厚达 40 cm；固定冰的堆积高度多在 1~2 m 之间，最大堆积高度约为 4 m。不同区域，流冰的分布特征各异：① 在河口浅滩地带，流冰外缘离岸 15~25 海里；② 在渤海湾沿岸，流冰外缘大约沿 15 m 等深线分布；③ 在莱州湾，流冰外缘线位于 10~15 m 等深线之间，接近 10 m 等深线一侧分布。

2）莱州湾南部和东部沿岸

每年 12 月上旬至 12 月下旬开始结冰，翌年 2 月底至 3 月初海冰消失，冰期为 2.5~3 个月；其中，1 月下旬至 2 月中旬为盛冰期。在盛冰期间，小清河河口至刁龙嘴一带有固定冰出现。固定冰的宽度一般在 0.5 km 以内，莱州湾南岸河口浅滩附近可达 2~5 km，固定冰的厚度多为 10~20 cm，最厚 35 cm 左右，刁龙嘴以北一般无固定冰出现。流冰外缘离莱州湾南岸 15~25 海里，离东岸 10 海里左右，流冰的漂流速度一般在 1 节以内，莱州湾东部沿岸流冰漂流速度最高可达 2 节左右。

3）屺岛至蓬莱高角沿岸

通常无固定冰出现，流冰也很小，仅限于岸边附近或二三海里以内海域。每年 1 月下旬至 2 月中旬气温最低时冰情最重，冰的厚度多在 5~10 cm 之间，最厚 15 cm 左右，流冰漂流速度多在 1 节左右，最大接近 2 节。

山东渤海沿岸海区除发生上述常年冰情外，历史上还常出现异常冰情，包括暖冬冰情和冷冬冰情两种情况：

暖冬冰情　这类冰情发生在异常温暖的冬季，仅在渤海湾和莱州湾西部、南部岸边附近有少量海冰出现。冰的厚度一般在 10 cm 以内，最厚 20 m 左右，流冰范围仅限于离岸 5 海里以内。异常温暖的冬季，莱州湾东部除个别海湾外，一般没有海冰出现。

冷冬冰情　据历史资料记载，20 世纪 30 年代以来，渤海曾发生多次严重的冰封，如：

1936年1—3月，1947年2—3月，1957年1—2月和1969年2—3月等。这几次严重冰封均发生在冷冬年，70%以上海面被海冰覆盖，整个渤海湾、莱州湾布满厚冰。例如，1969年渤海发生严重的冷冬冰情，出现冰封，整个渤海湾为厚冰堆积，冰的厚度一般为50~70 cm；到处出现冰堆积现象，堆积高度一般为1~2 m，最大堆积高度达4 m左右；渤海中部为平整厚冰区，冰厚一般为20~30 cm，最大60 cm，冰堆积现象少见，海冰连成一片，其面积一般为30~40 km^2，最大达60~70 km^2；莱州湾冰情也十分严重。

14.4.1.3 山东黄海沿岸海区冰情

山东黄海沿岸，在35°38′~37°51′N之间，为山地港湾海岸，水交换条件好，海水不易结冰。但胶州湾以北黄海沿岸的岬湾深处，在严寒冬季，仍有少量海冰出现，而胶州湾以南的黄海沿岸不出现海冰。

从胶州湾以北的黄海沿岸常年冰情来看，除个别海湾（如靖海湾、乳山口、丁字湾、胶州湾）外，一般不结冰，即使某些海湾有海冰出现，通常也仅限于岸边附近，冰量少，持续时间短，海冰对海上生产没有大的影响。

在异常寒冷的冬季，胶州湾以北黄海沿岸的岬湾、海港内均出现异常冰情，即发生一定程度的结冰现象。极冷时，芝罘湾和烟台港均有海冰出现，蓬莱港、长岛港、威海港均出现过封冻，刘公岛处海面有大片流冰。

北部黄海沿岸冰虽然常年冰情较轻，但寒冬冰情严重，冰灾危害较大，对海上工程、交通运输、水产养殖及捕捞业都产生较大影响，造成一定的经济损失。

胶州湾每年冬季结冰，一般于12月中旬开始结冰，至翌年2月中旬海冰消失，冰期约为2个月。其中，1月下旬至2月上旬冰情相对较重（也称盛冰期），在其沿岸特别是北部和西部广阔的浅水区域有固定冰出现，其范围一般限于2 m等深线以内，固定冰的厚度在北部沿岸为10~20 cm，南部沿岸为10 cm左右，岸边附近经常出现海冰堆积，其高度多在1 m以内。沿岸固定冰在天气回暖或大潮汛时常开裂，破碎成冰块而漂浮于海面上，形成流冰。流冰也可直接由海上的海水冻结而成。常年流冰外缘大致位于2~5 m等深线之间，并接近5 m等深线一侧，5 m等深线以外水域通常无冰。

20世纪，胶州湾发生过数次异常冰情；如1917年1—2月，1936年1—2月，1957年2月和1969年1—2月等。冰情的特点是：结冰范围大，全湾结冰面积达70%以上；冰较厚，一般为30~50 cm，重叠冰最大可达1 m以上，港口封冻，航道堵塞，船舶航行严重受阻，甚至无法航行。如1917年1月，胶州湾90%海面封冰，大港内外全部结冰，大港入口处重叠冰厚度达1 m，船舶进出十分困难。1936年1—2月间，大港内外结冰，港内部分封冻，入口处被堵塞，各种船只无法进出。同年，小港被封，冰上可走马车，船只无法航行。

14.4.2 海冰的危害

海冰较轻的年份，对社会经济的发展不会造成太大危害。但是在冰情较重的年份，主要表现在对航运和养殖业的较大影响。下面是新中国成立以来渤海几次严重的海冰灾情。

14.4.2.1 1969年渤海大冰封灾害

1969年2—3月间，整个渤海全部被海冰覆盖，影响范围可达渤海海峡，冰厚一般为

20～40 cm，最厚达 80 cm，最大冰块长达 70 km，由于风和流的作用使冰块互相挤压，在冰面上堆立起来的高度多为 1～2 m，近岸高达 9 m。

据不完全统计，从 2 月 5 日至 3 月 6 日约 1 个月的时间里，进出天津塘沽港 123 艘客货轮中，有 58 艘被海冰夹住，不能航行，随风漂移，有的受到海冰的挤压，船体变形，船舱进水，有的推进器被海冰夹走，去向不明；流冰摧毁了由 15 根 2.2 cm 厚锰钢板制作的直径 0.85 m、长 41 m、打入海底 28 m 深的空心圆筒桩柱全钢结构的“海二井”石油平台；另一个重 500 t 的“海一井”平台支座拉筋全部被海冰割断。这次罕见的海冰灾害造成经济损失惨重。

由于特大冰封阻碍航行，使大批客轮不能按计划航行和作业造成的损失是无法计算的，特别是塘沽港、秦皇岛港已向世界宣布为不冻港，使外国商船也受到一定损失，并在国际上造成不良影响。

14.4.2.2　2010 年渤海和黄海北部海冰灾害

2010 年 1—2 月，在持续寒潮大风天气影响下，渤海和黄海北部沿岸出现了近 40 年来最严重的海冰灾情。2010 年 1 月 13 日渤海湾浮冰的最大外缘线为 23 海里，莱州湾浮冰的最大外缘线为 26 海里，黄海北部浮冰的最大外缘线为 22 海里（图 14.8）。对比同期历史数据得出，渤海及黄海北部的冰情为 1981 年以来同期冰情之最。

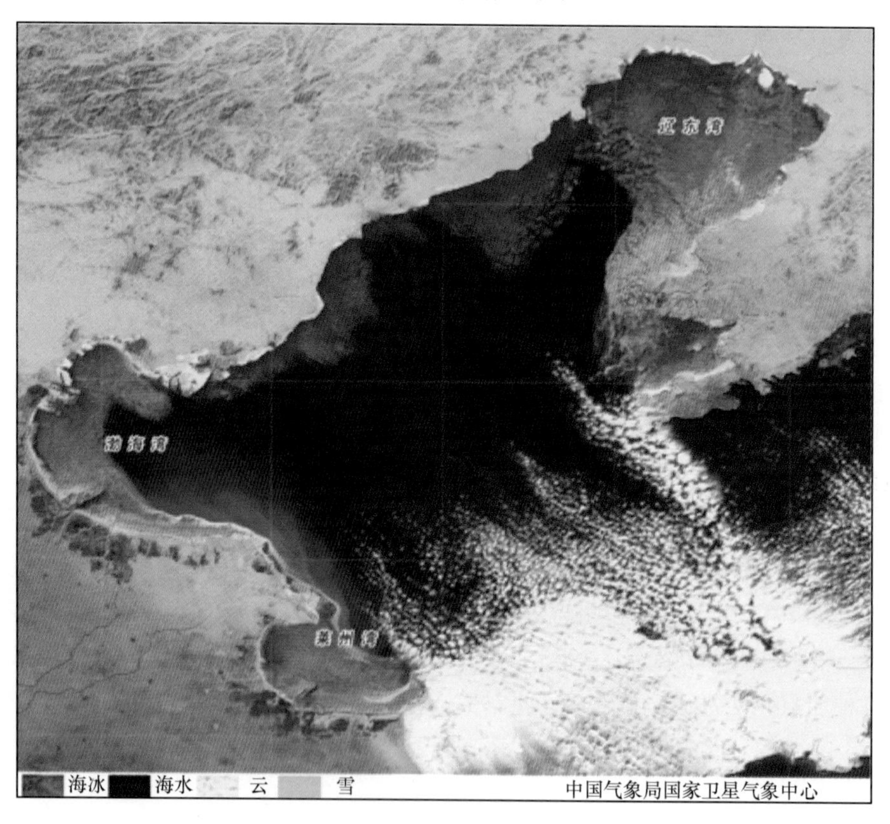

图 14.8　渤海海冰监测图（2010 年 1 月 13 日）

海冰的形成不是“一日之寒”，需要一个积累的过程。2009 年 11 月 28 日，辽东湾海域开始出现初生冰。到 2010 年 1 月，寒潮大风已使渤海和黄海北部沿岸区域海冰迅速发展，范围不断扩大。1月12日，辽东湾海冰最大外缘线扩展到71海里，超出警报标准。1月17日，海冰灾害又有新发展，渤海三大海湾辽东湾、渤海湾、莱州湾海冰覆盖面积分别达到19 200 km^2、7 584 km^2 和4 224 km^2，渤海冰封面积达到40%；与渤海毗邻的黄海北部，海冰覆盖面积也达到4 320 km^2。1月18日在天津大港油田，一条连接海上石油作业区与陆地的道路，两侧海冰叠加起来有2～3 m，已高过路基，变成"冰护栏"。

营口港、鲅鱼圈港、黄骅港、神华港、天津港、莱州港等港区海面被海冰覆盖，船舶进出港受阻（图14.9a）。海冰迫使辽东湾部分油气钻井平台被迫停止作业，此外，胶州湾跨海大桥施工现场也被海冰围困，施工困难（图14.9b）。海冰对水产养殖造成了巨大损失，许多越冬的水产品因低温和缺氧而死亡（图14.9c），海洋动物也受到海冰的明显影响（图14.9d）。据初步统计，这次海冰灾害给山东沿海渔业造成损失超过 22×10^9 元。

图14.9 海冰灾害对渔业、港口、平台施工等的影响（2010年1月10日）
a：货船破冰出港；b：施工现场被困；c：养殖破冰加氧；d：海豹受困冰期

14.4.3 海冰灾害的防治

海冰灾害没有治理措施，只能做好预防工作。而预防工作的关键是预报。

我国的海冰预报工作开始于1969年。为预防渤海、黄海区可能发生的严重冰情造成的危害，更好地为经济和国防建设服务，国家决定由国家海洋局相关单位研究和发布渤海、黄海区的海冰预报。发布海冰预报的还有海军所属的北海区域有关单位。几十年来，海冰预报（图14.10）对防灾减灾起到了相当好的作用，保障了海上航运、海洋石油、海洋水产养殖和捕捞等生产部门的生产安全。

目前日常海冰预报有：年、月、旬、候、补充与警报6种海冰预报。海冰年预报是对来年冬季渤海、黄海区可能发生的冰情进行总趋势预报，为领导机关作计划和海洋生产部门安排冬季生产提供依据。因此，国家海洋预报台每年 10 月举行海冰年会，进行会商讨论，于 11 月 5 日正式发布，发布内容包括：海冰趋势、冰期、流冰范围、冰厚等。

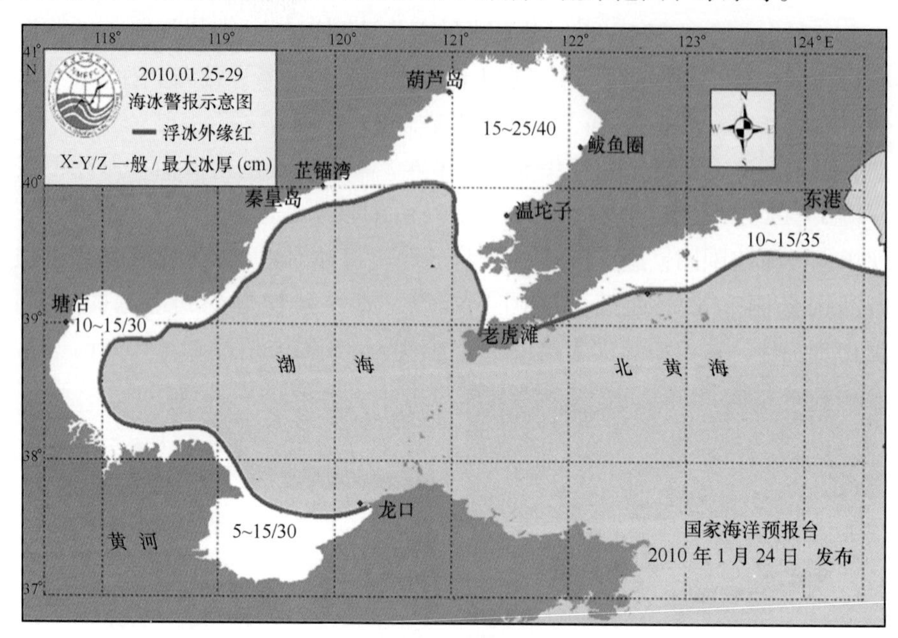

图 14.10　国家海洋预报台发布的海冰警报示意图

14.5　小结

近 60 年来，山东沿岸发生严重及以上等级的风暴潮灾共有 12 次。青岛是山东半岛南部沿岸受台风影响较为明显的区域，影响青岛的台风平均每年 1.43 次，由此青岛沿岸平均每年将至少发生 1.43 次风暴潮。风暴潮的危害主要是淹没陆地，造成陆上工厂、房屋等财产损失和人身安全，以及农田盐碱化、农业损失等。

山东沿海的海浪灾害以温带气旋引起的气旋浪和冷空气引起大的冷空气浪为主，由热带气旋引起的台风浪较少。2010 年 2 月 20 日的冷空气浪，致使山东省海水养殖受损面积8 hm^2，海岸工程受损长度 0.04 km，直接经济损失 2×10^6 元。

山东沿海及其所属的黄海海区是我国近海海雾发生最为频繁的海区，此处海雾具有季节性强、范围广、浓度大和持续时间长等特点。山东南部沿海及龙口以东北部沿海，全年以 3—7 月为最多；龙口以西沿海多雾期出现在秋末至冬季，春、夏则为少雾季节。

山东渤海沿岸每年都有不同程度的结冰现象，一般从 12 月份初开始结冰，至翌年 3 月初海冰消失，冰期约 1 ~ 3 个月。山东渤海沿岸从大口河河口开始，沿海湾南岸经莱州湾西岸，南岸至莱州湾东岸，冰情逐渐减轻。

15 地质灾害

山东省沿海地区主要的海洋地质灾害有：海岸侵蚀、海水入侵、地震灾害。

15.1 海岸侵蚀

海岸侵蚀是指海水动力的冲击造成海岸线的后退和海滩的下蚀过程和现象，是世界范围内普遍存在的一种海岸地质灾害。目前，我国70%左右的砂质海岸线以及几乎所有开阔的淤泥质岸线均存在海岸侵蚀现象。

15.1.1 海岸侵蚀的分布

山东省海岸具有多种类型，受到多种海岸动力的作用和人为作用的影响，海岸侵蚀普遍存在，也是我国海岸侵蚀较为严重的省份之一。据2008年《中国海洋环境质量公报》数据显示，山东省的海岸侵蚀长度已达1 211 km。其中，粉砂淤泥质海岸约有62%处于蚀退状态，山东北部开敞性的淤泥质海岸都处于蚀退状况，强度较大；砂质海岸约有85%处于侵蚀状态，所有平直砂质海岸都有发生，且北部砂质海岸的蚀退速率较南部大。由于砂质海岸多为旅游度假区，海岸侵蚀致使沙滩不断变窄，坡度变陡，旅游沙滩环境退化，如蓬莱西海岸、荣成大西庄、乳山白沙口、海阳凤城、胶南沿岸和日照沿岸等。基岩港湾海岸除湾内岸滩相对稳定或略有淤积外，凡开敞性的海岸均遭受不同程度的蚀退；基岩海岸由于抗蚀能力较强，海岸蚀退并不明显。

15.1.1.1 黄河三角洲

黄河三角洲是黄河河口流路不断改道摆动延伸淤积而成的新生陆地，在河水流路走水的岸区明显淤进，而废弃的故道在海洋动力作用下岸线则会蚀退。过去黄河来水、来沙量大，淤进大于蚀退。1976—1996年间，黄河三角洲地区共淤进556.97 km^2，其中1976—1986年年均造陆37.65 km^2，1992—1996年年均造陆13.00 km^2；而1997—1998年仅一年造陆10.98 km^2。

近年来，黄河来水量越来越少（图15.1），并伴有长期断流（表15.1），且断流时间越来越长。由于黄河入海泥沙锐减，造陆率明显减小。1999年黄河断流达226 d，淤沙造陆仅3.00 km^2，黄河尾闾出现严重的侵蚀现象。

表 15.1　黄河利津断面 20 世纪 90 年代断流情况统计

年份	每月断流天数/d												合计天数	断流次数	断流长度/km
	1	2	3	4	5	6	7	8	9	10	11	12			
1991					15	2							17	2	131
1992			3	5	18	30	26	1					83	5	303
1993		4	17	9	3	26							59	6	278
1994				15	18	30	1			13			77	3	380
1995			28	9	30	30	23						121	2	683
1996		16	30	20	22	30	15					3	136	6	579
1997		22	20	7	16	30	31	21	26	28	21	4	226	13	700
1998	20	26	24	12	19	3	13		6	14		5	142	16	449
1999	23	11			7			1					41	3	278

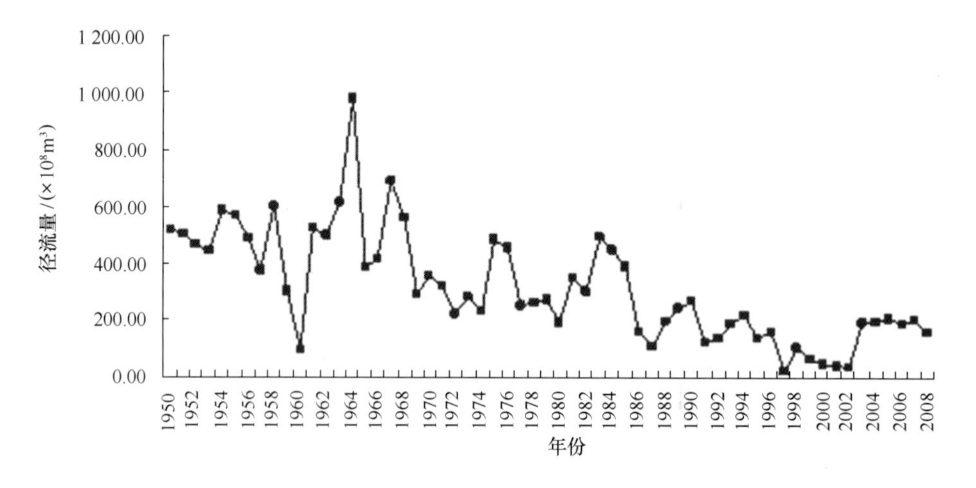

图 15.1　黄河历年径流量变化（引自黄河利津水文站）

近 30 年来，黄河三角洲淤积速率显著减慢，整个黄河三角洲表现为不同程度的侵蚀。据山东省地矿局测算，1996 年以来黄河三角洲正以平均 7.6 km^2/a 的速度在蚀退；至 2004 年，累计减少陆地面积 68.2 km^2。但区域间表现出不同的海岸侵蚀特征：以黄河港为界，北部的刁口河岸段侵蚀强烈，以南的行水岸段呈现出堆积趋势。

自 1964 年 1 月黄河改道刁口河后，1964—1976 年间神仙沟口至甜水沟口一带蚀退面积达 166 km^2，岸线蚀退速率为 3.82 km^2/a。1976 年 5 月黄河改道清水沟后，刁口河故道入海口岸线迅速蚀退，刁口河入海口目前已经后退 10 km，刁口河岸线附近侵蚀平均 13 km^2/a（图 15.2）。改道初期该岸段侵蚀速度很快，近 10 年来蚀退明显减缓；1976—1984 年间，岸线蚀退平均为 400 m/a，1984—1992 年间平均为 300 m/a，1992—2004 年间平均为 120 m/a。

2000—2004 年，北部刁口河岸段蚀退面积约 22.2 km^2，黄河港南共蚀退 40.6 km^2；而同期仅新河口有限区域内造陆 6.1 km^2，4 年间净蚀退 56.7 km^2，年均蚀退约 14.2 km^2。

自 1976 年黄河改道清水沟后，现行河口岸段处于淤积状态（图 15.3）；其中，1987—2008 年间，现行河口岸段淤积速率为 8.92 km^2/a。

表 15.2 为黄河三角洲 1987—2008 年间海岸土地增减变化统计数据。由此得知：①黄河三角洲北部潮河口岸段在 1987—1996 年间总体处于侵蚀状态，侵蚀速率为 6.70 km^2/a；而

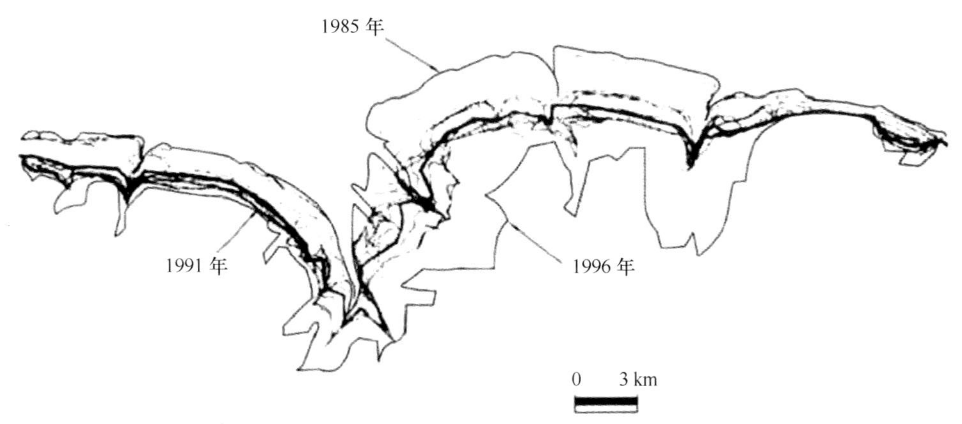

图 15.2　刁口河地区岸线变迁（张士华，2003）

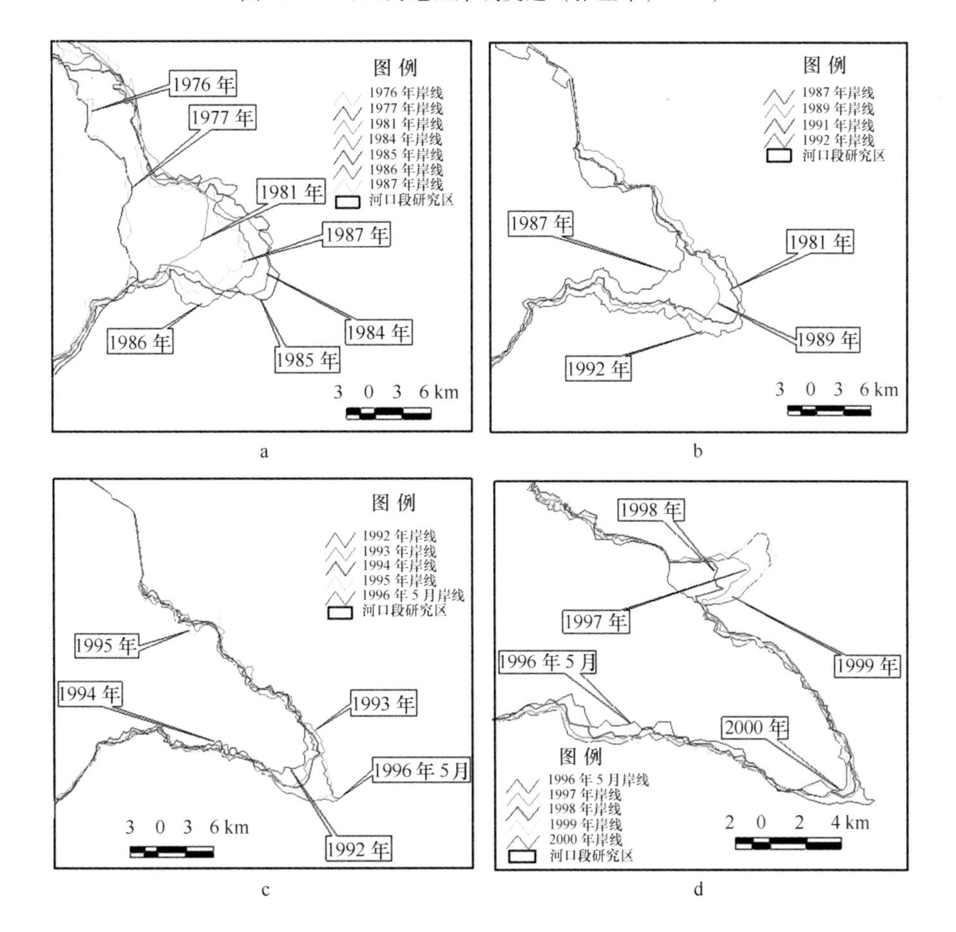

图 15.3　1976—2000 年间黄河口地区海岸线演变

a：1976—1987；b：1987—1992；c：1992—1996；d：1996—2000

1996—2008 年间，该岸段由侵蚀转变为淤积，淤积速率为 2.90 km^2/a，但总体依然呈侵蚀状态。②以人工海岸为主的黄河海港至孤东油田岸段以及现行河口以南岸段（小岛河河口至小清河河口）变化不大，侵蚀和淤积速率分别为 0.51 km^2/a 和 0.17 km^2/a。③而孤东油田至小岛河口岸段的土地增加速率由 1987—1996 年间的 19.73 km^2/a 减少至 1996—2008 年间的 -0.81 km^2/a，目前处于动态侵淤平衡格局。

表 15.2　1987—2008 年间黄河三角洲海岸土地增减变化统计数据　　单位：km^2

时段	指标	潮河口	黄河海港至孤东油田	孤东油田至小岛河口	小岛河河口至小清河河口	黄河三角洲海岸（总）	年均变化（总）
1987—1996	土地减少	-61.38	-12.73	-7.23	-5.89	-86.99	-9.67
	土地增加	+1.05	+4.46	+184.76	+5.62	+194.33	+21.59
	总变化	-60.33	-8.27	+177.53	-0.27	+107.34	+11.93
	年均变化	-6.70	-0.92	+19.73	-0.03	+11.93	
1996—2008	土地减少	-7.91	-4.94	-72.97	-4.69	-90.02	-7.50
	土地增加	+42.67	+2.12	+82.68	+8.44	+135.11	+11.26
	总变化	+34.76	-2.82	+9.71	+3.75	+45.09	+3.76
	年均变化	+2.90	-0.24	+0.81	+0.31	+3.76	
1987—2008	土地减少	-69.29	-17.22	-80.2	-10.58	-177.01	-8.43
	土地增加	+43.72	+6.58	267.44	+14.06	+329.44	+15.69
	总变化	-25.57	-10.64	187.24	+3.48	+152.43	+7.26
	年均变化	-1.22	-0.51	+8.92	+0.17	+7.26	

备注：“+”号表示土地增加，“-”号表示土地减少。

15.1.1.2　莱州湾沿岸

潍北平原海岸、莱州湾南岸等岸段，近 30 年来岸线已后退了 200～300 m，平均侵退速率为 6～10 m/a；胶莱河河口至虎头崖段，1954—1976 年间岸线后退 1.5～2.0 km，平均侵退速率为 68～100 m/a。1958—1984 年间，莱州湾南岸侵蚀岸线长度合计 107.7 km，平均侵蚀速率为 36 m/a。河口附近岸线后退情况较其他区域严重（表 15.3），如：虞河河口西侧后退距离高达 2 700 m，侵蚀速率为 104 m/a；北胶莱河口两侧平均蚀退 1 200 m，侵蚀速率为46 m/a。

1958—1984 年间，莱州湾南岸 5 m 等深线位置基本无变化，但 0 m 等深线在小清河河口、潍河河口和胶莱河河口两侧变化幅度较大。小清河河口两侧 0 m 等深线后退达 1 700 m，后退速率为 65 m/a；潍河和胶莱河河口附近 0 m 等深线后退 1 200 m 左右，后退速率约为 46 m/a。胶莱河河口东部至白沙河河口附近，0 m 等深线平均后退了 500 m，后退速率约为 27 m/a。

表 15.3　1958—1984 年莱州湾南岸海岸侵蚀状况统计

侵蚀岸段	长度/km	侵蚀速率/（m/a）	平均侵蚀速率/（m/a）
小清河河口至弥河分流口	26.4	19～35	24
新弥河河口西侧	16.1	31	31
新弥河河口至虞河河口	11.4	42～104	65
虞河河口至潍河河口	28.8	31～92	41
潍河河口至北胶莱河河口	9.8	46	46
北胶莱河河口至沙河河口	15.2	23～46	27
合　计	107.7		36

数据来源：丰爱平等，2006。

1958—1984年间，莱州湾南岸净侵蚀面积为4.9×10^8 m^2，净侵蚀体积为2.7×10^8 m^3，平均净蚀低0.55 m，平均蚀低速率为2.1 cm/a。侵蚀区主要集中在岸线至0 m等深线之间，该区净侵蚀体积为2.2×10^8 m^3；除河口区外，0~2 m等深线区域为淤积区；2~5 m等深线的区域有冲有淤；5~8 m等深线区域，中部有大片侵蚀区，以淤积为主。8 m等深线以下则为淤积区。最大侵蚀区出现在虞河河口、潍河河口和北胶莱河河口，最大下蚀1.5 m，下蚀速率达5.8 cm/a。小清河河口南部侵蚀厚度为0.3 m，平均下蚀速率为1.2 cm/a。

为进一步分析小清河河口附近5 m水深以浅岸滩演变趋势，利用1963年出版的小清河河口1∶100 000水深地形图与2004年水深地形图进行海底地形剖面对比分析。根据两期水深资料，绘制Ⅰ-Ⅰ′剖面（图15.4）海底地形变化图（图15.5）。从该剖面中摘取11个点位的两期水深值，分别计算其侵蚀厚度和速率（表15.4）。

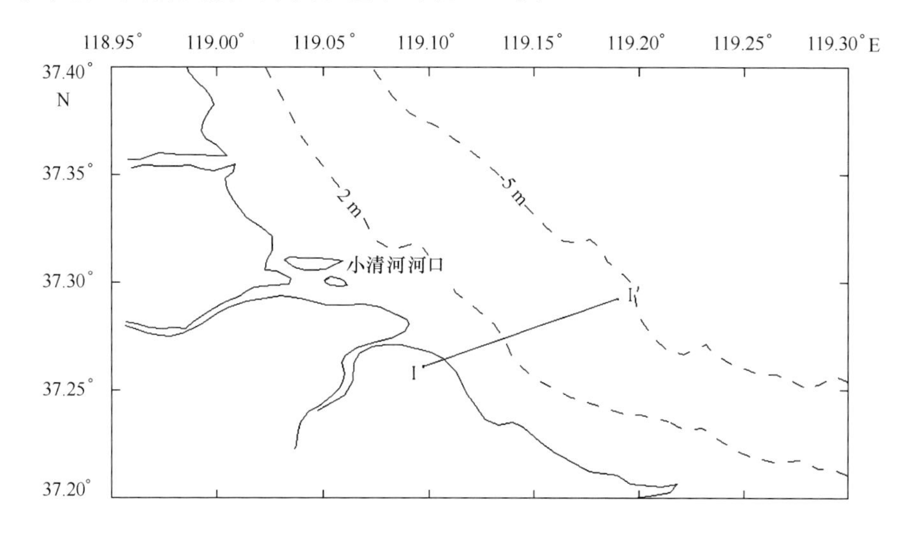

图15.4 水深对比剖面位置

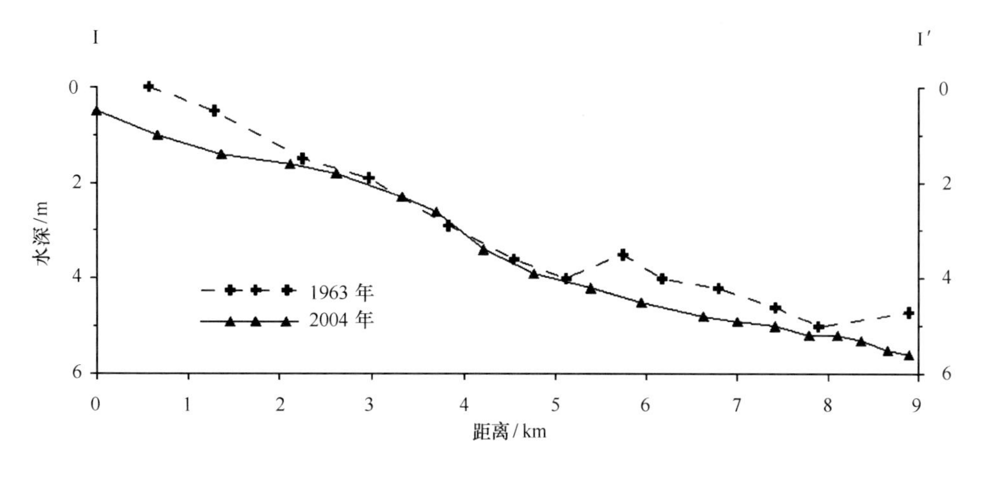

图15.5 Ⅰ-Ⅰ′剖面水深变化

表 15.4 Ⅰ－Ⅰ′剖面水深变化表

自Ⅰ点距离/m	621	1 294	2 260	2 945	3 824	4 538	5 118	5 756	6 792	7 876	8 918
2004 年水深/m	1.0	1.3	1.7	2.0	2.8	3.7	4.0	4.4	4.8	5.2	5.6
1963 年水深/m	0.0	0.5	1.5	1.9	2.9	3.6	4.0	3.5	4.2	5.0	4.7
侵蚀厚度/m	-1.0	-0.8	-0.2	-0.1	0.1	-0.1	0.0	-0.9	-0.6	-0.2	-0.9
侵蚀速率/（cm/a）	-2.4	-2.0	-0.5	-0.2	0.2	-0.2	0.0	-2.2	-1.5	-0.5	-2.2

备注：“+”表示淤积，“-”表示侵蚀。

由图 15.5 可知：1963—2004 年间，海区 5 m 水深以内侵蚀远大于淤积，最大侵蚀厚度可达 1.0 m，平均 0.43 m；最大侵蚀速率为 2.4 cm/a，平均 1.04 cm/a。海区不同水深范围海底冲淤变化不尽相同，在 0～2 m 和 4 m 水深以外，为强侵蚀段；在 2.5～4 m 水深之间，海底侵蚀并不明显，为平衡段。其中，小清河河口南侧 0 m 等深线向岸迁移约 1.0 km，2 m 等深线仅向岸迁移 200 m 左右，3 m 和 4 m 等深线变化甚微，4.5 m 等深线向岸迁移 1.5 km。

结合前面 1958—1984 年海岸侵蚀分析结果，莱州湾南岸自 1958 年至今一直处于侵蚀状态。其中：

1）小清河河口南部区域　1984 年至今，侵蚀区由海岸线至 0 m 等深线发展到海岸线至 2 m等深线，侵蚀范围有所扩大。1958—1984 年，小清河河口南侧平均下蚀速率为 1.2 cm/a；而 1963—2004 年为 1.04 cm/a，岸滩下蚀速率有所下降。

2）莱州湾东岸的界河河口至刁龙嘴岸段　共划分为 3 段：① 界河河口—石虎嘴段，以蚀退海岸为主；② 石虎嘴—三山岛段，多年稳定，属平衡海岸；③ 王河河口—刁龙嘴段，为侵蚀岸段，刁龙嘴南侧海岸蚀退使灯塔基座远离现代海岸近 100 m。

表 15.5 莱州湾东岸近期海岸侵蚀

市（县、区）	岸线长度/km	侵蚀岸线长度/km	时间/a	蚀退速度/（m/a）	土地损失速度/（m^2/a）	损失土地/（m^2/a）
莱州	106.94	100.00	近 20	2.5	3.00×10^5	6.0×10^6
招远	15.22	15.22	近 30	2.0	3.04×10^4	9.31×10^7
龙口	86.12	36.30	近 10	3.0	1.08×10^5	1.08×10^6

数据来源：杜国云 等，2008。

15.1.1.3 龙口至烟台岸段

龙口至烟台岸段为基岩海岸，海岸线全长约 203.9 km。据 2009 年《中国海洋环境质量公报》的近年监测数据，龙口至烟台岸段的砂质海岸侵蚀速度加大。其中，2003—2006 年间，岸线侵蚀长度、最大侵蚀速度和平均侵蚀速度分别为 28.8 km、19.0 m/a 和 4.4 m/a；而 2006—2009 年间，侵蚀速度有明显的增长趋势（表 15.6，图 15.6）。

表 15.6 2003—2009 年龙口—烟台海岸侵蚀状况及变化趋势

监测内容	2003—2006	2006—2009	变化趋势
岸线侵蚀长度/km	28.8	49.7	升高
最大侵蚀速度/（m/a）	19.0	25.0	升高
平均侵蚀速度/（m/a）	4.4	4.6	升高

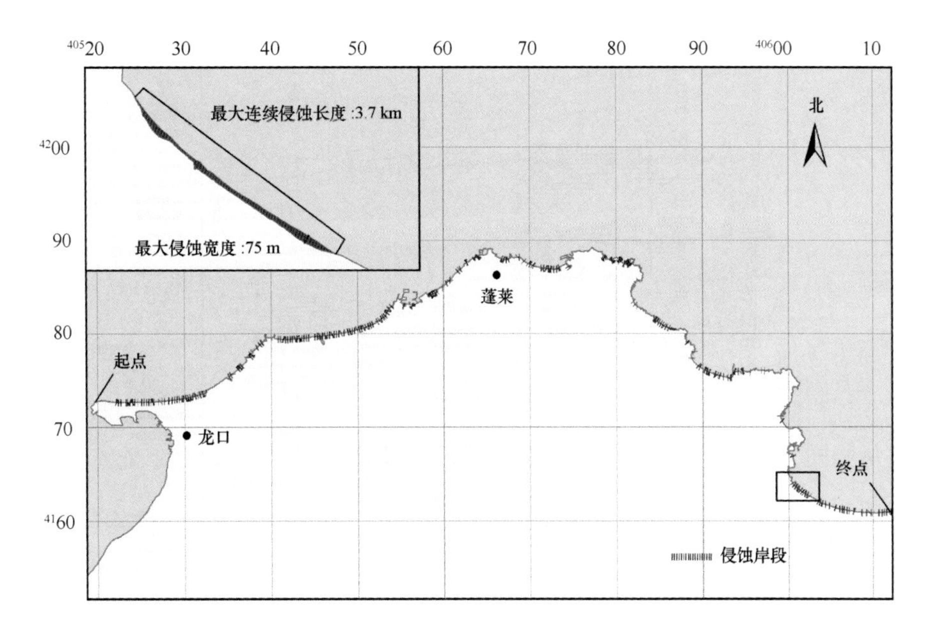

图 15.6 2006—2009 年龙口—烟台海域海岸侵蚀示意图

通过 ArcGIS 软件对 2003—2009 年间龙口至烟台岸段航空遥感影像的高低潮线进行解析后发现：2003—2006 年间，海岸侵蚀总面积为 0.47 km^2，平均侵蚀宽度 13.1 km，年均侵蚀宽度4.4 km/a；2006—2009 年间，侵蚀总面积为0.68 km^2。最大自然侵蚀宽度75.0 m，年均侵蚀速度4.6 m/a。

登州浅滩，自 1985 年开始采挖浅滩沙，截至 1990 年，5 m 水深以内的面积仅存0.5 km^2；栾家口至蓬莱西庄间的岸线以每年 5 m 的速度后退。2003 年以来，蓬莱林格庄海岸黄土的侵蚀速率可达 2 ~ 3 m/a，记录山东地区第四纪气候环境演化的良好载体正在逐渐消失。其中，1974—1990 年间，登州浅滩共损失泥沙 5.72 × 10^6 m^3；1990—2003 年，新增体积总量约为 0.53 × 10^6 m^3（夏东兴，2008）。

从登州浅滩近期冲淤变化图（图 15.7）可以看出：总体上浅滩有冲有淤，淤积区域总面积约为5.28 km^2，淤积厚度大于20 cm 的区域面积为2 km^2，主要分布在二日洲—潮待洲的滩顶、新井洲和近岸岬角附近波影区；侵蚀区域总面积为4.47 km^2，主要位于浅滩东北侧和二日洲南部。且淤积区周围都伴随着侵蚀区，二者相伴而生。

15.1.1.4 胶南沿岸

胶南沿岸全线遭受侵蚀，其中朝阳山岸段近 30 年来后退了 100 m 以上，防护林塌入海中。胶南海水浴场附近的岸线侵蚀速率可达 3 m/a 以上，建于 20 世纪 50 年代的岸上碉堡，有的早已塌入海中，现距海岸约百余米。藏家荒至岚山头岸段为沙坝—潟湖海岸，该岸段侵蚀速率为 1.5 ~ 6 m/a。

日照南部砂质海岸是我国最为典型的沙坝潟湖海岸之一，近年来由于自然和人为因素的影响，日照海岸明显发生侵蚀。自 1978 年至今，在日照南部海岸布设了一系列观测面（图 15.8），调查结果如表 15.7 所示。

由表 15.7 可知，1999—2000 年，该段海岸除位于河口附近的剖面（P4、P19、P21）外，

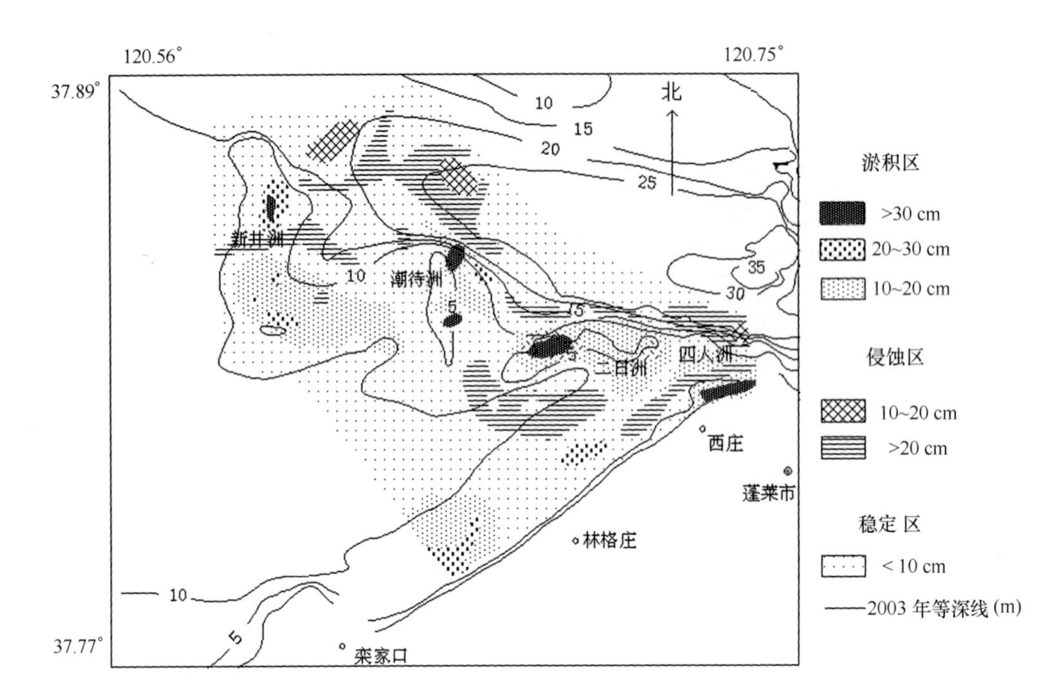

图 15.7　1990—2003 年间登州浅滩冲淤变化

其余均保持侵蚀状态。其中，侵蚀较大的是韩家营子剖面（P13），达到了 4.7 m，这源于 1999—2000 年在韩家营子剖面发生的一次大规模挖沙事件。之后一段时间内，该段海岸仍处于侵蚀状态，且侵蚀速率明显加大，海岸采沙活动也没有得到有效遏制。

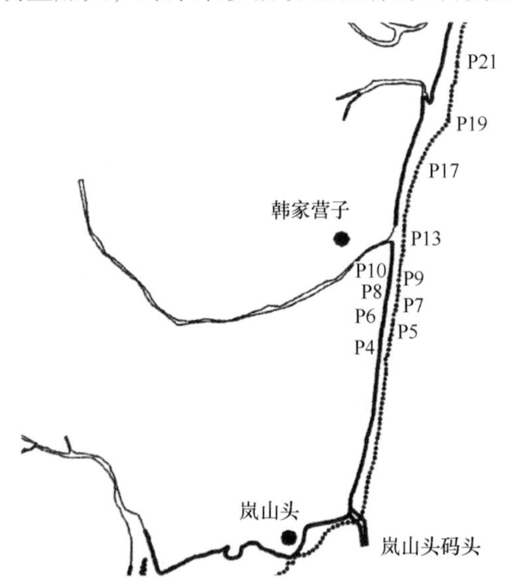

图 15.8　日照南部沙质海岸检测剖面位置

表 15.7　1999—2001 年间日照南部海岸线变化

剖面号	岸线距标志桩的距离/m			变化幅度	
	1999 年 7 月	2000 年 11 月	2001 年 3 月	1999—2000 年	2000—2001 年
P4	35	42	43	7	1
P5	7.2	6.3	0.3	-0.9	-6

续表 15.7

剖面号	岸线距标志桩的距离/m			变化幅度	
	1999 年 7 月	2000 年 11 月	2001 年 3 月	1999—2000 年	2000—2001 年
P6	4.3	3.3	-2.3	-1	-5.6
P7	14.4	14.4	14.4	0	0
P8	11.9	11.9	11.2	0	-0.7
P9	18.2	18.2	11.6	0	-6.6
P10	7	5.6	0.3	-1.4	-5.3
P11	6	6	0	0	-6
P12	4.8	4.2	0	-0.6	-4.2
P13	23.6	18.9	17.5	-4.7	-1.4
P17	4.5	2	-1	-2.5	-3
P19	21.7	35	39	13.3	4
P21	4	7	—	3	—

数据来源：夏东兴，丰爱平，2009。

15.1.2　海岸侵蚀的灾情分级

目前，海岸侵蚀的灾情分级尚无统一标准。据丰爱平等（2005）的研究成果，将海岸侵蚀灾害强度分别依据海岸线位置变化速率和岸滩下蚀划分为 5 级（表 15.8）。

表 15.8　海岸侵蚀灾害灾变强度分级方案

海岸侵蚀灾变强度	海岸线位置变化速率		岸滩下蚀
	砂质海岸/（m/a）	粉砂淤泥质海岸/（m/a）	下蚀速率/（cm/a）
稳定	<0.5	<1	<1
微侵蚀	0.5~1	1~5	1~5
侵蚀	1~2	5~10	5~10
强侵蚀	2~3	10~15	10~15
严重侵蚀	≥3	≥15	≥15

数据来源：夏东兴，丰爱平，2009。

如果考虑到区域间海滩的宽度差异，基于海滩宽度侵蚀模数 W 的海岸侵蚀度分级可能更为合理。假设海滩最大宽度为 1 000 m，最小宽度为 50 m；侵蚀速率最大为 5 m/a，最小为 1 m/a，则 W 最大为 10%，最小为 0.1%。也就是说，海滩在 10~1 000 a 会被侵蚀殆尽。因此，将小于或等于 10 a 的侵蚀情况定为严重侵蚀，大于 50 a 定为微侵蚀，其他级别基本按照等分处理，便得到用 W 来进行海岸侵蚀强变分级方案（表 15.9）。

表 15.9　基于海滩侵蚀宽度模数的海岸侵蚀强度分级方案

级别强度	侵蚀宽度模数 W
微侵蚀	$W<2\%$
侵　蚀	$2\%\leqslant W<5\%$
强侵蚀	$5\%\leqslant W<10\%$
严重侵蚀	$W\geqslant 10\%$

下面重点讨论海滩宽度的确定原则，这里所说的海滩不仅包括现代海滩（后滨、前滨、临滨），还应该包括海岸线以上的古海滩。由此，海滩宽度的确定应该遵循下列原则：

1）在人类没有开发的海岸带，海滩的宽度包括整个上升的古海滩和现代海滩潮间带及其以上部分；

2）在人类开发活动频繁的区域，海滩的宽度应界定为：平均低潮线到有大量人造财富物质前缘之间的宽度。如：青岛汇泉湾的海滩，其宽度应该是低潮线到离海岸线最近建筑物间的距离。因为海岸侵蚀直接威胁人类创造的物质财富。

山东海岸侵蚀强度如图 15. 9 所示。

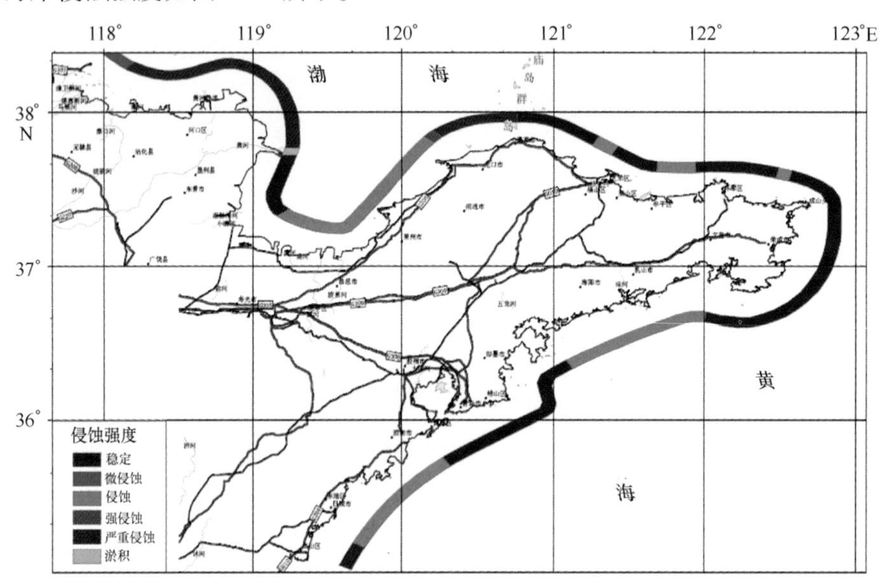

图 15. 9　山东海岸侵蚀强度分布

15. 1. 3　海岸侵蚀的危害

海岸侵蚀是一种缓慢的、长期的地质灾害过程，由其造成的人员和经济损失相对较小。当海岸侵蚀到有些不能搬迁的生产和生活区时，就会危害较大。山东省沿岸两个严重的事例是飞雁滩油田和蓬莱西庄登州浅滩的海岸侵蚀。

15. 1. 3. 1　孤东、飞雁滩

孤东和飞雁滩是黄河三角洲胜利滩海油田的两大高产油区，同时也是黄河三角洲侵蚀最严重的岸段。1976—2000 年间，0 m 等深线冲刷后退 1 050 m，年均蚀退 43. 7 m/a。孤东堤前水域 8 m 等深线以内，由于得不到黄河来沙的补给岸滩已经表现为侵蚀。黄河改道后，飞雁滩区域泥沙来源断绝，向海凸出的地形、岸滩和水下岸坡均遭受了强烈侵蚀，岸线侵蚀后退速率大于100 m/a。目前，岸线已退至油田内部，严重影响了飞雁滩油田的生产安全。

15. 1. 3. 2　登州浅滩

自 1985 年以来，登州浅滩侵蚀明显加剧。截止 1994 年，海岸侵蚀蓬莱西庄农田 300 余亩，多处工厂、养殖场的设施被冲毁。1995 年，青岛海事法院最终裁定山东省长岛县海运公

司在登洲浅滩采砂是造成蓬莱西庄海蚀损失的直接原因，应赔偿原告土地损失费 94.5×10^4 元和护岸工程费 155.98×10^4 元。自1993年停止挖沙后的六七年间，西庄村已投入了700～800×10^4 万元用于修建护坡堤；但常因大风浪的袭击而被毁，不得不年年维护。截至2000年，西庄村海岸侵蚀的岸段长达20 080 m，受损岸段海岸后退的距离最宽达200 m。人工海堤虽在一定程度上阻止了西庄附近海岸侵蚀的速度，但人工海堤外水下侵蚀依然剧烈。

15.1.4 海岸侵蚀的原因

山东海岸侵蚀原因主要为入海泥沙量减少、人为活动、海平面上升和风暴潮等，其中泥沙来源减少是海岸侵蚀最主要的原因。

15.1.4.1 自然因素

1）河流输沙量减少

山东近几十年来降水量有逐渐减少的趋势，降水量的减少必然导致河流径流的减少，从而引起河流输沙量减少（表15.10），势必打破海岸泥沙收支平衡，引起海岸侵蚀。黄河过去的年输沙量平均为 12×10^8 t，素以多沙著称于世；近几年黄河的来沙量仅相当于20世纪50年代的1/60，2000年黄河入海泥沙量不到 $2\ 000\times10^4$ t。山东省各小型河流的输沙量也急剧减少，1958—1965年为 1.23×10^7 t/a，而1983—1984年为 4.1×10^4 t/a。河流入海泥沙的改变，直接引起河口三角洲及其邻近海岸的冲淤演变，使原本淤涨的海岸变为侵蚀，最典型的是黄河三角洲地区。

表15.10 山东半岛主要河流年输沙量统计

河流名称	水文站名称	流域面积/km²	平均年输沙量/（$\times10^4$ t/a）					
			1958—1965	1966—1970	1971—1975	1976—1980	1981—1985	1986—1990
大沽河	南村站	3 735	121.7	20.1	23.83	19.03	0.11	0.17
五龙河	团旺站	2 455	165.4	48.9	52.82	39.07	4.38	0.12
北胶莱河	王家庄站	2 531	15.0	1.25	10.40	2.5	0.01	0.04
清洋河	门楼水库	1 079	8.4	2.32	1.16	1.88	1.03	0.04
4条河总值		9 790	310.5	72.57	88.21	62.49	5.53	0.33
侵蚀模数/（$\times10^4$ t/a·km²）			0.323	0.77	0.93	0.67	0.61	0.3

数据来源：庄振业等，2000。

2）风暴潮

山东半岛紧邻黄海与渤海，夏、秋过渡期冷暖空气在这两个海域频繁交汇，极有利于风暴潮的形成。风暴潮期间，水位大幅度提升，持续时间长（有时2～3 d），往往造成严重的海岸侵蚀灾害。

发生于1992年的9216号特大风暴，使山东沙质岸段多半遭受侵蚀，最大侵蚀量高达320 m，多介于5～10 m之间，损失沙岸土地约133.3 hm²。发生于1997年的9711号台风，致使山东沿海防护潮堤决口293处，合计68 km。2005年的台风“麦莎”（表15.11）导致境内9座水库、313座水闸、4座塘坝发生局部损毁，以及99.6 km的堤防损毁。

表 15.11　2005 年台风“麦莎”影响山东沿海主要站最大风速、最高潮位统计

站 名	最大风速/（m/s）	最高潮位/cm	警戒水位/cm
石臼所	26.1	472	540
青　岛	21.0	421	525
成山头	27.8	254	281
烟　台	15.2	391	390
龙　口	18.0	261	270
羊角沟	22.0	516	550

3）海平面上升

海平面绝对上升是导致海岸侵蚀的一个因素，但就短时间尺度而言，海面变化可能不是主导因素。据全国水准联测结果表明：胶东半岛地壳上升速率为 1.0 ~ 2.0 mm/a 之间，大致与全球海平面上升速率相当。因此，全球海平面的上升对胶东半岛海岸基本没有影响。郯庐断裂以西的莱州湾和黄河三角洲海岸，则位于沉降区，陆地沉降速率为 0 ~ 2 mm/a，加上全球海平面上升，则本区的海平面上升速率可达 2 ~ 4 mm/a。虎头崖以西海岸呈现出海平面逐年上升的趋势，但因其上升速率较小引起的海岸侵蚀作用并不明显。

15.1.4.2　人为因素

1）海滩采沙

近几十年来，由于河流向海输沙量减少，已经造成海岸泥沙动态平衡的破坏，引起海岸侵蚀。20 世纪末期，随着建筑用沙量大增、河沙的匮乏，海滩沙作为理想的建筑材料，很快发展成为商业性采沙。据不完全统计，20 世纪 80 年代山东省有采沙点（场）67 个，1983 年采沙总量约为 720×10^4t（表 15.12）。各地采沙量均呈逐年增加趋势，如山东牟平 1991 年的采沙量为 500×10^4t，是 1983 年采沙量的 3.8 倍。蓬莱西海岸的海岸侵蚀，主要源于登州浅滩采沙。

表 15.12　山东沿岸各地采沙量统计表

地区	海滩采沙场数	年采沙量/（$\times10^4$ t/a）		资料来源
		1982 年	1983 年	
日照	5	60	60	日照市矿产公司
胶南	6	20	20	胶南县矿产公司
乳山	1	5	10	乳山化建公司
文登	5	10	15	文登物质服务公司
荣成	4	30	55	荣成沙石办公室
威海	7	30	50	威海沙石管理站
牟平	7	70	130	牟平沙石管理站
福山	9	80	100	福山化建公司

续表 15.12

地区	海滩采沙场数	年采沙量/（$\times 10^4$ t/a）		资料来源
		1982 年	1983 年	
蓬莱	10	20	50	蓬莱沙石办公室
龙口	5	80	130	龙口沙石办公室
招远	1	20	50	招远沙石办公室
掖县	7	30	50	莱州矿产公司
合计	67	455	720	

数据来源：李培英等，2007。

2）河流上游修建水利工程

近十几年来，人类活动对河流输沙量减少的贡献率要超过50%。从20世纪70年代、80年代及90年代降水变化对黄河入海泥沙通量减少的贡献率分别为22.0%、44.5%、48.0%，而人为因素的贡献率分别为78.0%、55.5%、52.0%。河流输沙量减少主要源于人类活动，其中河流水利工程拦沙占主导作用（表15.13）。

表 15.13 水库上、下游输沙量对比

单位：$\times 10^4$ t/a

河流名	水库	水库上游		水库下游		下游/上游
		站名	输沙量	站名	输沙量	
清洋河	门楼水库	臧格庄	14.02	门楼水库	3.64	0.26
白沙河	崂山水库	乌衣巷	0.468	崂山水库	0.177	0.38

数据来源：王文海，吴桑云，1993。

1958—1984年莱州湾南岸的小清河及其支流淄河、弥河、潍河和北胶莱河等河流或因为上游建水库、修建拦水闸，或因为降水量的减少而使向海输沙量急剧减少（表15.14）。如黄水河上的王屋水库1959年水库年淤积量为36.3×10^4t，即水库每年截沙36.3×10^4t，此数据接近1965年以前的年输沙量，可见人工拦水坝作用之大。

表 15.14 莱州湾南岸主要河流年均输沙量统计

单位：$\times 10^4$ t

河流	水文站	时间	年均输沙量	时间	年均输沙量	建库（闸）后年损失量
小清河、淄河	石村、白兔丘	建闸前 1958—1970	83.64	建闸后 1971—1980	43.74	39.9
弥河	寒桥	冶源水库建前 1952—1957	112.8	冶源水库建后 1958—1980	93.1	19.7
潍河	辉村	峡山水库建前 1952—1959	473.15	峡山水库建后 1960—1980	77.93	395.22
北胶莱河	王家庄	1952—1957	30.1	1958—1980	8.3	22.8

数据来源：丰爱平等，2006。

综上所述：海面上升、陆源来沙的减少、风暴潮是引起大面海岸侵蚀的主要原因。因此，淤泥质海岸的侵蚀在范围和强度上，可能将进一步加大。对于沙质海岸而言，得益于管理的加强，其侵蚀速率将减缓，但岸下侵蚀速率加快。因此，山东岸线整体蚀退减慢，但海岸侵蚀具有加重趋势。

15.2 海水入侵

海水入侵是由于自然或人为原因，使海滨地区含水层中的淡水与海水之间的平衡状态遭到破坏，导致海水或与海水有水力联系的高矿化地下咸水沿含水层向陆地方向扩侵的现象。

地下水中的氯离子含量是显示海水入侵程度的主要指标，凡是氯离子含量超过250 mg/L的地区，即可视为海水入侵。根据《2007年中国海洋环境质量公报》，海水入侵程度等级划分为三级：无入侵、轻度入侵和严重入侵（表15.15）。

表15.15 海水入侵水化学观测指标与入侵程度等级划分

分级指标	Ⅰ	Ⅱ	Ⅲ
氯离子含量/（mg/L）	<250	250～1 000	>1 000
矿化度 M/（g/L）	<1.0	1.0～3.0	>3.0
入侵程度	无入侵	轻度入侵	严重入侵
水质分类范围	淡水	微咸水	咸水

15.2.1 海水入侵的分布

山东省海水入侵始于20世纪70年代中期，1991年山东省海水入侵面积已达701.8 km^2；2002年山东省海水入侵面积已超过1 000 km^2，主要分布在莱州湾沿岸、山东半岛北部及东南部沿海平原，尤以莱州湾沿岸海水入侵最为严重。海水入侵造成山东省平均每年经济损失达4～6亿元。

莱州湾沿岸是我国海水入侵的典型地区。自20世纪70年代以来，莱州湾沿岸海水入侵以惊人的速度不断扩大。据徐兴永等研究资料显示：70年代末入侵速率每年45 m，80年代初达到每年90 m左右，4～5年内入侵速率增长1倍；80年代末猛增至每年400 m左右，90年代以来由于人为治理海水入侵趋势有所控制，90年代末稳定在每年180 m。尽管入侵的速率有所控制，但入侵的面积依然快速增长（图15.10）。

20世纪70年代末入侵面积为15.8 km^2，80年代初增至23.4 km^2，4～5年内增长1倍；80年代中期海水入侵面积达98.5 km^2，80年代末猛增至267.9 km^2，4～5年内增长2.5倍；90年代初入侵面积435 km^2，90年代末为500 km^2，增长速度有所减缓。莱州湾沿岸各县市海（咸）水入侵变化情况见表15.16。

表15.16 莱州湾沿岸各县市海水入侵速率对比表

区域	地下水负值面积扩展率/（km^2/a）	海（咸）水入侵率/（km^2/a）
莱州市	38.10（1984—1989年平均） 3.38（1989—1994年平均）	32.20（1984—1989年平均） 3.67（1989—1994年平均）
昌邑	72.20（1986—1989年平均） 6.80（1989—1995年平均）	10.00（1980—1989年平均） 7.70（1989—1992年平均）
寒亭	19.92（1980—1989年平均） 12.68（1989—1993年平均）	8.70（1980—1989年平均） 2.50（1989—1993年平均）

续表 15.16

区域	地下水负值面积扩展率/（km^2/a）	海（咸）水入侵率/（km^2/a）
寿光	45.50（1980—1986 年平均） 30.50（1986—1991 年平均）	4.50（1980—1989 年平均） 3.00（1989—1995 年平均）
广饶	24.40（1980—1988 年平均） 22.40（1988—1995 年平均）	2.13（1986—1989 年平均）
龙口市	14.58（1984—1989 年平均） 9.40（1989—1994 年平均）	7.59（1984—1989 年平均） 3.86（1989—1994 年平均）

数据来源：丰爱平等，2006。

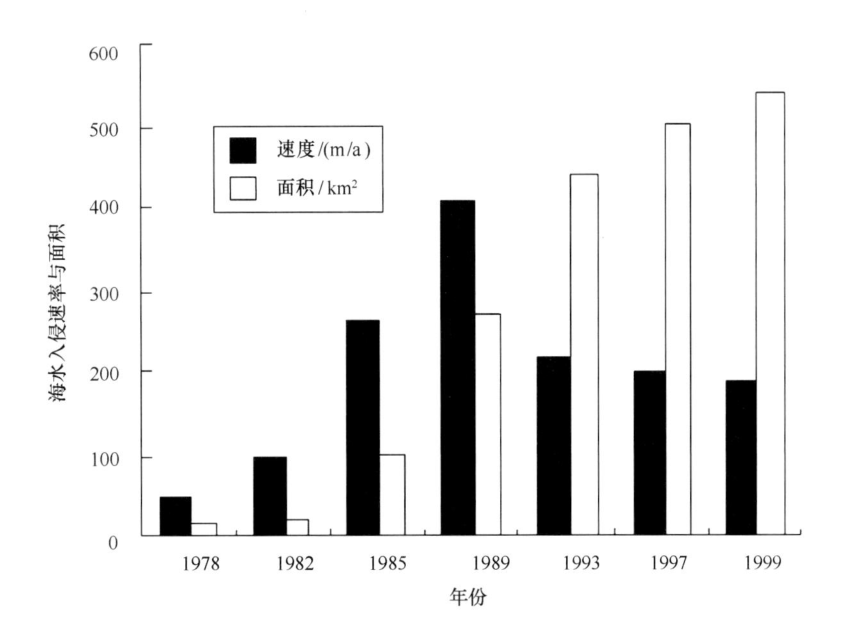

图 15.10 莱州湾沿岸地区历年海水入侵速率与面积

截止 2008 年，莱州湾海水入侵面积已达到 2 500 km^2，海水入侵最远距离达 45 km（图 15.11）。莱州湾沿岸地区海水入侵东部以现代海水入侵为主，发展相对平稳；莱州湾南岸以地下卤水侵染为主，有增强趋势。

1976 年以来，莱州湾地区因海水入侵造成工业产值损失年均 2 亿～3 亿元，累计损失已达 30 亿～45 亿元；每年粮食减产 $2\times10^8\sim3\times10^8$ kg，累计减产 $30\times10^8\sim45\times10^8$ kg。目前，海水入侵 404 个村庄，有 44.5 万人饮水得不到妥善解决。

东营市地处黄河入海口的黄河三角洲腹地，为黄河入海之地，由于成陆时间短，土地碱化严重，淡水资源非常贫乏。随着近年来东营市地下水位逐步降低，地下水位漏斗中心标高与海平面的高差不断加大，引起渤海咸水南侵。

近 10 年来，黄河三角洲腹地咸水平均南侵 1.5 km 左右，漏斗区海水入侵已达 14.5 km^2。2002 年，东营市海水入侵线东起稻庄镇长行官庄，西至石村镇小清河入境处，全长 25.75 km；与 2001 年同期相比，海水向南入侵了 1.16 km，海水入侵线平均南移 76 m。近期海水入侵的总体趋势：西部（小清河入境—石村镇张庄村）保持稳定；中部（石村张庄—广饶镇北徐楼）和东部（广饶镇北徐楼—稻香镇长行官庄）整体南侵，入侵面积 1.32 km^2，仅

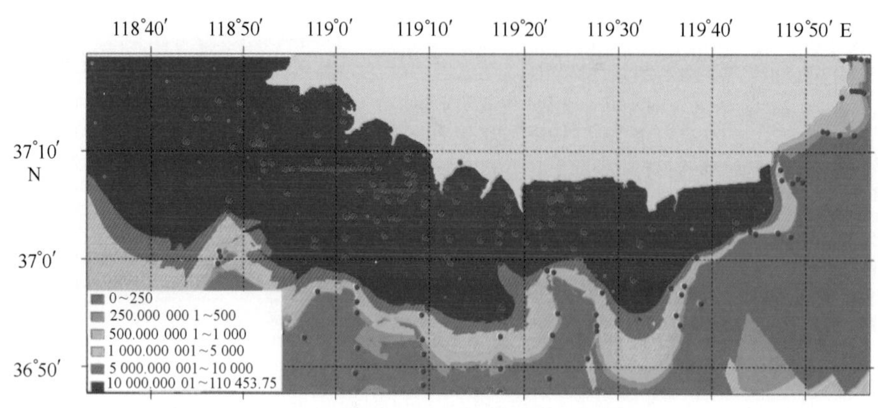

图 15.11　2008 年莱州湾海水入侵分布

（图例中数据为氯离子浓度：mg/L，蓝点为监测井位置）

西毛和闫口一带略有后退，后退面积 0.16 km^2。

烟台市区的海水入侵区主要集中于市开发区的夹河河谷和滨海平原一带。其海水入侵始发生于 20 世纪 70 年代后期。至 1985 年末，海水入侵区域面积达到 47.87 km^2，主要入侵范围位于北部滨海平原区向南顺夹河河谷上溯至西牟、仁山家一带。2001 年，海水侵染最远点距海岸超过 10 km，一般距海岸 8～9 km。20 多年来，海水入侵面积变化不大（表 15.17）。其中，2002 年烟台各县市海水入侵面积以及入侵线至海岸最大距离等特征值详见表 15.18。

表 15.17　烟台市开发区海水入侵区统计表

年　份		1985	1989	1994	1999	1997	2001	2003	2004
海水入侵区	面积/km^2	47.87	43.90	45.91	43.81	50.57	50.76	52.88	49.69
	距海岸距离/km	8.93	8.61	8.47	8.91	8.63	10.42	8.77	8.45

数据来源：姚普等，2006。

表 15.18　2002 年烟台各县市海水入侵特征值统计表

县市区	海水入侵面积/km^2		入侵线至海岸最大距离/km	
	1992	2002	1992	2002
芝罘区	16.4	26.4	8.6	8.9
福山区	9	19.2	8.3	8.6
开发区	14.3	21.9	–	—
莱山区	—	20.1	–	3.1
牟平区	—	14.9	2.8	3.5
蓬莱市	27.3	65	2.2	3.2
龙口市	90.8	102	4.9	5.3
招远市	15.6	18.1	2.8	3.4
莱州市	234	298	8.9	8.9
莱阳市	22.3	37.5	3.8	6.5
海阳市	47.8	122.7	3.9	4.5
长岛县	2.51	5.02	0.66	1.3
合　计	495.01	750.82		
说　明	1. 福山区、开发区按合并后的入侵面积计算福山区入侵速度； 2. 莱山区、牟平区按合并后的入侵面积计算牟平区入侵速度。			

数据来源：李希国等，2005。

根据威海水文水资源勘测局1992年普查结果，威海全市海水入侵面积为120 km^2（表15.19），其中环翠区3.4 km^2。2000年环翠区海水入侵面积已达到14.12 km^2。2003年全市海水入侵面积284.9 km^2，其中环翠区24.5 km^2。环翠区的入侵面积，1992年至2000年平均每年增加1.3 km^2，2000年至2003年平均每年增加3.4 km^2，海水入侵有加剧趋势。

表15.19　威海市海水入侵区统计表　　单位：km^2

时　间	合计	环翠	文登	荣成	乳山
1992年	120	3.4	90	26.6	
2000年		14.12			
2003年	284.9	24.5	189	37.4	34

数据来源：《山东海情》，山东省海洋与渔业厅，2003，288。

青岛市的海水入侵始于20世纪70年代的白沙河、墨水河下游，80年代先后发展到胶南大潘、黄岛辛安、大沽河下游及白沙河—墨水河、平度新河等地区。此外，李村河河口、胶州湾沿岸、沙子口沿海、胶州城南等亦有小面积或局部点位上的海水入侵。1991—1992年，以氯离子浓度250 mg/L或矿化度1 g/L等值线为入侵锋线，对青岛市海水入侵的面积进行了测算（表15.20）。

表15.20　1991—1992年青岛市主要海水入侵区普查数据统计表

地点　市、镇	胶南市寨里镇大泮	黄岛区辛安镇	崂山区	即墨市	胶州市	平度市新河、灰埠镇	合计
最初入侵时间/年	1988	1986	1970	1985	1981	1980	
入侵面积/km^2	0.5	2.2	23.4	2.0	7.0	72.0	
地下水富水区面积/km^2	5.0	6.0	50.0		400.0	11.0	
地下水下降漏斗面积/km^2	3.5		25.0		30.0	110.0	
地下水最低负值区水位/m^2	-5.02	-3.0	-9.0		-7.0	-5.0	
地下水开采量/($\times 10^4$ m^3/a)	164	250	3 000	138	5 700	1 300	10 552

数据来源：牟孝松等，1993。

15.2.2　海水入侵的灾情分级

以山东省沿海地区为评判单元，以各评判单元的参评因素数据为基础数据库，应用层次分析法给参评因素赋权重值，在Arc GIS平台上，采用图层因素权重叠加法获得各评判单元海水入侵灾害综合危险性指数，进而求得各地海水入侵平均距离（表15.21），从而实现山东省海水入侵灾害危险性区划（张蕾等，2003）。

表15.21　山东省海水入侵灾害危险性评价结论表

危险度等级	地　区	危险指数	海水平均入侵距离/km
高度危险区（0.500 0～1）	北烟台	0.758 1	18.953
	潍坊市	0.612 1	15.301
	滨州市	0.537 7	13.441

续表 15.21

危险度等级	地 区	危险指数	海水平均入侵距离/km
中度危险区（0.400 1～0.499 9）	东营市	0.489 6	12.240
	威海市	0.409 2	10.230
	南烟台	0.403 6	10.089
低度危险区（0～0.400 0）	青岛市	0.373 1	9.327
	日照市	0.277 0	6.925

海水入侵受灾最严重地区是莱州湾地区（图 15.12），虽然其入侵速度有所减缓，但是海水入侵受灾面积还在扩大。而烟台北部和滨州地区具有高危险性，若不注意，海水入侵将更加严重。东营和威海尽管是中度危险区，但是这两个地区本来的海水入侵程度就比较严重，特别是东营，属于重度受灾区，同样需要更为积极地防治。青岛和日照地区是低危险区，要注意控制灾情，尽量使受灾面积不变大。

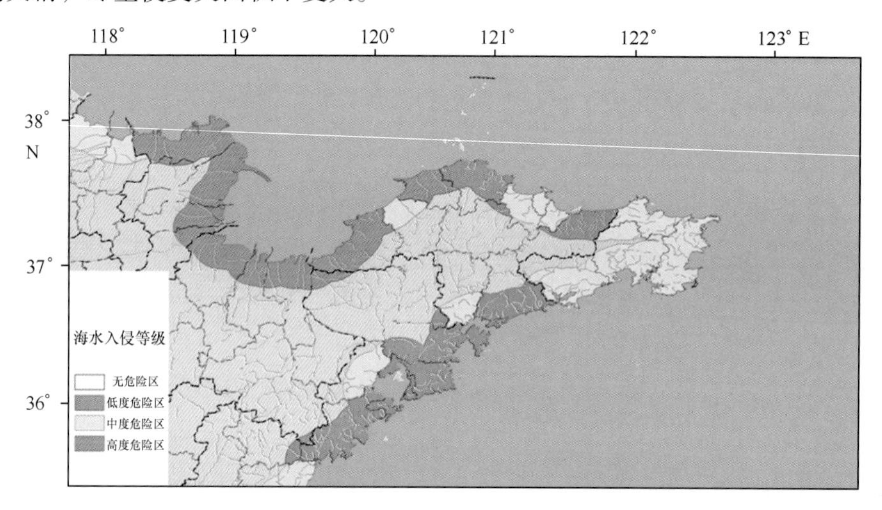

图 15.12　山东省沿海地区海水入侵危害性评价图

15.2.3　海水入侵的危害

15.2.3.1　海水入侵对农业的危害

1）水质恶化，灌溉供水源地减少

海水入侵首先恶化了滨海平原地下水，使淡水变咸，咸水更咸。海水入侵前，滨海平原地下水质较好，氯离子含量一般为 80～100 mg/L，最高不超过 150 mg/L，矿化度一般小于 0.5 g/L。海水入侵以后，地下水开始咸化，氯离子含量和矿化度升高。我国拟定在连续灌溉条件下，氯离子含量不超过 200 mg/L，间歇灌溉条件不超过 200～300 mg/L。除氯离子浓度和矿化度外，pH 值和全盐量的大小对农灌用水和饮用水也有较大影响。水质恶化使大量机井报废，自 70 年代中期以来，莱州湾海水入侵区已报废机井 6 000 多眼，农业供水源地大大减少。

2）土壤盐渍化，土壤肥力下降

截止1995年，莱州湾地区由海水入侵造成的次生盐渍化土地面积已达2.34×10^4 hm^2（表15.22）。

表15.22 莱州湾地区土壤次生盐渍化土地面积

面　积	广饶	寿光	寒亭	昌邑	莱州	龙口	合计
盐渍化面积/hm^2	2 000	7 000	2 800	3 700	4 600	3 300	23 400
受害土地面积/hm^2	11 000	26 000	10 000	21 000	20 000	13 000	10 100

数据来源：韩美，1997。

海水入侵区盐渍化土壤基本上呈平行于岸线的带状分布，其盐渍化程度由陆向海逐渐加重。土壤盐渍化导致土壤肥力下降，土壤盐渍化导致土壤物理性状变差，微生物活动减弱，有效养分释放减慢，有机质下降。

3）土地耕作方式的转变

海水入侵区水质恶化，土壤盐渍化，导致水田面积减少，旱田面积增加；有效灌溉面积减少；耕地面积减少，荒地面积增加。如：莱州市自1989年起，80%以上的耕地质量退化，已有近1 300 hm^2耕地不能耕种。莱州市的水田全部改为旱田，保浇面积由1986年的70%下降到1995年的61.56%。莱州市滨海平原区，原本80%以上的土地是吨粮田，受海水侵染后地下水质咸化影响，1.81×10^4 hm^2粮田受到危害，年减产粮食0.75×10^4 kg。由于海水入侵，莱州市已有1 266.6 hm^2耕地不能耕种，寒亭北部6 000 hm^2草场退化为不毛之地。

4）粮食产量锐减

从整个莱州湾地区看，一般年份减产20%以上，旱年减产40%，大旱年基本绝产，每年减收粮食1.5×10^8～2×10^8 kg，1989年减产损失粮食5×10^8 kg。

从莱州市的情况看，海水入侵致使6 866.6 hm^2耕地减产30%以上。1979年全市粮食总产5.2×10^8 kg，1989年降为3.02×10^8 kg。原为粮食高产的西由镇，粮食产量由1979年的0.33×10^8 kg降为1989年的0.17×10^8 kg。寨徐乡1988年小麦减产33.8×10^4 kg，玉米减产23.4×10^4 kg。

15.2.3.2　海水入侵对工业的危害

山东龙口市黄水河造纸厂及寿光市岔河、卫东、菜央子盐场，均因受海水入侵影响，远距离调淡水增加了许多投资。有的工厂不采用异地调水，而是将当地咸水净化后用于工业生产，成本也相当高。无力投资净化咸水和异地调水的工业企业只能利用当地咸水，由于水中氯离子含量较高，企业设备锈蚀严重，使用年限缩短。如：莱州市化工厂的供水管道使用3～5年就需更换，大大增加了生产成本。据统计，莱州市每年工业产值因海水入侵损失1.5×10^8元左右，莱州湾东、南沿岸入侵区的工业损失年均超过10×10^8元。

15.2.3.3 海水入侵对健康的危害

由于淡水缺乏，海水入侵区的大量人口时常或常年饮用咸水，导致地方病流行，许多人患甲状腺肿大、氟斑病、氟骨病、布氏菌病、肝吸虫病等。据调查，山东莱州湾地区8县市区氟病患者人数达61×10^4人，加上其他地方病，患者总数达68×10^4人（表15.23）。

从表中可以看出，平度的患病人数在各县市中最高，而平度的新河镇也是该地区海水入侵最严重、患病人数最多的地区。当地中年以上的居民氟斑牙患病率高达90%以上，这对于美观和健康都带来不利影响。

表15.23 莱州湾地区地方患病人数统计表

单位：人

县市	氟斑牙	氟骨症	布氏菌病	肝吸虫病	合计
龙口	798		13		811
招远	1 463				1 463
莱州	15 600				15 600
平度	264 822	30 004	32	1 185	323 706
昌邑	93 301	87	127	229	94 044
寒亭			313		313
寿光	4 810		281		18 783
广饶	230 000				230 000
合计	610 194	30 391	718	1 414	681 204

数据来源：韩美等，1997。

总之，海水入侵使生态平衡失调，农业减产或绝产，工业产值下降，公共饮水费用增加，造成人畜饮水困难以及因此而引起的各种疾病。一些工厂关停并转，造成失业人数增加。淡水资源紧缺，工厂之间，村庄之间，争水争地事件时有发生，所有这些问题严重影响了社会的稳定，必须采取各种有力措施，最大限度地减轻海水入侵灾害。

15.2.4 海水入侵的原因

在自然状态下，含水层中的咸、淡水保持着某种平衡，滨海地带地下水位自陆地向海洋方向倾斜，陆地地下水向海洋排泄，二者维持相对稳定的平衡状态。然而，这种平衡状态一旦被破坏，咸淡水临界面就要移动，以建立新的平衡。如果大量开采地下水使淡水压力降低，临界面就要向陆地方向移动，含水层中的淡水的储存空间被海水取代，于是就发生了海水入侵。因此，地下淡水水位的动态决定着淡水势的变化，是导致咸、淡水界面位移的关键因素。

引起淡水势或地下水位变化的因素，包括：自然因素和人为因素。

15.2.4.1 自然因素

1）持续干旱少雨

沿海地区的地下水主要依靠降水和河水渗透补给，其水位下降与否主要取决于开采量。超采与否是相对于开采量与补给量的比较而言，同样大小的开采量在不同年份将会产生不同的后果。

山东沿海地区自1976年以来持续的干旱少雨，致使地下水开采量增大，是现代海水入侵的主要因素。根据掖县气象站监测资料显示：1980—1989年是莱州湾近40年来最干旱的时期，该期整个莱州湾地区年均降水量减少了18%，致使全区地下水资源较往年平均减少25%。而20世纪80年代又是莱州湾地区社会经济发展最快的时期，需水量不断增加，导致地下水超采，地下水位的不断下降导致海水快速入侵。1990年之后，随着降水量的增加，海水入侵速度有所减缓。

2）水文地质条件

山东沿海的海水入侵区，一般都出现在第四纪松散沉积层，厚度大并含强透水性地层，一直延伸至海底。海水与淡水在强透水层间有水力联系，只要海水的水势高于淡水的水势，海淡水平衡关系破坏，海水就将向陆地方向推移。只有在海水与含水砂砾层或泥砂质层之间存在天然隔水屏障（如黏土层等），海水入侵就不会发生。由此可见，山东滨海地区在相同的自然降雨、水文等条件下，其水文地质条件是决定海水入侵与否的关键要素。

3）风暴潮作用

山东黄、渤海沿岸，是风暴潮的多发区。特别是莱州湾沿岸地区，风暴潮灾害更为频繁。据历史资料记载，公元前44年至公元1987年，渤海莱州湾共发生有记录的海潮灾害72次，其中风暴潮灾害70次，地震海啸2次。因风暴潮潮位高，一般3～5 m，高的达6 m以上；潮水入侵陆地范围广，距离远，一般5～10 km，甚至达60 km；从而造成海水倒灌入渗。同时，潮水沿河道上溯，也加重了海水沿河床及两侧入侵。在一定的气候、水文地质条件下，风暴潮对河口地区的海水入侵影响更明显。

15.2.4.2 人为因素

人类活动是滨海地区咸、淡水平衡状态遭受破坏的重要因素，许多地区长期超量开采地下水，使滨海地区地下水位大幅下降，采补失调是导致地下水位下降而造成海水入侵的决定性因素。此外，上游人工蓄水工程、海滩不合理开发利用等也是重要的影响因素。

1）超量开采地下水

莱州湾地区缺水严重，长期靠开采地下水满足用水需求。该地区地下水年可开采量为7.2×10^4 t/km^2，实际开采量每年在11×10^4 t/km^{2}以上。地下水持续超采又不能得到及时足够补偿，便出现了地下水位持续下降，地下漏斗区不断扩大，进而引起海水倒灌。

从20世纪70年代中期以来，迫于工农业生产及人民生活用水的需要，山东沿海地区超量开采地下水。1976—1986年间，潍坊地下水位下降了13.81 m；寿光地下水位下降了8.75 m；潍北地区地下水位平均下降了5.15 m，最大达34.46 m，地下水漏斗总面积达到1 300 km^2。1975—1985年间，莱州市年均超采地下水0.5×10^8 m^3，地下水位平均下降了9.44 m；其中莱州市北部滨海平原地下水位平均下降了14 m，1984年大于15 m的地下漏斗面积为338.4 km^2，地下水负值区1988年达到251.07 km^2，最大地下水位负值达到黄海基面以下14.6 m。

2）上游人工蓄水工程的影响

在入海河流的上游地区，修建水库、塘坝等水利设施，使河流入海水量普遍减少。20世纪50年代后期以来，滨海地区修建了许多水利工程，特别是沿海河流上游修建起成串的水库、塘坝，在雨量偏少的旱年则大大减少了沿海地区的入海地表径流，使下游地下水补给量减少，亦导致滨海陆地地下水位下降，诱发海水入侵。

3）海水养殖、扩建盐田的影响

把海水引入陆地是引起海水入侵的一种人类活动方式。近十余年间，沿海一些市区盲目发展陆上人工海水养虾，扩建盐田，将大量海水引入陆地，也加剧了海水入侵。如莱州湾沿岸，把养虾池建到海拔3～5 m的村头地边，向陆地纵深5～15 km，长距离明渠提灌海水入池，导致海水侵染危害。同时，一些地方在陆上5～10 km范围内扩建盐田，如昌邑东塚镇在人为引灌海水期间，海水入侵陆地的速度每年达500～1 000 m。

目前，山东省沿海已经初步形成海水入侵的综合防治体系（图15.13）。在具体实践过程中，海水入侵得到治理效果较好的是拦蓄补源、地下水回灌措施及地下水库的建设，应用地区主要是河口地区和现代海水入侵区域。如山东省寿光市的弥河、莱州市的王河均利用汛期大量雨洪，实施引水回灌，抬高地下水位；龙口、莱州、青岛、烟台等地通过地下坝截渗，阻隔咸水向淡水区入侵，均取得了较好的效果。而且往往采取多种措施结合，达到综合防治的目的。

15.3 地震灾害

山东省沿海的地震由构造地震（原生地质灾害）和诱发地震（衍生地质灾害）组成。构造地震是由地球内部热机制变化和构造运动引起的，是山东沿海地区的主要地震类型。诱发地震则是由水库及人类活动等因素诱发产生的地震现象，主要分布于沿海大型水库附近。

地震成灾机制包括：场地破坏效应（建筑物、道路、管线破坏）、斜坡破坏效应（有崩塌、滑坡、泥石流）和地基变形破坏效应（有地面沉降、地基水平滑移、沙土液化）。

15.3.1 地震区的分布

山东处于郯庐断裂带（图15.14）中段，其沿海地区是地震多发区。有记录发生过5级以上的地震64次，其中包括6、7级地震20次、8级地震1次；这些地震主要沿郯庐断裂带、燕山渤海断裂、苏北南黄海断裂带、郭家店断裂、东营—五莲断裂、黄海中南部—济州岛断裂等活动断裂及其交叉部位分布，它们共同构成了郯庐强震带、燕山—渤海强震带和南黄海强震带。

近年来，在华北地区地震活动较弱的情况下，山东地区中、小地震却异常活跃，其沿海地区时有小震群发生。2002年7月在山东东部的南黄海发生4.7级地震，2003年3月在南、北黄海先后发生2次4.7级地震，鲁西南及邻区和胶东北部海域又出现了3级地震集中区。尤其是在过去地震很少的青岛市也发生了4.2级和4.1级小震群，频次达上千次。在不到2年时间内，沂沭带的南段临沭接连发生3次小震群，2005年在山东及其近海又发生5次小震群。

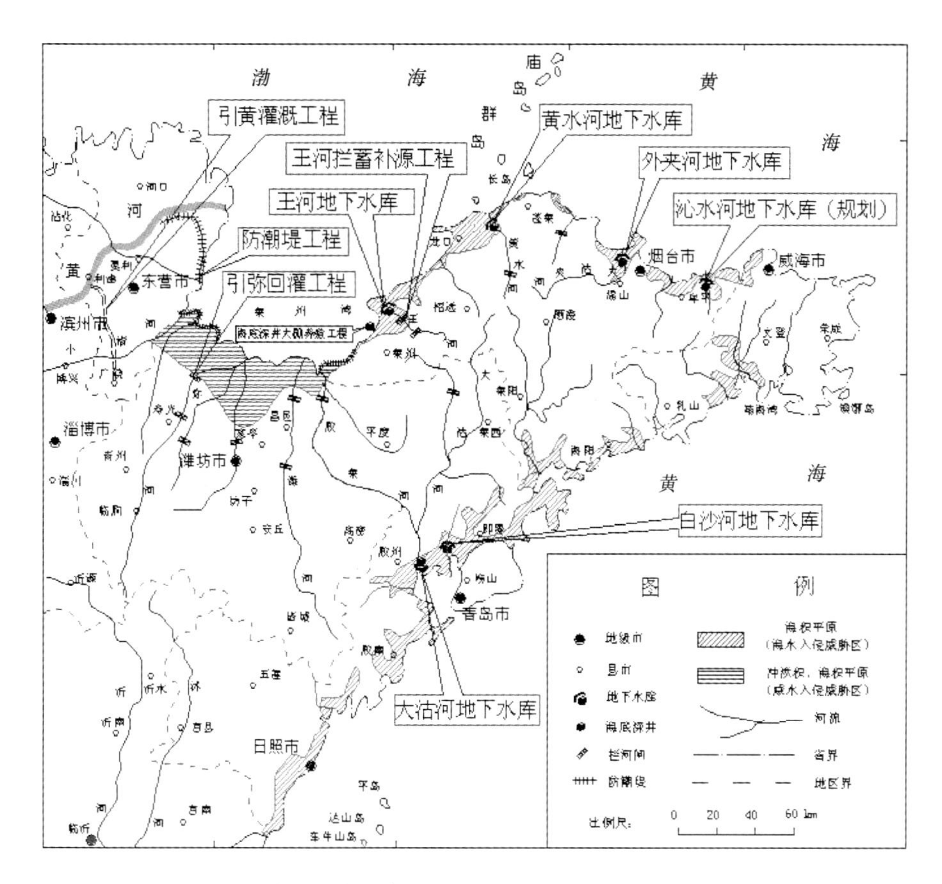

图 15.13　山东省海水入侵典型防治工程布局图（李福林等，2007）

15.3.1.1　滨州—东营及莱州湾沿海地震区

位于滨州的沾化、东营的垦利、利津及莱州湾沿海一带，属燕山—渤海强震带和郯庐断裂带。

1969 年 7 月 18 日在靠近山东省北部老黄河口以东的渤海湾发生 7.4 级大地震，造成 10 人死亡，353 人受伤，破坏房屋 4 万多间。受其影响，垦利县、利津县和沾化县的许多地区地面出现裂缝，河堤、桥梁、堤身闸墩与房屋受到破坏，龙口、莱州、寿光等区地表裂缝和喷水冒沙现象严重，更严重的黄河大堤利津至六合长约 6 km 的堤面石护坡砌缝普遍开裂。堤身下沉，龙口王屋水库大坝发生塌方。这种由地震破坏引起的连锁破坏作用有时会导致无法估量的损失。

15.3.1.2　蓬莱—龙口沿海地震区

丰仪、玲珑断裂（NE 向）与长岛—威海断裂（NW 向）交汇部位，是地震集中发生区。历史记载有感地震 154 次，其中仅 1976 年 3 月 29 日至 30 日 2 天，共发震 560 次，有感地震 34 次。有感地震一般为 3 ~ 4 级，5 级以上的有 2 次。

近年来，有感地震频发，且具有地震频率、震级不断增高、增强的趋势。1986 年 7 月 2 日，长岛县北部连续 2 次发生有感地震，震级为 4.4 级和 4.3 级。1987 年 1 月 16 日，长岛西部再次发生了 3.8 级有感地震。1997 年 9 月 16 日，长岛东北黄海发生了 4.8 级地震。

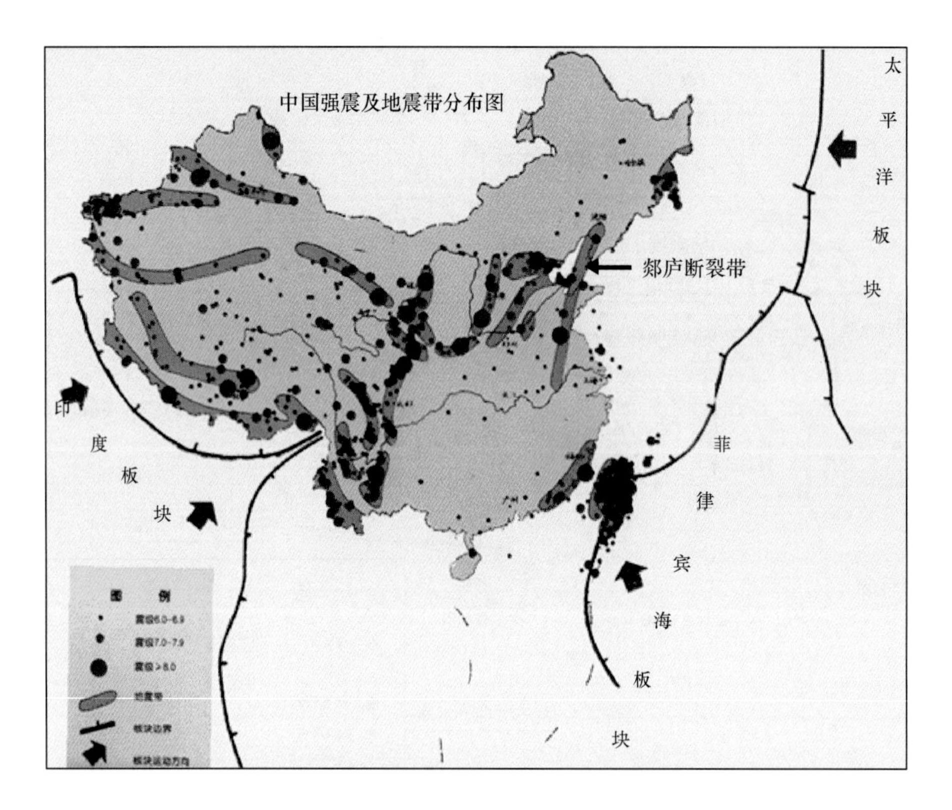

图 15.14　郯庐断裂带示意图

15.3.1.3　威海西北海域地震区

位于烟台市区的东侧，桃村断裂带和金牛山断裂带与长岛—威海断裂带（NW 向）的交汇处。有历史记载以来，共发生有感地震 75 次，其中 1970 年以来发生 14 次，4 级以上地震 3 次。

1948 年 5 月 23 日，威海西北海域地震，震级为 6 级，震中位置：37°42′N，121°54′E，推断震中裂度为Ⅷ度，影响威海市区烈度为Ⅵ ~ Ⅶ。1980 年 5 月 14 日和 19 日，在威海西北海域分别发生 4.6 级和 4.1 级地震。

15.3.1.4　乳山—牟平—巫山地震区

位于烟台市区南侧，属郭城—即墨、金牛山断裂带与隐伏断裂（NW 向）交汇处；共记载地震 14 次，1970 年至今 14 次，最大震级 5.5 级。

1939 年 1 月 9 日，巫山地震，推测震级 5.5 级，震中烈度Ⅶ ~ Ⅷ度；据不完全统计，因地震死亡 9 人，重伤 10 余人，轻伤近百人，房屋倒塌甚多。

1969 年 7 月 18 日，渤海 7.4 级大地震后，蓬莱、威海北部小震活动频繁，先后发生数次小震群。

1976 年唐山 7.8 级大地震至今，小震活动进入新高潮，小震以震群的方式出现，不仅频次高，而且震级有越来越大的趋势，3 级以上地震发生越来越多，间隔性发震时间越来越短。有感地震多集中在长岛—威海断裂（NW 向）与 NE 向断裂交汇部位。

15.3.2 地震分级

参照中国地震动参数区划图（GB 18 306—2001）中，地震基本烈度与地震动峰值加速度的对照关系，给出地震动峰值加速分区与地震基本烈度的对照表（表15.24）。

表15.24 地震动峰值加速度分区与地震基本烈度对照表

地震动峰值加速度分区/g	<0.05	0.05	0.1	0.2	0.3	≥0.4
地震基本烈度值/度	<Ⅵ	Ⅵ	Ⅶ	Ⅷ	Ⅷ	≥Ⅸ

将我国海岸带地区地震动划分为6个等级，即：$I<0.05$ g、$I=0.05$ g、$I=0.1$ g、$I=0.2$ g、$I=0.3$ g和$I\geqslant0.4$ g。① $I<0.05$ g无需考虑地震灾害问题；② $I=0.05$ g和$I=0.1$ g时需要注意地震问题，但不必采取特别的抗震措施；③ $I=0.3$ g时需要考虑地震灾害威胁，采取一定的防灾、减灾措施；④ $I\geqslant0.4$ g必须采取必要的防灾、减灾措施。

山东省海岸带$I<0.05$ g的地区较少，主要分布在山东半岛南侧的青岛至海阳岸段，地震破坏性很小。绝大部分区域处于0.05 g和0.1 g，$I=0.05$ g的地区有山东半岛荣成附近的岸段及其东南岸海阳至乳山岸段和青岛以南岸段，I=0.1 g地区主要是山东东营至威海岸段。

渤海地区地震动值较高，绝大部分为0.2 g。该区地震烈度受控于郯庐断裂地震带，既有直下型潜源的作用，又有邻近潜源的影响。

黄海地区的地震动值在0.05~0.2 g之间。北黄海和南黄海西部海域基本上为0.05~0.1 g，高加速度值集中在南黄海西部近岸地区，即青东盆地南部凹陷。

15.3.3 地震的危害

地震灾害在山东省主要表现为小震群，大型地震自1668年郯城发生至今，没有再发生。因此，现阶段地震预防以小地震为主，但是郯庐断裂带是一个潜发的大地震带，在其周围地区也要注意预防大型地震的发生。

15.3.3.1 1668年郯城8.5级地震

1668年7月28日，山东郯城发生8.5级大地震，波及大半个中国，是我国东部千年罕遇的一次特大地震事件。这次地震对工程场地的影响烈度为Ⅶ~Ⅸ度（图15.15）。

15.3.3.2 1969年渤海7.4级地震

1969年7月15日，渤海中部发生7.4级地震（图15.16），造成9人死亡，300余人受伤，垦利县、利津县、沾化县受灾严重。这次地震工程场地的地震影响烈度为Ⅶ度。

15.3.3.3 2007年蓬莱地震

2007年7月10日，在山东蓬莱发生4.4级有感地震，此后在原地分别伴生2.8、3.3、2.6级余震，震中位于蓬莱市大柳行镇峰山朱家村到东流院村一带，地震影响烈度Ⅴ度。

地震灾害无法消除，只能积极主动的去预防。从山东沿海地震带分布来看，西北海岸受地震影响程度要比东南海岸大得多，大地震发生的可能性也要比东南部大得多。因此，在西

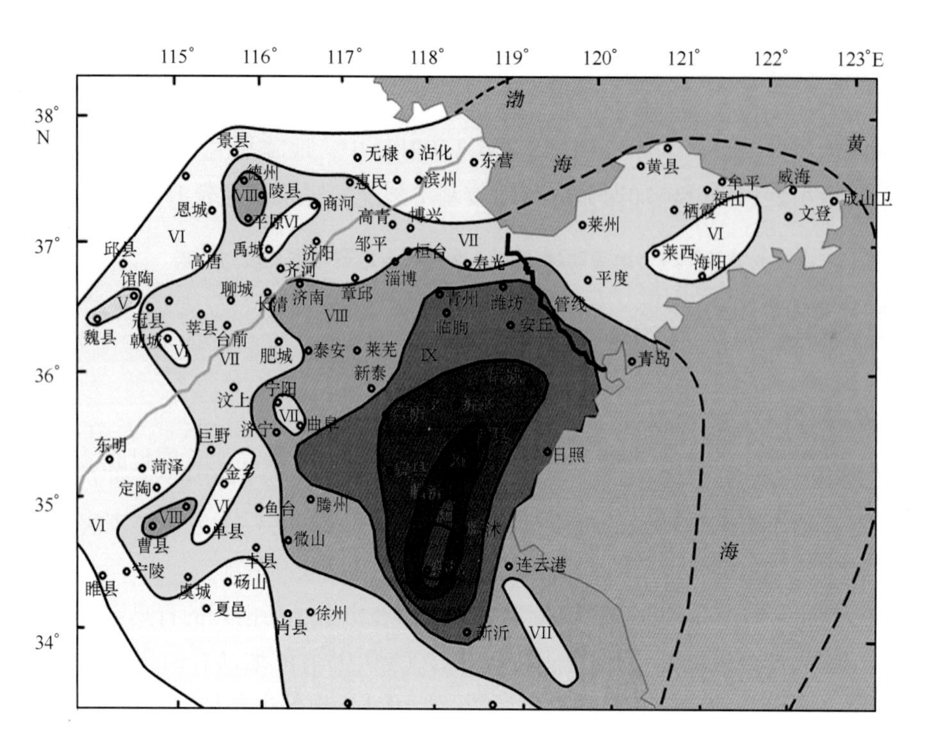

图 15.15　1668 年郯城 8.5 级地震等震线图

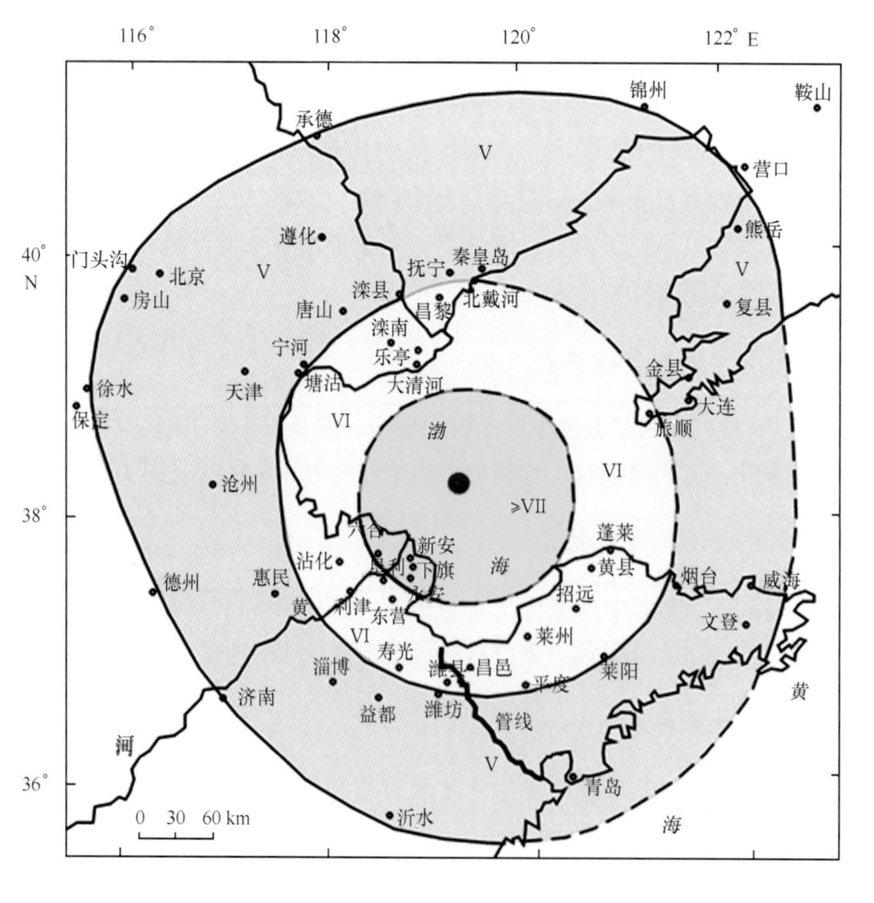

图 15.16　1969 年渤海 7.4 级地震等震线图

北部各城市搞大型工程建设时，一定要按防大于7度地震烈度去规划，尤其是在搞大型水利工程时更应考虑这一点。小震群的区域防灾工作，不仅需要实现地震科研的区域效益，而且需要把各个城市巨灾防范纳入城市群的发展计划体系，即只有认真建立城市群的联动机制，才能有效抵御地震等巨灾事件的突袭，减轻其对区域经济发展的危害。

15.4 小结

山东省沿海地区主要的海洋地质灾害有：海岸侵蚀、海水入侵、地震灾害等。

山东省海岸具有多种类型，受到多种海岸动力的作用和人为作用的影响，海岸侵蚀普遍存在，也是我国海岸侵蚀较为严重的省份之一。山东省的海岸侵蚀长度已达1 211 km，主要分布在黄河三角洲、莱州湾沿岸、龙口至烟台岸段、胶南沿岸。

山东省海水入侵始于20世纪70年代中期，1991年山东省海水入侵面积已达701.8 km^2；2002年山东省海水入侵面积已超过1 000 km^2，主要分布在莱州湾沿岸、山东半岛北部及东南部沿海平原，尤以莱州湾沿岸海水入侵最为严重。造成海水入侵的原因主要有自然因素和人为因素。海水入侵对农业、工业和健康造成严重危害。

山东省沿海的地震由构造地震和诱发地震组成。我省地震带主要有滨州—东营及莱州湾沿海地震区、蓬莱—龙口沿海地震区、威海西北海域地震区、乳山—牟平—巫山地震区。地震对人类生活和生产造成严重危害，地震灾害无法消除，只能积极主动的去预防。

16 生态灾害

生态灾害是指由于生态系统平衡改变所带来的各种始料未及的不良后果，具有重灾迟滞性、重复生态灾害链等基本特征。影响山东近岸海域的主要海洋生态灾害有：赤潮、绿潮、外来物种入侵（米草、棕囊藻）以及其他生态灾害（海星暴发、水母暴发）等。

16.1 赤潮

赤潮（red tide）是在特定的环境条件下，海水中某些浮游植物、原生动物或细菌暴发性增殖或高度聚集而引起水体变色的一种有害生态现象。能够形成赤潮的生物主要是微藻，以及部分细菌和原生动物。一些有害的赤潮生物能够通过多种途径，如产生毒素等生物活性物质、损伤鱼、贝类等海洋生物的鳃组织、消耗水体溶解氧、释放氨氮、改变水体黏稠度和透光率等导致海洋生物死亡，或使贝类等生物体内累积大量毒素，从而危及自然生态、水产养殖和人类健康。因此，赤潮是一类重要的海洋生态灾害（中国海洋灾害公报，1989—2008 年）。

16.1.1 赤潮概述

赤潮是我国近海最为突出的生态环境问题之一。据统计，在分布于中国的 149 种赤潮生物中，有 43 种曾形成过赤潮（邹景忠，2003）。在渤海、黄海、东海和南海，都有赤潮发生的记录。渤海的辽东湾、渤海湾和莱州湾海域，东海长江口及其邻近海域，以及珠江口及其邻近的海湾，都是赤潮高发海域。

现在，我国近海的赤潮正呈现出发生频率上升、规模扩大、赤潮生物种类增多、赤潮危害加剧等特点。近 30 年来，我国近海赤潮爆发次数以每十年增加 3 倍的速率上升；赤潮的规模也在不断扩大，20 世纪 80 年代以前，藻华灾害影响范围一般不超过几百平方千米，从 90 年代末开始，藻华灾害影响范围动辄达几千甚至上万平方千米；同时，赤潮生物种类也在不断增多，20 世纪的赤潮生物多以骨条藻等无毒硅藻为主，而近期亚历山大藻、米氏凯伦藻、裸甲藻、东海原甲藻等有毒有害甲藻不断出现。同时，赤潮的危害效应也在不断加剧，有毒有害赤潮所占的比例越来越高，对于人类健康、水产养殖和自然生态构成了巨大威胁。

进入 21 世纪以来，我国海域每年赤潮发生次数在 28 ~ 119 次之间，年平均 79 次，累计面积在 10 150 ~ 27 070 km^2，年均 16 300 km^2，赤潮发生次数和累计面积均为 20 世纪 90 年代的 3.4 倍。从多年变化趋势看，赤潮发生有从局部海域向全部近岸海域扩展的趋势。赤潮频发海域为：长江口东南部、浙江中南部、渤海湾、辽东湾河北昌黎—秦皇岛近岸、福建厦门近岸、江苏海州湾、莱州湾黄河口东南部、福建三沙湾附近、广东柘林湾、珠江口深圳、珠海附近（图 16.1）。

16.1.2 赤潮的分布

目前，我国对于赤潮的界定还有不同的认识，赤潮记录的次数受到监测和研究部门采样频率和采样范围的显著影响，以往对于赤潮事件也没有系统地发布要求，这在很大程度上影

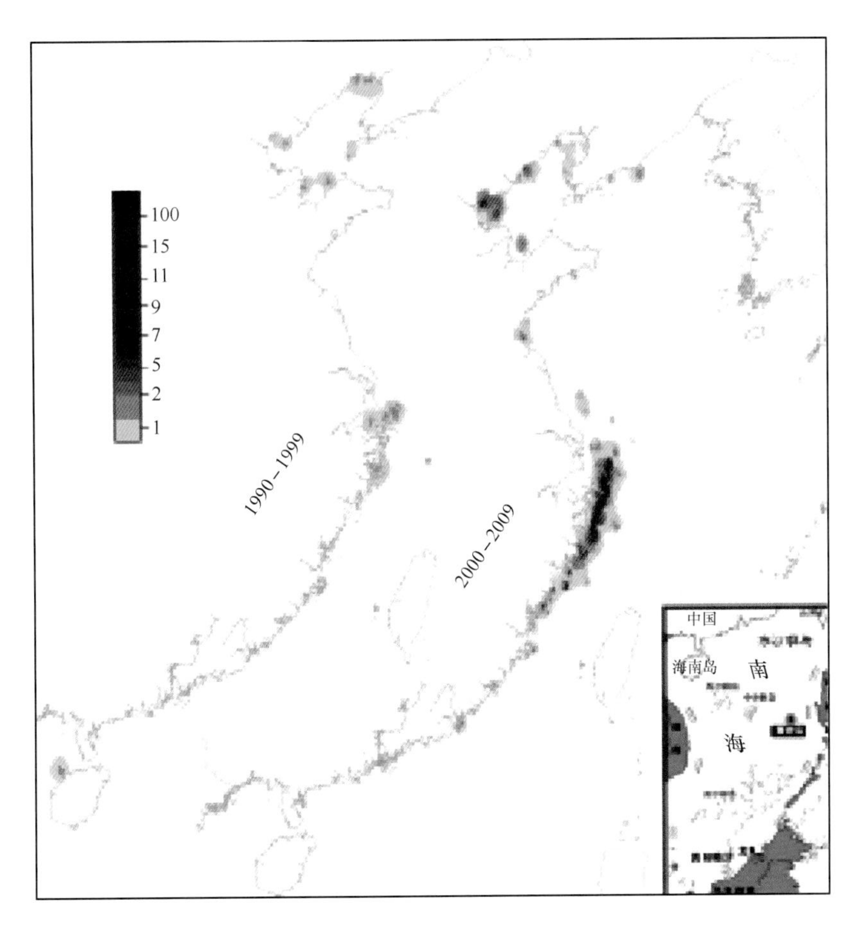

图 16.1 1990—2009 年我国海域赤潮发生频次

响了对山东沿海赤潮记录的整理和分析。本书所搜集整理的赤潮记录主要是来自国家海洋局海洋环境质量公报、国家海洋局海洋灾害公报、山东省海洋环境质量公报以及山东省有关科研和管理部门的研究和监测数据。

对于山东沿海赤潮的发生情况，近年来已有一些总结和分析（薛娜等，2007；孙伟等，2008）。据不完全统计，从 20 世纪 50 年代至今，山东沿海海域共有 75 次赤潮记录（表 16.1）。山东沿海最早的赤潮记录是 1952 年 5—6 月在黄河口附近海域发生的夜光藻赤潮，影响面积达 1 460 km^2。此后直到 20 世纪 60 年代末没有赤潮发生的记录。70 年代有 1 次赤潮记录，80 年代有 1 次记录，90 年代有 32 次记录，2000 年至今有 40 次记录（表 16.2）。

从赤潮发生次数上来看，在进入 20 世纪 90 年代以后，赤潮发生有增加的趋势，每年都有 1～10 次不等的赤潮记录（图 16.2）。《中国海洋灾害公报》自 1999—2005 年对我国沿海 11 个省（直辖市）进行赤潮次数的统计，山东半岛海域近年来赤潮发生情况，1999 年 4 次，2000 年 1 次，2001 年 3 次，2002 年 3 次，2003 年 5 次，2004 年和 2005 年均为 10 次，总体呈现快速增长趋势。

山东沿海的赤潮主要发生在夏季，每年的 6—9 月是赤潮的高发期（图 16.3）。赤潮集中分布在胶州湾和青岛近海、莱州湾和黄河口海域，以及烟台—威海沿岸等 3 个重要的海域（图 16.4），其中，胶州湾和青岛近海记录的赤潮次数最多，共有赤潮记录 34 次；其次是莱州湾和黄河口海域，共有赤潮记录 23 次；烟台—威海沿岸海域记录到的赤潮较少，总共有 18 次。莱州湾和黄河口赤潮相对较少。

表 16.1 山东沿海赤潮记录（不完全统计）

时 间	地 点	藻种	规模/km^2	危 害	文献来源
1952 年					
5—6 月	黄河口	夜光藻	1 460	大量鳕鱼、梭鱼死亡，影响捕捞渔业	杨华庭等，1993；费鸿年，1952
1978 年					
未知*	青岛沙子口湾	赤潮	不详	不详	青岛环保部门统计
1989 年					
8 月 5 日至 10 月 14 日	莱州湾/潍坊沿海	裸甲藻	总共 1 300 km^2，山东省内面积不详	总计 3 亿元，山东省内 0.85 亿元	于保华，2000；王诗成，1991；程振波，1992；杨华庭等，1993；中国海洋灾害公报
1990 年					
6 月 26 日	胶州湾内/22 号锚地	红色中缢虫	2	不详	杨华庭等，1993；张洪亮等，2009
6 月 19 日	黄河口	夜光藻	10	不详	任荣珠，1993
6 月 18 日	莱州湾	不详	不详（约有莱州湾海域 1/3 面积）	不详	杨华庭等，1993；中国海洋环境质量公报
8 月 19 日至 20 日	莱州湾西	不详	10	不详	杨华庭等，1993；中国海洋环境质量公报
8 月 26 日	莱州湾刁龙嘴	不详	1 200	不详	杨华庭等，1993；中国海洋环境质量公报
8 月 30 日	莱州湾	不详	1 000	不详	杨华庭等，1993；中国海洋环境质量公报
9 月 1 日	莱州湾北部	不详	不详（大片海域）	不详	杨华庭等，1993；中国海洋环境质量公报
1992 年					
4 月（有 7 次赤潮，此处计 1 次）	青岛和石臼所附近海域	不详	不详	不详	中国海洋环境质量公报
5 月 11 日	青岛附近海域（东偏南 200 海里）	不详	1 000 ~ 1 200（长 200 km，宽 5 ~ 6 km）	不详	中国海洋环境质量公报；中国海洋灾害公报

续表 16.1

时间	地点	藻种	规模（km^2）	危害	文献来源
1994 年					
6 月 1 日	青岛虾池	隐藻	不详	不详	青岛环保部门统计
	青岛虾池	裸甲藻	不详	不详	青岛环保部门统计
7 月 1 日	青岛虾池	锥状斯氏藻	不详	不详	青岛环保部门统计
1995 年					
6 月 6 日	莱州湾附近海域	夜光藻	90	不详	中国海洋灾害公报 1995 年
7 月 1 日	青岛虾池	三角褐指藻	不详	不详	青岛环保部门统计
	青岛虾池	新月菱形藻	不详	不详	青岛环保部门统计
8 月 1 日	青岛虾池	新月菱形藻	不详	不详	青岛环保部门统计
8 月 1 日	长岛县北隍城乡近海	夜光藻	不详	不详	中国海洋灾害公报
10 月 1 日	莱州湾到龙口海域	叉角藻	不详	不详	张洪亮等，2003
1996 年					
6 月	胶州湾	红褐色赤藻	不详	不详	青岛环保部门统计
6 月	第一海水浴场	赤藻	不详	不详	青岛环保部门统计
1997 年					
4 月 13 日	蓬莱港到长岛海域	橘红色	0.02	不详	中国海洋环境质量公报；中国海洋灾害公报
4 月 14 日	蓬莱港	淡黄色	0. 37	不详	中国海洋环境质量公报
8 月 1 日	胶州湾中部	骨条藻			青岛环保部门统计
1998 年					
7 月 3 日—8 日	胶州湾	中肋骨条藻，高贵盒形藻	不详	不详	青岛环保部门统计
8 月 15 日至 9 月 10 日	烟台附近海域	红色裸甲藻	200/100	1.07 亿元，养殖扇贝海珍品和底层鱼类	中国海洋年鉴；迟受峰，2008，中国海洋环境质量公报
9 月 2 日	莱州湾海域	夜光藻	1 000	不详	张洪亮等，2003
9 月 16 日至 10 月 19 日	渤海	叉角藻/鳍藻	最大 5 000 km^2	总计 5 亿元，山东省损失不清楚	于保华，2000，中国海洋环境质量公报

续表 16.1

时间	地点	藻种	规模（km^2）	危害	文献来源
1999 年					
6 月	胶州湾东北部	浮动弯角藻	不详	不详	青岛环保部门统计
7 月 4 日	老黄河口附近海域	酱紫色	400	不详	张洪亮等，2003
7 月 17 日	山东北隍城岛附近海域	夜光藻	680	不详	中国海洋灾害公报
7 月 23 日	青岛市胶州湾 团嘴至沧口水道	骨条藻	26	不详	中国海洋年鉴； 中国海洋灾害公报
7 月 23 日—24 日	胶州湾东部海域	浮动弯角藻	不详	不详	
7 月 26 日	青岛市小麦岛附近海域	红色中缢虫	60	不详	中国海洋年鉴；中国海洋灾害公报；张洪亮等，2009
8 月 6 日	山东省石岛附近海域		160	不详	中国海洋年鉴；中国海洋灾害公报
2000 年					
7 月 20 日—23 日	胶州湾	夜光藻	2	不详	中国海洋年鉴
2001 年					
4 月 4 日	青岛浮山湾内	夜光藻	小范围	不详	中国海洋年鉴；张洪亮等，2009 b
6 月 11 日—12 日	胜利油田二号平台	夜光藻	5	不详	中国海洋年鉴；山东省海洋环境质量公报
7 月 7 日	胶州湾口	红色中缢虫	9.8	不详	张洪亮等，2009，山东省海洋环境质量公报
7 月 8 日至 7 月 12 日	青岛青岛旅游码头、竹岔岛、 团岛以北至黄岛附近海域	红色中缢虫	10	不详	2001 国家海洋年鉴；山东省海洋环境质量公报
2002 年					
6 月 28 日至 7 月 2 日	青岛前海太平角至 沙子口伏龙岛海域	红色中缢虫	60	不详	中国海洋年鉴；张洪亮等，2009
不详	威海	裸甲藻	不详	不详	山东省海洋环境质量公报
8 月 10 日	滨州近海海域	夜光藻	20	500 万元	中国海洋年鉴；中国海洋灾害公报
8 月 15 日	滨州近海海域	中肋骨条藻	30	800 万元	中国海洋年鉴；中国海洋灾害公报
2003 年					
7 月 4 日—11 日	团岛至大麦岛海域	红色中缢虫	450	不详	张洪亮等，2009

续表 16.1

时间	地 点	藻种	规模（km^2）	危 害	文献来源
7月14日—15日	青岛第一海水浴场	具刺膝沟藻	不详	不详	海洋部门统计资料
8月19日—20日	乳山与文登交界的暖浪口河外部近海	海洋褐胞藻	3	不详	海洋部门统计资料
8月20日—21日	山东燃墩石湾海域	夜光藻	3.5	不详	2004 国家海洋年鉴
2004年					
2月9日	胶州湾东部	柔弱根管藻	70	不详	海洋部门统计资料
3月25日	青岛胶州湾红岛附近	诺氏海链藻、骨条藻	70	不详	海洋部门统计资料
5月5日—20日	烟台近海养殖区	夜光藻	25.7	不详	迟守峰，2008
6月11日	黄河口附近海域	球形棕囊藻	1 850	不详	中国海洋灾害公报；山东省海洋环境质量公报
8月	青岛太平湾至大麦岛	红色中缢虫	80	不详	张洪亮等，2009
9月8日—15日	烟台四十里湾赤潮监控区	裸甲藻	48.88	不详	山东省海洋环境质量公报
9月18日	烟台四十里湾赤潮监控区		61	不详	山东省海洋环境质量公报
9月27日	烟台四十里湾赤潮监控区	红色裸甲藻	45	不详	山东省海洋环境质量公报
2005年					
5月20日	滨州沿海	微小原甲藻，哈曼褐多沟藻	3～4	不详	山东省海洋环境质量公报
5月27日—30日	莱州湾	夜光藻	60	不详	山东省海洋环境质量公报
6月2日—10日	渤海湾，天津至滨州	裸甲藻，棕囊藻	3 000	不详	中国海洋环境质量公报
6月3日	黄河口附近	红色裸甲藻，棕囊藻	137	不详	山东省海洋环境质量公报
6月12日—17日	青岛灵山湾	赤潮异弯藻	80	不详	海洋部门统计资料
7月4日	山东东营港附近海域	棕囊藻	40	直接经济损失 100 万元	中国海洋灾害公报
8月23日—25日	山东东营 106 海区附近	棕囊藻	140	直接经济损失 200 万元	中国海洋灾害公报
8月23日—26日	烟台四十里湾海域	中肋骨条藻和红色裸甲藻丹麦细柱藻、	50	不详	迟守峰，2008；山东省海洋环境质量公报
9月12日	烟台四十里湾海域	红色裸甲藻	45	不详	迟守峰，2008；山东省海洋环境质量公报
9月24日—28日	烟台近海套子湾	红色裸甲藻	60	不详	山东省海洋环境质量公报

续表 16.1

时间	地　点	藻种	规模（km^2）	危　害	文献来源
2006 年					
8 月	浮山湾及附近海域	红色中缢虫	5	不详	张洪亮等，2009
9 月 14 日—19 日	山东长岛县 南隍城附近海域	塔玛亚历山大藻	2. 37	网箱养鱼死亡率接近 100%， 皱纹盘鲍死亡率约 50%， 扇贝损失较轻	山东省海洋环境质量公报
2007 年					
6 月 7 日—10 日	青岛沙子口近岸海域	赤潮异弯藻	70	不详	山东省海洋环境质量公报；张继民等，2009
8 月 30 日至 9 月 7 日	烟台莱山区附近海域	红色裸甲藻	8. 76	不详	迟守峰，2008，齐鲁渔业；山东省海洋环境质量公报
9 月 25 日—28 日	青岛沙子口湾	具刺膝沟藻	8	不详	山东省海洋环境质量公报
2008 年					
6 月	胶州湾口	红色中缢虫	5	不详	张洪亮等，2009a
6 月 29 日	胶州湾附近海域	异帽藻	20	不详	张爱君等，2009
8 月 7 日	竹岔岛南部海域	卡盾藻	86	不详	张爱君等，2009
8 月 26 日—27 日	浮山湾附近海域	夜光藻	10	不详	张洪亮等，2009b
2009 年					
5 月 7 日—12 日	日照附近海域	夜光藻	580	不详	中国海洋灾害公报
5 月 26 日	海阳至乳山附近海域	夜光藻	550	不详	中国海洋环境质量公报
5 月 31 日至 6 月 13 日	渤海	赤潮异弯藻	4 460	不详	中国海洋灾害公报

* “不详”是指在所引用的文献中没有清楚说明。

表 16.2 山东历年赤潮发生次数、影响面积及经济损失状况

年 份	1952	1978	1989	1990	1991	1992	1993	1994	1995	1996	1997
本报告统计次数	1	1	1	7	0	2	0	2	5	2	3
本报告统计面积/km^2	1 460	不详	1 300	>2 220	不详	1 200	不详	不详	90	不详	>0.03
本报告统计损失/（×10^4）	不详	不详	8 500	不详	不详	不详	不详	不详	不详	不详	不详
山东省*统计次数	不详	不详	不详	不详	不详	不详	不详	不详	不详	不详	不详
山东省统计面积/km^2	不详	不详	不详	不详	不详	不详	不详	不详	不详	不详	不详
山东省统计损失/（×10^4 元）	不详	不详	不详	不详	不详	不详	不详	不详	不详	不详	不详
我国*统计次数	1	不详	1	8	不详	不详	不详	不详	不详	不详	不详
我国统计面积/km^2	不详	不详	不详	不详	不详	不详	不详	不详	不详	不详	不详
我国统计损失/（×10^4 元）	不详	不详	不详	不详	不详	不详	不详	不详	不详	不详	不详
年 份	1998	1999	2000	2001	2002	2003	2004	2005	2006	2007	2008*
本报告统计次数	4	7	1	4	4	4	8	10	2	3	4
本报告统计面积/km^2	>1 200	1 326	2	>30	>110	457	>2 150	>620	7.37	>42	>120
本报告统计损失/（×10^4 元）	10 700	不详	不详	不详	1 300	不详	不详	300	不详	不详	不详
山东省统计次数	不详	不详	不详	不详	4	4	不详	10	1	3	5
山东省统计面积/km^2	不详	不详	不详	不详	120	456.5	3 230	不详	2.37	86.76	不详
山东省统计损失/（×10^4 元）	不详	不详	不详	不详	1 700	不详	不详	不详	不详	不详	不详
我国统计次数	不详	4	1	3	3	5	10	11	不详	不详	不详
我国统计面积（km^2）	不详	926	2	不详	110	460	2 230	1 877	不详	不详	不详
我国统计损失/（×10^4 元）	不详	不详	不详	不详	不详	不详	不详	不详	不详	不详	不详

注：本报告统计资料是根据所搜集到的赤潮发生情况，对赤潮发生次数、影响范围和经济损失所作出的估算。
山东省统计资料引自“山东省海洋环境质量公报，2001—2007 年”。
我国统计资料引自“中国海洋环境质量公报（1990—2008）”和“中国海洋灾害公报（1989—2008）”。
“不详”是指所引资料中没有说明，或没有相关的资料。
2008 年赤潮发生总数尚不清楚，在此只列出了文献中所查到的数据。

以赤潮影响面积来看，莱州湾和黄河口附近海域赤潮的影响面积最大，胶州湾和青岛近海次之，烟台—威海沿岸最小。面积在1 000 km^2 以上的大规模赤潮曾多次在莱州湾发生，而胶州湾和青岛近海只有1次记录，烟台—威海海域没有1 000 km^2 以上的大规模赤潮发生。

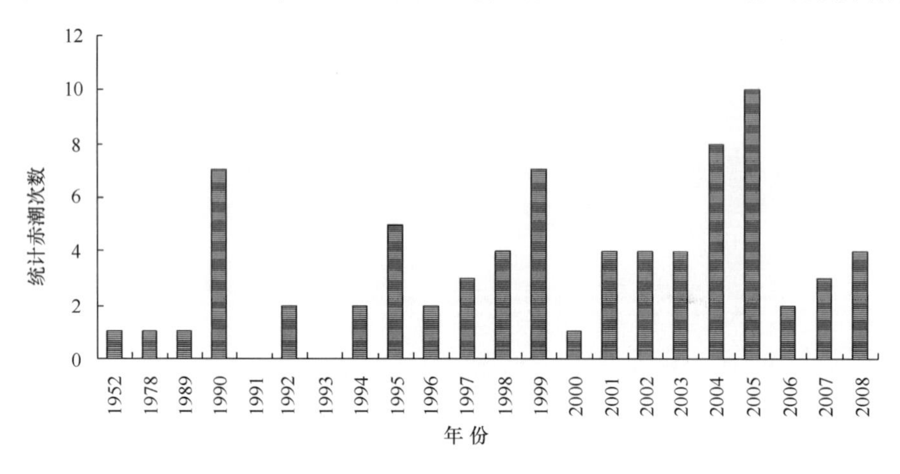

图 16.2　山东沿海赤潮发生状况

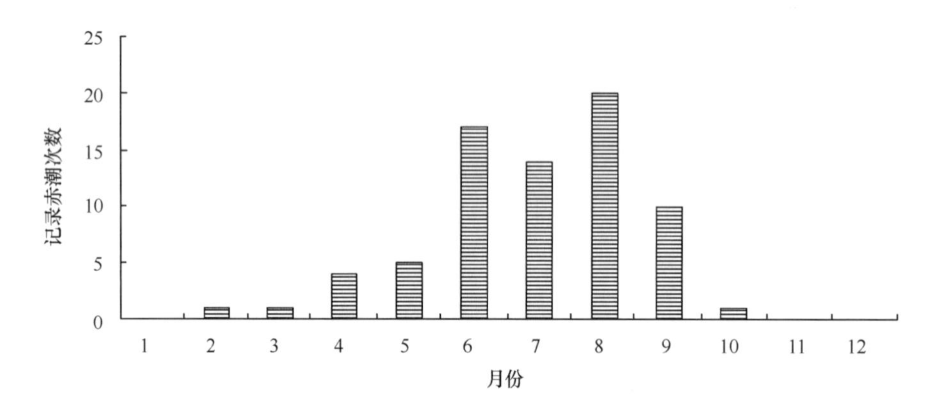

图 16.3　山东沿海赤潮的季节分布特征

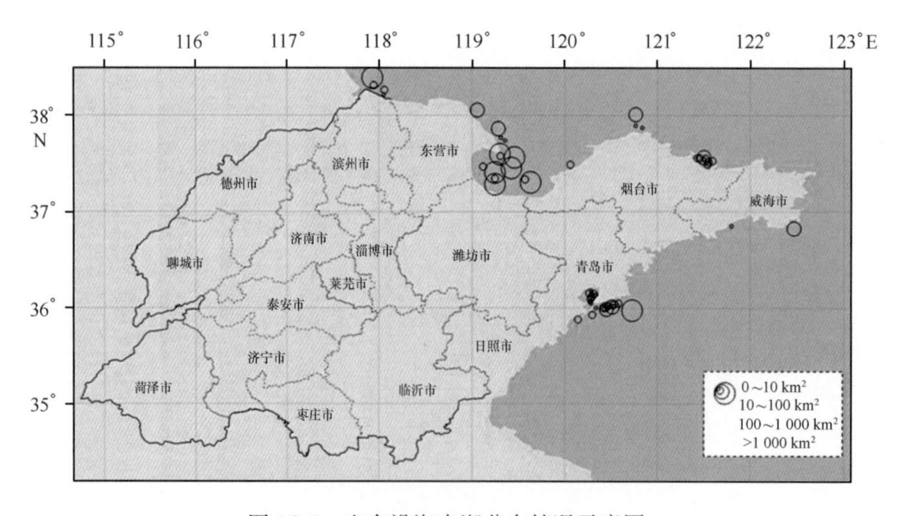

图 16.4　山东沿海赤潮分布情况示意图

山东沿海海域常见的赤潮藻种包括甲藻门、硅藻门、针胞藻门、定鞭藻门、隐藻门中的赤潮藻类，此外，原生动物中的红色中缢虫也是常见的赤潮生物（表16.3）。在各种常见的赤潮藻类中，红色中缢虫形成的赤潮次数最多，但红色中缢虫形成的赤潮主要集中在青岛近海海域（图16.5），而且赤潮的影响范围很小。夜光藻赤潮形成的次数仅次于红色中缢虫，但其分布范围较广，在山东沿海几个主要的赤潮区域都有夜光藻形成赤潮的记录(图16.5)，夜光藻赤潮影响面积很大，在莱州湾曾多次记录到影响面积达上千平方千米的夜光藻赤潮。血红哈卡藻（红色裸甲藻）形成的赤潮次数也比较多，但主要局限于烟台四十里湾海域(图16.5)。

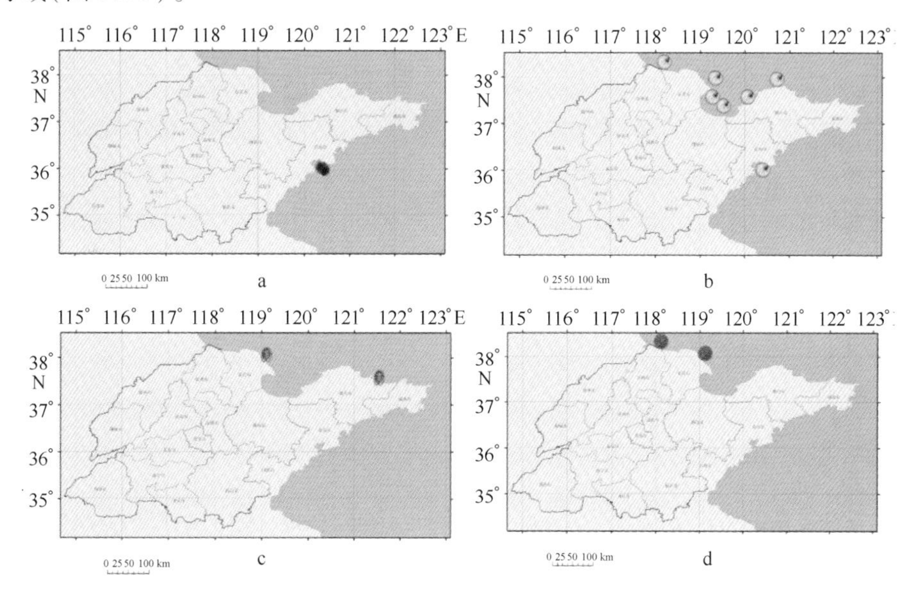

图16.5　山东沿海红色中缢虫、夜光藻、血红哈卡藻（红色裸甲藻）、棕囊藻赤潮分布

a：红色中缢虫；b：夜光藻；c：血红哈卡藻；d：棕囊藻

自2000年以来，山东沿海海域形成赤潮的生物种类明显增加，一些以往没有记录的藻类，如棕囊藻（图16.5）、亚历山大藻和异帽藻等，也多次形成赤潮。2004年6月，在黄河口附近海域发生了面积为1 850 km^2 的棕囊藻赤潮，2005年在渤海湾再次发生棕囊藻赤潮，并影响到莱州湾和东营沿海。

表16.3　山东省沿海形成赤潮的赤潮生物

分类	名称	种名
甲藻门	夜光藻	*Noctiluca scientillans*
	裸甲藻	*Gymnodinium* sp.
	锥状斯氏藻	*Scrippsiella trochoidea*
	叉角藻	*Ceratium furca*
	血红哈卡藻（红色裸甲藻）	*Akashiwo sanguinea*
	多甲藻	*Protoperidinium* sp.
	具刺膝沟藻	*Gonyaulax spinifera*
	微小原甲藻	*Prorocentrum minimum*

续表 16.3

分类	名称	种名
	哈曼褐多沟藻	*Pheopolykrikos hartmannii*
	塔玛亚历山大藻	*Alexandrium tamarense*
	异帽藻	*Heterocapsa rotundata*
硅藻门	柔弱根管藻	*Rhizosolenia delicatula*
	诺氏海链藻	*Thalassiosira nordenskioldi*
	三角褐指藻	*Phaeodactylum tricornutum*
	新月菱形藻	*Nitzschia closterium*
	中肋骨条藻	*Skeletonema costatum*
	高贵盒形藻	*Biddulphia regia*
	浮动弯角藻	*Eucampia zoodiacus*
	圆筛藻	*Coscinodiscus* spp.
定鞭藻门	球形棕囊藻	*Phaeocystis globosa*
针胞藻门	海洋褐胞藻（海洋卡盾藻）	*Chattonella marina*
	赤潮异弯藻	*Heterosigma akashiwo*
隐藻门	隐藻	*Cryptomonas* sp.
原生动物	红色中缢虫	*Mesodinium rubrum*

16.1.3 赤潮发生的原因

赤潮是一种复杂的生态异常现象，发生的原因也比较复杂。关于赤潮发生的机理虽然至今尚无定论，但是赤潮发生的首要条件是赤潮生物增殖要达到一定的密度，否则，尽管其他因子都适宜，也不会发生赤潮，在正常的理化环境条件下，赤潮生物在浮游生物中所占的比重并不大，有些鞭毛虫类（或者甲藻类）还是一些鱼虾的食物。但是由于特殊的环境条件，使某些赤潮生物过量繁殖，便形成赤潮。大多数学者认为，赤潮发生与下列环境因素密切相关。

16.1.3.1 海水富营养化是赤潮发生的物质基础和首要条件

由于城市工业废水和生活污水大量排入海中，使营养物质在水体中富集，造成海域富营养化。此时，水域中氮、磷等营养盐类，铁、锰等微量元素以及有机化合物的含量大大增加，促进赤潮生物的大量繁殖。赤潮检测的结果表明，赤潮发生海域的水体均已遭到严重污染，富营养化。氮磷等营养盐物质大大超标。据研究表明，工业废水中含有某些金属可以刺激赤潮生物的增殖。在海水中加入小于3 mg/L 的铁螯合剂和小于2 mg/L 的锰螯合剂，可使赤潮生物卵甲藻和真甲藻达到最高增殖率，相反，在没有铁、锰元素的海水中，即使在最适合的温度、盐度、pH 和营养条件下也不会增加种群的密度。其次一些有机物质也会促使赤潮生物急剧增殖。如用无机营养盐培养简裸甲藻，生长不明显，但加入酵母提取液时，则生长显著，加入土壤浸出液和维生素 B_{12}时，光亮裸甲藻生长特别好。

16.1.3.2 水文气象和海水理化因子的变化是赤潮发生的重要原因

海水的温度是赤潮发生的重要环境因子，20～30℃是赤潮发生的适宜温度范围。科学家发现一周内水温突然升高大于2℃是赤潮发生的先兆。海水的化学因子如盐度变化也是促使生物因子——赤潮生物大量繁殖的原因之一。盐度在26~37的范围内均有发生赤潮的可能，但是海水盐度在15~21.6时，容易形成温跃层和盐跃层。温、盐跃层的存在为赤潮生物的聚集提供了条件，易诱发赤潮。由于径流、涌升流、水团或海流的交汇作用，使海底层营养盐上升到水上层，造成沿海水域高度富营养化。营养盐类含量急剧上升，引起硅藻的大量繁殖。这些硅藻类又为夜光藻提供了丰富的饵料，促使夜光藻急剧增殖，从而又形成粉红色的夜光藻赤潮。据监测资料表明，在赤潮发生时，水域多为干旱少雨，天气闷热，水温偏高，风力较弱，或者潮流缓慢等水域环境。

16.1.3.3 海水养殖的自身污染亦是诱发赤潮的因素之一

随着全国沿海养殖业的大发展，尤其是对虾养殖业的蓬勃发展。也产生了严重的自身污染问题。在对虾养殖中，人工投喂大量配合饲料和鲜活饵料。由于养殖技术陈旧和不完善，往往造成投饵量偏大，池内残存饵料增多，严重污染了养殖水质。另一方面，由于虾池每天需要排换水，所以每天都有大量污水排入海中，这些带有大量残饵、粪便的水中含有氨氮、尿素、尿酸及其他形式的含氮化合物，加快了海水的富营养化，这样为赤潮生物提供了适宜的生态环境，使其增殖加快，特别是在高温、闷热、无风的条件下最易发生赤潮。由此可见，海水养殖业的自身污染也使赤潮发生的频率增加。

16.2 绿潮

16.2.1 绿潮概述

浒苔也叫绿藻（俗称青苔），是一种大型底栖丝状藻类，藻体呈草绿色，管状中空，具有主枝但不明显，分枝细长众多，苔条无根无茎亦无叶片，只有许多柔软的丝状体，又细又长，好像一蓬乱七八糟的丝线，对人体无害。这种海藻在我国沿海均有分布，主要生长在潮间带的滩涂、岩石上。

绿潮是在特定的环境条件下，海水中某些大型绿藻（如浒苔）爆发性增殖或高度聚集而引起水体变色的一种有害生态现象，也被视作和赤潮一样的海洋灾害。全世界现有大型海藻6 500多种，其中有几十种可形成绿潮。中国沿海分布有十几种，2008年在青岛海域形成绿潮灾害的绿潮藻为浒苔。

16.2.2 绿潮的分布

2007—2009年，连续3年在黄海北部海域发生了由绿藻纲石莼目浒苔属的浒苔（*Enteromorpha prolifera*）引起的大规模绿潮，其中以2008年最为严重。

2008年夏初，青岛近海海域及沿岸遭遇了突如其来、历史罕见的绿潮灾害（图16.6）。5月30日，中国海监飞机在青岛东南150 km的海域发现大面积浒苔，影响面积约为12 000 km^2，实际覆盖面积为100 km^2。

从6月中旬开始，绿潮从黄海中部海域漂移至青岛附近海域。绿潮漂浮在青岛外海，曾一度对2008年夏季奥运会帆船比赛的运动员海上训练造成影响。漂向岸边的绿潮在海滩上越积越多，使得第一海水浴场和第二海水浴场变得碧绿一片，无法使用（图16.7）。

图 16.6　2008 年青岛近海绿潮的发生情况

a：青岛外海漂浮的浒苔；b：青岛太平湾的浒苔覆盖 c：青岛第二海水浴场的浒苔；d：青岛第一海水浴场军队清理浒苔

图 16.7　2008 年 6 月 28 日青岛市海边的浒苔情况光学遥感（NASA）

6 月底，浒苔的影响面积达到最大，约为 25 000 km^2，实际覆盖面积为 650 km^2。青岛市长和市民以及军队一起到海滩清理浒苔，截至 7 月 5 日青岛海陆已清理浒苔 40×10^4 t。到 7 月 15 日，清除浒苔超过 100×10^4 t。7 月 6 日上午 10：34 分的 MODIS 卫星监测结果（图 16.8）表明，浒苔广泛分布在青岛外海，青岛附近海域浒苔覆盖面积为 154.81 km^2，影响范围14 744.9 km^2。8 月以后影响面积逐渐减少，8 月底，黄海海域浒苔影响面积降至 1 km^2 以下。

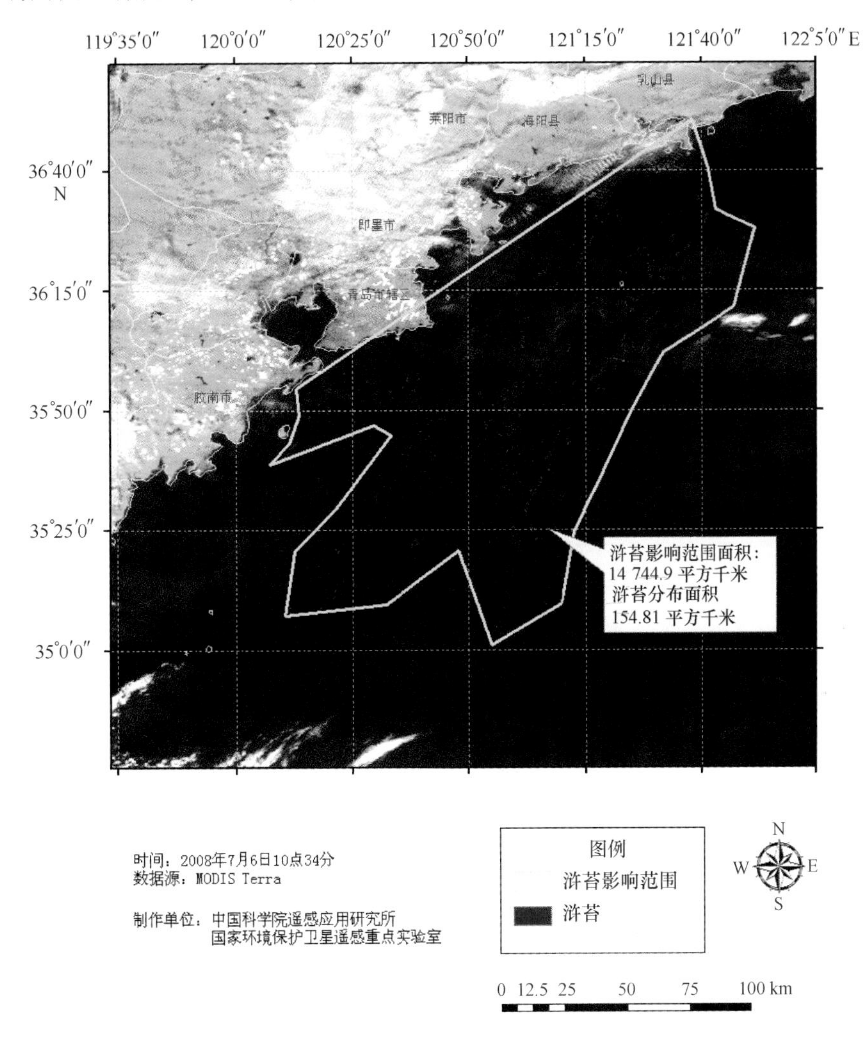

图 16.8　2008 年 7 月 6 日上午 10：34 分的 MODIS 卫星监测结果

2009 年 3 月 24 日首次在江苏省吕泗以东海域发现零星漂浮浒苔，6 月 4 日在江苏省盐城以东约 100 km 海域处发现漂浮浒苔，分布面积约 6 550 km^2，覆盖面积约 42 km^2。随着浒苔的漂移、生长，7 月初浒苔的分布面积达到最大，约 58 000 km^2，实际覆盖面积约 2 100 km^2，分别比 2008 年增加 132% 和 223%。绿潮没有在青岛靠岸，而是漂流到半岛北部的威海和烟台附近海域，主要影响山东省南部近岸海域（图 16.9）。进入 8 月以后，黄海浒苔逐渐减少，至 8 月下旬，山东近岸海域浒苔消失。

此次黄海浒苔灾害爆发面积大，持续时间长，对渔业、水产养殖、海洋环境、景观和生态服务功能产生严重影响，山东省直接经济损失为 6.41 亿元。(2009 年中国海洋灾害公报)。7 月 14 日青岛市崂山区石老人海水浴场、雕塑园及麦岛等沿海区域滩涂出现零星浒苔，覆盖

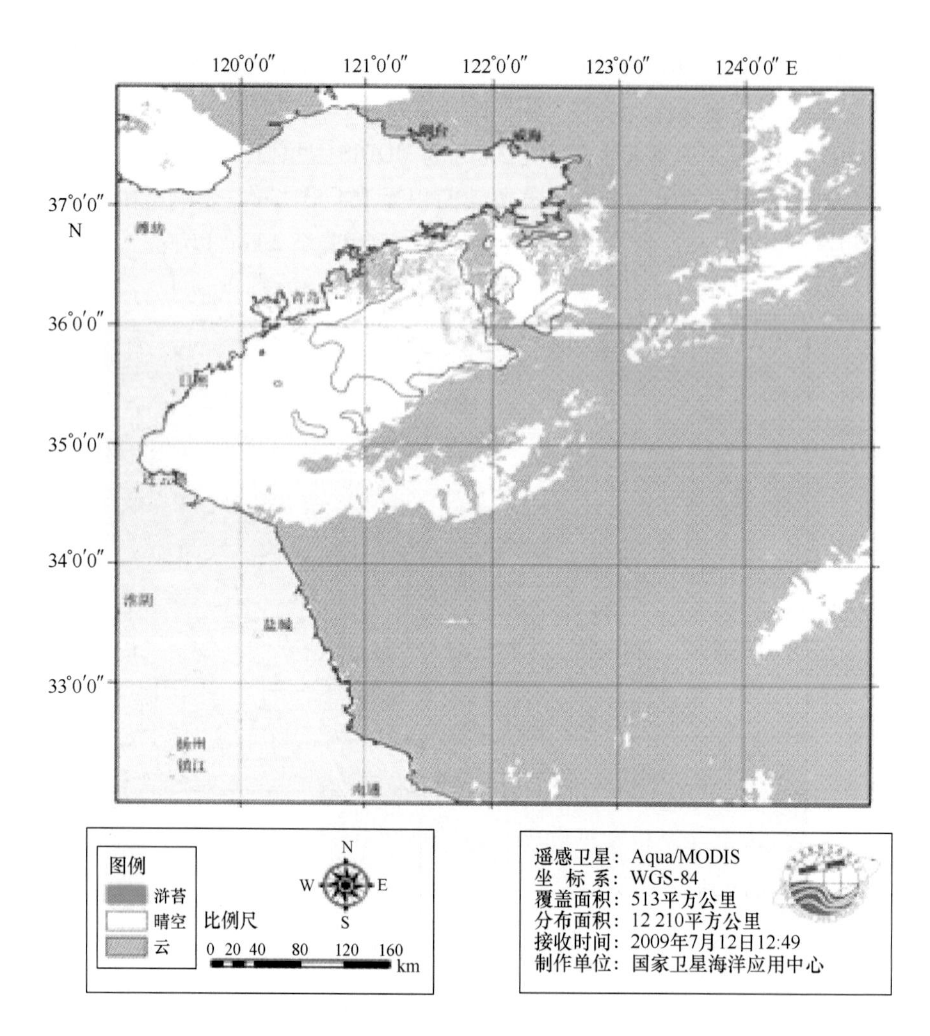

图 16.9　2009 年 7 月 12 日 12：49 分的 MODIS 卫星监测结果

面积约 2 000 m^2，已于当天清理完毕，共打捞浒苔约 16 t。7 月 14 日乳山市小青岛周边海域出现大面积浒苔，当天部队、边防官兵和沿海村民共打捞浒苔约 30 t。截至 15 日 12 时，这一海域浒苔较 14 日有所减少，部分向西漂移，岸边有不同程度堆积。乳山市的其他部分海域近岸有少量浒苔分布和不同程度聚集，15 日共打捞浒苔约 40 t。

2010 年，青岛海域又发生浒苔（图 16.10）。

16.2.3　绿潮发生的原因

在青岛近海形成大规模绿潮的浒苔，不是本地的定生种类。春季黄海海域最早在苏北浅滩发现飘浮浒苔，浒苔在向北漂移的过程中不断生长，最终发展成为大规模绿潮。浒苔绿潮的主要漂移途径是沿江苏、山东近岸由西南向东北漂移。漂移途径受到水动力学和气象条件制约。6、7 月份的风向和风力对浒苔漂移途径和最终堆积区域影响很大。

浒苔本来是底栖的藻类，为什么变为漂浮生活并大量繁殖是一个问题。2008 年 6 月 27 日的美国《时代周刊（Times）》称这是变异的海藻。但是分子生物学的证据表明与底栖的浒苔相比，并没有发生变异。科学家的研究焦点则是什么导致浒苔成为漂浮生活并找到来源。一般认为浒苔来自青岛南方海域，而不是本地生长的。漂浮的浒苔中有很多养殖紫菜的筏架，

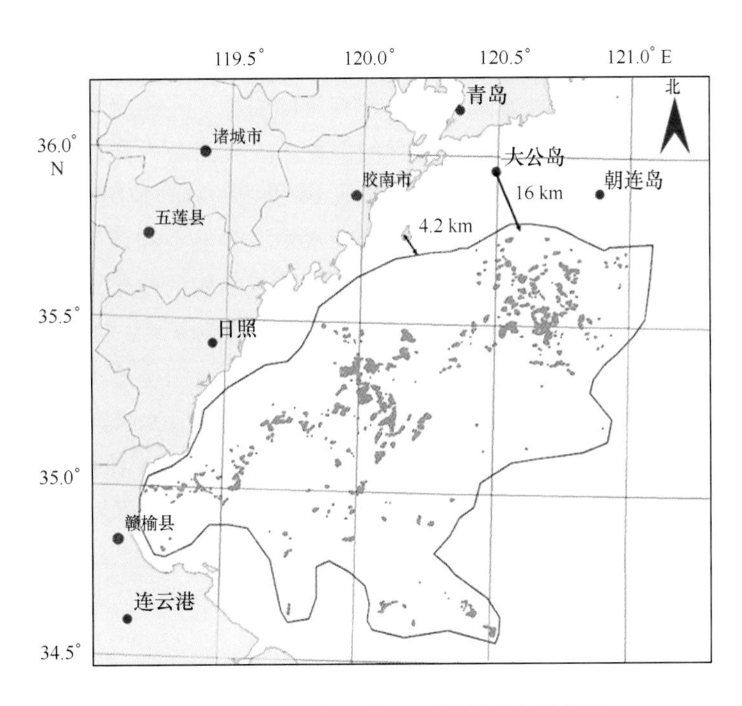

图 16.10 2010 年 6 月 22 日浒苔分布示意图

因此有人怀疑苏北浅滩的养殖紫菜筏式养殖区可能是浒苔的来源地。

浒苔在海面快速大量繁殖的条件是另一个重要的科学问题。浒苔在阳光照射和平静的海面生长良好，在阴天时和大风时会下沉。实验结果表明，下沉的浒苔能存活很长时间，天气好转时还会漂浮起来。浒苔的大量繁殖需要营养盐，有人据此认为这场危机是海区富营养化的结果。但是，也有人认为，漂浮的浒苔团块内的小环境中，营养盐是缺乏的，因此可能有固氮机制。

浒苔的生殖力非常强。浒苔在生长过程中，一些细胞会变大变圆，表面也逐渐变得不规则，只需几天，这些细胞便成为了配子囊，配子囊成熟后释放出雄雌配子（雌配子稍大）。配子顶端长着两根鞭毛，可以自由游动，有趋光性，会向水面聚集。当雌雄配子在阳光下合二为一后，就会变成一个球形细胞——合子。合子沉入水底，在礁石上固定下来，不消 10 天，就可以长成浒苔幼苗。有时候，雌雄配子并没有遇到自己的另一半，它们会在数小时后脱去鞭毛，沉入水底，同样可以分裂生长。有时候，有些没有释放出来的配子甚至会在母体上生长成新的浒苔。浒苔还有一种繁殖方式——克隆。成熟后浒苔会长出孢子囊，释放出孢子。孢子是它们母体的克隆。这些孢子看起来与配子很像，但有 4 根鞭毛。它们不喜欢光，在礁石上附着生长成新的浒苔。更强大的是，浒苔藻体断裂形成新的藻体，甚至任何一个从藻体上脱落的细胞，在合适的情况下都可以发育成新的藻体。灵活高效的繁殖策略，让浒苔在合适的条件下能以几何级数迅速生长。

16.3 外来物种入侵

人类对海洋的开发活动，如渔业捕捞、水产养殖、水生生物贸易、科学研究、开辟航道和船舶运输等，可能有意或无意引入该区域历史上并未出现过的新的物种。这些物种被称为外来物种，也称作引入种、迁入种。引种也称为生态入侵、生物污染。

海洋动植物的引种主要有两种方式：第一，有意的引种，是出自海水养殖的目的而引入经济价值高或性状优良的物种；第二，非故意的引种。人类对各大洋的海洋生物进行相互引入，起源于全球范围内的海洋开发和海外贸易。从14世纪的欧洲殖民探险开始，远洋船舶底部附着大量的污损生物，既包括藤壶、软体动物、水螅、多毛类和藻类，也包括移动性生物如蟹、虾和鱼。这些生物随船舶在世界各大洋游荡。随着船舶的吨位增大，数量增多，速度加快，使得更多的外来物种得以在压舱水中生存并转入到其他海域。自19世纪70年代以来，从海上运输的压舱水中，全世界都有新物种的侵入记录。如亚洲桡足类生物出现在美国太平洋沿岸；日本的肉球近方蟹（*Hemigrapsus sanguineus*）已在美国大西洋沿岸栖居；西北太平洋栉水母类侵入了黑海。加拿大、美国和澳大利亚的研究发现在大型货船的压舱水中有几百种活的浮游生物。最近发现，原产于中美洲的沙筛贝（*Mytilopsis sallei*），经印度、越南传入香港，再传入我国的厦门和东山，形成优势种，对当地的海洋生态系统造成影响。现代的交通工具和科学技术消除了生物地理区系边界不可跨越的自然障碍，使外来物种大批量地侵入和扩散。

中国海洋和海岸、滩涂有141种外来物种，这些种隶属于原核生物界、原生生物界、植物界和动物界4个界12个门。这些引种通过船底、外轮压舱水的携带，以及人为引进途径等进入中国海区。有些外来物种在中国养殖业中已产生巨大效益，如海带、海湾扇贝、凡纳滨对虾和罗非鱼等。有些外来物种的利弊还有待于评估，而有些外来物种是有害的入侵物种。

我国对海洋生物入侵的研究也很重视。在青岛海洋科学数据共享平台建设专项“中国外来海洋生物物种基础信息数据库”和科技部社会公益基金专项“外来海洋物种入侵影响及其风险评估和应用”（2004 DIB3 J085）资助下，青岛市科技局、国家海洋局第一海洋研究所、国家海洋局海洋生物活性物质重点实验室共同建立“中国外来海洋生物物种基础信息数据库”网站，于2007年5月建成。

16.3.1 米草

16.3.1.1 米草入侵的分布

我国从1963年开始了沿海引种大米草的研究工作。20世纪60年代，我国从英国引进大米草，在江浙海滩试种成功。经过人工种植和自然繁殖扩散，目前，我国已成为世界上大米草分布最广的国家之一。在我国北起辽宁锦西，南至广西合浦的100多个县市的沿海滩涂，以及黄河三角洲、渤海湾等处，大米草大量繁殖蔓延（图16.11）。

大米草为我国沿海地区抗风护堤、促淤造陆确实起过积极作用，并产生了一定的生态、经济效益。但是近几年来，大米草在一些地区疯狂蔓延，覆盖面积越来越大，已到了难以控制的地步。大米草的疯狂生长，导致贝类、蟹类、藻类、鱼类等多种生物窒息死亡，并与海带、紫菜等争夺养分；堵塞航道，影响海水的交换能力，导致水质下降；与沿海滩涂的本地植物竞争，致使大片树林消亡。2005年，大米草被国家环保总局宣布为16种入侵中国的外来物种之一。

2008年，国家海洋局进行了全国滨海湿地外来生物互花米草分布现状调查。外来生物互

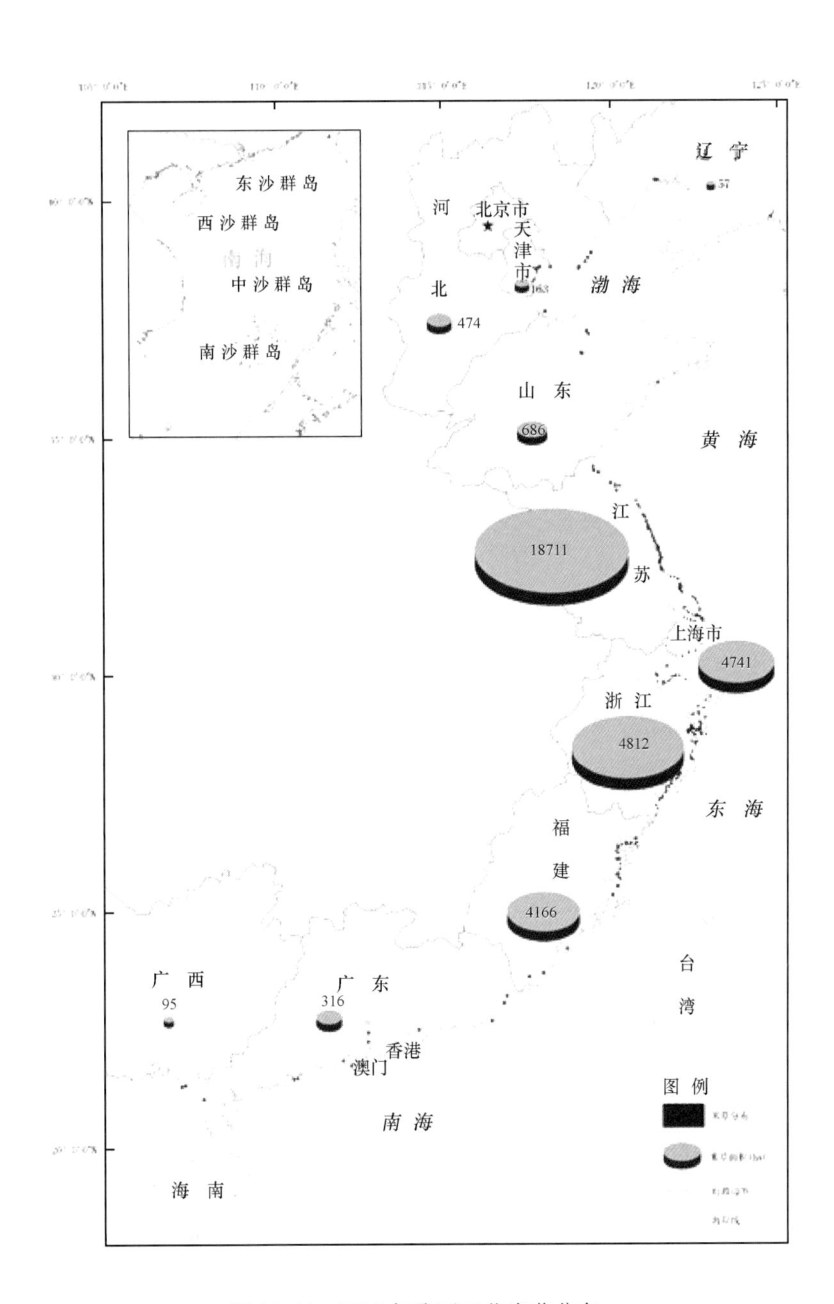

图 16.11 2008 年我国互花米草分布

花米草在我国滨海湿地的分布面积达 34 451 hm^2。分布范围北起辽宁、南达广西，覆盖了除海南岛、台湾岛之外的全部沿海省份。江苏、浙江、上海和福建四省市的互花米草面积占全国互花米草总分布面积的94%，为我国互花米草分布最集中的地区。其中江苏省分布范围最广，面积最大，达 18 711 hm^2，其次为浙江、上海和福建三省，分别达 4 812 hm^2、4 741 hm^2 和 4 166 hm^2。

青岛引种大米草是在 1971 年，首先在城阳河套潮海村南引种栽培，面积 1 000 亩。2005 年，在黄岛区红石崖、大沽河入海口等地，发现至少有 500 亩的大米草，涨潮后大米草被海水覆盖。

黄河三角洲地区于 1985 年、1987 年分别引进大米草，先后在小清河河口、无棣岔尖套儿河河口两侧种植。小清河河口于1985年引种大米草，引种面积500~600 m^2，2005年分布面积达42.77 hm^2，呈9大斑块状分布。岔尖套儿河河口两侧于1987年引种大米草，引种面积5~6 m^2，2005年分布面积0.24 hm^2，呈零星、稀疏分布，植株高0.17 m。东营市仙河镇五号桩滩涂于1980年引种大米草，引种面积1 200~1 300 m^2，1990年又引进互花米草。2005年米草分布面积571.59 hm^2，其中互花米草面积达570.17 hm^2，整片、稠密分布，植株高1.64 m。

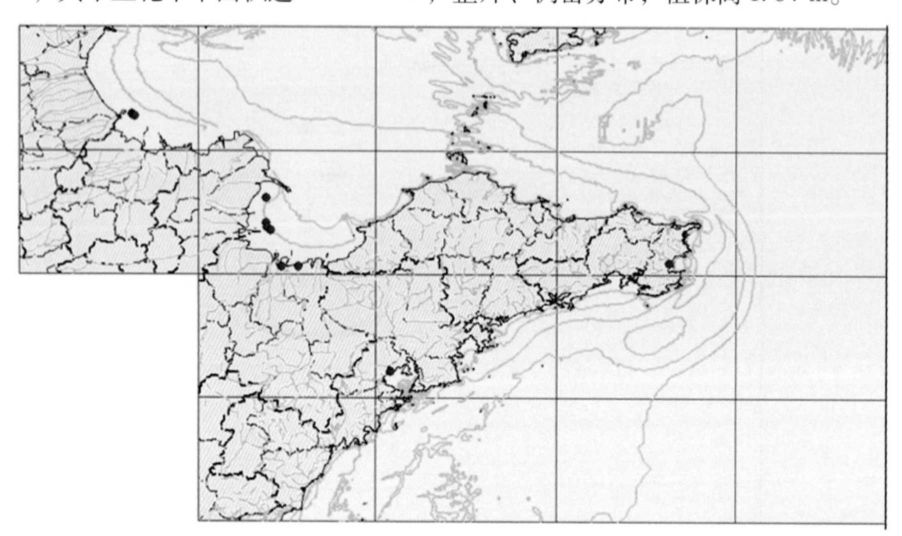

图16.12　米草在山东沿海的分布（关道明，2009）

山东省的米草属植物为大米草和互花米草。根据遥感数据，米草的分布（图16.12）为：小清河河口、白浪河河口、东营市市仙河镇、海阳市辛安镇、胶南市大场镇。其中，小清河河口为大米草（图16.13）、互花米草和芦苇的混生群落，芦苇分布于河道近岸处，米草和互花米草位于芦苇前方距河道中央较近处。白浪河河口的大米草植株矮化严重（图16.13）。胶南市大场镇为大米草和互花米草混生群落。仙河镇的互花米草呈条形分布，长约2 000 m，宽100 m（关道明，2009）。

滨州市、潍坊市、烟台市、荣成市、青岛市也发现小片、零星的大米草。

16.3.1.2　米草入侵的原因

大米草是人为主动引进物种，我国从1963年开始了沿海引种大米草的研究工作。截至20世纪末，大米草种植面积已达到50万亩（尤其是江苏、上海、浙江以及福建沿海地区）；但由于其繁殖蔓延速度很快，逐渐被视为害草。

16.3.2　棕囊藻

入侵物种中海洋微小型藻类的代表是球形棕囊藻。棕囊藻有毒，系金藻门，定鞭藻类（图16.14），1997年在我国海域首次记录有球形棕囊藻，而如今球形棕囊藻在渤海至南海海域均有分布。山东的棕囊藻情况见赤潮部分。

a　　b

c　　d

图16.13 米草照片（关道明，2009）

a：小清河米草片分布；b：小清河米草分布在芦苇前方；c：白浪河河口矮化大米草；d：海阳市连片大米草

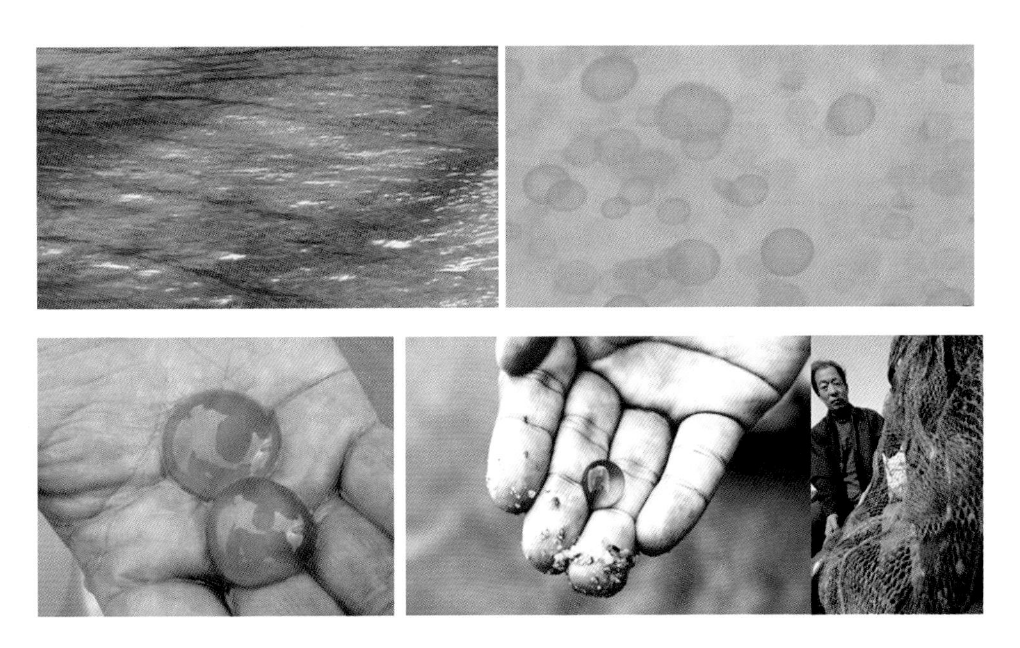

图16.14 棕囊藻赤潮和被棕囊藻粘连在一起的渔网（右下）

16.4 其他生态灾害概述

16.4.1 海星暴发

16.4.1.1 海星概述

海星是棘皮动物门的一纲，是海滨最常见的棘皮动物，下分海燕和海盘车两科，不过人们都俗称其为海星或“星鱼”。海星体扁平，多呈星形。海星类多数中等大小，腕端相距10～20 cm。最小的种类两腕端相距1 cm，最大的种类两腕端相距可达50～60 cm。海星的体型大小不一，小到2.5 cm、大到90 cm。体色也不尽相同，几乎每只都有差别，最多的颜色有橘黄色、红色、紫色、黄色和青色等。

海星主要分布于浅海底沙地或礁石上，我们对它并不陌生。然而，我们对它的生态却了解甚少。海星看上去不像是动物，而且从其外观和缓慢的动作来看，很难想象出，海星竟是一种贪婪的食肉动物，海星的主要捕食对象是一些行动较迟缓的海洋动物，如贝类、海胆、螃蟹和海葵等，还会吃珊瑚。

16.4.1.2 海星暴发的分布

2006年和2007年，在青岛周边近海出现了海星暴发的事件。海星于3月中旬开始出现，7月左右最为严重。胶州湾海域周围红岛、胶州、即墨、黄岛等地均不同程度出现海星泛滥的情况，但主要集中在崂山、胶州湾、唐岛湾和胶南海域。它们疯狂地摄食鲍鱼、菲律宾蛤仔、扇贝等养殖经济贝类，一个海星1天能吃掉十几只扇贝，食量惊人，给贝类养殖业造成巨大的经济损失。仅2006年胶南地区因海星灾害导致鲍鱼养殖损失超过4×10^7元；2007年仅青岛海风水产养殖公司的杂色蛤养殖因海星吞食而损失超过3×10^7元。据初步统计，自2007年3月份开始，在胶州湾养殖的16×10^4亩菲律宾蛤仔已有60%遭到海星侵害，受灾率达70%～80%，部分海区高达90%，一条60马力渔船在胶州湾养殖区一天可捕获海星800～1 000 kg，养殖渔民损失惨重。

16.4.1.3 海星暴发的原因

这次多棘海盘车暴发的原因尚没有定论（图16.15），初步分析原因有两方面：第一，多棘海盘车没有天敌，当条件适宜造成大量繁殖时，没有控制其种群的生物；第二，可能与2005—2006年期间青岛沿海蓝蛤大规模繁殖有关。2005—2006年期间，青岛沿海大规模发生光滑蓝蛤，该种属小型贝类（最大壳长为11 mm），壳质较薄，广泛分布于全国沿海，数量大，俗称海砂子，是对虾养殖的优质鲜活饵料。而蓝蛤壳薄肉多，双壳不等，有利于海星幼体摄食。青岛沿海2005—2006年期间蓝蛤大量繁殖，2007—2008年逐渐趋于正常。蓝蛤在青岛沿海繁殖的季节在4月份，基本上与海星相似。因此，多棘海盘车的暴发可能是由于蓝蛤为其提供了丰富饵料的缘故。

海星暴发不是我国独有的事件。东京湾也曾暴发多棘海盘车灾害，导致养殖贝类的巨大损失（4亿日元）；多棘海盘车作为澳大利亚的外来入侵物种，曾给澳大利亚近海生物多样性带来威胁。

图16.15　多棘海盘车（方建光）

16.4.2　水母暴发

16.4.2.1　水母概述

海月水母（*Aurelia aurita*）属于腔肠动物门、钵水母纲、旗口水母目，而我们常见的海蜇和沙海蜇（即报道所说绵蛰和沙蛰）属于根口水母目。外观特征非常明显——伞部均有4个圆圈，分布着生殖线、胃等消化系统。

海月水母是世界性的广布种，数量极大，体型略小于海蜇。该种能在近岸和很多外洋性的环境中生存，对人类的影响主要是负面的。它能在近岸的半咸水中生活，可以耐受盐度极低的环境。最适的温度范围在9～19°C之间，但在某些情况下可以耐受30°C的高温和接近冰点的冷水。

海月水母是肉食性，主要以浮游生物为食。食物种类包括软体动物、甲壳动物和背囊类等的幼体，以及轮虫、多毛类、鱼卵等体型较小的生物。偶尔也会摄食其他水母的成体或幼体。它的捕食者包括翻车鱼、海龟、其他大型水母，甚至某些海鸟。

16.4.2.2　水母暴发的分布

2007年9月7日上午，山东省烟台市港务局41号码头周围大规模暴发海月水母，两三百米的海面上白茫茫一片。水母在水中缓慢游动，场面极其壮观。水母约有盘子大小，直径均在20 cm。这种奇特的现象是从上午8点钟以后开始出现的，上午10时许，是水母数量最多的时候。据山东省海洋水产研究所资源与生态研究中心的副主任魏振华介绍，在烟台港附近海域上，像这样大规模的水母暴发实属罕见（图16.16）。

2009年7月6—8日，胶州湾畔的华电青岛发电有限公司海水泵房取水口涌进了大量的海月水母，严重堵塞海水循泵的过滤网（图16.17）。

16.4.2.3　水母暴发的原因

海月水母成体生存一般只有几个月的时间，春季和夏季达到性成熟后，形成的幼体附着在海底度过冬季。海月水母为雌雄异体，生殖时形成的合子附着在口腕上，发育成生有多纤

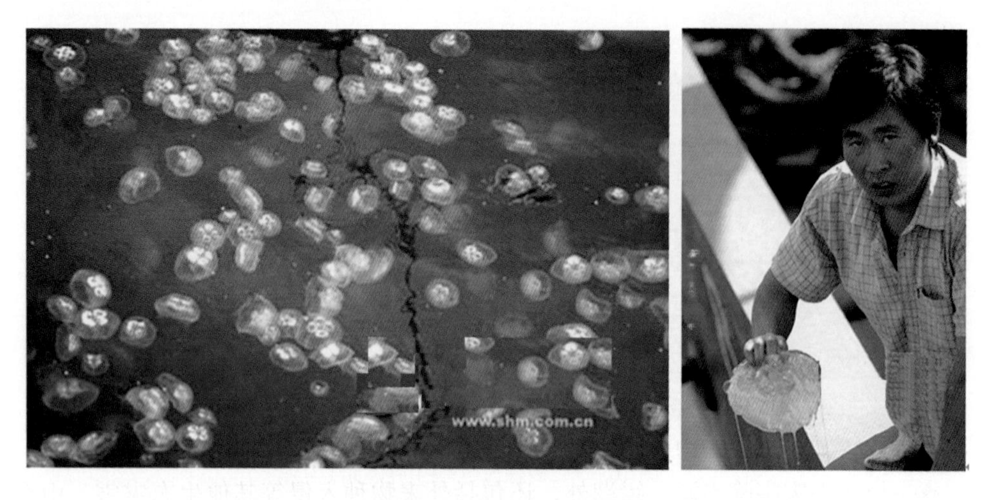

图 16.16　烟台水母暴发

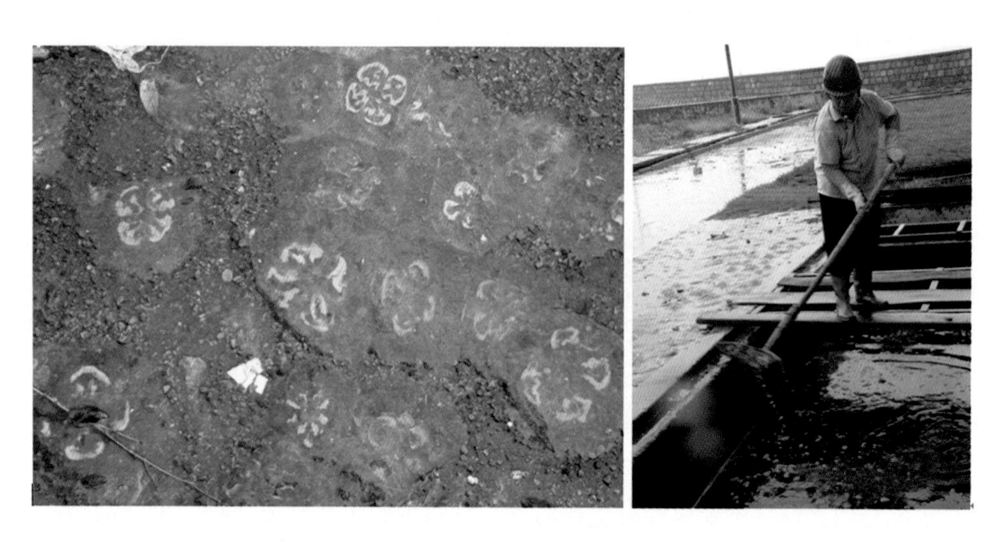

图 16.17　青岛发电厂水母暴发

（左图：从海水捞出的水母堆在地上；右图：电厂工作人员从进水水渠中捞水母。图片来源：张光涛）

毛的浮浪幼虫。经过一段时间的浮游，纤毛脱落下沉，附着在海底的物体上，成为有口和触手的水螅型幼体或钵口幼体，以后用横裂生殖产生碟状幼体，每个碟状幼体，经过翻转，最后发育长成自由生活的海月水母。

这种水母在日本海域分布的数量比较多，而在渤海海域，尤其是烟台港附近分布数量较少，但近几年，海月水母在这些地方的数量多了起来，呈上升趋势。海月水母在山东沿岸水域一直就有分布，数量年际变化较大。

那么，为什么近年会有这么大规模的暴发呢？一般来讲，气候变化、水体富营养化导致食物较为充沛固然是重要因素。最主要的还是沿岸，或者近海，一些人工的建筑或者筏架为它的幼体提供了栖息场所，同时缓冲了潮流的冲刷作用，使得大量的幼体能够安全度过寒冷的冬季才是最直接的原因。

2009 年 7 月 9 日在电厂取水口附近水域的调查，现场海水温度已经升高到 21℃以上，略高于海月水母的理论最适温度上限。其他环境指标和生物组成没发现异常。

16.5 小结

从20世纪50年代至今，山东沿海海域共有75次赤潮记录；在进入20世纪90年代以后，赤潮发生有增加的趋势，每年都有1~10次不等的赤潮记录；胶州湾和青岛近海、莱州湾和黄河口海域，以及烟台—威海沿岸等为山东省赤潮高发域；赤潮暴发的原因比较复杂，主要与海水富营养化、水文气象和海水理化因子、海水养殖的自身污染等环境因素有关。

2007—2009年，连续三年在黄海北部海域发生了由绿藻纲石莼目浒苔属的浒苔（*Enteromorpha prolifera*）引起的大规模绿潮，其中2008年最为严重。绿潮集中分布在黄海北部海域，其爆发原因与其较强的繁殖能力有关。

山东省主要生态灾害除赤潮、绿潮外，还包括外来物种入侵等其他生态灾害。山东省主要的入侵外来种有米草、棕囊藻等；其他的生态灾害有海星暴发、水母暴发；生态灾害的研究是今后工作的重点和难点。

第 5 篇　海洋可持续发展

17　自然环境和资源综合评价

山东省近海不但具有良好的气候，优越的自然环境和丰富的资源，而且还是人们对外贸易交流的基地，对人类社会及经济发展具有特别重要的作用。由于各海域环境要素的特点和资源状况各异，决定了它们不同的发展方向和前景。实事求是的正确分析、评价山东海岸带的优势与不利因素，对确定其开发利用方向、制定合理的开发利用方案，具有非常重要的意义。

总的来看，山东近海的突出特点是自然环境优越，资源十分丰富，为海运、水产、采矿、旅游和农牧等产业的发展创造了良好的条件。但也应看到，还有若干不利因素会为山东海岸带的开发利用带来一定的困难，应引起足够的重视。

17.1　区位优势

17.1.1　优越的地理位置及交通条件

一个地区的地理位置往往能够决定它在整个社会政治、经济发展中的地位与前途。山东半岛濒临黄海与渤海，北邻冀辽，南接江浙，东与朝鲜半岛隔海相望，是我国南北海上交通的必经之路；通过黄海和东海还可沟通太平洋沿岸以至欧美各国，地理位置十分优越。

山东近海北起莱州虎头崖南至绣针河河口岸段，均属基岩港湾海岸，其岸线曲折，深水临岸，多优良的天然深水港湾。因而，在海港开发方面山东海岸具有突出的优势。

山东海运港口分布较为合理，沿海地市几乎都建有中大型港口，如青岛、日照、烟台、威海，而东营、潍坊因受自然条件限制也相应以龙口港为中转成为海上门户，这些港口都在经济建设中发挥着重要的作用。目前基本形成了以青岛、烟台、日照三大港口为主枢纽港，龙口、威海、岚山为区域性重要港口，蓬莱、东营、长岛等中小港口为补充，多层次共同发展的港口格局。全省对外开放港口19处，其中一类开放港口14处，与世界上100多个国家和地区的220多个港口通航。

山东省港口规模大，设施完善，是我国中东部地区重要的海上门户。截至2007年底，山东省沿海港口吞吐量达到5.6×10^{8} t，其中集装箱吞吐量达1 130 $\times10^{4}$ TEU。青岛港吞吐量完成2.6×10^{8} t，日照港吞吐量完成1.3×10^{8} t，烟台港吞吐量突破1×10^{8} t，该省成为全国唯一拥有3个亿吨海港的省份。2005—2007年全省沿海港口建设累计完成投资200×10^{8}元，开工建设港口项目104个，目前已完成35个。全省有万吨级以上泊位146个，总吞吐能力达到3.28×10^{8} t，初步形成了以青岛港、日照港和烟台港为主枢纽港，龙口港、威海港为地区性重要港口，潍坊、蓬莱、莱州等中小港口为补充的现代化港口群。

山东海运同样发达，有多条航线，与世界多个国家地区通航。山东省已建成机场9个，和全国主要城市均有航班来往。其中青岛为国际机场，烟台机场为国际航空货运口岸。从山东可直航日本、韩国、新加坡、香港等地。

山东省铁路已形成比较完备的网络，京沪、京九铁路纵贯南北，胶济、兖石铁路横跨东西，共有干支线25条。通过京九铁路，山东与香港直通列车。兖石铁路最东端的港口城市日照，被国家批准为新亚欧大陆桥东方桥头堡之一。

境内铁路纵横，有京沪、京九、胶济等主要干支线25条。公路四通八达，截止2009年底，山东省高速公路总里程已达4 333 km，名列全国前茅。

山东公路以通车里程长、路面等级高闻名全国，通车里程、公路密度均居全国前列。山东省现有公路超过5×10^4 km，其中，国道4 395 km，省道12 781 km，县道17 378 km，乡道19 786 km。公路密度为每百平方千米36.5 km，有国道14条。

山东半岛三面临海，东望日、韩，地理位置优越，处在环渤海经济圈的南翼，发达的基础设施以及便利的交通条件为山东省提供了良好的旅游客源市场。半岛地区海陆空交通基础设施建设走在了全国的前列，青岛、烟台、威海以及济南机场形成了山东半岛的空中交通门户，可以直接通达国内各主要城市及周边国家；京沪铁路、京九铁路、京沪高铁、京杭大运河、京福高速、同三高速、青银高速、荣乌高速贯穿全境，构建了连通长三角地区和京津冀地区的陆路交通网络，为山东滨海旅游发展奠定了便利的交通条件。

17.1.2 良好的气候条件

山东近海受海洋的影响，气候条件一般均较同纬度相邻地区为好。它不但对农牧业生产产生深刻的影响，还对海水养殖业的发展起着重要的作用。黄河三角洲西部，烟台—威海岸段和半岛南岸的南部岸段为省内的3个气温高值区。半岛东部一般能满足农作物两年三熟的需要；半岛西部、鲁北及胶州湾与其以南沿海均能满足一年两熟（或套作）的要求，具有发展农业的良好气候条件。沿岸水域5—10月间能保持较高的水温，大部分区域这段时间内水温都超过18℃，适宜于多种鱼、虾、贝、藻的繁殖和生长，特别是有利于快速生长的虾与贝类的养殖生产。

滨州地区及潍北平原沿海，全年日照时数均在2 640 h以上，年蒸发量达1 750～2 430 mm，特别是埕口达2 430 mm，是全国最高的地区之一，这些地区滩涂广阔，地下卤水丰富，年降水量均小于660 mm，还有丰富的风能资源，为制盐提供了得天独厚的气候条件。

山东半岛沿海地带夏日气温较内陆低1～3℃，东部沿海高温日数少，掖县以东的黄海与渤海岸段，高温期比内陆地区晚开始26～41 d，持续期少25～36 d。年平均最高气温胶东半岛沿岸为14～16℃，夏无酷暑，极端最高气温34～38℃，具有良好的避暑气候条件。目前，除青岛、烟台、威海等海滨城市已成为避暑胜地以外，可供开辟的适宜地点仍然很多，半岛东端的荣成、成山角等地，气候条件尤佳。

17.2 生态环境质量[①]

山东省近海海域环境质量总体尚好，以清洁、较清洁海域为主，未达到较清洁海域面积较上年有所减少，增养殖区环境质量略好于上年，海洋保护区建设发展较快，排污口污染物

① 本节内容部分引自《2010山东省海洋环境质量公报》。

入海量减少，部分排污口邻近海域、莱州湾生态环境略有好转。但是海洋环境形势依然较为严峻，85.9%的入海排污口超标排放污染物，赤潮发生次数较多，莱州湾滨海地区海水入侵和盐渍化加重。

17.2.1 近海生态环境质量

17.2.1.1 海水环境质量

由《2010山东省海洋环境质量公报》知，2010年全省近岸海域90.5%的监测站位海水质量达到功能区要求，其中未达到第一类海水水质标准海域约9 462 km²，较上年有所减小。劣于第四类海水水质标准海域约554 km²。主要分布在莱州湾西南部。其分布见图17.1。主要污染物依然是无机氮、活性磷酸盐和石油类。

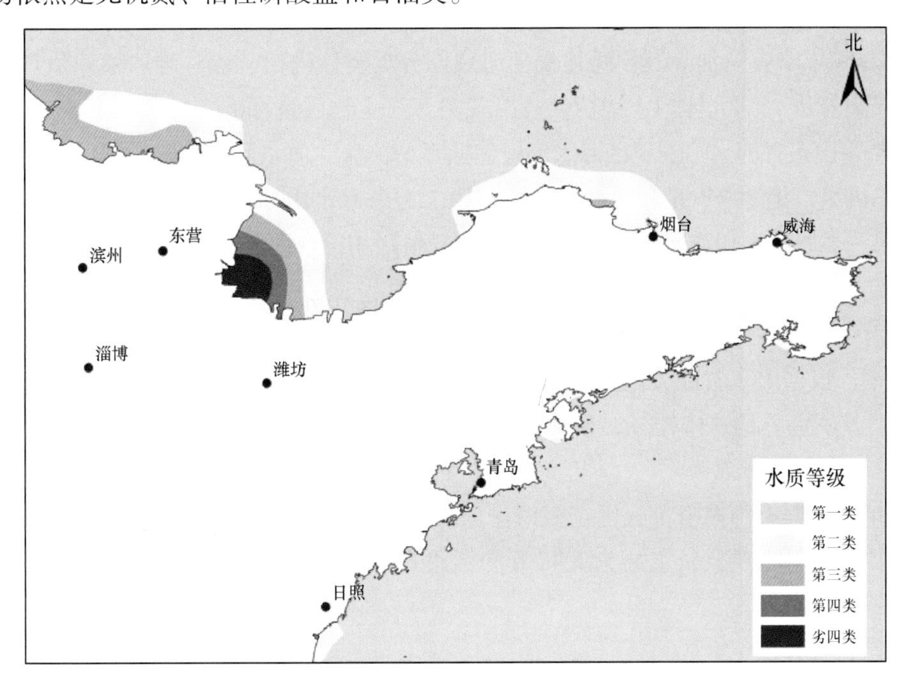

图17.1 2010年全省近岸海域水质等级分布示意图

从2005年到2009年海水质量有所改善。2005—2009年我省近岸海域以清洁和较清洁海域为主，未达清洁海域水质总体有下降的趋势，仅在2006年以后有所波动（图17.2）。

17.2.1.2 沉积物质量

2010年山东近岸海域沉积物质量状况总体良好，综合潜在生态风险较低，但局部受到污染，如烟台局部海域镉含量超过第一类海洋沉积物质量标准；潍坊局部海域沉积物铅含量超过第一类海洋沉积物质量标准；青岛局部海域铜、石油类含量超过第一类海洋沉积物质量标准。

17.2.1.3 海洋生物质量

2010年，山东省近岸海域紫贻贝、文蛤、扇贝、菲律宾蛤仔、牡蛎等贝类体内污染物残

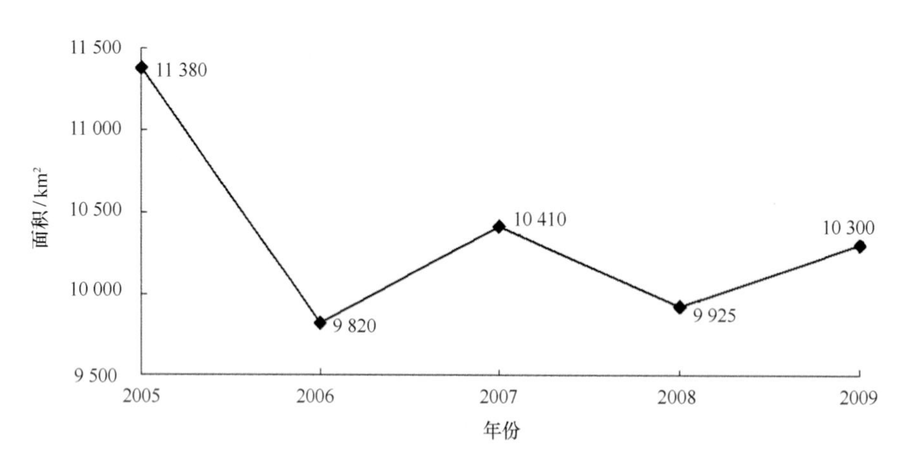

图 17.2　2005—2009 年山东省近岸海域未达到清洁水质标准海域面积变化

留水平较 2009 年略有增加。其中潍坊局部海域部分贝类体内铅、镉、砷、汞残留量超第一类海洋生物质量标准，部分体内汞残留量超第三类海洋生物质量标准。

2010 年，山东省海水增养殖区海水环境达标率 69.4%，海水质量较 2009 年有所提高。部分增养殖区无机氮、化学需氧量和活性磷酸盐超第二类海水水质标准；沉积物除个别增养殖区中铅、铜超第一类海洋沉积物质量标准外，其他增养殖区均符合第一类海洋沉积物质量标准。

17.2.1.4　海洋生态环境质量

2010 年，根据山东省部分国家级滨海旅游度假区的环境质量监测结果显示，各监测旅游度假区各生态环境质量总体较好，平均指数都在 3.0 以上，影响休闲活动的主要因素包括海蜇、海草、水温等。

2010 年，根据对山东省部分国家级海洋保护区进行监测的结果显示，各监测保护区都存在超一类水质标准的现象，主要为无机氮和活性磷酸盐超标，但对保护区的保护对象影响不大。

17.2.2　生态环境质量问题

山东近岸海域局部污染和面临的污染压力形势不容乐观。山东近岸污染区域主要分布在渤海湾南部、莱州湾和胶州湾局部海域、黄河河口海域和丁字河河口附近海域，主要污染物有无机氮、磷酸盐、石油类以及重金属。其中，无机氮和磷酸盐是主要营养盐，对近岸海域水体富营养化起主要作用，而无机氮和磷酸盐超过一类海水标准在近岸海域十分普遍，局部甚至超过三类海水标准。随着油气业和港口运输业的发展，石油类也成为主要的污染物，尤其在渤海近岸海域。山东近岸海域的重金属污染物主要是铅，近几年多数海域的铅都处于超标状态。另外，汞、镉虽然不是主要的超标重金属，但近几年在底栖生物中的检出率和超标率均较高。

17.2.2.1　近岸排污

从污染区域看，山东濒临的两大海区中，黄海近岸海域海水质量优于渤海。污染海域主要分布在渤海湾南部、莱州湾和胶州湾局部海域的海湾区，黄河、小清河、漳卫新河等河流入海区以及临海港口、企业排污入海口周围海域。其中莱州湾沿岸港口、工厂林立，入海河流众多，是污染的重灾户，局部海域已呈现“荒漠化”。

图17.3给出了2005—2009年山东省近岸海域排污口超标率变化趋势，山东省近岸海域排污口超标率虽然总体有下降的趋势，尤其在2008年超标率达到最低为80%，但是绝大部分陆源入海排污口污水超标排海，其邻近海域环境污染较重。

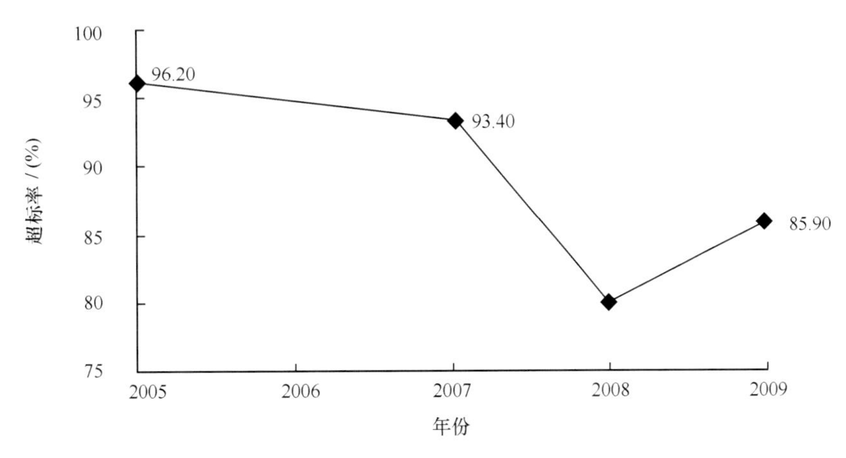

图17.3　2005—2009年山东省近岸海域排污口超标率变化趋势

17.2.2.2　近海海洋灾害

1）赤潮

2010年全省共发生赤潮3起，比2009年减少2起；累计最大成灾面积12.5 km^2；赤潮生物为赤潮异湾藻、海洋卡盾藻、尖刺伪菱形藻和中肋骨藻4种。由于处置及时，措施得力，赤潮灾害未对我省海洋生态和渔业生产造成严重损失。

由图17.4看出，以赤潮的发生次数来算，2006年以来，赤潮发生次数呈缓慢增加的趋势。由图17.5看出，以赤潮的影响面积来算，2005—2009年，每年赤潮影响的面积并不因发生次数的多少而增大或减小，每次影响的面积有大有小，未出现面积减小的趋势。

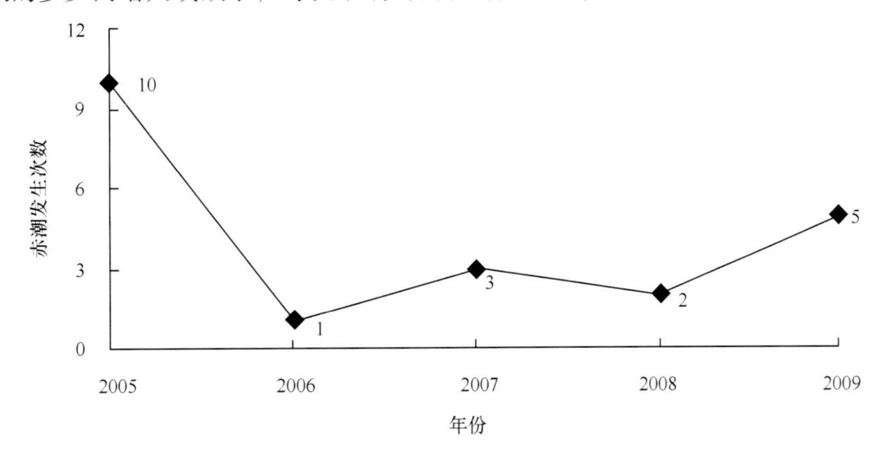

图17.4　2005—2009年赤潮（或浒苔）发生次数

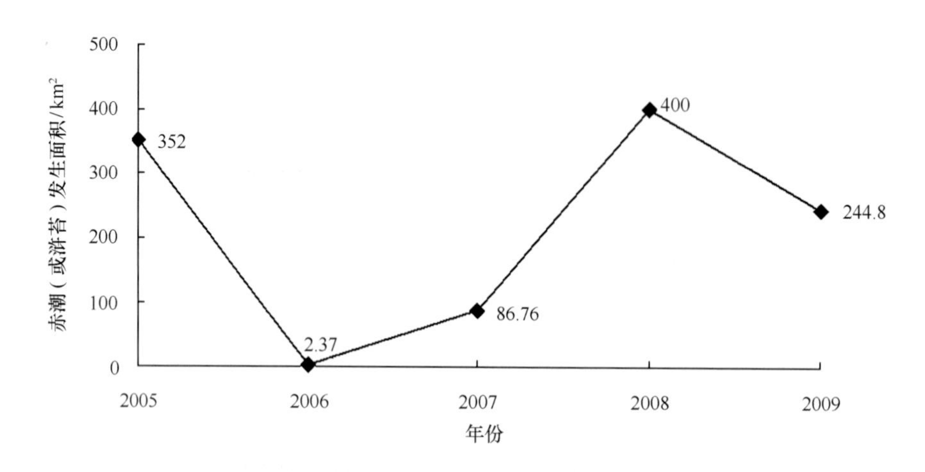

图 17.5　2005—2009 年赤潮（或浒苔）发生面积

2）海水入侵和土壤盐渍化

与 2009 年相比，烟台莱州、潍坊滨海经济技术开发区等监测海域海水入侵距离有所增加，滨州、潍坊寒亭和昌邑的入侵距离呈稳定和下降趋势。土壤盐渍化增加的区域主要分布在滨州沾化和莱州海庙监测区域，其他监测区域呈基本稳定或下降的趋势（表 17.1）。

表 17.1　2010 年沿岸海水入侵和土壤盐渍化范围及变化趋势

监测断面位置	海水入侵		土壤盐渍化	
	入侵距离/km	与 2009 年比较	距岸距离/km	与 2009 年比较
滨州无棣县	13.40	⇔	13.40	⇔
滨州沾化县	29.32	⇔	24.32	↗
潍坊寿光市	32.10	⇔	32.10	⇔
潍坊滨海经济开发区	27.33	↗	28.10	⇔
潍坊寒亭区央子镇	39.99	⇔	30.10	⇔
潍坊昌邑柳疃	17.87	⇔	17.87	⇔
潍坊昌邑卜庄镇西峰村	23.58	⇔	23.87	⇔
烟台莱州海庙村	4.95	↗	4.95	↗
烟台莱州朱旺村	3.68	↗	0.27	↘
即墨鳌山湾潮间带	0.49	/	1.06	/

图例说明：　↗——升高，↘——降低，⇔——基本稳定，/——无监测项目

17.3　开发潜力

随着社会经济的发展，特别是人口数量的迅速增加，对土地的要求越来越高。山东省内海有 89.20% 的海域处于未开发利用状态，因此开发利用潜力是巨大的。

17.3.1 潜力巨大的近海海域

山东省未开发利用海域面积为31 663.97 km^2，占内海面积的89.19%；在沿海地市中，威海、潍坊、烟台、东营、滨州的用海面积较大，潍坊、滨州的海域开发利用程度较高。从已经开发利用的海域水深分布来看，潮间带海域和0～－5m海域开发利用率最高，分别为17.88%和19.70%；－5～－10 m海域开发利用率为10.01%，位居第二；－10～－20 m海域开发利用率为6.76%，列第三；－20 m以深海域开发利用率很低。

根据《2010年全国海洋年鉴》统计，山东省养殖海洋面积占海域总面积的2.8%；相比于同为长江以北沿海省份的辽宁省、江苏省的4.2%、4.6%的比例，可见山东省海域使用面积潜力巨大。

山东省渔业用海主要集中在水深小于30 m的区域，渔业用海因为养殖成本及生产技术条件的限制，分布面积较小。

山东省交通运输用海面积为30.569 km^2，以0～5 m分布面积最广，占10.929 km^2，潮间带、5～20 m水深也广泛分布。在水深小于30 m的区域，无交通运输确权用海项目。交通运输用海的产业布局跟区位优势和经济条件是分不开的，同时也依赖于海域的自然条件。港口工程用海以及相配套的港池用海、航道用海和锚地用海需要特定的水深条件、地质条件支持。山东省近岸深水岸线资源较丰富，因此大面积的深水海域利用还有待于进一步的开发。

根据《山东省海洋功能区划》划定的功能区面积，山东省渔业用海面积为16 521.94 km^2，交通运输用海为722.57 km^2、工矿用海面积为5 898.48 km^2。截止2007年底，山东省海域在开发利用程度方面，渔业用海所占比例最高，为15.54%，交通运输用海为9.31%。但3种用海类型的开发利用程度值均不高，说明山东省海域的开发利用程度较适宜，纵观各种资源丰度，仍有开发利用潜力。

17.3.2 潜力巨大的海岸线

根据《我国近海海洋综合调查与评价专项海域使用现状调查技术规程》海岸线利用状况主要包括渔业岸线、交通运输岸线、工矿岸线、旅游娱乐岸线、海底工程岸线、排污倾倒岸线、围海造地岸线、特殊岸线及其他岸线利用。岸线利用长度分别为916.914 km、223.7 km、73.4 km、147.2 km、0.15 km、0.94 km、11.3 km、200.43 km和0.46 km，山东省岸线利用总长度为1 584.544 km，占山东省岸线总长度（3 345 km）的47.37%。其中渔业岸线最长，岸线占用率为27.411%；交通运输岸线和特殊岸线分列第二、第三位，岸线占用率分别为6.988%和5.922%。

各类岸线中，发展潜力较大的是旅游娱乐岸线。海洋旅游业或滨海旅游业不但具有可观经济效益，是任何一个沿海发达国家都十分重视的“无烟工业”，其发展程度可作为人文经济可持续发展的重要指标之一。山东海岸线自然风光秀丽，自然景观及旅游资源极为丰富。

17.4 若干不利因素

山东省近海自然环境和资源的优势很多，但也有显著的弱点，构成劣势使海岸带开发利用面临一定的困难。对此认识不足、或处理不当，都将影响海岸带的充分与合理开发利用。因此需要提出讨论，以便认真对待，扬长避短，合理安排产业布局，促进山东省海岸带开发与社会经济协调发展。

17.4.1 海洋灾害频繁

山东沿海是我国海洋灾害较为严重的地区之一。山东沿岸海洋灾害类型多，在全国绝无仅有。而温带风暴潮、黄海入海泥沙减少、海岸侵蚀及海水入侵等海洋灾害或为山东独有，或在全国最严重。山东三千多千米的岸线及其近海，均有海洋灾害的发生。风暴潮等灾害可深入内地达30~40 km，这在全国是少见的。另外，海洋灾害导致的经济损失巨大，严重年份经济损失超过50亿元。例如，9216号台风的直接经济损失就达43亿元。

17.4.1.1 湿地退化

海岸湿地是生态环境条件变化最剧烈和生态系统最易受到破坏的地区。随着人口增加和经济高速发展，人类对湿地的干扰活动越来越大。我国对海岸湿地的利用历史悠久，但大规模全面开发还是在20世纪50年代以后，海岸湿地累计损失相当于现有海岸湿地总面积的50%。

山东滨海湿地也不例外。对于山东的滨海湿地，不同类型的湿地具有不同的退化表现，但基本都存在湿地面积减小、被人工湿地替代，营养结构不健康，物种数量减少，优势种退化等现象。湿地的退化与沿岸人类活动有密切关系，以盐业或养殖业为主的沿海区域，自然湿地多被人工湿地取代；工业或城镇沿海，湿地转变为陆地的数量巨大；在工业园区或河流入海口，由于污染物浓度过高，造成湿地富营养化；捕捞过度的潮间带或浅海区域，种群结构往往发生改变。

17.4.1.2 海岸侵蚀

山东省基岩和沙砾质海岸占2/3，主要分布在山东半岛的东部、东南部、东北岸，基岩海岸由于抗蚀能力较强，近期侵蚀并不明显；开敞性的海岸松散沉积物组成的海岸均遭受不同程度的侵蚀，约1 186 km，占总岸线的37.81%；粉沙淤泥质海岸约有62%处于侵蚀状态；砂质海岸约有85%处于侵蚀状态。

山东砂质海岸侵蚀严重。蓬莱西庄至西峰台海岸后退了20~30 m，侵蚀速率为3~5 m/a，原有5 000 m^2的沙滩已消失；林格庄北海滩后侵蚀陡坎后退了23 ~25 m，甚者可达36 m，侵蚀速率平均达3.8~5.8 m/a；烟台套子湾海岸，近20年蚀退460 m，平均速率2~3 m/a；昔日明显淤进的夹河口海岸亦严重侵蚀，潮滩上出露大片潟湖相黏土层，砂砾密布。

山东省日照市南郊奎山嘴至岚山头海岸是33 km长的沙质平直岸，即鲁南沙质海岸，为沙坝—潟湖堆积夷平岸，冰后期数千年，直至20世纪50—60年代一直处于缓慢淤长状态。该岸段20世纪70年代至今持续侵蚀，岸线蚀退率达1.1 m/a以上。海滩沙平均侵蚀量约2.08×10^5 m^3/a。陆源沙减少、人为前滨采沙和海平面上升三种因素是引起鲁南海岸侵蚀的主要影响因素，其贡献力度比约为4: 5: 1，即采挖海砂是鲁南海岸侵蚀的最主要因素。

17.4.1.3 风暴潮

山东省濒临黄海和渤海，不仅时常受夏季台风风暴潮的侵袭，而且频受主要发生在春、秋和冬季的温带风暴潮的侵害，使得该地区风暴潮灾害一年四季均可发生，是我国这两类风暴潮灾害都较严重的省份，是绝无仅有的。

从历史上看，山东沿岸风暴潮灾害发生频繁。据统计，自公元前48年（汉代）至1949年近2 000年里，山东沿岸有文字记载的风暴潮灾有96次，其中重灾有33次。史书上有关灾害文字记载早期很不完整（并不是各封建王朝都有重灾情实录），但只就清代和民国期间记载，我们发现在新中国成立前的300年里，山东沿岸风暴潮灾记有64次，即平均约4~5年1次，重灾约10~20年1次。例如，1668年、1787年、1845年和1939年均为百年一遇特大潮灾年。由于没有气象和潮位观测仪器，风暴潮的记载只能是定性的描述，完整定量的长序列风暴潮资料的获取是近半个多世纪以来的事。新中国成立至今的60年里，山东沿岸发生严重及以上等级的风暴潮灾共有12次。

另外，山东近海还有赤潮、绿潮、海水入侵等种类多样的灾害类型，这都是本区域开发的不利因素。

17.4.2 自身的问题

17.4.2.1 海洋经济结构层次较低，产业重复建设严重

山东近海海洋经济尚处于粗放型、资源消耗型阶段。海洋第一产业的比重仍占海洋经济总量的40%以上，渔业在海洋产业中仍占较大比重。海洋科技成果转化率低，高新技术产业、新兴产业所占比重较小，二、三产业发展缓慢，产业升级模式仍有待优化调整，突出的海洋优势没有很好地转化为经济优势。

部分沿海城市港口主要是依托市区建设，缺乏发展物流、商贸的空间，导致港口功能单一，港口产业延伸面窄。此外，港口开发较为分散，相邻港口货种相似，相互制约，资源利用率不高。

旅游资源开发深度不足，未充分发挥海洋旅游资源的组合优势。部分滨海旅游资源存在重复建设而产生的问题。

17.4.2.2 海洋环境污染仍然比较严重

海洋生态环境恶化的趋势尚未得到有效遏止，海洋滩涂围垦、填海造地、拦海修坝等开发活动，对海洋生物多样性和海洋生态环境造成严重影响。局部海域环境污染严重，生态环境恶化。由于污染物质的大量排放入海，使得局部海域环境特别是近岸水质和沿岸滩涂底质受到严重污染，海水富营养化，底质重金属含量严重超标，损害了海洋生态环境。造成沿海赤潮频发、养殖病害流行。

17.4.2.3 海洋执法分散，没有形成统一的海洋执法体系

随着海洋开发能力的提高，开发领域的拓展，海洋空间利用范围的不断扩大，特别是受到一些传统用海观念的影响，在海域使用中“无度、无序、无偿”的“三无”现象还没有从根本上得到遏制，海洋管理法规体系还不完善，一些海区开发秩序混乱，用海纠纷频发，国有海域资源无偿使用，资产大量流失，海洋生态遭到破坏、局部海域海洋环境继续恶化，各行政区毗邻海域界线纠纷问题日益突出，对社会稳定和海域正常开发使用造成了隐患。而由于涉海部门多，协调发展的机制不够健全，涉海部门管理海洋职能条块分割，同时，涉海法律法规不够健全，而且多头执法，还没有形成合力，政府海洋管理的职能仍需整合和加强。

17.4.2.4 科技支撑能力不足

一是海洋研究经费投入偏少。二是海洋科技产业多元化投资和风险投资机制还不完善。三是科技经济脱节，科技成果转化率低。同一个城市中多家独立海洋科研机构并存，部门归口、条条管理，游离于大学和企业之外，与地方政府实质性联系较少，研究方向和研究成果相近，重复研究现象严重，造成了一定的资源和人才浪费。各海洋科研单位之间平起平坐，横向协作较少，难以形成合力。四是成果转化不足。海洋科技优势还没有转化为海洋产业优势，海洋科技成果、先进技术转化为生产力的周期过长，成果外流严重。

17.5 环境与资源承载力分析

17.5.1 数据来源

本研究数据主要来源于我国近海海洋综合调查与评价项目山东“908”各专项调查和国家区块有关山东近海的生物、化学专项调查。调查时间为2006—2007年，调查频率为每季度1次。主要调查内容包括水文（温度、盐度、透明度、浊度）、化学（DO、pH、COD、硝酸盐、亚硝酸盐、氨氮、磷酸盐、硅酸盐、石油类）和生物（浮游植物、浮游动物、游泳生物、叶绿素、初级生产力）等。其余数据来源于国家、山东省海洋经济统计资料或调研所得。

本次调查分别在2006年7月、10月、12月和2007年4月进行，在本评估报告中分别代表夏季、秋季、冬季和春季。本评估选择山东省沿海各地市邻近海域等作为研究对象，评估中使用的本次调查资料站位对应于各地市所管辖海域。因有些站位处于两个地市相邻处，为尽量反映近海整体情况，某些站位的归属存在一定的重复现象。

17.5.2 评估模型和方法

17.5.2.1 近海资源环境承载力的内涵

国内较严格的海湾环境承载力的概念最早出现在《福建省湄洲湾开发区环境规划综合研究总报告》中，即“在某一时期、某种状态或条件下，某地区（海湾）的环境所能承受的人类活动的阈值”。这里“某种状态或条件”，是指现实的或拟定的环境结构不发生明显不利于人类生存的方向改变的前提条件。所谓“能承受”是指不影响环境系统正常功能的发挥。由于环境所承载的是人类的活动（主要指人类的经济活动），因而承载力的大小可以用人类活动的方向、强度、规模等来表示。

需要指出的是，环境容量与环境承载力是两个不同的概念。环境容量是指：在人类生存和自然不致受害的前提下，某一环境所能容纳的污染物的最大负荷量。环境容量只反映环境消纳污染物的一个功能，环境承载力在此基础上全面表述环境系统对人类活动的支持功能。

对资源环境承载力的量化研究，实质上就是对资源环境承载力值进行计算和分析，并提出相应的保持或提高的方法与措施。一般来说，资源环境承载力指标与经济开发活动、环境质量状况之间的数量关系本身是非常复杂的，因此是很难确定的。另外，所选取的指标不仅与人类的经济活动有关，而且还受到许多偶然因素的影响。这些都给资源环境承载力的研究带来了一定困难。目前，对资源环境承载力科学性和普遍性的量化研究仍未有突破性进展。UNDP/GEF 大黄海生态系项目组（LYSMEs，2007）将生态承载力分为物质供给服务、调节服务、文化服务和支持服务4个部分，并分别进行评估。体现了用海洋生态系统服务功能及其价值指标统一对各要素承载力量化和综合评价的基本思路。

本研究认为，近海资源环境承载力是指在一定时期内、在保持近海生态系统健康的条件下，区域近海生态系统所能承受的人类活动的阈值或能力。

17.5.2.2 近海资源环境承载力评价指标体系

1）近海资源环境承载能力指标体系构建

本研究根据近海资源环境功能的特征，将近海资源环境承载力分成资源供给能力、环境纳污能力、生态调节能力、社会服务能力和生态支持能力5大部分。其中生态支持能力是其他四类能力的基础支持者，在综合评价中，为不重复计算，不再单独计算。

近海资源环境承载力的构成见图17.6。

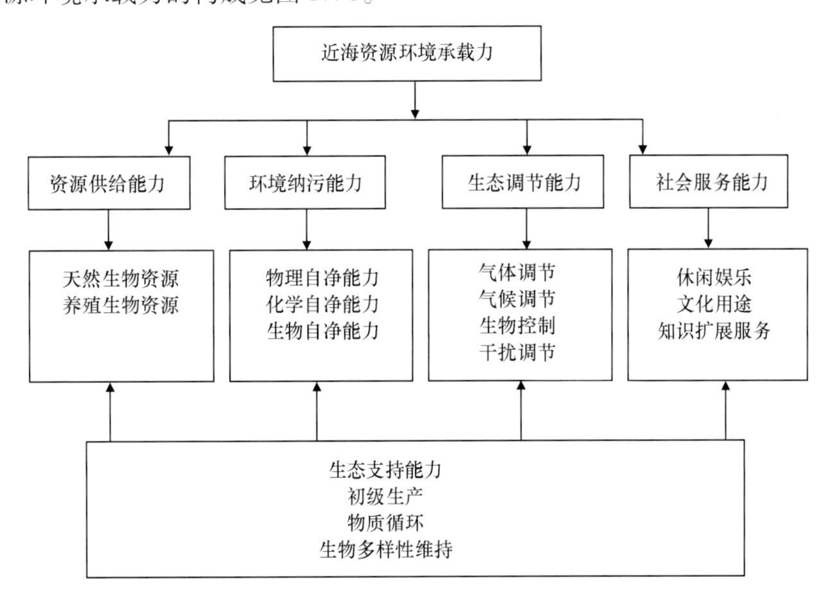

图17.6 近海资源环境承载力构成体系

2）各类资源环境承载力的内涵

（1）资源供给能力

本研究中资源供给能力主要指生态系统在维持自身健康的情况下，单位时间内向人类提供的具有经济价值的生物资源的能力，包括天然生物资源、养殖生物资源两部分。资源供给能力的计量一般以自然年度为时间范围。

（2）环境纳污能力

环境纳污能力主要体现在将人类生产、生活产生的废水、废气及固体废弃物等通过地面径流、直接排放、大气沉降等方式进入海洋，经过海洋通过物理扩散、生物的吸收降解、生物转移等过程最终转化为无害物质的服务或迁移至系统之外的能力。主要包括物理自净、生物自净和化学自净能力。

（3）生态调节能力

生态调节能力是指人类从海洋生态系统调节过程中获得的服务和效益。包括：

气体调节：海洋生态系统通过各种藻类植物光合作用释放 O_2 来进行服务。气体调节服务对于调节 O_2 和 CO_2 的平衡，维持空气质量发挥着重要作用。

气候调节：海洋生态系统通过吸收和储备温室气体，进行对全球和区域气候的调节服务。

生物控制：是指对一些有害生物与疾病的生物调节与控制，可减少相关灾害的发生。例如浮游动物、贝类对有毒藻类的摄食。

干扰调节：海洋生态系统对各种环境波动的容纳、衰减和综合作用。例如草滩、红树林和珊瑚礁可有效减少风暴潮、台风等自然灾害所造成的损害。

（4）社会服务能力

社会服务能力主要体现在海洋环境的社会功能。文化服务供给能力是指生态系统提供的让人们通过精神感受、知识获取、主观映像、消遣娱乐和美学体验等方式从海洋生态系统中获得的非物质利益的能力。主要包括休闲娱乐、文化用途和知识扩展服务能力。

休闲娱乐：指海洋提供给人们游泳、垂钓、潜水、游玩、观光等服务。

文化用途：海洋提供影视剧创作、文学创作、教育、音乐创作等的场所和灵感的服务。

知识扩展服务：由于海洋生态系统的复杂性和多样性，而产生科学研究以及对人类知识的补充等贡献。

（5）生态支持能力

生态支持能力是指提供为保证海洋生态系统供给服务、调节服务和文化服务的提供所必需的基础服务的能力，是环境承载力的基础能力。主要包括：

初级生产：通过浮游植物、其他海洋植物和细菌生产固定有机碳，为海洋生态系统提供物质和能量来源的服务。

物质循环：维持生态系统稳定和其他服务必不可少的物质循环服务，包括 C、N、P 等的循环。

生物多样性维持：海洋生态系统产生并维持遗传多样性、物种多样性和生态系统多样性的服务。生物多样性维持有利于增强生态系统弹性和恢复力，抵御外来生物入侵，保持生态系统完整性和保障生态系统服务的持续供给。

17.5.2.3 近海资源环境承载力评价方法和模型

1）各类资源环境承载力评价方法

近海的资源环境承载力可用其提供的生态系统服务及其价值进行计量。生态系统服务价值的构成见图 17.7，表 17.2 为近海资源环境承载力所提供的生态系统服务价值的计算方法。本研究选择的几类重要的承载力具体评价方法分别陈述如下文。

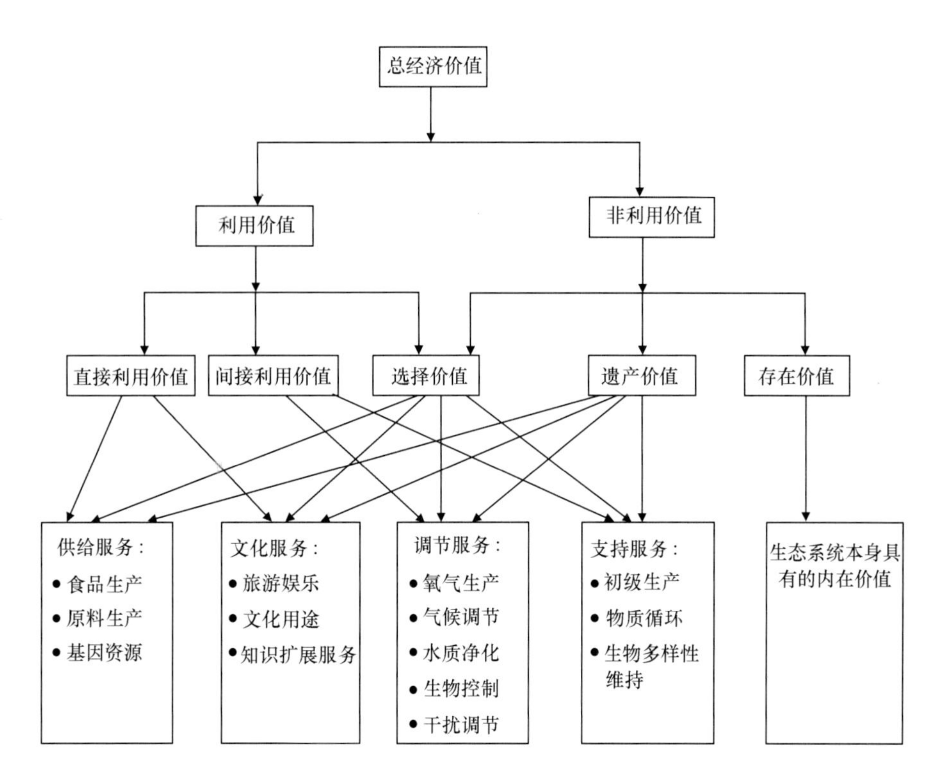

图 17.7　海洋生态系统服务价值分类

表 17.2　近海资源环境承载力所提供的生态系统服务价值的计算方法

资源环境承载力	经济价值评估方法									
	常规市场方法						替代市场方法			假想市场方法
	A	B	C	D	E	F	G	H	I	J
天然生物资源	***									
养殖生物资源	***									
气体调节		***		**				*	*	
气候调节		***		*				*	*	
水质净化		***		**				**	*	
生物控制				**	***	***			*	*
干扰调节		**	*			***			*	
休闲娱乐	**						***		**	
文化用途								*	***	**
知识扩展服务	**	***							**	

注：* 表示该方法可以评价此项服务，星号（*）越多表示该方法越适用；
A：市场价格法，B：替代成本法，C：机会成本法，D：影子工程法，E：人力资本法，F：防护和恢复费用法，G：旅行费用法，H：资产价值法，I：条件价值法，J：选择试验法。

（1）天然生物资源

天然生物资源表征近海海域渔业资源持续供给的能力，是海洋捕捞的重要基础。由于我国海洋捕捞的范围很大，各地统计的捕捞产量往往不能确定所捕获物究竟来自何处，因此不适合评估特定海区的天然渔业资源的持续供给能力。

本文拟采用游泳生物调查资料，根据捕获生物资源量和拖网面积换算为单位面积生物资源密度，计算可捕生物资源的存量密度。在根据最大可持续捕捞量与资源承载力的比例计算区域天然生物资源持续供给能力。

（2）养殖生物资源

养殖生物资源的供给一般是在固定海域上，辅以人工投入、干预，形成一定规模的经济生物资源规模的能力。由于本研究旨在揭示区域海洋生态系统的资源供给能力，应以扣除人工投入后的收益作为海域养殖生物资源供给能力。

（3）气体调节

气体调节主要指通过海洋各种藻类植物的光合作用释放 O_2，构成 O_2 的重要来源，对调节 O_2 和 CO_2 的平衡起着至关重要的作用。对气体调节的评价，在此采用了替代成本法，计算公式如下：

$$OV = \sum X_i C \quad \text{（式 17.1）}$$

式中，OV 表示气体调节服务的价值，X_i 表示各种藻类植物释放氧气的数量，C 表示生产单位数量氧气的成本。

（4）气候调节

海洋对气候的稳定和变化起着重要的作用，海洋通过吸收温室气体调节气候，减缓了温室效应。气候调节服务价值采用碳税率或人工造林费用来确定。计算公式为：

$$CV = \sum L_i P_i \quad \text{（式 17.2）}$$

式中，CV 表示气候调节服务的价值，L_i 表示海洋生态系统固定的第 i 种温室气体的数量，P_i 表示固定单位数量第 i 种温室气体的成本。

（5）水质净化

水质净化是指进入海洋的各种污染物经过海洋生物的分解还原、生物转移等过程最终转化为无害物质的服务。水质净化的价值可采用替代成本法评价。计算公式如下：

$$PV = \sum D_i C_i \quad \text{（式 17.3）}$$

式中，PV 表示水质净化服务的价值，D_i 表示第 i 种污染物数量，C_i 表示处理单位数量第 i 种污染物的成本。

（6）生物控制

生物控制是指对一些有害生物与疾病的生物调节与控制，例如浮游动物、贝类对有毒藻类的摄食，可减少赤潮发生的概率。生物控制服务可采用人力资本法、防护费用法等方法评估。

（7）干扰调节

干扰调节主要是指草滩、红树林和珊瑚礁等海洋生态系统对风暴潮、台风等自然灾害的消减作用，起到了保护海岸及工程设施的作用。干扰调节的价值可采用影子工程法评价，即如果通过修建堤坝减轻风暴潮、台风对海岸的破坏，以修建堤坝的费用作为干扰调节服务的价值。

（8）休闲娱乐

休闲娱乐是指海洋提供给人们游泳、垂钓、潜水、游玩、观光等服务，休闲娱乐服务价值可采用旅行费用法进行评价，其价值包括旅游费用、旅游时间价值和其他花费。旅行费用

法用消费者剩余代替生态系统的服务价值，可以量化旅游资源的最大承载力，并与旅游业增加值比较评估旅游资源开发强度。

（9）文化用途

文化用途是海洋提供影视剧创作、文学创作、教育、音乐创作等的场所和灵感的服务。海洋文化的特征表现在两个方面：①精神要素层面，指人们对海洋的认识、观念、思想、意识和心态；②物质要素层面，以海洋为载体而产生的海洋型生活方式（与海洋有关的衣食住行、生活理念、习俗信仰、语言文学艺术）。本项目拟采用支付意愿法评估海洋生态系统文化用途的价值。

（10）知识扩展服务

知识扩展服务是由于海洋生态系统的复杂性和多样性而产生科学研究以及对人类知识的补充等贡献。生态系统知识扩展服务的评估是一个非常复杂的问题。到目前，未见比较成熟的方法。我们认为，区域生态系统的科研经费投入量可以认为是国家或政府对该区域知识扩展服务的支付意愿，按照条件价值法的思想，它可以作为生态系统知识扩展服务的估计值。

2）近海资源环境承载力综合评价模型

对近海资源环境承载力分类评估，可以阐明近海承载力的具体内容、实际大小。特别是通过生态系统服务价值方法的引入，将各类承载要素统一为货币化的价值，为近海资源环境承载力赋予新的内涵。该方法在评估中既有综合性，又不乏具体内涵，特别是通过货币化量化，使资源环境承载力评价结果更容易引起决策部门的重视，对于研究结论支持管理决策有重要推动作用。

然而，对于近海资源环境承载力评估，除了以上回答其承载力到底多大的问题之外，还要重视其空间和时间尺度上的差异问题。或者说，决策者希望通过该评估对不同区域资源环境承载力大小进行排序，确定出优先或者重点开发的区域，也可以据此制定提升区域资源环境承载力的措施。

考虑到综合评价的各种困难，此类问题的研究适用于模法。

以下建立基于模法的近海资源环境承载力评价模型：

（1）根据生态系统服务价值评价方法，计算第 i 个海域的第 j 个分向量的第 k 个指标 E_{ijk}，并进行指标归一化，即

$$\overline{E}_{ijk} = E_{ijk} / \sum_{i=1}^{m} E_{ijk},\ i = 1,2,\cdots,m;\ j = 1,\cdots,5;\ k = 1,2,\cdots,n_j$$

式中，$i = 1,2,\cdots,m$；$j = 1,\cdots,5$；$k = 1,2,\cdots,n_j$，n_j 为分量 j 的指标个数；

（2）计算第 i 个海域的第 j 个分向量 $\overline{E}_{ij}$ 大小，即

$$|\overline{E}_{ij}| = \sqrt{\sum_{k=1}^{n_j} (\overline{E}_{ijk})^2 / n_j}$$

（3）计算第 i 个海域的资源环境承载力大小 $\overline{E}_i$，即

$$|\overline{E}_i| = (1 + |\overline{E}_{i5}|) \sqrt{\sum_{j=1}^{4} (|\overline{E}_{ij}|)^2 / 4}$$

式中，$|\overline{E}_{i5}|$ 为第 i 个海域的分向量社会支持能力的大小。

17.5.3 山东沿海资源环境承载力分类评估结果

分析近海资源环境承载力对人类福利的贡献，将海湾环境承载力分为：①直接承载能力，即可以直接对人类福利产生贡献的环境承载能力；②间接承载能力，即可以间接对人类福利产生贡献的承载能力；③选择承载能力，即可能对人类福利产生贡献的承载能力。其中，直接承载能力包括天然生物资源供给、养殖生物资源供给、休闲娱乐；间接承载能力包括气候调节、气体调节、水质净化、知识扩展服务、文化用途以及物种多样性维持、营养物质循环、初级生产等支持服务；而选择承载能力包括提供基因资源、干扰调节、生物控制。

为不对海湾环境承载能力重复计算，所以不对生态支持能力进行评估。对于可能对人类福利产生影响的选择承载能力，限于数据缺失和方法不成熟，在此暂未评估。因此，本项目评估的山东各海湾环境承载能力主要包括：①天然生物资源；②养殖生物资源；③气体调节；④气候调节；⑤环境纳污；⑥休闲娱乐；⑦文化用途；⑧知识扩展服务。

1）天然生物资源

天然生物资源供给能力主要评估各海域每年能够持续供给渔业资源的能力。根据“908专项”关于游泳生物资源调查结果，对应于各海区站位计算了相应的渔业天然生物资源供给量（表17.3）。

表17.3 山东各海域天然渔业资源供给能力

区域	渔业资源密度/（g/m^2）	总量/t	总服务价值/（万元/a）
滨州	0.08	106.77	/
东营	0.12	487.57	/
潍坊	0.1	141.72	/
烟台	1.3	14 965.96	/
威海	1.18	5 745.08	/
青岛	0.67	5 658.38	/
日照	0.68	2 623.36	/
山东省	0.74	26 269.38	/

2）养殖生物资源

表17.4 山东沿海各地市养殖生物产量

单位：t

区域	鱼类	虾	蟹	贝类	藻类
滨州市	4 288	17 407	1 491	120 013	25
东营市	217	8 945	2 393	241 349	0
潍坊市	2 975	4 615	2 472	170 321	0
烟台市	30 369	12 251	5 424	931 219	84 896
威海市	37 784	10 617	3 395	718 870	424 328
青岛市	39 274	25 164	11 175	714 395	16 336
日照市	4 815	1 505	1 959	201 241	2 528
山东省	119 722	80 504	28 309	3 097 399	528 113

表 17.5 山东沿海各地市养殖生物效益

区域	单位海域养殖效益/(万元/km²)	养殖生物总效益/万元
滨州市	90.53	120 825
东营市	29.80	121 078
潍坊市	52.53	74 448
烟台市	55.16	635 043
威海市	144.34	702 729
青岛市	55.79	471 165
日照市	10.06	38 827
山东省	60.96	2 164 115

3) 气体调节服务

气体调节是指各种藻类植物光合作用释放 O_2 的服务。对于山东沿海气体调节服务价值，本项目主要考虑浮游藻类、养殖海带和紫菜光合作用过程中释放的氧气，而对于底栖藻类光合作用过程中释放的氧气，由于缺乏资料，暂未计入。以山东沿海各海湾初级生产力数据、养殖海带及紫菜产量为基础，根据光合作用方程式即可计算释放氧气量。同时，采用工业制氧价格估算释放氧气的经济价值。计算结果见表 17.6 ~ 表 17.8。

表 17.6 山东沿海各地市邻近海域初级生产气体调节服务

区域	初级生产力/[mg/(m²·d)]	单位面积产氧量/[mg/(m²·d)]	产氧总量/(t/a)	服务价值/(万元/a)
滨州	278.07	741.52	307 203	12 288.12
东营	393.39	1 049.04	1 958 468	78 338.72
潍坊	491	1 309.333	662 549	26 501.96
烟台	459	1 224	4 581 088	183 243.52
威海	257	685.333 3	1 772 056	70 882.24
青岛	223	594.666 7	1 117 758	44 710.32
日照	104.4	278.4	152 863	6 114.52
山东省	/	/	10 551 984	422 079.36

表 17.7 山东沿海各地市邻近海域大型藻类气体调节服务

区域	大型藻类产量/(t/a)	含碳量/(t/a)	产氧量/(t/a)	服务价值/(万元/a)
滨州	25	6.69 625	17.86	0.714 4
东营	0	0	0	0
潍坊	0	0	0	0
烟台	84 896	22 739.39	60 638.38	2 425.5 352
威海	424 328	113 656.3	303 083.35	12 123.334
青岛	10 085	2 701.267	7 203.38	288.1 352
日照	2 528	677.1 248	1 805.67	72.2 268
山东省	521 862	139 780.7	372 748.63	14 909.9 452

表 17.8　山东沿海各地市邻近海域气体调节服务

区域	产氧总量/（t/a）	服务价值/（万元/a）
滨州	307 220.9	12 288.836
东营	1 958 468	78 338.72
潍坊	662 549	26 501.96
烟台	4 641 726	185 669.04
威海	2 075 139	83 005.56
青岛	1 124 961	44 998.44
日照	154 668.7	6 186.748
山东省	10 924 733	436 989.32

4）气候调节服务

气候调节是海洋生态系统通过吸收和储备温室气体，对全球和区域气候的调节服务。山东沿海各海域气候调节服务价值主要考虑对 CO_2 固定，对于其他温室气体由于缺乏数据，在此暂未计入。山东沿海各海域生态系统固碳作用主要体现在各种藻类植物固定的碳。对于藻类植物固定的 CO_2，主要考虑浮游藻类、养殖海带和紫菜光合作用过程中固定的 CO_2。固碳的生态效益采用瑞典的碳税率进行评价，其数值为每吨碳 150 MYM。计算结果见表17.9 ~ 表 17.11。

表 17.9　山东沿海各地市邻近海域初级生产气候调节服务

区域	单位面积吸收 CO_2 量/［mg/（m^2 · d）］	吸收 O_2 总量/（t/a）	固碳总量/（t/a）	服务价值/(万元/a)
滨州	1 019.59	422 404.125	115 201.1	13 824.132
东营	1 442.43	2 692 893.5	7 344 25.5	88 131.06
潍坊	1 800.333	911 004.875	248 455.9	29 814.708
烟台	1 683	6 298 996	1 717 908	206 148.96
威海	942.333 3	2 436 577	664 521	79 742.52
青岛	817.666 7	1 536 917.25	419 159.3	50 299.116
日照	382.8	210 186.625	57 323.63	6 878.835 6
山东省	/	14 508 978	3 956 994	474 839.28

表 17.10　山东沿海各地市邻近海域大型藻类气候调节服务

区域	大型藻类产量/（t/a）	含碳量/C（t/a）	吸收 CO_2 量/(t/a)	服务价值/（万元/a）
滨州	25	6.696 25	24.55	0.803 55
东营	0	0	0	0
潍坊	0	0	0	0
烟台	84 896	22 739.39	83 377.76	2 728.726 8
威海	424 328	113 656.3	416 739.77	13 638.756
青岛	10 085	2 701.267	9 904.65	324.152 04
日照	2 528	677.124 8	2 482.79	81.254 976
山东省	521 862	139 780.7	512 529.23	167 73.684

表 17.11　山东沿海各地市邻近海域气候调节服务

区域	固 C 总量/（t/a）	服务价值/（万元/a）
滨州	115 207.82	13 824.938 4
东营	734 425.50	88 131.06
潍坊	248 455.88	29 814.705 6
烟台	1 740 647.39	208 877.686 8
威海	778 177.30	93 381.276
青岛	421 860.52	50 623.262 4
日照	58 000.75	6 960.09
山东省	4 096 774.70	491 612.964

5）环境纳污承载力服务价值

海洋可以祛除人类排入的多种废弃物，但由于缺乏系统的研究和监测，目前尚不能对所有污染物的处理功能进行评估，也不能对所有环境纳污能力进行评价。本研究重点评价生物自净和物理自净能力。

（1）生物自净服务价值

对于山东海域，考虑浮游植物、养殖海带和紫菜对氮和磷的生物净化作用。基于山东海域初级生产力和 Redfield 比值，可以确定浮游植物移除的氮和磷数量。对于养殖海带和紫菜移除的氮和磷数量，则按照其组织内氮和磷的比例进行估算。大型藻类总氮和总磷的含量分别以海带的含量 4.818% 和 0.322% 计算。对于氮和磷的祛除成本，采用生活污水处理成本氮取 1.5 元/kg，磷取 2.5 元/kg[21]。计算结果见表 17.12。

表 17.12　氮、磷祛除服务

区域	氮祛除总量/(t/a)	氮祛除服务价值/(万元/a)	磷祛除总量/(t/a)	磷祛除服务价值/(万元/a)
滨州	20 288.17	3 043.23	3 170.03	792.51
东营	129 332.80	19 399.92	20 208.25	5 052.06
潍坊	43 753.24	6 562.99	6 836.44	1 709.11
烟台	306 529.10	45 979.36	47 895.17	11 973.79
威海	137 037.50	20 555.63	21 412.11	5 353.03
青岛	74 289.90	11 143.49	11 607.80	2 901.95
日照	10 213.97	1 532.10	1 595.93	398.98
山东省	721 444.60	108 216.69	112 725.70	28 181.43

（2）物理自净服务价值

海湾通过水交换过程可以将湾内的污染物质输移到外海，称为物理自净。以海湾主要污染物 COD 为例，根据各海湾主要污染物的环境容量和污染排放量的比较，则其小者作为海湾污染物物理自净服务功能。由于山东沿海各市多为开放式海域，环境容量计算困难，故本研究中取排污量。根据《2009 年国家海洋局环境质量公报》，监测的 COD_{Cr} 占主要污染物入海总量的 49.0%，其余悬浮物占 47.8%。考虑到污染物祛除过程的整体性，本研究中以山东沿海各地市如海污染物总量换算成COD的排海量，并据此计算物理自净服务能力。

计算各海湾物理自净服务功能见表17.13。

表17.13 山东沿海各海域COD物理自净服务能力

区域	排海废水量/($\times 10^4$t/a)	排海废污染物量/($\times 10^4$t/a)	排海COD估算量/($\times 10^4$t/a)	物理自净能力服务价值（万元/a）
滨州	18 733.9	5.5	2.70	11 610
东营	14 135.3	3.7	1.81	7 783
潍坊	34 993	5.1	2.50	10 750
烟台	21 988	5.2	2.55	10 965
威海	8 592.6	1.8	0.88	3 784
青岛	33 171.9	5.6	2.74	11 782
日照	12 521.5	2.7	1.32	5 676
山东省	144 136.2	29.5	14.46	62 178

注：COD的处理成本取4 300元/t。

6）休闲娱乐服务价值

对于各海域的休闲娱乐服务的价值，采用旅游产业的增加值来评估。

山东沿海烟台、青岛、威海、日照滨海休闲娱乐服务价值见表17.14。其他地区未形成滨海旅游区，故本项目未计算其休闲娱乐价值。

表17.14 山东沿海各地市休闲娱乐服务价值

区域	旅游收入/亿元	休闲娱乐服务价值/亿元
烟台	228.5	100.60
青岛	385.5	169.72
威海	149.2	65.69
日照	78.6	34.60

7）文化用途服务价值

海洋的文化价值一个切实的体现是人类愿为居住在河口和海洋边缘地区（而不是在内陆地区）的支付意愿。Costanza等（1997）分别收集了美国的一个富裕地区和贫困地区内陆与滨水地区居民的支付意愿差别，计算的单位面积的文化价值为65～1 282 MYM/(hm^2·a)。考虑到研究区的经济发展水平，取其发达地区和发展中地区文化用途服务价值的平均值为673.5 MYM/(hm^2·a)。计算山东沿海地市各海域文化价值见表17.15。

表17.15 山东沿海各地市海域文化用途服务价值

区域	海岸线长度/km	“文化”服务面积/km^2	文化服务价值/万元
滨州市	88	44	2 370.72
东营市	413	206.5	11 126.22
潍坊市	149	74.5	4 014.06
烟台市	765	382.5	20 609.1
威海市	978	489	26 347.32

续表 17.15

区域	海岸线长度/km	"文化" 服务面积/km^2	文化服务价值/万元
青岛市	785	392.5	21 147.9
日照市	167	83.5	4 498.98
山东省	3 345	1 672.5	90 114.3

8）知识扩展服务价值

知识扩展服务主要是指海洋为人们提供的科学研究、科普教育等活动的场所和对象。目前，知识扩展服务未见比较成熟的方法。本项目认为，区域生态系统的科研经费投入量可以认为是人类对该区域知识扩展服务的支付意愿，按照条件价值法的思想，它可以作为生态系统知识扩展服务的估计值见表 17.16。

表 17.16 山东沿海各地市海域知识扩展服务价值

区 域	知识扩展服务价值/万元
滨州市	3 924.5
东营市	13 501
潍坊市	1 250
烟台	22 797
威海市	4 681
青岛市	103 599
日照市	4 552
山东省	154 304

17.5.4 资源环境承载力总服务价值

山东沿海各地市海域资源环境承载力服务价值评价结果见表 17.17～表 17.23。

表 17.17 滨州海域资源环境承载力服务价值评估结果

承载力类型	具体承载力	承载力总服务价值/（$\times10^4$ 元/a）	环境承载力强度/［$\times10^4$ 元/（km^2·a）］
资源供给	天然生物资源	/	/
	养殖生物资源	120 825	90.53
环境纳污	生物自净	3 835.73	2.87
	物理自净	11 610	8.70
生态调节	气体调节	12 288.834 4	9.21
	气候调节	13 824.938 4	10.36
社会服务	休闲娱乐	/	/
	文化用途	2 370.72	1.78
	知识扩展	3 924.5	2.94
总价值		168 679.725 1	126.39

表 17.18　东营海域资源环境承载力服务价值评估结果

承载力类型	具体承载力	承载力总服务价值/（万元/a）	环境承载力强度/［万元/（km·a）］
资源供给	天然生物资源	/	/
	养殖生物资源	121 078	29.80
环境纳污	生物自净	24 451.98	6.02
	物理自净	7 783	1.92
生态调节	气体调节	78 338.72	19.28
	气候调节	88 131.06	21.69
社会服务	休闲娱乐	/	/
	文化用途	11 126.22	2.74
	知识扩展	13 501	3.32
总价值		344 410	84.77

表 17.19　潍坊海域资源环境承载力服务价值评估结果

承载力类型	具体承载力	承载力总服务价值/（万元/a）	环境承载力强度/［万元/（km·a）］
资源供给	天然生物资源	/	/
	养殖生物资源	74 448	52.53
环境纳污	生物自净	8 272.10	5.84
	物理自净	10 750	7.59
生态调节	气体调节	26 501.96	18.70
	气候调节	29 814.705 6	21.04
社会服务	休闲娱乐	/	/
	文化用途	4 014.06	2.83
	知识扩展	1 250	0.88
总价值		155 050.822	109.40

表 17.20　烟台海域资源环境承载力服务价值评估结果

承载力类型	具体承载力	承载力总服务价值/（万元/a）	环境承载力强度/［万元/（km^2·a）］
资源供给	天然生物资源	/	/
	养殖生物资源	635 043	55.16
环境纳污	生物自净	57 953.15	5.03
	物理自净	10 965	0.95
生态调节	气体调节	185 669.04	16.13
	气候调节	208 877.686 8	18.14
社会服务	休闲娱乐	1 006 000	87.38
	文化用途	20 609.1	1.79
	知识扩展	22 797	1.98
总价值		2 147 913.977	186.58

表 17.21　威海海域资源环境承载力服务价值评估结果

承载力类型	具体承载力	承载力总服务价值/（万元/a）	环境承载力强度/［万元/（km^2·a）］
资源供给	天然生物资源	/	/
	养殖生物资源	702 729	495.84
环境纳污	生物自净	25 908.66	18.28
	物理自净	3 784	2.67
生态调节	气体调节	83 005.56	58.57
	气候调节	93 381.276	65.89
社会服务	休闲娱乐	656 900	463.51
	文化用途	26 347.32	18.59
	知识扩展	4 681	3.30
总价值		1 596 736.82	1 126.65

表 17.22　青岛海域资源环境承载力服务价值评估结果

承载力类型	具体承载力	承载力总服务价值/（万元/a）	环境承载力强度/［万元/（km^2·a）］
资源供给	天然生物资源	/	/
	养殖生物资源	471 165	55.79
环境纳污	生物自净	14 045.44	1.66
	物理自净	11 782	1.40
生态调节	气体调节	44 998.44	5.33
	气候调节	50 623.262 4	5.99
社会服务	休闲娱乐	1 697 200	200.96
	文化用途	21 147.9	2.50
	知识扩展	103 599	12.27
总价值		2 414 561.04	285.90

表 17.23　日照海域资源环境承载力服务价值评估结果

承载力类型	具体承载力	承载力总服务价值/（万元/a）	环境承载力强度/［万元/（km^2·a）］
资源供给	天然生物资源	/	/
	养殖生物资源	38 827	10.06
环境纳污	生物自净	1 931.08	0.50
	物理自净	5 676	1.47
生态调节	气体调节	6 186.748	1.60
	气候调节	6 960.09	1.80
社会服务	休闲娱乐	346 000	89.69
	文化用途	4 498.98	1.17
	知识扩展	4 552	1.18
总价值		414 631.897	107.48

17.5.5 各海域资源环境承载力评估结果

根据模法所建立的海湾环境承载力评价模型，利用分类环境承载力评价结果，对山东省沿海7地市邻近海域资源环境承载力开展了综合评估。主要评价结果见表17.24～表17.28。计算了各海湾环境承载力相对量（因休闲娱乐服务的载体海陆如何区分存在争议，且部分地市没有资料，暂未纳入计算），并对其资源环境承载力进行了排名。

计算结果表明，山东沿海7个地市邻近海域资源环境承载力密度威海市遥遥领先，主要由该市海水养殖发达所致。承载力总量来看，烟台、青岛、威海均处于较高的水平。这一结果也表明，海域资源环境承载力密度高的地区，其总体承载能力不一定高，这与沿海地市海域面积有直接关系。同时，在不同经济、社会、科技发展条件下，同一海域的环境承载力可能发生变化，因此可通过社会、经济发展规划提升资源环境承载力，也就是常说的提高资源环境开发和利用效率。本研究限于资料，假设山东沿海各地市海洋开发处于同一社会支持条件下，使发达地区的承载能力没有体现到应有的水平。然而，从计算结果来看，山东沿海经济、科技较为发达的地市其承载力排名已经位于前列，所以不考虑社会经济水平的差异对计算结果的排名似乎并无大影响。

表17.24 资源环境承载力模法模型各环境要素密度指标标准化值

环境要素	滨州市	东营市	潍坊市	烟台市	威海市	青岛市	日照市
天然生物资源	0.019 4	0.029 1	0.024 2	0.314 8	0.285 7	0.162 2	0.164 6
养殖生物资源	0.114 6	0.037 7	0.066 5	0.069 8	0.627 9	0.070 6	0.012 7
生物自净	0.071 4	0.149 7	0.145 3	0.125 1	0.454 7	0.041 4	0.012 4
物理自净	0.352 3	0.077 7	0.307 3	0.038 5	0.108 1	0.056 5	0.059 5
气体调节	0.071 5	0.149 7	0.145 2	0.125 2	0.454 7	0.041 4	0.012 4
气候调节	0.071 5	0.149 7	0.145 2	0.125 2	0.454 7	0.041 4	0.012 4
文化用途	0.056 7	0.087 2	0.090 1	0.057 0	0.592 0	0.079 7	0.037 3
知识扩展	0.113 6	0.128 3	0.034 0	0.076 5	0.127 7	0.474 2	0.045 6
总服务价值	0.062 3	0.041 8	0.054 0	0.092 0	0.555 8	0.141 0	0.053 0

表17.25 资源环境承载力模法模型各环境要素总量指标标准化值

环境要素	滨州市	东营市	潍坊市	烟台市	威海市	青岛市	日照市
天然生物资源	0.003 6	0.016 4	0.004 8	0.503 4	0.193 2	0.190 3	0.088 2
养殖生物资源	0.055 8	0.055 9	0.034 4	0.293 4	0.324 7	0.217 7	0.017 9
生物自净	0.028 1	0.179 3	0.060 6	0.424 9	0.189 9	0.103 0	0.014 2
物理自净	0.186 2	0.124 8	0.172 4	0.175 9	0.060 7	0.189 0	0.091 0
气体调节	0.028 1	0.179 3	0.060 6	0.424 9	0.189 9	0.103 0	0.014 2
气候调节	0.028 1	0.179 3	0.060 6	0.424 9	0.189 9	0.103 0	0.014 2
文化用途	0.026 3	0.123 5	0.044 5	0.228 7	0.292 4	0.234 7	0.049 9
知识扩展	0.025 4	0.087 5	0.008 1	0.147 7	0.030 3	0.671 4	0.029 5
总价值	0.023 3	0.047 6	0.021 4	0.296 6	0.220 5	0.333 4	0.057 3

表 17.26 山东沿海主要海湾环境承载力密度分向量评估结果

环境要素	滨州市	东营市	潍坊市	烟台市	威海市	青岛市	日照市
资源供给	0.082 2	0.033 7	0.050 1	0.228 0	0.487 8	0.125 1	0.116 8
环境纳污	0.254 2	0.119 3	0.240 4	0.092 6	0.330 5	0.049 5	0.043 0
生态调节	0.071 5	0.149 7	0.145 2	0.125 2	0.454 7	0.041 4	0.012 4
社会服务	0.089 8	0.109 7	0.068 1	0.067 5	0.428 2	0.340 0	0.041 6

表 17.27 山东沿海主要海湾环境承载力总量分向量评估结果

环境要素	滨州市	东营市	潍坊市	烟台市	威海市	青岛市	日照市
资源供给	0.039 6	0.041 2	0.024 6	0.412 0	0.267 2	0.204 5	0.063 7
环境纳污	0.133 2	0.154 5	0.129 2	0.325 2	0.141 0	0.152 2	0.065 1
生态调节	0.028 1	0.179 3	0.060 6	0.424 9	0.189 9	0.103 0	0.014 2
社会服务	0.025 9	0.107 0	0.032 0	0.192 5	0.207 9	0.502 9	0.041 0

表 17.28 山东沿海各地市邻近海域资源环境承载力评估结果

海域	资源环境承载力密度		资源环境承载力总量	
	评估值	排名	评估值	排名
滨州市	0.145 4	4	0.072 0	6
东营市	0.111 6	6	0.131 5	4
潍坊市	0.146 6	3	0.074 2	5
烟台市	0.142 1	5	0.351 1	1
威海市	0.429 3	1	0.206 5	3
青岛市	0.184 0	2	0.286 6	2
日照市	0.065 9	7	0.050 4	7

17.5.6 海域资源环境承载力提升对策建议

从评估结果来看，海域资源环境承载力密度高的地市多为海洋环境质量良好、海水养殖业发达的区域。这主要是由于海洋资源环境承载力的维持与海洋生态系统健康状况密切相关，同时海水养殖特别是大型藻类养殖不仅具有巨大的经济效益，同时还在水质净化等调节服务中发挥重要作用。

由于天然生物资源的供给能力与海域的地理位置、形状、水动力情况、温度、盐度、营养盐状况以及捕捞压力等多种因素有关，不同的区域本身也具有相当大的差异。因此，评估结果反映的各地市差异也与各区域天然生物资源的自然禀赋状况有关。提升海域生态健康水平、降低捕捞压力等可有效提升区域资源供给能力。

海域资源环境承载力是海洋生态系统活力的综合表现，各要素承载力之间有着复杂的生物过程和关系，一种承载能力的提升可能会导致其他承载能力的降低，当然也存在相互促进的情形。

根据山东海域的特征，提升近海资源环境承载力可采取如下措施：

（1）减少入海污染物排放强度，维持海洋生态系统健康海洋环境的纳污能力是海洋资源环境承载力的重要组成部分，在营养盐贫瘠的时候，适当排放污染物，会促进近海生态系统物质循环。但当前山东近海环境的现状是大部分海湾、河口污染较为严重，污染已成为资源环境承载力发挥的限制因子。健康的生态系统是各类要素承载力供给的基础，控制入海污染物排放是维持海域生态健康的必要条件。

（2）控制围填海规模，保护珍稀的海湾资源

评估结果表明，海湾、河口等区域是资源环境承载力相对高的区域，各地市海域海湾资源环境承载力的供给状况一定程度上决定了该区域总体特征。而这些地方往往又是围填海的热点区域。因此，应严格控制围填海规模。

（3）科学开展海水增养殖

评估结果表明，海水增养殖通过借助人工投入，可以充分利用海洋空间资源，进一步提升海域资源环境承载能力。海水养殖业比较发达的威海、烟台等地市，资源环境承载力的排名无论从总量还是密度都位居前列。已有研究表明，区域资源环境承载能力与科技、经济投入直接相关。在近海资源日趋紧张的背景下，开展科学的海水增养殖，可进一步提升海域资源环境承载力。

（4）控制捕捞强度，维持生态系统良性循环

从近海自然生态系统食物链的角度考量，鱼类位于海洋食物链的顶端，捕捞强度的高低对于生态系统各组分都具有影响。控制捕捞强度可以从限制捕捞量、控制捕捞网具、限制捕捞时间和划分海洋保护区等方面同时开展。

2010 年，国务院正式批复了山东半岛蓝色经济区国家发展战略，山东省社会经济的发展迎来了新的发展机遇。蓝色经济区作为海岸带经济发展的新模式，摒弃了传统海岸带经济发展中环境成本高、资源利用率低的缺点，注重形成资源节约、环境友好的新型经济发展方式。近岸海域是山东半岛蓝色经济区发展重要战略支撑空间，海岸带区域是山东半岛蓝色经济发展的核心区。相信通过国家战略的实施，山东近海资源环境承载力的发挥将有更加有利的社会、经济、科技条件支持，各地市资源环境承载力将得到进一步提升。

18 新型潜在开发区的选划

山东滨海地区风景秀丽、气候适宜，且自然海洋资源类型多样、丰富，区位优势显著，是人类开发活动较早、较成熟的一个区域。近年来，随着山东半岛蓝色经济区上升为国家战略，各地市政府部门急需进一步深化和加强海洋发展战略。本章结合“908”调查数据，对山东滨海地区的潜在滨海旅游区和海水增养殖区进行选址和规划，满足了日益增长的旅游和国家海洋捕捞“零”增长政策的需求。

18.1 潜在滨海旅游区的选划

18.1.1 潜在滨海旅游区相关概念

18.1.1.1 潜在滨海旅游区定义

国家海洋局“908专项”办公室编制的“滨海旅游区评价与选划技术要求”中对潜在滨海旅游区的定义为：适于发展旅游项目，但目前尚未开发或者开发程度较低的滨海空间或地域。所谓的潜在，主要包括3个方面：一是尚未开发或者开发程度较低的旅游资源区；二是已经开发，但开发层次较低，旅游产品品位不高，旅游功能处于初级观光阶段的地域；三是已经进行开发，但是开发用途不适宜，旅游功能需要转变的地域。根据目前山东省滨海旅游区的发展状况，开发层次低和开发用途不适宜，需要旅游转向的地域比重较高；真正尚未开发或者开发程度较低的区域所占比重较低。

18.1.1.2 潜在滨海旅游区的分类

生态滨海旅游区　以保护自然环境和满足当地人民生活需求的旅游活动为主要功能的滨海空间或地域；

休闲渔业滨海旅游区　以海洋渔业和现代旅游相结合的活动为主要功能的滨海空间或地域；

观光滨海旅游区　以观光、游览自然风光和名胜古迹为主要功能的滨海空间或地域；

度假滨海旅游区　以度假休养为主要功能的滨海空间或地域；

游艇滨海旅游区　以游艇活动为主要功能的滨海空间或地域；

海岛综合旅游区　依托海岛及其周围海域，提供多种形式旅游活动的空间或地域。

18.1.1.3 潜在滨海旅游区分区

依据山东滨海旅游资源的资源类型、资源特色、资源品位及资源的垄断性等特征，将山东潜在滨海旅游区按海岸地质、地貌类型划分为2个一级区：鲁北平原潜在滨海旅游区和胶东半岛潜在滨海旅游区。在一级区的基础上，按行政区域划分为7个二级区；再按各潜在旅游区的功能属性划分为75个三级区（表18.1）。

表18.1　山东潜在滨海旅游区分区表

一级区	二级区	三　级　区
鲁北平原潜在滨海旅游区	滨州市潜在滨海旅游区	滨州无棣贝壳堤生态滨海旅游区
		滨州套尔河河口生态滨海旅游区
		滨州徒骇河河口生态滨海旅游区
		滨州徒骇河农场休闲渔业滨海旅游区
		滨州渤海农场观光滨海旅游区
	东营市潜在滨海旅游区	东营老黄河口生态滨海旅游区
		东营红滩飞雁生态滨海旅游区
		东营黄河三角洲自然保护区生态滨海旅游区
		东营老黄河口生态滨海旅游区
		东营红滩飞雁生态滨海旅游区
		东营刁口休闲渔业滨海旅游区
	潍坊市潜在滨海旅游区	潍坊清河湿地生态滨海旅游区
		潍坊渤海梦幻水城生态滨海旅游区
		潍坊昌邑万亩柽柳林生态滨海旅游区
		潍坊羊口休闲渔业滨海旅游区
		潍坊清河湿地游艇旅游滨海旅游区
胶东半岛潜在滨海旅游区	烟台市潜在滨海旅游区	烟台莱州海岸休闲渔业滨海旅游区
		烟台龙口湾—刁龙嘴休闲渔业滨海旅游区
		烟台蓬莱城西—栾家口—泊子观光滨海旅游区
		烟台芝罘岛观光滨海旅游区
		烟台莱山观光滨海旅游区
		烟台三山岛度假滨海旅游区
		烟台金沙滩和开发区度假滨海旅游区
		烟台芝罘岛度假滨海旅游区
		烟台养马岛度假滨海旅游区
		烟台海阳凤城度假滨海旅游区
		烟台南山东海度假滨海旅游区
		烟台大季家—八角游艇旅游滨海旅游区
		烟台崆峒岛海岛综合旅游区
		烟台龙口桑岛海岛综合旅游区
		烟台龙口屺 姆岛海岛综合旅游区
		烟台庙岛海岛综合旅游区
		丁字湾度假滨海旅游区
		烟台高科技观光滨海旅游区
	威海市潜在滨海旅游区	威海天鹅湖生态滨海旅游区
		威海双岛湾休闲渔业滨海旅游区
		威海马栏湾休闲渔业滨海旅游区
		威海爱连湾休闲渔业滨海旅游区
		威海桑沟湾休闲渔业滨海旅游区
		威海王家湾休闲渔业滨海旅游区
		威海文登小观金滩观光滨海旅游区

续表 18.1

一级区	二级区	三　级　区
	威海市潜在滨海旅游区	威海石岛湾度假滨海旅游区
		威海文登小观金滩度假滨海旅游区
		威海乳山银滩度假滨海旅游区
		威海金沙滩度假滨海旅游区
		威海环翠度假滨海旅游区
		威海西霞口度假滨海旅游区
		威海白沙口游艇旅游滨海旅游区
		威海城区游艇滨海旅游区
		威海乳山口游艇旅游滨海旅游区
		威海鸡鸣岛海岛综合旅游区
		威海海驴岛海岛综合旅游区
	青岛市潜在滨海旅游区	威海刘公岛海岛综合旅游区
		青岛大珠山观光滨海旅游区
		青岛崂山观光滨海旅游区
		青岛城市观光滨海旅游区
		青岛鳌山海滨观光滨海旅游区
		青岛田横岛度假滨海旅游区
		青岛城阳红岛度假滨海旅游区
		青岛琅琊台度假滨海旅游区
		青岛仰口度假滨海旅游区
		青岛石老人度假滨海旅游区
		青岛鳌山温泉度假滨海旅游区
		青岛即墨温泉度假滨海旅游区
		青岛薛家岛综合海岛旅游区
		青岛灵山岛综合海岛旅游区
		青岛斋堂岛海岛综合旅游区
		青岛市区游艇滨海旅游区
		青岛小港滨海旅游区
		日照太阳城森林公园生态滨海旅游区
	日照市潜在滨海旅游区	日照岚山港观光滨海旅游区
		日照太阳城度假滨海旅游区
		日照港游艇旅游滨海旅游区
		日照岚山港游艇旅游滨海旅游区

18.1.2　潜在滨海旅游区选划体系

18.1.2.1　指标体系构建

山东省潜在滨海旅游区选划指标体系的构建主要以旅游资源分类、调查与评价（GB/T 2260）所确定的旅游资源类别构成及评价标准为基础，结合滨海旅游特点和山东滨海旅游区的现状，确定资源禀赋条件、生态环境条件、旅游开发条件三大指标（下为因素层）：

1）资源禀赋条件

包括资源吸引力、资源影响力和资源开发潜力三大因素，主要是从滨海旅游资源开发条件角度对滨海潜在旅游区进行评价。

2）生态环境条件

包括生态环境质量、环境保护及优化潜力两大因素，主要是从旅游区环境条件角度对滨海潜在旅游区进行评价。

3）旅游开发条件

包括社会经济状况、客源市场潜力、发展潜力三大因素，主要是从产品开发角度对滨海潜在旅游区进行评价。其中发展潜力指数是本项目在潜在滨海旅游区选划指标体系的创新，主要是从未来滨海旅游产品特别是高端滨海休闲度假产品的发展角度来对潜在滨海旅游区进行评价，使得选划出来的潜在滨海旅游区更符合滨海旅游发展的趋势，更好更快的转化为适应市场需求的旅游产品区。

18.1.2.2 指标权重计算

采用多层次灰色评价法计算权重，因子层指标赋值采用直接赋值结合专家打分的方法进行确定，将数值输入计算机得出结果。多层次灰色评价法包括：

1）构造原始数据矩阵

$$X = (x_{ij})m \times n = \begin{bmatrix} x_{11} & x_{12} & \cdots & x_{1n} \\ x_{21} & x_{22} & \cdots & x_{2n} \\ \cdots & \cdots & \cdots & \cdots \\ x_{m1} & x_{m2} & \cdots & x_{mn} \end{bmatrix}$$

2）确定评价灰类

第一灰类 “很好”（$e=1$），灰数 $\otimes_1 \in [5, \infty)$，其白化权函数为$f_1$；

第二灰类 “好”（$e=2$），灰数 $\otimes_2 \in [0, 4, 8]$，其白化权函数为f_2；

第三灰类 “一般”（$e=3$），灰数 $\otimes_3 \in [0, 3, 6]$，其白化权函数为f_3；

第四灰类 “不好”（$e=4$），灰数 $\otimes_4 \in [0, 2, 4]$，其白化权函数为f_4；

第五灰类 “很不好”（$e=5$），灰数 $\otimes_5 \in [0, 1, 2]$，其白化权函数为f_5。

3）确定灰色评价系数及权向量

$$hije = \sum_{n=1}^{k} fe(x11)\ ;\ hij = \sum_{e=1}^{p} hie\ ;\ tije = \frac{hie}{hi}\ ;\ tij = (tij1, tij2, tijp)$$

$$Ti = \begin{matrix} ti11 & ti12 & \cdots & xi1k \\ xi21 & xi22 & \cdots & xi2k \\ \cdots & \cdots & \cdots & \cdots \\ xim1 & xim2 & \cdots & ximk \end{matrix}$$

18.1.2.3 潜在旅游区分级标准

根据上述指标权重，采用专家打分结合计算的方法，对6种类型的潜在滨海旅游区进行了选划，依据评价总分，将其分为3级，从高级到低级为：

1级潜在旅游区，得分值域≥3分；

2级潜在旅游区，得分值域2~3分；

3级潜在旅游区，得分值域1~2分。

18.1.3　潜在滨海旅游区选划结果及开发战略

18.1.3.1　潜在度假滨海旅游区选划

1）选划指标体系

采用直接赋值结合专家打分的方法进行，确定了度假滨海旅游区指标体系因子层的赋值，进而利用多层次灰色评价法计算其权重（表18.2）。

表18.2　度假滨海旅游区指标体系

目标层	因素层	因子层	指标层	权重
度假滨海旅游区指标体系	资源禀赋条件A（0.324 72）	资源吸引力A1（0.348 08）	观赏游憩价值	0.266 68
			珍稀与奇特度	0.253 18
			历史文化科学价值	0.207 08
			规模与丰度	0.273 08
		资源影响力A2（0.345 3）	资源优势度	0.302 92
			资源知名度	0.277 98
			资源美誉度	0.238 4
			资源完整度	0.180 74
		资源开发潜力A3（0.306 6）	未来市场需求导向	0.169 58
			资源分布密度	0.182 02
			开发利用程度	0.168 78
			沙滩质量	0.218 1
			资源组合条件	0.261 54
	生态环境条件B（0.328 34）	生态环境质量B1（0.450 38）	大气环境质量	0.168 66
			旅游环境容量	0.195 3
			水体环境质量	0.186 1
			生物多样性	0.129 36
			绿化覆盖度	0.163 12
			适游期	0.157 44
		环境保护及优化潜力B2（0.549 62）	景观保护度	0.334 44
			污染治理状况	0.330 46
			生态工程建设	0.335 1
	旅游开发条件C（0.346 9）	社会经济状况C1（0.329 98）	社会文化与开放度	0.211 72
			旅游产业基础	0.290 2
			经济发展水平	0.287 78
			周边城镇依托	0.210 28
		客源市场潜力C2（0.290 38）	游客量增长率	0.164 04
			营销推广能力	0.246 08
			消费需求结构	0.203 36
			游客消费能力	0.218 82
			游客停留天数	0.167 68
		发展潜力指数C3（0.379 6）	潜水运动产品发展保障	0.897 4
			交通优化保障	0.148 3
			开展康体度假旅游产品发展保障	0.116 98
			建设用地保障	0.169 92
			开发政策保障	0.121 82
			高端度假产品发展保障	0.134 3
			水上运动产品发展保障	0.908 2
			旅游投资保障	0.128 08

2）选划结果

根据上述指标权重，对表 18.1 中的潜在滨海旅游区进行了得分和潜力指数计算，并依据评价总分对其所处级别进行了选划。

由表 18.3 可知：1 级潜在旅游区 12 处，2 级潜在旅游区 9 处，3 级潜在旅游区 2 处。其中，1 级潜在旅游区有：烟台金沙滩和开发区、烟台养马岛、海阳凤城、威海石岛湾、威海金沙滩、青岛仰口、青岛石老人、青岛国际帆船中心、日照太阳城、日照水上运动中心、丁字湾、威海西霞口。

表 18.3 潜在度假滨海旅游区选划结果

名　称	中心点坐标	得分	潜力指数	级别
东营天鹅湖	37°22′N，118°49′E	2.831	0.71	2
烟台三山岛	37°24′N，119°57′E	2.914	0.73	2
烟台金沙滩和开发区	37°34′N，121°14′E	3.003	0.81	1
烟台芝罘岛	37°37′N，121°23′E	2.689	0.66	2
烟台养马岛	37°28′N，121°37′E	3.123	0.87	1
海阳凤城	36°42′N，121°14′E	3.196	0.83	1
威海石岛湾	36°56′N，122°28′E	3.207	0.89	1
小观金滩	36°56′N，121°55′E	1.580	0.43	3
乳山银滩	36°54′N，121°47′E	1.584	0.45	3
威海金沙滩	37°30′N，122°08′E	3.200	0.90	1
青岛田横岛	36°25′N，120°57′E	2.856	0.67	2
城阳红岛	36°13′N，120°16′E	2.521	0.61	2
青岛琅琊台	35°39′N，119°54′E	2.842	0.66	2
青岛仰口	36°15′N，120°40′E	3.323	0.91	1
青岛石老人	36°06′N，120°28′E	3.326	0.93	1
青岛国际帆船中心	36°03′N，120°23′E	3.021	0.82	1
青岛鳌山温泉	36°21′N，120°42′E	2.978	0.76	2
青岛即墨温泉	36°27′N，120°40′E	2.969	0.76	2
日照太阳城	35°32′N，119°37′E	3.291	0.88	1
日照水上运动中心	35°24′N，119°34′E	3.003	0.81	1
威海环翠	37°24′N，122°26′E	2.523	0.63	2
丁字湾	36°37′N，120°53′E	3.116	0.86	1
威海西霞口	37°25′N，122°37′E	3.015	0.81	1

3）重点潜在度假滨海旅游区发展战略分析

基于潜在度假滨海旅游区的选划结果（表 18.3），从中选取一些具有发展潜力的重点区域进行了详细的发展战略分析，包括开发利用现状、开发方向、环境影响预测以及开发对策和建议（表18.4）。

表18.4 重点潜在度假滨海旅游区发展战略

度假滨海旅游区	基础条件及开发现状分析	开发方向评析	环境影响预测分析	开发对策和建议
金沙滩旅游度假区（烟台）	景点类型多样、资源组合良好，沙质很好，已具备良好的开发基础	海滨游乐、观光、休闲	对环境影响较小	继续提升产品层次，进行综合性海滨旅游产品开发，限制其他建设项目
海阳旅游度假区	良好的海水水质，绝少污染，发展海滨旅游具有很好的潜力	海水浴场、滨休闲度假、海上游乐	对环境的影响较小	以高层次的休闲度假为主，注重旅游服务设施的开发建设，禁止海滩建筑
莱州三山岛	水质较好，开发强度低，具有较好的开发前景	海滨休闲度假	对环境影响较小	结合莱州的海洋文化、道教文化、渔业文化，开发休闲度假产品
芝罘湾（岛）	环境优良，拥有深水港，并滨海旅游区相临，具备开发游艇旅游的条件	游艇旅游、海滨度假、生态休闲、城市旅游	对环境影响不大	与城市旅游、生态旅游、海岛旅游相结合，开发综合性产品
养马岛	水质优良，开发较早，存在产品升级问题	海滨观光、休闲度假	原有开发对资源的破坏较严重	改善环境，开发高层次的休闲度假产品
田横湾（岛）	具有较好的自然和文化资源，已具备一定的开发基础	海岛休闲度假、游艇旅游、海滨娱乐、民俗旅游	在保护的前提下开发，对环境影响不大	开发以高档次休闲度假为主的综合性旅游产品，包括娱乐、休闲、度假、文化、民俗等
乳山银滩	优良的自然环境和优质沙滩，开发较好，前景广阔	海滨休闲、度假、居住	对环境影响不大	以高层次的产品为主，可适当开发滨海景观房产
石岛湾旅游度假区	生态环境优良，具备良好的开发条件	海滨休闲度假	对环境影响不大	以高层次的休闲度假产品为主
仰口度假区	资源条件优良，开发程度较低，具备极大的开发潜力	海滨生态休闲、海滨度假	对环境影响不大	开发高层次的休闲度假产品，提高服务设施水平
琅琊台旅游度假区	海滨生态环境优良，产品类型多样，具备很好的开发潜力	滨海休闲、娱乐、度假、渔家乐	对环境影响不大	以娱乐、休闲度假为主，开发综合性产品体系
日照太阳城滨海旅游度假区	海滨生态环境优良，已规划开发高层次休闲度假设施，具备很好的开发潜力	滨海休闲、海滨度假、滨海森林休闲、高尔夫度假	在保护下开发，对环境影响不大	以中高端产品为主，开发综合性产品体系

18.1.3.2 潜在观光滨海旅游区选划

1）选划指标体系

采用直接赋值结合专家打分的方法进行，确定了观光滨海旅游区指标体系因子层的赋值，进而利用多层次灰色评价法计算其权重（表18.5）。

表 18.5　观光滨海旅游区指标体系

目标层	因素层	因子层	指　标　层	权重
观光滨海旅游区指标体系	资源禀赋条件 A（0.434 4）	资源吸引力 A1（0.394 5）	观赏游憩价值	0.388 58
			珍稀与奇特度	0.263 6
			历史文化科学价值	0.144 2
			规模与丰度	0.203 62
		资源影响力 A2（0.282 6）	资源优势度	0.282 82
			资源知名度	0.267 18
			资源美誉度	0.234 86
			资源完整度	0.215 12
		资源开发潜力 A3（0.322 9）	未来市场需求导向	0.173 54
			资源分布密度	0.176 74
			开发利用程度	0.206 2
			资源空间通达度	0.219 28
			资源组合条件	0.224 22
	生态环境条件 B（0.321 14）	生态环境质量 B1（0.519 18）	大气环境质量	0.129 96
			旅游环境容量	0.202 14
			水体环境质量	0.140 14
			生物多样性	0.169 1
			绿化覆盖度	0.185 42
			适游期	0.173 22
		环境保护及优化潜力 B2（0.480 82）	景观保护度	0.451 5
			污染治理状况	0.260 1
			生态工程建设	0.288 4
	旅游开发条件 C（0.244 44）	社会经济状况 C1（0.290 96）	社会文化与开放度	0.217 82
			旅游产业基础	0.228 92
			经济发展水平	0.340 68
			周边城镇依托	0.212 56
		客源市场潜力 C2（0.284 8）	游客量增长率	0.199 54
			营销推广能力	0.18
			消费需求结构	0.208 58
			游客消费能力	0.249 66
			游客停留天数	0.162 18
		发展潜力指数 C3（0.424 26）	交通优化保障	0.212 06
			建设用地保障	0.172 36
			开发政策保障	0.210 4
			开发旅游景观房产产品发展保障	0.187 8
			旅游投资保障	0.217 36

2）选划结果

根据上述指标权重，对表 18.1 中的潜在观光滨海旅游区进行了得分和潜力指数计算，并依据评价总分对其所处级别进行了选划。

由表 18.6 可知：1 级潜在旅游区 3 处，2 级潜在旅游区 2 处，3 级潜在旅游区 6 处。其中，1 级潜在旅游区有：烟台蓬莱城西—栾家口—泊子、青岛崂山、青岛城市观光区。

表 18.6 潜在观光滨海旅游区选划结果

名 称	中心点坐标	得分	潜力指数	级别
滨州渤海农场	37°56′N，118°06′E	2.348	0.56	3
滨州黄河入海口	37°50′N，119°06′E	2.818	0.63	2
东营新百户枣园	37°59′N，118°19′E	2.352	0.57	3
烟台蓬莱城西—栾家口—泊子	37°48′N，120°40′E	3.277	0.87	1
烟台芝罘岛	37°37′N，121°24′E	2.298	0.51	3
烟台莱山	37°29′N，121°27′E	2.486	0.59	3
青岛大珠山	35°47′N，119°59′E	2.789	0.61	2
青岛崂山	36°11′N，120°35′E	3.380	0.93	1
日照岚山港	35°07′N，119°22′E	2.415	0.59	3
青岛城市观光区	36°05′N，120°21′E	3.368	0.91	1
青岛鳌山卫	36°20′N，120°43′E	2.482	0.60	3

3）重点潜在观光滨海旅游区发展战略分析

基于潜在观光滨海旅游区的选划结果（表18.6），从中选取一些具有发展潜力的重点区域进行了详细的发展战略分析，包括开发利用现状、开发方向、环境影响预测以及开发对策和建议（表18.7）。

表 18.7 重点潜在观光滨海旅游区发展战略

观光滨海旅游区	基础条件及开发现状分析	开发方向评析	环境影响预测分析	开发对策和建议
大珠山风景区	生态优美，具备良好开发基础	生态休闲	对环境影响不大	山岳与海滨结合，开发生态休闲度假区
日照岚山港	港口条件较好，对旅游的开发不足，具备开发游艇旅游的条件	游艇旅游、海滨观光、休闲渔业	对环境影响不大	以游艇旅游为主，开发休闲渔业、海滨休闲度假和城市旅游
崂山风景名胜区	道教文化突出，开发早、名气高	宗教、海滨休闲度假	对环境影响不大	宗教文化与海滨旅游相结合

18.1.3.3 潜在海岛综合旅游区选划

1）选划指标体系

采用直接赋值结合专家打分的方法进行，确定了海岛综合旅游区指标体系因子层的赋值，进而利用多层次灰色评价法计算其权重（表18.8）。

表 18.8　海岛综合旅游区指标体系

目标层	因素层	因子层	指　标　层	权重
海岛旅游区指标体系	资源禀赋条件 A（0.407 76）	资源吸引力 A1（0.414 48）	观赏游憩价值	0.243 4
			珍稀与奇特度	0.330 2
			历史文化科学价值	0.178 26
			规模与丰度	0.248 08
		资源影响力 A2（0.243 06）	资源优势度	0.264 74
			资源知名度	0.260 92
			资源美誉度	0.208 36
			资源完整度	0.218 82
		资源开发潜力 A3（0.342 48）	未来市场需求导向	0.169 5
			资源分布密度	0.168 72
			开发利用程度	0.163 24
			资源空间通达度	0.259 86
			资源组合条件	0.238 66
	生态环境条件 B（0.303 52）	生态环境质量 B1（0.412 02）	大气环境质量	0.137 48
			旅游环境容量	0.205 72
			水体环境质量	0.147 94
			生物多样性	0.181 38
			绿化覆盖度	0.158 58
			适游期	0.168 92
		环境保护及优化潜力 B2（0.587 98）	景观保护度	0.321 32
			污染治理状况	0.288 54
			生态工程建设	0.390 14
海岛旅游区指标体系	旅游开发条件 C（0.288 7）	社会经济状况 C1（0.356 34）	社会文化与开放度	0.221 64
			旅游产业基础	0.258 1
			经济发展水平	0.311 2
			周边城镇依托	0.209 08
		客源市场潜力 C2（0.281 5）	游客量增长率	0.181 34
			营销推广能力	0.187 7
			消费需求结构	0.232 72
			游客消费能力	0.219 96
			游客停留天数	0.178 28
		发展潜力指数 C3（0.362 18）	交通优化保障	0.121 24
			建设用地保障	0.083
			开发政策保障	0.107 88
			高端度假产品发展保障	0.125 98
			旅游投资保障	0.114 76
			开展海岸探险产品发展保障	0.113 74
			潜水运动产品发展保障	0.109 4
			海钓产品发展保障	0.108 64
			旅游景观房产发展保障	0.115 38

2）选划结果

根据上述指标权重，对表18.1中的潜在海岛综合旅游区进行了得分和潜力指数计算，并依据评价总分对其所处级别进行了选划。

由表18.9可知：1级潜在旅游区5处，2级潜在旅游区2处，3级潜在旅游区3处。其中，1级潜在旅游区有：烟台崆峒岛、青岛薛家岛、烟台庙岛群岛、威海刘公岛、日照前三岛。

表18.9 潜在海岛综合旅游区选划结果

名 称	中心点坐标	得分	潜力指数	级别
烟台崆峒岛	37°34′N，121°31′E	3.188	0.82	1
威海鸡鸣岛	37°27′N，122°29′E	2.805	0.62	2
威海海驴岛	37°27′N，122°40′E	2.752	0.59	2
青岛薛家岛	35°57′N，120°13′E	3.213	0.85	1
青岛斋堂岛	35°38′N，119°56′E	2.407	0.55	3
烟台桑岛	37°47′N，120°26′E	2.424	0.56	3
烟台屺姆岛	37°41′N，120°16′E	2.467	0.57	3
烟台庙岛群岛	37°56′N，120°04′E	3.352	0.91	1
威海刘公岛	37°30′N，122°11′E	3.255	0.89	1
日照前三岛	35°06′N，119°25′E	3.035	0.81	1

3）重点潜在海岛综合旅游区发展战略分析

基于潜在海岛综合旅游区的选划结果（表18.9），从中选取一些具有发展潜力的重点区域进行了详细的发展战略分析，包括开发利用现状、开发方向、环境影响预测以及开发对策和建议（表18.10）。

表18.10 重点潜在海岛综合旅游区开发分析

海岛综合旅游区	基础条件及开发现状分析	开发方向评析	环境影响预测分析	开发对策和建议
薛家岛	海岸风光优美，具有良好的海湾和沙滩，开发强度低，具有很好的度假发展前景	海滨休闲、海滨高档次度假	在海滨环境保护的要求下开发，对环境影响不大	利用优良的自然和区位条件，开发高档次的海滨度假产品。分散市内
庙岛群岛	地理位置独特，生态条件优越，渔家特色突出，已具备较好的开发基础	渔家乐产品、海岛度假、海岛民俗文化游、海岛探险	注重海岛生态环境保护，划定保护区，减少对环境的影响	开发独具特色的海岛渔家乐、海岛探险、海岛度假、海岛文化休闲等产品
刘公岛	拥有独特的文化底蕴和优良的森林生态环境，已具备一定的开发基础	军事文化观光休闲、海岛探险、海上游乐	对环境影响不大	开发军事体验、海岛探险、海上竞技等独具特色的海岛旅游产品
龙口桑岛	桑岛地理条件较为优越，古渔村保存较好，海岛民俗资源丰富，每年有大量京津客人来此休闲度假	海岛观光、渔村休闲、民俗度假、海上游乐	注重海岛生态环境保护，划定核心民俗保护区，减少对环境的影响	发展海岛观光、渔村休闲、海上游乐、民俗度假以及渔家乐产品，打造最具胶东海岛特色度假地

18.1.3.4 潜在生态滨海旅游区选划

1）选划指标体系

采用直接赋值结合专家打分的方法进行，确定了生态滨海旅游区指标体系因子层的赋值，进而利用多层次灰色评价法计算其权重（表18.11）。

表 18.11 生态滨海旅游区指标体系

目标层	因素层	因子层	指标层	权重
生态滨海旅游区指标体系	资源禀赋条件 A（0.336 1）	资源吸引力 A1（0.366 64）	观赏游憩价值	0.318 04
			珍稀与奇特度	0.244 12
			历史文化科学价值	0.202 48
			规模与丰度	0.235 4
		资源影响力 A2（0.286 14）	资源优势度	0.259 54
			资源知名度	0.273 58
			资源美誉度	0.263 34
			资源完整度	0.203 54
		资源开发潜力 A3（0.347 22）	未来市场需求导向	0.175 9
			资源分布密度	0.157 12
			开发利用程度	0.200 16
			资源空间通达度	0.228 4
			资源组合条件	0.238 46
	生态环境条件 B（0.401 32）	生态环境质量 B1（0.386 08）	大气环境质量	0.115 18
			旅游环境容量	0.158 32
			水体环境质量	0.125 5
			生物多样性	0.152 16
			绿化覆盖度	0.146 86
			适游期	0.147 58
		环境保护及优化潜力 B2（0.613 92）	自然原貌保存程度	0.154 38
			景观保护度	0.391 06
			污染治理状况	0.286 56
	旅游开发条件 C（0.262 58）	社会经济状况 C1（0.349 62）	生态工程建设	0.322 38
			社会文化与开放度	0.243 56
			旅游产业基础	0.273 82
			经济发展水平	0.278 12
		客源市场潜力 C2（0.328 74）	周边城镇依托	0.204 52
			游客量增长率	0.197 48
			营销推广能力	0.218 38
			消费需求结构	0.192 08
			游客消费能力	0.235 82
		发展潜力指数 C3（0.321 64）	游客停留天数	0.156 22
			交通优化保障	0.227 64
			生态环境适宜性保障	0.308 64
			开发政策保障	0.235 52
			旅游投资保障	0.228 18

2）选划结果

根据上述指标权重，对表 18.10 中的潜在生态滨海旅游区进行了得分和潜力指数计算，并依据评价总分对其所处级别进行了选划。

由表18.12可知：1级潜在旅游区7处，2级潜在旅游区4处，3级潜在旅游区1处。其中，1级潜在旅游区有：日照太阳城森林公园、滨州无棣贝壳堤岛、昌邑万亩柽柳林、寿光林海生态博览园、黄河三角洲自然保护区、青岛金沙滩、威海天鹅湖。

表18.12 潜在生态滨海旅游区选划结果

名 称	中心点坐标	得分	潜力指数	级别
日照太阳城森林公园	35°32′N，119°37′E	3.212	0.85	1
潍坊清河湿地	37°15′N，118°52′E	2.539	0.70	2
滨州套儿河口	37°56′N，118°03′E	2.442	0.65	3
滨州徒骇河口	37°54′N，118°06′E	2.605	0.73	2
滨州无棣贝壳堤岛	38°08′N，117°52′E	3.254	0.88	1
昌邑万亩柽柳林	37°04′N，119°22′E	3.238	0.87	1
寿光林海生态博览园	37°11′N，118°49′E	3.021	0.81	1
东营红滩飞雁	38°08′N，118°48′E	2.569	0.71	2
黄河三角洲自然保护区	37°48′N，119°03′E	3.350	0.94	1
东营老黄河口	38°01′N，118°37′E	2.902	0.78	2
青岛金沙滩	35°58′N，120°15′E	3.018	0.81	1
威海天鹅湖	37°22′N，122°34′E	3.282	0.86	1

3）重点潜在生态滨海旅游区发展战略分析

基于潜在生态滨海旅游区的选划结果（表18.12），从中选取一些具有发展潜力的重点区域进行了详细的发展战略分析，包括开发利用现状、开发方向、环境影响预测以及开发对策和建议（表18.13）。

表18.13 重点潜在生态滨海旅游区发展战略

潜在生态滨海旅游区	基础条件及开发现状分析	开发方向评析	环境影响预测分析	开发对策和建议
黄河三角洲自然保护区	优良的原生湿地环境，未受到破坏，处于初级开发阶段	湿地观光、湿地休闲，具有广阔的开发前景	以自然保护为前提，开发无污染项目，实现对环境的极低影响	充分发展湿地生态环境优势，开发生态休闲产品，控制旅游人数
徒骇河和套儿河河口	咸水水域天然湿地，以赶海拾采沾化大文蛤而闻名	生态湿地休闲、特色渔家乐	对环境影响不大	湿地休闲与地域民俗文化相结合
东营天鹅湖旅游度假区	具有极高的观赏价值和艺术价值，处于开发初期	湿地观鸟、湿地科普	以保护为前提，保证天鹅生存环境，不宜大规模开发	保持原生湿地环境，开发湿地观鸟、科普、休闲项目
寿光林海生态博览园	生态环境优良，具有较高的游憩使用价值，现已开发部分休闲娱乐设施	生态观光、生态娱乐休闲	对环境影响不大	充分开发林间娱乐、滨水游乐项目，发展生态休闲产品
昌邑万亩柽柳林	生态优良、类型多样，规模较大，具有较好开发潜力	特色生态休闲、度假	对环境影响较小	突出柽柳林加海滨休闲的特色，开发盐文化休闲产品
威海天鹅湖旅游区	生态环境优良，处于开发初期	生态休闲、海滨度假	以保护天鹅生存环境为前提	开发生态休闲与海滨特色度假相结合
贝壳堤自然保护区	景观奇特，具较高的观赏价值，已开发为自然保护区	特色海滨观光、海滨游乐	以保护贝壳堤为前提，避免对环境的影响	突出贝壳堤的特色，开发休闲娱乐产品

18.1.3.5 潜在休闲渔业滨海旅游区选划

1）选划指标体系

采用直接赋值结合专家打分的方法进行，确定了休闲渔业滨海旅游区指标体系因子层的赋值，进而利用多层次灰色评价法计算其权重（表18.14）。

2）选划结果

根据上述指标权重，对表18.1中的潜在休闲渔业滨海旅游区进行了得分和潜力指数计算，并依据评价总分对其所处级别进行了选划。

由表18.15可知：1级潜在旅游区2处，2级潜在旅游区4处，3级潜在旅游区4处。其中，1级潜在旅游区有：烟台莱州海岸、威海双岛湾。

表18.14 休闲渔业滨海旅游区指标体系

目标层	因素层	因子层	指标层	权重
休闲渔业旅游区指标体系	资源禀赋条件A（0.387 22）	资源吸引力A1（0.357 64）	观赏游憩价值	0.277 18
			珍稀与奇特度	0.236 88
			历史文化科学价值	0.186 48
			规模与丰度	0.299 46
		资源影响力A2（0.313 58）	资源优势度	0.270 8
			资源知名度	0.264 14
			资源美誉度	0.209 38
			资源完整度	0.255 7
		资源开发潜力A3（0.328 8）	未来市场需求导向	0.163 92
			资源分布密度	0.211 48
			开发利用程度	0.177 28
			资源空间通达度	0.209 4
			资源组合条件	0.237 94
	生态环境条件B（0.286 08）	生态环境质量B1（0.509 96）	大气环境质量	0.137 46
			旅游环境容量	0.209 04
			水体环境质量	0.173 12
			生物多样性	0.175 56
			绿化覆盖度	0.154 84
			适游期	0.149 94
		环境保护及优化潜力B2（0.490 04）	景观保护度	0.353 88
			污染治理状况	0.291 32
			生态工程建设	0.354 8
	旅游开发条件C（0.326 72）	社会经济状况C1（0.345 1）	社会文化与开放度	0.227 94
			旅游产业基础	0.261 36
			经济发展水平	0.287 52
			周边城镇依托	0.223 18
		客源市场潜力C2（0.296 36）	游客量增长率	0.183 12
			营销推广能力	0.165 88
			消费需求结构	0.198 94
			游客消费能力	0.246 36
			游客停留天数	0.205 66
		发展潜力指数C3（0.358 56）	交通优化保障	0.201 58
			建设用地保障	0.157 16
			开发政策保障	0.183 92
			旅游投资保障	0.206 26
			休闲渔业发展保障	0.251 06

表 18.15　潜在休闲渔业滨海旅游区选划结果

名　称	中心点坐标	得分	潜力指数	级别
东营刁口	37°59′N，118°36′E	2.825	0.74	2
滨州徒骇河农场	37°59′N，118°11′E	2.298	0.62	3
潍坊羊口港	37°16′N，118°51′E	2.740	0.74	2
烟台莱州海岸	37°09′N，119°48′E	3.255	0.88	1
烟台龙口湾—刁龙嘴	37°31′N，120°13′E	2.869	0.75	2
威海双岛湾	37°26′N，121°56′E	2.821	0.73	1
威海马栏湾	37°25′N，122°40′E	2.379	0.63	3
威海爱莲湾	37°11′N，122°34′E	2.350	0.63	3
威海桑沟湾	37°08′N，122°28′E	2.369	0.64	3
威海王家湾	36°53′N，122°24′E	2.831	0.75	2

3）重点潜在休闲渔业滨海旅游区发展战略分析

基于潜在休闲渔业滨海旅游区的选划结果（表18.15），从中选取一些具有发展潜力的重点区域进行了详细的发展战略分析，包括开发利用现状、开发方向、环境影响预测以及开发对策和建议（表18.16）。

表 18.16　重点潜在休闲渔业滨海旅游区发展战略

休闲渔业旅游区	基础条件及开发现状分析	开发方向评析	环境影响预测分析	开发对策和建议
东营刁口	地理位置优越，拥有东营港、中心渔港等高标准渔港，是重要的水产品集散和加工地	渔家乐、休闲渔业、滨海娱乐	对环境影响较小	发挥原有渔港的优势，实现渔业向旅游业的转变，开发具有渔家特色的娱乐、休闲、度假产品
莱州海岸	拥有一定的渔业基础，水质较好	滨水娱乐、休闲渔业	注重沙滩保护，对环境影响较小	利用和改造渔村、渔业设施，开展休闲渔业

18.1.3.6　潜在游艇滨海旅游区选划

1）选划指标体系

采用直接赋值结合专家打分的方法进行，确定了游艇滨海旅游区指标体系因子层的赋值，进而利用多层次灰色评价法计算其权重（表18.17）。

表 18.17　游艇滨海旅游区指标体系表

目标层	因素层	因子层	指　标　层	权重
游艇滨海旅游区指标体系	资源禀赋条件 A（0.398 36）	资源吸引力 A1（0.374 18）	观赏游憩价值	0.225 56
			珍稀与奇特度	0.274 8
			历史文化科学价值	0.199 82
			规模与丰度	0.299 82
		资源影响力 A2（0.332 2）	资源优势度	0.322 8
			资源知名度	0.233 72
			资源美誉度	0.220 44
			资源完整度	0.223 06
		资源开发潜力 A3（0.293 62）	未来市场需求导向	0.156 28
			浪高	0.188 48
			气象条件	0.188 48
			潮汐状况	0.221 26
			资源组合条件	0.245 46
	生态环境条件 B（0.269 18）	生态环境质量 B1（0.461 44）	大气环境质量	0.170 1
			旅游环境容量	0.183 08
			水体环境质量	0.193 8
			生物多样性	0.141 64
			绿化覆盖度	0.155 76
			适游期	0.155 58
		环境保护及优化潜力 B2（0.538 56）	景观保护度	0.371 52
			污染治理状况	0.266 18
			生态工程建设	0.362 28
	旅游开发条件 C（0.332 44）	社会经济状况 C1（0.341 76）	社会文化与开放度	0.201 24
			旅游产业基础	0.270 18
			经济发展水平	0.328 42
			周边城市依托	0.200 12
		客源市场潜力 C2（0.308 72）	游客量增长率	0.212 12
			营销推广能力	0.165 72
			消费需求结构	0.182 48
			游客消费能力	0.264 32
			游客停留天数	0.175 36
		发展潜力指数 C3（0.349 5）	交通优化保障	0.202 2
			建设用地保障	0.144 56
			开发政策保障	0.189 06
			旅游投资保障	0.199 96
			游艇产品发展保障	0.264 22

2）选划结果

根据上述指标权重，对表 18.1 中的潜在游艇滨海旅游区进行了得分和潜力指数计算，并依据评价总分对其所处级别进行了选划。

由表 18.18 可知：1 级潜在旅游区 6 处，2 级潜在旅游区 7 处。其中，1 级潜在旅游区有：青岛小港、青岛灵山岛、青岛市区、威海成山头、潍坊清河口湿地、烟台大季家—八角。

表 18.18 潜在游艇滨海旅游区选划结果

名 称	中心点坐标	得分	潜力指数	级别
青岛小港	36°4′N，120°19′E	3.111	0.80	1
青岛灵山岛	35°48′N，120°12′E	3.311	0.90	1
青岛市区	36°3′N，120°21′E	3.232	0.87	1
威海成山头	37°24′N，122°37′E	3.212	0.86	1
威海白沙口	36°50′N，121°40′E	2.997	0.79	2
威海乳山口	36°47′N，121°29′E	2.891	0.78	2
威海市区	37°30′N，122°7′E	2.811	0.77	2
潍坊清河口湿地	37°16′N，118°52′E	3.119	0.81	1
渤海新城	37°6′N，119°13′E	2.966	0.79	2
东营港	38°4′N，118°55′E	2.897	0.78	2
烟台大季家—八角	37°41′N，121°7′E	3.155	0.82	1
烟台市区	37°28′N，121°27′E	2.912	0.78	2
烟台高科技开发区	37°33′N，121°15′E	2.717	0.75	2

3）重点潜在游艇滨海旅游区发展战略分析

基于潜在游艇滨海旅游区的选划结果（表 18.18），从中选取一些具有发展潜力的重点区域进行了详细的发展战略分析，包括开发利用现状、开发方向、环境影响预测以及开发对策和建议（表 18.19）。

表 18.19 重点潜在游艇旅游滨海旅游区开发分析

游艇旅游滨海旅游区	基础条件及开发现状分析	开发方向评析	环境影响预测分析	开发对策和建议
蓬莱大季家—八角镇岸段	海水水质优良，可建深水码头和港口，具备很好的游艇旅游条件	游艇旅游、潜水旅游、滨水观光休闲、海滨度假	减少污染，对环境影响不大	开发高层次的游艇、潜水旅游项目，开发休闲渔业、度假旅游产品
渤海梦幻水城	改变“临海却不见海，见海难亲海”的境况。规模较大，为开发旅游提供了良好的条件	海滨生态休闲、度假、游艇旅游	在保护海滨环境的前提下开发，减少对海滨生态环境影响	以开发滨海生态休闲、娱乐、购物、度假等高层次产品为主
威海市区	开发日趋成熟，已拥有国际海水浴场、多个公园，靠近威海码头	城市娱乐、滨海休闲度假、游艇旅游、高尔夫旅游	对环境影响不大	以城市生态休闲与滨海度假为特色，开发高档次的度假产品
成山头	海蚀地貌突出，景区较具特色，建有高尔夫球场	观光、海钓、海滨休闲度假	对环境影响不大	突出景观特色，建设休闲、度假、高尔夫等高档次旅游产品
潍坊清河口湿地	湿地生态环境优良，空间容量大，与港口、古镇的组合较好	湿地度假、河口度假、古镇休闲度假、游艇度假	绝对保护湿地生态环境。避免对湿地生态的影响	以生态、文化为特色，以休闲度假、游艇旅游等高层次产品为主
灵山岛	拥有独特的地貌类型，生态极优，具备较高的观赏价值和开发价值	海岛地质观光、海岛垂钓、海岛野营等	以保护为前提，避免对环境的影响	以特色海岛风光、休闲娱乐、海岛野营、海鲜为主打产品，开发特色海岛游

18.2 海水增养殖区选划

选划的潜在海水增养殖区，主要包括以下区域：① 目前还没有用于增养殖，根据现有的自然条件和技术水平适合于可持续增养殖的滩涂和浅海；② 目前还没有用于增养殖，根据现有的自然条件和技术水平还不适宜增养殖，但是在近期（5～10 年）依靠科技进步等可以实现可持续增养殖的滩涂和浅海；③ 目前已经用于增养殖，但是经济效益、社会效益和生态效益较低，需要依靠科技进步对增养殖种类、增养殖模式、增养殖布局进行结构调整的区域。

18.2.1 山东省适宜增养殖海域

18.2.1.1 山东省海域面积

山东省近岸浅海面积较大，据统计：0～5 m 等深线海域面积 5 127 km^2，5～10 m 等深线海域面积 4 590 km^2，10～20 m 等深线海域面积 20 014 km^2、20～30 m 等深线海域面积 28 967 km^2，30～40 m 等深线海域面积 19 634 km^2，40～50 m 等深线海域面积 16 725 km^2。

18.2.1.2 海水养殖发展潜力

1）池塘养殖

据统计，山东省适宜开发为池塘养殖区的总面积约 3.4×10^5 hm^2，目前已开发近 1.1×10^5 hm^2（图 18.7），仍有 2.3×10^5 hm^2 未开发。

未开发区域主要位于滨州至潍坊岸段，为盐碱地及荒滩，约 2×10^5 hm^2 可开发进行海水及地下半咸水池塘养殖。再者，随着盐业技术的改进，结晶池占盐池总面积的比例为 5%～30%；除结晶池外，其他池塘皆可开展水产增养殖，盐田地区可以开发为养殖与盐业并存的双重产业。

2）底播养殖

据统计，山东省现已开发滩涂底播养殖区面积 1.03×10^5 hm^2，尚有未开发滩涂 2.4×10^4 hm^2 左右，主要位于滨州至潍坊段，可开发进行底播护养。

山东省 0～30 m 等深线海域面积约 3.2×10^6 hm^2，适宜开发为底播养殖区的面积约 9×10^5 hm^2，现已开发的底播养殖区多介于 0～20 m 水深内（15×10^4 hm^2），而 20 m 等深线以外海域基本未开发。适合开发刺参、皱纹盘鲍、海胆、栉孔扇贝、虾夷扇贝、甲壳类等大规模底播增养殖以及鲆鲽鱼类、大泷六线鱼、许氏平鲉等定居性经济鱼类增殖。

山东省有面积 500 m^2 以上的海岛 320 个和数量众多的岛礁，其海底环境优良，适宜于海珍品及经济藻类的增殖，是山东省具有潜在增养殖发展潜力的区域。

3）浅海（筏式、网箱）养殖

据统计，全省 5～40 m 等深线海域可进行筏式、网箱养殖的面积约 5.3×10^5 hm^2；已开发 7×10^4 hm^2，多位于 5～20 m 等深线内（图 18.7），尚有 4.6×10^5 hm^2 海域未开发。

目前山东省海湾、浅水海域可进行筏式、网箱养殖的区域已基本开发，但部分地区因养殖密度过大而造成水域污染，影响了养殖效益。应积极发展离岸型生态养殖、深水网箱养殖和筏式养殖，养殖海区逐步向深水 20～30 m 甚至 50 m 等深线以外海域转移。

4）工厂化养殖（大棚养殖）

山东省除滨州、东营两地市外，其他地市利用地下水进行工厂化养殖的区域已基本被开发。滨州、东营可适度开发地下水工厂化养殖，但要控制开发规模。其他地市利用地下水进行工厂化养殖的面积不宜再扩大，应采用新种类、新技术，节水减排，提高单位面积的产量，同时应大力发展自然海水工厂化养殖。

5）人工鱼礁

山东近海适合投放人工鱼礁的海域主要位于莱州湾中、东部，烟台市北部沿海，威海市东部及北部近海，青岛市及日照市近岸海域。

6）人工育苗

随着潜在海水增养殖区的开发利用，养殖规模的逐渐增加，对苗种的需求也相应增加。预计今后10年需要增加鱼类苗种2亿尾，虾蟹类苗种100亿尾，贝类苗种2 000亿粒，海带60亿株，刺参100亿头。

18.2.2 山东省潜在海水增养殖区选划

18.2.2.1 潜在海水增养殖区选划的目标、依据和原则

1）目标

结合全省海水养殖开发利用现状、增养殖潜力、海洋环境状况及其社会经济价值，选划出3.33×10^5 hm^2（500万亩）以上的潜在增养殖区，为全省海洋经济可持续发展及海水养殖海域的有偿使用管理提供科学依据，为各级政府和行业部门制定科学合理的海洋经济发展战略和海洋政策提供决策信息。

2）依据

《中华人民共和国渔业法》（2004，中华人民共和国主席令第25号）；
《中华人民共和国海域使用管理法》（2001，中华人民共和国主席令第61号）；
《中华人民共和国海洋环境保护法》（1999，中华人民共和国主席令第26号）；
《中华人民共和国海上交通安全法》（1983，中华人民共和国主席令第7号）；
《山东省海洋环境保护条例》（2004，山东省人民代表大会常务委员会公告，第40号）；
《山东省海域使用管理条例》（2004，山东省人民代表大会常务委员会公告，第10号）；
《全国海洋功能区划》（2002，中华人民共和国国务院）；
《山东省海洋功能区划》（2004，山东省人民政府）；
《山东省潜在海水增养殖区评价与选划（SD－908－2004）》实施方案（2005，山东省“908专项”办）；
《山东省土地利用规划》（鲁政发［1999］56号）；
《山东省海洋经济“十一五”发展规划》（2006，山东省人民政府）；
《山东省渔业资源修复行动计划》（2004，山东省人民政府）；
《山东省优势水产品区域布局规划》（2004—2009，山东省海洋与渔业厅）；
《海域使用管理技术规范》（2001年2月，国家海洋局试行）；
《海洋功能区划技术导则》（GB 17 108—1997）；

《海水水质标准》（GB 3 097—1997）；
《渔业水质标准》（GB 11 607—89）。

3）原则

在对潜在海水增养殖区进行选划时应坚持以下原则：① 可持续发展的原则；② 统筹兼顾、稳步发展的原则；③ 体现开发与保护相结合的原则；④ 前瞻性与可行性的原则；⑤ 与“山东省海洋功能区划”相衔接的原则；⑥ 生态适宜与环境符合性的原则。

18.2.2.2 潜在海水养殖区选划

1）全省概述

新选划池塘养殖 94.83 万亩（63 220 hm^2），底播养殖 441.34 万亩（294 225 hm^2），筏式、网箱养殖 498.46 万亩（332 309 hm^2），合计总面积 1 034.63 万亩（689 754 hm^2），详见表 18.20 和图 18.1。

根据全省的海岸带和海域特征，将选划的全省海水养殖海域分为：山东渤海海域、山东半岛北部海域、山东半岛南部海域。

（1）山东渤海海域

本区海岸线西起滨州漳卫新河，东至烟台市的屺岛。海岸类型多为粉砂淤泥质海岸，滩涂生物约有 200 种，近海重要经济鱼类和无脊椎动物 50 余种。近海滩涂尤其适合贝类生长，主要栖息有文蛤、四角蛤蜊、青蛤、毛蚶、缢蛏等贝类资源近 40 种，其中经济价值较高的贝类有 10 余种。

全省新选划的池塘养殖区全部位于该区，适宜立足本地贝类资源优势，加大对虾、三疣梭子蟹、卤虫、文蛤等海水养殖标准化生产示范基地建设，有重点地开发海水鱼、刺参、微藻（如螺旋藻等）等适宜种类的养殖，扩大深水区增养殖规模，加大封滩护养力度，进行高密度生态养殖示范推广。

（2）山东半岛北部海域

本区海岸线西起龙口屺姆岛，东至荣成，是海珍品、海藻的重要产地。基岩岬湾众多，潮间带狭窄，近岸水流较大，底质多为粗质砂。

本区域共选划潜在海水养殖区域 344 534 hm^2，其中底播养殖 107 248 hm^2，筏式、网箱养殖 237 286 hm^2。

该区域是山东省主要的海水筏式、网箱养殖区域，应发挥大型海藻的养殖优势，扩大刺参、皱纹盘鲍、扇贝等海珍品精养规模。目前，该岸段养殖集中于滩涂和浅水海域，已处于较高程度开发状态。

（3）半岛南部海域

本区北起威海市的文登，南至日照市的岚山区，沿海地形地貌与半岛北部相似，以基岩港湾海岸为主体。滩涂海域底栖生物达 400 余种。

本区域选划潜在海水增养殖区总面积 124 270 hm^2，其中底播养殖区 75 427 hm^2，筏式、网箱养殖区 48 843 hm^2。

该区域适合发展深水网箱鱼类、底播贝类养殖，建设人工鱼礁生态示范和无公害养殖示范区。

表18.20　山东省潜在海水增养殖区选划登记表

模式	区域	面积/hm^2	底质	适宜养殖种类
池塘养殖	黄河故道	25 250	粉砂淤泥	凡纳滨对虾、刺参、日本囊对虾、三疣梭子蟹
	孤东油田	9 170	粉砂淤泥	凡纳滨对虾、刺参、日本囊对虾、三疣梭子蟹
	东营区城东	12 730	粉砂淤泥	凡纳滨对虾、刺参、日本囊对虾、三疣梭子蟹
	寿光市	3 260	粉砂淤泥	凡纳滨对虾、刺参、日本囊对虾、三疣梭子蟹
	昌邑市	12 450	粉砂淤泥	凡纳滨对虾、日本囊对虾、中国明对虾、三疣梭子蟹、海水鱼类、刺参
底播养殖	渤海湾南部	29 690	粉砂淤泥	养护文蛤、四角蛤、青蛤、沙蚕、缢蛏、蓝蛤、毛蚶、玉螺
	东营孤岛东部	13 930	粉砂淤泥	养护文蛤、四角蛤、青蛤、菲律宾蛤仔、沙蚕、缢蛏、蓝蛤、毛蚶、玉螺、牡蛎
	东营市城东	18 650	粉砂淤泥	养护文蛤、四角蛤、青蛤、菲律宾蛤仔、沙蚕、缢蛏、蓝蛤、毛蚶、玉螺、牡蛎
	屺岛	49 280	粉砂淤泥	养护文蛤、菲律宾蛤仔、四角蛤、毛蚶、竹蛏、青蛤、蓝蛤、玉螺
	桑岛	703	岩礁	虾夷扇贝、刺参、皱纹盘鲍
	蓬莱近海	40 809	岩礁	虾夷扇贝、刺参、皱纹盘鲍
	崆峒列岛以东	4 249	岩礁、砂质	刺参
	威海北部	17 115	岩礁	刺参、皱纹盘鲍
	荣成北部	17 750	岩礁	虾夷扇贝、刺参、皱纹盘鲍
	荣成南部	26 625	砂质、岩礁	虾夷扇贝、刺参、皱纹盘鲍
	威海南部	25 631	砂质	菲律宾蛤仔、中华蛤仔、魁蚶、刺参
	海阳南部	20 238	砂质、岩礁	菲律宾蛤仔、中华蛤仔、魁蚶、刺参、皱纹盘鲍
	即墨南部海域	17 038	粉砂质	菲律宾蛤仔、紫石房蛤、中华蛤仔、文蛤、刺参
	崂山东部海岛	903	岩礁	刺参、皱纹盘鲍、菲律宾蛤仔、紫石房蛤、魁蚶
	灵山岛	4 843	岩礁	菲律宾蛤仔、紫石房蛤、栉江珧、刺参、皱纹盘鲍
	两城河口	3 353	粉砂淤泥	菲律宾蛤仔、紫石房蛤、四角蛤、栉江珧、大竹蛏、魁蚶、刺参
	前三岛海域	3 421	岩礁	菲律宾蛤仔、紫石房蛤、栉江珧、大竹蛏、刺参、鲍
筏式、网箱养殖	芙蓉岛周围	13 080	砂质	海湾扇贝、太平洋牡蛎
	屺岛	33 098	砂质	海湾扇贝、栉孔扇贝、太平洋牡蛎
	龙口市北部	9 579	砂质	海湾扇贝、虾夷扇贝
	长岛海域	57 803	岩礁、砂质	栉孔扇贝、虾夷扇贝、海湾扇贝、皱纹盘鲍、海胆、太平洋牡蛎、海带
	烟台开发区	29 293	岩礁、砂石	栉孔扇贝、虾夷扇贝、海湾扇贝、皱纹盘鲍、海胆、紫贻贝、海带、海胆、太平洋牡蛎
	崆峒岛	1 388	岩礁	栉孔扇贝、虾夷扇贝、海湾扇贝、海带、太平洋牡蛎
	威海北部	15 128	岩礁	海带、裙带菜、栉孔扇贝、虾夷扇贝、海湾扇贝、紫贻贝、海胆
	荣成北部	24 691	岩礁	海带、裙带菜、栉孔扇贝、虾夷扇贝、海湾扇贝、紫贻贝、海胆
	荣成东部	99 403	岩礁	海带、裙带菜、栉孔扇贝、虾夷扇贝、海湾扇贝、紫贻贝、海胆
	乳山南部	12 143	砂质、岩礁	扇贝、紫贻贝、太平洋牡蛎、海带及笼养刺参、皱纹盘鲍;网箱养殖许氏平鲉、大泷六线鱼、鲈鱼
	崂山湾	2 514	粉砂淤泥	筏式扇贝、紫贻贝、太平洋牡蛎、海带及笼养刺参、皱纹盘鲍;网箱养殖许氏平鲉、大泷六线鱼、鲈鱼
	灵山湾	3 245	粉砂淤泥	筏式扇贝、紫贻贝、太平洋牡蛎、海带及笼养刺参、皱纹盘鲍;网箱养殖许氏平鲉、大泷六线鱼、鲈鱼
	桃花岛外海	8 939	粉砂淤泥	海带、裙带菜、条斑紫菜及扇贝、太平洋牡蛎、紫贻贝等筏式养殖或网箱养殖许氏平鲉、鲈鱼、大泷六线鱼、美国红鱼
	前三岛	22 002	岩礁、砂质	筏式养殖扇贝、海带、裙带菜、太平洋牡蛎; 深水网箱养殖许氏平鲉、鲈鱼、美国红鱼

2）池塘养殖

新选划的潜在海水池塘养殖总面积63 220 hm^2，主要位于山东渤海海域的东营、滨州及潍坊防潮坝外滩涂区域（图18.1），可新建标准化海水养殖池塘，但要注意建设防风暴潮设施。选划区域作为渔业水域，水质状况良好，各项水质指标检测值符合渔业水质标准。

（1）黄河北部海水池塘养殖选划区

新选划总面积为34 420 hm^2，分布于滨州市沿海，东营市河口区、利津县、垦利县，黄河北部区域，渤海湾南岸。

其中：①套尔河—黄河故道潜在池塘养殖区面积25 250 hm^2，适宜开发高效标准化池塘养殖凡纳滨对虾、日本囊对虾、中国明对虾、三疣梭子蟹、刺参等；②孤东油田潜在池塘养殖区总面积为9 170 hm^2，适宜高效标准化池塘养殖凡纳滨对虾、日本囊对虾、中国明对虾、三疣梭子蟹、刺参等。

（2）黄河南部海水池塘养殖区

新选划总面积28 800 hm^2，位于莱州湾沿岸，自垦利县黄河入海口至莱州市，选划适宜海水池塘养殖区域多位于现有防潮堤向海域一侧延伸区域。

其中：①东营市城东防潮堤外潜在池塘养殖区12 730 hm^2，适宜养殖高效标准化池塘养殖凡纳滨对虾、刺参、日本囊对虾、中国明对虾、三疣梭子蟹等；②寿光市及滨海区潜在池塘养殖区面积为3 620 hm^2，适宜养殖凡纳滨对虾、刺参、日本囊对虾、中国明对虾、三疣梭子蟹等。

（3）昌邑市潜在池塘养殖区

新选划总面积12 450 hm^2，位于莱州湾南部海域，适宜养殖凡纳滨对虾、日本囊对虾、中国明对虾、三疣梭子蟹、海水鱼类、刺参等种类。

3）底播养殖

（1）山东渤海海域底播养殖

新选划区域总面积约111 550 hm^2（图18.1）。

其中：①渤海湾南部海域潜在底播养殖区面积为29 690 hm^2，适宜贝类底播养殖、护养，主要有文蛤、四角蛤、青蛤、沙蚕、缢蛏、蓝蛤、毛蚶、玉螺等；②孤岛东部潜在底播养殖区面积为13 930 hm^2，适宜养殖、护养文蛤、四角蛤、青蛤、菲律宾蛤仔、沙蚕、缢蛏、蓝蛤、毛蚶、玉螺、牡蛎等；③东营市城东海域潜在底播养殖区面积为18 650 hm^2，适宜护养文蛤、四角蛤、青蛤、菲律宾蛤仔、沙蚕、缢蛏、蓝蛤、毛蚶、玉螺、牡蛎等；④小清河至屺峬岛潜在底播养殖区面积为49 280 hm^2，适宜护养文蛤、菲律宾蛤仔、四角蛤、毛蚶、竹蛏、青蛤、蓝蛤、玉螺等贝类。

（2）山东半岛北部海域底播养殖

选划总面积为107 248 hm^2，主要位于桑岛、长岛、蓬莱、崆峒岛近海，威海市北部海域，荣成市北部和南部海域。

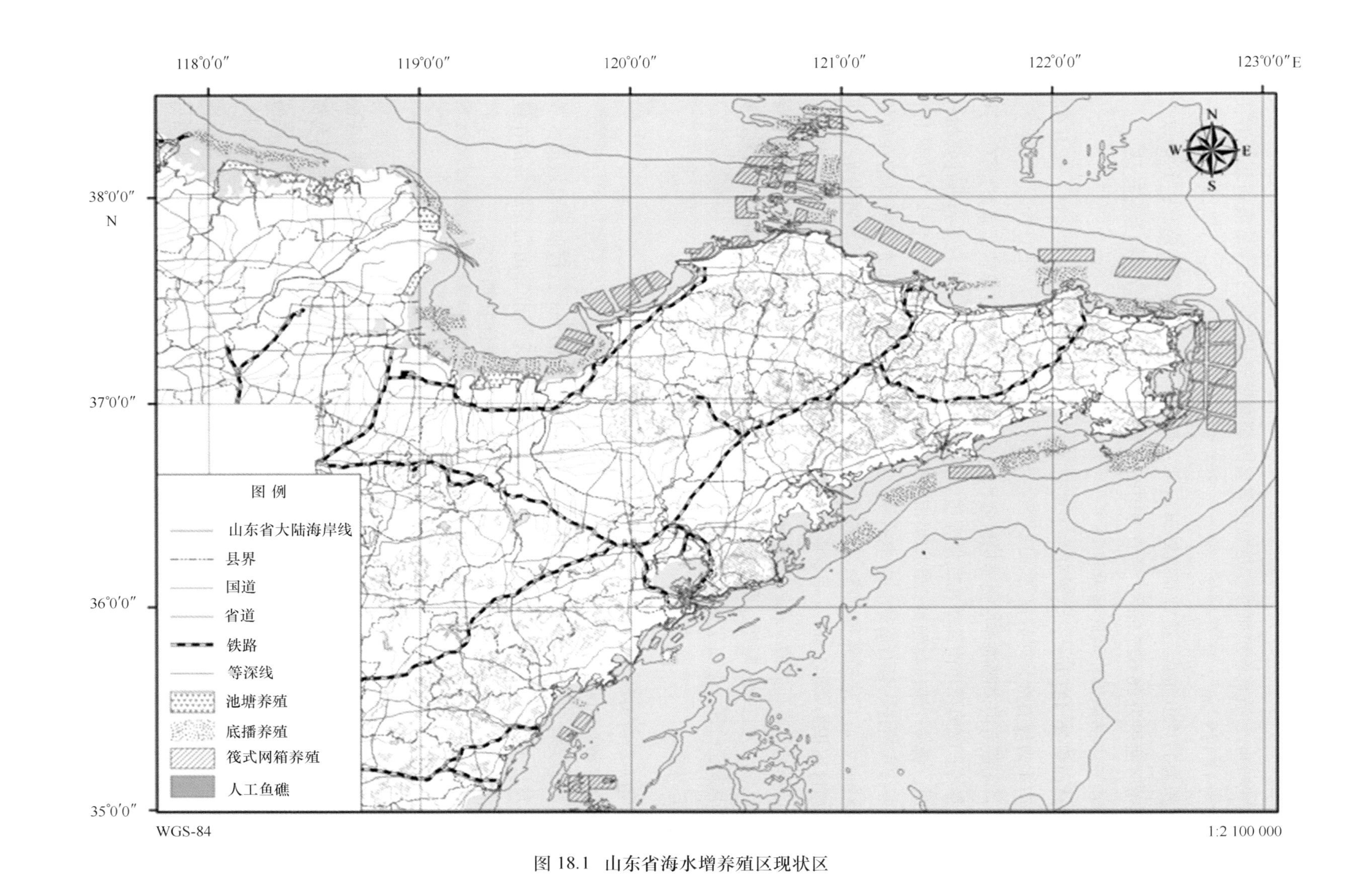

图 18.1　山东省海水增养殖区现状区

其中：①桑岛潜在底播养殖区面积为703 hm^2，适宜海珍品，如刺参、皱纹盘鲍、栉孔扇贝、虾夷扇贝等的浅海底播养殖；②长岛、蓬莱近海潜在深水底播养殖区面积为40 809 hm^2，适宜虾夷扇贝、刺参、皱纹盘鲍等海珍品的底播养殖；③崆峒列岛以东海域潜在底播养殖区面积为4 249 hm^2，适宜养殖刺参，是我国著名的刺参原产地之一；④威海市北部潜在底播养殖区面积为17 115 hm^2，适宜刺参、皱纹盘鲍等海珍品的底播养殖；⑤荣成市北部潜在底播养殖区面积为17 750 hm^2，适宜养殖虾夷扇贝、刺参、皱纹盘鲍等海珍品；⑥荣成市南部潜在底播养殖区面积为26 625 hm^2，适宜养殖虾夷扇贝、刺参、皱纹盘鲍等海珍品。

（3）山东半岛南部海域底播养殖

选划总面积75 427 hm^2，主要分布于文登、乳山、海阳、即墨南部海域，崂山东部海域，胶南、日照东南部海域。

其中：①威海市南部潜在底播养殖区面积为25 631 hm^2，适宜养殖菲律宾蛤仔、中华蛤仔、魁蚶、刺参等；②海阳市南部潜在底播养殖区面积为20 238 hm^2，适宜养殖菲律宾蛤仔、中华蛤仔、魁蚶、刺参、皱纹盘鲍等；③即墨市南部海域潜在底播养殖区面积为17 038 hm^2，适宜底播养殖菲律宾蛤仔、紫石房蛤、中华蛤仔、文蛤、刺参等；④崂山东部海岛潜在底播养殖区面积为903 hm^2，适宜底播养殖刺参、皱纹盘鲍、菲律宾蛤仔、紫石房蛤、魁蚶等；⑤灵山岛潜在底播养殖区面积为4 843 hm^2，适宜底播养殖菲律宾蛤仔、紫石房蛤、栉江珧、刺参、皱纹盘鲍等；⑥两城河口潜在底播养殖区面积为3 353 hm^2，适宜底播养殖菲律宾蛤仔、紫石房蛤、四角蛤、栉江珧、大竹蛏、魁蚶、刺参等；⑦前三岛海域潜在深水底播养殖区面积为3 421 hm^2，适宜养殖菲律宾蛤仔、紫石房蛤、栉江珧、大竹蛏、刺参、鲍等海珍品。

4）浅海养殖

（1）山东渤海海域浅海养殖

新选划区域总面积约46 180 hm^2（图18.1）。

其中：①芙蓉岛周围潜在浅海筏式养殖区面积为13 080 hm^2，目前该海域筏式养殖尚未大规模开发，主要适宜养殖海湾扇贝、太平洋牡蛎等；②莱州市三山岛至屺岛潜在筏式养殖区面积为33 098 hm^2，适宜养殖海湾扇贝、栉孔扇贝、太平洋牡蛎等。

（2）山东半岛北部海域浅海养殖

新选划适宜浅海养殖海域237 286 hm^2，主要分布于长岛周围海域，蓬莱大季家、开发区北部深海，崆峒岛海域，威海市、荣成市周边海域。

其中：①龙口市北部海域潜在筏式养殖区面积为9 579 hm^2，分布在桑岛东侧（3 659 hm^2）和西侧（5 920 hm^2）海域，适宜筏式养殖贝类，如海湾扇贝、栉孔扇贝等；②长岛县海域潜在深水筏式、网箱养殖区面积为57 803 hm^2，适宜养殖扇贝（栉孔扇贝、虾夷扇贝、海湾扇贝）、皱纹盘鲍、海胆、太平洋牡蛎、海带等；③蓬莱市、烟台开发区潜在筏式养殖区面积为29 293 hm^2，适宜贝、藻兼养，如扇贝（栉孔扇贝、虾夷扇贝、海湾扇贝）、皱纹盘鲍、紫贻贝、海带、海胆、太平洋牡蛎等；④崆峒岛潜在筏式养殖区面积为1 388 hm^2，适宜扇贝（栉孔扇贝、虾夷扇贝、海湾扇贝）、海带、太平洋牡蛎等种类的筏式养殖；⑤威海市北部海域潜在筏式养殖区面积为15 128 hm^2，主要以海带、裙带菜养殖为主，可兼养扇贝（栉孔扇贝、虾夷扇贝、海湾扇贝）、紫贻贝、海胆等；⑥荣成市北部海域潜在深水筏式养殖区面积为24 691 hm^2，主要以海带、裙带菜养殖为主，可兼养扇贝（栉孔扇贝、虾夷扇贝、海湾扇贝）、紫贻贝、海胆等；⑦荣成市东部海域潜在深水筏式养殖区面积为99 403 hm^2，以海带、裙带菜养殖为主，可兼养扇贝（栉孔扇贝、虾夷扇贝、海湾扇贝）、紫贻贝、海胆等。

表 18.21 山东省原、良种及苗种种类选划

县市	鱼类	甲壳类	贝类	藻类	棘皮类	其他	原、良品种
滨州市	花鲈等	凡纳滨对虾、日本囊对虾、中国明对虾、三疣梭子蟹等	文蛤、菲律宾蛤仔、青蛤、四角蛤、缢蛏等		刺参等	沙蚕、卤虫等	文蛤、青蛤、四角蛤、中国明对虾、三疣梭子蟹等
东营市	半滑舌鳎、花鲈等	凡纳滨对虾、日本囊对虾、中国明对虾、三疣梭子蟹等	文蛤、青蛤、四角蛤、菲律宾蛤仔、缢蛏		刺参等	沙蚕、卤虫等	半滑舌鳎、文蛤、三疣梭子蟹等
潍坊市	大菱鲆、半滑舌鳎、鲈鱼、红鳍东方鲀等	凡纳滨对虾、日本囊对虾、中国明对虾、三疣梭子蟹等	文蛤、青蛤、菲律宾蛤仔、毛蚶、近江牡蛎、缢蛏等		刺参等	沙蚕、卤虫等	青蛤、近江牡蛎、中国明对虾、三疣梭子蟹等
烟台市	大菱鲆、半滑舌鳎、条斑星鲽、褐牙鲆、犬齿牙鲆、红鳍东方鲀、真鲷、黑鲷、许氏平鲉、大泷六线鱼等	日本囊对虾、三疣梭子蟹等	栉孔扇贝、海湾扇贝、文蛤、紫石房蛤、大竹蛏、缢蛏、毛蚶、泥蚶等	海带、裙带菜、羊栖菜、石花菜等	刺参、光棘球海胆等	海蜇等	海带、裙带菜、栉孔扇贝、大菱鲆、犬齿牙鲆、许氏平鲉、条斑星鲽等
威海市	大菱鲆、半滑舌鳎、星突江鲽、星鲽、褐牙鲆、花鲈、红鳍东方鲍、真鲷、黑鲷、许氏平鲉	凡纳滨对虾、日本囊对虾、三疣梭子蟹等	栉孔扇贝、海湾扇贝、菲律宾蛤仔、紫石房蛤、魁蚶、缢蛏、皱纹盘鲍等	海带、裙带菜、羊栖菜、江蓠等	刺参等	海蜇等	魁蚶、褐牙鲆、花鲈、栉孔扇贝、海湾扇贝、菲律宾蛤仔、石鲽、羊栖菜、江蓠等
青岛市	大菱鲆、祸牙鲆、半滑舌鳎、真鲷、许氏平鲉等	日本囊对虾、凡纳滨对虾、中国明对虾、三疣梭子蟹等	菲律宾蛤仔、海湾扇贝、栉孔扇贝、缢蛏、皱纹盘鲍等	裙带菜、石花菜等	刺参等	海蜇等	菲律宾蛤仔、皱纹盘鲍、紫石房蛤、刺参等
日照市	大菱鲆、褐牙鲆、半滑舌鳎、星突江鲽、黑鲷、许氏平鲉、花鲈等	中国明对虾、三疣梭子蟹、凡纳滨对虾、日本囊对虾等	紫石房蛤、大竹蛏、缢蛏、栉孔扇贝、海湾扇贝、栉江珧、皱纹盘鲍等	条斑紫菜、海带等	刺参等	乌贼等	中国明对虾、大竹蛏、金乌贼、栉江珧、紫石房蛤、星斑川鲽等

（3）山东半岛南部海域筏式、网箱养殖

新选划总面积48 843 hm^2，主要分布于乳山南部海域，青岛、胶南近海，日照海域。水深6～30 m，底质以泥沙和岩礁为主，水流顺畅，风浪小，水质良好，无污染，多属一类水质，浮游生物丰富，营养盐适中。

其中：①乳山市南部海域筏式、网箱养殖区面积为12 143 hm^2，适宜筏式养殖扇贝、紫贻贝、太平洋牡蛎、海带及笼养刺参、皱纹盘鲍等，网箱养殖许氏平鲉、大泷六线鱼、鲈鱼等；②崂山湾潜在网箱养殖区面积为2 514 hm^2，适宜筏式养殖扇贝、紫贻贝、太平洋牡蛎、海带及笼养刺参、皱纹盘鲍等，网箱养殖许氏平鲉、大泷六线鱼、鲈鱼等；③灵山湾潜在网箱养殖区面积为3 245 hm^2，适宜筏式养殖扇贝、紫贻贝、太平洋牡蛎、海带及笼养刺参、皱纹盘鲍等，网箱养殖许氏平鲉、大泷六线鱼、鲈鱼等；④日照市桃花岛外海潜在筏式、网箱养殖区面积为8 939 hm^2，适宜海带、裙带菜、条斑紫菜及扇贝、太平洋牡蛎、紫贻贝等的筏式养殖或网箱养殖许氏平鲉、鲈鱼、大泷六线鱼、美国红鱼等；⑤前三岛潜在筏式、网箱养殖区面积为22 002 hm^2，适宜筏式养殖扇贝、海带、裙带菜、太平洋牡蛎等，深水网箱养殖许氏平鲉、鲈鱼、美国红鱼等。

18.2.2.3 原、良种育苗场选划

随着潜在海水增养殖区的开发利用，养殖规模的逐渐增加，对苗种的需求也相应增加。预计近10年需要增加贝类苗种2 000亿粒，海带60亿株，海水鱼苗2亿尾，刺参100亿头（表18.21）。

原则上，山东省水产苗种场的数量及总水体维持现状，育苗量的增加将主要依赖于育苗技术水平的提高。根据沿海各地市的增养殖现状、今后发展趋势以及地理位置特点，选划10年各市的原、良种育苗场数（表18.22）。

表18.22 山东省原、良种育苗场数（家）分布区选划

县市	总数	鱼类	甲壳类	贝类	藻类	刺参	海蜇
青岛	182	60	20	15	2	80	5
烟台	845	65	60	200	10	500	10
威海	252	65	25	60	20	80	2
潍坊	60	20	20	15	—	5	—
日照	86	30	30	10	3	10	3
东营	55	10	25	15	—	5	—
滨州	40	5	15	15	—	5	—
总计	1 520	255	195	330	35	685	20

18.2.2.4 人工鱼礁选划

山东近海适合投放人工鱼礁的海域分布在莱州湾中东部、烟台市北部沿海、威海市东部及北部近海、青岛市及日照市近海。滨州市、东营市及潍坊市在技术条件适宜时，也可以在适宜海域开发人工鱼礁。现已开发鱼礁的空间分布详见图18.2。

山东省人工鱼礁建设规划重点礁区布局见表18.23和图18.3。

表 18.23　山东省人工鱼礁建设选划重点礁区地点及类型

序号	礁区名称	礁区位置	礁区类型		
			资源保护	资源增殖	休闲生态
1	莱州湾礁区	莱州湾中部海域	●		
2	芙蓉岛礁区	三山岛到芙蓉岛海域		●	●
3	桑岛礁区	龙口市桑岛西北海域		●	●
4	蓬莱礁区	蓬莱刘家旺—朱家庄北部海域		●	
5	南、北隍城岛礁区	长岛县南—北隍城岛周边海域		●	●
6	砣矶岛礁区	长岛县砣矶岛周边海域		●	●
7	大竹山礁区	长岛县大竹山岛南北海域		●	●
8	猴矶岛礁区	长岛县猴矶岛周边海域		●	●
9	大、小钦岛礁区	长岛县大钦岛、小钦岛周边海域		●	●
10	豆卯岛礁区	烟台市崆峒岛列岛、豆卯岛附近礁区		●	●
11	养马岛礁区	牟平养马岛附近海域		●	●
12	小石岛礁区	威海小石岛附近海域		●	●
13	刘公岛礁区	威海刘公岛附近海域		●	
14	褚岛礁区	威海远遥咀北部，褚岛周边海域		●	●
15	威海崮山礁区	威海崮山镇阴山湾东、南海域		●	●
16	蜊江礁区	蜊江港东海域		●	●
17	楮岛礁区	桑沟湾南岸海域		●	●
18	石岛礁区	石岛宾馆东海域		●	●
19	俚岛礁区	荣成俚岛附近海域		●	●
20	寻山礁区	荣成爱连湾海域		●	●
21	汇岛礁区	汇岛周围海域		●	●
22	千里岩礁区	海阳市千里岩附近海域		●	●
23	田横岛礁区	崂山湾北，田横（群）岛附近水域		●	●
24	马儿岛礁区	崂山湾南侧马儿岛、大管岛之间	●	●	●
25	大公岛礁区	青岛市大公岛东南部水域		●	●
26	竹岔岛礁区	青岛市竹岔岛附近海域		●	●
27	灵山岛礁区	胶南灵山岛附近海域		●	●
28	海州湾礁区	海州湾中部，石臼所—平山岛海域	●		
29	岚山礁区	日照岚山附近海域		●	
30	两城礁区	日照两城河南至任家台附近海域		●	●
31	涛雒礁区	日照涛雒附近海域		●	
32	前三岛礁区	日照前三岛附近海域		●	
合　计			3	30	25

18.2.2.5 重点养殖种类选划

1）胶东刺参

（1）养殖方式：池塘养殖、工厂化养殖、底播养殖。
（2）区域布局：优势产地分布在胶东半岛：烟台市长岛、莱州、蓬莱、龙口、牟平、开发区；威海市的荣成、威海、乳山；青岛市的崂山、胶南。

2）皱纹盘鲍

（1）养殖方式：底播养殖、筏式养殖、工厂化养殖。
（2）区域布局：优势产地分布在烟台市的长岛、蓬莱、开发区、牟平；威海市的威海、荣成；青岛市的崂山、胶南。

3）扇贝（栉孔扇贝、海湾扇贝、虾夷扇贝）

（1）养殖方式：筏式养殖、底播养殖。
（2）区域布局：栉孔扇贝优势产地分布在烟台市的长岛、蓬莱、开发区，威海市的荣成、乳山及青岛、日照等地；海湾扇贝优势产地分布在烟台市的莱州、龙口、招远、开发区、牟平，威海市的环翠区、乳山、荣成及青岛、日照等地；虾夷扇贝优势产地分布在烟台市的蓬莱、长岛；威海市的荣成、乳山。

4）太平洋牡蛎

（1）养殖方式：底播养殖、筏式养殖。
（2）区域布局：太平洋牡蛎主要养殖地域分布在日照、青岛、烟台、威海地区，养殖规模和产量较大，占全省牡蛎养殖产量的95%以上。

5）菲律宾蛤仔

（1）养殖方式：底播养殖。
（2）区域布局：菲律宾蛤仔主产区集中在青岛胶州湾、乳山、丁字湾等。

6）泥蚶

（1）养殖方式：底播养殖。
（2）区域布局：泥蚶主要分布在乳山湾和丁字湾。

7）文蛤

（1）养殖方式：底播养殖。
（2）区域布局：主要分布在滨州、东营、潍坊等地。

8）魁蚶

（1）养殖方式：滩涂底播养殖。

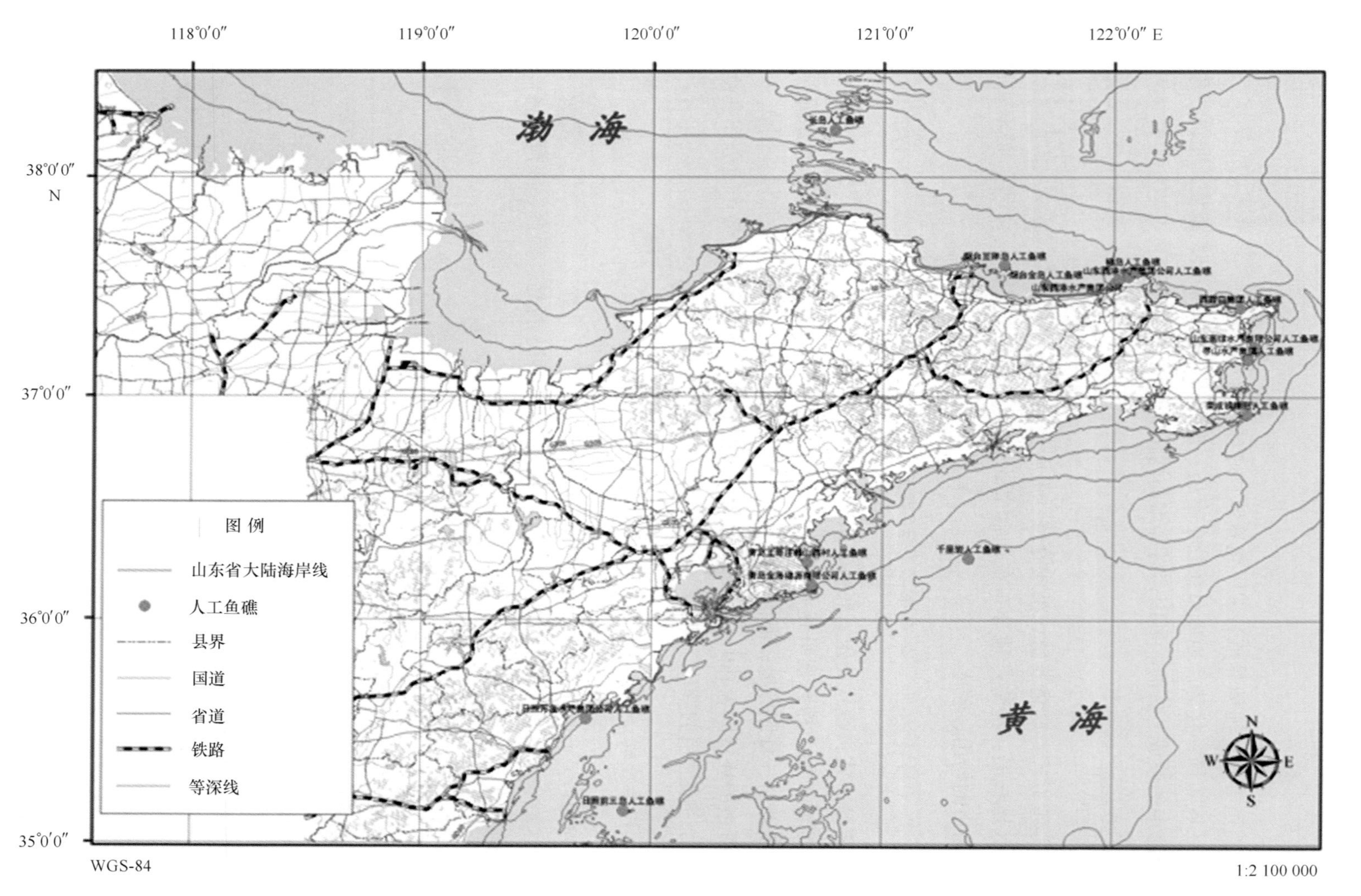

图 18.2 山东省人工鱼礁区现状分布

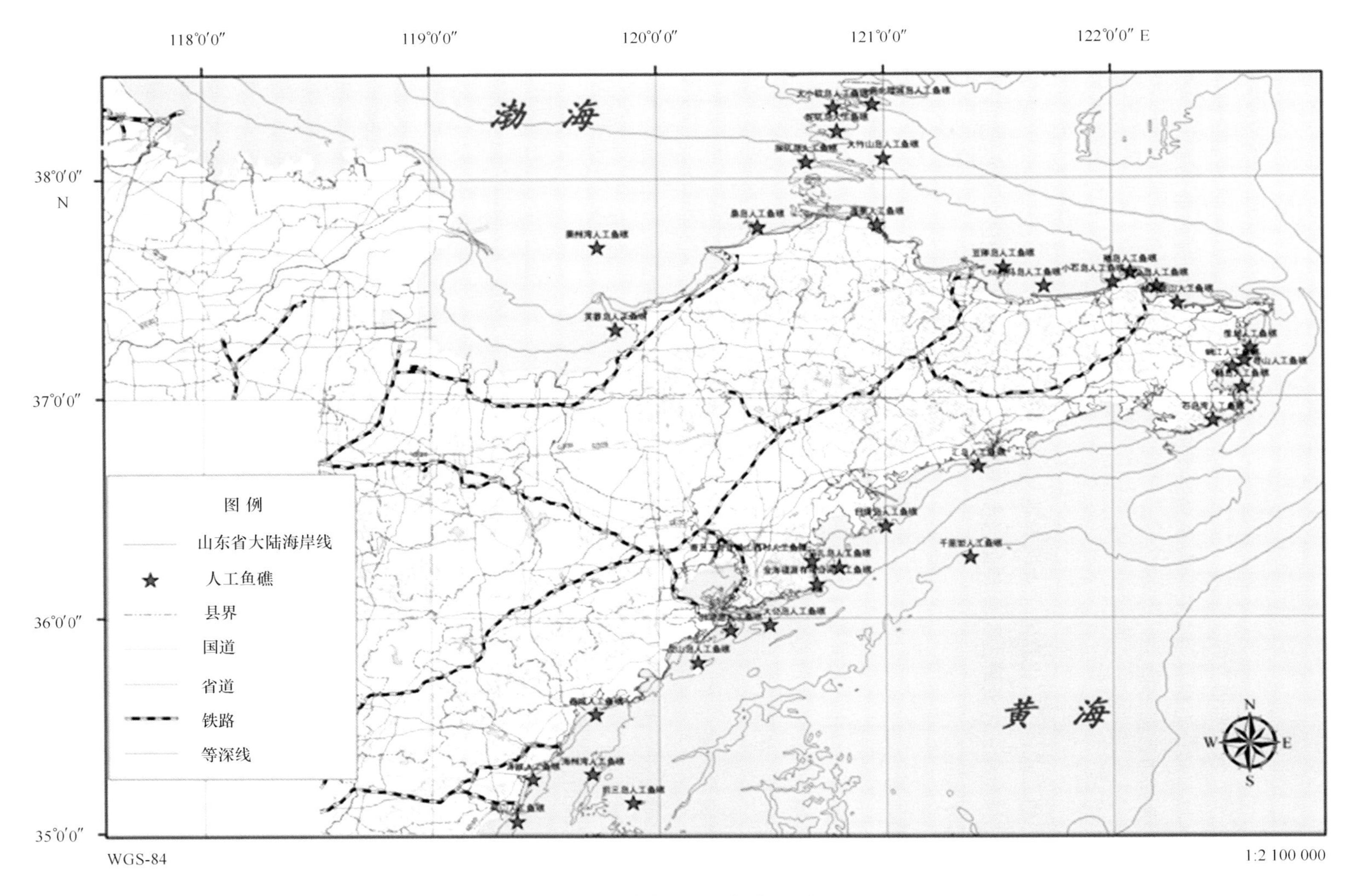

图 18.3　山东省人工鱼礁区选划图

（2）区域布局：主要分布在威海市的荣成、文登、环翠；烟台市的经济技术开发区；青岛市即墨及日照等地海域。

9）毛蚶

（1）养殖方式：底播养殖。

（2）区域布局：毛蚶养殖主要分布在渤海黄河口莱州湾沿岸的潍坊市羊角沟、东营市利津、刁口；莱州市沙河等地。

10）大菱鲆

（1）养殖方式：工厂化养殖（大棚养殖）。

（2）区域布局：大菱鲆主要分布在烟台、青岛、威海、日照等地区，目前已遍及山东省沿海的大部分地区。

11）褐牙鲆

（1）养殖方式：工厂化养殖（大棚养殖）、池塘养殖、网箱养殖。

（2）区域布局：褐牙鲆养殖主要分布在威海市荣成、乳山；烟台市莱州、龙口、海阳；青岛市和日照市。在潍坊市、东营市也有一定的养殖规模。

12）中国明对虾

（1）养殖方式：池塘养殖、工厂化养殖（大棚养殖）。

（2）区域布局：中国明对虾主要分布在青岛胶南、即墨；滨州沾化；东营利津、河口、垦利；威海乳山、文登；烟台莱州、莱阳、海阳及日照等地市。

13）凡纳滨对虾

（1）养殖方式：池塘养殖、工厂化养殖（大棚养殖）。

（2）区域布局：山东省凡纳滨对虾优势的养殖地域在滨州、潍坊、东营地区。

14）三疣梭子蟹

（1）养殖方式：池塘养殖。

（2）区域布局：三疣梭子蟹在山东沿海均有分布，以莱州湾的品质最优。

15）海带

（1）养殖方式：筏式养殖。建立种质库，运用克隆技术，进行海带良种选育，开发海带良种新品系。

（2）区域布局：主要分布在荣成、威海、乳山、烟台、蓬莱、长岛、青岛等地。

16）裙带菜

（1）养殖方式：筏式养殖。

（2）区域布局：裙带菜主要分布在烟台、蓬莱、长岛、牟平、威海、荣成、乳山、文登等地。

17）条斑紫菜

（1）养殖方式：筏式养殖。

（2）区域布局：条斑紫菜主产地分布在青岛城阳、胶南、即墨、日照、威海荣成等地，尤以青岛海域条斑紫菜品质最优。

18.3 小结

基于对山东滨海地区潜在滨海旅游区和海水增养殖区的选址和规划研究，共获得如下结论。

18.3.1 潜在滨海旅游区

山东滨海旅游资源类型丰富，且拥有不少较高等级的资源；山东滨海旅游区选划标准为：资源的品位和独特性、区位与交通条件、产品竞争力与市场知名度、旅游产业基础、制度环境建设、高端滨海旅游产品发展潜力、滨海旅游分区与布局等。

山东省潜在滨海旅游区选划指标体系的构建主要以旅游资源分类、调查与评价所确定的旅游资源类别构成及评价标准为基础，结合滨海旅游特点和山东滨海旅游区的现状，确定资源禀赋条件、生态环境条件、旅游开发条件三大指标。

山东省重点潜在滨海旅游区分为：重点潜在生态滨海旅游区、重点潜在休闲渔业滨海旅游区、重点潜在观光滨海旅游区、重点潜在度假滨海旅游区、重点潜在游艇滨海旅游区、重点潜在海岛综合旅游区。

山东省潜在滨海旅游示范区主要有：青岛仰口度假滨海旅游区、威海天鹅湖生态滨海旅游区、日照太阳城度假滨海旅游区、烟台莱州度假滨海旅游区、东营黄河三角洲生态滨海旅游区、潍坊北部生态滨海旅游区。

18.3.2 海水增养殖区

据统计：① 山东省适宜开发为池塘养殖区的总面积约 3.4×10^5 hm^2，目前已开发近 1.1×10^5 hm^2，仍有 2.3×10^5 hm^2 未开发；② 山东省现已开发滩涂底播养殖区面积 1.03×10^5 hm^2，尚有未开发滩涂 2.4×10^4 hm^2；③ 全省 5～40 m 等深线海域可进行筏式、网箱养殖的面积约 5.3×10^5 hm^2；已开发 7×10^4 hm^2，多位于 5～20 m 等深线内，尚有 4.6×10^5 hm^2 海域未开发。此外，还有工厂化养殖（大棚养殖）、人工鱼礁、人工育苗等养殖方式，海水养殖发展潜力巨大。

全省新选划潜在海水养殖区 689 754 hm^2（1 034.63 亩）；其中，池塘养殖 63 220 hm^2（94.83 万亩），底播养殖 294 225 hm^2（441.34 万亩），筏式、网箱养殖 332 309 hm^2（498.46 万亩）。随着潜在海水增养殖区的开发利用，养殖规模的逐渐增加，对苗种的需求也相应增加；预计近 10 年需要增加贝类苗种 2 000 亿粒，海带 60 亿株，海水鱼苗 2 亿尾，刺参 100 亿头。

适合投放人工鱼礁的海域分布在莱州湾中东部、烟台市北部沿海、威海市东部及北部近海、青岛市及日照市近海。此外，还对重点养殖种类（胶东刺参、皱纹盘鲍、扇贝、太平洋牡蛎、菲律宾蛤仔、泥蚶、文蛤、魁蚶、毛蚶、大菱鲆、褐牙鲆、中国明对虾、凡纳滨对虾、三疣梭子蟹、海带、裙带菜、条斑紫菜）的养殖方式和区域布局进行选划。

19 海洋保护区现状、选划与建设

19.1 海洋保护区类型与分布

山东省海洋保护区按行政管理级别可分为国家级、省级、市级，按照保护区类型又可分为海洋自然保护区、海洋特别保护区和水产种质资源保护区等。

根据《海洋自然保护区管理办法》，海洋自然保护区是指以海洋自然环境和资源保护为目的，依法把包括保护对象在内的一定面积的海岸、河口、岛屿、湿地或海域划分出来，进行特殊保护和管理的区域。海洋自然保护区的选划、建设和管理，实行统一规划、分工负责、分级管理的原则。国家海洋行政主管部门负责研究、制定全国海洋自然保护区规划；审查国家级海洋自然保护区建区方案和报告；审批国家级海洋自然保护区总体建设规划；统一管理全国海洋自然保护区工作。沿海省、自治区、直辖市海洋管理部门负责研究制定本行政区域毗邻海域内海洋自然保护区规划；提出国家级海洋自然保护区选划建议；主管本行政区域毗邻海域内海洋自然保护区选划、建设、管理工作。

海洋特别保护区是指具有特殊地理条件、生态系统、生物与非生物资源及海洋开发利用特殊要求，需要采取有效的保护措施和科学的开发方式进行特殊管理的区域。根据《海洋特别保护区管理办法》，分为海洋特殊地理条件保护区、海洋生态保护区、海洋公园和海洋资源保护区等4种类型。与海洋自然保护区的禁止和限制开发不同，海洋特别保护区按照“科学规划、统一管理、保护优先、适度利用”的原则，在有效保护海洋生态和恢复资源同时，允许并鼓励合理科学的开发利用活动，从而促进海洋生态环境保护与资源利用的协调统一。

截至2011年，山东省共建立海洋保护区33个，北起大口河河口南至绣针河河口都有海洋保护区分布，各海洋保护区基本性质见表19.1。

表19.1 山东省海洋保护区统计表

序号	保护区名称	行政区	面积（hm^2）	主要保护对象	类型	级别	始建时间	主管部门
1	长岛鸟类自然保护区	长岛县	5 300	鹰、隼等猛禽及候鸟栖息地	野生动物	国家级	1988.5	林业
2	黄河三角洲自然保护区	东营市	153 000	河口湿地生态系统及珍禽	海洋海岸	国家级	1990.12	林业
3	沾化海岸带湿地保护区	沾化县	89 134	海滨湿地、鸟类	海洋海岸	市级	1991.1	林业
4	日照前三岛保护区	日照市	41 200	海洋生物及其生境	野生动物	市级	1992.12	海洋
5	荣成大天鹅自然保护区	荣成市	1 675	大天鹅等珍禽及其生境	野生动物	国家级	1992.5	林业
6	庙岛群岛海豹保护区	长岛县	173 100	斑海豹及其生境	野生动物	省级	1996.4	环保
7	烟台沿海防护林保护区	烟台市	23 407	沿海基干林的森林生态系统	森林生态	省级	1998.6	林业
8	滨州贝壳堤岛与湿地保护区	无棣县	80 480	贝壳堤岛、湿地、珍稀鸟类、海洋生物	海洋海岸	国家级	1999.1	海洋
9	千里岩海岛生态系统	海阳市	1823	岛屿与海洋生态系统	海洋海岸	省级	1999.12	海洋

续表 19.1

序号	保护区名称	行政区	面积（hm^2）	主要保护对象	类型	级别	始建时间	主管部门
10	青岛大公岛岛屿生态系统	青岛市	1 603	海洋生态系统及鸟类	海洋海岸	省级	2001.3	海洋
11	胶南灵山岛	胶南市	766	海洋生态系统及海珍品	海洋海岸	省级	2001.3	环保
12	庙岛群岛海洋保护区	长岛县	875 600	海洋生态系统	海洋海岸	省级	2002	海洋
13	荣成成山头生态系统	荣成市	6 366	海洋生态系统	海洋海岸	省级	2002.12	海洋
14	崆峒列岛保护区	芝罘区	7 690	海洋水产资源、岛礁地貌	海洋海岸	省级	2003.3	海洋
15	青岛市文昌鱼水生野生动物	青岛市	6 181	文昌鱼及其生境	野生动物	市级	2004.8	海洋
16	大沽夹河湿地保护区	烟台市	10 585	湿地生态系统	内陆湿地	市级	2005.3	林业
17	莱州湾近江牡蛎原种	潍坊市	813	近江牡蛎重点水生生物	海洋特别	国家级	2006.8	海洋
18	东营黄河口文蛤保护区	河口区	39 623	黄河口文蛤	海洋特别	国家级	2006.9	海洋
19	东营莱州湾蛏类生态保护区	东营市	21 024	栖息贝类资源	海洋特别	国家级	2008	海洋
20	东营广饶沙蚕类生态保护区	广饶县	7 727	沙蚕类	海洋特别	国家级	2008	海洋
21	东营河口区浅海贝类保护区	河口区	396 200	黄河口文蛤、浅海贝类	海洋特别	国家级	2008	海洋
22	东营黄河口生态保护区	垦利县	92 600	黄河口生态系统及生物多样性	海洋特别	国家级	2008	海洋
23	东营利津底栖鱼类保护区	利津县	9 400	半滑舌鳎及近岸海洋生态系统	海洋特别	国家级	2008	海洋
24	山东昌邑海洋生态特别保护区	昌邑市	2 929.28	滨海湿地系统及海洋生物	海洋特别	国家级	2008	海洋
25	文登海洋生态保护区	文登市	818.89	松江鲈鱼原种群	海洋特别	国家级	2009	海洋
26	山东龙口黄水河口海洋生态国家级海洋特别保护区	龙口市	2 168.89	黄水河口生态系统	海洋特别	国家级	2010	海洋
27	山东烟台芝罘岛群海洋特别保护区	芝罘区	769.72	芝罘岛群生态系统	海洋特别	国家级	2010	海洋
28	山东威海刘公岛海洋生态国家级海洋特别保护区	环翠区	1 187.79	刘公岛生态系统	海洋特别	国家级	2010	海洋
29	山东乳山市塔岛湾海洋生态国家级海洋特别保护区	乳山市	1 097.15	塔岛湾生态系统	海洋特别	国家级	2010	海洋
30	山东烟台牟平沙质海岸国家级海洋特别保护区	牟平区	1 465.2	沙质海岸生态系统	海洋特别	国家级	2010	海洋
31	山东莱阳五龙河口滨海湿地国家级海洋特别保护区	莱阳市	1 219.1	滨海湿地生态系统	海洋特别	国家级	2010	海洋
32	山东海阳万米海滩海洋资源国家级海洋特别保护区	海阳市	1 513.47	海滩资源	海洋特别	国家级	2010	海洋
33	山东威海小石岛国家级海洋特别保护区	威海市	3 069	小石岛生态系统	海洋特别	国家级	2010	海洋

19.1.1 海洋保护区的类型分布

山东省海洋保护区的主要类型包括海洋海岸保护区、海洋特别保护区、内陆湿地保护区、森林生态保护区和野生动物保护区五大类。由图19.1可以看出，海洋特别保护区数量最多，为17个，占保护区总数的52%；内陆湿地保护区和森林生态保护区最少，都为1个，分别占保护区总数的3%；海洋海岸保护区9个，占保护区总数的27%，野生动物保护区5个，占保护区总数的15%。

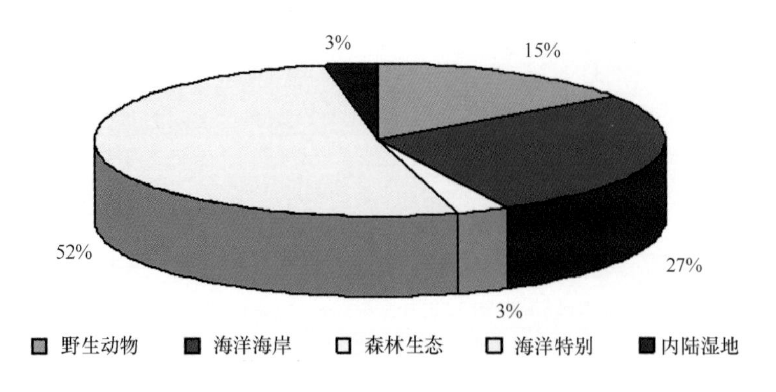

图 19.1　山东省各类型海洋保护区数量百分图

19.1.2　海洋保护区的等级分布

山东省海洋保护区等级包括国家级、省级、市级三大类。由图 19.2 可以看出，国家级海洋保护区数量最多，为 21 个，占保护区总数的 64%；省级海洋保护区数量次之，为 8 个，占保护区总数的 24%；市级海洋保护区数量最少，为 4 个，占保护区总数的 12%。

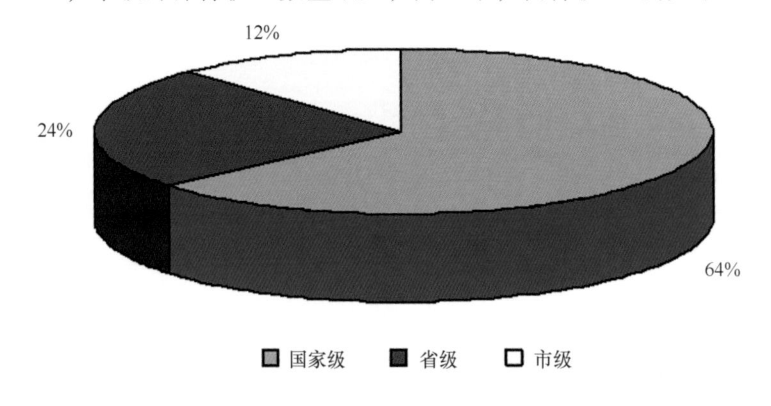

图 19.2　山东省各等级海洋保护区数量百分图

19.1.3　海洋保护区的行政分布

虽然山东省沿海各地级市的海洋保护区数量多少不一，但是每个地级市都有海洋保护区分布。由图 19.3 可以看出，烟台市的海洋保护区数量最多，为 11 个；日照市的海洋保护区数量最少，仅为 1 个；东营市和威海市的海洋保护区数量都为 7 个；青岛市的海洋保护区数量为 3 个；滨州和潍坊两市的海洋保护区数量都为 2 个。由图 19.4 可以得到山东沿海各市海洋保护区的等级特征。国家级海洋保护区主要分布在滨州、东营、潍坊、烟台和威海 5 个城市，其中以东营市最多，为 7 个，烟台有 6 个，威海有 5 个，潍坊有 2 个，滨州有 1 个。省级海洋保护区主要分布在烟台、威海、青岛 3 市，其中以烟台市最多，为 5 个，青岛市 2 个，威海市 1 个。市级海洋保护区主要分布在滨州、烟台、青岛、日照 4 市，各市均有 1 个市级海洋保护区。由图 19.5 可以得到山东沿海各市海洋保护区的类型特征。海洋海岸类保护区在滨州、东营、烟台、威海、青岛都有分布，其中以烟台最多，为 3 个，滨州和青岛各有 2 个，东营、威海各有 1 个。海洋特别保护区主要分布在东营、潍坊、烟台和威海 4 市，其中以威海最多，为 7 个，烟台 4 个，潍坊 2 个，威海 1 个。野生动物保护区主要分布在烟台、威海、青岛、日照 4 市，其中烟台市有 2 个，其他各市各有 1 个。内陆湿地保护区和森林生态保护区仅在烟台市各有1个。

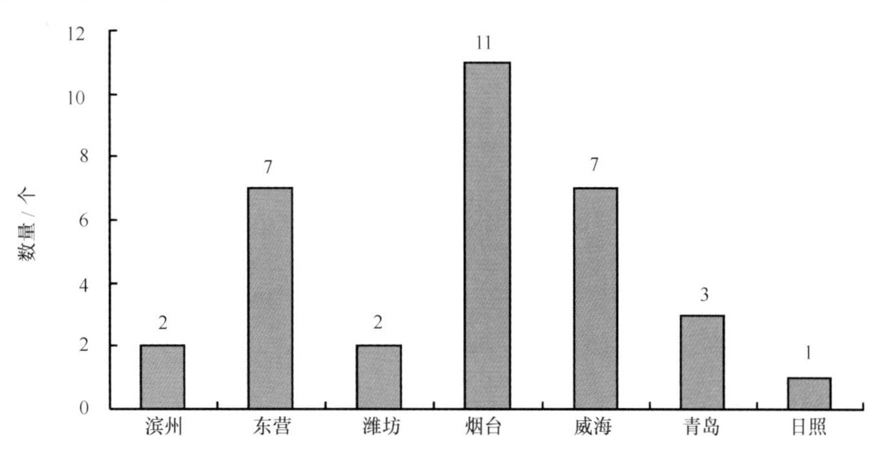

图19.3　山东省各市海洋保护区数量分布

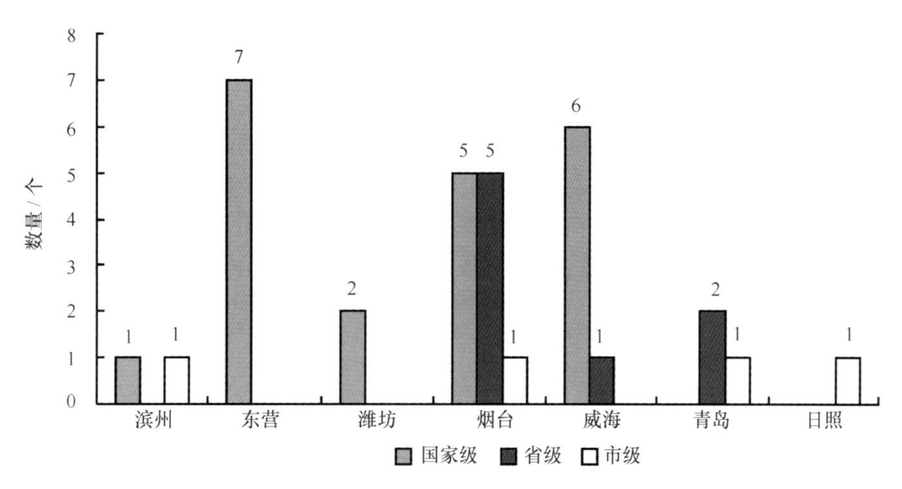

图19.4　山东省各市各等级海洋保护区数量分布

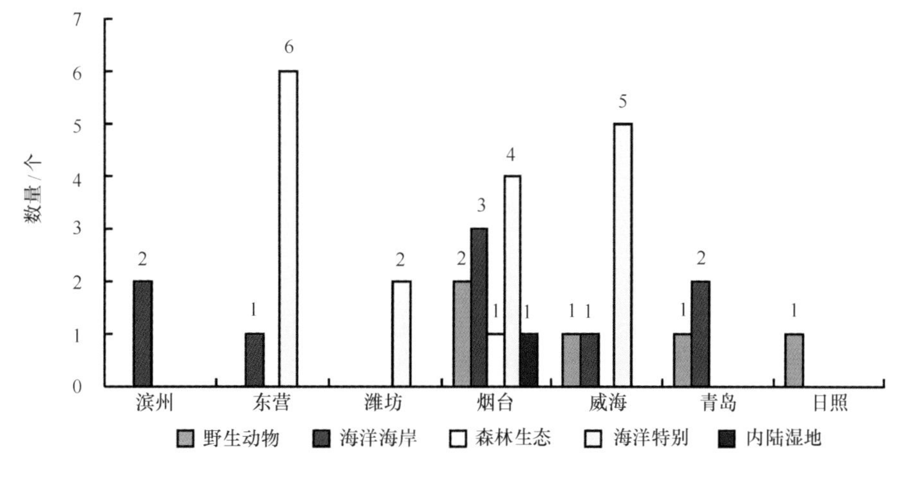

图19.5　山东省各市各类型海洋保护区数量分布

19.2 重点海洋保护区简述

19.2.1 黄河三角洲自然保护区

1992年，国务院批准建立黄河三角洲国家级自然保护区，保护区面积15.3×10⁴ hm²，主要保护对象为原生性湿地生态系统及珍禽。

黄河三角洲自然保护区位于黄河入海口处，是国际重要湿地之一。这里的新生天然湿地生态系统和自然景观是极为珍贵的自然界的原始“本底”，它为衡量人类活动结果的优劣，提供了客观评价标准，也为探讨某些生态系统今后合理的发展方向提供了原始的参照。自然保护区的建立，极大地促进了部分濒危物种的保护与繁衍，它实际上已成为一个多样性物种的天然贮存库和基因库。自然保护区同时也是一个最真实、最生动的自然博物馆，是一个向人们进行保护自然、热爱自然教育的大课堂。

它不论作为珍稀鸟类的停歇地和越冬栖息地，还是作为独特的河口生态系统，都具有重大的科学价值和生态意义。自然保护区里有各种生物1 917种，其中属国家重点保护的有50种；有各种野生动物1 524种，水生动物中有属国家一级重点保护的白鲟、达氏鲟，鸟类中有属国家一级重点保护的丹顶鹤、白头鹤、白鹤、大鸨、金雕、白尾海雕、中华秋沙鸭等。自然保护区内有植物393种，属国家重点保护植物的野大豆在保护区中有较广分布。区内生长有天然芦苇3.3×10^4 hm²，天然杂草地1.8×10^4 hm²，天然柳林2 000 hm²，天然柽柳灌木林8 100 hm²，人工刺槐林5 600 hm²。目前，黄河三角洲国家级自然保护区是中国华北沿海保存最完整、面积最大的自然植被区。

黄河三角洲自然保护区的陆地，是黄河携带的大量泥沙由上游而下冲积形成的。今天，黄河河口仍以每年2～3 km的速度向大海推进，这也使得黄河三角洲自然保护区的土地面积逐年增大，成为世界上土地面积自然增长最快的自然保护区。

19.2.2 滨州贝壳堤岛与湿地系统自然保护区

2002年，山东省人民政府批准建立无棣贝壳堤岛与湿地系统省级自然保护区，保护区面积为80 480 hm²，主要保护对象为贝壳脊滩海洋自然遗产和湿地生物系统。2004年更名为滨州贝壳堤岛与湿地系统省级自然保护区。2006年升级为国家级自然保护区。

滨州贝壳堤岛与湿地系统国家级自然保护区位于山东省无棣县北部，渤海西南岸，西至漳卫新河，东至套尔河，北至浅海－3 m等深线，南至张山子—李山子—下泊头—杨庄子一线。地理坐标为：37°54′30″～38°19′10″N，117°45′08″～118°05′37″E。境内北部分布两列古贝壳堤，第一列在埕口镇以北，位于张家山子—李家山子—下泊头—杨庄子一线，长近40 km，埋深0.5～1 m，贝壳层厚3～5 m，形成于全新世中期，距今5 000年左右；第二列在埕口镇东北，位于大口河—旺子堡—赵砂子一线，长近22 km，由40余个贝壳岛组成，岛宽100～500 m，贝壳层厚3～5 m，属裸露开敞型，形成于全新世晚期，距今2 000～1 500年。该两堤都与河北省的贝壳堤相连，组成规模宏大的世界罕见、国内独有的贝壳滩脊海岸，国际上称之为Chenier海岸。

贝壳堤岛是在特定的地质条件和地理环境下形成的独特地质地貌，滨州贝壳堤岛与国内外同等类型的贝壳堤比较，有几个独特之处。一是贝壳质含量高，滨州古贝壳堤岛无论是深埋地下的还是裸露于地表的，贝壳质含量几乎达到100%，很少有其他杂质；二是新老贝壳堤并存，滨州贝壳堤岛不但有距今5 000～2 000年的古贝壳堤，而且尚有新发育形成的新贝壳堤，并有形成第三条贝壳堤岛的趋势，国外与国内其他的贝壳堤都远离海岸，没有形成新贝壳堤的可能；三是典型的贝壳滩涂湿地生态系统，是山东省、我国乃至世界上的珍贵海洋遗产，具有重要的科研意义和实际生产价值。

滨州贝壳堤岛与湿地系统国家级自然保护区是世界上贝壳堤最完整、唯一的新老贝壳堤并存的以保护贝壳堤岛与湿地生态系统和珍稀濒危鸟类为主体的保护区。它是东北亚内陆和环西太平洋鸟类迁徙的中转站和鸟类越冬、栖息、繁衍的乐园，是研究黄河变迁、海岸线变化、贝壳堤岛的形成等环境演变以及湿地类型的重要基地。在我国海洋地质、生物多样性和湿地类型研究工作中占有极其重要的地位。

19.2.3 山东长岛国家级自然保护区

位于山东省长岛县境内，面积5 250 hm^2，1982年经山东省人民政府批准建立，1988年晋升为国家级，主要保护对象为鹰、隼等猛禽及候鸟栖息地。

保护区位于山东半岛、辽东半岛之间的渤海海峡、山东省长岛县境内，主要由南北长山岛、南北隍城岛、大小黑山岛、大小钦岛和庙岛、高山岛、候矶岛、车由岛等32个岛屿组成。保护区岛屿南北纵贯95 km，大多数岛屿山脉南北走向，部分为东西走向，最高山丘海拔202.8 m。保护区海岸线长146 km，年均气温14.5℃，无霜期210 d，年均降水量500～700 mm。

保护区在动物分布上，属古北界华北区黄淮亚区，由于地处黄海、渤海交汇处，野生动物资源极为丰富。保护区有鸟类240种，占中国鸟类的19%，占中日两国候鸟保护协定中所列鸟类的70%，占中澳两国候鸟保护协定中所列鸟类的56.9%，因而有“候鸟旅站”之称。鸟类中留鸟有喜鹊、红隼、岩鸽等16种；候鸟有家燕、黑尾鸥、银欧、大杜鹃、虎纹伯劳、金翅等51种。

保护区内有国家级保护动物49种，一级有白鹳、中华秋沙鸭、金雕、白肩雕、丹顶鹤等9种，二级有大天鹅、小天鹅、鸳鸯及所有鹰科及隼科的所有猛禽共计40种。保护区海域及海滩，常可见到海豹，保护区海洋鱼类数量多，价值高，共有72种，浅海动物91种。保护区陆生植物有456种，主要树种有黑松、赤松、刺槐、合欢、臭椿、栎类、山榆等，灌木为紫穗槐、白檀、胡枝子等，草本植物有野古草、蒿草、狼尾草、羊胡子草等。植物的果实、种子给迁徙的候鸟提供了良好的栖息隐蔽和取食场所。保护区海生植物有75种，绿藻门11种，褐藻门23种，红藻门41种。

苍翠的植被装点着全区诸岛，座座岛屿宛如颗颗绿色明珠，星罗棋布地镶嵌于渤海海峡。它们既为各种生物提供了舒适的多样化的生存繁殖环境，也为保护人类的生存作出了贡献。

19.2.4 庙岛群岛海洋自然保护区

1991年，山东省人民政府批准建立庙岛群岛海洋自然保护区，保护区面积5 250 hm^2，主要保护对象为暖温带海岛生态系统。

在烟波浩渺的大海上，镶嵌着一群宝石般苍翠如黛的岛屿，这就是被世人誉为“海上仙山”的美丽群岛——庙岛群岛，亦称长岛。由32个岛屿组成，岛陆面积56 km^2，海域面积8 700 km^2，海岸线长146 km，是山东省唯一的海岛县。长岛属亚洲东部季风区大陆性气候，具有冬暖夏凉的特点，年平均气温11.9℃，无霜期243 d。全县森林覆盖率53.2%，独特的地理位置和优越的自然条件，使之成为候鸟迁徙的必经之地，每年途经的候鸟有200余种，百万只之多，享有候鸟“驿站”的美誉，这里也是国家级的鸟类保护区。

庙岛群岛具有独特的海岛地貌特征。诸多的岛屿就像面对一幅绮丽的立体画卷，一岛有一岛之奇，一景有一景之丽。这里因海蚀地貌形成的各种奇礁异石，或古朴清幽，或玲珑剔透，神韵各具。海滩上由珠矶球石堆积成一条长超过2 000 m，宽逾50 m的彩色石带光怪陆离，珠矶球石有洁白如玉，有的红似玛瑙，有的碧若翡翠，有的亮似明珠，将游人带入一个珠光宝气，五彩缤纷的世界。

此外，庙岛有百鱼洄游必经之道。贻贝、皱纹盘鲍、光棘球海胆、刺参等海珍品在此大量生长。全国海岛调查时，全群岛周围海域获得浮游植物147种，浮游动物57种，浮游幼虫19类及鱼卵、仔幼鱼14种。全年浮游植物量达105～107个/m^{3}以上，数量高而稳定，为上一级营养层提供了丰富的食物。浮游动物以节肢动物和甲壳动物占优势。潮间带有动物154种，植物120种，动物以软体动物和甲壳动物为主。

19.2.5 青岛大公岛岛屿生态系统自然保护区

2001年，山东省人民政府批准建立青岛大公岛岛屿生态系统自然保护区。保护总面积1 603 hm^2，主要保护对象为海洋生态系统。

该岛位于青岛市近海海域，面积16 km^2，其中海域面积约15.83 km^2，岛屿面积约0.17 km^2，包括大公岛、小屿和五丁礁。大公岛保护区地理位置优越，自然资源丰富，海域开阔，水质优良，海洋生物种类繁多，有多种鱼类和贝类以及海珍品（刺参、盘鲍）生长，是青岛的近海渔场。

保护区最大岛屿——大公岛，距大陆最近点约14.8 km，面积0.155 5 km^2，岸线长1.93 km，最高点海拔120 m，是青岛第二高岛。小屿面积0.112 9 km^2，岸线长0.61 km，最高点海拔41.9 m，距陆地最近点14 km。五丁礁又名五顶礁，距麦岛南10.7 km，为花岗岩礁。大公岛上植被繁茂，鸟类资源丰富，是海鸟和候鸟的主要栖息繁殖地，是我国东部候鸟迁徙必经之地，岛上有国家一级保护鸟类9种，国家二级保护鸟类38种。其他动物资源初步调查发现：昆虫约有120种，两栖类2种，爬行类5种。

保护区设核心区和实验区。核心区设在大公岛南坡及南部海域，重点保护鸟类和海洋生物资源及栖息繁殖环境。其中，鸟类保护核心区为大公岛南坡，面积为2.51 hm^2，海洋生物保护核心区为大公岛南部海域，面积为17.54 hm^2。实验区为核心区以外的其他区域，在该区域内，在不破坏其群落环境的情况下可进行有控制的增养殖生产实验、教学实习、科学研究、参观考察、旅游观光、驯化及繁殖珍稀野生动物等活动。

保护区及相应管理部门的设立、管理职能的具体实施将对拯救大公岛及附近海域的自然生态系统，保护稀有生物资源，保护海岛的自然景观，充分发挥保护区生物物种及生态环境在青岛市教研、文化和经济方面的积极作用。

19.2.6 庙岛群岛海豹自然保护区

2001年6月山东省人民政府正式下文批复成立庙岛群岛海豹自然保护区，并于当年9月6日正式挂牌，保护区管理处与长岛县环境保护局合署办公。

海豹自然保护区总面积1 731 km^2，包括了整个庙岛群岛及所属海域。保护区管理处的主要任务是贯彻执行国家关于自然保护区的法律、方针、政策和规章，加强对珍惜、濒危斑海豹的保护，保持生物多样性，维护海洋生态平衡，进行海豹迁徙和生活习性的研究。

庙岛群岛又称长山列岛，属长岛县，位于山东半岛与辽东半岛之间，北与辽宁老铁山对峙，相距42.2 km，南与蓬莱高角相望，相距6.6 km。群岛共由32个岛屿组成，其中包括10个常住居民岛，岛陆面积56 km^2，海岸线长146.6 km。

庙岛群岛位于黄海、渤海交汇处，海域广阔，拥有丰富的生物资源，截至目前，已查明鸟类19目54科284种，占全国鸟类的25%，其中国家一级保护鸟类9种，二级保护鸟类40种，列入《濒危动植物红皮书》的国际重点保护鸟类11种。

各岛周围海域均蕴藏种类繁多的底栖生物，共计227种，其中以经济动物为优势种群，如刺参、皱纹盘鲍、栉孔扇贝、虾夷扇贝、光棘球海胆等。庙岛群岛海域是多种经济鱼虾产卵和越冬洄游通道，是北方重要的过路渔场，有鱼类百余种，主要的经济鱼类有：鲅鱼、带鱼、颚针鱼、黑裙等。丰富的海洋生物资源和优越的地理环境使得庙岛群岛成为唯一在我国海洋繁殖的鳍脚类动物斑海豹的重要分布地，每年11月到翌年6月都会有大量的斑海豹出现在长岛海域觅食、栖息。

19.2.7　海阳千里岩岛海洋生态自然保护区

2002年1月，山东省人民政府批准建立海阳千里岩岛海洋生态系统省级自然保护区，自然保护区面积1 823 hm^2，其中核心区52 hm^2，缓冲区207 hm^2，实验区1 564 hm^2，主要保护对象为岛屿与海洋生态系统以及林木、鸟类资源。

千里岩，又名千里岛、千里山。位于南黄海之中的36°15′57″N，121°23′09″E。岛形呈哑铃形。长0.82 km，宽0.24 km，面积为0.20 km^2。最高点海拔93.5 m，距大陆最近点海阳市凤城码头47.7 km。地形南北高而宽，中间低且狭窄，四周陡峭，奇岩林立，怪石峥嵘。

岛上设有国家海洋局海洋站一个，国际航标灯塔一座。岛南为外航线，岛北为内航线，是海上通行要地。环岛水深30 m左右，周围有4个天然海湾，是船只避风场所。岛上鸟类资源丰富，有珍稀鸟类近百种，植物60多种。其中有名贵花日本茶花和药用植物金银花、枸杞子和柴胡等。岛上有20多处天然奇景，奇峰怪石险要壮观，风景秀丽。周围海域鲍鱼、海参等海珍品资源丰富。

千里岩岛及其周围海洋系统是我国暖温地区岛屿与海洋系统较为典型的代表，岛屿生态系统近20年几乎无人为干扰，系统结构与功能完善，周围海域保持了海洋生态系统的完整性与自然性，对岛屿环境具有良好的服务功能，并且可为相类似地区提供海洋生态系统背景。

保护区内生物多样性与类似区域相比具有典型性与代表性，岛屿生态系统中物种的丰富度同岛屿面积及离陆距离关系匹配，海洋生态系统第一性生产力水平较高，营养结构合理，生物量资源丰富，食牧网与营养级配合比例合理，可为同类型自然保护区提供范例。有中国分布北界常绿阔叶林区多成分存在，与同纬度大陆相比具有特殊意义。

保护区为鸟类迁徙的驿站，对鸟类资源的保护具有重要意义。同时，海域中分布有生物量较大的海洋珍稀经济动植物，可为同类品种养殖业提供遗传多样性资源。

19.2.8　荣成成山头海洋自然保护区

2002年12月30日，山东省人民政府批准建立荣成成山头省级自然保护区。保护区总面积为6 366 hm^2。主要保护对象为海洋综合生态系统，包括海岸地质自然遗迹和人文历史遗迹。

成山头海洋生态系统自然保护区主要位于山东省荣成市成山镇（37°22′N，122°32′E）。

成山镇三面环海，一面连陆，海岸线长 92 km，海域辽阔，是中国大陆距离韩国最近的地方，有驰名中外的“中国好望角”——天尽头，有中国最大的天鹅湖。

由于成山头及邻近海域岸线曲折，形成众多的大小岬湾，加之海洋食物充足，因而每年冬季引来众多的大天鹅等珍稀鸟类来此越冬栖息，形成世界上四大天鹅栖息地之一，被誉为“东方天鹅王国”。

成山头直插入海，临海山体壁如削，崖下海涛翻腾，水流湍急，常年经受大风、大浪和风暴潮的冲击，海域最大浪高达 7 m 以上，成为我国研究海洋气象、物理海洋、海洋能源等的宝贵科研基地。在保护区内还具有全国少有的典型沙嘴、海驴岛上奇特的海蚀柱、海蚀洞等海蚀地貌以及受到国内外地质学家高度重视的柳夼红层等自然遗迹，具有很高的地质、地貌和海洋气候变迁的科研价值。

成山头海洋生态系统自然保护区，集海洋和海岸生态系统、海湾生态系统、海岛生态系统于一区，在保护区内具有如此丰富的海洋生态系统多样性，这在国内沿海是罕见的、不可多得的。同时，由于保护区地处独特的地理区位，又受到不同性质水团的影响，是我国北方海域海洋生物物种多样性最为丰富的海域。

19.2.9 胶南灵山岛自然保护区

2002 年 12 月 30 日，山东省人民政府批准建立胶南灵山岛省级自然保护区。保护区总面积为 3 283.2 hm^2。主要保护对象为海岛生态系统，包括海域及海洋生物资源、林木资源、鸟类资源和地质地貌。

灵山岛距青岛市区 20 海里，是青岛市最大、中国北方最高的海岛。该岛周边水域广阔，海水自净能力强，海洋生物物种丰富。岛上植被丰茂，森林覆盖率高达 70%，在我国北方同纬度地区少见；岛上还有数目繁多、种类齐全的海鸟、候鸟栖息繁衍或停留移徙。灵山岛的地质地貌也拥有鲜明特色，海蚀崖层次分明。

19.2.10 烟台崆峒列岛自然保护区

2003 年 3 月 4 日，山东省人民政府批准建立烟台崆峒列岛省级自然保护区。保护区总面积 7 690 hm^2。主要保护对象为岛屿生态系统与海洋生态系统。

崆峒岛位于山东省烟台市芝罘区东北海域，为崆峒列岛众多岛礁中面积最大的主岛，为“烟台金沙滩旅游度假区”重要一环。崆峒岛距市区 10.08 km，距大陆岸线最近点 5.9 km，陈列于芝罘湾口，为烟台港屏障。清雍正年间（1723—1735 年），原芝罘区沿海前七夼、清泉寨等 8 村的 8 户人家迁居岛上，始称八家岛。一说因四周环水，超尘绝俗，有如世外桃源改为空洞岛，进而雅化为崆峒岛。

崆峒岛形若“T”字，岛长 1.95 km，宽约 0.5 km，岸线长 6.3 km，面积 0.88 km^2，系地层断裂形成的分离基岩岛，主峰北山海拔 63.8 m。岛上山脉东西走向，长 1 500 m，呈“一”字形立于岛的最北面，形成一道天然屏障。山后暗礁遍布，山之西端为西广嘴，其延伸礁石与西临的马岛东礁相距数百米，阻挡风浪，形成一天然港湾。岛西南有一半月形海湾，水浅滩平，沙细浪静，为天然海水浴场。主峰耸立着一座白色灯塔，始建于 1867 年，绿树环抱，历史悠久。岛南端依山就势建有望鱼台码头，机帆木船，星罗棋布，极富渔岛特色。岛的近临海域排列着十几处小岛和礁群，错落有致，形状各异，如众星捧月般簇拥着主岛。自东向西依次为：头孤岛、二孤岛、三孤岛、地留星、豆卵岛、蛇岛、龟岛、马岛、扁担岛等。

海产资源十分丰富，盛产海参、鲍鱼、紫石房蛤、扇贝、真鲷等。

19.2.11 日照前三岛海洋自然保护区

1992年，日照市人民政府批准建立日照前三岛海洋市级自然保护区。保护区总面积41 200 hm^2。主要保护对象为海洋生态系统和渔业资源。

保护区位于日照市前三岛海域，位于以下四点连线范围内：A点119°47′E、34°54′N，B点119°57′E、34°58′N；C点119°57′E、35°10′N；D点119°47′E、35°10′N。以保护文昌鱼及海参、鲍鱼等海珍品栖息地；保护海洋底质不遭破坏，保护岛屿及附近海域的自然环境；保护海岛自然地貌，使其成为一个海洋生物繁衍基地。

前三岛海区属海洋性过渡气候，年平均气温12.6℃，年平均水温14.0℃；潮汐最大流速为131 cm/s，盐度变化小，是一类海水水质；海底地貌主要由基岩海蚀平台—陡坡、水下堆积坡—堆积斜坡、水下侵蚀堆积平原3种类型组成，近海1 km外为细砂底质，适合打桩进行筏式养殖。前三岛周围海域有浮游生物116种、浮游动物32种，底栖生物116种，其中有国家二级保护动物、素有“活化石”之称的青岛文昌鱼和“海产八珍”之一的刺参。

19.2.12 潍坊莱州湾近江牡蛎原种自然保护区

2005年，经山东省和潍坊市人民政府批准成立，也是全国唯一一处近江牡蛎原种自然保护区。保护区面积2 000 hm^2，位于潍坊滨海区北老河口附近海域，以老河中下段河道为主，扩展到近海水域，中心区四角坐标分别为：A点37°14′34.20″N，119°02′54.60″E；B点37°16′00.66″N，119°03′40.20″E；C点37°16′00.66″N，119°04′10.20″E；D点37°14′34.20″N，119°03′48.00″E。

潍坊海域繁衍生息着鱼、虾、蟹、贝等500多种海洋生物。其中的近江牡蛎为自然生物种，味鲜肉嫩，营养价值和药用价值都较高，是重要的经济贝类资源。中科院海洋所鉴定认为，该海域近江牡蛎为国内为数不多的原种产地之一。

该区近岸海域近江牡蛎有生长繁殖旺盛，比较集中，密度大，种质纯正，层层附着，交错重叠的特点，俗称“牡蛎山”，是渤海莱州湾重要的经济贝类资源之一。保护区的成立，对近江牡蛎的原种保护和科学研究，提供大量优质原生亲本，对合理开发和利用海洋资源，保护生物多样性和生态完整性，都具有十分重要的意义。

19.2.13 滨州海滨湿地自然保护区

1991年，由国家林业局和滨州市人民政府批准成立滨州市海滨湿地自然保护区，面积168 200 hm^2，以海滨湿地和鸟类为主要保护对象。

沾化县地处渤海湾，是环渤海“金项链”上的重要一环，从一千年前至新中国成立前的岁月里，这里都是一片芦苇湿地，但因海潮侵蚀、气候干燥以及不合理的耕种等多种原因，使之退化为生态条件恶劣的盐碱荒地。市级保护区的建设，使得湿地如今已生成了茂盛如墙、长势如林的芦苇荡，夏秋季节，鸟鸣啾啾、羽影翻飞，11 000多只丹顶鹤、灰鹤、白天鹅、水鸭子等46种鸟，在此筑巢安家、孵雏捕食，成了鸟的“天堂”。

19.3 海洋保护区建设与选划[①]

19.3.1 海洋保护区建设

山东省是国内较早建立海洋保护区的省份。1988 年 5 月，山东省建立第一个海洋保护区——长岛鸟类自然保护区，位于烟台市长岛县，主要以鹰、隼等猛禽及候鸟栖息地为主要保护对象，主管部门为林业局。

20 世纪 90 年代，山东省海洋保护区建设由过去单一的珍稀野生动物保护向珍稀动植物、特殊河口生态环境、珍贵海岛生态系统、重要森林生态系统保护等多方面发展，因此海洋保护区建设工作获得较大发展。由图 19.6 看出，90 年代山东省海洋保护区的数量以年均近 1 个的速度增加，由 1988 年的 1 个增加到 1999 年的 9 个海洋保护区，先后建立了黄河三角洲自然保护区（1990）、沾化海岸带湿地保护区（1991）、日照前三岛保护区（1992）、荣成大天鹅自然保护区（1992）、庙岛群岛海豹保护区（1996）、烟台沿海防护林保护区（1998）、滨州贝壳堤岛与湿地系统保护区（1999）、千里岩海岛生态系统保护区（1999）8 个海洋保护区。

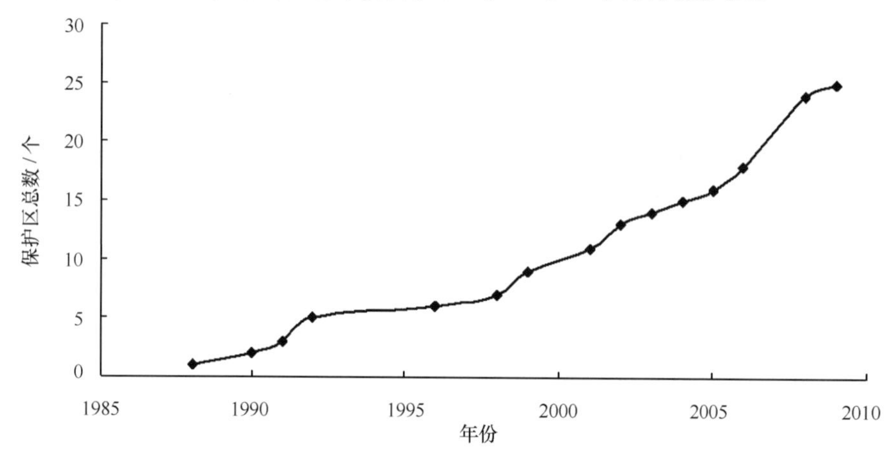

图 19.6　山东省海洋保护区数量变化曲线

进入 21 世纪，山东省海洋保护区建设工作进入了高速发展的时期，由图 19.6 看出，2001 年至 2006 年期间，山东省海洋保护区数量继续以年均 1 个以上的速度增加，进入 2008 年以后，伴随功能更加多样化的海洋特别保护区建设，数量快速增加，仅 2008 年一年便成立了 6 个海洋特别保护区。截止到 2009 年，山东省海洋保护区数量由 1999 年的 9 个海洋保护区发展到 2011 年的 33 个海洋保护区，先后建立了青岛大公岛岛屿生态系统保护区（2001）、胶南灵山岛保护区（2001）、庙岛群岛海洋保护区（2002）、荣成成山头生态系统保护区（2002）、崆峒列岛保护区（2003）、青岛市文昌鱼水生野生动物保护区（2004）、大沽夹河湿地系统保护区（2005）、莱州湾近江牡蛎原种保护区（2006）、东营黄河口文蛤保护区（2006）、东营莱州湾蛏类生态保护区（2008）、东营广饶沙蚕类生态保护区（2008）、东营河

① 本节内容部分引自《山东省海洋与渔业保护区发展规划》，2008。

口区浅海贝类保护区（2008）、东营黄河口生态保护区（2008）、东营利津底栖鱼类保护区（2008）、山东昌邑海洋生态保护区（2008）、文登海洋生态保护区（2009）、山东龙口黄水河口海洋生态国家级海洋特别保护区（2010）、山东烟台芝罘岛群海洋特别保护区（2010）、山东威海刘公岛海洋生态国家级海洋特别保护区（2010）、山东乳山市塔岛湾海洋生态国家级海洋特别保护区（2010）、山东烟台牟平沙质海岸国家级海洋特别保护区（2010）、山东莱阳五龙河口滨海湿地国家级海洋特别保护区（2010）、山东海阳万米海滩海洋资源国家级海洋特别保护区（2010）、山东威海小石岛国家级海洋特别保护区（2010）24个海洋保护区。

19.3.2 海洋保护区选划

本节内容主要根据山东省海洋与渔业保护区发展规划（2008.5）编写。

19.3.2.1 指导思想、基本原则和目标

1）指导思想

山东省海洋保护区的选划以科学发展观为指导，以维护海洋生态系统的完整性和服务功能、提升重要海洋渔业资源、保护海洋生物多样性和海洋景观、促进海洋开发与保护的和谐发展为目标，以强化区域海洋与渔业保护区建设和管理为重点，正确处理生态保护和经济发展、社会进步的关系，优化山东省海洋与渔业保护区布局，积极促进山东省海洋与渔业保护区建设和合理有序发展，协调海洋开发与保护的冲突，保障山东省海洋经济的快速强势发展，实现“海上山东”的宏伟目标。

从对山东省的重要生态敏感区、重要功能区、海洋珍稀濒危物种和重要渔业种质资源的保护需要出发，在加强已建保护区的建设和管理基础上，有计划地分期、分批建立（或升级）一批新的海洋与渔业保护区，到本规划期末，在我省建立起一批基础设施完善并在管理方面具国际先进水平的海洋与渔业保护区，促进保护区事业的发展，使得我省海洋生态环境与渔业资源获得进一步改善。

2）选划和建设原则

（1）保护优先、防治结合的原则

坚持保护优先的原则，通过加强对原有海洋生态系统、重要生态敏感区和重要海洋生物资源的保护，防止在经济发展和海洋开发过程造成新的破坏。对已经被破坏的重要区域要进行有效的治理和修复，预防进一步产生恶化的可能，并积极开展对已修复区域的保护工作，坚持治理与保护、建设与管理并重。

（1）因地制宜、合理布局的原则

根据山东省沿海地市的经济发展情况和已有工作基础，因地制宜地规划各类型的保护区以及建设方案，在确保不影响各地经济发展的情况下，有效地保护海洋生态功能和生物多样性。同时，根据山东省的海洋与渔业保护重点和已建的海洋与渔业保护区，对新建保护区进行科学选划、合理布局，充分发挥海洋与渔业保护区对海洋生态系统和渔业资源的保护作用。

（3）统筹安排、分步实施的原则

海洋与渔业保护区的建设与发展涉及多个机构和部门，许多历史遗留问题难以在短期内

解决，必须进行陆海间、近远期、部门间的统筹考虑和规划。并根据各地区的条件和基础，进行分步建设和实施，以保障海洋管理工作的平稳和有效性。对于保护区的建设，在充分调研的基础上，根据各地工作基础情况，按照“已经建设的优先、急需保护的优先、条件具备的优先、重要区域的优先”的4优先原则进行分步实施。

（4）建管并重、质量第一的原则

良好的保护区作用不仅依赖于对重要海洋区域和渔业资源的保护，还有赖于对保护区的有效管理，所以规划和建设海洋与渔业保护区必须坚持建管并重的原则，保障建成一个，保护一片的效果。确保每一个新建的海洋与渔业保护区均达到其应具备的水准。只有严格保证保护区建设和管理质量的前提下，海洋生态系统和渔业生物资源才能得到有效的保护。

3）总体目标

构建起一个类型齐全、分布合理、面积适宜、建设和管理科学、效益良好的海洋保护区网络；山东省的海洋保护区已经基本涵盖了所辖区域内的重要海洋生态系统、海岛生态系统、重要珍稀濒危海洋物种、重要海洋渔业生物、海洋历史文化遗迹和海洋景观等；重点生态功能保护区的生态功能基本稳定，自然保护区、生态脆弱区的管理能力得到提高，生物多样性锐减趋势和物种遗传资源的流失得到有效遏制；管理体系进一步完善，可以为“海上山东”建设提供充分的海洋生态服务和渔业资源保障的体系，实现山东省的海洋经济快速发展和海洋生态和谐。

4）预期目标

海洋与渔业保护区建设是保护海洋自然资源和海洋生态环境的重要措施之一，尤其是省级海洋与渔业保护区，由于其主要保护对象在全省乃至全国具有极高的科学、文化和经济价值，因而在海洋自然资源和海洋生态环境的就地保护方面作用更为显著。

通过进一步加强山东海洋保护区的选划和建设，我省的海洋保护区建设将取得突破性的发展，特别是以下几个方面：一是海洋与渔业保护区的面积获得较大的增长；二是海洋与渔业保护区的布局科学合理；三是重要海洋与渔业物种得到有效保护；四是海洋与渔业生态环境取得明显改善；五是海洋与渔业保护区的管理水平有明显提高。

19.3.2.2 海洋保护区选划

根据山东省海洋与渔业保护区发展规划（2008.5），山东省制定了4种类型海洋保护区的选划规划。下文将分别介绍山东省海洋保护区选划的状况。

1）海洋自然保护区选划

选划海洋自然保护区9处，其中新建省级保护区7处，原市级升省级保护区2处。分2个批次进行建设，到2015年完成5处，到2020年完成其余4处，总保护面积60 720 hm^2。保护对象以海洋生态系统为主，涉及的海洋自然保护区基本涵盖了我省重要的、典型的、特有的海洋生态系统、生物多样性丰富区、珍稀濒危海洋生物集中分布区和海洋自然遗迹分布区等区域。表19.2给出了2015年海洋自然保护区选划情况。

表19.2 山东省海洋自然保护区2015年规划

序号	名 称	地点	面积/hm²	规划时间	保护对象	性质
1	日照付疃河河口湿地自然保护区	日照	1 300	2015	河口湿地生态系统	新建
2	寿光滨海湿地自然保护区	潍坊寿光	1 500	2015	湿地与沼泽生态系统	新建
3	烟台长山尾海洋地质遗迹保护区	烟台长岛	900	2015	海洋地质遗迹	新建
4	青岛胶州湾滨海湿地自然保护区	青岛胶州湾	37 000	2015	湿地生态系统和水禽	新建
5	潍坊莱州湾近江牡蛎原种自然保护区	潍坊莱州湾	1 600	2015	近江牡蛎及其生存环境	升省级
	面积合计:			42 300		

2）海洋特别保护区选划

选划海洋特别保护区38处，全部为新建类型，其中省级海洋特别保护区37处，国家级海洋特别保护区1处。分2个批次进行建设，到2015年完成21处，到2020年完成其余17处，总保护面积1 134 190 hm²。保护对象以海岛生态系统为主，本规划中的海洋特别保护区涵盖了我省的重要海洋生态系统服务功能区、历史文化遗迹分布区、领海基点区（海岛）、生态环境亟待恢复、修复和整治区域等内容。表19.3给出了2015年海洋特别保护区选划情况。

表19.3 山东省海洋特别保护区2015年规划

序号	名 称	地理位置	面积/hm²	保护对象	性质
1	前三岛岛群海洋特别保护区	日照市东港区秦楼街道桃花岛村	16 000	岛屿生态系统和海洋生态系统；渔业资源和海珍品；领海基点；鸟类资源；地貌；文化遗迹；植被	新建
2	桃花岛海岛海洋特别保护区	日照市东港区秦楼街道桃花岛村	400	岛屿生态系统和海洋生态系统；渔业资源；历史、文化遗迹	新建
3	三平岛海洋特别保护区	青岛市即墨市	3 400	岛屿生态系统和海洋生态系统；渔业资源；植被和药材	新建
4	田横岛岛群海洋特别保护区	青岛市鳌山湾	20 000	岛屿生态系统和海洋生态系统；历史遗迹，自然景观；海洋生态系；渔业资源	新建
5	长门岩岛群海洋特别保护区	青岛市崂山湾口门附近海域	1 600	岛屿生态系统和海洋生态系统；耐冬、鸟类、海珍品资源	新建
6	大公岛岛群海洋特别保护区	青岛市崂山区石老人村南海域	2 000	岛屿生态系统和海洋生态系统；植被及鸟类资源；鱼类资源，海产品资源	新建
7	石老人海蚀柱海洋特别保护区	青岛市崂山区石老人村附近海域	500	著名自然景观，海蚀柱	新建
8	小青岛海洋特别保护区	青岛湾栈桥东南	240	青岛市象征；文化遗迹	新建
9	斋堂岛岛群海洋特别保护区	青岛胶南琅琊台风景区南侧海域	8 000	岛屿生态系统和海洋生态系统；历史遗迹；人文景观；周围海域海珍品丰富	新建
10	脱岛岛群海洋特别保护区	青岛市黄岛区	1 120	1. 岛屿生态系统和海洋生态系统；2. 自然景观；3. 鸟类栖息地及文昌鱼分布区；4. 渔业资源	新建
11	刘公岛海洋特别保护区	威海市威海湾中	32 000	岛屿生态系统和海洋生态系统；旅游、避暑和疗养胜地；历史遗迹；自然景观；海蚀地貌；贝壳滩	已建

续表 19.3

序号	名　称	地理位置	面积/hm^2	保护对象	性质
12	丁字湾岛群海洋特别保护区	即墨市东北部丁字湾	600	岛屿生态系统和海洋生态系统；滩涂资源；自然景观和残留古迹，空气负离子高；大型蜥蜴	新建
13	苏山岛岛群海洋特别保护区	荣成市最南端黄海北岸	120	岛屿生态系统和海洋生态系统；领海基点；自然景观；植被；渔业资源；羊栖菜；天然避风港	新建
14	花斑彩石海洋特别保护区	荣成市东北部马道镇临洛湾内	100	花斑彩石	新建
15	芝罘岛岛群海洋特别保护区	烟台市北海域5千米	200	岛屿生态系统和海洋生态系统；渔业资源；地貌科研价值；海蚀景观	已建
16	登州浅滩海洋特别保护区	蓬莱市西庄至栾家口海岸北的海域	2 500	防浪消波、保护海岸、潮流地貌	新建
17	牟平沙质海岸海洋特别保护区	烟台市牟平沿海	1 500	防浪消波、保护海岸	已建
18	崆峒岛岛群海洋特别保护区	烟台市芝罘湾口	12 500	岛屿生态系统和海洋生态系统；自然景观；历史遗迹；植被；海珍品资源；鸟类资源；蝮蛇	新建
19	千里岩岛海洋特别保护区	海阳市	2000	岛屿生态系统和海洋生态系统；人工地貌；自然景观；生物多样性；鸟类资源；海洋珍稀经济动植物	新建
20	芙蓉岛岛群海洋特别保护区	烟台莱州市附近海域	8 500	岛屿生态系统和海洋生态系统；自然景观；名贵中药麻黄；典型地貌	新建
21	东营黄河口生态国家级海洋特别保护区	黄河下游入海处－3米等深线至12海里海区	92 600	海洋生态系统；渔业资源和生物多样性；陆域生物资源和生物多样性	已建
面积合计：			205 880		

3）水产种质资源保护区选划

选划水产种质资源保护区61处，其中新建保护区42处，原市级升省级保护区19处。分2个批次进行建设，到2015年完成30处，到2020年完成其余31处，总保护面积698 544.1 hm^2。保护对象以重要渔业水产种质资源为主，本规划基本涵盖了我省的重要渔业资源品种的产卵场、索饵场、越冬场、洄游通道等主要生长繁育区、水产养殖的主导品种集中分布区对渔业发展有重大影响的区域等。表19.4给出了2015年水产种质资源保护区选划情况。

表19.4　山东省水产种质资源保护区2015年规划

序号	名　称	地理位置	面积/hm^2	保护对象	性质
1	日照大竹蛏种质资源保护区	日照市东港区涛雒镇外海	14 000	大竹蛏	升省级
2	日照金乌贼种质资源保护区	日照市岚山区外海	10 000	金乌贼	升省级
3	日照西施舌资源种质保护区	日照市东港区两城河口以东海域	1 000	西施舌	升省级
4	前三岛真鲷、对虾等鱼虾类种质资源保护区	日照市前三岛海域	41 200	真鲷、对虾	新建
5	文登松江鲈鱼种质资源保护区	文登市青龙河下游至靖海湾北部	1 001	松江鲈鱼	新建
6	威海桑沟湾魁蚶种质资源保护区	荣成桑沟湾海域	1 063	魁蚶	升省级

续表 19.4

序号	名　称	地理位置	面积/hm^2	保护对象	性质
7	威海小石岛海域刺参种质资源保护区	威海高新技术开发区小石岛海域	471	刺参	升省级
8	威海石鲽种质资源保护区	威海市西部环翠区北海海域	6 083	石鲽	新建
9	乳山湾泥蚶种质资源保护区	乳山湾海域	334	泥蚶	新建
10	荣成栉江珧、光棘球海胆种质资源保护区	荣成市俚岛镇马他角海域	1 710	栉江珧、光棘球海胆	新建
11	海阳千里岩岛刺参、皱纹盘鲍种质资源保护区	海阳市千里岩岛周围海域	1 823	刺参、皱纹盘鲍	新建
12	烟台崆峒列岛刺参种质资源保护区	烟台崆峒列岛海域	7 690	刺参	新建
13	芝罘担子岛紫石房蛤种质资源保护区	芝罘崆峒列岛南部担子岛海域	2 000	紫石房蛤	升省级
14	套子湾黄盖鲽种质资源保护区	套子湾附近海域	2 000	黄盖鲽	升省级
15	长岛栉孔扇贝种质资源保护区	长岛县南北长山岛南部海域	4 000	栉孔扇贝	升省级
16	长岛南、北隍城海珍品（皱纹盘鲍、光棘球海胆等）种质资源保护区	长岛县南、北隍城所辖海域，长岛县南、北隍城所辖海域	2 600	皱纹盘鲍、光棘球海胆等	2处市级合并升省级
17	三山岛鲈鱼、真鲷、文昌鱼种质资源保护区	莱州市三山岛东西两侧外海	15 000	鲈鱼、真鲷、文昌鱼	升省级
18	莱州湾半滑舌鳎、口虾蛄、梭子蟹种质资源保护区	莱州市三山岛以西海域	6 667	半滑舌鳎、口虾蛄、梭子蟹	升省级
19	潍坊莱州湾近江牡蛎种质资源保护区	潍坊滨海经济区老河口附近海域	1 528	近江牡蛎	升省级
20	潍坊莱州湾星虫（单环刺螠）种质资源保护区	潍坊寒亭区潍坊港东部海域	2 367	星虫	升省级
21	昌邑莱州湾三疣梭子蟹种质资源保护区	潍坊昌邑市夏店镇下营港北附近海域	12 000	三疣梭子蟹	升省级
22	东营小刀蛏、缢蛏种质资源保护区	东营广利河与青坨河之间及附近海域	21 049	小刀蛏、缢蛏	新建
23	黄河口湿地四角蛤、兰蛤种质资源保护区	北起孤东油田海堤南端，南至老黄河河口之间的滩涂区域	18 000	四角蛤、兰蛤	新建
24	东营黄河口文蛤种质资源保护区	沾利河与潮河之间海域	39 623	文蛤、青蛤	升省级
25	滨州文蛤种质资源保护区	套尔河两侧及附近海域	4 000	文蛤、青蛤	升省级
26	无棣菲律宾蛤仔、牡蛎、毛蚶、缢蛏种质资源保护区	无棣县死河入海口附近	4 000	律宾蛤仔、牡蛎、毛蚶、缢蛏	新建
27	无棣青蛤、毛蚶种质资源保护区	无棣县潮河及其入海口附近	1 500	青蛤、毛蚶	升省级
面积合计：			222 708.9		

4）水生、野生动植物保护区选划

选划水生、野生动植物保护区13处，其中新建保护区9处，原市级升省级保护区2处，原省级升国家级保护区2处。分2个批次进行建设，到2015年完成9处，到2020年完成其余4处，总保护面积356 527 hm^2。保护对象以珍稀濒危生物为主，本规划基本涵盖了我省的重要水生动植物集中分布区和繁殖地、重要的水生经济动植物的主要产地、水生动植物物种多样性的集中分布区以及自然状态保持良好的水生物种的自然生境等区域。表19.5给出了2015年水生、野生动植物保护区选划情况。

表 19.5　山东省水生、野生动植物保护区 2015 年规划

序号	名　称	地点	面积/hm^2	保护对象	性质
1	前三岛海洋自然保护区	日照前三岛	41 200	海洋生态系统、野生生物	升省级
2	青岛文昌鱼水生野生动物自然保护区	青岛胶州湾口	6 181	文昌鱼及其栖息地	升省级
3	庙岛群岛斑海豹自然保护区	庙岛群岛	173 100	斑海豹及其栖息环境	升国家级
4	日照文昌鱼自然保护区	日照东港区涛雒外海	1 820	文昌鱼及其栖息环境	新建
5	大管岛野生植物自然保护区	青岛市大管岛	500	红楠、耐冬等野生植物区系以及海岛生态系统	新建
6	小清河口芦苇湿地保护区	寿光市小清河口	500	芦苇湿地	新建
7	夹岛蝮蛇自然保护区	烟台市夹岛	500	蝮蛇、水杉、麻栎、栓皮栎	新建
面积合计：			223 801		

19.3.3　海洋保护区建设建议

海洋与渔业的保护区建设是保护海洋生态环境与渔业资源、协调海洋开发与生态安全、促进海洋资源可持续利用、充分体现生态公平的有效手段，因此加强海洋保护区建设显得尤为重要。下文将介绍一些建设建议。

19.3.3.1　巩固现有海洋保护区的建设成效，科学规划全省海洋保护区发展

山东省现有海洋保护区分为 4 种类型，即海洋自然保护区，海洋特别保护区（含海洋公园），水产种质资源保护区，水生、野生动植物保护区。充分体现以海洋环境资源保护为基础，以海洋功能保护为手段，以渔业资源保护为重点的整体保护区发展思路。

当前，山东省海洋保护区建设走在全国前列，涵盖了我国海洋保护区的所有类型，在协调海洋资源环境保护和经济发展的关系中起到了重要作用。许多保护区已成为海洋生态保护的样板地、重要旅游区、海洋观教育基地等。海洋保护区的建立，不仅没有影响当地经济发展，反而以生态保护理念优先形成当地经济社会发展的品牌和先进模式，对于提高地方知名度、对外形象、发展环境等都起到了积极作用。因此，山东省应对现有海洋保护区加强管理，进一步提高建设成效，主要是：

1）建立海洋保护区建设绩效评估机制，科学评估海洋保护区建设的成绩与不足。

2）积极贯彻国家海洋自然保护区、国家海洋特别保护区和省级海洋保护区的相关管理规定，严格按照保护区的要求运营，保护区的范围、保护区级别、保护对象等如需修整，需要严格履行相关审批手续。

3）强化管理机构和监督机制保障。

在保护区的管理过程中，由于涉及面广、重叠部门多、政策性强、周期长等特点，需要加强协调和综合决策，特别是建立一个综合性的、协调能力强的管理决策机构对于协调各级政府、各级部门之间的合作是十分必要的。根据目前我省对海洋与渔业保护区的管理现状，山东省急需成立一个专门的管理机构，来加强各部门之间的沟通和协调；负责山东省海洋与渔业保护区的统一科学合理建设部署和日常管理；推动相关部门共同参与的生态功能保护区建设；按照保护区的建设规模、等级、数量以及原有基础条件，分别对地方相关的海洋与渔

业保护区的管理机构进行充实调整，以适应新时期保护区管理工作的需求；充分保障山东省海洋与渔业保护区的建设进度、发展目标与保护效果。

保护区的日常管理工作必须依靠于相关的机构来执行和操作，同时还要加强对保护区的监督和执法工作，通过积极与其他相关部门开展联合执法检查，严厉查处生态功能保护区内各种破坏生态环境、损害生态功能的行为。通过建立基层保护区监察队伍、开展人员培训、配备必要的办公设施与装备等，全面提高保护区管理的监督能力。

4）可持续性资金保障

海洋保护区的建设和发展是有效防止海洋生态环境进一步恶化的有效手段，也是保障社会经济可持续发展的重要措施之一。但保护区的建设和发展也需要一定的资金来支持和运转，所以资金保障是保护区建设和发展过程中的重要环节之一。

积极争取生态保护的财政投入，建立保护区专项资金，按照相关责权分别用于自然保护区建设和运行管理。各地相关的管理机构应根据保护区的建设数量和规模，积极拓展资金来源，满足相关保护区的基础建设、机构设置和日常管理的需要。

充分发挥市场机制，广泛吸纳社会资金投入生态环境保护与建设。加快生态补偿机制建立步伐，通过区域、流域间的生态补偿机制建立，解决生态保护资金投入不足问题。充分利用国际基金、非政府组织的力量开展生态保护，鼓励和吸引国内外民间资本投资生态保护。特别是要探索在政府投入引导下的社会多元化投入机制，充分引导海洋保护工作的社会广泛参与。

19.3.3.2　保护海洋生物多样性，加快推进海洋保护区网络建设

对生物多样性保护价值高、景观类型特殊的海域或海岛，组织海洋、规划和生物专家严格论证，建立海洋保护区予以重点保护。有目标、有重点、有计划地选划建设海洋自然保护区和特别保护区，迅速填补海洋生态保护的空白点，加快构建布局合理、规模适度、管理完善的海洋保护区网络体系。

1）多措并举，维护海洋生物多样性

结合国家海洋治理重大方略的实施，在“908项目”对全国海岸带及海岛资源全面调查的基础上，了解全省海洋生物多样性现状。在对生物多样性全面评估的基础上，加强对海洋生物多样性的保护管理。

加强基础设施和综合能力建设，提高海洋保护管理和执法能力。建立管理评价制度，实现海洋环境保护工作的规范化和科学化管理。

通过建立一批繁育基地，实施救护、繁育等拯救工程，并采取有效措施，扩大海洋濒危珍稀野生动植物种群。

建立增殖放流的区域，在保证生态安全的前提下，增加增殖放流品种，保护、恢复海洋生物资源。建设“海洋牧场”，实现生物资源的可持续利用和生态养殖的良性发展。

防止外来物种入侵，对引进的海洋生物物种要按国家有关规定进行检疫和生态安全评估；要严格控制船舶压舱水的排放，防止有害生物携带入侵。加强对外来物种的引种管理，严格执行许可制度，杜绝盲目引种。引种之前应进行认真调查研究和论证工作，严格控制养殖范围，特别是应注意对生态负效应的评估与检查，做好海洋生物物种安全环境评价报告。

科学养殖，坚决控制盲目引种。要合理规划养殖品种，改善目前养殖结构单一的现状。

同时应有计划地开展生态治理工程，合理调整养殖生产。一方面发展短食物链、高产出的品种增养殖，如贝类具有充分利用水体初级生产力，净化水质的功能，可优先发展，在渔业环境逐步改善后，再发展其他品种的增殖放流；另一方面则要适当压缩对虾养殖面积，降低养殖密度，发展生态养虾，减少养虾业自身污染，保持良好的生态环境。

2）加强海洋保护区建设

编制海洋保护区建设与发展总体规划，确立海洋保护的科学发展方向和合理的布局。建立不同级别、不同规模、不同保护对象的海洋保护区，形成科学合理的海洋保护区的分布格局和管理体系。

建立海洋特别保护区和海洋公园是“发展海洋经济，保护海洋资源”的重要举措。要加强现有保护区的建设和管理。在调查研究的基础上新建一批海洋自然保护区和海洋公园，使典型海洋生态系统、重要海洋功能区和栖息地、珍稀濒危野生物种、海洋生物资源集中分布区、特殊海洋自然景观和历史遗迹得到有效保护与恢复，逐步建立和完善全省海洋自然保护区网络体系。全面推进海洋特别保护区和海洋公园建设，贯彻海洋开发与保护并举的原则，科学开发海洋资源，维护海洋权益。依据海洋功能区划，以海洋功能为约束条件，以社会经济可持续发展需求为目标，强化海洋生态保护，科学合理规划开发容量，有序安排各种开发活动。加强湿地保护区或湿地公园的建设，采取积极恢复湿地及其原有的生态系统服务功能；湿地区域内禁止一切与保护无关的开发建设活动，特别是禁止城市开发项目继续侵占湿地、破坏湿地生态系统。

19.3.3.3 以海洋公园建设为契机，全面推进海洋特别保护区建设

2011 年，山东省乳山市塔岛湾海洋生态国家级海洋特别保护区、烟台牟平沙质海岸国家级海洋特别保护区、莱阳五龙河口滨海湿地国家级海洋特别保护区、海阳万米海滩海洋资源国家级海洋特别保护区、威海小石岛国家级海洋特别保护区已由国家海洋局批准建设。

山东省海岸漫长、海域辽阔、岛屿众多，建设海洋公园有着良好的生态环境基础和广泛的社会需求。近年来，国家对发展旅游产业高度重视，2010 年国家海洋局修订了《海洋特别保护区管理办法》，正式将海洋公园纳入到海洋特别保护区的体系中。

海洋公园作为海洋特别保护区的一种类型，侧重建立海洋生态保护与海洋旅游开发相协调的管理方式，在生态保护的基础上，合理发挥特定海域的生态旅游功能，从而实现生态环境效益与经济社会效益的双赢。国家级海洋公园的建立，进一步充实了海洋特别保护区类型，为公众保障了生态环境良好的滨海休闲娱乐空间，在促进海洋生态保护的同时，也促进了滨海旅游业的可持续发展，丰富了海洋生态文明建设的内容。2011 年，山东刘公岛国家级海洋公园、山东日照国家级海洋公园也列为首批建设的国家海洋公园。今后，山东省还应从当地海洋资源环境现状的实际出发，科学权衡环境保护与经济发展的关系，鼓励选择自然资源优美、独特，旅游发展基础较好，尚需强化生态保护以促进其可持续发展的海域申报国家海洋公园，充分发挥海洋特别保护区和海洋公园在协调海洋生态保护和资源利用关系中的重要作用，有效地推进山东省海洋特别保护区的规范化建设和管理，促进沿海地区社会经济的可持续发展和海洋生态文明建设。“十二五”期间，山东省还要继续推进海洋特别保护区和海洋公园建设，提升管理能力，积极探索海洋公园的规范化建设和经营管理模式，促进生态保护和海洋经济的协调发展。

19.4　小结

截至2011年，山东省共建立海洋保护区33个，北起大口河河口南至绣针河河口都有海洋保护区分布。山东省海洋保护区的主要类型包括海洋海岸保护区、海洋特别保护区、内陆湿地保护区、森林生态保护区和野生动物保护区五大类。其中，国家级海洋保护区数量最多，有21个，省级海洋保护区数量次之，有8个，市级海洋保护区数量最少，有4个。

2001年至2006年期间，山东省海洋保护区数量继续以年均1个以上的速度增加；进入2008年以后，数量快速增加，仅2008年一年便成立了6个海洋特别保护区；截至2009年，山东省海洋保护区数量由1999年的9个海洋保护区发展到2011年的33个海洋保护区；山东省还要继续推进海洋保护区建设，提升管理能力，积极探索海洋保护区规范化建设和经营管理模式，促进生态保护和海洋经济的协调发展。

20　海洋开发利用方向与生态环境保护对策

20.1　海洋开发利用方向

20.1.1　山东省海洋开发利用

山东半岛拥有3 000多千米长的海岸线，近海海域16×10^4 km^2，超过山东省陆域面积。过去30年，从渔业体制改革释放增长潜能，近十余年来“海上山东”战略的实施，山东半岛始终是我国海洋经济最活跃地区之一。2008年，山东实现海洋生产总值5 346亿元，占全国海洋经济总量18%。

20.1.1.1　*牧渔耕海*

由于有黄河、辽河、海河、滦河、大沽河、绣针河、五龙河等河流的注入，渤海和黄海海水中含有较多的有机物质和无机盐，pH值适度。两大海区都具有世界一流海洋渔场，因此海洋捕捞业是山东省“牧渔耕海”主要开发利用方式之一。目前全省拥有渔港245个，渔船43 000多艘，海洋捕捞产量248.1×10^4 t（2008年，含远洋渔业产量）。

既然“耕海”那也就少不了人们自己的耕耘。山东省海水养殖技术比较成熟，依托成熟的技术加上沿海人民辛勤的劳作，目前海洋养殖业已经在山东省海洋经济中占有显著的位置。池塘养殖为山东省传统的养殖开发利用方式，约有970 km^2的标准化池塘，并配套建有养殖工厂车间500×10^4 km^2。现在网箱养殖有为山东省养殖业开拓了新的空间，将养殖推进到水深20～40 m的深水区域，现有养殖网箱1.8万个。另外，海珍品养殖也是山东省一大特色。山东省基岩海岸是我国海珍品的重要产区之一，主要海珍品有刺参、栉江珧、栉孔扇贝、虾夷扇贝、皱纹盘鲍、海胆等，资源量约7 000 t。为了配合养殖业的蓬勃发展，科学育种育苗同样重要。全省现有2个国家级鱼类遗传育种中心、3个国家级原种场、5个国家级良种场，现有育苗场2 000余家，育苗能力达5 000亿单位，为山东省海洋养殖业奠定了坚实的基础。

20.1.1.2　*滨海旅游*

山东省沿海有高山、奇峰、海湾、海滩、海岛以及沿岸众多的名胜古迹及宜人的气候。因此开展滨海旅游业也是山东省海洋开发的主要方式之一，根据其旅游景观的不同又可分为下列几个方面。

1）海岸风景旅游

海岸是地球上陆地和海洋两大自然体系的衔接地带，这是海洋旅游中最基本也是最有魅力的景观。浩瀚的大海和各式各样的海岸地貌，构成一幅幅壮丽的图画，让人流连忘返。山东省基岩海岸被海水蚀成各种奇特造型，有较高的观赏价值。如青岛的“石老人”、荣成的“花斑彩石”及长岛的“宝塔礁”等显现了大自然的鬼斧神工。绵延万米、柔若锦缎的海滩同样风景宜人，“万米海滩”、“银滩”、“金沙滩”、“银沙滩”等海滩岸滩宽阔、沙软滩平、海水清澈，是进行日光浴、游泳等各种休闲旅游的好地方。

2）海岛休闲

宛若星辰的海岛散布在山东近海，目前已经开发和可开发海岛近百个。游客乘风破浪到达犹如世外桃源的海岛，与海天融为一体，心情豁然开朗，可以体会到深厚的海洋情调。众多海岛耸立海面，风光绚丽，宛若仙山。海岛地貌、生物、渔村对游客都极富吸引力。目前庙岛群岛、刘公岛、田横岛、灵山岛等海岛的旅游开发已经开始。

3）畅览滨海人文

山东省沿海开发年代久远，因此保存下来的人文古迹丰富多彩。每年前来欣赏的游客络绎不绝。素有“人间仙境”的蓬莱阁虎距丹崖山巅，它由蓬莱阁、天后宫、龙五宫、吕祖殿、三清殿、弥陀寺六大单体及其附属建筑组成规模宏大的古建筑群，面积 $1.89\times10^4\ km^2$。游人居身阁上，但觉脚下云烟浮动，有天无地，一派空灵。青岛崂山为道教名山，兼有奇峰、异洞、怪石、茂林、飞瀑、流云之美，更以“山海奇观”著称天下，素有“泰山虽云高，不如东海崂”之说。另外其他如“田横公园”、“戚继光故居”、“花石楼”等人文景观都有其美妙之处，令游客流连忘返。

4）体会海洋生态

泾渭分明的河水、海水分界线，绵延万米的“湿地红毯”，翩翩起舞的白鹤，这一派景象在黄河现行河口处得以展示。不一样的生态环境造就了另一番迷人的景色，万只大雁齐聚，也许只有在这里才会出现，目前越来越多的游客前来体会这不一样的生态环境。同样，荣成天鹅湖的“群鹅乱舞”也吸引了大量游客。

20.1.1.3　*矿产能源的开发*

1）能源开发

山东近海的能源开发快速发展，2010年渤海石油再上新台阶，实现了油气产量 $3\ 000\times10^4\ t$ 的历史性跨越，成为原油产量仅次于大庆油田的全国第二大油田。龙口煤田为中国发现的第一座滨海煤田，煤层埋藏较浅，工程地质条件简单，易开采。

2）矿产开发

山东沿岸矿产种类多，海洋矿产资源丰富，储量丰富。在101种矿产中已探明储量的有54种。较大矿床分布在福山区邢家山特大型钼矿床，荣成冷家庄中型钼矿床。菱镁矿主要分布在莱州市西部粉子山、优游山一带；金矿主要分布在莱州、招远和蓬莱市境内；砂金矿分布在招远—莱州岸段的王河、朱桥河、淘金河、渚流河、界河等河流入海口处；玻璃石英砂主要分布在虎头崖至龙口段及蓬莱至成山角岸段；锆英石、磁铁矿砂主要分布在荣成至日照的滨海地带；滑石主要分布在莱州市优游山、粉子山；石棉矿主要分布日照梭罗树、水车沟及威海市。这些矿床的开发成为山东近海矿产资源利用的支柱。

3）盐及其盐化工

山东省是中国北方五大海盐产区之一，原盐生产能力为 $1\ 044.4\times10^4\ t$（设计能力），全年原盐总产量为 $497.8\times10^4\ t$。利用原盐，盐化工产业在山东近海得以发展，目前盐化工相继开发了6个系列50余个品种，主要产品有溴素、氯化钾、无水硫酸钠、氯化镁、盐化深加工和精加工厂产品等。

20.1.1.4 港口建设

山东沿海港口密度居全国之首。有泊位243个，其中深水泊位65个，包括烟台港、威海港、青岛港、日照港等多个港口。各港口根据自身特点和区位优势发展，港口建设发展已经逐渐成为山东海洋开发利用的支柱产业。其中青岛港2010年，实现吞吐量3.5×10^{8} t，同比增长11%；集装箱完成1 201 $\times10^{4}$ TEU，同比增长17%，用全国沿海港口1.3%的码头岸线实现了6.9%的吞吐量。“十一五”期间累计完成吞吐量14.5×10^{8} t，完成集装箱4 945 $\times10^{4}$TEU。烟台港2010年烟台港集团完成货物吞吐量1.5×10^{8} t，同比增长22.2%，完成集装箱吞吐量154.1×10^{4}TEU，同比增长10%。固定资产1.63×10^{10}元。日照港作为后起之秀，2006年在开港开放20周年之际年吞吐量突破1×10^{8} t，2009年完成货物吞吐量1.81×10^{8} t，同比增长20.1%，增速和增幅均居全国沿海十大港口之首。

20.1.2 海洋开发利用方向

2010年上半年，山东省委、省政府先后出台《关于打造山东半岛蓝色经济区的指导意见》和实施草案，从集中、集约用海的角度提出九大核心区设想，旨在打造黄河流域出海大通道经济引擎、环渤海经济圈南部隆起带、贯通东北老工业基地与长三角经济区的枢纽、中日韩自由贸易先行区，拓展山东发展新空间，为我国区域经济增添新活力。

山东半岛蓝色经济区规划编制正式启动，目标是在2015年基本形成具有核心竞争力的海洋优势产业，到2020年建成山东半岛蓝色经济区。按照规划，山东将形成“一区三带”发展格局。“一区”指全面打造山东半岛蓝色经济区，“三带”是依托沿海青岛、烟台、威海、日照、东营、滨州、潍坊7市。优化涉海生产力布局，形成3个优势特色产业带：一是在黄河三角洲高效生态经济区规划建设区域，着力打造沿海高效生态产业带；二是在胶东半岛着力打造沿海高端产业带；三是构建以日照精品钢基地为重点的鲁南临港产业带。

山东各地抢抓机遇，整合资源，优势互补，错位发展。烟台市着力培植海洋电力、海洋生物制药、海水综合利用等五大海洋新兴产业。威海市规划建设港口物流、新能源等六大产业基地。潍坊市致力打造全国最大的海洋化工生产基地，全球最大的船舶动力制造基地。

20.1.2.1 海洋渔业开发利用方向

调整发展思路和经营模式，以“捕捞远洋化、养殖工厂化、加工精深化”为战略目标，实现海洋水产业由传统渔业向现代渔业的转变。

1）严格控制近海捕捞，积极发展现代水产养殖业

大力发展优质高效海水产品养殖，积极向生态型、规模化、集约化、标准化方向发展；实施规模化苗种繁育、设施化养殖、清洁及无害化养殖等重点项目，提高名优高效珍稀海产品养殖比例，培植一批高效、生态养殖示范基地；逐步形成烟台—威海扇贝、海带及珍稀海产品养殖基地，青岛—日照鱼类、梭子蟹养殖基地，潍坊—东营—滨州贝类、对虾、蟹类养殖基地。

保护和合理利用近海渔业资源，全面实行捕捞许可证和禁渔期制度。加大渔业资源修复力度，推行立体增值模式。逐步改善渔业资源种群结构和质量，建设人工渔礁带，重点恢复近海海域的渔业资源，构建近海渔业生态牧场。

2）以优质高效为目标，大力发展远洋渔业

实施海外渔业工程，争取公海渔业捕捞配额，适当增加现代化专业远洋渔船建造规模，大力发展超低温延绳钓船和围网船组等大洋性渔船，培育远洋渔业基地。争取到2020年，全省远洋渔船发展到650艘左右，产量50×10^4 t。

3）以绿色环保为理念，大力发展碳汇渔业

“碳汇渔业”是渔业发展战略新概念，对发展低碳经济具有重要的意义和巨大的产业潜力。具体途径包括：发展经济藻类养殖，建立人工藻礁增殖区，修复藻床及生态环境，构建贝、藻复合养殖模式，呈现多营养级养殖种类并存的形式，实现碳的汇集、存储和固定的系列化。

20.1.2.2 海洋生物制品发展利用方向

1）以自主创新为动力，加强海洋生物技术研发与成果转化

加快海洋生物医药、海洋功能（保健）食品、海洋生化制品等领域深度开发和成果转化。积极发展海洋生物活性物质筛选技术，重视海洋微生物资源的研究开发；充分利用中国海洋大学和众多海洋科研院所的科研技术资源优势，以海洋生物活性物质提取为突破口，加强基础研究和技术开发，加强医用海洋动植物的养殖和栽培。在海洋生物制药技术方面要朝着规模化、市场化、产业化方向发展。

2）培育骨干企业和名牌产品，建设海洋生物产业基地

以产业化、规模化、市场化为重点，努力实现关键技术和重要产品产业化的新突破，培育具有国际竞争力的大企业集团，尽快使生物产业成为综合效益好、增长速度快、带动效应强的战略性支柱产业。努力把青岛打造成国际一流的海洋生物研发和产业中心。

20.1.2.3 海洋油气资源开发利用方向

1）加强油气资源开发技术研究，提高油气开发利用效率

加强对海洋油气资源的勘探和开发，提高勘探的成功率和采收率，力争在今后五年内使石油产量逐年递增。增强对海洋油气资源的开发技术研究，开发具有自主知识产权的新型平台、适合深水海域油气开发的深水平台、油气储运系统、水下生产系统等相关海洋油气开发装备；加快海上油田设施的监测、检测、安全保障和评估技术的开发与应用，从而提高海洋油气资源的开发利用效率。

2）加强技术改造，实现石油化工结构集约化调整

在搞好资源勘探与开采的基础上，进一步加大技术改造和结构调整的力度，重点向大型

化、集约化、技术密集型方向发展，发展和建立各具特色的石化产品和加工区；以大企业、大项目为依托，重点培育青岛、东营和淄博三大石化产业集群。依托淄博、青岛、潍坊、东营等市的骨干石化企业，延伸、拉长石化产业链条，形成上下游产品配套、精细化工产品门类齐全、产业集中度高的石油化工产业发展格局。

20.1.2.4 海水资源综合开发利用方向

1）加快技术改造和产品升级，提升海水化学资源利用率

依托山东海化、鲁北化工和青岛海湾等骨干企业，加快技术改造和产品升级，做好结构调整，提高工艺技术和装备水平，大力开发高附加值产品。重点生产医药中间体、染料中间体、感光材料、溴系阻燃剂等溴系列产品，以及海盐系列产品，着力发展低盐重质碱，提高重质纯碱比例，加大纯碱深加工产品的开发力度，开发生产过碳酸钠、硝酸及亚硝酸钠、白炭黑等系列产品。

2）加快兼并重组，引导海洋化工集聚发展

充分发挥山东省海洋油气资源和盐卤资源优势，依托大型企业开发油气资源深加工产品，形成从炼油到合成材料、有机原料、精细化学品的产业链条和优势产品系列；依托有创新能力的盐化工企业发展钙盐、镁盐、钾盐、溴系列产品等，以产品优势形成产业优势。充分发挥潍坊、滨州、东营、莱州等沿海地区原盐资源、港口资源优势，建设黄河三角洲地区集群，加快氯碱企业向相关特色化工园区聚集。

3）突破海水资源开发技术瓶颈，扩大海水资源利用规模

重点开发应用海水淡化技术，重点推动反渗透膜与蒸馏等相关技术成果的转化，引进大型海水淡化制造生产设备；大力推进海水直接利用技术研究，加大工业冷却用水、消防用水、城市生活用水、火电厂脱硫等的海水直接利用技术应用规模；规划建设一批海水淡化项目，开展海水冷却和滩涂海水灌溉农业等海水直接利用技术的研究。逐步形成有一定规模的产业。

20.1.2.5 海洋旅游资源开发利用方向

1）充分挖掘丰富的旅游自然资源和人文资源，加强产业组合

重点发展度假旅游，打造滨海旅游名牌。以“走近孔子，扬帆青岛”，打造“中国黄金海岸”名牌为目标，进一步完善海滨城市旅游综合规划，强化滨海大旅游观念，加大沿海旅游资源和内地旅游资源的整合力度，在资源开发、设施配套、市场开拓等方面打破地区壁垒，加强联合与协作，实现半岛城市群“无障碍旅游”，逐步形成具有国际竞争力的滨海旅游目的地。

2）突出海滨风光和悠久的历史文化，实现山东滨海旅游向海洋旅游的转型

突出海滨风光、历史文化和海洋特色，加大对沿海及海上旅游资源的整合力度，开发符合现代旅游需求的生态旅游、休闲度假、商务会展、工业旅游和文化、探险、游船、渔村、

渔业等特色旅游。重点抓好青岛崂山旅游度假区、烟台凤城旅游度假区、威海荣成天鹅湖旅游度假区和日照太阳城主题度假区等休闲旅游区建设，实现旅游产业由低层次向高层次、由单一观光产品向多元产品的转化。搞好青岛、烟台、威海、日照游船专用码头建设，开辟海滨各城市之间的观光旅游线，加快海上旅游开发步伐，实现山东滨海旅游向海洋旅游的转型。

20.1.2.6 海洋新能源开发利用方向

1）大力开发风力资源，积极发展海岸风电与海上风电

全面开发近海、浅海、海上和山区的风力资源，鼓励风电场规模化发展。在半岛北部及东部沿海的东营、滨州、烟台、威海以及青岛等沿海地区建立大型风电场，重点建设单机规模1.5兆瓦及以上的风电场，开发3到5个百万千瓦陆地和海上风场。

2）突破技术瓶颈，开发利用潮汐能、海浪能、海流能和海洋生物质能

集中力量进行潮汐能、海浪能和海流能的开发，以及海水源空调、海水源热泵等产业化开发。在条件适宜的海岛和滨海地区，建立海洋可再生能源开发利用技术的试验基地和示范工程，重点开发风能、潮汐能、波浪能、海流能发电和相关配套装备技术，提高能量转换效率及抗台风能力，并建立高效多能互补发电示范系统，集成示范边远海岛和滨海地区通电保障系统。此外，海洋生物质能开发，特别是利用废弃海藻资源开发生物柴油、燃料乙醇等也具有广阔的发展潜力。

20.1.2.7 海洋港航资源开发利用方向

1）加快港口资源整合，增强港口综合竞争力

加快港口资源整合，推动以青岛港为龙头，以日照、烟台港为两翼，以半岛港口群为基础的东北亚国际航运中心建设，完善大型集装箱、矿石、煤炭和原油四大运输系统，形成以青岛港为干线港，烟台、日照港为支线港，龙口、威海等港为补给港的集装箱运输系统；以青岛、日照、烟台港为主组成的深水、专业化进口铁矿石中转运输系统；以青岛、日照港为主体的进口原油中转运输系统和由青岛、日照、龙口等港组成的煤炭外运体系。通过扩建老港、建设新港，增强山东半岛蓝色经济区港口体系竞争力。

2）加快沿海港口基础设施建设，提高港口资源利用效率

加大青岛港董家口港区、日照港岚山港区、烟台港西港区3个新港区开发建设力度，重点加快大型矿石、油品泊位建设；做好青岛、烟台、威海等老港区的技术改造，鼓励集中、集约用海，建设公共码头，提高港口资源利用效率；加大航道、防波堤、锚地等公用基础设施建设力度，满足码头、船舶大型化发展需要；加快青岛港、烟台港、日照港、威海港等邮轮母港或停靠点规划建设；不断完善中韩等国际陆海联运基础设施建设。

3）优化沿海港、航、路结构布局，鼓励发展公、铁、水等多式联运

充分发挥海、河水运的比较优势，着力提高各种运输方式的组合效率，形成优势互补、

协调发展的现代交通综合运输体系。加快推进港口物流多式联运，实施港航联动、港铁联动、港路联动、海河联动、区港联动，努力实现物流链的无缝对接。

4）大力发展远洋和集装箱运输，壮大海上运输能力

大力发展远洋和集装箱运输，建立一支以远洋大型船舶为主，近远洋结合、大中小配套、船舶类型齐全、具有竞争力的现代化运输船队，努力壮大海上运输能力。重点进行海洋运力结构调整，从追求总量规模的外向扩张型向注重质量的内涵提高型转变，进一步促进沿海船舶向大型化、专业化、现代化方向发展。

20. 1. 3　山东省重点海域开发利用方向

山东省海洋开发与保护的空间布局划分为七个重点海域，即黄河口及莱州湾毗邻海域、庙岛群岛附近毗邻海域、烟台市区邻近海域、威海湾及刘公岛附近海域、石岛湾—五垒岛湾海域、胶州湾及邻近海域、日照市毗邻海域。

20. 1. 3. 1　黄河口及莱州湾毗邻海域

主要包括山东省东营、潍坊和烟台 3 市的部分海域。莱州湾岸线从黄河入海口起东至烟台龙口市屺岛的高角，长 319 km，海域面积 6 966 km^2，大部分水深在 10 m 以内，滩涂面积约2 564 km^2。黄河口毗邻海域，包括东营市河口区、垦利县的部分海域，岸线从河口区神仙沟河河口—垦利县的小岛河河口，长 95 km，海域面积 1 760 km^2，滩涂面积 313 km^2。区内浅海、滩涂鱼、虾、贝类资源丰富，有经济鱼类 10 余种、贝类 20 多种，是毛虾、经济贝类、海蜇的主产地，沿岸浅海、滩涂对虾、贝类、鱼类增养殖面积达 100 km^2 以上，10 m 等深线以深海域是重要的渔业捕捞区，形成了莱州湾渔场。区域内已探明具有丰富的石油和天然气储量。本区盐田面积达 452 km^2，生产面积 350 多平方千米，地下卤水资源，呈带状沿岸分布，面积约 1 224 km^2，其中寿光市羊口盐场和山东海化集团，已成为北方重要的海盐和盐化工生产基地。位于黄河口区域的国家级黄河三角洲自然保护，面积 15.3×10^4 hm^2，主要保护黄河口原生湿地生态系，有国家重点保护动物 49 种、植物 1 种，经济水产动物 50 余种。本区河口、近岸海域冬季封冻期长，是风暴潮、赤潮灾害多发区，海洋资源捕捞过度，陆源和石油开采污染较重。本区的重点功能区包括黄河口以北、以南至虎头崖间的浅海、滩涂区的鱼、虾、贝增养殖区和护养区；深水区域的渔业捕捞区；虎头崖到屺岛的浅海海珍品、贝、藻增养殖区；本区西部沿岸分布的油气区；淄脉河到虎头崖间的盐田和盐化工区；黄河口周围的黄河三角洲自然保护区。

该重点海域要搞好渔业产业结构调整，大力发展增养殖业，强化渔业水域、油气田区、盐田和自然保护区的统筹管理，保证油气勘探开采用海需要，保护湿地生态环境，实施莱州湾海域环境综合治理。

20. 1. 3. 2　庙岛群岛附近毗邻海域

包括庙岛群岛和蓬莱毗邻海域。岸线长 146. 26 km，大陆岸线长 86. 26 km，32 个基岩岛屿分布于整个渤海海峡，毗邻海域面积在 5 800 km^2 以上，区位优势突出。本区海域辽阔，水质优良，是我国刺参、盘鲍、栉孔扇贝、紫海胆、魁蚶等多种海珍品的主要产地，沿岸建有

众多海珍品育苗场，为发展海水增养殖创造了极为有利的条件。本区碧波沧溟，自然风光奇秀，气候宜人，旅游资源丰富，是全国闻名遐迩的旅游胜地。庙岛群岛共有鸟类247种，其中国家一、二级保护鸟类49种，还拥有世界上12个国家的国鸟7种，每年约有12万只候鸟在此停息，属国家鸟类自然保护区。另外，群岛风能资源丰富，是山东的主要风能利用区，10年内发电能力达到3.96×10^{4} kW。本区多年前海洋捕捞一度过大，渔业资源衰退；养殖结构不够合理，影响海水养殖业的发展。本区重点功能区包括南北长山东部、砣矶、车由、钦岛、隍城、蓬莱西部、中部浅海养殖区，南五岛以贝类、鱼类增养殖为主，北四岛以刺参、盘鲍、栉孔扇贝、紫海胆等海珍品为主，蓬莱阁旅游区和戚继光故里、长岛国家森林公园、长岛国家地质公园、半月湾、九丈崖、宝塔礁、车由岛等旅游景区，南北长山岛和大钦岛风能区。

该重点海域要加强自然环境及海洋资源的保护，统筹安排，协调渔业、旅游及交通用海。

20.1.3.3 烟台市区邻近海域

包括烟台市所属的福山、芝罘、莱山、牟平4个行政区和烟台经济技术开发区的海岸带及毗邻海域。岸线长167.6 km，近海分布有套子湾、芝罘湾和四十里湾3个较大的海湾，15 m等深线以内海域面积1 130 km^2，是发展海上运输、滨海旅游和海水养殖的良好水域。区内港口资源丰富，烟台港是我国北方的主要枢纽港，八角北部近海是条件良好的深水大港预留区。区内气候宜人，景色秀美，自然、人文旅游资源丰富，景点达20余处。近海水质肥沃，污染较轻，自然分布的经济生物100余种，是我国开发历史较早的渔业养殖区。由于本区海域开发利用早、程度高，各产业、单位间用海矛盾较多。本区重点功能包括烟台港、牟平港及烟台深水港预留区；金沙滩、养马岛省级旅游度假区，滨海路旅游区和芝罘岛、崆峒岛等景区；套子湾、四十里湾渔业养殖区。

该重点海域要加强对港口、旅游、渔业水域的区划和统筹管理，促进协调发展；加强污染防治，发挥海域的综合效益。

20.1.3.4 威海湾及刘公岛附近海域

包括刘公岛及威海湾附近海域，岸线长35.8 km，海域总面积约75 km^2。威海湾是威海市区最大海湾，北起北山嘴，中经连林岛、黄岛、刘公岛、大红、小红等岛礁，南迄鬼子头，岸线长29 km，面积59.5 km^2。年平均气温12.1℃，冬季无严寒，夏季无酷暑。湾内有全市最大的国家级一类对外开放口岸——威海港，交通便捷，是理想的客运和旅游港口。湾口的刘公岛面积3.15 km^2，最高海拔153.5 m，距威海市区2.1海里，是国家级风景名胜区和国家级文物保护单位所在地。岛上建有1992年江泽民总书记题写的“中日甲午战争纪念馆”、原清朝北洋水师提督署等28处纪念遗址，均属全国重点文物保护单位，是“全国优秀社会教育基地”、“全国青少年教育基地”和“全国中小学爱国主义教育基地”，2000年参观游客达150万人次，直接收入过亿元。威海湾的主要污染物为无机氮和磷、石油类，同时，由于渔业养殖密度过大，妨碍航运、影响海上旅游的问题也很突出。

该重点海域要发挥刘公岛作为全市旅游业发展的龙头作用，坚持“保护与开发并重”的原则，按照“西古迹、东花园、中现代、北自然”的整体布局进行规划建设；同时，要彻底解决湾内养殖密度过大的问题，按照旅游、港口、渔业的功能区划顺序发展海洋产业，保持海洋生态环境的良性循环和可持续发展。

20.1.3.5 石岛湾—五垒岛湾海域

石岛位于胶东半岛东南端，石岛海岸线长 31 km，属荣成市建城区的一部分，总人口 14 万。拥有 1 个省级开发区；有我国北方最大的渔业港口石岛渔港；以渔货交易为主体的综合室内商贸城中国北方渔市。港口航运、水产、修船、造船业发展非常迅猛。

该海域要加强对港口航运区、修造船产业、渔业码头、旅游区、海岛及周围海域的统筹管理，引导威海东部海域的港口航运及修造船等工业用海需求向本地区聚集，解决港口航运区、修造船产业区、渔业码头数量繁多、位置分散的突出问题，保护海洋生态环境，实现开发与保护的合理布局，保障地区经济的良性循环和可持续发展。

20.1.3.6 胶州湾及邻近海域

本区域以胶州湾为主体，向北、向南延伸。胶州湾海岸线从团岛—薛家岛，长约 230 km，纳潮水域面积约 362 km^2。北部海域自团岛以东至即墨与海阳市分界处，海岸线长约 320 km，海域面积约 380 km^2，滩涂面积 48 km^2，20 m 等深线以浅海域面积为 2 530 km^2。南部区域从薛家岛脚子石至胶南市与日照市交界处，海岸线长超过 280 km，滩涂面积 78.6 km^2，20 m 等深线以浅海域面积约 630 km^2。胶州湾是我国少有的半封闭型深水海湾，是天然优良的深水泊位密集的港口岸段，航道通畅，不淤不冻，能形成由多种功能和吞吐能力港区组成的大型港口群，目前，已开发较大泊位 80 多个，其中万吨级泊位 30 多个，包括我国最大的 20 万吨级专用油码头。区域内海岸曲折陡峭，海岛星罗棋布，海滩沙质细软，山、海、岛屿相映，前海海滨风景区，西起团岛，东到燕儿岛，石老人国际旅游度假区等均集山、海、岛景观于一体。此区海域基础生产力较高，是多种经济海洋生物的栖息、繁衍场所，有经济鱼类近 100 种，虾、贝类种类 30 余种，是贝、虾、鱼增养殖的重要海域。本区有盐田面积达 120 km^2，原盐生产能力 40×10^4 t，是重要的海盐生产基地之一。本区陆域资源不足，填海造地等造成胶州湾水域面积减少，影响了海流，削弱了海域自净能力，淡水资源贫乏，湾东岸海泊河口至娄山后海域排海污染较重，部分区域利用不尽合理。本区域重点功能为港口为主，旅游、水产业、盐业统筹兼顾。胶州湾南部以港为主，海域应充分保证港口、航运需要；湾北部则以养殖为主，并为今后港口、城镇工业及生活污水排放留出余地。同时要兼顾盐业发展。湾外两侧东起崂山头、西至唐岛湾水域和岸线，要突出发展旅游业，其他水域以发展水产（主要是贝类增养殖）及盐业为主，南部应优先发展旅游业为主。

该重点海域要强化海湾的综合管理，加强港口航运资源、旅游资源和水产资源的恢复与保护，不合理占用航道、锚地和港区的要尽力迁出，加大海洋生态环境保护力度，环境污染防治，发展以观光、度假，兼顾文体、垂钓、品尝海鲜及各种商贸活动的海滨综合旅游业，限制近岸渔业捕捞强度，开展人工放流和滩涂贝类护养，增殖和恢复渔业资源，适当压缩盐田面积。

20.1.3.7 日照市毗邻海域

本区域港口、旅游度假区包括日照市两城镇、秦楼街道、石臼街道三个乡镇，从白马河河口至傅疃河河口，海岸线长 52 km，其中适宜建设港口的岸线约 10 km，优质沙滩岸线 30 km，有我国北方最大的潟湖及桃花岛、太公岛等近岸岛礁。已建有全国十大枢纽海港之一的日照港，省级旅游度假区和国家级滨海森林公园各一处，是港口、旅游发展的重点区。本区河口、港区工业废水和城市污水排海造成一定污染，海岸地质地貌环境破坏较重。重点功能区有日照临海工业区，山海天旅游度假区，万平口、傅疃河、两城河口等湿地自然保护区。前三岛海洋特别保护区和渔业养殖、增殖区，位于岚山办事处前三岛乡，包括平岛、达山岛、车牛山岛及牛角岛、大参礁等12个岛礁。平岛、达山岛、车牛山岛岛陆面积0.34 km^2，环岛岸线长6.44 km，岛屿近海海域面积约50 km。海域水质清新适宜名贵鱼、海参、鲍鱼等海珍品生长，并生长有文昌鱼及海豚等国家保护水生动物。该区的重点功能区包括前三岛海洋特别保护区，浅海养殖区，海珍品增殖区。

该重点海域要加强对港口区、旅游区、渔业水域、海岛及周围海域的统筹管理，保证港口、旅游、渔业用海，保护海洋环境和鸟类、重要生物资源，严禁采砂等破坏地质地貌的活动，增殖和恢复渔业资源。

20.2　生态环境保护对策

海洋生态环境保护刻不容缓。从国家来说，强调了3个问题，一是水安全，二是粮食安全，三是生态安全。海洋环境污染了，海洋环境破坏了，就动摇了我国生态安全。要把生态保护提高到生态安全的高度来认识。海洋提供的氧气占了世界的70%，海洋对整个世界贡献是巨大的。海洋是我们的生产资料，是地球生命的支持系统，我们要让这个宝贵的财富为山东的经济发展作贡献，就要保护海洋生态环境，保护好海洋资源。

20.2.1　生态环境保护目标及建议

面对强度日益增加的海洋开发利用方式，如何提高对海洋生态环境的保护显得尤为重要。近年来，山东省十分重视生态环境问题，切实加强海洋生态建设与环境保护，海洋生态环境恶化态势有所缓解。但就整体而言，情势仍不容乐观。加大海洋环境污染防治与执法监管力度势在必行。

20.2.1.1　生态环境保护目标

生态环境保护的目标就是防止海洋污染、维护海洋生态平衡，但其实现任重而道远。

1）防止海洋污染

防止海洋污染既是海洋生态环境保护工作的目标，也是其首要任务。

严格控制陆源污染物向海洋排放，包括控制河流和大气的污染；加强科学研究，找出各种污染物在海洋中迁移转化的规律，为根治污染提供理论依据，提高监测污染的技术和手段，做到早发现早治理；合理规划和发展海水养殖业，避免过度养殖带来海水富营养化；尽快制定和完善有关的法律法规，并严格执法，制止一切污染海洋环境的行为。这一切都是为了防止海洋的污染。

2）保持海洋生态平衡

良好的海洋生态环境是实现海洋营养物质良性循环、保护海洋生物多样性的重要基础，是沿海和海岛地区海洋经济可持续发展的基础载体。在禁止过度捕捞海产品和不合理的捕捞方法；禁止不合理的海洋开发活动；严格控制污染物的入海量；防止过度养殖等条件下，平衡的海洋生态系统能保护、恢复、发展、引种、繁殖生物资源，能保存生物物种的多样性，能消除和减少人为的不利影响。保持海洋生态平衡是实现海洋经济发展与碧海绿岛美景的和谐共存的基础。

20.2.1.2　生态环境保护建议

为了更好地进行海洋开发利用的可持续发展，实现上述生态环境保护目标，本文给出下列保护建议：

1）积极确立“科学用海”理念和政策导向

进一步强化海洋经济发展中的生态环境保护优先理念。基于山东海洋生态环境的现实，必须进一步严格规范石化、电力、钢铁、船舶修造等海洋产业项目，以及支撑海洋经济发展所需的滩涂围垦或填海、产业功能区、跨海桥坝等涉海基础性项目的规划、建设、审批、监管和评估，最大限度地减少海洋经济发展对生态环境带来的压力。同时，各级政府应广泛宣传海洋资源有限、环境容量有限、海洋资源环境有偿使用与平衡使用等理念，并努力落实到相关政策导向与执行中去，确保实现海洋经济发展与生态环境保护的“双赢”。

强化涉海项目区域论证和生态评价。进一步加强涉海项目的必要性、先进性、环保性论证，实行问责制，强化威慑力。特别要加强区域内涉海项目群、海洋产业区块的区域论证，更加重视生态效益、社会效益评价，更加注重海洋项目环境污染或生态影响的集成性，从战略上实现海洋污染及生态影响的最小化。

2）积极加强和改善海洋生态环境保护

加强陆海污染源和涉海污染防治。切实坚持“防治兼顾、以防为主”理念和政策导向，进一步大力实施海陆同步监督管理，加强陆地污染源控制，做好工业废水、生活污水的集中净化处理和达标排放，对重点污染排放企业和污水处理厂的监管须严格执行在线、全程监测，严禁污染物直接向江海转移，大幅削减氮磷入海量。加大违规排放宣传和处罚力度，加强责任追究，使排污企业不敢排、相关部门和单位不敢玩忽职守。加强对海水养殖、海洋捕捞、港口作业、海洋工程建设等涉海活动污染的防治。海水养殖要积极制定专项污染防治法规和规划，实现专项治理、长期坚持。要高度重视港口作业和船舶工业污染，要有效提高船舶和港口码头防污设施配备率，禁止任何船舶和港口码头违反有关规定排放石油类、油性混合物、废弃物和其他有害物质。输油管线、储油设施等应当符合防渗、防漏、防腐蚀的要求，防止漏油等事故出现，控制海上污染源。

建立以重点海域排污总量控制制度为核心的海洋环境监管机制。积极开展重点河口和海湾综合整治，细化其环境承载容量和水质管理目标，扩大控制“三废”企业污染物排放的种类及总量，确定各自区块主要入海污染物的排放数量、方式以及降污减排分配方案，实现以海限陆、源头把关、陆海协同、防治结合的海洋环保管理新模式。

3）积极把海洋生态修复放到更加突出位置

加强近海沿岸海洋生态修复建设。在总结成功经验基础上，积极建立生态系统环境容量评价体系，开展黄河口、莱州湾、芝罘湾、威海湾、桑沟湾、靖海湾、乳山湾、胶州湾等重要海湾生态环境调查与研究，细化其环境承载容量和水质管理目标，实施重点海域海湾的生态系统修复计划，加强重要经济动植物的繁殖、洄游与栖息地保护，科学制定海湾养殖生态研究与开发利用规划；建立海洋生态环境实时监测控制工程，包括海湾生态环境现场监测网络、遥感动态监测系统、灾害防治预测预报系统等，并保障网络系统高效运作，为海洋生态修复建设提供科学决策和严格执法依据。

加大政府投入和效果监测与评价，合理规划建设一批渔业资源增殖放流区和生态型人工鱼礁区，促进渔业资源修复。

4）积极建立健全海洋生态环境建设平台

加强海洋生态环境能力保障体系建设。重点加强五大体系建设，一是海洋环境监测体系，包括遥感监测能力、在线监测和海上自动监测站建设，作为海洋生态环保的决策基础与依据；二是赤潮灾害监测与防灾减灾体系，包括赤潮信息库和灾害损失评估业务系统化、管理机构决策指挥系统；三是重大海域污染事件应急体系，包括海域重大污染事件应急响应系统，重大污染事件应急处理中心，海洋污染与生态环境损害应急系统；四是风暴潮预警预报体系，包括布设现场监测的传感器，建立监测网络和系统集成化建设，实施实时预报；五是海洋环境综合管理体系，包括建立协调机制与实施统一执法制度、海洋污染总量控制制度、生态损害评估与修复制度、海洋环境质量评价制度、海洋环境信息管理制度等。

5）积极创新海洋生态环境保护体制机制

加强海洋生态环保部门间的协作，进一步完善相关制度，促使海洋、环保等部门在海洋生态环境监测设施建设、数据采集与分析等方面的合作，提高设施利用效率，实现统计数据分析与发表的统一。建立健全海洋、环保、海事等部门间联合执法体制，协商行动，共同取证，提高执法效率。加强县市海洋部门生态环保专业人员与设备配置，增强基层能力，实现国家、省、市、县间在海洋生态环保上的合理、高效分工与合作。

完善海洋生态环保投入保障机制。将海洋环保与生态建设资金列入同级政府预算，建立专用基金，实行统一管理，专款专用。建立海洋生态环保建设补偿资金制度，切实加大对海洋环保和生态建设的投入力度。将各级海洋生态环境建设重点工程项目纳入本地区国民经济社会发展计划，通过各种方式给予积极支持。鼓励各类投资主体参与开发治理海岸滩涂、浅海和岛屿，调动各方积极性。

20.2.2 生态环境保护具体措施

海洋环境保护需要多部门、多层次、多学科相互协调，必须贯彻以防为主、防治结合的原则，保护海洋环境，维持海洋生态平衡，保证海洋资源可持续开发利用。其具体措施如下：

20.2.2.1 海洋生物多样性保护的措施

海洋生物多样性受到来自多方面的严重威胁。主要威胁来自陆源入海污染物排放、掠夺式捕捞、大规模围海造地以及海水养殖等人类开发活动。

1）优化海洋监视监测方案，加强海洋生物多样性的监测

加强海洋生物多样性的监测，并建立数据库以利今后对比研究；吸引国内科研院所对保护区开展经常性的调查监测和科学考察。积累资料，逐步实现科学化管理。

2）实行禁渔和休渔制度，确保重点渔场不受破坏

控制和降低近海传统渔业资源捕捞强度。加强重点渔场、江河出海口、海湾等海域水生生物资源繁育区的保护。海水养殖业要实行清洁生产，严格管理废水排放。

3）严格控制滩涂围垦和围填海，保护岸线资源

对围垦滩涂和围填海活动要科学论证，依法审批。严禁非法采砂，加强侵蚀岸段的治理和保护。治理保护黄河口三角洲，相对稳定黄河流路，防治河口区潮灾和海岸侵蚀。

4）综合整治陆地污染源，控制污染物入海量

加强陆源污染物达标排放的监督和管理，实施重点海域污染物排海总量控制制度。加强入海江河的水环境治理，减少入海污染物。加快沿海大中城市、江河沿岸城市生活污水、垃圾处理和工业废水处理设施建设，提高污水处理率、垃圾处理率和脱磷、脱氮效率。继续保持未污染海域环境质量。

在对近海海域进行环境容量研究的基础上，加强对排污总量实施方案的制订，全面实施排污许可制度，使陆源污染物排海管理实现制度化、目标化、定量化。同时加强对企业分类排污的研究，制订不同种类企业的排污实施计划和收费标准，让排污企业的环境成本加大，使重污染企业关、停、并、转，以逐步根治污染源。解决环境问题的一个关键就是加快法律修订，让环境保护形成“国家意志”。就海洋环境监测、海洋环境污染预见预警，沿岸城镇工业废水、生活污水、固体废弃物等陆源污染的治理与管理，污染物入海总量控制和达标等问题，逐步制定相应的法律法规，加快遏制陆源入海污染，保护近海生态环境的步伐。

5）加强海洋保护区建设，推动海洋保护区网络建设

加强现有海洋自然保护区和海洋生态特别保护区建设，完善机构，提高管理素质，增添必要的设施和设备；尽快建设已规划海洋保护区，使各级保护区多数达到核心区全封闭保护；建设黄河三角洲及长岛国家海洋公园，加大对这两个区域特殊自然生态环境的保护；初步形成具有整体协调，功能互补的海洋保护区网络，实现对典型生态系统、珍稀濒危物种和海洋渔业资源及其生境的有效保护。

20.2.2.2 海洋生态修复和整治的措施

1）实施海岸带综合治理，改善近岸海域环境质量

实施海岸带综合治理，加强海岸线整治，维护岸线的自然属性。加强沿海地区污染源控制，限期整治和关闭污染严重的入海排污口、废物倾倒区；临海企业要逐步推行全过程清洁生产；加强海上污染源管理，提高船舶和港口防污设备的配备率，做到达标排放；海上石油生产及运输设施要配备防油污设备和器材，减少突发性污染事故。

2）加强增养殖放流，推行设施渔业，恢复海洋生物资源

在合适海域加强增养殖放流，投放保护性人工鱼礁，加强海珍品增殖礁建设，扩大放流品种和规模，增殖优质生物资源种类和数量，努力恢复近海海洋生物资源。

增殖放流是在对野生鱼、虾、蟹、贝类等进行人工繁殖、养殖或捕捞天然苗种在人工条件下培育后，释放到渔业资源出现衰退的天然水域中，使其自然种群得以恢复，再进行合理捕捞的渔业方式。

增殖放流可以改善种群结构，增加物种多样性、改善饵料生物水平，维持生态系统完整、净化水质，维护渔业水域生态平衡、提供栖息、庇护和产卵场所，保持渔业资源的稳定、改良生物栖息环境，是生态整治修复的重要手段。

目前，通过增殖放流对水域重要种群及其生态环境进行保护及修复，并取得了明显的效益。为保证渔业的可持续发展，建议采取以下对策：建立山东省近岸水域重要资源保护区，对现有资源总量及物种进行有效评估；进行关键物种的增殖放流；开展放流效果跟踪评估技术及放流水域环境容量的研究；控制对受保护物种的捕捞压力，科学制定禁捕时间及区域，控制渔业船只数量及捕捞方式、捕捞物的年龄或体长最低额度，保护幼龄种群。

3）基于“受益者付费和破坏者付费”原则，完善生态补偿机制

加强对自然保护区、重要生态功能区、海洋资源开发等的生态补偿机制建设，探索建立生态补偿标准体系，以及生态补偿的资金来源、补偿渠道、补偿方式和保障体系，强化排污收费制度为核心的环境的管理。除总量控制，还要对企业污染物的浓度、种类和对环境影响程度具体界定，分类管理，对超标排放和偷排企业要严格处罚，限期整顿和停产。

4）开展典型生态系统修复工程

大力实施柽柳林、海草床、滨海湿地等典型生态系统的保护与修复工程。建立珍稀濒危物种监测救护网络和海洋生物基因库，开展典型海域水生生物和珍稀濒危物种的繁育与养护。加强海洋生物多样性、重要海洋生态环境和海洋景观的保护。加快推进海湾生态整治，维护沿海生态环境健康。

20.2.2.3 海岛保护与利用的措施

山东省海岛资源丰富，认真贯彻实施《海岛保护法》，合理利用海岛资源，促进海岛经济既好又快发展，是打造山东半岛蓝色经济区，促进经济文化强省建设的重大举措，又是山

东省面临的一项重要而又紧迫的任务。

1）应积极贯彻《海岛保护法》，完善山东海岛保护法律法规体系

加快山东省海岛保护地方立法和配套制度的建设，建立健全山东海岛保护规划体系。按照即将出台的《全国海岛保护规划》精神，山东省要加快编制《山东省海岛保护规划》，省内及沿海各市要分期分步开展省域海岛保护规划、海岛保护专项规划、县域海岛保护规划、可利用无居民海岛保护和利用规划等规划的编制工作。

2）坚持以保护为导向，适度开发的原则，实现海岛生态可持续发展

要按海岛的自然属性和主导功能坚持以保护为导向，适度开发的原则，建立生态保护与资源可持续利用动态调控机制。开展海岛生态系统和生物多样性调查，推动长岛等大型有居民海岛的防护林、水土涵养林及生态景观林等海岛绿色生态体系与“三废”处理基础设施体系建设，实现海岛的生态可持续发展。强化海岛生态开发管理模式，以海岛特别保护区建设和海岛综合试验区开发为重点，逐步使海岛开发利用、保护与管理走向规范化、科学化。

3）本着保护为主的原则，加强对无居民海岛的开发管理

加强对无居民海岛开发的监督管理，抓紧制定全省海岛开发与保护规划，本着保护为主的原则，建立无居民海岛长效保护机制。对具有重要国防和海洋生物多样性保护价值的无居民海岛及其周边海域实施严格的进出管理，彻底改变以往放任自流的状态。

20.2.2.4 开展海洋循环经济模式

海洋循环经济模式是把海洋开发与海洋保护从“零和博弈”中解脱出来，实行二者巧妙组合、良性循环的高级发展形态。建设海洋渔业、盐业、滨海旅游业循环经济系统，要因地制宜，精心设计产业链和生态链，科学地“接链加支”，提高经济生态系统的复合性、高效性。

1）开展集约节约用海

推行海洋表层、中层、底层立体开发方式，提高海洋资源综合利用效率。加快修编海洋功能区划，实行海洋功能区划定期评估制度。坚持发展与保护、利用与储备并重，加强对重要岸线的监管与保护。制定单位岸线和海域面积投资强度标准规范，严禁盲目圈占海域、滥占岸线。严格执行围填海计划，鼓励围填海造地工程设计创新。开发超大型海上建筑浮游技术和海底空间利用技术，建设海上水陆两用飞机场，开展海下大型储藏基地建设研究。强化海岛分类分区管理，建立有居民海岛综合协调管理机制，规范无居民海岛使用程序，促进无居民海岛合理开发。加强深海地质勘查，寻找新的可开发资源，增强后备资源保障能力。

（1）充分利用海域初级生产力，实施海域立体生态养殖

充分利用海域初级生产力，在生态环境优良的海域，人为设置养殖种群类型，形成结构简单但生产力高的海域立体养殖群落。在海洋立体养殖的全过程中，人工控制种苗放养、养成及收获，力求最大限度地提高单位海域养殖面积和养殖产量。重点加强贝藻立体养殖（包括海带与牡蛎套养、海带与扇贝立体套养、海带与贻贝立体套养等）；海带与紫菜立体套养；

贝、藻、海参的立体套养和鱼蟹贝藻的综合立体养殖等。

（2）利用不同生物生态位的差异，发展滩涂综合生态养殖

在养殖池内，通过合理调节鱼虾贝藻的比例，合理投放饵料，加强管理等措施，进行鱼虾贝藻的多元立体化养殖，形成一个良好的人工养殖生态系统。从而充分利用养殖空间，提高饵料利用率，减少废物排放，增加养殖产量。目前常见的滩涂综合生态养殖模式是以养虾池的综合利用为主，综合养殖的方式主要有虾贝综合养殖；鱼虾综合养殖；虾、藻混养；鱼虾贝藻综合养殖。

（3）以海水利用为起点，发展临海工业循环经济

这种模式超出了水产业的范围，也超出了海上产业范围，纳入临海工业园区建设规划。以海水利用为起点，可以直接用于养殖业，也可以通过淡化工程，以浓缩海水支持海盐制造、提取溴素等化工工业，以中水用于清洁、洗涤。电力工业和钢铁工业的余热，可以支持海水淡化和工厂化养殖。上述产业的终端产品——水产品、电力、钢制设备、淡水，不仅可以供给循环圈内的产业消费，还可以供社会其他产业和消费者使用。

2）通过控制海域的环境污染，发展海域生态增殖

通过控制海域的环境污染，投放人工渔礁等措施，改善海域的生态环境，同时控制捕捞强度和捕捞品种，人工放流种苗，调控海域生物群落结构，减少种群压力，使海域生态系统中的能流、物流和信息流能进行有序循环和流动，经济系统的捕捞产量能得以持续增长。

3）建立海洋牧场，实现可持续生态渔业

选择适宜的海区，采用一整套规模化的渔业设施和系统化的管理体制（如建设大型人工孵化厂，大规模投放人工鱼礁，全自动投喂饲料装置，先进的鱼群控制技术等），利用自然的海洋生态环境，将人工放流的经济海洋生物聚集起来，进行有计划有目的的海上放养鱼虾贝类的大型人工渔场。在中国，海洋牧场建设还处于探索、起步阶段。山东争取率先为全国创造成功的经验。

4）根据地域优势，建立生态产业园

根据一定地域内的资源优势、产业优势，通过模拟自然生态系统，进行大规模的产业间的组合、链接和补充，使之形成互为关联和互动的产业生态链或生态网，采用废物交换、清洁生产等手段把一个产业主体产生的副产品或废物作为另一个产业主体的投入或原材料，实现物质闭路循环和能量多级利用，达到物质能量利用最大化和废物排放最小化的目的。

20.2.2.5　建立海上重大灾害应急系统

山东目前已经初步建立起海上安全应急体制，但今后的工作仍需进一步加强。

1）完善海域使用基础数据库

整合现有数据库建设成果，建立系统化、标准化的空间基础地理、用海项目申请审批、海籍、海岸线、海洋功能区划海域使用规划和海域使用现状等信息，为海域使用管理提供资料基础。

2）加强海洋灾害的监测与预报，提高海洋灾害预报预警功能

依托国家，环渤海区域和山东省及沿海各市气象系统，建立台风、风暴潮、暴雨、海冰等灾害监测、预报和预警系统。改善监测手段，使用先进的卫星、航空、遥感技术和配套海面监测设施，建设“全省海洋预报远程视频会商系统”，实现全省海洋灾害预报预警功能全覆盖。提高对自然灾害的分析、预测能力。采用现代化信息技术，整合信息资源，加强网络建设，实现海洋信息资源共享。

3）建立特大灾害应急防范机制，加强海洋安全救护体系建设

建立完善溢油、海上爆炸、风暴潮、海啸等特大灾害应急防范和紧急动员机制，加强海洋安全救护体系建设。规定政府及相关部门在应急时期具有紧急动用军民船只和各种设备的权力和具体联系的方式。救灾物资存储仓库的设置，对救生车辆、船只的研究，以及危机管理所需要的新技术的综合开发等方面，需要政府行为统筹安排，规范管理。加强沿海城市，重要经济区，旅游景点等区域减灾基础设施和低平海岸风暴潮防御工程体系建设。

4）建立部分重大灾害动态监视监测管理系统

建立重大灾害动态监视监测系统和业务管理系统，开展监视监测，构建和提升动态监视监测和管理能力，并开展业务化运行，促使其全面科学管理。

21 海洋持续发展若干重点措施与建议

21.1 海洋可持续发展的概念和特征

海洋拥有庞大的资源储量，是人类社会可持续发展的战略依托。长期以来人类海洋开发活动的随意性和无序性，致使海洋资源和生态环境遭受巨大破坏，海洋生物多样性降低，海洋环境污染加剧，海洋灾害日趋增多，对可持续开发利用海洋造成巨大威胁和挑战。没有健康的海洋，地球及其生命系统就不可能存在。20世纪90年代，海洋资源、环境和生态可持续发展问题开始引起国际社会的广泛关注。

海洋可持续发展是可持续发展观点在海洋领域的体现。世界环境和发展大会于1992年发布的《21世纪议程》指出："海洋环境——包括大洋和各种海洋以及邻近的沿海区域——是一个整体，是全球生命支持系统的一个基本组成部分，也是一种有助于实现可持续发展的宝贵财富。"《21世纪议程》要求各个国家、区域、次区域和全球各级对海洋和沿海区域的管理和开发采取新的方针，对海洋和沿海环境及其资源进行保护和可持续的发展。由此，海洋可持续发展理念正式提出。2002年通过的《可持续发展世界首脑会议实施计划》进一步提出"保护和管理经济与社会发展所需的自然资源基础"的海洋领域行动方案，并对海洋生态系统、海洋渔业、海洋保护区和海洋环境等提出了具有时限的建设目标。《21世纪议程》和《可持续发展世界首脑会议实施计划》两个重要文件明确了海洋在全球可持续发展中的重要地位和作用，为海洋可持续发展提供了基本的行动指南。

海洋可持续发展是指通过合理利用法律和政策手段及市场机制，依靠科技创新和进步，科学合理开发利用海洋资源，提高海洋产业的经济效益和生态效益，确保沿海社会、海洋经济、海洋生态的协调发展，确保当代人之间的资源公平分配并留给后代人一个良好的海洋资源、生态环境条件。海洋可持续发展是一个全新的海洋开发理念，不同于传统的以资源过度消耗、生态环境破坏为代价的海洋开发利用观念，有其独有的特征。主要表现在：

一是公平性，海洋可持续开发利用，就是不仅要保证"代际公平"，而且要正确处理"代内平等"。实现"代际公平"，要通过海洋资源和环境的科学调查，对其开发利用进行总体评价和总量控制，保证后代人享有与当代人同样的生存与发展机会；实现"代内平等"，就是无论国家贫穷强弱，都应享有同等的权益和发展机会。

二是持续性，包括海洋资源利用的可持续、海洋环境可持续、海洋经济可持续和海洋社会可持续等方面。海洋资源利用的可持续，即要通过总量控制及发展循环经济等措施，对海洋生物、矿产等资源进行高效、节约利用，实现海洋资源利用的持久性和永续性；海洋环境可持续，即要通过对海洋环境容量、承载力等的研究，合理布局海洋产业，并采取行政、经济和科技手段加强海洋环境的保护，促进海洋生态平衡，改善和提高海洋环境质量；海洋经济的可持续，是以海洋资源利用可持续、海洋环境可持续为前提和基础的，只有可持续的海洋资源和海洋生态环境，才能保证海洋经济的健康发展，也才能为人类提供源源不断的物质财富；海洋社会可持续，是海洋可持续发展的根本目的。生存与发展是人类社会的根本主题，海洋对于人类的重大战略价值，决定了人类必须与海洋和谐共生，唯有实现海洋可持续发展，人类社会才能实现持续发展。

三是科技主导性。与陆地相比，海洋环境更为复杂和特殊，海洋开发对科学技术创新与进步具有更高的依存度。海洋可持续发展，必须建立在海洋科技高度发达的基础上。只有依靠科技创新提高海洋资源利用效率、优化产业结构、保护和改善海洋生态环境，才能推动经济良性增长，提高人类的生活水平，最终实现海洋开发与人类社会进步的共同协调发展。

21.2 山东海洋可持续发展现状制约因素

21.2.1 海洋资源过度开发与开发不足问题并存

21.2.1.1 海域开发利用率不高，基础性用海比例偏大

山东省海域开发利用率不高，从已经开发利用的海域水深分布来看，潮间带海域和0～5 m海域开发利用率最高，仅为17.88%和19.70%；5～10 m海域开发利用率为10.01%，位居第二；10～20 m海域开发利用率为6.76%，列第三；20 m以深海域开发利用率很低。可见山东省海域利用空间还具有比较大的潜力。

从山东省海域用海类型来看，目前渔业用海类基础性用海比例较大，达到整个用海比例的94%以上，而交通运输、旅游娱乐等产值较高的用海类型面积比例较低。

21.2.2.2 海岸开发活动强烈，海岸线位置变化频繁

山东省海洋经济所占比重由1999年的不到10%发展到2007年的18%左右，其开发活动强度之大可想而知。工矿业、盐化工、渔业、能源业等行业在山东近海的快速发展，给其带来了巨大的发展压力。

沿海经济的快速发展，使得山东省海岸线发生了巨大的变化。伴随开发活动的加强，山东省人工岸线所占比例大幅上升，截至2007年，其比例达到38%。另外，近年围填海活动较多，使得海岸线位置日新月异，导致近海的规划区划不得不频繁变更。

21.2.2.3 过度捕捞，高密度养殖，用海矛盾日益突出

山东近海是黄海、渤海海洋渔业生产的主要渔场之一，作业方式多样、捕捞力量密集、生产时间长、捕捞强度大，海洋渔业捕捞生产活动导致其资源发生变化。

经济社会的发展和人口的增加，使得渔业捕捞能力大大超过了资源的可再生能力，山东近海渔业资源处于持续衰退状态。据统计，近海43种主要捕捞品种中有33种严重衰退或过度利用，两者合计占主要捕捞品种的78%。在底层鱼类资源中，带鱼、小黄鱼、鳕鱼、真鲷、短鳍红娘鱼等资源已严重衰退，鲆鲽类、梅童、黄姑鱼、叫姑、白姑、东方鲀、海鳗、绵鳚、鲬鱼、马面鲀、蛇鲻、梭鱼、鳕鱼、鮟鱇等处于过度利用状态；在中上层鱼类资源中，太平洋鲱鱼和鳓鱼严重衰退，鲅鱼等已过度利用；在贝类资源中，毛蚶严重衰退，魁蚶、文

蛤过度利用。较高品质资源所占比例由1983年24.1%下降到2006年的5.9%。

海水养殖业在一定程度上分担了野生物种遭捕捞和猎杀的压力，但过度的海水养殖也会对近海生境造成负面影响。山东近海是浅海养殖渔业密集区，由于浅海养殖业的超负荷发展，破坏了海域的生态平衡和渔业生态环境。盲目扩大养殖规模，占据了海洋原有经济生物资源的栖息地，破坏生态环境，是海洋生态系统的可怕杀手。海水养殖还是重要的污染源。大量的残饵等污染物进入水体和底质环境后，促使病毒、病菌繁殖，氮磷的输入也为赤潮的发生提供了条件。由此可能引起近海水质和底质的恶化，破坏潮间带生物的生境，进而影响和改变原有的生态平衡。从而导致“增养不增产”的局面。

21.2.2　海洋生态环境压力较大

随着海洋生态环境保护意识的增强和管理力度的加大，近年来，山东省海域海洋环境总体质量趋好，胶东半岛、鲁南沿海水质均以清洁海域和较清洁海域为主；近岸海域沉积物质量总体良好，综合潜在生态风险低；重点海水浴场、重点滨海旅游度假区、海洋倾倒区环境质量继续改善，总体状况良好。但黄河口、莱州湾及主要海水养殖区生态环境状况仍不容乐观；重点国家级海洋自然保护区水质均存在不同程度的污染，不能满足功能区对水质环境的要求。

山东近岸海域污染主要来自陆源，其次是船舶和海洋养殖。陆源污染约占整个海洋污染的80%，船舶污染约占海洋污染的15%，海洋养殖、海洋矿藏开发造成的污染约占整个海洋污染的5%。由于多数陆源排污口的长期超标大量排放，导致山东河口、海湾和滨海湿地生态系统健康状况下降，排污口及河口邻近海域生态环境持续恶化。山东省沿海构建了多处大型港口及装备制造业、临港化工基地，这些产业增加了海洋污染事故发生频率，加大了突发污染事故对海洋环境和生态系统的潜在威胁。

海水污染造成巨大的经济损失。1990年，胶莱河排污，造成莱州市渔业经济损失5 000万元。1989年，黄岛油库大火，630 t原油泄入胶州湾，造成渔业直接经济损失4 000多万元。1989年，胜利油田的排出的油污污染了莱州湾，造成直接经济损失达1.5亿元。1986年、1987年，长岛县养殖扇贝大量死亡，直接经济损失达3 000万元，原因也是石油污染。

山东海洋生态环境来自围填海活动的压力将持续加大。山东半岛蓝色经济区规划了9大集中集约用海区，均涉及围填海工程开发。围海造陆工程占用大量滨海湿地，造成滨海湿地面积萎缩严重；同时，填海施工期搅动的泥沙悬浮物会对水质、海洋生物产生影响，施工期及运营期的生产污水及生活污水的排放也对海洋环境及海洋生物产生影响。

21.2.3　海洋经济“调结构”任重道远

21.2.3.1　沿海产业同构化问题突出，区域发展缺乏整体协调

青岛、烟台和威海3大沿海强市以滨海旅游和海洋渔业为主的产业格局基本类似，同时在新的海洋经济增长点培育上，几乎都瞄准船舶修造、海洋生物医药、沿海电力和海水综合利用，缺乏鲜明的地方特色。东营和潍坊两市尽管有自己的特色，但急于提升海洋经济发展规划的发展定位，迫使地方政府盲目地引进并不适合地方发展实际的海洋产业发展项目，造成各类资源的浪费。

21.2.3.2 海洋产业链不完善，产业集群度有待提升

由于受技术、资金和人才等条件制约，山东省海洋高技术产业发展还不协调，普遍存在布局分散、价值链较短、产业聚集度不够等问题，企业之间分工协作网络缺失，综合配套能力不强，缺乏分工合理的产业布局，企业集群优势难以生成，产业链潜能得不到充分发挥，影响到海洋产业的核心竞争力和整体实力。

21.2.3.3 海岛资源开发有待提高

海湾是一项宝贵的海洋空间资源，是海岛开发重要基础。山东海岛具有优良的海湾条件，适宜建设各种类型的港口。在基岩岛地区由于岛岸线曲折，海湾交错，海湾是船舶避风锚泊的理想场所，往往又是优良的建港港址。而目前，以海岛为依托的大型港口还没有出现。

从海岛自然环境、海域特征、资源状况、社会经济和环境效应各个子系统的情况看，近海区域的海岛比远离陆地的海岛综合开发程度大，开发产生的环境影响大。近年来，滨州海域海岛由于人类开发利用，建造盐田、养殖池，改变了河道、潮水路径，使得一些陆连岛面积不断缩小；同时围海工程也夷平了一些海岛，使部分海岛完全丧失了海岛的特征。

21.2.4 海洋灾害发生频率高

随着海洋开发力度的加大及由此导致的海洋生态环境改变和破坏程度的提高，山东省海洋灾害发生频率较高，对海洋可持续发展造成严重威胁。

山东半岛和黄河三角洲海岸大部分岸段侵蚀后退现象普遍存在并且不断加重，给山东沿海地区的经济增长带来了极大危害，影响了山东省沿海工农业、渔业、盐业及旅游业的发展。山东省海水入侵始于20世纪70年代中期，其入侵范围呈逐年扩大趋势。到目前为止，广饶、寿光、寒亭、昌邑、平度、莱州等10多个市县沿海平原均有明显海水入侵，造成山东省平均每年经济损失达4亿~6亿元。2010年1月，山东省出现了1968年以来最大的持续寒冷冰冻天气，各海区相继出现不同程度的冰冻现象。这次海冰灾害持续时间之长、范围之广、冰层之厚，是山东省40年来最严重的一次。据不完全统计，山东省渔业受灾人口达9.5万人，造成直接经济损失高达22亿元。

进入20世纪90年代以后，赤潮发生有增加的趋势，每年都有1~10次不等的赤潮记录。2009年全省共发生赤潮5起，比2008年增加3起，累计最大成灾面积244.8 km²。2008年夏初，青岛近海海域及沿岸遭遇了突如其来、历史罕见的浒苔灾害，影响面积约为25 000 km²，实际覆盖面积为650 km²，对海洋环境、景观、生态服务功能和沿海社会经济产生严重影响，全省造成直接经济损失高达12.88亿元。

海洋灾害在全球变化的大背景下有加剧的趋势。在全球变化大背景下，海水温度升高、海平面上升已成共识，这些因素都会加剧风暴潮、海水入侵的灾害影响。海岸带经济建设强度和密度都在增加，对淡水的需求加大，加上淡水来源减少，因此海水入侵的程度会增加。经济活动的活跃加大对海洋的排污，富营养化会增加，所以赤潮的发生频度和强度会加大。另外，经济密度的增加会造成经济损失。浒苔的发生和去向受海流的影响，其造成的经济损失无法预测。

21.2.5 海洋科技创新难以满足海洋可持续发展需求

海洋科技创新是海洋可持续发展的核心支柱，海洋经济发展、海洋生态环境保护、沿海社会进步都与海洋科技创新紧密相关。虽然山东省拥有多所知名海洋科教机构、众多海洋科技人才及日趋优化的海洋科技创新体系，但面临的约束因素也极为明显，突出表现在体制、政策、基础设施、人文环境、人才结构等多个方面。

具体包括：一是缺乏良好的区域科技协作和互动环境。由于体制障碍造成的条块分割、各自为战，致使山东省现有海洋科技力量缺少合作和统筹协调的有效机制和平台，难以形成合力和整体优势，海洋科技创新所需的协调力和凝聚力明显不足。二是海洋技术研发总体力量亟待加强。海洋技术研发落后于基础研究，且领域配置失衡，尚未建立与海洋产业结构配套的系统化技术支撑体系。除海洋生物技术领域外，其他海洋技术研发领域力量薄弱，绿色船舶设计建造、海洋可再生能源利用、海水综合开发、海洋工程装备等海洋产业领域技术创新能力不足。海洋技术开发仍以科研院所及高校为主体，涉海企业技术自主创新能力较弱，创新主体地位需大力加强。三是海洋科技成果转化能力差、机制不完备。一方面缺乏自主研发高技术成果；另一方面，为数不多的高技术含量成果因转化机制不完善只能束之高阁，导致海洋科技贡献率较低，对海洋经济的贡献仅有30%多，而国外已达到60%以上。四是缺乏海洋科技创新领军人才。由于众多客观因素制约，缺少世界一流的知名专家和学者，高层次学科带头人不多，难以凝聚形成高水平创新团队。五是海洋科技研发基础条件建设滞后。基础平台建设处于起步阶段，还面临一系列困难和问题；现有大型科研仪器设备、科考船舶缺乏共享机制，利用不足和重复购置现象严重。六是未建立完整的区域海洋信息资源共享平台。信息化网络化程度低，信息交流渠道不畅。七是社会科技人文环境欠缺。随着海洋开发浪潮的逐步掀起，普通民众的海洋意识普遍增强，海洋环保理念深入人心。但由于对海洋科技所知甚少，海洋科技观念只是少部分从业者的事情，普通民众缺乏实质性认可和理解。八是国际合作与交流尚不够深入和全面。参与的国际大型海洋合作计划偏少，参与程度偏低，主导性研究计划还无从谈起。以上因素的存在制约了山东省海洋科技创新能力的快速提升，不能完全支撑和引领海洋开发持续健康发展，是未来山东省海洋可持续发展的最大挑战。

21.3 海洋可持续发展重点措施

面对山东省海洋可持续发展的制约因素，建议采用下列措施，以期缓解这些因素的影响。

21.3.1 开展海岸线适时监测，建立海岸线基线管理制度

21.3.1.1 建立海岸线监测数据库

以最新山东省政府公布的海岸线数据、属性为基础，通过数据遴选和质量控制，以数据库的形式加以展示，作为山东省海岸线监测的基础。

21.3.1.2 确定海岸线监测频率

不同海岸线类型其位置变化频率差异巨大：基岩岸线在自然条件下虽然变化极为缓慢，

但是由于其海岸多深水区，为良好的港口开发资源，因此在各大港区的海岸线变化速度非常之快。沙质岸线和粉砂淤泥质岸线由于其自身特点，在自然条件下就可发生较为频繁的变更，再加上目前围填海工程的开展，因此，部分岸线的变化日新月异。当然，人类活动并不一定一味加快岸线位置的变化，比如东营、潍坊区域防潮堤坝、盐田堤坝的修筑，在一定程度上固定了海岸线的位置。综上所述，海岸线监测频率的确定应具有一定的差异性。

1）自然状态下的基岩岸线，其监测频率可定位十年一次；

2）以渔业养殖为开发利用方式的基岩岸线，其监测频率可定为五年一次；

3）以港口运输、工业开发为开发利用方式的基岩岸线，其监测频率可定为一年一次或者更短，同时要求岸线使用单位定期提供岸线使用情况的进展图和资料；

4）自然状态下的沙质岸线和粉砂淤泥质岸线，其监测频率定为五年一次；

5）以渔业养殖为开发利用方式的沙质岸线和粉砂淤泥质岸线，其监测频率可定为三年一次；

6）以港口运输为开发利用方式或者正在进行围填海工程建设的沙质岸线和粉砂淤泥质岸线，其监测频率定为一年一次或者更短，同时要求岸线使用单位定期提供岸线使用情况的进展图和资料；

7）以道路、堤坝为主的人工岸线，其监测频率定为三年一次；以港口建设为主的人工岸线，其监测频率为一年一次或者更短，同时要求岸线使用单位定期提供岸线使用情况的进展图和资料；

8）河口岸线受来沙影响较大，其监测频率定位三年一次。

21.3.1.3 海岸线监测方法及内容

鉴于本次全省海岸线的确定方法的科学性、合理性和可操作性，同时考虑岸线变化基点的一致性，建议海岸线监测方法仍沿用“908专项”调查的方法。

监测内容主要包括：

1）明确岸线的位置，通过实地测量和遥感监测的方式开展；

2）测量海岸线的长度，通过实地测量和相应比例尺的图上量算开展；

3）变更海岸线的类型，注意自然岸线向人工岸线的转化；

4）确定海岸线状态，通过与历史相关资料的比较，给出海岸线所处的状态。

每次监测的结果应进入山东省海岸线管理数据库，进行及时的变更；同时给出本次监测报告，报告应包涵监测的数据结果、海岸线变迁的图件以及对所监测岸线动态情况的结论性、规律性意见。

21.3.1.4 监测队伍的建立

海岸线监测是一个海岸自然属性的综合性调查，不仅仅是通过简单的测绘就可以满足需要的。因此，海岸线监测队伍必须是一支人员相对固定，对山东省海岸带自然属性相当熟悉，且具备一定测绘资质的综合性调查队伍。建议在山东省境内的海洋综合性高校、研究所、设计院等单位进行遴选。

21.3.2 开展海域开发综合管理制度，科学利用不同海域，提高高等级用海面积

加强山东省近海资源与环境调查，提高调查资料成果的应用性价值，并一步系统开展山东省近海资源与环境承载力的监测评估，提升评估结果对海洋开发规划、区划指导作用。借鉴美国、加拿大、英国、法国、澳大利亚、日本、韩国等海洋管理较为先进的管理模式，以山东省蓝色经济区规划、山东省海洋功能区划等政策规划为基础，开展完善山东省海域开发综合管理制度。

鉴于各海洋主导产业所需海岸环境的差异，进行科学合理用海，避免重复性、有悖自然规律的工程建设，切实按照海洋功能区划等进行合理用海。

在海域生态环境条件允许的情况下，建立垂直海洋牧场，增大海域使用效率。

山东省渔业用海面积占全省用海面积的94%以上，用海类型相对单一，如何提高单位产值较高用海类型面积，是山东省下一步用海规划的重点。

结合《山东省近海开发与保护战略研究》的设想，提出山东省海域使用的布局思路：以沿海港口城市为基点，以海岸带为轴线，实行点轴式开发，发挥辐射和覆盖作用，形成由点连线，联网成片，多层次立体开发的格局。

在黄河三角洲高效生态开发区加大石油开采及化工、制盐及盐化工；在莱州湾建立现代海洋化工产业区，利用盐卤资源发展盐化工，使之成为中国最大的盐化工生产基地。优化海盐生产结构，提高海盐生产效率，加强对海盐化工企业的升级改造，逐步实现盐化工企业的规模化、集聚化生产经营，提升生产工艺的科技含量，加大海洋精细化工产品的比重；形成本区的支柱产业，带动相关产业。在烟台—威海海洋高端产业区，保证并加强港口建设用海，强化莱州港、龙口港、烟台港深水大港建设，提高烟台港综合发展水平；促进海上运输业的发展。积极发展船舶制造业、海洋工程设备制造业等临海工业。搞好综合规划，发展滨海特色旅游。

21.3.3 进一步细化休渔养海政策，提高海洋渔业资源利用

根据“908”调查成果，山东省休渔期从6月15日提前到5月的应用反映出目前山东省休渔制度有待进一步深化研究。根据山东省近海资源环境承载力评估结果，山东渤海海域同黄海海域的承载力能力存在较大不同，因此不同海域其环境资源状态存在一定的差异，即使同一海域，其环境也会发生一定的变化，因此建立一套动态的休渔养海制度尤为必要。

根据渔业资源和基础环境，对山东省海域进行细化，将整个海域划分为若干个区块，同时加大环境监控的频率，并通过特定的评估方法，将监测结果转化为海域划分评估结果，对海域进行动态划分。根据不同区块的特点，制定相应的休渔政策，从而实现动态的休渔制度，保证海洋环境压力降低到最小。

在没有弄清楚休渔特点的海域，建议延长一部分休渔期。保持海洋生态平衡，必须使海洋生产者、消费者、分解者的数量和种类保持相对平衡，海洋生物之间有比较稳定的食物链和食物网，海洋群落能量的输入和输出保持相对的稳定。要保护和恢复海洋生物，就要给生物有繁衍生息的时机和场所，长时间的捕获量大于再生量，必将导致生态不平衡。近年来海洋生态逐渐恢复，鱼汛势头大为好转，渔业捕捞产量和渔民收入有前所未有的提高，这得益于休渔期的延长和渔政管理的加强。

根据相关研究成果，加强山东省产卵场海域休渔制度，在产卵期加大监控力度，保护渔业资源。

21.3.4 大力推进海岛的深入开发

海岛的深入开发是海洋开发利用下一步的工作重点。目前海岛的开发模式根据资源环境特征可以分为以下几种：

21.3.4.1 具有国防与权益价值的海岛的发展模式

国防安全价值海岛是指对保障我国国土安全、海上交通、国家利益有重要影响的海岛，包括军事海岛、国防前哨、建有导航灯塔和海洋观测站等设施的海岛。海洋权益价值海岛是指对维护我国海洋权益和海域主权有重要影响的海岛，包括领海基点所在的海岛、主权归属存在争议的海岛。此类海岛的发展模式应在加强资源保护和可持续利用，因为拥有海岛主权的国家同时拥有海岛周围海域的资源开发权利，海洋丰富的生物资源和油气资源开发为海洋经济的发展提供了广阔的空间。此外，可积极发展旅游业，因为旅游的基础设施有利于战时的军事利用，同时，适合军事利用的海岛由于其面积较大、地理位置较好和自然条件优越，一般也是旅游开发良好的地点，如山东省领海基点岛屿。

21.3.4.2 具有经济资源价值的海岛的发展模式

具有经济资源价值的海岛分为天然资源价值海岛、人类投入劳动所产生资源价值的海岛和人工增殖海洋资源产生价值的海岛三类。但海岛的经济资源价值主要体现在其天然资源价值上。海岛的天然资源一种是能直接利用的资源，如动植物资源、港口资源、农业和水产资源、矿产资源等。另一种是间接利用的资源，即可再生能源和淡水资源。此类海岛的发展一方面坚持可持续发展模式，发展生态经济，保护生态环境，开发保护并重，资源是社会经发展的基础，坚持可持续发展模式不仅可以保障海岛经济资源的合理开发与利用，同时也有利于这些资源的保护。另一方面，选择岛陆一体化发展模式，实现联动发展，海岛资源开发是一项涉及社会、经济、科技发展的系统工程，绝大部分海岛资源的开发需要依靠大陆，海岛的经济发展与对大陆和群岛主岛的依托性及其自主性并存。沿海地带经济的发展状况决定了海岛资源开发的潜力。

21.3.4.3 具有生态环境价值的海岛的发展模式

具有生态环境价值的海岛一般包括拥有典型的生态系统的海岛，拥有极大的物种多样性的海岛，拥有珍稀或濒危物种的海岛，以及对具有重要经济价值的海洋生物生存区域或地方性海洋生物有重要影响的海岛。此类海岛的发展应该采用生态经济发展模式，对于可以开发利用的生态资源，以发展生态经济的方式实现经济的发展，对于限制利用生态资源的可以建立海岛生态保护区，如长岛的部分自然保护区海岛。

21.3.4.4 具有社会文化价值的海岛的发展模式

具有社会文化价值的海岛指具有历史遗迹、地质遗迹、典型的海岛景观等，可供人们旅游观光、运动休闲、考古及科学研究的海岛。包括具有自然历史遗迹的海岛、具有人类历史遗迹的海岛、具有遗留的军事设施、具有特殊航标等其他标志的海岛、具有美丽的自然风光的海岛、具有海洋科普素材丰富的海岛等。此类海岛的发展应该鼓励社会文化资源的开发利用，加快开发海岛的社会文化资源，分类建立各级保护区，采取以海岛旅游为主的可持续发展模式。如刘公岛等。

21.3.5 加强海洋保护区的建设，使其生态环境保护作用落到实处

加强落实《山东省海洋与渔业保护区发展规划》内海洋保护区的建设，在2015年和2020年两个时间节点上，完成规划要求。选划海洋自然保护区9处，其中新建省级保护区7处，原市级升省级保护区2处。分2个批次进行建设，到2015年完成5处，到2020年完成其余4处，总保护面积60 720 hm^2。选划海洋特别保护区38处，全部为新建类型，其中省级海洋特别保护区37处，国家级海洋特别保护区1处。分2个批次进行建设，到2015年完成21处，到2020年完成其余17处，总保护面积1 134 190 hm^2。选划水产种质资源保护区61处，其中新建保护区42处，原市级升省级保护区19处。分2个批次进行建设，到2015年完成30处，到2020年完成其余31处，总保护面积698 544.1 hm^2。选划水生、野生动植物保护区13处，其中新建保护区9处，原市级升省级保护区2处，原省级升国家级保护区2处。分2个批次进行建设，到2015年完成9处，到2020年完成其余4处，总保护面积356 527 hm^2。

成立一个专门的管理机构，来加强各部门之间的沟通和协调，并负责山东省海洋与渔业保护区的统一科学合理建设部署和日常管理，推动相关部门共同参与的生态功能保护区建设。按照保护区的建设规模、等级、数量以及原有基础条件，分别对地方相关的海洋与渔业保护区的管理机构进行充实调整，以适应新时期保护区管理工作的需求。充分保障山东省海洋与渔业保护区的建设进度、发展目标与保护效果。

对生物多样性保护价值高、景观类型特殊的海域或海岛，组织海洋、规划和生物专家严格论证，建立海洋保护区予以重点保护。有目标、有重点、有计划地选划建设海洋自然保护区和特别保护区，迅速填补海洋生态保护的空白点，加快构建布局合理、规模适度、管理完善的海洋保护区网络体系。

21.4 海洋持续发展建议

为了实现山东省海洋可持续发展，在完成上述重点措施的同时，还应注意下列几个方面的发展。

21.4.1 推动海洋科技加快创新

21.4.1.1 优化海洋科技力量布局和科技资源配置

通过政策引导、资本运作、协调服务等方式，以课题招标，项目承包，成果转化，产业开发为纽带，打破单位界线，强强联合，促进海洋科研院所优势互补，发挥全省海洋科技的整体优势。多渠道、多形式探索与各科研机构合作的方式，特别是以资产为纽带的长期稳定、利益共享、风险共担的合作方式。组织精兵强将，团结合作，取长补短，协调攻克一批对发展海洋经济、增强国际竞争力起关键作用的重大科技课题。共同对影响产业结构调整的重大

科研项目进行攻关，并促其尽快转化。加强科技应用类力量的投入，发展一批高效科研项目，使其尽快为海洋经济发展做出贡献。

21.4.1.2 加大海洋科技投入

发挥科技经费的引导作用，鼓励和引导地方财政、企业和社会加大对海洋科技研发的投入力度，推进多元化、社会化的海洋科技开发投入体系建设，有效形成政府资金和市场资金的对接。省市财政和科技部门要进一步加大对科技兴海项目的支持力度，相关计划向科技兴海项目倾斜支持。加大政府的海洋科技投入力度，设立海洋科技专项基金，重点支持重大海洋科技专项与重大应用问题研究。

21.4.1.3 建立健全海洋教育体系

积极发展海洋高等教育和职业培训，将海洋科技开发与海洋人才培养相结合，培养高素质的海洋科技人才和经营管理人才。不仅要加强海洋意识培养和大力发展海洋高等教育，也要注重海洋中等教育的开发，特别是与现代海洋装备制造业密切相关的海洋“蓝领”技工的培养。以中国海洋大学和中国石油大学等为平台，加强海洋重点学科建设，加大海洋教育设施和研究设备的投入，增设一批涉海专业博士后流动站、博士点、硕士点和国家级重点学科、本科重点专业。此外，还要推动山东中高等职业技术院校的发展，加强海洋相关专业职业培训工作，进一步完善和健全山东的海洋教育体系。

21.4.2 着力培育发展战略性海洋新兴产业和海洋循环经济

21.4.2.1 加强产业发展的基础设施支撑能力建设

发挥财政性投资的导向作用，加大政府引导性投入，重点支持保证海洋经济发展的公益性基础设施建设和重点产业开发项目建设。加快港口、道路、能源及供水等基础设施建设，以及海洋防灾减灾、资源勘探、环境监测、海洋保护区及海洋科技成果转化平台等公益性项目的发展。充分发挥政府信用，积极吸引国内外资金对海洋开发的投入，并带动社会资金及金融资本的跟进。省级及沿海市、县、区财政要形成对海洋基础设施建设和公益性事业投入的正常增长机制，确保海洋投入的稳定增长。

针对重点海洋产业及其重点建设项目，特别是需要大量研发投入的高技术型海洋产业开发项目，进行全面的重点支持。重点支持领域包括船舶制造、海洋装备制造、远洋渔业、现代养殖业、海洋牧场、港口运输、海洋生物医药、海水综合利用、海洋能源、海洋精细化工等高技术含量、资金密集型海洋产业。除了争取国际金融机构与国家财政资金支持外，省、市各级政府应寻求设立海洋产业发展专项资金，对各自的重点海洋产业领域进行重点支持，加快海洋传统产业的改造和新兴海洋产业的发展进程，早日实现海洋经济的规模化发展。

21.4.2.2 制订优惠税收政策，引导战略性海洋新兴产业发展

制订海洋优先发展产业目录，在符合国家税收政策的前提下，对符合条件的重点行业海洋开发企业实施税收优惠措施。一是减轻优先发展海洋领域中小企业的税收负担，提高企业

的自我积累能力；二是实施重大项目的税收减免政策，对海洋高技术产业开发项目或国家鼓励优先发展的海洋产业领域项目，可考虑减半征收或免征企业所得税和特产税；三是放宽对海洋高新技术企业的税收征收条件，加强对相关企业的税收服务，必征税赋可采取优惠措施，可征可不征的坚决不征，以充分调动企业的积极性。

采取各种优惠政策，加大招商引资力度。按照海洋产业发展规划要求，精心选择海洋油气开发、港口码头、跨海大桥、仓储物流、海洋生物制药、海洋能源、海洋新材料、海水综合利用等高端海洋产业领域发展项目，通过财政、税收政策进行重点支持，为海洋高端产业的发展与集聚创造一个良好的政策环境，有效地推动海洋高端产业发展项目的招商引资步伐。

21.4.2.3 实施金融创新战略，拓展产业发展融资渠道

创新投资机制，综合运用国债、担保、贴息、保险等金融工具，带动社会资金投入海洋开发领域，以拓展投资渠道。对已建成的码头、桥梁等海洋基础设施项目，要盘活存量资产，通过出让经营权、股权等方式吸引社会资金投资。对新的海洋资源开发、基础设施建设项目，实行直接投资、合资、合作、BOT等多种灵活的投资经营方式，鼓励民间资金和国外资本投资。全力推进银企合作，开辟海洋产业发展专项贷款，对海洋开发重点项目优先安排、重点扶持。对海域、港口岸线、无居民岛屿等资源的经营性开发实行使用权公开招标、拍卖，创新海域使用权抵押贷款制度，拓宽资金来源。

制定优惠政策，实施金融体制与机制创新。设立海洋产业发展基金，以省国有资产投资公司为主体，整合部分财政资金和社会资金，对重大海洋开发项目和重点企业进行战略投资。推动政策性金融机构的建立，完善对海洋高技术产业化项目的支持机制，积极探索科技兴海风险投入机制。鼓励设立创业风险投资引导基金，吸引各种私募与政府投资基金，以及国内外各类风险投资基金加入到海洋开发领域，重点对科技型中小企业进行支持，鼓励和引导企业自主创新，以及科技成果的产业化发展。对符合条件的海洋高技术企业，优先支持到中小企业板和即将推出的创业板上市，并鼓励符合上市条件的海洋类高技术企业在境内外上市筹资。优先推荐符合条件的海洋类企业发行公司债券和企业融资券，支持省级以上海洋产业基地内企业联合发行企业债券，以拓展融资渠道，促进海洋高技术企业的健康发展。

21.4.2.4 发展海洋循环经济

首先，通过加强海洋循环经济知识的学习和宣传，提高海洋循环经济思想意识，改变消费观念，促进绿色消费。其次，出台相关的政策法规和激励与约束机制，建立起科学的循环经济评价指标体系，确立科学绩效观，加强对海洋经济活动中循环经济指标的动态监测、综合分析和科学管理。再次，开展典型示范工作，建立生态工业园区，形成有利于节约海洋资源、保护海洋环境的生产方式和消费模式。最后，完成相关涉海企业的转型和改造工作，设计和构建海洋循环经济产业体系。提高环境准入水平，严格限制新上高耗能、高耗水、高污染的项目，加快淘汰能耗高、物耗高、污染重的落后工艺、技术和设备，形成一批具有较高资源生产率、较低污染物排放率的清洁生产涉海企业。

21.4.3 加强海洋生态文明建设

21.4.3.1 实施海洋综合管理，建立健全管理体制

建立与蓝色经济区建设相适应的管理体制和跨行政区的海洋开发协调机制，实现对胶州湾、莱州湾等重点海域海洋经济开发与海域环境保护的海陆统筹管理。实施山东省海岸带和海洋空间规划，对规划实施过程和成果进行动态跟踪评价，推动海洋经济与临海陆地经济的整体规划、统一布局，实现重点临海、临港经济区的有序开发。

按照国家海洋相关法律法规规定，加快研究制订或修订完善《山东省海岸带管理办法》、《山东省岸线、滩涂开发利用管理规定》、《山东省海域使用管理办法》、《山东省海洋环境保护办法》、《山东省无居民海岛保护与利用规定》及《山东省海洋预报和海洋灾害预警报管理办法》等相关海洋管理法规，形成一套完善的地方涉海管理法律法规体系，以指导各级地方政府的海洋管理。

提升海洋行政执法能力，加强海洋执法队伍与能力建设，建立海上执法协调机制、海上执法信息通报和案件移交制度，开展海上联合执法行动，提高对海上案件的综合处置能力。

21.4.3.2 强化海洋生态环境保护

严守海洋功能区划和海域使用管理制度，保护海洋资源与生态环境，促进海洋经济可持续发展。加大政府投入，进一步完善海洋生态环境质量监测、海洋生态灾害监测及重大海洋环境事件应急处理3大体系及全省统一的海洋环境信息集成与动态管理数据库建设，构建一个集实时监测、数据处理、环境质量评估、信息发布及应急反应支持于一体的海洋环境监测与应急管理系统。坚持海陆统筹、统一部署的原则，实施以海洋环境容量为基础的总量控制制度。严格海洋环境监督，加大海洋污染控制和治理力度。加强海洋生态的调查与评价，促进海洋生态自然恢复。建设以生态系统为基础的“特色海岸带”。通过新建、升级各类海洋保护区，有效保护山东省近岸典型景观与重要物种栖息地、产卵场等生态敏感区，缓解渔业资源衰退和水生生物多样性减少的势头。采取有效措施，减少陆源污染入海，减缓海洋环境污染加剧的趋势。

21.4.3.3 培育海洋科技创新和海洋可持续发展全民意识

切实重视对青少年群体的教育和培养。应通过设置相关课程，建设专业性海洋馆、海洋科技活动中心等海洋科普基础设施，采取开展专题学术讲座及参观访问等形式，面向青少年群体进行较为系统的海洋科普知识及可持续发展理念教育，提高青少年群体对海洋科技创新和海洋可持续发展重要性的认识，为发展蓝色经济培养坚实的后备力量。

公众是实施海洋空间科学有序开发、推动海洋可持续发展的基础力量。增强海洋空间资源可持续利用，应通过宣传教育推动社会公众的观念创新，使海洋科技创新和海洋可持续利用成为公众共同的思维方式、生活方式、文化信仰，形成良好的海洋开发保护社会氛围，依靠公众的共同努力营造生态优良、精神和物质丰裕、人海和谐共处的美好家园。

参考文献

曹家欣，李培英．1987. 庙岛群岛的晚新生界与环境变迁［J］．海洋地质与第四纪地质，(4)：111－122.

迟守峰．2008. 烟台市四十里湾海域赤潮预防对策［J］．渔政（3），10－13.

方永强．2002. 文昌鱼哈氏窝结构与功能研究进展［J］．生物学通报，(37)：1－4.

国家海洋局．2002. 2001 中国海洋年鉴［M］．北京：海洋出版社.

国家海洋局海洋发展战略研究所课题组．2009. 中国海洋发展（2009）［M］．北京：海洋出版社.

黄百渠，曾庆华，尹东．1996. 遗传多样性研究中的分子生物学方法［J］．东北师大学报：自然科学版，(3)：90－92.

姜雪芹．2000. 山东海化集团卤水综合利用概况［J］．纯碱工业，(5)：29－30.

金翔龙，郑开云．1964. 庙岛群岛地质的初步观察［J］．海洋与湖沼，6（4)：365－369.

李国江，宋京辉，陈相堂，等．2005. 莱州市渔业资源增殖现状及对策探讨［J］．中国渔业经济，(5)：33－35.

李太武，孙修勤，刘艳，等．2001. 栉孔扇贝种群的遗传变异分析［J］．高技术通讯，(11)：25－27.

李文勤，赵全基．1981. 庙岛群岛第四系松散堆积物初步研究［J］．海洋科学，(3)：20－22.

刘岩．2005. 海带养殖品种遗传多样性的 RAPD 分析［D］．青岛：中国海洋大学硕士学位论文.

路永诚．2005. 滨州古贝堤岛与湿地系统晋升为国家级自然保护区［J］．山东国土资源，21（3)：27.

慕芳红，张志南，郭玉清．2001. 渤海小型底栖生物的丰度和生物量［J］．中国海洋大学学报（自然科学版），(31)：897－905.

潘洁，包振民，赵洋，等．2002. 栉孔扇贝不同地理群体的遗传多样性分析［J］．高技术通讯，(12)：78－82.

邱志高，丰爱平，谷东起，等．2006. 近 50 年来莱州湾南岸气候变化及环境效应［J］．海岸工程，25（2）．

山东省滨州市人民政府．2006. 滨州市旅游产业发展总体规划．

山东省东营市人民政府．2005. 东营市旅游发展总体规划．

山东省海洋与渔业厅．2006. 近岸海域生物生态和化学海岛、海岸带、海域使用现状调查补充技术规程，2.

山东省海洋与渔业厅．2010. 山东海情［M］．北京：海洋出版社．

山东省科学技术委员会．1989. 山东近海水文状况［M］．济南：山东省地图出版社.

山东省科学技术委员会．1991. 山东省海岸带和海涂资源综合调查报告集［M］．北京：中国科学技术出版社．

山东省青岛市人民政府．2008. 青岛市“十一五”旅游产业发展纲要．

山东省统计局，国家统计局山东调查总队．2007. 山东统计年鉴 2007［M］．北京：中国统计出版社.

山东省威海市人民政府．2006. 威海市旅游产业发展总体规划.

山东省潍坊市人民政府．2008. 潍坊市旅游产业发展总体规划（修编）．

山东省烟台市人民政府．2006. 烟台市旅游产业发展总体规划．

世界旅游组织，2003. 山东省旅游局. 山东省旅游发展总体规划.

世界旅游组织，2005. 中华人民共和国国家旅游局，山东省旅游局．山东海滨度假旅游规划［M］.

万俊芬．2004. 鲍与扇贝遗传育种中的分子标记研究［D］．青岛：中国海洋大学博士学位论文.

杨华庭．1993. 关于我国减灾管理体制的讨论等［J］．现代化（2），11－13.

杨瑾，张勤业．2009. 潍北地区卤水资源开发现状及存在问题分析［J］. 海洋开发与管理，26（6)：88－91.

于大江．2001. 近海资源保护与可持续利用［M］．北京：海洋出版社.

张秀梅，王熙杰，等．2009. 山东省渔业资源增殖放流现状与展望［J］．中国渔业经济，27（2)：51－58.

中国海湾志编纂委员会．1993. 中国海湾志（第三分册）［M］．北京：海洋出版社.

中华人民共和国国家质量监督检验检疫总局. 旅游规划通则（GB/T 18971－2003）

中华人民共和国国家质量监督检验检疫总局. 旅游资源分类、调查与评价（GB/T 18972 - 2003）.
中华人民共和国国家质量监督检验检疫总局. 旅游景区质量等级的划分与评定（GB/T 17775 - 2003）.
朱道清. 2010. 中国水系辞典［M］. 青岛：青岛出版社.
Senanan W., Kapuscinski A R., et al. 2004. Genetic impacts of hybrid catfish farming (Clarias macrocephalus × C. gariepinus) on native catfish populations in central Thailand [J]. Aquaculture, 235: 167 - 184.
Vos P, Hogers R, Bleeker M, et al. 1995. AFLP: a new technique for DNA fingerprinting [J]. Nucleic Acids Research, 23: 4490 - 4414.
Wang Di, Li Dapeng. 2006. The genetic analysis and germplasm identification of the gametophytes of Undaria pinnatifida (Phaeophyceae) with RAPD method [J]. Phycologia, 18: 801 - 809.
Wilbur A E, Gaffney P M. 1997. Journal of Shellfish Research [J], 16: 329.